Konstruktiver Ingenieurbau
kompakt

Prof. Dr.-Ing. K. Holschemacher (Hrsg.)
Dr.-Ing. P. Hinz
Prof. Dr.-Ing. K. Peters
Prof. Dr.-Ing. L. A. Peterson
Dr.-Ing. F. Purtak
Prof. Dipl.-Ing. K.-J. Schneider (†)

Konstruktiver Ingenieurbau kompakt

Formelsammlung und Bemessungshilfen nach Eurocode

6., aktualisierte Auflage

Beuth Verlag GmbH · Berlin · Wien · Zürich

Bauwerk

Berlin · Wien · Zürich
Am DIN-Platz
Burggrafenstraße 6
10787 Berlin

Telefon: +49 30 2601-0
Telefax: +49 30 2601-1260
Internet: www.beuth.de
E-Mail: kundenservice@beuth.de

Druck und Bindung: Drukarnia Skleniarz, Kraków
Gedruckt auf säurefreiem, alterungsbeständigem Papier nach DIN EN ISO 9706.

ISBN (Buch): 978-3-410-29738-3
ISBN (E-Book): 978-3-410-29739-0

Vorwort zur 6. Auflage

Das Buch *KI kompakt* (Konstruktiver Ingenieurbau – kompakt) stellt die für die rechnerische Nachweisführung und Konstruktion von Bauteilen des konstruktiven Ingenieurbaus wichtigsten Angaben im Format einer Formelsammlung mit Nachweishilfen in nunmehr 6. Auflage zur Verfügung.

KI kompakt hat in den vorhergehenden Auflagen eine überaus gute Aufnahme in der Baupraxis und beim Studium gefunden. Für die vorliegende Auflage konnte Herr Dr.-Ing. Hinz als Co-Autor für das Kapitel Geotechnik, welches eine deutliche Erweiterung erfuhr, gewonnen werden. Im Kapitel Stahlbetonbau wurde auf die Inhalte der Hefte 630 und 631 der Schriftenreihe des Deutschen Ausschusses für Stahlbeton eingegangen, die zusätzlich zu den Regelungen des Eurocodes 2 zu beachten sind. Alle anderen Kapitel wurden überarbeitet und an den aktuellen Stand der Normung angepasst. Jedem Kapitel in *KI kompakt* ist eine eigene Farbe zugeordnet, so dass eine schnelle und übersichtliche Handhabung möglich ist.

Ich danke allen Autoren für die engagierte Mitarbeit sowie dem Beuth Verlag für die langjährige, vertrauensvolle Zusammenarbeit. Mein besonderer Dank gilt allen Lesern, die durch sachkritische Zuschriften und Vorschläge zur Weiterentwicklung von *KI kompakt* beigetragen haben. Hinweise, die der Verbesserung des Buches dienen, werden auch zukünftig von Herausgeber und Verlag gern entgegengenommen.

In den letzten Jahren hat sich zunehmend gezeigt, dass Normen bereits nach kurzer Zeit wieder geändert werden oder für die Anwendung der Normen Auslegungen zu treffen sind. Bitte beachten Sie daher auch die Website des Beuth Verlages (www.beuth.de), auf der gegebenenfalls Hinweise und Korrekturen zu finden sind, soweit sie dieses Buch betreffen.

Leipzig, im September 2022

Klaus Holschemacher
– im Namen der Autoren –

Inhaltsverzeichnis

Inserentenverzeichnis

Die inserierenden Firmen und die Aussagen in Inseraten stehen nicht notwendigerweise in einem Zusammenhang mit den in diesem Buch abgedruckten Normen. Aus dem Nebeneinander von Inseraten und redaktionellem Teil kann weder auf die Normgerechtheit der beworbenen Produkte oder Verfahren geschlossen werden, noch stehen die Inserenten notwendigerweise in einem besonderen Zusammenhang mit den wiedergegebenen Normen. Die Inserenten dieses Buches müssen auch nicht Mitarbeiter eines Normenausschusses oder Mitglied des DIN sein. Inhalt und Gestaltung der Inserate liegen außerhalb der Verantwortung des DIN.

Zuschriften bezüglich des Anzeigenteils
werden erbeten an:

Beuth Verlag GmbH
Anzeigenverwaltung
Am DIN-Platz
Burggrafenstraße 6
10787 Berlin

Sicherheitskonzept und Lastannahmen

Prof. Dr.-Ing. Klaus Holschemacher

Inhaltsverzeichnis

1 Übersicht zu den Eurocodes

Für die Tragwerksplanung von Bauwerken stellen in der Bundesrepublik Deutschland die Eurocodes die verbindliche normative Grundlage dar. Eine Übersicht zu den Eurocodes wird in Tafel 1 gegeben. Die Eurocodes sind im Regelfall stark untergliedert und bestehen meist aus mehreren Teilen, welche unterschiedlichen Aspekten gewidmet sind. Zu jedem einzelnen Normenteil existiert darüber hinaus ein zugehöriger Nationaler Anhang, in dem die für die Bundesrepublik Deutschland zu berücksichtigenden

- national festzulegenden Parameter (nationally determined parameters, NDP)
- ergänzenden, nicht widersprechenden Angaben zum Eurocode (non-contradictory complementary information, NCI)

festgehalten sind. Da eine stetige Normenfortschreibung erfolgt, sind auch Berichtigungs- und Änderungsblätter zu einzelnen Normen, Normenteilen oder deren Nationalen Anhängen zu berücksichtigen. Sowohl die Nationalen Anhänge als auch die Berichtigungs- und Änderungsblätter sind so aufgebaut, dass nicht der komplette Text des Eurocodes, sondern nur die einen bestimmten Abschnitt betreffenden Ergänzungen oder Korrekturen angegeben werden. Das bedeutet, dass immer alle Dokumente (also eigentlicher Eurocode, Nationaler Anhang und ggf. Berichtigungen sowie Änderungen) im Zusammenhang gelesen werden müssen.

Tafel 1: Übersicht zu den Eurocodes für die Tragwerksplanung [1)]

DIN EN 1990	Eurocode	Grundlagen der Tragwerksplanung
DIN EN 1991	Eurocode 1	Einwirkungen auf Tragwerke
DIN EN 1992	Eurocode 2	Bemessung und Konstruktion von Stahlbeton- und Spannbetontragwerken
DIN EN 1993	Eurocode 3	Bemessung und Konstruktion von Stahlbauten
DIN EN 1994	Eurocode 4	Bemessung und Konstruktion von Verbundtragwerken aus Stahl und Beton
DIN EN 1995	Eurocode 5	Bemessung und Konstruktion von Holzbauten
DIN EN 1996	Eurocode 6	Bemessung und Konstruktion von Mauerwerksbauten
DIN EN 1997	Eurocode 7	Entwurf, Berechnung und Bemessung in der Geotechnik
DIN EN 1998 [2)]	Eurocode 8	Auslegung von Bauwerken gegen Erdbeben
DIN EN 1999	Eurocode 9	Bemessung und Konstruktion von Aluminiumbauten

1) Zu jedem Eurocode existiert ein Nationaler Anhang, der die zu berücksichtigenden nationalen Anpassungen enthält. Ein Eurocode kann aus mehreren Teilen und zugehörigen Nationalen Anhängen bestehen.
2) Der Eurocode 8 ist zum Zeitpunkt des Erscheinens dieses Buches noch nicht bauaufsichtl. eingeführt worden.

In den Eurocodes wird generell zwischen Prinzipien und Anwendungsregeln unterschieden, siehe DIN EN 1990:2021-10, (1.4). Prinzipien enthalten

- grundsätzlich geltende allgemeine Festlegungen und Definitionen von Begriffen
- grundsätzlich geltende Anforderungen und Rechenmodelle, soweit nicht ausdrücklich auf die Möglichkeit von Alternativen hingewiesen wird

und werden mit einem der Absatznummer nachgestellten Buchstaben P gekennzeichnet. Unter Anwendungsregeln werden dagegen anerkannte Regeln verstanden, die den Prinzipien folgen und deren Anforderungen erfüllen. Anwendungsregeln werden in den Eurocodes durch in Klammern gesetzte Absatznummern dargestellt. Das Abweichen von den in den Eurocodes angegebenen Anwendungsregeln ist möglich, wenn nachgewiesen wird, dass die mit den gewählten Anwendungsregeln erzielten Bemessungsergebnisse hinsichtlich Tragfähigkeit, Gebrauchstauglichkeit und Dauerhaftigkeit zumindest gleichwertig sind.

Bei der Anwendung der Eurocodes ist der aktuelle Stand der bauaufsichtlichen Einführung der Normen zu beachten, die in der Bundesrepublik Deutschland immer auf Länderebene erfolgt. In den Einführungserlassen der Länder können zusätzliche Anforderungen hinsichtlich der Anwendung der Eurocodes getroffen werden. Eine Hilfe bei der Auslegung der Eurocodes stellen die Auslegungsforen dar, siehe z. B. www.nabau.din.de, in denen von den Normungsausschüssen einzelne Fragestellungen zum Teil ausführlich beantwortet werden.

Wegen ihrer besonderen Bedeutung wird in Tafel 2 eine Übersicht zu DIN EN 1990 gegeben. Gleiches erfolgt für alle Teile von DIN EN 1991 in Tafel 3.

Tafel 2: Übersicht zu DIN EN 1990

Norm	Ausgabe	Bezeichnung (gegenüber dem Originaltext gekürzt)	Bauaufsichtliche Einführung
DIN EN 1990	2010-12	Eurocode: Grundlagen der Tragwerksplanung	✓ [1)]
DIN EN 1990/NA	2010-12	Nationaler Anhang – National festgelegte Parameter – Eurocode: Grundlagen der Tragwerksplanung	✓
DIN EN 1990/NA/A1	2012-08	Nationaler Anhang – National festgelegte Parameter – Eurocode: Grundlagen der Tragwerksplanung; Änderung A1	✓
1) Zum Zeitpunkt des Erscheinens dieses Buches lag bereits DIN EN 1990:2021-10 vor, allerdings ohne zugehörigen Nationalen Anhang und war daher noch nicht bauaufsichtlich eingeführt.			

Tafel 3: Übersicht zu DIN EN 1991

Norm	Ausgabe	Bezeichnung (gegenüber dem Originaltext gekürzt)	Bauaufsichtliche Einführung
DIN EN 1991-1-1	2010-12	Eurocode 1: Einwirkungen auf Tragwerke – Teil 1-1: Allgemeine Einwirkungen auf Tragwerke – Wichten, Eigenlasten und Nutzlasten im Hochbau	✓
DIN EN 1991-1-1/NA	2010-12	Nationaler Anhang – National festgelegte Parameter – Eurocode 1: Einwirkungen auf Tragwerke – Teil 1-1	✓
DIN EN 1991-1-1/NA/A1	2015-05	Nationaler Anhang – National festgelegte Parameter – Eurocode 1: Einwirkungen auf Tragwerke – Teil 1-1; Änderung A1	✓
DIN EN 1991-1-2	2010-12	Eurocode 1: Einwirkungen auf Tragwerke – Teil 1-2: Allgemeine Einwirkungen – Brandeinwirkungen auf Tragwerke	✓
DIN EN 1991-1-2 Berichtigung 1	2013-08	Eurocode 1: Einwirkungen auf Tragwerke – Teil 1-2: Allgemeine Einwirkungen – Brandeinwirkungen auf Tragwerke, Berichtigung 1	✓
DIN EN 1991-1-2/NA	2015-09	Nationaler Anhang – National festgelegte Parameter – Eurocode 1: Einwirkungen auf Tragwerke – Teil 1-2	✓
DIN EN 1991-1-3	2010-12	Eurocode 1: Einwirkungen auf Tragwerke – Teil 1-3: Allgemeine Einwirkungen, Schneelasten	✓
DIN EN 1991-1-3/A1	2015-12	Eurocode 1: Einwirkungen auf Tragwerke – Teil 1-3: Allgemeine Einwirkungen, Schneelasten; Änderung A1	✓
DIN EN 1991-1-3/NA	2019-04	Nationaler Anhang – National festgelegte Parameter – Eurocode 1: Einwirkungen auf Tragwerke – Teil 1-3	✓

Tafel 3: Übersicht zu DIN EN 1991 (Fortsetzung)

Norm	Ausgabe	Bezeichnung (gegenüber dem Originaltext gekürzt)	Bauaufsichtliche Einführung
DIN EN 1991-1-4	2010-12	Eurocode 1: Einwirkungen auf Tragwerke – Teil 1-4: Allgemeine Einwirkungen – Windlasten	✓
DIN EN 1991-1-4/NA	2010-12	Nationaler Anhang – National festgelegte Parameter – Eurocode 1: Einwirkungen auf Tragwerke – Teil 1-4	✓
DIN EN 1991-1-5	2010-12	Eurocode 1: Einwirkungen auf Tragwerke – Teil 1-5: Allgemeine Einwirkungen – Temperatureinwirkungen	–
DIN EN 1991-1-5/NA	2010-12	Nationaler Anhang – National festgelegte Parameter – Eurocode 1: Einwirkungen auf Tragwerke – Teil 1-5	–
DIN EN 1991-1-6	2010-12	Eurocode 1: Einwirkungen auf Tragwerke – Teil 1-5: Allgemeine Einwirkungen, Einwirkungen während der Bauausführung	–
DIN EN 1991-1-6 Berichtigung 1	2013-08	Eurocode 1: Einwirkungen auf Tragwerke – Teil 1-5: Allgemeine Einwirkungen, Einwirkungen während der Bauausführung, Berichtigung 1	–
DIN EN 1991-1-6/NA	2010-12	Nationaler Anhang – National festgelegte Parameter – Eurocode 1: Einwirkungen auf Tragwerke – Teil 1-6	–
DIN EN 1991-1-7	2010-12	Eurocode 1: Einwirkungen auf Tragwerke – Teil 1-7: Allgemeine Einwirkungen – Außergewöhnliche Einwirkungen	✓
DIN EN 1991-1-7/A1	2014-08	Eurocode 1: Einwirkungen auf Tragwerke – Teil 1-7: Allgemeine Einwirkungen – Außergewöhnliche Einwirkungen, Änderung A1	–
DIN EN 1991-1-7/NA	2019-09	Nationaler Anhang – National festgelegte Parameter – Eurocode 1: Einwirkungen auf Tragwerke – Teil 1-7	✓
DIN EN 1991-2	2010-12	Eurocode 1: Einwirkungen auf Tragwerke – Teil 2: Verkehrslasten auf Brücken	✓
DIN EN 1991-2/NA	2012-08	Nationaler Anhang – National festgelegte Parameter – Eurocode 1: Einwirkungen auf Tragwerke – Teil 2	✓
DIN EN 1991-3	2010-12	Eurocode 1: Einwirkungen auf Tragwerke – Teil 3: Einwirkungen infolge von Kranen und Maschinen	✓
DIN EN 1991-3 Berichtigung 1	2013-08	Eurocode 1: Einwirkungen auf Tragwerke – Teil 3: Einwirkungen infolge von Kranen und Maschinen, Berichtigung 1	✓
DIN EN 1991-3/NA	2019-02	Nationaler Anhang – National festgelegte Parameter – Eurocode 1: Einwirkungen auf Tragwerke – Teil 3	✓ [1)]

[1)] Zum Zeitpunkt des Erscheinens dieses Buches war noch DIN EN 1991-3/NA:2010-12 bauaufsichtlich eingeführt ([DIBt 2022]).

Tafel 3: Übersicht zu DIN EN 1991 (Fortsetzung)

Norm	Ausgabe	Bezeichnung (gegenüber dem Originaltext gekürzt)	Bauaufsichtliche Einführung
DIN EN 1991-4	2010-12	Eurocode 1: Einwirkungen auf Tragwerke – Teil 4: Einwirkungen auf Silos und Flüssigkeitsbehälter	✓
DIN EN 1991-4 Berichtigung 1	2013-08	Eurocode 1: Einwirkungen auf Tragwerke – Teil 4: Einwirkungen auf Silos und Flüssigkeitsbehälter, Berichtigung 1	✓
DIN EN 1991-4/NA	2010-12	Nationaler Anhang – National festgelegte Parameter – Eurocode 1: Einwirkungen auf Tragwerke – Teil 4	✓

2 Sicherheitskonzept nach DIN EN 1990

2.1 Allgemeines

Anmerkung zur Schreibweise

Sofern in den folgenden Ausführungen allgemein auf DIN EN 1990 Bezug genommen wird, ist damit immer der gesamte Normenkomplex, bestehend aus DIN EN 1990:2021-10, DIN EN 1990/NA:2010-12 und DIN EN 1990/NA/A1:2012-08 gemeint. Diese Vorgehensweise wurde auch auf die Bezeichnung der anderen Eurocodes (z. B. DIN EN 1991) übertragen.

Grundlagen

DIN EN 1990 enthält die grundlegenden bauartübergreifenden Regelungen für die Tragwerksplanung von Bauwerken, welche die Anforderungen an Tragwerke und das damit zusammenhängende Sicherheitskonzept betreffen. Darüber hinausgehende Festlegungen sind in den einzelnen bauartspezifischen Normen (DIN EN 1992 bis DIN EN 1999) enthalten.

Das Sicherheitskonzept basiert auf der Anwendung der Methode der Teilsicherheitsbeiwerte in einzelnen Grenzzuständen. Dabei werden unterschieden:

- Grenzzustände der Tragfähigkeit (GZT, englisch: ULS – ultimate limit states)
- Grenzzustände der Gebrauchstauglichkeit (GZG, englisch: SLS – serviceability limit states)
- Anforderungen zur Gewährleistung der Dauerhaftigkeit.

Die Anhänge B, C und D der DIN EN 1990 sind nicht anzuwenden, siehe [DIBt 2022].

Geltungsbereich

Die in DIN EN 1990 angegebenen Regelungen sind für Hoch- und Ingenieurbauwerke einschließlich deren Gründung in allen maßgebenden Bemessungssituationen (inklusive Brand und Erdbeben) anzuwenden. Dies gilt auch für die Tragwerksplanung in Bauzuständen und für Tragwerke mit befristeter Standzeit, sowie – sofern dafür geeignete Regeln in Übereinstimmung mit dem Sicherheitskonzept zur Verfügung stehen – für die Planung von Verstärkungs-, Instandsetzungs- oder Umbaumaßnahmen.

Sind bei speziellen Bauwerken besondere Sicherheitsanforderungen zu erfüllen (z. B. Kernkraftwerke), reichen die in DIN EN 1990 sowie den zugehörigen Einwirkungs- und Bemessungsnormen DIN EN 1991 bis DIN EN 1999 getroffenen Festlegungen unter Umständen nicht aus, um das notwendige Sicherheitsniveau zu gewährleisten. In derartigen Fällen sind erweiterte, auf die konkreten Sicherheitsbedürfnisse bezogene Nachweisverfahren anzuwenden.

Für die Anwendung von DIN EN 1990 gelten folgende Annahmen bzw. Voraussetzungen (DIN EN 1990, 1.1):

- Tragwerksplanung und Bauausführung erfolgen durch qualifiziertes, erfahrenes Personal.
- fachgerechte Überwachung und Qualitätskontrolle bei Planung und Bauausführung, d.h. in Herstellwerken, Produktionsstätten und auf der Baustelle,
- Nutzung der Tragwerke entsprechend der Planungsannahmen,
- sachgerechte Instandsetzung der Tragwerke,
- Verwendung von Baustoffen und Erzeugnissen entsprechend den Angaben in DIN EN 1990 oder DIN EN 1991 bis 1999 oder den maßgebenden Ausführungs-, Werkstoff- oder Produktnormen.

2.2 Grundlegende Begriffe

Nachfolgend werden einige Begriffe definiert bzw. erläutert, welche die Voraussetzung für das Verständnis der nachfolgend formulierten Regelungen darstellen (DIN EN 1990, 1.5).

Anwendungsregeln (siehe dazu DIN EN 1990, 1.4)	Allgemein anerkannte Regeln, die die Anforderungen der Prinzipien erfüllen. Abweichungen sind nur zulässig, wenn sie mit den maßgebenden Prinzipien übereinstimmen und im Hinblick auf die Bemessungsergebnisse mindestens gleichwertig sind.
Art des Bauwerks	Beschreibung der vorgesehenen Nutzung, z. B. Wohnhaus, Stützwand, Industriegebäude, Eisenbahnbrücke.
Auswirkung von Einwirkungen	Ergebnisse der Einwirkungen auf Bauteile (z. B. Schnittgrößen) oder Reaktionen des Gesamttragwerks (z. B. Verformungen)
Bauart	Angabe des überwiegend verwendeten tragenden Baustoffes (z. B. Holzbau, Stahlbau, Stahlbetonbau).
Bauwerk	Alles, was baulich erstellt wird oder von Bauarbeiten herrührt (z. B. Gebäude, Ingenieurbauwerke).
Bemessungssituation	Für den Nachweis der Einhaltung eines Grenzzustandes vorliegende Reihe von Bedingungen (maßgebende Lastfälle, Umweltbedingungen usw.). Es werden vorübergehende, ständige und außergewöhnliche Bemessungssituationen unterschieden.
Einwirkung	Auf das Tragwerk einwirkende Kraft- oder Verformungsgrößen.
Grenzzustand	Zustand des Tragwerks, bei dessen Überschreitung die dem Tragwerksentwurf zugrunde liegenden Anforderungen nicht mehr erfüllt werden. Es werden Grenzzustände der Tragfähigkeit und Grenzzustände der Gebrauchstauglichkeit unterschieden.
Hochbau (nicht in DIN EN 1990 definert)	Gebäude mit überwiegend oberirdischer Ausdehnung, z.B. für Wohn-, Büro-, Verkaufs-, Parkzwecke oder öffentliche Nutzung (z. B. Schulen, Krankenhäuser).
Instandhaltung	Während der Nutzungsdauer des Tragwerks vorgenommene Maßnahmen zur Aufrechterhaltung der Zuverlässigkeitsanforderungen.
Prinzipien (siehe dazu DIN EN 1990, 1.4)	Grundsätzlich gültige allgemeine Festlegungen, Festlegungen von Begriffen, Anforderungen und Berechnungsmodelle von denen keine Abweichungen erlaubt sind, sofern nicht ausdrücklich auf mögliche Alternativen hingewiesen wird. Prinzipien sind in den Normen durch den Buchstaben P nach der Absatznummer gekennzeichnet.
Statische Berechnung	Methode oder Rechenverfahren zur Ermittlung der Auswirkungen der Einwirkungen (z. B. Schnittgrößen) in jedem Punkt eines Tragwerks.
Tragendes Bauteil	Physisch abgrenzbarer Teil des Tragwerks, z. B. Stütze, Deckenplatte.

Tragfähigkeit	Mechanische Eigenschaft eines Tragwerks, Bauteils oder Bauteilquerschnitts, bestimmten Beanspruchungen zu widerstehen, z. B. Biegewiderstand, Zugwiderstand, Knickwiderstand usw. Die Tragfähigkeit wird durch die verwendeten Baustoffe, deren Anordnung und Verbindung im Bauteil sowie durch die Bauteilabmessungen bestimmt.
Tragsystem	Gesamtheit der tragenden Teile eines Bauwerks, einschließlich der Art und Weise ihres Zusammenwirkens.
Tragwerk	Planmäßige Anordnung miteinander verbundener Bauteile, die ein bestimmtes Maß an Tragwiderstand und Steifigkeit aufweisen.
Tragwerksmodell	Idealisierung des Tragsystems für die Nachweisführung.
Zuverlässigkeit	Fähigkeit eines Tragwerks oder tragenden Bauteils, die festgelegten Anforderungen innerhalb der geplanten Nutzungsdauer zu erfüllen. Die Angabe der Zuverlässigkeit erfolgt mit probabilistischen Größen.

2.3 Einwirkungen

Ein Tragwerk kann mechanischen, chemischen, biologischen, thermischen und elektromagnetischen Einflüssen ausgesetzt sein. Daraus resultierende, auf das Tragwerk einwirkende Kraft- oder Verformungsgrößen werden als „Einwirkungen“ bezeichnet. Grundsätzlich können die Einwirkungen F unterteilt werden in:

- ständige Einwirkungen G (Konstruktionseigengewicht, Ausbaulast, Vorspannung),
- veränderliche Einwirkungen Q (Nutzlasten, Wind- und Schneelasten, Temperatureinwirkungen, Erd- und Wasserdruck, Baugrundsetzung),
- außergewöhnliche Einwirkungen A (Anpralllasten, Explosionslasten).

Einwirkungen infolge von Erdbeben A_E und Schneelasten können je nach Bauwerksstandort als veränderliche und/oder außergewöhnliche Einwirkung betrachtet werden. Die charakteristischen Werte der Einwirkungen können den einzelnen Teilen der Normenreihe DIN EN 1991 oder den Projektunterlagen unter Berücksichtigung der in DIN EN 1991 angegebenen Verfahren entnommen werden.

Bei veränderlichen Einwirkungen sind neben dem charakteristischen Wert weitere repräsentative Werte von Bedeutung, welche die Auftretenshäufigkeit beschreiben, siehe Tafel 4.

Tafel 4: Für die Nachweisführung maßgebliche Einwirkungswerte

Charakteristische Werte der Einwirkungen F_k	– werden in den entsprechenden Normen der DIN EN 1991 oder anderen Normen, die Angaben zu Einwirkungen enthalten, angegeben – bei ständigen Einwirkungen Angabe eines einzigen Wertes (G_k) oder des unteren ($G_{k,inf}$) und oberen Grenzwertes ($G_{k,sup}$)
Repräsentative Werte veränderlicher Einwirkungen Q_{rep}	Es werden folgende repräsentative Werte unterschieden: – charakteristischer Wert Q_k – Kombinationswert $\psi_0 \cdot Q_k$ – häufiger Wert $\psi_1 \cdot Q_k$ – quasi-ständiger Wert $\psi_2 \cdot Q_k$ Kombinationsbeiwerte ψ_i für Hochbauten siehe Tafel 5.
Bemessungswerte der Einwirkungen $F_d = \gamma_F \cdot F_k$ bzw. $Q_d = \gamma_Q \cdot Q_{rep} = \gamma_Q \cdot \psi_i \cdot Q_k$	– ergeben sich allgemein durch die Multiplikation des charakteristischen Wertes F_k mit dem zugehörigen Teilsicherheitsbeiwert γ_F, bei veränderlichen Einwirkungen durch die Multiplikation des repräsentativen Wertes Q_{rep} mit dem Teilsicherheitsbeiwert γ_Q – der Teilsicherheitsbeiwert γ_F kann gegebenenfalls mit einem oberen Wert $\gamma_{F,sup}$ und einem unteren Wert $\gamma_{F,inf}$ angegeben werden

Tafel 5: Kombinationsbeiwerte ψ_i für Hochbauten nach DIN EN 1990/NA:2010-12, Tabelle NA.A.1.1

Einwirkung	ψ_0	ψ_1	ψ_2
Nutzlasten nach DIN EN 1991-1-1 [a)]			
– Wohn- und Aufenthaltsräume, Büros	0,7	0,5	0,3
– Versammlungsräume, Verkaufsräume	0,7	0,7	0,6
– Lagerräume	1,0	0,9	0,8
Verkehrslasten nach DIN EN 1991-1-1			
– Fahrzeuglast ≤ 30 kN	0,7	0,7	0,6
– 30 kN < Fahrzeuglast ≤ 160 kN	0,7	0,5	0,3
– Dachlasten	0	0	0
Schnee- und Eislasten nach DIN EN 1991-1-3			
– Orte bis NN +1000 m	0,5	0,2	0
– Orte über NN +1000 m	0,7	0,5	0,2
Windlasten nach DIN EN 1991-1-4	0,6	0,2	0
Temperatureinwirkungen (nicht Brand) nach DIN EN 1991-1-5	0,6	0,5	0
Baugrundsetzungen nach DIN EN 1997	1,0	1,0	1,0
Sonstige Einwirkungen [b)]	0,8	0,7	0,5

[a)] Abminderungsbeiwerte für Nutzlasten in mehrgeschossigen Hochbauten siehe DIN EN 1991-1-1.

[b)] Flüssigkeitsdruck ist in der Regel als veränderliche Einwirkung zu betrachten, für die ψ-Beiwerte standortbedingt festzulegen sind. Flüssigkeitsdruck, dessen Größe durch geometrische Verhältnisse begrenzt ist, darf als ständige Einwirkung behandelt werden, wobei alle ψ-Beiwerte gleich 1,0 zu setzen sind. ψ-Beiwerte für Maschinenlasten sind betriebsbedingt festzulegen.

2.4 Grenzzustände der Tragfähigkeit (GZT)

Grenzzustände der Tragfähigkeit sind Zustände, bei deren Überschreitung es rechnerisch zum Einsturz oder ähnlichen Formen des Tragwerksversagens kommt. Dazu gehören:

- **EQU:** Verlust der Lagesicherheit des Tragwerks oder eines seiner Teile, jeweils als starrer Körper betrachtet (z. B. Abheben, Umkippen, Aufschwimmen),
- **STR:** Versagen des Tragwerks oder eines seiner Teile infolge Überschreitens der Materialfestigkeit oder übermäßiger Verformung,
- **GEO:** Versagen oder übermäßige Verformung des Baugrundes,
- **FAT:** Versagen des Tragwerks oder eines seiner Teile durch Materialermüdung, siehe bauartspezifische Bemessungsnormen,
- **UPL:** Verlust der Lagesicherheit aufgrund von Hebungen durch Wasserdruck oder sonstigen vertikalen Einwirkungen (siehe DIN EN 1997),
- **HYD:** hydraulischer Grundbruch, innere Erosion und Piping (siehe DIN EN 1997).

2.4.1 Nachweisformat

Nachweis der Lagesicherheit (EQU)

Es ist nachzuweisen:

$$E_{d,dst} \leq E_{d,stb}$$

$E_{d,dst}$ Bemessungswert der Auswirkung der destabilisierenden Einwirkungen
$E_{d,stb}$ Bemessungswert der Auswirkung der stabilisierenden Einwirkungen

Für Verankerungen zur Gewährleistung der Lagesicherheit gilt davon abweichend:

$$E_{d,dst} - E_{d,stb} \leq R_{d,anch}$$

$R_{d,anch}$ Bemessungswert des Widerstandes der Verankerung

Versagen des Tragwerks, eines seiner Teile oder einer Verbindung (STR oder GEO)

(z.B. durch Bruch, übermäßige Verformung)

$E_d \leq R_d$

E_d Bemessungswert der Auswirkung der Einwirkungen (z.B. Schnittkraft)

R_d Bemessungswert des zugehörigen Tragwiderstandes. Angaben zur Ermittlung von R_d finden sich in den bauartspezifischen Bemessungsnormen.

2.4.2 Kombinationsregeln für Einwirkungen in den GZT

Die Ermittlung der Bemessungswerte der Auswirkungen E_d erfolgt in den GZT für folgende Einwirkungskombinationen:

- ständige und vorübergehende Bemessungssituation (Grundkombination), gilt nicht für den Nachweis auf Materialermüdung (siehe dazu bauartspezifische Bemessungsnormen):

$$E_d = E\left\{\sum_{j\geq 1} \gamma_{G,j} \cdot G_{k,j} \text{"+"} \gamma_P \cdot P \text{"+"} \gamma_{Q,1} \cdot Q_{k,1} \text{"+"} \sum_{i>1} \gamma_{Q,i} \cdot \psi_{0,i} \cdot Q_{k,i}\right\}$$

- außergewöhnliche Bemessungssituation:

$$E_{dA} = E\left\{\sum_{j\geq 1} G_{k,j} \text{"+"} P \text{"+"} A_d \text{"+"} (\psi_{1,1} \text{ oder } \psi_{2,1}) \cdot Q_{k,1} \text{"+"} \sum_{i>1} \psi_{2,i} \cdot Q_{k,i}\right\}$$

  Ob $\psi_{1,1} \cdot Q_{k,1}$ oder $\psi_{2,1} \cdot Q_{k,1}$ in Ansatz zu bringen ist, hängt von der Art der außergewöhnlichen Einwirkung ab (Anprall, Brand usw.), siehe DIN EN 1991 bis DIN EN 1999.

- Bemessungssituation bei Erdbeben:

$$E_{dE} = E\left\{\sum_{j\geq 1} G_{k,j} \text{"+"} P \text{"+"} A_{Ed} \text{"+"} \sum_{i\geq 1} \psi_{2,i} \cdot Q_{k,i}\right\}$$

Es bedeuten:

"+"	steht als Symbol für "ist zu kombinieren mit"
$\gamma_G, \gamma_Q, \gamma_P$	Teilsicherheitsbeiwerte für Einwirkungen nach Tafel 6, γ_P siehe DIN EN 1992
ψ_0, ψ_1, ψ_2	Kombinationsbeiwerte, für Hochbauten nach Tafel 5
$G_{k,j}$, P	charakteristischer Wert der ständigen Einwirkungen / Vorspannung
$Q_{k,1}$, $Q_{k,i}$	charakteristischer Wert der vorherrschenden veränderlichen Einwirkung (Leiteinwirkung) / sonstigen veränderlichen Einwirkungen (Begleiteinwirkung)
A_d , A_{Ed}	Bemessungswert einer außergewöhnlichen Einwirkung / Einwirkung infolge Erdbeben

Als voneinander unabhängig dürfen Einwirkungen nur dann betrachtet werden, wenn sie durch verschiedene Ursachen hervorgerufen werden, bzw. die zwischen ihnen bestehende Korrelation vernachlässigbar ist. Ist nicht von vornherein offensichtlich, welche der unabhängigen veränderlichen Einwirkungen die für den betrachteten Lastfall vorherrschende ist (Leiteinwirkung), sollte jede unabhängige veränderliche Einwirkung der Reihe nach als vorherrschend untersucht werden. Im Fall einer linear-elastischen Berechnung können die Auswirkungen aus den einzelnen Einwirkungen zunächst getrennt berechnet und anschließend überlagert werden. Bei den oben angegebenen Kombinationsregeln dürfen in diesem Fall die Bemessungswerte der unabhängigen Einwirkungen ($G_{k,j}$, P_k, $Q_{k,i}$, A_d, A_{Ed}) durch die zugehörigen Auswirkungen (Schnittgrößen oder Spannungen) $E_{Gk,j}$, E_{Pk}, $E_{Qk,i}$, E_{Ad}, E_{AEd} ersetzt werden. Die vorherrschende veränderliche Auswirkung $E_{Qk,1}$ lässt sich dann für die verschiedenen Kombinationsregeln aus folgenden Bedingungen bestimmen:

- Grundkombination: $\gamma_{Q,1} \cdot (1 - \psi_{0,1}) \cdot E_{Qk,1} = \text{Max.}$
- außergewöhnliche Bemessungssituation: $(\psi_{1,1} - \psi_{2,1}) \cdot E_{Qk,1} = \text{Max.}$

2.4.3 Teilsicherheitsbeiwerte in den GZT

Teilsicherheitsbeiwerte für die Ermittlung des Tragwiderstandes R_d

Siehe bauartspezifische Bemessungsnormen.

Teilsicherheitsbeiwerte für Einwirkungen und Beanspruchungen

Teilsicherheitsbeiwerte für Hochbauten siehe Tafel 6. Weitere Teilsicherheitsbeiwerte sind in den bauartspezifischen Bemessungsnormen bzw. den Normen für bestimmte Bauwerksarten (z. B. Brücken) angegeben.

Tafel 6: Teilsicherheitsbeiwerte der Einwirkungen für Hochbauten nach DIN EN 1990/NA:2010-12

Versagen des Tragwerks oder eines seiner Teile (STR / GEO) (durch Bruch, übermäßige Verformung usw.)				
Einwirkung		Symbol	Ständige und vorübergehende Bemessungssituation	Außergewöhnliche Bemessungssituation und Erdbeben
unabhängige ständige Einwirkungen	ungünstig	$\gamma_{G,sup}$	1,35	1,00
	günstig	$\gamma_{G,inf}$	1,00	1,00
unabhängige veränderliche Einwirkungen	ungünstig	γ_Q	1,50	1,00
außergewöhnliche Einwirkungen	ungünstig	γ_A	–	1,00
Nachweis der Lagesicherheit (EQU)				
Einwirkung		Symbol	Ständige und vorübergehende Bemessungssituation	Außergewöhnliche Bemessungssituation und Erdbeben
ständige Einwirkungen (einschl. Grundwasser und frei anstehendem Wasser)	destabilisierend	$\gamma_{G,dst}$	1,10	1,00
	stabilisierend	$\gamma_{G,stb}$	0,90	0,95
bei kleinen Schwankungen der ständigen Einwirkungen (z. B. beim Nachweis der Auftriebssicherheit)	destabilisierend	$\gamma_{G,dst}$	1,05	1,00
	stabilisierend	$\gamma_{G,stb}$	0,95	0,95
ständige Einwirkungen für den kombinierten Nachweis der Lagesicherheit unter Berücksichtigung des Bauteilwiderstandes (z. B. Zugverankerungen)	destabilisierend	$\gamma_{G,dst}$*	1,35	1,00
	stabilisierend	$\gamma_{G,stb}$*	1,15	0,95
destabilisierende veränderliche Einwirkungen	destabilisierend	γ_Q	1,50	1,00
außergewöhnliche Einwirkungen	destabilisierend	γ_A	–	1,00
Nachweis der Gesamtstabilität des Baugrunds (GEO)				
Einwirkung		Symbol	Ständige und vorübergehende Bemessungssituation	Außergewöhnliche Bemessungssituation und Erdbeben
unabhängige ständige Einwirkungen	ungünstig	γ_G	1,00	1,00
	günstig	γ_G	1,00	1,00
unabhängige veränderliche Einwirkungen	ungünstig	γ_Q	1,30	1,00
außergewöhnliche Einwirkungen	ungünstig	γ_A	–	1,00

Beim Nachweis gegen Versagen durch Materialermüdung **(FAT)** dürfen die Teilsicherheitsbeiwerte auf Einwirkungsseite zu $\gamma_G = \gamma_Q = 1{,}0$ angesetzt werden. Ergänzende Angaben sind in den bauartspezifischen Bemessungsnormen enthalten.

2.5 Grenzzustände der Gebrauchstauglichkeit (GZG)

2.5.1 Allgemeines

Die Anforderungen an die Gebrauchstauglichkeit können sich auf

- die Funktion des Bauwerkes oder eines seiner Teile
- das Wohlbefinden von Personen
- das optische Erscheinungsbild

beziehen.

Folgende Grenzzustände der Gebrauchstauglichkeit sind im Rahmen der Nachweisführung zu betrachten:

- Verformungen und Verschiebungen, die zu einer Beeinträchtigung der Nutzung des Tragwerks, zu Schäden an angrenzenden Bauteilen oder einem nachteiligen Erscheinungsbild führen,
- Schwingungen, die zu Schäden oder Beeinträchtigungen der Funktionsfähigkeit am Tragwerk selbst oder an angrenzenden Bauteilen führen bzw. bei Menschen körperliches Unbehagen hervorrufen,
- Schäden, die Funktionsfähigkeit, Dauerhaftigkeit oder Erscheinungsbild des Tragwerks beeinträchtigen,
- sichtbare Schäden aufgrund von Materialermüdung oder anderen zeitabhängigen Auswirkungen.

2.5.2 Nachweisformat

$E_d \leq C_d$

E_d Bemessungswert der Auswirkung der Einwirkungen, ermittelt in der Dimension des Gebrauchstauglichkeitskriteriums auf der Grundlage einer der nachfolgend angegebenen Kombinationsregeln

C_d Bemessungswert des Gebrauchstauglichkeitskriteriums (z.B. aufnehmbare Spannung, zulässige Rissbreite), siehe bauartspezifische Bemessungsnormen

2.5.3 Teilsicherheitsbeiwerte

Die Teilsicherheitsbeiwerte dürfen für Nachweise in den Grenzzuständen der Gebrauchstauglichkeit sowohl auf Einwirkungs- als auch Widerstandsseite zu 1,0 gesetzt werden. Davon abweichende Regelungen können in den bauartspezifischen Bemessungsnormen enthalten sein.

2.5.4 Kombinationsregeln für Einwirkungen in den GZG

Die Bemessungswerte der Einwirkungen sind nach folgenden Kombinationsregeln zu ermitteln:

- Charakteristische Kombination: (nicht umkehrbare Grenzzustände)

$$E_{\text{d,char}} = E\left\{\sum_{j\geq 1} G_{\text{k,j}} \text{"+"} P \text{"+"} Q_{\text{k,1}} \text{"+"} \sum_{i>1} \psi_{0,\text{i}} \cdot Q_{\text{k,i}}\right\}$$

- Häufige Kombination: (umkehrbare Grenzzustände)

$$E_{\text{d,frequ}} = E\left\{\sum_{j\geq 1} G_{\text{k,j}} \text{"+"} P \text{"+"} \psi_{1,1} \cdot Q_{\text{k,1}} \text{"+"} \sum_{i>1} \psi_{2,\text{i}} \cdot Q_{\text{k,i}}\right\}$$

- Quasi-ständige Kombination: (Langzeitauswirkungen und Erscheinungsbild)

$$E_{\text{d,frequ}} = E\left\{\sum_{j\geq 1} G_{\text{k,j}} \text{"+"} P \text{"+"} \psi_{1,1} \cdot Q_{\text{k,1}} \text{"+"} \sum_{i>1} \psi_{2,\text{i}} \cdot Q_{\text{k,i}}\right\}$$

Die bauartspezifischen Bemessungsnormen enthalten Angaben, welche Einwirkungskombination für welchen Nachweis maßgebend ist. Zur Bedeutung der Formelzeichen siehe Seite 9.

Bei linear-elastischer Schnittgrößenermittlung dürfen in diesen Kombinationsregeln – analog zur auf Seite 10 beschriebenen Vorgehensweise in den Grenzzuständen der Tragfähigkeit – die

Bemessungswerte der unabhängigen Einwirkungen durch die zugehörigen Auswirkungen ersetzt werden.

Die vorherrschende dominierende Einwirkung (Leiteinwirkung) kann für die einzelnen Kombinationsregeln aus folgenden Bedingungen ermittelt werden:

- Charakteristische Kombination: $(1-\psi_{0,1}) \cdot E_{Qk,1} = \text{Max.}$
- Häufige Kombination: $(\psi_{1,1}-\psi_{2,1}) \cdot E_{Qk,1} = \text{Max.}$

2.6 Überlagerung von Wind- und Schneelasten bei Hochbauten

In den GZT und den GZG gilt zusätzlich zu den in den Abschnitten 2.4.2 und 2.5.4 angegebenen Kombinationsregeln (siehe DIN EN 1990/NA:2010-12, NDP zu A.1.2.1 (1) Anmerkung 2):

- **Orte bis NN +1.000 m:** Sind weder Wind noch Schnee die vorherrschende veränderliche Einwirkung (Leiteinwirkung), ist es ausreichend, entweder Wind oder Schnee als Begleiteinwirkung anzusetzen. Sind Wind oder Schnee dagegen Leiteinwirkungen, ist die jeweils andere als Begleiteinwirkung anzusetzen.
- **Windzonen III und IV:** Ist Wind die Leiteinwirkung, darf auf den Ansatz von Schnee als Begleiteinwirkung verzichtet werden. Ist Normalschnee die Leiteinwirkung, ist Wind stets als Begleiteinwirkung zu berücksichtigen. Bei außergewöhnlicher Schneelast darf diese stets als Leiteinwirkung betrachtet und auf den Ansatz von Wind als Begleiteinwirkung verzichtet werden. Allerdings sind die Auswirkungen möglicher Schneeverwehungen zu prüfen.

3 Eigenlasten von Baustoffen, Bauteilen und Lagerstoffen nach DIN EN 1991-1-1

3.1 Allgemeines

In den folgenden Tabellen werden die charakteristischen Werte der Wichten und Flächenlasten von üblichen Baustoffen und Bauteilen sowie von Lagerstoffen auf der Grundlage der Norm DIN EN 1991-1-1 angegeben. Lasten für Schüttgüter, die in Silos oder Behältern gelagert werden, sind DIN EN 1991-4 zu entnehmen. Enthalten die bauaufsichtlichen Zulassungen von Baustoffen oder Bauteilen Angaben zu den charakteristischen Werten der Eigenlasten, sind diese maßgebend.

3.2 Wichten und Flächenlasten von Baustoffen und Bauteilen

3.2.1 **Beton** (DIN EN 1991-1-1, Tabelle A.1) [1) 2) 3)]

Normalbeton					Wichte in kN/m³	**24**
Schwerbeton nach DIN EN 206-1:2001-07					Wichte in kN/m³	**> 26**
Leichtbeton (gefügedicht)						
Rohdichteklasse (Trockenrohdichte in g/cm³)	LC 1,0 (≥0,8 – 1,0)	LC 1,2 (> 1,0 – 1,2)	LC 1,4 (> 1,2 – 1,4)	LC 1,6 (> 1,4 – 1,6)	LC 1,8 (> 1,6 – 1,8)	LC 2,0 (> 1,8 – 2,0)
Wichte in kN/m³	**9 – 10**	**10 – 12**	**12 – 14**	**14 – 16**	**16 – 18**	**18 – 20**

1) Erhöhung um 1 kN/m³ bei üblichem Bewehrungsgrad für Stahlbeton und Spannbeton.
2) Bei Frischbeton sind die Werte um 1 kN/m³ zu erhöhen.
3) Angaben zur Wichte von Bauteilen aus Porenbeton siehe Abschnitt 3.2.9.

3.2.2 **Mauerwerk** (DIN EN 1991-1-1, Tabellen NA.A.13 und A.2)

Mauerwerk aus künstlichen Steinen (einschließlich Fugenmörtel und üblicher Feuchte)

Rohdichteklasse in g/cm³	0,4	0,5	0,6	0,7	0,8	0,9	1,0	1,2	1,4	1,6	1,8	2,0	2,2	2,4
Wichte in kN/m³ bei Normalmörtel	**6**	**7**	**8**	**9**	**10**	**11**	**12**	**14**	**16**	**16**	**18**	**20**	**22**	**24**
Wichte in kN/m³ bei Leicht- u. Dünnbettmörtel	**5**	**6**	**7**	**8**	**9**	**10**	**11**	**13**	**15**					

Bei Zwischenwerten der Steinrohdichten dürfen die Rechenwerte geradlinig interpoliert werden.

Mauerwerk aus natürlichen Steinen und Natursteine

Naturstein	Wichte in kN/m³	**Naturstein**	Wichte in kN/m³
Granit, Syenit, Porphyr	**27 – 30**	Dichter Kalkstein	**20 – 29**
Basalt, Diorit, Gabbro	**27 – 31**	Kalkstein	**20**
Trachyt	**26**	Tuffstein	**20**
Basalt	**24**	Gneis	**30**
Grauwacke, Sandstein	**21 – 27**	Schiefer	**28**

3.2.3 **Mörtel und Putze** (DIN EN 1991-1-1/NA:2010-12, Tabelle NA.A.17)

Baustoff	Wichte in kN/m³	Schichtdicke in mm	Flächenlast in kN/m²
Gipskalkputz			
auf Putzträgern	**17**	**30**	**0,50**
auf Holzwolleleichtbauplatten (Plattendicke = 15 mm)		**20**	**0,35**
auf Holzwolleleichtbauplatten (Plattendicke = 25 mm)		**20**	**0,45**
Gipsmörtel, -putz (ohne Sand)	**12**	**15**	**0,18**

Baustoff	Wichte in kN/m³	Schichtdicke in mm	Flächenlast in kN/m²
Kalk-, Kalkgips-, Gipssandmörtel	**18**	**20**	**0,35**
Kalkzementmörtel	**20**	**20**	**0,40**
Leichtputz nach DIN 18550-4	**15**	**20**	**0,30**
Rohrdeckenputz (Gips)	**15**	**20**	**0,30**
Putz aus Putz- und Mauerbindern nach DIN 4211		**20**	**0,40**
Wärmedämmputzsystem (WDPS), Dämmputz		**20**	**0,24**
		60	**0,32**
		100	**0,40**
Wärmedämmbekleidung aus Kalkzementputz und Holzwolleleichtbauplatten			
auf Holzwolleleichtbauplatten (Plattendicke = 15 mm)		**20**	**0,49**
auf Holzwolleleichtbauplatten (Plattendicke = 50 mm)		**20**	**0,60**
auf Holzwolleleichtbauplatten (Plattendicke = 100 mm)		**20**	**0,80**
Wärmedämmverbundsystem aus 15 mm dickem bewehrtem Oberputz und Schaumkunststoff nach DIN V 18164-1 und -2 **oder Faserdämmstoff** nach DIN V 18165-1 und -2		–	**0,30**
Zementmörtel, -putz	**21**	**20**	**0,42**

3.2.4 **Holz und Holzwerkstoffe** (DIN EN 1991-1-1:2010-12, Tabelle A.3)

Nadelholz									
Festigkeitsklasse	C14	C16	C18	C22	C24	C27	C30	C35	C40
Wichte in kN/m³	**3,5**	**3,7**	**3,8**	**4,1**	**4,2**	**4,5**	**4,6**	**4,8**	**5,0**
Brettschichtholz									
Festigkeitsklasse		GL24h	GL28h	GL32h	GL36h	GL24c	GL28c	GL32c	GL36c
Wichte in kN/m³		**3,7**	**4,0**	**4,2**	**4,4**	**3,5**	**3,7**	**4,0**	**4,2**
Laubholz									
Festigkeitsklasse				D30	D35	D40	D50	D60	D70
Wichte in kN/m³				**6,4**	**6,7**	**7,0**	**7,8**	**8,4**	**10,8**

Sperrholz	Wichte in kN/m³	**Spanplatten**	Wichte in kN/m³
Weichholz-Sperrholz	**5,0**	Spanplatten	**7,0 – 8,0**
Birken-Sperrholz	**7,0**	Zementgebundene Spanplatten	**12,0**
Laminate und Tischlerplatten	**4,5**	Sandwichplatten	**7,0**

Holzfaserplatten	Wichte in kN/m³
Hartfaserplatten	**10,0**
Holzfaserplatten mittlerer Dichte	**8,0**
Leichtfaserplatten	**4,0**

3.2.5 **Metalle** (DIN EN 1991-1-1:2010-12, Tabelle A.4)

Baustoff	Wichte in kN/m³	Baustoff	Wichte in kN/m³
Aluminium	**27**	**Messing, Bronze**	**83 – 85**
Blei	**112 – 114**	**Schmiedeeisen**	**76**
Gusseisen	**71 – 72,5**	**Stahl**	**77 – 78,5**
Kupfer	**87 – 89**	**Zink**	**71 – 72**

3.2.6 Sperr-, Dämm- und Füllstoffe

Lose Dämm- und Füllstoffe (DIN EN 1991-1-1/NA:2010-12, Tabelle NA.A.19)

Baustoff	Flächenlast in kN/m² je cm Dicke	Baustoff	Flächenlast in kN/m² je cm Dicke
Bimskies (geschüttet)	**0,07**	**Hanfschäben** (bituminiert)	**0,02**
Blähglimmer (geschüttet)	**0,02**	**Hochofenschaumschlacke** (Hüttenbims) [1)]	**0,09**
Blähperlit	**0,01**	**Hochofenschlackensand**	**0,10**
Blähschiefer, -ton (geschüttet)	**0,15**	**Kieselgur**	**0,03**
Faserdämmstoffe (DIN V 18165-1 und -2)	**0,01**	**Korkschrot** (geschüttet)	**0,02**
Faserstoffe (bituminiert, Schüttung)	**0,02**	**Magnesia** (gebrannt)	**0,10**
Gummischnitzel	**0,03**	**Schaumkunststoffe**	**0,01**

[1)] Nach DIN 1055-1:2002-06.

Platten, Matten und Bahnen (DIN EN 1991-1-1/NA:2010-12, Tabelle NA.A.20)

Baustoff	Flächenlast in kN/m² je cm Dicke	Baustoff	Flächenlast in kN/m² je cm Dicke
Asphaltplatten	**0,22**	**Perliteplatten**	**0,02**
Kieselgurplatten	**0,03**	**Polyurethan-Ortschaum** nach DIN 8159-1	**0,01**
Korkschrotplatten aus imprägniertem Kork nach DIN 18161-1, bituminiert	**0,02**	**Schaumglas** (Rohdichte 0,07 g/cm³), Dicke 4 – 6 cm, Pappkaschierung, Verklebung	**0,02**
Korkschrotplatten aus Backkork nach DIN 18161-1	**0,01**	**Schaumkunststoffplatten** nach DIN V 18164:2002-01, DIN 18164-2:2001-09	**0,004**
Holzwolle-Leichtbauplatten (DIN 1101)		**Mehrschicht-Leichtbauplatten** (DIN 1102)	
Plattendicke ≤ 10 cm	**0,06**	Zweischichtplatten	**0,05**
Plattendicke > 10 cm	**0,04**	Dreischichtplatten	**0,09**

3.2.7 Baustoffe für Brücken (DIN EN 1991-1-1:2010-12, Tabelle A.6)

Baustoff	Wichte in kN/m³	Baustoff	Wichte in kN/m³
Beläge von Straßenbrücken		**Beläge für Eisenbahnbrücken**	
Gussasphalt und Asphaltbeton	**24,0 – 25,0**	Betonschutzschicht	**25,0**
Asphaltmastix	**18,0 – 22,0**	Normaler Schotter (Granit, Gneis, etc.)	**20,0**
Asphalt, heißgewalzt	**23,0**	Basaltschotter	**26,0**

Schüttungen für Brücken	Wichte in kN/m³
Sand (trocken), Schotter, Kies	**15,0 – 16,0**
Gleisbettunterbau	**18,5 – 19,5**
Splitt	**13,5 – 14,5**
Bruchstein	**20,5 – 21,5**
Lehm	**18,5 – 19,5**

Gleise mit Schotterbett	Gewicht je Gleis und Länge in kN/m
2 Schienen UIC 60	**1,2**
Vorgespannte Betonschwellen mit Schienenbefestigung	**4,8**
Holzschwellen mit Schienenbefestigung	**1,9**
Direkte Schienenbefestigung	Gewicht je Gleis und Länge in kN/m
2 Schienen UIC 60 mit Schienenbefestigung	**1,7**

3.2.8 **Fußboden- und Wandbeläge** (DIN EN 1991-1-1/NA:2010-12, Tabelle NA.A.18)

Baustoff	Flächenlast in kN/m² je cm Dicke	Baustoff	Flächenlast in kN/m² je cm Dicke
Asphaltbeläge		**Estriche**	
Asphaltbeton	**0,24**	Industrieestrich	**0,24**
Asphaltmastix	**0,18**	Gipsestrich	**0,20**
Gussasphalt	**0,23**	Gussasphaltestrich	**0,23**
Betonwerksteinplatten, Terrazzo und kunstharzgebundene Werksteinplatten	**0,24**	Calciumsulfatestrich (Anhydritestrich, Natur-, Kunst- und REA-Gipsestrich)	**0,22**
Glasscheiben	**0,25**	Kunstharzestrich	**0,22**
Keramische Fliesen (einschl. Mörtel)		Magnesiaestrich nach DIN 272 mit begehbarer Nutzschicht bei ein- oder mehrschichtiger Ausführung	**0,22**
Wandfliesen	**0,19**		
Bodenfliesen	**0,22**	Unterschicht bei mehrschichtiger Ausführg.	**0,12**
Kunststoff-Fußbodenbelag	**0,15**	Zementestrich	**0,22**
Linoleum	**0,13**	**Teppichboden**	**0,03**
Natursteinplatten (einschl. Mörtel)	**0,30**	**Gummi**	**0,15**

3.2.9 **Bauplatten** (DIN EN 1991-1-1/NA:2010-12, Tabellen NA.A.14 und NA.A.15)

Bauplatten aus Porenbeton (einschließlich Fugenmörtel und üblicher Feuchte)

Rohdichteklasse		0,4	0,5	0,6	0,7	0,8
Porenbeton – unbewehrt (nach DIN 4166)						
Verwendung von Normalmörtel	Wichte in kN/m³	**5**	**6**	**7**	**8**	**9**
	Flächenlast in kN/m² je cm Dicke	**0,05**	**0,06**	**0,07**	**0,08**	**0,09**
Verwendung von Leicht- oder Dünnbettmörtel	Wichte in kN/m³	**4,5**	**5,5**	**6,5**	**7,5**	**8,5**
	Flächenlast in kN/m² je cm Dicke	**0,045**	**0,055**	**0,065**	**0,075**	**0,085**
Porenbeton – bewehrt (nach DIN 4223)						
Verwendung von Normalmörtel	Wichte in kN/m³	**5,2**	**6,2**	**7,2**	**8,4**	**9,5**
	Flächenlast in kN/m² je cm Dicke	**0,052**	**0,062**	**0,072**	**0,084**	**0,095**

Bauplatten aus Gips und Gipskarton

Art der Bauplatte	Rohdichteklasse	Flächenlast in kN/m² je cm
Porengips-Wandbauplatten	0,7	**0,07**
Gips-Wandbauplatten (DIN EN 12 859)	0,9	**0,09**
Gipskartonplatten (DIN 18180)	–	**0,09**

3.2.10 Dachdeckungen und Bauwerksabdichtungen

Die nachfolgenden Flächenlasten gelten für 1 m² Dachfläche ohne Sparren, Pfetten sowie Dachbinder und, soweit nicht anders vorgegeben, ohne Vermörtelung, aber einschließlich der Lattung. Bei einer Vermörtelung sind die Lasten um 0,1 kN/m² zu erhöhen.

Deckungen aus Dachziegeln, Dachsteinen und Glasdeckstoffen (DIN EN 1991-1-1/NA:2010-12, Tabelle NA.A.21)

Art der Dachdeckung	Flächenlasten in kN/m²
Betondachsteine mit mehrfacher Fußrippung und hoch liegendem Längsfalz	
bis 10 Stück/m²	**0,50**
über 10 Stück/m²	**0,55**
Betondachsteine mit mehrfacher Fußrippung und tief liegendem Längsfalz	
bis 10 Stück/m²	**0,60**
über 10 Stück/m²	**0,65**
Biberschwanzziegel 155 x 375 mm und 180 x 380 mm **sowie ebene Betondachsteine im Biberformat**	
Spließdach (einschließlich Schindeln)	**0,60**
Doppel- und Kronendach	**0,75**
Glasdeckstoffe bei gleicher Dachdeckungsart wie bis hier aufgezählt	siehe oben
Falzziegel, Reformpfannen, Falzpfannen, Flachdachpfannen	**0,55**
Großformatige Pfannen bis 10 Stück/m²	**0,50**
Kleinformatige Biberschwanzziegel und Sonderformate (Kirchen-, Turmbiber u.a.)	**0,95**
Krempziegel, Hohlpfannen	**0,45**
Krempziegel, Hohlpfannen in Pappdocken verlegt	**0,55**
Mönch- und Nonnenziegel (einschl. Mörtel)	**0,90**
Strangfalzziegel	**0,60**

Schieferdeckungen (DIN EN 1991-1-1/NA:2010-12, Tabelle NA.A.22)

Art der Schieferdeckung	Flächenlasten in kN/m²
Altdeutsche Schiefer- und Schablonendeckung auf 24 mm Schalung, einschl. Vordeckung und Schalung	
in Einfachdeckung	**0,50**
in Doppeldeckung	**0,60**
Schablonendeckung auf Lattung, einschl. Lattung	**0,45**

Metalldeckungen (DIN EN 1991-1-1/NA:2010-12, Tabelle NA.A.23)

Art der Metalldeckung	Flächenlasten in kN/m²
Aluminiumblechdach	
Aluminium 0,7 mm dick, einschl. 24 mm Schalung	**0,25**
aus Well-, Trapez- und Klemmrippenprofilen	**0,05**
Doppelstehfalzdach aus Titanzink oder Kupfer (0,7 mm dick, inklusive Vordeckung und 24 mm Schalung)	**0,35**
Stahlpfannendach (verzinkte Pfannenbleche)	
einschl. Lattung	**0,15**
einschl. Vordeckung und 24 mm Schalung	**0,30**
Stahlblechdach aus Trapezprofilen	siehe Hersteller
Wellblechdach (verzinkte Stahlbleche, einschl. Befestigungsmaterial)	**0,25**

Faserzement-Dachplatten nach DIN EN 494 (DIN EN 1991-1-1/NA:2010-12, Tabelle NA.A.24/25)

Art der Deckung	Flächenlasten in kN/m²
Deutsche Deckung auf 24 mm Schalung, einschl. Vordeckung und Schalung	**0,40**
Doppeldeckung auf Lattung, einschl. Lattung (Verlegung auf Schalung + 0,1 kN/m²)	**0,38**
Waagerechte Deckung auf Lattung, einschl. Lattung (Verlegung auf Schalung + 0,1 kN/m²)	**0,25**
Faserzement-Kurzwellplatten (einschl. Befestigungsmaterial, ohne Pfetten)	**0,24**
Faserzement-Wellplatten (einschl. Befestigungsmaterial, ohne Pfetten)	**0,20**

Sonstige Deckungen (DIN EN 1991-1-1/NA:2010-12, Tabelle NA.A.26)

Art der Deckung	Flächenlasten in kN/m²
Deckungen mit Kunststoffwellplatten nach DIN EN 494, einschl. Befestigungsmaterial, ohne Pfetten	
aus faserverstärkten Polyesterharzen (Rohdichte 1,4 g/cm³), Plattendicke 1 mm	**0,03**
wie oben, zusätzlich mit Deckkappen	**0,06**
aus glasartigem Kunststoff (Rohdichte 1,2 g/cm³), Plattendicke 3 mm	**0,08**
PVC-beschichtetes Polyestergewebe ohne Tragwerk	
Typ I (Reißfestigkeit 3,0 kN, 5 cm Breite)	**0,0075**
Typ II (Reißfestigkeit 4,7 kN, 5 cm Breite)	**0,0085**
Typ III (Reißfestigkeit 6,0 kN, 5 cm Breite)	**0,01**
Rohr- und Strohdach einschl. Lattung	**0,70**
Schindeldach einschl. Lattung	**0,25**
Sprossenlose Verglasung	
Profilbauglas, einschalig	**0,27**
Profilbauglas, zweischalig	**0,54**
Zeltleinwand, ohne Tragwerk	**0,03**

Dach- und Bauwerksabdichtungen mit Bitumen-, Kunststoff- sowie Elastomerbahnen (DIN EN 1991-1-1/NA:2010-12, Tabelle NA.A.27)

Baustoff	Flächenlasten in kN/m²
Bahnen im Lieferzustand	
Bitumen- und Polymerbitumen-Dachdichtungsbahn (DIN 52130 und DIN 52132)	**0,04**
Bitumen- und Polymerbitumen-Schweißbahn (DIN 52131 und DIN 52133)	**0,07**
Bitumen-Dichtungsbahn mit Metallbandeinlage (DIN 18190-4)	**0,03**
Nackte Bitumenbahn (DIN 52129)	**0,01**
Glasvlies-Bitumen-Dachbahn (DIN 52143)	**0,03**
Kunststoffbahnen, 1,5 mm Dicke	**0,02**
Bahnen in verlegtem Zustand	
Bitumen- und Polymerbitumen-Dachdichtungsbahn nach DIN 52130 und DIN 52132, einschl. Klebemasse bzw. Bitumen- und Polymerbitumen-Schweißbahn nach DIN 52131 und DIN 52133, je Lage	**0,07**
Bitumen-Dichtungsbahn (DIN 18190-4), einschl. Klebemasse, je Lage	**0,06**
Nackte Bitumenbahn (DIN 52129), einschl. Klebemasse, je Lage	**0,04**
Glasvlies-Bitumen-Dachbahn (DIN 52143), einschl. Klebemasse, je Lage	**0,05**
Dampfsperre, einschl. Klebemasse bzw. Schweißbahn, je Lage	**0,07**
Ausgleichsschicht, lose verlegt	**0,03**
Dach- und Bauwerksabdichtungen aus Kunststoffbahnen, lose verlegt, je Lage	**0,02**
Schwerer Oberflächenschutz auf Dachabdichtungen als Kiesschüttung, Dicke 50 mm	**1,00**

3.2.11 Wände

Eigenlasten für weitere, nicht unter 3.2.9 aufgeführte Wandbauarten:

Mauerwerkswände inkl. Dünnbettmörtel und Gipskalkputz, beidseitig 1cm dick in kN/m²

Steinrohdichte in kg/dm³		0,5	0,6	0,7	0,8	0,9	1,0	1,2	1,4	1,6	1,8	2,0	2,2
Wandstärke *d* in cm	11,5	**1,03**	**1,15**	**1,26**	**1,38**	**1,49**	**1,61**	**1,84**	**2,07**	**2,18**	**2,41**	**2,64**	**2,87**
	17,5	**1,39**	**1,57**	**1,74**	**1,92**	**2,09**	**2,27**	**2,62**	**2,97**	**3,14**	**3,49**	**3,84**	**4,19**
	24,0	**1,78**	**2,02**	**2,26**	**2,50**	**2,74**	**2,98**	**3,46**	**3,94**	**4,18**	**4,66**	**5,14**	**5,62**
	30,0	**2,14**	**2,44**	**2,74**	**3,04**	**3,34**	**3,64**	**4,24**	**4,84**	**5,14**	**5,74**	**6,34**	**6,94**
	36,5	**2,53**	**2,90**	**3,26**	**3,63**	**3,99**	**4,36**	**5,09**	**5,82**	**6,18**	**6,91**	**7,64**	**8,37**

Trennwände aus Gipskartonplatten nach DIN 18183-1 (informativ nach DIN 1055-1:1978-07, 7.7.4.4)

Einfachständerwände mit Mineralwolleausfachung	Flächenlasten in kN/m²
einfache Beplankung, Gesamtdicke 75 mm	**0,30**
doppelte Beplankung, Gesamtdicke 100 mm	**0,50**

3.3 Wichten und Böschungswinkel von Lagergütern

3.3.1 Baustoffe als Lagergüter (DIN EN 1991-1-1:2010-12, Tabelle A.7)

Die Böschungswinkel gelten für lose Schüttungen.

Lagerstoff	Böschungswinkel	Wichte in kN/m³
Bentonit		
lose	40°	**8,0**
gerüttelt	–	**11,0**
Blähton, Blähschiefer (Böschungswinkel aus DIN 1055-1 (06.2002))	30°	**15,0**
Braunkohlefilterasche	20°	**15,0**
Flugasche	25°	**10,0 – 14,0**
Gesteinskörnung nach DIN EN 206		
für Leichtbeton	30°	**9,0 – 20,0**
für Normalbeton	30°	**20,0 – 30,0**
für Schwerbeton	30°	**> 30**
Gips, gemahlen	25°	**15,0**
Glas, in Scheiben	–	**25,0**
Hochofenschlacke, gekörnt	30°	**12,0**
Hochofenstückschlacke	40°	**17,0**
Hüttenbims	35°	**9,0**
Kalkstein	25°	**13,0**
Kalk, gemahlen	25° – 27°	**13,0**
Kies und Sand, Schüttung	35°	**15,0 – 20,0**
Kunststoffe		
Polyäthylen, Polystyrol, als Granulat	30°	**6,4**
Polyvinylchlorid, als Pulver	40°	**5,9**
Polyesterharze	–	**11,8**
Leimharze	–	**13,0**
Magnesit, gemahlen	–	**12,0**
Sand	30°	**14,0 – 19,0**

Baustoffe als Lagergüter (Fortsetzung)

Lagerstoff	Böschungswinkel	Wichte in kN/m³
Süßwasser	–	**10,0**
Vermiculit		
Blähglimmer, als Zuschlag für Beton	–	**1,0**
Glimmer	–	**6,0 – 9,0**
Zement		
geschüttet	28°	**16,0**
in Säcken	–	**15,0**
Ziegelsplitt, gemahlene oder gebrochene Ziegel	35°	**15,0**

3.3.2 Allgemeine und industrielle Lagergüter (DIN EN 1991-1-1:2010-12, Tab. A.12)

Lagerstoff	Böschungswinkel	Wichte in kN/m³
Akten und **Bücher**	–	**6,0**
Akten und **Bücher**, dicht gelagert	–	**8,5**
Bitumen, Teer	–	**14,0**
Eis, in Stücken	–	**8,5**
Eisenerz		
Raseneisenerz	40°	**14,0**
Brasilerz	40°	**39,0**
Fasern, Zellulose, in Ballen gepresst	–	**12,0**
Faulschlamm		
bis 30% Volumenanteil an Wasser	20°	**12,5**
über 50% Volumenanteil an Wasser	–	**11,0**
Fischmehl	45°	**8,0**
Gummi	–	**10,0 – 17,0**
Holzmehl bzw. Sägespäne		
in Säcken, trocken	–	**3,0**
lose, trocken	45°	**2,5**
lose, feucht	45°	**5,0**
Holzspäne, lose geschüttet	45°	**2,0**
Holzwolle		
lose	45°	**1,5**
gepresst	–	**4,5**
Karbid, in Stücken	30°	**9,0**
Kleidungsstücke und **Stoffe**, gebündelt oder in Ballen	–	**11,0**
Kork, gepresst	–	**3,0**
Leder, gestapelt	–	**10,0**
Linoleum (DIN EN 548), in Rollen	–	**13,0**
Papier		
gestapelt	–	**11,0**
in Rollen	–	**15,0**
Porzellan oder **Steingut,** gestapelt	–	**11,0**
PVC-Beläge (DIN EN 649), in Rollen	–	**15,0**
Regale und Schränke	–	**6,0**
Salz	40°	**12,0**
Soda		
geglüht	45°	**25,0**
kristallin	40°	**15,0**
Steinsalz	45°	**22,0**
Wolle, Baumwolle, gepresst, luftgetrocknet	–	**13,0**

Wichten von Flüssigkeiten (DIN EN 1991-1-1:2010-12, Tabelle A.10)

Flüssigkeit	Wichte in kN/m³	Flüssigkeit	Wichte in kN/m³
Getränke (Bier, Milch, Wasser, Wein)	**10,0**	**Pflanzliche Öle**	
Kohlenwasserstoffe		Rizinusöl	**9,3**
Anilin	**9,8**	Glyzerin	**12,3**
Benzol	**8,8**	Leinöl	**9,2**
Steinkohleteer	**10,8 – 12,8**	Olivenöl	**8,8**
Kreosot	**10,8**	**Organische Flüssigkeiten und Säuren**	
Naphtha	**7,8**	Alkohol und Brennspiritus	**7,8**
Paraffin	**8,3**	Äther	**7,4**
Leichtbenzin	**6,9**	Salzsäure, Massenanteil 40%	**11,8**
Erdöl	**9,8 – 12,8**	Salpetersäure, Massenanteil 91%	**14,7**
Dieselöl	**8,3**	Schwefelsäure, Massenanteil 30%	**13,7**
Heizöl	**7,8 – 9,8**	Schwefelsäure, Massenanteil 87%	**17,7**
Schweröl	**12,3**	Terpentin	**8,3**
Schmieröl	**8,8**	**Andere Flüssigkeiten**	
Benzin (als Kraftstoff)	**7,4**	Quecksilber	**133,0**
Flüssiggas		Bleimennige	**59,0**
Butangas	**5,7**	Bleiweiß, in Öl	**38,0**
Propangas	**5,0**	Schlamm, Volumenanteil Wasser > 50%	**10,8**

3.3.3 Wichten und Böschungswinkel von festen Brennstoffen (DIN EN 1991-1-1:2010-12, Tabelle A.11)

Brennstoff	Böschungswinkel	Wichte in kN/m³
Braunkohle		
trocken	25° – 40°	**7,8**
erdfeucht	35°	**9,8**
Briketts, geschüttet	30° – 40°	**7,8**
Briketts, gestapelt	–	**12,8**
Braunkohlenstaub	40°	**4,9**
Braunkohlenschwelkoks	–	**9,8**
Brennholz	45°	**5,4**
Holzkohle		
lufterfüllt	–	**4,0**
luftfrei	–	**15,0**
Steinkohle		
Pressbriketts, geschüttet	35°	**8,0**
Pressbriketts, gestapelt	–	**13,0**
Eierbriketts	30°	**8,3**
Koks, je nach Sorte	35° – 45°	**4,0 – 6,5**
Rohkohle, grubenfeucht	35°	**10,0**
Kohle, gewaschen	–	**12,0**
Staubkohle	25°	**7,0**
Mittelgut im Steinbruch	35°	**12,3**
Waschberge im Zechenbetrieb	35°	**13,7**
weitere Kohlensorten	30° – 35°	**8,3**
Schwarztorf, getrocknet		
dicht verpackt	–	**6,0 – 9,0**
lose gekippt	45°	**3,0 – 6,0**

3.3.4 **Landwirtschaftliche Lagergüter** (DIN EN 1991-1-1:2010-12, Tabellen A.8 und A.9)

Wichten und Böschungswinkel von landwirtschaftlichen Schütt- und Stapelgütern

Lagerstoff	Böschungswinkel	Wichte in kN/m³
Getreide, ungemahlen (≤ 14% Feuchtigkeitsgehalt)		
allgemein	30°	**7,8**
Braugerste, feucht	–	**8,8**
Gerste	30°	**7,0**
Hafer	30°	**5,0**
Mais, geschüttet	30°	**7,4**
Mais, in Säcken	–	**5,0**
Roggen	30°	**7,0**
Weizen, geschüttet	30°	**7,8**
Weizen, in Säcken	–	**7,5**
Gras-Würfel	40°	**7,8**
Häute und **Felle**	–	**8,0 – 9,0**
Heu		
in Ballen	–	**1,0 – 3,0**
gewalzte Ballen	–	**6,0 – 7,0**
Hopfen	25°	**1,0 – 2,0**
Malz	20°	**4,0 – 6,0**
Mehl		
grob gemahlen	45°	**7,0**
Würfel	40°	**7,0**
Samen		
Grassamen	30°	**3,4**
Rübsamen	25°	**6,4**
Silofutter	–	**5,0 – 10,0**
Stroh		
trocken, lose	–	**0,7**
in Ballen	–	**1,5**
Tabak in Ballen	–	**3,5 – 5,0**
Torf		
trocken, lose, geschüttet	35°	**1,0**
trocken, in Ballen komprimiert	–	**5,0**
feucht	–	**9,5**
Trockenfutter, grün, lose gehäuft	–	**3,5 – 4,5**
Wolle		
lose	–	**3,0**
in Ballen	–	**7,0 – 13,0**

Wichten und Böschungswinkel von Düngemitteln (DIN EN 1991-1-1:2010-12, Tabelle A.8)

Düngemittel	Böschungswinkel	Wichte in kN/m³
Naturdünger		
Mist (mindestens 60% Feststoffe)	–	**7,8**
Mist (mit trockenem Stroh)	45°	**9,3**
Geflügelmist, trocken	45°	**6,9**
Jauche (maximal 20% Feststoffe)	–	**10,8**
Kunstdünger		
NPK - Düngemittel, gekörnt	25°	**8,0 – 12,0**
Thomasmehl	35°	**13,7**
Phosphat, gekörnt	30°	**10,0 – 16,0**
Kalisulfat	28°	**12,0 – 16,0**
Harnstoffe	24°	**7,0 – 8,0**

Wichten und Böschungswinkel von Nahrungsmitteln (DIN EN 1991-1-1:2010-12, Tab. A.9)
Verkehrswege, die durch feste Einbauten begrenzt werden, dürfen getrennt erfasst werden.

Lagerstoffe	Böschungswinkel	Wichte in kN/m³
Eier, in Behältern	–	**4,0 – 5,0**
Gemüse, grün		
Kohl	–	**4,0**
Salat	–	**5,0**
Hülsenfrüchte		
Bohnen	35°	**8,1**
Sojabohnen	–	**7,8**
Kartoffeln		
lose	35°	**7,6**
in Kisten	–	**4,4**
Mehl		
verpackt	–	**5,0**
lose	25°	**6,0**
Obst und **Früchte**		
Äpfel, lose	30°	**8,3**
Äpfel, in Kisten	–	**6,5**
Kirschen	–	**7,8**
Birnen	–	**5,9**
Himbeeren, in Schalen	–	**2,0**
Erdbeeren, in Schalen	–	**1,2**
Tomaten	–	**6,8**
Wurzelgemüse		
Allgemein	–	**8,8**
Rote Beete	40°	**7,4**
Möhren	35°	**7,8**
Zwiebeln	35°	**7,0**
Rüben	35°	**7,0**
Zucker		
dicht, verpackt	–	**16,0**
lose (geschüttet)	35°	**7,8 – 10**
Zuckerrüben		
Trockenschnitzel	35°	**2,9**
roh	–	**7,6**
Nassschnitzel	–	**10,0**

4 Nutzlasten nach DIN EN 1991-1-1

Geltungsbereich

Die in DIN EN 1991-1-1 enthaltenen Angaben zu Nutzlasten gelten für Tragwerke des üblichen Hochbaus. Schwere Ausrüstungen (Großküchen, Röntgengeräte, Heißwasserspeicher usw.) sind nicht in den nachfolgend angegebenen Lasten enthalten. Für andere Arten von Tragwerken sind gesonderte Vorschriften zu berücksichtigen (z.B. bei Brücken).

4.1 Lotrechte Nutzlasten

4.1.1 Nutzlasten für Decken, Balkone, Treppen und Dächer

Nach DIN EN 1991-1-1 sind in Abhängigkeit von der vorgesehenen Nutzung gleichmäßig verteilte Flächenlasten q_k oder Einzellasten Q_k bei der rechnerischen Nachweisführung zu berücksichtigen. Mit den Einzellasten Q_k wird der Nachweis der örtlichen Mindesttragfähigkeit erbracht. Dabei ist der charakteristische Wert für die Einzellast Q_k ohne gleichzeitige Überlagerung mit der Flächenlast q_k anzusetzen. Die Aufstandsfläche für Q_k ist ein Quadrat mit der Seitenlänge von 5 cm. Für konzentrierte Lasten aus Hochregalen, Hebebühnen, Tresoren usw. sind die Einzellasten Q_k im jeweiligen Einzelfall zu ermitteln.

Die charakteristischen Werte der nach DIN EN 1991-1-1 bei der Berechnung anzusetzenden lotrechten Nutzlasten für Decken, Treppen, Balkone und Dächer sind in Tafel 8 angegeben. Die in Tafel 8 angegebenen Nutzlasten dürfen als vorwiegend ruhende Lasten betrachtet werden, Ausnahmen siehe Fußnote 2) in Tafel 8. Unabhängig davon müssen Tragwerke, die durch Menschen zu Schwingungen angeregt werden können, gegen die auftretenden Resonanzeffekte ausgelegt werden.

Zusätzlich zu den Festlegungen der Tafel 8 gilt (DIN EN 1991-1-1/NA, 6.3.4.2):

- Flächen von Begehungsstegen, die ausschließlich als Rettungsweg dienen, sind mit einer Nutzlast von 3 kN/m² nachzuweisen, DIN EN 1991-1-1/NA:2010-12, NCI zu 6.3.4.2, (NA.9).
- Dachlatten sind für 2 Einzellasten von je 0,5 kN in den äußeren Viertelspunkten der Stützweite nachzuweisen. Für hölzerne Dachlatten mit üblichen Querschnittsabmessungen ist bei Sparrenabständen ≤ 1 m kein Nachweis erforderlich. Leichte Sprossen dürfen mit einer an der ungünstigen Stelle angesetzten Einzellast von 0,5 kN berechnet werden, sofern das Dach nur mittels Bohlen oder Leitern begehbar ist, DIN EN 1991-1-1/NA:2010-12, NCI zu 6.3.4.2, (NA.10) und (NA.11).
- Eine Überlagerung der in Tafel 8 angegebenen Lasten der Kategorie H mit Schnee- und/oder Windlasten ist nicht erforderlich, DIN EN 1991-1:2010-12, 3.3.2 (1).

Zu möglichen Nutzlastabminderungen für im Lastfluss nachfolgende Bauteile siehe DIN EN 1991-1-1:2010-12, 6.3.1.2.

4.1.2 Lasten aus leichten Trennwänden (DIN EN 1991-1-1:2010-12/NA, 6.3.1.2)

Die Lasten leichter unbelasteter Trennwände (Wandlast ≤ 5 kN/m Wandlänge) dürfen vereinfacht durch einen gleichmäßig verteilten Zuschlag zur Nutzlast berücksichtigt werden. Davon ausgenommen sind Wände mit einer Last von mehr als 3 kN/m Wandlänge, die parallel zu den Balken von Decken ohne ausreichende Querverteilung stehen.

Tafel 7: Trennwandzuschlag

Trennwandzuschlag für Wände (einschließlich Putz) mit einer Last von	≤ 3 kN/m Wandlänge	0,8 kN/m²
	> 3 kN/m Wandlänge ≤ 5 kN/m Wandlänge	1,2 kN/m²
Bei Nutzlasten von ≥ 5 kN/m² kann der Trennwandzuschlag entfallen.		

Tafel 8: Charakteristische Werte der lotrechten Nutzlasten für Decken, Treppen, Balkone und Dächer (DIN EN 1991-1-1/NA:2010-12, Tabellen 6.1DE und 6.10DE)

Kategorie		Nutzung	Beispiele	q_k in kN/m²	Q_k in kN
A	A1	Spitzböden	Für Wohnzwecke nicht geeigneter, aber zugänglicher Dachraum bis 1,80 m lichte Höhe	1,0	1,0
	A2	Wohn- und Aufenthaltsräume	Decken mit ausreichender Querverteilung der Lasten; Räume und Flure in Wohngebäuden, Bettenräume in Krankenhäusern, Hotelzimmer einschl. zugehöriger Küchen und Bäder	1,5	–
	A3		wie A2, aber ohne ausreichende Querverteilung der Lasten	2,0[1]	1,0
B	B1	Büroflächen, Arbeitsflächen, Flure	Flure in Bürogebäuden, Büroflächen, Arztpraxen ohne schweres Gerät, Stationsräume, Aufenthaltsräume einschl. der Flure; Kleinviehställe	2,0	2,0
	B2		Flure und Küchen in Krankenhäusern, Hotels, Altenheimen, Internaten usw.; Behandlungsräume in Krankenhäusern einschl. Operationsräume ohne schweres Gerät; Kellerräume in Wohngebäuden	3,0	3,0
	B3		wie B1 und B2, jedoch mit schwerem Gerät	5,0	4,0
C	C1	Räume, Versammlungsräume und Flächen, die der Ansammlung von Personen dienen können (gilt nicht bei Vorliegen der Kategorie A, B, D oder E)	Flächen mit Tischen; z.B. Kindertagesstätten, Kinderkrippen, Schulräume, Cafés, Restaurants, Speisesäle, Lesesäle, Empfangsräume, Lehrerzimmer	3,0	4,0
	C2		Flächen mit fester Bestuhlung: z.B. Flächen in Kirchen, Theatern oder Kinos, Kongresssäle, Hörsäle, Wartesäle	4,0	4,0
	C3		frei begehbare Flächen: z.B. Museumsflächen, Ausstellungsflächen usw. und Eingangsbereiche in öffentlichen Gebäuden und Hotels, zur Nutzungskategorie C1 bis C3 zugehörige Flure, nicht befahrbare Hofkellerdecken	5,0	4,0
	C4		Sport- und Spielflächen; z.B. Tanzsäle, Sporthallen, Gymnastik- und Kraftsporträume, Bühnen	5,0	7,0
	C5		Flächen für große Menschenansammlungen: z.B. Konzertsäle, Terrassen und Eingangsbereiche sowie Tribünen mit fester Bestuhlung	5,0	4,0
	C6		Flächen mit regelmäßiger Nutzung durch erhebliche Menschenansammlungen, z.B. Tribünen ohne feste Bestuhlung	7,5	10,0
D	D1	Verkaufsräume	Flächen von Verkaufsräumen bis 50 m² Grundfläche in Wohn-, Büro- und vergleichbaren Gebäuden	2,0	2,0
	D2		Flächen in Einzelhandelsgeschäften und Warenhäusern	5,0	4,0
	D3		Flächen wie D2, jedoch mit erhöhten Einzellasten infolge hoher Lagerregale	5,0	7,0
E[6]	E1.1	Fabriken, Lager und Werkstätten, Ställe, Lagerräume und Zugänge	Flächen in Fabriken[2] und Werkstätten[2] mit leichtem Betrieb; Flächen in Großviehställen	5,0	4,0
	E1.2		Allgem. Lagerflächen, einschließlich Bibliotheken	6,0[3]	7,0
	E2.1		Flächen in Fabriken[2] und Werkstätten[2] mit mittlerem oder schwerem Betrieb	7,5[3]	10,0

Tafel 8: Charakteristische Werte der lotrechten Nutzlasten für Decken, Treppen, Balkone und Dächer (Fortsetzung)

Kategorie		Nutzung	Beispiele	q_k in kN/m²	Q_k in kN
T[4]	T1	Treppen und Treppenpodeste	Treppen und Treppenpodeste in Wohngebäuden, Bürogebäuden und Arztpraxen ohne schweres Gerät	3,0	2,0
	T2		Treppen und Treppenpodeste, die nicht in T1 oder T3 eingeordnet werden können	5,0	2,0
	T3		bei Tribünen ohne feste Bestuhlung als Fluchtweg dienende Zugänge und Treppen	7,5	3,0
Z[4]		Zugänge, Balkone und Ähnliches	Dachterrassen, Laubengänge, Loggien usw.; Balkone, Ausstiegspodeste	4,0	2,0
H		nicht begehbare Dächer[5]		–	1,0

[1] Für die Weiterleitung der Lasten auf stützende Bauteile darf der angegebene Wert um 0,5 kN/m² abgemindert werden.

[2] Nutzlasten in Fabriken und Werkstätten gelten als vorwiegend ruhend. Im Einzelfall sind sich häufig wiederholende Lasten je nach Gegebenheit als nicht vorwiegend ruhende Lasten einzuordnen.

[3] Bei diesen Werten handelt es sich um Mindestwerte, gegebenenfalls sind höhere Lasten zu berücksichtigen.

[4] Für Einwirkungskombinationen nach DIN EN 1990:2010-12 sind die Einwirkungen der Nutzungskategorie des jeweiligen Gebäudes oder Gebäudeteils zuzuordnen.

[5] Begehbar für übliche Erhaltungsmaßnahmen und Reparaturen.

[6] Für Lagerflächen, die mit Gabelstaplern befahren werden, gelten die Werte gemäß Tafel 10.

4.1.3 Nutzlasten für Parkhäuser und Flächen mit Fahrzeugverkehr

Parkhäuser und Flächen mit Fahrzeugverkehr sind alternativ für die gleichmäßig verteilte Flächenlast q_k oder die Achslast Q_k nach Tafel 9 und Abb. 1 nachzuweisen. Eine gleichzeitige Berücksichtigung von Flächenlast und Achslast ist ebenso wie der Ansatz eines Schwingbeiwertes nicht erforderlich.

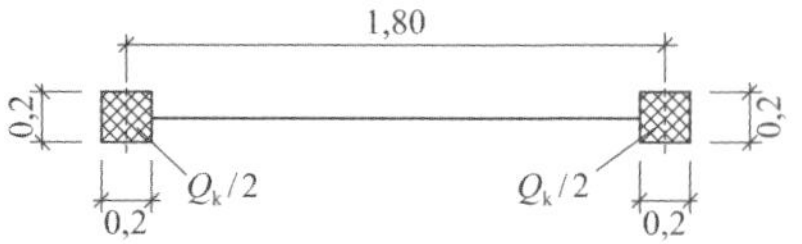

Abb. 1: Achslast Q_k

Tafel 9: Charakteristische Werte der lotrechten Nutzlasten für Parkhäuser und Flächen mit Fahrzeugverkehr (DIN 1991-1-1/NA/A1:2015-05, Tabelle 6.8DE)

Kategorie		Nutzung	q_k in kN/m²	Q_k in kN
F	F1	Verkehrs- und Parkflächen für leichte Fahrzeuge mit einer Gesamtlast ≤ 30 kN	3,0 [2) 3)]	20,0 [1)]
	F2	Zufahrtsrampen	5,0 [3)]	20,0 [1)]

[1] Anstelle der Achslast $Q_k = 20$ kN kann auch die Einzellast $0{,}5 \cdot Q_k = 10$ kN beim Nachweis örtlicher Beanspruchungen maßgebend werden. Dies kann z. B. das Durchstanzen unter einer Radlast oder die Querkrafttragfähigkeit am Plattenrand betreffen.

[2] Bei Kenntnis der Einflussfläche A_{EF} eines statischen Systems darf die Flächenlast auf folgenden Wert abgemindert werden: $2{,}5\ \text{kN/m}^2 \leq q_k = 2{,}2 + 35/A_{EF} \leq 3{,}0\ \text{kN/m}^2$ mit A_{EF} in m²

Alternativ kann A_{EF} als Einzugsfläche nach Abb. D.4 angesetzt werden.

[3] Für die Lastweiterleitung auf Stützen, Wände und Fundamente ist ein Wert von 2,5 kN/m² ausreichend.

4.1.4 Flächen für den Betrieb mit Gegengewichtsstaplern

Werden Gegengewichtsstapler eingesetzt, sind die betreffenden Decken für die lotrechten Nutzlasten nach Tafel 10 zu bemessen. Dazu ist ein Gegengewichtsstapler mit der zugehörigen Achslast Q_k in der ungünstigsten Stellung anzuordnen. Gleichzeitig ist außerhalb der Grundfläche des Gegengewichtsstaplers (siehe Abb. 2 und Tafel 11) die gleichmäßig verteilte Flächenlast q_k zu berücksichtigen.

Gegebenenfalls ist zu prüfen, ob die Nutzung als Lagerfläche mit Nutzlasten der Kategorie E (siehe Tafel 8) zu ungünstigeren Ergebnissen führt. Ist es möglich, dass Decken sowohl von Gegengewichtsstaplern, von Fahrzeugen der Kategorie F (siehe Abschnitt 4.1.3) und von Fahrzeugen entsprechend der Brückenklassen nach DIN 1072 (siehe Abschnitt 4.1.5) befahren werden, ist die am ungünstigsten wirkende Nutzlast anzusetzen.

Tafel 10: Charakteristische Werte der lotrechten Nutzlasten bei Betrieb mit Gegengewichtsstaplern nach DIN EN 1991-1-1:2010-12, Tabellen 6.5 und 6.6 sowie DIN EN 1991-1-1/NA:2010-12, Tabelle 6.4DE

Kategorie		Eigenlast [1] in kN	Hublast in kN	q_k in kN/m²	Achslast Q_k in kN
E2.2	FL1	21	10	12,5	26
E2.3	FL2	31	15	15,0	40
E2.4	FL3	44	25	17,5	63
E2.5	FL4	60	40	20,0	90
	FL5	90	60	20,0	140
	FL6	110	80	20,0	170

[1] Summe von Eigenlast des Gegengewichtsstaplers und Hublast.

Tafel 11: Abmessungen der Gegengewichtsstapler

Kategorie		Breite b in m	Länge l in m	Radabstand a in m
E2.2	FL1	1,00	2,60	0,85
E2.3	FL2	1,10	3,00	0,95
E2.4	FL3	1,20	3,30	1,00
E2.5	FL4	1,40	4,00	1,20
	FL5	1,90	4,60	1,50
	FL6	2,30	5,10	1,80

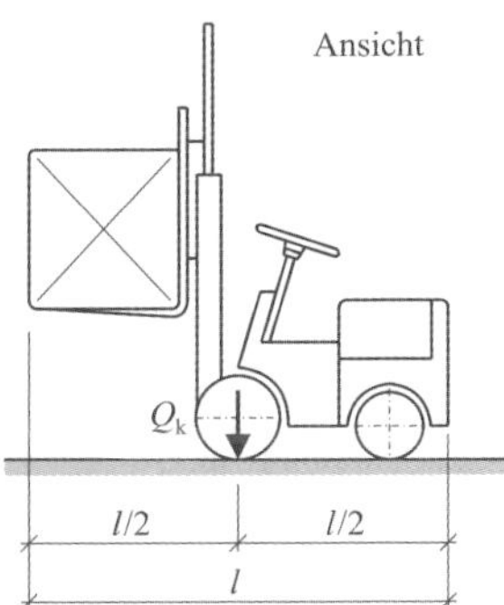

Grundrissdarstellung (Abmessungen in m)

Q_k entspricht der Achslast
$0{,}5 \cdot Q_k$ entspricht der Radlast

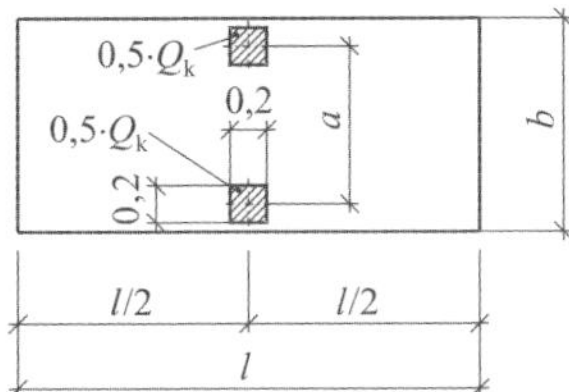

Abb. 2: Gegengewichtsstapler

Die für Gegengewichtsstapler anzusetzenden Einzellasten $0{,}5 \cdot Q_k$ sind mit einem Schwingbeiwert φ zu vervielfachen. Für diesen gilt:

- sofern kein genauerer Nachweis erbracht wird: $\varphi = 1{,}4$
- für überschüttete Bauwerke: $\varphi = 1{,}4 - 0{,}1 \cdot h_ü \geq 1{,}0$

$h_ü$ Höhe der Überschüttung in m

4.1.5 Fahrzeugverkehr auf Hofkellerdecken und planmäßig befahrenen Deckenflächen (gilt nicht für Brücken!)

Nach DIN EN 1991-1-1/NA:2010-12, NA.3.3.3 sind planmäßig von Fahrzeugen befahrbare Decken (einschließlich Hofkellerdecken) für die Lasten der Brückenklassen 16/16 bis 30/30 nach DIN 1072:1985-12 nachzuweisen.

Für Hofkellerdecken, die nur im Brandfall von Feuerwehrfahrzeugen befahren werden, ist ein Regelfahrzeug der Brückenklasse 16/16 zugrunde zu legen. Es ist dabei nur ein Einzelfahrzeug in ungünstigster Stellung vorzusehen. Auf den umgebenden Deckenbereichen ist die gleichmäßig verteilte Last der Hauptspur ($p_1 = 5{,}00$ kN/m^2)vorzusehen. Der in DIN 1072:1985-12 für die Brückenklasse 16/16 zusätzlich vorgesehene Nachweis mit einer Einzelachse von 110 kN darf entfallen. Die Nutzlasten dürfen als vorwiegend ruhende Beanspruchung angesehen werden.

Anzuwendende Lasten der Brückenklassen 16/16 und 30/30 nach DIN 1072:1985-12

Die für die Brückenklassen 16/16 und 30/30 zu berücksichtigenden Verkehrsregellasten nach DIN 1072:1985-12 betreffen (siehe Tafel 12):

- die Einzellasten aus Regelfahrzeugen,
- die gleichmäßig verteilte Last der Hauptspur, anzusetzen auf den die Regelfahrzeuge umgebenden Deckenflächen.

Einzelne Achslast für Brückenklasse 30/30 nach DIN 1072:1985.12
Achslast: $Q_k = 130$ kN, Radlast: $Q_k/2 = 65$ kN

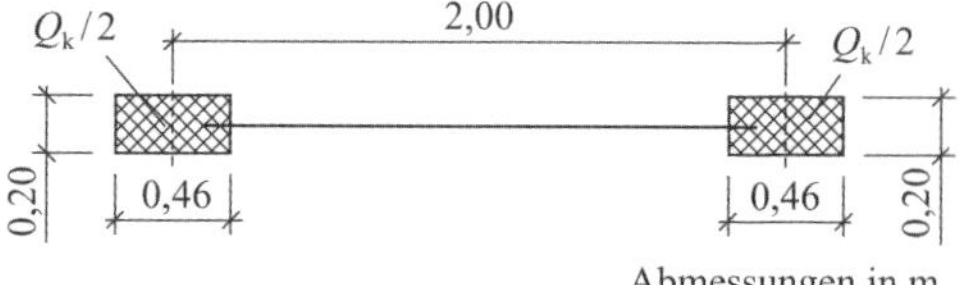

Abb. 3: Einzelne Achslast für Brückenklasse 30/30

Bei Brückenklasse 30/30 ist darüber hinaus zu prüfen, ob der Ansatz einer Einzelachse nach Abb. 3 zu ungünstigeren Ergebnissen führt. Die Einzelachse ist mit den anderen Verkehrsregellasten nicht zu überlagern.

Sofern für die Verkehrslasten ein Schwingbeiwert φ anzusetzen ist, gilt:

- bei Bauwerken ohne Überschüttung: $\varphi = 1{,}4 - 0{,}008 \cdot l_\varphi \geq 1{,}0$
- bei überschütteten Bauwerken: $\varphi = 1{,}4 - 0{,}008 \cdot l_\varphi - 0{,}1 \cdot h_ü \geq 1{,}0$

l_φ maßgebende Länge in m

$h_ü$ Überschüttungshöhe in m

Tafel 12: Verkehrsregellasten für die Brückenklassen 16/16 und 30/30 nach DIN 1072:1985-12

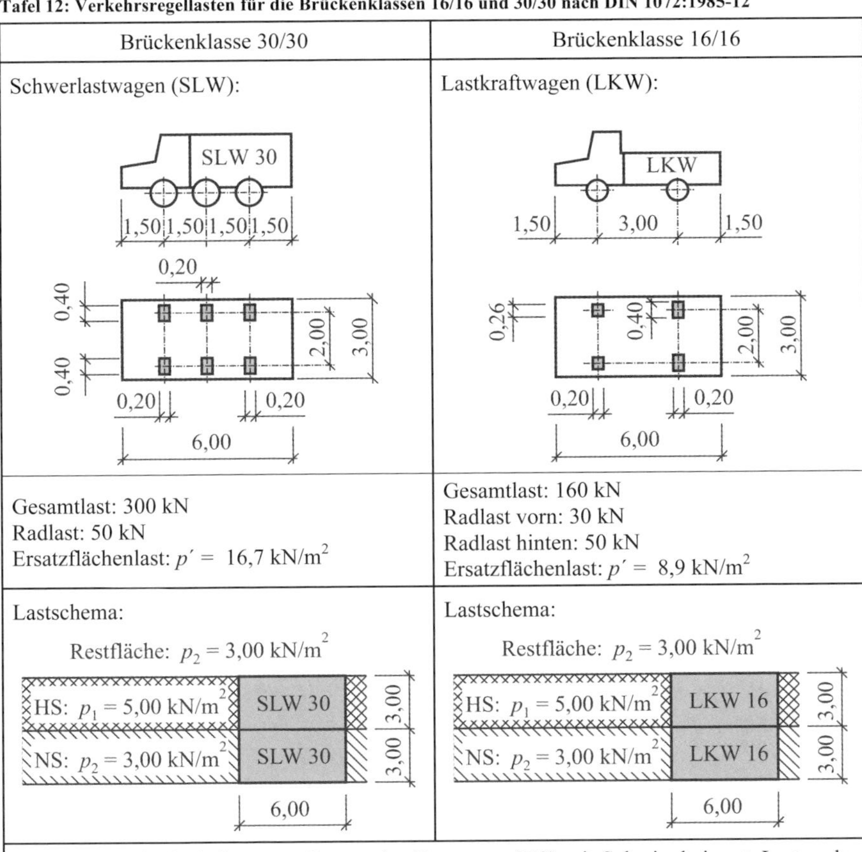

Brückenklasse 30/30	Brückenklasse 16/16
Schwerlastwagen (SLW):	Lastkraftwagen (LKW):
Gesamtlast: 300 kN Radlast: 50 kN Ersatzflächenlast: $p' = 16{,}7\ \text{kN/m}^2$	Gesamtlast: 160 kN Radlast vorn: 30 kN Radlast hinten: 50 kN Ersatzflächenlast: $p' = 8{,}9\ \text{kN/m}^2$
Lastschema: Restfläche: $p_2 = 3{,}00\ \text{kN/m}^2$	Lastschema: Restfläche: $p_2 = 3{,}00\ \text{kN/m}^2$
Ansatz des Schwingbeiwerts φ: Lasten der Hauptspur (HS) mit Schwingbeiwert, Lasten der Nebenspur (NS) ohne Schwingbeiwert, Restflächen $p_2 = 3\ \text{kN/m}^2$ ohne Schwingbeiwert	

4.2 Horizontale Nutzlasten

4.2.1 Horizontale Nutzlasten auf Zwischenwände und Absturzsicherungen

Mit den charakteristischen Werten der gleichmäßig verteilten, horizontalen Nutzlasten nach Tafel 13 werden Einwirkungen von Personen auf Brüstungen, Geländer und andere Konstruktionen, die als Absperrung dienen, erfasst (DIN EN 1991-1-1/NA:2010-12, Tabelle 6.12DE).

Tafel 13: Horizontale Nutzlasten q_k auf Zwischenwände und Absturzsicherungen

Kategorie der belasteten Fläche	Horizontale Nutzlast q_k kN/m
A, B1, F1[1)] bis F4[1)], H, T1, Z[2)]	0,5
B2, B3, C1 bis C4, D, E2.2[3)] bis E2.5[3)], FL1[1)] bis FL6[1)], T2[2)], Z[2)]	1,0
C5, C6, T3	2,0

[1)] Anprall wird durch konstruktive Maßnahmen ausgeschlossen.
[2)] Zuordnung entsprechend der zugehörigen maßgeblichen Nutzungskategorie nach Tafel 8.
[3)] Bei Flächen dieser Kategorie, die nur zu Kontroll- u. Wartungszwecken begangen werden, sind die anzusetzenden Lasten mit dem Bauherrn abzustimmen, mindestens jedoch 0,5 kN/m.

In Absturzrichtung sind diese Lasten in voller Höhe und in Gegenrichtung mit 50% (≥ 0,5 kN/m), jeweils in Höhe des Handlaufes wirkend, anzusetzen. Die Überlagerung der horizontalen Nutzlasten auf Absperrungen mit Windlasten erfolgt entsprechend der Kombinationsregeln nach DIN EN 1990:2010-12, siehe Abschnitt 2.

4.2.2 Horizontallasten zur Erzielung einer ausreichenden Längs- und Quersteifigkeit

Zum Erreichen einer ausreichenden Längs- und Quersteifigkeit sind neben der Windlast und anderen horizontal wirkenden Lasten die folgenden beliebig gerichteten Horizontallasten zu berücksichtigen:

- für Tribünenbauten und ähnliche Sitz- und Steheinrichtungen: 1/20 der lotrechten Nutzlast, in Fußbodenhöhe angreifend,
- bei Gerüsten: je Rüstlage 1/100 aller lotrechten Lasten,
- bei Einbauten, die innerhalb geschlossener Bauwerke stehen und keiner Windbeanspruchung unterliegen, zur Sicherung gegen Umkippen: 1/100 der Gesamtlast, in Höhe des Schwerpunktes anzusetzen.

5 Anprallkräfte nach DIN EN 1991-1-7

Anprallkräfte stellen außergewöhnliche Einwirkungen dar. Müssen stützende Bauteile für Fahrzeuganprall bemessen werden, sind dazu statisch äquivalente Anprallkräfte anzusetzen.

Die statisch äquivalenten Anprallkräfte wirken in folgender Höhe über der Fahrbahnoberfläche:

- LKW: h = 1,25 m – PKW: h = 0,50 m.

Die Anprallflächen sind maximal mit $b \cdot h$ = 0,50 m · 0,20 m anzunehmen.

Gegebenenfalls sind zusätzliche lastabweisende Bauteile (Bordschwellen, Leiteinrichtungen) oder Betonsockel notwendig, siehe DIN EN 1991-1-7/NA:2019-09, NCI zu 4.3.1 (1).

Tafel 14: Statisch äquivalente Anprallkräfte aus Straßenfahrzeugen (DIN EN 1991-1-7/NA, Tab. NA.2)

Kategorie	Statisch äquivalente Anprallkraft in kN [1]	
	F_{dx} in Fahrtrichtung	F_{dy} rechtwinklig zur Fahrtrichtung
Straßen außerorts	1.500	150
Straßen innerorts (v ≥ 50 km/h) [2]	1.000	500
Straßen innerorts (v < 50 km/h) [2) 3)]		
– an ausspringenden Gebäudeecken	500	500
– in allen anderen Fällen	250	250
Von LKW befahrene Verkehrsflächen (z.B. Hofflächen), Gebäude mit PKW-Verkehr > 30 kN	100	100
Von PKW befahrene Verkehrsflächen		
– allgemein	50	25
– bei Geschwindigkeitsbeschränkung v ≤ 10 km/h	15	8
Tankstellenüberdachungen [3) 4)]	100	100
Parkgaragen für PKW ≤ 30 kN [3]		
– Einzel- und Doppelgaragen, Carports	10	10
– in allen anderen Fällen	40	25

1) Die Kräfte F_{dx} und F_{dy} müssen nicht gleichzeitig in Ansatz gebracht werden.
2) Nicht ansetzen, wenn Bauteile keiner unmittelbaren Anprallgefahr ausgesetzt sind (keine unmittelbare Anprallgefahr: Abstand > 1 m von Schrammborden mit lichter Mindesthöhe von 150 mm).
3) Nur ansetzen, wenn der Ausfall des stützenden Bauteiles die Standsicherheit des Gebäudes gefährdet.
4) Nicht ansetzen, wenn stützendes Bauteil am fließenden Verkehr liegt. In diesem Fall ist die Kategorie „Straßen" maßgebend. Fußnote 2) gilt in diesem Fall nicht.

6 Windlasten nach DIN EN 1991-1-4

6.1 Allgemeines

Windlasten sind in DIN EN 1991-1-4:2010-12 und dem zugehörigen Nationalen Anhang DIN EN 1991-1-4/NA:2010-12 geregelt. Die in dieser Norm angegebenen Verfahren zur Berechnung der Windlasten gelten für Gebäude und ingenieurtechnische Anlagen – einschließlich deren einzelner Bauteile und mit dem Tragwerk verbundener Bauelemente – mit einer Höhe bis zu 300 m. Darüber hinaus werden in DIN EN 1991-1-4:2010-12, Anhang NA.N, Brücken mit einer Spannweite bis zu 200 m und einer Höhe bis zu 100 m behandelt.

6.2 Ermittlung des Geschwindigkeitsdrucks

6.2.1 Grundlagen

Zwischen der Windgeschwindigkeit und dem zugehörigen Geschwindigkeitsdruck besteht folgender grundsätzlicher Zusammenhang:

$$q = \frac{v^2}{1600} \quad \text{mit } v \text{ in m/s und } q \text{ in kN/m}^2$$

q Geschwindigkeitsdruck
v Windgeschwindigkeit

Die in DIN EN 1991-1-4 für 4 verschiedene Windzonen (genaue Zuordnung der Windzonen siehe [DIBt 2021.1]) angegebenen Basiswindgeschwindigkeiten v_b und zugehörigen Geschwindigkeitsdrücke sind charakteristische Werte mit einer jährlichen Überschreitungswahrscheinlichkeit von 2 %. Sie beruhen auf Windgeschwindigkeiten, die in offenem Gelände in einer Höhe von 10 m über einen Zeitraum von 10 Minuten hinweg gemittelt wurden. Zur Ermittlung des für die rechnerische Nachweisführung maßgebenden und vom konkreten Gebäudestandort abhängigen Böengeschwindigkeitsdrucks bestehen gemäß DIN EN 1991-1-4/NA:2010-12, Anhang NA.B folgende alternative Möglichkeiten:

- vereinfachter Ansatz eines über die Gebäudehöhe konstanten Böengeschwindigkeitsdrucks für Gebäude bis zu einer Höhe von 25 m (siehe nachfolgenden Abschnitt 6.2.2),
- Ermittlung eines von der Höhe über dem Gelände abhängigen Böengeschwindigkeitsdrucks für eine bestimmte Geländekategorie (siehe Abschnitt 6.2.3),
- genauere Erfassung des Einflusses von Geländerauigkeit und Topografie sowie der Höhe über dem Gelände auf den Böengeschwindigkeitsdruck (hierfür wird auf DIN EN 1991-1-4/NA:2010-12, Anhang NA.B verwiesen).

6.2.2 Vereinfachter Böengeschwindigkeitsdruck für Bauwerke bis 25 m Höhe

Für Bauwerke mit einer Höhe h bis zu 25 m über dem Gelände darf der Böengeschwindigkeitsdruck vereinfacht konstant über die gesamte Gebäudehöhe angesetzt werden. In Tafel 15 sind die maßgebenden Böengeschwindigkeitsdrücke q_p in Abhängigkeit von der Bauwerkshöhe für die einzelnen Windzonen angegeben. Überschreitet die Bauwerkshöhe einen Wert von $h = 25$ m, ist der Böengeschwindigkeitsdruck nach Abschnitt 6.2.3 zu ermitteln.

Die in Tafel 15 angegebenen Werte für den Böengeschwindigkeitsdruck q_p sind für Bauwerksstandorte mit einer Höhe von mehr als 800 m über NN über dem Meeresspiegel mit dem Faktor α_H zu erhöhen:

$$\alpha_H = 0{,}2 + \frac{H_S}{1000}$$

H_S Höhe des Bauwerksstandortes über NN in m

Für Bauwerksstandorte mit $H_S > 1100$ m und für die Kamm- und Gipfellagen der Mittelgebirge sind besondere Überlegungen in Abstimmung mit den zuständigen Behörden erforderlich.

Tafel 15: Vereinfachte Böengeschwindigkeitsdrücke für Bauwerke bis zu einer Höhe von 25 m

Windzonenkarte	Windzone		Böengeschwindigkeitsdruck q_p in kN/m² für eine Bauwerkshöhe h		
			$h \leq 10$ m	$h \begin{cases} > 10 \text{ m} \\ \leq 18 \text{ m} \end{cases}$	$h \begin{cases} > 18 \text{ m} \\ \leq 25 \text{ m} \end{cases}$
	1	Binnenland	0,50	0,65	0,75
	2	Binnenland	0,65	0,80	0,90
		Ostseeküste und -inseln [1]	0,85	1,00	1,10
	3	Binnenland	0,80	0,95	1,10
		Ostseeküste und -inseln [1]	1,05	1,20	1,30
	4	Binnenland	0,95	1,15	1,30
		Ostseeküste und -inseln, Nordseeküste [1]	1,25	1,40	1,55
		Nordseeinseln	1,40	– [2]	– [2]

[1] Zum Küstenbereich zählt ein entlang der Küste verlaufender, in landeinwärtiger Richtung 5 km breiter Streifen.

[2] Auf Nordseeinseln Ansatz des vereinfachten Geschwindigkeitsdrucks nur für Bauwerke bis 10 m Höhe.

6.2.3 Höhenabhängiger Böengeschwindigkeitsdruck im Regelfall

Das an einen Bauwerksstandort angrenzende Areal weist eine Bodenrauigkeit auf, die vor allem durch vorhandenen Bewuchs und Bebauung bestimmt wird. Die Windgeschwindigkeit und der daraus hervorgehende Geschwindigkeitsdruck werden maßgeblich von der Bodenrauigkeit beeinflusst. Bei Bauwerken mit einer Höhe von mehr als 25 m ist dieser Effekt zwingend zu berücksichtigen.

Zur Erfassung der in Deutschland typischen Bedingungen sind in DIN EN 1991-1-4/NA die Geländekategorien I bis IV eingeführt worden, mit deren Hilfe es möglich ist, den Einfluss der Bodenrauigkeit zu erfassen. Da in Deutschland jedoch nur wenige größere zusammenhängende Gebiete mit gleicher Bodenrauigkeit vorkommen und somit die Geländekategorien in relativ geringer Entfernung wechseln, ist es in der Regel ausreichend, die Bodenrauigkeit vereinfacht in sogenannten Mischprofilen zu berücksichtigen. Als Regelfall sind folgende Mischprofile für den Böengeschwindigkeitsdruck vorgesehen:

- Mischprofil Binnenland, anzusetzen im Binnenland,
- Mischprofil Küste, anzusetzen in einem 5 km breiten Streifen entlang der Küste sowie auf den Ostseeinseln,
- Profil Nordseeinseln, anzusetzen auf den Inseln der Nordsee.

Für jedes dieser Profile werden in Tafel 16 rechnerische Beziehungen zur Ermittlung des höhenabhängigen Böengeschwindigkeitsdruckes $q_p(z)$ angegeben. Der dazu benötigte Basisgeschwindigkeitsdruck q_b hängt von der Basiswindgeschwindigkeit v_b ab und kann in Abhängigkeit von der vorliegenden Windzone Tafel 17 entnommen werden.

Für Bauwerksstandorte, die durch topografische Besonderheiten beeinflusst werden oder die sich an ausgedehnten Binnengewässern befinden, ist der Geschwindigkeitsdruck nach genaueren Verfahren zu ermitteln, siehe DIN EN 1991-1-4/NA:2010-12, Anhang NA.B.

Tafel 16: Ermittlung des höhenabhängigen Böengeschwindigkeitsdrucks $q_p(z)$ in kN/m² im Regelfall

Mischprofil Binnenland		
$z \leq 7$ m	7 m $< z \leq 50$ m	50 m $< z \leq 300$ m
$q_p(z) = 1{,}5 \cdot q_b$	$q_p(z) = 1{,}7 \cdot q_b \cdot \left(\frac{z}{10}\right)^{0{,}37}$	$q_p(z) = 2{,}1 \cdot q_b \cdot \left(\frac{z}{10}\right)^{0{,}24}$
Mischprofil Küste		
$z \leq 4$ m	4 m $< z \leq 50$ m	50 m $< z \leq 300$ m
$q_p(z) = 1{,}8 \cdot q_b$	$q_p(z) = 2{,}3 \cdot q_b \cdot \left(\frac{z}{10}\right)^{0{,}27}$	$q_p(z) = 2{,}6 \cdot q_b \cdot \left(\frac{z}{10}\right)^{0{,}19}$
Profil Nordseeinseln		
$z \leq 2$ m	2 m $< z \leq 300$ m	
$q_p(z) = 1{,}1$ kN/m²	$q_p(z) = 1{,}5 \cdot \left(\frac{z}{10}\right)^{0{,}19}$	

q_b Zur Basiswindgeschwindigkeit v_b zugehöriger Geschwindigkeitsdruck in kN/m², ist in Abhängigkeit von der vorliegenden Windzone Tafel 17 zu entnehmen.

z Höhe über dem Gelände in m

Tafel 17: Basisgeschwindigkeitsdruck q_b und zugehörige Basiswindgeschwindigkeit v_b

Windzone (WZ)	WZ 1	WZ 2	WZ 3	WZ 4
Basiswindgeschwindigkeit v_b in m/s	22,5	25,0	27,5	30,0
Geschwindigkeitsdruck q_b in kN/m²	0,32	0,39	0,47	0,56

Zur Einteilung der Windzonen siehe Tafel 15.

Zu gegebenenfalls erforderlichen Erhöhungen des Basisgeschwindigkeitsdrucks bei Bauwerksstandorten mit einer Höhe von mehr als 800 m über NN bzw. in den Kamm- und Gipfellagen der Mittelgebirge siehe Abschnitt 6.2.2.

6.3 Winddruck für nicht schwingungsanfällige Bauteile

6.3.1 Ermittlung des Winddrucks

Grundsätzlich wird zwischen dem an der Außenfläche und dem an der Innenfläche eines Bauwerks wirkenden Winddruck unterschieden:

- Winddruck auf der Außenfläche eines Bauwerks: $w_e = c_{pe} \cdot q_p(z_e)$
- Winddruck auf der Innenfläche eines Bauwerks: $w_i = c_{pi} \cdot q_p(z_i)$

Es bedeuten:

c_{pe}, c_{pi}	Aerodynamischer Beiwert für den Außen- bzw. Innendruck nach den Abschnitten 6.3.2 bzw. 6.3.3
$q_p(z_e)$, $q_p(z_i)$	Böengeschwindigkeitsdruck nach Abschnitt 6.2
z_e, z_i	Bezugshöhe; Höhe der Oberkante der betrachteten Fläche bzw. der Oberkante des betrachteten Abschnittes über dem Gelände

Die Gesamtwindeinwirkungen ergeben sich aus der Überlagerung von Außen- und Innendruck, siehe Abb. 4. Wenn sich der Innendruck bei der Ermittlung einer Reaktionsgröße entlastend auswirkt, ist er zu null zu setzen.

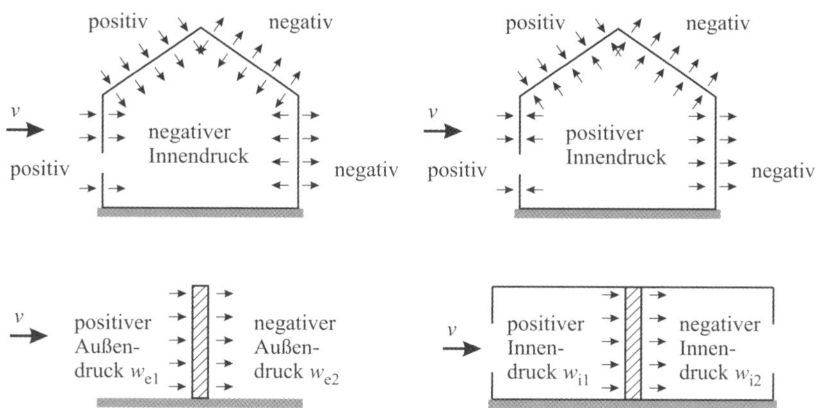

Abb. 4: Beispiele für die Überlagerung von Außen- und Innendruck

6.3.2 Aerodynamische Beiwerte für den Außendruck

a) Einfluss der Lasteinzugsfläche (DIN EN 1991-1-4:2010-12, 7.2.1)

Der maßgebende Außendruckbeiwert c_{pe} ist in Abhängigkeit von der Lasteinflussfläche A zu bestimmen:

$$c_{pe} = \begin{cases} c_{pe,1} & \text{für } A \leq 1\,\text{m}^2 \\ c_{pe,1} + \left(c_{pe,10} - c_{pe,1}\right) \cdot \lg A & \text{für } 1\,\text{m}^2 < A < 10\,\text{m}^2 \\ c_{pe,10} & \text{für } A \geq 10\,\text{m}^2 \end{cases}$$

$c_{pe,1}$	Außendruckbeiwert für $A = 1\ \text{m}^2$
$c_{pe,10}$	Außendruckbeiwert für $A = 10\ \text{m}^2$
A	Lasteinzugsfläche

Die Außendruckbeiwerte für $A \leq 1\ \text{m}^2$ sind nur für den Nachweis der Verankerungen von unmittelbar durch Windeinwirkungen belasteten Bauteilen einschließlich deren Unterkonstruktion zu verwenden.

b) Vorzeichendefinition

Die allgemeine Bezeichnung „Winddruck" steht sowohl für den Fall einer durch Windlasten auf einer Fläche verursachten Druckbeanspruchung als auch für den Fall einer Sogbeanspruchung. Die Vorzeichenregelung bei der Angabe von aerodynamischen Beiwerten und damit auch von Winddrücken ist so geregelt, dass ein Druck auf eine Fläche positiv und ein Sog negativ ist.

c) Vertikale Wände von Gebäuden mit rechteckigem Grundriss

Hinsichtlich des Ansatzes des Böengeschwindigkeitsdrucks ist zunächst zu unterscheiden, ob

- der vereinfachte Böengeschwindigkeitsdruck für Bauwerke bis 25 m Höhe (Abschnitt 6.2.2)
- oder der höhenabhängige Böengeschwindigkeitsdruck (siehe Abschnitt 6.2.3)

die Berechnungsgrundlage darstellt. Während der vereinfachte Böengeschwindigkeitsdruck nach Abschnitt 6.2.2 über die gesamte Wandhöhe in gleichbleibender Größe angesetzt werden kann, sind beim höhenabhängigen Böengeschwindigkeitsdruck nach Abschnitt 6.2.3 gegebenenfalls mehrere horizontale Wandstreifen zu untersuchen (siehe Tafel 18). Innerhalb dieser Wandstreifen darf der Geschwindigkeitsdruck konstant angenommen werden, seine Größe wird in Abhängigkeit von der Höhe des betrachteten Streifens über dem Gelände ermittelt. Vertikale Wände mit $h > 2 \cdot b$ sind im mittleren Wandbereich in eine angemessene Anzahl von Zwischenstreifen der Höhe h_{strip} zu unterteilen.

Tafel 18: Ansatz des höhenabhängigen Böengeschwindigkeitsdrucks bei vertikalen Wänden

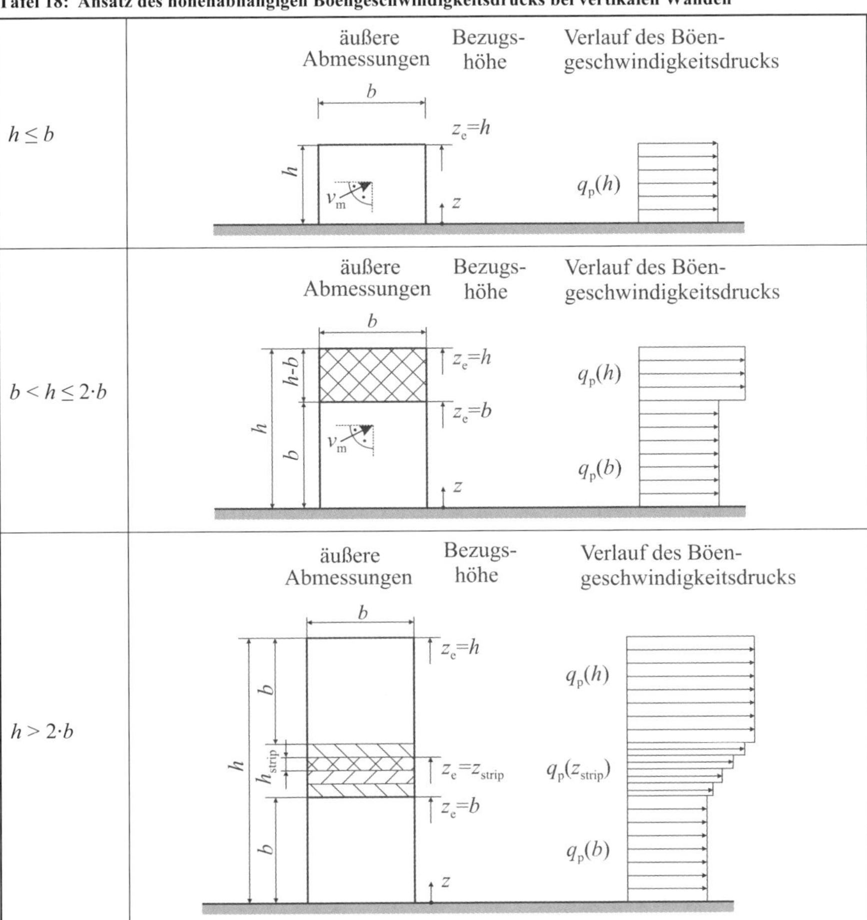

Die Wände sind entsprechend der Windanströmrichtung und der vorliegenden geometrischen Verhältnisse in die Wandbereiche A bis E entsprechend Abb. 5 einzuteilen, für die aerodynamische Beiwerte in Tafel 19 angegeben sind.

Tafel 19: Aerodynamische Beiwerte für vertikale Wände rechteckiger Gebäude

h/d	Wandbereich									
	A		B		C		D		E	
	$c_{pe,1}$	$c_{pe,10}$	$c_{pe,1}$	$c_{pe,10}$	$c_{pe,1}$	$c_{pe,10}$	$c_{pe,1}$	$c_{pe,10}$	$c_{pe,1}$	$c_{pe,10}$
≥ 5	–1,7	–1,4	–1,1	–0,8	–0,7	–0,5	+1,0	+0,8	–0,7	–0,5
1	–1,4	–1,2	–1,1	–0,8	–0,5		+1,0	+0,8	–0,5	
≤ 0,25	–1,4	–1,2	–1,1	–0,8	–0,5		+1,0	+0,7	–0,5	–0,3

Zwischenwerte dürfen linear interpoliert werden.

Bei einzeln in offenem Gelände stehenden Gebäuden können im Sogbereich auch größere Werte auftreten.

Für $h/d > 5$ ist die Gesamtwindkraft nach DIN EN 1991-1-4:2010-12, 7.6 bis 7.8 und 7.9.2 zu ermitteln.

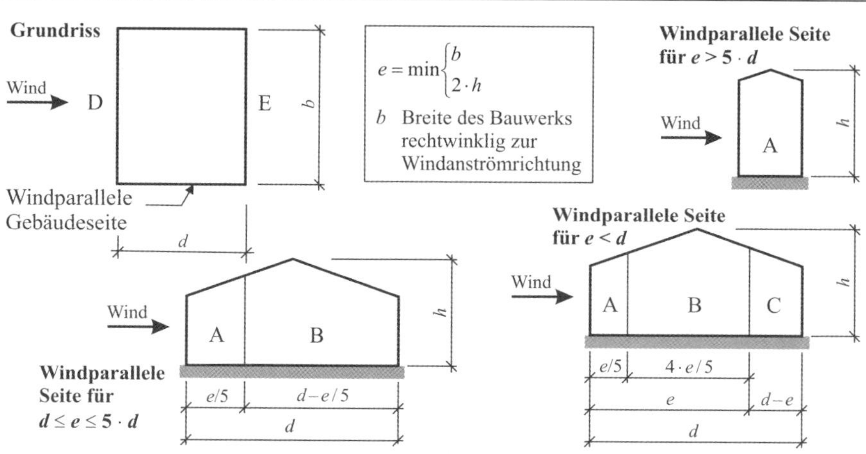

Abb. 5: Einteilung der Wandflächen bei vertikalen Wänden

d) Satteldächer (Dachneigung ≥ 5°)

Satteldächer sind einschließlich überstehender Teile getrennt nach der Luv- und Leeseite in die Dachbereiche F bis J entsprechend Abb. 6 einzuteilen, für die aerodynamische Beiwerte in Tafel 20 angegeben sind. Als Bezugshöhe gilt $z_e = h$. Im Bereich von Dachüberständen darf für den Unterseitendruck der Wert der anschließenden Wandfläche, auf der Oberseite der Druck der anschließenden Dachfläche angesetzt werden.

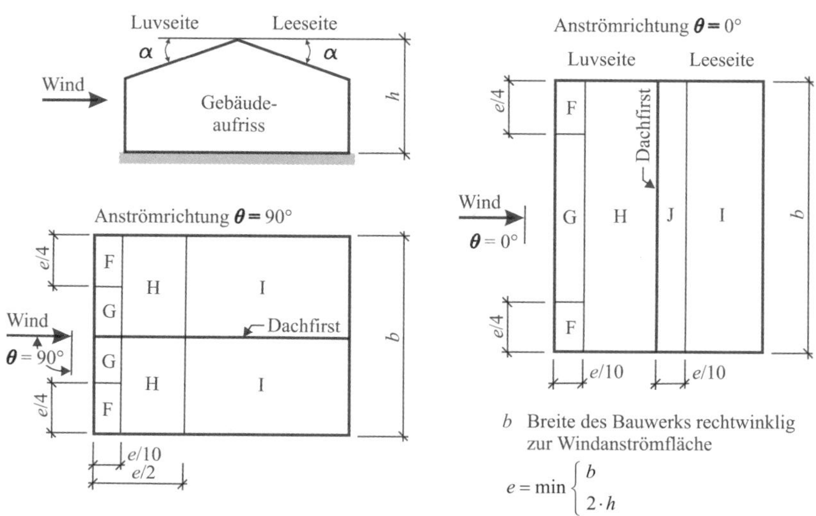

Abb. 6: Einteilung in Dachbereiche bei Satteldächern

Tafel 20: Aerodynamische Beiwerte für Satteldächer

Windanströmrichtung $\theta = 0°$

Neigungswinkel α	Dachbereich F $c_{pe,1}$	F $c_{pe,10}$	G $c_{pe,1}$	G $c_{pe,10}$	H $c_{pe,1}$	H $c_{pe,10}$	I $c_{pe,1}$	I $c_{pe,10}$	J $c_{pe,1}$	J $c_{pe,10}$
5°	–2,5	–1,7	–2,0	–1,2	–1,2	–0,6	–0,6		–0,6	
	+0,0		+0,0		+0,0				+0,2	
15°	–2,0	–0,9	–1,5	–0,8	–0,3		–0,4		–1,5	–1,0
	+0,2		+0,2		+0,2		+0,0		+0,0	+0,0
30°	–1,5	–0,5	–1,5	–0,5	–0,2		–0,4		–0,5	
	+0,7		+0,7		+0,4		+0,0		+0,0	
45°	–0,0		–0,0		–0,0		–0,2		–0,3	
	+0,7		+0,7		+0,6		+0,0		+0,0	
60°	+0,7		+0,7		+0,7		–0,2		–0,3	
75°	+0,8		+0,8		+0,8		–0,2		–0,3	

Windanströmrichtung $\theta = 90°$

Neigungswinkel α	Dachbereich F $c_{pe,1}$	F $c_{pe,10}$	G $c_{pe,1}$	G $c_{pe,10}$	H $c_{pe,1}$	H $c_{pe,10}$	I $c_{pe,1}$	I $c_{pe,10}$
5°	–2,2	–1,6	–2,0	–1,3	–1,2	–0,7	–0,6	
15°	–2,0	–1,3	–2,0	–1,3	–1,2	–0,6	–0,5	
30°	–1,5	–1,1	–2,0	–1,4	–1,2	–0,8	–0,5	
45°	–1,5	–1,1	–2,0	–1,4	–1,2	–0,9	–0,5	
60°	–1,5	–1,1	–2,0	–1,2	–1,0	–0,8	–0,5	
75°	–1,5	–1,1	–2,0	–1,2	–1,0	–0,8	–0,5	

Sind sowohl positive als auch negative aerodynamische Beiwerte angegeben, so sind die für die betrachtete Beanspruchungssituation ungünstigeren Werte für die Bereiche F, G und H mit den ungünstigeren Werten der Bereiche I und J zu kombinieren. Nicht zulässig ist das Mischen von positiven und negativen Beiwerten innerhalb der Bereiche F, G und H einerseits sowie I und J andererseits.

Für Dachneigungen zwischen den angegebenen Werten darf linear interpoliert werden, sofern das Vorzeichen der Druckbeiwerte nicht wechselt.

Für die Windanströmrichtung $\theta = 0°$ sind bei Dachneigungen bis 45° sowohl positive als auch negative aerodynamische Beiwerte angegeben. Damit sind in derartigen Fällen insgesamt 4 verschiedene Winddruckkombinationen zu berücksichtigen, von denen die ungünstigste maßgebend wird, siehe Abb. 7.

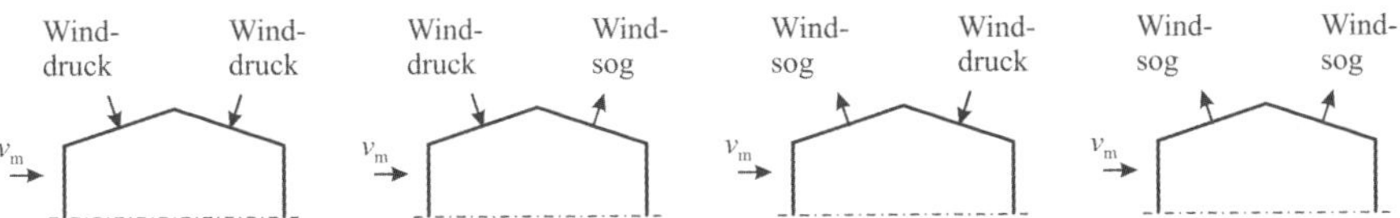

Abb. 7: Windruckkombinationen bei Satteldächern für $\theta = 0°$ und $\alpha \leq 45°$

e) Trogdächer

Trogdächer werden in die Dachflächen entsprechend Abb. 8 eingeteilt. Es gilt $z_e = h$.

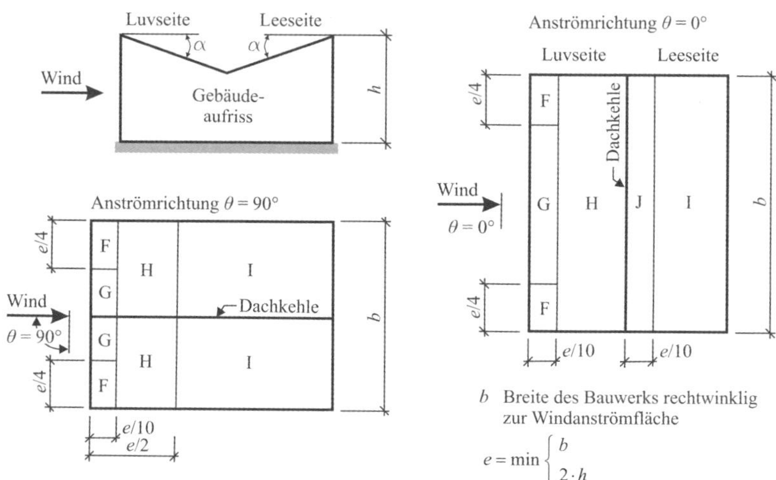

Abb. 8: Einteilung in Dachbereiche bei Trogdächern

Tafel 21: Aerodynamische Beiwerte für Trogdächer

Windanströmrichtung $\theta = 0°$										
Neigungswinkel α	Dachbereich									
	F		G		H		I		J	
	$c_{pe,1}$	$c_{pe,10}$	$c_{pe,1}$	$c_{pe,10}$	$c_{pe,1}$	$c_{pe,10}$	$c_{pe,1}$	$c_{pe,10}$	$c_{pe,1}$	$c_{pe,10}$
–45°	–0,6		–0,6		–0,8		–0,7		–1,5	–1,0
–30°	–2,0	–1,1	–1,5	–0,8	–0,8		–0,6		–1,4	–0,8
–15°	–2,8	–2,5	–2,0	–1,3	–1,2	–0,9	–0,5		–1,2	–0,7
–5°	–2,5	–2,3	–2,0	–1,2	–1,2	–0,8	+0,2 –0,6		+0,2 –0,6	

Windanströmrichtung $\theta = 90°$								
Neigungswinkel α	Dachbereich							
	F		G		H		I	
	$c_{pe,1}$	$c_{pe,10}$	$c_{pe,1}$	$c_{pe,10}$	$c_{pe,1}$	$c_{pe,10}$	$c_{pe,1}$	$c_{pe,10}$
–45°	–2,0	–1,4	–2,0	–1,2	–1,3	–1,0	–1,2	–0,9
–30°	–2,1	–1,5	–2,0	–1,2	–1,3	–1,0	–1,2	–0,9
–15°	–2,5	–1,9	–2,0	–1,2	–1,2	–0,8	–1,2	–0,8
–5°	–2,5	–1,8	–2,0	–1,2	–1,2	–0,7	–1,2	–0,6

Es gelten die gleichen Anmerkungen wie für Satteldächer, siehe Tafel 20. Ebenso sind die für Satteldächer gültigen Winddruckkombinationen zu beachten, wenn gleichzeitig positive und negative aerodynamische Beiwerte zu berücksichtigen sind.

f) Flachdächer (Dachneigung geringer ± 5°)

Dächer mit einer geringeren Neigung als ± 5° gelten als Flachdächer und sind in die Dachbereiche F bis I einzuteilen, siehe Abb. 9.

Bei Flachdächern mit Attika ist für die Attika selbst der Winddruck wie für freistehende Wände und Brüstungen zu ermitteln.

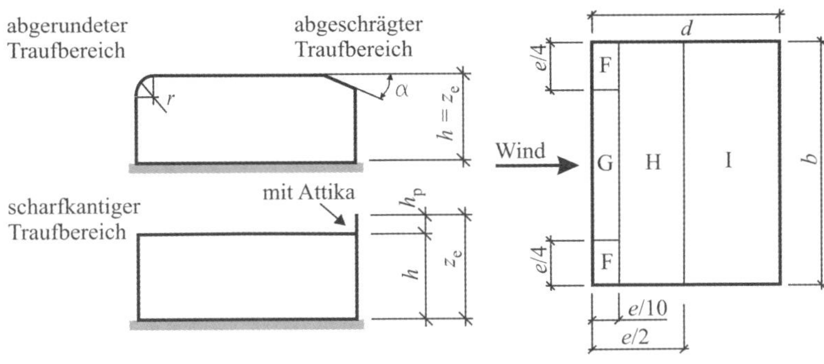

$$e = \min \begin{cases} b \\ 2 \cdot h \end{cases}$$

b Breite des Bauwerks rechtwinklig zur Windanströmrichtung

Abb. 9: Einteilung in Dachbereiche bei Flachdächern

Tafel 22: Aerodynamische Beiwerte für Flachdächer[1)]

		Dachbereich							
		F		G		H		I[6)]	
		$c_{pe,1}$	$c_{pe,10}$	$c_{pe,1}$	$c_{pe,10}$	$c_{pe,1}$	$c_{pe,10}$	$c_{pe,1}$	$c_{pe,10}$
scharfkantiger Traufbereich		–2,5	–1,8	–2,0	–1,2	–1,2	–0,7	+0,2 / –0,6	
mit Attika	$h_p/h = 0{,}025$	–2,2	–1,6	–1,8	–1,1	–1,2	–0,7	+0,2 / –0,6	
	$h_p/h = 0{,}05$	–2,0	–1,4	–1,6	–0,9	–1,2	–0,7	+0,2 / –0,6	
	$h_p/h = 0{,}1$	–1,8	–1,2	–1,4	–0,8	–1,2	–0,7	+0,2 / –0,6	
abgerundeter Traufbereich[2)]	$r/h = 0{,}05$	–1,5	–1,0	–1,8	–1,2	–0,4		± 0,2	
	$r/h = 0{,}1$	–1,2	–0,7	–1,4	–0,8	–0,3		± 0,2	
	$r/h = 0{,}2$	–0,8	–0,5	–0,8	–0,5	–0,3		± 0,2	
abgeschrägter Traufbereich[3) 4) 5)]	$\alpha = 30°$	–1,5	–1,0	–1,5	–1,0	–0,3		± 0,2	
	$\alpha = 45°$	–1,8	–1,2	–1,9	–1,3	–0,4		± 0,2	
	$\alpha = 60°$	–1,9	–1,3	–1,9	–1,3	–0,5		± 0,2	

1) Zwischenwerte dürfen linear interpoliert werden.

2) Bei Flachdächern mit abgerundetem Traufbereich ist im unmittelbaren Bereich der Dachkrümmung ein linearer Übergang vom Außendruckbeiwert der Außenwand zu dem des Daches anzusetzen.

3) Bei Flachdächern mit abgeschrägtem Traufbereich ergeben sich die Druckbeiwerte für den unmittelbaren Bereich der Dachschräge nach Tafel 20 ($\theta = 0°$), Bereiche F und G.

4) Für Flachdächer mit abgeschrägtem Traufbereich darf für $\alpha > 60°$ zwischen den Werten für $\alpha = 60°$ und den Werten für den scharfkantigen Traufbereich linear interpoliert werden.

5) Bei abgeschrägten Traufbereichen mit einem horizontalen Maß weniger als $e/10$ sollten die Werte für scharfkantige Traufbereiche verwendet werden.

6) Positive und negative Werte im Bereich I müssen gleichermaßen berücksichtigt werden.

g) Pultdächer

Für Pultdächer gelten die nachfolgend angegebenen Dachbereichseinteilungen. Für die Bezugshöhe ist $z_e = h$ anzusetzen.

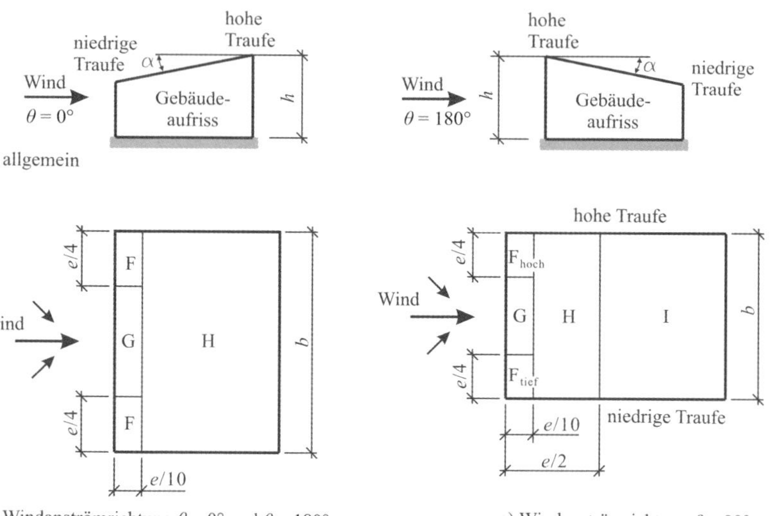

$$e = \min \begin{cases} b \\ 2 \cdot h \end{cases}$$

b – Breite des Bauwerks rechtwinklig zur Windanströmrichtung

Abb. 10: Einteilung in Dachbereiche bei Pultdächern

Tafel 23: Aerodynamische Beiwerte für Pultdächer [1]

<table>
<tr><th rowspan="3">Neigungswinkel α</th><th colspan="6">Windanströmrichtung θ = 0° [2]</th><th colspan="6">Windanströmrichtung θ = 180°</th></tr>
<tr><th colspan="6">Bereich</th><th colspan="6">Bereich</th></tr>
<tr><th colspan="2">F</th><th colspan="2">G</th><th colspan="2">H</th><th colspan="2">F</th><th colspan="2">G</th><th colspan="2">H</th></tr>
<tr><th></th><th>$c_{pe,1}$</th><th>$c_{pe,10}$</th><th>$c_{pe,1}$</th><th>$c_{pe,10}$</th><th>$c_{pe,1}$</th><th>$c_{pe,10}$</th><th>$c_{pe,1}$</th><th>$c_{pe,10}$</th><th>$c_{pe,1}$</th><th>$c_{pe,10}$</th><th>$c_{pe,1}$</th><th>$c_{pe,10}$</th></tr>
<tr><td rowspan="2">5°</td><td>–2,5</td><td>–1,7</td><td>–2,0</td><td>–1,2</td><td>–1,2</td><td>–0,6</td><td rowspan="2">–2,5</td><td rowspan="2">–2,3</td><td rowspan="2">–2,0</td><td rowspan="2">–1,3</td><td rowspan="2">–1,2</td><td rowspan="2">–0,8</td></tr>
<tr><td colspan="2">+0,0</td><td colspan="2">+0,0</td><td colspan="2">+0,0</td></tr>
<tr><td rowspan="2">15°</td><td>–2,0</td><td>–0,9</td><td>–1,5</td><td>–0,8</td><td colspan="2">–0,3</td><td rowspan="2">–2,8</td><td rowspan="2">–2,5</td><td rowspan="2">–2,0</td><td rowspan="2">–1,3</td><td rowspan="2">–1,2</td><td rowspan="2">–0,9</td></tr>
<tr><td colspan="2">+0,2</td><td colspan="2">+0,2</td><td colspan="2">+0,2</td></tr>
<tr><td rowspan="2">30°</td><td>–1,5</td><td>–0,5</td><td>–1,5</td><td>–0,5</td><td colspan="2">–0,2</td><td rowspan="2">–2,3</td><td rowspan="2">–1,1</td><td rowspan="2">–1,5</td><td rowspan="2">–0,8</td><td rowspan="2" colspan="2">–0,8</td></tr>
<tr><td colspan="2">+0,7</td><td colspan="2">+0,7</td><td colspan="2">+0,4</td></tr>
<tr><td rowspan="2">45°</td><td colspan="2">–0,0</td><td colspan="2">–0,0</td><td colspan="2">–0,0</td><td rowspan="2">–1,3</td><td rowspan="2">–0,6</td><td rowspan="2" colspan="2">–0,5</td><td rowspan="2" colspan="2">–0,7</td></tr>
<tr><td colspan="2">+0,7</td><td colspan="2">+0,7</td><td colspan="2">+0,6</td></tr>
<tr><td>60°</td><td colspan="2">+0,7</td><td colspan="2">+0,7</td><td colspan="2">+0,7</td><td>–1,0</td><td>–0,5</td><td colspan="2">–0,5</td><td colspan="2">–0,5</td></tr>
<tr><td>75°</td><td colspan="2">+0,8</td><td colspan="2">+0,8</td><td colspan="2">+0,8</td><td>–1,0</td><td>–0,5</td><td colspan="2">–0,5</td><td colspan="2">–0,5</td></tr>
</table>

Tafel 23: Aerodynamische Beiwerte für Pultdächer (Fortsetzung) [1)]

Neigungswinkel α	Windanströmrichtung $\theta = 90°$									
	Bereich									
	F_{hoch}		F_{tief}		G		H		I	
	$c_{pe,1}$	$c_{pe,10}$	$c_{pe,1}$	$c_{pe,10}$	$c_{pe,1}$	$c_{pe,10}$	$c_{pe,1}$	$c_{pe,10}$	$c_{pe,1}$	$c_{pe,10}$
5°	–2,6	–2,1	–2,4	–2,1	–2,0	–1,8	–1,2	–0,6	–0,5	
15°	–2,9	–2,4	–2,4	–1,6	–2,5	–1,9	–1,2	–0,8	–1,2	–0,7
30°	–2,9	–2,1	–2,0	–1,3	–2,0	–1,5	–1,3	–1,0	–1,2	–0,8
45°	–2,4	–1,5	–2,0	–1,3	–2,0	–1,4	–1,3	–1,0	–1,2	–0,9
60°	–2,0	–1,2	–2,0	–1,2	–2,0	–1,2	–1,3	–1,0	–1,2	–0,7
75°	–2,0	–1,2	–2,0	–1,2	–2,0	–1,2	–1,3	–1,0	–0,5	

1) Für Dachneigungen zwischen den angegebenen Werten darf linear interpoliert werden, sofern das Vorzeichen der Druckbeiwerte nicht wechselt.

2) Für die Anströmrichtung $\theta = 0°$ und bei Neigungswinkeln von $\alpha = +15°$ bis $+45°$ ändert sich der Druck schnell zwischen positiven und negativen Werten, daher werden sowohl der positive als auch der negative Wert angegeben. Beide Fälle sind getrennt zu berücksichtigen, also entweder nur positive oder nur negative Werte anzusetzen.

h) Vordächer

Windlasten an Vordächern sind in DIN EN 1991-1-4/NA, Anhang NA.V geregelt.

Vordächer sind danach getrennt für eine abwärts gerichtete (positive) und eine aufwärts gerichtete (negative) Windkraftwirkung zu untersuchen. Für an eine Gebäudewand angeschlossene ebene Vordächer mit einer maximalen Auskragung von 10 m und Dachneigung von bis zu ±10° gelten die in Tafel 24 angegebenen Druckbeiwerte $c_{p,net}$, die auf die Vordachflächen nach Abb. 11 anzuwenden sind.

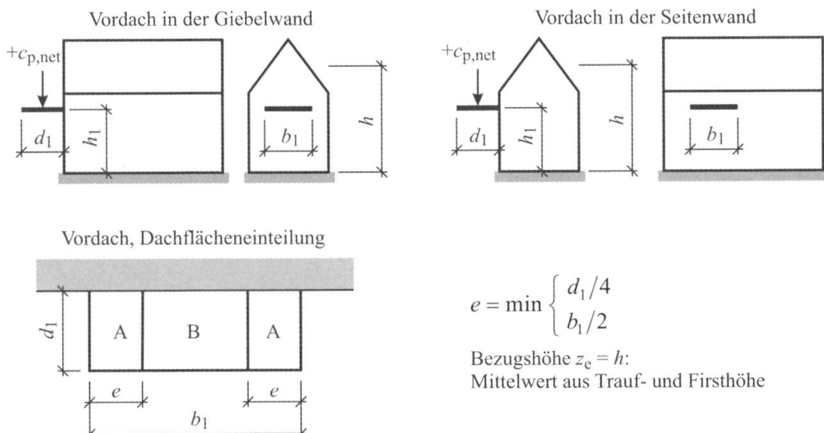

$$e = \min \begin{cases} d_1/4 \\ b_1/2 \end{cases}$$

Bezugshöhe $z_e = h$:
Mittelwert aus Trauf- und Firsthöhe

Abb. 11: Einteilung in Dachbereiche bei Vordächern

Tafel 24: Aerodynamische Beiwerte $c_{p,net}$ für Vordächer [1) 2)]

Höhen-verhält-nis h_1/h	Bereich					
	A			B		
	Abwärtslast	Aufwärtslast		Abwärtslast	Aufwärtslast	
		$h_1/d_1 \le 1{,}0$	$h_1/d_1 \ge 3{,}5$		$h_1/d_1 \le 1{,}0$	$h_1/d_1 \ge 3{,}5$
≤ 0,1	1,1	–0,9	–1,4	0,9	–0,2	–0,5
0,2	0,8	–0,9	–1,4	0,5	–0,2	–0,5
0,3	0,7	–0,9	–1,4	0,4	–0,2	–0,5
0,4	0,7	–1,0	–1,5	0,3	–0,2	–0,5
0,5	0,7	–1,0	–1,5	0,3	–0,2	–0,5
0,6	0,7	–1,1	–1,6	0,3	–0,4	–0,7
0,7	0,7	–1,2	–1,7	0,3	–0,7	–1,0
0,8	0,7	–1,4	–1,9	0,3	–1,0	–1,3
0,9	0,7	–1,7	–2,2	0,3	–1,3	–1,6
1,0	0,7	–2,0	–2,5	0,3	–1,6	–1,9

1) Zwischenwerte dürfen linear interpoliert werden.

2) Die $c_{p,net}$-Werte entsprechen der Resultierenden aus den Winddrücken an Ober- und Unterseite des Vordaches und sind unabhängig vom horizontalen Abstand des Vordaches von der Gebäudeecke.

6.3.3 Innendruck in geschlossenen Baukörpern mit durchlässigen Außenwänden

Hinsichtlich der Winddruckverhältnisse ist zwischen geschlossenen und offenen Baukörpern zu unterscheiden. Geschlossene Baukörper sind allseitig durch Bauteile (Wände, Dach) gegen die Außenluft abgeschlossen. Weisen die den Baukörper umschließenden Bauteile Öffnungen auf, gelten folgende Regelungen:

- Überschreitet an mindestens 2 Seiten eines Gebäudes (Fassade oder Dach) die Gesamtöffnungsfläche der Wand oder des Daches 30 % der zugehörigen Wand- bzw. Dachfläche, gelten die betreffenden Seiten als *offen*, siehe DIN EN 1991-1-4:2010-12. In diesem Fall ist von einem offenen Baukörper auszugehen und Wände und Dach als freistehende Wand bzw. freistehendes Dach nach DIN EN 1991-1-4:2010-12, 7.3 und 7.4 zu berechnen.
- Der Fall, dass nur an einer Gebäudeseite die Öffnungsfläche 30 % überschreitet, wird in DIN EN 1991-1-4:2010-12 nicht explizit behandelt. Hier empfiehlt es sich auf eine Regelung in DIN 1055-4:2005-03, 12.1.9 zurückzugreifen. Danach darf für die Ermittlung der aerodynamischen Beiwerte die betreffende Wand als gänzlich offen betrachtet werden. Aerodynamische Beiwerte für die innen liegenden Oberflächen sind in DIN 1055-4:2005-03, Bild 11 angegeben.
- Wände mit Öffnungen, bei denen die Öffnungsfläche 30 % der Wandfläche nicht überschreitet, gelten als *durchlässige Wand.* Hier ist zusätzlich zum Außendruck auch ein Innendruck anzusetzen.
- Die rechnerische Berücksichtigung des Innendrucks ist bei Gebäuden, bei denen die Öffnungsfläche 1 % der Wandfläche nicht überschreitet und die Öffnungen annähernd gleichmäßig über die Wandfläche verteilt sind, nicht erforderlich, siehe DIN EN 1991-1-4/NA:2010-12, NDP zu 7.2.9 (2).

Fenster und Türen dürfen als geschlossen betrachtet werden und zählen daher nicht als Wandöffnung, sofern sie bei Sturm nicht betriebsbedingt geöffnet werden müssen. Ein Beispiel für betriebsbedingt zu öffnende Tore stellen in diesem Zusammenhang die Ausfahrten von Rettungsstellen dar. In DIN EN 1991-1-4:2010-12, 7.2.9 (3) wird empfohlen, den Fall geöffneter Fenster und Türen als außergewöhnliche Bemessungssituation zu prüfen. Insbesondere für große Innenwände kann dies die maßgebende Bemessungssituation darstellen.

Berücksichtigung des Innendrucks

Bei *geschlossenen Baukörpern mit durchlässigen Wänden* wirkt zusätzlich zum Außendruck ein Innendruck, siehe dazu auch Abb. 4. Der Innendruck wirkt auf alle Umfassungsflächen eines Innenraumes gleichzeitig und mit gleichem Vorzeichen. Innen- und Außendruck sind zu überlagern. Ausnahme: Wirkt der Innendruck bei der Bestimmung einer Reaktionsgröße entlastend, ist er zu null zu setzen.

Der Größe des Innendrucks wird über die Innendruckbeiwerte c_{pi} nach Abb. 12 und Tafel 25 bestimmt. Diese sind von der Größe und der Verteilung der Öffnungen in der Gebäudehülle abhängig.

Tafel 25: Innendruckbeiwerte

Fläche, Bauteil			Innendruckbeiwert c_{pi}
Gebäude mit einer dominanten Fläche[1)]	Verhältnis Gesamtfläche der Öffnungen in der dominanten Fläche zur Summe der Öffnungen in den restlichen Seitenflächen[2)]	2	$c_{pi} = 0{,}75 \cdot c_{pe}$[3)]
		≥ 3	$c_{pi} = 0{,}90 \cdot c_{pe}$[3)]
Gebäude ohne eine dominante Fläche[4)]			c_{pi} nach Abb. 12
Offene Silos und Schornsteine			$c_{pi} = -0{,}60$
Belüftete Tanks mit kleinen Öffnungen			$c_{pi} = -0{,}40$

1) Eine Gebäudefläche wird als dominant bezeichnet, wenn die Gesamtfläche der Öffnungen dieser Seite mindestens doppelt so groß ist wie die Summe aller Öffnungen und Undichtigkeiten in den restlichen Seitenflächen.

2) Zwischenwerte dürfen linear interpoliert werden.

3) Hier ist der Außendruckbeiwert c_{pe} der dominanten Fläche zu verwenden. Bei unterschiedlichen Außendruckbeiwerten auf der dominanten Fläche, ist ein mit den Öffnungsflächen gewichteter mittlerer c_{pe}-Wert zu ermitteln.

4) Bei Gebäuden ohne eine dominante Fläche ist der Innendruckbeiwert abhängig von der Höhe h und der Tiefe d des Gebäudes sowie vom Flächenparameter μ, siehe Abb. 12.

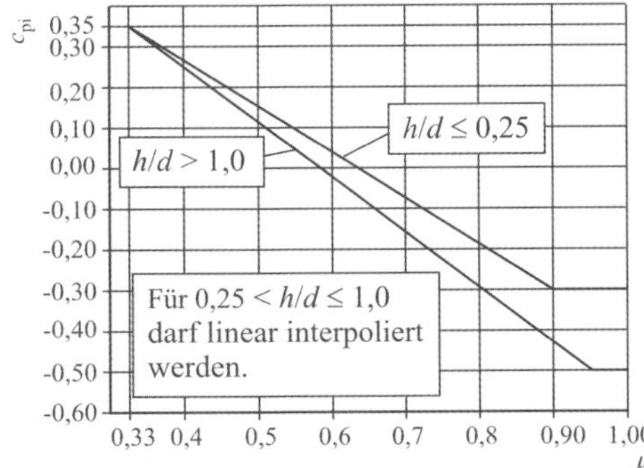

Abb. 12: Innendruckbeiwerte c_{pi} für durchlässige Wände

$$\mu = \frac{A_1}{A_2}$$

A_1 Gesamtfläche der Öffnungen in den leeseitigen und windparallelen Flächen mit $c_{pe} \leq 0$

A_2 Gesamtfläche der Öffnungen aller Wände

Ist eine sinnvolle Berechnung des Flächenparameters μ nicht möglich, so ist der c_{pi}-Wert als der ungünstigere Wert aus +0,2 und −0,3 anzunehmen.

6.3.4 Aerodynamische Beiwerte für freistehende Dächer

Für freistehende Dächer, an die sich keine durchgehenden Wände anschließen (z.B. Tankstellendächer) sind die Druckbeiwerte in Tafel 26 und Tafel 27 zusammengefasst. Der Kraftbeiwert c_f dient zur Ermittlung der resultierenden Windkraft. Dagegen beschreibt der Gesamtdruckbeiwert $c_{p,net}$ den maximalen lokalen Druck auf bestimmte Dachflächen (siehe Abb. 14), der bei der Bemessung von Dachelementen und Verankerungen anzuwenden ist. Sowohl der Kraft-, als auch der Gesamtdruckbeiwert sind vom Versperrungsgrad φ abhängig und für alle Anströmrichtungen gültig. Der Versperrungsgrad φ entspricht dabei dem Verhältnis der versperrten Fläche zur Gesamtquerschnittsfläche unterhalb des Daches nach Abb. 13.

Die Lage der resultierenden Windkräfte und die Bezugshöhe $z_e = h$ ergibt sich aus Abb. 15 bzw. Abb. 16. Bei der Bemessung freistehender Dächer sind Reibungskräfte nach DIN EN 1991-1-4, 7.5 zu berücksichtigen.

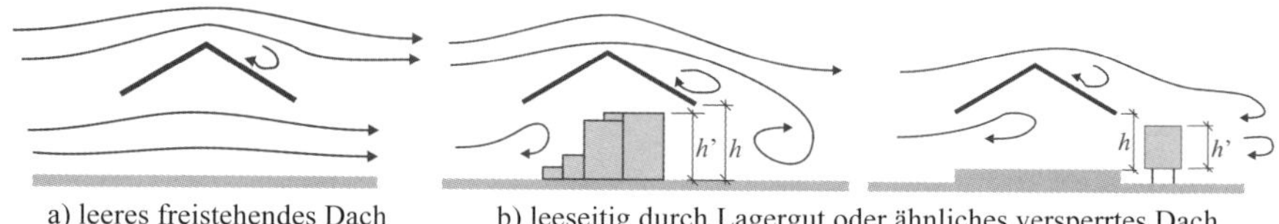

a) leeres freistehendes Dach ($\varphi = 0$)

b) leeseitig durch Lagergut oder ähnliches versperrtes Dach ($\varphi = 1$)

Abb. 13: Versperrungsgrad φ

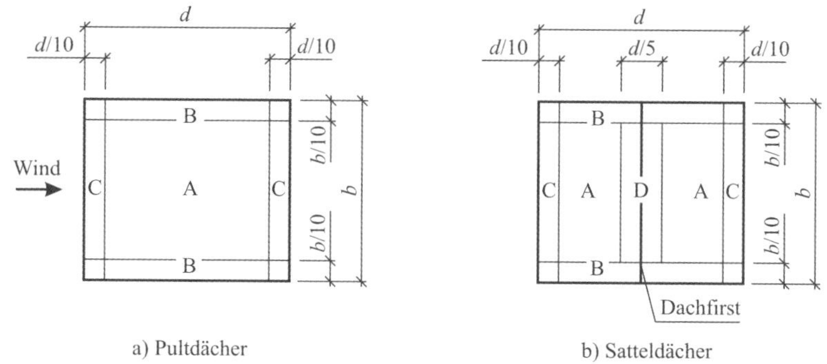

a) Pultdächer

b) Satteldächer

Anmerkung: Der Verlauf der Dachflächen im Eckbereich ist in DIN 1991-1-4:2010.12 nicht geklärt. Es wird daher empfohlen, in diesen Bereichen den größeren der in Frage kommenden aerodynamischen Beiwerte anzusetzen.

Abb. 14: Einteilung in Dachbereiche bei freistehenden Pultdächern bzw. Satteldächern

Tafel 26: Gesamtdruckbeiwerte $c_{p,net}$ und Kraftbeiwerte c_f für freistehende Pultdächer [1) 2)]

Neigungs-winkel α	Versperrungs-grad [3) 4)]	c_f	Bereich A ($c_{p,net}$)	Bereich B ($c_{p,net}$)	Bereich C ($c_{p,net}$)
0°	Maximum alle φ	+0,2	+0,5	+1,8	+1,1
	Minimum $\varphi = 0$	–0,5	–0,6	–1,3	–1,4
	Minimum $\varphi = 1$	–1,3	–1,5	–1,8	–2,2
5°	Maximum alle φ	+0,4	+0,8	+2,1	+1,3
	Minimum $\varphi = 0$	–0,7	–1,1	–1,7	–1,8
	Minimum $\varphi = 1$	–1,4	–1,6	–2,2	–2,5
10°	Maximum alle φ	+0,5	+1,2	+2,4	+1,6
	Minimum $\varphi = 0$	–0,9	–1,5	–2,0	–2,1
	Minimum $\varphi = 1$	–1,4	–1,6	–2,6	–2,7
15°	Maximum alle φ	+0,7	+1,4	+2,7	+1,8
	Minimum $\varphi = 0$	–1,1	–1,8	–2,4	–2,5
	Minimum $\varphi = 1$	–1,4	–1,6	–2,9	–3,0

Tafel 26: Gesamtdruckbeiwerte $c_{p,net}$ und Kraftbeiwerte c_f für freistehende Flach- und Pultdächer [1) 2)] (Fortsetzung)

Neigungswinkel α	Versperrungsgrad [3) 4)]	c_f	Bereich A	B	C
			$c_{p,net}$		
20°	Maximum alle φ	+0,8	+1,7	+2,9	+2,1
	Minimum $\varphi = 0$	–1,3	–2,2	–2,8	–2,9
	Minimum $\varphi = 1$	–1,4	–1,6	–2,9	–3,0
25°	Maximum alle φ	+1,0	+2,0	+3,1	+2,3
	Minimum $\varphi = 0$	–1,6	–2,6	–3,2	–3,2
	Minimum $\varphi = 1$	–1,4	–1,5	–2,5	–2,8
30°	Maximum alle φ	+1,2	+2,2	+3,2	+2,4
	Minimum $\varphi = 0$	–1,8	–3,0	–3,8	–3,6
	Minimum $\varphi = 1$	–1,4	–1,5	–2,2	–2,7

1) Die Gesamtdruckbeiwerte $c_{p,net}$ und die Kraftbeiwerte c_f für $\varphi = 0$ und $\varphi = 1$ berücksichtigen die resultierende Windbelastung auf der Ober- und Unterseite des Daches für alle Anströmrichtungen. Zwischenwerte dürfen interpoliert werden.

2) Positive Werte bedeuten eine nach unten und negative Werte eine nach oben gerichtete Windlast.

3) Verhältnis der versperrten Fläche zur Gesamtquerschnittsfläche unterhalb des Daches (φ = 0 ohne Versperrung , $\varphi = 1$ vollkommen versperrtes Dach), siehe Abb. 13.

4) Auf der Leeseite der maximalen Versperrung sind $c_{p,net}$-Werte für $\varphi = 0$ anzusetzen.

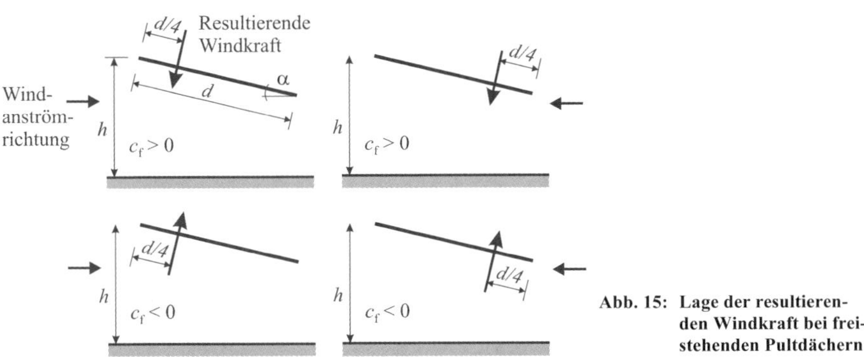

Abb. 15: Lage der resultierenden Windkraft bei freistehenden Pultdächern

Tafel 27: Gesamtdruckbeiwerte $c_{p,net}$ und Kraftbeiwerte c_f für freistehende Satteldächer [1) 2)]

Neigungswinkel α	Versperrungsgrad [3)]	c_f	Bereich A	B	C	D
			$c_{p,net}$			
5°	Maximum alle φ	+0,3	+0,6	+1,8	+1,3	+0,4
	Minimum $\varphi = 0$	–0,6	–0,6	–1,4	–1,4	–1,1
	Minimum $\varphi = 1$	–1,3	–1,3	–2,0	–1,8	–1,5
10°	Maximum alle φ	+0,4	+0,7	+1,8	+1,4	+0,4
	Minimum $\varphi = 0$	–0,7	–0,7	–1,5	–1,4	–1,4
	Minimum $\varphi = 1$	–1,3	–1,3	–2,0	–1,8	–1,8

Tafel 27: Gesamtdruckbeiwerte $c_{p,net}$ und Kraftbeiwerte c_f für freistehende Satteldächer [1) 2)] (Fortsetzung)

Neigungswinkel α	Versperrungsgrad [3)]		Bereich A	Bereich B	Bereich C	Bereich D
		c_f	$c_{p,net}$			
15°	Maximum alle φ	+0,4	+0,9	+1,9	+1,4	+0,4
	Minimum $\varphi = 0$	–0,8	–0,9	–1,7	–1,4	–1,8
	Minimum $\varphi = 1$	–1,3	–1,3	–2,2	–1,6	–2,1
20°	Maximum alle φ	+0,6	+1,1	+1,9	+1,5	+0,4
	Minimum $\varphi = 0$	–0,9	–1,2	–1,8	–1,4	–2,0
	Minimum $\varphi = 1$	–1,3	–1,4	–2,2	–1,6	–2,1
25°	Maximum alle φ	+0,7	+1,2	+1,9	+1,6	+0,5
	Minimum $\varphi = 0$	–1,0	–1,4	–1,9	–1,4	–2,0
	Minimum $\varphi = 1$	–1,3	–1,4	–2,0	–1,5	–2,0
30°	Maximum alle φ	+0,9	+1,3	+1,9	+1,6	+0,7
	Minimum $\varphi = 0$	–1,0	–1,4	–1,9	–1,4	–2,0
	Minimum $\varphi = 1$	–1,3	–1,4	–1,8	–1,4	–2,0

[1)] Die Gesamtdruckbeiwerte $c_{p,net}$ und die Kraftbeiwerte c_f für $\varphi = 0$ und $\varphi = 1$ berücksichtigen die resultierende Windbelastung auf der Ober- und Unterseite des Daches für alle Anströmrichtungen. Zwischenwerte dürfen interpoliert werden.

[2)] Positive Werte bedeuten eine nach unten und negative Werte eine nach oben gerichtete Windlast.

[3)] Verhältnis der versperrten Fläche zur Gesamtquerschnittsfläche unterhalb des Daches ($\varphi = 0$ ohne Versperrung, $\varphi = 1$ vollkommen versperrtes Dach), siehe Abb. 13.

[4)] Auf der Leeseite der maximalen Versperrung sind $c_{p,net}$-Werte für $\varphi = 0$ anzusetzen.

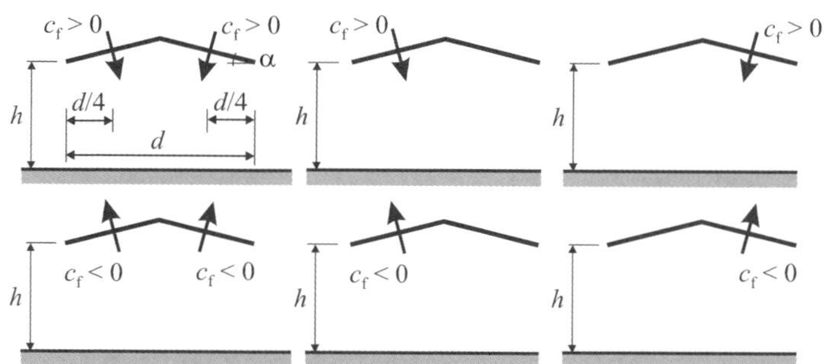

Abb. 16: Lage der resultierenden Windkraft bei freistehenden Satteldächern

6.3.5 Aerodynamische Beiwerte für freistehende Wände und Brüstungen

Die Druckbeiwerte $c_{p,net}$ für freistehende Wände und Brüstungen sind vom Völligkeitsgrad φ abhängig. Für diesen gilt:

- bei massiven Wänden und Brüstungen: $\varphi = 1,0$
- bei Wänden und Brüstungen mit einem Öffnungsanteil von 20%: $\varphi = 0,8$.

Undichte Wände und Zäune mit $\varphi \leq 0,8$ sind wie Fachwerke zu behandeln.

Die für die einzelnen Wandbereiche nach Abb. 17 zugehörigen Druckbeiwerte $c_{p,net}$ sind in Tafel 28 angegeben.

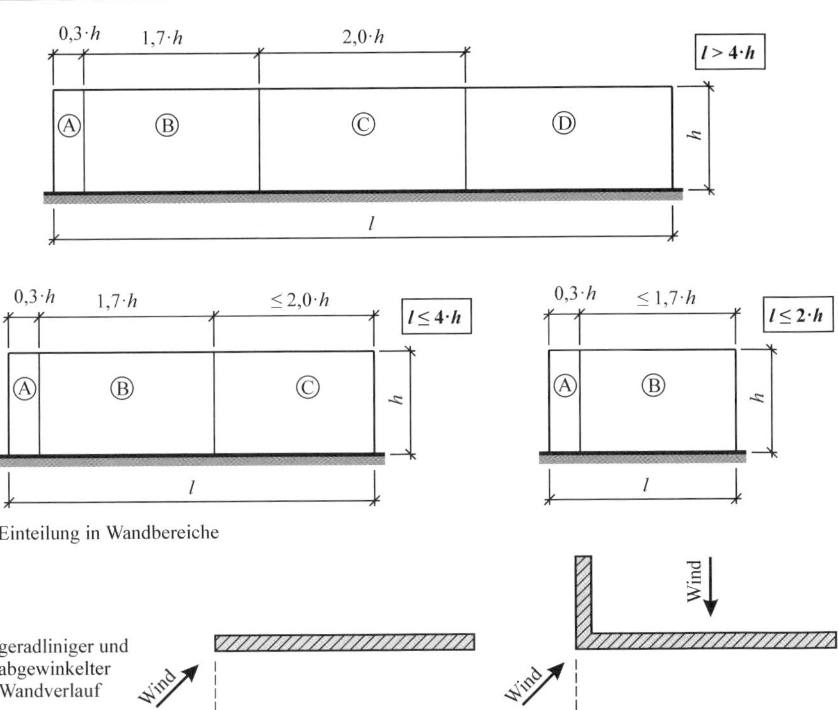

Abb. 17: Einteilung in Wandbereiche bei freistehenden Wänden und Brüstungen

Tafel 28: Druckbeiwerte für freistehende Wände und Brüstungen [1)]

Völligkeitsgrad	Wandgeometrie [2)]		Wandbereich			
			A	B	C	D
$\varphi = 1{,}0$	gerade Wand	$l/h \leq 3$	2,3	1,4	1,2	1,2
		$l/h = 5$	2,9	1,8	1,4	1,2
		$l/h \geq 10$	3,4	2,1	1,7	1,2
	abgewinkelte Wand mit Schenkellänge $\geq h$		±2,1	±1,8	±1,4	±1,2
$\varphi = 0{,}8$			±1,2	±1,2	±1,2	±1,2

1) Bei Völligkeitsgraden $0{,}8 < \varphi < 1{,}0$ darf linear interpoliert werden.

2) Beträgt die Schenkellänge des abgewinkelten Wandstückes zwischen 0,0 und *h*, darf linear interpoliert werden.

6.4 Windkräfte für nicht schwingungsanfällige Bauwerke

6.4.1 Ermittlung der Windkräfte

Die auf ein Bauwerk oder ein Bauteil wirkende resultierende Windkraft F_w darf wie folgt ermittelt werden:

- als auf ein Bauwerk einwirkende Gesamtwindkraft über den Ansatz von Kraftbeiwerten:

$$F_w = c_s c_d \cdot c_f \cdot q_p(z_e) \cdot A_{ref}$$

$c_s c_d$ Strukturbeiwert, für nicht schwingungsempfindliche Konstruktionen ist $c_s c_d = 1{,}0$. Für andere Fälle siehe DIN EN 1991-1-4.

c_f Kraftbeiwert für den Baukörper

$q_p(z_e)$ Böengeschwindigkeitsdruck in der Bezugshöhe z_e, siehe Abschnitt 6.2

A_{ref} Bezugsfläche für den Baukörper

- durch vektorielle Addition der auf die einzelnen Baukörperabschnitte wirkenden Windkräfte $F_{w,j}$:

$$F_w = \sum F_{w,i} = c_s c_d \cdot \sum \left(c_{f,i} \cdot q_p(z_e) \cdot A_{ref,i} \right)$$

$c_{f,i}$ Kraftbeiwert für den Baukörperabschnitt i

$A_{ref,i}$ Bezugsfläche für den Baukörperabschnitt i

- durch vektorielle Addition der jeweils aus Außen- und Innenwinddruck sowie Reibung ermittelten resultierenden Kräfte:

$$F_w = F_{w,e} + F_{w,i} + F_{fr} = c_s c_d \cdot \sum \left(w_{e,i} \cdot A_{ref,i} \right) + \sum \left(w_{i,j} \cdot A_{ref,j} \right) + \sum \left(c_{fr,k} \cdot q_p(z_e) \cdot A_{fr,k} \right)$$

$F_{w,e}$ Resultierende aus dem Winddruck auf alle Bauwerksaußenflächen

$F_{w,i}$ Resultierende aus dem Winddruck auf alle Bauwerksinnenflächen

F_{fr} Resultierende der Reibungskräfte infolge Windeinwirkung parallel zu den Bauwerksaußenflächen

$w_{e,i}$ Winddruck auf der Außenfläche i

$w_{i,j}$ Winddruck auf der Innenfläche j

c_{fr} Reibungsbeiwert

$A_{fr,k}$ parallel vom Wind angeströmte Außenfläche k

6.4.2 Kraftbeiwerte zur Ermittlung der Windkräfte

Eine ausführliche Sammlung von Kraftbeiwerten enthält DIN EN 1991-1-4. Nachfolgend wird lediglich auf einige wichtige Werte eingegangen.

Anzeigetafeln

Tafel 29: Kraftbeiwerte für Anzeigetafeln

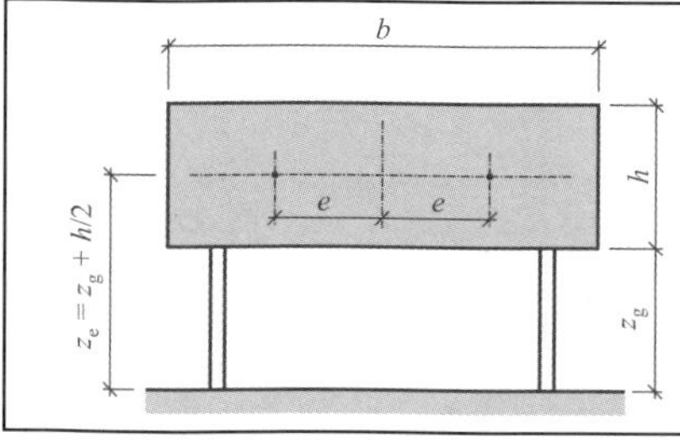

Allgemein gilt: $c_f = 1{,}80$.

Die senkrecht zur Anzeigetafel wirkende resultierende Windkraft ist mit einer horizontalen Ausmitte $e = \pm\, 0{,}25 \cdot b$ anzusetzen.

Anzeigetafeln mit einem Bodenabstand $z_g < h/4$ und einem Seitenverhältnis $b/h > 1$ sind als freistehende Wand zu behandeln, siehe Kapitel 6.3.5.

Windkräfte infolge Reibung

Bei parallel angeströmten flächenartigen Baukörpern können auf der Bauteiloberfläche erhebliche Windkräfte infolge Reibung auftreten. Diese dürfen wie folgt ermittelt werden:

$$F_{fr} = c_{fr} \cdot q(z_e) \cdot A_{fr}$$

F_{fr} Windkraft infolge Reibung

c_{fr} aerodynamischer Reibungsbeiwert nach Tafel 30

z_e Bezugshöhe

A_{fr} Summe der parallel vom Wind angeströmten umströmten Flächen

Als Bezugshöhe z_e ist bei freistehenden Dächern die Dachhöhe, bei Wänden die Oberkante Wand anzusetzen. Bei frei angeordneten Überdachungen ist die Reibungskraft in jeder beliebigen Richtung wirksam.

Die Reibungskräfte dürfen vernachlässigt werden, wenn die Gesamtfläche aller windparallelen Flächen nicht größer ist, als das 4-Fache aller Flächen, die luv- und leeseitig senkrecht zum Wind ausgerichtet sind.

Tafel 30: Reibungsbeiwerte für Wände, Brüstungen und Dachflächen (DIN EN 1991-1-4, 7.5)

Oberfläche	Reibungsbeiwert c_{fr}
glatt (z. B. Stahl, glatter Beton)	0,01
rau (z. B. rauer Beton, geteerte Flächen)	0,02
sehr rau (z. B. gewellt, gerippt, gefaltet)	0,04

Flaggen

Tafel 31: Kraftbeiwerte für Flaggen (DIN EN 1991-1-4, 7.12)

Art der Flagge	**allseitig befestigte Flaggen** Kraft wirkt senkrecht auf Flaggenebene	**frei flatternde Flaggen** Kraft wirkt in Flaggenebene	**frei flatternde Flaggen** Kraft wirkt in Flaggenebene
	h, l	h, l	h, l
Bezugsfläche A_{ref}	$h \cdot l$	$h \cdot l$	$0{,}5 \cdot h \cdot l$
Kraftbeiwert c_f	1,8	$0{,}02 + 0{,}7 \cdot \frac{m_f}{\rho \cdot h} \cdot \left(\frac{A_{ref}}{h^2}\right)^{-1{,}25}$	

Es bedeuten: m_f Masse je Flächeneinheit der Flagge in kg/m²
ρ Luftdichte, $\rho = 1{,}25$ kg/m³

Die Kraftbeiwerte schließen die dynamischen Kräfte aufgrund des Flattereffektes ein.

7 Schneelasten nach DIN EN 1991-1-3

7.1 Geltungsbereich

In DIN EN 1991-1-3 sind die für die rechnerische Nachweisführung von Hoch- und Ingenieurbauten erforderlichen Angaben zu den Rechenwerten der Schneelasten enthalten. Nicht Gegenstand von DIN EN 1991-1-3 sind:

- anprallende Schneelasten, verursacht durch Abrutschen von Schnee von höheren Dächern
- Horizontallasten aus Schneedruck (z.B. seitliche Lasten infolge Schneeverwehungen)
- Lasterhöhungen auf Grund der Verstopfung des Entwässerungssystems durch Eis und Schnee
- Schneelasten auf Brücken und anderen besonderen Bauwerken
- zusätzliche Windlasten, verursacht durch die Umrissänderung von Bauwerken aufgrund von Schnee
- Schneelasten in Gebieten, in denen über das ganze Jahr hinweg Schnee vorhanden ist.

7.2 Schneelast auf dem Boden

7.2.1 Charakteristischer Wert der Schneelast auf dem Boden

Der charakteristische Wert der Schneelast auf dem Boden s_k ist abhängig von der geographischen Lage (Schneelastzone und Geländehöhe über dem Meeresspiegel) und kann nach Tafel 32 ermittelt werden. Für Orte mit einer Höhenlage > 1500 m über NN und bestimmte Regionen der Schneelastzone 3 (z.B. Oberharz, Hochlagen des Fichtelgebirges, Reit im Winkl, Obernach/Walchensee) können sich höhere Schneelasten ergeben, die von den örtlichen zuständigen Stellen festzulegen sind. Zur genaueren Zuordnung der Schneezonen zu Verwaltungsgrenzen von Gemeinden siehe [DIBt 2021.2].

Tafel 32: Charakteristischer Wert der Schneelast auf dem Boden s_k nach DIN EN 1991-1-3/NA:2019-04

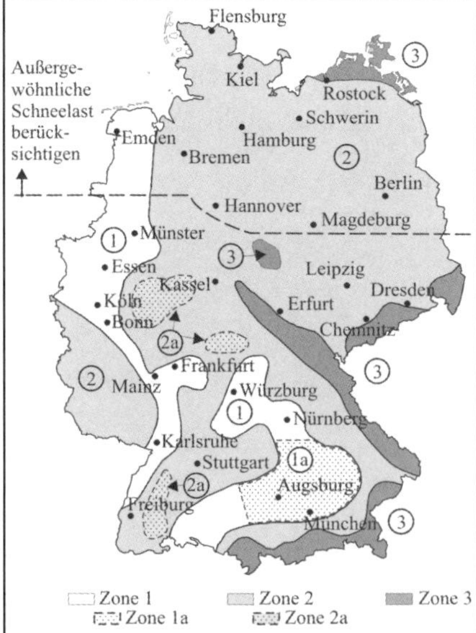

Schneezonenkarte	Zone	Charakteristischer Wert in kN/m²
Außergewöhnliche Schneelast berücksichtigen Zone 1, Zone 2, Zone 3, Zone 1a, Zone 2a Windlastzone 3a siehe [DIBt 2021.2]	1 [1)]	$s_k = \max\begin{cases} 0{,}65 \\ 0{,}19 + 0{,}91 \cdot \left(\dfrac{A+140}{760}\right)^2 \end{cases}$
	2 [1)]	$s_k = \max\begin{cases} 0{,}85 \\ 0{,}25 + 1{,}91 \cdot \left(\dfrac{A+140}{760}\right)^2 \end{cases}$
	3	$s_k = \max\begin{cases} 1{,}10 \\ 0{,}31 + 2{,}91 \cdot \left(\dfrac{A+140}{760}\right)^2 \end{cases}$
	s_k A	charakteristischer Wert der Schneelast auf dem Boden in kN/m² Geländehöhe über dem Meeresspiegel in m
	1)	Für die Zonen 1a, 2a und 3a muss der charakteristische Wert der Zone 1, 2 bzw. 3 mit dem Faktor 1,25 multipliziert werden. Die Mindestwerte sind in gleicher Weise zu erhöhen.

7.2.2 Außergewöhnliche Schneelast auf dem Boden

Im norddeutschen Tiefland treten in seltenen Fällen Schneelasten auf, welche die charakteristischen Werte nach Abschnitt 7.2.1 deutlich übersteigen können. Davon betroffen sind innerhalb der Schneelastzonen 1 und 2 befindliche Regionen im Norddeutschen Tiefland, siehe Tafel 32 bzw. [Holschemacher/Klug 2016]. In derartigen Fällen sind die rechnerischen Nachweise in

- der ständigen und vorübergehenden Bemessungssituation mit dem charakteristischen Wert der Schneelast s_k (gegebenenfalls unter Berücksichtigung von Windverwehungen) und zusätzlich
- in der außergewöhnlichen Bemessungssituation mit der außergewöhnlichen Schneelast s_{Ad} (Windverwehungen ebenfalls berücksichtigen, wenn erforderlich,) zu führen.

$$s_{Ad} = C_{esl} \cdot s_k$$

s_{Ad} außergewöhnliche Schneelast auf dem Boden
s_k charakteristischer Wert der Schneelast auf dem Boden
C_{esl} Beiwert für die außergewöhnliche Schneelast, $C_{esl} = 2{,}3$ (sofern örtliche Behörden keinen anderen Wert festlegen)

7.3 Schneelast auf Dächern

7.3.1 Charakteristischer Wert und außergewöhnliche Schneelast

Der charakteristische Wert der Schneelast auf dem Dach s ist abhängig von der Dachform und dem charakteristischen Wert der Schneelast auf dem Boden. In der Regel sind unverwehte und verwehte Schneelasten zu berücksichtigen.

$$s_i = \mu_i \cdot s_k$$

s_i charakteristischer Wert der Schneelast auf dem Dach, s_i ist lotrecht wirkend anzunehmen und auf die Grundrissprojektion der Dachfläche zu beziehen
μ_i Formbeiwert der Schneelast entsprechend der vorliegenden Dachform
s_k charakteristischer Wert der Schneelast auf dem Boden

Die außergewöhnliche Schneelast auf dem Dach ist – sofern erforderlich – in analoger Weise zu ermitteln:

$$s_i = \mu_i \cdot s_{Ad} = C_{esl} \cdot \mu_i \cdot s_k$$

7.3.2 Sattel-, Pult-, Shed- und Flachdächer

In Tafel 33 sind die Formbeiwerte μ_i für die flachen und geneigten Flächen von Sattel-, Pult-, Shed- und Flachdächern angegeben.

Tafel 33: Formbeiwerte μ_i der Schneelast für flache und geneigte Flächen von Sattel-, Pult-, Shed- und Flachdächern

Dachneigung α	μ_1	μ_2	μ_3
$0° \leq \alpha \leq 30°$	$\mu_1(0°) = 0{,}8$	0,8	$0{,}8 + 0{,}8 \cdot \alpha / 30°$
$30° < \alpha < 60°$	$\mu_1(0°) \cdot (60° - \alpha)/30°$	$0{,}8 \cdot (60° - \alpha)/30°$	1,6
$\alpha \geq 60°$	0	0	1,6
Für Dächer mit Brüstungen, Schneefanggittern und anderen Hindernissen, die ein Herabrutschen des Schnees verhindern können, ist der Formbeiwert mindestens mit $\mu_i = 0{,}8$ anzusetzen, siehe DIN EN 1991-1-3:2010-12, 5.3.2 (2).			

Bei Dächern mit Neigungen $\alpha \leq 30°$, deren geringste Grundrissabmessung mehr als 50 m beträgt, gilt für $\mu_1(\alpha)$ bzw. $\mu_2(\alpha)$:

$$\mu_1(\alpha) = \mu_2(\alpha) = 0{,}80 + \frac{B - 50}{200} \leq 1{,}0$$

B – geringste Grundrissabmessung des Daches in m

Sattel-, Flach- und Pultdächer

Bei Satteldächern sind 3 verschiedene Lastbilder zu untersuchen, von denen das ungünstigste maßgebend wird, siehe Tafel 34. Das Lastbild (i) stellt sich ohne Windeinwirkung ein, die Lastbilder (ii) und (iii) erfassen Verwehungs- und Abtaueinflüsse. Letztere werden allerdings nur bei Tragwerken maßgebend, die empfindlich gegenüber ungleichmäßig verteilten Lasten sind. Bei Flach- und Pultdächern ist im Allgemeinen der Ansatz einer auf der gesamten Dachfläche gleichmäßig verteilten Schneelast ausreichend.

Tafel 34: Formbeiwerte für Schneelasten und Lastbilder bei Sattel-, Pult- und Flachdächern

Satteldach			Flach- und Pultdach
Lastbild (i):	$\mu_1(\alpha_1)$	$\mu_1(\alpha_2)$	
Lastbild (ii):	$0{,}5\,\mu_1(\alpha_1)$	$\mu_1(\alpha_2)$	$\mu_1(\alpha)$
Lastbild (iii):	$\mu_1(\alpha_1)$	$0{,}5\,\mu_1(\alpha_2)$	
	α_1	α_2	α

Aneinandergereihte Sattel- und Sheddächer

Bei der Berechnung von aneinandergereihten Sattel- und Sheddächern ist neben dem Schneelastfall ohne Windeinfluss (Fall i) auch der Verwehungslastfall (Fall ii) zu betrachten, siehe Abb. 18 und DIN EN 1991-1-3/NA:2019-04, 5.3.4. Dabei ist zu beachten:

- Für die Innenfelder ist der mittlere Neigungswinkel $\overline{\alpha} = 0{,}5 \cdot (\alpha_1 + \alpha_2)$ maßgebend.
- Der Formbeiwert μ_3 darf wie folgt begrenzt werden: $\mu_3 \leq \dfrac{\gamma \cdot h}{s_k} + \mu_2$

  bzw. im Fall der außergewöhnlichen Schneelast $\mu_3 \leq \dfrac{\gamma \cdot h}{s_{ad}} + \mu_2$

  γ Wichte des Schnees, $\gamma = 2$ kN/m^3

  h Höhenlage des Firstes über der Traufe in m
- Die Schneelast im Bereich von Dachaufbauten und Schneefanggittern kann nach Abschnitt 7.4.3 ermittelt werden.

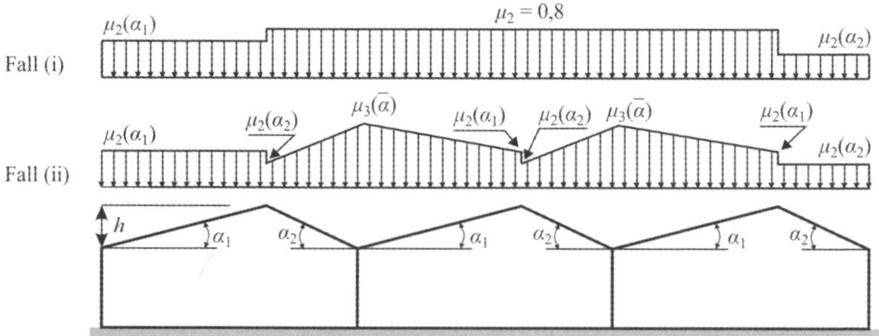

Abb. 18: Formbeiwerte für Schneelasten und Lastbilder für aneinandergereihte Satteldächer

Tonnendächer

Zu Tonnendächern werden im Sinne der nachfolgenden Ausführungen alle zylindrischen Dachformen mit beliebig gekrümmter konvexer Leitkurve gezählt. Tonnendächer sind für gleichmäßig verteilte Schneelasten (Lastbild i) und für unsymmetrisch verteilte Schneelasten (Lastbild ii) nachzuweisen, siehe Abb. 19.

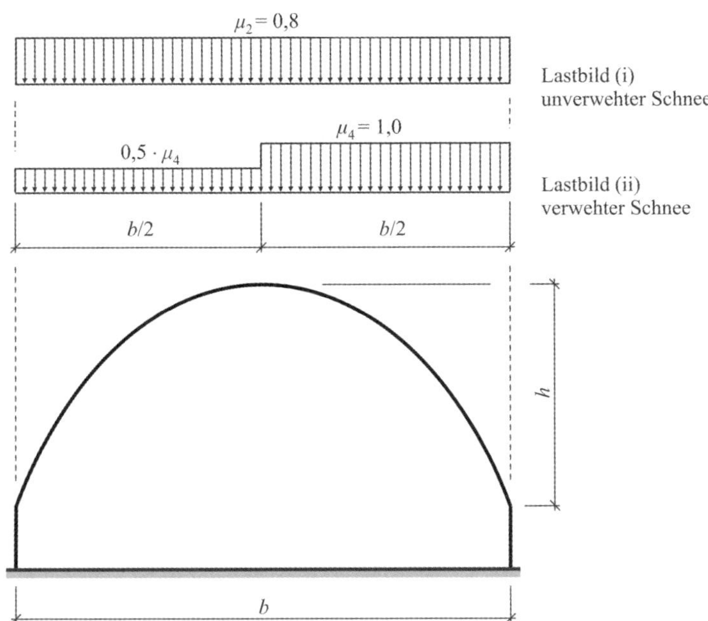

Abb. 19: Schneelasten und Lastbilder für Tonnendächer

7.4 Schneeanhäufungen

7.4.1 Schneeverwehungen an Aufbauten und Wänden

Schneeanhäufungen infolge Windverwehungen sind im Bereich von auf Dachflächen befindlichen Aufbauten oder Wänden zu berücksichtigen. Die Schneelast verteilt sich dreieckförmig über die Länge l_s, wobei für die Formbeiwerte gilt:

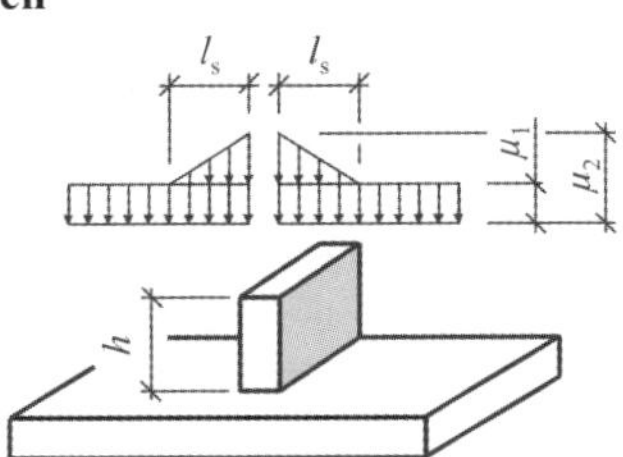

$$\mu_1 = 0,8$$

$$\mu_2 = \gamma \cdot h / s_k \begin{cases} \geq 0,8 \\ \leq 2,0 \end{cases}$$

bzw. bei außergewöhnlicher Schneelast $\mu_2 = \gamma \cdot h / s_{ad}$

$$l_s = 2 \cdot h \begin{cases} \geq 5 \text{ m} \\ \leq 15 \text{ m} \end{cases}$$

γ Wichte des Schnees, $\gamma = 2$ kN/m^3

Wände und Aufbauten mit einer Ansichtsfläche < 1 m^2 oder einer Höhe < 0,50 m müssen nicht berücksichtigt werden. Zu aufgeständerten Solarthermie- oder Photovoltaikanlagen siehe DIN EN 1991-1-4/NA:2019-04, NCI zu 5.3.1 (2).

7.4.2 Höhensprünge an Dächern

Bei Höhensprüngen an Dächern muss die Anhäufung von Schnee im tiefer liegenden Dachbereich nach Abb. 20 berücksichtigt werden. Für unverwehten Schnee gilt Lastbild (i), für verwehten Schnee Lastbild (ii). Bei Lastbild (ii) erhält das tiefer liegende Dach eine dreieckförmige Zusatzlast aus Schneeverwehung und abrutschendem Schnee des anschließenden, höher liegenden Daches.

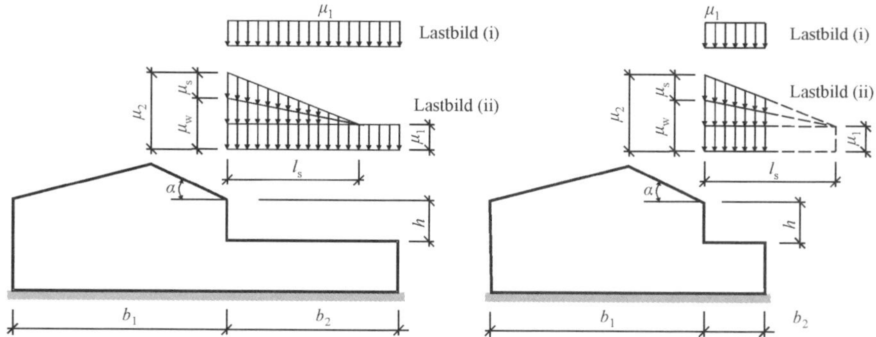

Abb. 20: Lastbild der Schneelast an Höhensprüngen

In Abb. 20 bedeuten:

h Höhe des Dachsprunges in m

l_s Länge des Verwehungskeils

$$l_s = 2 \cdot h \begin{cases} \geq 5 \text{ m} \\ \leq 15 \text{ m} \end{cases}$$

Für $l_s > b_2$ sind die Lastordinaten am vom Höhensprung entfernten Dachrand abzuschneiden.

γ Wichte des Schnees, $\gamma = 2$ kN/m^3

μ_1 Formbeiwert für den tiefer liegenden Dachbereich, für Flachdach gilt $\mu_1 = 0{,}8$

$\mu_2 = \mu_S + \mu_W$

μ_W Formbeiwert der Schneeverwehung

$$\mu_W = \min \begin{cases} (b_1 + b_2)/(2 \cdot h) \\ (\gamma \cdot h)/s_k \end{cases}$$

Der Formbeiwert μ_W muss nur bei Höhensprüngen $h > 0{,}50$ m berücksichtigt werden, siehe DIN EN 1991-1-3/NA:2019-04, NDP zu 5.3.6 (1), Anmerkung 1.

Für außergewöhnliche Einwirkungen (Norddeutsches Tiefland) muss μ_W nicht größer angesetzt werden als

$$\mu_W = \frac{\gamma \cdot h}{s_{ad}}$$

μ_S Formbeiwert des abrutschenden Schnees

- sofern beim höher liegenden Dach $\alpha \leq 15°$: $\mu_S = 0$
- sofern beim höher liegenden Dach $\alpha > 15°$: Die Last aus Abrutschen des Schnees $\mu_S \cdot s_k$ ist aus der Hälfte der größten resultierenden Schneelast zu ermitteln, die auf der angrenzenden Seite des oberen Daches maßgebend ist und auf der Länge l_s dreieckförmig zu verteilen.

Werden auf dem höher liegenden Dach Schneefanggitter oder vergleichbare Einrichtungen angeordnet, darf auf den Ansatz von μ_S verzichtet werden.

Die Formbeiwerte sind in der ständigen und vorübergehenden Bemessungssituation und der außergewöhnlichen Bemessungssituation wie folgt zu begrenzen:

- im Allgemeinen: $0{,}8 \leq (\mu_W + \mu_S) \leq 2{,}4$
- bei seitlich offenen und für die Räumung zugänglichen Vordächern mit $b_2 \leq 3$ m:
  $0{,}8 \leq (\mu_W + \mu_S) \leq 2{,}0$

Anmerkung: In [Fingerloos/Schwind 2019] wird empfohlen, den Mindestwert 0,8 bei großen Höhensprüngen durch 1,2 zu ersetzen.

Für die alpine Region mit Schneelasten $s_k \geq 3{,}0$ kN/m² gilt: $0{,}8 = \mu_W + \mu_S \leq \max\begin{cases} 1{,}2 \\ 6{,}45/s_k^{0,9} \end{cases}$

7.4.3 Schneelasten an Schneefanggittern und Dachaufbauten

An Dachaufbauten, die abgleitende Schneemassen anstauen, entsteht eine linienförmige Schneelast F_s. Bei der Ermittlung dieser Linienlast ist die Reibung zwischen Dachfläche und Schnee zu vernachlässigen.

$F_s = \mu_i \cdot s_k \cdot b \cdot \sin\alpha$

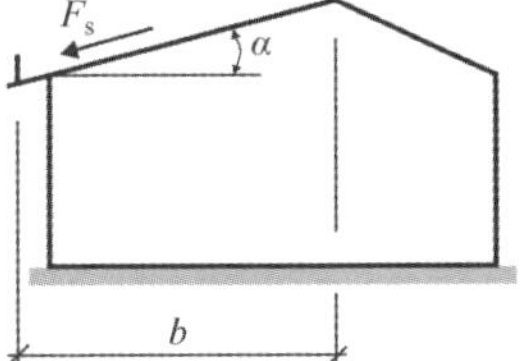

F_s Schneelast je m Länge

μ_i größter Formbeiwert nach Tafel 33 für die betrachtete Dachfläche

b Grundrissabstand zwischen Dachaufbau und einem höher liegenden Hindernis bzw. dem First in m

7.4.4 Schneeüberhang an Dachtraufen

An auskragenden Dachbereichen ist eine zusätzliche Linienlast s_e durch überhängenden Schnee anzusetzen. Diese Linienlast wirkt an der Traufllinie und ist wie folgt zu ermitteln:

$s_e = 0{,}4 \cdot s^2 / \gamma$

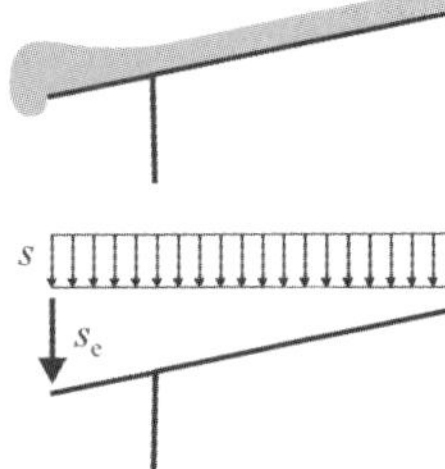

s_e Schneelast des Überhanges in kN je m Trauflänge

s Schneelast für das Dach nach Abschnitt 7.3

γ Wichte des Schnees, für diesen Nachweis gilt $\gamma = 3$ kN/m³

Wenn Schneefanggitter auf der Dachfläche angeordnet werden, die das Abrutschen von Schnee verhindern und die nach Abschnitt 7.4.3 bemessen werden, darf auf den Ansatz der Linienlast s_e verzichtet werden.

8 Literatur

[DIBt 2021.1] Zuordnung der Windzonen nach Verwaltungsgrenzen, Stand 05.07.2021. Deutsches Institut für Bautechnik, https://www.dibt.de/de/wir-bieten/technische-baubestimmungen.

[DIBt 2021.2] Zuordnung der Schneelastzonen nach Verwaltungsgrenzen, Stand 11.08.2021. Deutsches Institut für Bautechnik, https://www.dibt.de/de/wir-bieten/technische-baubestimmungen.

[DIBt 2022] Veröffentlichung der Muster-Verwaltungsvorschrift Technische Baubestimmungen, Ausgabe 2021/1 mit Druckfehlerberichtigung vom 04. März 2022. Deutsches Institut für Bautechnik, https://www.dibt.de/de/wir-bieten/technische-baubestimmungen.

[Fingerloos/Schwind 2019] Fingerloos, F., Schwind, W.: Zur Neuausgabe des Nationalen Anhangs DIN EN 1991-1-3/NA „Schneelasten" in 2019-04. Bautechnik 96 (2019), H. 4, S. 352–358.

[Holschemacher 2019] Holschemacher, K. (Hrsg.): Entwurfs- und Berechnungstafeln für Bauingenieure. 8. Auflage, Beuth Verlag, Berlin, Wien, Zürich, 2019.

[Holschemacher/Klug 2016] Holschemacher, K.; Klug, Y.: Lastannahmen im Bauwesen. 2. Auflage, Beuth Verlag, Berlin, Wien, Zürich, 2016.

Holzbau

Prof. Dr.-Ing. Leif A. Peterson

Holzbau

Inhaltsverzeichnis

I Vorbemerkungen

Dieses Kapitel Holzbau basiert auf DIN EN 1995-1-1 von Dezember 2010 (EC5) und dem zugehörigen Nationalen Anwendungsdokument DIN EN 1995-1-1/NA (EC5/NA). Dieser Bemessungsnorm liegt das Teilsicherheitskonzept mit der Beanspruchungskombinatorik entsprechend DIN EN 1990 von Oktober 2021 (EC0 incl. EC0/NA) zugrunde.
Für die Nachweise der **Tragfähigkeit** werden aus den charakteristischen Einwirkungen (Index k) durch Multiplikation mit dem Teilsicherheitsbeiwert $\gamma_G = 1{,}35$ bei ständigen Lasten bzw. $\gamma_Q = 1{,}5$ bei veränderlichen Lasten und gegebenenfalls zu berücksichtigenden Kombinationsbeiwerten ψ die Bemessungswerte der Einwirkungen (Index d) ermittelt. Damit werden die Bemessungswerte der Schnittgrößen bzw. Spannungen berechnet und den Bemessungswerten X_d der Beanspruchbarkeit gegenübergestellt. Diese ergeben sich grundsätzlich zu:

$$X_d = \frac{k_{mod} \cdot X_k}{\gamma_M}$$

mit:
X_k charakteristischer Wert der Baustoffeigenschaft
k_{mod} Modifikationsbeiwert zur Berücksichtigung der Nutzungsklasse und der Lasteinwirkungsdauer
γ_M Material-Teilsicherheitsbeiwert (im Holzbau grundsätzlich 1,3)

Für die in diesem Kapitel behandelten Holzbaustoffe werden aus den Baustoffnormen die *charakteristischen* Werte der Beanspruchbarkeiten bzw. Festigkeiten angegeben. Diese sind für die Bemessung dann individuell entsprechend den zu erwartenden Nutzungsklassen und Lasteinwirkungsdauern *abzumindern*!
Für die Nachweise der **Gebrauchstauglichkeit** sind die Verformungen infolge der charakteristischen Einwirkungen mit empfohlenen Grenzwerten zu vergleichen. Für Wohnhausdecken darf der Schwingungsnachweis in bestimmten Frequenzbereichen vereinfacht geführt werden (siehe 4.1.2).
Der Nachweis der **Dauerhaftigkeit**, insbesondere in der NKL 3 von großer Bedeutung, wird vorrangig durch Beachtung konstruktiver Regeln (siehe DIN 68800-2) geführt. Ergänzend dazu sollen Hölzer mit einer ausreichenden natürlichen Dauerhaftigkeit oder einem entsprechenden chemischen Schutz (siehe DIN 68800-3) verwendet werden.

Da es sich bei dem EC5 um eine reine Bemessungsnorm handelt, sind die Angaben zu genormten Baustoffeigenschaften aus den zugehörigen Produktnormen in diesem Kapitel zugunsten einer effizienten Bemessung zusammengetragen. Ohne Anspruch auf Vollständigkeit seien hier erwähnt:

Vollholz:	DIN EN 14081-1 in Verbindung mit DIN EN 338 und DIN EN 1912
KVH:	DIN EN 15497
Brettschichtholz:	DIN EN 14080
Furnierschichtholz:	DIN EN 14374, DIN EN 14279
Sperrholz:	DIN EN 636
OSB:	DIN EN 300
Spanplatten:	DIN EN 312
Holzfaserplatten:	DIN EN 622

Klassen der Lasteinwirkungsdauer (KLED)

Kategorie	Einwirkung	KLED
	Eigenlasten nach DIN EN 1991-1-1	ständig
	Lotrechte Nutzlasten nach DIN EN 1991-1-1	
A	Spitzböden, Wohn- und Aufenthaltsräume	mittel
B	Büroflächen, Arbeitsflächen, Flure	mittel
C	Flächen und Räume, die der Ansammlung von Personen dienen können (mit Ausnahme von unter A, B, D und E festgelegten Kategorien)	kurz
D	Verkaufsräume	mittel
E1	Fabriken und Werkstätten, Ställe, Lagerräume und Zugänge	lang
E2	Flächen für den Betrieb mit Gabelstaplern	mittel
F	Verkehrs- und Parkflächen für leichte Fahrzeuge (Gesamtlast ≤ 30 kN), Zufahrtsrampen zu diesen Flächen	mittel kurz
H	Nicht begehbare Dächer, außer für übliche Erhaltungsmaßnahmen, Reparaturen	kurz
K	Hubschrauber-Regellasten	kurz
T	Treppen und Treppenpodeste	kurz
Z	Zugänge, Balkone und Ähnliches	kurz
	Horizontale Nutzlasten nach DIN EN 1991-1-1	
	Horizontale Nutzlasten infolge von Personen auf Brüstungen, Geländer und andere Konstruktionen, die als Absperrung dienen	kurz
	Horizontallasten zur Erzielung einer ausreichenden Längs- und Quersteifigkeit	a)
	Horizontallasten für Hubschrauberlandeplätze auf Dachdecken für horizontale Nutzlasten für Überrollschutz	 kurz sehr kurz
	Windlasten nach DIN EN 1991-1-4	kurz/ sehr kurz b)
	Schnee- und Eislasten nach DIN EN 1991-1-3	
	Geländehöhe des Bauwerkstandortes über NN ≤ 1000 m Geländehöhe des Bauwerkstandortes über NN > 1000 m	kurz mittel
	Anpralllasten nach DIN EN 1991-1-7	sehr kurz
	Horizontallasten aus Kran- und Maschinenbetrieb nach DIN EN 1991-3	kurz
	a) Entsprechend den zugehörigen Lasten. b) Für k_{mod} darf das Mittel aus kurz und sehr kurz verwendet werden.	

Beiwerte ψ_0 und ψ_2

Einwirkung	ψ_0	ψ_2
Nutzlasten		
Kategorie A, B – Wohn-, Aufenthalts- und Büroräume	0,7	0,3
Kategorie C, D – Versammlungs- und Verkaufsräume	0,7	0,6
Kategorie E – Lagerräume	1,0	0,8
Kategorie F – Fahrzeuglast ≤ 25 kN	0,7	0,6
Kategorie G – 25 kN ≤ Fahrzeuglast ≤ 190 kN	0,7	0,3
Kategorie H – Dächer	0	0
Schnee- und Eislasten		
Orte bis NN + 1000 m	0,5	0
Orte über NN + 1000 m	0,7	0,2
Windlasten	0,6	0
Temperatureinwirkungen (nicht Brand)	0,6	0
Baugrundsetzungen	1,0	1,0
Sonstige Einwirkungen	0,8	0,5

II Abkürzungen

BAZ	Bauaufsichtliche Zulassung bzw. Allgemeine Bauartgenehmigung
BASH	Balkenschichtholz
Bo	Bolzen
BSH	Brettschichtholz, BS-Holz
BSPH	Brettsperrholz
C	Coniferous Tree (Nadelbaum)
c	kombiniert
D	Deciduous Tree (Laubbaum)
DIBt	Deutsches Institut für Bautechnik
Dü	Dübel besonderer Bauart
Fa-Ri	Faserrichtung
FSH	Furnierschichtholz
GL	Glulam (glued laminated timber)
h	homogen
HW	Holzwerkstoff
KI	Kiefer
KLED	Klasse der Lasteinwirkungsdauer
Kr-Ri	Kraftrichtung (KFR)
KVH	Konstruktionsvollholz
LH	Laubholz
LS	Laubholz-Sortierklasse
M	maschinell sortiert
Na	Nagel
NH	Nadelholz
NKL	Nutzungsklasse
OSB	Oriented Strand Board
PB	Passbolzen
S	Sortierklasse
SDü	Stabdübel
SoNa	Sondernagel
SPH	Sperrholz
Sr	Holzschraube
TS	trocken sortiert
vb	vorgebohrt
VH	Vollholz
VM	Verbindungsmittel

Fußzeiger

b	Bolzen
c	compression, Druck
c	connector, Dübel
d	design, Bemessung
k	charakteristisch
m	Biegung
R	Rollschub
req	required, erforderlich
t	tension, Zug
v	Schub
0	in Faserrichtung
90	rechtwinklig zur Faserrichtung

Holzbau

1 Baustoffe

Beiwerte k_{mod} für
VH, BSH, FSH, SPH, BASH, BSPH

KLED	NKL 1 oder 2	NKL 3
ständig	0,6	0,5
lang	0,7	0,55
mittel	0,8	0,65
kurz	0,9	0,7
sehr kurz	1,1	0,9

Mit dem Beiwert k_{mod} sind die KLED und die NKL bei der Ermittlung der Bemessungswerte der Beanspruchbarkeit zu berücksichtigen (BASH, BSPH nur NKL 1 oder 2).

Verformungsbeiwerte k_{def}

Baustoff	Nutzungsklasse		
	1	2	3
VH[1)], BSH, FSH[2)], BASH, BSPH	0,6	0,8	2,0
FSH[3)], SPH	0,8	1,0	2,5

[1)] k_{def} -Werte für VH, dessen Feuchte beim Einbau im Fasersättigungsbereich oder darüber liegt und nach dem Einbau austrocknen kann, sind um 1,0 zu erhöhen.
[2)] Mit allen Furnieren faserparallel.
[3)] Mit Querfurnieren.

1.1 Vollholz (VH)

Bezeichnung

Schnittholz < Breite in mm > × < Höhe in mm > < Holzart > < Festigkeitsklasse >
z.B. 120 × 200 NH C 24 oder 100 × 160 LH D 30

Rundholz ∅ < mittlerer Durchmesser in mm > < Holzart > < Festigkeitsklasse >
z.B. ∅ 260 mm NH C 30

Anmerkung:
Es wird auf die Angabe der Sortierklasse bei Sortierung nach DIN 4074-1 oder -5 verzichtet und direkt die Festigkeitsklasse angegeben. Bezüglich der Zuordnung der Sortierklasse zur Festigkeitsklasse siehe nachfolgende Tafel.

Zuordnung von Nadelholz/Laubholz und Sortierklassen zu Festigkeitsklassen für trocken sortiertes Holz (TS)

Nadelholz			Laubholz		
Holzart	Sortierklasse nach DIN 4074-1 bzw. Güteklasse nach DIN 4074-2	Festigkeitsklasse	Holzart	Sortierklasse nach DIN 4074-5	Festigkeitsklasse
Fichte, Tanne, Kiefer, Lärche, Douglasie, Southern Pine, Western Hemlock, Yellow Cedar	S 7/C 16M bzw. III	C 16	Eiche, Teak, Keruing	LS 10	D 30
	S 10/C 24M bzw. II	C 24	Buche	LS 10	D 35
	S 13/C 30M bzw. I	C 30	Buche	LS 13	D 40
	C 35M	C 35	Afzelia, Merbau, Angelique	LS 10	D 40
	C 40M	C 40	Azobé (Bongossi)	LS 10	D 60
			Ipe	LS 10	D 60[1)]

Vorwiegend hochkant biegebeanspruchte Bretter und Bohlen sind wie Kantholz zu sortieren und mit K zu kennzeichnen, z.B. S 10K.
[1)] Rohdichte mindestens 1000 kg/m³.

Ausgleichsfeuchten von Holzbaustoffen in %

NKL	1	2	3
Holzfeuchte	5 bis 15 %	10 bis 20 %	12 bis 24 %

In NH wird in der NKL 1 meistens eine mittlere Ausgleichsfeuchte von 12 % und in der NKL 2 eine mittlere Ausgleichsfeuchte von 20 % nicht überschritten.

Rechenwerte der Schwind- und Quellmaße ⊥ zur Faser in %/% Holzfeuchteänderung

NH[1], Eiche, Afzelia	Buche	Teak, Yellow Cedar	Azobé (Bongossi), Ipe
0,24	0,3	0,2	0,36

Werte gelten bei unbehindertem Quellen und Schwinden für Holzfeuchten unterhalb des Fasersättigungsbereiches von ca. 30 %. Bei behinderter Schwindung oder Quellung dürfen die Tabellenwerte halbiert werden.
Schwinden oder Quellen || zur Faser (≈ 0,01 %/%) bleibt normalerweise unberücksichtigt.
[1] Ausgenommen Yellow Cedar.

Rechenwerte der charakteristischen Steifigkeiten für Vollholz in kN/cm²

Modul	Festigkeitsklasse für NH				Festigkeitsklasse für LH			
	C 24	C 30	C 35	C 40	D 30	D 35	D 40	D 60
$E_{0,mean}$	1 100	1 200	1 300	1 400	1 100	1 200	1 300	1 700
$E_{90,mean}$	37	40	43	47	73	80	86	113
G_{mean}	69	75	81	88	69	75	81	106

Für die charakteristischen Steifigkeitskennwerte $E_{0,05}$, $E_{90,05}$ und G_{05} gelten die Rechenwerte bei

NH: $E_{0,05} = 2/3 \cdot E_{0,mean}$ $E_{90,05} = 2/3 \cdot E_{90,mean}$ $G_{05} = 2/3 \cdot G_{mean}$

LH: $E_{0,05} = 5/6 \cdot E_{0,mean}$ $E_{90,05} = 5/6 \cdot E_{90,mean}$ $G_{05} = 5/6 \cdot G_{mean}$

Der Schubmodul bei Rollschubbeanspruchung darf mit $G_{R,mean} = 0,1 \cdot G_{mean}$ angenommen werden.

Bei nur von Rinde und Bast befreitem **Nadelrundholz** kann in den Bereichen ohne Schwächung der Randzone ein um 20 % erhöhter Wert von $E_{0,mean}$ in Rechnung gestellt werden.

Charakteristische Festigkeitswerte für Vollholz in kN/cm²

Beanspruchungsart		Festigkeitsklasse für NH				Festigkeitsklasse für LH			
		C 24	C 30	C 35	C 40	D 30	D 35	D 40	D 60
Biegung	$f_{m,k}$	2,4	3,0	3,5	4,0	3,0	3,5	4,0	6,0
Zug parallel	$f_{t,0,k}$	1,4	1,8	2,1	2,4	1,8	2,1	2,4	3,6
Zug rechtwinklig	$f_{t,90,k}$	0,04				0,06			
Druck parallel	$f_{c,0,k}$	2,1	2,3	2,5	2,6	2,3	2,5	2,6	3,2
Druck rechtwinklig	$f_{c,90,k}$	0,25	0,27	0,28	0,29	0,80	0,81	0,83	1,05
Schub und Torsion	$f_{v,k}$	0,4				0,4			0,45
Rollschub	$f_{R,k}$	0,08				0,12			

Bei nur von Rinde und Bast befreitem **Nadelrundholz** darf in den Bereichen ohne Schwächung der Randzone ein um 20 % erhöhter Wert von $f_{m,k}$, $f_{t,0,k}$ und $f_{c,0,k}$ in Rechnung gestellt werden.
Für rechteckige Vollholzbauteile mit Querschnittshöhen bei Biegung bzw. einer größeren Querschnittsabmessung bei Zug, kleiner als 150 mm, dürfen die charakteristischen Werte für $f_{m,k}$ und $f_{t,0,k}$ mit dem Beiwert k_h erhöht werden:

$$k_h = \min\begin{cases}\left(\dfrac{150}{h}\right)^{0,2}\\ 1,3\end{cases}$$

Rohdichtekennwerte für Vollholz in kg/m³

		Festigkeitsklasse für NH				Festigkeitsklasse für LH			
		C 24	C 30	C 35	C 40	D 30	D 35	D 40	D 60
Charakteristische Rohdichte	ρ_k	350	380	400	420	530	540	550	700
Mittelwert der Rohdichte	ρ_{mean}	420	460	480	500	640	650	660	840

Charakteristische Druckfestigkeitswerte $f_{c,\alpha,k}$ für Vollholz in kN/cm²

	Winkel	Festigkeitsklasse für NH				Festigkeitsklasse für LH			
	α	C 24	C 30	C 35	C 40	D 30	D 35	D 40	D 60
Schwellen = Kontinuierliche Lagerung	0°	2,10	2,30	2,50	2,60	2,30	2,50	2,60	3,20
	15°	1,52	1,66	1,77	1,84	2,12	2,28	2,36	2,92
	30°	0,86	0,94	0,99	1,02	1,74	1,83	1,89	2,35
	45°	0,54	0,59	0,61	0,64	1,39	1,44	1,48	1,86
	60°	0,40	0,43	0,45	0,46	1,16	1,19	1,22	1,54
	75°	0,33	0,36	0,37	0,38	1,04	1,05	1,08	1,37
	90°	0,31	0,34	0,35	0,36	1,00	1,01	1,04	1,31
Auflager = Einzellagerung	0°	2,10	2,30	2,50	2,60	2,30	2,50	2,60	3,20
	15°	1,61	1,75	1,88	1,95	2,17	2,33	2,42	2,99
	30°	0,98	1,06	1,12	1,16	1,87	1,98	2,04	2,54
	45°	0,64	0,69	0,72	0,75	1,58	1,64	1,68	2,11
	60°	0,47	0,51	0,53	0,55	1,36	1,39	1,43	1,80
	75°	0,40	0,43	0,44	0,46	1,24	1,26	1,29	1,63
	90°	0,38	0,41	0,42	0,44	1,20	1,22	1,25	1,58

Bei Stirnversätzen wird $f_{c,\alpha,k}$ nach EC5 – (NA.152) bestimmt.

Beispiel Auflagerdruck:

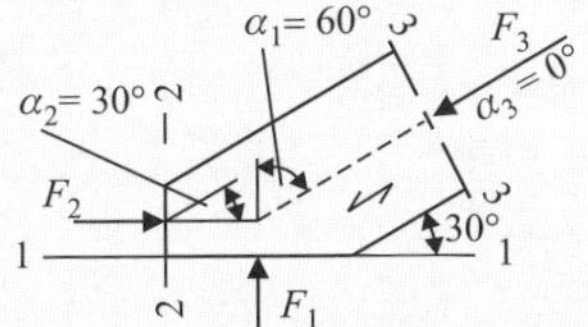

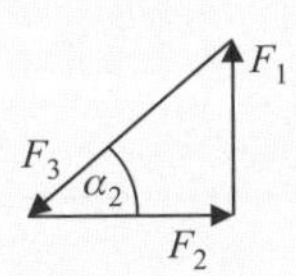

Stabmaterial NH C 24

Schnitt	1-1	2-2	3-3
α_i	60°	30°	0°
$f_{c,\alpha,k}$	0,47	0,98	2,10

1.2 Konstruktionsvollholz (KVH)

Bezeichnung < Breite > × < Höhe > KVH-Si für KVH im sichtbaren Bereich
< Breite > × < Höhe > KVH-NSi für KVH im nicht sichtbaren Bereich

Holzsortierung

Erfüllung aller Anforderungen nach DIN 4074-1 für die Sortierklasse S 10 und darüber hinaus:

- Querschnittstoleranz ± 1 mm
- allseitig gehobelt und gefast
- Einschnitt herzgetrennt oder herzfrei
- Rissbreite $b \leq 3$ % der Querschnittsseite, max. 6 mm
- darf keilgezinkt sein

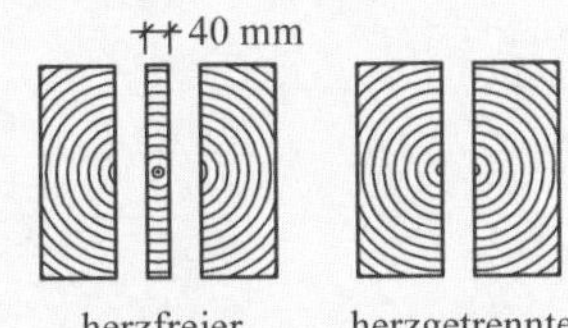

herzfreier herzgetrennter
Einschnitt

Holzfeuchte: KVH wird künstlich getrocknet auf die Holzfeuchte 15 % ± 3 %

Rechenwerte für die charakteristischen Steifigkeitskennwerte und Bemessungswerte der Festigkeiten sowie Schwind- und Quellmaße: wie für VH aus NH Festigkeitsklasse C 24

1.3 Brettschichtholz (BSH)

Homogenes BS-Holz (Abkürzung: h): gleiche Festigkeitsklasse aller Lamellen
Kombiniertes BS-Holz (Abkürzung: c): Festigkeitsklasse der inneren und äußeren Lamellen unterschiedlich

Bezeichnung < Breite > × < Höhe > < Festigkeitsklasse > z.B. 160 × 600 GL 24h
Holzfeuchte ≤ 15 %

Oberflächenqualitäten

Industriequalität für BSH ohne Anforderungen an die Oberflächenqualität. Die Oberflächen der Bauteile sind egalisiert.

Sichtqualität für Bauteile und Konstruktionen aller Art. Die Oberflächen der Bauteile sind gehobelt. Ausfalläste über 20 mm Durchmesser werden werkseitig ersetzt. Fest verwachsene Äste sowie farbliche Differenzen durch Bläue und Rotstreifigkeit auf bis zu 10 % der sichtbaren Oberfläche sind zulässig.

Auslesequalität für Bauteile mit besonders hohen gestalterischen Ansprüchen. Die Oberflächen sind gehobelt und frei von Bläue und Rotstreifigkeit. Fest verwachsene Äste und werkseitig ersetzte Ausfalläste sind zulässig.

Rechenwerte der charakteristischen Steifigkeitskennwerte für BS-Holz in kN/cm²

Modul	Festigkeitsklasse							
	GL 24h	GL 24c	GL 28h	GL 28c	GL 30h	GL 30c	GL 32h	GL 32c
$E_{0,mean}$	1150	1100	1260	1250	1360	1300	1420	1350
$E_{90,mean}$	30	30	30	30	30	30	30	30
G_{mean}	65	65	65	65	65	65	65	65

Für die charakteristischen Steifigkeitskennwerte $E_{0,05}$, $E_{90,05}$ und G_{05} gelten die Rechenwerte:

$E_{0,05} = 5/6 \cdot E_{0,mean}$ $E_{90,05} = 5/6 \cdot E_{90,mean}$ $G_{05} = 5/6 \cdot G_{mean}$

Der Schubmodul bei Rollschubbeanspruchung darf mit $G_{R,mean} = 0{,}1 \cdot G_{mean}$ angenommen werden.

Charakteristische Festigkeitswerte für BS-Holz in kN/cm²

Beanspruchung*)	Festigkeitsklasse							
	GL 24h	GL 24c	GL 28h	GL 28c	GL 30h	GL 30c	GL 32h	GL 32c
$f_{m,k}$	2,40	2,40	2,80	2,80	3,00	3,00	3,20	3,20
$f_{t,0,k}$	1,92	1,70	2,23	1,95	2,4	1,95	2,56	1,95
$f_{t,90,k}$	0,05	0,05	0,05	0,05	0,05	0,05	0,05	0,05
$f_{c,0,k}$	2,40	2,15	2,80	2,40	3,00	2,45	3,20	2,45
$f_{c,90,k}$	0,25	0,25	0,25	0,25	0,25	0,25	0,25	0,25
$f_{v,k}$	0,35	0,35	0,35	0,35	0,35	0,35	0,35	0,35
$f_{R,k}$	0,12	0,12	0,12	0,12	0,12	0,12	0,12	0,12

Bei Flachkant-Biegebeanspruchung der Lamellen von BSH-Trägern mit $h \leq 600$ mm darf $f_{m,k}$ mit dem Beiwert k_h erhöht werden. Gleiches gilt für $f_{t,0,k}$ und die größere Querschnittsabmessung bei auf Zug beanspruchten Bauteilen.

$$k_h = \min \begin{cases} \left(\dfrac{600}{h}\right)^{0,1} \\ 1{,}1 \end{cases}$$

Bei Hochkant-Biegebeanspruchung der Lamellen von homogenem BSH aus mindestens vier nebeneinanderliegenden Lamellen darf $f_{m,k}$ mit $k_\ell = 1{,}2$ erhöht werden.

*) Art der Beanspruchung siehe Tafel für VH.

Rohdichtekennwerte für BS-Holz in kg/m³

	Festigkeitsklasse							
	GL 24h	GL 24c	GL 28h	GL 28c	GL 30h	GL 30c	GL 32h	GL 32c
ρ_k	385	365	425	390	430	390	440	400
ρ_{mean}	420	400	460	420	480	430	490	440

1.4 Holzwerkstoffe (HW)

Im EC5 und dem zugehörigen EC5/NA werden Bemessungsregeln für die Holzwerkstoffe FSH, BSPH, SPH, OSB, kunstharzgebundene und zementgebundene Spanplatten, Faserplatten und Gipskartonplatten angegeben. Bei plattenförmigen HW ist zwischen Beanspruchung als Platte (*Plattenbeanspruchung*) und Beanspruchung als Scheibe (*Scheibenbeanspruchung*) zu unterscheiden.

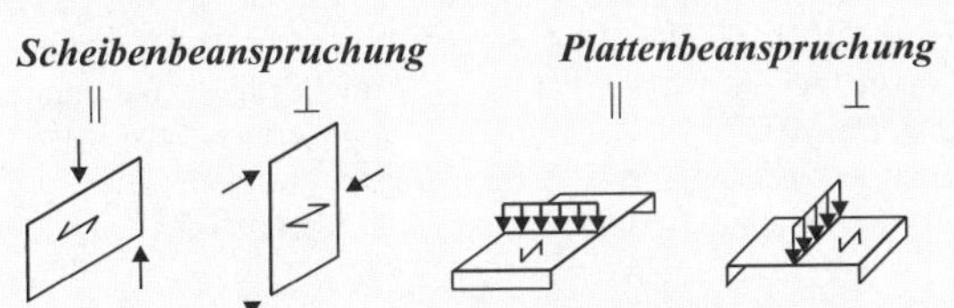

|| parallel zur Faser- bzw. Spanrichtung in der Deckschicht
⊥ rechtwinklig zur Faser- bzw. Spanrichtung in der Deckschicht

Nachfolgend sind nur die Holzwerkstoffe FSH, SPH und OSB für konstruktive Zwecke aufgeführt. Während die weiteren Holzwerkstoffe für den Lastabtrag von untergeordneter Bedeutung sind, handelt es sich bei BSPH um ein junges Bauprodukt, was derzeit vornehmlich über Zulassungen (z.B. Z-9.1-559) geregelt ist. Europäische Festlegungen hinsichtlich der Leistungsmerkmale enthält DIN EN 16351.

Furnierschichtholz (FSH)

Furnierblätter aus NH mit Faserrichtung parallel zur Plattenlängsrichtung werden zu Furnierschichtholz (Laminated Veneer Lumber (LVL)) miteinander verklebt. Definitionen, Klassifizierung und Spezifikationen sind in EN 14279 und Anforderungen in EN 14374 geregelt. Klassifizierung nach EN 14279 in LVL/1, LVL/2 und LVL/3, wobei die Ziffer der Nutzungsklasse entspricht, in der das FSH verwendet werden darf. Die Mindestdicke von FSH für tragende Bauteile beträgt 10 mm. Die charakteristischen Festigkeits-, Steifigkeits- und Rohdichtekennwerte sind der BAZ zu entnehmen.

Bezeichnung:
< Produkt >, < BAZ-Nr. >, < FSH-Art >, < Dicke in mm >, < Länge × Breite in mm >
z.B.: FSH Kerto, Z-9.1-100, Kerto S, 63 mm, 8000 × 400 mm

Sperrholz (SPH)

SPH muss aus Furnieren symmetrisch zur Mittelebene aufgebaut sein, wobei die Faserrichtungen benachbarter Furnierlagen rechtwinklig zueinander verlaufen und sich somit gegenseitig „absperren". Eine Furnierlage darf hierbei aus mehreren Furnieren bestehen. Sofern SPH nur Aussteifungszwecken dient, muss es aus mindestens drei Lagen, für alle sonstigen tragenden Bauteile aus mindestens fünf Lagen bestehen. Die Eigenschaften von SPH zur Verwendung im Bauwesen sind in EN 13986 bzw. EN 636 festgelegt oder in einer BAZ geregelt. Es werden die Technischen Klassen trocken, feucht und außen sowie die Biegefestigkeitsklassen F und Biege-E-Modul-Klassen E unterschieden. Charakteristische Kennwerte sind in DIN 20000-1 gegeben oder individuell in BAZ enthalten.

Bezeichnung:
< Sperrholz >, < Technische Klasse >, < DIN EN 636 bzw. Zulassungs-Nr. >, < Biegefestigkeitsklasse/Biege-E-Modul-Klasse >, < Dicke in mm >, < Länge × Breite in mm >
z.B.: Sperrholz, außen, DIN EN 636, F 20/10 / E 40/20, 30 mm, 2200 × 1830 mm

Oriented Strand Board (OSB)

OSB-Platten (auch: Grobspanplatten) bestehen aus langen, flachen und in Plattenhauptrichtung ausgerichteten, verklebten Spänen. Für tragende Zwecke müssen die Platten mindestens 8 mm dick sein. Eine Ausnahme stellt hier die Verwendung als aussteifende Beplankung im Holztafelbau dar, wo Dicken ab 6 mm ausgeführt werden dürfen.
Die Eigenschaften von OSB-Platten zur Verwendung im Bauwesen sind in EN 13986 bzw. EN 300 festgelegt oder darüber hinausgehend in einer BAZ geregelt. Es werden die technischen Klassen OSB/1 bis OSB/4 unterschieden. OSB/1-Platten sind nicht statisch tragend ansetzbar. Platten der Klasse OSB/2 dürfen nur in der Nutzungsklasse 1 verwendet werden. OSB/3- und OSB/4-Platten dürfen auch in Nutzungsklasse 2 zum Einsatz kommen. Die charakteristischen Kennwerte bezüglich Festigkeiten und Steifigkeiten sind in BAZ enthalten.

Bezeichnung:
< Produkt >, < Technische Klasse >, < BAZ-Nr. >, < Dicke in mm >, < Länge × Breite in mm>
z.B.: Kronoply, OSB/4, Z-9.1-503, 22 mm, 2500 × 1250 mm

Holzbau

2 Zugstäbe

2.1 Mittige Zugkraft und symmetrische Krafteinleitung

Faustformeln für NH C 24 mit $\Delta A = 0{,}2 \cdot A$, NKL 1 und KLED kurz

$N_{max,d} \approx 0{,}77 \cdot A$ in kN mit A in cm^2

$A_{req} \approx 1{,}29 \cdot N_d$ in cm^2 mit N_d in kN

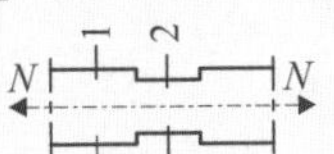

Querschnittsfläche A (Schnitt 1-1) Nettoquerschnittsfläche $A_n = A - \Delta A$ (Schnitt 2-2)

Faustformeln für andere Baustoffe mit $\Delta A = 0{,}2 \cdot A$, NKL 1 und KLED kurz

Baustoff	$N_{max,d}$ in kN mit A in cm^2	A_{req} in cm^2 mit N_d in kN	nach Norm bzw. BAZ
NH C 30	$0{,}99 \cdot A$	N_d	EC5
NH C 40	$1{,}33 \cdot A$	$0{,}75 \cdot N_d$	
LH D 30	$0{,}99 \cdot A$	N_d	
LH D 40	$1{,}33 \cdot A$	$0{,}75 \cdot N_d$	
BSH GL 24h	$0{,}91 \cdot A$	$1{,}09 \cdot N_d$	
BSH GL 32h	$1{,}25 \cdot A$	$0{,}80 \cdot N_d$	
SPH, F20/10 ‖ zur Faser	$0{,}50 \cdot A$	$2{,}00 \cdot N_d$	DIN 20000-1
FSH Kerto S ‖ zur Faser	$2{,}10 \cdot A$	$0{,}48 \cdot N_d$	Z-9.1-100

Spannungsnachweis: $$\frac{N_d / A_n}{\frac{k_{mod} \cdot f_{t,0,k}}{\gamma_m}} = \frac{N_d / (0{,}8 \cdot A)}{\frac{0{,}9 \cdot f_{t,0,k}}{1{,}3}} \leq 1$$ mit $f_{t,0,k}$ nach Abschnitt 1

2.2 Mittige Zugkraft und einseitige Krafteinleitung

Faustformeln für NH C 24 mit $\Delta A = 0{,}2 \cdot A$ bei Zugverbindungen mit Sr, Bo, PB und Nä in nicht vorgebohrten Nagellöchern

$N_{e,d} \approx 0{,}67 \cdot N_{max,d}$ mit $N_{max,d}$ bei symmetrischer Krafteinleitung

$A_{e,req} \approx 1{,}5 \cdot A_{req}$ mit A_{req} bei symmetrischer Krafteinleitung

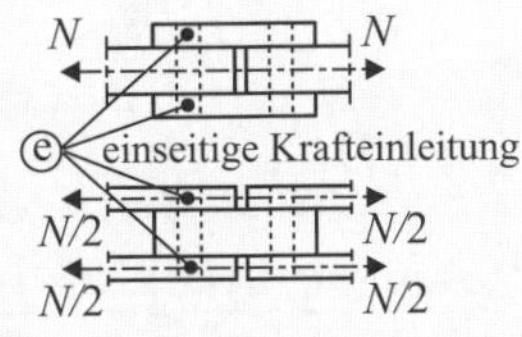

Spannungsnachweis: $$\frac{N_{e,d} / A_n}{0{,}67 \cdot \frac{k_{mod} \cdot f_{t,0,k}}{\gamma_m}} \leq 1$$

Faustformeln für NH C 24 mit $\Delta A = 0{,}2 \cdot A$ bei Zugverbindungen ohne Maßnahmen zur Verhinderung der Verkrümmung

$N_{e,d} \approx 0{,}4 \cdot N_{max,d}$ mit $N_{max,d}$ bei symmetrischer Krafteinleitung

$A_{e,req} \approx 2{,}5 \cdot A_{req}$ mit A_{req} bei symmetrischer Krafteinleitung

Spannungsnachweis: $$\frac{N_{e,d} / A_n}{0{,}4 \cdot \frac{k_{mod} \cdot f_{t,0,k}}{\gamma_m}} \leq 1$$ mit $f_{t,0,k}$ nach Abschnitt 1

Holzbau

2.3 Ausmittige Zugkraft

Siehe Abschnitt 4.3, Biegung + Zug.

2.4 Näherungswerte für Nettoquerschnittsflächen

Verbindung durch	A_n
Nägel mit Nagel-∅ > 6 mm oder Nägel in vorgebohrten Nagellöchern	$\approx 0{,}90 \cdot A$
Bolzen/Stabdübel/Passbolzen	$\approx 0{,}85 \cdot A$
Dübel besonderer Bauart oder einseitiger Versatz	$\approx 0{,}75 \cdot A$

Genaue Ermittlung der Nettoquerschnittsflächen siehe Abschnitt 5, Verbindungen.

3 Einteilige Druckstäbe

3.1 Mittige Druckkraft

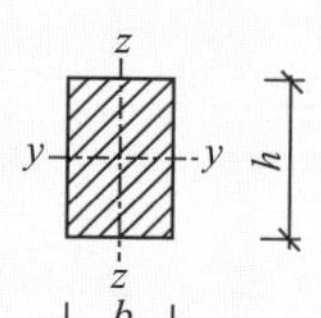

N_d Bemessungswert der mittigen Druckkraft

A Querschnittsfläche $= b \cdot h$ $\quad\ell$ Stablänge

ℓ_{ef} Ersatzstablänge $= \beta \cdot \ell$ $\quad\beta$ Knicklängenbeiwert

Faustformeln für NH C 24

Rechteckquerschnitt $b \times h$			Kreisquerschnitt[*] $\varnothing\, d$		
$\ell_{ef,y}/h$ bzw. $\ell_{ef,z}/b$	$N_{max,d}$ in kN mit A in cm²	A_{req} in cm² mit N_d in kN	ℓ_{ef}/d	$N_{max,d}$ in kN mit d in cm	d_{req} in cm mit N_d in kN
10	$1{,}48 \cdot k_{mod} \cdot A$	$0{,}67 \cdot N_d/k_{mod}$	10	$1{,}35 \cdot k_{mod} \cdot d^2$	$0{,}86 \cdot \sqrt{\frac{N_d}{k_{mod}}}$
20	$0{,}90 \cdot k_{mod} \cdot A$	$1{,}11 \cdot N_d/k_{mod}$	20	$0{,}68 \cdot k_{mod} \cdot d^2$	$1{,}21 \cdot \sqrt{\frac{N_d}{k_{mod}}}$
30	$0{,}46 \cdot k_{mod} \cdot A$	$2{,}16 \cdot N_d/k_{mod}$	25	$0{,}46 \cdot k_{mod} \cdot d^2$	$1{,}47 \cdot \sqrt{\frac{N_d}{k_{mod}}}$
40	$0{,}26 \cdot k_{mod} \cdot A$	$3{,}85 \cdot N_d/k_{mod}$	30	$0{,}33 \cdot k_{mod} \cdot d^2$	$1{,}74 \cdot \sqrt{\frac{N_d}{k_{mod}}}$
50	$0{,}18 \cdot k_{mod} \cdot A$	$5{,}56 \cdot N_d/k_{mod}$	40	$0{,}19 \cdot k_{mod} \cdot d^2$	$2{,}29 \cdot \sqrt{\frac{N_d}{k_{mod}}}$

[*] Randzone ungeschwächt, nur von Bast und Rinde befreit.

Faustformeln für Rechteckquerschnitte aus anderen Baustoffen

Baustoff	$N_{max,d}$ in kN/($k_{mod} \cdot A$) mit A in cm², $\ell_{ef,y}/h$ bzw. $\ell_{ef,z}/b$					A_{req} in cm²/(N_d/k_{mod}) mit N_d in kN, $\ell_{ef,y}/h$ bzw. $\ell_{ef,z}/b$				
	10	20	30	40	50	10	20	30	40	50
NH C 40	1,85	1,14	0,58	0,34	0,22	0,54	0,88	1,72	2,94	4,55
LH D 30	1,64	1,01	0,51	0,30	0,20	0,61	0,99	1,96	3,33	5,00
LH D 60	2,31	1,61	0,86	0,51	0,33	0,43	0,62	1,16	1,96	3,03
GL 24h	1,79	1,26	0,64	0,36	0,24	0,56	0,79	1,56	2,78	4,17
GL 36h	2,30	1,61	0,80	0,46	0,30	0,43	0,62	1,25	2,17	3,33

Die Tafelwerte sind bei $N_{max,d}$ mit ($k_{mod} \cdot A$) und bei A_{req} mit (N_d/k_{mod}) zu multiplizieren.

Knicknachweis:

$$\frac{N_\mathrm{d} / A}{k_\mathrm{c} \cdot \dfrac{k_\mathrm{mod} \cdot f_\mathrm{c,0,k}}{\gamma_\mathrm{M}}} \leq 1$$

mit

A	Querschnittsfläche
$f_{c,0,k}$	Festigkeit des Baustoffes nach Abschnitt 1
k_c	Knickbeiwert des Baustoffes nach Abschnitt 3.4

3.2 Ausmittige Druckkraft

Siehe Abschnitt 4.4, Biegung und Druck einteiliger Stäbe.

3.3 Ersatzstablängen

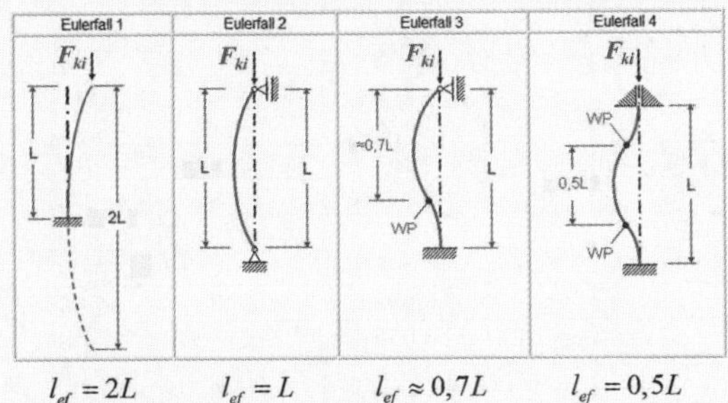

$l_{ef} = 2L$ $l_{ef} = L$ $l_{ef} \approx 0{,}7L$ $l_{ef} = 0{,}5L$

Weitere Knicklängenbeiwerte β zur Berechnung der Ersatzstablänge $\ell_{ef} = \beta \cdot \ell$ können der Tabelle NA.24 des EC5/NA oder auch weitergehender Literatur (z.B. C. Petersen: Statik und Stabilität der Baukonstruktionen) entnommen werden.

3.4 Knickbeiwerte

Knickbeiwerte k_c für Vollholz Zwischenwerte dürfen linear interpoliert werden.

λ[1)]	C 24 – C 40	D 30 – D 40	D 60	λ	C 24 – C 40	D 30 – D 40	D 60
15	1,000	1,000	1,000	135	0,175	0,197	0,219
20	0,991	0,996	1,000	140	0,163	0,184	0,204
25	0,971	0,977	0,983	145	0,153	0,172	0,191
30	0,948	0,957	0,964	150	0,143	0,161	0,179
35	0,920	0,933	0,942	155	0,134	0,152	0,168
40	0,887	0,904	0,917	160	0,126	0,143	0,159
45	0,846	0,869	0,887	165	0,119	0,135	0,150
50	0,796	0,828	0,851	170	0,112	0,127	0,141
55	0,739	0,778	0,808	175	0,106	0,120	0,134
60	0,676	0,723	0,759	180	0,101	0,114	0,127
65	0,614	0,664	0,705	185	0,096	0,108	0,120
70	0,554	0,605	0,649	190	0,091	0,103	0,114
75	0,499	0,549	0,594	195	0,086	0,098	0,109
80	0,450	0,498	0,542	200	0,082	0,093	0,103
85	0,406	0,452	0,494	205	0,078	0,089	0,099
90	0,368	0,411	0,450	210	0,075	0,084	0,094
95	0,335	0,374	0,411	215	0,071	0,081	0,090
100	0,305	0,342	0,377	220	0,068	0,077	0,086
105	0,279	0,313	0,346	225	0,065	0,074	0,082
110	0,256	0,288	0,318	230	0,063	0,071	0,079
115	0,236	0,265	0,294	235	0,060	0,068	0,076
120	0,218	0,245	0,272	240	0,058	0,065	0,073
125	0,202	0,228	0,252	245	0,055	0,063	0,070
130	0,188	0,211	0,234	250	0,053	0,060	0,067

Knickbeiwerte k_c für BSH Zwischenwerte dürfen linear interpoliert werden.

λ[1]	GL 24h – GL 36h	GL 24c GL 28c	GL 32c GL 36c	λ	GL 24h – GL 36h	GL 24c GL 28c	GL 32c GL 36c
15	1,000	1,000	1,000	135	0,206	0,191	0,218
20	0,998	0,996	0,999	140	0,192	0,178	0,203
25	0,989	0,986	0,990	145	0,180	0,166	0,190
30	0,978	0,975	0,980	150	0,168	0,155	0,178
35	0,965	0,960	0,967	155	0,158	0,146	0,167
40	0,948	0,942	0,952	160	0,148	0,137	0,157
45	0,927	0,917	0,933	165	0,140	0,129	0,147
50	0,897	0,882	0,906	170	0,132	0,122	0,139
55	0,857	0,834	0,870	175	0,124	0,115	0,131
60	0,803	0,773	0,823	180	0,118	0,109	0,124
65	0,740	0,703	0,763	185	0,112	0,103	0,118
70	0,672	0,633	0,698	190	0,106	0,098	0,112
75	0,606	0,567	0,633	195	0,101	0,093	0,106
80	0,545	0,508	0,571	200	0,096	0,088	0,101
85	0,491	0,457	0,516	205	0,091	0,084	0,096
90	0,443	0,412	0,466	210	0,087	0,080	0,092
95	0,402	0,373	0,423	215	0,083	0,077	0,088
100	0,365	0,339	0,385	220	0,079	0,073	0,084
105	0,334	0,309	0,352	225	0,076	0,070	0,080
110	0,305	0,283	0,322	230	0,073	0,067	0,077
115	0,281	0,260	0,296	235	0,070	0,064	0,074
120	0,259	0,239	0,273	240	0,067	0,062	0,071
125	0,239	0,221	0,253	245	0,064	0,059	0,068
130	0,222	0,205	0,234	250	0,062	0,057	0,065

[1] Schlankheitsgrad λ = Ersatzstablänge ℓ_{ef}/Trägheitsradius i

$i = \sqrt{I / A}$ mit Flächenmoment 2. Ordnung I und Querschnittsfläche A

Durch die Zusammenfassung von Festigkeitsklassen ergeben sich die folgenden Abweichungen zur sicheren Seite:

Festigkeitsklassen	Abweichung $100 \cdot (\max k_c - \min k_c)/\min k_c$
C 24 – C 40	≤ 3,5 %
D 30 – D 40	≤ 8,5 %
GL 24h – GL 36h	≤ 2 %
GL 24c/GL 28c	≤ 5 %
GL 32c/GL 36c	≤ 2 %

Beispiel: Dachpfosten

NKL 1/2 $\ell_{ef} = \ell = 4{,}5$ m Baustoff NH C 24 Quadratischer Querschnitt

$N_d = 35{,}0$ kN KLED kurz $k_{mod} = 0{,}9$

Nach Abschnitt 6 für $\ell_{ef} = 4{,}5$ m: **Gewählt 120×120 mm NH C 24**

Knicknachweis nach Abschnitt 3.1: $\sigma_{c,0,d} = 35/12^2 = 0{,}243$ kN/cm²

$\lambda = 450/(0{,}289 \cdot 12) = 130 \rightarrow k_c = 0{,}188$

Nachweis: $$\frac{\sigma_{c,0,d}}{k_c \cdot \frac{k_{mod} \cdot f_{c,0,k}}{\gamma_M}} = \frac{0{,}243}{0{,}188 \cdot \frac{0{,}9 \cdot 2{,}1}{1{,}3}} = 0{,}89 < 1$$

4 Einteilige Biegestäbe

4.1 Einachsige Biegung

4.1.1 Faustformeln für Biegestäbe aus NH C 24

Balkendecken und BSH-Binder: h/ℓ ~ 1/20, Rippendecken: h/ℓ ~ 1/20, Vollholz- und Hohlkastendecken: h/ℓ ~ 1/30, Fachwerkbinder: h/ℓ ~ 1/15, Bogentragwerke: h/ℓ ~ 1/10

Tragfähigkeitsnachweise

Rechteckquerschnitt $b \times h$ cm × cm	**Kippnachweis** ist erfüllt, wenn der Abstand der seitlichen Abstützungen $\ell_{ef} \leq$	**Biegespannungs-nachweis** ist erfüllt, wenn $M_d \leq$	**Schubspannungs-nachweis** *) ist erfüllt, wenn $V_d \leq$
6 × 24	2,0 m	$k_{mod} \cdot 10{,}6$ kNm	$k_{mod} \cdot 14{,}7$ kN
8 × 16	5,4 m	$k_{mod} \cdot 6{,}2$ kNm	$k_{mod} \cdot 13{,}1$ kN
8 × 24	3,6 m	$k_{mod} \cdot 14{,}1$ kNm	$k_{mod} \cdot 19{,}6$ kN
10 × 20	6,8 m	$k_{mod} \cdot 12{,}2$ kNm	$k_{mod} \cdot 20{,}5$ kN
12 × 24	8,1 m	$k_{mod} \cdot 21{,}2$ kNm	$k_{mod} \cdot 29{,}5$ kN
*) Die maßgebende Querkraft darf an der Stelle h vom inneren Auflagerrand angenommen werden.			

Elastische Anfangsdurchbiegung in der seltenen Bemessungssituation des Einfeldträgers mit Stützweite ℓ und der Gleichstreckenlast $q_{gesamt} = \sum g_i + \sum q_i$

$b \times h$ cm × cm	Nachweis (ohne Schubverformung) mit folgendem Grenzwert erfüllt, wenn gilt: q_{gesamt} in kN/m und l in cm		
	l/300	l/400	l/500
6 × 24	$l \leq 580 \cdot q_{gesamt}^{-\frac{1}{3}}$	$l \leq 525 \cdot q_{gesamt}^{-\frac{1}{3}}$	$l \leq 488 \cdot q_{gesamt}^{-\frac{1}{3}}$
8 × 16	$l \leq 425 \cdot q_{gesamt}^{-\frac{1}{3}}$	$l \leq 386 \cdot q_{gesamt}^{-\frac{1}{3}}$	$l \leq 358 \cdot q_{gesamt}^{-\frac{1}{3}}$
8 × 24	$l \leq 637 \cdot q_{gesamt}^{-\frac{1}{3}}$	$l \leq 580 \cdot q_{gesamt}^{-\frac{1}{3}}$	$l \leq 537 \cdot q_{gesamt}^{-\frac{1}{3}}$
10 × 20	$l \leq 572 \cdot q_{gesamt}^{-\frac{1}{3}}$	$l \leq 520 \cdot q_{gesamt}^{-\frac{1}{3}}$	$l \leq 482 \cdot q_{gesamt}^{-\frac{1}{3}}$
12 × 24	$l \leq 730 \cdot q_{gesamt}^{-\frac{1}{3}}$	$l \leq 663 \cdot q_{gesamt}^{-\frac{1}{3}}$	$l \leq 615 \cdot q_{gesamt}^{-\frac{1}{3}}$
Für Kragarme gelten jeweils die halben Werte der maximalen Spannweiten.			

Beispiel: Biegeträger mit Stützweite ℓ = 4,5 m unter Gleichstreckenlast
$g_k = 0{,}8$ kN/m; $q_k = 1{,}6$ kN/m => $M_{G,k} = 2{,}0$ kNm; $M_{Q,k} = 4{,}0$ kNm;
$M_d = 1{,}35 \cdot 2{,}0 + 1{,}5 \cdot 4{,}0 = 8{,}7$ kNm; $V_d = 13{,}5$ kN;
NKL: 1 und KLED: kurz/sehr kurz => $k_{mod} = 1{,}0$
Gewählt: **8 × 24 KVH**

Tragfähigkeitsnachweise: $M_d = 8{,}7$ kNm < 14,1 nach obiger Tafel
$V_d = 13{,}5$ kN < 19,6 nach obiger Tafel
$\ell_{ef} = \ell = 4{,}5$ m > 3,6 nach obiger Tafel
=> Kippnachweis erforderlich

Durchbiegungsnachweis: $l = 450\,cm \leq 637 \cdot q_{gesamt}^{-\frac{1}{3}} = 637 \cdot 2{,}4^{-\frac{1}{3}} = 475\,cm$

Holzbau

4.1.2 Nachweise für Biegestäbe

Biegung und Kippen

$$\frac{\sigma_{m,d}}{k_{crit} \cdot f_{m,d}} = \frac{M_d / W_n}{k_{crit} \cdot f_{m,d}} \leq 1$$

M_d Bemessungswert des maximalen Biegemoments im Stab

W_n Nettowiderstandsmoment an der Stelle des Momentes M_d

$f_{m,d}$ Bemessungswert der Biegefestigkeit

k_{crit} Kippbeiwert, siehe nachfolgende Tafel

k_{crit} = 1,0, wenn $\ell_{ef} \leq 140\ b^2/h$

ℓ_{ef} wirksame Kipplänge (Ersatzstablänge für das Kippen), siehe Bild auf Seite 13, weitere Fälle siehe Tabelle NA.25 im EC 5-1-1/NA

Kippbeiwert k_{crit} in Abhängigkeit von $\ell_{ef} \cdot h/b^2$ für NH, LH und BSH

$\frac{\ell_{ef} \cdot h}{b^2}$	C 24	D 30	GL 24h	GL 24c	GL 36h	GL 36c
100	1,000	1,000	1,000	1,000	1,000	1,000
140	0,988	0,953	1,000	1,000	1,000	1,000
180	0,911	0,872	1,000	1,000	0,993	0,983
220	0,843	0,799	0,984	0,955	0,933	0,922
260	0,780	0,733	0,934	0,902	0,878	0,867
300	0,722	0,671	0,887	0,853	0,828	0,815
340	0,668	0,614	0,844	0,807	0,780	0,767
380	0,617	0,560	0,803	0,764	0,736	0,722
420	0,569	0,509	0,764	0,724	0,694	0,679
460	0,523	0,465	0,727	0,685	0,653	0,638
500	0,481	0,428	0,692	0,647	0,615	0,598
540	0,445	0,396	0,658	0,612	0,578	0,561
580	0,415	0,369	0,625	0,577	0,542	0,524
620	0,388	0,345	0,593	0,544	0,507	0,491
660	0,364	0,324	0,562	0,511	0,477	0,461
700	0,343	0,305	0,533	0,482	0,450	0,435
740	0,325	0,289	0,504	0,456	0,425	0,411
780	0,308	0,274	0,478	0,433	0,403	0,390
820	0,293	0,261	0,455	0,412	0,384	0,371
860	0,280	0,249	0,434	0,393	0,366	0,354
900	0,267	0,238	0,414	0,375	0,350	0,338

Der Kippbeiwert k_{crit} ist abhängig vom Kippschlankheitsgrad

$$\lambda_{rel,m} = \sqrt{\frac{f_{m,k}}{\pi \cdot \sqrt{E_{0,05} \cdot G_{0,5}}}} \cdot \sqrt{\frac{\ell_{ef} \cdot h}{b^2}} \quad \text{bzw.} \quad \lambda_{rel,m} = \sqrt{\frac{f_{m,k}}{\pi \cdot \sqrt{1,4 \cdot E_{0,05} \cdot G_{0,5}}}} \cdot \sqrt{\frac{\ell_{ef} \cdot h}{b^2}} \ \text{für BSH}$$

Kippbeiwert k_{crit}

$\lambda_{rel,m}$	$\leq 0{,}75$	$0{,}75 < \lambda_{rel,m} \leq 1{,}4$	$> 1{,}4$
k_{crit}	1	$1{,}56 - 0{,}75 \cdot \lambda_{rel,m}$	$1/\lambda_{rel,m}^2$

Schubspannungsnachweis $\frac{1,5 \cdot V_d / A_{ef}}{f_{v,d}} \le 1$

V_d Bemessungswert der Querkraft im Stab

$f_{v,d}$ Bemessungswert der Schubfestigkeit des Baustoffes

$A_{ef} = h \cdot b \cdot k_{cr}$ wirksame Querschnittsfläche an der Stelle V_d

$k_{cr} = \frac{2,0}{f_{v,k}}$ (VH aus NH), $\frac{2,5}{f_{v,k}}$ (BSH), 1,0 (BSPH) oder $\frac{2}{3}$ (HW, VH aus LH)

Durchbiegung

Empfohlene Grenzwerte der Verformung

Forderung 1: Anfangsdurchbiegung	w_{inst}	$\le l/300$
Forderung 2: Netto-Enddurchbiegung	$w_{net,fin}$	$\le l/300$
Forderung 3: Enddurchbiegung	w_{fin}	$\le l/200$

mit: $w_{inst} = \sum w_{inst,G,i} + w_{inst,Q,1} + \sum \psi_{0,i} \cdot w_{inst,Q,i}$

$$w_{net,fin} = \left(\sum w_{inst,G,i} + \sum_{i=1}^{n} \psi_{2,i} \cdot w_{inst,Q,i} \right) \cdot (1 + k_{def}) - w_c$$

$$w_{fin} = \sum w_{fin,G,i} + \sum w_{fin,Q,i}$$

$w_{fin,G} = w_{inst,G}\,(1 + k_{def})$

$w_{fin,Q}$ = vorherrschende veränderliche Einwirkung: $w_{fin,Q,1} = w_{inst,Q,1} \cdot (1 + \psi_{2,1} \cdot k_{def})$

weitere veränderliche Einwirkungen: $w_{fin,Q,i} = w_{inst,Q,i} \cdot (\psi_{0,i} + \psi_{2,i} \cdot k_{def})$

w_c = Überhöhung

Schubverformungen sind bei kleinem ℓ/h zu berücksichtigen.
Bei Kragträgern werden jeweils die halben Grenzwerte empfohlen.

Schwingungsnachweis bei Decken über Wohnräumen

1. Frequenzanforderung: $f_1 = \frac{\pi}{2l^2} \cdot \sqrt{\frac{(EI)_l}{m}} < 8\,\text{Hz}$

2. Steifigkeitsanforderung: $\frac{w}{F} \le B \, \frac{\text{mm}}{\text{kN}}$

3. Massenanforderung: $v \le A^{(f_1 \cdot \xi - 1)}$ m/(Ns²)

mit

$$v = \frac{4(0,4 + 0,6 \cdot n_{40})}{(m \cdot b \cdot l + 200)} \quad \text{und} \quad n_{40} = \left\{ \left(\left(\frac{40}{f_1} \right)^2 - 1 \right) \cdot \left(\frac{b}{l} \right)^4 \cdot \frac{(EI)_l}{(EI)_b} \right\}^{0,25}$$

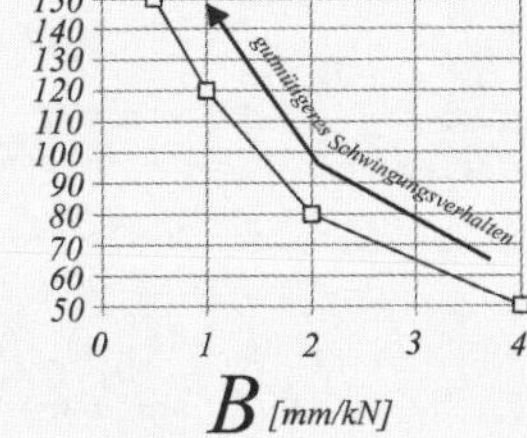

sowie
- f_1 : 1. Eigenfrequenz
- l : Deckenspannweite in m
- $(EI)_l$: äquivalente Plattenbiegesteifigkeit um eine Achse rechtwinklig zur Richtung der Balken in Nm²/m
- $(EI)_b$: äquivalente Plattenbiegesteifigkeit um eine Achse in Richtung der Balken in Nm²/m, wobei $(EI)_b < (EI)_l$.
- m : Masse pro Flächeneinheit in kg/m²
- b : Deckenbreite [m]
- ξ : modaler Dämpfungsgrad = 0,01, soweit kein geeigneterer Wert vorliegt

Auflager

Einleitung der Auflagerkraft über Verbindungsmittel: siehe Abschnitt 5, Verbindungen
Einleitung der Auflagerkraft über Querpressung: siehe nachfolgende Tafel

Querdruckbeiwert $k_{c,90}$ bei Auflagerdruck

Baustoff	$\ell_1 < 2h$	$\ell_1 \geq 2h$
		$\ell \leq 400$ mm
VH aus NH	1,0	1,5
VH aus LH		1,0
BSH aus NH		1,75

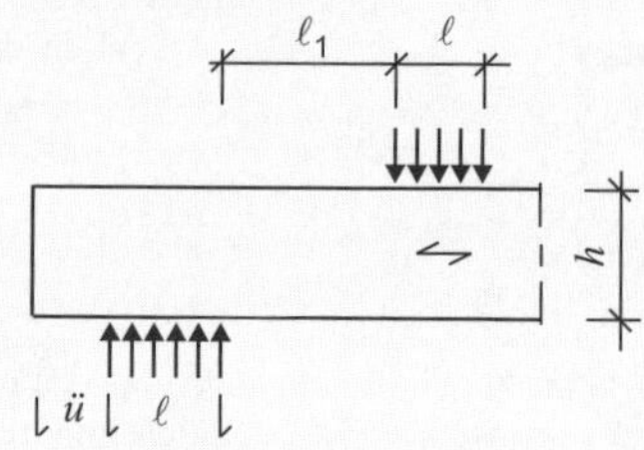

$A_{ef} = b \cdot (\ell + 2 \cdot 30 \text{ mm}) \leq 3 \cdot \ell \cdot b$ für $ü \geq 30$ mm
$A_{ef} = b \cdot (\ell + 30 \text{ mm} + ü) \leq 3 \cdot \ell \cdot b$ für $ü < 30$ mm
b Querschnittsbreite bzw. Auflagerbreite

ℓ_1 ist der lichte Abstand zwischen den Querdruckflächen infolge Einzellasten

$$\sigma_{c,90,d} = \frac{F_{c,90,d}}{A_{ef}} \leq 1$$

Querdrucknachweis: $$\frac{\sigma_{c,90,d}}{k_{c,90} \cdot f_{c,90,d}} \leq 1$$

4.2 Zweiachsige Biegung

Biegung und Kippen

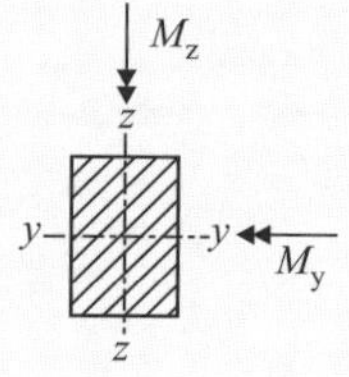

$M_{y,d}$ Biegemoment um die y-Achse
$M_{z,d}$ Biegemoment um die z-Achse
$W_{y,n}$ Netto-Widerstandsmoment um die y-Achse
$W_{z,n}$ Netto-Widerstandsmoment um die z-Achse
k_{crit} Kippbeiwert nach Abschnitt 4.1.2
$\sigma_{m,y,d} = M_{y,d}/W_{y,n}$
$\sigma_{m,z,d} = M_{z,d}/W_{z,n}$

Rechteckquerschnitte aus VH mit $h/b \leq 4$

$$\frac{\sigma_{m,y,d}/k_{crit} + 0,7 \cdot \sigma_{m,z,d}}{f_{m,d}} \leq 1 \quad \text{und} \quad \frac{0,7 \cdot \sigma_{m,y,d}/k_{crit} + \sigma_{m,z,d}}{f_{m,d}} \leq 1$$

Rechteckquerschnitte aus homogenem BSH

$$\frac{\sigma_{m,y,d}/k_{crit} + k_m \cdot \sigma_{m,z,d}/k_\ell}{f_{m,d}} \leq 1 \quad \text{und} \quad \frac{k_m \cdot \sigma_{m,y,d}/k_{crit} + \sigma_{m,z,d}/k_\ell}{f_{m,d}} \leq 1$$

Rechteckquerschnitte aus kombiniertem BSH, FSH, BASH, SPH, BSPH

$$\frac{\sigma_{m,y,d}}{k_{crit} \cdot f_{m,y,d}} + \frac{k_m \cdot \sigma_{m,z,d}}{f_{m,z,d}} \leq 1 \quad \text{und} \quad \frac{k_m \cdot \sigma_{m,y,d}}{k_{crit} \cdot f_{m,y,d}} + \frac{\sigma_{m,z,d}}{f_{m,z,d}} \leq 1$$

mit

$k_m = 0,7$ für Rechteckquerschnitte mit $h/b \leq 4$
$k_m = 1,0$ für $h/b > 4$ und sonstige Querschnitte
$k_\ell = 1,2$ für ≥ 4 Lamellen
$k_\ell = 1,0$ für < 4 Lamellen
k_{crit} Kippbeiwert nach Abschnitt 4.1.2

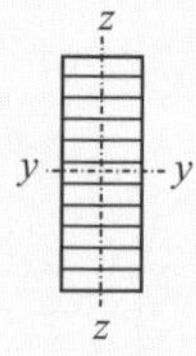

Beispiel:
BSH mit 11 Lamellen

Durchbiegung

$w = \sqrt{w_y^2 + w_z^2}$ mit

w_y Durchbiegung in y-Richtung
w_z Durchbiegung in z-Richtung
Durchbiegungsnachweise mit Gesamtdurchbiegung w analog zu Abschnitt 4.1.2.

4.3 Biegung und Zug einteiliger Stäbe

Ausnutzungsgrad für Biegung + Zug
= Summe der einzelnen Ausnutzungsgrade

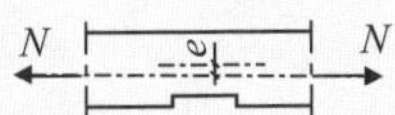

Bezeichnungen siehe Abschnitte 2 und 4.2.

z.B. exzentrischer Zug mit $M_y = N \cdot e$

4.4 Biegung und Druck einteiliger Stäbe

Ausnutzungsgrad für Biegung + Druck
= Summe der Biege-Ausnutzungsgrade
mit dem quadrierten Druck-Auslastungsgrad

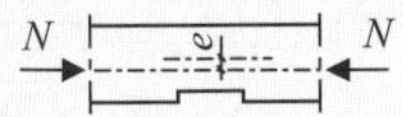

Bei Biegung + Druck mit $k_c = k_{crit} = 1$ lauten die Grenzzustandsbedingungen:

$$\left(\frac{\sigma_{c,0,d}}{f_{c,0,d}}\right)^2 + \frac{\sigma_{m,y,d}}{f_{m,y,d}} + \frac{k_m \cdot \sigma_{m,z,d}}{f_{m,z,d}} \leq 1 \quad \text{und} \quad \left(\frac{\sigma_{c,0,d}}{f_{c,0,d}}\right)^2 + \frac{k_m \cdot \sigma_{m,y,d}}{f_{m,y,d}} + \frac{\sigma_{m,z,d}}{f_{m,z,d}} \leq 1$$

k_ℓ darf gegebenenfalls berücksichtigt werden.

5 Verbindungen

5.1 Versatz

Charakteristische Tragfähigkeit R_k in N mit Holzbreite b und Versatztiefe t_V in mm

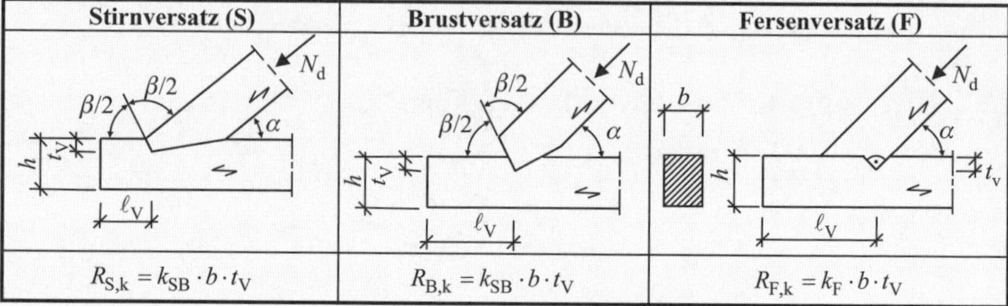

Stirnversatz (S)	Brustversatz (B)	Fersenversatz (F)
$R_{S,k} = k_{SB} \cdot b \cdot t_V$	$R_{B,k} = k_{SB} \cdot b \cdot t_V$	$R_{F,k} = k_F \cdot b \cdot t_V$

Beiwerte k_{SB} für Stirn- und Brustversatz und k_F für Fersenversatz in N/mm²

α	k_{SB} für C 24	k_{SB} für C 30	k_{SB} für D 30	k_F für C 24	k_F für C 30	k_F für D 30
15°	20,32	22,02	22,07	18,50	19,65	20,15
20°	19,81	21,33	21,46	16,98	17,84	18,99
25°	19,20	20,53	20,81	15,45	16,16	18,16
30°	18,50	19,65	20,15	14,10	14,74	17,74
35°	17,75	18,74	19,53	13,01	13,64	17,76
40°	16,98	17,84	18,99	12,23	12,87	18,27
45°	16,20	16,98	18,52	11,76	12,43	19,32
50°	15,45	16,16	18,16	11,61	12,33	21,06
55°	14,75	15,41	17,90	11,83	12,62	23,70
60°	14,10	14,74	17,74	12,51	13,38	27,62
65°	13,52	14,15	17,69	13,81	14,82	33,50

Nachweis

Stirnversatz:	Brustversatz:	Fersenversatz:
$\dfrac{N_d}{\dfrac{R_{S,k} \cdot k_{mod}}{\gamma_M}} \le 1$	$\dfrac{N_d}{\dfrac{R_{B,k} \cdot k_{mod}}{\gamma_M}} \le 1$	$\dfrac{N_d}{\dfrac{R_{F,k} \cdot k_{mod}}{\gamma_M}} \le 1$

Konstruktive Regeln für die Versatztiefe

Strebenneigungswinkel α	$\le 50°$	$50° < \alpha < 60°$	$\ge 60°$	Bei zweiseitigem Versatzeinschnitt: $t_V \le h/6$
Versatztiefe t_V	$\le h/4$	$\le h \cdot \left(\dfrac{2}{3} - \dfrac{\alpha°}{120°}\right)$	$\le h/6$	

Vorholzlänge

Im Nachweis anrechenbare Vorholzlänge $\ell_V \le 8 \cdot t_V$

Auszuführende Mindestvorholzlänge: 200 mm
für NH besser oder gleich C24
und LH D30: $\ell_V \ge 500 \cdot N_d \cdot \cos\alpha / (b \cdot f_{v,k} \cdot k_{mod})$ in mm

mit Strebenkraft N_d in kN, b in mm

Lagesicherung erforderlich.

5.2 Dübelverbindungen

Dübel besonderer Bauart sind zulässig für Verbindungen von VH, BSH, BASH und FSH ohne Querlagen. Für Verbindungen von LH dürfen nur Einlassdübel der Typen A1 und B1 verwendet werden. Für Stahl-Holz-Verbindungen sind nur einseitige Dübel anwendbar. Alle Dübel müssen durch nachziehbare Bolzen aus Stahl mit Scheiben unter Kopf und Mutter gesichert werden. Ein Nachziehen kann unterbleiben, wenn die Holzfeuchte beim Einbau im Bereich der zu erwartenden mittleren Ausgleichsfeuchte liegt. Der Ersatz von Bolzen durch Gewindestangen oder Holzschrauben ist möglich bei

- Ringdübeln mit $d_c \leq 95$ mm und zweiseitigen Scheibendübeln mit Zähnen oder Dornen mit $d_c \leq 117$ mm für den Anschluss von Bauteilen aus Holz an BSH,
- einseitigen Scheibendübeln mit Zähnen oder Dornen für den Anschluss von Stahlteilen an BSH nur, wenn mit $K_{ser} = 0{,}210 \cdot d_c \cdot \rho_k$ bei Typ C2 und $K_{ser} = 0{,}315 \cdot d_c \cdot \rho_k$ bei Typ C11 gerechnet wird.

Gebräuchliche Dübel besonderer Bauart nach DIN EN 912

Einbau des Dübels	Dübel	Bezeichnung	Typ	Bisherige Bezeichnungen	
				Typ	
eingelassen	zweiseitig	Ringdübel	A1	A	Appel
	einseitig	Scheibendübel	B1		
eingepresst	zweiseitig	Scheibendübel mit Zähnen	C1	C	Bulldog
	einseitig		C2		
Dornen eingepresst, Scheibe eventuell eingelassen	zweiseitig	Scheibendübel mit Dornen	C10	D	Geka
	einseitig		C11		

Verbindungseinheiten

Fall	Verbindung von	Eine Verbindungseinheit besteht aus
1	Holz mit Holz	1 Dübel (Typ A1, C1, C3, C5 oder C10) + 1 Bo
2	Holz mit Holz	2 Dübeln (Typ C2/C2, C4/C4, oder C11/C11) + 1 Bo
3	Holz mit Stahl	1 Dübel (Typ B1, C2, C4 oder C11) + 1 Bo

Die Scheiben der Typen C10 und C11 dürfen ≤ 3 mm ins Holz eingelassen werden. Bei Dübeldurchmessern oder Dübelseitenlängen ≥ 130 mm sind zusätzliche Klemmbolzen an den Laschenenden anzuordnen.

Bei Anschlüssen mit $n > 2$ in Faserrichtung hintereinanderliegenden Verbindungseinheiten ist nicht mit der Anzahl n, sondern mit der wirksamen Anzahl n_{ef} zu rechnen:

Vorzugsmaße der Scheiben für Bolzen und Passbolzen

Bolzen		M 12	M 16	M 20	M 22	M 24
Dicke s	in mm	6	6	8	8	8
Außen-∅ d_2	in mm	58	68	80	92	105
Innen-∅ d	in mm	14	18	22	25	27

Durchmesser d_1 des Mittelloches in mm für Dübeltyp C2

d_c	10,4	12,4	16,4	20,4	22,4	24,4
50	✓	✓	✓	✓	/	/
62	/	✓	✓	✓	/	/
75	/	✓	✓	✓	✓	✓
95	/	/	✓	✓	✓	✓
117	/	/	✓	✓	✓	✓

$$n_{ef} = \left[2 + (1 - n/20) \cdot (n - 2)\right] \cdot \frac{90 - \alpha}{90} + n \cdot \frac{\alpha}{90} \leq 10$$

Wirksame Anzahl der Verbindungen n_{ef} in Abhängigkeit des Kraft-Faserwinkels α

n	3	4	5	6	7	8	9	≥ 10
$\alpha = 0°$	2,85	3,6	4,25	4,8	5,25	5,6	5,85	6,0
$\alpha = 30°$	2,9	3,73	4,5	5,2	5,83	6,4	6,9	7,33
$\alpha = 45°$	2,93	3,8	4,63	5,4	6,13	6,8	7,43	8
$\alpha = 60°$	2,95	3,87	4,75	5,6	6,42	7,2	7,95	8,67
$\alpha = 90°$	3	4	5	6	7	8	9	10

Mindestabstände der Dübel

		Typ A1/B1 Appel	Typ C1 bis C9 Bulldog	Typ C10 und C11 Geka
a_1	parallel zur Faserrichtung	$(1{,}2 + 0{,}8 \cdot \cos\alpha) \cdot d_c$	$(1{,}2 + 0{,}3 \cdot \cos\alpha) \cdot d_c$	$(1{,}2 + 0{,}8 \cdot \cos\alpha) \cdot d_c$
a_2	rechtwinklig zur Fa-Ri	$1{,}2 \cdot d_c$	$1{,}2 \cdot d_c$	$1{,}2 \cdot d_c$
$a_{3,t}$	beanspruchtes Hirnholz	$1{,}5 \cdot d_c$	$2{,}0 \cdot d_c$	$2{,}0 \cdot d_c$
$a_{3,c}$	unbeanspr. Hirnholz $\alpha \leq \pm 30°$	$1{,}2 \cdot d_c$	$1{,}2 \cdot d_c$	$1{,}2 \cdot d_c$
$a_{3,c}$	unbeanspr. Hirnholz $\alpha \geq \pm 30°$	$(0{,}4 + 1{,}6 \cdot \sin\alpha) \cdot d_c$	$(0{,}9 + 0{,}6 \cdot \sin\alpha) \cdot d_c$	$(0{,}4 + 1{,}6 \cdot \sin\alpha) \cdot d_c$
$a_{4,t}$	beanspruchter Rand	$(0{,}6 + 0{,}2 \cdot \sin\alpha) \cdot d_c$	$(0{,}6 + 0{,}2 \cdot \sin\alpha) \cdot d_c$	$(0{,}6 + 0{,}2 \cdot \sin\alpha) \cdot d_c$
$a_{4,c}$	unbeanspruchter Rand	$0{,}6 \cdot d_c$	$0{,}6 \cdot d_c$	$0{,}6 \cdot d_c$
Mit $\alpha \leq \pm 30°$ ist hier eine max. Abweichung des Kraft-Faserwinkels von der Faserparallelen gemeint.				

Charakteristische Bemessungswerte der Tragfähigkeit in N (d_c, Einbindetiefe h_e [mm])

Dübeltyp A/B	Dübeltyp C1 bis C9	Dübeltyp C10/C11
$F_{v,0,Rk} = k_1 \cdot k_2 \cdot k_3 \cdot k_4 \cdot 35 \cdot d_c^{1,5} < k_1 \cdot k_3 \cdot 31{,}5 \cdot d_c \cdot h_e$	$F_{v,Rk} = 18 \cdot k_1 \cdot k_2 \cdot k_3 \cdot d_c^{1,5}$	$F_{v,Rk} = 25 \cdot k_1 \cdot k_2 \cdot k_3 \cdot d_c^{1,5}$
Bei den rechteckigen Scheibendübeln der Typen C3 und C4 ist d_c die Wurzel aus dem Produkt der Seitenlängen.		

Einflussfaktor für die Holzdicken: mit Mindest-Seitenholzdicke $t_1 \geq 2{,}25 \cdot h_e$ und
$k_1 = \min\{1; t_1/(3 \cdot h_e); t_2/(5 \cdot h_e)\}$ Mindest-Mittelholzdicke $t_2 \geq 3{,}75 \cdot h_e$

Einflussfaktor für den Abstand vom belasteten Hirnholzrand:

Dübeltyp A/B ($-30° \leq \alpha \leq 30°$)	Dübeltyp C1 bis C9	Dübeltyp C10/C11
$k_2 = \min\{k_a; a_{3,t}/(2 \cdot d_c)\}$ mit: k_a=1,25 für Verbindungen mit einem Dübel pro Scherfuge k_a=1 für Verbindungen mit mehr als einem Dübel pro Scherfuge $a_{3,t}$ = vorhandener Abstand zum beanspruchten Hirnholzende für andere α-Werte ist k_2=1	$k_2 = \min\{1; a_{3,t}/(1{,}5 \cdot d_c)\}$ mit: $a_{3,t} = \max\{1{,}1 \cdot d_c$; $7 \cdot d$; 80 mm$\}$ d = Bolzendurchmesser	$k_2 = \min\{1; a_{3,t}/(2{,}0 \cdot d_c)\}$ mit: $a_{3,t} = \max\{1{,}5 \cdot d_c$; $7 \cdot d$; 80 mm$\}$ d = Bolzendurchmesser

Einflussfaktor für die Rohdichte:
Dübeltyp A/B: $k_3 = \min\{1{,}75; \rho_k/350\}$
Dübeltyp C $k_3 = \min\{1{,}50; \rho_k/350\}$

Berücksichtigung der verbundenen Baustoffe:
$k_4 = 1{,}0$ für Holz-Holz-Verbindungen
$k_4 = 1{,}1$ für Stahlblech-Holz-Verbindungen

Der Bemessungswert der Tragfähigkeit für eine Verbindungseinheit berechnet sich zu:

für Dübeltyp A1/B1:
$$F_{v,\alpha,Rk} = \frac{F_{v,0,Rk}}{(1{,}3 + 0{,}001 \cdot d_c) \cdot \sin^2\alpha + \cos^2\alpha}$$ mit d_c in mm

für Dübeltyp C1/C2/C10/C11: $F_{v,\alpha,Rk} = F_{v,Rk} + F_{b,\alpha,Rk}$

mit $F_{b,\alpha,Rk}$ = Bolzentragfähigkeit (siehe Abschnitt Bolzenverbindung)

Dübel besonderer Bauart

Legende		Außendurchmesser bzw. Seitenlänge	Dicke	Einlass-/Einpresstiefe	Durchmesser Mittelloch	Dübelfehlfläche	Bolzendurchmesser		Bemessungswert der Dübeltragfähigkeit $F_{v,Rk}$ für $k_1=k_2=k_3=k_4=1$		
⌀ 40 bis ⌀ 55 ⌀ 56 bis ⌀ 70 ⌀ 71 bis ⌀ 85 ⌀ 86 bis ⌀ 100 > 100											
Dübeltyp und Dübelform		d_c	t	h_e	d_1	ΔA	min d_b	max d_b	α[1] 0°	45°	90°
		mm	mm	mm	mm	mm²	mm	mm	kN	kN	kN
A1	Ringdübel	65	5	15		980	12	24	18,3	15,5	13,4
		80	6	15		1200	12	24	25,0	21,0	18,1
		95	6	15		1430	12	24	32,4	27,1	23,2
		126	6	15		1890	12	24	49,5	40,8	34,7
		128	8	22,5		2880	12	24	50,7	41,8	35,5
		160	10	22,5		3600	16	24	70,8	57,6	48,5
		190	10	22,5		4280	20	24	91,7	73,6	61,5
B1	Scheibendübel	65	5	15	13	980	d_1-1	d_1	18,3	15,5	13,4
		80	6	15	13	1200			25,0	21,0	18,1
		95	6	15	13	1430			32,4	27,1	23,2
		128	8	22,5	13	2880			50,7	41,8	35,5
		160	10	22,5	16,5	3600			70,8	57,6	48,5
		190	10	22,5	16,5	4280			91,7	73,6	61,5
C1	zweiseitige Scheibendübel mit Zähnen	50	1,00	6,0		170	10	16	6,36		
		62	1,20	7,4		300		20	8,79		
		75	1,25	9,1		420		24	11,69		
		95	1,35	11,3		670		30	16,67		
		117	1,50	14,3		1000		30	22,78		
		140	1,65	14,7		1240		30	29,82		
		165	1,80	15,6		1490		30	38,15		
C2	einseitige Scheibendübel mit Zähnen	50	1,00	5,6	[2]	170	d_1-1	d_1	6,36		
		62	1,20	7,5		300			8,79		
		75	1,25	9,2		420			11,69		
		95	1,35	11,4		670			16,67		
		117	1,50	14,5		1000			22,78		
C10	zweiseitige Scheibendübel mit Dornen	50	3	12		460	10	30	8,84		
		65	3			590			13,10		
		80	3			750			17,89		
		95	3			900			23,15		
		115	3			1040			30,83		
C11	einseitige Scheibendübel mit Dornen	50	3	12	12,5	540	d_1-1	d_1	8,84		
		65	3		16,5	710			13,10		
		80	3		20,5	870			17,89		
		95	3		24,5	1070			23,15		
		115	3		24,5	1240			30,83		

[1] Zwischenwerte dürfen linear interpoliert werden.
[2] Siehe Tabelle Seite 20.

5.3 Verbindungen mit stiftförmigen Verbindungsmitteln

5.3.1 Allgemeines

Die Tragfähigkeit von auf Abscheren beanspruchten Verbindungen mit stiftförmigen metallischen Verbindungsmitteln wie Stabdübeln (SDü), Passbolzen (PB), Bolzen (Bo), Nägeln (Nä), Holzschrauben (Sr) und Klammern (Kl) hängt von der Geometrie der Verbindung, dem Fließmoment des Stiftes und der Lochleibungsfestigkeit des Holzes ab. Die Berechnung der Tragfähigkeit setzt für den Stift und die verbundenen Bauteile ein ideal plastisches Material voraus. Es wird empfohlen, spröde Versagensformen zu vermeiden z. B. durch

- Verwenden von schlanken Stiften mit einem Verhältnis von Einbindetiefe zu Stiftdurchmesser von 6 bis 8,
- Verwenden von Stiften aus Stahl niedriger Festigkeitsklassen,
- Verstärken des Holzes im Anschlussbereich rechtwinklig zur Faserrichtung durch außen oder innen liegende Verstärkungen,
- Vermeiden von vielen in Kraft- und Faserrichtung hintereinanderliegenden Verbindungsmitteln,
- Erhöhen der Abstände der Verbindungsmittel in Faserrichtung.

Die Anforderungen an Material, Geometrien, Festig- und Steifigkeiten sowie die Dauerhaftigkeiten von stiftförmigen Verbindungsmitteln zum Einsatz in tragenden Holzbauwerken und die zugehörigen Prüfverfahren sind in DIN EN 14592 geregelt.

Holz-Holz-Verbindungen

Der Bemessungswert der Tragfähigkeit $F_{v,Rd}$ pro Scherfuge wird vereinfacht berechnet zu

$$F_{v,Rd} = \frac{k_{mod}}{\gamma_M} \cdot F_{v,Rk} = \frac{k_{mod}}{\gamma_M} \cdot \sqrt{\frac{2 \cdot \beta}{1+\beta}} \cdot \sqrt{2 \cdot M_{y,Rk} \cdot f_{h,1,k} \cdot d}$$

mit	
k_{mod}	Modifikationsbeiwert
$\gamma_M = 1{,}1$	Teilsicherheitsbeiwert für auf Biegung beanspruchte Stifte aus Stahl
$f_{h,1(2),k}$	charakteristischer Wert der Lochleibungsfestigkeit des Bauteiles 1(2)
β	$= f_{h,2,k} / f_{h,1,k}$
$M_{y,Rk}$	charakteristischer Wert des Fließmomentes des Stiftes
d	Stiftdurchmesser

Die Anwendbarkeit der obigen Gleichung erfordert die Einhaltung von Mindestholzdicken t_{req} bzw. von Mindesteinbindetiefen t_{req} der Stifte (siehe Bild auf Seite 25):

Seitenholz 1	Seitenholz 2
$t_{1,req} = 1{,}15 \cdot \left(2 \cdot \sqrt{\frac{\beta}{1+\beta}} + 2\right) \cdot \sqrt{\frac{M_{y,k}}{f_{h,1,k} \cdot d}}$	$t_{2,req} = 1{,}15 \cdot \left(\frac{2}{\sqrt{1+\beta}} + 2\right) \cdot \sqrt{\frac{M_{y,k}}{f_{h,2,k} \cdot d}}$
Mittelholz	
$t_{2,req} = 1{,}15 \cdot \frac{4}{\sqrt{1+\beta}} \cdot \sqrt{\frac{M_{y,k}}{f_{h,2,k} \cdot d}}$	

Für $t < t_{req}$ muss $F_{v,Rd}$ nach obiger Gleichung mit t / t_{req} abgemindert werden.

Stahlblech-Holz-Verbindungen

Innenbleche oder dicke ($t_S \geq d$) Außenbleche

$$F_{v,Rd} = \frac{k_{mod}}{\gamma_M} \cdot F_{v,Rk} = \frac{k_{mod}}{\gamma_M} \cdot \sqrt{2} \cdot \sqrt{2 \cdot M_{y,Rk} \cdot f_{h,k} \cdot d} \quad \text{pro Scherfuge} \quad t_{req} = 1{,}15 \cdot 4 \cdot \sqrt{\frac{M_{y,k}}{f_{h,k} \cdot d}}$$

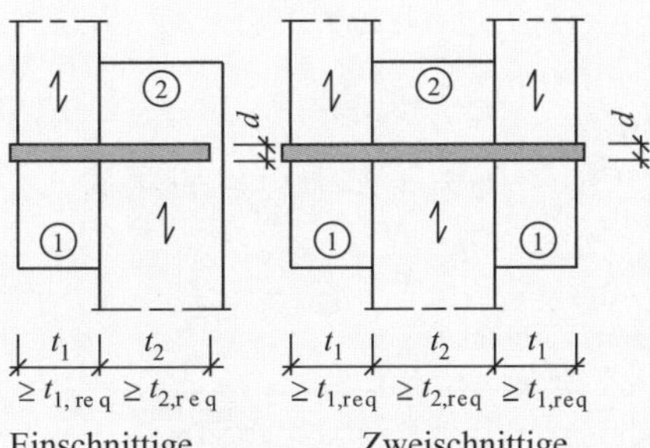

Einschnittige Zweischnittige
Holz-Holz-Verbindung

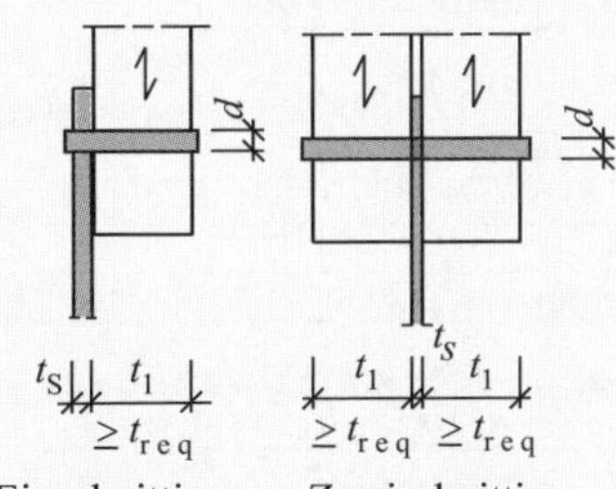

Einschnittige Zweischnittige
Stahlblech-Holz-Verbindung

Dünne Außenbleche ($t_S \leq 0{,}5 \cdot d$)

$$F_{v,Rd} = \frac{k_{mod}}{\gamma_M} \cdot F_{v,Rk} = \frac{k_{mod}}{\gamma_M} \cdot \sqrt{2 \cdot M_{y,k} \cdot f_{h,k} \cdot d} \quad \text{pro Scherfuge}$$

Mindestholzdicken t_{req} bzw. Mindesteinbindetiefen t_{req} der Stifte

Mittelholz	alle anderen Fälle
$t_{req} = 1{,}15 \cdot 2 \cdot \sqrt{2} \cdot \sqrt{\frac{M_{y,k}}{f_{h,k} \cdot d}}$	$t_{req} = 1{,}15 \cdot \left(2 + \sqrt{2}\right) \cdot \sqrt{\frac{M_{y,k}}{f_{h,k} \cdot d}}$

Für $t < t_{req}$ muss $F_{v,Rd}$ nach obiger Gleichung mit t / t_{req} abgemindert werden.
Für Stahlblechdicken $0{,}5 \cdot d < t_S < d$ darf geradlinig interpoliert werden.

Wirksame VM-Anzahl n_{ef}

Die Tragfähigkeit einer Verbindung mit Stabdübeln, Passbolzen, Bolzen sowie Nägeln und Holzschrauben mit n in Faserrichtung hintereinanderliegenden Verbindungsmitteln beträgt

$$F_{v,ef,Rk} = n_{ef} \cdot m \cdot p \cdot F_{v,Rk}$$

mit

- m Anzahl der Verbindungsmittelreihen mit je n Verbindungsmitteln in Faserrichtung hintereinander
- a_1 Abstand der Verbindungsmittel untereinander in Faserrichtung
- α Winkel zwischen Kraft- und Faserrichtung
- p Anzahl der Scherfugen pro Verbindungsmittel

Beispielverbindung mit drei VM-Reihen (m = 3), drei VM hintereinander (n = 3) und zwei Scherfugen pro VM (p = 2)

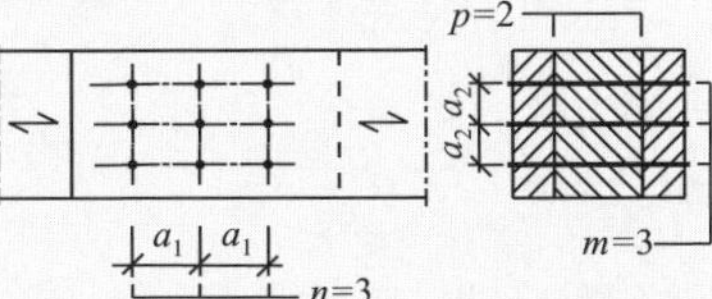

Bei **Nägeln und Holzschrauben** mit $d \leq 6$ mm gilt:

$$n_{ef} = n^{k_{ef}}$$

Wird eine Spaltverstärkung rechtwinklig zur Faserrichtung ausgeführt, die Verbindungsmittel rechtwinkelig zur Faserrichtung um mindestens $1d$ versetzt angeordnet oder der Abstand $a_1 \geq 14d$ ausgeführt, darf $n_{ef} = n$ gesetzt werden.

Bei **Bolzen und Holzschrauben** mit $d \geq 6$ mm gilt:

$$n_{ef} = n^{0,9} \cdot \sqrt[4]{\frac{a_1}{13 \cdot d}} \leq n$$

Bei Kräften rechtwinklig zur Faserrichtung ist

$$n_{ef} = n$$

Bei Kraft-Faser-Winkeln zwischen 0° und 90° darf linear interpoliert werden.

k_{ef} zur Bestimmung von n_{ef}

Nagelabstand	k_{ef}	
	nicht vorgebohrt	vorgebohrt
$a_1 \geq 14d$	1,0	1,0
$a_1 = 10d$	0,85	0,85
$a_1 = 7d$	0,7	0,7
$a_1 = 5d$	-	0,5

Bei auf Herausziehen beanspruchten Schraubengruppen beträgt die wirksame Anzahl der Schrauben:

$$n_{ef} = n^{0,9}$$

Wirksame VM-Anzahl n_{ef} von auf Abscheren beanspruchten Bolzen und Holzschrauben mit $d \geq 6$ mm für $a_1 = 4 \cdot d$

VM-Anzahl n	2	3	4	5	6	7	8	9	10	12
$\alpha = 0°$	1,39	2,00	2,59	3,17	3,74	4,29	4,84	5,38	5,92	6,97
$\alpha = 30°$	1,59	2,33	3,06	3,78	4,49	5,19	5,89	6,59	7,28	8,65
$\alpha = 45°$	1,69	2,50	3,30	4,09	4,87	5,65	6,42	7,19	7,96	9,49
$\alpha = 60°$	1,80	2,67	3,53	4,39	5,25	6,10	6,95	7,79	8,64	10,32
$\alpha = 90°$	2,00	3,00	4,00	5,00	6,00	7,00	8,00	9,00	10,00	12,00

Wirksame VM-Anzahl n_{ef} von auf Abscheren beanspruchten Bolzen und Holzschrauben mit $d \geq 6$ mm für $a_1 = 10 \cdot d$

VM-Anzahl n	2	3	4	5	6	7	8	9	10	12
$\alpha = 0°$	1,75	2,52	3,26	3,99	4,70	5,40	6,09	6,77	7,44	8,77
$\alpha = 30°$	1,83	2,68	3,51	4,32	5,13	5,93	6,72	7,51	8,29	9,84
$\alpha = 45°$	1,87	2,76	3,63	4,49	5,35	6,20	7,04	7,88	8,72	10,38
$\alpha = 60°$	1,92	2,84	3,75	4,66	5,57	6,47	7,36	8,26	9,15	10,92
$\alpha = 90°$	2,00	3,00	4,00	5,00	6,00	7,00	8,00	9,00	10,00	12,00

Abstände stiftförmiger Verbindungsmittel (SDü, PB, Bo, Nä, Sr)

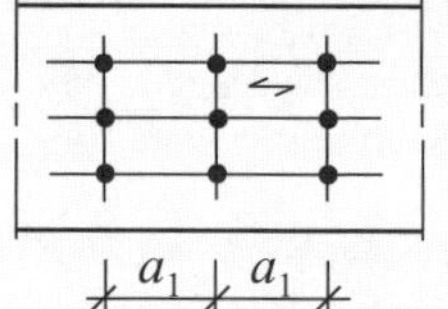

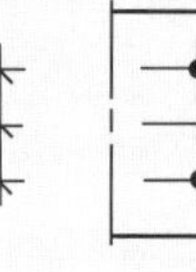

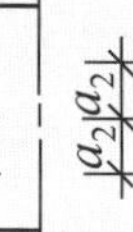

Abstände in Faserrichtung (a_1) und rechtwinklig zur Faserrichtung (a_2)

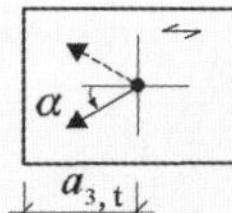

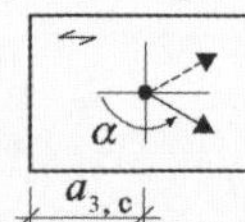

Hirnholzabstände ($a_{3,t}$; $a_{3,c}$)

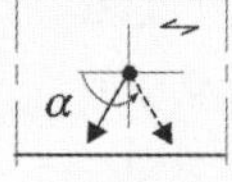

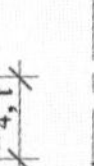

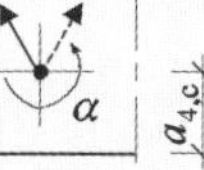

Randabstände ($a_{4,t}$; $a_{4,c}$)

5.3.2 Stabdübelverbindungen

Allgemeines und Ausführungsregeln

Vorzugsmaße der SDü-∅ d: 6, 8, 10, 12, 16, 20, 24 mm

Bohrloch-∅ im Holz $= d$

Bohrloch-∅ im Stahl $\leq d + 1$ mm

In einer tragenden Verbindung sollen mindestens zwei SDü und mindestens vier Scherfugen vorhanden sein. Bei Verbindungen mit nur einem SDü ist mit $0{,}5 \cdot F_{v,Rd}$ zu rechnen.

Charakt. Festigkeitskennwerte $f_{u,k}$

Stahlsorte nach DIN EN 10025	$f_{u,k}$ in N/mm²
S 235	360
S 275	430
S 355	510

Mindestabstände von Stabdübeln

	Winkel	Stabdübel (SDü)
a_1	$0 \le \alpha \le 360$	$(3 + 2 \cdot \cos \alpha) \cdot d$
a_2	$0 \le \alpha \le 360$	$3 \cdot d$
$a_{3,t}$	$-90 \le \alpha \le 90$	$7 \cdot d\ (\ge 80$ mm)
$a_{3,c}$	$90 \le \alpha < 150$ $150 \le \alpha < 210$ $210 \le \alpha < 270$	$a_{3,t} \cdot \sin \alpha$ $3{,}5 \cdot d\ (\ge 40$ mm) $a_{3,t} \cdot \sin \alpha$
$a_{4,t}$	$0 \le \alpha \le 180$	$(2 + 2 \cdot \sin \alpha) \cdot d \le 3d$
$a_{4,c}$	$180 \le \alpha \le 360$	$3 \cdot d$

Tragfähigkeit auf Abscheren

Die Berechnung des Bemessungswertes $F_{v,Rd}$ nach Abschnitt 5.3.1 erfolgt mit

$$M_{y,k} = 0{,}3 \cdot f_{u,k} \cdot d^{2,6} \quad \text{in Nmm}$$

mit $f_{u,k}$ in N/mm² (siehe Seite 26) und d in mm

$$f_{h,\alpha,k} = \frac{f_{h,0,k}}{k_{90} \cdot \sin^2\alpha + \cos^2\alpha} \quad \text{in N/mm}^2$$

$$f_{h,0,k} = 0{,}082 \cdot (1 - 0{,}01 \cdot d) \cdot \rho_k \quad \text{in N/mm}^2$$

mit ρ_k in kg/m³ und d in mm

$k_{90} = 1{,}35 + 0{,}015 \cdot d$ für Nadelhölzer

$k_{90} = 0{,}90 + 0{,}015 \cdot d$ für Laubhölzer

Für $d \le 8$ mm darf $k_{90} = 1$ gesetzt werden.

Holz-Holz-Verbindungen

Für ein- bzw. zweischnittig beanspruchte Stabdübel der Stahlsorte S 235 mit $d \ge 10$ mm und Bauteile aus NH mindestens der Festigkeitsklasse C 24 können vereinfacht folgende Mindesteinbindetiefen in die Seiten- und Mittelhölzer abhängig vom Kraft-Faser-Winkel α bestimmt werden (vgl. INFORMATIONSDIENST HOLZ, holzbau handbuch, Reihe 2, Teil 1, Folge 10):

Seitenholz: $t_{1,req} = (5{,}0 + \alpha/50) \cdot d$
Mittelholz: $t_{2,req} = (4{,}2 + \alpha/50) \cdot d$

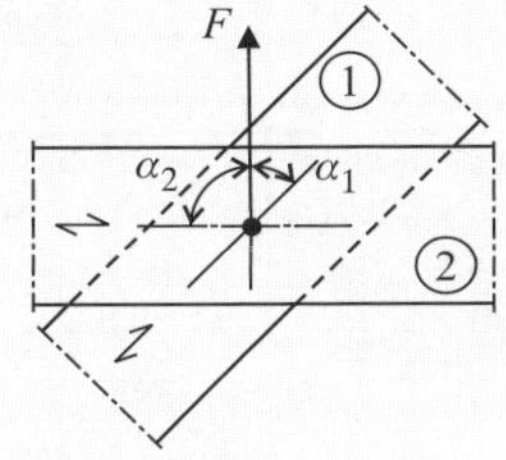

Wird ein Teil der Stabdübel in der Verbindung durch PB ersetzt, dürfen die Werte für SDü auch für diese PB angenommen werden. Für die charakteristischen Werte der Tragfähigkeit $F_{v,Rk}$ in nachfolgender Tafel werden die angegebenen Mindesteinbindetiefen vorausgesetzt. α_1 und α_2 sind die Winkel zwischen Kraft- und Faserrichtung für die Bauteile 1 bzw. 2.

Winkel zwischen Kraft- und Faserrichtung: $\alpha_1 \le 90°$, $\alpha_2 \le 90°$; $\alpha_{ges} = \alpha_1 + \alpha_2$

$F_{v,Rk}$ von SDü S 235 pro Scherfuge in kN bei Holz-Holz-Verbindungen ($\rho_k = 350$ kg/m³)

α_{ges}	d in mm 10	12	16	20	24	α_{ges}	d in mm 10	12	16	20	24
0°	4,71	6,47	10,61	15,47	20,94	105°	4,11	5,60	9,06	13,03	17,41
15°	4,69	6,44	10,56	15,39	20,81	120°	4,02	5,47	8,83	12,69	16,91
30°	4,64	6,36	10,41	15,15	20,46	135°	3,95	5,37	8,65	12,41	16,52
45°	4,55	6,23	10,18	14,79	19,93	150°	3,89	5,29	8,52	12,21	16,24
60°	4,44	6,08	9,90	14,35	19,30	165°	3,86	5,25	8,44	12,09	16,07
75°	4,33	5,92	9,61	13,89	18,63	180°	3,85	5,23	8,41	12,05	16,01
90°	4,22	5,75	9,32	13,44	17,99						

Für $t < t_{req}$ muss der charakteristische Wert der Tragfähigkeit ermittelt werden, indem die Werte $F_{v,Rk}$ dieser Tafel mit t/t_{req} multipliziert werden.

Stahlblech-Holz-Verbindungen mit Innenblechen

Für Stabdübel mit $d \ge 10$ mm und Seitenhölzern aus NH mindestens der Festigkeitsklasse C 24 betragen vereinfacht die Mindesteinbindetiefen $t_{req} = (5{,}7 + \alpha/50) \cdot d$

$F_{v,Rk}$ von Stabdübeln S 235 pro Scherfuge in kN bei Stahlblech-Holz-Verbindungen (Innenblech)

α	d in mm 10	12	16	20	24
0°	6,60	9,06	14,85	21,66	29,31
15°	6,49	8,90	14,57	21,21	28,64
30°	6,22	8,51	13,87	20,09	27,01
45°	5,90	8,05	13,05	18,82	25,18
60°	5,63	7,66	12,37	17,76	23,68
75°	5,45	7,41	11,93	17,09	22,74
90°	5,39	7,32	11,78	16,86	22,42
Für $t < t_{req}$ muss der Bemessungswert der Tragfähigkeit ermittelt werden, indem die Werte $F_{v,Rk}$ dieser Tafel mit t/t_{req} multipliziert werden.					

5.3.3 (Pass-)Bolzenverbindungen

Allgemeines und Ausführungsregeln

Bolzen (Bo) sind alle Schraubenbolzen und Bolzen ähnlicher Bauart und werden mit einem Bohrloch-∅ = d + 1 mm verbaut. Bolzenverbindungen sind nicht geeignet in Dauerbauten, in denen es auf Steifigkeit und Formbeständigkeit ankommt.

Passbolzen (PB) können wie SDü eingesetzt werden, sind bei Außenblechen immer zu verwenden und werden mit einem Bohrloch-∅ = d (Nenn-∅ des Passbolzens) verbaut.

Charakteristische Kennwerte für Bolzen

Festigkeitsklasse nach DIN EN ISO 8988-1	Charakt. Festigkeit $f_{u,k}$ in N/mm²	Charakt. Streckgrenze $f_{u,k}$ in N/mm²
4.6 bzw. 4.8	400	240 bzw. 320
5.6 bzw. 5.8	500	300 bzw. 400
8.8	800	640

Mindestabstände von PB und Bo

	Winkel	Passbolzen (PB)	Bolzen (Bo)
a_1	$0 \le \alpha \le 360$	$(3 + 2 \cdot \cos \alpha) \cdot d$	$(4 + \cos \alpha) \cdot d$
a_2	$0 \le \alpha \le 360$	$3 \cdot d$	$4 \cdot d$
$a_{3,t}$	$-90 \le \alpha \le 90$	$7 \cdot d$ (≥ 80 mm)	
$a_{3,c}$	$90 \le \alpha < 150$ $150 \le \alpha < 210$ $210 \le \alpha < 270$	$a_{3,t} \cdot \sin \alpha \cdot d$ $3{,}5 \cdot d$ (≥ 40 mm) $a_{3,t} \cdot \sin \alpha \cdot d$	$(1 + 6 \cdot \sin \alpha) \cdot d$ $4 \cdot d$ $(1 + 6 \cdot \sin \alpha) \cdot d$
$a_{4,t}$	$0 \le \alpha \le 180$	$(2 + 2 \cdot \sin \alpha) \cdot d \le 3d$	
$a_{4,c}$	$180 \le \alpha \le 360$	$3 \cdot d$	

Tragfähigkeit auf Abscheren

Bestimmungen für SDü gelten sinngemäß.

$F_{v,Rk}$ nach Abschnitt 5.3.1 darf um

$$\Delta F_{v,Rk} = \min \begin{Bmatrix} 0{,}25 \cdot F_{v,Rk} \\ 0{,}25 \cdot F_{ax,Rk} \end{Bmatrix}$$

erhöht werden.

$$F_{ax,Rk} = 3 \cdot f_{c,90,k} \cdot A_{netto}$$

Scheibenmaße nach DIN EN ISO 7094 und A_{netto}

Bo-∅ d mm	Außen-∅ d_2 mm	Loch-∅ d_1 mm	Dicke s mm	A_{netto}[1)] mm²
6	22,0	6,6	2	346
8	28,0	9,0	3	552
10	34,0	11,0	3	813
12	44,0	13,5	4	1377
16	56,0	17,5	5	2222
20	72,0	22,0	6	3691
24	85,0	26,0	6	5144

[1)] Ermittelt nach Gleichung:

$$A_{ef} = \frac{\pi \cdot d_2^2}{4} - \frac{\pi \cdot d_1^2}{4}$$

Holz-Holz-Verbindungen

Für Bolzen der Festigkeitsklasse 4.6 mit $d \geq 10$ mm und NH mindestens der Festigkeitsklasse C 24 betragen die Mindesteinbindetiefen für die Seiten- und Mittelhölzer (vgl. INFORMATIONSDIENST HOLZ, holzbau handbuch, Reihe 2, Teil 1, Folge 10):

Seitenholz: $t_{1,req} = (5{,}3 + \alpha/50) \cdot d$

Mittelholz: $t_{2,req} = (4{,}4 + \alpha/50) \cdot d$

Für die angegebenen Mindesteinbindetiefen und A_{ef} nach Tafel auf Seite 28 unten sind in nachfolgender Tafel die charakteristischen Werte der Tragfähigkeit $F_{v,Rk}$ eines Bolzens pro Scherfuge angegeben.

$F_{v,Rk}$ von Passbolzen 4.6 pro Scherfuge in kN bei Holz-Holz-Verbindungen

α_{ges}	d in mm					α_{ges}	d in mm				
	10	12	16	20	24		10	12	16	20	24
0°	4,97	6,47	10,61	15,47	20,94	105°	4,11	5,60	9,06	13,03	17,41
15°	4,69	6,44	10,56	15,39	20,81	120°	4,02	5,47	8,83	12,69	16,91
30°	4,64	6,36	10,41	15,15	20,46	135°	3,95	5,37	8,65	12,41	16,52
45°	4,55	6,23	10,18	14,79	19,93	150°	3,89	5,29	8,52	12,21	16,24
60°	4,44	6,08	9,90	14,35	19,30	165°	3,86	5,25	8,44	12,09	16,07
75°	4,33	5,92	9,61	13,89	18,63	180°	3,85	5,23	8,41	12,05	16,01
90°	4,22	5,75	9,32	13,44	17,99						

Für $t < t_{req}$ muss der charakteristische Wert der Tragfähigkeit ermittelt werden, indem die Werte $F_{v,Rk}$ dieser Tafel mit t/t_{req} multipliziert werden.

Stahlblech-Holz-Verbindungen

Für Innenbleche oder dicke Außenbleche ($t_s \geq d$) betragen die Mindesteinbindetiefen (vgl. INFORMATIONSDIENST HOLZ, holzbau handbuch, Reihe 2, Teil 1, Folge 10):

$t_{1,req} = (6{,}3 + \alpha/70)\, d$

Die charakteristischen Werte der Tragfähigkeit $F_{v,Rk}$ eines Verbindungsmittels pro Scherfuge sind in der nachfolgenden Tafel angegeben.

$F_{v,Rk}$ von Passbolzen 4.6 pro Scherfuge in kN bei Stahlblech-Holz-Verbindungen mit Innenblechen oder mit dicken Außenblechen

α	d in mm				
	10	12	16	20	24
0°	7,03	9,65	15,82	23,07	31,21
15°	7,00	9,60	15,74	22,94	31,03
30°	6,91	9,48	15,51	22,58	30,50
45°	6,78	9,29	15,17	22,04	29,71
60°	6,62	9,06	14,77	21,39	28,77
75°	6,45	8,82	14,33	20,71	27,77
90°	6,28	8,58	13,90	20,04	26,82

Für $t < t_{req}$ muss der Bemessungswert der Tragfähigkeit ermittelt werden, indem die Werte $F_{v,Rk}$ dieser Tafel mit t/t_{req} multipliziert werden.

Stahlblech-Holz-Verbindungen mit dünnen Außenblechen ($t_s \leq d/2$)
Die Mindesteinbindetiefen betragen nach INFORMATIONSDIENST HOLZ, holzbau handbuch, Reihe 2, Teil 1, Folge 10:
Seitenholz: $t_{1,req} = (5{,}3 + \alpha/70) \cdot d$ Mittelholz: $t_{2,req} = (4{,}4 + \alpha/70) \cdot d$

Nachfolgende Tafel enthält die entsprechenden Bemessungswerte der charakteristischen Tragfähigkeit $F_{v,Rk}$ pro Scherfuge. Dabei wurde bei der Ermittlung von $F_{ax,Rk}$ von einer wirksamen Querdruckfläche zwischen Außenblech und Holzoberfläche von $12 \cdot d^2$ ausgegangen.

$F_{v,Rk}$ von Bolzen 4.6 pro Scherfuge in kN bei Stahlblech-Holz-Verbindungen mit dünnen Außenblechen

α	*d* in mm				
	10	12	16	20	24
0°	4,97	6,47	10,61	15,47	20,94
15°	4,69	6,44	10,56	15,39	20,81
30°	4,64	6,36	10,41	15,15	20,46
45°	4,55	6,23	10,18	14,79	19,93
60°	4,44	6,08	9,90	14,35	19,30
75°	4,33	5,92	9,61	13,89	18,63
90°	4,22	5,75	9,32	13,44	17,99
Für $t < t_{req}$ muss der Bemessungswert der Tragfähigkeit ermittelt werden, indem die Werte $F_{v,Rk}$ dieser Tafel mit t/t_{req} multipliziert werden.					

5.3.4 Nagelverbindungen

Allgemeines und Ausführungsregeln
Die Regelungen in diesem Abschnitt gelten für Nägel nach DIN EN 10230-1.
Schaftquerschnitt: rund
Schaftform: glatt, geraut, angerollt, gerillt
Kopfform: runder Flachkopf, flacher Senkkopf mit oder ohne Einsenkung
Kopf-∅ d_k $\geq 1{,}8\,d$
Auf Abscheren beanspruchte Verbindungen müssen aus mindestens zwei Nägeln bestehen.
Bei Einbindelängen $< 4\,d$ gilt für die der Nagelspitze nächstliegende Scherfuge: $R_d = 0$
Bei vorgebohrten Nagellöchern: Bohrloch-∅ im Holz: $0{,}9\,d$
Bohrloch-∅ im Stahlblech: $\leq d + 1$ mm

Mindestholzdicken wegen Spaltgefahr des Holzes mit nicht vorgebohrten Nagellöchern:

$$t = \max\left\{14 \cdot d\,;\ (13 \cdot d - 30) \cdot \frac{\rho_k}{200}\right\}$$

Mindestholzdicken für Bauteile aus Kiefernholz mit nicht vorgebohrten Nagellöchern:

$$t = \max\left\{7 \cdot d\,;(13 \cdot d - 30) \cdot \frac{\rho_k}{400}\right\}$$

mit ρ_k charakteristische Rohdichte in kg/m^3 und d Na-∅ in mm

Die Mindestdicke bei Kiefernholz darf auch für Bauteile aus anderen Holzarten ausgeführt werden, wenn die Mindestnagelabstände zum Rand rechtwinklig zur Faser (a_4) mindestens $10 \cdot d$ für $\rho_k \leq 420$ kg/m^3 und mindestens $14 \cdot d$ für 420 kg/m$^3 \leq \rho_k \leq 500$ kg/m^3 betragen.

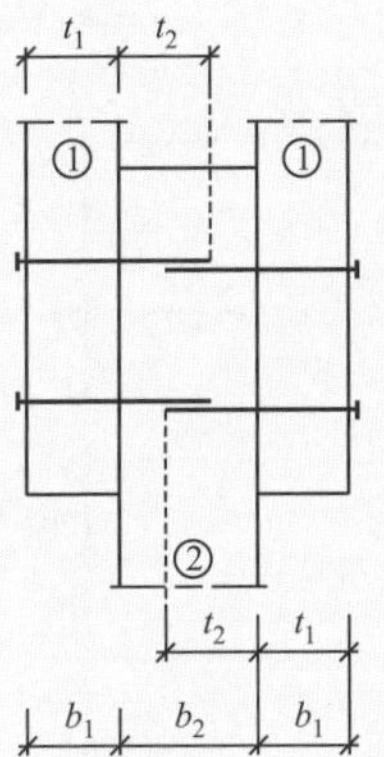

Mindestabstände von Nägeln

	nicht vorgebohrt $\rho_k \leq 420$ kg/m³	vorgebohrt
a_1	$d < 5$ mm: $(5 + 5 \cdot \cos\alpha) \cdot d$ $d \geq 5$ mm: $(5 + 7 \cdot \cos\alpha) \cdot d$	$(4 + \cos\alpha) \cdot d$
a_2	$5\,d$	$(3 + \sin\alpha) \cdot d$
$a_{3,t}$	$(10 + 5 \cdot \cos\alpha) \cdot d$	$(7 + 5 \cdot \cos\alpha) \cdot d$
$a_{3,c}$	$10 \cdot d$	$7 \cdot d$
$a_{4,t}$	$d < 5$ mm: $(5 + 2 \cdot \sin\alpha) \cdot d$ $d \geq 5$ mm: $(5 + 5 \cdot \sin\alpha) \cdot d$	$d < 5$ mm: $(3 + 2 \cdot \sin\alpha) \cdot d$ $d \geq 5$ mm: $(3 + 4 \cdot \sin\alpha) \cdot d$
$a_{4,c}$	$5 \cdot d$	$3 \cdot d$

Bedingung bei sich übergreifenden Nägeln in nicht vorgebohrten Nagellöchern: $b_2 - t_2 > 4 \cdot d$

Tragfähigkeit von Holz-Holz-Nagelverbindungen auf Abscheren

Bei Einhaltung der Mindestholzdicke bzw. Mindesteinbindetiefe $t_{req} = 9 \cdot d$ berechnet sich für Verbindungen von Bauteilen aus NH der Bemessungswert der Tragfähigkeit pro Scherfuge zu:

$$F_{v,Rd} = \frac{k_{mod}}{\gamma_M} \cdot F_{v,Rk} = \frac{k_{mod}}{\gamma_M} \cdot \sqrt{2 \cdot M_{y,k} \cdot f_{h,k} \cdot d}$$

mit

$M_{y,k} = 0{,}3 \cdot f_{u,k} \cdot d^{2,6}$ in Nmm mit $f_{u,k} = 600$ N/mm²

$f_{h,k} = 0{,}082 \cdot \rho_k \cdot d^{-0,3}$ in N/mm² für nicht vorgebohrte Hölzer

$f_{h,k} = 0{,}082 \cdot (1 - 0{,}01 \cdot d) \cdot \rho_k$ in N/mm² für vorgebohrte Hölzer

Tragfähigkeit von Stahlblech-Holz-Nagelverbindungen auf Abscheren

Abweichend von Abschnitt 5.3.1 darf angenommen werden

$$F_{v,Rd} = \frac{k_{mod}}{\gamma_M} \cdot F_{v,Rk} = \frac{k_{mod}}{\gamma_M} \cdot A \cdot \sqrt{2 \cdot M_{y,k} \cdot f_{h,k} \cdot d}$$

Stahlblech (vb)	Faktor A	t_{req} Mittelholz (zweischnittige Verbindung)	t_{req} alle anderen Fälle
Innenblech oder dickes Außenblech	1,4	$10 \cdot d$	$10 \cdot d$
Dünnes Außenblech	1,0	$7 \cdot d$	$9 \cdot d$

Holz-Holz-Nagelverbindungen

Charakteristischer Wert der Tragfähigkeit $F_{v,Rk}$ von glattschaftigen Nägeln mit rundem Querschnitt und Einbindetiefen von mindestens $9 \cdot d$ (vgl. INFORMATIONSDIENST HOLZ, holzbau handbuch, Reihe 2, Teil 1, Folge 10) in Holz der Festigkeitsklasse C24:

nicht vorgebohrt: $F_{v,Rk} = 101 \cdot d^{1,65}$ in N pro Scherfuge

vorgebohrt: $F_{v,Rk} = 101 \cdot d^{1,78}$ in N pro Scherfuge

Mindestwerte der Holzdicke bzw. Einbindetiefe und $F_{v,Rk}$ pro Scherfuge von Nägeln nach DIN EN 10230-1 bei Holz-Holz-Verbindungen aus C24 oder GL24c

Nagel-Ø d	Nagellänge ℓ	Kopf-Ø d_k	Mindestwerte Holzdicke[1] t		Mindestwerte Einbindetiefe t_{req}	$F_{v,Rk}$	$F_{v,Rk}$
			NH (außer KI)	KI		nvb	Hölzer vb
mm	mm	mm	mm	mm	mm	N	N
2,0	45	5	28	24	18	319	350
2,2	50	5,5	31	24	20	374	415
2,4	50	5,9	34	24	22	430	485
2,7	50 60	6,1	38	24	24	523	600
3,0	60 70 80	6,8	42	24	27	622	723
3,4	60 70 80 90	7,7	48	24	31	765	904
3,8	70 80 90 100	7,6	53	27	34	920	1102
4,2	90 100 110	8,4	59	29	38	1085	1317
4,6	90 100 120	9,2	64	32	42	1260	1553
5,0	100 120 140	10	70	35	45	1443	1801
5,5	140	11	77	39	50	1691	2131
6,0	150 160 180	12	84	42	54	2516	2475
7,0	200	14	107	53	63	-	3258
8,0	280	16	130	65	72	-	4111

Für $t < t_{req}$ muss der charakteristische Wert der Tragfähigkeit ermittelt werden, indem die Werte $F_{v,Rk}$ dieser Tafel mit t / t_{req} multipliziert werden.

[1] Wegen Spaltgefahr nicht vorgebohrter Hölzer. Keine Spaltgefahr bei vorgebohrten Nagellöchern. Mindestdicke einteiliger Einzelquerschnitte: 24 mm.

Stahlblech-Holz-Nagelverbindungen

Der charakteristische Wert der Tragfähigkeit $F_{v,Rk}$ eines Nagels pro Scherfuge beträgt für glattschaftige runde Nägel und Einbindetiefen von mindestens $9{\cdot}d$:

Innenbleche oder dicke Außenbleche	Dünne Außenbleche
nicht vorgebohrt: $F_{v,Rk} = 144 \cdot d^{1,65}$ in N	nicht vorgebohrt: $F_{v,Rk} = 101 \cdot d^{1,65}$ in N
vorgebohrt: $F_{v,Rk} = 144 \cdot d^{1,78}$ in N	vorgebohrt: $F_{v,Rk} = 101 \cdot d^{1,78}$ in N

Mindestwerte der Holzdicke bzw. Einbindetiefen und $F_{v,Rk}$ pro Scherfuge von Nägeln nach DIN EN 10230-1 bei Stahlblech-Holz-Verbindungen aus C24 oder GL24c

Nagel-∅ d	Mindestholzdicke[1] t		Innenblech oder dickes Außenblech			Dünnes Außenblech		
	NH (außer KI)	KI	t_{req}	$F_{v,Rk}$	$F_{v,Rk}$ vb	t_{req}	$F_{v,Rk}$	$F_{v,Rk}$ vb
mm	mm	mm	mm	N	N	mm	N	N
2,0	28	24	18	446	490	20	319	350
2,2	31	24	20	522	581	22	374	415
2,4	34	24	22	603	679	24	430	485
2,7	38	24	24	732	838	27	523	600
3,0	42	24	27	871	1012	30	622	723
3,4	48	24	31	1072	1266	34	765	904
3,8	53	27	34	1288	1540	38	919	1102
4,2	59	29	38	1526	1842	42	1084	1317
4,6	64	32	42	1760	2172	46	1260	1553
5,0	70	35	45	2021	2516	50	1443	1801
5,5	77	39	50	2365	2970	55	1691	2131
6,0	84	42	54	2736	3465	60	1952	2475
7,0	107	53	63	3533	4551	70	2516	3258
8,0	130	65	72	4400	5761	80	3148	4111

Für $t < t_{req}$ muss der Bemessungswert der Tragfähigkeit ermittelt werden, indem die Werte R_k dieser Tafel mit t / t_{req} multipliziert werden.

[1] Wegen Spaltgefahr nicht vorgebohrter Hölzer. Keine Spaltgefahr bei vorgebohrten Nagellöchern. Mindestdicke einteiliger Einzelquerschnitte: 24 mm.

Bei einschnittigen Stahlblech-Holz-Nagelverbindungen mit Sondernägeln der Tragfähigkeitsklasse 3 darf der charakteristische Wert der Tragfähigkeit $F_{v,Rk}$ um einen Anteil

$\Delta F_{v,Rk} = \min \begin{Bmatrix} 0,5 \cdot F_{v,Rk} \\ 0,25 \cdot F_{ax,Rk} \end{Bmatrix}$ erhöht werden. $F_{ax,Rk}$ siehe nachfolgender Abschnitt.

Tragfähigkeit auf Herausziehen

In Schaftrichtung beanspruchte Nägel werden entsprechend ihrem Widerstand gegen Herausziehen in die Tragfähigkeitsklassen 1, 2 oder 3 und entsprechend ihrem Widerstand gegen Kopfdurchziehen in die Tragfähigkeitsklassen A, B oder C eingeteilt. Mit den Parametern für die beiden Versagensarten berechnet sich der Bemessungswert des Ausziehwiderstandes zu

$$F_{ax,Rd} = \frac{k_{mod}}{\gamma_M} \cdot F_{ax,Rk} = \min \left\{ \frac{k_{mod}}{\gamma_M} \cdot f_{ax,k} \cdot d \cdot t_{pen} \;;\; \frac{k_{mod}}{\gamma_M} \cdot f_{head,k} \cdot d_h^2 \right\} \quad \text{mit}$$

$f_{ax,k}$ charakteristischer Wert des Ausziehparameters
$f_{head,k}$ charakteristischer Wert des Kopfdurchziehparameters
d Nenndurchmesser des Nagels
d_h Außendurchmesser des Nagelkopfes

Wirksame Nageleinschlagtiefe t_{pen}

VM	min	max
Nä /SoNä 1	$\geq 12 \cdot d$	$20 \cdot d$
SoNä 2, 3	$\geq 8 \cdot d$	Länge des profilierten Schafts

Für $f_{ax,k}$ und $f_{head,k}$ dürfen die in nachfolgender Tafel angegebenen Werte in Rechnung gestellt werden.

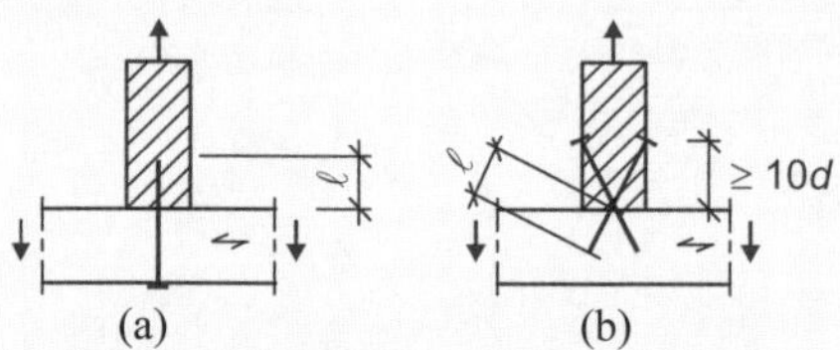

Nagelung rechtwinklig zur Faserrichtung des Holzes (a) und Schrägnagelung (b)

Die Nagelabstände in Schaftrichtung beanspruchter Nägel müssen den Abständen rechtwinklig zur Nagelachse beanspruchter Nägel entsprechen. Bei Schrägnagelung muss der Abstand zum beanspruchten Rand mindestens $10 \cdot d$ betragen (Bild (b)).

Charakteristische Werte der Ausziehparameter $f_{ax,k}$ und der Kopfdurchziehparameter $f_{head,k}$ in N/mm² für Nägel in Holz der charakteristischen Rohdichte ρ_k von 350 kg/m³

Nageltyp	$f_{ax,k}$		$f_{head,k}$
Glattschaftige Nägel	2,21	Glattschaftige Nägel	7,35
SoNä der Tragfähigkeitsklasse	$f_{ax,k}$	SoNä der Tragfähigkeitsklasse	$f_{head,k}$
1	3,68	A	7,35
2	4,90	B	9,80
3	6,13	C	12,3
Für andere charakteristische Rohdichten sind die Werte mit $(\rho_k / 350)^2$ zu multiplizieren, wobei ρ_k höchstens mit 500 kg/m³ eingesetzt werden darf.			

Der charakteristische Ausziehwiderstand darf bei Verbindungen von Bauteilen aus Vollholz mit einer Einbauholzfeuchte oberhalb 20 % und der Möglichkeit, im eingebauten Zustand auszutrocknen, nur zu 2/3 in Rechnung gestellt werden.

Glattschaftige Nägel in vorgebohrten Nagellöchern dürfen nicht auf Herausziehen beansprucht werden. Glattschaftige Nägel und Sondernägel der Tragfähigkeitsklasse 1 dürfen nur für kurze Lasteinwirkungen (z.B. Windsogkräfte) in Schaftrichtung beansprucht werden. Dies gilt nicht für glattschaftige Nägel und Sondernägel der Tragfähigkeitsklasse 1 im Anschluss von Koppelpfetten, wenn infolge einer Dachneigung von höchstens 30° die Nägel dauernd auf Herausziehen beansprucht werden. In solchen Fällen ist der charakteristische Wert des Ausziehparameters $f_{ax,k}$ nur mit 60 % in Rechnung zu stellen.

5.3.5 Holzschraubenverbindungen

Allgemeines und Ausführungsregeln

Holzschraubenverbindung

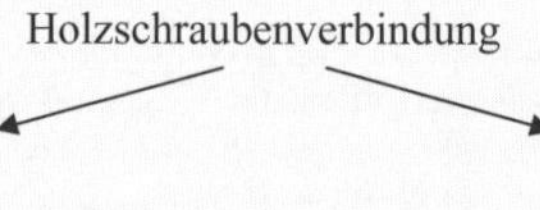

in vorgebohrten Hölzern und bei $d > 6$ mm: $F_{v,Rd}$ nach den Regeln für SDü

in nicht vorgebohrten Hölzern sowie vorgebohrten Hölzern bei $d \leq 6$ mm: $F_{v,Rd}$ nach den Regeln für Nä

Tragende Holzschraubenverbindungen müssen aus mindestens zwei Schrauben bestehen. Dies gilt nicht für die Befestigung von Schalungen, Latten (Trag- und Konterlatten) und Windrispen, auch nicht für die Befestigung von Sparren, Pfetten und dergleichen auf Bindern und Rähmen sowie von Querriegeln an Rahmenhölzern, wenn das Bauteil mit mindestens zwei Holzschrauben angeschlossen ist.

Das Gewinde von Holzschrauben wird entweder in den ursprünglichen Drahtdurchmesser eingeschnitten oder es wird durch Walzen und Schmieden hergestellt, wobei der Durchmesser des geraden Schaftteils dann geringer als der Außen-Querschnittsdurchmesser ist.

Als Nenndurchmesser d von Schrauben wird deren Gewinde-Außendurchmesser verwendet. Die Verwendung zu statisch tragenden Zwecken erfordert 2,4 mm $\leq d \leq$ 24 mm. Für den Gewinde-Innendurchmesser d_l ist $0{,}6\ d \leq d_l \leq 0{,}9\ d$ einzuhalten.
Die Gesamtlänge l und die Gewindelänge l_g sind außer bei Vollgewindeschrauben beide anzugeben. Für die Gewindelänge l_g gilt $l_g \geq 4$ d. Der Kopfdurchmesser wird als d_h angegeben.

Genormte Holzschrauben

Nach DIN 571, DIN 96, DIN 97, DIN 7996 oder DIN 7997, Gewinde nach DIN 7998.

Sechskant-Holzschrauben nach DIN 571 mit Gewinde nach DIN 7998

Nenn-∅ d mm	Nennlänge ℓ_s mm	Nenn-∅ d mm	Nennlänge ℓ_s mm
4	20 bis 40: Stufung 5	10	45 bis 80: Stufung 5, 90, 100
5	25 bis 50: Stufung 5	12	55 bis 80: Stufung 5 90 bis 120: Stufung 10
6	30 bis 60: Stufung 5	16	70, 75, 80 90 bis 160: Stufung 10
8	40 bis 80: Stufung 5, 90, 100	20	90 bis 200: Stufung 10
Längen über 200 mm: Stufung 20			

Selbstbohrende Holzschrauben

Nach BAZ
Nennlänge ℓ_s bis zu 600 mm
d bis zu 12 mm
Teilgewinde und Vollgewinde

Regeln für das Vorbohren

$d \leq 6$ mm:
Die zu verbindenden Teile dürfen vorgebohrt sein;
Empfehlung: Bohrloch-∅ = Kern-∅
Bei Bauholz mit $\rho_k > 500$ kg/m^3 und bei Douglasienholz sind die Schraubenlöcher über die ganze Schraubenlänge vorzubohren.

$d > 6$ mm Gewinde nach DIN 7998:
Vorbohren mit Bohrloch-∅ = d auf die Länge des glatten Schaftes
Vorbohren mit Bohrloch-∅ = $0{,}7 \cdot d$ auf die Länge des Gewindeteils

Einschraubtiefe mindestens $4 \cdot d$

Mindestholzdicken bei nicht vorgebohrten Hölzern wie bei Nagelverbindungen

Maximalabstand von Holzschrauben: $40 \cdot d$

Tragfähigkeit auf Abscheren

Mindestabstände von Holzschrauben:

Es gelten die gleichen Mindestabstände wie von PB und Bo (Seite 28).

Holzschrauben mit $d \leq 6$ mm in vorgebohrten Hölzern und Holzschrauben in nicht vorgebohrten Hölzern:

Für Bauteile aus Nadelholz berechnet sich der Bemessungswert der Tragfähigkeit je Scherfuge

$$F_{\mathrm{v,Rd}} = \frac{k_{\mathrm{mod}}}{\gamma_{\mathrm{M}}} \cdot F_{\mathrm{v,Rk}} = \frac{k_{\mathrm{mod}}}{\gamma_{\mathrm{M}}} \cdot \sqrt{2 \cdot M_{\mathrm{y,k}} \cdot f_{\mathrm{h,k}} \cdot d}$$

$t_{\mathrm{req}} = 9 \cdot d$

Für $t < t_{\mathrm{req}}$ muss der Bemessungswert der Tragfähigkeit ermittelt werden, indem der Wert $F_{\mathrm{v,Rd}}$ nach obiger Gleichung mit t / t_{req} multipliziert wird.

$M_{\mathrm{y,k}} = 0{,}15 \cdot f_{\mathrm{u,k}} \cdot d^{2,6}$ in Nmm für Holzschrauben mit Gewinde nach DIN 7998

mit $f_{\mathrm{u,k}} = 400$ N/mm² bzw. $M_{\mathrm{y,k}}$ nach BAZ

$f_{\mathrm{h,k}} = 0{,}082 \cdot \rho_{\mathrm{k}} \cdot d^{-0,3}$ in N/mm² für nicht vorgebohrte Hölzer

$f_{\mathrm{h,k}} = 0{,}082 \cdot (1 - 0{,}01 \cdot d) \cdot \rho_{\mathrm{k}}$ in N/mm² für vorgebohrte Hölzer

bzw. $f_{\mathrm{h,k}}$ nach BAZ

Holzschrauben in vorgebohrten Hölzern: siehe Stabdübelverbindungen mit $M_{\mathrm{y,k}}$ wie für Holzschrauben mit $d \leq 6$ mm.

Erhöhung der Tragfähigkeit
Bei einschnittigen Holzschraubenverbindungen darf der charakteristische Wert der Tragfähigkeit R_{k} nach obiger Gleichung um einen Anteil

$$\Delta R_{\mathrm{k}} = \min \begin{Bmatrix} R_{\mathrm{k}} \\ 0{,}25 \cdot R_{\mathrm{ax,k}} \end{Bmatrix}$$

erhöht werden. $R_{\mathrm{ax,k}}$ siehe nachfolgender Abschnitt.
Bei Stahlblech-Holz-Verbindungen darf dabei der Fall des Kopfdurchziehens unberücksichtigt bleiben.

Tragfähigkeit bei Beanspruchung auf Herausziehen

Mindestabstände von Holzschrauben ($t_{\mathrm{req}} = 12 \cdot d$):

Untereinander parallel zur Faser-Schrauben-Ebene	a_1	$7d$
Untereinander rechtwinkelig zur Faser-Schrauben-Ebene	a_2	$5d$
Schwerpunkt des Schraubengewindes zum Hirnholz	$a_{1,\mathrm{CG}}$	$10d$
Schwerpunkt des Schraubengewindes zum Rand	$a_{2,\mathrm{CG}}$	$4d$

Holzschrauben werden entsprechend
- ihrem Widerstand gegen Herausziehen bei Beanspruchung in Schaftrichtung und
- ihrem Widerstand gegen Kopfdurchziehen sowie
- dem Abreißwiderstand des Schraubenkopfes bzw. dem Zugwiderstand des Schaftes

unterschieden.

Der Bemessungswert des gesamten Ausziehwiderstandes von Holzschrauben, die unter einem Winkel $30° \leq \alpha \leq 90°$ zur Faserrichtung in das Holz eingeschraubt sind und für deren Durchmesser $6\ \text{mm} \leq d \leq 12\ \text{mm}$ und $0{,}6 \leq d_1/d \leq 0{,}75$ eingehalten ist, darf wie folgt berechnet werden:

$$F_{\text{ax},\alpha,\text{Rd}} = \frac{k_{\text{mod}}}{\gamma_{\text{M}}} \cdot F_{\text{ax},\alpha,\text{Rk}} = \frac{k_{\text{mod}}}{\gamma_{\text{M}}} \cdot \min \begin{Bmatrix} \dfrac{n_{\text{ef}} \cdot f_{\text{ax,k}} \cdot d \cdot \ell_{\text{ef}} \cdot k_{\text{d}}}{\sin^2\alpha + 1{,}2 \cdot \cos^2\alpha} \\ n_{\text{ef}} \cdot f_{\text{head,k}} \cdot d_{\text{h}}^2 \\ n_{\text{ef}} \cdot f_{\text{tens,k}} \end{Bmatrix}$$

mit

$f_{\text{ax,k}}$ charakteristischer Wert des Ausziehparameters
$$f_{\text{ax,k}} = 0{,}52 \cdot d^{-0{,}5} \cdot \ell_{\text{ef}}^{-0.1} \cdot \rho_{\text{k}}^{0{,}8}$$

$f_{\text{head,k}}$ charakteristischer Wert des Kopfdurchziehparameters ermittelt gemäß den Anforderungen in DIN EN 1383 (BAZ)

$f_{\text{tens,k}}$ charakteristischer Wert des Zugwiderstands der Schraube ermittelt gemäß den Anforderungen in DIN EN 1383 (BAZ)

n_{ef} die wirksame Anzahl der Schrauben
$n_{\text{ef}} = n^{0{,}9}$

ℓ_{ef} Gewindelänge im Holzteil mit der Schraubenspitze

d Nenndurchmesser der Holzschraube = Außen-∅ des Schraubengewindes

d_{h} Außendurchmesser des Schraubenkopfes, ggf. einschließlich Unterlegscheibe

k_{d} $k_{\text{d}} = \min \begin{Bmatrix} 1 \\ d/8 \end{Bmatrix}$

5.4 Kombiniert beanspruchte Nägel und Holzschrauben

Bei Verbindungen, die sowohl durch eine Einwirkung in Richtung der Stiftachse mit $F_{ax,Ed}$ als auch rechtwinklig dazu mit $F_{v,Ed}$ beansprucht werden, muss die folgende Bedingung erfüllt sein:

$$\left(\frac{F_{ax,Ed}}{F_{ax,Rd}}\right)^{m} + \left(\frac{F_{v,Ed}}{F_{v,Rd}}\right)^{m} \leq 1$$

mit:

$F_{ax,Rd}$ Bemessungswert der Tragfähigkeit auf Herausziehen
$F_{v,Rd}$ Bemessungswert der Tragfähigkeit bei Beanspruchung rechtwinklig zur Stiftachse
$m = 1$ für glattschaftige Nägel, Sondernägel der Tragfähigkeitsklasse 1 und Klammern
$m = 2$ für Sondernägel mindestens der Tragfähigkeitsklasse 2 und für Holzschrauben

Bei Koppelpfettenanschlüssen mit glattschaftigen Nägeln darf mit m = 1,5 gerechnet werden.

5.5 Verschiebungsmoduln

Rechenwerte (Mittelwerte) für die Verschiebungsmoduln K_{ser} in N/mm pro Scherfuge stiftförmiger Verbindungsmittel und pro Dübel besonderer Bauart

Verbindungsmittel	Verbindung Holz-Holz, Holz-Holzwerkstoff, Stahl-Holz
Stabdübel, Passbolzen, Bolzen[1)], Holzschrauben und Nägel in vorgebohrten Löchern	$\frac{\rho_m^{1,5}}{23} \cdot d$
Nägel in nicht vorgebohrten Löchern	$\frac{\rho_m^{1,5}}{30} \cdot d^{0,8}$
Ringdübel Typ A1 und Scheibendübel Typ B1 (Appel)	$0,5 \cdot d_c \cdot \rho_m$
Scheibendübel mit Zähnen Typ C1, C2 (Bulldog)	$0,375 \cdot d_c \cdot \rho_m$
Scheibendübel mit Dornen Typ C10, C11 (Geka)	$0,5 \cdot d_c \cdot \rho_m$

[1)] Bei mit Übermaß gebohrten Löchern im Holz ist bei Bolzen mit einem zusätzlichen Schlupf von 1 mm zu rechnen. Daher ist zu den mithilfe des Verschiebungsmoduls ermittelten rechnerischen Verschiebungen jeweils ein Anteil von 1 mm hinzuzurechnen.

ρ_m charakteristische Rohdichte der miteinander verbundenen Teile in kg/m³
$\rho_m = \sqrt{\rho_{m,1} \cdot \rho_{m,2}}$ bei unterschiedlichen Werten $\rho_{m,1}$ und $\rho_{m,2}$ der charakteristischen Rohdichte der beiden miteinander verbundenen Teile
$\rho_m = \rho_{m,Holz}$ bei Stahl-Holz-Verbindungen und bei Holzwerkstoff-Holz-Verbindungen
d Stiftdurchmesser in mm

6 Bemessungshilfen

Tragfähigkeit einteiliger Stützen

Quadratholz aus NH C 24

Trägheitsradius $i = 0{,}289\ a$ $\qquad N_{k,max} = A \cdot k_c \cdot f_{c,0,k}$

a	A	$N_{k,max}$ in kN bei einer wirksamen Knicklänge ℓ_{ef} in m von										
mm	mm²	2,00	2,50	3,00	3,50	4,00	4,50	5,00	5,50	6,00	6,50	7,00
100	10000	117	82	59	45	35	28	23	19	16	13	12
120	14400	211	159	118	90	70	56	46	38	33	28	24
140	19600	328	267	206	160	127	102	84	70	59	51	44
160	25600	462	401	328	262	210	171	141	118	100	86	75
180	32400	609	553	476	395	323	265	221	185	158	136	118
200	40000	774	722	648	557	468	390	327	276	237	205	177
220	48400	954	905	835	746	645	548	465	397	340	294	257
240	57600	1152	1103	1038	952	848	738	635	546	471	410	359
260	67600	1367	1320	1256	1175	1073	956	837	728	634	553	486

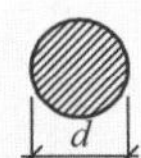

Rundholz aus NH C 24

(Randzone ungeschwächt, nur von Bast und Rinde befreit)

Trägheitsradius $i = d/4$ $\qquad N_{k,max} = 1{,}2 \cdot A \cdot k_c \cdot f_{c,0,k}$

d	A	$N_{k,max}$ in kN bei einer wirksamen Knicklänge ℓ_{ef} in m von										
mm	mm²	2,00	2,50	3,00	3,50	4,00	4,50	5,00	5,50	6,00	6,50	7,00
100	7854	88	60	43	32	25	20	16	13	11	10	8
120	11309	167	118	86	65	50	40	33	27	23	20	17
140	15393	275	206	154	117	91	73	60	50	42	36	32
160	20106	401	323	250	193	153	123	101	85	72	61	53
180	25446	544	466	377	299	239	193	159	133	113	97	85
200	31415	700	627	531	434	353	288	239	200	171	147	128
220	38012	871	803	709	600	496	411	343	289	247	213	185
240	45238	1058	995	904	790	670	562	473	401	345	297	258
260	53091	1261	1199	1113	1001	873	746	634	541	465	403	353
280	61573	1480	1419	1337	1230	1099	957	826	710	614	535	468
300	70684	1714	1654	1576	1474	1344	1196	1047	910	791	692	608

KVH-Querschnitte von Holzbalkendecken für Wohnräume

Statisches System: Einfeldträger mit Stützweite ℓ

Material: KVH aus NH C 24
NKL 1 und 2

Die Tafeln der nachfolgenden Seite enthalten die erforderlichen KVH-Querschnitte $b \times h$ in mm × mm bei

A Einhaltung der Tragfähigkeits- und Durchbiegungsnachweise ($w_{inst} \leq l/300$, $w_{fin} \leq l/200$)

B Einhaltung aller Nachweise einschließlich vereinfachten Schwingungsnachweises (Eigenfrequenz $f_1 \geq 8{,}0$ Hz)

A Tragfähigkeits- und Durchbiegungsnachweise eingehalten

		Nutzlast $q_k = 2{,}0$ kN/m²					Nutzlast $q_k = 2{,}75$ kN/m²				
l in m	g_k in kN/m²	Balkenabstand e in m					Balkenabstand e in m				
		0,6	0,7	0,8	0,9	1,0	0,6	0,7	0,8	0,9	1,0
3,0	1,50	60×160	60×180	60×180	60×200	60×200	60×180	60×200	60×200	60×240	60×240
	1,75	60×160	60×180	60×200	60×200	60×240	60×180	60×200	60×200	60×240	60×240
	2,00	60×180	60×180	60×200	60×200	60×240	60×180	60×200	60×240	60×240	60×240
	2,25	60×180	60×180	60×200	60×240	60×240	60×200	60×200	60×240	60×240	60×240
3,5	1,50	60×180	60×180	60×240	60×240	60×240	60×200	60×240	60×240	60×240	80×240
	1,75	60×200	60×200	60×240	60×240	60×240	60×240	60×240	60×240	80×240	80×240
	2,00	60×200	60×200	60×240	60×240	80×240	60×240	60×240	60×240	80×240	80×240
	2,25	60×200	60×240	60×240	60×240	80×240	60×240	60×240	80×240	80×240	80×240
4,0	1,50	60×240	60×240	60×240	80×240	80×240	60×240	80×240	80×240	80×240	120×240
	1,75	60×240	60×240	80×240	80×240	80×240	60×240	80×240	80×240	120×200	120×240
	2,00	60×240	60×240	80×240	80×240	120×200	60×240	80×240	80×240	120×240	120×240
	2,25	60×240	60×240	80×240	80×240	120×240	80×240	80×240	120×200	120×240	120×240
4,5	1,50	60×240	80×240	80×240	120×200	120×240	80×240	80×240	120×240	120×240	120×240
	1,75	60×240	80×240	80×240	120×240	120×240	80×240	120×200	120×240	120×240	120×240
	2,00	80×240	80×240	120×200	120×240	120×240	80×240	120×240	120×240	120×240	—
	2,25	80×240	80×240	120×240	120×240	120×240	80×240	120×240	120×240	120×240	—
5,0	1,50	80×240	80×240	120×240	120×240	120×240	120×200	120×240	120×240	—	—
	1,75	80×240	120×200	120×240	120×240	120×240	120×240	120×240	120×240	—	—
	2,00	80×240	120×240	120×240	120×240	—	120×240	120×240	—	—	—
	2,25	80×240	120×240	120×240	120×240	—	120×240	120×240	—	—	—
5,5	1,50	120×200	120×240	120×240	—	—	120×240	120×240	—	—	—
	1,75	120×240	120×240	120×240	—	—	120×240	—	—	—	—
	2,00	120×240	120×240	—	—	—	120×240	—	—	—	—
	2,25	120×240	120×240	—	—	—	120×240	—	—	—	—

B Alle Nachweise, einschließlich vereinfachten Schwingungsnachweises eingehalten

		Nutzlast $q_k = 2{,}0$ kN/m²					Nutzlast $q_k = 2{,}75$ kN/m²				
l in m	g_k in kN/m²	Balkenabstand e in m					Balkenabstand e in m				
		0,6	0,7	0,8	0,9	1,0	0,6	0,7	0,8	0,9	1,0
3,0	1,50	60×160	60×180	60×180	60×200	60×200	60×180	60×200	60×200	60×240	60×240
	1,75	60×180	60×180	60×200	60×200	60×240	60×180	60×200	60×200	60×240	60×240
	2,00	60×180	60×180	60×200	60×200	60×240	60×180	60×200	60×240	60×240	60×240
	2,25	60×180	60×200	60×200	60×240	60×240	60×200	60×200	60×240	60×240	60×240
3,5	1,50	60×200	60×240	60×240	60×240	60×240	60×240	60×240	60×240	60×240	80×240
	1,75	60×240	60×240	60×240	60×240	80×240	60×240	60×240	60×240	80×240	80×240
	2,00	60×240	60×240	60×240	80×240	80×240	60×240	60×240	60×240	80×240	80×240
	2,25	60×240	60×240	60×240	80×240	80×240	60×240	60×240	80×240	80×240	80×240
4,0	1,50	60×240	80×240	80×240	120×240	120×240	80×240	80×240	120×240	120×240	120×240
	1,75	80×240	80×240	120×240	120×240	120×240	80×240	80×240	120×240	120×240	120×240
	2,00	80×240	80×240	120×240	120×240	120×240	80×240	120×240	120×240	120×240	—
	2,25	80×240	120×240	120×240	120×240	—	120×240	120×240	120×240	—	—
4,5	1,50	120×240	120×240	120×240	—	—	120×240	120×240	—	—	—
	1,75	120×240	120×240	—	—	—	120×240	—	—	—	—
	2,00	120×240	—	—	—	—	120×240	—	—	—	—
	2,25	120×240	—	—	—	—	—	—	—	—	—

Holzbau

7 Querschnittswerte

Dachlatten aus NH nach DIN 4070-1

d/b mm/mm	*A* mm²	*g* kN/m	W_y mm³	I_y mm⁴	W_z mm³	I_z mm⁴	i_y mm	i_z mm
24/48	1150	0,0069	9220	221000	4610	55300	13,9	6,94
30/50	1500	0,0090	12500	313000	7500	113000	14,5	8,67
40/60	2400	0,0144	24000	720000	16000	320000	17,3	11,6

Ungehobelte Bretter und Bohlen aus NH nach DIN 4071-1

Brettdicke *d*	mm	16	18	22	24	28	38
Bohlendicke *d*	mm	44	48	50	63	70	75
Breite[1] *b* (Auswahl)	mm	80..(20)..140, 150, 160..(20)..300					

[1] Parallel besäumt.

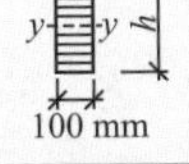

Rechteckquerschnitte aus BSH
***b* = 100 mm**, Zahlenwerte gerundet

h mm	*A* 10²mm²	g_k kN/m	W_y 10³mm³	I_y 10⁴mm⁴	i_y mm
300	300	0,15	1 500	22 500	86,7
320	320	0,16	1 710	27 300	92,4
340	340	0,17	1 930	32 800	98,1
360	360	0,18	2 160	38 900	104
380	380	0,19	2 410	45 700	110
400	400	0,20	2 670	53 300	116
420	420	0,21	2 940	61 700	121
440	440	0,22	3 230	71 000	127
460	460	0,23	3 530	81 100	133
480	480	0,24	3 840	92 200	139
500	500	0,25	4 170	104 200	144
520	520	0,26	4 510	117 200	150
540	540	0,27	4 860	131 200	156
560	560	0,28	5 230	146 300	162
580	580	0,29	5 610	162 600	167
600	600	0,30	6 000	180 000	173
620	620	0,31	6 410	198 600	179
640	640	0,32	6 830	218 500	185
660	660	0,33	7 260	239 600	191
680	680	0,34	7 710	262 000	196
700	700	0,35	8 170	285 800	202
720	720	0,36	8 640	311 000	208
740	740	0,37	9 130	337 700	214
760	760	0,38	9 630	365 800	219
780	780	0,39	10 140	395 500	225
800	800	0,40	10 670	426 700	231
820	820	0,41	11 210	459 500	237
840	840	0,42	11 760	493 900	243
860	860	0,43	12 330	530 000	248
880	880	0,44	12 910	567 900	254

h mm	*A* 10²mm²	g_k kN/m	W_y 10³mm³	I_y 10⁴mm⁴	i_y mm
900	900	0,45	13 500	607 500	260
920	920	0,46	14 110	648 900	266
940	940	0,47	14 730	692 200	271
960	960	0,48	15 360	737 300	277
980	980	0,49	16 010	784 300	283
1000	1000	0,50	16 670	833 300	289
1020	1020	0,51	17 340	884 300	294
1040	1040	0,52	18 030	937 400	300
1060	1060	0,53	18 730	992 500	306
1080	1080	0,54	19 440	1 050 000	312
1100	1100	0,55	20 170	1 109 000	318
1120	1120	0,56	20 910	1 171 000	323
1140	1140	0,57	21 660	1 235 000	329
1160	1160	0,58	22 430	1 301 000	335
1180	1180	0,59	23 210	1 369 000	341
1200	1200	0,60	24 000	1 440 000	346
1220	1220	0,61	24 810	1 513 000	352
1240	1240	0,62	25 630	1 589 000	358
1260	1260	0,63	26 460	1 667 000	364
1280	1280	0,64	27 310	1 748 000	370
1300	1300	0,65	28 170	1 831 000	375
1320	1320	0,66	29 040	1 917 000	381
1340	1340	0,67	29 930	2 005 000	387
1360	1360	0,68	30 830	2 096 000	393
1380	1380	0,69	31 740	2 190 000	398
1400	1400	0,70	32 670	2 287 000	404
1420	1420	0,71	33 610	2 386 000	410
1440	1440	0,72	34 560	2 488 000	416
1460	1460	0,73	35 530	2 593 000	421
1480	1480	0,74	36 510	2 701 000	427

Beispiel: BSH-Träger, 180 mm × 700 mm: A, g, W_y, I_y = 1,8 · Tafelwert
z. B. $W_y = 1{,}8 \cdot 8170 \cdot 10^3 = 14\,706 \cdot 10^5$ mm³

Kanthölzer nach DIN 4070-2 (Auswahl)

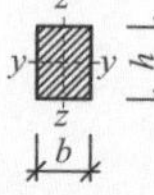

■ Konstruktionsvollholz (KVH) ▲ auch als KVH erhältlich

Zahlenwerte gelten zum Zeitpunkt des Einschnitts bei ca. 20 % Holzfeuchte (ausgenommen KVH mit der Holzfeuchte 15% ± 3%).

b/*h* mm/mm	*A* 10^2 mm^2	*g* kN/m	W_y 10^3 mm^3	I_y 10^4 mm^4	W_z 10^3 mm^3	I_z 10^4 mm^4	i_y mm	i_z mm
▲ 60/60	36	0,022	36	108	36	108	1,73	1,73
▲ 60/80	48	0,029	64	256	48	144	2,31	1,73
▲ 60/100	60	0,036	100	500	60	180	2,89	1,73
■ 60/120	72	0,043	144	864	72	216	3,46	1,73
■ 60/140	84	0,050	196	1372	84	252	4,04	1,73
■ 60/160	96	0,058	256	2048	96	288	4,62	1,73
■ 60/180	108	0,065	324	2916	108	324	5,20	1,73
■ 60/200	120	0,072	400	4000	120	360	5,77	1,73
▲ 60/220	132	0,079	484	5324	132	396	6,36	1,73
■ 60/240	144	0,086	576	6910	144	432	6,94	1,73
▲ 80/80	64	0,038	85	341	85	341	2,31	2,31
▲ 80/100	80	0,048	133	667	107	427	2,89	2,31
■ 80/120	96	0,058	192	1152	128	512	3,46	2,31
■ 80/140	112	0,067	261	1829	149	597	4,04	2,31
■ 80/160	128	0,077	341	2731	171	683	4,62	2,31
▲ 80/180	144	0,086	432	3888	192	768	5,20	2,31
■ 80/200	160	0,096	533	5333	213	853	5,77	2,31
▲ 80/220	176	0,106	645	7099	235	939	6,35	2,31
■ 80/240	192	0,115	768	9216	256	1024	6,94	2,31
▲ 100/100	100	0,060	167	833	167	833	2,89	2,89
■ 100/120	120	0,072	240	1440	200	1000	3,46	2,89
▲ 100/140	140	0,084	327	2287	233	1167	4,04	2,89
▲ 100/160	160	0,096	427	3413	267	1333	4,62	2,89
▲ 100/180	180	0,108	540	4860	300	1500	5,20	2,89
■ 100/200	200	0,120	667	6667	333	1667	5,77	2,89
▲ 100/220	220	0,132	807	8873	367	1833	6,35	2,89
▲ 100/240	240	0,144	960	11 520	400	2000	6,93	2,89
■ 120/120	144	0,086	288	1728	288	1728	3,46	3,46
120/140	168	0,101	392	2744	336	2016	4,04	3,46
▲ 120/160	192	0,115	512	4096	384	2304	4,62	3,46
■ 120/200	240	0,144	800	8000	480	2880	5,77	3,46
■ 120/240	288	0,173	1152	13 824	576	3456	6,93	3,46
▲ 140/140	196	0,118	457	3201	457	3201	4,04	4,04
140/160	224	0,134	597	4779	523	3659	4,62	4,04
▲ 140/200	280	0,168	933	9333	652	4573	5,77	4,04
▲ 140/240	336	0,202	1344	16 128	784	5488	6,93	4,04
160/160	256	0,154	683	5461	683	5461	4,62	4,62
160/180	288	0,173	864	7776	768	6144	5,20	4,62
160/200	320	0,192	1067	10 667	853	6827	5,77	4,62
180/180	324	0,194	972	8748	972	8748	5,20	5.20
180/220	396	0,238	1452	15 972	1188	10 692	6,35	5,20
200/200	400	0,240	1333	13 333	1333	13 333	5,77	5,77
200/240	480	0,288	1920	23 040	1600	16 000	6,93	5,77
220/220	484	0,290	1775	19 520	1775	19 520	6,35	6,35
240/240	576	0,346	2304	27 648	2304	27 648	6,93	6,93

Mauerwerksbau

Dr.-Ing. Frank Purtak

Inhaltsverzeichnis

1 Baustoffe

1.1 Mauersteine

Folgende Mauersteinarten dürfen für tragendes Mauerwerk verwendet werden:

- Mauerziegel: DIN EN 771-1 in Verbindung mit DIN 20000-401
- Kalksandstein: DIN EN 771-2 in Verbindung mit DIN 20000-402
- Leichtbetonstein: DIN EN 771-3 in Verbindung mit DIN V 20000-403
- Porenbetonstein: DIN EN 771-4 in Verbindung mit DIN 20000-404
- Betonstein: DIN EN 771-5 in Verbindung mit DIN 20000-403
- Natursteine: DIN EN 771-6; es gilt DIN EN 1996-1-1/NA Anhang NA.L

Die charakteristischen Druckfestigkeiten von Mauerwerk aus genormten Mauersteinen und Mauermörteln sind den Tafeln 2 bis 11 zu entnehmen.

Ein Teil der Produkte des Mauerwerkbaus wird nach allgemeinen bauaufsichtlichen Zulassungen verwendet. Diese Zulassungen beziehen sich im Grundsatz auf normative Regelungen, können jedoch auch Festlegungen enthalten, die die normativen Regelungen erweitern oder einschränken.

Alle weiteren Mauersteine dürfen nur für nichttragendes Mauerwerk verwendet werden.

Mauerwerksbau

1.2 Mörtel

1.2.1 Mörtelarten

Folgende Mauermörtel dürfen verwendet werden:

a) Mauermörtel nach Eignungsprüfung:
Normalmauer-, Leichtmauer- und Dünnbettmörtel, für die mindestens die in DIN 20000-412 angegebenen Leistungen deklariert wurden
b) Mauermörtel nach DIN 18580

Bei Mauermörtel kann es sich abhängig von der Herstellart entweder um Werkmauermörtel, werkmäßig hergestellten Mörtel oder Baustellenmörtel handeln. Werkmauermörtel und werkmäßig hergestellte Mörtel müssen Mörtel nach EN 998-2 und Baustellenmörtel entsprechende Mörtel nach DIN 18580 sein.

Für die Mörtelgruppen gelten folgende Bezeichnungen:

- Normalmörtel (NM)
- Leichtmörtel (LM)
- Dünnbettmörtel (DM)

1.2.2 Festlegungen zu Mörtel

Tafel 1 Rechenwerte für die Druckfestigkeit von Mörtel (in Klammern: alternative Bezeichnung)

Mörtelgruppe nach DIN 20000-412 oder DIN 18580		Druckfestigkeit f_m in [N/mm²]
Normalmörtel (NM) mit Nachweis über die Erfüllung der Anforderungen an die Fugendruckfestigkeit	M 2,5 (NM II)	2,5
	M 5 (NM IIa)	5,0
	M10 (NM III)	10,0
	M 20 (NM IIIa)	20,0
Leichtmörtel (LM) mit Nachweis über die Begrenzung der Verformbarkeit und Nachweis über die Erfüllung der Anforderungen an die Fugendruckfestigkeit	M 5 (LM 21) M 5 (LM 36)	5,0
Dünnbettmörtel (DM)	M 10 (DM)	10,0

1.3 Mauerwerk – charakteristische Festigkeiten

Die charakteristischen Festigkeiten f_k sind den Tafeln 2 bis 11 und für f_{vk0} und $f_{bt,cal}$ den Tafeln 12 und 13 zu entnehmen.

f_k charakteristische Druckfestigkeit

f_{vk0} Haftscherfestigkeit

$f_{bt,cal}$ Steinzugfestigkeit

St Steindruckfestigkeitsklasse

EM Einsteinmauerwerk[1)] DM Dünnbettmörtel

NM Normalmörtel LM Leichtmörtel

Tafel 2 f_k [N/mm²] von EM aus Hochlochziegeln (HLzA und HLzB) und Mauertafelziegeln (T1) sowie Kalksand-Loch- und Hohlblocksteinen mit NM

St	NM II	NM IIa	NM III	NM IIIa
4	2,1	2,4	2,9	3,3
6	2,7	3,1	3,7	4,2
8	3,1	3,9	4,4	4,9
10	3,5	4,5	5,0	5,6
12	3,9	5,0	5,6	6,3
16	4,6	5,9	6,6	7,4
20	5,3	6,7	7,5	8,4
28	5,3	6,7	9,2	10,3
36	5,3	6,7	10,2	11,9
48	5,3	6,7	12,2	14,1
60	5,3	6,7	14,3	16,0

Tafel 3 f_k [N/mm²] von EM aus Hochlochziegeln (HLzW) und Mauertafelziegeln (T2,T3 und T4) sowie Leichtlanglochziegeln (LLz) mit NM

St	NM II	NM IIa	NM III	NM IIIa
4	1,7	2,0	2,3	2,6
6	2,2	2,5	2,9	3,3
8	2,5	3,2	3,5	4,0
10	2,9	3,6	4,0	4,5
12	3,1	4,0	4,5	5,0
16	3,7 (3,1)	4,7 (4,0)	5,3 (4,5)	5,9 (5,0)
20	4,2 (3,1)	5,4 (4,0)	6,0 (4,5)	6,7 (5,0)
Klammerwerte gelten für HlzW und Mauertafelziegeln T4				

[1)] Bei Verbandsmauerwerk sind die Tafelwerte um 20 % zu verringern

Tafel 4 f_k **[N/mm²] von EM aus Vollziegeln, Kalksandvoll- und Blocksteinen mit NM**

St	NM II	NM IIa	NM III	NM IIIa
4	2,8	3,2	3,5	4,0
6	3,6	4,0	4,5	5,0
8	4,2	4,7	5,3	5,9
10	4,8	5,4	6,0	6,8
12	5,4	6,0	6,7	7,5
16	6,4	7,1	8,0	8,9
20	7,2	8,1	9,1	10,1
28	8,8	9,9	11,0	12,4
36	10,2	11,4	12,6	14,1
48	10,2	11,4	14,4	16,2
60	10,2	11,4	14,4	16,2

Tafel 5 f_k **[N/mm²] von EM aus Kalksand-Plansteinen und -Planelementen mit DM**

St	Planelemente		Plansteine	
	KS XL[2)]	KS XL-N[2)] KS XL-E[2)]	KS P[2)]	KS L-P[2)]
4	4,7	2,9	2,9	2,9
6	6,0	4,0	4,0	3,7
8	7,3	5,0	5,0	4,4
10	8,3	6,0	6,0	5,0
12	9,4	7,0	7,0	5,6
16	11,2	8,8	8,8	6,6
20	12,9	10,5	10,5	7,6
28	16,0	13,8	13,8	7,6
36	16,0	13,8	16,8	7,6
48	16,0	13,8	16,8	7,6
60	16,0	13,8	16,8	7,6

Tafel 6 f_k **[N/mm²] von EM aus Mauerziegeln und Kalksandsteinen mit LM**

St	LM 21	LM 36
2	1,2	1,3
4	1,6	2,2
6	2,2	2,9
8	2,5	3,3
10	2,8	3,3
12	2,8	3,3
16	2,8	3,3
20	2,8	3,3
28	2,8	3,3

Tafel 7 f_k **[N/mm²] von EM aus Leichtbeton- und Betonsteinen mit NM**

Steinart	St	NM II	NM IIa	NM III, IIIa
Hbl Hbn	2	1,4	1,5	1,7
	4	2,2	2,4	2,6
	6	2,9	3,1	3,3
	8	2,9	3,7	4,0
	10	2,9	4,3	4,6
	12	2,9	4,8	5,1
V Vbl	2	1,5	1,6	1,8
	4	2,5	2,7	3,0
	6	3,4	3,7	4,0
	8	3,4	4,5	5,0
	10	3,4	5,4	5,9
	12	3,4	6,1	6,7
	16	3,4	6,1	8,3
	20	3,4	6,1	9,8
Vn Vbn Vm Vmb	4	2,8	3,2	3,5
	6	3,6	4,0	4,5
	8	3,6	4,7	5,3
	10	3,6	5,4	6,0
	12	3,6	6,0	6,7
	16	3,6	6,0	8,0
	≤ 20	3,6	6,0	9,1

Tafel 8 f_k **[N/mm²] von EM aus Leichtbeton-Vollblöcken mit Schlitzen (Vbl S, Vbl SW) mit NM**

St	NM II	NM IIa	NM III, IIIa
2	1,4	1,6	1,9
4	2,1	2,4	2,9
6	2,7	3,1	3,7
8	2,7	3,9	4,4
10	2,7	4,5	5,0
12	2,7	5,0	5,6

[2)] KS XL — KS-Planelement ohne Längsnut, ohne Lochung
KS XL-N — KS-Planelement mit Längsnut, ohne Lochung
KS XL-E — KS-Planelement ohne Längsnut, ohne Lochung
KS P — KS-Planstein mit einem Lochanteil ≤ 15 %
KS L-P — KS-Planstein mit einem Lochanteil < 15 %

Tafel 9 f_k **[N/mm²] von EM aus Leichtbeton-, Voll- und Lochsteinen mit LM**

St	LM 21, LM 31
2	1,4
4	2,3
6	3,0
8	3,6

Tafel 10 f_k **[N/mm²] von EM aus Porenbetonsteinen mit DM**

St	DM
2	1,8
4[a]	3,0
6[b]	4,1
8	5,1

[a] Für Rohdichte = 0,5 kg/dm³ gilt f_k = 2,6 N/mm²
[b] Für Rohdichte = 0,6 kg/dm³ gilt f_k = 3,7 N/mm²

Tafel 11 f_k **[N/mm²] von Einsteinmauerwerk aus Planhochlochziegeln mit DM**

St	DM
6	3,1
8	3,7
10	4,2
12	4,7
16	5,5
20	6,3

Tafel 12 Haftscherfestigkeit f_{vk0} **[N/mm²] von Mauerwerk ohne Auflast**

Normalmörtel				Dünnbettmörtel (Lagerfugendicke 1 mm bis 3 mm)
NM II	NM IIa	NM III	NM IIIa	
0,08	0,18	0,22	0,26	0,22

Tafel 13 Charakteristische Steinzugfestigkeit $f_{bt,cal}$ **[N/mm²] in Abhängigkeit von der Mauersteinart und Druckfestigkeitsklasse**

Druckfestigkeitsklasse der Mauersteine bzw. Planelemente		10	12	16	20	28
Umgerechnete mittlere Mindestdruckfestigkeit f_{st} [N/mm²]		12,5	15	20	25	35
Rechnerische Steinzugfestigkeit $f_{bt,cal}$ [N/mm²]	Hohlblocksteine	0,25	0,30	0,40	0,50	0,70
	Hochlochsteine und Steine mit Grifföffnungen oder Grifftaschen	0,33	0,39	0,52	0,65	0,91
	Vollsteine ohne Grifflöcher oder Grifftaschen	0,40	0,48	0,64	0,80	1,12

2 Statisch-konstruktive Grundlagen

Für eine Mauerwerksstatik gilt die statisch-konstruktive Regel, dass auf einen statischen Nachweis verzichtet werden kann, wenn die gewählte Wanddicke mit $t \geq 11{,}5$ cm offensichtlich ausreicht (DIN EN 1996-1-1/NA, NCI zu 8.1.2).

Für einen erforderlichen Nachweis gibt es die Möglichkeit, das „vereinfachte Verfahren“ nach DIN EN 1996-3 oder das „genauere Verfahren“ nach DIN EN 1996-1-1 anzuwenden. Weiterhin dürfen Gebäude mit bis zu 3 Geschossen mit dem „stark“ vereinfachten Verfahren nach DIN EN 1996-3 Anhang A nachgewiesen werden.

2.1 Standsicherheit

2.1.1 Standsicheres Konstruieren

Jedes Bauwerk ist so zu konstruieren, dass alle auftretenden Einwirkungen einwandfrei in den Baugrund gelangen und somit eine ausreichende Standsicherheit gewährleistet ist. Im Mauerwerksbau wird dies in der Regel durch Wände und Deckenscheiben erreicht. In Sonderfällen ist die Standsicherheit auch durch andere Maßnahmen (z. B. Rahmenkonstruktionen, Ringbalken) zu gewährleisten.

Auf einen Nachweis der räumlichen Aussteifung ist zu verzichten, wenn folgende Bedingungen erfüllt sind:

- Die Decken sind als steife Scheiben ausgebildet oder es sind stattdessen statisch nachgewiesene Ringbalken mit ausreichender Steifigkeit vorhanden.
- In Längs- und Querrichtung des Bauwerks ist eine offensichtlich ausreichende Anzahl von aussteifenden Wänden vorhanden. Diese müssen ohne größere Schwächung und Versprünge bis auf die Fundamente gehen.

Die Norm DIN EN 1996-3/NA enthält keine Angaben darüber, was „offensichtlich ausreichend“ bedeutet. Dies lässt sich in kurzer Form in einer Norm auch nicht darstellen. Hier muss der Ingenieur im Einzelfall selbst entscheiden. Als Anhalt dient Tafel 14 aus der alten Norm DIN 1053:1974-11. Die Konstruktionsregeln dieser Norm, dass bei Einhaltung der genannten Bedingungen für Mauerwerksbauten bis zu sechs Geschossen kein Windnachweis geführt werden muss, kann auch heute als Definitionshilfe für „offensichtlich ausreichend“ gelten.

Tafel 14 Dicken und Abstände aussteifender Wände *(Tab. 3, DIN 1053:1974-11)*

<table>
<tr><th rowspan="2">Zeile</th><th colspan="2" rowspan="2">Dicke der auszusteifenden belasteten Wand
[cm]</th><th rowspan="2">Geschoss-höhe
[m]</th><th colspan="3">Aussteifende Wand</th></tr>
<tr><th>Im 1. bis 4. Vollgeschoss von oben</th><th>Im 5. und 6. Vollgeschoss von oben</th><th>Mittenabstand
[m]</th></tr>
<tr><td>1</td><td>≥ 11,5</td><td>< 17,5</td><td rowspan="2">≤ 3,25</td><td rowspan="4">≥ 11,5 cm</td><td rowspan="4">≥ 17,5 cm</td><td>≤ 4,50</td></tr>
<tr><td>2</td><td>≥ 17,5</td><td>< 24</td><td>≤ 6,00</td></tr>
<tr><td>3</td><td>≥ 24</td><td>< 30</td><td>≤ 3,50</td><td rowspan="2">≤ 8,00</td></tr>
<tr><td>4</td><td>≥ 30</td><td></td><td>≤ 5,00</td></tr>
</table>

Bei Elementmauerwerk mit einem planmäßigen Überbindemaß $l_{ol} < 0{,}4\ h_u$ (h_u Steinhöhe) ist bei einem Verzicht auf einen rechnerischen Nachweis der Aussteifung des Gebäudes die ggf. geringere Schubtragfähigkeit bei hohen Auflasten zu berücksichtigen.

Ist bei einem Bauwerk nicht von vornherein erkennbar, dass seine Aussteifung gesichert ist, so ist ein rechnerischer Nachweis der Schubtragfähigkeit nach dem genaueren Verfahren nach DIN EN 1996-1-1, 6.2, in Verbindung mit dem zugehörigen Nationalen Anhang, zu führen.

2.1.2 Mauerwerksnachweis für Wind rechtwinklig zur Wandebene

Ein Nachweis des Mauerwerks für Windlasten rechtwinklig zur Wand ist in der Regel nicht erforderlich. Voraussetzung ist jedoch, dass die Wände durch Deckenscheiben oder Ringbalken oben und unten einwandfrei gehalten sind. Bei kleinen Wandstücken und kurzen Wänden mit anschließenden großen Fensteröffnungen ist jedoch ein Nachweis ratsam, insbesondere in Dachgeschossen mit geringen Auflasten [Schneider/Schoch]. In jedem Fall ist unabhängig davon die räumliche Aussteifung des Gesamtgebäudes sicherzustellen (vgl. Abschnitt 2.1.1).

2.1.3 Ringbalken

Ringbalken sind in der Wandebene liegende horizontale Balken, welche Biegemomente infolge von *rechtwinklig* zur Wandebene wirkenden Lasten (z.B. Wind) aufnehmen können. Ringbalken übernehmen auch Ringankerfunktionen, wenn sie als „geschlossener Ring" um das ganze Gebäude geführt werden.

Die Ringbalken geben die Lasten über Haftscher- und Reibungskräfte an die Wandscheiben ab.

Wenn bei einem Mauerwerksbau

- keine Decken mit Scheibenwirkung vorhanden sind oder
- unter der Dachdecke eine Gleitschicht angeordnet wird,

muss die horizontale Aussteifung der Wände durch einen Ringbalken oder andere statisch gleichwertige Maßnahmen (z.B. horizontale Fachwerkverbände) sichergestellt werden.

Ausführung von Ringbalken: Stahlbeton, Stahl, Holz[1)]

2.1.4 Ringanker

Der Ringanker hat eine Teilfunktion bei der Aufgabe, die Gesamtstabilität eines Bauwerks zu gewährleisten. Er erfüllt im Wesentlichen drei Funktionen:

a) Teil der Scheibenbewehrung der Deckenscheiben (insbesondere bei Deckenscheiben aus Fertigteilen erfüllt der Ringanker die Zugbandfunktion),
b) umlaufender Ring zum „Zusammenhalten" der Wände,
c) Scheibenbewehrung in den vertikalen Mauerwerksscheiben; z. B. können durch unterschiedliche Setzungen des Bauwerks in den vertikalen Mauerwerksscheiben Zugspannungen auftreten, die von den Ringankern aufgenommen werden.

Ringanker sind auf allen Außenwänden anzuordnen und auf den lotrechten Scheiben (Innenwände), die der Abtragung von horizontalen Lasten (z.B. Wind) dienen. Ringanker sind erforderlich, wenn mindestens eine der drei folgenden Situationen vorliegt:

a) bei Bauten, die insgesamt mehr als zwei Vollgeschosse haben oder länger als 18 m sind,
b) bei Wänden mit vielen oder besonders großen Öffnungen, besonders dann, wenn die Summe der Öffnungsbreiten entweder 60 % der Wandlänge oder wenn bei Fensterbreiten von mehr als 2/3 der Geschosshöhe die Summe der Öffnungsbreiten 40 % der Wandlänge übersteigt,
c) wenn die Baugrundverhältnisse es erfordern.

Ringanker können aus Stahlbeton, Stahl oder Holz bestehen und müssen eine Bemessungs-Zugkraft von mindestens 45 kN aufnehmen.

2.1.5 Anschluss der Wände an Decken und Dachstuhl

Umfassungswände müssen an die Decken durch Zuganker oder über Haftung und Reibung angeschlossen werden:

[1)] Konstruktive Vorschläge für Ausführung aus Holz siehe [Milbrandt].

- Zuganker müssen in belasteten Wandbereichen (nicht in Brüstungen) angeordnet werden. Bei fehlender Auflast sind zusätzlich Ringbalken anzuordnen. Abstand der Zuganker (bei Holzbalkendecken mit Splinten): 2 m bis 3 m. Bei parallel spannenden Decken müssen die Anker mindestens einen 1 m breiten Deckenstreifen erfassen (bei Holzbalkendecken mindestens 3 Balken). Balken, die mit Außenwänden verankert und über der Innenwand gestoßen sind, müssen untereinander zugfest verbunden sein.
- Giebelwände sind durch Querwände auszusteifen oder mit dem Dachstuhl kraftschlüssig zu verbinden. Bei sehr hohen Giebelwänden können die Flächen zwischen den horizontalen Halterungen (Verankerung mit der Dachkonstruktion), den vertikalen Halterungen (Querwände oder Mauerwerksvorlagen) und den Dachschrägen in flächengleiche Rechtecke umgewandelt werden. Die erforderliche Giebelwanddicke ergibt sich dann in Anlehnung an Tafel 15. Auch eine konstruktive Fugenbewehrung ist in Erwägung zu ziehen.
- Haftung und Reibung dürfen bei einer Massivdecke angesetzt werden, wenn die Decke mindestens 10 cm aufliegt.

2.2 Wandarten und Mindestabmessungen

2.2.1 Tragende Wände und Pfeiler

Wände, kurze Wände und Pfeiler gelten als tragend, wenn sie:

a) vertikale Lasten (z.B. aus Decken, Dachstielen) und/oder
b) horizontale Lasten (z.B. aus Wind) aufnehmen und/oder
c) zur Knickaussteifung von tragenden Wänden dienen.

Tragende Wände und Pfeiler (kurze Wände) sollen unmittelbar auf Fundamente gegründet werden. Ist dies in Sonderfällen nicht möglich, so sind die Abfangkonstruktionen ausreichend steif auszubilden, damit keine größeren Verformungen auftreten.

2.2.2 Mindestmaße von tragenden Wänden und Pfeilern

Querschnitte mit $A < 400$ cm² (Nettoquerschnitt bei eventuellen Schlitzen) sind unzulässig.

Die Mindestdicke von tragenden Innen- und Außenwänden beträgt $t = 11{,}5$ cm, sofern aus statischen oder bauphysikalischen Gründen nicht größere Dicken erforderlich sind. Die Mindestabmessungen von tragenden kurzen Wänden und Pfeilern (ohne Aussparungen und Schlitze) betragen somit 11,5 cm × 36,5 cm bzw. 17,5 cm × 24 cm.

2.2.3 Nichttragende Wände

Wände, die überwiegend nur durch ihre Eigenlast beansprucht sind und nicht zur Knickaussteifung tragender Wände dienen, werden als nichttragende Wände bezeichnet. Sie müssen jedoch in der Lage sein, rechtwinklig auf die Wand wirkende Lasten (z.B. Einwirkungen von Personen) auf tragende Bauteile (z.B. Wand- oder Deckenscheiben) abzutragen. Nichttragende Wände übernehmen keine statische Funktion innerhalb eines Gebäudes. Es ist daher auch möglich, sie wieder zu entfernen, ohne dass dies statische Konsequenzen für die anderen Bauteile hat.

Nichttragende Außenwände

Nichttragende Außenwände aus Mauerwerk der Steindruckfestigkeitsklasse ≥ 4 sind ohne statischen Nachweis zulässig, wenn sie vierseitig gehalten sind (z.B. durch Verzahnung, Versatz oder Anker), den Bedingungen der Tafel 15 genügen und mindestens Normalmörtel NM IIa oder Dünnbettmörtel verwendet wird. Es ist h die Höhe und l die Länge der Ausfachungsfläche.

Tafel 15 Zulässige Größtwerte[1] der Ausfachungsfläche [m²] von nichttragenden Außenwänden ohne rechnerischen Nachweis (Tafelwerte)

Wanddicke t [cm]	Ausfachungsfläche in m² bei einer Höhe über Gelände von			
	0 bis 8 m		8 bis 20 m	
	$h/l = 1$	$h/l \geq 2{,}0$ oder $h/l \leq 0{,}5$	$h/l = 1$	$h/l \geq 2{,}0$ oder $h/l \leq 0{,}5$
11,5[2)3)]	12	8	–	–
15,0[3)]	12	8	8	5
17,5	20	14	13	9
24,0	36	25	23	16
≥ 30,0	50	33	35	23

[1)] Bei Seitenverhältnissen $0{,}5 < h/l < 1{,}0$ oder $1{,}0 < h/l < 2{,}0$ dürfen die zulässigen Werte der Ausfachungsflächen linear interpoliert werden.

[2)] In Windlastzone 4 nur im Binnenland zulässig.

[3)] Bei Verwendung von Steinen der Festigkeitsklasse ≥ 12 dürfen die Tafelwerte dieser Zeilen um 33 % vergrößert werden.

Nichttragende innere Trennwände

Nichttragende innere Trennwände müssen so ausgebildet sein, dass sie die Anforderungen nach DIN 4103-1 erfüllen. Abhängig vom Einbauort gelten zwei unterschiedliche Einbaubereiche.

Einbaubereich I:

Bereiche mit geringer Menschenansammlung, wie z.B. in Wohnungen, Hotel-, Büro- und Krankenräumen sowie ähnlich genutzten Räumen, einschließlich der Flure.

Einbaubereich II:

Bereiche mit großen Menschenansammlungen, wie z.B. in größeren Versammlungs- und Schulräumen, Hörsälen, Ausstellungs- und Verkaufsräumen und ähnlich genutzten Räumen.

Der DAfM (Deutsche Ausschuss für Mauerwerk) hat eine Richtlinie über „Nichttragende innere Trennwände aus Mauerwerk" herausgegeben (Tafel 16 bis Tafel 18). Die angegebenen Wanddicken gelten als Nettowerte unter Berücksichtigung von Schlitzen und Aussparungen.

Anmerkung zur Vermörtelung von Stoßfugen nach Richtlinie des DAfM:
Unter Berücksichtigung vorliegender Ergebnisse zur Biegezugfestigkeit von Mauerwerk können für Trennwände mit unvermörtelten Stoßfugen folgende Planungshilfen verwendet werden:

(1) Bei vierseitiger Halterung und dreiseitiger Halterung mit einem freien vertikalen Rand sind für das Verhältnis Wandlänge/Wandhöhe ≥ 2 die Wandlängen der Tafel 16 bis 18 anzusetzen. Beim Verhältnis Wandlänge/Wandhöhe < 2 dürfen nur 50 % der Wandlängen angesetzt werden.

(2) Bei dreiseitiger Halterung mit oberem freiem Rand dürfen im Einbaubereich 1 in vielen Fällen nur 50 % der Wandlängen angesetzt werden. Im Einbaubereich 2 ist dieses Vorgehen ebenfalls in wenigen Fällen möglich.[1)]

(3) Bei zweiseitiger Halterung (einachsiger Lastabtrag orthogonal zu den Lagerfugen) kann auf eine Vermörtelung der Stoßfugen verzichtet werden.

[1)] Einige Stein-Hersteller haben in den vergangenen Jahren eigene Prüfungen an Mauerwerk vorgenommen und die daraus gewonnenen Erkenntnisse in die jeweiligen Herstellerangaben einfließen lassen, welche dem Planer als Hilfe gegeben werden.

Hinweise:

Der Ansatz der halben Wandlänge bei unvermörtelten Stoßfugen setzt übertragbare Biegezugspannungen parallel zur Lagerfuge voraus. Die Größe der übertragbaren Spannungen hängt u. a. vom Steinformat und dem Überbindemaß ab. Die Ableitung einer allgemein gültigen Aussage ist in Anbetracht des Verhältnisses vertikaler/horizontaler Lastabtrag schwierig. Wenn der Ansatz der halben Wandlänge bei unvermörtelten Stoßfugen herangezogen wird, empfiehlt die Richtlinie ein Überbindemaß von mindestens 40 % der Steinlänge.

Tafel 16 Grenzmaße für Wände ohne Auflast bei vierseitiger sowie dreiseitiger Halterung mit freiem vertikalen Rand [*]

Wanddicke t [mm]	max. Wandlänge l in [m] (Tabellenwerte) im Einbaubereich I (Wert oben) bzw. Einbaubereich II (Wert unten) [2) 3)]					
	Wandhöhe in [m]					
	2,5	3,0	3,5	4,0	4,5	≤ 6,0
50[1)]	3,0 1,5	3,5 2,0	4,0 2,5	– –	– –	– –
60[1)]	4,0 2,5	4,5 3,0	5,0 3,5	5,5 –	– –	– –
70[1)]	5,0 3,0	5,5 3,5	6,0 4,0	6,5 4,5	7,0 5,0	– –
90[1)]	6,0 3,5	6,5 4,0	7,0 4,5	7,5 5,0	8,0 5,5	– –
100[1)]	7,0 5,0	7,5 5,5	8,0 6,0	8,5 6,5	9,0 7,0	– –
115/ 150	10,0 6,0	10,0 6,5	10,0 7,0	10,0 7,5	10,0 8,0	– –
≥ 175	12,0 12,0	12,0 12,0	12,0 12,0	12,0 12,0	12,0 12,0	12,0 12,0

1) Für Kalksandsteine (trockene Kalksandsteine sind vorzunässen) gelten die angegebenen Werte bei Verwendung von Normalmauermörtel Mörtelklasse M 10 (NM III) oder Dünnbettmörtel bei Wanddicken < 115 mm. Bei Wanddicken ≥ 115 mm ist mindestens Normalmauermörtel M 5 (NM IIa) oder Dünnbettmörtel zu verwenden.

2) Für Porenbetonsteine gelten die angegebenen Werte bei Verwendung von Normalmauermörtel M 10 (NM III) oder Dünnbettmörtel. Bei Wanddicken ≤ 175 mm und der Verwendung der Normalmauermörtel M 2,5 (NM II) oder M 5 (NM IIa) sind die Werte für die zulässigen Wandlängen zu halbieren.

3) Auf die Vermörtelung von Stoßfugen kann unter bestimmten Bedingungen (siehe Anmerkung zu Vermörtelung von Stoßfugen) verzichtet werden.

*) **Bei dreiseitiger Halterung (ein freier vertikaler Rand) gelten die halben Tabellenwerte.**

Tafel 17 Grenzmaße für Wände mit Auflast bei vierseitiger sowie dreiseitiger Halterung mit freiem vertikalen Rand*)

Wanddicke t [mm]	max. Wandlänge l in [m] (Tabellenwerte) im Einbaubereich I (Wert oben) bzw. Einbaubereich II (Wert unten) [2) 3)]					
	Wandhöhe in [m]					
	2,5	3,0	3,5	4,0	4,5	≤ 6,0
50[1)]	5,5 2,5	6,0 3,0	6,5 3,5	– –	– –	– –
60[1)]	6,0 4,0	6,5 4,5	7,0 5,0	– –	– –	– –
70[1)]	8,0 5,5	8,5 6,0	9,0 6,5	9,5 7,0	– 7,5	– –
90[1)]	12,0 7,0	12,0 7,5	12,0 8,0	12,0 8,5	12,0 9,0	– –
100[1)]	12,0 8,0	12,0 8,5	12,0 9,0	12,0 9,5	12,0 10,0	– –
115/ 150	12,0 12,0	12,0 12,0	12,0 12,0	12,0 12,0	12,0 12,0	– –
≥ 175	12,0 12,0	12,0 12,0	12,0 12,0	12,0 12,0	12,0 12,0	12,0 12,0

1) Für Kalksandsteine (trockene Kalksandsteine sind vorzunässen) gelten die angegebenen Werte bei Verwendung von Normalmauermörtel Mörtelklasse M 10 (NM III) oder Dünnbettmörtel bei Wanddicken < 115 mm. Bei Wanddicken ≥ 115 mm ist mindestens Normalmauermörtel M 5 (NM IIa) oder Dünnbettmörtel zu verwenden.

2) Für Porenbetonsteine gelten die angegebenen Werte bei Verwendung von Normalmauermörtel M 10 (NM III) oder Dünnbettmörtel. Bei Wanddicken ≤ 175 mm und der Verwendung der Normalmauermörtel M 2,5 (NM II) oder M 5 (NM IIa) sind die Werte für die zulässigen Wandlängen zu halbieren.

3) Auf die Vermörtelung von Stoßfugen kann unter bestimmten Bedingungen (siehe Anmerkung zu Vermörtelung von Stoßfugen) verzichtet werden.

*) **Bei dreiseitiger Halterung (ein freier vertikaler Rand) gelten die halben Tabellenwerte.**

Tafel 18 Grenzmaße für Wände ohne Auflast bei dreiseitiger Halterung mit freiem oberen Rand

Wanddicke t [mm]	max. Wandlänge *l* [m] (Tabellenwerte) im Einbaubereich I (Wert oben) bzw. Einbaubereich II (Wert unten) [2) 3)]							
	Wandhöhe in [m]							
	2,00	2,25	2,50	3,00	3,50	4,00	4,50	≤ 6,00
50[1)]	3,0 1,5	3,5 2,0	4,0 2,5	5,0 –	6,0 –	– –	– –	– –
60[1)]	5,0 2,5	5,5 2,5	6,0 3,0	7,0 3,5	8,0 4,0	9,0 –	– –	– –
70[1)]	7,0 3,5	7,5 3,5	8,0 4,0	9,0 4,5	10,0 5,0	10,0 6,0	10,0 7,0	– –
90[1)]	8,0 4,0	8,5 4,0	9,0 5,0	10,0 6,0	10,0 7,0	12,0 8,0	12,0 9,0	– –
100[1)]	8,0 5,0	9,0 5,0	10,0 6,0	12,0 7,0	12,0 8,0	12,0 9,0	12,0 10,0	– –
115/ 150	8,0 6,0	9,0 6,0	10,0 7,0	12,0 8,0	12,0 9,0	12,0 10,0	12,0 10,0	– –
≥ 175	12,0 8,0	12,0 9,0	12,0 10,0	12,0 12,0	12,0 12,0	12,0 12,0	12,0 12,0	12,0 12,0

1) Für Kalksandsteine (trockene Kalksandsteine sind vorzunässen) gelten die angegebenen Werte bei Verwendung von Normalmauermörtel Mörtelklasse M 10 (NM III) oder Dünnbettmörtel bei Wanddicken < 115 mm. Bei Wanddicken ≥ 115 mm ist mindestens Normalmauermörtel M 5 (NM IIa) oder Dünnbettmörtel zu verwenden.

2) Für Porenbetonsteine gelten die angegebenen Werte bei Verwendung von Normalmauermörtel M 10 (NM III) oder Dünnbettmörtel. Bei Wanddicken ≤ 175 mm und der Verwendung der Normalmauermörtel M 2,5 (NM II) oder M 5 (NM IIa) sind die Werte für die zulässigen Wandlängen zu halbieren.

3) Auf die Vermörtelung von Stoßfugen kann unter bestimmten Bedingungen (siehe Anmerkung zu Vermörtelung von Stoßfugen) verzichtet werden.

2.2.4 Zweischalige Außenwände

Nach dem Wandaufbau wird unterschieden zwischen zweischaligen Außenwänden:

- mit Luftschicht,
- mit Luftschicht und Wärmedämmung,
- mit Kerndämmung.

Bei der Bemessung ist als Wanddicke nur die Dicke der tragenden Innenschale anzusetzen.

Die Außenschale muss aus frostwiderstandsfähigen Mauersteinen bestehen. Andernfalls ist ein Außenputz erforderlich, der die Anforderungen nach DIN EN 998-1 und DIN 18550 erfüllt. Die Ausführung der Fugen erfolgt in der Regel im Fugenglattstrich.

Konstruktionsmaße

- Die Mindestdicke von tragenden Innenschalen beträgt 11,5 cm. Bei der Anwendung des vereinfachten Berechnungsverfahrens ist Abschnitt 3.1 zu beachten.
- Die Mindestdicke der Außenschale beträgt 9 cm. Dünnere Außenschalen sind Bekleidungen, deren Ausführung in DIN 18515 geregelt ist. Kurze Wände in der Außenschale müssen eine Mindestlänge von 24 cm haben.
- Der maximale lichte Abstand der Mauerwerksschalen beträgt 15 cm. Bei Anordnung einer Luftschicht muss diese mindestens 6 cm breit sein. Eine Verminderung auf 4 cm ist möglich, wenn der Mauermörtel mindestens an einer Hohlraumseite abgestrichen wird.
- Es ist Normalmörtel mindestens M 5 (NM IIa) zu verwenden.

Auflagerung und Abfangung der Außenschalen

- Die Außenschale soll über ihre ganze Länge und vollflächig aufgelagert sein. Bei unterbrochener Auflagerung (z.B. auf Konsolen) müssen in der Abfangebene alle Steine beidseitig aufgelagert sein („Träger auf 2 Stützen").
- Außenschalen der Dicke 11,5 cm sollen in Höhenabständen von etwa 12 m abgefangen werden. Sie dürfen bis zu 25 mm über ihr Auflager vorstehen. Ist die 11,5 cm dicke Außenschale nicht höher als zwei Geschosse oder wird sie alle zwei Geschosse abgefangen, dann darf sie bis zu einem Drittel der Dicke über ihr Auflager vorstehen.
- Außenschalen mit einer Dicke von $t \geq 9$ cm und $t < 11{,}5$ cm dürfen nicht höher als 25 m über Gelände geführt werden und sind in Höhenabständen von etwa 6 m abzufangen. Bei Gebäuden bis zu zwei Vollgeschossen darf ein Giebeldreieck bis 4 m Höhe ohne zusätzliche Abfangung ausgeführt werden. Diese Außenschalen dürfen maximal 15 mm über ihr Auflager vorstehen. Die Fugen der Sichtflächen dieser Verblendschalen sollen in Glattstrich ausgeführt werden.
- Abfangkonstruktionen, die nach dem Einbau nicht mehr kontrollierbar sind, müssen aus Materialien bestehen, die dauerhaft korrosionsbeständig sowie für die Anwendung genormt oder bauaufsichtlich zugelassen sind.

Verankerung der Außenschalen

- Die Mauerwerksschalen sind durch Anker nach allgemeiner bauaufsichtlicher Zulassung aus nichtrostendem Stahl oder durch Anker nach DIN EN 845-1 aus nichtrostendem Stahl, deren Verwendung in einer allgemeinen bauaufsichtlichen Zulassung geregelt ist, zu verbinden. Die Drahtanker müssen in Form und Maßen der Abb. 1 entsprechen. Der vertikale Abstand der Drahtanker soll höchstens 500 mm, der horizontale Abstand höchstens 750 mm betragen. Es ist Normalmörtel mindestens M 5 (NM IIa) zu verwenden.
- An allen freien Rändern (von Öffnungen, an Gebäudeecken, entlang von Dehnungsfugen und an den oberen Enden der Außenschalen) sind zusätzlich zu den Angaben in Tafel 19 drei Drahtanker je m Randlänge anzuordnen. Die Drahtanker sind unter Beachtung ihrer statischen Wirksamkeit so auszuführen, dass sie keine Feuchte von der Außen- zur Innenschale weiterleiten können (z.B. Aufschieben einer Kunststoffscheibe, siehe Abb. 1).
- Ankerdurchmesser 4 mm

Tafel 19 Mindestanzahl von Drahtankern je m² Wandfläche[*)]

Gebäudehöhe	Windzonen 1–3 und Windzone 4 im Binnenland	Windzone 4 Küste der Nord- und Ostsee und Inseln der Ostsee	Windzone 4 Inseln der Nordsee
$h \leq 10$ m	7[a)]	7	8
10 m $< h \leq$ 18 m	7[b)]	8	9
18 m $< h \leq$ 25 m	7	8[c)]	–

[a)] in Windzone 1 und Windzone 2 Binnenland: 5 Anker/m²
[b)] in Windzone 1: 5 Anker/m²
[c)] ist eine Gebäudegrundrisslänge kleiner als $h/4$: 9 Anker/m²
[*)] Windzonen nach DIN EN 1991-1-4/NA

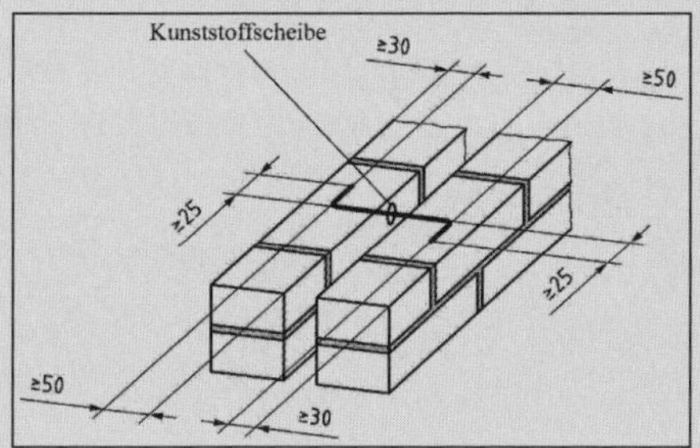

Abb. 1
Drahtanker für zweischaliges Mauerwerk
Maße in [mm]

2.3 Schlitze und Aussparungen

2.3.1 Ohne statischen Nachweis zulässige Schlitze und Aussparungen

Der Standsicherheitsnachweis eines Gebäudes wird in der Regel zu einem Zeitpunkt geführt, an dem die erforderlichen Leistungen zur Erstellung von haustechnischen Anlagen noch nicht festgelegt sind. In Tafel 20 und Tafel 21 sind Grenzwerte für Schlitze und Aussparungen (Richtlinie DAfM) angegeben, bei deren Einhaltung ein nachträglicher Nachweis der Standsicherheit der geschlitzten Wände entfallen kann. Bei Nichteinhaltung dieser Bedingungen ist in jedem Einzelfall ein statischer Nachweis nach DIN EN 1996-1-1 erforderlich.

Tafel 20 Ohne statischen Nachweis: Zulässige Größe horizontaler und schräger Schlitze im Mauerwerk

Wanddicke t [mm]	Maximale Schlitztiefe $t_{ch,h}$ [a)] [mm]	
	Unbegrenzte Länge	Länge ≤ 1250 mm [b)]
115-149	-	-
150-174	-	0 [c)]
175-239	0 [c)]	25
240-299	15 [c)]	25
300-364	20 [c)]	30
über 365	20 [c)]	30

a) Horizontale und schräge Schlitze sind nur zulässig in einem Bereich ≤ 0,4 m ober- oder unterhalb der Rohdecke sowie jeweils an einer Wandseite. Sie sind nicht zulässig bei Langlochziegeln.

b) Mindestabstand in Längsrichtung von Öffnungen ≥ 490 mm, vom nächsten Horizontalschlitz zweifacher Schlitzlänge.

c) Die Tiefe darf um 10 mm erhöht werden, wenn Werkzeuge verwendet werden, mit denen die Tiefe genau eingehalten wird. Bei Verwendung solcher Werkzeuge dürfen auch in Wänden ≥ 240 mm, gegenüberliegende Schlitze mit jeweils 10 mm Tiefe ausgeführt werden.

Horizontale und schräge Schlitze

Durch horizontale und schräge Schlitze treten in der Wand exzentrische Beanspruchungen auf. Ohne rechnerischen Nachweis sind horizontale und schräge Schlitze bereits ab einer Wanddicke von 175 mm zulässig. Die Schlitze dürfen nach Tafel 20, Fußnote a nur einseitig in einem Bereich von ≤ 0,4 m ober- oder unterhalb der Rohdecke angeordnet werden (Abb. 2 und Abb. 3).

Bei horizontalen und schrägen Schlitzen wird in Tafel 20 davon ausgegangen, dass diese nachträglich hergestellt werden. Es wird zwischen Schlitzen mit unbegrenzter Schlitzlänge und solchen mit einer Maximallänge von 1,25 m unterschieden. Für beide Fälle sind unterschiedliche Schlitztiefen zulässig. Bei einer Begrenzung der Schlitzlänge auf 1,25 m sind demnach größere Schlitztiefen möglich.

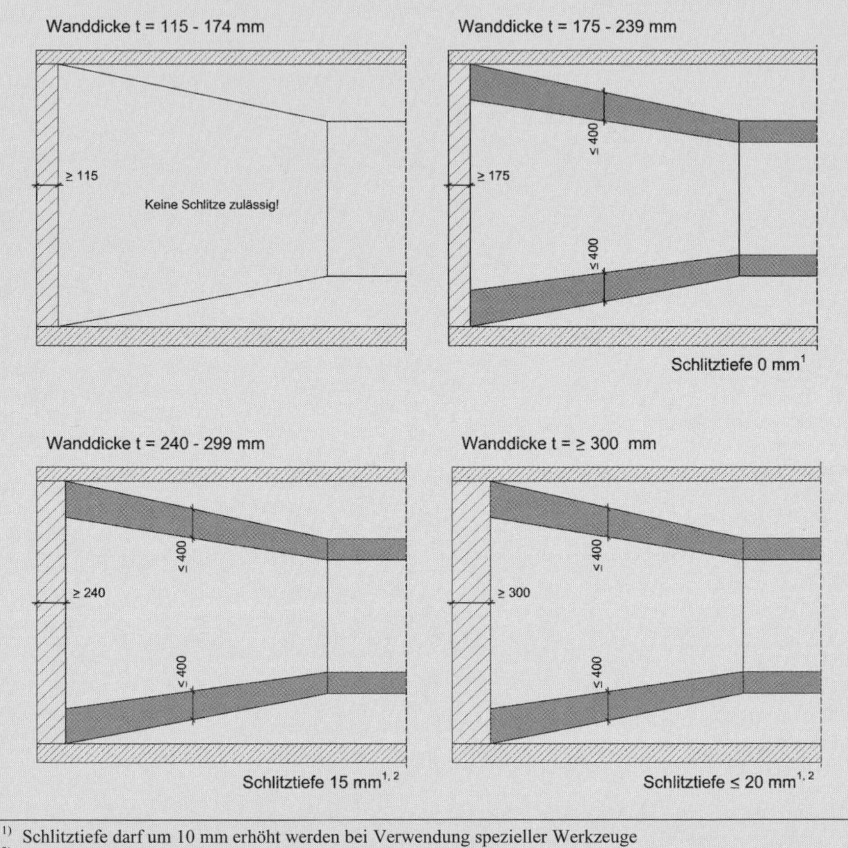

1) Schlitztiefe darf um 10 mm erhöht werden bei Verwendung spezieller Werkzeuge

2) Gegenüberliegende Schlitze mit einer Tiefe von 10 mm sind bei Verwendung spezieller Werkzeuge zulässig (Tafel 20).

Abb. 2 Ohne Nachweis zulässige Anordnung von einseitigen horizontalen und schrägen Schlitzen mit unbegrenzter Schlitzlänge (grau markierter Bereich, Maße in [mm])

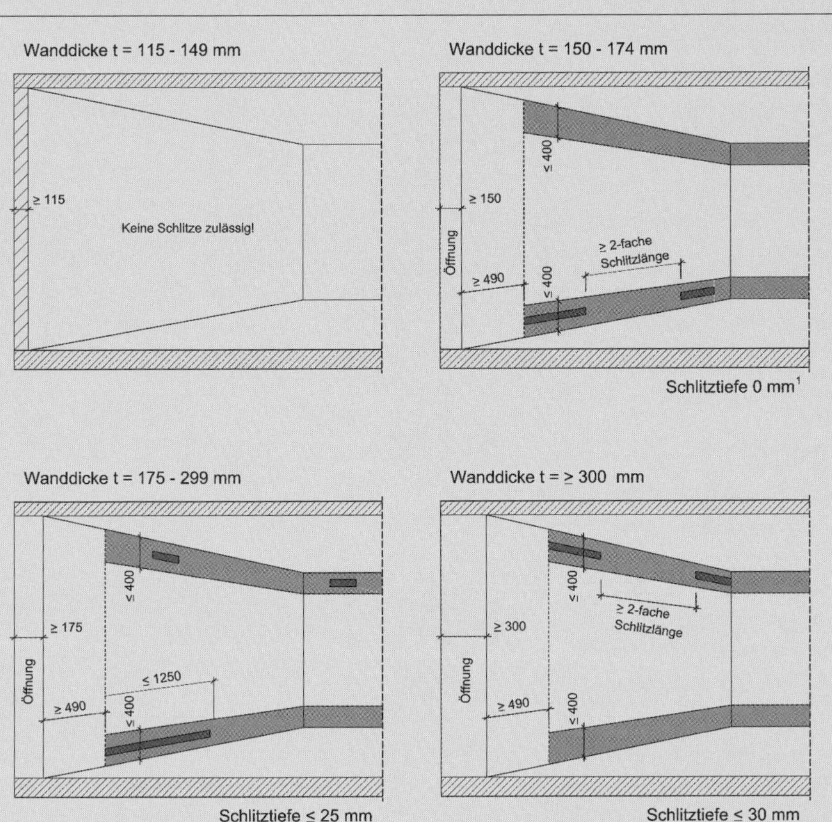

[1] Schlitztiefe darf um 10 mm erhöht werden bei Verwendung spezieller Werkzeuge
Schlitze sind beispielhaft, angegebene Abstände von Öffnungen und vom nächsten Horizontalschlitz sind einzuhalten!

Abb. 3 Ohne Nachweis zulässige Anordnung von einseitigen horizontalen und schrägen Schlitzen mit einer Länge ≤ 1250 mm (grau markierter Bereich, Maße in [mm])

Mauerwerksbau

Vertikale Schlitze

Vertikale Schlitze unterscheiden sich gemäß Tafel 21 nach der Art der Herstellung, wobei die Aussparungs- und Schlitztiefen sowie die -breiten bei der im Verband gemauerten Ausführung deutlich größer sind als bei horizontalen Schlitzen. Hierbei wird angerechnet, dass das Mauerwerk bei einer in der Regel bereits in der Planungsphase berücksichtigten Aussparung ungestört bleibt.

Tafel 21 Ohne statischen Nachweis: Zulässige vertikale Schlitze und Aussparungen im Mauerwerk

1	2	3	4	5	6	7
Wanddicke t [mm]	Nachträglich hergestellte Schlitze und Aussparungen[c]		Mit der Errichtung des Mauerwerks hergestellte Schlitze und Aussparungen im gemauerten Verband			
	maximale Tiefe[a] $t_{ch,v}$ [mm]	maximale Breite[b] (Einzelschlitz) [mm]	verbleibende Mindest-wanddicke [mm]	maximale Breite[b] [mm]	Mindestabstand der Schlitze und Aussparungen	
					von Öffnungen	untereinander
115 bis 149	10	100	-	-	≥ 2fache Schlitzbreite bzw. ≥ 240 mm	≥ Schlitzbreite
150 bis 174	20	100	-	-		
175 bis 199	30	100	115	260		
200 bis 239	30	125	115	300		
240 bis 299	30	150	115	385		
300 bis 364	30	200	175	385		
≥ 365	30	200	240	385		

[a] Schlitze, die bis maximal 1 m über den Fußboden reichen, dürfen bei Wanddicken ≥ 240 mm bis 80 mm Tiefe und 120 mm Breite ausgeführt werden.

[b] Die Gesamtbreite von Schlitzen nach Spalte 3 und Spalte 5 darf je 2 m Wandlänge die Maße in Spalte 5 nicht überschreiten. Bei geringeren Wandlängen als 2 m sind die Werte in Spalte 5 proportional zur Wandlänge zu verringern.

[c] Abstand der Schlitze und Aussparungen von Öffnungen ≥ 115 mm.

Unter Ausnutzung der vollen zulässigen Breiten darf auf 2 m Wandlänge nur 1 Schlitz angeordnet werden, ansonsten sind mehrere schmalere Schlitze herzustellen. Ist eine Wand kürzer als 2 m, so darf die Gesamtbreite von Schlitzen, z.B. bei einer 1,50 m langen und 0,24 m dicken Wand, den Wert von $385 \cdot 1{,}5/2 = 289$ mm nicht überschreiten.

Tafel 21 sieht in der Fußnote a noch eine Sonderregelung für vertikale Schlitze vor, die maximal 1 m über den Fußboden reichen. Hiermit ist in diesem für Sanitärinstallationen besonders wichtigen Bereich eine angemessene Regelung getroffen worden.

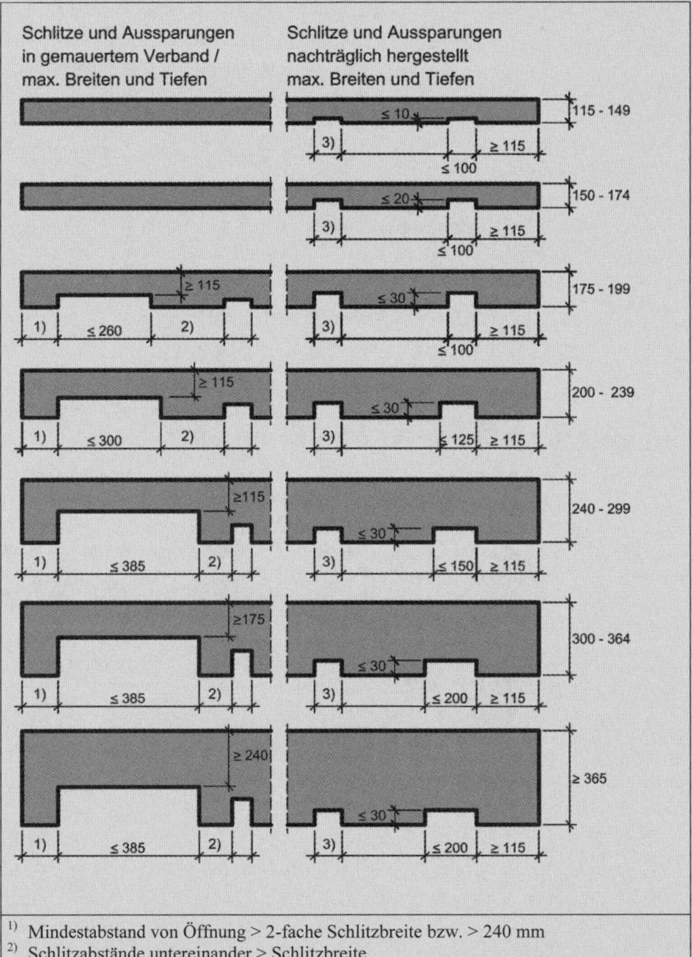

1) Mindestabstand von Öffnung > 2-fache Schlitzbreite bzw. > 240 mm
2) Schlitzabstände untereinander > Schlitzbreite
3) Fußnote b von Tafel 21 beachten

Abb. 4 Ohne Nachweis zulässige vertikale Schlitze und Aussparungen (Tafel 21)

2.3.2 Statisch nachzuweisende Aussparungen und Schlitze

Ein statischer Nachweis für Mauerwerkswände mit Schlitzen und Aussparungen ist stets zu führen, wenn

- von den in Tafel 20 festgelegten Anforderungen (Tabellenwerte einschließlich der Fußnoten) abgewichen wird und / oder
- von den in Tafel 21 festgelegten Anforderungen dahingehend abgewichen wird, dass:
  - bei nachträglich hergestellten Vertikalschlitzen die Querschnittsschwächung auf 1 m Wandlänge mehr als 6 % beträgt und/oder
  - die Wand drei- oder vierseitig gehalten nachgewiesen wurde (reduzierte Knicklänge).

Die durch Schlitze und Aussparungen bedingte Traglastminderung ist im Allgemeinen proportional zur Querschnittsschwächung anzusetzen.

Werden bei vertikalen Schlitzen und Aussparungen die Mindestabstände zu Öffnungen (z.B. Türöffnungen) nicht eingehalten und damit Wandschwächungen im Auflagerbereich von Stützen erzeugt, so ist vom Fachplaner und Ausführenden besondere Sorgfalt geboten. Aus diesem Grund sind Schlitze und Aussparungen rechtzeitig zu planen. Diese sind grundsätzlich nicht unter dem Auflager hochbelasteter Stürze und in kurzen Wänden anzuordnen.

Ist die Restwanddicke bei vertikalen Schlitzen und Aussparungen kleiner als die halbe Wanddicke bzw. < 115 mm, so ist – unabhängig von der Lage des Schlitzes oder der Nische – an ihrer Stelle auf jeden Fall ein freier Rand (wie z.B. an einer Türöffnung) anzunehmen. Dieser ist beim Knicksicherheitsnachweis bei der Halterung der Wand zu berücksichtigen.

Es wird empfohlen, im Einzelfall stets einen Standsicherheitsnachweis nach DIN EN 1996-1-1 zu führen.

3 Vereinfachtes Berechnungsverfahren (DIN EN 1996-3/NA)

3.1 Anwendungsgrenzen für das vereinfachte Berechnungsverfahren

Alle Bauwerke, die innerhalb der im Folgenden zusammengestellten Anwendungsgrenzen liegen, dürfen mit dem *vereinfachten Verfahren* berechnet werden. Es ist selbstverständlich auch eine Berechnung nach dem *genaueren Verfahren* (vgl. [Schubert u.a.]) möglich. Befindet sich das Mauerwerk außerhalb der Anwendungsgrenzen dient das *vereinfachte Verfahren* der Vorbemessung; es *muss* dann aber nach dem genaueren Verfahren (Abschnitt 4) nachgewiesen werden. Für die Anwendung des *vereinfachten Berechnungsverfahrens* müssen folgende Voraussetzungen sowie jene nach Tafel 22 erfüllt sein:

- Gebäudehöhe ≤ 20 m über Gelände (bei geneigten Dächern darf die Mitte zwischen First- und Traufhöhe zugrunde gelegt werden);
- Nutzlast $q_k \leq 5{,}0$ kN/m²;
- Deckenstützweiten $l \leq 6{,}0$ m[1)], sofern nicht die Biegemomente aus dem Deckendrehwinkel durch konstruktive Maßnahmen begrenzt werden (bei zweiachsig gespannten Decken gilt für l die kleinere Stützweite);
- Als horizontale Lasten dürfen nur Wind oder Erddruck angreifen;
- Es sind keine größeren planmäßigen Exzentrizitäten zulässig.[2)] Andernfalls ist ein Nachweis nach DIN EN 1996-1-1 zu führen. Ein Versatz der Wandachsen infolge einer Änderung der Wanddicken gilt dann nicht als größere Ausmitte, wenn der Querschnitt der dickeren Wand den Querschnitt der dünneren Wand umschreibt;
- Das planmäßige Überbindemaß l_{ol} muss mindestens 0,4 h_u und mindestens 45 mm betragen. Nur bei Elementmauerwerk darf das planmäßige Überbindemaß l_{ol} mindestens 0,2 h_u und mindestens 125 mm betragen (h_u Steinhöhe);
- Die Deckenauflagertiefe a muss mindestens die halbe Wanddicke (0,5 t), jedoch mehr als 100 mm betragen. Bei einer Wanddicke von 365 mm darf die Mindestdeckenauflagertiefe auf 0,45 t reduziert werden;

---

1) Es dürfen auch Stützweiten l > 6 m vorhanden sein, wenn die Deckenlast z.B. durch Zentrierleisten mittig eingeleitet wird (Verringerung des Einflusses des Deckendrehwinkels).

2) *Anmerkungen des Autors:* Was sind *größere* planmäßige Exzentrizitäten? Diese Frage wird in der Norm nicht eindeutig beantwortet. In vielen Diskussionen unter Fachleuten hat sich folgende baupraktisch sinnvolle Regelung herauskristallisiert: Lässt sich eine exzentrisch beanspruchte Mauerwerkskonstruktion rechnerisch mit dem vereinfachten Verfahren nachweisen, so handelt es sich um keine größere Exzentrizität.

- Bei Mauerwerk aus Kalksandstein mit Fasen (nur zulässig als Einsteinmauerwerk) ist als rechnerische Wanddicke die vermörtelbare Aufstandsbreite (Steinbreite abzüglich der Fasen) anzunehmen;
- Freistehende Wände sind nach DIN EN 1996-1-1 nachzuweisen.

Tafel 22 Weitere Anwendungsgrenzen

Bauteil	**Wanddicke t in [cm]**	**max. zulässige lichte Wandhöhe h in [m]**					
		allgemein	**Bei Berücksichtigung von Fußnote [d]**				
			Mauerwerk aus Porenbetonsteinen		Mauerwerk aus Ziegeln, Kalksandstein, Leichtbeton und Betonsteinen mit Normal- und Dünnbettmörtel		
			Mauerwerksdruckfestigkeit f_k in [N/mm²]				
			≥ 1,8	≥ 3,0	≥ 3,5	≥ 5,0	≥ 10,0
Tragende Außenwände und zweischalige Haustrennwände	≥ 11,5 [a,b]	2,75	2,75	2,75	2,75	2,75	2,75
	≥ 15,0 [c]	2,75 [b]	2,75 [b]	2,75 [b]	2,75 [b]	3,0 [e,f]	3,3 [h]
	≥ 17,5	2,75	2,75	3,3	3,0 [e]	3,3 [g]	3,6 [h]
	≥ 20,0	2,75	3,3	3,6	3,6	3,6	3,6 [h]
	≥ 24,0	12 · t	3,6	3,6	3,6	3,6	3,6 [h]
	≥ 30,0	12 · t	12 · t	12 · t	12 · t	12 · t	12 · t
Tragende Innenwände	≥ 11,5	2,75	3,6	3,6	3,6	3,6	3,6
	≥ 24,0	keine Einschränkung					

[a] Als einschalige Außenwand nur bei eingeschossigen Garagen und vergleichbaren Bauwerken, die nicht zum dauernden Aufenthalt von Menschen vorgesehen sind. [2)]
Als Tragschale zweischaliger Außenwände und bei zweischaligen Haustrennwänden bis maximal zwei Vollgeschossen zuzüglich ausgebautem Dachgeschoss; aussteifende Querwände im Abstand ≤ 4,50 m bzw. Randabstand von einer Öffnung ≤ 2,0 m.

[b] Charakteristische Nutzlast einschließlich Zuschlag für innere Trennwände $q_k \leq 3{,}0$ kN/m².

[c] Bei charakteristischen Mauerwerksdruckfestigkeiten $f_k < 1{,}8$ N/mm² gilt zusätzlich Fußnote [a].

[d] Anwendungsvoraussetzungen:
- Bei Außenwänden mit charakteristischer Windlast $w_k \leq 1{,}25$ kN/m²
- Über die Wanddicke t vollaufliegende Stahlbetondecke und Betonfestigkeitsklasse ≥ C20/25
- Mindestdeckendicke infolge Begrenzung der Deckenschlankheit nach DIN EN 1992-1-1/NA 7.4.2 und Deckendicke ≥ 180 mm
- Betrachtetes Geschoss entspricht in Grund- und Aufriss weitgehend den darüber- und darunterliegenden Geschossen
- Interpolation zwischen Festigkeitsklassen ist nicht zulässig

[e] Bei Mauerwerk aus Leichtbetonsteinen nur bei einer charakteristischen Windbeanspruchung $w_k \leq 1{,}1$ kN/m².

[f] Gilt bei Kalksandsteinmauerwerk nur für $f_k \geq 5{,}5$ kN/m².

[g] Gilt bei Ziegelmauerwerk auch für $f_k \geq 4{,}7$ kN/m².

[h] Bei Außenwänden mit charakteristischer Windlast von 1,25 kN/m² < w_k < 2,2 kN/m² sind lichte Wandhöhen bis h = 3,0 m zulässig

[2)] *Anmerkungen des Autors:* Da es sich bei dieser Einschränkung nicht um statische Gründe handeln kann (auch Garagen oder Ställe müssen standsicher sein), sondern um feuchtigkeitstechnische (z. B. Schlagregenschutz), bestehen nach Auffassung des Autors keine Bedenken, einschalige Außenwände mit t = 11,5 cm auszuführen, wenn die bauphysikalischen Anforderungen erfüllt sind.

3.2 Tragfähigkeitsnachweis

Es ist folgender Nachweis mit Linienlasten [n in kN/m] bzw. bei Pfeilern Punktlasten [N in kN] zu führen:

$$\boxed{n_{Ed} \le n_{Rd}} \quad \text{bzw.} \quad \boxed{N_{Ed} \le N_{Rd}}$$

n_{Ed}, N_{Ed} Bemessungswert der einwirkenden Normalkraft

n_{Rd}, N_{Rd} Bemessungswert der aufnehmbaren Normalkraft (Tragwiderstand)

3.3 Bemessungswert der einwirkenden Normalkraft

$$\boxed{n_{Ed} = 1{,}35 \cdot n_{Gk} + 1{,}50 \cdot n_{Qk}} \quad \text{bzw.} \quad \boxed{N_{Ed} = 1{,}35 \cdot N_{Gk} + 1{,}50 \cdot N_{Qk}}$$

n_{Gk}, N_{Gk} charakteristischer Wert der Normalkraft infolge ständiger Einwirkung

n_{Qk}, N_{Qk} charakteristischer Wert der Normalkraft infolge veränderlicher Einwirkung

$\gamma_G = 1{,}35$ Sicherheitsbeiwert ständige Einwirkung (z.B. Eigenlast)

$\gamma_Q = 1{,}50$ Sicherheitsbeiwert veränderliche Einwirkung (z.B. Nutzlast)

3.4 Bemessungswert der aufnehmbaren Normalkraft

Mauerwerksbau

$$\boxed{n_{Rd} = \Phi \cdot t \cdot f_d} \quad \text{bzw.} \quad \boxed{N_{Rd} = \Phi \cdot A \cdot f_d}$$

n_{Rd} aufnehmbare Normalkraft (Linienlast) bei Wänden

N_{Rd} aufnehmbare Normalkraft bei kurzen Wänden (Pfeilern)

Φ Traglastfaktor zur Berücksichtigung des Knickens und von Lastexzentrizitäten (vgl. Abschn. 3.5). Der kleinere Φ-Wert ist maßgebend.

A Querschnittsfläche $A \ge 400$ cm².

t Wanddicke $t \ge 11{,}5$ cm.

f_d Bemessungswert der Druckfestigkeit des Mauerwerks
$= \zeta \cdot k_A \cdot k_V \cdot f_k / \gamma_M$

ζ Dauerstandsbeiwert
= 0,85 berücksichtigt festigkeitsmindernde Langzeiteinflüsse (Regelfall)
= 1,00 Kurzzeitbeanspruchung

k_A Abminderungsfaktor in Abhängigkeit der Querschnittsfläche:
= 0,8 bei Wandquerschnitten < 1000 cm²
= 1,0 (Regelfall)

k_V Abminderungsfaktor in Abhängigkeit des Mauerwerksverbandes:
= 0,8 bei Verbandsmauerwerk
= 1,0 (Regelfall bei Einsteinmauerwerk)

f_k charakteristische Druckfestigkeit des Mauerwerks nach den Tafel 2 bis Tafel 11

γ_M Teilsicherheitsbeiwert nach Tafel 23

Tafel 23 Teilsicherheitsbeiwert γ_M für unbewehrtes Mauerwerk

Bemessungssituation	γ_M
ständig und vorübergehend	1,5
außergewöhnlich[1)]	1,3
[1)] Für die Bemessung im Brandfall siehe DIN EN 1996-1-2.	

3.5 Traglastfaktor Φ bei geschosshohen Wänden

3.5.1 Traglastfaktor Φ_1 („Deckendrehwinkel“)

Der Faktor Φ_1 berücksichtigt die exzentrische Beanspruchung der Wände infolge „Deckendrehwinkels“. Bei Endauflagern von Außen- und Innenwänden gilt:

für $f_k \geq 1{,}8$ N/mm²: $\Phi_1 = 1{,}6 - l/6 \cdot a/t \leq 0{,}9\ a/t$

für $f_k < 1{,}8$ N/mm²: $\Phi_1 = 1{,}6 - l/5 \cdot a/t \leq 0{,}9\ a/t$

f_k charakteristische Druckfestigkeit des Mauerwerks

l Stützweite der angrenzenden Geschossdecke in [m]. Bei zweiachsig gespannten Decken ist für l die kürzere der beiden Stützweiten einzusetzen.

t, a Wanddicke, Deckenauflagertiefe

Wird die Traglastminderung infolge Deckenverdrehung durch konstruktive Maßnahmen (z.B. Zentrierleisten mittig unter dem Deckenauflager) vermieden, so gilt unabhängig von der Deckenstützweite bei teilweise aufliegender Deckenplatte $\Phi_1 = 0{,}9 \cdot a/t$ und bei voll aufliegender Deckenplatte $\Phi_1 = 0{,}9$. Bei Decken über dem obersten Geschoss gilt aufgrund geringer Auflast: $\Phi_1 = 0{,}333 \cdot a/t$.

Mauerwerksbau

3.5.2 Traglastfaktor Φ_2 („Knicken“)

Der Faktor Φ_2 berücksichtigt die Tragfähigkeit infolge Schlankheit:

$$\Phi_2 = 0{,}85 \cdot a/t - 0{,}0011 \cdot \lambda^2$$

$\lambda = h_{ef}/t$ Schlankheit der Wand $\lambda \leq 27$.

h_{ef} Knicklänge nach Abschn. 3.6

a Deckenauflagertiefe

t Wanddicke

3.6 Knicklängen

Die folgenden Knicklängen gelten für Wände aus Voll- und Lochsteinen nach DIN EN 1996-1-1/NA (vgl. Abschn. 1.1).

3.6.1 Zweiseitig gehaltene Wände

Bei flächig aufgelagerten Decken, z.B. massiven Plattendecken oder Rippendecken mit lastverteilenden Auflagern, darf bei 2-seitig gehaltenen Wänden die Einspannung der Wand in den Decken durch die folgende Knicklänge h_{ef} berücksichtigt werden.

$$h_{ef} = \rho_2 \cdot h$$

h_{ef} Knicklänge — $\rho_2 = 0{,}75$ für Wanddicken $t \leq 17{,}5$ cm

h lichte Geschosshöhe — $\rho_2 = 0{,}90$ für Wanddicken $17{,}5 < t \leq 25$ cm

ρ_2 Knicklängenbeiwert — $\rho_2 = 1{,}00$ für Wanddicken $t > 25$ cm

Ein Knicklängenbeiwert $\rho_2 < 1{,}0$ setzt folgende Mindestauflagertiefen a voraus:

$t < 24{,}0$ cm $\rightarrow a = t$

$t \geq 24{,}0$ cm $\rightarrow a \geq 17{,}5$ cm

3.6.2 Drei- und vierseitig gehaltene Wände

3-seitig gehaltene Wände ($b' \leq 15\,t$):

$$h_{\text{ef}} = \frac{1}{1+\left(\alpha_3 \frac{\rho_2 \cdot h}{3 \cdot b'}\right)^2} \cdot \rho_2 \cdot h \geq 0{,}3 \cdot h$$

4-seitig gehaltene Wände ($b \leq 30\,t$):

$$\text{für } \alpha_4 \frac{h}{b} \leq 1 \rightarrow h_{\text{ef}} = \frac{1}{1+\left(\alpha_4 \frac{\rho_2 \cdot h}{b}\right)^2} \cdot \rho_2 \cdot h$$

$$\text{für } \alpha_4 \frac{h}{b} > 1 \rightarrow h_{\text{ef}} = \frac{b}{2 \cdot \alpha_4}$$

h_{ef}	Knicklänge
h	lichte Geschosshöhe
b, b'	Abstand des freien Randes von der Mitte der haltenden Wand bzw. Mittenabstand der haltenden Wand nach Abb. 5.
ρ_2	Knicklängenbeiwert nach 3.6.1
α_3, α_4	Beiwerte für vermindertes Überbindemaß

Für Mauerwerk mit einem planmäßigen Überbindemaß $l_{ol} \geq 0{,}4\,h_u$ sind die Anpassungsfaktoren α_3 und α_4 gleich 1,0 zu setzen.

Für Elementmauerwerk mit einem planmäßigen Überbindemaß $0{,}2\,h_u \leq l_{ol} < 0{,}4\,h_u$ sind die Anpassungsfaktoren Tafel 24 zu entnehmen.

Tafel 24 Beiwert α_3, α_4 zur Ermittlung der Knicklänge von Wänden aus Elementmauerwerk mit einem Überbindemaß $0{,}2\,h_u \leq l_{ol} < 0{,}4\,h_u$

Elementgeometrie h_u/l_u	**0,5**	**0,625**	**1,0**	**2,0**
3-seitige Lagerung α_3	1,0	0,90	0,83	0,75
4-seitige Lagerung α_4	1,0	0,75	0,67	0,60

Ist bei vierseitig gehaltenen Wänden $b > 30\,t$ bzw. bei dreiseitig gehaltenen Wänden $b' > 15\,t$, so sind diese Wände wie zweiseitig gehaltene Wände zu behandeln. Ist die Wand im Bereich des mittleren Drittels der Wandhöhe durch vertikale Schlitze oder Aussparungen geschwächt, so ist für t die Restwanddicke einzusetzen oder ein freier Rand anzunehmen.

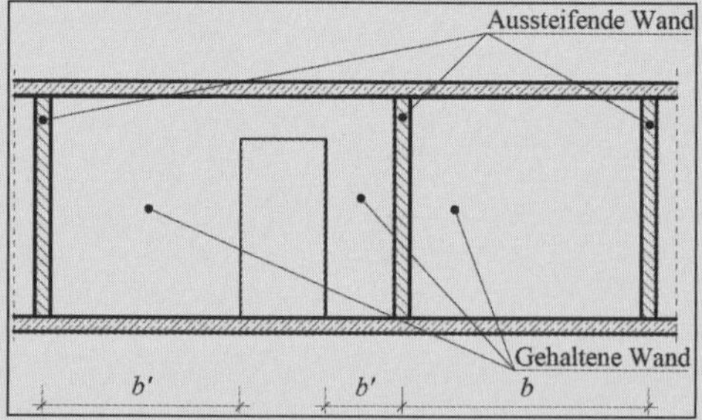

Anforderung an aussteifende Wände:
Länge: ≥ 1/5 der Geschosshöhe
Dicke: ≥ 11,5 cm bzw. ≥ 0,3-fache Dicke der auszusteifenden Wand.

Abb. 5
Drei- und vierseitige Halterung

Unabhängig von der Lage eines vertikalen Schlitzes oder einer Aussparung ist stattdessen ein freier Rand anzunehmen, wenn die Restwanddicke kleiner als die halbe Wanddicke oder kleiner als 11,5 cm ist.

Hinweis:

Es wird empfohlen, bei der Neubauplanung eine Knicklänge für 2-seitig gehaltene Wände anzusetzen, um eine spätere Umnutzung (z.B. Einbau einer Tür) ohne statischen Nachweis zu ermöglichen.

Zahlenbeispiele

Zahlenbeispiel 1 (Innenwand)

Wanddicke: $t = 17,5\ cm$

Mauerwerk mit $f_k = 5{,}0 N/mm^2 = 5000$ kN/m²

Lichte Geschosshöhe: $h = 3{,}3$ m

Ständige Einwirkung: $n_{Gk} = 90$ kN/m

Veränderliche Einwirkung: $n_{Qk} = 60$ kN/m

Belastung Wandfuß:

$n_{Ed} = 1{,}35 \cdot n_{Gk} + 1{,}5 \cdot n_{Qk}$
$= 1{,}35 \cdot 90 + 1{,}5 \cdot 60$
$n_{Ed} = 212$ kN/m

Knicklänge $h_{ef} = \rho_2 \cdot h = 0{,}75 \cdot 3{,}3 = 2{,}48$ m

Ermittlung des Traglastfaktors ϕ:

$\phi_1 = 1$, da kein Deckendrehwinkel (Innenwand)

$\lambda = h_{ef}/t = 2{,}48/0{,}175 = 14{,}1$

$\phi_2 = 0{,}85 - 0{,}0011 \cdot \lambda^2$
$= 0{,}85 - 0{,}0011 \cdot 14{,}1^2$
$= 0{,}63$

Der kleinere Φ-Wert ist maßgebend

$\phi = \min(\phi_1; \phi_2) = 0{,}63$

$k_A = 1{,}0$ ($A = 0{,}175\ m^2 > 0{,}1$ m²)

$k_V = 1{,}0$ (Einsteinmauerwerk)

$\gamma_M = 1{,}5$

$f_d = \zeta \cdot k_A \cdot k_V \cdot f_k/\gamma_M$
$= 0{,}85 \cdot 1{,}0 \cdot 1{,}0 \cdot 5000/1{,}5 = 2833\ kN/m^2$

$n_{Rd} = \phi \cdot t \cdot f_d$
$n_{Rd} = 0{,}63 \cdot 0{,}175 \cdot 2833 = 312$ kN/m

Nachweis:

$\eta = \frac{212\ \text{kN/m}}{312\ \text{kN/m}} = 0{,}68 \leq 1{,}0$

Zahlenbeispiel 2 (kurze Außenwand)

Kurze Außenwand (Pfeiler, Innenschale eines zweischaligen Außenmauerwerks), Deckenspannweite $l = 4{,}8\ m$, $t/b = 17{,}5/49$ cm

vollaufliegende Deckenplatte $a=t$

Mauerwerk mit $f_k = 7{,}0$ N/mm² $= 7000$ kN/m²

Lichte Geschosshöhe: $h = 3{,}1$ m

Ständige Einwirkung: $n_{Gk} = 70$ kN

Veränderliche Einwirkung: $n_{Qk} = 30$ kN

Belastung Wandfuß:

$N_{Ed} = 1{,}35 \cdot N_{Gk} + 1{,}5 \cdot N_{Qk}$
$= 1{,}35 \cdot 70 + 1{,}5 \cdot 30$
$N_{Ed} = 140$ kN

Knicklänge $h_{ef} = \rho_2 \cdot h = 0{,}75 \cdot 3{,}1 = 2{,}33$ m

Ermittlung des Traglastfaktors ϕ:

$\phi_1 = (1{,}6 - l/6) \cdot a/t < 0{,}9 \cdot a/t$
$= 0{,}8 < 0{,}9$

$\lambda = h_{ef}/t = 2{,}33/0{,}175 = 13{,}3$

$\phi_2 = 0{,}85 \cdot a/t - 0{,}0011 \cdot \lambda^2$
$= 0{,}85 \cdot 1{,}0 - 0{,}0011 \cdot 13{,}3^2$
$= 0{,}66$

Der kleinere Φ-Wert ist maßgebend

$\phi = \min(\phi_1; \phi_2) = 0{,}66$

$k_A = 0{,}8$ ($A = 0{,}175 \cdot 0{,}49 = 0{,}086\ m^2 < 0{,}1$ m²)

$k_V = 1{,}0$ (Einsteinmauerwerk)

$\gamma_M = 1{,}5$

$f_d = \zeta \cdot k_A \cdot k_V \cdot f_k/\gamma_M$
$= 0{,}85 \cdot 0{,}8 \cdot 1{,}0 \cdot 7000/1{,}5 = 3173\ kN/m^2$

$N_{Rd} = \phi \cdot A \cdot f_d$
$N_{Rd} = 0{,}66 \cdot 0{,}086 \cdot 3173 = 178$ kN

Nachweis:

$\eta = \frac{140\ \text{kN}}{178\ \text{kN}} = 0{,}78 \leq 1{,}0$

Mauerwerksbau

3.7 Teilflächenlasten

DIN EN 1996-3, 4.3 gibt an, dass Teilflächenlasten nach DIN EN 1996-1-1, 6.1.3 einschl. NA zu berücksichtigen sind. Dieser Nachweis für Teilflächenlasten im Lasteinleitungsbereich ist in Ergänzung zum Nachweis der Wand zu führen.

3.7.1 Nachweisgleichung

Es gilt:

$$N_{Edc} \leq N_{Rdc} \tag{1}$$

N_{Edc} Bemessungswert der vertikalen Einwirkung

N_{Rdc} Bemessungswert des Tragwiderstandes

3.7.2 Tragwiderstand

$$N_{Rdc} = \beta \cdot A_b \cdot f_d \tag{2}$$

$$\beta = \left(1 + 0{,}3\frac{a_1}{h_c}\right) \cdot \left(1{,}5 - 1{,}1\frac{A_b}{A_{ef}}\right) \leq 1{,}5 \quad \text{mit } 1{,}0 \leq \beta \leq 1{,}25 + \frac{a_1}{2h_c} \text{ und } \frac{A_b}{A_{ef}} \leq 0{,}45 \tag{3}$$

β maßgebender Erhöhungsfaktor

a_1 Abstand der belasteten Flächen zum nächstgelegenen Rand (vergl. Abb. 6)

h_c Höhe der Wand bis zur Ebene der Lasteintragung

A_b belastete Fläche

A_{ef} wirksame Wandfläche, i. Allg. $A_{ef} = l_{ef} \cdot t$

l_{ef} Länge der Lastausbreitung in Wandmitte

t Wanddicke unter Berücksichtigung von nicht voll vermörtelten Fugen mit einer Tiefe von mehr als 5 mm (DIN EN 1996-1-1, 6.3)

3.7.3 Randnahe Einzellast

Bei einer randnahen Einzellast mit $a_1 \leq 3 \cdot l_1$ (vergl. Abb. 6) kann gewählt werden:

$$\beta = 1 + 0{,}1\frac{a_1}{h_c} \leq 1{,}5 \tag{4}$$

Hierbei sind folgende Bedingungen einzuhalten:

Belastungsfläche $A_b \leq 2 \cdot t^2$

Ausmitte $e \leq t/6$ (vergl. Abb. 6)

Hinweis: Gl. 4 ist entsprechend DIN EN 1996-1-1/NA eine Vereinfachung gegenüber Gl. 3. Bei einer Randlast (z.B. Auflagerkraft eines Sturzes) ergibt sich nach Gl. 4 der Wert $\beta = 1$, da $a_1 = 0$ ist. Dies ist unwirtschaftlich und mechanisch auch nicht nachvollziehbar, da eine einseitige Lastverteilung vorhanden ist. Es wird – auf der sicheren Seite liegend – vorgeschlagen, in diesen Fällen $\beta = 1{,}1$ zu wählen. Der Erhöhungsfaktor β lässt sich jedoch auch nach Gl. 3 ermitteln.

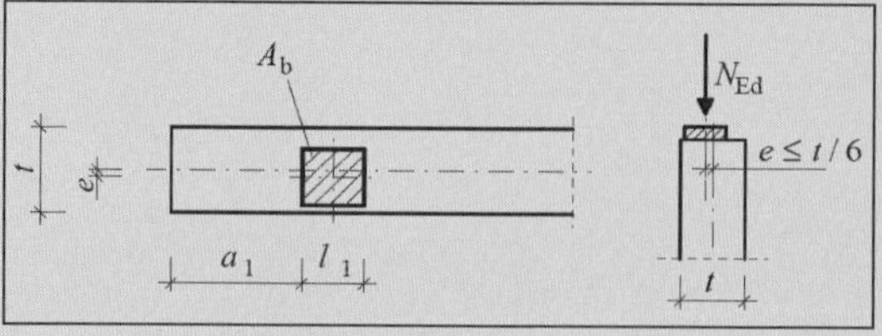

Abb. 6
Teilflächenpressung

3.7.4 Randnahe Einzellast bei Lochsteinen

Bei Lochsteinen darf Gl. 4 auch angewendet werden, wenn $\alpha_1 > 3\ l_1$ ist (vgl. Handbuch Eurocode 6, 6.1.3 (3), (NCI), Beuth Verlag).

3.8 Kelleraußenwände

Bei durch Erddruck beanspruchten Kelleraußenwänden darf statt eines genaueren Nachweises ein vereinfachter Nachweis angewendet werden.

Voraussetzung:

- lichte Höhe Kellerwand $h \leq 2{,}6$ m
- Anschütthöhe $h_e \leq 1{,}15\ h$
- Wanddicke $t \geq 24$ cm
- Nutzlast auf Geländeoberfläche $q_k \leq 5$ kN/m²
- keine Einzellast > 15 kN im Abstand < 1,5 m von der Kellerwand vorhanden
- kein Anstieg des Geländes
- kein hydrostatischer Druck
- Waagerechte Abdichtung besteht aus besandeter Bitumendachbahn nach DIN EN 13969 oder aus anderem Material mit gleichwertigem Reibungsverhalten.

Nachweis für 1 m Wandbreite:

$$n_{Ed,\max} \leq \frac{t \cdot f_d}{3} \qquad n_{Ed,\min} \geq \frac{\gamma_e \cdot h \cdot h_e^2}{\beta \cdot t}$$

$n_{Ed,\max}$, $N_{Ed,\max}$ größte Bemessungs-Normalkraft je m in halber Anschütthöhe

$n_{Ed,\min}$, $N_{Ed,\min}$ kleinste Bemessungs-Normalkraft je m in halber Anschütthöhe

t Wanddicke

γ_e Wichte der Anschüttung

h lichte Kellerwandhöhe

h_e Höhe der Erdanschüttung

β $= 20$ für $b_c \geq 2h$

$= 60 - 20\ b_c/h$ für $h < b_c < 2h$

$= 40$ für $b_c = h$

b_c Abstand zwischen aussteifenden Querwänden oder anderen Aussteifungselementen

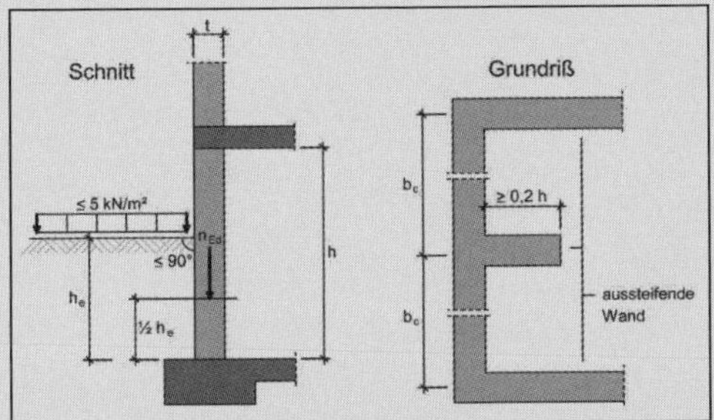

Abb. 7 Kelleraußenwand

Bei Elementmauerwerk mit einem planmäßigen Überbindemaß von $0{,}2h_u \leq l_{ol} < 0{,}4h_u$ gilt generell $\beta = 20$ (h_u Steinhöhe, l_{ol} Überbindemaß).

Beispiel:

minimale Auflast ($n_{,ED,min}$) für lichte Geschoßhöhe ≤ 2,6 m

Wichte der Anschüttung:	g = 16 kN/m³
Wanddicke:	t = 36,5 cm
Anschütthöhe:	h_e = 2,0 m
Minimale Auflast bei 0,5 h_e:	$n_{.ED.min}$ = 22,8 kN/m

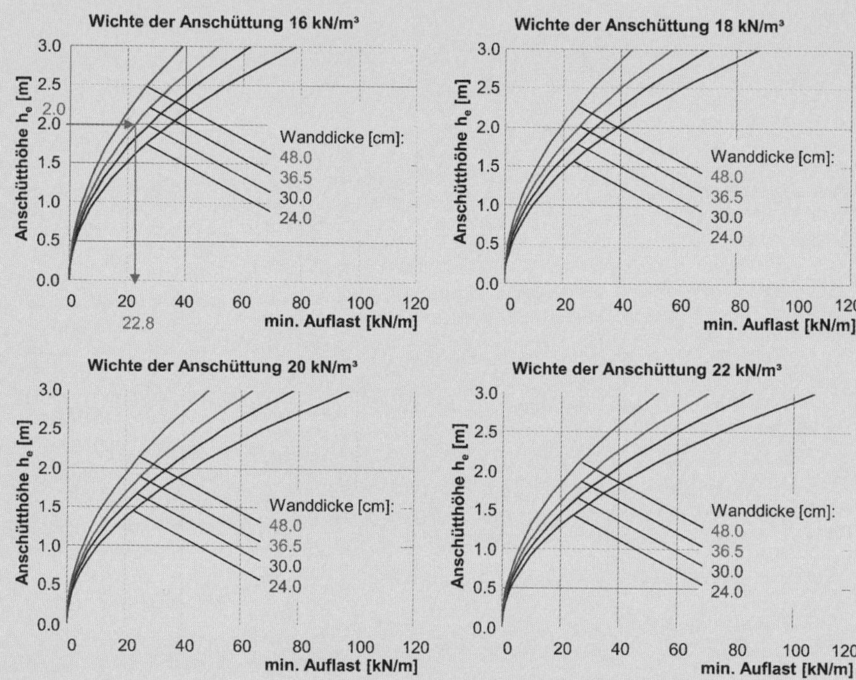

Abb. 8 Bemessungsdiagramm Kellerwand

4 Genaueres Berechnungsverfahren (DIN EN 1996-1-1/NA)

4.1 Ausmittige Normalkraftbeanspruchung

4.1.1 Einwirkende Bemessungsschnittgrößen

Der Nachweis der Tragfähigkeit wird am Wandkopf und Wandfuß sowie in Wandmitte geführt. Zusätzlich zu den Normalkräften sind die Einspannmomente für die ständigen und veränderlichen Einwirkungen bereitzustellen.

Die Einspannmomente können mit dem Verfahren nach DIN EN 1996-1-1/NA, Anhang C mittels Rahmenmodell oder einem anderen geeigneten Modell nach den anerkannten Regeln der Technik berechnet werden. Voraussetzung für die Nachweisführung nach dem genaueren Bemessungsverfahren ist die Bestimmung der jeweiligen Lastexzentrizität an der Nachweisstelle.

4.1.2 Knicklänge

Freistehende Wände

Im Regelfall sind freistehende Wände windbeanspruchte Giebelwände oder Begrenzungsmauern. Mit einer vollen Einspannung am Wandfuß gilt mit den vorhandenen Normalkräften $N_{Ed,WK}$ am Wandkopf und $N_{Ed,WF}$ am Wandfuß folgende Knicklänge:

$$h_{ef} = 2 \cdot \sqrt{\frac{1 + 2 N_{Ed,WK} / N_{Ed,WF}}{3}} \cdot h$$

$N_{Ed,WK}$ Bemessungswert der einwirkenden Normalkraft am Wandkopf

$N_{Ed,WF}$ Bemessungswert der einwirkenden Normalkraft am Wandfuß

h lichte Wandhöhe

h_{ef} Knicklänge

Zweiseitig gehaltene Wände

Für die Ermittlung der Knicklänge gilt Abschnitt 3.6. Abweichend darf der Knicklängenbeiwert ρ_2 auch in Abhängigkeit der Lastexzentrizität am Wandkopf nach Tafel 25 ermittelt werden. Zwischenwerte sind linear zu interpolieren.

Tafel 25 Annahme für den Knicklängenbeiwert ρ_2

Exzentrizität e	Knicklängenbeiwert ρ_2
$e \leq t/6$	0,75
$e \geq t/3$	1,00

Eine Abminderung der Knicklänge ist jedoch nur zulässig, wenn die erforderliche Auflagertiefe a gegeben ist:

$t < 12{,}5$ cm → $a \geq 10{,}0$ cm

$t \geq 12{,}5$ cm → $a \geq 2/3 \cdot t$

Drei- oder vierseitig gehaltene Wände

Die Knicklänge für 3 oder 4-seitig gehaltene Wände ist nach Abschn. 3.6.2 zu ermitteln.

Mauerwerksbau

4.1.3 Tragfähigkeitsnachweis

Die Tragfähigkeit wird durch die Gegenüberstellung der Bemessungswerte von einwirkender (N_{Ed}) und aufnehmbarer (N_{Rd}) Normalkraft nachgewiesen. Zu beachten ist, dass die aufnehmbare Normalkraft neben der Mauerwerksfestigkeit (f_k) und der Schlankheit (λ), maßgeblich von deren Exzentrizität (e) abhängt.

Es ist folgender Nachweis mit Linienlasten [n in kN/m] oder Punktlasten [N in kN] zu führen:

$$\boxed{n_{Ed} \le n_{Rd}} \quad bzw. \quad \boxed{N_{Ed} \le N_{Rd}}$$

n_{Ed}, N_{Ed} Bemessungswert der einwirkenden Normalkraft

n_{Rd}, N_{Rd} Bemessungswert der aufnehmbaren Normalkraft (Tragwiderstand)

4.1.4 Ermittlung des vertikalen Tragwiderstandes

Der Bemessungswert des vertikalen Tragwiderstandes N_{Rd} darf ermittelt werden aus:

$$\boxed{n_{Rd} = \Phi_{WK,WF,WM} \cdot t \cdot f_d} \quad \text{bzw.} \quad \boxed{N_{Rd} = \Phi_{WK,WF,WM} \cdot A \cdot f_d}$$

A Querschnittsfläche A $\geq$ 400 cm²

t Wanddicke $t \geq$ 11,5cm; bei Teilauflagerung der Deckenplatte ist t durch a zu ersetzen

f_d Bemessungswert der Druckfestigkeit des Mauerwerks
$= \zeta \cdot k_A \cdot k_V \cdot f_k / \gamma_M$

ζ Dauerstandsbeiwert:
= 0,85 berücksichtigt festigkeitsmindernde Langzeiteinflüsse (Regelfall)
= 1,00 Kurzzeitbeanspruchung

k_A Abminderungsfaktor Querschnittsfläche:
$= 0{,}7 + 3A$ [m²] (bei kurzen Wänden A < 0,1 m²)
= 1,0 (Regelfall)

k_V Abminderungsfaktor in Abhängigkeit vom Mauerwerksverband:
= 0,8 bei Verbandsmauerwerk
= 1,0 (Regelfall bei Einsteinmauerwerk)

f_k charakteristische Druckfestigkeit des Mauerwerks nach Tafel 2 bis Tafel 11.

γ_M Teilsicherheitsbeiwert nach Tafel 23

$\Phi_{WK,WF,WM}$ Traglastfaktoren für Wandkopf, Wandfuß oder Wandmitte

Traglastfaktoren am Wandkopf/Wandfuß

Mit dem Traglastfaktor Φ für die ausmittig beanspruchte Wand sowie den Geometrie- und Festigkeitswerten folgt die auf einen Meter Wandlänge bezogene aufnehmbare Streckenlast n_{Rd} am Wandkopf.

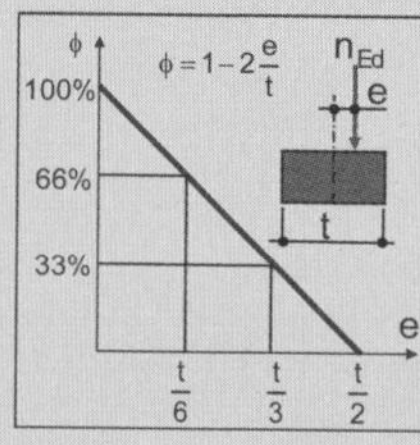

Abb. 9 Traglastfaktor Φ bei ausmittiger Beanspruchung

Der Traglastfaktor Φ ist für zentrische Laststellung 100 % und bei Randstellung 0 %. Durch den angesetzten „rechteckigen Spannungsblock“ gilt dazwischen eine lineare Beziehung (Abb. 9).

$$\Phi_{WK,WF} = 1 - 2 \cdot \frac{e_{WK,WF}}{t} \quad \text{mit} \quad e_{WK,WF} = e_L \geq 0{,}05 \cdot t$$

$e_{WK,WF}$	Lastexzentrizität am Kopf bzw. Fuß der Wand
$e_L = \left\lvert \frac{m_{Ed}}{n_{Ed}} \right\rvert$	Lastausmitte
m_{Ed}	Bemessungswert des Biegemomentes je Längeneinheit, resultierend aus der Exzentrizität am Kopf bzw. Fuß der Wand, inkl. horizontaler Einwirkungen (z.B. aus Wind) je Längeneinheit
n_{Ed}	Bemessungswert der am Kopf bzw. Fuß der Wand wirkenden Vertikalkraft je Längeneinheit
t	Wanddicke, bei Teilauflagerung der Deckenplatte gilt $a = t$

Traglastfaktor in Wandmitte

In Wandmitte ist die Tragfähigkeit als Funktion der Exzentrizität (Ausmittigkeit) und Schlankheit zu ermitteln. Neben der Lastausmitte e_L und der ungewollten Ausmitte e_{init} ist die Kriechausmitte e_k zu addieren. Die minimale Gesamtausmitte ist mit 5 % der Wanddicke begrenzt. Es gilt:

$$\Phi_{WM} = 1{,}14 \cdot \Phi - 0{,}024 \cdot \lambda \leq \Phi \quad \text{mit} \quad \Phi = 1 - 2 \cdot \frac{e_{WM}}{t}$$

$$e_{WM} = e_L + e_k + e_{init} + \frac{t-a}{2} \geq 0{,}05 \cdot t$$

e_{WM}	Exzentrizität in halber Wandhöhe
$e_L = \left\lvert \frac{m_{Ed}}{n_{Ed}} \right\rvert$	Lastausmitte
e_k	$= 0{,}002 \cdot \phi_\infty \cdot \lambda\sqrt{t - e_L}$ (Ausmitte infolge Kriechen)
ϕ_∞	Endkriechzahl (Tafel 26)
$\lambda = h_{ef} / t$	Schlankheit der Wand
m_{Ed}	Bemessungswert des einwirkenden Biegemomentes in halber Geschosshöhe
n_{Ed}	Bemessungswert der einwirkenden Normalkraft in halber Geschosshöhe
e_{init}	$= \frac{h_{ef}}{450}$ (ungewollte Ausmitte mit dem Vorzeichen, mit dem der absolute Wert e_L erhöht wird)
t, a	Wanddicke, Auflagertiefe der Deckenplatte

Als Rechenwert ist der Kriecheinfluss nur dann zu berücksichtigen, wenn die vorhandene Wandschlankheit λ größer als die Grenzschlankheit λ_c ist. Die Grenzschlankheit und der Rechenwert der Endkriechzahl in Abhängigkeit des Mauerwerks enthält Tafel 26.

Traglastfaktor bei kombinierter Beanspruchung

Bei einer kombinierten Beanspruchung aus Biegung um die starke Achse (z.B. Aussteifungsscheiben) und Biegung um die schwache Achse ist der Nachweis der Doppelbiegung an der maßgebenden Stelle zu führen.

Tafel 26 **Endkriechzahlen und Grenzschlankheiten in Abhängigkeit von Mauersteinart und Mörtel**

Mauersteinart	Mauermörtel	Endkriechzahl[a] ϕ_∞ [-]		Grenzschlankheit λ_c [-]
		Rechenwert	Wertebereich	
Mauerziegel	NM	1,0	0,5 bis 1,5	15
	LM	2,0	1,0 bis 3,0	10
Kalksandstein	NM / DM	1,5	1,0 bis 2,0	12
Betonsteine	NM	1,0	-	15
Leichtbetonsteine	NM / LM	2,0	1,5 bis 2,5	10
Porenbetonsteine	DM	0,5	0,2 bis 0,7	20

[a] Endkriechzahl $\phi_\infty = \varepsilon_\infty / \varepsilon_{el}$ mit ε_∞ als Endkriechmaß und $\varepsilon_{el} = \sigma / E$.

Zahlenbeispiel 3 (Innenwand)

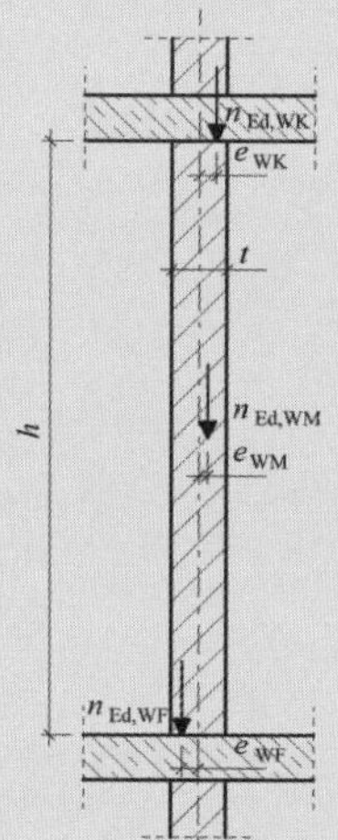

Abb. 10 Innenwand

Wanddicke t = 17,5 cm

Mauerwerk mit f_k = 6,6 N/mm² = 6600 kN/m²

Lichte Geschosshöhe h = 3,30 m

Einsteinmauerwerk, Ziegel

Einwirkung

Wandkopf	$n_{Ed,WK}$ = -317 kN/m
	$m_{Ed,WK}$ = -0,82 kNm/m
Wandmitte	$n_{Ed,WM}$ = -324 kN/m
	$m_{Ed,WM}$ = 0,00 kNm/m
Wandfuß	$n_{Ed,WF}$ = -331 kN/m
	$m_{Ed,WF}$ = +0,82 kNm/m

Zahlenbeispiel 4 (Außenwand)

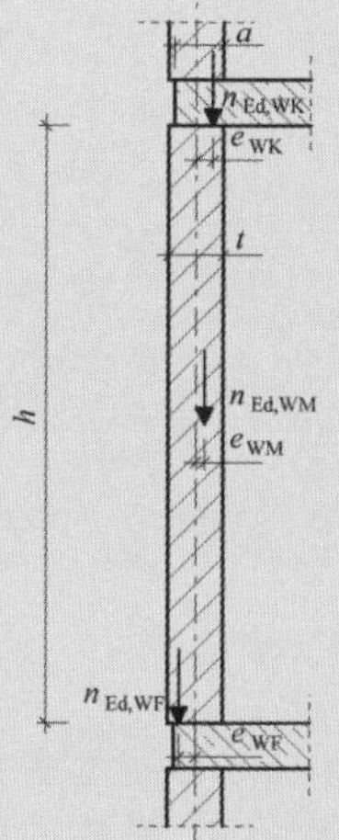

Abb. 11 Außenwand

Wanddicke/Auflagertiefe t/a = 36,5 cm/30 cm

Mauerwerk mit f_k = 3 N/mm² = 3000 kN/m²

Lichte Geschosshöhe h = 3,10 m

Einsteinmauerwerk, Porenbeton

Einwirkung

Wandkopf	$n_{Ed,WK}$ = -212 kN/m
	$m_{Ed,WK}$ = -9,62 kNm/m
Wandmitte	$n_{Ed,WM}$ = -216 kN/m
	$m_{Ed,WM}$ = 0,7 kNm/m (aus Windlast)
Wandfuß	$n_{Ed,WF}$ = -221 kN/m
	$m_{Ed,WF}$ = +9,62 kNm/m

Beanspruchbarkeit

Wandkopf

Außmitten $e_L = \left|\frac{m_{Ed}}{n_{Ed}}\right| \geq 0{,}05 \cdot t$

$$e_L = \left|\frac{-0{,}82}{-317}\right| = 0{,}26\,cm \geq 0{,}88\,cm$$

Traglastfaktor

$$\Phi_{WK} = 1 - 2 \cdot \frac{e_L}{t} = 1 - 2\frac{0{,}88}{17{,}5} = 0{,}9$$

$A = 0{,}175$ m² > 0,1 m² => $k_A = 1{,}0$

$f_d = \zeta \cdot k_A \cdot k_V \cdot f_k / \gamma_M$

$= 0{,}85 \cdot 1{,}0 \cdot 1{,}0 \cdot 6600 / 1{,}5 = 3740$ kN/m²

$n_{Rd} = \Phi_{WK} \cdot t \cdot f_d$

$= 0{,}9 \cdot 0{,}175 \cdot 3740$

$= 589$ kN/m

Wandfuß

Außmitten $e_L = \left|\frac{m_{Ed}}{n_{Ed}}\right| \geq 0{,}05 \cdot t$

$$e_L = \left|\frac{0{,}82}{-331}\right| = 0{,}25\,cm \geq 0{,}88\,cm$$

Traglastfaktor

$$\Phi_{WF} = 1 - 2 \cdot \frac{e_L}{t} = 1 - 2\frac{0{,}88}{17{,}5} = 0{,}9$$

$n_{Rd} = \Phi_{WF} \cdot t \cdot f_d$

$= 0{,}9 \cdot 0{,}175 \cdot 3740$

$= 589$ kN/m

Wandmitte

Außmitten

$$e_{mk} = e_L + e_k + e_{init} \geq 0{,}05 \cdot t$$

$$e_L = \left|\frac{m_{ed}}{n_{ed}}\right| = \left|\frac{0}{-324}\right| = 0 \leq t/6 = 2{,}92cm$$

$$\rightarrow \rho_2 = 0{,}75$$

Schlankheit

$h_{ef} = \rho_2 \cdot h = 0{,}75 \cdot 3{,}3 = 2{,}48$ m

$$\lambda = \frac{h_{ef}}{t} = \frac{2{,}48}{0{,}175} = 14{,}1 < \lambda_c = 15 \qquad \rightarrow e_k = 0$$

Beanspruchbarkeit

Wandkopf

Außmitten $e_L = \left|\frac{m_{Ed}}{n_{Ed}}\right| \geq 0{,}05 \cdot a$

$$e_L = \left|\frac{-9{,}62}{-212}\right| = 4{,}54\,cm \geq 1{,}5\,cm$$

Traglastfaktor

$$\Phi_{WK} = 1 - 2 \cdot \frac{e_L}{a} = 1 - 2\frac{4{,}54}{30} = 0{,}7$$

$A = 0{,}365$ m² > 0,1 m² => $k_A = 1{,}0$

$f_d = \zeta \cdot k_A \cdot k_V \cdot f_k / \gamma_M$

$= 0{,}85 \cdot 1{,}0 \cdot 1{,}0 \cdot 3000 / 1{,}5 = 1700$ kN/m²

$n_{Rd} = \Phi_{WK} \cdot a \cdot f_d$

$= 0{,}7 \cdot 0{,}30 \cdot 1700$

$= 356$ kN/m

Wandfuß

Außmitten $e_L = \left|\frac{m_{Ed}}{n_{Ed}}\right| \geq 0{,}05 \cdot a$

$$e_L = \left|\frac{-9{,}62}{-221}\right| = 4{,}35\,cm \geq 1{,}5\,cm$$

Traglastfaktor

$$\Phi_{WF} = 1 - 2 \cdot \frac{e_L}{a} = 1 - 2 \cdot \frac{4{,}35}{30} = 0{,}71$$

$n_{Rd} = \Phi_{WF} \cdot a \cdot f_d$

$= 0{,}71 \cdot 0{,}30 \cdot 1700$

$= 362$ kN/m

Wandmitte

Außmitten

$$e_{mk} = e_L + e_k + e_{init} + \frac{t-a}{2} \geq 0{,}05 \cdot t$$

$$e_L = \left|\frac{m_{ed}}{n_{ed}}\right| = \left|\frac{0{,}7}{216}\right| = 0{,}32cm \leq t/6 = 6{,}08cm$$

$$\rightarrow \rho_2 = 0{,}75$$

Schlankheit

$h_{ef} = \rho_2 \cdot h = 0{,}75 \cdot 3{,}1 = 2{,}33$ m

$$\lambda = \frac{h_{ef}}{t} = \frac{2{,}33}{0{,}365} = 6{,}37 < \lambda_c = 12 \qquad \rightarrow e_k = 0$$

$$e_{init} = \frac{h_{ef}}{450} = \frac{248}{450} = 0,55\,cm$$

$$e_{WM} = 0 + 0 + 0,55 \geq 0,05 \cdot 17,5 = 0,88\,cm$$

Traglastfaktor

$$\Phi = 1 - 2 \cdot \frac{e_{WM}}{t} = 1 - 2\frac{0,88}{17,5} = 0,9$$

$$\Phi_{WM} = 1,14 \cdot \Phi - 0,024 \cdot \lambda \leq \Phi$$

$$= 1,14 \cdot 0,9 - 0,024 \cdot 14,1 = 0,69 \leq 0,9$$

$$= 0,69$$

$$n_{Rd} = \Phi_{WM} \cdot t \cdot f_d$$

$$= 0,69 \cdot 0,175 \cdot 3740$$

$$= 449\ kN/m$$

Nachweis:

Ausnutzungsgrad $\eta = \frac{n_{Ed}}{n_{Rd}}$

Wandkopf $\eta = \left|\frac{n_{Ed,WK}}{n_{Rd,WK}}\right| = \frac{317}{589} = 0,54$

Wandmitte $\eta = \left|\frac{n_{Ed,WM}}{n_{Rd,WM}}\right| = \frac{324}{449} = 0,72$

Wandfuß $\eta = \left|\frac{n_{Ed,WF}}{n_{Rd,WF}}\right| = \frac{331}{589} = 0,56$

Maßgebender Ausnutzungsgrad $\boldsymbol{\eta = 0,72}$

$$e_{init} = \frac{h_{ef}}{450} = \frac{2,33}{450} = 0,52\,cm$$

$$e_{WM} = 0,32 + 0 + 0,52 + 3,25cm \geq 0,05 \cdot 36,5 = 4,0$$

Traglastfaktor

$$\Phi = 1 - 2 \cdot \frac{e_{mk}}{t} = 1 - 2 \cdot \frac{4,09}{36,5} = 0,78$$

$$\Phi_{WM} = 1,14 \cdot \Phi - 0,024 \cdot \lambda \leq \Phi$$

$$= 1,14 \cdot 0,78 - 0,024 \cdot 6,37 = 0,73 \leq 0,78$$

$$= 0,73$$

$$n_{Rd} = \Phi_{WM} \cdot t \cdot f_d$$

$$= 0,73 \cdot 0,365 \cdot 1700$$

$$= 454\ kN/m$$

Nachweis:

Ausnutzungsgrad $\eta = \frac{n_{Ed}}{n_{Rd}}$

Wandkopf $\eta = \left|\frac{n_{Ed,WK}}{n_{Rd,WK}}\right| = \frac{212}{356} = 0,60$

Wandmitte $\eta = \left|\frac{n_{Ed,WM}}{n_{Rd,WM}}\right| = \frac{216}{454} = 0,48$

Wandfuß $\eta = \left|\frac{n_{Ed,WF}}{n_{Rd,WF}}\right| = \frac{221}{362} = 0,61$

Maßgebender Ausnutzungsgrad $\boldsymbol{\eta = 0,61}$

4.1.5 Freistehende Wände unter Windlast

Bei bekannter Höhe, Dicke und Wichte der Wand lässt sich aus Abb. 12 die aufnehmbare Windlast ablesen. Die Abbildung gilt für eine Mauerwerks- und Mörteldruckfestigkeit $f_k \geq 1.8$ N/mm².

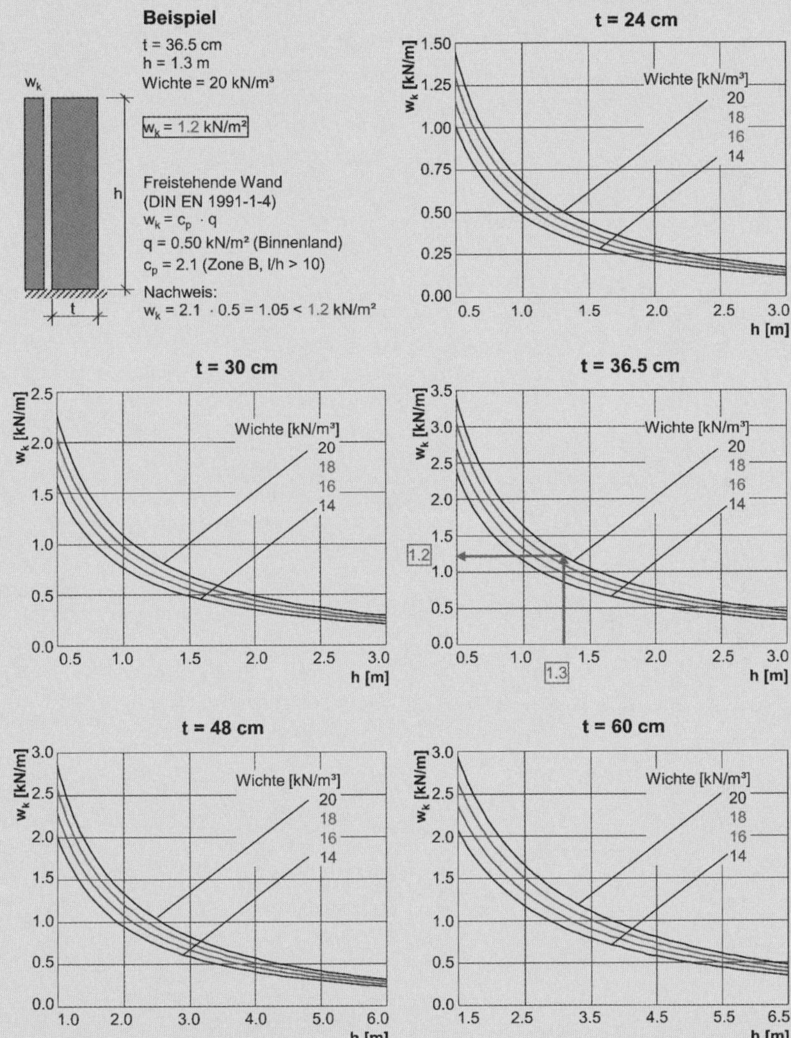

Abb. 12 Grenzwerte der aufnehmbaren Windlast

Mauerwerksbau

4.2 Querkrafttragfähigkeit

4.2.1 Schubnachweis

Bei offensichtlich ausreichend ausgesteiften Gebäuden braucht ein Schubnachweis nicht geführt werden. Allerdings sind Aussteifungsnachweise für Gebäude in Erdbebengebieten immer notwendig.

Für Aussteifungswände ist der Schubnachweis für die Versagensarten:

- Reibungsversagen und
- Steinzugversagen

generell zu führen.

Bei Elementmauerwerk mit Dünnbettmörtel und Überbindemaß < 40 % der Steinhöhe ist zusätzlich das:

- Steindruckversagen am Wandfuß zu untersuchen.

Bei unvermörtelten Stoßfugen und bei einem Verhältnis der Steinhöhe zur Steinlänge > 1 ist weiterhin:

- Fugenversagen in halber Wandhöhe nachzuweisen.

Abb. 13 verdeutlicht die Schubtragfähigkeit. Mauerwerk ohne Auflast ($\sigma_D = 0$) überträgt bei einer Haftscherfestigkeit f_{vk0} entsprechende Schubspannungen. Bei maximaler Druckbeanspruchung σ_D lassen sich dagegen keine Schubkräfte übertragen.

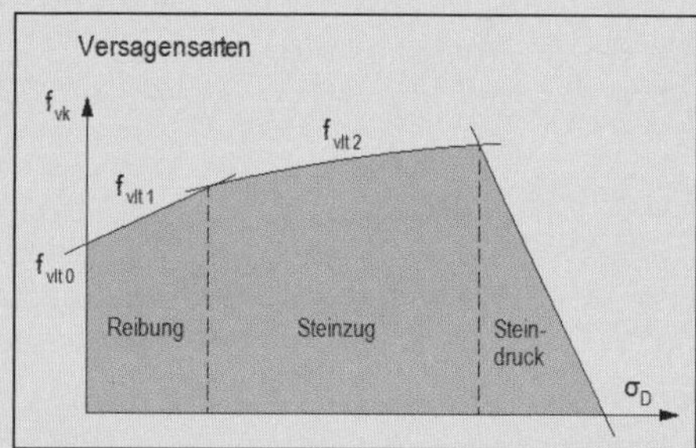

Abb. 13
Schubtragfähigkeit

Bei Ansatz der Haftscherfestigkeit f_{vk0} ist beim Nachweis zusätzlich die Randdehnung zu begrenzen (siehe Abschnitt 4.2.4).

4.2.2 Nachweisformate

Für den Nachweis der Schubtragfähigkeit muss gelten, dass der Bemessungswert der einwirkenden Querkraft V_{Ed} kleiner oder gleich dem Bemessungswert des Querkrafttragwiderstandes V_{Rdlt} ist:

$$V_{Ed} \leq V_{Rdlt}$$

V_{Rdlt} ergibt sich aus dem minimalen Wert der nachfolgenden Nachweise.

- $V_{Rdlt,R}$ Reibungsversagen
- $V_{Rdlt,S}$ Steinzugversagen
- $V_{Rdlt,D}$ Steindruckversagen
- $V_{Rdlt,F}$ Fugenversagen

4.2.3 Scheibenschub

Reibungsversagen

Bei geringer Auflast ist Reibungsversagen ($V_{Rdlt,R}$) möglich. Die charakteristische Haftscherfestigkeit f_{vk0} darf bei Mauerwerksverbänden ohne Vermörtelung der Stoßfuge nur zu 50 % in Ansatz gebracht werden. Der Querkraftwiderstand aus Reibungstragfähigkeit ergibt sich zu:

$$V_{Rdlt,R} = \frac{1}{c} \cdot l_{cal} \cdot t \cdot f_{vd1}$$

f_{vd1}	$= \frac{f_{vlt1}}{\gamma_M}$ Bemessungswert der Schubfestigkeit
f_{vlt1}	$= k \cdot f_{vk0} \cdot a/t + 0{,}4 \cdot \sigma_{Dd}$ charakteristische Schubfestigkeit
k	Faktor $k = 0{,}5$ für unvermörtelte Stoßfugen $k = 1{,}0$ bei vermörtelten Stoßfugen
f_{vk0}	Haftscherfestigkeit nach Tafel 12
σ_{Dd}	Bemessungswert der zugehörigen Druckspannung an der Stelle der maximalen Schubspannung. Für Rechteckquerschnitte gilt $\sigma_{Dd} = N_{Ed} / A$
A	$= t \cdot l_{c,lin}$ überdrückte Querschnittsfläche
N_{Ed}	$= 1{,}0 \cdot N_{Gk}$, im Regelfall ist die minimale Einwirkung maßgebend
t; a	Wanddicke; Auflagertiefe bei teilaufliegender Decke
l_{cal}	Rechnerische Wandlänge. Für den Nachweis von Wandscheiben unter Windbeanspruchung gilt: $l_{cal} = 1{,}125 \cdot l$ bzw. $l_{cal} = 1{,}333 \cdot l_{c,lin}$. Der kleinere Wert ist maßgebend. In allen anderen Fällen $l_{cal} = l$ bzw. $l_{cal} = l_{c,lin}$.
$l_{c,lin}$	$= \frac{3}{2} \cdot \left(1 - 2 \cdot \frac{e_w}{l}\right) \cdot l \leq l$ überdrückte Länge der Wandscheibe bei linear-elastischer Spannungsverteilung (Abb. 17)
e_w	Exzentrizität der einwirkenden Normalkraft in Wandlängsrichtung
c	Faktor zur Berücksichtigung der Verteilung der Schubspannung $= 1{,}0$ für $H/l \leq 1{,}0$ $= 1{,}5$ für $H/l \leq 2{,}0$ Zwischenwerte dürfen interpoliert werden.
H	gesamte Wandhöhe über alle Geschosse
l	Länge der Wandscheibe

Zahlenbeispiel 5 (Reibungsversagen)

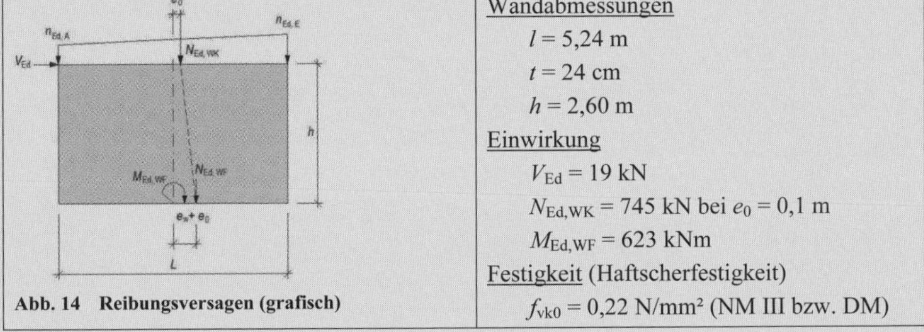

Abb. 14 Reibungsversagen (grafisch)

<u>Wandabmessungen</u>

$l = 5{,}24$ m

$t = 24$ cm

$h = 2{,}60$ m

<u>Einwirkung</u>

$V_{Ed} = 19$ kN

$N_{Ed,WK} = 745$ kN bei $e_0 = 0{,}1$ m

$M_{Ed,WF} = 623$ kNm

<u>Festigkeit</u> (Haftscherfestigkeit)

$f_{vk0} = 0{,}22$ N/mm² (NM III bzw. DM)

Reibungstragfähigkeit

$$V_{Rdlt,R} = l_{cal} \cdot f_{vd1} \cdot \frac{t}{c}$$

anzusetzende rechnerische Wandlänge

$$l_{c,lin} = \frac{3}{2} \cdot \left(1 - 2 \cdot \frac{e_w + e_0}{l}\right) \cdot l \leq l \qquad \text{mit} \qquad e_w = \frac{M_{Ed,WF}}{N_{Ed}} = \frac{623}{745} = 0{,}84\,m$$

$$= \frac{3}{2} \cdot \left(1 - 2 \cdot \frac{0{,}84 + 0{,}1}{5{,}24}\right) \cdot 5{,}24 \leq 5{,}24$$

$$= 5{,}04 \leq 5{,}24$$

$l_{cal} = \text{Min}(1{,}125 \cdot l;\ 1{,}333 \cdot l_{c,lin}) = 5{,}9$ m

$$\sigma_{Dd} = \frac{N_{ed}}{t \cdot l_{cal}} = \frac{745}{0{,}24 \cdot 5{,}9} = 526\,kN/m^2$$

$$f_{vlt1} = k \cdot f_{vk0} + 0{,}4 \cdot \sigma_{Dd} \qquad \text{mit} \qquad k = 1{,}0 \text{ (vermörtelte Stoßfugen)}$$

$$k = 0{,}5 \text{ (unvermörtelte Stoßfugen)}$$

$$= 0{,}5 \cdot 0{,}22 + 0{,}4 \cdot 0{,}526 = 0{,}32\,N/mm^2$$

$$f_{vd1} = \frac{f_{vlt1}}{\gamma_M} = \frac{0{,}32}{1{,}5} = 0{,}213\,N/mm^2$$

$$V_{Rdlt,R} = l_{cal} \cdot f_{vd1} \cdot \frac{t}{c}$$

$$= 5{,}9 \cdot 213 \cdot \frac{0{,}24}{1} = 302\,kN$$

Steinzugversagen

Für mögliches Steinzugversagen ($V_{Rdlt,S}$) gehen neben den bereits bekannten Werten auch die Steinzugfestigkeit $f_{bt,cal}$ sowie die mittlere Steindruckfestigkeit f_{St} in die Berechnung ein.

$$V_{Rdlt,S} = l_{cal} \cdot f_{vd2} \cdot \frac{t}{c}$$

$$f_{vlt2} = 0{,}45 \cdot f_{bt,cal} \cdot \sqrt{1 + \frac{\sigma_{Dd}}{f_{bt,cal}}}$$

f_{vlt2}	charakteristische Schubfestigkeit
$f_{bt,cal}$	Steinzugfestigkeit nach Tafel 13
σ_{Dd}	Bemessungswert der zugehörigen Druckspannung an der Stelle der maximalen Schubspannung; für Rechteckquerschnitte $\sigma_{Dd} = N_{Ed} / A$
A	$= t \cdot l_{c,lin}$ überdrückte Querschnittsfläche
N_{Ed}	$= 1{,}0 \cdot N_{Gk}$, im Regelfall ist die minimale Einwirkung maßgebend

Zahlenbeispiel 6 (Steinzugversagen)

Festigkeit: (Steinzugfestigkeit)

$f_{bt,cal}$ = 0,48 N/mm² (St 12, Vollsteine ohne Grifflöcher oder Grifftaschen)

Steinzugtragfähigkeit

$$V_{Rdlt,S} = l_{cal} \cdot f_{vd2} \cdot \frac{t}{c}$$

$$f_{vlt2} = 0{,}45 \cdot f_{bt,cal} \cdot \sqrt{1 + \frac{\sigma_{Dd}}{f_{bt,cal}}}$$

$$= 0{,}45 \cdot 0{,}48 \cdot \sqrt{1 + \frac{0{,}526}{0{,}48}} = 0{,}31 N/mm^2$$

$$f_{vd2} = \frac{f_{vlt2}}{\gamma_M} = \frac{0{,}31}{1{,}5} = 0{,}207 N/mm^2$$

$$= 5{,}9 \cdot 207 \cdot \frac{0{,}24}{1} = 293 kN$$

Steindruckversagen am Wandfuß

Der Nachweis gegen Steindruckversagen ($V_{Rdlt,D}$) ist nur für Elementmauerwerk mit Dünnbettmörtel bei Überbindelänge l_{ol} < 40 % der Steinhöhe notwendig. Eine Einwirkungskombination mit maximaler Normalkraft am Wandfuß könnte zum Steindruckversagen führen.

$$V_{Rdlt,D} = \frac{1}{\gamma_M \cdot c} \cdot \left(f_k \cdot t \cdot l_c - N_{Ed,\max} \cdot \gamma_M\right) \cdot \frac{l_{ol}}{h_u}$$

γ_M Teilsicherheitsbeiwert für das Material nach Tafel 13

c Faktor zur Berücksichtigung der Verteilung der Schubspannung
= 1,0 für $H/l \leq 1{,}0$ — H gesamte Wandhöhe aller Geschosse
= 1,5 für $H/l \leq 2{,}0$ — l Länge der Wand
Zwischenwerte dürfen interpoliert werden.

f_k charakteristische Druckfestigkeit des Mauerwerks nach Tafel 2 bis Tafel 11

l_c $= \left(1 - 2 \cdot \frac{e_w}{l}\right) \cdot l$ die anzusetzende überdrückte Länge der Wandscheibe

e_w $= \left|\frac{M_{Ed}}{N_{Ed}}\right|$ Exzentrizität der einwirkenden Normalkraft in Wandlängsrichtung
Im Regelfall ist die maximale einwirkende Normalkraft $N_{Ed,max}$ + zug. M maßgebend.

t Wanddicke

l Länge der Wandscheibe

h_u Höhe des Elementes

l_{ol} Überbindemaß

Mauerwerksbau

Zahlenbeispiel 7 (Steindruckversagen)

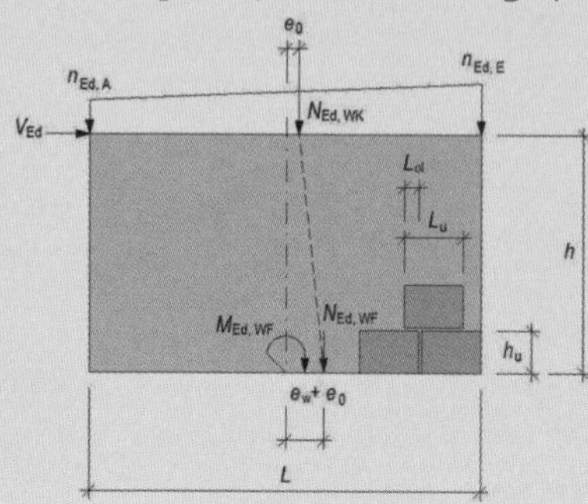

Abb. 15 Steindruckversagen (grafisch)

Einwirkung

$N_{Ed,max} = 1173$ kN bei $e_0 = 0{,}1$ m

$M_{Ed,WF} \Rightarrow e_W = 0{,}53$ m

Festigkeit (charakteristische Druckfestigkeit)

$f_k = 7$ N/mm²

Steindrucktragfähigkeit

$$V_{Rdlt,D} = \frac{1}{\gamma_M \cdot c} \cdot \left(f_k \cdot t \cdot l_c - N_{Ed,\max} \cdot \gamma_M\right) \cdot \frac{l_{ol}}{h_u}$$

$$l_c = \left(1 - 2 \cdot \frac{e_w + e_0}{l}\right) \cdot l$$

$$= \left(1 - 2 \cdot \frac{0{,}63}{5{,}24}\right) \cdot 5{,}24 = 3{,}98 \text{ m}$$

$$l_{ol} = 0{,}2 \cdot h_u$$

$$= \frac{1}{1{,}5 \cdot 1{,}0} \cdot (7000 \cdot 0{,}24 \cdot 3{,}98 - 1173 \cdot 1{,}5) \cdot 0{,}2$$

$$= 656\ kN$$

Fugenversagen

Sollten die Steine so vermauert werden, dass die Steinhöhe größer als die Steinlänge ist ($h_u/l_u > 1$) und dabei die Stoßfugen unvermörtelt bleiben, kann Fugenversagen ($V_{Rdlt,F}$) bei minimaler Auflast zum „Verkippen" der Steine führen.

$$V_{Rdlt.F} = \frac{1}{\gamma_M} \cdot \frac{2}{3} \cdot \left(\frac{l_u}{h_u} + \frac{l_u}{h}\right) \cdot N_{Ed,WM,\min}$$

γ_M	Teilsicherheitsbeiwert für das Material nach Tafel 23
$N_{Ed,WM,\min}$	$= 1{,}0 \cdot N_{Gk}$ Bemessungswert der minimalen Normalkraft
h	lichte Wandhöhe
l_u	Länge des Elementes
h_u	Höhe des Elementes

Zahlenbeispiel 8 (Fugenversagen)

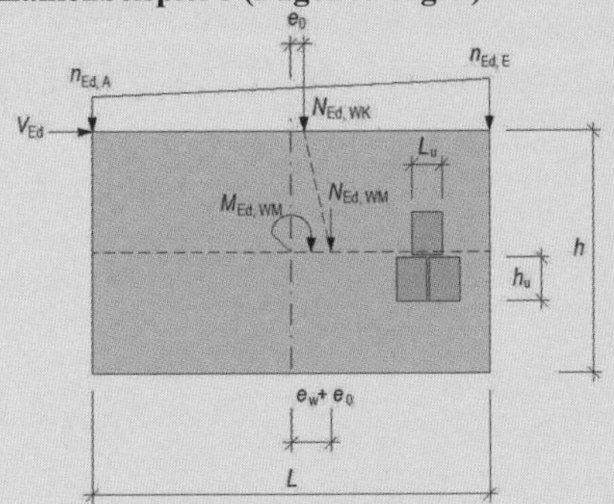

Abb. 16 Fugenversagen (grafisch)

Einwirkung

$N_{Ed,WM,min} = 708$ kN

Elementabmessungen

$l_u = 0{,}50$ m

$h_u = 0{,}63$ m

Fugenschubtragfähigkeit

$$V_{Rdlt,F} = \frac{1}{\gamma_M} \cdot \frac{2}{3} \cdot \left(\frac{l_u}{h_u} + \frac{l_u}{h} \right) \cdot N_{Ed,WM,\min}$$

$$= \frac{1}{1{,}5} \cdot \frac{2}{3} \cdot \left(\frac{0{,}5}{0{,}63} + \frac{0{,}5}{2{,}6} \right) \cdot 708$$

$$= 310\,kN$$

Ausnutzungsgrad

Der Ausnutzungsgrad η ist das Verhältnis aus einwirkender Querkraft zum Minimalwert der Schubkrafttragfähigkeit der untersuchten Versagensarten.

$$V_{Rd} = Min(V_{Rdlt,R}, V_{Rdlt,S}, V_{Rdlt,D}, V_{Rdlt,F}) = \text{Min}(302;293;656;310) = 293 \text{ kN}$$

$$\eta = \frac{V_{Ed}}{V_{Rd}} = \frac{19}{293} = 6{,}5\%$$ Der Ausnutzungsgrad der aussteifenden Wand beträgt 6,5 %.

4.2.4 Randdehnungsnachweis bei Scheibenbeanspruchung

Sind Wände als Windscheiben nachzuweisen, so ist für Querschnitte mit klaffender Fuge infolge Scheibenbeanspruchung ($e > l/6$) und (bei Ansatz der Haftscherfestigkeit f_{vk0}) zusätzlich nachzuweisen:

- rechnerische Randdehnung unter Gebrauchslasten auf der Seite der Klaffung $\varepsilon_R \leq 10^{-4}$;
- ein Aufreißen des Querschnittes unter Gebrauchslasten über den Schwerpunkt hinaus ($e > l/3$) ist nicht zulässig;
- σ_D ist die Randspannung unter Berücksichtigung eines evtl. gerissenen Querschnitts.

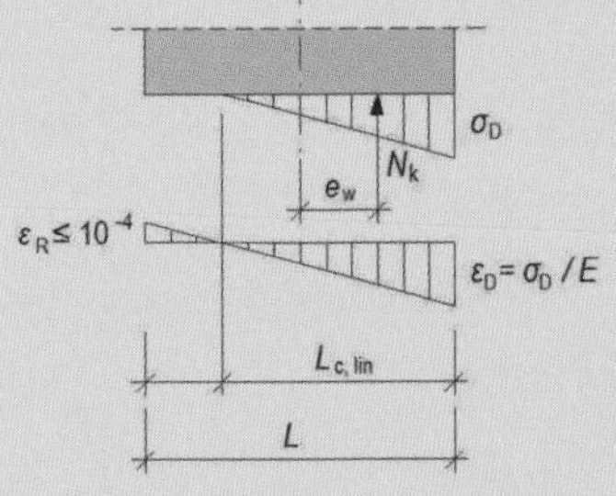

Abb. 17 Randdehnungsnachweis

Unter der vereinfachten Annahme des Elastizitätsmoduls mit E = 1000 · f_k ergibt sich die rechnerische Randdehnung wie folgt:

$$\varepsilon_R = \frac{\sigma_D}{1000 \cdot f_k} \cdot \left(\frac{l}{l_{c,lin}} - 1 \right) \leq 10^{-4}$$

mit σ_D unter Berücksichtigung einer linear-elastischen Spannungsverteilung:

$$\sigma_D = \frac{2 \cdot N_K}{t \cdot l_{c,lin}}.$$

4.2.5 Querkrafttragfähigkeit in Plattenrichtung

Die Querkrafttragfähigkeit von Rechteckquerschnitten senkrecht zur Wandebene infolge Reibungsversagen ist wie folgt nachzuweisen:

$$V_{Rdlt,R} = f_{vd1} \cdot t_{cal} \cdot \frac{l}{c}$$

f_{vlt1}	$= k \cdot f_{vk0} + 0{,}6 \cdot \sigma_{Dd}$ charakteristische Schubfestigkeit
k	Faktor $k = \frac{2}{3}$ für unvermörtelte Stoßfugen $k = 1{,}0$ bei vermörtelten Stoßfugen
f_{vk0}	Haftscherfestigkeit nach Tafel 12
σ_{Dd}	Bemessungswert der zugehörigen Druckspannung an der Stelle der maximalen Schubspannung; für Rechteckquerschnitte $\sigma_{Dd} = N_{Ed} / A$ überdrückte Querschnittsfläche $A = l \cdot t_{c,lin}$
N_{Ed}	$= 1{,}0 \cdot N_{Gk}$ im Regelfall ist die minimale Einwirkung maßgebend
t	Wanddicke
f_{vd1}	$= \frac{f_{vlt1}}{\gamma_M}$ Bemessungswert der Reibungsschubfestigkeit
t_{cal}	rechnerische Wanddicke, für den Nachweis der Fuge am Wandfuß: $t_{cal} = t$ bzw. $t_{cal} = 1{,}25 \cdot l_{c,lin}$. Der kleinere Wert ist maßgebend. In allen anderen Fällen $t_{cal} = t$ bzw. $t_{cal} = t_{c,lin}$.
$t_{c,lin}$	$= \frac{3}{2} \cdot \left(1 - 2 \cdot \frac{e}{t}\right) \cdot t \leq t$ überdrückte Dicke der Wand bei linear-elastischer Spannungsverteilung
e	Exzentrizität der einwirkenden Normalkraft in Wandquerrichtung / Plattenrichtung
l	Länge der Wand
c	= 1,5 Schubspannungsverteilungsfaktor

Literatur

[DAfM e.V.]: Richtlinie Nr. 1 „Nichttragende innere Trennwände aus Mauerwerk“, Verlag Ernst & Sohn, Berlin, 2019

[DAfM e.V.]: Richtlinie Nr. 2 „Schlitze und Aussparungen in Mauerwerk“, Verlag Ernst & Sohn, Berlin, 2020

[Kirtschig/Anstötz]: Kirtschig, K.; Anstötz, W.: Zur Tragfähigkeit von nichttragenden inneren Trennwänden in Massivbauweise. Mauerwerk-Kalender 1986, S. 697–734, Verlag Ernst & Sohn, Berlin

[Kirtschig/Metje]: Einfluss von Aussparungen auf die Tragfähigkeit von Mauerwerk, Forschungsbericht (B I 5-80 01 81-15), Institut für Baustoffkunde und Materialprüfung der Universität Hannover, Amtliche Materialprüfanstalt für das Bauwesen, 3/1986

[Mauerwerk e.V.]: DIN EN 1996: mit Nationalen Anhängen: Bemessung und Konstruktion von Mauerwerksbauten – Kommentierte Fassung, Beuth, Berlin, 2020

[Milbrandt]: Aussteifende Holzbalkendecken im Mauerwerksbau, „Informationsdienst Holz“, Düsseldorf, Füllbachstraße.

[Schneider/Schoch]: Schneider, K.-J.; Schoch, T.: Statischer Nachweis von dünnen Außenwänden aus Mauerwerk. Mauerwerksbau aktuell, Praxishandbuch 2008, S.E.60–E.65. Bauwerk Verlag, Berlin

[Schubert u.a.]: Schubert, P.; Schneider, K.-J.; Schoch, T.: Mauerwerksbau-Praxis nach Eurocode, 3. Aufl. 2014, Bauwerk/Beuth, Berlin

Stahlbau

Prof. Dr.-Ing. Klaus Peters

Inhaltsverzeichnis

1 Stähle für den Stahlbau

Tafel 2 Bezeichnung der Stähle DIN EN 10027-1:2017-01

<table>
<tr><th colspan="2">Hauptsymbole</th><th colspan="5">Zusatzsymbole</th></tr>
<tr><td rowspan="7">G = Stahlguss (Option)

S = Stähle für den Stahlbau

B = Betonstähle

C = Kohlenstoffstähle

E = Maschinenbaustähle</td><td rowspan="7">nnn =

Mindeststreckgrenze in N/mm^2

für die geringste Erzeugnisdicke</td><td colspan="3">Kerbschlagarbeit in J</td><td>Prüftemperatur</td><td rowspan="7">+H = Mit besonderer Härtbarkeit
+AR = Gewalzt ohne jegliche besondere Bedingungen
+C = Kaltverfestigt
+M = Thermomechanisch umgeformt
+N = Normalgeglüht oder normalisierend gewalzt
+Q = Abgeschreckt bzw. gehärtet
+I = Isothermisch behandelt
+QT = Vergütet
+SU = Unbehandelt
+TT = Angelassen
+WW = Warmverfestigt</td></tr>
<tr><td>27 J</td><td>40 J</td><td>60 J</td><td>°C</td></tr>
<tr><td>JR</td><td>KR</td><td>LR</td><td>+20</td></tr>
<tr><td>J0</td><td>K0</td><td>L0</td><td>0</td></tr>
<tr><td>J2</td><td>K2</td><td>L2</td><td>–20</td></tr>
<tr><td>J3</td><td>K3</td><td>L3</td><td>–30</td></tr>
<tr><td colspan="4">M = Thermomechanisch umgeformt
N = Normalgeglüht oder normalisierend umgeformt
Q = Vergütet
L = Für Niedrigtemperatur
W = Wetterfest
Mn = Hoher Mn-Gehalt
G = Andere Güten, wenn erforderlich
C = Mit besonderer Kaltumformbarkeit
H = Hohlprofile O = Für Offshore
S = Für Schiffsbau T = Für Rohre</td></tr>
</table>

Bezeichnung warmgewalzter Erzeugnisse aus unlegierten Baustählen

Beispiele: **Stahl EN 10025 – S235JR** = **Stahl EN 10025 – 1.0083** (alternative Angabe mit Werkstoffnummer) = RSt 37-2 (frühere nationale Bezeichnung)

S235 = Stahl für den Stahlbau, Mindestwert der Streckgrenze 235 N/mm^2 für Dicken $\leq$ 16 mm
JR = Kennzeichnung für die Gütegruppe im Hinblick auf die Schweißeignung und die Kerbschlagarbeit. Hier Kerbschlagarbeit mind. 27 J bei Raumtemperatur 20 °C

Stahl EN 10025 – S355J0+N = **Stahl EN 10025 – 1.0570** = St 52-3N

S355 = Stahl, Mindestwert der Streckgrenze 355 N/mm^2 für Dicken $\leq$ 16 mm
J0 = Gütegruppe, Kerbschlagarbeit mindestens 27 J bei Temperatur 0 °C
+N = Normalisierend gewalzt bzw. normalgeglüht

Bezeichnung niedrig und hochlegierter Stähle

Beispiel: **X 6 CrNiTi 18-10** X = Hochlegierter Stahl mit 0,06 % C, 18 % Cr, 10 % Ni, 0,3 bis 0,8 % Ti, dieser Legierungsgehalt ist in der Bezeichnung nicht enthalten
Charakterisierung: austenitischer nichtrostender Chrom-Nickel-Stahl mit Titanzusatz

Aufbau der Werkstoffnummern **1 . XX YY**

1 = Stahl
XX = Stahlgruppennummer, z. B. 00 Grundstähle, 01 bis 07 Qualitätsstähle, 10 bis 18 Edelstähle, 40 bis 49 nichtrost. und chemisch beständige Stähle, ab 50 legierte Bau-, Maschinenbau- und Behälterstähle
YY = Zählnummer

Der Gebrauch der Werkstoffnummern bietet sich bei langen Werkstoffbezeichnungen an.

Tafel 3a Nennwerte für Werkstoffeigenschaften

Vereinfachte Werte der DIN EN 1993-1-1

Stahl (frühere nationale Bezeichnung)	Erzeugnis-dicke t	Streck-grenze f_y	Zug-festigkeit f_u	Elastizitäts-modul E	Schub-modul G	Tempera-tur-dehnzahl α
	mm	N/mm²	N/mm²	N/mm²	N/mm²	K^{-1}
Baustahl S235 (St37)	$t \leq 40$	235	360	210 000	81 000	$12 \cdot 10^{-6}$
	$40 < t \leq 80$	215				
Baustahl S355 (St52)	$t \leq 40$	355	490			
	$40 < t \leq 80$	335	470			
Feinkornbaustahl S275 N u. NL	$t \leq 40$	275	390			
	$40 < t \leq 80$	255	370			
M u. ML	$t \leq 40$	275	370			
	$40 < t \leq 80$	255	360			
S355 N u. NL	$t \leq 40$	355	490			
	$40 < t \leq 80$	335	470			
M u. ML	$t \leq 40$	355	470			
	$40 < t \leq 80$	335	450			
S460 N u. NL	$t \leq 40$	460	540			
	$40 < t \leq 80$	430	540			
M u. ML	$t \leq 40$	460	540			
	$40 < t \leq 80$	430	530			

Grenzdruck nach Hertz für Lager: S235: 800 N/mm², S355: 1 000 N/mm²

Tafel 3b Werkstoffeigenschaften nach Produktnormen

DIN EN 10293, DIN EN 10340, DIN EN 10082-2

Stahl	Erzeugnis-dicke t	Streck-grenze f_y	Zug-festigkeit f_u	Elastizitäts-modul E	Schub-modul G	Temp.-dehnzahl α
	mm	N/mm²	N/mm²	N/mm²	N/mm²	K^{-1}
Gusswerkstoffe GS200	$t \leq 100$	200	380	210 000	81 000	$12 \cdot 10^{-6}$
GS240	$t \leq 100$	240	450			
GE200	$t \leq 300$	200	380			
GE240	$t \leq 300$	240	450			
G17Mn5+QT	$t \leq 50$	240	450			
G20Mn5+N	$t \leq 30$	300	480			
G20Mn5+QT	$t \leq 100$	300	500			
Vergütungsstahl C35 + N	$t \leq 16$	300	550			
	$16 < t \leq 100$	270	520			
C45 + N	$t \leq 16$	340	620			
	$16 < t \leq 100$	305	580			
C60 + N	$t \leq 16$	380	710			
	$16 < t \leq 100$	340	670			

Grenzdruck nach Hertz für Lager: C35, C45: 950 N/mm²

Nichtrostende Stähle

Chromgehalt ≥ 12 % Es bildet sich auf der Oberfläche des Nirostahls eine Oxidschicht, Passivschicht, die den Stahl gegen den Angriff aggressiver Medien schützt.

Tafel 4a Bauaufsichtlich zugelassene nichtrostende Stähle, DIN EN 10088-1:2014-12

Kurzname	Werkstoff-Nr.	Widerstandsklasse	Anwendung
X5CrNi18-10 X6CrNiTi18-10	1.4301 1.4541	II mäßig	Zugängliche Konstruktionen, keine Industrieatmosphäre
X5CrNiMo17-12-2 X2CrNiMo17-12-2 X6CrNiMoTi17-12-2	1.4401 1.4404 1.4571	III mittel	Unzugängliche Konstruktionen, mäßige Chlorid- und Schwefeldioxydbelastung
X2CrNiMoN22-5-3 X1NiCrMoCu25-20-5	1.4462 1.4539	IV stark	Meerwasser, Schwimmhallen, hohe Korrosionsbelastung durch Chlor, Chloride oder Schwefeldioxyde, hohe Luftfeuchtigkeit

Tafel 4b Charakteristische Werte der Stahlsorten

Festigkeitsklasse	Werkstoff-Nr.	Streckgrenze f_y	Zugfestigkeit f_u	E-Modul E Schubmodul G	Temperaturdehnzahl α	Dichte
		N/mm²	N/mm²	N/mm²	K^{-1}	kN/m³
S235	1.4301	210[1)] 190[2)]	520[1)] 500[2)]	200 000 77 000	$16 \cdot 10^{-6}$	79
S235	1.4541	200[1)] 190[2)]	500	200 000 77 000	$16 \cdot 10^{-6}$	79
S235	1.4401	220[1)] 200[2)]	520[1)] 500[2)]	200 000 77 000	$16 \cdot 10^{-6}$	80
S235	1.4404	220[1)] 200[2)]	520[1)] 500[2)]	200 000 77 000	$16 \cdot 10^{-6}$	80
S235	1.4571	220[1)] 200[2)]	520[1)] 500[2)]	200 000 77 000	$16{,}5 \cdot 10^{-6}$	80
S460	1.4462	460[1)] 450[2)]	640[1)] 650[2)]	200 000 77 000	$13 \cdot 10^{-6}$	78
S235	1.4539	220[1)] 230[2)]	520[1)] 530[2)]	195 000 75 000	$16 \cdot 10^{-6}$	80
	1.4057[3)]	600[2)]	800[2)]	215 000 83 000	$10 \cdot 10^{-6}$	80

[1)] Warmgewalzte Bleche, $t \leq 75$ mm
[2)] Stab-, Rund- und Profilstahl, $t \leq 250$ mm. Für 1.4057: vergütet (QT 800), für Bolzen
[3)] Werkstoffwerte nach DIN 19704, Tabelle 1

Sonderregelungen für die Nachweisführung:

Die Sonderregelungen gegenüber S235 und S355 sind unter anderem auf Grund des geringeren E-Moduls erforderlich. Festlegung der Regelungen in DIN EN 1993-1-4. Wichtige Änderungen für:

$\gamma_{M0} = 1{,}1$ max c/t Knicklinien, Imperfektionen Tragfähigkeit Kehlnähte

Keine Regelungen für plastische Bemessung vorhanden.

2 Stahlsortenauswahl für geschweißte Stahlbauten

nach DIN EN 1993-1-10

Brüche geschweißter Stahlbauteile infolge spröden Werkstoffverhaltens sollen mit ausreichender Sicherheit vermieden werden. Tafel 5a gibt die Gütegruppen in Abhängigkeit von der maximalen Erzeugnisdicke, der Referenztemperatur und dem Spannungszustand σ_{Ed} an.

Anzusetzende Referenztemperatur T_{Ed} an der potenziellen Rissstelle:
niedrigste Lufttemperatur aus nationalen Isothermenkarten
nach DIN EN 1991-1-5, nationaler Anhang: $T_{Ed} = -24$ °C

Spannung σ_{Ed} Zu ermitteln aus der Lastkombination $E_d = \Sigma\, G_k + \psi_1\, Q_{k1} + \Sigma\, \psi_{2,i}\, Q_{ki}$

$\Sigma\, G_k$ Ständige Einwirkungen
$\psi_1\, Q_{k1}$ Häufig auftretender Wert der veränderlichen Last gem. EN 1990
$\Sigma\, \psi_{2,i}\, Q_{ki}$ Quasiständige Anteile der veränderlichen Begleiteinwirkungen

Tafel 5a Maximal zulässige Erzeugnisdicken t_z in mm

Stahlsorte		Referenztemperatur T_{Ed}					
Festigkeit	Gütegruppe	0 °C	–30 °C	0 °C	–30 °C	0 °C	–30 °C
		σ_{Ed} = 0,70 $f_y(t)$		σ_{Ed} = 0,50 $f_y(t)$		σ_{Ed} = 0,25 $f_y(t)$	
S235	JR	50	30	75	45	115	75
	J0	75	40	105	65	155	100
	J2	105	60	145	90	200	135
S275	JR	45	25	70	40	110	70
	J0	65	35	95	55	145	95
	J2	95	55	130	80	190	125
	M,N	110	65	155	95	200	145
	ML, NL	160	95	200	130	200	190
S355	JR	35	15	55	30	95	60
	J0	50	25	80	45	130	80
	J2	75	40	110	65	175	110
	K2, M, N	90	50	135	80	200	130
	ML, NL	130	75	180	110	200	175
S460	Q	60	30	95	55	155	95
	M,N	70	40	110	65	175	115
	QL	90	50	130	75	200	130
S690	Q	30	15	55	30	100	60
	QL	50	25	80	45	140	85
$f_y(t)$ = Streckgrenze bei Erzeugnisdicke t			Zwischenwerte dürfen linear interpoliert werden				

Die Sprödbruchgefahr erhöht sich bei Dehngeschwindigkeiten > 0,0004/s, z. B. Anprall, und bei zunehmendem Kaltumformgrad. Die Referenztemperatur ist in diesen Fällen zu erhöhen.

Eigenschaften des Stahls bei erhöhter Temperatur nach DIN EN 1993-1-2
Mit steigender Temperatur sinken Streckgrenze, Zugfestigkeit und Elastizitätsmodul.

Tafel 5b Verhältnis der Fließgrenze $f_{y,\Theta}$ unter Temperatur Θ zur Fließgrenze f_y bei 20 °C

Θ in °C	100°	400°	500°	600°	700°	900°	1 000°	1 200°
$k_{y,\Theta} = f_{y,\Theta} / f_y$	1,00	1,00	0,78	0,47	0,23	0,06	0,04	0,00

Stahlbau

3 Druckstäbe und zul. Spannungen nach DIN 18800 (3.81) alt und DIN 4114

Tafel 6 Zulässige Spannungen für Bauteile in N/mm², DIN 18800 (3.81)

<table>
<tr><th rowspan="3"></th><th rowspan="3">Spannungsart</th><th colspan="8">Werkstoff und Lastfall</th></tr>
<tr><th colspan="2">S235 (St37)</th><th colspan="2">S355 (St 52)</th><th colspan="2">StE 460</th><th colspan="2">StE 690</th></tr>
<tr><th>H</th><th>HZ</th><th>H</th><th>HZ</th><th>H</th><th>HZ</th><th>H</th><th>HZ</th></tr>
<tr><td>1</td><td>Druck und Biegedruck
für Stabilitätsnachweis zul σ_D
nach DIN 4114-1 und -2</td><td>140</td><td>160</td><td>210</td><td>240</td><td>275</td><td>310</td><td rowspan="2">410</td><td rowspan="2">460</td></tr>
<tr><td>2</td><td>Druck und Biegedruck
Zug und Biegezug zul σ
Vergleichsspannung</td><td>160</td><td>180</td><td>240</td><td>270</td><td>310</td><td>350</td></tr>
<tr><td>3</td><td>Schub zul τ</td><td>92</td><td>104</td><td>139</td><td>156</td><td>180</td><td>200</td><td>240</td><td>270</td></tr>
</table>

H Hauptlasten: Ständige Last, Verkehrslast, Schneelast, Einwirkungen aus wahrscheinlichen Baugrundbewegungen

Z Zusatzlasten: Wind, Kräfte aus Bremsen und Seitenstoß, z. B. von Kranen, Massenkräfte, Wärmewirkungen

Spannungsnachweis	$\sigma = \frac{N}{A} + \frac{M_y}{W_y} + \frac{M_z}{W_z}$	$\leq$ zul σ nach Zeile 2
Knicknachweis	$\sigma_\omega = \omega \cdot \frac{N}{A} + 0{,}9 \cdot \left(\frac{M_y}{W_y} + \frac{M_z}{W_z} \right)$	$\leq$ zul σ_D nach Zeile 1 Knickzahl $\omega \cdot$ Tafel 7

N, M_y und M_z sind die Beträge der maximalen Werte der Normalkraft N, des Biegemoments M_y um die y-Achse und des Biegemomentes M_z um die z-Achse ohne Sicherheitsfaktoren (charakteristische Werte).

W_y und W_z sind die auf den Biegedruck- bzw. Biegezugrand bezogenen Widerstandsmomente. Für den Stabilitätsnachweis sind W_y und W_z des ungeschwächten Querschnitts (ohne Berücksichtigung von Fehlflächen durch Löcher usw.) anzusetzen.

4 Einwirkungen und Widerstandsgrößen

- **Einwirkungen** sind nach ihrer zeitlichen Veränderlichkeit zu unterscheiden:
  G Ständige Einwirkungen, wahrscheinliche Baugrundbewegungen,
  Q Veränderliche Einwirkungen, Temperaturveränderungen,
  A Außergewöhnliche Einwirkungen.

Berechnung siehe Abschnitt Lastannahmen.

- **Widerstandsgrößen** ergeben sich aus geometrischen Größen und Werkstoffkennwerten, z. B. Festigkeiten und Steifigkeiten.

λ siehe Seite 18

Tafel 7 Knickzahlen ω für Bauteile aus S235 (St37)

λ	0	1	2	3	4	5	6	7	8	9	λ
20	1,04	1,04	1,04	1,05	1,05	1,06	1,06	1,07	1,07	1,08	20
30	1,08	1,09	1,09	1,10	1,10	1,11	1,11	1,12	1,13	1,13	30
40	1,14	1,14	1,15	1,16	1,16	1,17	1,18	1,19	1,19	1,20	40
50	1,21	1,22	1,23	1,23	1,24	1,25	1,26	1,27	1,28	1,29	50
60	1,30	1,31	1,32	1,33	1,34	1,35	1,36	1,37	1,39	1,40	60
70	1,41	1,42	1,44	1,45	1,46	1,48	1,49	1,50	1,52	1,53	70
80	1,55	1,56	1,58	1,59	1,61	1,62	1,64	1,66	1,68	1,69	80
90	1,71	1,73	1,74	1,76	1,78	1,80	1,82	1,84	1,86	1,88	90
100	1,90	1,92	1,94	1,96	1,98	2,00	2,02	2,05	2,07	2,09	100
110	2,11	2,14	2,16	2,18	2,21	2,23	2,27	2,31	2,35	2,39	110
120	2,43	2,47	2,51	2,55	2,60	2,64	2,68	2,72	2,77	2,81	120
130	2,85	2,90	2,94	2,99	3,03	3,08	3,12	3,17	3,22	3,26	130
140	3,31	3,36	3,41	3,45	3,50	3,55	3,60	3,65	3,70	3,75	140
150	3,80	3,85	3,90	3,95	4,00	4,06	4,11	4,16	4,22	4,27	150
160	4,32	4,38	4,43	4,49	4,54	4,60	4,65	4,71	4,77	4,82	160
170	4,88	4,94	5,00	5,05	5,11	5,17	5,23	5,29	5,35	5,41	170
180	5,47	5,53	5,59	5,66	5,72	5,78	5,84	5,91	5,97	6,03	180
190	6,10	6,16	6,23	6,29	6,36	6,42	6,49	6,55	6,62	6,69	190
200	6,75	6,82	6,89	6,96	7,03	7,10	7,17	7,24	7,31	7,38	200
210	7,45	7,52	7,59	7,66	7,73	7,81	7,88	7,95	8,03	8,10	210
220	8,17	8,25	8,32	8,40	8,47	8,55	8,63	8,70	8,78	8,86	220
230	8,93	9,01	9,09	9,17	9,25	9,33	9,41	9,49	9,57	9,65	230
240	9,73	9,81	9,89	9,97	10,05	10,14	10,22	10,30	10,39	10,47	240
250	10,55	Zwischenwerte müssen nicht eingeschaltet werden.									

Knickzahlen ω für Bauteile aus S355 (St52)

λ	0	1	2	3	4	5	6	7	8	9	λ
20	1,06	1,06	1,07	1,07	1,08	1,08	1,09	1,09	1,10	1,11	20
30	1,11	1,12	1,12	1,13	1,14	1,15	1,15	1,16	1,17	1,18	30
40	1,19	1,19	1,20	1,21	1,22	1,23	1,24	1,25	1,26	1,27	40
50	1,28	1,30	1,31	1,32	1,33	1,35	1,36	1,37	1,39	1,40	50
60	1,41	1,43	1,44	1,46	1,48	1,49	1,51	1,53	1,54	1,56	60
70	1,58	1,60	1,62	1,64	1,66	1,68	1,70	1,72	1,74	1,77	70
80	1,79	1,81	1,83	1,86	1,88	1,91	1,93	1,95	1,98	2,01	80
90	2,05	2,10	2,14	2,19	2,24	2,29	2,33	2,38	2,43	2,48	90
100	2,53	2,58	2,64	2,69	2,74	2,79	2,85	2,90	2,95	3,01	100
110	3,06	3,12	3,18	3,23	3,29	3,35	3,41	3,47	3,53	3,59	110
120	3,65	3,71	3,77	3,83	3,89	3,96	4,02	4,09	4,15	4,22	120
130	4,28	4,35	4,41	4,48	4,55	4,62	4,69	4,75	4,82	4,89	130
140	4,96	5,04	5,11	5,18	5,25	5,33	5,40	5,47	5,55	5,62	140
150	5,70	5,78	5,85	5,93	6,01	6,09	6,16	6,24	6,32	6,40	150
160	6,48	6,57	6,65	6,73	6,81	6,90	6,98	7,06	7,15	7,23	160
170	7,32	7,41	7,49	7,58	7,67	7,76	7,85	7,94	8,03	8,12	170
180	8,21	8,30	8,39	8,48	8,58	8,67	8,76	8,86	8,95	9,05	180
190	9,14	9,24	9,34	9,44	9,53	9,63	9,73	9,83	9,93	10,03	190
200	10,13	10,23	10,34	10,44	10,54	10,65	10,75	10,85	10,96	11,06	200
210	11,17	11,28	11,38	11,49	11,60	11,71	11,82	11,93	12,04	12,15	210
220	12,26	12,37	12,48	12,60	12,71	12,82	12,94	13,05	13,17	13,28	220
230	13,40	13,52	13,63	13,75	13,87	13,99	14,11	14,23	14,35	14,47	230
240	14,59	14,71	14,83	14,96	15,08	15,20	15,33	15,45	15,58	15,71	240
250	15,83	Zwischenwerte müssen nicht eingeschaltet werden.									

Geometrische Imperfektionen für druckbeanspruchte Tragwerke

Vorverdrehung

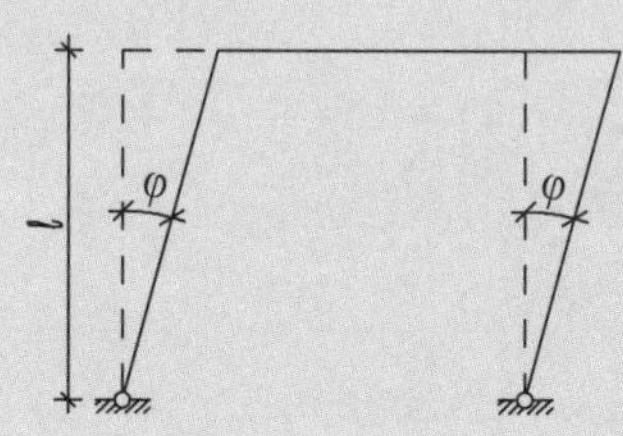

$$\varphi = \frac{1}{200} \cdot \alpha_{\text{h}} \cdot \alpha_{\text{m}}$$

$$\alpha_{\text{h}} = \frac{2}{\sqrt{l}} \quad \leq 1{,}0 \quad \geq \frac{2}{3}$$

Länge l in m

$$\alpha_{\text{m}} = \sqrt{0{,}5 \cdot \left(1 + \frac{1}{m}\right)}$$

m unabhängige Ursachen, z. B. hier m = 2 Stäbe

Vorverdrehungen können durch Ansatz gleichwertiger Ersatzlasten berücksichtigt werden.

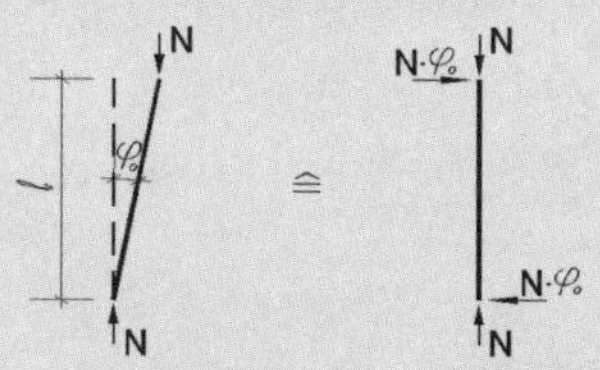

Gleichzeitiger Ansatz von Vorkrümmung und Vorverdrehung, wenn

$$\frac{N_{\text{Ed}}}{\pi^2 EI / l^2} > 0{,}25$$

Vorkrümmungen siehe Seite 20

Tafel 8 Beanspruchung

Teilsicherheitsbeiwerte der Einwirkungen	$F_{\text{Ed}} = \gamma \cdot \psi \cdot F$
γ	Anwendung
$\gamma_{\text{G}} = 1{,}35$	Für ständige Einwirkungen G
$\gamma_{\text{Q}} = 1{,}5$	Für ungünstig wirkende veränderliche Einwirkungen Q
$\gamma_{\text{G}} = 1{,}0$ $\gamma_{\text{Q}} = 0$	Für günstige Auswirkung ständiger Einwirkungen G Für günstige Auswirkung veränderlicher Einwirkungen Q
$\gamma_{\text{A}} = 1{,}0$	Für außergewöhnliche Einwirkungen
$\gamma = 1{,}0$	Für den Nachweis der Gebrauchstauglichkeit, Verformungsberechnung

Beispiel: Einfeldträger unter ständiger und unabhängiger veränderlicher Last

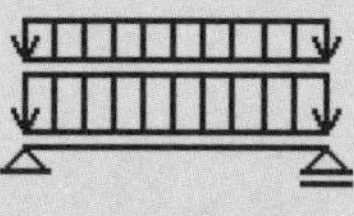

$p = 12$ kN/m veränderliche Last, z. B. Verkehr oder Schnee
$g = 10$ kN/m ständige Last, z. B. Eigengewicht

Profil: HE-A 260, S 235 (St37)

Zum Nachweis der Tragfähigkeit:

Einwirkungskombination: $\gamma_{\text{G}} = 1{,}35$ für ständige Einwirkungen
$\gamma_{\text{Q}} = 1{,}5$ für veränderliche Einwirkungen

Bemessungswert der Einwirkungen: $q_{\text{Ed}} = 1{,}35 \cdot 10 + 1{,}5 \cdot 12 = 31{,}5$ kN/m

Zum Nachweis der Gebrauchstauglichkeit, Berechnung der Durchbiegung:

Bemessungswert der Einwirkungen: $q_{\text{Ed}} = 1{,}0 \cdot 10 + 1{,}0 \cdot 12 = 22{,}0$ kN/m

Fortsetzung Seite 10

Schnittgrößen druckbeanspruchter Tragwerke

Die Berechnung ist unter Berücksichtigung des Gleichgewichts am verformten System, Theorie 2. Ordnung, vorzunehmen:

- mithilfe von Stabwerksprogrammen nach Theorie 2. Ordnung oder
- durch iterative Berechnung mittels Extrapolation:

Näherung für Stäbe und Rahmen unter Druckbeanspruchung N und Biegung M:

Moment nach Theorie 2. Ordnung $$M_{II} \approx M_I + \Delta M = M_I + \frac{N \cdot f_I}{1 - q}$$

mit $q = \frac{\Delta f_I}{f_I}$ oder $q = \frac{N}{N_{cr}}$

M_I Moment nach Theorie 1. Ordnung ohne Berücksichtigung des Gleichgewichts am verformten System

ΔM Zuwachs nach Theorie 2. Ordnung, Gleichgewicht am verformten System berücksichtigt

N Normalkraft des Stabes, als Druckkraft positiv

$N_{cr} = \frac{\pi^2 \cdot EI}{L_{cr}^{\ 2}}$ Eulersche Knicklast L_{cr} siehe Seite 18, 28

f_I Durchbiegung nach Theorie 1. Ordnung aus der Beanspruchung M_I

Δf_I Durchbiegung aus der Momentenbeanspruchung $\Delta M_I = N \cdot f_I$

Charakteristische Werte der Steifigkeiten zur Berechnung der Verformungen

Die Durchbiegungen sind mit der Biegesteifigkeit EI ohne Ansatz von Sicherheitsfaktoren zu berechnen.

Stahlbau

Teilsicherheitsbeiwerte der Widerstandsgrößen

Die Bemessungswerte sind aus den charakteristischen Werten der Widerstandsgrößen unter Ansatz des Teilsicherheitsbeiwertes γ_{Mi} zu berechnen.

Tafel 9 Widerstandsgrößen

Teilsicherheitsbeiwerte der Beanspruchbarkeit		$M_{Rd} = M / \gamma_{Mi}$
$\gamma_{M0} = 1{,}0$	**Tragsicherheit von Querschnitten,** wenn kein Stabilitätsversagen vorliegt. Berechnung nach Theorie 1. Ordnung, wenn Stabilitätsnachweise mit dem Ersatzstabverfahren geführt werden.	$\sigma_{Rd} = f_y / \gamma_{Mi}$
$\gamma_{M1} = 1{,}1$	**Für Stabilitätsnachweise** mit dem Ersatzstabverfahren: Für die Berechnung stabilitätsgefährdeter Systeme unter Berücksichtigung des Gleichgewichts am verformten System, Theorie 2. Ordnung, wenn die Schlankheit $\bar{\lambda} > 0{,}2$ ist	
$\gamma_{M2} = 1{,}25$	**Bei Bruch infolge Zugbeanspruchung**, wenn gegen die Zugfestigkeit abgesichert wird.	

Fortsetzung des Beispiels von Seite 8 Profil: HE-A 260, S 235 (St37)

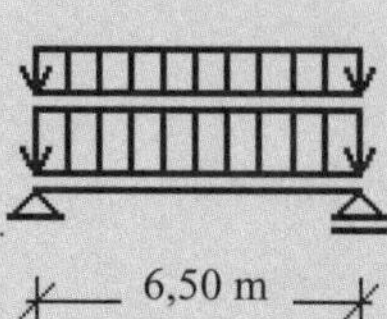

Charakteristischer Wert der Streckgrenze: $f_y = 23{,}5\ \text{kN/cm}^2$ Tafel 3

Teilsicherheitsbeiwert: $\gamma_{M0} = 1{,}0$ Tafel 9

Beanspruchbarkeit:

Bemessungswert der Streckgrenze:

$$\sigma_{Rd} = 23{,}5 / 1{,}0 = 23{,}5\ \text{kN/cm}^2$$

Für Schubspannungen: $\tau_{Rd} = \sigma_{Rd} / \sqrt{3} = 23{,}5 / \sqrt{3} = 13{,}57\ \text{kN/cm}^2$

5 Nachweis der Tragfähigkeit

5.1 Spannungsnachweise, Verfahren Elastisch-Elastisch (E-E), Querschnittsklasse 3

Biegenormalspannung: $\dfrac{\sigma_{Ed}}{\sigma_{Rd}} \le 1{,}0$ nach Tafel 9, Werkstoffe Tafel 3

Schubspannung: $\dfrac{\tau_{Ed}}{\tau_{Rd}} \le 1{,}0$ mit $\tau_{Rd} = \dfrac{\sigma_{Rd}}{\sqrt{3}}$

Vergleichsspannung bei gleichzeitiger Wirkung von Spannungen in x-, y- und z-Richtung:

$$\sigma_v = \sqrt{\sigma_x^2 + \sigma_y^2 + \sigma_z^2 - \sigma_x \cdot \sigma_y - \sigma_x \cdot \sigma_z - \sigma_y \cdot \sigma_z + 3 \cdot \tau_{xy}^2 + 3 \cdot \tau_{xz}^2 + 3 \cdot \tau_{yz}^2} \qquad \frac{\sigma_v}{\sigma_{Rd}} \le 1{,}0$$

Der Nachweis für σ_v kann entfallen, wenn unter Biegung und Querkraft $\tau_{Ed} / \tau_{Rd} \le 0{,}5$ ist.

Lochschwächungen bei Zugstäben

Tragfähigkeit des Zugstabes im Bereich ohne Löcher $N_{pl,Rd} = \dfrac{A \cdot f_y}{\gamma_{M0}}$

Tragf. im Schnitt mit Löchern $N_{u,Rd} = \dfrac{0{,}9 \cdot A_{net} \cdot f_u}{\gamma_{M2}}$ A_{net} = Netto-Querschnittsfläche

Die Absicherung erfolgt gegen die Zugfestigkeit des Stahls.

Berücksichtigung der Löcher in zugbeanspruchten Flanschen

Die Löcher dürfen vernachlässigt werden, wenn $\dfrac{A_{f,net} \cdot 0{,}9 \cdot f_u}{\gamma_{M2}} \ge \dfrac{A_f \cdot f_y}{\gamma_{M0}}$ Index f : Flansch

Tragfähigkeit von Winkelprofilen auf Zug

$$N_{u,Rd} = \frac{\beta \cdot A_{net} \cdot f_u}{\gamma_{M2}}$$

	$p_1 \le 2{,}5\, d_0$	$p_1 \ge 5\, d_0$
2 Schrauben	$\beta = 0{,}4$	$\beta = 0{,}7$
3 Schrauben und mehr	$\beta = 0{,}5$	$\beta = 0{,}7$

Zwischenwerte linear interpolieren

e_1 p_1 e_2 d_0 t

1 Schraube $N_{u,Rd} = \dfrac{2 \cdot (e_2 - 0{,}5 \cdot d_0) \cdot t \cdot f_u}{\gamma_{M2}}$

Schubspannungen aus Querkraft

Vereinfachte Berechnung $\tau_{Ed} = \frac{V_{Ed}}{A_w}$ nur für I-Profile mit ausgeprägten Flanschen $\frac{A_f}{A_w} \geq 0{,}6$

Schubspannungen für diese und beliebige andere dünnwandige Querschnitte:

$$\tau_{Ed} = -\frac{V_{z,Ed} \cdot S_y}{I_y \cdot t} \qquad S_y = \text{statisches Moment}, \quad t = \text{Blechdicke}$$

Schubspannungen aus Torsion

Offene, dünnwandige Querschnitte: $\tau_{Ed} = \frac{M_{T,Ed}}{I_T} t_i$ mit $I_T = \frac{1}{3}\zeta \sum b_i \cdot t_i^3$

b_i = Breite und t_i = Dicke des Querschnittsteiles $M_{T,Ed}$ = Torsionsmoment

ζ = 1,3 für I-Profile; 1,12 für U- und T-Profile; sonst 1,0

Einzellige geschlossene Kästen: $\tau_{Ed} = \frac{M_{T,Ed}}{W_T}$ mit $W_T = 2 \cdot A_m \cdot t$

A_m = die von der Profilmittellinie eingeschlossene Fläche

Fortsetzung des Beispiels von Seite 10, **Verfahren Elastisch-Elastisch (E-E):**

6,50 m; max M; max V

q_{Ed} = 31,5 kN/m HE-A 260 Widerstandsmoment $W_{el,y}$ = 836 cm³
Stegfläche A_w = 16,9 cm²

Die Grenzwerte max c/t der Querschnittsklasse 3 sind eingehalten.

$$M_{Ed} = \frac{q_{Ed} \cdot l^2}{8} = \frac{31{,}5 \cdot 6{,}5^2}{8} = 166{,}36 \text{ kNm}$$

$$V_{Ed} = \frac{q_{Ed} \cdot l}{2} = \frac{31{,}5 \cdot 6{,}5}{2} = 102 \text{ kN}$$

Biegenormalspannung: $\sigma_{Ed} = \frac{M_{Ed}}{W_{el,y}} = \frac{166{,}36 \cdot 100}{836} = 19{,}9 \frac{\text{kN}}{\text{cm}^2}$

Schubspannung: $\tau_{Ed} = \frac{V_{Ed}}{A_w} = \frac{102}{16{,}9} = 6{,}0 \frac{\text{kN}}{\text{cm}^2}$, vereinfacht berechnet, da $\frac{A_f}{A_w} \geq 0{,}6$

Nachweise: $\frac{\sigma_{Ed}}{\sigma_{Rd}} = \frac{19{,}9}{23{,}5} = 0{,}84 \leq 1{,}0$ und $\frac{\tau_{Ed}}{\tau_{Rd}} = \frac{6{,}0}{13{,}57} = 0{,}4 \leq 1{,}0$

Der Vergleichsspannungsnachweis ist beim Einfeldträger unter Gleichstreckenlast nicht erforderlich, da max M und max V nicht am selben Ort auftreten.

5.2 Vereinfachter Spannungsnachweis

Für einen vereinfachten Spannungsnachweis kann die Beanspruchung σ_k unter Ansatz charakteristischer Einwirkungsgrößen (ohne Teilsicherheitsbeiwerte) dem durch die Sicherheitsbeiwerte geteilten Wert der Streckgrenze f_y,Tafel 3, gegenübergestellt werden:

$$\sigma_k \leq \frac{f_y}{\gamma_Q \cdot \gamma_{M0}} \quad \text{mit} \quad \gamma_Q = 1{,}5\,; \quad \gamma_{M0} = 1{,}0$$

Fortsetzung des Beispiels von Seite 11, Nachweis auf der sicheren Seite:

Beanspruchung ohne Sicherheitsbeiwerte: $q = g + p = 10 + 12 = 22$ kN/m
$M = q \cdot l^2 / 8 = 22 \cdot 6{,}5^2 / 8 = 116{,}2$ kNm

Biegenormalspannungen:

$$\sigma_k = \frac{M}{W_y} = \frac{116{,}2 \cdot 100}{836} = 13{,}9 \ \frac{kN}{cm^2} \le \frac{f_y}{\gamma_Q \cdot \gamma_{M0}} = \frac{23{,}5}{1{,}5 \cdot 1{,}0} = 15{,}7 \ \frac{kN}{cm^2}$$

Rechengang für Schubspannung analog zur Biegenormalspannung

5.3 Ausnutzung plastischer Reserven, Verfahren Elastisch-Plastisch (E-P), Querschnittsklasse 2 und Plastisch-Plastisch (P-P), Querschnittsklasse 1

Für den Nachweis der Tragfähigkeit dürfen bei vorwiegend ruhender Beanspruchung des Hochbaus, siehe Abschnitt 9, auch die plastischen Reserven der Querschnitte und des Systems herangezogen werden: Verfahren **Plastisch (-P)**:

Verfahren	Ermittlung der Beanspruchungen S_{Ed} nach	Ermittlung der Beanspruchbarkeiten R_{Rd} nach
Elastisch - Elastisch (E-E) Elastisch - Plastisch (E-P) Plastisch - Plastisch (P-P)	Elastizitätstheorie Elastizitätstheorie Plastizitätstheorie	Elastizitätstheorie Plastizitätstheorie Plastizitätstheorie

Plastische Schnittgrößen $N_{pl,Rd} = A \cdot \sigma_{Rd}$ $M_{pl,Rd} = W_{pl} \cdot \sigma_{Rd}$

$V_{pl,z,Rd} = A_v \cdot \tau_{Rd}$ $V_{pl,y,Rd} = (A - A_v) \cdot \tau_{Rd}$ Knochen A_v

Fortsetzung des Beispiels von Seite 11**, Verfahren Elastisch-Plastisch (E-P):**

Die Berechnung der Schnittgrößen erfolgt wie bisher elastisch (E), die plastischen Reserven des Querschnittes werden herangezogen (P):

HE-A 260, S235 Plastisches Widerstandsmoment $W_{pl,y} = 920$ cm³
Stegfläche = Knochenfläche $A_v = 28{,}8$ cm²

Die Grenzwerte max *c/t* der Querschnittsklasse 2 sind eingehalten.

Schnittgrößen: $M_{Ed} = 166{,}36$ kNm, $V_{Ed} = 102$ kN

Plastisches Moment: $M_{pl,Rd} = W_{pl,y} \cdot f_y / \gamma_{M0} = 920 \cdot 23{,}5 / 1 = 21.620$ kNcm $= 216{,}20$ kNm

Plastische Querkraft $V_{pl,z,Rd} = A_v \cdot \tau_{Rd} = A_v \cdot \dfrac{f_y}{\sqrt{3} \cdot \gamma_{M0}} = 28{,}8 \cdot 13{,}57 = 391$ kN

Nachweise: $\dfrac{166{,}36}{216{,}2} = 0{,}77 \le 1{,}0$ $\dfrac{102}{391} = 0{,}26 \le 1{,}0$

5.4 Interaktionsnachweis für plastische Querschnittstragfähigkeit

Abminderung der Momententragfähigkeit infolge Querkraft

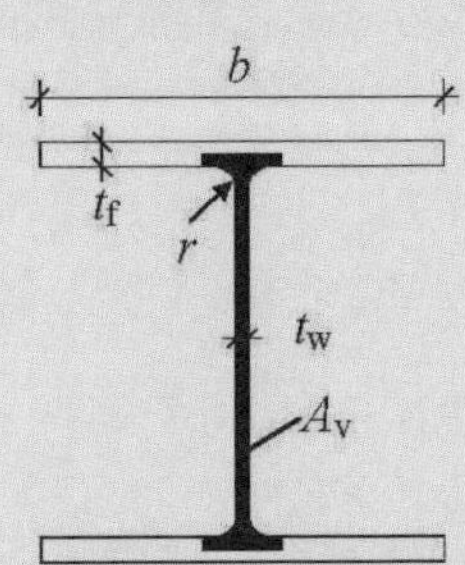

$$\rho_z = \left(\frac{2 \cdot V_{z.Ed}}{V_{pl,z,Rd}} - 1\right)^2 \qquad \rho_z = 0 \text{ für } V_{z,Ed} \le 0{,}5 \cdot V_{pl,z,Rd}$$

$$\sigma_{Vz,Rd} = (1-\rho_z) \cdot \sigma_{Rd}$$

$$\rho_y = \left(\frac{2 \cdot V_{y.Ed}}{V_{pl,y,Rd}} - 1\right)^2 \qquad \rho_y = 0 \text{ für } V_{y,Ed} \le 0{,}5 \cdot V_{pl,y,Rd}$$

$$\sigma_{Vy,Rd} = (1-\rho_y) \cdot \sigma_{Rd}$$

Häufiger Fall: $V_{y,Ed} = N_{Ed} = 0 \qquad \Rightarrow \qquad M_{V,Rd} = (W_{pl} - \rho \cdot W_{pl,v}) \cdot \sigma_{Rd}$

Plastische Widerstandsmomente der Teilflächen $W_{pl,f}, W_{pl,v}$ siehe Seite 56, 57

Normalkraft N_{Ed} vorhanden:

Für $N_{Ed} \le 0{,}25 \cdot N_{V,Rd}$ und $N_{Ed} \le 0{,}5 \cdot h_w \cdot t_w \cdot f_y / \gamma_{Mi} \quad \Rightarrow M_{V,Rd}$ bleibt

(0,5 ← 1,0 bei Biegung um die schwache Achse *z*)

Zweiachsige Biegung mit Querkraft und Normalkraft:

$$N_{V,Rd} = A_v \cdot \sigma_{Vz,Rd} + (A - A_V) \cdot \sigma_{Vy,Rd}$$

$$M_{V,y,Rd} = W_{pl,f} \cdot \sigma_{Vy,Rd} + (W_{pl,y} - W_{pl,f}) \cdot \sigma_{Vz,Rd}$$

$$M_{V,z,Rd} = 0{,}5 \cdot t_f \cdot b^2 \cdot \sigma_{Vy,Rd} + (W_{pl,z} - 0{,}5 \cdot t_f \cdot b^2) \cdot \sigma_{Vz,Rd}$$

Für $N_{Ed} \ge 0{,}25 \cdot N_{V,Rd}$ oder $N_{Ed} \ge 0{,}5 \cdot h_w \cdot t_w \cdot f_y \cdot (1-\rho_z) / \gamma_{Mi}$

(0,5 ← 1,0 bei Biegung um die schwache Achse *z*)

$$n = N_{Ed} / N_{V,Rd}$$

$$A_{red} = A_V \cdot (1-\rho_z) + (A - A_V) \cdot (1-\rho_y) \qquad a = \frac{A_{red} - 2 \cdot b \cdot t_f \cdot (1-\rho_y)}{A_{red}} \le 0{,}5$$

I-Querschnitte: $M_{V,N,y,Rd} = M_{V,y,Rd} \cdot \dfrac{1-n}{1-0{,}5a} \le M_{V,y,Rd}$

$$M_{V,N,z,Rd} = M_{V,z,Rd} \quad \text{für } n < a, \quad \text{sonst } M_{V,N,z,Rd} = M_{V,z,Rd} \cdot \left(1 - \left(\frac{n-a}{1-a}\right)^2\right)$$

Interaktion mit $\beta = 5n \ge 1 \qquad \left(\dfrac{M_{y,Ed}}{M_{V,N,y,Rd}}\right)^2 + \left(\dfrac{M_{z,Ed}}{M_{V,N,z,Rd}}\right)^\beta \le 1$

Rechteckige Hohlprofile mit konstanter Blechdicke

$$M_{N,y,Rd} = M_{pl,y,Rd} \cdot \frac{1-n}{1-0{,}5 \cdot a_w} \le M_{pl,y,Rd} \qquad a_w = (A - 2 \cdot b \cdot t) / A < 0{,}5$$

$$M_{N,z,Rd} = M_{pl,z,Rd} \cdot \frac{1-n}{1-0{,}5 \cdot a_f} \le M_{pl,z,Rd} \qquad a_f = (A - 2 \cdot h \cdot t) / A < 0{,}5$$

Rundrohre $\qquad M_{N,y,Rd} = M_{N,z,Rd} = M_{pl,Rd} \cdot (1 - n^{1,7})$

Stahlbau

Interaktion zweiachsige Biegung mit Normalkraft $\left(\frac{M_{y,Ed}}{M_{N,y,Rd}}\right)^{\alpha} + \left(\frac{M_{z,Ed}}{M_{N,z,Rd}}\right)^{\beta} \leq 1$

Für I- und H-Querschnitte $\alpha = 2 \quad \beta = 5n \geq 1$

Für rechteckige Hohlprofile $\alpha = \beta = \frac{1{,}66}{1 - 1{,}33 \cdot n^2} \leq 6$

Für Rundrohre $\alpha = \beta = 2$

5.5 Grenzwerte max *c/t* der Querschnitte

Klassifizierung der Querschnitte

Querschnittsklasse 1: Plastische Gelenke mit ausreichender plastischer Momententragfähigkeit und Rotationskapazität für die Berechnung nach dem Verfahren Plastisch-Plastisch (P-P).

Querschnittsklasse 2: Plastische Gelenke haben aufgrund des Beulens nur eine geringe Rotationskapazität. Berechnung nach dem Verfahren Elastisch-Plastisch (E-P). Es darf nur ein Fließgelenk auftreten, die Systemreserven können nicht ausgenutzt werden, daher Berechnung der Schnittgrößen elastisch, Verfahren Elastisch-Plastisch (E-P).

Querschnittsklasse 3: Die Querschnitte erreichen die Streckgrenze nur an einer Stelle, sie dürfen wegen des örtlichen Beulens nicht höher ausgenutzt werden, Berechnung Elastisch-Elastisch (E-E).

Querschnittsklasse 4: Das Beulen einzelner Querschnittsteile tritt vor Erreichen der Streckgrenze auf. Teile der Querschnttsfläche fallen aus, wenn man im Restquerschnitt das Erreichen der Streckgrenze zulässt. Alternativ kann mit dem ganzen Querschnitt gerechnet werden. Der Beulnachweis ist in diesem Fall mit dem Verfahren der reduzierten Spannungen zu führen (Verfahren E-E).

Nachweis: $\max \frac{c}{t} \geq \text{vorh } \frac{c}{t}$

Tafel 14 Untere Grenzwerte „max *c/t*" der Querschnitte

Nachweisverfahren	Elastisch-Elastisch E-E **Querschnittsklasse 3**		Plastisch E-P/P-P **Querschnittsklasse 2/1**	
Werkstoff	**S235**	**S355**	**S235**	**S355**
Stege doppeltsymmetrischer Walz-, Schweiß- und Hohlprofile				
Reine Druckbeanspruchung	42	34	38/33	30,9/26,8
Reine Biegebeanspruchung	124	101	83/72	67,5/58,6
Flansche von Walzprofilen und Schweißprofilen				
Reine Druckbeanspruchung	13,8	11,2	10/9	8,1/7,3

Folgende Profile halten die unteren Grenzwerte „max *c/t*" für alle Querschnittsklassen ein:

Stege Reine Druckbeanspruchung: Alle I, IPE bis 270[*] für S235, bis 160 für S355
HE-AA bis 400 für S235, bis 220 für S355
HE-A bis 450 für S235, bis 360 für S355
HE-B bis 550 für S235, bis 500 für S355
HE-M bis 800 für S235, bis 700 für S355

Reine Biegebeanspruchung: Alle I-, IPE- und HE-Profile [*] jeweils einschließlich des Profils

Flansche Reine Druckbeanspruchung: Alle I-, IPE-, HE-A-, HE-B- und HE-M-Profile

Querschnittsklasse 4

Falls Querschnittsklasse 3 nicht eingehalten ist: **Querschnittsklasse 4**: Ausfall von Querschnittsteilen unter Druck berücksichtigen oder den Beulnachweis führen:

max *c/t* - Nachweis unter Berücksichtigung des Spannungszustandes nach Tafeln 16a, 16b oder Beulnachweis nach Abschnitt 7.6.

Tafel 15 Vorhandene Grenzwerte „vorh *c/t*" für gewalzte I-Querschnitte

Nennhöhe	IPE		HE-A		HE-B	
	Steg	Flansch	Steg	Flansch	Steg	Flansch
80	15,7	3,10	-	-	-	-
100	18,2	3,24	11,2	4,44	9,33	3,50
120	21,2	3,62	14,8	5,69	11,4	4,07
140	23,9	3,93	16,7	6,50	13,1	4,54
160	25,4	3,99	17,3	6,89	13,0	4,69
180	27,5	4,23	20,3	7,58	14,4	5,05
200	28,4	4,14	20,6	7,88	14,9	5,17
220	30,1	4,35	21,7	8,05	16,0	5,45
240	30,7	4,28	21,9	7,94	16,4	5,53
260	-	-	23,6	8,18	17,7	5,77
270	33,3	4,82	-	-	-	-
280	-	-	24,5	8,62	18,7	6,15
300	35,0	5,28	24,5	8,48	18,9	6,18
320	-	-	25,0	7,65	19,6	5,72
330	36,1	5,07	-	-	-	-
340	-	-	25,6	7,17	20,3	5,44
360	37,3	4,96	26,1	6,74	20,9	5,19
400	38,5	4,79	27,1	6,18	22,1	4,84
450	40,3	4,75	29,9	5,58	24,6	4,46
500	41,8	4,62	32,5	5,09	26,9	4,13
550	42,1	4,39	35,0	4,86	29,2	3,89
600	42,8	4,21	37,4	4,66	31,4	3,84
650	-	-	39,6	4,47	33,4	3,71
700	-	-	40,1	4,29	34,2	3,58
800	-	-	44,9	4,02	38,5	3,37
900	-	-	48,1	3,73	41,6	3,16
1000	-	-	52,6	3,60	45,7	3,07

Grenzwerte „max *c/t*" unter Berücksichtigung des Spannungszustandes

Tafel 16a „max *c/t*" für S235, Nachweisverfahren Elastisch-Elastisch E-E

Ψ	Steg	Flansch	
Lagerung Spannungsverteilung	σ_1 … $\psi \cdot \sigma_1$	σ_1 … $\psi \cdot \sigma_1$	$\psi \cdot \sigma_1$ … σ_1
-1,00	124	102	19,4
-0,90	113	94,0	19,0
-0,80	103	85,7	18,6
-0,70	95,7	77,4	18,2
-0,60	89,0	69,2	17,8
-0,50	83,2	61,1	17,5
-0,40	78,1	53,3	17,1
-0,30	73,6	45,7	16,8
-0,20	69,5	38,6	16,5
-0,10	65,9	32,3	16,2
0,00	62,7	27,4	15,9
0,10	59,7	24,1	15,6
0,20	57,1	21,7	15,3
0,30	54,6	20,0	15,0
0,40	52,4	18,6	14,8
0,50	50,3	17,4	14,6
0,60	48,4	16,5	14,4
0,70	46,6	15,7	14,2
0,80	45,0	15,0	14,0
0,90	43,4	14,3	13,9
1,00	42,0	13,8	13,8

Für **S355** sind die Tafelwerte mit **0,8136** zu multiplizieren.

Die Tafelwerte gelten für den ungünstigen Fall, dass die Randspannung σ_{Ed} die Streckgrenze erreicht: $\sigma_{Ed} = f_y$.

Liegt die Randspannung σ_{Ed} unterhalb der Streckgrenze, so können die Tafelwerte für beliebige Stahlsorten mit dem Faktor $\sqrt{\dfrac{235\ \text{N/mm}^2}{\sigma_{Ed} \cdot \gamma_{Mi}}}$ multipliziert werden.

Tafel 16b „max *c/t*" für S235, Nachweisverfahren Plastisch: E-P, P-P

max *c/t*	Druckspannungsverteilung	Querschnittsklasse 2 Elastisch-Plastisch	Querschnittsklasse 1 Plastisch-Plastisch
Steg	$\alpha \cdot c$; c	$\alpha > 0{,}5$ $\dfrac{456\varepsilon}{13\alpha - 1}$; $\alpha \le 0{,}5$ $\dfrac{41{,}5\varepsilon}{\alpha}$	$\alpha > 0{,}5$ $\dfrac{396\varepsilon}{13\alpha - 1}$; $\alpha \le 0{,}5$ $\dfrac{36\varepsilon}{\alpha}$
Flansch		$\dfrac{10\varepsilon}{\alpha}$	$\dfrac{9\varepsilon}{\alpha}$
Flansch	$\alpha \cdot c$; c	$\dfrac{10\varepsilon}{\alpha \cdot \sqrt{\alpha}}$	$\dfrac{9\varepsilon}{\alpha \cdot \sqrt{\alpha}}$

$$\varepsilon = \sqrt{\frac{235\ \text{N/mm}^2}{f_y}}$$ **S235** $\varepsilon = 1$ **S355** $\varepsilon = 0{,}8136$

5.6 Zur Berechnung von Fachwerken

System: Aus geraden Stäben zusammengesetztes Tragwerk.
Belastung: Greift in den Fachwerkknoten an.
Knoten: Im statischen System als Gelenke abzubilden, wenn vorwiegend ruhende Beanspruchung des Hochbaus vorhanden ist, siehe Kapitel 9.

Falls Belastungen der einzelnen Fachwerkstäbe zwischen den Knoten vorhanden: Die entstehenden zusätzlichen Spannungen superponieren. Zugehöriges statisches System: Ein Träger auf 2 Stützen oder ggf. ein Durchlaufträger, Fachwerkknoten = Lager des Ersatzträgers.

5.7 Lagesicherheit

Gleiten Empfehlung

$V_{R,d} = \mu \cdot N_{z,d} + V_{a,R,d}$ = Grenzgleitkraft Stahl-Stahl: $\mu = 0{,}2$ Stahl-Beton: $\mu = 0{,}5$

μ = Reibungszahl in der Fuge (Bemessungswert)
$N_{z,d}$ = resultierende Druckkraft normal zur Lagerfuge
$V_{a,R,d}$ = Grenzabscherkraft der mechanischen Schubsicherung, z. B. Schrauben
Reib- und Scherwiderstand dürfen gleichzeitig angesetzt werden.

Abheben Z_{Ed} = Zugkraft senkrecht zur Lagerfuge Nachweis: $\frac{Z_{Ed}}{Z_{A,R,d}} \leq 1{,}0$
$Z_{A,R,d}$ = Grenzwert des Widerstandes der Verankerung

Für unverankerte Lagerfugen darf keine abhebende Komponente senkrecht zur Fuge auftreten.

Umkippen $Z_A \leq Z_{A,Rd}$ Ankerzugkraft ≤ Grenztragfähigkeit des Ankers

Betondruckspannung $\sigma_{cd} \leq f_{cd}$ $f_{cd} = \frac{f_c}{1{,}5}$ nach Eurocode 2

6 Nachweis der Gebrauchstauglichkeit

Durchbiegungsbegrenzung

Die Grenzwerte sind den Herstellerangaben zu entnehmen oder mit dem Auftraggeber abzustimmen.

Empfohlene Grenzwerte für lotrechte Verformungen L Stützweite der Träger

- Ständige Belastung + veränderliche Belastung $w \leq L/300$ Kragarme $w \leq L_k/200$
- Pfetten, Wandriegel und Giebelwandstützen $w \leq L/250$
- Kranbahnen $w \leq L/500$ bis $L/1000$

- Träger ohne Anforderungen, maximale Durchbiegung $w_{max} \leq L/250$
- Träger, um Schäden angrenzender Bauteile zu vermeiden $w_{max} \leq L/250$
- Durchbiegungszusatz aus Langzeitwirkung $w_2 \leq L/500$

Teilsicherheitsbeiwerte alle $\gamma = 1{,}0$

Stahlbau

Schwingungsverhalten

Frequenz in Hz für Einfeldträger, Kragarme und ähnliche statische Systeme $f = \frac{5}{\sqrt{f_g}}$

f_g = Durchbiegung in Feldmitte/an der Kragarmspitze unter Eigengewicht in **cm** bei Wirkung der Gravitation ⊥ zur Stabachse

Die Grenzwerte sind mit der Behörde und dem Bauherrn abzustimmen. Anhaltswerte:

$f \geq 3\,\text{Hz}$ Decken von Wohnungen und Büros

$f \geq 5\,\text{Hz}$ Decken mit rhythmischen Einwirkungen: Turnhallen, Tanzsäle usw.

7 Stabilitätsnachweise

7.1 Abgrenzungskriterium

Die Berechnung nach Theorie 1. Ordnung ist zulässig, wenn die durch Verformungen hervorgerufene Erhöhung der Schnittgrößen oder andere Änderungen des Tragverhaltens vernachlässigt werden können. Dies ist der Fall, wenn

$N_{Ed} \leq 0{,}1 \cdot N_{cr}$ mit der Eulerschen Knicklast: $N_{cr} = \frac{\pi^2 \cdot EI}{L_{cr}^2}$

7.2 Biegeknicknachweis für planmäßig mittigen Druck: nur *N*

Ersatzstabverfahren

Knicklänge $L_{cr} = \beta \cdot l$

β Knicklängenbeiwert

l Stablänge

Weitere Knicklängen Seite 28

Euler-Fall

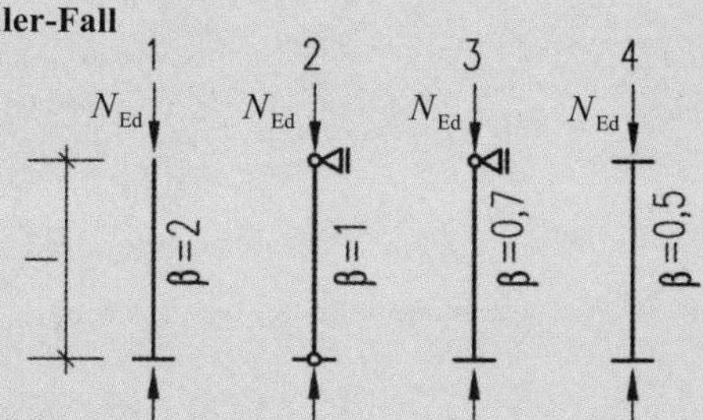

Schlankheitsgrad: $\lambda = \frac{L_{cr}}{i}$, i Trägheitsradius

Bezogener Schlankheitsgrad: $\bar{\lambda} = \frac{\lambda}{\lambda_1}$ λ_1 Bezugsschlankheit $\lambda_1 = \pi \sqrt{\frac{E}{f_y}}$

oder $\bar{\lambda} = \sqrt{\frac{N_{pl}}{N_{cr}}}$

S235 $t \leq 40$ mm $\Rightarrow \lambda_1 = 93{,}9$

S355 $t \leq 40$ mm $\Rightarrow \lambda_1 = 76{,}4$

Knickspannungslinie a, b, c, d: Festlegung durch Zuordnung des Querschnitts nach Tafel 19

Abminderungsfaktor: χ in Abhängigkeit von der Knickspannungslinie a, b, c oder d nach Tafel 20, Berechnungsformeln oder Bild 21

Plastische Normalkraft: $N_{pl,Rd} = A \cdot \frac{f_y}{\gamma_{M1}}$ $\gamma_{M1} = 1{,}1$

Tragfähigkeit der Stütze: $N_{b,Rd} = \chi \cdot N_{pl,Rd}$ Nachweis: $\frac{N_{Ed}}{\chi \cdot N_{pl,Rd}} \leq 1$

Tafel 19 Zuordnung der Querschnitte zu den Knickspannungslinien

Querschnitt		Begrenzungen	Ausweichen ⊥ zur Achse	Knicklinie S235 S355
Hohlprofile	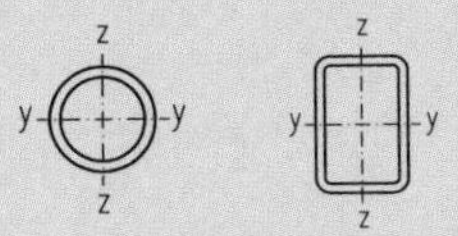 z, y-y, z (Rundrohr); z, y-y, z (Rechteckrohr)	warmgefertigt	jede	a
		kaltgefertigt	jede	c
geschweißte Kastenquerschnitte	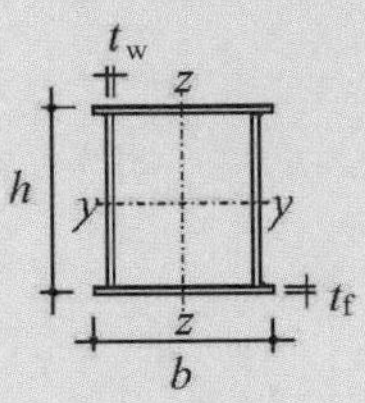 t_w, z, h, y-y, t_f, b	allgemein, außer in den Fällen der nächsten Zeile	jede	b
		dicke Schweißnähte $a > 0{,}5 \cdot t_f$ $b/t_f < 30$ $h/t_w < 30$	jede	c
gewalzte I-Profile	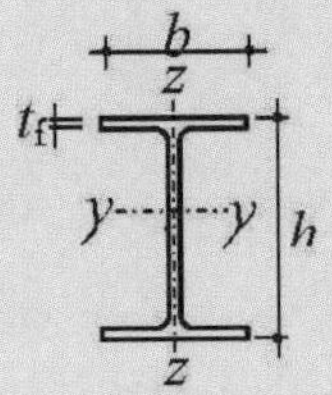 b, z, t_f, y-y, h, z	$h/b > 1{,}2$ $t_f \leq 40$ mm	*y-y* *z-z*	a b
		$h/b > 1{,}2$ $40 < t_f \leq 100$	*y-y* *z-z*	b c
		$h/b \leq 1{,}2$ $t_f \leq 100$ mm	*y-y* *z-z*	b c
		$h/b \leq 1{,}2$ $t_f > 100$ mm	*y-y* *z-z*	d
geschweißte I-Profile	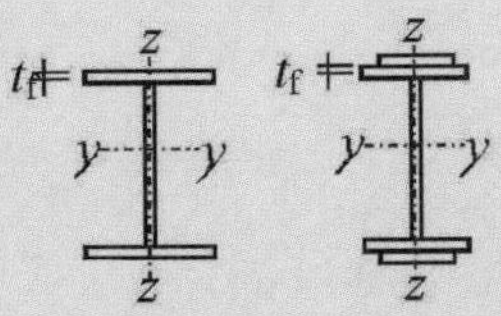 t_f, z, y-y, z; t_f, z, y-y, z	$t_f \leq 40$ mm	*y-y* *z-z*	b c
		$t_f > 40$ mm	y-y z-z	c d
U-, T- und Vollquerschnitte	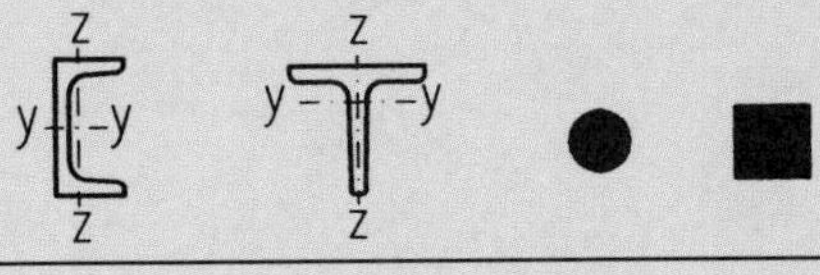 Z, y-y, Z; Z, y-y, Z		jede	c
L-Querschnitte	 Z, y-y, Z		jede	b

Tafel 20 Abminderungsfaktoren χ für Biegeknicken, Knicklinien a, b, c, d

$\bar{\lambda}$	a	b	c	d
0,2	1	1	1	1
0,3	0,997	0,964	0,949	0,932
0,4	0,953	0,926	0,897	0,850
0,5	0,924	0,884	0,843	0,779
0,6	0,890	0,837	0,785	0,710
0,7	0,848	0,784	0,725	0,643
0,8	0,796	0,724	0,662	0,580
0,9	0,734	0,661	0,600	0,521
1,0	0,666	0,597	0,540	0,467
1,1	0,596	0,535	0,484	0,419
1,2	0,530	0,478	0,434	0,376
1,3	0,470	0,427	0,389	0,339
1,4	0,418	0,382	0,349	0,306
1,5	0,372	0,342	0,315	0,227
1,6	0,333	0,308	0,284	0,251
1,7	0,299	0,278	0,258	0,229
1,8	0,270	0,252	0,235	0,209
1,9	0,245	0,229	0,214	0,192
2,0	0,223	0,209	0,196	0,177
2,1	0,204	0,192	0,180	0,163
2,2	0,187	0,176	0,166	0,151
2,3	0,172	0,163	0,154	0,140
2,4	0,159	0,151	0,143	0,130
2,5	0,147	0,140	0,132	0,121
α	0,21	0,34	0,49	0,76

Abminderungsfaktoren χ, Berechnungsformeln

$\bar{\lambda} \leq 0{,}2 \qquad \chi = 1$

$\bar{\lambda} > 0{,}2 \qquad \chi = \frac{1}{\Phi + \sqrt{\Phi^2 - \bar{\lambda}^2}} \qquad \Phi = 0{,}5 \cdot \left[1 + \alpha \cdot (\bar{\lambda} - 0{,}2) + \bar{\lambda}^2\right]$ $\qquad \alpha$ siehe Tafel 20

Vorkrümmung Stich e_0 zum Ansatz bei der Berechnung nach Theorie 2. Ordnung

Knicklinie	Elastisch-Elastisch	Elastisch-Plastisch
a	$l/550$	Wie elastisch, jedoch $\frac{M_{pl,k}}{M_{el,k}} = \frac{W_{pl}}{W_{el}}$ - fach
b	$l/350$	
c	$l/250$	
d	$l/150$	

nach Nationalem Anhang Deutschland

für den linearen Interaktionsnachweis

$$\frac{N_{Ed}}{N_{pl,Rd}} + \frac{M_{y,Ed}}{M_{y,el/pl,Rd}} + \frac{M_{z,Ed}}{M_{z,el/pl,Rd}} \leq 1$$

Bei L-, T- und U-Profilen kann Drillknicken maßgebend werden, siehe Biegedrillknicknachweis.

Knicken mit Normalkraft und Moment: Nachweis des Biegedrillknickens führen, siehe 7.3.2.

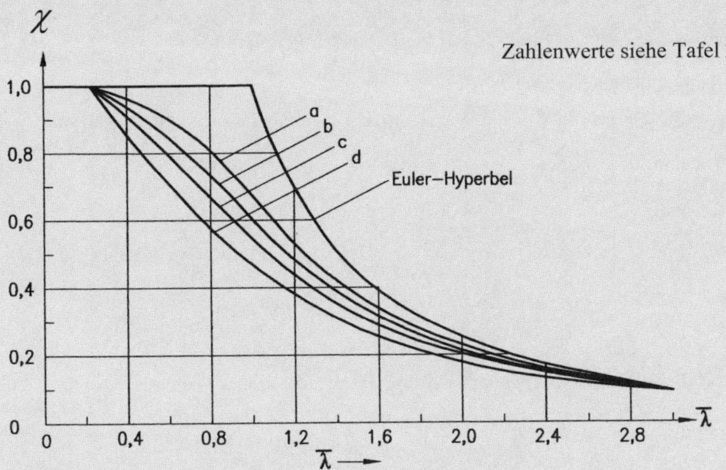

Bild 21 Abminderungsfaktoren χ für Biegeknicken

Beispiel: Stütze mit planmäßig mittigem Druck

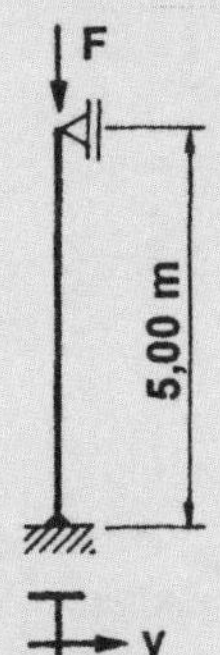

F = 200 kN (ständig) + 300 kN (veränderlich, z. B. Verkehr)

Profil HE-A 200, Werkstoff S235

Knicklänge: $L_{cr} = \beta \cdot l = 0{,}7 \cdot 5{,}00 = 3{,}50$ m Euler-Fall 3

Querschnittswerte: $A = 53{,}8$ cm², $i_z = 4{,}98$ cm

Nachweis nach Eurocode

Beanspruchung: $F_{Ed} = N_d = 1{,}35 \cdot 200 + 1{,}5 \cdot 300 = 720$ kN
γ_G γ_Q

$$\lambda = \frac{L_{cr}}{i} = \frac{350}{4{,}98} = 70{,}3 \qquad \bar{\lambda} = \frac{\lambda}{\lambda_1} = \frac{70{,}3}{93{,}9} = 0{,}75$$

Maßgebende Knicklinie:

Walzprofil, $h/b = 190/200 = 0{,}95 < 1{,}2$ und $t_f = 10 < 100$ mm
Ausweichen rechtwinklig zur z-Achse → Knicklinie „c“

Tafel 20: $\chi = 0{,}662$ auf der sicheren Seite für $\bar{\lambda} = 0{,}8$

$\gamma_{M1} = 1{,}1$ Stabilitätsnachweis

Querschnittstragfähigkeit: $N_{pl,Rd} = A \cdot \frac{f_y}{\gamma_{M1}} = \frac{53{,}8 \cdot 23{,}5}{1{,}1} = 1149$ kN

Tragfähigkeit der Stütze: $N_{b,Rd} = \chi \cdot N_{pl,Rd} = 0{,}662 \cdot 1149 = 760$ kN

Nachweis: $\frac{N_{Ed}}{\chi \cdot N_{b,Rd}} = \frac{720}{760} = 0{,}95 \leq 1$

Stahlbau

Nachweis nach DIN 18800 (3.81) – alt –, zulässig σ-Verfahren

Rechengang siehe Kapitel 3

Beanspruchung: $F = N = 200 + 300 = 500$ kN ohne Sicherheitsfaktoren

Schlankheit: $\lambda_K = \frac{s_K}{i} = \frac{350}{4{,}98} = 70{,}3$

Knickzahl: $\omega = 1{,}45$ (Tafel 7)

Knickspannungsnachweis: $\sigma_\omega = \omega \cdot \frac{N}{A} = 1{,}45 \cdot \frac{500}{53{,}1} = 13{,}65 \frac{\text{kN}}{\text{cm}^2} \leq \text{zul}\,\sigma_D = 14{,}0 \frac{\text{kN}}{\text{cm}^2}$

zul σ_D nach Tafel 6, Zeile 1, Lastfall H (ständige Last und Verkehrslast)

Zusätzliche Momentenbeanspruchung M_y um die starke Achse y

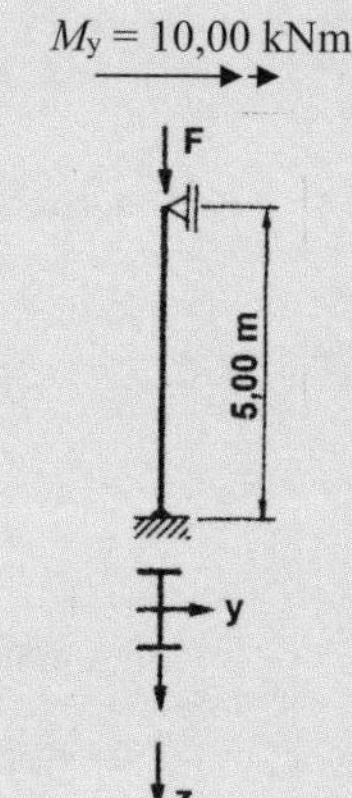

Spannungsnachweis:

$$\sigma = \frac{N}{A} + \frac{M_y}{W_y} = \frac{500}{53{,}1} + \frac{1000}{389} = 11{,}9 \frac{\text{kN}}{\text{cm}^2} \leq \text{zul}\,\sigma = 16{,}0 \frac{\text{kN}}{\text{cm}^2}$$

zul σ nach Tafel 6, Zeile 2, Lastfall H

Stabilitätsnachweis:

$$\sigma_\omega = \omega \cdot \frac{N}{A} + 0{,}9 \cdot \frac{M_y}{W_y} = 1{,}45 \cdot \frac{500}{53{,}1} + 0{,}9 \cdot \frac{1000}{389} = 15{,}9 \frac{\text{kN}}{\text{cm}^2}$$

$\geq \text{zul}\,\sigma_D = 14 \frac{\text{kN}}{\text{cm}^2}$ zul σ_D Tafel 6, Zeile 1, Lastfall H

Der Knicknachweis ist hier nicht erfüllt.

7.3 Druckkraft und Moment: Biegedrillknicken, früher „Kippen"

7.3.1 Biegung ohne Normalkraft: Nachweis des Druckgurtes als Druckstab: nur M_y

Ein genauer Biegedrillknicknachweis darf für I-förmige Stäbe unter einachsiger Biegung entfallen, wenn der Druckgurt mindestens im Abstand L_c seitlich unverschieblich gehalten ist:

$$L_c \leq 0{,}5 \cdot \frac{M_{c,Rd}}{M_{y,Ed}} \cdot \frac{\lambda_1 \cdot i_{f,z}}{k_c}$$

$i_{f,z}$ Trägheitsradius um die Stegachse z: aus Druckgurt und 1/3 der auf Druck beanspruchten Stegfläche

$M_{c,Rd}$ Plastisches Moment

$M_{y,Ed}$ Beanspruchung: Biegemoment

k_c Druckkraftbeiwert, entsprechend dem Normalkraftverlauf im Gurt, meist analog zum Momentenverlauf

	Normalkraftverlauf	k_c
1	max N	1,00
2	max N	0,94
3	max N	0,86
4	max N $-1 \leq \psi \leq 1$ ψ max N	$\frac{1}{1{,}33 - 0{,}33\,\psi}$

7.3.2 Nachweis mit idealem Biegedrillknickmoment: Biegung und Normalkraft

Biegedrillknicken um die *z*-Achse $\frac{N_{\text{Ed}}}{N_{\text{b,z,Rd}}}+k_{\text{zy}}\frac{M_{\text{y,Ed}}}{M_{\text{b,Rd}}}\le 1$

$N_{\text{b,z,Rd}}$ Tragfähigkeit bei zentrischem Druck, Ausweichen ⊥ zur *z*-Achse

Ideales Biegedrillknickmoment $M_{\text{cr}}=\zeta\cdot N_{\text{cr,z}}\cdot\left(\sqrt{c^2+0{,}25\cdot z_{\text{p}}^2}+0{,}5\cdot z_{\text{p}}\right)$

$N_{\text{cr,z}}=\frac{\pi^2\cdot EI_{\text{z}}}{l^2}$ l = Abstand der Gabellager

$c^2=\frac{I_{\omega}+0{,}039\cdot l^2\cdot I_{\text{T}}}{I_{\text{z}}}$

z = Angriffshöhe der Querbelastung
>0 unterhalb,
<0 oberhalb der Schwerachse

Momentenverlauf	ζ
konstant, max *M*	1,00
parabolisch, max *M*	1,12
dreieckförmig, max *M*	1,35
linear, max *M* … ψ max *M*, $-1\le\psi\le 1$	$1{,}77-0{,}77\,\psi$

$\bar{\lambda}_{\text{LT}}=\sqrt{\frac{W_{\text{y}}\cdot f_{\text{y}}}{M_{\text{cr}}}}$

Zuordnung der Knicklinie und Abminderungsfaktor χ_{LT} siehe unten

$M_{\text{b,Rd}}=\chi_{\text{LT}}\cdot W_{\text{y}}\cdot\frac{f_{\text{y}}}{\gamma_{\text{M1}}}$ Biegedrillknickmoment ohne Normalkraft

$W_{\text{y}}=W_{\text{pl,y}}$ Querschnittsklasse 1 und 2, $W_{\text{y}}=W_{\text{el,y}}$ Querschn.-kl. 3

$k_{\text{zy}}=1$ auf der sicheren Seite, genaue Berechnung Abschnitt 7.3.3

Abminderungsfaktor χ_{LT}, Zuordnung der Knicklinien

Für den **allgemeinen Fall**

gewalztes I-Profil	$h/b\le 2$	Knicklinie	a
	$h/b>2$	″	b
geschweißtes I-Profil	$h/b\le 2$	″	c
	$h/b>2$	″	d
andere Querschnitte		″	d

Knicklinien nach Tafel 24a

Für **gewalzte Querschnitte oder gleichartig geschweißte Querschnitte**

gewalztes I-Profil	$h/b\le 2$	Knicklinie	b
	$h/b>2$	″	c
geschweißtes I-Profil	$h/b\le 2$	″	c
	$h/b>2$	″	d

Knicklinien nach Tafel 24b

Stahlbau

Tafel 24a Abminderungsfaktor χ_{LT} für den allgemeinen Fall

$\overline{\lambda}_{LT}$	a	b	c	d
0,2	1	1	1	1
0,3	0,997	0,964	0,949	0,923
0,4	0,953	0,926	0,897	0,850
0,5	0,924	0,844	0,843	0,779
0,6	0,890	0,837	0,785	0710
0,7	0,848	0,784	0,725	0,643
0,8	0,796	0,724	0,662	0,580
0,9	0,734	0,661	0,600	0,521
1,0	0,666	0,597	0,540	0,467
1,1	0,596	0,535	0,484	0,419
1,2	0,530	0,478	0,434	0,376
1,3	0,470	0,427	0,389	0,339
1,4	0,418	0,382	0,349	0,306
1,5	0,327	0,342	0,315	0,277
1,6	0,333	0,308	0,284	0,251
1,7	0,299	0,278	0,258	0,229
1,8	0,270	0,252	0,235	0,209
1,9	0,245	0,229	0,214	0,192
2,0	0,223	0,209	0,196	0,177
2,1	0,204	0,192	0,180	0,163
2,2	0,187	0,176	0,166	0,151
2,3	0,172	0,163	0,154	0,140
2,4	0,159	0,151	0,143	0,130
2,5	0,147	0,140	0,132	0,121

Tafel 24b Abminderungsfaktor χ_{LT} für gewalzte oder gleichartig geschweißte Querschnitte

$\overline{\lambda}_{LT}$	b	c	d
0,4	1	1	1
0,5	0,960	0,944	0,916
0,6	0,917	0,886	0,836
0,7	0,870	0,826	0,760
0,8	0,817	0,764	0,688
0,9	0,760	0,701	0,621
1,0	0,700	0,639	0,560
1,1	0,639	0,580	0,505
1,2	0,579	0,525	0,455
1,3	0,524	0,475	0,412
1,4	0,473	0,429	0,373
1,5	0,427	0,389	0,339
1,6	0,387	0,353	0,309
1,7	0,346	0,322	0,282
1,8	0,309	0,294	0,259
1,9	0,277	0,269	0,238
2,0	0,250	0,247	0,219
2,1	0,227	0,227	0,203
2,2	0,207	0,207	0,188
2,3	0,189	0,189	0,175
2,4	0,174	0,174	0,163
2,5	0,160	0,160	0,152

Biegedrillknicken um die *y*-Achse $\frac{N_{Ed}}{N_{b,y,Rd}} + k_{yy} \frac{M_{Ed}}{M_{b,Rd}} \le 1$

$N_{b,y,Rd}$ Tragfähigkeit bei zentrischem Druck, Ausweichen ⊥ zur *y*-Achse

Parabelförmige Momentenbeanspruchung $C_{my} = 0{,}95$

Klasse 1, 2: $k_{yy} = C_{my} \cdot (1 + (\bar{\lambda}_y - 0{,}2) \cdot n_y) \le C_{my} \cdot (1 + 0{,}8 \cdot n_y)$ $n_y = \frac{N_{Ed}}{N_{b,y,Rd}}$

Klasse 3: $k_{yy} = C_{my} \cdot (1 + 0{,}6 \cdot \bar{\lambda}_y \cdot n_y) \le C_{my} \cdot (1 + 0{,}6 \cdot n_y)$

7.3.3 Biegedrillknicken: Zweiachsige Biegung und Normalkraft $N + M_y + M_z$

Nachweise $\frac{N_{Ed}}{N_{b,z,Rd}} + k_{zy} \frac{M_{y,Ed}}{M_{b,Rd}} + k_{zz} \frac{M_{z,Ed}}{M_{z,Rd}} \le 1$ $\frac{N_{Ed}}{N_{b,y,Rd}} + k_{yy} \frac{M_{y,Ed}}{M_{b,Rd}} + k_{yz} \frac{M_{z,Ed}}{M_{z,Rd}} \le 1$

$M_{z,Rd} = W_z \cdot \frac{f_y}{\gamma_{M1}}$ Querschnittsklasse 1, 2: $W_z = W_{pl,z}$ Klasse 3: $W_z = W_{el,z}$

$n_z = \frac{N_{Ed}}{N_{b,z,Rd}}$ $n_y = \frac{N_{Ed}}{N_{b,y,Rd}}$

Querschittsklasse 1 und 2

$\bar{\lambda}_z \ge 0{,}4$ $k_{zy} = 1 - \frac{0{,}1 \cdot \bar{\lambda}_z \cdot n_z}{C_{mLT} - 0{,}25} \ge 1 - \frac{0{,}1 \cdot n_z}{C_{mLT} - 0{,}25}$

$\bar{\lambda}_z \le 0{,}4$ $k_{zy} = 0{,}6 + \bar{\lambda}_z \le 1 - \frac{0{,}1 \cdot n_z}{C_{mLT} - 0{,}25}$

$k_{yy} = C_{my} \cdot (1 + (\bar{\lambda}_y - 0{,}2) \cdot n_y) \le C_{my} \cdot (1 + 0{,}8 \cdot n_y)$

$k_{zz} = C_{mz} \cdot (1 + (2 \cdot \bar{\lambda}_z - 0{,}6) \cdot n_z) \le C_{mz} \cdot (1 + 1{,}4 \cdot n_z)$

$k_{yz} = 0{,}6 \cdot k_{zz}$

Querschnittsklasse 3

$k_{zy} = 1 - \frac{0{,}05 \cdot \bar{\lambda}_z \cdot n_z}{C_{mLT} - 0{,}25} \ge 1 - \frac{0{,}05 \cdot n_z}{C_{mLT} - 0{,}25}$

$k_{yy} = C_{my} \cdot (1 + 0{,}6 \cdot \bar{\lambda}_y \cdot n_y)$
$\le C_{my} \cdot (1 + 0{,}6 \cdot n_y)$

$k_{zz} = C_{mz} \cdot (1 + 0{,}6 \cdot \bar{\lambda}_z \cdot n_z)$
$\le C_{mz} \cdot (1 + 0{,}6 \cdot n_z)$

$k_{yz} = k_{zz}$

Momentenverlauf	Bereich		C_{my} und C_{mz} und C_{mLT}	
			Gleichlast	Einzellast
M, ψM	$-1 \le \psi \le 1$		$0{,}6 + 0{,}4\psi \ge 0{,}4$	
M_h, M_s, ψM_h; $\alpha_s = M_s/M_h$	$0 \le \alpha_s \le 1$	$-1 \le \psi \le 1$	$0{,}2 + 0{,}8\alpha_s \ge 0{,}4$	$0{,}2 + 0{,}8\alpha_s \ge 0{,}4$
	$-1 \le \alpha_s < 0$	$0 \le \psi \le 1$	$0{,}1 - 0{,}8\alpha_s \ge 0{,}4$	$-0{,}8\alpha_s \ge 0{,}4$
		$-1 \le \psi < 0$	$0{,}1(1-\psi) - 0{,}8\alpha_s \ge 0{,}4$	$0{,}2(-\psi) - 0{,}8\alpha_s \ge 0{,}4$
M_h, M_s, ψM_h; $\alpha_h = M_h/M_s$	$0 \le \alpha_h \le 1$	$-1 \le \psi \le 1$	$0{,}95 + 0{,}05\alpha_h$	$0{,}90 + 0{,}10\alpha_h$
	$-1 \le \alpha_h < 0$	$0 \le \psi \le 1$	$0{,}95 + 0{,}05\alpha_h$	$0{,}90 + 0{,}10\alpha_h$
		$-1 \le \psi < 0$	$0{,}95 + 0{,}05\alpha_h(1 + 2\psi)$	$0{,}90 + 0{,}10\alpha_h(1+2\psi)$

Für Bauteile mit Knicken in Form seitlichen Ausweichens sollte der äquivalente Momentenbeiwert als $C_{my} = 0{,}9$ bzw. $C_{mz} = 0{,}9$ angenommen werden.

Stahlbau

7.4 Bemessungswerte der Tragfähigkeit von Druckstäben

Tafel 26, 27 Tragfähigkeit von Druckstäben aus S235: $N_{b,Rd}$ in kN, L_{cr} in m

L_{cr}		3,00	3,50	4,00	4,50	5,00	5,50	6,00	6,50	7,00	7,50	8,00
D	***t***	**Geschweißte Rundrohre** nach DIN EN 10219-2 kaltgefertigt (Auswahl)										
33,7	2,5	5,6	4,2									
42,4	2,5	11,3	8,5	6,6								
48,3	2,5	16,5	12,5	9,8	7,9							
60,3	2,5	31,1	23,9	18,9	15,3	12,6	10,5	8,9				
60,3	4	46,5	35,7	28,2	22,7	18,7	15,7	13,3	11,4			
76,1	2,5	57,3	45,5	36,6	30,0	24,9	20,9	17,9	15,4	13,4	11,8	
76,1	4	87,3	69,2	55,6	45,4	37,6	31,7	27,0	23,3	20,3	17,8	15,7
88,9	3	97,7	80,3	65,9	54,6	45,7	38,7	33,1	28,7	25,0	22,0	19,5
88,9	5	154,9	126,6	103,6	85,6	71,5	60,5	51,8	44,8	39,1	34,4	30,5
101,6	4	169	143,5	120,6	101,4	85,8	73,2	63,0	54,7	47,9	42,2	37,5
101,6	6	243,8	205,9	172,4	144,5	122	104	89,4	77,6	67,9	59,9	53,2
114,3	4	211,1	185,3	160	137,2	117,6	101,3	87,7	76,6	67,3	59,5	53,0
114,3	6	307	268,2	230,7	197,1	168,6	145,0	125,5	109,4	96,1	85,0	75,6
139,7	4	292,5	269,2	243,8	217,9	193	170,2	150,2	132,8	117,8	105,1	94,1
139,7	6	429,4	394,1	355,9	317,1	280,2	246,6	217,2	191,8	170,1	151,6	135,7
168,3	4	380	359,8	337,3	312,8	287	261,1	236,2	213	192	173,2	156,6
168,3	8	736,1	695,1	649,3	599,6	547,9	496,5	447,5	402,4	361,8	325,9	294,2
177,8	5	506,8	482,5	455,5	425,8	394,2	361,7	329,7	299,3	271,2	245,7	222,9
177,8	8	793,2	753,8	710	662	611,1	559,2	508,4	460,5	416,5	376,8	341,4
193,7	6	674,6	647	616,5	583	546,7	508,5	469,5	431,1	394,4	360,2	328,9
193,7	10	1095	1049	996,9	940,2	879	814,9	750	686,7	626,7	571,2	520,6
219,1	6	786,5	760,9	733	702,6	669,4	633,8	596,1	557,3	518,4	480,3	444
219,1	10	1282	1239	1192	1140	1084	1024	961	896,1	831,6	768,9	709,3
244,5	6	897,5	873,1	847,1	819	788,6	755,8	720,6	683,5	645,1	606,1	567,4
244,5	10	1467	1426	1382	1335	1284	1228	1169	1107	1042	977,5	913,3
273,0	6	1021	998	973,3	947,1	919,1	888,9	856,7	822,2	785,9	748,1	709,4
323,9	6	1242	1219	1196	1172	1147	1120	1092	1061	1030	995,7	960,3
355,6	8	1827	1797	1767	1736	1704	1670	1634	1596	1556	1514	1470
406,4	8	2119	2090	2061	2031	2000	1968	1934	1900	1863	1825	1786

L_{cr}	3,00	3,50	4,00	4,50	5,00	5,50	6,00	6,50	7,00	7,50	8,00
$N_{b,Rd}$ **IPE** nach DIN 1025-5 S235											
100	29,2	21,9	17,0								
120	49,6	37,4	29,1	23,3							
140	78,1	59,3	46,4	37,2							
160	115,6	88,2	69,3	55,8	45,9	38,3					
180	165	127,1	100,4	81,1	66,8	55,9	47,5				
200	224,6	174,6	138,6	112,3	92,7	77,8	66,1	56,9			
220	308,3	243,1	194,6	158,6	131,4	110,5	94,1	81,1	70,6		
240	406,1	325	262,5	215,1	178,8	150,8	128,7	111	96,7	85	
270	551	452,1	371	307	256,9	217,6	186,3	161,2	140,7	123,8	109,8
300	720,4	606,8	506,9	424,4	358	304,8	262	227,3	198,8	175,3	155,6
330	883,9	756,1	639,1	539,4	457,4	390,9	336,9	292,8	256,5	226,4	201,2
360	1082	941,7	807,3	688,3	587,8	504,8	436,6	380,4	334	295,2	262,7
400	1299	1144	990,5	851,1	730,9	630,1	546,4	477,1	419,5	371,3	330,7
450	1562	1390	1216	1054	910,1	787,9	685,3	600	528,2	468,1	417,3
500	1880	1690	1493	1303	1133	985,1	859,6	754,1	665,3	590,4	526,9
550	2185	1986	1774	1565	1371	1199	1051	924,9	817,9	727,2	649,9
600	2592	2377	2145	1910	1687	1484	1306	1154	1023	911,3	815,7

L_{cr}	3,00	3,50	4,00	4,50	5,00	5,50	6,00	6,50	7,00	7,50	8,00
			$N_{b,Rd}$	**Druckstäbe HE-A (IPBl)**			S235				
100	181,1	145,1	117,4	96,5	80,5	68,1	58,3	50,4	44,0	38,8	34,4
120	274,3	226,0	186,8	155,8	131,3	111,9	96,3	83,7	73,3	64,8	57,6
140	399,3	339,8	287,8	244,1	208,3	179,0	155,1	135,5	119,2	105,6	94,2
160	548,0	479,3	415,0	358,5	309,9	269,0	234,8	206,2	182,2	162,0	144,9
180	697,2	625,8	555,4	489,4	430,0	377,9	333,0	294,7	261,9	234,0	210,0
200	875,1	799,5	722,6	647,6	577,2	513,3	456,6	407,0	363,9	326,6	294,3
220	1095	1015	932,5	849,3	768,5	692,4	622,6	559,8	504,1	455,0	411,9
240	1354	1268	1180	1089	997,8	909,7	826,7	749,9	680,3	617,7	561,9
260	1572	1486	1395	1301	1206	1112	1020	933,7	853,4	779,8	713,2
280	1802	1714	1622	1526	1427	1328	1230	1135	1045	961,4	884,1
300	2114	2022	1925	1824	1720	1614	1508	1403	1302	1205	1115
320	2341	2239	2131	2020	1905	1787	1670	1554	1442	1335	1235
340	2509	2398	2283	2162	2038	1912	1785	1660	1540	1425	1318
360	2692	2572	2447	2317	2182	2045	1908	1773	1643	1520	1405
400	3097	2992	2876	2750	2612	2465	2310	2151	1994	1842	1698
450	3463	3344	3212	3071	2915	2748	2573	2395	2218	2047	1886
500	3846	3712	3565	3404	3228	3040	2843	2643	2446	2255	2076
			$N_{b,Rd}$	**Druckstäbe HE-B (IPB)**			S235				
100	225,5	180,1	145,9	119,9	100,1	84,7	72,5	62,7	54,8	48,2	42,8
120	373,7	308,7	255,6	213,4	180,0	153,5	132,2	114,9	100,7	89,0	79,1
140	554,9	473,9	402,5	342,1	292,3	251,6	218,2	190,7	167,8	148,8	132,7
160	775,8	680,9	591,6	512,0	443,4	385,4	336,7	296,0	261,7	232,8	208,3
180	1011	909,2	808,4	713,6	627,8	552,4	487,2	431,4	383,6	342,8	307,8
200	1279	1171	1061	953,3	851,5	758,6	675,8	603,1	539,7	484,7	437,0
220	1559	1448	1333	1217	1104	996,2	897,3	808,0	728,4	658,0	596,1
240	1877	1761	1641	1517	1393	1272	1158	1052	954,9	867,9	790,2
260	2147	2031	1910	1785	1657	1530	1407	1290	1181	1080	988,8
280	2436	2319	2197	2070	1940	1808	1677	1551	1430	1317	1213
300	2820	2698	2571	2439	2302	2162	2022	1884	1750	1622	1502
320	3047	2915	2778	2635	2487	2336	2184	2034	1889	1751	1621
340	3231	3090	2942	2789	2631	2469	2307	2148	1993	1847	1709
360	3415	3264	3107	2944	2775	2603	2431	2261	2097	1942	1796
400	3862	3732	3591	3435	3266	3085	2894	2698	2503	2314	2135
450	4246	4101	3943	3769	3580	3378	3165	2948	2732	2523	2325
500	4647	4485	4309	4116	3906	3680	3444	3203	2965	2736	2519
550	4926	4751	4560	4350	4121	3877	3622	3363	3108	2863	2633
600	5221	5032	4823	4595	4346	4081	3804	3526	3252	2991	2747
			$N_{b,Rd}$	**Druckstäbe HE-M (IPBv)**			S235				
100	511,6	413,8	337,9	279,4	234,1	198,6	170,4	147,6	129,1	113,9	101,1
120	781,0	653,5	546,2	459,0	389,0	332,7	287,2	250,1	219,6	194,2	172,9
140	1087	938,8	804,5	688,7	591,4	510,9	444,3	389,1	343,1	304,5	271,9
160	1438	1276	1120	976,8	851,3	743,5	652,0	574,8	509,4	453,9	406,7
180	1796	1629	1461	1300	1151	1018	901,7	801	714,3	639,6	575,3
200	2189	2018	1841	1665	1497	1341	1200	1075	964,9	868,6	784,6
220	2591	2419	2238	2055	1874	1700	1538	1391	1257	1139	1034
240	3601	3397	3183	2962	2738	2517	2305	2105	1921	1752	1601
260	4057	3854	3641	3420	3193	2966	2742	2526	2323	2133	1960
280	4515	4313	4102	3882	3655	3424	3194	2967	2749	2542	2349
300	5811	5580	5339	5088	4829	4563	4293	4023	3758	3502	3259
320	5974	5734	5484	5224	4954	4678	4398	4118	3845	3581	3329
340	6240	6052	5849	5628	5388	5129	4853	4566	4273	3983	3700
360	6289	6096	5888	5661	5415	5149	4866	4573	4274	3979	3693
400	6409	6208	5989	5751	5493	5213	4918	4611	4301	3996	3703
450	6569	6358	6129	5879	5606	5312	5002	4682	4359	4044	3741
500	6723	6500	6257	5992	5703	5392	5065	4728	4392	4065	3754
550	6899	6665	6409	6129	5825	5497	5153	4802	4452	4114	3793
600	7068	6820	6549	6251	5927	5581	5218	4849	4485	4135	3805

7.5 Knicklängen verschieblicher Rahmenstiele

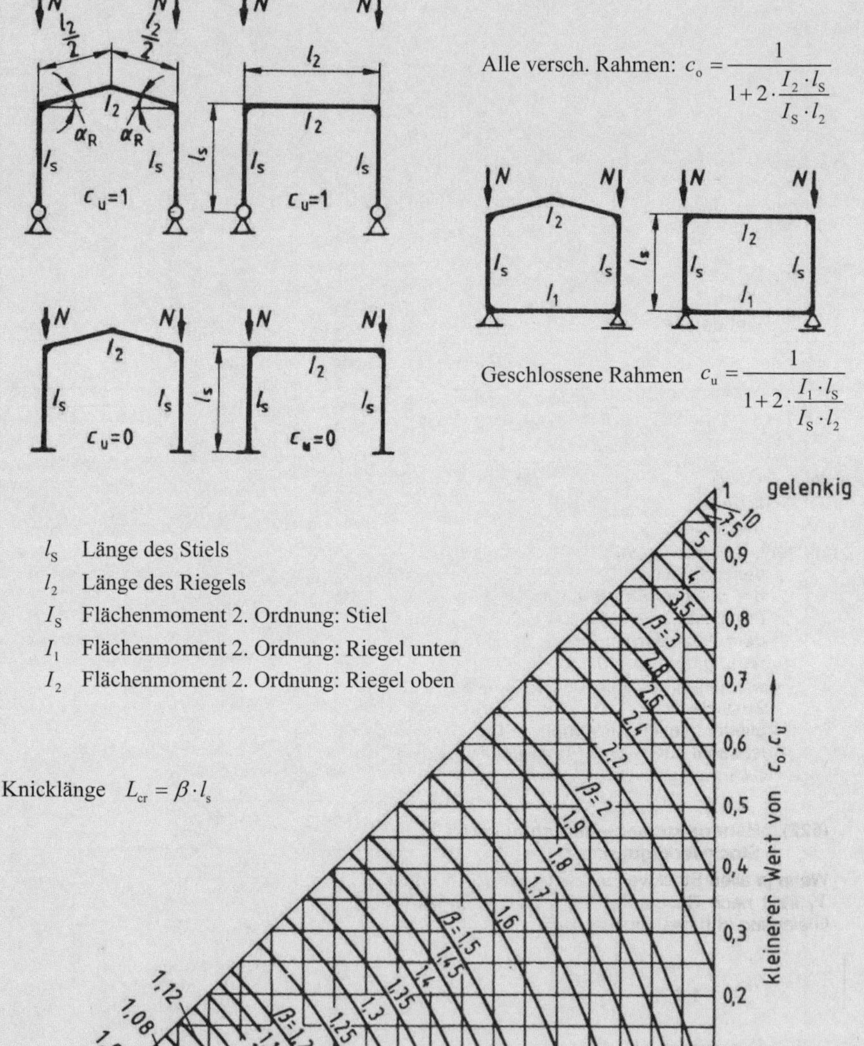

Alle versch. Rahmen: $c_o = \dfrac{1}{1 + 2 \cdot \dfrac{I_2 \cdot l_S}{I_S \cdot l_2}}$

Geschlossene Rahmen $c_u = \dfrac{1}{1 + 2 \cdot \dfrac{I_1 \cdot l_S}{I_S \cdot l_2}}$

l_S Länge des Stiels
l_2 Länge des Riegels
I_S Flächenmoment 2. Ordnung: Stiel
I_1 Flächenmoment 2. Ordnung: Riegel unten
I_2 Flächenmoment 2. Ordnung: Riegel oben

Knicklänge $L_{cr} = \beta \cdot l_s$

Bild 28 Knicklängenbeiwerte β der Stiele verschieblicher Rahmen

Stahlbau

7.6 Beulsicherheitsnachweis

7.6.1 Bezeichnungen

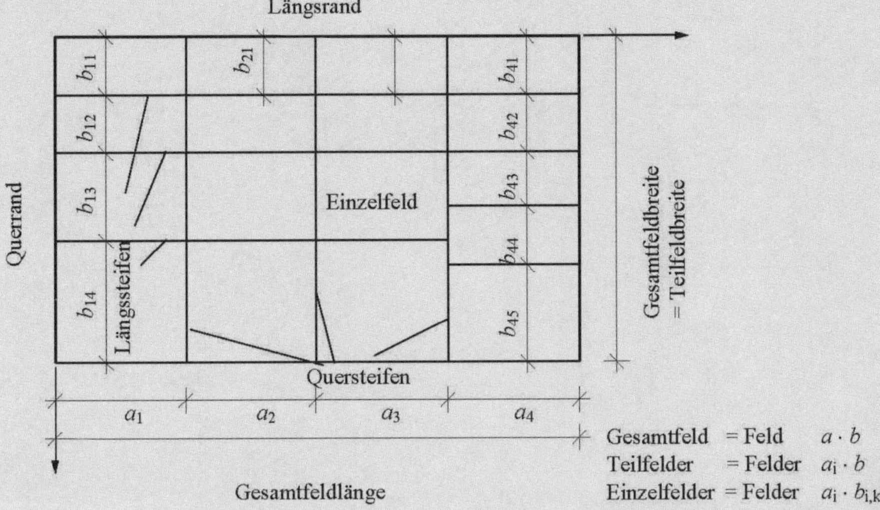

Gesamtfelder:	Versteifte oder unversteifte Platten, die an den Querrändern unverschieblich gehalten sind
Teilfelder:	Längs- oder unversteifte Platten, die zwischen benachbarten Quersteifen oder einem Querrand liegen
Einzelfelder:	Platten zwischen Steifen oder Rändern

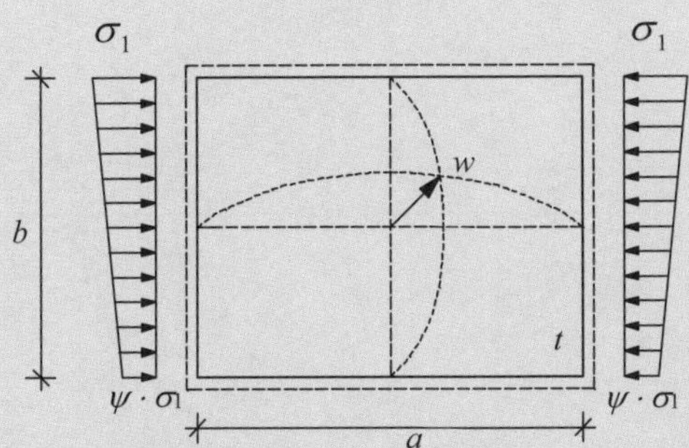

Bild 29 Def. der Formelzeichen σ_1 Druckspannung $\alpha = \frac{a}{b}$ Seitenverhältnis

t Plattendicke ψ Randspannungsverhältnis

σ_1 größte Druckspannung am Rand des untersuchten Beulfeldes, Druck positiv definiert

$\tau = \frac{V}{b \cdot t}$ über die Breite b_G oder b_{ik} konstant angenommene Schubspannung

Beispiele für Plattenränder

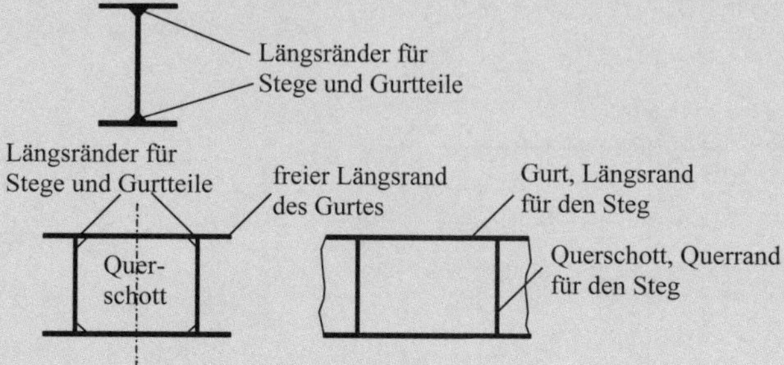

Maßgebende Beulfeldbreiten

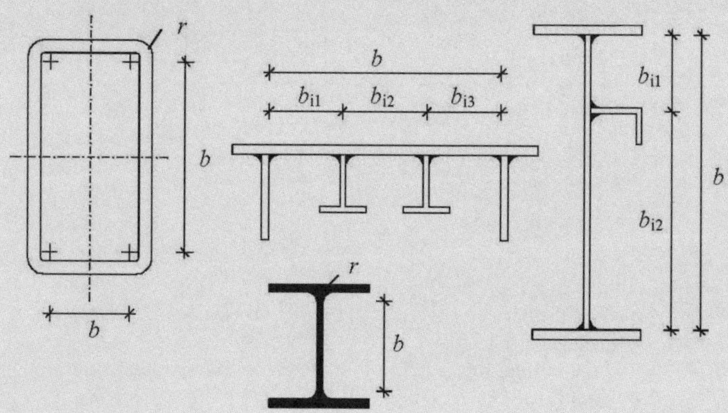

Wirksame Gurtbreiten gedrückter Längssteifen

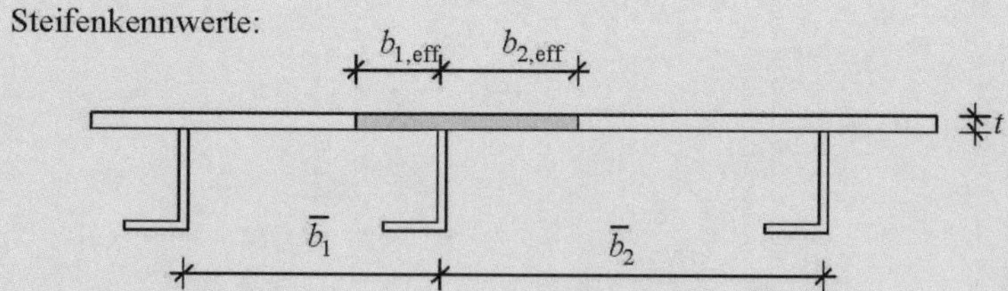

7.6.2 Abgrenzungskriterien

Der Nachweis der Beulsicherheit ist nicht erforderlich für die Beulfelder:

- max c/t - Verhältnisse sind eingehalten
- Ausbeulen ist konstruktiv verhindert
- Stege der I und U- Profile aus S235, S355
- Stege aller IPE- und HE-Profilreihen (ohne HE-AA) aus S235 mit $\psi \leq 0{,}7$ und aus S355 mit $\psi \leq 0{,}4$

7.6.3 Vereinfachter Nachweis

Für unversteifte, allseitig gelagerte Beulfelder kann der vereinfachte Grenzbeulspannungsnachweis durch Einhaltung der Bedingung

$$\text{grenz}\frac{b}{t} \geq \text{vorh}\,\frac{b}{t}$$

geführt werden.

Annahmen: Knickstabähnliches Verhalten und Beulknicken sind nicht maßgebend.
Verhältnis $a/b \geq 1$
Teilsicherheitsbeiwert $\gamma_{M1} = 1{,}1$

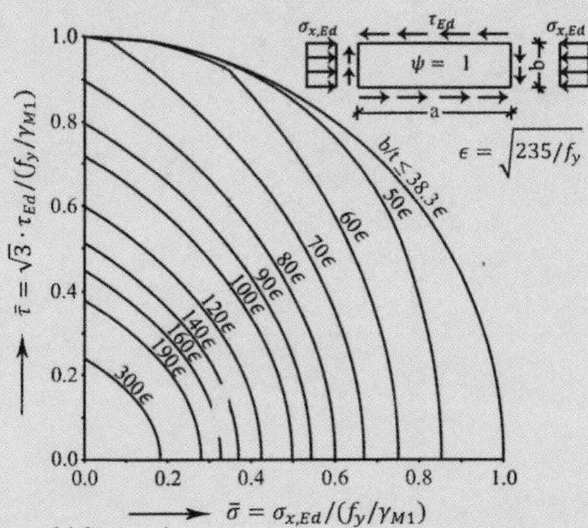

Kurventafeln max *b/t* für $\psi = 1$

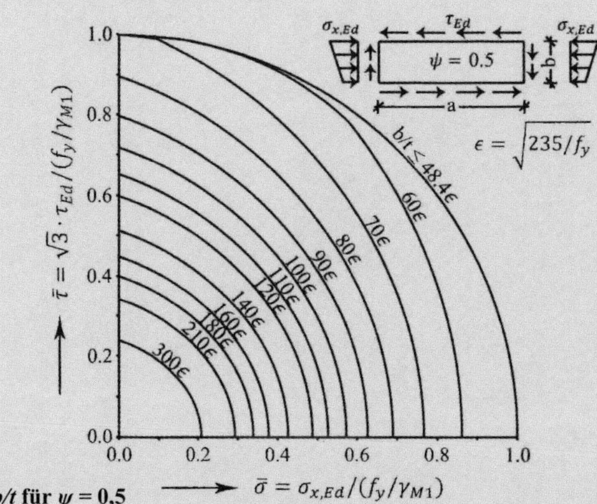

max *b/t* für $\psi = 0{,}5$

Stahlbau

Ansatz der Spannungen bei Schnittgrößen, die über die Beulfeldlänge *a* nicht konstant sind:

σ_1 bzw. $\psi \cdot \sigma_1$ und τ können unter Ansatz der Schnittgröße *M* und *V* im Abstand *b*/2 vom Rand des Beulfeldes berechnet werden, soweit in Feldmitte keine größeren Werte auftreten.

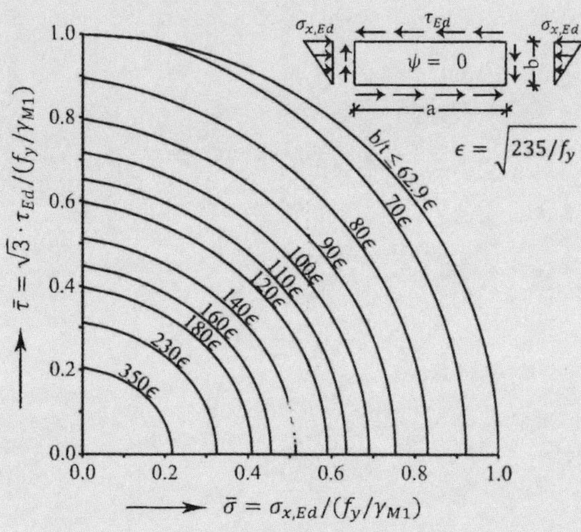

max *b/t* für $\psi = 0$

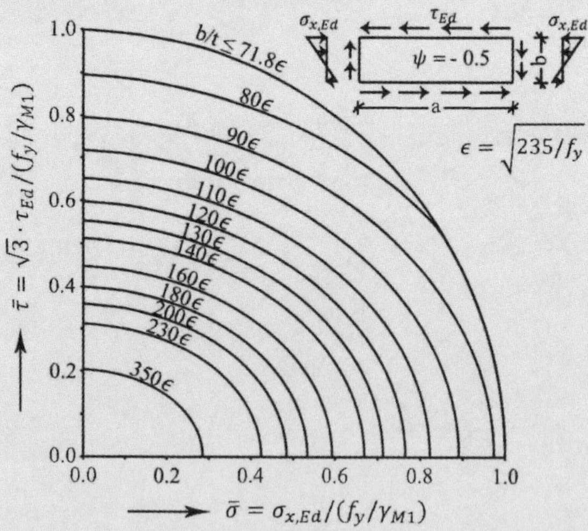

max *b/t* für $\psi = -0{,}5$

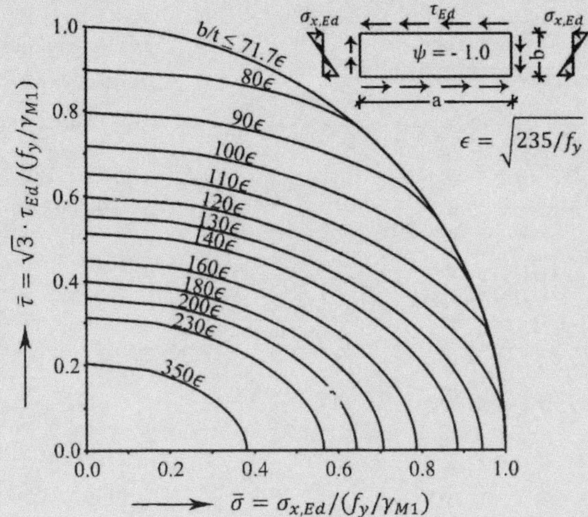

max *b/t*, $\psi = -1{,}0$

Kurventafeln aus *V. Hillebrecht, A. Rubert, M. Strutzke: b/t-Interaktionsdiagramme zum vereinfachten Beulsicherheitsnachweis nach DIN EN 1993-1-5 für Platten aller Baustahlsorten.* Stahlbau 81 (2012, S. 358-365).

Schubbeulen Kein Beulnachweis erforderlich für $\dfrac{h_t}{t_w} \leq 72 \cdot \varepsilon$

7.6.4 Nachweis unversteifter Beulfelder

Unter Wirkung von Normalspannungen in *x*- Richtung und Schubspannungen

Eulersche Knickspannung: $\sigma_e = 18\,980 \cdot \left(\dfrac{t}{b}\right)^2$ in kN/cm²

Ideale Einzelbeulspannungen: $\sigma_{cr} = k_\sigma \cdot \sigma_e$ Beulwerte k_σ und k_τ nach Tafel 34

$\tau_{cr} = k_\tau \cdot \sigma_e$ für beidseitige Lagerung

Vergleichswerte:

$$\sigma_{V,Ed} = \sqrt{\sigma_{Ed}^2 + 3 \cdot \tau_{Ed}^2}$$

$$\sigma_{V,cr} = \frac{\sigma_{V,Ed}}{\dfrac{1+\psi}{4} \cdot \dfrac{\sigma_{Ed}}{\sigma_{cr}} + \sqrt{\left(\dfrac{3-\psi}{4} \cdot \dfrac{\sigma_{Ed}}{\sigma_{cr}}\right)^2 + \left(\dfrac{\tau_{Ed}}{\tau_{cr}}\right)^2}}$$

Aternativ: Berechnung des Verzweigungslastfaktors α_{cr} unter gleichzeitiger Wirkung von σ und τ mit einem Beulprogramm: $\sigma_{V,cr} = \alpha_{cr} \cdot \sigma_{V,Ed}$

Bezogener Bezugsschlankheitsgrad: $\bar{\lambda}_p = \sqrt{\dfrac{f_y}{\sigma_{V,cr}}}$

Tafel 34 Beulwerte k_σ für Normalspannungen σ und k_τ für Schubspannungen τ

	beidseitig	einseitig	
Lagerung	(beidseitig gelagert, Breite b)	(einseitig gelagert, Breite b)	
Spannungsverlauf σ	σ … $\sigma\cdot\psi$, b	σ … $\sigma\cdot\psi$, b	$\sigma\cdot\psi$ … σ, b
$\psi = 1$	4	0,43	
$1 > \psi \geq 0$	$\frac{8,2}{\psi + 1,05}$ für $\alpha \geq 1$ $\left(\alpha + \frac{1}{\alpha}\right)^2 \cdot \frac{2,05}{\psi + 1,05}$ für $\alpha < 1$	$\frac{0,578}{\psi + 0,34}$	$0,57 - 0,21\cdot\psi + 0,07\cdot\psi^2$
$\psi = 0$	7,81	1,70	0,57
$0 > \psi > -1$	$7,81 - 6,29\cdot\psi + 9,78\cdot\psi^2$	$1,70 - 5\cdot\psi + 17,1\cdot\psi^2$	$0,57 - 0,21\cdot\psi + 0,07\cdot\psi^2$
$\psi = -1$	23,9	23,8	0,85
Schubspannung τ	$k_\tau = 4 + \frac{5,34}{\alpha^2}$ für $\alpha < 1$ $k_\tau = 5,34 + \frac{4}{\alpha^2}$ für $\alpha \geq 1$		

Abminderungsfaktor ρ

$$\rho = \frac{\overline{\lambda}_p - 0,055\cdot(3+\psi)}{\overline{\lambda}_p^2} < 1 \qquad \chi_w = \frac{0,83}{\overline{\lambda}_p}$$ für Platten nach Bild 29

$$\rho = \frac{\overline{\lambda}_p - 0,188}{\overline{\lambda}_p^2} < 1$$ für einseitig gestützte Querschnittsteile

1. Nachweis nach der Methode der reduzierten Spannungen für Platten nach Bild 29

$$\left(\frac{\sigma_{Ed}}{\rho\cdot f_y/\gamma_{M1}}\right)^2 + 3\cdot\left(\frac{\tau_{Ed}}{\chi_w\cdot f_y/\gamma_{M1}}\right)^2 \leq 1$$

Alternativ:

2. **Berechnung der wirksamen Breiten** druckbeanspruchter Felder der Querschnittsklasse 4 nach Tafel 36, **Spannungsnachweis** unter Ansatz nur dieser wirksamen Breiten.

Fortsetzung zur Methode der reduzierten Spannungen:

Knickstabähnliches Verhalten

$\sigma_{cr,p} = \sigma_{cr} = k_\sigma \cdot \sigma_e \qquad \sigma_{cr,c} = \dfrac{\pi^2 \cdot E \cdot t^2}{12(1-\nu^2)\cdot a^2} \qquad \xi = \dfrac{\sigma_{cr,p}}{\sigma_{cr,c}} - 1$

Falls $0 \le \xi \le 1$, Knickstabähnliches Verhalten untersuchen: $\bar{\lambda}_c = \sqrt{\dfrac{f_y}{\sigma_{cr,c}}}$

$\Rightarrow \quad \chi_c$ mit Knicklinie a des Biegeknickens

Interaktion $\rho_c = (\rho - \chi_c)\cdot\xi\cdot(2-\xi) + \chi_c$ Nachweis $\left(\dfrac{\sigma_{Ed}}{\rho_c \cdot f_y/\gamma_{M1}}\right)^2 + 3\cdot\left(\dfrac{\tau_{Ed}}{\chi_w \cdot f_y/\gamma_{M1}}\right)^2 \le 1$

Interaktion zwischen Biegeknicken und Plattenbeulen

Berechnung des Stabes nach Theorie 2. Ordnung unter Ansatz von Imperfektionen. Nachweis der Querschnittsklasse 4 mit Ansatz der wirksamen Breiten druckbeanspruchter Felder, Alternative 2, s. o., führen,

Ausgesteifte Beulfelder

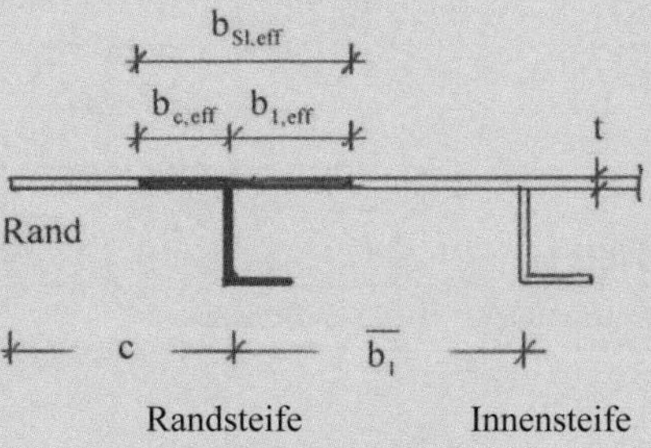

Wirksame Gurtbreiten

$b_{Sl,eff} = b_{c,eff} + b_{1,eff}$

$b_{c,eff} = \rho \cdot c \qquad b_{1,eff} = \rho \cdot \bar{b}_1/2$

$b_{c,eff} \le c \qquad b_{1,eff} \le \dfrac{\bar{b}_1}{2}$

$b_{c,eff} \le a_i/6 \qquad b_{Sl,eff} \le \dfrac{a_i}{3}$

Querschnittswerte: $I_{Sl,eff}$ mit Platte $\quad A$ Steifenfläche ohne Platte

$\gamma = 10{,}92 \cdot \dfrac{I_{Sl,eff}}{b_G \cdot t^3} \qquad \delta = \dfrac{A}{b_G \cdot t} \qquad b_G$ Breite des Gesamtfeldes

Zugehörige Beulwerte zur Berechnung der idealen Einzelbeulspannungen aus Klöppel/Scheer, Girlandenkurven, oder mit Programm. Fortsetzung des Rechengangs wie beim unversteiften Beulfeld.

Knickstabähnliches Verhalten ausgesteifter Beulfelder

$\sigma_{cr,p} = \sigma_{cr} = k_\sigma \cdot \sigma_e \qquad \sigma_{cr,c} = \dfrac{\pi^2 \cdot E \cdot I_{Sl,1}}{A_{Sl,1} \cdot a^2} \cdot \dfrac{\sigma_1}{\sigma_{Sl,1}}$ $\quad I_{Sl,1}\ A_{Sl,1}$ Bruttoquerschnitswerte mit $\rho = 1$; $\sigma_{Sl,1}$ Spannung in Höhe der Steife

Für $0 \le \xi = \dfrac{\sigma_{cr,p}}{\sigma_{cr,c}} - 1 \le 1 \qquad \bar{\lambda}_c = \sqrt{\dfrac{\beta_{A,c}\cdot f_y}{\sigma_{cr,c}}} \qquad \beta_{A,c} = \dfrac{A_{Sl,1,eff}}{A_{Sl,1}} \qquad A_{Sl,1,eff}$ Brutto mit $\rho \le 1$

$\alpha_c = \alpha + 0{,}09 \cdot e/i \qquad \alpha = 0{,}49$ für offene Querschnitte $\quad \alpha = 0{,}34$ für Hohlsteifen

$e = \max(e_1, e_2)$ $\quad e_1$ ist der Abstand zwischen dem Schwerpunkt der einseitig angebrachten Einzelsteife zum Schwerpunkt von $A_{Sl,1,eff}$

e_2 ist der Abstand zwischen dem Schwerpunkt von $A_{Sl,1,eff}$ zur Mittelebene des Bleches des Beulfeldes

$\Phi = 0{,}5 \cdot \left[1 + \alpha_e \cdot (\bar{\lambda}_c - 0{,}2) + \bar{\lambda}_c^2\right] \qquad \chi_c = \dfrac{1}{\Phi + \sqrt{\Phi^2 - \bar{\lambda}_c^2}}$ Interaktion und Nachweis wie oben

Tafel 36 Wirksame Breiten druckbeanspruchter Felder der Querschnittsklasse 4

Zweiseitig gestützte Querschnittsteile Platten nach Bild 29

Spannungsverteilung (Druck positiv)	Wirksame Breite b_{eff}
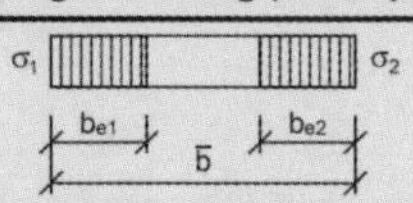 σ_1, σ_2, b_{e1}, b_{e2}, $\bar{b}$	$\psi = 1$: $b_{eff} = \rho\ \bar{b}$ $b_{e1} = 0{,}5\ b_{eff}$ $b_{e2} = 0{,}5\ b_{eff}$
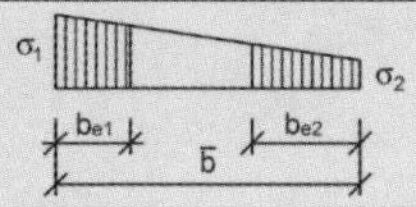 σ_1, σ_2, b_{e1}, b_{e2}, $\bar{b}$	$1 > \psi \geq 0$: $b_{eff} = \rho\ \bar{b}$ $b_{e1} = \dfrac{2}{5-\psi} b_{eff}$ $b_{e2} = b_{eff} - b_{e1}$
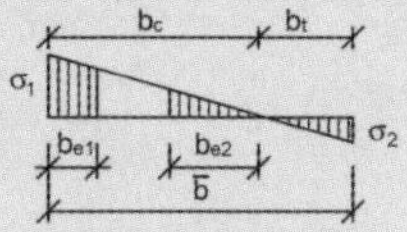 b_c, b_t, σ_1, σ_2, b_{e1}, b_{e2}, $\bar{b}$	$\psi < 0$: $b_{eff} = \rho\ b_c = \rho\ \bar{b}/(1-\psi)$ $b_{e1} = 0{,}4\ b_{eff}$ $b_{e2} = 0{,}6\ b_{eff}$

$\psi = \sigma_2/\sigma_1$	1	$1 > \psi > 0$	0	$0 > \psi > -1$	-1	$-1 > \psi \geq -3$
Beulwert k_σ	4,0	$8{,}2/(1{,}05 + \psi)$	7,81	$7{,}81 - 6{,}29\ \psi + 9{,}78\ \psi^2$	23,9	$5{,}98\ (1-\psi)^2$

Einseitig gestützte Querschnittsteile

Spannungsverteilung (Druck positiv)	Wirksame Breite b_{eff}
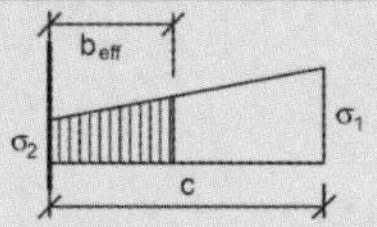 b_{eff}, σ_1, σ_2, c	$1 > \psi \geq 0$: $b_{eff} = \rho\ c$
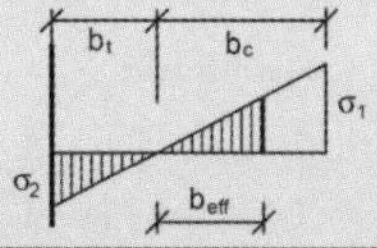 b_t, b_c, σ_1, σ_2, b_{eff}	$\psi < 0$: $b_{eff} = \rho\ b_c = \rho\ c/(1-\psi)$

$\psi = \sigma_2/\sigma_1$	1	0	-1	$1 \geq \psi \geq -3$
Beulwert k_σ	0,43	0,57	0,85	$0{,}57 - 0{,}21\ \psi + 0{,}07\ \psi^2$

Spannungsverteilung (Druck positiv)	Wirksame Breite b_{eff}
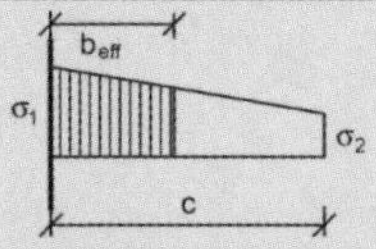 b_{eff}, σ_1, σ_2, c	$1 > \psi \geq 0$: $b_{eff} = \rho\ c$
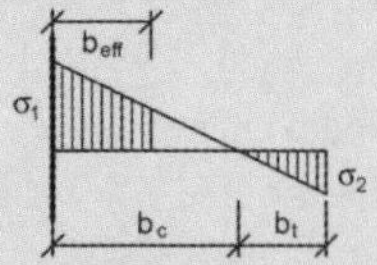 b_{eff}, σ_1, σ_2, b_c, b_t	$\psi < 0$: $b_{eff} = \rho\ b_c = \rho\ c/(1-\psi)$

$\psi = \sigma_2/\sigma_1$	1	$1 > \psi > 0$	0	$0 > \psi > -1$	-1
Beulwert k_σ	0,43	$0{,}578/(\psi + 0{,}34)$	1,70	$1{,}7 - 5\ \psi + 17{,}1\ \psi^2$	23,8

8 Rippenlose Lasteinleitung

Lastausbreitungswinkel 1:1

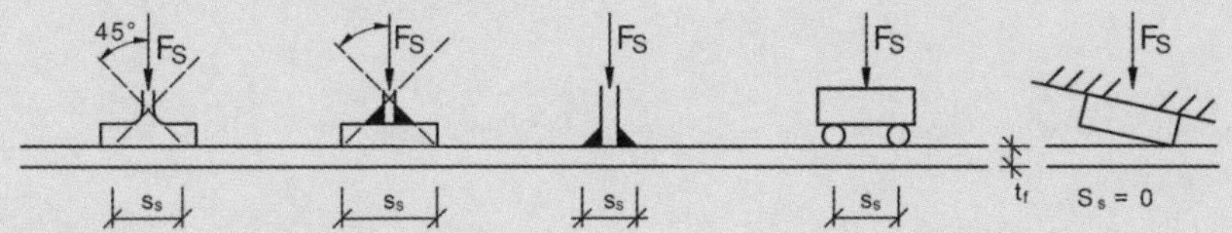

Bild 37a Länge der Lasteinleitung

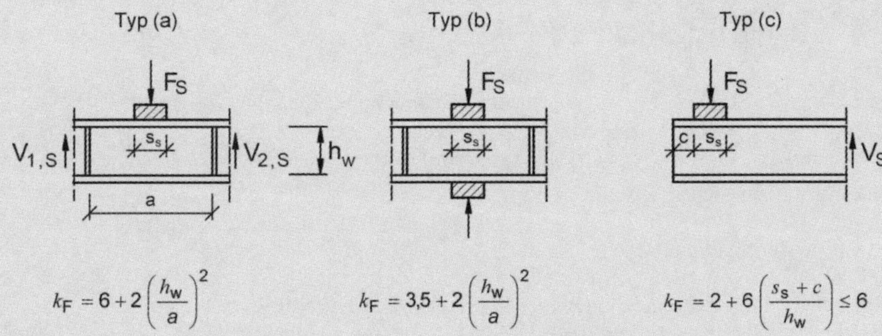

Bild 37b Beulwerte für verschiedene Arten der Lasteinleitung

Tragfähigkeit

$F_s \le F_{Rd} = \dfrac{f_{yw} \cdot L_{eff} \cdot t_w}{\gamma_{M1}}$ Index w : zum Steg zugehörig, Index f : zum Flansch

$L_{eff} = \chi_F \cdot l_y$ Wirksame Lastausbreitungslänge unter Berücksichtigung des Stegbeulens

$\chi_F = \dfrac{0{,}5}{\overline{\lambda}_F} \le 1$ $\quad \overline{\lambda}_F = \sqrt{\dfrac{l_y \cdot t_w \cdot f_{yw}}{F_{cr}}}$ $\quad F_{cr} = 0{,}9 \cdot k_F \cdot E \cdot \dfrac{t_w^3}{h_w}$ $\quad k_F$ Bild 37b

l_y Wirksame Lastausbreitungslänge ohne Stegbeulen

mit $m_1 = \dfrac{f_{yf} \cdot b_f}{f_{yw} \cdot t_w}$

$m_2 = 0{,}02\left(\dfrac{h_w}{t_f}\right)^2$ für $\overline{\lambda}_F > 0{,}5$ $\qquad m_2 = 0$ für $\overline{\lambda}_F \le 0{,}5$, kein Stegbeulen

Stahlbau

Typ (a) und (b) $l_y = s_s + 2t_f \cdot (1 + \sqrt{m_1 + m_2})$ mit $l_y < a$ Quersteifenabstand

Typ (c) kleinster Wert der Gleichungen

$$l_y = l_e + t_f \cdot \sqrt{\frac{m_1}{2} + \left(\frac{l_e}{t_f}\right)^2 + m_2}$$

$$l_y = l_e + t_f \cdot \sqrt{m_1 + m_2} \qquad l_e = \frac{k_f \cdot E \cdot t_w^2}{2 \cdot f_{yw} \cdot h_w} \le s_s + c$$

Interaktion zwischen Querbelastung und Biegenormalspannung an den Längsrändern:

$$\frac{F_{Ed}}{F_{Rd}} + 0{,}8 \cdot \frac{\sigma_{Ed}}{\sigma_{Rd}} \le 1{,}4$$

9 Betriebsfestigkeit

Ermüdung des Stahls infolge wechselnder Beanspruchung, abhängig von:

$\Delta\sigma = \max\sigma - \min\sigma$: Spannungsschwingbreite unter den Werten der veränderlichen Einwirkungen ohne Sicherheitsbeiwert

Anzahl n der Spannungsspiele

Kerbfall: Abweichungen eines Bleches von der Normalform, so dass ein ursprünglich gleichmäßiger Kraftlinienfluss gestört wird, z. B. bei mit Kehlnaht aufgeschweißten Blechen, Stumpfnaht-Anschlüssen mit Dickensprung oder als Kreuzungspunkt.

Auf einen Nachweis kann verzichtet werden, wenn $n < 10.000$ oder $\Delta\sigma_d < 26\ \mathrm{N/mm^2}$.

Vorwiegend ruhende Beanspruchung des Hochbaus:

Verkehrslasten
Wind ohne periodische Anfachung
Schnee
Temperatur

Die Anzahl der Spannungsspiele mit entsprechenden maximalen Amplituden liegt in der Lebenszeit eines Hochbaus unterhalb der Grenzwerte, für den ein Betriebsfestigkeitsnachweis zu führen ist.

Hier ist der Betriebsfestigkeitsnachweis nicht erforderlich, das Verfahren E-P oder P-P darf angewendet werden.

Für **nicht vorwiegend ruhende Beanspruchung** ist das **Verfahren E-E** anzuwenden und der Betriebsfestigkeitsnachweis zu führen.

Stahlbau

10 Schraubverbindungen

10.1 Schraubenbezeichnungen

Tafel 39a Symbole für Schrauben

Schraube	**Darstellung in der Zeichenebene**				
	senkrecht zur Achse			**parallel zur Achse**	
	nicht gesenkt	Senkung auf der Vorderseite	Senkung auf der Rückseite	nicht gesenkt	Senkung auf einer Seite
in der Werkstatt eingebaut					
auf der Baustelle eingebaut					
auf der Baustelle gebohrt und eingebaut					
Bezeichnung der Schrauben	Die Bezeichnung für eine Gruppe gleicher Schrauben braucht nur an einer äußeren Schraube mit einer Pfeillinie angebracht zu werden. 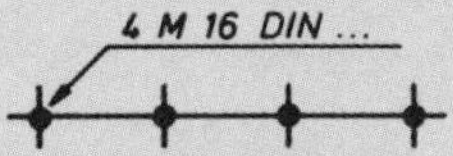	4 M 16 DIN ...			
Bei Symbolen für Löcher entfallen der Punkt in der Mitte bzw. die senkrechten Striche.					

Tafel 39b Schraubenbezeichnungen und zugehörige Normenangaben

Schraubenart	Schrauben Kategorie	Muttern	Scheiben	Festigkeitsklasse DIN ISO 898	Kurzzeichen
Sechskantschrauben (Rohe Schrauben)	DIN 7990 DIN 7969 nur für 4.6 SL A	DIN EN ISO 4034 und 4032	Rundscheiben DIN 7989 Keilscheiben DIN 434 DIN 435	4.6, 5.6	R
Sechskant-Passschrauben (Passschrauben)	DIN 7968 SLP A			5.6	P
Sechskantschrauben (Hochfeste Schrauben)	DIN EN ISO 4014 und 4017 SL A SLV A	DIN EN ISO 4034 und 4032	DIN EN ISO 7089,7090, 7091 DIN 434, 435, DIN 34820	8.8	HR
Sechskantschrauben mit großen Schlüsselweiten (Hochfeste Schrauben)	DIN EN 14399-4 SL A SLV A GV A,B,C DIN EN ISO 10642 nur für SL	DIN EN 14399-4	DIN 6917 DIN 6918 DIN EN 14399-6	10.9	HR
Sechskant-Passschrauben mit großen Schlüsselweiten (Hochfeste Passschrauben)	DIN EN 14399-8 SLP A SLVP A GVP A,B,C DIN EN ISO 10642 nur für SL			10.9	HP
Hochfeste Schrauben (große Schlüsselweiten)	SLV, SLVP A GV, GVP A,B,C	Bei planmäßiger Vorspannung		8.8, 10.9	HV

Stahlbau

Schraubentafeln

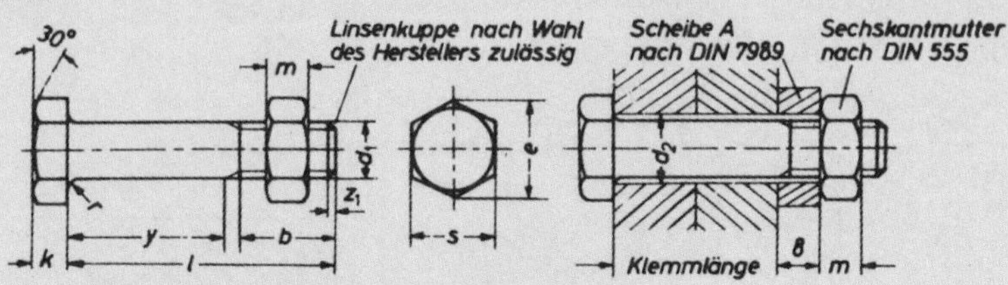

Tafel 40a Schraubenmaße für Sechskantschrauben in mm

Schraubengröße			M 12	M 16	M 20	M 22	M 24	M 27	M 30	M 36
Gewinde-Ø d_1			12	16	20	22	24	27	30	36
Schaft-Ø d	R	HR	= Gewindedurchmesser d_1							
	P	HP	13	17	21	23	25	28	31	37
Kopfhöhe k			8	10	13	14	15	17	19	23
Mutterhöhe m	R	P	12,2	15,9	19	20,2	22,3	24,7	26,4	31,5
	HR	HP	10	13	16	18	19	22	24	29
Schlüsselweite s	R	P	18	24	30	34	36	41	46	55
	HR	HP	22	27	32	36	41	46	50	60
Eckenmaß min e	R	P	19,85	26,17	32,95	37,29	39,55	45,20	50,85	60,79
	HR	HP	23,91	29,56	35,03	39,55	45,20	50,85	55,37	66,44
Scheiben Ø			24	30	37	39	44	50	56	66
Scheibendicke	R	P	8	8	8	8	8	8	8	8
	HR	HP	3	4	4	4	4	5	5	6

Für den Maschinenbau stehen zusätzlich zur Verfügung: M 4, M 5, M 6, M 8, M 10 und M 40, M 44, M 48, M 52, M 60, M 70, M 80, M 90, M 100.

Tafel 40b Extremwerte der Klemmlängen in mm

Schraubengröße			M 12	M 16	M 20	M 22	M 24	M 27	M 30	M 36
Sechskantschrauben	R	min	5	6	8	6	9	21	39	-
		max	99	125	147	170	168	165	163	-
Sechskant-Passschrauben	P	min	5	6	8	11	14	21	29	-
		max	99	135	152	170	168	165	163	-
Sechskant mit großen Schlüsselweiten	HR	min	6	10	10	14	22	28	29	31
	HP	max	73	102	122	131	158	160	156	148

Tafel 40c Schaft- und Spannungsquerschnittsflächen in cm²

Schraubengröße			M 12	M 16	M 20	M 22	M 24	M 27	M 30	M 36
Schaftquerschnitt A	R	HR	1,13	2,01	3,14	3,80	4,52	5,73	7,07	10,18
	P	HP	1,33	2,27	3,46	4,15	4,91	6,16	7,55	10,75
Spannungsquerschnitt A_S			0,843	1,57	2,45	3,03	3,53	4,59	5,61	8,17

Bezeichnung der Festigkeitsklasse und zugehörige charakteristische Werte

Beispiel: Festigkeitsklasse **4.6**

Erste Ziffer (hier **4**) multipliziert mit 100 ergibt:
Zugfestigkeit f_{ub} (hier **400** N/mm²)

Zweite Ziffer (hier **6**) multipliziert mit 10 % und $f_{u,b,k}$ ergibt:
Streckgrenze: f_{yb} (hier **60** % · 400 = 240 N/mm²)

10.2 Schraubenabstände

Bild 41a Rand- und Lochabstände: Bezeichnungen und empfohlene Maße

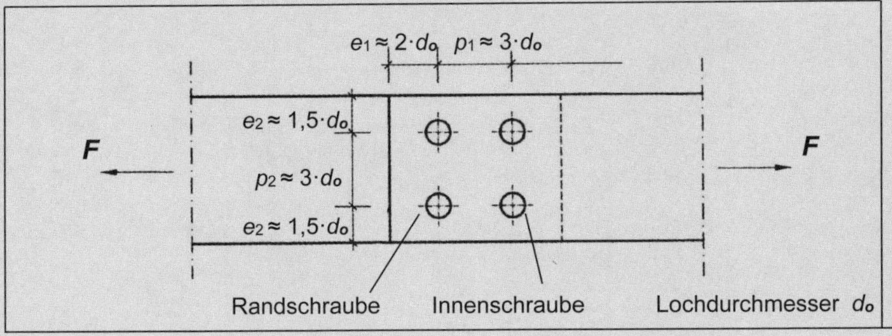

Tafel 41b Schraubenabstände von Lochmitte zu Lochmitte gemessen, **Lochspiel**

d_o = Lochdurchmesser, t = Dicke des dünnsten außen liegenden Teiles der Verbindung

	Minimum	**Maximum**	Volle Lochleibung
p_1	$\geq 2{,}2\ d_o$	$\leq 14\ t$ ≤ 200 $\leq 9 \cdot \varepsilon \cdot t$ bei Beulgefahr	$\geq 3{,}75\ d_o$
e_1	$\geq 1{,}2\ d_o$	$\leq 4\ t + 40$ Korrosionsschutz	$\geq 3{,}0\ d_o$
e_2	$\geq 1{,}2\ d_o$	$\leq 4\ t + 40$ Korrosionsschutz $\leq 9 \cdot \varepsilon \cdot t$ bei Beulgefahr	$\geq 1{,}5\ d_o$
p_2	$\geq 2{,}4\ d_o$	$\leq 14\ t$ ≤ 200	$\geq 3{,}0\ d_o$

Lochspiel Δd M 12: 1mm M 16 bis M 24: 2mm M 27 bis M 36: 3 mm Größtwerte

Laschen- und Stabanschlüsse mit nicht kontinuierlicher Krafteinleitung

Maximale Anschlusslänge $L_j \leq 15 \cdot d$

sonst Abminderungsfaktor der Tragfähigkeit $\beta_{Lf} = 1 - \dfrac{L_j - 15d}{200d}$

Empfehlung zur Wahl der Schraubengröße

Gewinde-Ø $d \sim 2 \cdot$ minimale Blechdicke

Kombination unterschiedlicher Schrauben

Es dürfen nur Schrauben gleicher Art und gleichen Durchmessers zum Anschluss eines Querschnittsteils eingesetzt werden.

Stahlbau

Kategorien der Schraubverbindungen

Kategorie A: Scher-Lochleibungsverbindungen Festigkeitsklassen 4.6 bis 10.9
Ohne Vorbereitung oder besondere Oberflächenbehandlung

Kategorie B und C: Gleitfeste Verbindungen Festigkeitsklassen 8.8 und 10.9
Im Grenzzustand der Gebrauchstauglichkeit darf kein Gleiten auftreten.

Kategorie D: Nicht vorgespannte Verbindungen Festigkeitsklassen 4.6 bis 10.9
Zugbeanspruchte Schrauben dieser Klasse nicht zulässig bei Ermüdungsnachweis

Kategorie E: Vorgespannte Verbindungen Festigkeitsklassen 8.8 und 10.9
Mit kontrollierter Vorspannung

Art der Vorspannung

Nicht planmäßig vorgespannte Schrauben sind ohne Kontrolle des Anzugsmoments anzuziehen. Kontrolliert voll vorgespannte und nicht voll vorgespannte Schrauben sind mit vorgeschriebenem Anziehmoment oder Vorspannkraft anzuziehen, s. Tafel 46.

10.3 Tragfähigkeit von Schrauben

Grenzabscherkraft $F_{V,Rd} = \alpha_V \cdot A \cdot f_{ub} / \gamma_{M2}$ s. Tafel 43

Scherfuge im Schaft	Scherfuge im Gewinde
$\alpha_V = 0{,}6$	$\alpha_V = 0{,}6$ für 4.6 5.6 8.8 $\alpha_V = 0{,}5$ für 10.9
A Schaftquerschnitt	$A = A_S$ Spannungsquerschnitt

Grenzlochleibungskraft $F_{b,Rd} = k_1 \cdot \alpha_b \cdot t \cdot d \cdot f_u / \gamma_{M2}$

Einschnittig ungestützte Verbindungen mit einer Schraubenreihe: $F_{b,Rd} = 1{,}5 \cdot t \cdot d \cdot f_u / \gamma_{M2}$
Es sind beidseitig Unterlegscheiben einzusetzen.

Beiwerte für die Lochleibung

	Innenschraube	Randschraube
In Kraftrichtung α_b kleinster Wert von	$\frac{p_1}{3 \cdot d_0} - \frac{1}{4}$ oder $\frac{f_{ub}}{f_u}$ od. 1	$\frac{e_1}{3 \cdot d_0}$ oder $\frac{f_{ub}}{f_u}$ oder 1
Quer zur Kraftrichtung k_1 kleinster Wert von	$\frac{1{,}4 \cdot p_2}{d_0} - 1{,}7$ oder 2,5	$\frac{2{,}8 \cdot e_2}{d_0} - 1{,}7$ od. $\frac{1{,}4 \cdot p_2}{d_0} - 1{,}7$ od. 2,5
	Maximal in Rechnung zu stellen $e_1 = 3 \cdot d_0$ und $p_1 = 3{,}75 \cdot d_0$	

Grenzzugkraft

$F_{t,Rd} = k_2 \cdot A_S \cdot f_{ub} / \gamma_{M2}$ $k_2 = 0{,}63$ für Senkschrauben $k_2 = 0{,}9$ für alle anderen Schrauben

Grenzdurchstanzkraft $B_{p,Rd} = 0{,}6 \cdot \pi \cdot d_m \cdot t_p \cdot f_u / \gamma_{M2}$

t_p · Blechdicke unter der Schraube d_m Mittelmaß aus Eckenmaß min e und Schlüsselweite s.

Tafel 43 Tragfähigkeit von Schrauben

Grenzabscherkraft $F_{v,Rd}$ in kN je Scherfuge

Verbindungsart		Festigkeitsklasse	M 12	M 16	M 20	M 22	M 24	M 27	M 30	M 36
Schaft in der Scherfuge	SL	4.6	21,7	38,6	60,3	73	86,8	110	136	195
		5.6	27,1	48,2	75,4	91	108	138	170	244
	SL, SLV	8.8	43,4	77,2	121	146	174	220	271	391
		10.9	54,2	96,5	151	182	217	275	339	489
Gewinde in der Scherfuge	SL	4.6	16,2	30,1	47	58,2	67,8	88	108	157
		5.6	20,2	37,7	58,8	72,7	84,7	110	135	196
	SL, SLV	8.8	32,4	60,3	94	116	136	176	215	314
		10.9	33,7	62,8	98	121	141	184	224	327
	SLP	4.6	25,5	43,6	66,4	79,7	94	118	145	206
		5.6	31,9	54,5	83	100	118	148	181	258
	SLP, SLVP	8.8	51,1	87,2	133	159	189	237	290	413
		10.9	63,7	109	166	198	236	296	362	516

Grenzzugkraft $F_{t,Rd}$ in kN je Schraube

Verbindungsart	Festigkeitsklasse	M 12	M 16	M 20	M 22	M 24	M 27	M 30	M 36
Alle Schrauben außer Senkschrauben	4.6	24,3	45,2	70,6	87,3	102	132	162	235
	5.6	30,3	56,5	88,2	109	127	165	202	294
	8.8	48,6	90,4	141	175	203	264	323	471
	10.9	60,7	113	176	218	254	331	404	588

Beanspruchung auf Zug und Abscheren

Interaktionsnachweis: $\frac{F_{v,Ed}}{F_{v,Rd}} + \frac{F_{t,Ed}}{1{,}4 \cdot F_{t,Rd}} \leq 1$

Grenzdurchstanzkraft $B_{p,Rd}$ in kN je Schraube bezogen auf 10 mm Blechdicke

		M 12	M 16	M 20	M 22	M 24	M 27	M 30	M 36
Rohe Schrauben	S235	103	136	171	194	205	234	263	314
	S355	140	185	233	263	279	319	358	428
HV-Schrauben	S235	125	154	182	205	234	263	286	343
	S355	170	209	248	279	319	358	389	467

Stahlbau

Tafel 44 Grenzlochleibungskräfte $F_{b,Rd}$ in **kN/10 mm** Bauteildicke für normales Lochspiel

Für **SL-, SLV- und GV-Verbindungen** **Lochspiel Δd = 1 bis 3 mm**

	Abstand mm	Schrauben alle Festigkeitsklassen M 12	M 16	M 20	M 22	M 24	M 27	M 30	M 36
Lochabstand p_1	p_1 = 30	44,9							
	35	55,9							
	40	67,0	56,5						
	45	78,1	67,2						
	50	86,4	77,9	73,1					
	55		88,5	84,0	81,4				
	60	.	99,2	94,9	92,4	89,7			
	65	.	110	106	103	101			
	70	86,4	115	117	114	112	103		
	75		.	128	125	123	113	110	
	80		.	139	136	134	124	121	
	85		.	144	147	145	135	132	
	90		.	.	158	156	146	142	135
	95		115	.	.	167	157	153	146
	100			.	.	173	167	164	157
	105			.	.	.	178	175	168
	110			.	.	.	189	186	179
	115			.	.	.	194	197	190
	120			144	.	.	.	208	201
	125				.	.	.	216	212
	130				.	.	.	.	223
	135				158	173	194	216	234
Randabstand e_1	e_1 = 20	44,3							
	25	55,4	53,3						
	30	66,5	64,0	65,5	66,0				
	35	77,5	74,7	76,4	77,0	77,5			
	40	86,4	85,3	87,3	88,0	88,6	86,4	87,3	
	45	.	96,0	98,2	99,0	99,7	97,2	98,2	
	50	.	107	109	110	111	108	109	111
	55	.	115	120	121	122	119	120	122
	60	.	.	131	132	133	130	131	133
	65	.	.	142	143	144	140	142	144
	70	86,4	.	144	154	155	151	153	155
	75		.	.	158	166	162	164	166
	80		.	.	.	.	184	175	177
	85		.	.	.	.	194	186	188
	90		.	.	.	.	.	196	199
	95		115	.	.	.	.	207	211
	100			.	.	.	.	216	222
	105			.	.	.	.	.	233
	110			144	158	166	194	216	244

Die Tafelwerte gelten für S235, $3 \leq t \leq 40$. Für **S355 Faktor 1,36**

Mindestschraubenabstände: $e_2 \geq 1{,}5\ d_o$ und $p_2 \geq 3\ d_o$.

Einschnittig ungestützte Verbindungen mit einer Schraubenreihe: $F_{b,Rd} = 1{,}5 \cdot t \cdot d \cdot f_u / \gamma_{M2}$

Tafel 45 Grenzlochleibungskräfte $F_{b,Rd}$ in **kN/10 mm** Bauteildicke für Passschrauben

Für **Passschrauben: SLP, SLVP und GVP** **Lochspiel $\Delta d = 0$**

	Abstand mm	Schrauben alle Festigkeitsklassen M 12	M 16	M 20	M 22	M 24	M 27	M 30	M 36
Lochabstand p_1	$p_1 = 30$	48,6							
	35	60,6							
	40	72,6	65,6						
	45	84,6	77,4						
	50	93,6	89,4	82,2					
	55	.	101	94,2	90,6	87,0			
	60	.	113	106	103	99,0			
	65	.	122	118	115	111	106		
	70	93,6	.	130	127	123	118	112	
	75		.	142	139	135	130	124	
	80		.	151	151	147	142	136	
	85		.	.	163	158	154	148	137
	90		.	.	.	171	166	160	149
	95		122	.	.	180	178	172	161
	100			.	.	.	190	184	173
	105			.	.	.	202	196	185
	110			.	.	.	.	208	197
	115			.	.	.	.	220	209
	120			151	.	.	.	223	221
	125				.	.	.	.	233
	130				.	.	.	.	245
	135				163	180	202	223	257
Randabstand e_1	$e_1 = 20$	48,0							
	25	60,0	60,0						
	30	72,0	72,0	72,0	72,0	72,0			
	35	84,0	84,0	84,0	84,0	84,0	84,0		
	40	93,6	96,0	96,0	96,0	96,0	96,0	75,7	
	45	85,1	108	108	108	108	108	87,7	108
	50	.	120	120	120	120	120	99,7	120
	55	.	122	132	132	132	132	112	132
	60	.	.	144	144	144	144	124	144
	65	.	.	151	156	156	156	136	156
	70	93,6	.	.	166	168	168	148	168
	75		.	.	.	180	180	160	180
	80		.	.	.	.	192	172	192
	85		.	.	.	.	202	184	204
	90		.	.	.	.	.	196	216
	95		122	.	.	.	.	203	228
	100			.	.	.	.	203	240
	105			.	.	.	.	.	252
	110			151	166	180	202	203	264

Die Tafelwerte gelten für S235, $3 \leq t \leq 40$. Für **S355 Faktor 1,36**
Mindestschraubenabstände: $e_2 \geq 1{,}5\, d_o$ und $p_2 \geq 3\, d_o$.

Einschnittig ungestützte Verbindungen mit einer Schraubenreihe: $F_{b,Rd} = 1{,}5 \cdot t \cdot d \cdot f_u / \gamma_{M2}$

Stahlbau

Vorspannkräfte und Anziehmomente

Tafel 46 Vorspannkräfte F_{p,c^*} planmäßig vorgespannter Schrauben nach DIN EN 14399

Festigkeitsklasse 10.9 HV		Schraubengröße							
		M 12	**M 16**	**M 20**	**M 22**	**M 24**	**M 27**	**M 30**	**M 36**
Regelvorspannkraft F_{p,c^*} kN		50	100	160	190	220	290	350	510
Drehimpuls-Verfahren	Vorspannkraft F_{VDI} Einzustellen kN	60	110	175	210	240	320	390	560
Modifiziertes Drehmoment-verfahren	Einzustellendes Anziehmoment M_A Nm	100	250	450	650	800	1250	1650	2800
Modifiziertes kombiniertes Verfahren	Voranziehmoment $M_{A,MKV}$ Nm	75	190	340	490	600	940	1240	2100

Oberflächenzustand: feuerverzinkt und geschmiert oder wie hergestellt und leicht geölt, Muttern mit Molybdändisulfid oder gleichwertigem Schmierstoff behandelt.

10.4 Schraubenbilder unter Momentenbeanspruchung

Abscheren

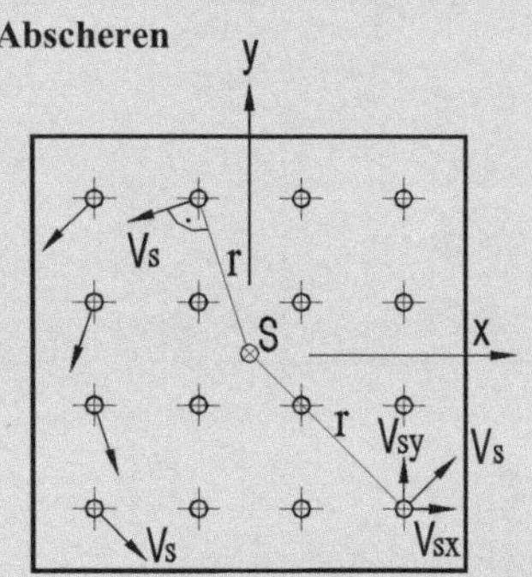

M_S Moment bezogen auf den Schwerpunkt S des Schraubenbildes

$$V_S = M_S \cdot \frac{r_i}{I_p} \qquad I_p = \sum_{i=1}^{n} r_i^2 = \sum \left(x_i^2 + y_i^2\right)$$

n Anzahl der Schrauben
r_i Abstand der Schrauben von S

Die Schraubenkräfte sind proportional zu ihrem Abstand von S.

Komponenten der Schraubenbeanspruchung aus M_S $\quad V_{sx} = \frac{M_S}{I_p} \cdot y \qquad V_{sy} = \frac{M_S}{I_p} \cdot x$

Aus Normalkraft $V_{sx} = \frac{N_{Ed}}{n}$, Querkraft $V_{sy} = \frac{V_{Ed}}{n}$ Resultierende $V_S = \sqrt{\left(\sum V_{sx}\right)^2 + \left(\sum V_{sy}\right)^2}$

Schrauben auf Zug unter Momentenbeanspruchung

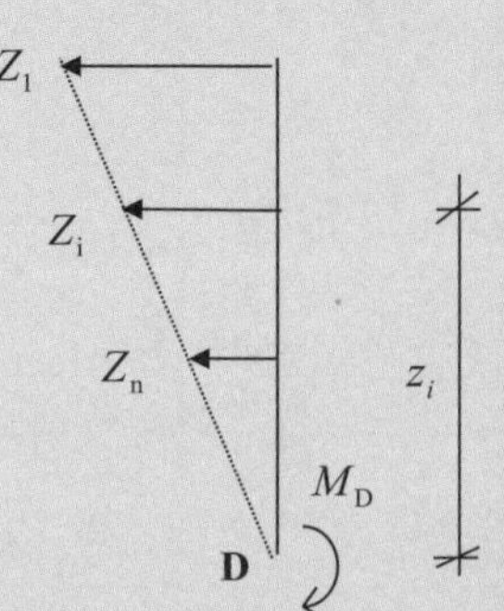

Schraubenkraft $\quad Z_i = M_D \cdot \frac{z_i}{I_p} \qquad I_p = \sum_{i=1}^{n} z_i^2$

n Anzahl der Schrauben
z_i Abstand der Schrauben von **D**

Die Schraubenkräfte sind proportional zum Abstand von **D.**

11 Schweißverbindungen

Tafel 47 Symbole für Schweißverbindungen, Beispiele nach DIN EN 22 553 (8.94)

Grundsymbole für Nahtarten			**Zusammengesetzte Symbole für Nahtarten**		
Benennung	**Illustration**	**Symbol**	**Benennung**	**Illustration**	**Symbol**
Kehlnaht	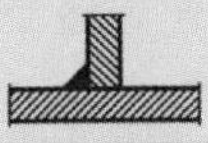		Doppelkehlnaht	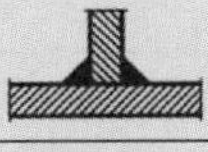	
V-Naht	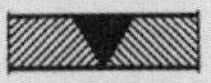		DV-Naht		
HV-Naht			DHV-Naht		
Y-Naht	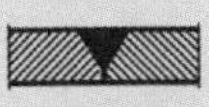		DY-Naht		
HY-Naht	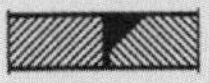		DHY-Naht		
Gegennaht (Gegenlage)	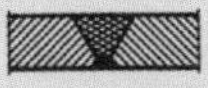		V-Naht mit Gegennaht		
I-Naht			**Bezugszeichen** 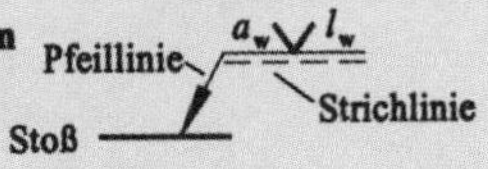 Pfeillinie, a_w, l_w, Strichlinie, Stoß		

Zusatzsymbole		**Ergänzungssymbole**
Oberflächenform	Nahtausführung	
hohl (konkav) flach gewölbt (konvex)	Wurzel ausgearbeitet und gegengeschweißt Naht durch zusätzliche Bearbeitung eingeebnet	ringsum verlaufende Naht Baustellennaht

Kombinationen	
V-Naht mit ebener Oberfläche, Wurzel ausgearbeitet und gegengeschweißt	 ringsum verlaufende Kehlnaht, konkav, auf der Baustelle geschweißt 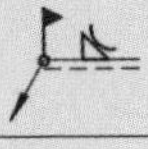
Stellung des Bezugszeichens bzw. des Symbols	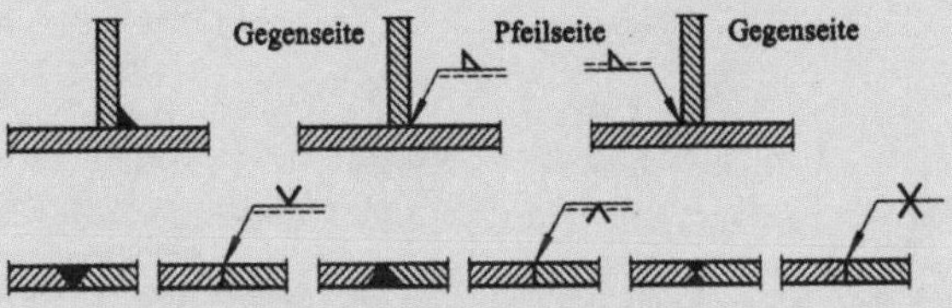 Gegenseite, Pfeilseite, Gegenseite

Nahtdickenbegrenzung für Kehlnähte

$a \geq 3$ $a \geq \sqrt{\max t} - 0{,}5$ t in mm	empfohlen $a \leq 0{,}7 \min t$	zur Vermeidung von Versprödung und Kaltrissgefahr infolge Wärmeabflusses

Nahtlängenbegrenzung

$L_j \leq 150 \cdot a$ sonst Abminderung um Faktor $\beta_{LW,1} = 1{,}2 - \dfrac{0{,}2 L_j}{150 a}$	bei unmittelbaren Laschen- und Stabanschlüssen

Rechnerisch ansetzbar sind nur Nähte mit Längen von $L_j \geq 30$ mm und $L_j \geq 6 \cdot a$.

Tafel 48 Rechnerische Schweißnahtdicken *a*

	1			2	3
	Nahtart			**Bild**	**Rechnerische Nahtdicke *a***
1	Durch- oder gegengeschweißte Nähte	Stumpfnaht		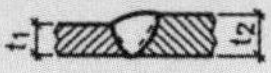 t_1, t_2	$a = t_1$
2		D(oppel)HV-Naht (K-Naht)		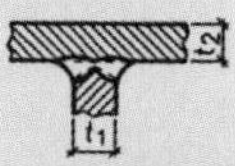 t_2, t_1	$a = t_1$
3		HV-Naht	Kapplage gegengeschweißt	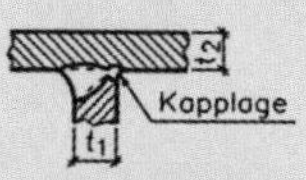 t_2, Kapplage, t_1	
4			Wurzel durchgeschweißt	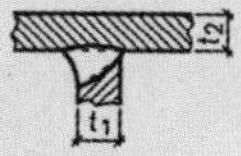 t_2, t_1	
5	Kehlnähte	Kehlnaht		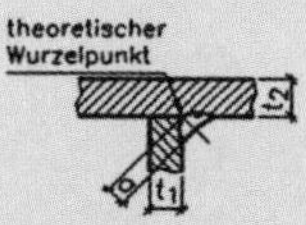 theoretischer Wurzelpunkt, t_2, a, t_1	Nahtdicke a ist gleich der bis zum theoretischen Wurzelpunkt gemessenen Höhe des einschreibbaren gleichschenkligen Dreiecks
6		Doppelkehlnaht		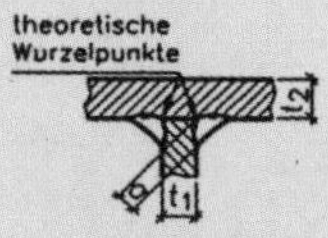 theoretische Wurzelpunkte, t_2, a, t_1	
7		Kehlnaht	mit tiefem Einbrand	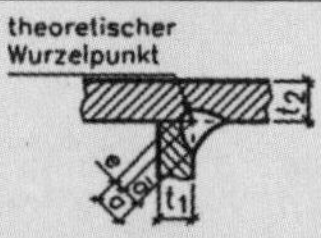 theoretischer Wurzelpunkt, t_2, e, $\bar{a}$, t_1	$a = \bar{a} + e$ $\bar{a}$: entspricht Nahtdicke a nach Zeile 5 und 6 e: mit Verfahrensprüfung festlegen
8		Doppelkehlnaht		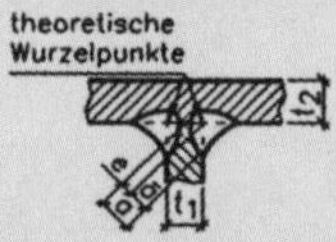 theoretische Wurzelpunkte, t_2, e, $\bar{a}$, t_1	

Tragfähigkeitsnachweis der Schweißverbindungen

Stumpfnähte

Die Tragfähigkeit entspricht in der Regel der Tragfähigkeit des schwächeren der verbundenen Bauteile.

Nicht durchgeschweißte Stumpfnähte sind mit den Regeln der Kehlnähte zu bemessen.

Tragfähigkeit des T-Stoßes mit nicht durchgeschweißten Stumpfnähten wie bei durchgeschweißter Stumpfnaht, wenn die gesamte Nahtdicke mindestens der Dicke t des aufgeschweißten Blechs entspricht und der Spalt zwischen den Nähten kleiner als $t/5$ oder 3 mm ist.

Kehlnähte

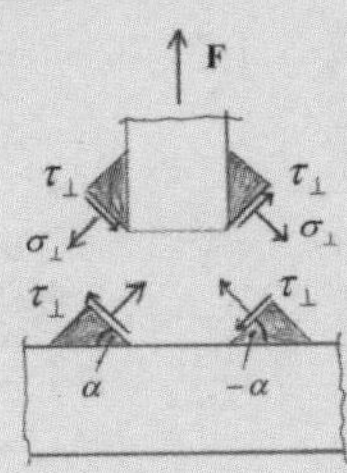

Mögliche Spannungsrichtungen in einer Schweißnaht, dargestellt an einer idealisierten Kehlnaht:

$\sigma_w, \sigma_\perp$ Normalspannungen

τ_w $\tau_\perp$ Schubspannungen quer zur Nahtrichtung

$\tau_\parallel$ Schubspannung in Nahtrichtung

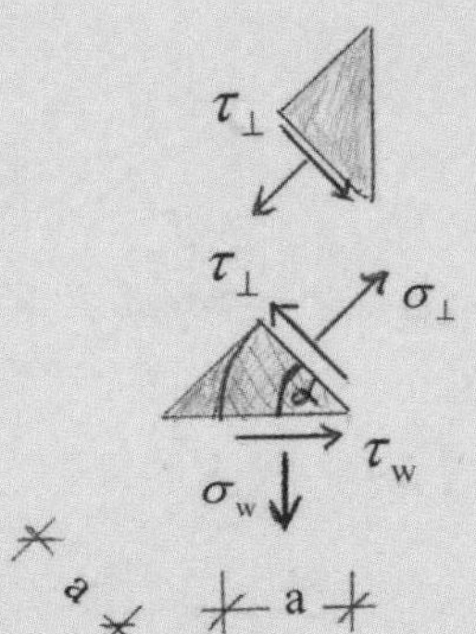

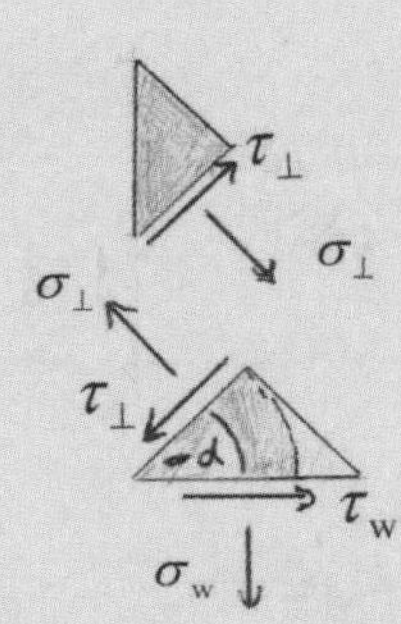

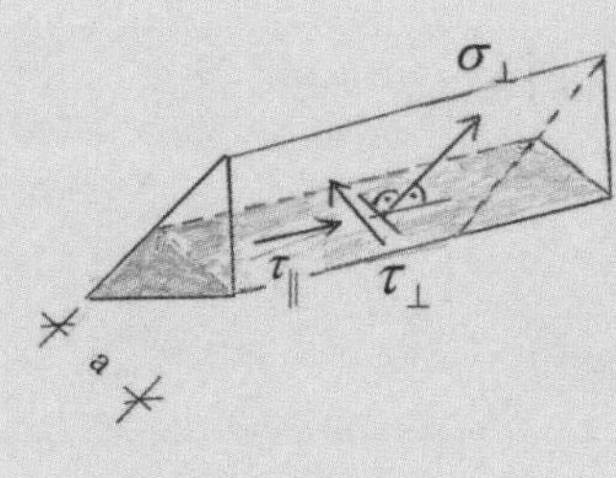

Transformation $\sigma_\perp = \sigma_w \cdot \cos\alpha - \tau_w \cdot \sin\alpha$ $\tau_\perp = \sigma_w \cdot \sin\alpha + \tau_w \cdot \cos\alpha$ $\tau_\parallel = \tau_\parallel$

Spannungsermittlung

a) Beanspruchung durch Normalkraft N: $\sigma_w = N / A_w$

b) Beanspruchung durch Scherkraft F: τ_w bzw. $\tau_\parallel = F / A_w$

c) Beanspruchung durch Querkraft V: $\tau_\parallel = (V \cdot S) / (I \cdot \Sigma a)$

Bei Trägeranschlüssen und in Stegblechquerstößen darf die Schubspannung nach Formel b) berechnet werden mit A_w = Schweißnahtfläche des Steges.

d) Beanspruchung durch Biegemoment M: $\sigma_w = (M / I_w) \cdot z$

A_w rechnerische Schweißnahtflächen: $A_w = \Sigma a \cdot l$
I_w Schweißnaht-Flächenmoment 2. Grades, Trägheitsmoment
S Flächenmoment 1. Grades der angeschlossenen Querschnittsflächen
I Flächenmoment 2. Grades des Gesamtquerschnitts

Tragfähigkeit von Kehlnähten

Richtungsbezogenes Verfahren

$\sigma_{V,w,Ed} = \sqrt{\sigma_\perp^2 + 3\tau_\perp^2 + 3\tau_\parallel^2} \quad \leq f_{1,w,Rd}$ = 36,0 kN/cm² S235 / 45,3 kN/cm² S355
= 40,5 kN/cm² S275 / 47,3 kN/cm² S420
= 50,8 kN/cm² S460

$\sigma_\perp \leq f_{2,w,Rd}$ = 25,9 kN/cm² S235 / 36,7 kN/cm² S355
= 31,0 kN/cm² S275 / 37,4 kN/cm² S420
= 38,9 kN/cm² S460

Häufiger Fall: Senkrechtes Blech $\alpha = 45°$ und $\tau_w = 0$ $\quad \sigma_{V,w,Ed} = \sqrt{2\sigma_w^2 + 3\tau_\parallel^2}$

Vereinfachtes Verfahren

$\sigma_{w,Ed} = \sqrt{\sigma_w^2 + \tau_w^2 + \tau_\parallel^2} \quad \leq f_{vw,d}$ = 20,8 kN/cm² S235 / 26,2 kN/cm² S355
= 23,4 kN/cm² S275 / 27,3 kN/cm² S420
= 29,3 kN/cm² S460

Vergleich der Verfahren

Liegen nur Spannungen $\tau_\parallel$ vor, so ist der Nachweis identisch.

Liegen nur Schweißnahtspannungen σ_w vor, so ist der richtungsbezogene Nachweis um den Faktor 1,22 günstiger.

Im Mittel ist das richtungsbezogene Verfahren 10 % günstiger.

12 Stahlbauprofile

Benennungen

Abmessungen

Nach Profilnorm/nach Eurocode

h, b	Profilhöhe, Flanschbreite (zulässige Abweichungen siehe DIN EN 10034)
t / t_f	Flanschdicke
s / t_w	Stegdicke h_w Höhe des Steges/Stegbleches
h_1 / d	Steghöhe zwischen den Ausrundungen
w, w_1, d, ...	Anreißmaße und größte Lochdurchmesser für Schrauben, DIN 997 Sind für d zwei Werte angegeben, so gilt der kleinere für HV-Schrauben.

Normallängen = handelsübliche Längen, Grenzabmessungen

Statische Werte

A	Querschnittsfläche
A_v	Wirksame Schubfläche zur Berechnung der plastischen Querschnittsbeanspruchbarkeit
A_w	Fläche des Steges/Stegbleches
U	Mantelflächen = Anstrichflächen (Beschichtungsflächen) = Profilabwicklung
G	Gewicht je Längeneinheit mit $\gamma = 78{,}5$ kN/m^3
I_y, I_z	Flächenmomente 2. Grades (Trägheitsmomente) bezogen auf die *y*- bzw. *z*-Achse
$W_{el,y/z}$	Elastische Widerstandsmomente bezogen auf die *y*- bzw. *z*-Achse
$W_{pl,y/z}$	Plastische Widerstandsmomente bezogen auf die *y*- bzw. *z*-Achse
$W_{pl,v}$	Plastisches Widerstandsmoment der wirksamen Schubfläche A_v
i_y, i_z	Trägheitsradien
$i_{f,z}$	Trägheitsradius des Flansches von I-Profilen einschließlich 1/3 der auf Druck beanspruchten Fläche des Steges unter reiner Biegebeanspruchung
S_y	Flächenmoment 1. Grades des halben Querschnitts bezogen auf die *y*-Achse
I_T	Torsionsflächenmoment 2. Grades
I_w	Wölbflächenmoment 2. Grades bezogen auf den Schubmittelpunkt M
$W_{el,w}$	Elastisches Wölbwiderstandsmoment
$W_{pl,w}$	Plastisches Wölbwiderstandsmoment
ω_M	Wölbordinate

Plastische Tragfähigkeit der Querschnitte

Die plastischen Querschnittsgrößen ergeben sich durch Multiplikation der Flächen bzw. Widerstandsmomente mit der Streckgrenze unter Berücksichtigung des Teilsicherheitsfaktors.

$N_{pl,Rd} = A \cdot f_y / \gamma_{Mi}$	Plastische Normalkraft	γ_{Mi} siehe Seite 9
$V_{pl,Rd} = A_v \cdot f_y / (\sqrt{3} \cdot \gamma_{Mi})$	Plastische Querkraft	
$M_{pl,Rd} = W_{pl,y/z} \cdot f_y / \gamma_{Mi}$	Plastisches Moment	
$M_{pl,w} = W_{pl,w} \cdot f_y / \gamma_{Mi}$	Plastisches Wölbbimoment	

Allgemeines zu den Tabellen

Die Tabellenwerte sind z. T. auf 3 oder 4 benannte Ziffern gerundet.

Vorzugsweise zu wählende Profilgrößen sind fett hervorgehoben (DStV-Liste).

Schmale I-Träger

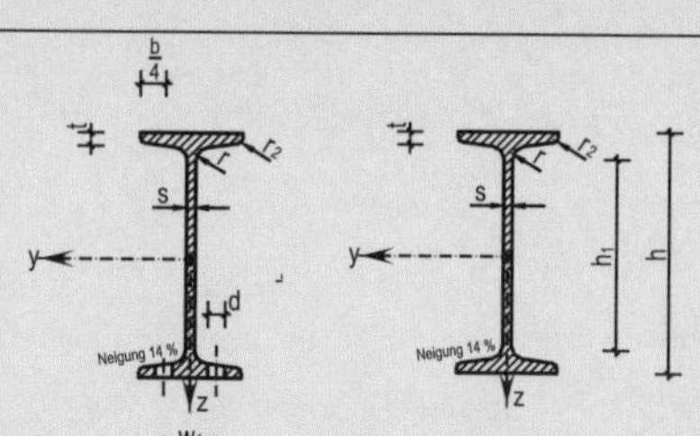

I – Reihe nach DIN 1025-1, warmgewalzt

Normallängen bei
h < 300 mm: 8–16 m
h ≥ 300 mm: 8–18 m

Kurzzeichen z. B.: I 360 DIN 1025 S235JR

Kurzzeichen	Bezeichnung nach DIN 1025 / nach Eurocode						Flächen					Statische Werte		
	h	b	s = r t_w = r	t t_f	r_2	h_1 d	A	A_V	A_w	G	U	I_y	$W_{el,y}$	i_y
I	mm	mm	mm	mm	mm	mm	cm²	cm²	cm²	kN/m	m²/m	cm⁴	cm³	cm
80	80	42	3,9	5,9	2,3	59	7,57	3,30	2,66	0,0594	0,304	77,8	19,5	3,20
100	100	50	4,5	6,8	2,7	75	10,6	4,72	3,89	0,0834	0,370	171	34,2	4,01
120	120	58	5,1	7,7	3,1	92	14,2	6,45	5,33	0,111	0,439	328	54,7	4,81
140	140	66	5,7	8,6	3,4	109	18,2	8,32	7,00	0,143	0,502	573	81,9	5,61
160	160	74	6,3	9,5	3,8	125	22,8	10,5	8,88	0,179	0,575	935	117	6,40
180	180	82	6,9	10,4	4,1	142	27,9	13,0	11,0	0,219	0,640	1.450	161	7,20
200	200	90	7,5	11,3	4,5	159	33,4	15,6	13,3	0,262	0,709	2.140	214	8,00
220	220	98	8,1	12,2	4,9	176	39,5	18,6	15,8	0,311	0,775	3.060	278	8,80
240	240	106	8,7	13,1	5,2	192	46,1	21,7	18,6	0,362	0,844	4.250	354	9,59
260	260	113	9,4	14,1	5,6	208	53,3	25,4	21,8	0,419	0,906	5.740	442	10,4
280	280	119	10,1	15,2	6,1	225	61,0	29,4	25,2	0,479	0,966	7.590	542	11,1
300	300	125	10,8	16,2	6,5	241	69,0	33,7	28,9	0,542	1,03	9.800	653	11,9
320	320	131	11,5	17,3	6,9	258	77,7	38,3	32,8	0,610	1,09	12.510	782	12,7
340	340	137	12,2	18,3	7,3	274	86,7	43,3	37,0	0,680	1,15	15.700	923	13,5
360	360	143	13,0	19,5	7,8	290	97,0	48,8	41,7	0,761	1,21	19.610	1.090	14,2
380	380	149	13,7	20,5	8,2	306	107	54,3	46,4	0,840	1,27	24.010	1.260	15,0
400	400	155	14,4	21,6	8,6	323	118	60,4	51,4	0,924	1,33	29.210	1.460	15,7
450	450	170	16,2	24,3	9,7	363	147	76,2	65,0	1,15	1,48	45.850	2.040	17,7
500	500	185	18,0	27,0	10,8	404	179	93,7	80,3	1,41	1,63	68.740	2.750	19,6
550	550	200	19,0	30,0	11,9	445	212	109	93,1	1,66	1,80	99.180	3.610	21,6
600	600	215	21,6	32,4	13	485	254	136	116	1,99	1,92	139.000	4.630	23,4

Kurzzeichen	Statische Werte (Fortsetzung)								Lochmaße		Plastische Widerstandsmomente		
	I_z	$W_{el,z}$	i_z	S_y	$i_{f,z}$	I_T	I_ω	ω_M	d	w_1	$W_{pl,y}$	$W_{pl,z}$	$W_{pl,w}$
I	cm⁴	cm³	cm	cm³	cm	cm⁴	cm⁶	cm²	mm	mm	cm³	cm³	cm³
80	6,29	3,00	0,91	11,4	1,04	0,869	87,5	7,78	6,4	22	22,8	5,00	19,3
100	12,2	4,88	1,07	19,9	1,23	1,60	268	11,7	6,4	28	39,8	8,08	39,6
120	21,5	7,41	1,23	31,8	1,42	2,71	685	16,3	8,4	32	63,6	12,4	72,7
140	35,2	10,7	1,40	47,7	1,61	4,32	1.540	21,7	11	34	95,4	17,9	123
160	54,7	14,8	1,55	68,0	1,80	6,57	3.138	27,8	11	40	136	25,0	196
180	81,3	19,8	1,71	93,4	1,99	9,58	5.924	34,8	13	44	187	33,3	297
200	117	26,0	1,87	125	2,18	13,5	10.520	42,5	13	48	250	43,3	432
220	162	33,1	2,02	162	2,37	18,6	17.760	50,9	13	52	324	55,4	609
240	221	41,7	2,20	206	2,56	25,0	28.730	60,1	17/13	56	412	70,0	835
260	288	51,0	2,32	257	2,73	33,5	44.070	69,5	17	60	514	85,8	1.107
280	364	61,2	2,45	316	2,87	44,2	64.580	78,8	17	60	632	103	1.425
300	451	72,2	2,56	381	3,01	56,8	91.850	88,7	21/17	64	762	121	1.796
320	555	84,7	2,67	457	3,15	72,5	128.800	99,1	21/17	70	914	143	2.247
340	674	98,4	2,80	540	3,30	90,4	176.300	110	21	74	1.080	166	2.762
360	818	114	2,90	638	3,44	115	240.100	122	23/21	76	1.276	194	3.394
380	975	131	3,02	740	3,58	141	318.700	134	23/21	82	1.480	221	4.090
400	1.160	149	3,13	857	3,72	170	419.600	147	23	86	1.714	253	4.909
450	1.730	203	3,43	1.200	4,09	267	791.100	181	25/23	94	2.400	345	7.474
500	2.480	268	3,72	1.620	4,45	402	1.403.000	219	28	100	3.240	456	10.927
550	3.490	349	4,02	2.120	4,82	544	2.389.000	260	28	110	4.240	592	15.600
600	4670	434	4,30	2.730	5,14	813	3.821.000	305	28	120	5.460	708	21.252

Mittelbreite I-Träger: IPE

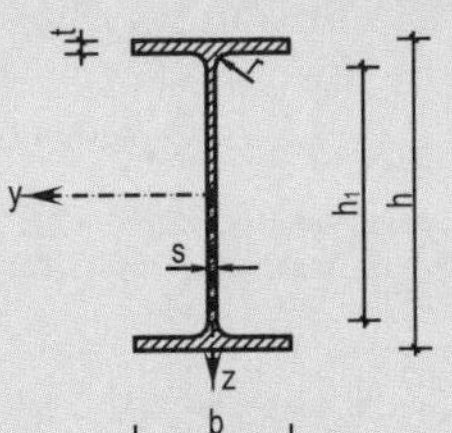

IPE - Reihe nach DIN 1025-5

warmgewalzt

Normallängen bei
h < 300 mm: 8–16 m
h ≥ 300 mm: 8–18 m

Kurzzeichen z. B.: IPE 360 DIN 1025 S235JR oder Werkstoff-Nr. 1.0038

Bezeichnungen der Anreißmaße und Lochdurchmesser wie bei I-Profilen

Kurz-zei-chen	Bezeichnung nach DIN nach Eurocode						Flächen					Statische Werte			
	h	b	s t_w	t t_f	r	h_1 d	A	A_V	A_w	G	U	I_y	$W_{el,y}$	i_y	I_z
IPE	mm	mm	mm	mm	mm	mm	cm²	cm²	cm²	kN/m	m²/m	cm⁴	cm³	cm	cm⁴
80	80	46	3,8	5,2	5	59	7,64	3,58	2,64	0,060	0,328	80,1	20,0	3,24	8,49
100	100	55	4,1	5,7	7	74	10,3	5,08	3,63	0,081	0,400	171	34,2	4,07	15,9
120	120	64	4,4	6,3	7	93	13,2	6,31	4,73	0,104	0,475	318	53,0	4,90	27,7
140	140	73	4,7	6,9	7	112	16,4	7,64	5,93	0,129	0,551	541	77,3	5,74	44,9
160	160	82	5,0	7,4	9	127	20,1	9,66	7,26	0,158	0,623	869	109	6,58	68,3
180	180	91	5,3	8,0	9	146	23,9	11,3	8,69	0,188	0,698	1.320	146	7,42	101
200	200	100	5,6	8,5	12	159	28,5	14,0	10,25	0,224	0,768	1.940	194	8,26	142
220	220	110	5,9	9,2	12	177	33,4	15,9	11,89	0,262	0,848	2.770	252	9,11	205
240	240	120	6,2	9,8	15	190	39,1	19,1	13,66	0,307	0,922	3.890	324	9,97	284
270	270	135	6,6	10,2	15	219	45,9	22,1	16,47	0,361	1,04	5.790	429	11,2	420
300	300	150	7,1	10,7	15	248	53,8	25,7	19,78	0,422	1,16	8.360	557	12,5	604
330	330	160	7,5	11,5	18	271	62,6	30,8	23,03	0,491	1,25	11.770	713	13,7	788
360	360	170	8,0	12,7	18	298	72,7	35,1	26,77	0,571	1,35	16.270	904	15,0	1.040
400	400	180	8,6	13,5	21	331	84,5	42,7	32,08	0,663	1,47	23.130	1.160	16,5	1.320
450	450	190	9,4	14,6	21	378	98,8	50,8	39,56	0,776	1,61	33.740	1.500	18,5	1.680
500	500	200	10,2	16,0	21	426	116	59,9	47,74	0,907	1,74	48.200	1.930	20,4	2.140
550	550	210	11,1	17,2	24	467	134	72,3	57,23	1,06	1,88	67.120	2.440	22,3	2.670
600	600	220	12,0	19,0	24	514	156	83,8	67,44	1,22	2,01	92.080	3.070	24,3	3.390

Kurz-zei-chen	Statische Werte (Fortsetzung)							Lochmaße		Plastische Widerstandsmomente			
	$W_{el,z}$	i_z	S_y	$i_{f,z}$	I_T	I_ω	ω_M	d	w_1	$W_{pl,y}$	$W_{pl,v}$	$W_{pl,z}$	$W_{pl,w}$
IPE	cm³	cm	cm³	cm	cm⁴	cm⁶	cm²	mm	mm	cm³	cm³	cm³	cm³
80	3,69	1,05	11,6	1,20	0,70	118	8,6	6,4	26	23,2	7,9	5,82	20,6
100	5,79	1,24	19,7	1,42	1,21	351	13,0	8,4	30	39,4	14,6	9,15	40,6
120	8,65	1,45	30,4	1,66	1,74	890	18,2	8,4	36	60,7	21,3	13,6	73,4
140	12,3	1,65	44,2	1,90	2,45	1.980	24,3	11	40	88,3	29,6	19,2	122
160	16,7	1,84	61,9	2,12	3,62	3.960	31,3	13	44	124	44,1	26,1	190
180	22,2	2,05	83,2	2,36	4,80	7.430	39,1	13	50	166	56	34,6	285
200	28,5	2,24	110	2,56	7,02	12.990	47,9	13	56	221	82	44,6	407
220	37,3	2,48	143	2,84	9,10	22.670	58,0	17	60	285	100	58,1	587
240	47,3	2,69	183	3,08	12,9	37.390	69,1	17	68	367	136	73,9	812
270	62,2	3,02	242	3,47	16,0	70.580	87,7	21/17	72	484	174	97,0	1.207
300	80,5	3,35	314	3,86	20,2	125.900	108	23	80	628	220	125	1.741
330	98,5	3,55	402	4,08	28,3	199.100	127	25/23	86	804	296	154	2.344
360	123	3,79	510	4,35	37,5	313.600	148	25	90	1.019	364	191	3.187
400	146	3,95	654	4,57	51,4	490.000	174	28/25	96	1.307	498	229	4.226
450	176	4,12	851	4,82	67,1	791.000	207	28	106	1.702	655	276	5.737
500	214	4,31	1.100	5,06	89,7	1.249.000	242	28	110	2.194	844	336	7.744
550	254	4,45	1.390	5,27	124	1.884.000	280	28	120	2.787	1129	401	10.100
600	308	4,66	1.760	5,53	166	2.846.000	320	28	120	3.512	1409	486	13.360

Weitere Querschnittswerte für I-Träger: $A_{v,y} = 2 \cdot b \cdot t_f$ $h_w = h - 2\,t_f$ $W_{el,w} = I_w / \omega_M$

Stahlbau

Mittelbreite I-Träger: IPEv

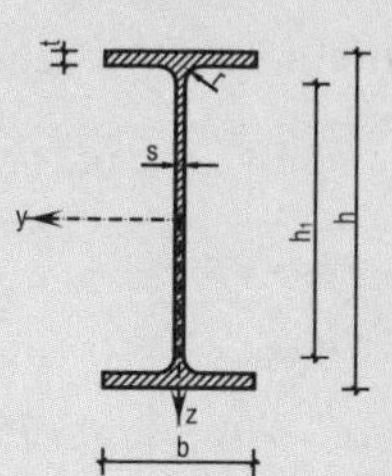

IPEv - Reihe, nicht genormt, warmgewalzt

Normallängen bei
h < 300 mm: 8–16 m
h ≥ 300 mm: 8–18 m

Bezeichnungen der Anreißmaße und Lochdurchmesser wie bei I-Profilen

Kurzzeichen	Bezeichnung nach DIN nach Eurocode						Flächen					Statische Werte				
	h	b	s t_w	t t_f	r	h_1 d	A	A_V	A_w	G	U	I_y	$W_{el,y}$	i_y	I_z	$W_{el,z}$
IPEv	mm	mm	mm	mm	mm	mm	cm^2	cm^2	cm^2	kN/m	m^2/m	cm^4	cm^3	cm	cm^4	cm^3
400	408	182	10,6	17,5	21	331	107	52,5	39,5	0,840	1,49	30.140	1.480	16,8	1.770	194
450	460	194	12,4	19,6	21	378	132	66,6	52,2	1,04	1,64	46.200	2.010	18,7	2.400	247
500	514	204	14,2	23,0	21	426	164	83,2	66,5	1,29	1,78	70.720	2.750	20,8	3.270	321
550	566	216	17,1	25,2	24	467	202	110	88,2	1,59	1,92	102.300	3.620	22,5	4.260	395
600	618	228	18,0	28,0	24	514	234	125	101	1,84	2,07	141.600	4.580	24,6	5.570	489

Kurzzeichen	Statische Werte (Fortsetzung)						Lochmaße		Plastische Widerstandsmomente		
	i_z	S_y	$i_{f,z}$	I_T	I_ω	ω_M	d	w_1	$W_{pl,y}$	$W_{pl,z}$	$W_{pl,w}$
IPEv	cm	cm^3	cm	cm^4	cm^6	cm^2	mm	mm	cm^3	cm^3	cm^3
400	4,06	841	4,68	99,1	670.300	177,7	28/25	98	1.682	304	5.659
450	4,26	1.151	4,97	150	1.156.000	213,6	28	106	2.302	389	8.122
500	4,47	1.584	5,22	243	1.961.000	250,4	28	110	3.168	507	11.749
550	4,60	2.102	5,45	380	3.095.000	292,0	28	120	4.204	632	15.896
600	4,88	2.662	5,79	512	4.813.000	336,3	28	120	5.324	780	21.469

$A_{v,y} = 2 \cdot b \cdot t_f$ $h_w = h - 2\, t_f$ $W_{el,w} = I_w / \omega_M$

Breite I-Träger: HE-AA

Sehr leichte Ausführung (IPBll), nicht genormt, warmgewalzt

Kurzzeichen z. B.: HE 360 AA DIN 1025 S235JR oder Werkstoff-Nr. 1.0038

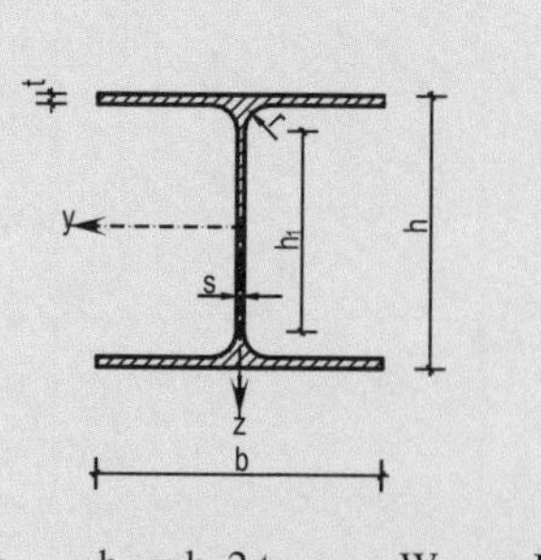

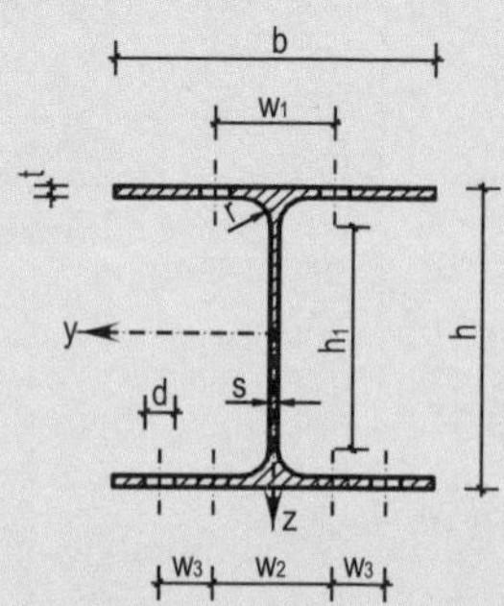

$A_{v,y} = 2 \cdot b \cdot t_f$ 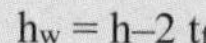 $h_w = h - 2\, t_f$ $W_{el,w} = I_w / \omega_M$

Kurzzeichen	Bezeichnung nach DIN nach Eurocode						Flächen					Statische Werte			
	h	b	s t_w	t t_f	r	h_1 d	A	A_V	A_w	G	U	I_y	$W_{el,y}$	i_y	I_z
HE-AA	mm	mm	mm	mm	mm	mm	cm^2	cm^2	cm^2	kN/m	m^2/m	cm^4	cm^3	cm^3	cm^4
100	91	100	4,2	5,5	12	56	15,6	6,15	3,36	0,122	0,553	237	52,0	3,89	92,1
120	109	120	4,2	5,5	12	74	18,55	6,90	4,12	0,146	0,669	413	75,8	4,72	159
140	128	140	4,3	6	12	92	23,02	7,92	4,99	0,181	0,787	719	112	5,59	275
160	148	160	4,5	7	15	104	30,36	10,4	6,03	0,238	0,901	1.280	173	6,50	479
180	167	180	5	7,5	15	122	36,53	12,2	7,60	0,287	1,02	1.970	236	7,34	730
200	186	200	5,5	8	18	134	44,13	15,5	9,35	0,346	1,13	2.940	317	8,17	1.070
220	205	220	6	8,5	18	152	51,46	17,6	11,3	0,404	1,25	4.170	407	9,00	1.510
240	224	240	6,5	9	21	164	60,38	21,5	13,4	0,474	1,36	5.840	521	9,83	2.077
260	244	260	6,5	9,5	24	177	69,00	24,8	14,6	0,541	1,47	7.980	654	10,8	2.788
280	264	280	7	10	24	196	78,02	27,5	17,1	0,612	1,59	10.560	800	11,6	3.664
300	283	300	7,5	10,5	27	208	88,91	32,4	19,7	0,698	1,70	13.800	976	12,5	4.734
320	301	300	8	11	27	225	94,58	35,4	22,3	0,742	1,74	16.450	1.090	13,2	4.959
340	320	300	8,5	11,5	27	243	100,5	38,7	25,2	0,789	1,78	19.550	1.220	13,9	5.185
360	339	300	9	12	27	261	106,6	42,2	28,4	0,837	1,81	23.040	1.360	14,7	5.410
400	378	300	9,5	13	27	298	117,7	48,0	33,4	0,924	1,89	31.250	1.650	16,3	5.861
450	425	300	10	13,5	27	344	127,1	54,7	39,8	0,997	1,98	41.890	1.970	18,2	6.088
500	472	300	10,5	14	27	390	136,9	61,9	46,6	1,07	2,08	54.640	2.320	20,0	6.314
550	522	300	11,5	15	27	438	152,8	72,7	56,6	1,20	2,17	72.870	2.790	21,8	6.767
600	571	300	12	15,5	27	486	164,1	81,3	64,8	1,29	2,27	91.870	3.220	23,7	6.993
650	620	300	12,5	16	27	534	175,8	90,4	73,5	1,38	2,37	113.900	3.680	25,5	7.221
700	670	300	13	17	27	582	190,9	100	82,7	1,50	2,47	142.700	4.260	27,3	7.673
800	770	300	14	18	30	674	218,5	124	103	1,72	2,66	208.900	5.430	30,9	8.134
900	870	300	15	20	30	770	252,2	147	125	1,98	2,86	301.100	6.920	34,6	9.041
1000	970	300	16	21	30	868	282,2	172	148	2,22	3,06	406.500	8.380	38,0	9.501

Kurzzeichen	Statische Werte (Fortsetzung)							Lochmaße			Plastische Widerstandsmomente		
	$W_{el,z}$	i_z	S_y	$i_{f,z}$	I_T	I_ω	ω_M	d	w_1, w_2	w_3	$W_{pl,y}$	$W_{pl,z}$	$W_{pl,w}$
HE-AA	cm^3	cm	cm^3	cm	cm^4	kNm	cm^2	mm	mm	mm	cm^3	cm^3	cm^3
100	18,4	2,43	29,2	2,63	2,51	1.680	21,4	13	60	-	58,4	28,44	118
120	26,5	2,93	42,1	3,17	2,78	4.240	31,3	17	69	-	84,1	40,62	205
140	39,3	3,45	61,9	3,74	3,54	10.200	42,7	21	75	-	124	59,93	359
160	59,8	3,97	95,2	4,26	6,33	23.800	56,4	23	88	-	190	91,4	632
180	81,1	4,47	129	4,82	8,33	46.400	71,8	25	105	-	258	124	969
200	107	4,92	174	5,31	12,7	84.500	89,0	25	115	-	347	163	1.424
220	137	5,42	223	5,86	15,9	146.000	108	25	125	-	445	209	2.021
240	173	5,87	285	6,35	23,0	240.000	129	25	93	35	571	264	2.786
260	214	6,36	357	6,86	30,3	383.000	152	25	99	40	714	328	3.765
280	262	6,85	437	7,42	36,2	590.000	178	25	99	50	873	399	4.978
300	316	7,30	533	7,90	49,3	877.000	204	28	112	50	1.065	482	6.438
320	331	7,24	598	7,89	55,9	1.041.000	218	28	112	50	1.196	506	7.178
340	346	7,18	671	7,87	63,1	1.231.000	231	28	113	50	1.341	529	7.982
360	361	7,12	748	7,85	71,0	1.444.000	245	28	113	50	1.495	553	8.829
400	391	7,06	912	7,84	84,7	1.948.000	274	28	114	50	1.824	600	10.676
450	406	6,92	1.092	7,78	95,6	2.572.000	309	28	114	50	2.183	624	12.499
500	421	6,79	1.288	7,73	108	3.304.000	344	28	115	50	2.576	649	14.427
550	451	6,65	1.564	7,67	134	4.338.000	380	28	116	50	3.128	699	17.111
600	466	6,53	1.812	7,61	150	5.381.000	417	28	116	50	3.623	724	19.373
650	481	6,41	2.080	7,55	168	6.567.000	453	28	117	49	4.160	751	21.744
700	512	6,34	2.420	7,52	195	8.155.000	490	28	117	49	4.840	800	24.977
800	542	6,10	3.112	7,36	257	11.450.000	564	28	124	46	6.225	857	30.456
900	603	5,99	3.999	7,31	335	16.260.000	638	28	125	45	7.999	958	38.250
1000	633	5,80	4.888	7,20	403	21.280.000	712	28	126	45	9.777	1.016	44.840

Breite I-Träger: HE-A (IPBl)

IPBl - Reihe, leichte Ausführung, DIN 1025-3, warmgewalzt

Normallängen bei h < 300 mm: 8–16 m h ≥ 300 mm: 8–18 m

Kurzzeichen z. B.: HE 360 A oder IPBl 360 DIN 1025 S235JR oder Werkstoff-Nr. 1.0038

Kurzzeichen	Bezeichnung nach DIN nach Eurocode						Flächen					Statische Werte				
	h	b	s t_w	t t_f	r	h_1 d	A	A_V	A_w	G	U	I_y	$W_{el,y}$	i_y	I_z	$W_{el,z}$
HE-A	mm	mm	mm	mm	mm	mm	cm²	cm²	cm²	kN/m	m²/m	cm⁴	cm³	cm	cm⁴	cm³
100	96	100	5	8	12	56	21,2	7,56	4,00	0,167	0,561	349	72,8	4,06	134	26,8
120	114	120	5	8	12	74	25,3	8,46	4,90	0,199	0,677	606	106	4,89	231	38,5
140	133	140	5,5	8,5	12	92	31,4	10,1	6,38	0,247	0,794	1.030	155	5,73	389	55,6
160	152	160	6	9	15	104	38,8	13,2	8,04	0,304	0,906	1.670	220	6,57	616	76,9
180	171	180	6	9,5	15	122	45,3	14,5	9,12	0,355	1,02	2.510	294	7,45	925	103
200	190	200	6,5	10	18	134	53,8	18,1	11,1	0,423	1,14	3.690	389	8,28	1.340	134
220	210	220	7	11	18	152	64,3	20,7	13,2	0,505	1,26	5.410	515	9,17	1.950	178
240	230	240	7,5	12	21	164	76,8	25,2	15,5	0,603	1,37	7.760	675	10,1	2.770	231
260	250	260	7,5	12,5	24	177	86,8	28,8	16,9	0,682	1,48	10.450	836	11,0	3.670	282
280	270	280	8	13	24	196	97,3	31,7	19,5	0,764	1,60	13.670	1.010	11,9	4.760	340
300	290	300	8,5	14	27	208	112	37,3	22,3	0,883	1,72	18.260	1.260	12,7	6.310	421
320	310	300	9	15,5	27	225	124	41,1	25,1	0,976	1,76	22.930	1.480	13,6	6.990	466
340	330	300	9,5	16,5	27	243	133	45,0	28,2	1,048	1,79	27.690	1.680	14,4	7.440	496
360	350	300	10	17,5	27	261	143	49,0	31,5	1,121	1,83	33.090	1.890	15,2	7.890	526
400	390	300	11	19	27	298	159	57,3	38,7	1,248	1,91	45.070	2.310	16,8	8.560	571
450	440	300	11,5	21	27	344	178	65,8	45,8	1,398	2,01	63.720	2.900	18,9	9.470	631
500	490	300	12	23	27	390	198	74,7	53,3	1,551	2,11	86.970	3.550	21,0	10.370	691
550	540	300	12,5	24	27	438	212	83,7	61,5	1,662	2,21	111.900	4.150	23,0	10.820	721
600	590	300	13	25	27	486	226	93,2	70,2	1,778	2,31	141.200	4.790	25,0	11.270	751
650	640	300	13,5	26	27	534	242	103	79,4	1,897	2,41	175.200	5.470	26,9	11.720	782
700	690	300	14,5	27	27	582	260	117	92,2	2,045	2,50	215.300	6.240	28,8	12.180	812
800	790	300	15	28	30	674	286	139	110	2,244	2,70	303.400	7.680	32,6	12.640	843
900	890	300	16	30	30	770	320	163	133	2,516	2,90	422.100	9.480	36,3	13.550	903
1000	990	300	16,5	31	30	868	347	185	153	2,723	3,10	553.800	11.190	40,0	14.000	934

Plastische Widerstandsmomente der Teilflächen für I-und H-Profile

Nennhöhe	IPE			HEA			HEB			HEM		
	A_v	$W_{pl,f}$	$W_{pl,v}$	A_v	$W_{pl,f}$	$W_{pl,v}$	A_v	$W_{pl,f}$	$W_{pl,v}$	A_v	$W_{pl,f}$	$W_{pl,v}$
	cm²	cm³	cm³	cm²	cm³	cm³	cm²	cm³	cm	cm²	cm³	cm³
80	3,58	15,3	7,90									
100	5,08	24,8	14,6	7,56	60,7	22,3	9,04	77,3	26,7	18,0	180	56
120	6,31	39,4	21,3	8,46	89,9	29,1	11,0	127	38	21,2	273	78
140	7,64	58,7	29,6	10,1	133	40	13,1	192	53	24,5	392	102
160	9,66	79,9	44,1	13,2	183	62	17,6	271	83	30,8	526	149
180	11,3	110	56	14,5	249	76	20,2	375	106	34,7	698	185
200	14,0	139	82	18,1	323	106	24,8	495	148	41,0	888	247
220	15,9	185	100	20,7	436	132	27,9	647	180	45,3	1123	296
240	19,1	231	136	25,2	565	180	33,2	815	238	60,1	1676	441
260				28,8	692	228	37,6	985	298	66,9	1984	540
270	22,1	310	174									
280				31,7	844	268	41,1	1187	347	72,0	2347	619
300	25,7	408	220	37,3	1042	341	47,4	1434	435	90,5	3227	851
320				41,1	1229	399	51,8	1648	501	94,8	3494	941
330	30,8	508	296									
340				45,0	1392	458	56,1	1836	572	98,6	3690	1028
360	35,1	655	364	49,0	1564	524	60,6	2034	649	102	3871	1118

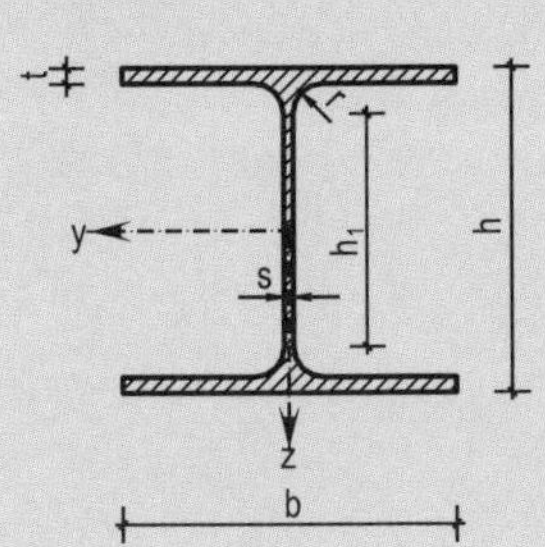

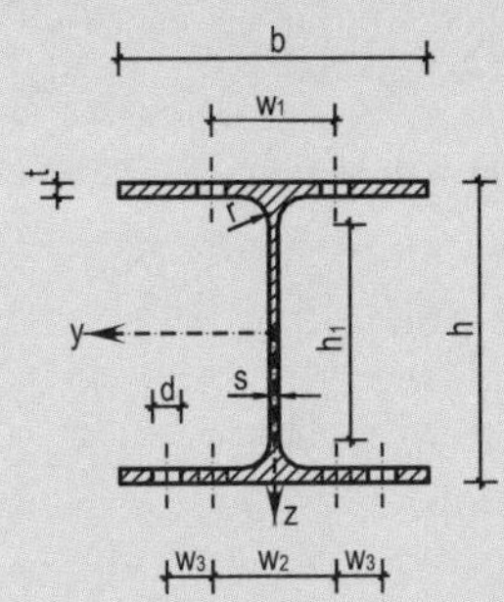

Kurz-zei-chen	Statische Werte (Fortsetzung)							Lochmaße			Plastische Widerstandsmomente			
	i_z	S_y	S_z	$i_{f,z}$	I_T	I_ω	ω_M	d	w_1, w_2	w_3	$W_{pl,y}$	$W_{pl,v}$	$W_{pl,z}$	$W_{pl,w}$
HE-A	cm	cm³	cm³	cm	cm⁴	cm⁶	cm²	mm	mm	mm	cm³	cm³	cm³	cm³
100	2,51	41,5	20,6	2,69	5,26	2.581	22,0	13	56	-	83,0	22,3	41,1	176
120	3,02	59,7	29,4	3,24	6,02	6.472	31,8	17	66	-	119	29,1	58,9	305
140	3,52	86,7	42,4	3,78	8,16	15.060	43,6	21	76	-	173	40	84,8	519
160	3,98	123	58,8	4,29	12,3	31.410	57,2	23	86	-	245	62	118	824
180	4,52	162	78,2	4,86	14,9	60.210	72,7	25	100	-	325	76	156	1.243
200	4,98	215	102	5,37	21,1	108.000	90,0	25	110	-	429	106	204	1.800
220	5,51	284	135	5,92	28,6	193.300	109	25	120	-	568	132	271	2.649
240	6,00	372	176	6,45	41,7	328.500	131	25	94	35	745	180	352	3.767
260	6,50	460	215	6,97	52,6	516.400	154	25	100	40	920	228	430	5.017
280	7,00	556	259	7,52	62,4	785.400	180	25	110	45	1.112	268	518	6.548
300	7,49	692	321	8,04	85,6	1.200.000	207	28	120	45	1.383	341	641	8.694
320	7,49	814	355	8,06	108	1.512.000	221	28	120	45	1.628	399	710	10.270
340	7,46	925	378	8,06	128	1.824.000	235	28	120	45	1.850	458	756	11.640
360	7,43	1.040	401	8,05	149	2.177.000	249	28	120	45	2.088	524	802	13.090
400	7,34	1.280	436	8,02	190	2.942.000	278	28	120	45	2.562	671	873	15.860
450	7,29	1.610	483	8,01	245	4.146.000	314	28	120	45	3.216	857	966	19.800
500	7,24	1.970	529	8,00	310	5.643.000	350	28	120	45	3.949	1072	1.059	24.170
550	7,15	2.310	553	7,96	353	7.189.000	387	28	120	45	4.622	1309	1.107	27.860
600	7,05	2.680	578	7,92	399	8.978.000	424	28	120	45	5.350	1575	1.156	31.780
650	6,97	3.070	602	7,88	450	11.027.000	461	28	120	45	6.136	1874	1.205	35.920
700	6,84	3.520	628	7,82	515	13.352.000	497	28	120	45	7.032	2262	1.257	40.280
800	6,65	4.350	656	7,71	599	18.290.000	572	28	130	40	8.699	3084	1.312	48.010
900	6,50	5.410	707	7,64	739	24.962.000	645	28	130	40	10.810	4033	1.414	58.050
1000	6,35	6.410	735	7,56	825	32.074.000	719	28	130	40	12.820	5020	1.470	66.890

Plastische Widerstandsmomente der Teilflächen für I-und H-Profile

Nenn-höhe	IPE			HEA			HEB			HEM		
	A_v	$W_{pl,f}$	$W_{pl,v}$	A_v	$W_{pl,f}$	$W_{pl,v}$	A_v	$W_{pl,f}$	$W_{pl,v}$	A_v	$W_{pl,f}$	$W_{pl,v}$
	cm²	cm³	cm³	cm²	cm³	cm³	cm²	cm³	cm	cm²	cm³	cm³
400	42,7	809	498	57,3	1891	671	70,0	2412	820	110	4256	1315
450	50,8	1047	655	65,8	2359	857	79,7	2944	1038	120	4752	1579
500	59,9	1350	844	74,7	2877	1072	89,9	3526	1289	129	5228	1866
550	72,3	1658	1129	83,7	3313	1309	100	4026	1565	140	5744	2189
600	83,8	2103	1409	93,2	3775	1575	111	4551	1874	150	6236	2536
650				103	4262	1874	122	5102	2281	160	6750	2907
700				117	4770	2262	137	5672	2655	170	7236	3304
800				139	5615	3084	162	6634	3596	194	8159	4331
900				163	6777	4033	189	7918	4662	214	9133	5307
1000				185	7800	5020	212	9066	5794	235	10160	6410

Breite I-Träger: HE-B (IPB)

IPB - Reihe, Breitflanschträger, DIN 1025-2, warmgewalzt

Normallängen bei
$h < 300$ mm: 8–16 m
$h \geq 300$ mm: 8–18 m

Kurzzeichen z. B.: HE 360 B oder IPB 360 DIN 1025 S235JR oder Werkstoff-Nr. 1.0038

Kurzzeichen	Bezeichnung nach DIN nach Eurocode						Flächen					Statische Werte			
	h	b	s t_w	t t_f	r	h_1 d	A	A_V	A_w	G	U	I_y	$W_{el,y}$	i_y	I_z
HE-B	mm	mm	mm	mm	mm	mm	cm^2	cm^2	cm^2	kN/m	m^2/m	cm^4	cm^3	cm	cm^4
100	100	100	6	10	12	56	26,0	9,04	4,80	0,204	0,567	450	89,9	4,16	167
120	120	120	6,5	11	12	74	34,0	11,0	6,37	0,267	0,686	864	144	5,04	318
140	140	140	7	12	12	92	43,0	13,1	8,12	0,337	0,805	1.510	216	5,93	550
160	160	160	8	13	15	104	54,3	17,6	10,7	0,426	0,918	2.490	311	6,78	889
180	180	180	8,5	14	15	122	65,3	20,2	12,9	0,512	1,04	3.830	426	7,66	1.360
200	200	200	9	15	18	134	78,1	24,8	15,3	0,613	1,15	5.700	570	8,54	2.000
220	220	220	9,5	16	18	152	91,0	27,9	17,9	0,715	1,27	8.090	736	9,43	2.840
240	240	240	10	17	21	164	106	33,2	20,6	0,832	1,38	11.260	938	10,3	3.920
260	260	260	10	17,5	24	177	118	37,6	22,5	0,93	1,50	14.920	1.150	11,2	5.130
280	280	280	10,5	18	24	196	131	41,1	25,6	1,03	1,62	19.270	1.380	12,1	6.590
300	300	300	11	19	27	208	149	47,4	28,8	1,17	1,73	25.170	1.680	13,0	8.560
320	320	300	11,5	20,5	27	225	161	51,8	32,1	1,27	1,77	30.820	1.930	13,8	9.240
340	340	300	12	21,5	27	243	171	56,1	35,6	1,34	1,81	36.660	2.160	14,6	9.690
360	360	300	12,5	22,5	27	261	181	60,6	39,4	1,42	1,85	43.190	2.400	15,5	10.140
400	400	300	13,5	24	27	298	198	70,0	47,5	1,55	1,93	57.680	2.880	17,1	10.820
450	450	300	14	26	27	344	218	79,7	55,7	1,71	2,03	79.890	3.550	19,1	11.720
500	500	300	14,5	28	27	390	239	89,8	64,4	1,87	2,12	107.200	4.290	21,2	12.620
550	550	300	15	29	27	438	254	100	73,8	1,99	2,22	136.700	4.970	23,2	13.080
600	600	300	15,5	30	27	486	270	111	83,7	2,12	2,32	171.000	5.700	25,2	13.530
650	650	300	16	31	27	534	286	122	94,1	2,25	2,42	210.600	6.480	27,1	13.980
700	700	300	17	32	27	582	306	137	108	2,40	2,52	256.900	7.340	29,0	14.400
800	800	300	17,5	33	30	674	334	162	128	2,62	2,71	359.100	8.980	32,8	14.900
900	900	300	18,5	35	30	770	371	189	154	2,91	2,91	494.100	10.980	36,5	15.820
1000	1.000	300	19	36	30	868	400	212	176	3,14	3,11	644.700	12.890	40,1	16.280

$A_{v,y} = 2 \cdot b \cdot t_f$ $h_w = h - 2\,t_f$ $W_{el,w} = I_w / \omega_M$

Grenzabmessungen

Länge \ Profile	I, IPE, HE-A, HE-B, HE-M	U	UPE	Winkel
Bei bestellter Länge	± 50 mm	± 50 mm	± 100 mm	± 100 mm
Bei Mindestlänge	+ 100 / –0	± 5 mm	+ 100 / – 0	+ 200 / – 0

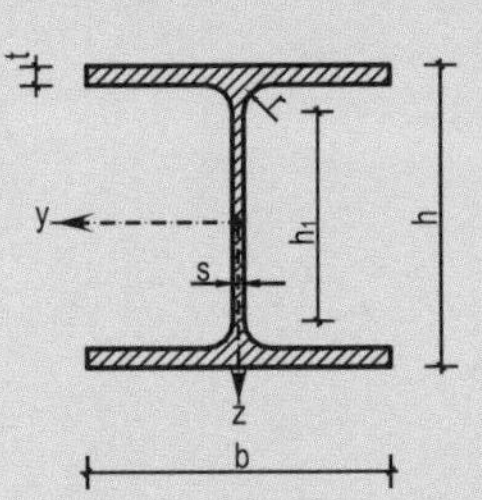

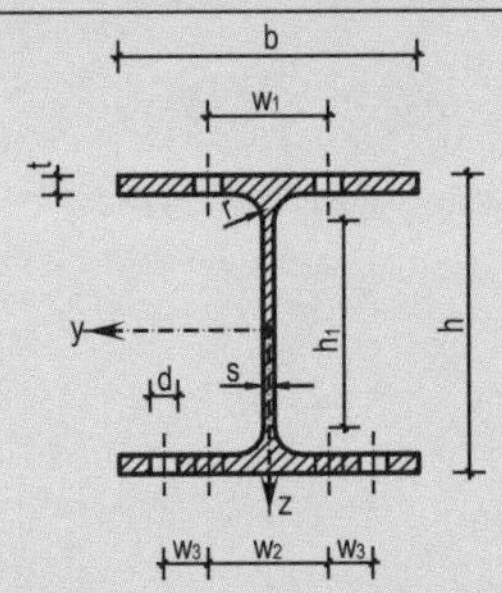

Kurz-zei-chen	Statische Werte (Fortsetzung)							Lochmaße			Plastische Widerstandsmomente			
	$W_{el,z}$	i_z	S_y	$i_{f,z}$	I_T	I_ω	ω_M	d	w_1, w_2	w_3	$W_{pl,y}$	$W_{pl,v}$	$W_{pl,z}$	$W_{pl,w}$
HE-B	cm^3	cm	cm^3	cm	cm^4	cm^6	cm^2	mm	mm	mm	cm^3	cm^3	cm^3	cm^3
100	33,5	2,53	52,1	2,70	9,29	3.375	22,5	13	56	-	104	26,7	51,4	225
120	52,9	3,06	82,6	3,27	13,9	9.410	32,7	17	66	-	165	38	81,0	432
140	78,5	3,58	123	3,83	20,1	22.480	44,8	21	76	-	245	53	120	753
160	111	4,05	177	4,34	31,4	47.940	58,8	23	86	-	354	83	170	1.223
180	151	4,57	241	4,90	42,3	93.750	74,7	25	100	-	481	106	231	1.882
200	200	5,07	321	5,43	59,5	171.100	92,5	25	110	-	643	148	306	2.775
220	258	5,59	414	5,99	76,8	295.400	112	25	120	-	827	180	394	3.949
240	327	6,08	527	6,52	103	486.900	134	25	96	35	1.053	238	498	5.459
260	395	6,58	641	7,04	124	753.700	158	25	106	40	1.283	298	602	7.172
280	471	7,09	767	7,59	144	1.130.000	183	25	110	45	1.534	247	718	9.243
300	571	7,58	934	8,12	186	1.688.000	211	28	120	45	1.869	435	870	12.010
320	616	7,57	1.070	8,13	226	2.069.000	225	28	120	45	2.149	501	939	13.810
340	646	7,53	1.200	8,12	258	2.454.000	239	28	120	45	2.408	572	986	15.410
360	676	7,49	1.340	8,10	293	2.883.000	253	28	120	45	2.683	649	1.032	17.090
400	721	7,40	1.620	8,07	357	3.817.000	282	28	120	45	3.232	820	1.104	20.300
450	781	7,33	1.990	8,05	442	5.258.000	318	28	120	45	3.982	1038	1.198	24.800
500	842	7,27	2.410	8,03	540	7.018.000	354	28	120	45	4.815	1289	1.292	29.740
550	872	7,17	2.800	7,99	602	8.856.000	391	28	120	45	5.591	1565	1.341	34.000
600	902	7,08	3.210	7,95	669	10.965.000	428	28	120	45	6.425	1874	1.391	38.480
650	932	6,99	3.660	7,91	741	13.363.000	464	28	120	45	7.320	2281	1.441	43.180
700	963	6,87	4.160	7,85	833	16.064.000	501	28	126	45	8.327	2655	1.495	48.100
800	994	6,68	5.110	7,74	949	21.840.000	575	28	130	40	10.230	3596	1.553	56.950
900	1.050	6,53	6.290	7,67	1.140	29.461.000	649	28	130	40	12.580	4662	1.658	68.120
1000	1.090	6,38	7.430	7,59	1.260	37.637.000	723	28	130	40	14.860	5794	1.716	78.080

Weitere nicht aufgeführte Stahlprofile

Mittelbreite I-Träger: IPEa leichter als die IPE-Reihe, nicht genormt
IPEo verstärkt gegenüber IPE-Reihe, nicht genormt

Breitflanschträger: HL nicht genormt, mit besonders breiten Flanschen und großen Höhen
HP mit gleicher Dicke für Flansch und Steg
HD nach amerikanischer Norm, Breitwand-Stützenprofile
HE nicht genormt, mit größeren Abmessungen als HE-M

Diese Profilreihen sind nur ab 50 t Bestellmenge lieferbar und meist nicht auf Lager

Halbierte Träger: schmale I, mittelbreite I und Breitflanschträger HE

Stahlbau

Breite I-Träger: HE-M (IPBv)

IPBv - Reihe, Breitflanschträger, verstärkte Ausführung,

DIN 1025-4, warmgewalzt

Normallängen bei
h < 300 mm: 8–16 m
h ≥ 300 mm: 8–18 m

Kurzzeichen z. B.: HE 360 M oder IPBv 360 DIN 1025 S235JR oder Werkstoff-Nr. 1.0038

Kurz-zei-chen	Bezeichnung nach DIN nach Eurocode						Flächen					Statische Werte			
	h	b	s t_w	t t_f	r	h_1 d	A	A_V	A_w	G	U	I_y	$W_{el,y}$	i_y	I_z
HE-M	mm	mm	mm	mm	mm	mm	cm^2	cm^2	cm^2	kN/m	m^2/m	cm^4	cm^3	cm	cm^4
100	120	106	12	20	12	56	53,2	18,0	9,60	0,418	0,619	1.140	190	4,63	399
120	140	126	12,5	21	12	74	66,4	21,2	12,3	0,521	0,738	2.020	288	5,51	703
140	160	146	13	22	12	92	80,6	24,5	15,1	0,632	0,857	3.290	411	6,39	1.140
160	180	166	14	23	15	104	97,1	30,8	18,8	0,762	0,970	5.100	566	7,25	1.760
180	200	186	14,5	24	15	122	113	34,7	22,0	0,889	1,09	7.480	748	8,13	2.580
200	220	206	15	25	18	134	131	41,0	25,5	1,031	1,20	10.640	967	9,00	3.650
220	240	226	15,5	26	18	152	149	45,3	29,1	1,173	1,32	14.600	1.220	9,89	5.010
240	270	248	18	32	21	164	200	60,1	37,1	1,567	1,46	24.290	1.800	11,0	8.150
260	290	268	18	32,5	24	177	220	66,9	40,5	1,724	1,57	31.310	2.160	11,9	10.450
280	310	288	18,5	33	24	196	240	72,0	45,1	1,885	1,69	39.550	2.550	12,8	13.160
300	340	310	21	39	27	208	303	90,5	55,0	2,379	1,83	59.200	3.480	14,0	19.400
320/305	320	305	16	29	27	208	225	68,5	41,9	1,77	1,78	40.950	2.560	13,5	13.740
320	359	309	21	40	27	225	312	94,8	58,6	2,45	1,87	68.130	3.800	14,8	19.710
340	377	309	21	40	27	243	316	98,6	62,4	2,479	1,90	76.370	4.050	15,6	19.710
360	395	308	21	40	27	261	319	102	66,2	2,503	1,93	84.870	4.300	16,3	19.520
400	432	307	21	40	27	298	326	110	73,9	2,557	2,00	104.100	4.820	17,9	19.330
450	478	307	21	40	27	344	335	120	83,6	2,633	2,10	131.500	5.500	19,8	19.340
500	524	306	21	40	27	390	344	129	93,2	2,703	2,18	161.900	6.180	21,7	19.150
550	572	306	21	40	27	438	354	140	103	2,782	2,28	198.000	6.920	23,6	19.160
600	620	305	21	40	27	486	364	150	113	2,855	2,37	237.400	7.660	25,6	18.970
650	668	305	21	40	27	534	374	160	123	2,934	2,47	281.700	8.430	27,5	18.980
700	716	304	21	40	27	582	383	170	134	3,007	2,56	329.300	9.200	29,3	18.800
800	814	303	21	40	30	674	404	194	154	3,173	2,75	442.600	10.870	33,1	18.630
900	910	302	21	40	30	770	424	214	174	3,325	2,93	570.400	12.540	36,7	18.450
1000	1.008	302	21	40	30	868	444	235	195	3,487	3,13	722.300	14.330	40,3	18.460

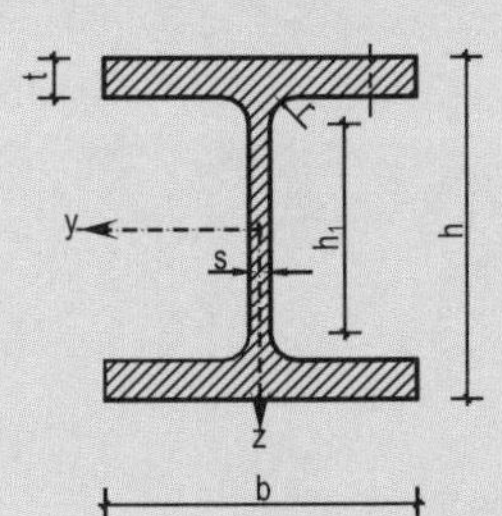

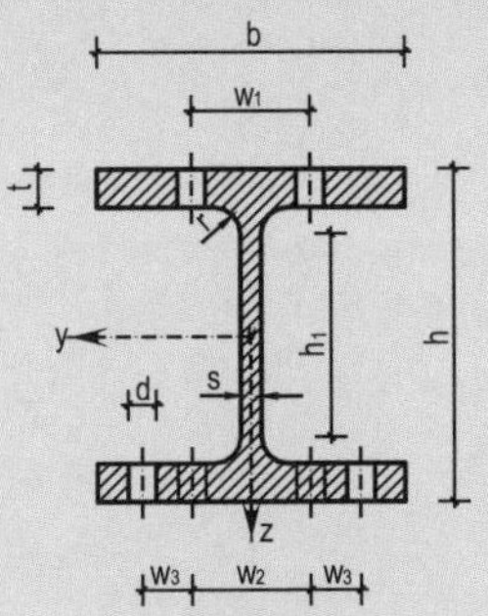

Kurz-zei-chen	Statische Werte (Fortsetzung)							Lochmaße			Plastische Widerstandsmomente			
	$W_{el,z}$	i_z	S_y	$i_{f,z}$	I_T	I_ω	ω_M	d_1	w_1,w_2	w_3	$W_{pl,y}$	$W_{pl,v}$	$W_{pl,z}$	$W_{pl,w}$
HE-M	cm³	cm	cm³	cm	cm⁴	cm⁶	cm²	mm	mm	mm	cm³	cm³	cm³	cm³
100	75,3	2,74	118	2,92	68,5	9.925	26,5	13	60	-	236	56	116	562
120	112	3,25	175	3,47	92,0	24.790	37,5	17	68	-	351	78	172	992
140	157	3,77	247	4,02	120	54.330	50,4	21	76	-	494	102	240	1.620
160	212	4,26	337	4,56	163	108.100	65,2	23	86	-	675	149	325	2.490
180	277	4,77	442	5,12	204	199.300	81,8	25	100	-	883	185	425	3.650
200	354	5,27	568	5,65	260	346.300	100	25	110	-	1.135	247	543	5.170
220	444	5,79	710	6,21	316	572.700	121	25	120	-	1.419	296	679	7.110
240	657	6,39	1.058	6,83	630	1.152.000	148	25/23	100	35	2.117	441	1.006	11.710
260	780	6,90	1.262	7,37	722	1.728.000	173	25	110	40	2.524	540	1.192	15.030
280	914	7,40	1.483	7,91	810	2.520.000	199	25	116	45	2.966	619	1.397	18.960
300	1.250	8,00	2.039	8,53	1.410	4.386.000	233	25	120	50	4.078	851	1.913	28.200
320/305	901	7,81	1.463	8,35	600	2.903.000	222	28	120	50	2.926	637	1.374	19.630
320	1.280	7,95	2.218	8,50	1.510	5.004.000	246	28	126	47	4.435	941	1.951	30.460
340	1.280	7,90	2.359	8,48	1.510	5.585.000	260	28	126	47	4.718	1028	1.953	32.180
360	1.270	7,83	2.495	8,43	1.510	6.137.000	273	28	126	47	4.989	1118	1.942	33.680
400	1.260	7,70	2.785	8,36	1.520	7.410.000	301	28	126	47	5.571	1315	1.934	36.950
450	1.260	7,59	3.166	8,32	1.530	9.252.000	336	28	126	47	6.331	1579	1.939	41.280
500	1.250	7,46	3.547	8,24	1.540	11.187.000	370	28	130	45	7.094	1866	1.932	45.320
550	1.250	7,35	3.966	8,19	1.560	13.516.000	407	28	130	45	7.933	2189	1.937	49.810
600	1.240	7,22	4.386	8,12	1.570	15.908.000	442	28	130	45	8.772	2536	1.930	53.960
650	1.240	7,13	4.828	8,07	1.580	18.650.000	479	28	130	45	9.657	2907	1.936	58.420
700	1.240	7,01	5.269	8,00	1.590	21.398.000	514	28	130	42	10.540	3304	1.929	62.470
800	1.230	6,79	6.244	7,86	1.650	27.775.000	586	28	132	42	12.490	4331	1.930	71.060
900	1.220	6,60	7.221	7,75	1.680	34.746.000	657	28	132	42	14.440	5307	1.929	79.350
1000	1.220	6,45	8.284	7,66	1.710	43.015.000	731	28	132	42	16.570	6419	1.940	88.290

Anmerkung zu Außenabmessungen der Profile aus der HE-Reihe

Die HE-Reihe besitzt bis zur Profilgröße 300 ungefähr quadratische Außenabmessungen.

Profile größer als 300 nehmen nur noch in der Höhe zu, die Breite der Flansche bleibt bei 300 mm stehen. Ausnahme HE-M: Breite bis 309 mm.

U-Stahl

DIN 1026-1, warmgewalzt, rundkantig

Normallängen bei
$h \leq 65$ mm: 6–12 m
$h < 300$ mm: 8–16 m
$h \geq 300$ mm: 8–18 m

Neigung der inneren Flanschflächen:
$h \leq 300$ mm: 8 %
$h > 300$ mm: 5 %

Kurzzeichen z. B.: U 200 DIN 1026-1 S235JR oder Werkstoff-Nr. 1.0038

Kurzzeichen	Bezeichnung nach DIN 1026-1 / nach Eurocode						Flächen und Gewicht				Statische Werte		
	h	b	s t_w	$t=r_1$ t_f	r_2	h_1 d	A	A_V	G	U	I_y	$W_{el,y}$	i_y
U	mm	mm	mm	mm	mm	mm	cm^2	cm^2	kN/m	m^2/m	cm^4	cm^3	cm
30x15	30	15	4	4,5	2	12	2,21	1,31	0,017	0,103	2,53	1,69	1,07
30	30	33	5	7	3,5	14	5,44	1,85	0,043	0,174	6,39	4,26	1,08
40x20	40	20	5	5,5[1)]	2,5	18	3,66	2,11	0,029	0,142	7,58	3,79	1,44
40	40	35	5	7	3,5	11	6,21	2,35	0,049	0,199	14,1	7,05	1,50
50x25	50	25	5	6	3	25	4,92	2,71	0,039	0,181	16,8	6,73	1,85
50	50	38	5	7	3,5	20	7,12	2,85	0,056	0,232	26,4	10,6	1,92
60	60	30	6	6	3	35	6,46	3,75	0,051	0,215	31,6	10,5	2,21
65	65	42	5,5	7,5	4	33	9,03	3,97	0,071	0,273	57,5	17,7	2,52
80	80	45	6	8	4	47	11,0	5,23	0,086	0,312	106	26,5	3,10
100	100	50	6	8,5	4,5	64	13,5	6,52	0,106	0,372	206	41,2	3,91
120	120	55	7	9	4,5	82	17,0	8,93	0,134	0,434	364	60,7	4,62
140	140	60	7	10	5	97	20,4	10,5	0,160	0,489	605	86,4	5,45
160	160	65	7,5	10,5	5,5	116	24,0	12,8	0,188	0,546	925	116	6,21
180	180	70	8	11	5,5	133	28,0	15,2	0,220	0,611	1.350	150	6,95
200	200	75	8,5	11,5	6	151	32,2	17,9	0,253	0,661	1.910	191	7,70
220	220	80	9	12,5	6,5	166	37,4	20,9	0,294	0,718	2.690	245	8,48
240	240	85	9,5	13	6,5	185	42,3	24,0	0,332	0,775	3.600	300	9,22
260	260	90	10	14	7	201	48,3	27,4	0,379	0,834	4.820	371	9,99
280	280	95	10	15	7,5	216	53,3	29,7	0,418	0,890	6.280	448	10,9
300	300	100	10	16	8	232	58,8	32,1	0,462	0,950	8.030	535	11,7
320	320	100	14	17,5	8,75	247	75,8	46,7	0,595	0,982	10.870	679	12,1
350	350	100	14	16	8	283	77,3	50,4	0,606	1,05	12.840	734	12,9
380	380	102	13,5	16	8	313	80,4	52,8	0,631	1,11	15.760	829	14,0
400	400	110	14	18	9	325	91,5	58,1	0,718	1,18	20.350	1.020	14,9

[1)] $r_1 = 5$ mm

$A_{v,y} = 2 \cdot b \cdot t_f$ $h_w = h - 2\,t_f$ $A_w = h_w \cdot t_w = (h - 2\,t_f) \cdot t_w$ $W_{el,w} = I_w / \omega_M$

Achtung: U-Profile verdrehen sich, wenn die Last im Bereich des Stegs eingeleitet wird. Der Schubmittelpunkt M liegt nicht auf dem Steg oder in der „Mitte“ des Profils.

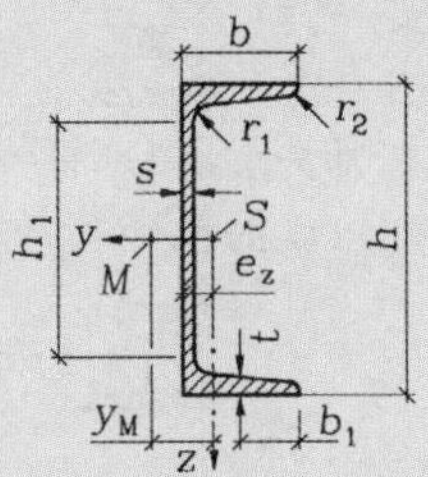

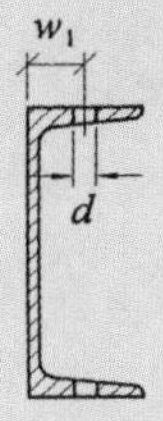

Kurz-zei-chen	Statische Werte (Fortsetzung)							Schwerpunkt Schubmittelp.		Lochmaße		Plastische Widerstands-momente	
	I_z	$W_{el,z}$	i_z	I_T	I_ω	$\omega_{M,1}$	$\omega_{M,2}$	e_z	y_M	d	w_1	$W_{pl,y}$	$W_{pl,z}$
U	cm^4	cm^3	cm	cm^4	cm^6	cm^2	cm^2	cm	cm	mm	mm	cm^3	cm^3
30x15	0,38	0,39	0,42	0,165	0,408	0,54	1,12	0,52	0,74	4,3	10		
30	5,33	2,68	0,99	0,912	4,36	1,33	2,17	1,31	2,22	8,4	20		
40x20	1,14	0,86	0,56	0,363	2,12	1,02	2,00	0,67	1,01	6,4	11		
40	6,68	3,08	1,04	1	11,9	2,05	3,32	1,33	2,32	8,4	20		
50x25	2,49	1,48	0,71	0,878	8,25	1,72	3,23	0,81	1,34	8,4	16		
50	9,12	3,75	1,13	1,12	27,8	2,90	4,73	1,37	2,47	11	20		
60	4,51	2,16	0,84	0,939	21,9	2,40	4,89	0,91	1,50	8,4	18		
65	14,1	5,07	1,25	1,61	77,3	4,18	7,10	1,42	2,60	11	25		
80	19,4	6,36	1,33	2,16	168	5,47	9,65	1,45	2,67	13	25	31,8	12,1
100	29,3	8,49	1,47	2,81	413	7,69	13,8	1,55	2,93	13	30	49,0	16,2
120	43,2	11,1	1,59	4,15	900	9,88	18,7	1,60	3,03	17/13	30	72,6	21,2
140	62,7	14,8	1,75	5,68	1.800	12,8	23,9	1,75	3,37	17	35	103	28,3
160	85,3	18,3	1,89	7,39	3.260	15,7	30,1	1,84	3,56	21/17	35	138	35,2
180	114	22,4	2,02	9,55	5.567	18,8	36,9	1,92	3,75	21	40	179	42,9
200	148	27,0	2,14	11,9	9.065	22,2	44,5	2,01	3,94	23/21	40	228	51,8
220	197	33,6	2,30	16,0	14.580	26,0	52,3	2,14	4,20	23	45	292	64,1
240	248	39,6	2,42	19,7	22.070	29,9	61,2	2,23	4,39	25/23	45	358	75,7
260	317	47,7	2,56	25,5	33.260	34,4	70,1	2,36	4,66	25	50	442	91,6
280	399	57,2	2,74	31,0	48.460	39,6	79,6	2,53	5,02	25	50	532	109
300	495	67,8	2,90	37,4	68.970	45,5	89,3	2,70	5,41	28	55	632	130
320	597	80,6	2,81	66,7	95.690	44,2	96,5	2,60	4,82	28	58	826	152
350	570	75,0	2,72	61,2	113.200	45,9	109	2,40	4,45	28	58	918	143
380	615	78,7	2,77	59,1	145.600	52,3	121	2,38	4,58	28	60	1.014	148
400	846	102	3,04	81,6	220.300	60,4	136	2,65	5,11	28	60	1.240	190

S Schwerpunkt
M Schubmittelpunkt
e_z Abstand Schwerpunkt - Profilaußenkante
y_M Abstand Schubmittelpunkt - Schwerpunkt
$\omega_{M,1}$ Hauptverwölbung Ecke Flansch-Steg
$\omega_{M,2}$ Hauptverwölbung am Flanschrand

Die Werte wurden näherungsweise unter Annahme paralleler Flansche ermittelt.

U-Stahl mit parallelen Flanschflächen UPE

DIN 1026-2, warmgewalzt

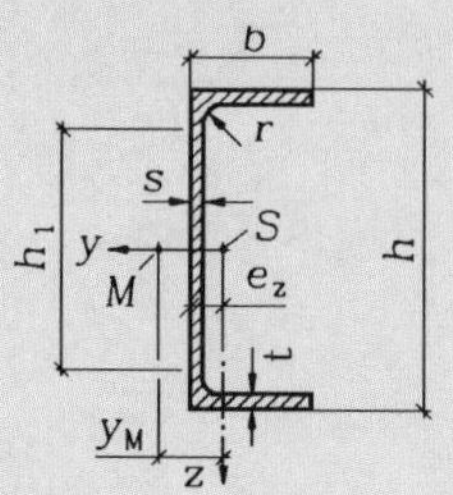

Kurzzeichen z. B.: UPE 200

Bezeichnungen der Anreißmaße und Lochdurchmesser wie bei U-Profilen

Kurzzeichen	Bezeichnung nach DIN / nach Eurocode						Fläche				Statische Werte			
	h	b	s / t_w	t / t_f	r	h_1 / d	A	A_V	G	U	I_y	$W_{el,y}$	i_y	I_z
UPE	mm	mm	mm	mm	mm	mm	cm²	cm²	kN/m	m²/m	cm⁴	cm³	cm	cm⁴
80	80	50	4,0	7,0	10	46	10,1	4,05	0,079	0,343	107	26,8	3,26	25,5
100	100	55	4,5	7,5	10	65	12,5	5,34	0,098	0,402	207	41,4	4,07	38,3
120	120	60	5,0	8,0	12	80	15,4	7,18	0,121	0,460	364	60,6	4,86	55,5
140	140	65	5,0	9,0	12	98	18,4	8,25	0,145	0,520	600	85,6	5,71	78,8
160	160	70	5,5	9,5	12	117	21,7	10,0	0,17	0,579	911	114	6,48	107
180	180	75	5,5	10,5	12	135	25,1	11,2	0,197	0,639	1.350	150	7,34	144
200	200	80	6,0	11,0	13	152	29,0	13,5	0,228	0,697	1.910	191	8,11	187
220	220	85	6,5	12,0	13	170	33,9	15,8	0,266	0,756	2.680	244	8,90	247
240	240	90	7,0	12,5	15	185	38,5	18,8	0,302	0,813	3.600	300	9,67	311
270	270	95	7,5	13,5	15	213	44,8	22,2	0,352	0,892	5.250	389	10,8	401
300	300	100	9,5	15	15	240	56,6	30,3	0,444	0,968	7.820	522	11,8	538
330	330	105	11	16	18	262	67,8	38,8	0,532	1,043	11.010	667	12,7	682
360	360	110	12	17	18	290	77,9	45,6	0,612	1,121	14.830	824	13,8	844
400	400	115	13,5	18	18	328	91,9	56,2	0,722	1,218	20.980	1.050	15,1	1.050

Kurzzeichen	Statische Werte (Fortsetzung)									Lochmaße		Plastische Widerstandsmomente	
	W_z	i_z	S_y	I_T	I_ω	$\omega_{M,1}$	$\omega_{M,2}$	e_z	y_M	d	w_1	$W_{pl,y}$	$W_{pl,z}$
UPE	cm³	cm	cm³	cm⁴	cm⁶	cm²	cm²	cm	cm	mm	mm	cm³	cm³
80	8,00	1,59	15,6	1,44	237	7,63	9,89	1,82	3,71	13	30	31,2	14,2
100	10,6	1,75	24,0	1,99	568	10,4	14,0	1,91	3,93	13	30	48,0	19,3
120	13,8	1,90	35,2	2,84	1.197	13,4	18,8	1,98	4,12	17/13	35	70,3	25,9
140	18,2	2,07	49,4	3,99	2.337	17,2	23,8	2,17	4,54	17	35	98,8	33,7
160	22,6	2,22	65,8	5,17	4.180	20,8	29,8	2,27	4,76	21/17	40	132	42,5
180	28,6	2,39	86,5	7,00	7.158	25,4	35,8	2,47	5,19	21	40	173	53,1
200	34,5	2,54	110,0	8,88	11.570	29,8	43,0	2,56	5,41	23/21	45	220	65,1
220	42,5	2,70	141,4	12,1	18.440	34,6	50,4	2,70	5,70	23	45	281	80,7
240	50,1	2,84	173,0	15,1	27.760	39,5	58,9	2,79	5,91	25/23	50	347	96,4
270	60,7	2,99	226,0	20,0	45.540	46,5	70,5	2,89	6,14	25	50	451	118
300	75,6	3,08	307,0	31,9	75.460	51,5	84,2	2,89	6,03	28	55	613	152
330	89,7	3,17	396,0	45,6	116.300	57,3	98,9	2,90	6,00	28	60	792	185
360	105	3,29	491,2	59,3	172.400	64,3	114	2,97	6,12	28	60	982	219
400	123	3,37	631,0	80,5	266.300	71,7	135	2,98	6,06	28	60	1.263	261

$A_{v,y} = 2 \cdot b \cdot t_f$ $\qquad h_w = h - 2\,t_f$ $\qquad A_w = h_w \cdot t_w = (h - 2\,t_f) \cdot t_w$ $\qquad W_{el,w} = I_w / \omega_M$

Weitere Bezeichnungen siehe U-Stahl

T-Stahl

DIN EN 10055
warm gewalzt

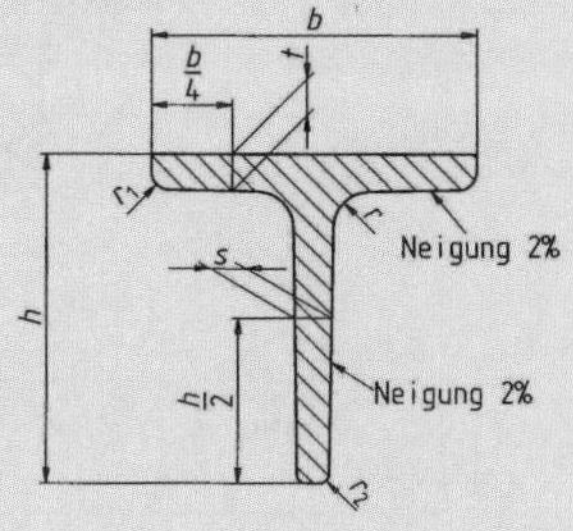

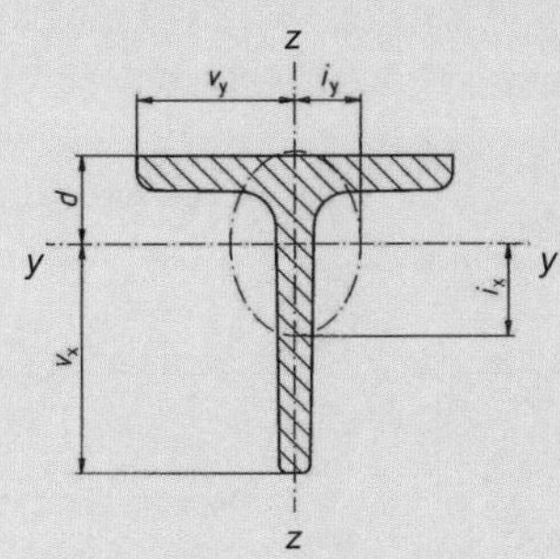

Bezeichnung z. B.: T-Profil EN 10055-T40 - Stahl EN 10025 - S235JR

Kurzzeichen	Maße					Querschnitt		Statische Werte					
	h = b	s = t = r	r_1	r_2	d	A	G	I_y	$W_{el,y}$	I_z	$W_{el,z}$	$W_{pl,y}$	$W_{pl,z}$
T	mm	mm	mm	mm	cm	cm^2	kN/m	cm^4	cm^3	cm^4	cm^3	cm^3	cm^3
30	30	4	2	1	0,85	2,26	0,0177	1,72	0,80	0,87	0,58	1,5	0,98
35	35	4,5	2,5	1	0,99	2,97	0,0233	3,10	1,23	1,57	0,90	2,3	1,49
40	40	5	2,5	1	1,12	3,77	0,0296	5,28	1,84	2,58	1,29	3,35	2,17
50	50	6	3	1,5	1,39	5,66	0,0444	12,1	3,36	6,06	2,42	6,28	4,05
60	60	7	3,5	2	1,66	7,94	0,0623	23,8	5,48	12,2	4,07	10,54	6,79
70	70	8	4	2	1,94	10,6	0,0832	44,5	8,79	22,1	6,32	16,45	10,54
80	80	9	4,5	2	2,22	13,6	0,107	73,3	12,8	37,0	9,25	24,21	15,46
100	100	11	5,5	3	2,74	20,9	0,164	179	24,6	88,3	17,7	46,15	29,46
120	120	13	6,5	3	3,28	29,6	0,232	366	42,0	178	29,7	78,74	50,07
140	140	15	7,5	4	3,8	39,9	0,313	660	64,7	330	47,2	123,48	78,54

T-Stahl scharfkantig

DIN 59051, warm gewalzt

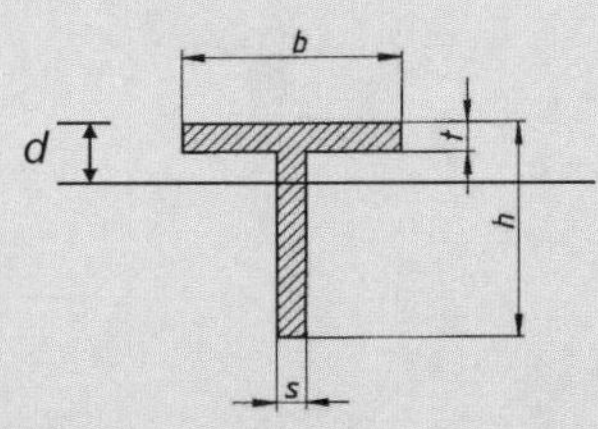

Bezeichnung z. B.: T-Profil DIN 59051 - TPS 30 - S235JR

Kurzzeichen	Maße			Querschnitt		Statische Werte					
	h = b	s = t	d	A	G	I_y	$W_{el,y}$	I_z	$W_{el,z}$	$W_{pl,y}$	$W_{pl,z}$
TPS	mm	mm	mm	cm^2	kN/m	cm^4	cm^3	cm^4	cm^3	cm^3	cm^3
30	30	3	6,1	1,11	0,0087	0,4	0,29	0,2	0,2	0,52	0,34
25	25	3,5	7,5	1,63	0,0126	0,93	0,53	0,64	0,37	0,96	0,61
30	30	4	9	2,24	0,0176	1,86	0,88	0,91	0,61	1,59	1,00
35	35	4,5	10,4	2,95	0,0231	3,34	1,36	1,63	0,93	2,44	1,53
40	40	55	11,8	3,75	0,0294	5,56	1,97	2,7	1,35	3,56	2,22

Gleichschenkliger Winkelstahl

DIN 1028, DIN EN 10056-1 rundkantig, warmgewalzt
Auswahl

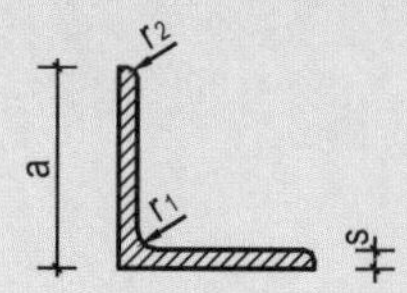

Normallängen: 6-12 m

Kurzzeichen z. B.: L 80 x 8 DIN 1028 S235JR

Kurzzeichen	Maße				Flächen		Abstände im Hauptachsensystem				Statische Werte		
L a x s	a	s	r_1	r_2	A	G	e	w	v_1	v_2	$I_y=I_z$	$W_{el,y}=W_z$	$i_y=i_z$
mm	mm	mm	mm	mm	cm^2	kN/m	cm	cm	cm	cm	cm^4	cm^3	cm
20 x 3	20	3	3,5	2	1,12	0,0088	0,60	1,41	0,85	0,70	0,39	0,28	0,59
25 x 3	25	3	3,5	2	1,42	0,0112	0,73	1,77	1,03	0,87	0,79	0,45	0,75
25 x 4	25	4	3,5	2	1,85	0,0145	0,76	1,77	1,08	0,89	1,01	0,58	0,74
30 x 3	30	3	5	2,5	1,74	0,0136	0,84	2,12	1,18	1,04	1,41	0,65	0,90
30 x 4	30	4	5	2,5	2,27	0,0178	0,89	2,12	1,24	1,05	1,81	0,86	0,89
35 x 4	35	4	5	2,5	2,67	0,021	1,00	2,47	1,41	1,24	2,96	1,18	1,05
35 x 5	35	5	5	2,5	3,28	0,0257	1,04	2,47	1,47	1,25	3,56	1,45	1,04
40 x 4	40	4	6	3	3,08	0,0242	1,12	2,83	1,58	1,40	4,48	1,55	1,21
40 x 5	40	5	6	3	3,79	0,0297	1,16	2,83	1,64	1,42	5,43	1,91	1,20
45 x 4	45	4	7	3,5	3,49	0,0274	1,23	3,18	1,75	1,57	6,43	1,97	1,36
45 x 5	45	5	7	3,5	4,3	0,0338	1,28	3,18	1,81	1,58	7,83	2,43	1,35
50 x 5	50	5	7	3,5	4,8	0,0377	1,40	3,54	1,98	1,76	11,0	3,05	1,51
50 x 6	50	6	7	3,5	5,69	0,0447	1,45	3,54	2,04	1,77	12,8	3,61	1,50
50 x 7	50	7	7	3,5	6,56	0,0515	1,49	3,54	2,11	1,78	14,6	4,15	1,49
60 x 5	60	5	8	4	5,82	0,0457	1,64	4,24	2,32	2,11	19,4	4,45	1,82
60 x 6	60	6	8	4	6,91	0,0542	1,69	4,24	2,39	2,11	22,8	5,29	1,82
60 x 8	60	8	8	4	9,03	0,0709	1,77	4,24	2,50	2,14	29,1	6,88	1,80
65 x 7	65	7	9	4,5	8,7	0,0683	1,85	4,60	2,62	2,29	33,4	7,18	1,96
70 x 7	70	7	9	4,5	9,4	0,0738	1,97	4,95	2,79	2,47	42,4	8,43	2,12
70 x 9	70	9	9	4,5	11,9	0,0934	2,05	4,95	2,90	2,50	52,6	10,6	2,10
75 x 7	75	7	10	5	10,1	0,0794	2,09	5,30	2,95	2,63	52,4	9,67	2,28
75 x 8	75	8	10	5	11,5	0,0903	2,13	5,30	3,01	2,65	58,9	11,0	2,26
80 x 6	80	6	10	5	9,35	0,0734	2,17	5,66	3,07	2,80	55,8	9,57	2,44
80 x 8	80	8	10	5	12,3	0,0966	2,26	5,66	3,20	2,82	72,3	12,6	2,42
80 x 10	80	10	10	5	15,1	0,119	2,34	5,66	3,31	2,85	87,5	15,5	2,41
90 x 7	90	7	11	5,5	12,2	0,0961	2,45	6,36	3,47	3,16	92,6	14,1	2,75
90 x 9	90	9	11	5,5	15,5	0,122	2,54	6,36	3,59	3,18	116	18,0	2,74
100 x 8	100	8	12	6	15,5	0,122	2,74	7,07	3,87	3,52	145	19,9	3,06
100 x 10	100	10	12	6	19,2	0,151	2,82	7,07	3,99	3,54	177	24,7	3,04
100 x 12	100	12	12	6	22,7	0,178	2,90	7,07	4,10	3,57	207	29,2	3,02
110 x 10	110	10	12	6	21,2	0,166	3,07	7,78	4,34	3,89	239	30,1	3,36
120 x 12	120	12	13	6,5	27,5	0,216	3,40	8,49	4,80	4,26	368	42,7	3,65
130 x 12	130	12	14	7	30	0,236	3,64	9,19	5,15	4,60	472	50,4	3,97
140 x 13	140	13	15	7,5	35	0,275	3,92	9,90	5,54	4,96	638	63,3	4,27
150 x 12	150	12	16	8	34,8	0,273	4,12	10,6	5,83	5,29	737	67,7	4,60
150 x 15	150	15	16	8	43	0,338	4,25	10,6	6,01	5,33	898	85,3	4,57
160 x 15	160	15	17	8,5	46,1	0,362	4,49	11,3	6,35	5,67	1.100	95,6	4,88
180 x 16	180	16	18	9	55,4	0,435	5,02	12,7	7,11	6,39	1.680	130	5,51
180 x 18	180	18	18	9	61,9	0,486	5,10	12,7	7,22	6,41	1.870	145	5,49
200 x 16	200	16	18	9	61,8	0,485	5,52	14,1	7,80	7,09	2.430	162	6,15
200 x 20	200	20	18	9	76,4	0,599	5,68	14,1	8,04	7,15	2.850	199	6,11
200 x 24	200	24	18	9	90,6	0,711	5,84	14,1	8,26	7,21	3.330	235	6,06

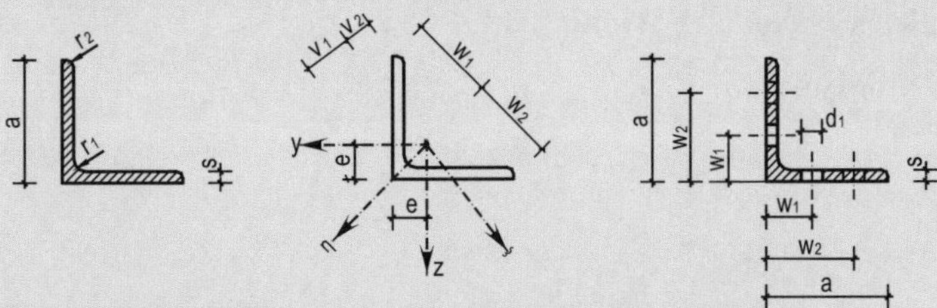

Statische Werte (Fortsetzung)					Lochmaße für Schrauben			Kurzzeichen
I_η	i_η	I_ζ	W_ζ	i_ζ	d_1	w_1	w_2	**L a x s**
cm^4	cm	cm^4	cm^3	cm	mm	mm	mm	mm
0,62	0,74	0,15	0,18	0,37	4,3	12		**20 x 3**
1,27	0,95	0,31	0,30	0,47	6,4	15		**25 x 3**
1,61	0,93	0,40	0,37	0,47	6,4	15		25 x 4
2,24	1,14	0,57	0,48	0,57	8,4	17		**30 x 3**
2,85	1,12	0,76	0,61	0,58	8,4	17		30 x 4
4,68	1,33	1,24	0,88	0,68	11	18		**35 x 4**
5,63	1,31	1,49	1,10	0,67	11	18		35 x 5
7,09	1,52	1,86	1,18	0,78	11	22		**40 x 4**
8,64	1,51	2,22	1,35	0,77	11	22		40 x 5
10,2	1,71	2,68	1,53	0,88	13	25		45 x 4
12,4	1,70	3,25	1,80	0,87	13	25		**45 x 5**
17,4	1,90	4,59	2,32	0,98	13	30		**50 x 5**
20,4	1,89	5,24	2,57	0,96	13	30		50 x 6
23,1	1,88	6,02	2,85	0,96	13	30		50 x 7
30,7	2,30	8,03	3,46	1,17	17	35		60 x 5
36,1	2,29	9,43	3,95	1,17	17	35		**60 x 6**
46,1	2,26	12,1	4,84	1,16	17	35		60 x 8
53,0	2,47	13,8	5,27	1,26	21	35		65 x 7
67,1	2,67	17,6	6,31	1,37	21	40		**70 x 7**
83,1	2,64	22,0	7,59	1,36	21	40		70 x 9
83,6	2,88	21,1	7,15	1,45	23	40		75 x 7
93,3	2,85	24,4	8,11	1,46	23	40		75 x 8
88,5	3,08	23,1	7,54	1,57	23	45		80 x 6
115	3,06	29,6	9,25	1,55	23	45		**80 x 8**
139	3,03	35,9	10,9	1,54	23	45		80 x 10
147	3,46	38,3	11,0	1,77	25	50		90 x 7
184	3,45	47,8	13,3	1,76	25	50		**90 x 9**
230	3,85	59,9	15,5	1,96	25	55		100 x 8
280	3,82	73,3	18,4	1,95	25	55		**100 x 10**
328	3,80	86,2	21,0	1,95	25	55		100 x 12
379	4,23	98,6	22,7	2,16	25	45	70	**110 x 10**
584	4,60	152	31,5	2,35	25	50	80	**120 x 12**
750	5,00	194	37,7	2,54	25	50	90	130 x 12
1.010	5,38	262	47,3	2,74	28	55	95	140 x 13
1.170	5,80	303	52,0	2,95	28	60	105	150 x 12
1.430	5,76	370	61,6	2,93	28	60	105	**150 x 15**
1.750	6,15	453	71,3	3,14	28	60	115	160 x 15
2.690	6,96	679	95,5	3,50	28	60	135	180 x 16
2.970	6,93	757	105	3,49	28	60/65	135	**180 x 18**
3.740	7,78	943	121	3,91	28	65	150	200 x 16
4.540	7,72	1.160	144	3,89	28	65	150	**200 x 20**
5.280	7,64	1.380	167	3,90	28	65/70	150	200 x 24

$y - z$ Schenkelparalleles Koordinatensystem

$\eta - \varsigma$ Hauptachsensystem

Ungleichschenkliger Winkelstahl

DIN 1029, DIN EN 10056-1, rundkantig, warmgewalzt
Auswahl

Normallängen: 6-12 m

Kurzzeichen z. B.: L 100 x 50 x 8 DIN 1029 S235JR oder Werkstoff-Nr. 1.0038

Kurzzeichen	Maße					Flächen		Abstände im Hauptachsensystem				Schwerpunkt		Hauptachsen
L a x b x s	a	b	s	r_1	r_2	A	G	w_1	w_2	v_1	v_2	e_y	e_z	tan α
mm	mm	mm	mm	mm	mm	cm^2	kN/m	cm	cm	cm	cm	cm	cm	-
30 x 20 x 3	30	20	3	3,5	2	1,42	0,0111	2,05	1,50	0,85	1,04	0,99	0,50	0,431
30 x 20 x 4	30	20	4	3,5	2	1,85	0,0145	2,02	1,52	0,90	1,04	1,03	0,54	0,423
40 x 20 x 3	40	20	3	3,5	2	1,72	0,0135	2,60	1,77	0,78	1,19	1,43	0,44	0,259
40 x 20 x 4	40	20	4	3,5	2	2,25	0,0177	2,58	1,79	0,82	1,17	1,47	0,48	0,252
45 x 30 x 4	45	30	4	4,5	2	2,87	0,0225	3,09	2,23	1,21	1,59	1,48	0,74	0,436
45 x 30 x 5	45	30	5	4,5	2	3,53	0,0277	3,05	2,27	1,31	1,58	1,52	0,78	0,430
50 x 30 x 4	50	30	4	4,5	2	3,07	0,0241	3,35	2,36	1,23	1,67	1,68	0,70	0,356
50 x 30 x 5	50	30	5	4,5	2	3,78	0,0296	3,33	2,38	1,27	1,65	1,73	0,74	0,353
50 x 40 x 5	50	40	5	4	2	4,27	0,0335	3,48	2,88	1,73	1,85	1,56	1,07	0,625
60 x 30 x 5	60	30	5	6	3	4,29	0,0337	3,88	2,67	1,20	1,77	2,15	0,68	0,256
60 x 40 x 5	60	40	5	6	3	4,79	0,0376	4,10	3,00	1,67	2,11	1,96	0,97	0,437
60 x 40 x 6	60	40	6	6	3	5,68	0,0446	4,08	3,02	1,72	2,10	2,00	1,01	0,433
65 x 50 x 5	65	50	5	6	3	5,54	0,0435	4,53	3,60	2,08	2,39	1,99	1,25	0,583
70 x 50 x 6	70	50	6	6	3	6,88	0,0540	4,83	3,67	2,11	2,52	2,24	1,25	0,497
75 x 50 x 7	75	50	7	6,5	3,5	8,30	0,0651	5,12	3,75	2,08	2,64	2,48	1,25	0,433
75 x 55 x 5	75	55	5	7	3,5	6,30	0,0495	5,21	3,98	2,25	2,73	2,31	1,33	0,530
75 x 55 x 7	75	55	7	7	3,5	8,66	0,0680	5,18	4,02	2,35	2,72	2,40	1,41	0,525
80 x 40 x 6	80	40	6	7	3,5	6,89	0,0541	5,20	3,54	1,57	2,38	2,85	0,88	0,259
80 x 40 x 8	80	40	8	7	3,5	9,01	0,0707	5,14	3,59	1,65	2,34	2,94	0,95	0,253
80 x 60 x 7	80	60	7	8	4	9,38	0,0736	5,55	4,35	2,54	2,92	2,51	1,52	0,546
80 x 65 x 8	80	65	8	8	4	11,0	0,0866	5,59	4,66	2,79	2,96	2,47	1,73	0,645
90 x 60 x 6	90	60	6	7	3,5	8,69	0,0682	6,16	4,49	2,45	3,18	2,89	1,41	0,442
90 x 60 x 8	90	60	8	7	3,5	11,4	0,0896	6,12	4,53	2,55	3,16	2,97	1,49	0,437
100 x 50 x 6	100	50	6	9	4,5	8,73	0,0685	6,55	4,39	1,90	3,00	3,49	1,04	0,263
100 x 50 x 8	100	50	8	9	4,5	11,5	0,0899	6,48	4,45	1,99	2,96	3,59	1,13	0,258
100 x 50 x 10	100	50	10	9	4,5	14,1	0,111	6,43	4,49	2,07	2,93	3,67	1,20	0,252
100 x 65 x 7	100	65	7	10	5	11,2	0,0877	6,83	4,89	2,63	3,49	3,23	1,51	0,419
100 x 65 x 9	100	65	9	10	5	14,2	0,111	6,79	4,94	2,74	3,46	3,32	1,59	0,415
100 x 75 x 9	100	75	9	10	5	15,1	0,118	6,93	5,44	3,19	3,65	3,15	1,91	0,549
120 x 80 x 8	120	80	8	11	5,5	15,5	0,122	8,23	5,97	3,24	4,23	3,83	1,87	0,441
120 x 80 x 10	120	80	10	11	5,5	19,1	0,150	8,19	6,01	3,35	4,21	3,92	1,95	0,438
120 x 80 x 12	120	80	12	11	5,5	22,7	0,178	8,15	6,04	3,45	4,20	4,00	2,03	0,433
130 x 65 x 8	130	65	8	11	5,5	15,1	0,119	8,51	5,71	2,47	3,90	4,56	1,37	0,263
130 x 65 x 10	130	65	10	11	5,5	18,6	0,146	8,44	5,77	2,57	3,86	4,65	1,45	0,259
150 x 75 x 9	150	75	9	10,5	5,5	19,5	0,153	9,82	6,59	2,85	4,50	5,28	1,57	0,265
150 x 75 x 11	150	75	11	10,5	5,5	23,6	0,186	9,74	6,67	2,95	4,46	5,37	1,65	0,261
150 x 100 x 10	150	100	10	13	6,5	24,2	0,190	10,27	7,48	4,08	5,29	4,80	2,34	0,442
150 x 100 x 12	150	100	12	13	6,5	28,7	0,226	10,23	7,52	4,18	5,28	4,89	2,42	0,439
180 x 90 x 10	180	90	10	14	7	26,2	0,206	11,81	7,89	3,38	5,42	6,28	1,85	0,262
200 x 100 x 10	200	100	10	15	7,5	29,2	0,230	13,15	8,74	3,71	6,05	6,93	2,01	0,266
200 x 100 x 12	200	100	12	15	7,5	34,8	0,273	13,08	8,80	3,81	6,00	7,03	2,10	0,264
200 x 100 x 14	200	100	14	15	7,5	40,3	0,316	13,01	8,86	3,90	5,96	7,12	2,18	0,262

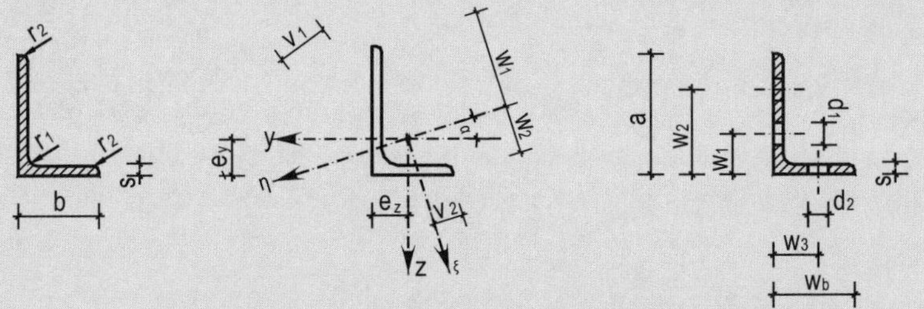

Kurzzeichen	Statische Werte										Lochmaße für Schrauben				
L a x b x s	I_y	$W_{el,y}$	i_y	I_z	W_z	i_z	I_η	i_η	I_ζ	i_ζ	d_1	d_2	w_1	w_2	w_3
mm	cm^4	cm^3	cm	cm^4	cm^3	cm	cm^4	cm	cm^4	cm	mm	mm	mm	mm	mm
30 x 20 x 3	1,25	0,62	0,94	0,44	0,29	0,56	1,43	1,00	0,25	0,42	8,4	4,3	17		12
30 x 20 x 4	1,59	0,81	0,93	0,55	0,38	0,55	1,81	0,99	0,33	0,42	8,4	4,3	17		12
40 x 20 x 3	2,79	1,08	1,27	0,47	0,30	0,52	2,96	1,31	0,30	0,42	11	4,3	22		12
40 x 20 x 4	3,59	1,42	1,26	0,60	0,39	0,52	3,79	1,30	0,39	0,42	11	4,3	22		12
45 x 30 x 4	5,78	1,91	1,42	2,05	0,91	0,85	6,65	1,52	1,18	0,64	13	8,4	25		17
45 x 30 x 5	6,99	2,35	1,41	2,47	1,11	0,84	8,02	1,51	1,44	0,64	13	8,4	25		17
50 x 30 x 4	7,71	2,33	1,59	2,09	0,91	0,82	8,53	1,67	1,27	0,64	13	8,4	30		17
50 x 30 x 5	9,41	2,88	1,58	2,54	1,12	0,82	10,4	1,66	1,56	0,64	13	8,4	30		17
50 x 40 x 5	10,4	3,02	1,56	5,89	2,01	1,18	13,3	1,76	3,02	0,84	13	11	30		22
60 x 30 x 5	15,6	4,04	1,90	2,60	1,12	0,78	16,5	1,96	1,69	0,63	17	8,4	35		17
60 x 40 x 5	17,2	4,25	1,89	6,11	2,02	1,13	19,8	2,03	3,50	0,86	17	11	35		22
60 x 40 x 6	20,1	5,03	1,88	7,12	2,38	1,12	23,1	2,02	4,12	0,85	17	11	35		22
65 x 50 x 5	23,1	5,11	2,04	11,9	3,18	1,47	28,8	2,28	6,21	1,06	21	13	35		30
70 x 50 x 6	33,5	7,04	2,21	14,3	3,81	1,44	39,9	2,41	7,94	1,07	21	13	40		30
75 x 50 x 7	46,4	9,24	2,36	16,5	4,39	1,41	53,3	2,53	9,56	1,07	23	13	40		30
75 x 55 x 5	35,5	6,84	2,37	16,2	3,89	1,60	43,1	2,61	8,68	1,17	23	17	40		30
75 x 55 x 7	47,9	9,39	2,35	21,8	5,52	1,59	57,9	2,59	11,8	1,17	23	17	40		30
80 x 40 x 6	44,9	8,73	2,55	7,59	2,44	1,05	47,6	2,63	4,90	0,84	23	11	45		22
80 x 40 x 8	57,6	11,4	2,53	9,68	3,18	1,04	60,9	2,60	6,41	0,84	23	11	45		22
80 x 60 x 7	59,0	10,7	2,51	28,4	6,34	1,74	72,0	2,77	15,4	1,28	23	17	45		35
80 x 65 x 8	68,1	12,3	2,49	40,1	8,41	1,91	88,0	2,82	20,3	1,36	23	21	45		35
90 x 60 x 6	71,7	11,7	2,87	25,8	5,61	1,72	82,8	3,09	14,6	1,30	25	17	50		35
90 x 60 x 8	92,5	15,4	2,85	33,0	7,31	1,70	107	3,06	19,0	1,29	25	17	50		35
100 x 50 x 6	89,7	13,8	3,20	15,3	3,86	1,32	95,2	3,30	9,78	1,06	25	13	55		30
100 x 50 x 8	116	18,0	3,18	19,5	5,04	1,31	123	3,28	12,6	1,05	25	13	55		30
100 x 50x10	141	22,2	3,16	23,4	6,17	1,29	149	3,25	15,5	1,04	25	13	55		30
100 x 65 x 7	113	16,6	3,17	37,6	7,54	1,84	128	3,39	21,6	1,39	25	21	55		35
100 x 65 x 9	141	21,0	3,15	46,7	9,52	1,82	160	3,36	27,2	1,39	25	21/17	55		35
100 x 75 x 9	148	21,5	3,13	71,0	12,7	2,17	181	3,47	37,8	1,59	25	23	55		40
120 x 80 x 8	226	27,6	3,82	80,8	13,2	2,29	261	4,10	45,8	1,72	25	23	50	80	45
120 x 80x10	276	34,1	3,80	98,1	16,2	2,27	318	4,07	56,1	1,71	25	23	50	80	45
120 x 80x12	323	40,4	3,77	114	19,1	2,25	371	4,04	66,1	1,71	25	23	50	80	45
130 x 65 x 8	263	31,1	4,17	44,8	8,72	1,72	280	4,31	28,6	1,38	25	21/17	50	90	35
130 x 65x10	321	38,4	4,15	54,2	10,7	1,71	340	4,27	35,0	1,37	25	21/17	50	90	35/36
150 x 75 x 9	455	46,8	4,83	78,3	13,2	2,00	484	4,98	50,0	1,60	28	23	60	105	40
150 x 75x11	545	56,6	4,80	93,0	15,9	1,98	578	4,95	59,8	1,59	28	23/21	60	105	40
150x100x10	552	54,1	4,78	198	25,8	2,86	637	5,13	112	2,15	28	25	60	105	55
150x100x12	650	64,2	4,76	232	30,6	2,84	749	5,10	132	2,15	28	25	60	105	55
180 x 90x10	880	75,1	5,80	151	21,2	2,40	934	5,97	97,4	1,93	28	25	60	135	50
200x100x10	1.220	93,2	6,46	210	26,3	2,68	1.300	6,66	133	2,14	28	25	65	150	55
200x100x12	1.440	111	6,43	247	31,3	2,67	1.530	6,63	158	2,13	28	25	65	150	55
200x100x14	1.650	128	6,41	282	36,1	2,65	1.760	6,60	181	2,12	28	25	65	150	55

$y - z$ Achsenparalleles Koordinatensystem

$\eta - \varsigma$ Hauptachsensystem

Z-Stahl

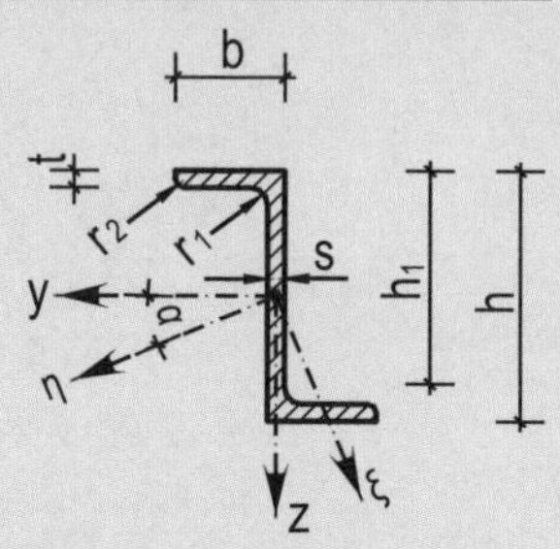

DIN 1027, rundkantig, warmgewalzt

Normallängen: 6-12 m

Kurzzeichen z. B.: Z 100 DIN 1027 S235JR oder Werkstoff-Nr. 1.0038

Kurzzeichen	Maße					Flächen		Hauptachsen	Statische Werte						
	h	b	s	t = r_1	r_2	A	G	tan α	I_y	$W_{el,y}$	i_y	I_z	W_z	i_z	I_η
Z	mm	mm	mm	mm	mm	cm²	kN/m		cm⁴	cm³	cm	cm⁴	cm³	cm	cm⁴
30	30	38	4	4,5	2,5	4,32	0,034	1,655	5,96	3,97	1,17	13,7	3,80	1,78	18,1
40	40	40	4,5	5	2,5	5,43	0,043	1,181	13,5	6,75	1,58	17,6	4,66	1,80	28,0
50	50	43	5	5,5	3	6,77	0,053	0,939	26,3	10,5	1,97	23,8	5,88	1,88	44,9
60	60	45	5	6	3	7,91	0,062	0,779	44,7	14,9	2,38	30,1	7,09	1,95	67,2
80	80	50	6	7	3,5	11,1	0,087	0,588	109	27,3	3,13	47,4	10,1	2,07	142
100	100	55	6,5	8	4	14,5	0,114	0,492	222	44,4	3,91	72,5	14,0	2,24	270
120	120	60	7	9	4,5	18,2	0,143	0,433	402	67,0	4,70	106	18,8	2,42	470
140	140	65	8	10	5	22,9	0,180	0,385	676	96,6	5,43	148	24,3	2,54	768
160	160	70	8,5	11	5,5	27,5	0,216	0,357	1.060	132	6,20	204	31,0	2,72	1.180

Kurzzeichen	Statische Werte (Fortsetzung)						Lochmaße	
	W_η	i_η	I_ζ	W_ζ	i_ζ	W[1)]	d	w_1
Z	cm³	cm	cm⁴	cm³	cm	cm³	mm	mm
30	4,69	2,04	1,54	1,11	0,60	1,26	11	20
40	6,72	2,27	3,05	1,83	0,75	2,26	11	22
50	9,76	2,57	5,23	2,76	0,88	3,64	11	25
60	13,5	2,81	7,60	3,73	0,98	5,24	13	25
80	24,4	3,58	14,7	6,44	1,15	10,1	13	30
100	39,8	4,31	24,6	9,26	1,30	16,8	17	30
120	60,6	5,08	37,7	12,5	1,44	25,6	17	35
140	88,0	5,79	56,4	16,6	1,57	38,0	17	35
160	121	6,57	79,5	21,4	1,70	52,9	21/17	35

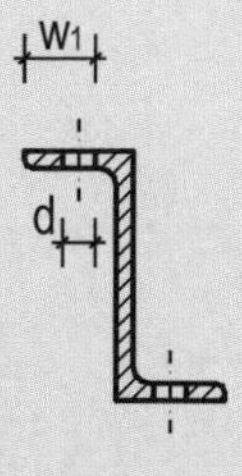

[1)] W Widerstandsmoment bei lotrechter Belastung und freier Biegung zur Seite

Kaltprofile

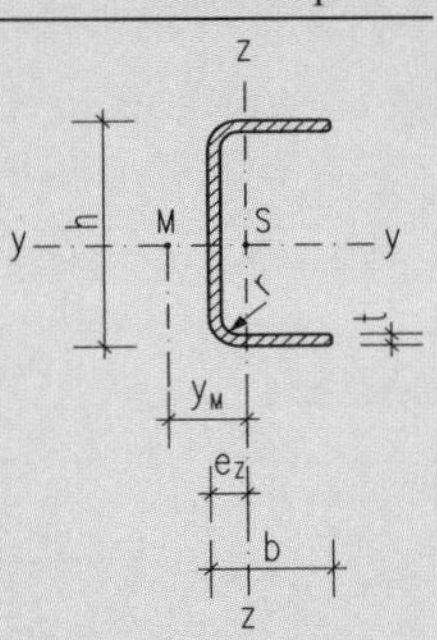

Gleichbleibende Wandstärke in allen Querschnitten des Profils,

nicht genormt

Weitere Kaltprofile lieferbar: als Winkel-, in einer Vielzahl von U-, C-, Z- und Hutprofilen, auch als unsymmetrische, offene, geschlossene, schiefwinklige Profile.

Kurz-zei-chen	Maße in mm				Statische Werte										
	h	b	t	r	A	I_y	W_y	i_y	I_z	W_z	i_z	I_T	e_z	y_M	g
					cm^2	cm^4	cm^3	cm	cm^4	cm^3	cm	cm^4	cm	cm	kN/m
U	U-Profile, Kaltprofile aus Stahl														
20/20x1,5	20	20	1,5	1,5	0,812	0,537	0,537	0,814	0,333	0,269	0,641	0,0059	0,760	1,55	0,637
23/23x1,5	23	23	1,5	1,5	0,947	0,847	0,737	0,946	0,520	0,361	0,741	0,0069	0,859	1,78	0,743
25/25x1,5	25	25	1,5	1,5	1,04	1,11	0,887	1,03	0,676	0,430	0,803	0,0076	0,926	1,93	0,814
28/28x1,5	28	28	1,5	1,5	1,17	1,59	1,14	1,17	0,966	0,544	0,908	0,0086	1,03	2,16	0,920
30/30x1,5	30	30	1,5	1,5	1,26	1,99	1,32	1,25	1,20	0,628	0,974	0,0093	1,09	2,32	0,991
30/30x2	30	30	2	2	1,64	2,49	1,66	1,23	1,53	0,816	0,966	0,0214	1,12	2,32	1,29
40/40x3	40	40	3	3	3,25	8,60	4,30	1,63	5,33	2,15	1,28	0,0947	1,52	3,10	2,55
46/45x3	46	45	3	3	3,73	13,3	5,77	1,89	7,83	2,77	1,45	0,109	1,67	3,46	2,93
50/50x4	50	50	4	4	5,37	22,0	8,79	2,02	13,7	4,44	1,60	0,278	1,91	3,87	4,22
54/45x4	54	45	4	4	5,13	23,8	8,81	2,15	10,6	3,70	1,43	0,265	1,64	3,33	4,03
70/50x4	70	50	4	4	6,17	48,1	13,7	2,79	15,8	4,77	1,60	0,321	1,69	3,54	4,85
80/40x3	80	40	3	3	4,45	43,1	10,8	3,11	6,98	2,45	1,25	0,131	1,15	2,51	3,49
80/50x5	80	50	5	75	7,95	76,5	19,1	3,10	19,7	5,92	1,57	0,646	1,,67	3,40	6,24
90/50x5	90	50	5	7,5	8,45	101	22,5	3,46	20,7	6,06	1,56	0,687	1,59	3,27	6,64
100/50x3	100	50	3	3	5,65	87,2	17,40	3,93	14,0	3,89	1,58	0,167	1,40	3,14	4,43
100/50x5	100	50	5	7,5	8,95	130	26,1	3,82	21,5	6,17	1,55	0,729	1,51	3,15	7,03
120/60x3	120	60	3	3	6,85	154	25,7	4,75	24,7	5,67	1,9	0,203	1,65	3,77	5,38
120/60x6	120	60	6	9	12,9	270	45,1	4,58	44,6	10,7	1,86	1,51	1,82	3,78	10,1
140/60x4	140	60	4	4	9,77	284	40,6	5,39	33,6	7,59	1,85	0,513	1,58	3,55	7,67
140/60x6	140	60	6	9	14,1	392	55,9	5,27	47,2	10,9	1,83	1,66	1,69	3,56	11,1
160/65x7	160	65	7	10,5	18,2	649	81,1	5,96	70,3	15,0	1,96	2,91	1,81	3,77	14,3
200/80x6	200	80	6	9	20,1	1160	116	7,6	120	20,2	2,44	2,38	2,07	4,62	15,8

Warmgefertigte quadratische Hohlprofile

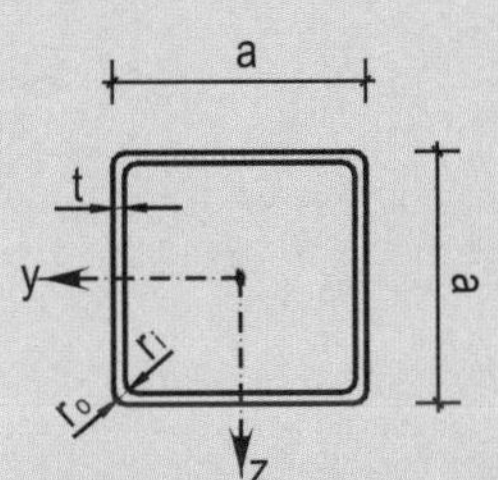

DIN EN 10 210-2, nahtlos oder geschweißt

Kurzzeichen z. B.: Hohlprofil 100 x 5 DIN EN 10 210-2 S235JR oder Werkstoff-Nr. 1.0038

r_o Krümmungsradius Rohrkante außen
r_i Krümmungsradius Rohrkante innen

Stahlbau

Warmgefertigte quadratische Hohlprofile

Abbildung s. vorhergehende Seite, Auswahl

Hohl-profile, warm gefertigt	Maße				Flächen				Statische Werte				Plastisches Widerstands moment
□ **a x t**	a	t	r_o	r_i	U	A	A_V	G	I_y	$W_{el,y}$	i_y	I_T	$W_{pl,y} = W_{pl,z}$
mm	mm	mm	mm	mm	m^2/m	cm^2	cm^2	kN/m	cm^4	cm^3	cm	cm^4	cm^3
40 x 3	40	3	4,5	3	0,152	4,34	2,17	0,0341	9,78	4,89	1,50	15,7	5,97
40 x 4	40	4	6	4	0,150	5,59	2,79	0,0439	11,8	5,91	1,45	19,5	7,44
50 x 3	50	3	4,5	3	0,192	5,54	2,77	0,0435	20,2	8,08	1,91	32,1	9,70
50 x 4	50	4	6	4	0,190	7,19	3,59	0,0564	25,0	9,99	1,86	40,4	12,3
60 x 3	60	3	4,5	3	0,232	6,74	3,37	0,0529	36,2	12,1	2,32	56,9	14,3
60 x 5	60	5	7,5	5	0,227	10,7	5,37	0,0842	53,3	17,8	2,23	86,4	21,9
70 x 3	70	3	4,5	3	0,272	7,94	3,97	0,0624	59,0	16,9	2,73	92,2	19,9
70 x 5	70	5	7,5	5	0,267	12,7	6,37	0,0999	88,5	25,3	2,64	142	30,8
80 x 4	80	4	6	4	0,310	12,0	5,99	0,0941	114	28,6	3,09	180	34,0
80 x 5	80	5	7,5	5	0,307	14,7	7,37	0,116	137	34,2	3,05	217	41,1
80 x 6.3	80	6,3	9,5	6,3	0,304	18,1	9,07	0,142	162	40,5	2,99	262	49,7
90 x 4	90	4	6	4	0,350	13,6	6,79	0,107	166	37,0	3,50	260	43,6
90 x 5	90	5	7,5	5	0,347	16,7	8,37	0,131	200	44,4	3,45	316	53,0
90 x 6.3	90	6,3	9,5	6,3	0,344	20,7	10,3	0,162	238	53,0	3,40	382	64,3
100 x 4	100	4	6	4	0,390	15,2	7,59	0,119	232	46,4	3,91	361	54,4
100 x 5	100	5	7,5	5	0,387	18,7	9,37	0,147	279	55,9	3,86	439	66,4
100 x 6.3	100	6,3	9,5	6,3	0,384	23,2	11,6	0,182	336	67,1	3,80	534	80,9
120 x 5	120	5	7,5	5	0,467	22,7	11,4	0,178	498	83,0	4,68	777	97,6
120 x 8	120	8	12	8	0,459	35,2	17,6	0,276	726	121	4,55	1.160	146
120 x 10	120	10	15	10	0,454	42,9	21,5	0,337	852	142	4,46	1.382	175
140 x 5	140	5	7,5	5	0,547	26,7	13,4	0,21	807	115	5,50	1.253	135
140 x 8	140	8	12	8	0,539	41,6	20,8	0,326	1.195	171	5,36	1.892	204
140 x 10	140	10	15	10	0,534	50,9	25,5	0,4	1.416	202	5,27	2.272	246
150 x 5	150	5	7,5	5	0,587	28,7	14,4	0,226	1.002	134	5,90	1.550	156
150 x 8	150	8	12	8	0,579	44,8	22,4	0,351	1.491	199	5,77	2.351	237
150 x 10	150	10	15	10	0,574	54,9	27,5	0,431	1.773	236	5,68	2.832	286
160 x 6.3	160	6,3	9,5	6,3	0,624	38,3	19,2	0,301	1.499	187	6,26	2.333	220
160 x 10	160	10	15	10	0,614	58,9	29,5	0,463	2.186	273	6,09	3.478	329
160x12.5	160	12,5	18,8	12,5	0,608	72,1	36,0	0,566	2.576	322	5,98	4.158	395
180 x 6.3	180	6,3	9,5	6,3	0,704	43,3	21,7	0,34	2.168	241	7,07	3.361	281
180 x 10	180	10	15	10	0,694	66,9	33,5	0,525	3.193	355	6,91	5.048	424
180x12.5	180	12,5	18,8	12,5	0,688	82,1	41,0	0,644	3.790	421	6,80	6.070	511
200 x 6.3	200	6,3	9,5	6,3	0,784	48,4	24,2	0,38	3.011	301	7,89	4.653	350
200 x 10	200	10	15	10	0,774	74,9	37,5	0,588	4.471	447	7,72	7.031	531
200x12.5	200	12,5	18,8	12,5	0,768	92,1	46,0	0,723	5.336	534	7,61	8.491	643
220 x 6.3	220	6,3	9,5	6,3	0,864	53,4	26,7	0,419	4.049	368	8,71	6.240	427
220 x 10	220	10	15	10	0,854	82,9	41,5	0,651	6.050	550	8,54	9.473	650
220x12.5	220	12,5	18,8	12,5	0,848	102	51,0	0,801	7.254	659	8,43	11.481	789
250 x 6.3	250	6,3	9,5	6,3	0,984	61,0	30,5	0,479	6.014	481	9,93	9.238	556
250 x 10	250	10	15	10	0,974	94,9	47,5	0,745	9.055	724	9,77	14.106	851
250 x 16	250	16	24	16	0,959	147	73,5	1,15	13.267	1.061	9,50	21.138	1.280
260 x 8	260	8	12	8	1,02	80,0	40,0	0,628	8.423	648	10,3	13.006	753
260 x 10	260	10	15	10	1,01	98,9	49,5	0,777	10.242	788	10,2	15.932	924
260 x 16	260	16	24	16	0,999	153	76,7	1,2	15.061	1.159	9,91	23.942	1.394
300 x 8	300	8	12	8	1,18	92,8	46,4	0,728	13.128	875	11,9	20.194	1.013
300 x 10	300	10	15	10	1,17	115	57,5	0,902	16.026	1.068	11,8	24.807	1.246
300 x 16	300	16	24	16	1,16	179	89,5	1,41	23.850	1.590	11,5	37.622	1.895
350x12.5	350	12,5	18,8	12,5	1,37	167	83,5	1,31	31.541	1.802	13,7	48.934	2.107
400 x 10	400	10	15	10	1,57	155	77,4	1,22	39.128	1.956	15,9	60.092	2.260
400x12.5	400	12,5	18,8	12,5	1,57	192	96,0	1,51	47.839	2.392	15,8	73.906	2.782
400 x 20	400	20	30	20	1,55	300	150	2,35	71.535	3.577	15,4	112.489	4.247

$h_w = a - 2\,(t + r)$

Kaltgefertigte quadratische Hohlprofile

DIN EN 10 219-2, geschweißt, Auswahl

Kurzzeichen z. B.: Hohlprofil 100 x 5 DIN EN 10 219-2 S235JR
oder Werkstoff-Nr. 1.0038

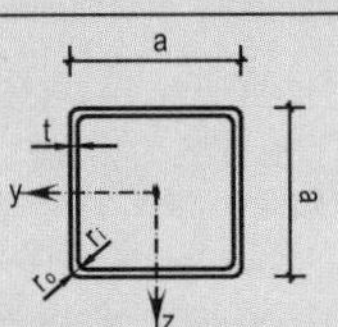

Hohlprofile klalt	Maße				Flächen				Statische Werte				Plastisches Widerstands-moment
□ **a x t**	a	t	r_o	r_i	U	A	A_V	G	I_y	$W_{el,y}$	i_y	I_T	$W_{pl,y} = W_{pl,z}$
mm	mm	mm	mm	mm	m^2/m	cm^2	cm^2	kN/m	cm^4	cm^3	cm	cm^4	cm^3
20 x 2	20	2	4	2	0,073	1,34	0,67	0,0105	0,692	0,692	0,720	1,21	0,88
30 x 2	30	2	4	2	0,113	2,14	1,07	0,0168	2,72	1,81	1,13	4,54	2,21
30 x 3	30	3	6	3	0,110	3,01	1,50	0,0236	3,50	2,34	1,08	6,15	2,96
40 x 3	40	3	6	3	0,150	4,21	2,10	0,033	9,32	4,66	1,49	15,8	5,72
40 x 4	40	4	8	4	0,146	5,35	2,67	0,042	11,1	5,54	1,44	19,4	7,01
50 x 3	50	3	6	3	0,190	5,41	2,70	0,0425	19,5	7,79	1,90	32,1	9,39
50 x 4	50	4	8	4	0,186	6,95	3,47	0,0545	23,7	9,49	1,85	40,4	11,7
60 x 3	60	3	6	3	0,230	6,61	3,30	0,0519	35,1	11,7	2,31	57,1	14,0
60 x 4	60	4	8	4	0,226	8,55	4,27	0,0671	43,6	14,5	2,26	72,6	17,6
60 x 5	60	5	10	5	0,223	10,4	5,18	0,0813	50,5	16,8	2,21	86,4	20,9
70 x 3	70	3	6	3	0,270	7,81	3,90	0,0613	57,5	16,4	2,71	92,4	19,4
70 x 4	70	4	8	4	0,266	10,1	5,07	0,0797	72,1	20,6	2,67	119	24,8
70 x 5	70	5	10	5	0,263	12,4	6,18	0,097	84,6	24,2	2,62	142	29,6
80 x 3	80	3	6	3	0,310	9,01	4,50	0,0707	87,8	22,0	3,12	140	25,8
80 x 4	80	4	8	4	0,306	11,7	5,87	0,0922	111	27,8	3,07	180	33,1
80 x 5	80	5	10	5	0,303	14,4	7,18	0,113	131	32,9	3,03	218	39,7
90 x 3	90	3	6	3	0,350	10,2	5,10	0,801	127	28,3	3,53	201	33,0
90 x 4	90	4	8	4	0,346	13,3	6,67	0,105	162	36,0	3,48	261	42,6
90 x 5	90	5	10	5	0,343	16,4	8,18	0,128	193	42,9	3,43	316	51,4
100 x 4	100	4	8	4	0,386	14,9	7,47	0,117	226	45,3	3,89	362	53,3
100 x 5	100	5	10	5	0,383	18,4	9,18	0,144	271	54,2	3,84	441	64,6
120 x 5	120	5	10	5	0,463	22,4	11,2	0,175	485	80,9	4,66	778	95,4
120 x 8	120	8	20	12	0,446	33,6	16,8	0,264	677	113	4,49	1.163	138
140 x 5	140	5	10	5	0,543	26,4	13,2	0,207	791	113	5,48	1.256	132
140 x 10	140	10	25	15	0,517	48,6	24,3	0,381	1.312	187	5,20	2.274	230
150 x 5	150	5	10	5	0,583	28,4	14,2	0,223	982	131	5,89	1.554	153
150 x 8	150	8	20	12	0,566	43,2	21,6	0,339	1.412	188	5,71	2.364	226
150 x 10	150	10	25	15	0,557	52,6	26,3	0,413	1.653	220	5,61	2.839	269
160 x 5	160	5	10	5	0,623	30,4	15,2	0,238	1.202	150	6,29	1.896	175
160 x 8	160	8	20	12	0,606	46,4	23,2	0,365	1.741	218	6,12	2.897	260
160 x 10	160	10	25	15	0,597	56,6	28,3	0,444	2.048	256	6,02	3.490	311
160 x 16	160	16	48	32	0,558	81,2	40,6	0,637	2.546	318	5,60	4.799	413
180 x 8	180	8	20	12	0,686	52,8	26,4	0,415	2.546	283	6,94	4.189	336
180 x 10	180	10	25	15	0,677	64,6	32,3	0,507	3.017	335	6,84	5.074	404
200 x 8	200	8	20	12	0,766	59,2	29,6	0,465	3.566	357	7,76	5.815	421
200 x 10	200	10	25	15	0,757	72,6	36,3	0,57	4.251	425	7,65	7.072	508
220 x 8	220	8	20	12	0,846	65,6	32,8	0,515	4.828	439	8,58	7.815	516
220 x 10	220	10	25	15	0,837	80,6	40,3	0,632	5.782	526	8,47	9.533	625
220 x 16	220	16	48	32	0,798	120	59,8	0,939	7.812	710	8,08	13.971	881
250 x 8	250	8	20	12	0,966	75,2	37,6	0,591	7.229	578	9,80	11.598	676
250 x 10	250	10	25	15	0,957	92,6	46,3	0,727	8.707	697	9,70	14.197	822
260 x 6	260	6	12	6	1,02	60,0	30,0	0,471	6.405	493	10,3	9.970	569
260 x 8	260	8	20	12	1,01	78,4	39,2	0,616	8.178	629	10,2	13.087	734
260 x 10	260	10	25	15	0,997	96,6	48,3	0,758	9.865	759	10,1	16.035	894
300 x 8	300	8	20	12	1,17	91,2	45,6	0,716	12.801	853	11,8	20.312	991
300 x 10	300	10	25	15	1,16	113	56,3	0,884	15.519	1.035	11,7	24.966	1.211
350 x 8	350	8	20	12	1,37	107	53,6	0,842	20.681	1.182	13,9	32.557	1.366
350 x 10	350	10	25	15	1,36	133	66,3	1,04	25.189	1.439	13,8	40.127	1.675
400 x 10	400	10	25	15	1,56	153	76,3	1,2	38.216	1.911	15,8	60.431	2.214
400 x 16	400	16	48	32	1,52	235	117	1,84	56.154	2.808	15,5	93.279	3.322

Warmgefertigte rechteckige Hohlprofile

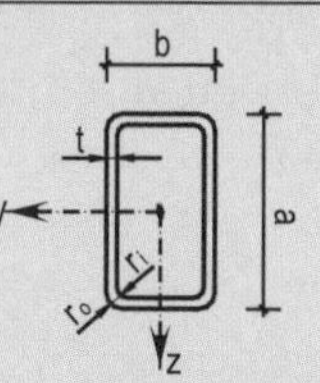

DIN EN 10 210-2, nahtlos oder geschweißt
Auswahl

Kurzzeichen z. B.: Hohlprofil 100 x 60 x 6,3 DIN EN 10 210-2 S235JR

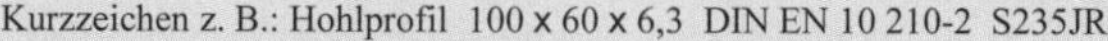

Zeichen	Maße		Flächen					Statische Werte				
□ a x b x t	r_o	r_i	U	A	$A_{V,z}$	$A_{V,y}$	G	I_y	$W_{el,y}$	i_y	I_z	$W_{el,z}$
mm	mm	mm	m²/m	cm²	cm²	cm²	kN/m	cm⁴	cm³	cm	cm⁴	cm³
50 x 25 x 2,5	3,8	2,5	0,144	3,43	2,29	1,14	0,0269	10,4	4,16	1,74	3,39	2,71
50 x 25 x 3	4,5	3,0	0,142	4,04	2,70	1,35	0,0317	11,9	4,76	1,72	3,83	3,06
50 x 30 x 3	4,5	3,0	0,152	4,34	2,71	1,63	0,0341	13,6	5,43	1,77	5,94	3,96
50 x 30 x 4	6,0	4,0	0,150	5,59	3,49	2,10	0,0439	16,5	6,60	1,72	7,08	4,72
60 x 40 x 3	4,5	3,0	0,192	5,54	3,33	2,22	0,0435	26,5	8,82	2,18	13,9	6,95
60 x 40 x 4	6,0	4,0	0,190	7,19	4,31	2,88	0,0564	32,8	10,9	2,14	17,0	8,52
80 x 40 x 3	4,5	3,0	0,232	6,74	4,50	2,25	0,0529	54,2	13,6	2,84	18,0	9,00
80 x 40 x 4	6,0	4,0	0,230	8,79	5,86	2,93	0,069	68,2	17,1	2,79	22,2	11,1
80 x 40 x 5	7,5	5,0	0,227	10,7	7,15	3,58	0,0842	80,3	20,1	2,74	25,7	12,9
90 x 50 x 3	4,5	3,0	0,272	7,94	5,11	2,84	0,0624	84,4	18,8	3,26	33,5	13,4
90 x 50 x 4	6,0	4,0	0,270	10,4	6,68	3,71	0,0815	107	23,8	3,21	41,9	16,8
90 x 50 x 5	7,5	5,0	0,267	12,7	8,18	4,55	0,0999	127	28,3	3,16	49,2	19,7
100 x 50 x 4	6,0	4,0	0,290	11,2	7,46	3,73	0,0878	140	27,9	3,53	46,2	18,5
100 x 50 x 5	7,5	5,0	0,287	13,7	9,15	4,58	0,108	167	33,3	3,48	54,3	21,7
100 x 50x6,3	9,5	6,3	0,284	16,9	11,3	5,63	0,133	197	39,4	3,42	63,0	25,2
100 x 60 x 4	6,0	4,0	0,310	12,0	7,49	4,50	0,0941	158	31,6	3,63	70,5	23,5
100 x 60 x 5	7,5	5,0	0,307	14,7	9,21	5,52	0,116	189	37,8	3,58	83,6	27,9
100 x 60x6,3	9,5	6,3	0,304	18,1	11,3	6,80	0,142	225	45,0	3,52	98,1	32,7
120 x 60 x 4	6,0	4,0	0,350	13,6	9,06	4,53	0,107	249	41,5	4,28	83,1	27,7
120 x 60 x 5	7,5	5,0	0,347	16,7	11,2	5,58	0,131	299	49,9	4,23	98,8	32,9
120 x 60 x10	15,0	10,0	0,334	30,9	20,6	10,3	0,243	488	81,4	3,97	152	50,5
120 x 80 x 4	6,0	4,0	0,390	15,2	9,11	6,08	0,119	303	50,4	4,46	161	40,2
120 x 80 x 5	7,5	5,0	0,387	18,7	11,2	7,49	0,147	365	60,9	4,42	193	48,2
120 x 80 x10	15,0	10,0	0,374	34,9	21,0	14,0	0,274	609	102	4,18	313	78,1
140 x 80 x 4	6,0	4,0	0,430	16,8	10,7	6,10	0,132	441	62,9	5,12	184	46,0
140 x 80 x 5	7,5	5,0	0,427	20,7	13,2	7,54	0,163	534	76,3	5,08	221	55,3
150 x 100x5	7,5	5,0	0,487	23,7	14,2	9,49	0,186	739	98,5	5,58	392	78,5
150x100x6,3	9,5	6,3	0,484	29,5	17,7	11,8	0,231	898	120	5,52	474	94,8
150 x100x10	15,0	10,0	0,474	44,9	27,0	18,0	0,353	1.282	171	5,34	665	133
160 x 80 x 5	7,5	5,0	0,467	22,7	15,2	7,58	0,178	744	93,0	5,72	249	62,3
160 x 80 x 8	12,0	8,0	0,459	35,2	23,4	11,7	0,276	1.091	136	5,57	356	89,0
180 x 100x5	7,5	5,0	0,547	26,7	17,2	9,55	0,21	1.153	128	6,57	460	92,0
180 x 100x8	12,0	8,0	0,539	41,6	26,7	14,8	0,326	1.713	190	6,42	671	134
180 x100x10	15,0	10,0	0,534	50,9	32,7	18,2	0,4	2.036	226	6,32	787	157
200 x 100x5	7,5	5,0	0,587	28,7	19,2	9,58	0,226	1.495	149	7,21	505	101
200 x 100x8	12,0	8,0	0,579	44,8	29,8	14,9	0,351	2.234	223	7,06	739	148
200 x100x10	15,0	10,0	0,574	54,9	36,6	18,3	0,431	2.664	266	6,96	869	174
200 x100x12	18,0	12,0	0,569	64,7	43,1	21,6	0,508	3.047	305	6,86	979	196
200 x 120x8	12,0	8,0	0,619	48,0	30,0	18,0	0,376	2.529	253	7,26	1.128	188
200 x120x10	15,0	10,0	0,614	58,9	36,8	22,1	0,463	3.026	303	7,17	1.337	223
250x150x6,3	9,5	6,3	0,784	48,4	30,2	18,1	0,38	4.143	331	9,25	1.874	250
250x150x12	18,0	12,0	0,769	88,7	55,4	33,3	0,696	7.154	572	8,98	3.168	422
250x150x16	24,0	16,0	0,759	115	71,9	43,1	0,903	8.879	710	8,79	3.873	516
260x180x8	12,0	8,0	0,859	67,2	39,7	27,5	0,527	6.390	492	9,75	3.608	401
260x180x10	15,0	10,0	0,854	82,9	49,0	33,9	0,651	7.741	595	9,66	4.351	483
260x180x16	24,0	16,0	0,839	128	75,5	52,3	1	11.245	865	9,38	6.231	692
300x200x8	12,0	8,0	0,979	76,8	46,1	30,7	0,603	9.717	648	11,3	5.184	518
300x200x10	15,0	10,0	0,974	94,9	57,0	38,0	0,745	11.819	788	11,2	6.278	628
300x200x16	24,0	16,0	0,959	147	88,2	58,8	1,15	17.390	1.159	10,9	9.109	911
350x250x10	15,0	10,0	1,17	115	67,0	47,9	0,902	20.102	1.149	13,2	11.937	955
350x250x16	24,0	16,0	1,16	179	104	74,6	1,41	30.011	1.715	12,9	17.654	1.412

Kurzzeichen	Maße		Flächen					Statische Werte				
□ **a x b x t**	r_o	r_i	U	A	$A_{V,z}$	$A_{V,y}$	G	I_y	$W_{el,y}$	i_y	I_z	$W_{el,z}$
mm	mm	mm	m²/m	cm²	cm²	cm²	kN/m	cm⁴	cm³	cm	cm⁴	cm³
400 x 200 x 10	15,0	10,0	1,17	115	76,6	38,3	0,902	23.914	1.196	14,4	8.084	808
400 x 200x12,5	18,8	12,5	1,17	142	94,7	47,4	1,12	29.063	1.453	14,3	9.738	974
400 x 200 x 16	24,0	16,0	1,16	179	119	59,7	1,41	35.738	1.787	14,1	11.824	1.182
450 x 250 x 8	12,0	8,0	1,38	109	69,9	38,8	0,854	30.082	1.337	16,6	12.142	971
450 x 250x12,5	18,8	12,5	1,37	167	107	59,7	1,31	45.026	2.001	16,4	17.973	1.438
500 x 300 x 10	15,0	10,0	1,57	155	96,8	58,1	1,22	53.762	2.150	18,6	24.439	1.629
500 x 300x12,5	18,8	12,5	1,57	192	120	72,0	1,51	65.813	2.633	18,5	29.780	1.985
500 x 300 x 16	24,0	16,0	1,56	243	152	91,1	1,91	81.783	3.271	18,3	36.768	2.451
500 x 300 x 20	30,0	20,0	1,55	300	187	112	2,35	98.777	3.951	18,2	44.078	2.939

Kurzzeichen	Statische Werte (Forts.)		Plastische Widerstands-momente	
□ **a x b x t**	i_z	I_T	$W_{pl,y}$	$W_{pl,z}$
mm	cm	cm⁴	cm³	cm³
50 x 25 x 2,5	0,994	8,42	5,33	3,22
50 x 25 x 3	0,973	9,64	6,18	3,71
50 x 30 x 3	1,17	13,5	6,88	4,76
50 x 30 x 4	1,13	16,6	8,59	5,88
60 x 40 x 3	1,58	29,2	10,9	8,19
60 x 40 x 4	1,54	36,7	13,8	10,3
80 x 40 x 3	1,63	43,8	17,1	10,4
80 x 40 x 4	1,59	55,2	21,8	13,2
80 x 40 x 5	1,55	65,1	26,1	15,7
90 x 50 x 3	2,05	76,5	23,2	15,3
90 x 50 x 4	2,01	97,5	29,8	19,6
90 x 50 x 5	1,97	116	36,0	23,5
100 x 50 x 4	2,03	113	35,2	21,5
100 x 50 x 5	1,99	135	42,6	25,8
100 x 50x6,3	1,93	160	51,3	30,8
100 x 60 x 4	2,43	156	39,1	27,3
100 x 60 x 5	2,38	188	47,4	32,9
100 x 60x6,3	2,33	224	57,3	39,5
120 x 60 x 4	2,47	201	51,9	31,7
120 x 60 x 5	2,43	242	63,1	38,4
120 x 60x10	2,21	396	109	64,4
120 x 80 x 4	3,25	330	61,2	46,1
120 x 80 x 5	3,21	401	74,6	56,1
120 x 80x10	2,99	688	131	97,3
140 x 80 x 4	3,31	411	77,1	52,2
140 x 80 x 5	3,27	499	94,3	63,6
150 x 100x5	4,07	807	119	90,1
150x100x6,3	4,01	986	147	110
150x100x10	3,85	1.432	216	161
160 x 80 x 5	3,31	600	116	71,1
160 x 80 x 8	3,18	883	175	106
180 x 100x5	4,15	1.042	157	104
180 x 100x8	4,02	1.560	239	157
180x100x10	3,93	1.862	288	188
200 x 100x5	4,19	1.204	185	114
200 x 100x8	4,06	1.804	282	172
200x100x10	3,98	2.156	341	206
200x100x12	3,89	2.469	395	237
200x120 x 8	4,85	2.495	313	218
200x120x10	4,76	3.001	379	263
250x150x6,3	6,22	4.054	402	283
250x150x12	5,98	7.088	715	497

Kurzzeichen	Statische Werte (Forts.)	
□ **a x b x t**	i_z	I_T
mm	cm	cm⁴
250 x 150 x 16	5,80	8.868
260 x 180 x 8	7,33	7.221
260 x 180 x 10	7,24	8.798
260 x 180 x 16	6,98	12.993
300 x 200 x 8	8,22	10.562
300 x 200 x 10	8,13	12.908
300 x 200 x 16	7,87	19.252
350 x 250 x 10	10,2	23.354
350 x 250 x 16	9,93	35.325
400 x 200 x 10	8,39	19.259
400 x 200 x12,5	8,28	23.438
400 x 200 x 16	8,13	28.871
450 x 250 x 8	10,6	27.083
450 x 250 x12,5	10,4	40.719
500 x 300 x 10	12,6	52.450
500 x 300 x12,5	12,5	64.389
500 x 300 x 16	12,3	80.329
500 x 300 x 20	12,1	97.447

Kurz-zeichen	Plastische Widerstandsmomente	
□ **a x b x t**	$W_{pl,y}$	$W_{pl,z}$
mm	cm³	cm³
250 x150 x 16	906	625
260 x 180 x 8	592	459
260 x 180 x 10	724	560
260 x 180 x 16	1.081	831
300 x 200 x 8	779	589
300 x 200 x 10	956	721
300 x 200 x 16	1.441	1.080
350 x 250 x 10	1.375	1.091
350 x 250 x 16	2.095	1.655
400 x 200 x 10	1.480	911
400 x 200x12,5	1.813	1.111
400 x 200 x 16	2.256	1.374
450 x 250 x 8	1.622	1.081
450 x 250x12,5	2.458	1.631
500 x 300 x 10	2.595	1.826
500 x 300x12,5	3.196	2.244
500 x 300 x 16	4.005	2.804
500 x 300 x 20	4.885	3.408

Kaltgefertigte rechteckige Hohlprofile

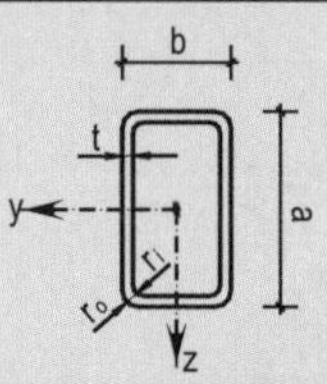

DIN EN 10 219-2, geschweißt, Auswahl

Kurzzeichen z. B.: Hohlprofil 100 x 60 x 6 DIN EN 10 219-2 S235JR

Kurzzeichen	Maße					Flächen					Statische Werte			
□ **a x b x t**	a	b	t	r_o	r_i	U	A	$A_{V,z}$	$A_{V,y}$	G	I_y	$W_{el,y}$	i_y	I_z
mm	mm	mm	mm	mm	mm	m^2/m	cm^2	cm^2	cm^2	kN/m	cm^4	cm^3	cm	cm^4
40 x 20 x 2	40	20	2,0	4,0	2,0	0,113	2,14	1,42	0,71	0,0168	4,05	2,02	1,38	1,34
50 x 30 x 2	50	30	2,0	4,0	2,0	0,153	2,94	1,84	1,10	0,0231	9,54	3,81	1,80	4,29
50 x 30 x 3	50	30	3,0	6,0	3,0	0,150	4,21	2,63	1,58	0,033	12,8	5,13	1,75	5,70
50 x 30 x 4	50	30	4,0	8,0	4,0	0,146	5,35	3,34	2,01	0,042	15,3	6,10	1,69	6,69
60 x 40 x 3	60	40	3,0	6,0	3,0	0,190	5,41	3,24	2,16	0,0425	25,4	8,46	2,17	13,4
60 x 40 x 4	60	40	4,0	8,0	4,0	0,186	6,95	4,17	2,78	0,0545	31,0	10,3	2,11	16,3
70 x 50 x 3	70	50	3,0	6,0	3,0	0,230	6,61	3,85	2,75	0,0519	44,1	12,6	2,58	26,1
80 x 40 x 3	80	40	3,0	6,0	3,0	0,230	6,61	4,41	2,20	0,0519	52,3	13,1	2,81	17,6
80 x 40 x 4	80	40	4,0	8,0	4,0	0,226	8,55	5,70	2,85	0,0671	64,8	16,2	2,75	21,5
80 x 60 x 3	80	60	3,0	6,0	3,0	0,270	7,81	4,46	3,35	0,0613	70,0	17,5	3,00	44,9
90 x 50 x 3	90	50	3,0	6,0	3,0	0,270	7,81	5,02	2,79	0,0613	81,9	18,2	3,24	32,7
90 x 50 x 4	90	50	4,0	8,0	4,0	0,266	10,1	6,52	3,62	0,0797	103	22,8	3,18	40,7
100 x 40 x 4	100	40	4,0	8,0	4,0	0,266	10,1	7,25	2,90	0,0797	116	23,1	3,38	26,7
100 x 50 x 3	100	50	3,0	6,0	3,0	0,290	8,41	5,61	2,80	0,066	106	21,3	3,56	36,1
100 x 50 x 4	100	50	4,0	8,0	4,0	0,286	10,9	7,30	3,65	0,0859	134	26,8	3,50	44,9
100 x 50 x 6	100	50	6,0	12,0	6,0	0,279	15,6	10,4	5,21	0,123	179	35,8	3,38	58,7
100 x 60 x 3	100	60	3,0	6,0	3,0	0,310	9,01	5,63	3,38	0,0707	121	24,1	3,66	54,6
100 x 60 x 4	100	60	4,0	8,0	4,0	0,306	11,7	7,34	4,41	0,0922	153	30,5	3,60	68,7
100 x 60 x 5	100	60	5,0	10,0	5,0	0,303	14,4	8,97	5,38	0,113	181	36,2	3,55	80,8
100 x 80 x 4	100	80	4,0	8,0	4,0	0,346	13,3	7,42	5,93	0,105	189	37,9	3,77	134
120 x 60 x 4	120	60	4,0	8,0	4,0	0,346	13,3	8,90	4,45	0,105	241	40,1	4,25	81,2
120 x 60 x 5	120	60	5,0	10,0	5,0	0,343	16,4	10,9	5,45	0,128	287	47,8	4,19	96,0
120 x 80 x 4	120	80	4,0	8,0	4,0	0,386	14,9	8,97	5,98	0,117	295	49,1	4,44	157
120 x 80 x 5	120	80	5,0	10,0	5,0	0,383	18,4	11,0	7,34	0,144	353	58,9	4,39	188
140 x 80 x 4	140	80	4,0	8,0	4,0	0,426	16,5	10,5	6,02	0,13	430	61,4	5,10	180
140 x 80 x 5	140	80	5,0	10,0	5,0	0,423	20,4	13,0	7,40	0,16	517	73,9	5,04	216
140 x 80 x 8	140	80	8,0	20,0	12,0	0,406	30,4	19,4	11,1	0,239	708	101	4,82	293
150 x 100 x 5	150	100	5,0	10,0	5,0	0,483	23,4	14,0	9,34	0,183	719	95,9	5,55	384
150 x 100 x 8	150	100	8,0	20,0	12,0	0,466	35,2	21,1	14,1	0,277	1.008	134	5,35	536
160 x 80 x 4	160	80	4,0	8,0	4,0	0,466	18,1	12,1	6,05	0,142	598	74,7	5,74	204
160 x 80 x 5	160	80	5,0	10,0	5,0	0,463	22,4	14,9	7,45	0,175	722	90,2	5,68	244
160 x 80 x 8	160	80	8,0	20,0	12,0	0,446	33,6	22,4	11,2	0,264	1.001	125	5,46	335
180 x 100 x 5	180	100	5,0	10,0	5,0	0,543	26,4	16,9	9,41	0,207	1.124	125	6,53	452
180 x 100 x 8	180	100	8,0	20,0	12,0	0,526	40,0	25,7	14,3	0,314	1.598	178	6,32	637
180 x 100 x 10	180	100	10,0	25,0	15,0	0,517	48,6	31,2	17,3	0,381	1.859	207	6,19	736
200 x 100 x 8	200	100	8,0	20,0	12,0	0,566	43,2	28,8	14,4	0,339	2.091	209	6,95	705
200 x 100 x 10	200	100	10,0	25,0	15,0	0,557	52,6	35,0	17,5	0,413	2.444	244	6,82	818
200 x 120 x 5	200	120	5,0	10,0	5,0	0,623	30,4	19,0	11,4	0,238	1.649	165	7,37	750
200 x 120 x 8	200	120	8,0	20,0	12,0	0,606	46,4	29,0	17,4	0,365	2.386	239	7,17	1.079
200 x 120 x 10	200	120	10,0	25,0	15,0	0,597	56,6	35,4	21,2	0,444	2.806	281	7,04	1.262
200 x 120x 12,5	200	120	12,5	37,5	25,0	0,576	67,0	41,9	25,1	0,526	3.099	310	6,80	1.397
250 x 150 x 8	250	150	8,0	20,0	12,0	0,766	59,2	37,0	22,2	0,465	4.886	391	9,08	2.219
250 x 150 x 10	250	150	10,0	25,0	15,0	0,757	72,6	45,4	27,2	0,57	5.825	466	8,96	2.634
250 x 150 x 16	250	150	16,0	48,0	32,0	0,718	107	66,7	40,0	0,838	7.660	613	8,47	3.453
260 x 180 x 8	260	180	8,0	20,0	12,0	0,846	65,6	38,8	26,9	0,515	6.145	473	9,68	3.493
300 x 100 x 6	300	100	6,0	12,0	6,0	0,779	45,6	34,2	11,4	0,358	4.777	318	10,2	842
300 x 100 x 10	300	100	10,0	25,0	15,0	0,757	72,6	54,4	18,1	0,57	7.106	474	9,90	1.224
300 x 100 x 12	300	100	12,0	36,0	24,0	0,738	84,1	63,0	21,0	0,66	7.808	521	9,64	1.343
300 x 150 x 6,3	300	150	6,3	15,8	9,5	0,873	53,7	35,8	17,9	0,422	6.266	418	10,8	2.150
300 x 150 x 10	300	150	10,0	25,0	15,0	0,857	82,6	55,0	27,5	0,648	9.209	614	10,6	3.125
300 x 200 x 8	300	200	8,0	20,0	12,0	0,966	75,2	45,1	30,1	0,591	9.389	626	11,2	5.042

Stahlbau

Kurzzeichen	Maße					Flächen					Statische Werte			
□ **a x b x t**	a	b	t	r_o	r_i	U	A	$A_{V,z}$	$A_{V,y}$	G	I_y	$W_{el,y}$	i_y	I_z
mm	mm	mm	mm	mm	mm	m^2/m	cm^2	cm^2	cm^2	kN/m	cm^4	cm^3	cm	cm^4
300 x 200 x 10	300	200	10,0	25,0	15,0	0,957	92,6	55,5	37,0	0,727	11.313	754	11,1	6.058
300 x 200 x 12,5	300	200	12,5	37,5	25,0	0,936	112	67,2	44,8	0,88	13.179	879	10,8	7.060
350 x 250 x 8	350	250	8,0	20,0	12,0	1,17	91,2	53,2	38,0	0,716	16.001	914	13,2	9.573
350 x 250 x 10	350	250	10,0	25,0	15,0	1,16	113	65,7	46,9	0,884	19.407	1.109	13,1	11.588
350 x 250 x 12	350	250	12,0	36,0	24,0	1,14	132	77,0	55,0	1,04	22.197	1.268	13,0	13.261
400 x 200 x 10	400	200	10,0	25,0	15,0	1,16	113	75,0	37,5	0,884	23.003	1.150	14,3	7.864
400 x 300 x 8	400	300	8,0	20,0	12,0	1,37	107	61,3	46,0	0,842	25.122	1.256	15,3	16.212
400 x 300 x 10	400	300	10,0	25,0	15,0	1,36	133	75,8	56,8	1,04	30.609	1.530	15,2	19.726
400 x 300 x 12	400	300	12,0	36,0	24,0	1,34	156	89,2	66,9	1,23	35.284	1.764	15,0	22.747
400 x 300 x 16	400	300	16,0	48,0	32,0	1,32	203	116	86,9	1,59	44.350	2.218	14,8	28.535

Kurzzeichen Rechteck-rohr	Statische Werte (Forts.)			Plastische Widerstands-momente	
□ **a x b x t**	$W_{el,z}$	i_z	I_T	$W_{pl,y}$	$W_{pl,z}$
mm	cm^3	cm	cm^4	cm^3	cm^3
40 x 20 x 2	1,34	0,793	3,45	2,61	1,60
50 x 30 x 2	2,86	1,21	9,77	4,74	3,33
50 x 30 x 3	3,80	1,16	13,5	6,57	4,58
50 x 30 x 4	4,46	1,12	16,5	8,05	5,58
60 x 40 x 3	6,72	1,58	29,3	10,5	7,94
60 x 40 x 4	8,14	1,53	36,7	13,2	9,89
70 x 50 x 3	10,4	1,99	53,6	15,4	12,2
80 x 40 x 3	8,78	1,63	43,9	16,5	10,2
80 x 40 x 4	10,7	1,59	55,2	20,9	12,8
80 x 60 x 3	15,0	2,40	88,3	21,2	17,4
90 x 50 x 3	13,1	2,05	76,7	22,6	15,0
90 x 50 x 4	16,3	2,00	97,7	28,8	19,1
100 x 40 x 4	13,3	1,62	74,5	30,3	15,7
100 x 50 x 3	14,4	2,07	88,6	26,7	16,4
100 x 50 x 4	18,0	2,03	113	34,1	20,9
100 x 50 x 6	23,5	1,94	154	46,9	28,5
100 x 60 x 3	18,2	2,46	122	29,6	20,8
100 x 60 x 4	22,9	2,42	156	37,9	26,6
100 x 60 x 5	26,9	2,37	188	45,6	31,9
100 x 80 x 4	33,5	3,17	254	45,6	39,2
120 x 60 x 4	27,1	2,47	201	50,5	31,1
120 x 60 x 5	32,0	2,42	242	60,9	37,4
120 x 80 x 4	39,3	3,24	331	59,8	45,2
120 x 80 x 5	46,9	3,20	402	72,4	54,7
140 x 80 x 4	45,1	3,30	412	75,5	51,3
140 x 80 x 5	54,0	3,26	501	91,8	62,2
140 x 80 x 8	73,3	3,10	731	131	88,4
150 x 100 x 5	76,8	4,05	809	117	88,3
150 x 100 x 8	107	3,90	1.206	169	128
160 x 80 x 4	50,9	3,35	494	92,9	57,4
160 x 80 x 5	61,0	3,30	601	113	69,7
160 x 80 x 8	83,7	3,16	882	163	100
180 x 100 x 5	90,4	4,14	1.045	154	103
180 x 100 x 8	127	3,99	1.565	226	150
180 x 100 x 10	147	3,89	1.859	268	177
200 x 100 x 8	141	4,04	1.811	267	165
200 x 100 x 10	164	3,94	2.154	318	195
200 x 120 x 5	125	4,97	1.652	201	141
200 x 120 x 8	180	4,82	2.507	298	209
200 x 120 x 10	210	4,72	3.007	356	250
200 x 120 x 2,5	233	4,57	3.514	406	285

Kurzzeichen	Statische Werte		
□ **a x b x t**	$W_{el,z}$	i_z	I_T
mm	cm^3	cm	cm^4
250 x 150 x 8	296	6,12	5.050
250 x 150 x 10	351	6,02	6.121
250 x 150 x 16	460	5,69	8.713
260 x 180 x 8	388	7,29	7.267
300 x 100 x 6	168	4,30	2.403
300 x 100 x 10	245	4,11	3.681
300 x 100 x 12	269	4,00	4.177
300 x 150 x 6,3	287	6,32	5.234
300 x 150 x 10	417	6,15	7.879
300 x 200 x 8	504	8,19	10.627
300 x 200 x10	606	8,09	12.987
300 x 200 x 2,5	706	7,94	15.768
350 x 250 x 8	766	10,2	19.136
350 x 250 x 10	927	10,1	23.500
350 x 250 x 12	1.061	10,0	27.749
400 x 200 x 10	786	8,36	19.368
400 x 300 x 8	1.081	12,3	31.179
400 x 300 x 10	1.315	12,2	38.407
400 x 300 x 12	1.516	12,1	45.527
400 x 300 x 16	1.902	11,9	58.730

Kurzzeichen	Plast.Widerstandsm.	
□ **a x b x t**	$W_{pl,y}$	$W_{pl,z}$
mm	cm^3	cm^3
250 x 150 x 8	482	340
250 x 150 x 10	582	409
250 x 150 x 16	805	566
260 x 180 x 8	573	446
300 x 100 x 6	411	188
300 x 100 x 10	631	285
300 x 100 x 12	710	321
300 x 150 x 6,3	517	321
300 x 150 x 10	776	479
300 x 200 x 8	757	574
300 x 200 x 10	921	698
300 x 200 x 2,5	1.091	828
350 x 250 x 8	1.092	869
350 x 250 x 10	1.335	1.062
350 x 250 x 12	1.544	1.229
400 x 200 x 10	1.434	888
400 x 300 x 8	1.487	1.224
400 x 300 x 10	1.824	1.501
400 x 300 x 12	2.122	1.747
400 x 300 x 16	2.708	2.228

Kreisförmige Hohlprofile, warmgefertigt

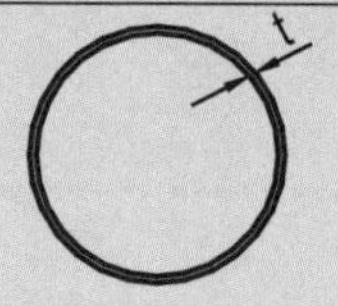

DIN EN 10 210-2, nahtlos oder geschweißt, Auswahl

Kurzzeichen z. B.: Rohr 101,6 x 6 DIN EN 10 210-2 S235JR

Rundrohr warm	Maße		Flächen			Statische Werte					Plastisches Widerstands-moment
Ø D x t	D	t	A	A_V	G	I	W_{el}	S_y	i	I_T	W_{pl}
mm	mm	mm	cm^2	cm^2	kN/m	cm^4	cm^3	cm^3	cm	cm^4	cm^3
21,3 x 2,3	21,3	2,3	1,37	0,87	0,0108	0,629	0,59	0,4	0,677	1,26	0,83
21,3 x 3,2	21,3	3,2	1,82	1,16	0,0143	0,768	0,722	0,5	0,650	1,54	1,06
26,9 x 2,3	26,9	2,3	1,78	1,13	0,014	1,36	1,01	0,7	0,874	2,71	1,40
26,9 x 3,2	26,9	3,2	2,38	1,52	0,0187	1,70	1,27	0,9	0,846	3,41	1,81
33,7 x 2,6	33,7	2,6	2,54	1,62	0,0199	3,09	1,84	1,3	1,10	6,19	2,52
33,7 x 4	33,7	4,0	3,73	2,38	0,0293	4,19	2,49	1,8	1,06	8,38	3,55
42,4 x 2,6	42,4	2,6	3,25	2,07	0,0255	6,46	3,05	2,1	1,41	12,9	4,12
42,4 x 4	42,4	4,0	4,83	3,07	0,0379	8,99	4,24	3,0	1,36	18,0	5,92
48,3 x 2,6	48,3	2,6	3,73	2,38	0,0293	9,78	4,05	2,7	1,62	19,6	5,44
48,3 x 5	48,3	5,0	6,80	4,33	0,0534	16,2	6,69	4,7	1,54	32,3	9,42
60,3 x 2,6	60,3	2,6	4,71	3,00	0,037	19,7	6,52	4,3	2,04	39,3	8,66
60,3 x 5	60,3	5,0	8,69	5,53	0,0682	33,5	11,1	7,7	1,96	67,0	15,3
76,1 x 2,6	76,1	2,6	6,00	3,82	0,0471	40,6	10,7	7	2,60	81,2	14,1
76,1 x 5	76,1	5,0	11,2	7,11	0,0877	70,9	18,6	12,7	2,52	142	25,3
88,9 x 3,2	88,9	3,2	8,62	5,48	0,0676	79,2	17,8	11,8	3,03	158	23,5
88,9 x 5	88,9	5,0	13,2	8,39	0,103	116	26,2	17,6	2,97	233	35,2
88,9 x 6,3	88,9	6,3	16,4	10,4	0,128	140	31,5	21,5	2,93	280	43,1
101,6 x3,2	101,6	3,2	9,89	6,30	0,0777	120	23,6	15,5	3,48	240	31,0
101,6 x 6	101,6	6,0	18,0	11,5	0,141	207	40,7	27,5	3,39	413	54,9
101,6 x 10	101,6	10,0	28,8	18,3	0,226	305	60,1	42,1	3,26	611	84,2
114,3 x3,2	114,3	3,2	11,2	7,11	0,0877	172	30,2	19,8	3,93	345	39,5
114,3 x 6	114,3	6,0	20,4	13,0	0,16	300	52,5	35,2	3,83	600	70,4
114,3 x10	114,3	10,0	32,8	20,9	0,257	450	78,7	54,6	3,70	899	109
139,7 x 4	139,7	4,0	17,1	10,9	0,134	393	56,2	36,8	4,80	786	73,7
139,7 x 8	139,7	8,0	33,1	21,1	0,26	720	103	69,5	4,66	1.441	139
139,7x12,5	139,7	12,5	50,0	31,8	0,392	1.020	146	101,4	4,52	2.040	203
168,3 x 4	168,3	4,0	20,7	13,1	0,162	697	82,8	54	5,81	1.394	108
168,3 x6.3	168,3	6,3	32,1	20,4	0,252	1.053	125	82,7	5,73	2.107	165
168,3x12,5	168,3	12,5	61,2	39,0	0,48	1.868	222	152	5,53	3.737	304
177,8 x 5	177,8	5,0	27,1	17,3	0,213	1.014	114	74,7	6,11	2.028	149
177,8 x 8	177,8	8,0	42,7	27,2	0,335	1.541	173	115,4	6,01	3.083	231
177,8x12,5	177,8	12,5	64,9	41,3	0,51	2.230	251	171,1	5,86	4.460	342
193,7 x 5	193,7	5,0	29,6	18,9	0,233	1.320	136	89	6,67	2.640	178
193,7 x 8	193,7	8,0	46,7	29,7	0,366	2.016	208	138	6,57	4.031	276
193,7 x 16	193,7	16,0	89,3	56,9	0,701	3.554	367	253,3	6,31	7.109	507
219,1 x 5	219,1	5,0	33,6	21,4	0,264	1.928	176	114,6	7,57	3.856	229
219,1 x 8	219,1	8,0	53,1	33,8	0,416	2.960	270	178,3	7,47	5.919	357
219,1 x 12	219,1	12,0	78,1	49,7	0,613	4.200	383	257,6	7,33	8.400	515
219,1 x 20	219,1	20,0	125	79,6	0,982	6.261	572	397,7	7,07	12.523	795
244,5 x 5	244,5	5,0	37,6	24,0	0,295	2.699	221	143,4	8,47	5.397	287
244,5 x6,3	244,5	6,3	47,1	30,0	0,37	3.346	274	178,8	8,42	6.692	358
244,5 x 10	244,5	10,0	73,7	46,9	0,578	5.073	415	275,1	8,30	10.146	550
244,5 x 16	244,5	16,0	115	73,1	0,902	7.533	616	418,4	8,10	15.066	837
244,5 x 25	244,5	25,0	172	110	1,35	10.517	860	604,9	7,81	21.034	1.210

Rundrohr warm	Maße		Fläche			Statische Werte					Plastisches Widerstands-moment
Ø D x t	D	t	A	A_V	G	I	W_{el}	S_y	i	I_T	W_{pl}
mm	mm	mm	cm^2	cm^2	kN/m	cm^4	cm^3	cm^3	cm	cm^4	cm^3
273 x 5	273,0	5,0	42,1	26,8	0,33	3.781	277	179,6	9,48	7.562	359
273 x 6,3	273,0	6,3	52,8	33,6	0,414	4.696	344	224,1	9,43	9.392	448
273 x 16	273,0	16,0	129	82,2	1,01	10.707	784	529,1	9,10	21.414	1.058
273 x 25	273,0	25,0	195	124	1,53	15.127	1.108	771,4	8,81	30.254	1.543
323,9 x 5	323,9	5,0	50,1	31,9	0,393	6.369	393	254,3	11,3	12.739	509
323,9 x 8	323,9	8,0	79,4	50,5	0,623	9.910	612	399,3	11,2	19.820	799
323,9x12,5	323,9	12,5	122	77,9	0,96	14.847	917	606,4	11,0	29.693	1.213
323,9 x 25	323,9	25,0	235	149	1,84	26.400	1.630	1.119,4	10,6	52.800	2.239
355,6 x 6	355,6	6,0	65,9	42,0	0,517	10.071	566	366,7	12,4	20.141	733
355,6 x 8	355,6	8,0	87,4	55,6	0,686	13.201	742	483,4	12,3	26.403	967
355,6 x 16	355,6	16,0	171	109	1,34	24.663	1.387	923,3	12,0	49.326	1.847
355,6 x 25	355,6	25,0	260	165	2,04	35.677	2.007	1.368,8	11,7	71.353	2.738
406,4 x6,3	406,4	6,3	79,2	50,4	0,622	15.849	780	504,3	14,1	31.699	1.009
406,4 x 12	406,4	12,0	149	94,7	1,17	28.937	1.424	933,6	14,0	57.874	1.867
406,4 x 20	406,4	20,0	243	155	1,91	45.432	2.236	1.494,4	13,7	90.864	2.989
406,4 x 40	406,4	40,0	460	293	3,61	78.186	3.848	2.695,6	13,0	156.373	5.391
457 x 6	457,0	6,0	85,0	54,1	0,667	21.618	946	610,2	15,9	43.236	1.220
457 x 12	457,0	12,0	168	107	1,32	41.556	1.819	1.188,4	15,7	83.113	2.377
457 x 20	457,0	20,0	275	175	2,16	65.681	2.874	1.911	15,5	131.363	3.822
457 x 40	457,0	40,0	524	334	4,11	114.949	5.031	3.488,4	14,8	229.898	6.977
508 x 6,3	508,0	6,3	99,3	63,2	0,779	31.246	1.230	792,9	17,7	62.493	1.586
508 x 12	508,0	12,0	187	119	1,47	57.536	2.265	1.476,4	17,5	115.072	2.953
508 x 20	508,0	20,0	307	195	2,41	91.428	3.600	2.382,8	17,3	182.856	4.766
508 x 50	508,0	50,0	719	458	5,65	190.885	7.515	5.264,9	16,3	381.770	10.530
610 x 6	610,0	6,0	114	72,5	0,894	51.924	1.702	1.094,5	21,4	103.847	2.189
610 x 12	610,0	12,0	225	144	1,77	100.814	3.305	2.145,9	21,1	201.627	4.292
610 x 20	610,0	20,0	371	236	2,91	161.490	5.295	3.482,3	20,9	322.979	6.965
610 x 50	610,0	50,0	880	560	6,91	347.570	11.396	7.860,8	19,9	695.140	15.722
660 x 7,1	660,0	7,1	146	92,7	1,143	77.608,6	2.352	1.513,3	23,08	155.217	3.027
711 x 6	711,0	6,0	133	84,6	1,04	82.568	2.323	1.491,1	24,9	165.135	2.982
711 x 12	711,0	12,0	264	168	2,07	160.991	4.529	2.931,9	24,7	321.981	5.864
711 x 25	711,0	25,0	539	343	4,23	317.357	8.927	5.885,1	24,3	634.715	11.770
711 x 60	711,0	60,0	1.227	781	9,63	655.583	18.441	12.750	23,1	1.311.166	25.500
762 x 6	762,0	6,0	143	90,7	1,12	101.813	2.672	1.714,6	26,7	203.626	3.429
762 x 8	762,0	8,0	190	121	1,49	134.683	3.535	2.274,1	26,7	269.366	4.548
762 x 12	762,0	12,0	283	180	2,22	198.855	5.219	3.375,3	26,5	397.710	6.751
762 x 25	762,0	25,0	579	369	4,54	393.461	10.327	6.792,2	26,1	786.922	13.584
762 x 50	762,0	50,0	1.118	712	8,78	712.207	18.693	12.694,4	25,2	1.424.414	25.389
813 x 8	813,0	8,0	202	129	1,59	163.901	4.032	2.592,2	28,5	327.801	5.184
813 x 16	813,0	16,0	401	255	3,14	318.222	7.828	5.082,4	28,2	636.443	10.165
813 x 30	813,0	30,0	738	470	5,79	566.374	13.933	9.200,8	27,7	1.132.748	18.402
914 x 8	914,0	8,0	228	145	1,79	233.651	5.113	3.283,4	32,0	467.303	6.567
914 x 12,5	914,0	12,5	354	225	2,78	359.708	7.871	5.079,7	31,9	719.417	10.159
914 x 30	914,0	30,0	833	530	6,54	814.775	17.829	11.726,3	31,3	1.629.550	23.453
1.016 x 10	1.016	10,0	316	201	2,48	399.850	7.871	5.060,3	35,6	799.699	10.121
1.016 x 16	1.016	16,0	503	320	3,95	628.479	12.372	8.000,7	35,4	1.256.959	16.001
1.016 x 30	1.016	30,0	929	592	7,29	1.130.352	22.251	14.587,4	34,9	2.260.704	29.175
1.067 x 10	1.067	10,0	332	211	2,61	463.792	8.693	5.586,4	37,4	927.585	11.173
1.067 x 16	1.067	16,0	528	336	4,15	729.606	13.676	8.837,5	37,2	1.459.213	17.675
1.067 x 30	1.067	30,0	977	622	7,67	1.314.864	24.646	16.135	36,7	2.629.727	32.270
1.168 x 10	1.168	10,0	364	232	2,86	609.843	10.443	6.705	40,9	1.219.686	13.410
1.168 x 16	1.168	16,0	579	369	4,55	960.774	16.452	10.617,5	40,7	1.921.547	21.235
1.168 x 25	1.168	25,0	898	572	7,05	1.466.717	25.115	16.333,2	40,4	2.933.434	32.666
1.219 x 10	1.219	10,0	380	242	2,98	694.014	11.387	7.308,6	42,7	1.388.029	14.617
1.219 x 16	1.219	16,0	605	385	4,75	1.094.091	17.951	11.578,4	42,5	2.188.183	23.157
1.219 x 25	1.219	25,0	938	597	7,36	1.671.873	27.430	17.823,1	42,2	3.343.746	35.646

Kreisförmige Hohlprofile, kaltgefertigt

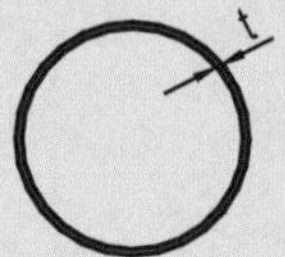

DIN EN 10 219-2, geschweißt,
Auswahl

Kurzzeichen z. B.: Rohr 101,6 x 6 DIN EN 10 219-2 S235JR

Rundrohr kalt	Maße		Fläche			Statische Werte					Plastisches Widerstands-moment
Ø D x t	D	t	A	A_V	G	I_y	$W_{el,y}$	S_y	i_y	I_T	W_{pl}
mm	mm	mm	cm^2	cm^2	kN/m	cm^4	cm^3	cm^3	cm	cm^4	cm^3
21,3 x 2	21,3	2,0	1,21	0,77	0,00952	0,571	0,536	0,4	0,686	1,14	0,75
26,9 x 2	26,9	2,0	1,56	1,00	0,0123	1,22	0,907	0,6	0,883	2,44	1,24
33,7 x 2	33,7	2,0	1,99	1,27	0,0156	2,51	1,49	1	1,12	5,02	2,01
42,4 x 2	42,4	2,0	2,54	1,62	0,0199	5,19	2,45	1,6	1,43	10,4	3,27
42,4 x 4	42,4	4,0	4,83	3,07	0,0379	8,99	4,24	3	1,36	18,0	5,92
48,3 x 2	48,3	2,0	2,91	1,85	0,0228	7,81	3,23	2,1	1,64	15,6	4,29
48,3 x 3	48,3	3,0	4,27	2,72	0,0335	11,0	4,55	3,1	1,61	22,0	6,17
48,3 x 5	48,3	5,0	6,80	4,33	0,0534	16,2	6,69	4,7	1,54	32,3	9,42
60,3 x 2	60,3	2,0	3,66	2,33	0,0288	15,6	5,17	3,4	2,06	31,2	6,80
60,3 x 3	60,3	3,0	5,40	3,44	0,0424	22,2	7,37	4,9	2,03	44,4	9,86
60,3 x 5	60,3	5,0	8,69	5,53	0,0682	33,5	11,1	7,7	1,96	67,0	15,3
76,1 x 2	76,1	2,0	4,66	2,96	0,0365	32,0	8,40	5,5	2,62	64,0	11,0
76,1 x 4	76,1	4,0	9,06	5,77	0,0711	59,1	15,5	10,4	2,55	118	20,8
76,1 x 6,3	76,1	6,3	13,8	8,79	0,108	84,8	22,3	15,4	2,48	170	30,8
88,9 x 2	88,9	2,0	5,46	3,48	0,0429	51,6	11,6	7,6	3,07	103	15,1
88,9 x 4	88,9	4,0	10,7	6,79	0,0838	96,3	21,7	14,4	3,00	193	28,9
88,9 x 6,3	88,9	6,3	16,3	10,4	0,128	140	31,5	21,5	2,93	280	43,1
101,6 x 2	101,6	2,0	6,26	3,98	0,0491	77,6	15,3	9,9	3,52	155	19,8
101,6 x 4	101,6	4,0	12,3	7,81	0,0963	146	28,8	19,1	3,45	293	38,1
101,6 x 6,3	101,6	6,3	18,9	12,0	0,148	215	42,3	28,7	3,38	430	57,3
114,3 x 2,5	114,3	2,5	8,78	5,59	0,0689	137	24,0	15,6	3,95	275	31,3
114,3 x 5	114,3	5,0	17,2	10,9	0,135	257	45,0	29,9	3,87	514	59,8
114,3 x 8	114,3	8,0	26,7	17,0	0,21	379	66,4	45,3	3,77	759	90,6
139,7 x 4	139,7	4,0	17,1	10,9	0,134	393	56,2	36,8	4,80	786	73,7
139,7 x 6	139,7	6,0	25,2	16,0	0,198	564	80,8	53,7	4,73	1.129	107
13,7 x 10	139,7	10,0	40,7	25,9	0,32	862	123	84,3	4,60	1.724	169
168,3 x 4	168,3	4,0	20,6	13,1	0,162	697	82,8	54	5,81	1.394	108
168,3 x 6	168,3	6,0	30,6	19,5	0,24	1.009	120	79,1	5,74	2.017	158
168,3 x 10	168,3	10,0	49,7	31,7	0,39	1.564	186	125,5	5,61	3.128	251
177,8 x 5	177,8	5,0	27,1	17,3	0,213	1.014	114	74,7	6,11	2.028	149
177,8 x 6,3	177,8	6,3	33,9	21,6	0,266	1.250	141	92,7	6,07	2.499	185
177,8x12,5	177,8	12,5	64,9	41,3	0,51	2.230	251	171,1	5,86	4.460	342
193,7 x 4	193,7	4,0	23,8	15,2	0,187	1.073	111	72	6,71	2.146	144
193,7 x 6,3	193,7	6,3	37,1	23,6	0,291	1.630	168	110,7	6,63	3.260	221
193,7x12,5	193,7	12,5	71,2	45,3	0,559	2.934	303	205,5	6,42	5.869	411
219,1 x 4	219,1	4,0	27,0	17,2	0,212	1.564	143	92,6	7,61	3.128	185
219,1 x 6	219,1	6,0	40,2	25,6	0,315	2.282	208	136,3	7,54	4.564	273
219,1 x 10	219,1	10,0	65,7	41,8	0,516	3.598	328	218,8	7,40	7.197	438
219,1x12,5	219,1	12,5	81,1	51,7	0,637	4.345	397	267,1	7,32	8.689	534
244,5 x 5	244,5	5,0	37,6	24,0	0,295	2.699	221	143,4	8,47	5.397	287
244,5 x 6,3	244,5	6,3	47,1	30,0	0,37	3.346	274	178,8	8,42	6.692	358
244,5x12,5	244,5	12,5	91,1	58,0	0,715	6.147	503	336,7	8,21	12.295	673
273 x 5	273	5,0	42,1	26,8	0,33	3.781	277	179,6	9,48	7.562	359
273 x 6,3	273	6,3	52,8	33,6	0,414	4.696	344	224,1	9,43	9.392	448
273 x 12,5	273	12,5	102	65,1	0,803	8.697	637	424,5	9,22	17.395	849

Rundrohr kalt	Maße		Fläche			Statische Werte					Plastisches Widerstands-moment
Ø D x t	D	t	A	A_V	G	I_y	$W_{el,y}$	S_y	i_y	I_T	W_{pl}
mm	mm	mm	cm²	cm²	kN/m	cm⁴	cm³	cm³	cm	cm⁴	cm³
323,9 x 5	323,9	5,0	50,1	31,9	0,393	6.369	393	254,3	11,3	12.739	509
323,9 x 8	323,9	8,0	79,4	50,5	0,623	9.910	612	399,3	11,2	19.820	799
323,9x12,5	323,9	12,5	122	77,9	0,96	14.847	917	606,4	11,0	29.693	1.213
355,6 x 5	355,6	5,0	55,1	35,1	0,432	8.464	476	307,3	12,4	16.927	615
355,6 x 8	355,6	8,0	87,4	55,6	0,686	13.201	742	483,4	12,3	26.403	967
355,6 x 12	355,6	12,0	130	82,5	1,02	19.139	1.076	708,7	12,2	38.279	1.417
355,6 x 20	355,6	20,0	211	134	1,66	29.792	1.676	1.127,6	11,9	59.583	2.255
406,4 x 6	406,4	6,0	75,5	48,0	0,592	15.128	745	481	14,2	30.257	962
406,4 x 10	406,4	10,0	125	79,3	0,978	24.476	1.205	785,8	14,0	48.952	1.572
406,4x12,5	406,4	12,5	155	98,5	1,21	30.031	1.478	970,1	13,9	60.061	1.940
406,4 x 25	406,4	25,0	300	191	2,35	54.702	2.692	1.820,9	13,5	109.404	3.642
457 x 6	457	6,0	85,0	54,1	0,667	21.618	946	610,2	15,9	43.236	1.220
457 x 10	457	10,0	140	89,4	1,10	35.091	1.536	999,2	15,8	70.183	1.998
457 x 16	457	16,0	222	141	1,74	53.959	2.361	1.556,5	15,6	107.919	3.113
457 x 30	457	30,0	402	256	3,16	92.173	4.034	2.739,4	15,1	184.346	5.479
508 x 6	508	6,0	94,6	60,2	0,743	29.812	1.174	756,1	17,7	59.623	1.512
508 x 10	508	10,0	156	99,6	1,23	48.520	1.910	1.240,2	17,6	97.040	2.480
508 x 16	508	16,0	247	157	1,94	74.909	2.949	1.937,2	17,4	149.818	3.874
508 x 25	508	25,0	379	242	2,98	110.918	4.367	2.918,7	17,1	221.837	5.837
610 x 6	610	6,0	114	72,5	0,894	51.924	1.702	1.094,5	21,4	103.847	2.189
610 x 10	610	10,0	188	120	1,48	84.847	2.782	1.800,2	21,2	169.693	3.600
610 x 16	610	16,0	299	190	2,34	131.781	4.321	2.823,4	21,0	263.563	5.647
610 x 30	610	30,0	547	348	4,29	230.476	7.557	5.050,5	20,5	460.952	10.101
711 x 6	711	6,0	133	84,6	1,04	82.568	2.323	1.491,1	24,9	165.135	2.982
711 x 10	711	10,0	220	140	1,73	135.301	3.806	2.457,2	24,8	270.603	4.914
711 x 16	711	16,0	349	222	2,74	211.040	5.936	3.864,9	24,6	422.080	7.730
711 x 30	711	30,0	642	409	5,04	372.790	10.486	6.960,9	24,1	745.580	13.922
762 x 6	762	6,0	143	90,7	1,12	101.813	2.672	1.714,6	26,7	203.626	3.429
762 x 8	762	8,0	190	121	1,49	134.683	3.535	2.274,1	26,7	269.366	4.548
762 x 20	762	20,0	466	297	3,66	321.083	8.427	5.507	26,2	642.166	11.014
762 x 30	762	30,0	690	439	5,42	462.853	12.148	8.041,9	25,9	925.706	16.084
813 x 8	813	8,0	202	129	1,59	163.901	4.032	2.592,2	28,5	327.801	5.184
813 x 16	813	16,0	401	255	3,14	318.222	7.828	5.082,4	28,2	636.443	10.165
813 x 30	813	30,0	738	470	5,79	566.374	13.933	9.200,8	27,7	1.132.748	18.402
914 x 8	914	8,0	228	145	1,79	233.651	5.113	3.283,4	32,0	467.303	6.567
914 x 16	914	16,0	451	287	3,54	455.142	9.959	6.451,9	31,8	910.284	12.904
914 x 30	914	30,0	833	530	6,54	814.775	17.829	11.726,3	31,3	1.629.550	23.453
1.016 x 10	1.016	10,0	316	201	2,48	399.850	7.871	5.060,4	35,6	799.699	10.121
1.016 x 16	1.016	16,0	503	320	3,95	628.479	12.372	8.000,7	35,4	1.256.959	16.001
1.016 x 30	1.016	30,0	929	592	7,29	1.130.352	22.251	14.587,4	34,9	2.260.704	29.175
1.067 x 10	1.067	10,0	332	211	2,61	463.792	8.693	5.586,4	37,4	927.585	11.173
1.067 x 16	1.067	16,0	528	336	4,15	729.606	13.676	8.837,5	37,2	1.459.213	17.675
1.067 x 30	1.067	30,0	977	622	7,67	1.314.864	24.646	16.135	36,7	2.629.727	32.270
1.168 x 10	1.168	10,0	364	232	2,86	609.843	10.443	6.705	40,9	1.219.686	13.410
1.168 x 16	1.168	16,0	579	369	4,55	960.774	16.452	10.617,5	40,7	1.921.547	21.235
1.168 x 25	1.168	25,0	898	572	7,05	1.466.717	25.115	16.333,2	40,4	2.933.434	32.666
1.219 x 12	1.219	12,0	455	290	3,57	828.716	13.597	8.741,4	42,7	1.657.433	17.483
1.219 x 16	1.219	16,0	605	385	4,75	1.094.091	17.951	11.578,4	42,5	2.188.183	23.157
1.219 x 25	1.219	25,0	938	597	7,36	1.671.873	27.430	17.823,1	42,2	3.343.746	35.646

Flachstahl, Vierkantstahl, Rundstahl

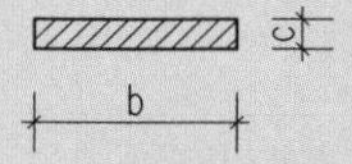

Flachstahl für allgemeine Verwendung, warmgewalzt nach DIN 10058

Breiten- und Dickenabstufungen

Dicke c	5	6	6,5	7	8	9	10	11	12	13	14	15
mm	16	18	20	22	25	30	35	40	50	60		

Zugleich lieferbare Blechdicken für andere Blechgrößen

Breite b	10	11	12	13	14	15	16	17	18	19	20	22
mm	25	26	28	30	32	35	38	40	45	50	55	60
	65	70	75	80	90	100	110	120	130	140	150	

Normallängen bis 12 m

Vierkantstahl für allgemeine Verwendung,
warmgewalzt nach DIN 10059

Abstufung der Seitenlängen *a* in mm:

Seitenlänge *a*	8	10	12	14	16	18	20	22	25	30	32	35
	40	50	60	70	80	100	120					

Normallängen unter *a* = 70 mm: bis 12 m
unter *a* = 120 mm: bis 9 m
a = 120 mm: bis 6 m

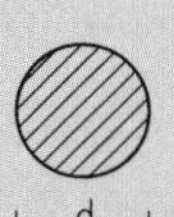

Rundstahl für allgemeine Verwendung, warmgewalzt nach DIN 10060

Abstufung der Durchmesser Ø *d* in mm:

Durchmesser d	8	10	12	14	16	18	20	22	24	25	27	28
	30	31	32	35	37	38	40	42	44	45	50	52
	55	60	65	70	75	80	90	100	110	120	140	150
	160	180	200									

Normallängen unter *d* = 70 mm: bis 12 m
unter *d* = 120 mm: bis 9 m
bis *d* = 200 mm: bis 6 m

Klemmlängen der Schrauben in mm

Nach DIN 7990 und DIN 7968, Länge l der Schraube ohne Schraubenkopf, die Klemmlängen der hochfesten Schrauben sind näherungsweise um eine Scheibendicke geringer.

Länge *l*	M 12		M 16		M 20		M 24		M 27		M 30	
	Klemmlänge l_k											
	min.	max.	min.	max.	min.	max.	min.	max.	min.	max.	min.	max.
30	4,5	9,5										
35	9,5	14,5	5,5	10,5								
40	14,5	19,5	10,5	15,5	7	12						
45	19,5	24,5	15,5	20,5	12	17	8	13				
50	24,5	29,5	20,5	25,5	17	22	13	18	10,5	15,5		
55	29,5	34,5	25,5	30,5	22	27	18	23	15,5	20,5	13	18
60	34,5	39,5	30,5	35,5	27	32	23	28	20,5	25 ,5	18	23
65	39,5	44 ,5	35,5	40,5	32	37	28	33	25,5	30,5	23	28
70	44,5	49,5	40,5	45,5	37	42	33	38	30,5	35 ,5	28	33
75	49,5	54,5	45 ,5	50,5	42	47	38	43	35,5	40 ,5	33	38
80	54,5	59 ,5	50 ,5	55,5	47	52	43	48	40,5	45 ,5	38	43
85	59,5	64,5	55,5	60,5	52	57	48	53	45,5	50,5	43	48
90	64,5	69,5	60,5	65,5	57	62	53	58	50,5	55,5	48	53
95	69,5	74,5	65,5	70,5	62	67	58	63	55,5	60 ,5	53	58
100	74,5	79,5	70,5	75,5	67	72	63	68	60,5	65,5	58	63
105	79,5	84,5	75,5	80,5	72	77	68	73	65 ,5	70,5	63	68
110	84,5	89,5	80,5	85,5	77	82	73	78	70 ,5	75,5	68	73
115	89,5	94,5	85,5	90,5	82	87	78	83	75,5	80,5	73	78
120	94,5	99,5	90,5	95,5	87	92	83	88	80 ,5	85,5	78	83
125			95,5	100,5	92	97	88	93	85,5	90,5	83	88
130			100,5	105,5	97	102	93	98	90,5	95,5	88	93
135			105,5	110,5	102	107	98	103	95,5	100,5	93	98
140			110,5	115,5	107	112	103	108	100,5	105,5	98	103
145			115,5	120,5	11 2	117	108	113	105,5	110,5	103	108
150			120,5	125,5	117	122	113	11 8	110,5	115,5	108	113
155					122	127	118	123	115,5	120,5	113	118
160					127	132	123	128	120,5	125,5	11 8	123
165					132	137	128	133	125,5	130,5	123	128
170					137	142	133	138	130,5	135,5	128	133
175					142	147	138	143	135,5	140,5	133	138
180					147	152	143	148	140,5	145,5	138	143
185							148	153	145,5	150,5	143	148
190							153	158	150,5	155,5	148	153
195							158	163	155,5	160,5	153	158
200							163	168	160,5	165,5	158	163

Stahltrapezprofile

Hersteller		
	AB	**Arcelor Bauteile GmbH**
	AC	**Arcelor Construction France**
	CBS	**Corus ByggeSystemer A/S**
	FI	**Fischer Profil GmbH**
	HA	**Haironville Austria Ges.m.b.H.**
	HR	**Holorib (Deutschland) GmbH**
	PP	**Maas GmbH**
	SZBE	**Salzgitter Bauelemente GmbH**
	TKS	**ThyssenKrupp Hoesch Bausysteme GmbH**
	WU	**Wurzer - Profiliertechnik GmbH**

Stahlbau

Stahltrapezprofile

	Hersteller s. o.	Firmenbezeichnungen	Abmessungen h / b_R mm	Profilquerschnitt Maße in mm Stützweite bei üblichen Dachlasten *)	Blechdicke t_N mm	Eigenlast g KN/m²
1	AB AC CBS PP SZBE WU	35/207 35/207 35/207 35/207 P-S 35 35/207	35/207	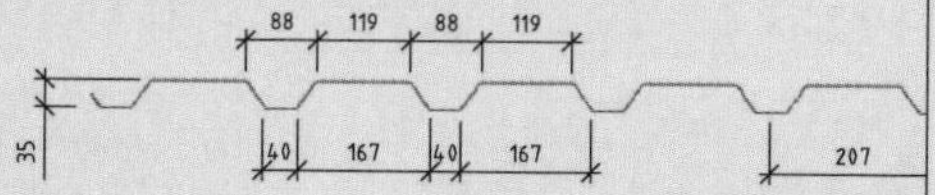 88 119 88 119 35 40 167 40 167 207 1–2 m	0,63 0,75 0,88 1,00 1,13 1,25 1,50	0,061 0,073 0,085 0,097 0,109 0,121 0,145
2	AB AC FI TKS SZBE WU	40/183 40/183 40/183(A) T40.1(A) P-S40 40/183	40/183 S	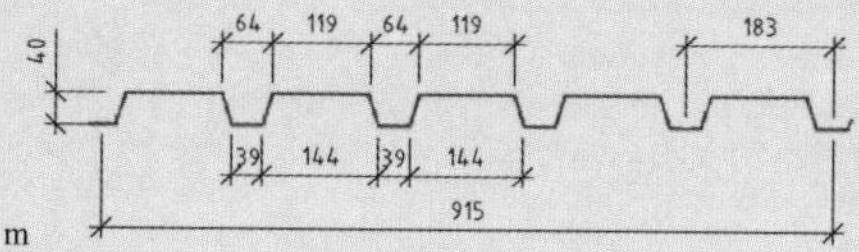 64 119 64 119 183 40 39 144 39 144 915 1-3 m	0,63 0,75 0,88 1,00 1,25 1,50	0,067 0,082 0,092 0,109 0,137 0,164
3	AB AC FI TKS SZBE	40/183SR 40/183S 40/183S T40.1S P-S40S	40/183S	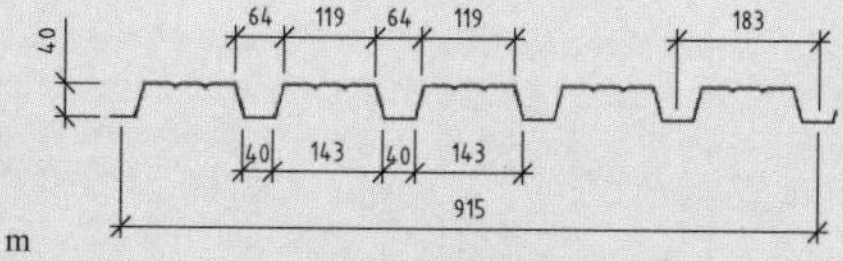 64 119 64 119 183 40 40 143 40 143 915 1-3 m	0,63 0,75 0,88 1,00 1,25 1,50	0,067 0,082 0,096 0,106 0,137 0,164
4	AB TKS SZBE	85/280 T85.1 P-S85	83/280	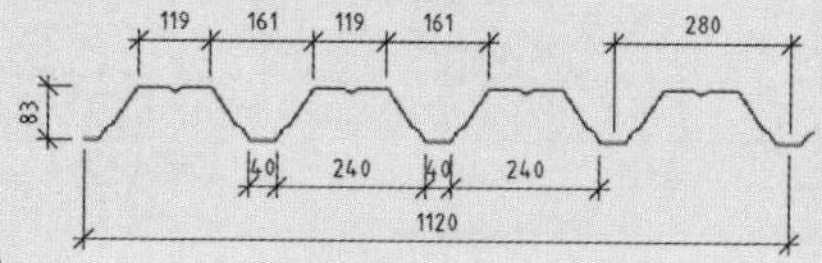 119 161 119 161 280 83 40 240 40 240 1120 2-4 m	0,75 0,88 1,00 1,13 1,25 1,50	0,080 0,094 0,107 0,121 0,134 0,161
5	AB FI SZBE WU	100/275 A 100/275 A P-S100 A 100/275 A	100/275	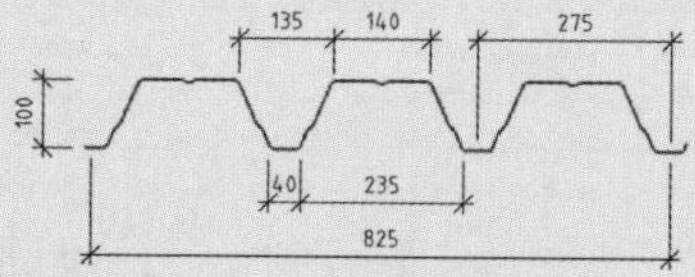 135 140 275 100 40 235 825 3-6 m	0,75 0,88 1,00 1,25 1,50	0,090 0,106 0,120 0,150 0,180
6	AB HA WU	135/310 135/310 135/310A	135/310	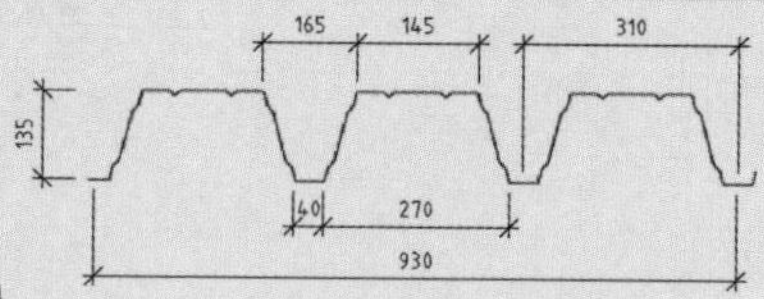 165 145 310 135 40 270 930 4-7 m	0,75 0,88 1,00 1,13 1,25 1,50	0,096 0,114 0,129 0,146 0,161 0,194
7	AB HA TKS SZBE WU	150/280A 150/280 T150.1 P-S150A 153/280	153/280	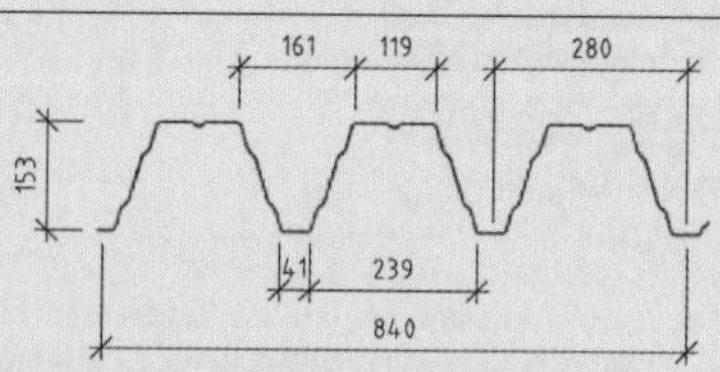 161 119 280 153 41 239 840 5-8 m	0,75 0,88 1,00 1,13 1,25 1,50	0,107 0,126 0,143 0,162 0,179 0,215

Stahlbau

	Her-steller s. o.	Firmen-bezeich-nungen	Ab-mess-ungen h / b_R mm	Profilquerschnitt Maße in mm Stützweite bei üblichen Dachlasten *)	Blech-dicke t_N mm	Eigen-last g KN/m²
8	AB HA TKS SZBE	160/250A 160/250 T160.1A P-S160A	158/250	5-8 m	0,75 0,88 1,00 1,13 1,25 1,50	0,121 0,142 0,161 0,182 0,201 0,242

Stahlwellenprofile

1	FI CBS	Fischer-WELLE Sinus 35 Wellblech 35/145	1-2 m	0,60 0,75	0,060 0,075
2	WU	55/177	1-2 m	0,60 0,75 0,88 1,00	0,068 0,082 0,099 0,113

Stahlverbunddeckenprofile

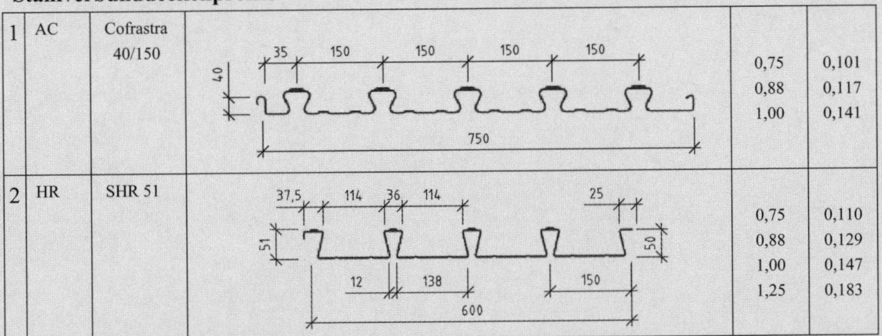

1	AC	Cofrastra 40/150		0,75 0,88 1,00	0,101 0,117 0,141
2	HR	SHR 51		0,75 0,88 1,00 1,25	0,110 0,129 0,147 0,183

*) Hinweis: Die angegebene Stützweite gilt nur als Anhaltswert. Die zulässigen Werte sind typengeprüften Stützweitentabellen der Hersteller zu entnehmen oder mithilfe bauaufsichtlich geprüfter Profilwerte zu berechnen.

Stahlbau

Stahlbetonbau

Prof. Dr.-Ing. Klaus Holschemacher

Inhaltsverzeichnis

1 Allgemeines

1.1 Vorbemerkung

DIN EN 1992-1-1:2011-01 ist gemeinsam mit dem Änderungsblatt DIN EN 1992-1-1/A1:2015-03 und dem zugehörigen Nationalen Anhang DIN EN 1992-1-1/NA:2013-04 mit Änderung DIN EN 1992-1-1/NA/A1:2015-12 die verbindliche normative Grundlage für die rechnerische Nachweisführung und Konstruktion von Stahlbetonbauteilen. Sofern in den folgenden Ausführungen allgemein auf DIN EN 1992-1-1 Bezug genommen wird, ist damit immer der gesamte Normenkomplex, bestehend aus DIN EN 1992-1-1:2011-01, DIN EN 1992-1-1/A1:2015-03, DIN EN 1992-1-1/NA:2013-04 und DIN EN 1992-1-1/NA/A1:2015-12 gemeint.

In den nachfolgenden Ausführungen werden die wichtigsten Regelungen für die Berechnung von Stahlbetonbauteilen auf der Grundlage von DIN EN 1992-1-1 vorgestellt. Im Sinn einer möglichst kompakten Darstellung des Stoffes kann dabei nicht der Anspruch auf eine vollständige Wiedergabe sämtlicher Regelungen erhoben werden. Es ist daher im Einzelfall zu prüfen, ob zusätzliche, in diesem Buch nicht angegebene Nachweise erforderlich sind. Auf vorgespannte Bauteile wird im Weiteren nicht eingegangen, siehe dazu z.B. [Holschemacher 2019], [Avak/Meiss 2015], [Krüger/Mertzsch 2012].

DIN EN 1992-1-1 basiert auf dem in DIN EN 1990 geregelten Sicherheitskonzept mit Teilsicherheitsbeiwerten. Daher kann DIN EN 1992-1-1 nur in Verbindung mit DIN EN 1990 angewendet werden, siehe Kapitel *Sicherheitskonzept und Lastannahmen* in diesem Buch.

Die in [DAfStb Heft 630] und [DAfStb Heft 631] enthaltenen Erläuterungen zur Anwendung von DIN EN 1992-1-1 wurden in dieser Auflage bereits berücksichtigt.

Stahlbetonbau

1.2 Bezeichnungen

Schnittgrößen

M, m Biegemoment, bezogenes Biegemoment
M^{I} Moment nach Theorie I. Ordnung
M^{II} Moment nach Theorie II. Ordnung
M_{Ed} Bemessungsmoment
$M_{Ed,I}$ Anschnittmoment am Unterstützungsrand I
$M_{Ed,II}$ Anschnittmoment am Unterstützungsrand II
M_{Ed}' ausgerundetes Stützmoment
M_{Eds} Bemessungsmoment mit Bezug auf die Schwerachse der Zugbewehrung
N, n Normalkraft, bezogene Normalkraft
T Torsionsmoment
V, v Querkraft, Querkraft je Längeneinheit

Lastausmitten

e_0 planmäßige Lastausmitte
e_i ungewollte Lastausmitte
e_1 Summe aus planmäßiger und ungewollter Lastausmitte
e_2 zusätzliche Lastausmitte (Theorie II. Ordnung)
e_{tot} Gesamtausmitte

Belastungen

g_k charakterist. Wert einer ständigen Einwirkung
g_d Bemessungswert einer ständigen Einwirkung
q_k charakterist. Wert einer veränderl. Einwirkung
q_d Bemessungswert einer veränderl. Einwirkung
f_d Bemessungswert der Gesamtlast, $f_d = g_d + q_d$

Einwirkungen, Widerstände

E_d Bemessungswert der Beanspruchung
C_d Bemessungswert des Gebrauchstauglichkeitskriteriums
R_d Bemessungswert des Tragwiderstandes

Teilsicherheitsbeiwerte

γ_G Teilsicherheitsbeiwert für eine ständige Einwirkung
γ_Q Teilsicherheitsbeiwert für eine veränderliche Einwirkung
γ_C Teilsicherheitsbeiwert für Beton
γ_S Teilsicherheitsbeiwert für Betonstahl
γ_R Teilsicherheitsbeiwert für den Systemwiderstand

Materialkennwerte

Beton:

f_{ck} charakterist. Wert der Betondruckfestigkeit
$f_{ck,cube}$ charakterist. Wert der Würfeldruckfestigkeit
f_{cm} Mittelwert der Betondruckfestigkeit
f_{cd} Bemessungswert der Betondruckfestigkeit
f_{ct} Betonzugfestigkeit
$f_{ctk;0,05}$ charakteristischer Wert des 5%-Quantils der Betonzugfestigkeit
$f_{ctk;0,95}$ charakteristischer Wert des 95%-Quantils der Betonzugfestigkeit
f_{ctm} Mittelwert der Betonzugfestigkeit
$f_{ctm,fl}$ Mittelwert der Betonbiegezugfestigkeit
E_c Elastizitätsmodul des Betons (Tangentenmodul)
E_{cm} mittlerer Sekantenmodul

Betonstahl:

f_{yk} charakteristischer Wert der Streckgrenze
f_{yd} Bemessungswert der Streckgrenze
f_{tk} charakteristischer Wert der Zugfestigkeit
$f_{tk,cal}$ charakteristischer Wert der Zugfestigkeit für die Bemessung
E_s Elastizitätsmodul des Betonstahls

Verbundkennwerte:

f_{bd} Bemessungswert der Verbundspannung

Querschnittswerte

A Querschnittsfläche
A_c Betonquerschnittsfläche
I Flächenmoment 2. Grades
i Trägheitsradius
W Widerstandsmoment

Abmessungen/geometrische Größen

b Bauteilbreite
b_{eff} mitwirkende Plattenbreite
d statische Nutzhöhe
h Gesamthöhe des Bauteils
h_f Gurtplattendicke
h_{ges} Gesamtdicke des Bauteils
l_{eff} Stützweite
l_n lichte Stützweite

Spannungen, Dehnungen

ε_c Betondehnung
ε_{cs} Schwinddehnung des Betons
ε_{ca} autogene Schwinddehnung des Betons
ε_{cds} Trocknungsschwinddehnung des Betons
ε_{cc} Kriechdehnung des Betons
ε_{cu} rechnerische Bruchdehnung des Betons
ε_s Dehnung des Betonstahls
σ_c Betonspannung
σ_s Spannung im Betonstahl

Bewehrungskonstruktion

a_l Versatzmaß
c_{min} Mindestbetondeckung
c_{nom} Nennmaß der Betondeckung
c_{dev} Vorhaltemaß
c_v Verlegemaß der Betondeckung
D_{min} Biegerollendurchmesser
$l_{b,rqd}$ Grundmaß der Verankerungslänge
l_{bd} Bemessungswert der Verankerungslänge
$l_{b,eq}$ Ersatzverankerungslänge
l_0 Übergreifungslänge

Bewehrungsgrößen

A_s, a_s Querschnittsfläche der Längsbewehrung
A_{sw}, a_{sw} Querschnittsfläche der Querkraftbewehrung
$A_{sbü}$, $a_{sbü}$ Querschnittsfläche der Bügelbewehrung
A_{s1} Querschnittsfläche der Zugbewehrung
A_{s2} Querschnittsfläche der Druckbewehrung
$\varnothing_s$ Stabdurchmesser
$\varnothing_{bü}$ Bügeldurchmesser
s Stababstand der Längsbewehrungsstäbe
$s_{bü}$ Bügelabstand
s_{max} maximal zulässiger Stababstand
a_{min} Mindestabstand gleichlaufender Bewehrungsstäbe
ρ_l geometrisches Bewehrungsverhältnis der Längsbewehrung

Sonstige geometrische Größen

x Druckzonenhöhe
l_0 Knicklänge bei Druckgliedern
λ Schlankheit von Druckgliedern

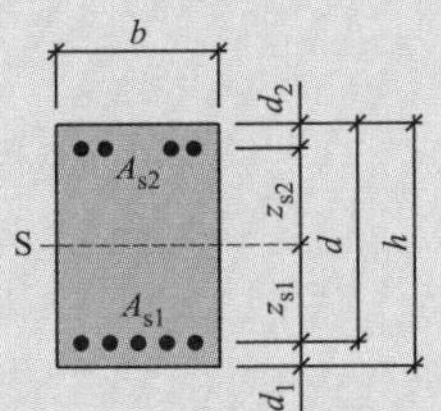

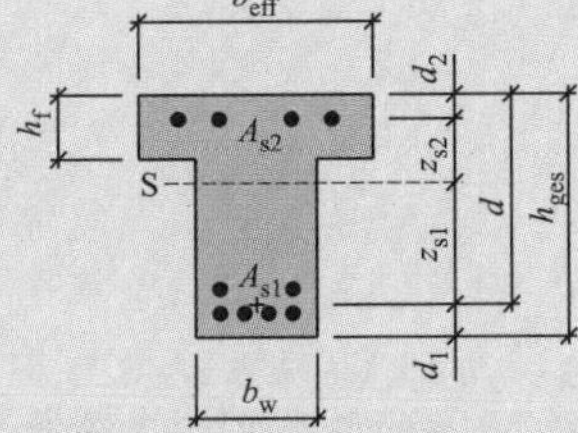

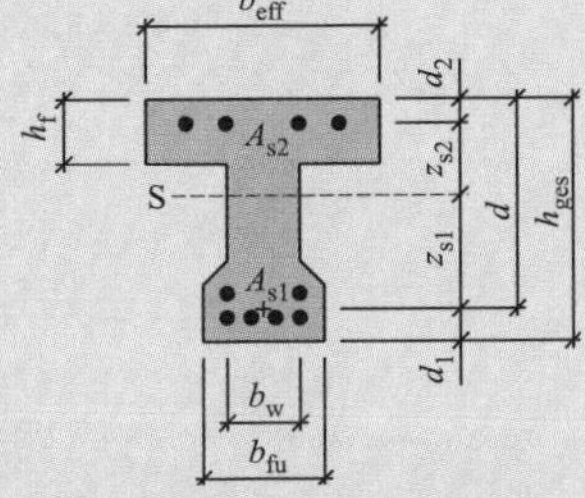

Abb. 1: Bezeichnung der Querschnittsabmessungen für verschiedene Querschnittsformen von Stahlbetonquerschnitten

2 Sicherheitskonzept

2.1 Allgemeines

Der Berechnung von Stahlbetonbauteilen auf der Grundlage von DIN EN 1992-1-1 liegt das Sicherheitskonzept mit Teilsicherheitsbeiwerten nach DIN EN 1990 zugrunde, siehe Kapitel *Sicherheitskonzept und Lastannahmen*. Nachfolgend werden die erforderlichen bauartspezifischen Ergänzungen angegeben.

Generell werden bei der Nachweisführung

- Grenzzustände der Tragfähigkeit
- Grenzzustände der Gebrauchstauglichkeit
- Anforderungen an die Dauerhaftigkeit

unterschieden. Zur Definition dieser Begriffe siehe Kapitel *Sicherheitskonzept und Lastannahmen*, Seiten 8 und 11.

2.2 Grenzzustände der Tragfähigkeit

2.2.1 Nachweise

In den Grenzzuständen der Tragfähigkeit sind folgende Nachweise zu führen:

- **Nachweis der Lagesicherheit (EQU),** betrifft z.B. Abheben, Umkippen, Aufschwimmen.

  Zum Nachweisformat siehe Kapitel *Sicherheitskonzept und Lastannahmen*, Seite 8.
- **Versagen des Tragwerks oder eines seiner Teile, verursacht durch Bruch, übermäßige Verformung, Verlust der Stabilität oder Bildung kinematischer Ketten (STR oder GEO).** In diesem Zusammenhang sind unter anderem folgende Nachweise zu führen:
  - Nachweis der Tragfähigkeit für Biegung mit und ohne Längskraft
  - Nachweis der Sicherheit gegen durch Tragwerksverformungen bedingten Verlust der Tragfähigkeit
  - Nachweis der Querkrafttragfähigkeit
  - Nachweis der Tragfähigkeit bei Torsionsbeanspruchung
  - Nachweis der Durchstanztragfähigkeit.

  Nachweisformat: $E_d \leq R_d$

  E_d Bemessungswert der Beanspruchung entsprechend der in DIN EN 1990 angegebenen Kombinationsregeln, siehe *Sicherheitskonzept und Lastannahmen*, Seite 9.

  R_d Bemessungswert des Tragwiderstandes.

  Der Bemessungswert des Tragwiderstandes R_d ergibt sich in Abhängigkeit von dem für die Schnittgrößenermittlung gewählten Verfahren:

  - bei linear-elastischer Berechnung oder Verfahren auf Basis der Plastizitätstheorie

    $$R_d = R\left(\alpha_{cc} \cdot \frac{f_{ck}}{\gamma_C}; \frac{f_{yk}}{\gamma_S}; \frac{f_{tk,cal}}{\gamma_S}\right)$$

    α_{cc} Abminderungsbeiwert für die Betondruckfestigkeit, siehe Seite 8

    f_{ck} charakteristischer Wert der Betondruckfestigkeit

    f_{yk} charakteristischer Wert der Streckgrenze des Betonstahls

    $f_{tk,cal}$ charakteristischer Wert der Zugfestigkeit des Betonstahls

    γ_C, γ_S Teilsicherheitsbeiwerte für Beton bzw. Betonstahl
  - bei nichtlinearen Verfahren der Schnittgrößenermittlung

    $$R_d = R\left(f_{cR}; f_{yR}; f_{tR}\right) / \gamma_R$$

    f_{cR}, f_{yR}, f_{tR} rechnerischer Mittelwert der jeweiligen Festigkeiten des Betons bzw. Betonstahls

    γ_R Teilsicherheitsbeiwert für den Systemwiderstand

– **Nachweis gegen Ermüdung (FAT)**

Spezielle Tragwerke, die häufig wiederkehrenden Lastwechseln unterworfen sind (z.B. Brücken oder Kranbahnen), sind gegen Ermüdung nachzuweisen. Bei Tragwerken des üblichen Hochbaus darf ein derartiger Nachweis in der Regel entfallen.

Nachweisformat: siehe Abschnitt 5.7

– **Sicherstellung eines duktilen Bauteilverhaltens**

Bei der Erstrissbildung muss ein Versagen ohne Vorankündigung vermieden werden. Diese Forderung gilt als erfüllt, wenn folgende Maßnahmen getroffen werden:

- Bauteile aus unbewehrtem Beton:

  Bei stabförmigen Bauteilen mit Rechteckquerschnitt ist die Ausmitte der Längskraft e_d in der maßgebenden Einwirkungskombination des Grenzzustandes der Tragfähigkeit auf

  $e_d / h < 0{,}4$ mit $e_d = e_0 + e_i$ (Bezeichnungen siehe Abschnitt 5.2)

  zu begrenzen.

- Stahlbetonbauteile:

  Anordnung einer Mindestbewehrung, die für das mit dem Mittelwert der Betonzugfestigkeit f_{ctm} bestimmte Rissmoment und eine Stahlspannung $\sigma_s = f_{yk}$ zu berechnen ist.

2.2.2 Teilsicherheitsbeiwerte in den Grenzzuständen der Tragfähigkeit (STR)

Tafel 1: Teilsicherheitsbeiwerte für Einwirkungen in den GZT – Versagen des Tragwerks oder eines seiner Teile (durch Bruch, übermäßige Verformung usw.) nach DIN EN 1990/NA, Tab. NA.A.1.2(B)

Auswirkung	Ständige Einwirkungen γ_G	Veränderliche Einwirkungen γ_Q
günstig	1,0	0
ungünstig	1,35	1,5

Ergänzend zu Tafel 1 gilt:

– Teilsicherheitsbeiwerte für den Nachweis der Lagesicherheit (EQU) enthält DIN EN 1990, siehe Kapitel *Sicherheitskonzept und Lastannahmen*, Seite 10.

– Für den Nachweis gegen Ermüdung (FAT) ist der Teilsicherheitsbeiwert der Einwirkungen mit $\gamma_{F,fat} = 1{,}0$ zu berücksichtigen.

– Wird bei linear-elastischer Schnittgrößenermittlung mit den Steifigkeiten des ungerissenen Querschnittes sowie dem mittleren Elastizitätsmodul E_{cm} (Sekantenmodul) gerechnet, darf für Zwang der Teilsicherheitsbeiwert $\gamma_Q = 1{,}0$ angesetzt werden.

– Für Bauzustände von Fertigteilen darf bei der Nachweisführung für Biegung mit Längskraft mit folgenden Teilsicherheitsbeiwerten gerechnet werden:

  - $\gamma_G = 1{,}15$ für ständige Einwirkungen
  - $\gamma_Q = 1{,}15$ für veränderliche Einwirkungen.

  Dabei sind Einwirkungen aus Krantransport und Schalungshaftung zu berücksichtigen.

– Bei durchlaufenden Bauteilen darf für ein und dieselbe unabhängige ständige Einwirkung entweder der obere oder der untere Teilsicherheitsbeiwert γ_G in allen Feldern gleich angesetzt werden, siehe DIN EN 1992-1-1/NA:2013-04, NCI zu 5.1.3. Ausnahme: Nachweis der Lagesicherheit!

Tafel 2: Teilsicherheitsbeiwerte für die Bestimmung des Tragwiderstandes in den GZT
(DIN EN 1992-1-1/NA:2013-04, Tab. 2.1DE)

Bemessungssituation	Beton γ_C	Betonstahl γ_S	Systemwiderstand bei nichtlinearer Schnittkraftermittlung γ_R
ständig oder vorübergehend; Ermüdung	1,5 [1)]	1,15	1,3
außergewöhnlich	1,3	1,0	1,1

[1)] Bei Fertigteilen mit einer werksmäßigen und ständig überwachten Herstellung darf γ_C auf 1,35 reduziert werden. Durch Überprüfung der Betonfestigkeit an jedem fertigen Bauteil sind alle Fertigteile mit zu geringer Betonfestigkeit auszusondern. Die in diesem Fall erforderlichen Maßnahmen sind mit den zuständigen Überwachungsstellen abzustimmen und vom Hersteller zu dokumentieren.

2.3 Grenzzustände der Gebrauchstauglichkeit

In den Grenzzuständen der Gebrauchstauglichkeit sind folgende Nachweise zu führen:

- Rissbreitenbegrenzung
- Verformungsbegrenzung
- Spannungsbegrenzung
- gegebenenfalls Schwingungs- und Erschütterungsbegrenzung (nicht in DIN EN 1992-1-1 geregelt).

Nachweisformat: $E_d \leq C_d$

E_d Bemessungswert der Beanspruchung (z.B. Spannung, Rissbreite), auf der Grundlage der in DIN EN 1990 angegebenen Kombinationsregeln zu bestimmen, siehe Kapitel *Sicherheitskonzept und Lastannahmen*, Seite 11.

C_d Bemessungswert des Gebrauchstauglichkeitskriteriums (z.B. aufnehmbare Spannung).

Die Teilsicherheitsbeiwerte dürfen in den Grenzzuständen der Gebrauchstauglichkeit sowohl für Einwirkungen als auch Beanspruchungen zu 1,0 gesetzt werden.

2.4 Dauerhaftigkeit

Unter Dauerhaftigkeit wird die Anforderung verstanden, über einen geplanten Nutzungszeitraum die Tragfähigkeit und die vorgesehenen Gebrauchseigenschaften sicherzustellen. Dazu sind folgende Regeln einzuhalten:

- Mindestanforderungen an Beton entsprechend der vorliegenden Expositionsklasse
- konstruktive Regeln (Mindestbetondeckung, Mindestbewehrung)
- rechner. Nachweise in den Grenzzuständen der Tragfähigkeit u. Gebrauchstauglichkeit
- Anforderungen an die Zusammensetzung und Eigenschaften des Betons nach DIN EN 206-1 und DIN 1045-2
- Bauausführung nach DIN EN 13670 bzw. DIN 1045-3 (Nachbehandlung, Schutz der Betonoberfläche).

3 Baustoffkennwerte

3.1 Beton

3.1.1 Festigkeits- und Formänderungskennwerte

Betone werden in 15 Festigkeitsklassen für Normalbeton und 13 Festigkeitsklassen für Leichtbeton eingeteilt, siehe Tafel 3. Die Bezeichnung der Betonfestigkeitsklassen erfolgt durch die Buchstaben C (für Normalbeton) bzw. LC (für Leichtbeton), an die sich zwei durch einen Schrägstrich voneinander getrennte Zahlen anschließen. Die erste dieser Zahlen entspricht dem charakteristischen Wert der Zylinderdruckfestigkeit f_{ck}, die zweite Zahl dem charakteristischen Wert der Würfeldruckfestigkeit $f_{ck,cube}$. Für die rechnerische Nachweisführung ist der charakteristische Wert der Zylinderdruckfestigkeit f_{ck} maßgebend, dagegen liegt der Konformitätskontrolle nach DIN 1045-2 – sofern nicht anders vereinbart – die Würfeldruckfestigkeit zugrunde.

Tafel 3: Festigkeits- und Formänderungskennwerte von Normal- und Leichtbeton (für Betonalter 28 Tage)

Kenngröße	Festigkeitsklassen für Normalbeton C															Erläuterung
	12/15	16/20	20/25	25/30	30/37	35/45	40/50	45/55	50/60	55/67	60/75	70/85	80/95	90/105	100/115	
f_{ck} in N/mm²	12	16	20	25	30	35	40	45	50	55	60	70	80	90	100	Zylinderdruckfestigkeit
$f_{ck,cube}$ in N/mm²	15	20	25	30	37	45	50	55	60	67	75	85	95	105	115	Würfeldruckfestigkeit
f_{cm} in N/mm²	20	24	28	33	38	43	48	53	58	63	68	78	88	98	108	$f_{cm} = f_{ck} + 8$ [N/mm²]
f_{ctm} in N/mm²	1,6	1,9	2,2	2,6	2,9	3,2	3,5	3,8	4,1	4,2	4,4	4,6	4,8	5,0	5,2	$f_{ctm} = 0{,}30 \cdot f_{ck}^{2/3}$ bis C50/60 $f_{ctm} = 2{,}12 \cdot \ln(1 + f_{cm}/10)$ ab C55/67
$f_{ctk;\,0,05}$ in N/mm²	1,1	1,3	1,5	1,8	2,0	2,2	2,5	2,7	2,9	3,0	3,1	3,2	3,4	3,5	3,7	5%-Quantil, $f_{ctk;\,0,05} = 0{,}7 \cdot f_{ctm}$
$f_{ctk;\,0,95}$ in N/mm²	2,0	2,5	2,9	3,3	3,8	4,2	4,6	4,9	5,3	5,5	5,7	6,0	6,3	6,6	6,8	95%-Quantil, $f_{ctk;\,0,95} = 1{,}3 \cdot f_{ctm}$
E_{cm} in N/mm²	27 000	29 000	30 000	31 000	33 000	34 000	35 000	36 000	37 000	38 000	39 000	41 000	42 000	44 000	45 000	$E_{cm} = 22\,000 \cdot (f_{cm} / 10)^{0,3}$
ε_{c1} in ‰	1,8	1,9	2,0	2,1	2,2	2,25	2,3	2,4	2,45	2,5	2,6	2,7	2,8	2,8	2,8	ε_{c1} (‰) $= 0{,}7 \cdot f_{cm}^{0,31} \leq 2{,}8$
ε_{cu1} in ‰	3,5									3,2	3,0	2,8	2,8	2,8	2,8	ε_{cu1} (‰) $= 2{,}8 + 27 \cdot [(98 - f_{cm})/100]^4$
n	2,0									1,75	1,6	1,45	1,4	1,4	1,4	$n = 1{,}4 + 23{,}4 \cdot [90 - f_{ck})/100]^4$
ε_{c2} in ‰	2,0									2,2	2,3	2,4	2,5	2,6	2,6	ε_{c2} (‰) $= 2{,}0 + 0{,}085 \cdot (f_{ck} - 50)^{0,53}$
ε_{cu2} in ‰	3,5									3,1	2,9	2,7	2,6	2,6	2,6	ε_{cu2} (‰) $= 2{,}6 + 35 \cdot [(90 - f_{ck})/100]^4$
ε_{c3} in ‰	1,75									1,8	1,9	2,0	2,2	2,3	2,4	ε_{c3} (‰) $= 175 + 0{,}55 \cdot [(f_{ck} - 50)/4]$
ε_{cu3} in ‰	3,5									3,1	2,9	2,7	2,6	2,6	2,6	ε_{cu3} (‰) $= 2{,}6 + 35 \cdot [(90 - f_{ck})/100]^4$

Kenngröße	Festigkeitsklassen für Leichtbeton LC													Erläuterung
	12/13	16/18	20/22	25/28	30/33	35/38	40/44	45/50	50/55	55/60	60/66	70/77	80/88	
f_{lck} in N/mm²	12	16	20	25	30	35	40	45	50	55	60	70	80	Zylinderdruckfestigkeit
$f_{lck,cube}$ in N/mm²	13	18	22	28	33	38	44	50	55	60	66	77	88	Würfeldruckfestigkeit
f_{lcm} in N/mm²	17	22	28	33	38	43	48	53	58	63	68	78	88	$f_{lcm} = f_{lck} + 8$ [N/mm²] ab LC 20/22
f_{lctm} in N/mm²	$f_{lctm} = \eta_1 \cdot f_{ctm}$													f_{ctm} für Normalbeton
$f_{lctk;\,0,05}$ in N/mm²	$f_{lctk;\,0,05} = \eta_1 \cdot f_{ctk;\,0,05}$													$f_{ctk;\,0,05}$ für Normalbeton
$f_{lctk;\,0,95}$ in N/mm²	$f_{lctk;\,0,95} = \eta_1 \cdot f_{ctk;\,0,95}$													$f_{ctk;\,0,95}$ für Normalbeton
E_{lcm} in N/mm²	$E_{lcm} = \eta_E \cdot E_{cm}$													E_{cm} für Normalbeton, $\eta_E = (\rho / 2200)^2$
ε_{lc1} in ‰	$k \cdot f_{lcm} / E_{lcm}$													bei Natursand: $k = 1{,}1$; ansonsten $k = 1{,}0$
ε_{lcu1} in ‰	$\varepsilon_{lcu1} = \varepsilon_{lc1}$													
n	2,0									1,75	1,6	1,45	1,4	n wie für Normalbeton
ε_{lc2} in ‰	2,0									2,2	2,3	2,4	2,5	ε_{lc2} wie ε_{c2} für Normalbeton
ε_{lcu2} in ‰	$3{,}5 \cdot \eta_1$									$3{,}1 \cdot \eta_1$	$2{,}9 \cdot \eta_1$	$2{,}7 \cdot \eta_1$	$2{,}6 \cdot \eta_1$	
ε_{lc3} in ‰	1,75									1,8	1,9	2,0	2,2	ε_{lcu3} wie ε_{c3} für Normalbeton
ε_{lcu3} in ‰	$3{,}5 \cdot \eta_1$									$3{,}1 \cdot \eta_1$	$2{,}9 \cdot \eta_1$	$2{,}7 \cdot \eta_1$	$2{,}6 \cdot \eta_1$	Zusatzbedingung: $\lvert \varepsilon_{lcu3} \rvert \geq \lvert \varepsilon_{lc3} \rvert$

Die angegebenen analytischen Beziehungen gelten nur bis C90/105. Für C100/115 wurden die Werte davon unabhängig festgelegt.
$\eta_1 = 0{,}40 + 0{,}60 \cdot \rho / 2200$; ρ – Rechenwert der Trockenrohdichte in kg/m³.

Anmerkung: Vorzeichen für ε_{ci}, ε_{cui}, ε_{lci} und ε_{lcui} nach DIN EN 1992-1-1 als Stauchung positiv.

Stahlbetonbau

Bemessungswert der Betondruckfestigkeit f_{cd} und der Betonzugfestigkeit f_{ctd}

Bemessungswert der Betondruckfestigkeit: $f_{cd} = \alpha_{cc} \cdot f_{ck} / \gamma_C$

Bemessungswert der Betonzugfestigkeit: $f_{ctd} = \alpha_{ct} \cdot f_{ctk;0,05} / \gamma_C$

f_{ck} charakteristischer Wert der Betondruckfestigkeit (Zylinderdruckfestigkeit)

$f_{ctk;0,05}$ charakteristischer Wert des 5%-Quantils der Betonzugfestigkeit

α_{cc}, α_{ct} Abminderungsbeiwerte zur Berücksichtigung von Langzeitwirkungen sowie von ungünstigen Auswirkungen durch die Art der Beanspruchung auf die Druck- bzw. Zugfestigkeit. Bei Leichtbeton sind α_{cc} durch α_{lcc} und α_{ct} durch α_{lct} zu ersetzen. Unbewehrter Beton siehe Abschnitt 5.1.6.

Normalbeton:	$\alpha_{cc} = \alpha_{ct} = 0{,}85$	($\alpha_{ct} = 1{,}0$ für die Ermittlung von f_{bd} auf S. 104)
Leichtbeton:	$\alpha_{lcc} = 0{,}75$	(bei Anwendung des Parabel-Rechteck-Diagramms oder des Spannungsblockes)
	$\alpha_{lcc} = 0{,}80$	(bei der bilinearen Spannungs-Dehnungs-Bez.)
	$\alpha_{lct} = 0{,}85$	

γ_C Teilsicherheitsbeiwert für Beton nach Tafel 2

Mittelwert der Biegezugfestigkeit bewehrter Betonbauteile $f_{ctm,fl}$

$f_{ctm,fl} = (1{,}6 - h/1000) \cdot f_{ctm} \geq f_{ctm}$ Dabei ist h die Gesamthöhe des Bauteils in mm.

Betonfestigkeit für ein Alter $t \neq 28$ Tage

$$f_{cm}(t) = \beta_{cc}(t) \cdot f_{cm}$$

$$f_{ctm}(t) = [\beta_{cc}(t)]^{\alpha} \cdot f_{ctm}$$

$$\beta_{cc}(t) = e^{s \cdot \left(1 - \sqrt{28/t}\right)}$$

f_{cm} mittlere Betondruckfestigkeit nach 28 Tagen

f_{ctm} mittlere Betonzugfestigkeit nach 28 Tagen

$f_{cm}(t)$ mittlere Betondruckfestigkeit nach t Tagen

$f_{ctm}(t)$ mittlere Betonzugfestigkeit nach t Tagen

$\beta_{cc}(t)$ vom Betonalter t abhängiger Beiwert

t Betonalter in Tagen

s vom Zementtyp abhängiger Beiwert
$s = 0{,}20$ für CEM 42,5 R, CEM 52,5 N, CEM 52,5R
$s = 0{,}25$ für CEM 32,5 R, CEM 42,5 N
$s = 0{,}38$ für CEM 32,5 N

α Beiwert, $\alpha = 1$ für $t < 28$ Tage, $\alpha = 2/3$ für $t \geq 28$ Tage

3.1.2 Elastische Verformungseigenschaften

Die elastischen Betonverformungen werden von der Betonzusammensetzung stark beeinflusst. Die in DIN EN 1992-1-1 angegebenen Werte stellen daher nur Richtwerte dar.

– **Elastizitätsmodul:** Der in DIN EN 1992-1-1 angegebene Elastizitätsmodul E_{cm} entspricht dem mittleren Sekantenmodul bei einer Spannung $\sigma_{cm} \approx 0{,}4 f_{cm}$. Die in Tafel 3 angegebenen Werte für E_{cm} gelten für Betonsorten mit quarzithaltigen Gesteinskörnungen. Bei Verwendung anderer Gesteinskörnungen sollten diese Werte wie folgt verändert werden:
  - Kalksteingesteinskörnungen: Reduzierung um 10 %
  - Sandsteingesteinskörnungen: Reduzierung um 30 %
  - Basaltgesteinskörnungen: Erhöhung um 20 %

  Elastizitätsmodul für ein Betonalter ≠ 28 Tage: $E_{cm}(t) = [f_{cm}(t)/f_{cm}]^{0,3} \cdot E_{cm}$

– **Querdehnzahl:** Die Querdehnzahl μ darf näherungsweise zu 0 (überwiegend gerissene Betonzugzone) bzw. 0,2 (keine bzw. geringe Rissbildung) angesetzt werden.

– **lineare Wärmedehnzahl:** α_T hängt wesentlich von der Art der Gesteinskörnung ab. Für Normalbeton gilt $\alpha_T = 10 \cdot 10^{-6}\ K^{-1}$, für Leichtbeton gilt $\alpha_T = 8 \cdot 10^{-6}\ K^{-1}$.

Stahlbetonbau

3.1.3 Spannungs-Dehnungs-Linien für einachsige Druckbeanspruchung

Spannungs-Dehnungs-Linie für nichtlineare Verfahren der Schnittgrößenermittlung und für Verformungsberechnungen (ε_c und σ_c jeweils mit positivem Vorzeichen)

$$\frac{\sigma_c}{f_{cm}} = \left(\frac{k \cdot \eta - \eta^2}{1 + (k-2) \cdot \eta} \right)$$

$$\eta = \varepsilon_c / \varepsilon_{c1}$$

$$k = 1{,}05 \cdot E_{cm} \cdot \varepsilon_{c1} / f_{cm}$$

f_{cm}, ε_{c1}, E_{cm} nach Tafel 3

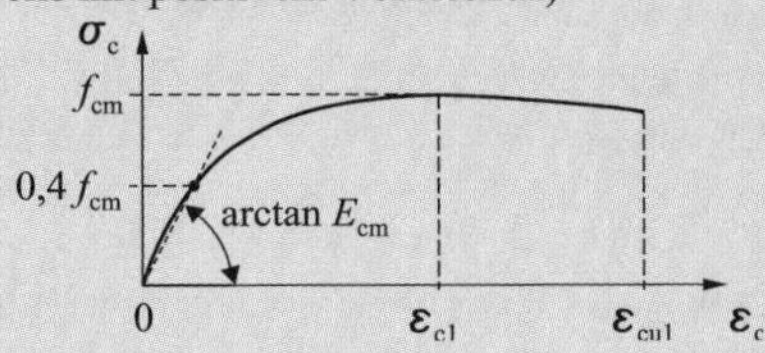

Spannungs-Dehnungs-Linien für die Querschnittsbemessung (ε_c und σ_c jeweils mit positivem Vorzeichen)

– Parabel-Rechteck-Diagramm

$$\sigma_c = \begin{cases} f_{cd} \cdot \left[1 - \left(1 - \dfrac{\varepsilon_c}{\varepsilon_{c2}} \right)^n \right] & \text{für } 0 \le \varepsilon_c \le \varepsilon_{c2} \\ f_{cd} & \text{für } \varepsilon_{c2} \le \varepsilon_c \le \varepsilon_{c2u} \end{cases}$$

σc, fck, fcd, 0, εc2, εcu2, εc

– Bilineare Spannungs-Dehnungs-Linie

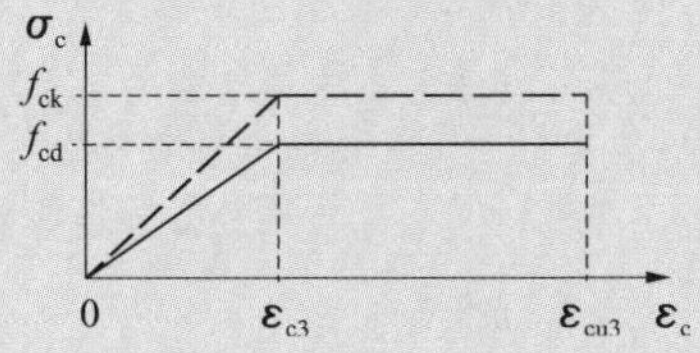

– Spannungsblock

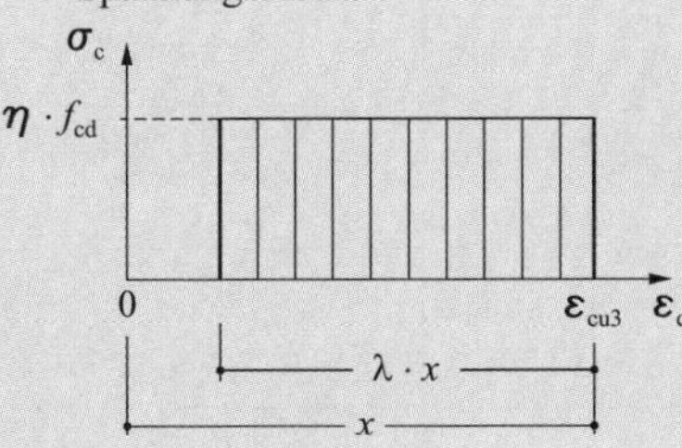

Für die Anwendung des Spannungsblockes gilt:

– die Dehnungsnulllinie muss im Querschnitt liegen

– $\eta = \begin{cases} 1{,}0 & \text{für } f_{ck} \le 50 \text{ N/mm}^2 \\ 1{,}0 - (f_{ck} - 50)/200 & \text{für } f_{ck} > 50 \text{ N/mm}^2 \end{cases}$ $\quad \lambda = \begin{cases} 0{,}8 & \text{für } f_{ck} \le 50 \text{ N/mm}^2 \\ 0{,}8 - (f_{ck} - 50)/400 & \text{für } f_{ck} > 50 \text{ N/mm}^2 \end{cases}$

– bei zum gedrückten Rand hin abnehmender Querschnittsbreite ist $\eta \cdot f_{cd}$ zusätzlich mit dem Faktor 0,9 abzumindern.

3.1.4 Kriech- und Schwindverformungen

Kriechen: zeitabhängige Zunahme der Betonverformungen unter Dauerlast.

Relaxation: zeitabhängige Abnahme der Betonspannungen unter einer aufgezwungenen konstanten Verformung.

Schwinden: zeitabhängige Volumenverringerung des Betons infolge Austrocknens.

Gesamtverformung $\varepsilon_c(t)$ aus elastischen Formänderungsanteilen, Kriechen u. Schwinden

$$\varepsilon_c(t) = \varepsilon_{cs}(t, t_s) + \varepsilon_{ci}(t_0) + \varepsilon_{cc}(t, t_0)$$

(Die Wahl der Vorzeichen in der Gleichung für $\varepsilon_c(t)$ setzt die gleiche Richtung der Formänderung aus Kriechen und Schwinden voraus!)

$\varepsilon_{cs}(t, t_s)$ Schwinddehnung im Zeitraum t_s bis t

$\varepsilon_{ci}(t_0)$ elastische Dehnung, $\varepsilon_{ci}(t_0) = \sigma_{ci}(t_0)/E_{cm}$

$\varepsilon_{cc}(t, t_0)$ Kriechdehnung im Zeitraum t_0 bis t

Voraussetzungen für die Ermittlung der Kriech- und Schwindverformungen

Die nachfolgend angegebenen Regeln zur Berechnung der Kriech- und Schwindverformungen beruhen auf folgenden Voraussetzungen:

- Die kriecherzeugende Betondruckspannung im Alter t_0 ist nicht größer als $0{,}45 \cdot f_{ck}(t_0)$. Anderenfalls ist nichtlineares Kriechen nach DIN EN 1992-1-1, 3.1.4 zu berücksichtigen.
- Die mittlere relative Luftfeuchte liegt zwischen 40 % und 100 %, die Umgebungstemperaturen zwischen −40 °C und +40 °C.

Die berechneten Kriech- und Schwindverformungen sind als zu erwartende Mittelwerte zu betrachten, die mittleren Variationskoeffizienten für die Vorhersage von Endkriechzahl und Schwinddehnung liegen bei ungefähr 30 %. Sind Tragwerke gegenüber Kriechen und Schwinden empfindlich, sollten mögliche Streuungen dieser Werte berücksichtigt werden.

Berechnung der Kriechdehnung bei konstanter kriecherzeugender Betonspannung

Unter der Voraussetzung einer zeitlich konstanten kriecherzeugenden Betonspannung σ_c kann die Kriechdehnung ε_{cc} wie folgt ermittelt werden:

$$\varepsilon_{cc}(t,t_0) = \varphi(t,t_0) \cdot \frac{\sigma_c}{E_c}$$

$\varepsilon_{cc}(t,t_0)$	Kriechdehnung des Betons im Zeitraum t_0 bis t
$\varphi(t,t_0)$	Kriechzahl zum Zeitpunkt t
t_0	Betonalter bei Belastungsbeginn in Tagen
σ_c	kriecherzeugende Betonspannung
E_c	Tangentenmodul, $E_c = 1{,}05 \cdot E_{cm}$

In vielen Fällen ist es ausreichend, die Kriechdehnung für den Zeitpunkt $t = \infty$ mit Hilfe der Endkriechzahl $\varphi(\infty, t_0)$ zu bestimmen. Für einfache Fälle siehe dazu Tafel 4 oder Abb. 2.

Tafel 4: Endkriechzahlen $\varphi(\infty, t_0)$ (Die Endkriechzahlen gelten für eine Belastungsdauer von 70 Jahren.)

Relative Luftfeuchte der Umgebung RH	Betonalter bei Belastungsbeginn t_0 in Tagen	Wirksame Bauteildicke $h_0 = 2 \cdot A_c / u$ in cm					
		10	50	100	10	50	100
		C20/25			C30/37		
50%	1	6,0	4,7	4,3	4,9	3,9	3,6
	3	4,9	3,8	3,5	4,0	3,2	2,9
	7	4,2	3,3	3,0	3,4	2,7	2,5
	28	3,2	2,5	2,3	2,6	2,1	1,9
80%	1	4,1	3,6	3,5	3,4	3,0	2,9
	3	3,4	3,0	2,8	2,8	2,5	2,4
	7	2,9	2,5	2,4	2,4	2,1	2,0
	28	2,2	1,9	1,9	1,8	1,6	1,6

Die angegebenen Endkriechzahlen $\varphi(\infty, t_0)$ gelten für Normalbetone, die mit Zement der Klasse N hergestellt werden. Zur Bedeutung von A_c und u siehe Seite 12.

Eine Berechnung der Kriechdehnung für einen beliebigen Zeitpunkt t ist mit Hilfe der nachfolgend angegebenen Beziehungen nach DIN EN 1992-1-1, Anhang B, möglich.

$$\varphi(t,t_0) = \varphi_0 \cdot \beta_c(t,t_0)$$

$$\varphi_0 = \varphi_{RH} \cdot \beta(f_{cm}) \cdot \beta(t_0)$$

$$\varphi_{RH} = \begin{cases} 1 + \dfrac{1 - RH/100}{0{,}1 \cdot \sqrt[3]{h_0}} & \text{für } f_{cm} \leq 35\,\text{N/mm}^2 \\ \left[1 + \dfrac{1 - RH/100}{0{,}1 \cdot \sqrt[3]{h_0}} \cdot \alpha_1\right] \cdot \alpha_2 & \text{für } f_{cm} > 35\,\text{N/mm}^2 \end{cases}$$

$$\beta(f_{cm}) = \frac{16{,}8}{\sqrt{f_{cm}}}$$

$\varphi(t,t_0)$	Kriechzahl im Zeitraum t_0 bis t
t	Betonalter zum betrachteten Zeitpunkt in Tagen
t_0	tatsächliches Betonalter bei Belastungsbeginn in Tagen
φ_0	Grundzahl des Kriechens
$\beta_c(t,t_0)$	Beiwert zur Beschreibung der zeitlichen Entwicklung des Kriechens
RH	relative Luftfeuchte der Umgebung in %

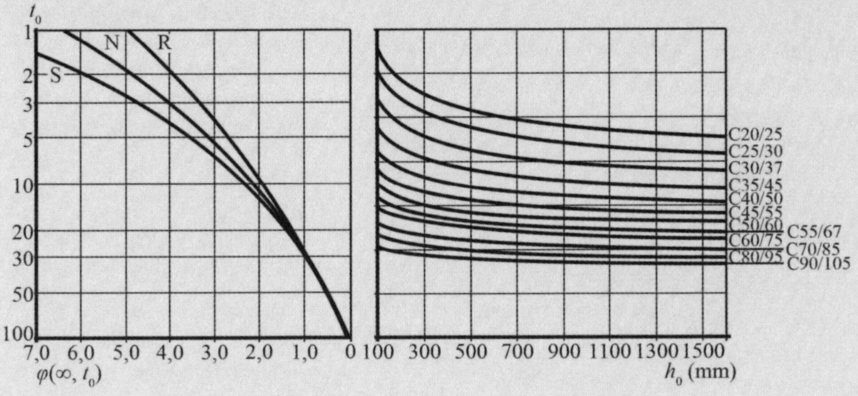

a) trockene Innenräume, relative Luftfeuchte 50 %

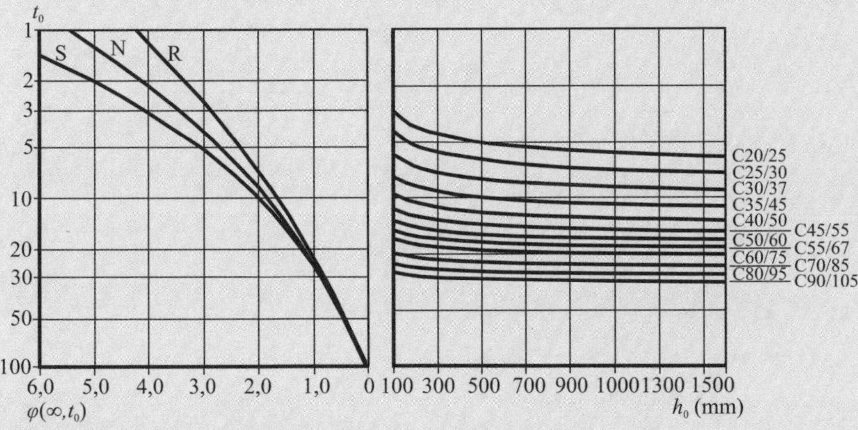

b) Außenluft, relative Luftfeuchte 80 %

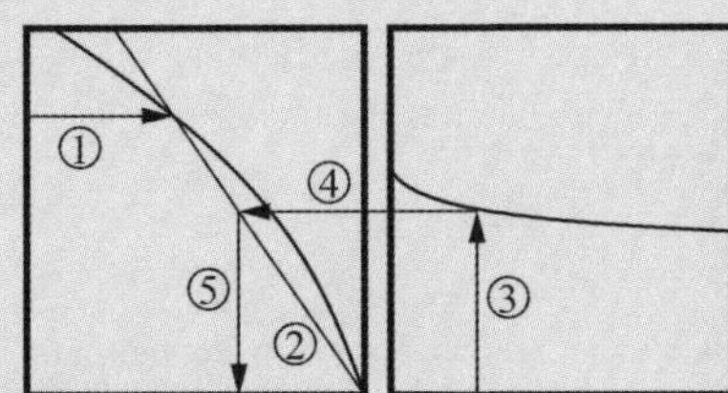

c) Ableseschema

ANMERKUNGEN

- der Schnittpunkt der Linien 4 und 5 kann auch über dem Punkt 1 liegen
- für $t_0 > 100$ darf $t_0 = 100$ angenommen werden (Tangentenlinie ist zu verwenden)

Abb. 2: Endkriechzahlen $\varphi(\infty, t_0)$

Stahlbetonbau

$$\beta(t_0) = \frac{1}{0{,}1 + t_{0,\mathrm{eff}}^{\,0{,}20}}$$

$$\beta_c(t,t_0) = \left[\frac{t - t_0}{\beta_H + t - t_0}\right]^{0{,}3}$$

Für $t = \infty$ ergibt sich $\beta_c(t,t_0) = 1$.

β_H ist in Abhängigkeit von f_{cm} zu bestimmen:

– für $f_{cm} \le 35$ N/mm²:

$$\beta_H = 1{,}5 \cdot \left[1 + (0{,}12 \cdot RH)^{18}\right] \cdot h_0 + 250 \le 1500$$

– für $f_{cm} > 35$ N/mm²:

$$\beta_H = 1{,}5 \cdot \left[1 + (0{,}12 \cdot RH)^{18}\right] \cdot h_0 + 250 \cdot \alpha_3 \le 1500 \cdot \alpha_3$$

$$\alpha_1 = \left(\frac{35}{f_{cm}}\right)^{0{,}7} \qquad \alpha_2 = \left(\frac{35}{f_{cm}}\right)^{0{,}2}$$

$$\alpha_3 = \left(\frac{35}{f_{cm}}\right)^{0{,}5}$$

$$t_{0,\mathrm{eff}} = t_0 \cdot \left[\frac{9}{2 + t_0^{\,1{,}2}} + 1\right]^{\alpha} \ge 0{,}5 \text{ Tage}$$

$t - t_0$ tatsächliche Belastungsdauer in Tagen

$t_{0,\mathrm{eff}}$ wirksames Betonalter bei Belastungsbeginn in Tagen

h_0 wirksame Bauteildicke in mm

$h_0 = 2 \cdot A_c / u$

A_c Querschnittsfläche

u der Austrocknung ausgesetzter Teil des Querschnittsumfangs, bei Hohlkästen einschließlich 50 % des inneren Umfangs

f_{cm} mittlere Zylinderdruckfestigkeit des Betons in N/mm² nach 28 Tagen

$\alpha_{1/2/3}$ Beiwerte zur Berücksichtigung des Einflusses der Betondruckfestigkeit

α Beiwert zur Berücksichtigung der Zementart

Zementart	α
S	–1
N	0
R	1

Bei der Ermittlung von $t_{0,\mathrm{eff}}$ darf der Einfluss der Temperatur auf die Aushärtung des Betons durch den Ansatz von t_T anstelle von t_0 berücksichtigt werden:

$$t_T = \sum_{i=1}^{n} e^{-(4000/[273+T(\Delta t_i)]-13{,}65)} \cdot \Delta t_i$$

$T(\Delta t_i)$ Temperatur in °C im Zeitintervall Δt_i

Δt_i Zeitintervall in Tagen

Für Leichtbeton sind die Kriechzahlen wie für Normalbeton zu ermitteln und dann mit dem Faktor $(\rho/2200)^2$ zu multiplizieren. Die damit ermittelten Kriechverformungen sind mit dem Faktor 1,3 (≤ LC16/18) bzw. 1,0 (≥ LC20/22) zu vervielfachen.

Berechnung der Kriechdehnung bei veränderlicher kriecherzeugender Betonspannung

Die Betondehnung aus elastischer Verformung und Kriechen kann bei veränderlicher kriecherzeugender Betonspannung nach [DAfStb Heft 525] ermittelt werden:

$$\varepsilon_{c\sigma}(t,t_0) = \frac{\sigma_c(t_0)}{E_c} \cdot [1 + \varphi(t,t_0)] + \frac{\Delta\sigma_c(t,t_0)}{E_c} \cdot [1 + \rho(t,t_0) \cdot \varphi(t,t_0)]$$

$\varepsilon_{c\sigma}(t,t_0)$ Betondehnung aus elastischer Verformung und Kriechen zum Zeitpunkt t

$\varphi(t,t_0)$ Kriechzahl zum Zeitpunkt t

$\rho(t,t_0)$ Relaxationsbeiwert, $\rho(t,t_0) \approx 0{,}8$

$\sigma_c(t_0)$, $\Delta\sigma_c(t,t_0)$ kriecherzeugende Betonspannung, Änderung der Betonspannung

Berechnung der Schwinddehnung

Die Gesamtschwinddehnung $\varepsilon_{cs}(t,t_s)$ setzt sich aus den beiden Anteilen autogene Schwinddehnung und Trocknungsschwinddehnung zusammen. Für einfache Fälle ist die Gesamtschwinddehnung für den Zeitpunkt $t = \infty$ in Tafel 5 angegeben.

$$\varepsilon_{cs}(t,t_s) = \varepsilon_{ca}(t) + \varepsilon_{cd}(t,t_s)$$

$$\varepsilon_{ca}(t) = \beta_{as}(t) \cdot \varepsilon_{ca}(\infty)$$

$$\varepsilon_{cd}(t,t_s) = \beta_{ds}(t,t_s) \cdot k_h \cdot \varepsilon_{cd,0}$$

$$\beta_{as}(t) = 1 - e^{\left(-0{,}2\cdot\sqrt{t}\right)}$$

$$\varepsilon_{ca}(\infty) = 2{,}5 \cdot (f_{ck} - 10) \cdot 10^{-6}, f_{ck} \text{ in N/mm}^2$$

$$\beta_{ds}(t-t_s) = \frac{(t-t_s)}{(t-t_s) + 0{,}04\cdot\sqrt{h_0^3}}$$

$$\varepsilon_{cd,0} = 0{,}85 \cdot \left[(220 + 110 \cdot \alpha_{ds1}) \cdot e^{\left(-\alpha_{ds2}\cdot f_{cm}/10\right)}\right] \cdot 10^{-6} \cdot \beta_{RH}$$

$$\beta_{RH} = 1{,}55 \cdot \left[1 - \left(\frac{RH}{100}\right)^3\right]$$

α_{ds1}, α_{ds2} Beiwerte zur Berücksichtigung der Zementart

Zementart	α_{ds1}	α_{ds2}
S	3	0,13
N	4	0,12
R	6	0,11

$\varepsilon_{cs}(t,t_s)$ Gesamtschwinddehnung im Zeitraum t_s bis t

$\varepsilon_{ca}(t)$ autogene Schwinddehnung zum Zeitpunkt t

$\varepsilon_{cd}(t,t_s)$ Trocknungsschwinddehnung zum Zeitpunkt t

t Betonalter zum betrachteten Zeitpunkt in Tagen

t_s Betonalter zum Beginn der Austrocknung in Tagen; in der Regel das Alter am Ende der Nachbehandlung

k_h von der wirksamen Querschnittsdicke h_0 abhängiger Beiwert, h_0 siehe S. 12

h_0 [mm]	100	200	300	≥ 500
k_h	1,0	0,85	0,75	0,70

f_{cm} mittlere Zylinderdruckfestigkeit des Betons in N/mm² nach 28 Tagen

RH relative Luftfeuchte der Umgebung in %

Tafel 5: Gesamtschwinddehnung $\varepsilon_{cs}(\infty)$ in ‰

Relative Luftfeuchte der Umgebung *RH*	Wirksame Querschnittsdicke, $h_0 = 2 \cdot A_c / u$ in cm					
	10	30	50	10	30	50
	C20/25			C30/37		
50%	0,57	0,43	0,40	0,53	0,41	0,38
80%	0,33	0,325	0,23	0,32	0,25	0,24
Die angegebenen Gesamtschwinddehnungen $\varepsilon_{cs}(\infty)$ gelten für Betone mit Zement CEM N.						

Trocknungsschwinddehnungen sind für Leichtbeton wie für Normalbeton zu bestimmen und dann mit dem Faktor 1,5 (≤ LC16/18) bzw. 1,2 (≥ LC20/22) zu vervielfachen. Die für Normalbeton bestimmte autogene Schwinddehnung liefert den Höchstwert, der für Leichtbeton zu erwarten ist.

3.2 Betonstahl

Für die Verwendung als konstruktive (für tragende Zwecke geeignete) Bewehrung in Betonbauteilen stehen schweißgeeignete, gerippte Betonstähle mit annähernd kreisförmigem Querschnitt zur Verfügung. Betonstähle müssen entweder den Regelungen der Normenreihe DIN 488 entsprechen oder auf der Grundlage einer bauaufsichtlichen Zulassung eingesetzt werden. Die Bezeichnung der Betonstähle erfolgt durch den Buchstaben **B**, gefolgt von der Angabe der Streckgrenze in N/mm² sowie einem Buchstaben für die Duktilitätsklasse (**A** = normalduktil, **B** = hochduktil).

Mögliche Verarbeitungsformen

- Betonstabstahl
- Betonstahl vom Ring
- Betonstahlmatten (Listenmatten, Vorratsmatten, Lagermatten)
- Gitterträger

Verfügbare Nenndurchmesser von Betonstahl nach DIN 488

- Betonstabstahl: 6,0 – 8,0 – 10,0 – 12,0 – 14,0 – 16,0 – 20,0 – 25,0 – 28,0 – 32,0 – 40,0 mm
- Betonstahl vom Ring: 6,0 – 8,0 – 10,0 – 12,0 – 14,0 – 16,0 – 20,0 mm
- Betonstahlmatten: 6,0 – 7,0 – 8,0 – 9,0 – 10,0 – 11,0 – 12,0 mm

Betonstähle, die nicht DIN 488 entsprechen, aber auf der Grundlage einer bauaufsichtlichen Zulassung zur Anwendung kommen, können abweichende Nenndurchmesser aufweisen.

Zuordnung gegenwärtig verfügbarer Betonstähle zu Duktilitätsklassen

- Betonstabstahl nach DIN 488-2 oder nach bauaufsichtlicher Zulassung: hochduktil (B)
- Betonstahlmatten nach DIN 488: zurzeit nur normalduktil (A), nach bauaufsichtlicher Zulassung: hochduktil (B) verfügbar
- Betonstahl vom Ring nach DIN 488 oder mit bauaufsichtlicher Zulassung: normalduktil (A) und hochduktil (B) verfügbar
- Gurte von Gitterträgern: normalduktil (A) und hochduktil (B) verfügbar.

Oberfläche (Rippung)

In Tafel 6 wird eine Übersicht zur Oberflächengestaltung (Rippung) von Betonstahl nach DIN 488 gegeben. Betonstähle nach bauaufsichtlicher Zulassung können Sonderrippungen aufweisen, die nicht denen nach DIN 488 entsprechen.

Tafel 6: Rippung von Betonstahl nach DIN 488

	Rippung		
Oberfläche und Querschnitt			
Merkmal	2 Rippenreihen	3 Rippenreihen	4 Rippenreihen
Duktilität	hochduktil	normalduktil	hochduktil
Anwendung	Betonstabstahl Betonstahl vom Ring	Betonstahlmatten Betonstahl vom Ring	Betonstabstahl Betonstahl vom Ring

Mechanische Eigenschaften von Betonstahl

Tafel 7: Eigenschaften von Betonstahl nach DIN 488-1:2009-08

Bezeichnung		B500A		B500B	
Erzeugnisform		Betonstabstahl	Betonstahlmatten	Betonstabstahl	Betonstahlmatten
Duktilität		normal		hoch	
Streckgrenze f_{yk} in N/mm^2		500			
Verhältnis $(f_t / f_y)_k$		≥ 1,05		≥ 1,08	
Verhältnis $(f_{y,ist} / f_{yk,nenn})_{0,90}$		–		≤ 1,3	
Stahldehnung unter Höchstlast ε_{uk} in ‰		25		50	
Kennwert für die Ermüdungsfestigkeit $N = 1 \cdot 10^6$ in N/mm^2 (mit einer oberen Spannung $\leq 0{,}6 \cdot f_y$)	Ø ≤ 28	175	100	175	100
	Ø > 28	–	–	145	–

f_y Streckgrenze des Betonstahls
f_{yk} charakteristischer Wert der Streckgrenze
f_t Zugfestigkeit des Betonstahls
$f_{y,ist} / f_{yk,nenn}$ Verhältnis der im Zugversuch ermittelten Streckgrenze zum Nennwert der Streckgrenze

Rechnerische Spannungs-Dehnungs-Linie des Betonstahls für die Bemessung

Es stehen alternativ zwei genäherte Spannungs-Dehnungs-Linien zur Verfügung:

– Spannungs-Dehnungs-Linie mit horizontalem Ast (Linie I in nachfolgender Abbildung)
– Spannungs-Dehnungs-Linie mit Berücksichtigung eines über die Streckgrenze hinausreichenden Festigkeitsanstieges (Linie II in nachfolgender Abbildung)

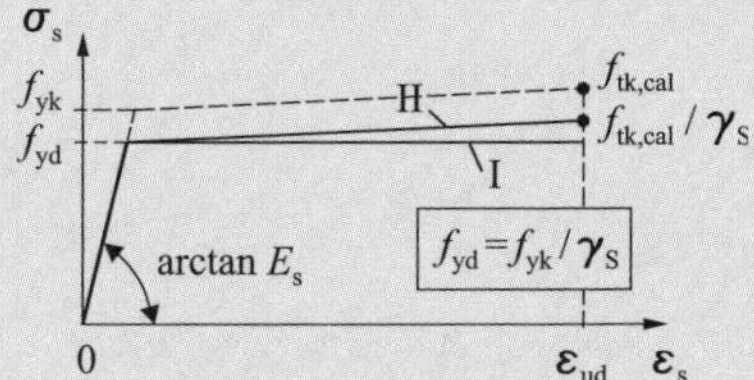

I – Spannungs-Dehnungs-Linie mit horizontalem Ast

II – Spannungs-Dehnungs-Linie mit Berücksichtigung eines Festigkeitsanstieges über die Streckgrenze hinaus

$f_{yd} = f_{yk} / \gamma_S$, $f_{tk,cal} = 525$ N/mm²

$E_s = 200\,000$ N/mm², $\varepsilon_{ud} = 25$ ‰

4 Schnittgrößenermittlung

4.1 Vereinfachungen und Idealisierungen

4.1.1 Einteilung der Tragwerke

Tafel 8: Kriterien für die Einteilung in Tragwerksformen

Stabtragwerke		Flächentragwerke		
Balken	Stütze	Platte	Scheibe	wandartiger Träger
vorwiegend biegebeansprucht	vorwiegend druckbeansprucht	durch Kräfte rechtwinklig zur Mittelebene vorwiegend biegebeansprucht	durch Kräfte parallel zur Mittelebene vorwiegend druckbeansprucht	durch Kräfte parallel zur Mittelebene vorwiegend biegebeansprucht
$l_{eff} \geq 3 \cdot h$ $b \leq 5 \cdot h$	$b_y \begin{cases} \geq 0{,}25 \cdot b_z \\ \leq 4 \cdot b_z \end{cases}$	$l_{eff} \geq 3 \cdot h$ $b > 5 \cdot h$	$b_y \begin{cases} < 0{,}25 \cdot b_z \\ > 4 \cdot b_z \end{cases}$	$l_{eff} < 3 \cdot h$
h, b, l_{eff}	l_{col}, b_y, b_z	h, b, l_{eff}	b_y, b_z	h, b, l_{eff}

Einachsige/zweiachsige Tragwirkung von Platten

Liniengelagerte, vorwiegend durch gleichmäßig verteilte Lasten beanspruchte Platten dürfen in den folgenden Fällen als einachsig gespannt betrachtet werden:

– wenn die Auflagerung lediglich an zwei gegenüberliegenden Plattenrändern erfolgt
– bei anderen Auflageranordnungen, sofern $l_{eff,max} / l_{eff,min} > 2$

4.1.2 Statisches System und Stützweite

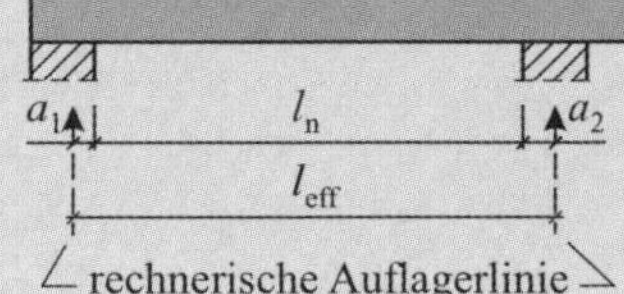

Die effektive Stützweite l_{eff} entspricht dem Abstand zwischen den rechnerischen Auflagerlinien des betreffenden Feldes.

$$l_{eff} = l_n + a_1 + a_2$$

l_n lichte Stützweite

a_1, a_2 Abstand zwischen der Auflagervorderkante und der rechnerischen Auflagerlinie

Ist die Lage der rechnerischen Auflagerlinie nicht durch spezielle Lager (Punkt-, Linienlager) vorgegeben, gelten die Festlegungen der Tafel 9.

Tafel 9: Lage der rechnerischen Auflagerlinie (DIN EN 1922-1-1:2011-01, Bild 4 und DIN EN 1992-1-1/NA:2013-04, NCI zu 5.3.2.2(1))

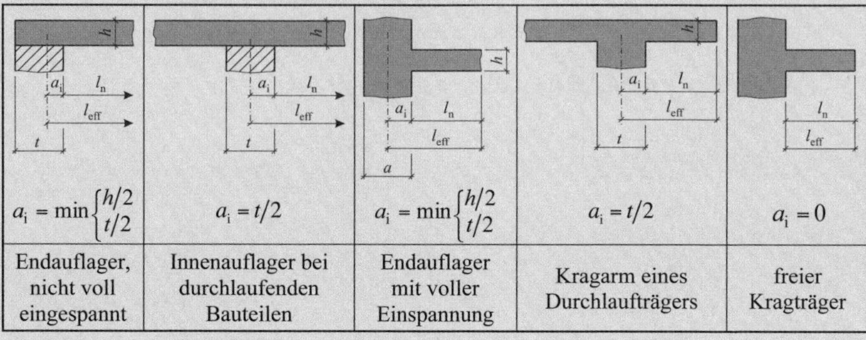

$a_i = \min\begin{cases} h/2 \\ t/2 \end{cases}$	$a_i = t/2$	$a_i = \min\begin{cases} h/2 \\ t/2 \end{cases}$	$a_i = t/2$	$a_i = 0$
Endauflager, nicht voll eingespannt	Innenauflager bei durchlaufenden Bauteilen	Endauflager mit voller Einspannung	Kragarm eines Durchlaufträgers	freier Kragträger

4.1.3 Direkte und indirekte Auflagerung (DIN EN 1992-1-1/NA:2013-04, NA.1.5.2.26)

Eine direkte Auflagerung liegt vor, wenn das lastbringende (gestützte) Bauteil vollständig in der oberen Querschnittshälfte des lastbringenden Bauteils (stützenden) einbindet, siehe Abb. 3.

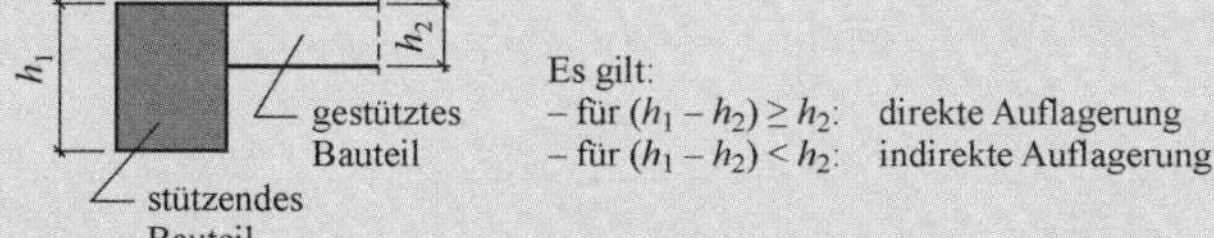

Abb. 3: Unterscheidung zwischen direkter und indirekter Auflagerung

4.1.4 Mitwirkende Plattenbreite

Für die Ermittlung der mitwirkenden Plattenbreite b_{eff} kann folgende Näherung genutzt werden:

$$b_{eff} = \sum b_{eff,i} + b_w$$

$$b_{eff,i} = 0{,}2 \cdot b_i + 0{,}1 \cdot l_0 \leq \begin{cases} 0{,}2 \cdot l_0 \\ b_i \end{cases}$$

l_0 wirksame Stützweite

b_i tatsächliche Breite des an den Steg angeschlossenen Gurtes

b_w Stegbreite

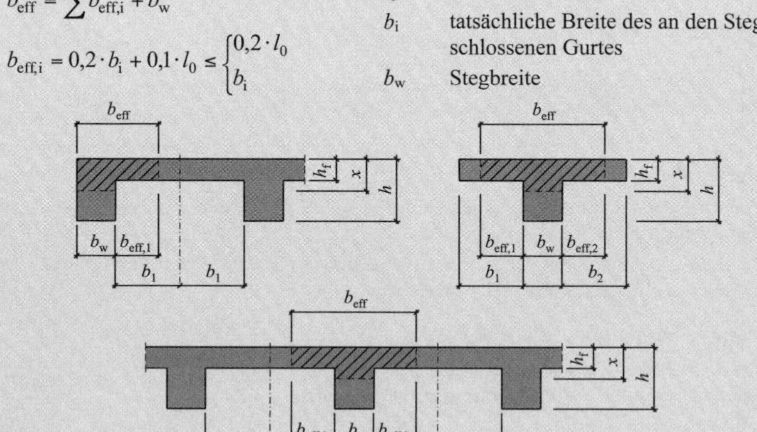

Die wirksame Stützweite l_0 entspricht dem Abstand der Momentennullpunkte und darf für annähernd gleichmäßig verteilte Einwirkungen und bei einem Verhältnis der Stützweiten benachbarter Felder $l_{eff,min} / l_{eff,max} > 0{,}8$ wie folgt ermittelt werden:

– im Feldbereich von
  - Einfeldträgern: $l_0 = l_{\text{eff}}$
  - Endfeldern von Durchlaufträgern: $l_0 = 0{,}85 \cdot l_{\text{eff}}$
  - Mittelfeldern von Durchlaufträgern: $l_0 = 0{,}7 \cdot l_{\text{eff}}$

– im Stützbereich von
  - Durchlaufträgern: $l_0 = 0{,}3 \cdot l_{\text{eff,m}}$
  - Kragträgern: $l_0 = 0{,}15 \cdot l_{\text{eff}} + l_{\text{eff,K}}$
  - kurzen Kragträgern: $l_0 = 1{,}5 \cdot l_{\text{eff,K}}$

l_{eff} effektive Stützweite des betreffenden Feldes (bei kurzen Kragarmen: Stützweite des an den Kragarm angrenzenden Feldes)

$l_{\text{eff,m}}$ Mittelwert der benachbarten effektiven Stützweiten

$l_{\text{eff,K}}$ effektive Stützweite des Kragarms

4.1.5 Abminderung der Stützmomente

Der Bemessungswert des Stützmomentes von durchlaufenden Platten oder Balken darf unabhängig vom für die Schnittgrößenermittlung verwendeten Verfahren abgemindert werden, siehe Tafel 10.

Tafel 10: Stützmomentenabminderung

Ermittlung von Anschnittmomenten am Auflagerrand bei monolithischer Verbindung des durchlaufenden Bauteils mit der Unterstützung. Bei indirekter Auflagerung ist die Abminderung nur zulässig, wenn das stützende Bauteil eine Vergrößerung der Nutzhöhe des gestützten Bauteils mit einer Neigung ≥ 1:3 zulässt.

Die Bemessung erfolgt für die Anschnittmomente $M_{\text{Ed,I}}$ und $M_{\text{Ed,II}}$:

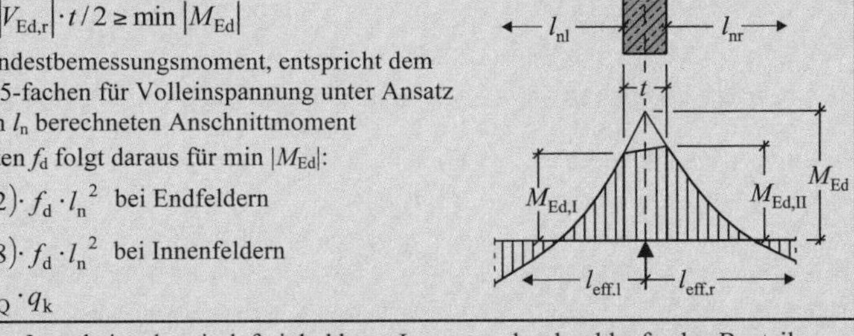

$$|M_{\text{Ed,I}}| = |M_{\text{Ed}}| - |V_{\text{Ed,l}}| \cdot t/2 \geq \min |M_{\text{Ed}}|$$

$$|M_{\text{Ed,II}}| = |M_{\text{Ed}}| - |V_{\text{Ed,r}}| \cdot t/2 \geq \min |M_{\text{Ed}}|$$

$\min |M_{\text{Ed}}|$ Mindestbemessungsmoment, entspricht dem 0,65-fachen für Volleinspannung unter Ansatz von l_n berechneten Anschnittmoment

Bei Gleichstreckenlasten f_d folgt daraus für $\min |M_{\text{Ed}}|$:

$\min |M_{\text{Ed}}| = (1/12) \cdot f_d \cdot l_n^2$ bei Endfeldern

$\min |M_{\text{Ed}}| = (1/18) \cdot f_d \cdot l_n^2$ bei Innenfeldern

$f_d = \gamma_G \cdot g_k + \gamma_Q \cdot q_k$

Stützmomentenausrundung bei rechnerisch frei drehbarer Lagerung des durchlaufenden Bauteils

Die Bemessung erfolgt für das ausgerundete Moment M_{Ed}':

$$|M_{\text{Ed}}'| = |M_{\text{Ed}}| - |F_{\text{Ed,sup}}| \cdot \frac{t}{8}$$

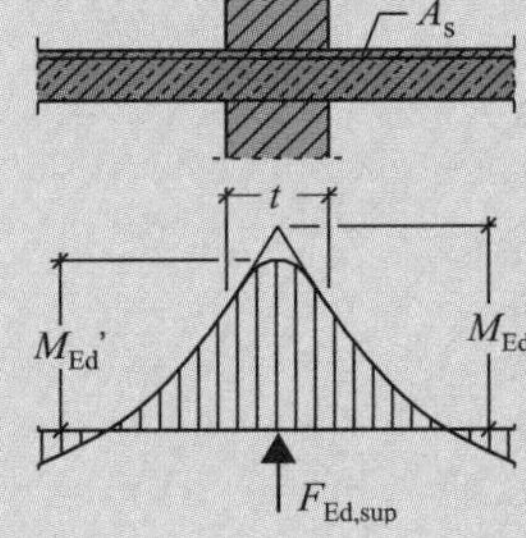

Bei der Berechnung der Anschnittmomente bzw. bei der Stützmomentenausrundung bedeuten:

M_{Ed}	Bemessungswerte des Biegemomentes in der rechnerischen Auflagerlinie
$F_{\text{Ed,sup}}$	Bemessungswert der Auflagerkraft
$V_{\text{Ed,l}}$, $V_{\text{Ed,r}}$	Bemessungswert der Querkraft links/rechts von der rechnerischen Auflagerlinie
t	Auflagerbreite

Stahlbetonbau

4.1.6 Sonstige Vereinfachungen

Bei der Schnittgrößenermittlung dürfen folgende Vereinfachungen genutzt werden:

- *Durchlaufende Platten und Balken* dürfen im üblichen Hochbau als frei drehbar gelagert betrachtet werden.
- *Stützkräfte* von einachsig gespannten Platten, Rippendecken und Balken (auch Plattenbalken) dürfen unter Vernachlässigung der Durchlaufwirkung bestimmt werden. Davon abweichend ist die Durchlaufwirkung stets an der ersten Innenstütze sowie an sonstigen Innenstützen dann zu berücksichtigen, wenn das Stützweitenverhältnis der benachbarten Felder mit annähernd gleicher Steifigkeit außerhalb des Bereiches $0{,}5 < l_{eff,i} / l_{eff,i+1} < 2$ liegt.
- *Querkräfte* dürfen im üblichen Hochbau für eine Vollbelastung aller Felder berechnet werden, wenn das Stützweitenverhältnis benachbarter Felder mit annähernd gleicher Steifigkeit im Bereich $0{,}5 < l_{eff,i} / l_{eff,i+1} < 2$ liegt.
- Bei *rahmenartigen Tragwerken* in durch Wandscheiben ausgesteiften Tragsystemen des üblichen Hochbaus dürfen die an den Innenstützen auftretenden Biegemomente aus Rahmentragwirkung vernachlässigt werden, wenn das Stützweitenverhältnis benachbarter Felder mit etwa gleicher Steifigkeit $0{,}5 < l_{eff,i} / l_{eff,i+1} < 2$ beträgt.

4.2 Berechnungsverfahren zur Schnittgrößenermittlung

Für die Ermittlung der Schnittgrößen stehen in Abhängigkeit vom betrachteten Grenzzustand folgende Berechnungsverfahren zur Verfügung:

- Grenzzustände der Tragfähigkeit
  - linear-elastische Berechnung ohne Umlagerung
  - linear-elastische Berechnung mit begrenzter Umlagerung
  - Verfahren nach der Plastizitätstheorie
  - nichtlineare Verfahren
- Grenzzustände der Gebrauchstauglichkeit
  - linear-elastische Berechnung ohne Umlagerung
  - nichtlineare Verfahren

4.2.1 Linear-elastische Berechnung

Bei linear-elastischer Schnittgrößenermittlung dürfen die Steifigkeiten im ungerissenen Zustand (Zustand I) angesetzt werden. Alternativ ist es jedoch auch möglich, die Steifigkeiten der gerissenen Querschnitte (Zustand II) zugrunde zu legen.

Sicherung einer ausreichenden Duktilität

Zur Sicherung einer ausreichenden Duktilität hochbelasteter Querschnitte sollte bei Durchlaufträgern mit annähernd gleichen Steifigkeiten und einem Stützweitenverhältnis benachbarter Felder von $0{,}5 < l_{eff,i} / l_{eff,i+1} < 2$, Rahmenriegeln und sonstigen vorwiegend biegebeanspruchten Bauteilen, die mit den Bemessungswerten der Einwirkungen und der Baustofffestigkeiten ermittelte bezogene Druckzonenhöhe x_d/d auf folgende Werte begrenzt werden:

– Beton bis C50/60: $x_d/d \leq 0{,}45$ – Beton ab C55/67 und Leichtbeton: $x_d/d \leq 0{,}35$

Bei einer Überschreitung dieser Werte sowie generell bei Durchlaufträgern mit stark unterschiedlichen Stützweiten sind zusätzliche Maßnahmen zur Umschnürung der Druckzone erforderlich oder der vereinfachte Nachweis der Rotationsfähigkeit nach Abschnitt 4.2.3 zu führen.

4.2.2 Linear-elastische Berechnung mit Umlagerung

Die auf der Grundlage einer linear-elastischen Berechnung bestimmten Biegemomente dürfen in den Grenzzuständen der Tragfähigkeit unter Einhaltung der Gleichgewichtsbedingungen in einem begrenzten Umfang umgelagert werden. Die Auswirkungen dieser Umlagerung auf andere Schnittgrößen (Querkräfte, Auflagerkräfte) sowie die konstruktive Durchbildung (z.B. Zugkraftdeckung) sind zu berücksichtigen.

In Durchlaufträgern mit einem Stützweitenverhältnis benachbarter Felder von $0{,}5 < l_{eff,i} / l_{eff,i+1} < 2$, in Riegeln von unverschieblichen Rahmen sowie in sonstigen, vorwiegend biegebeanspruchten Bauteilen gelten folgende Umlagerungsgrenzen für die Abminderung der Stützmomente:

Hochduktiler Stahl B500B		Normalduktiler Stahl B500A	
Beton bis C50/60	Beton ab C55/67 und Leichtbeton	Beton bis C50/60	Beton ab C55/67 und Leichtbeton
$\delta \geq \begin{cases} 0{,}64 + 0{,}8 \cdot x_u / d \\ 0{,}7 \end{cases}$	$\delta \geq \begin{cases} 0{,}72 + 0{,}8 \cdot x_u / d \\ 0{,}8 \end{cases}$	$\delta \geq \begin{cases} 0{,}64 + 0{,}8 \cdot x_u / d \\ 0{,}85 \end{cases}$	$\delta = 1$ (keine Umlagerung)
δ Umlagerungsfaktor, Verhältnis des umgelagerten Moments zum Ausgangsmoment x_u Druckzonenhöhe im Grenzzustand der Tragfähigkeit nach der Umlagerung			

Weiterhin ist zu beachten:

- Für die Eckknoten in unverschieblichen Rahmen ist die Umlagerung auf $\delta = 0{,}9$ begrenzt.
- Bei verschieblichen Rahmen sowie bei Tragwerken aus unbewehrtem Beton ist keine Umlagerung zugelassen.

4.2.3 Berechnungsverfahren auf Grundlage der Plastizitätstheorie

Bei vorwiegend biegebeanspruchten Bauteilen aus Normalbeton dürfen für die Ermittlung der Schnittgrößen in den Grenzzuständen der Tragfähigkeit auch Verfahren auf der Grundlage der Plastizitätstheorie angewendet werden. Zu diesen Verfahren zählt auch die Bemessung mit Stabwerkmodellen. Bei Anwendung von plastizitätstheoretischen Verfahren für die Schnittgrößenermittlung gelten folgende Besonderheiten:

- In stabförmigen Bauteilen und Platten darf kein normalduktiler Stahl eingesetzt werden.
- In Scheiben darf normal- oder hochduktiler Stahl zur Anwendung kommen.

Die Anwendung der Plastizitätstheorie setzt eine ausreichende Verformungsfähigkeit der plastischen Gelenke voraus. Dazu ist für Stabtragwerke und einachsig gespannte Platten der vereinfachte Nachweis der plastischen Rotation zu führen. Bei zweiachsig gespannten Platten darf auf diesen Nachweis verzichtet werden, jedoch sind folgende Bedingungen einzuhalten:

- Begrenzung der Druckzonenhöhe
  - Beton bis C50/60: $x_u/d \leq 0{,}25$
  - Beton ab C55/67: $x_u/d \leq 0{,}15$
- das Verhältnis von Stützmomenten zu Feldmomenten muss zwischen 0,5 und 2,0 liegen.

Bei Scheiben ist ein Nachweis des Rotationsvermögens nicht erforderlich.

Vereinfachter Nachweis der plastischen Rotation (siehe auch [DAfStb Heft 600])

Der vereinfachte Nachweis der plastischen Rotation ist für vorwiegend biegebeanspruchte stabförmige Bauteile und einachsig gespannte Platten anwendbar.

Nachweisformat: $\theta_s \leq \theta_{pl,d}$

θ_s rechnerische Rotation unter der maßgebenden Einwirkungskombination

$\theta_{pl,d}$ zulässige plastische Rotation

$$\theta_{pl,d} = k_\lambda \cdot \theta_{pl,d}^{(\lambda=3)}$$

$\theta_{pl,d}^{(\lambda=3)}$ Bemessungswert der plastischen Rotation für $\lambda = 3$

$$k_\lambda = \sqrt{\frac{\lambda}{3}}$$

λ Schubschlankheit, $\lambda = \dfrac{M_{Ed}}{V_{Ed} \cdot d}$

Für Betonfestigkeitsklassen C55/67 bis C90/105 darf interpoliert werden.

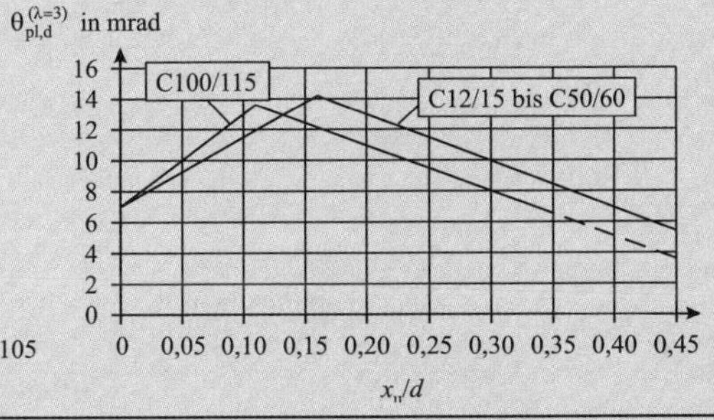

$\theta_{pl,d}^{(\lambda=3)}$ in mrad

C100/115

C12/15 bis C50/60

0 2 4 6 8 10 12 14 16

0 0,05 0,10 0,15 0,20 0,25 0,30 0,35 0,40 0,45

x_u/d

$B_{I,II}$	Biegesteifigkeiten im Zustand I bzw. Zustand II
$M_{I,II}$	Biegemoment beim Übergang von Zustand I zu Zustand II
M_y	Biegemoment beim Fließen der Bewehrung
M_u	Biegemoment im Grenzzustand der Tragfähigkeit
$(1/r)_{I,II}$	zu $M_{I,II}$ gehörende Krümmung

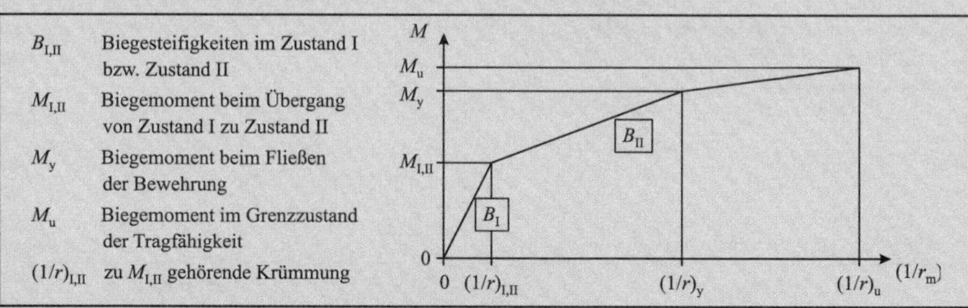

Abb. 4: Trilineare Momenten-Krümmungs-Beziehung

4.2.4 Nichtlineare Schnittkraftermittlung

Eine nichtlineare Schnittkraftermittlung in den Grenzzuständen der Tragfähigkeit oder den Grenzzuständen der Gebrauchstauglichkeit setzt die Kenntnis der Querschnittsabmessungen, der Baustoffkennwerte sowie der Querschnittsfläche und Anordnung der Bewehrung voraus. Die Berechnung erfolgt daher in der Regel iterativ. Weitere Angaben siehe DIN EN 1992-1-1, 5.7.

4.3 Schnittgrößen in Rahmentragwerken

Die Einspannmomente in den Randstützen von mehrfeldrigen, unverschieblichen Rahmensystemen können näherungsweise nach Tafel 11 berechnet werden.

Tafel 11: Näherungsweise Berechnung der Momente in Rahmensystemen nach [DAfStb Heft 631]

$$M_R = \frac{c_o + c_u}{3 \cdot (c_o + c_u) + 2{,}5} \cdot \left(3 + \frac{q_d}{g_d + q_d}\right) \cdot M_R^{(0)}$$

$$M_{col,o} = -\frac{c_o}{3 \cdot (c_o + c_u) + 2{,}5} \cdot \left(3 + \frac{q_d}{g_d + q_d}\right) \cdot M_R^{(0)}$$

$$M_{col,u} = \frac{c_u}{3 \cdot (c_o + c_u) + 2{,}5} \cdot \left(3 + \frac{q_d}{g_d + q_d}\right) \cdot M_R^{(0)}$$

mit:

$$c_o = \frac{l_{eff}}{l_{col,o}} \cdot \frac{I_{col,o}}{I_R}$$

$$c_u = \frac{l_{eff}}{l_{col,u}} \cdot \frac{I_{col,u}}{I_R}$$

Für die Bemessung des Rahmenriegels ist die schraffierte Fläche maßgebend.

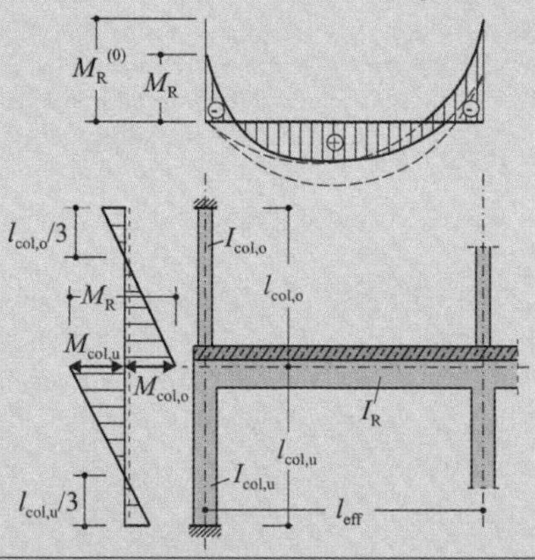

I_R	Flächenmoment 2. Grades des Rahmenriegels. Wird der Rahmenriegel durch einen Plattenbalken gebildet, ist das Flächenmoment unter Berücksichtigung der mitwirkenden Plattenbreite zu bestimmen.
$I_{col,o}$, $I_{col,u}$	Flächenmoment 2. Grades des oberen/unteren Rahmenstiels
l_{eff}	effektive Stützweite des Rahmenriegels
$l_{col,o}$; $l_{col,u}$	Stützenlänge des oberen/unteren Rahmenstiels
$M_R^{(0)}$	Stützmoment des beidseitig voll eingespannten Rahmenriegels unter Volllast
M_b	Stützmoment des Rahmenriegels am Rahmenstiel
$M_{col,o}$, $M_{col,u}$	Einspannmoment des oberen/unteren Rahmenstiels am Rahmenriegel
g_d, q_d	Bemessungswert der ständigen/veränderlichen Last, $g_d = \gamma_G \cdot g_k$; $q_d = \gamma_Q \cdot q_k$

Bei **punktgestützten Platten** darf das Berechnungsverfahren unter Berücksichtigung nachfolgender Modifikationen genutzt werden (siehe auch [DAfStb 631], 3.1.2.3):

$$M_R = \frac{c_o + c_u}{1 + c_o + c_u} \cdot M_R^{(0)}$$

$$M_{col,o} = \frac{c_o}{1 + c_o + c_u} \cdot M_R^{(0)}$$

$$M_{col,u} = \frac{c_u}{1 + c_o + c_u} \cdot M_R^{(0)}$$

mit: $c_o = \frac{l_{eff}}{l_{col,o}} \cdot \frac{I_{col,o}}{I_R}$

$$c_u = \frac{l_{eff}}{l_{col,u}} \cdot \frac{I_{col,u}}{I_R}$$

$$M_R^{(0)} = -\psi \cdot (g_d + q_d) \cdot b_L \cdot \frac{l_{eff}^2}{12}$$

$$\psi = 0{,}5 + 3 \cdot \frac{d_{col}}{l_{eff,2,min}}$$

$$b_m = \lambda \cdot l_{eff,2,min}$$

$$\lambda = 0{,}2 + 4 \cdot \frac{d_{col}}{l_{eff,2,min}} \begin{cases} \geq 0{,}4 \\ \leq 1{,}0 \end{cases}$$

$$d_{col} = \sqrt{A_{col}}$$

$l_{eff,2,min}$ bei Randstützen die kleinere Stützweite der benachbarten Randfelder rechtwinklig zur betrachteten Richtung; bei Eckstützen die halbe Stützweite rechtwinklig zur betrachteten Richtung

$M_R^{(0)}$ Stützmoment der punktgestützten Platte unter Volllast, ermittelt unter der Annahme beidseitig voller Einspannung

M_R Einspannmoment der punktgestützten Platte am Rahmenstiel

$M_{col,o}$ Einspannmoment des oberen Rahmenstiels an der punktgestützten Platte

$M_{col,u}$ Einspannmoment des unteren Rahmenstiels an der punktgestützten Platte

I_R Flächenmoment 2. Grades der punktgestützten Platte, ermittelt mit der mitwirkenden Breite b_m

$I_{col,o}$ Flächenmoment 2. Grades des oberen Rahmenstiels

$I_{col,u}$ Flächenmoment 2. Grades des unteren Rahmenstiels

l_{eff} Stützweite des Rand- bzw. Eckfeldes der punktgestützten Platte in der betrachteten Richtung

$l_{col,o}$ Stützenlänge des oberen Rahmenstiels

b_L Lasteinzugsbreite rechtwinklig zur betrachteten Richtung, bei Randstützen das Mittel der entsprechenden Stützweiten der benachbarten Randfelder, bei Eckstützen die Hälfte der entsprechenden Stützweite des Eckfeldes

d_{col} Kantenlänge eines zur Stützenquerschnittsfläche A_{col} flächengleichen Quadrates

Auskragende Plattenteile sind bei der Ermittlung von $M_R^{(0)}$ zusätzlich zu berücksichtigen.

4.4 Schnittgrößen in Plattentragwerken

4.4.1 Mittragende Breite in einachsig gespannten Platten unter Sonderlasten

Die aus Sonderlasten (z.B. Punkt-, Linien- und Rechtecklasten) resultierenden Schnittgrößen können nach [DAfStb 631], 2.2.2, näherungsweise auf einen Plattenstreifen der mittragenden Breite $b_{m,M}$ (für Biegung) bzw. $b_{m,V}$ (für Querkraft) verteilt werden.

Lasteintragungsbreite *t*

$t = b_0 + 2 \cdot h_l + h$

b_0 Lastaufstandsbreite

h_l lastverteilende Deckschicht

h Plattendicke

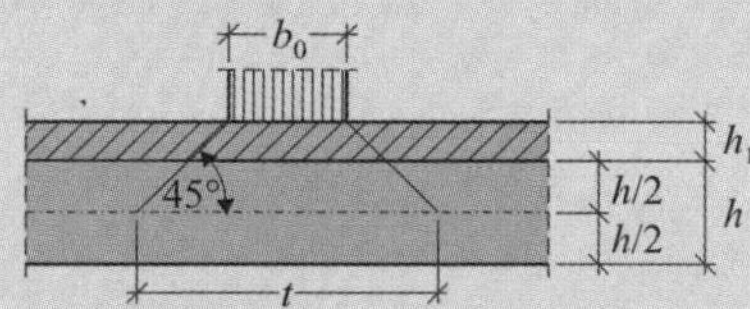

Stahlbetonbau

Mittragende Breite für Biegung $b_{m,M}$ (Berechnung von $b_{m,M}$ nach Tafel 12)

Feldmoment: Stützmoment am Kragarm: bei randnahen Lasten:

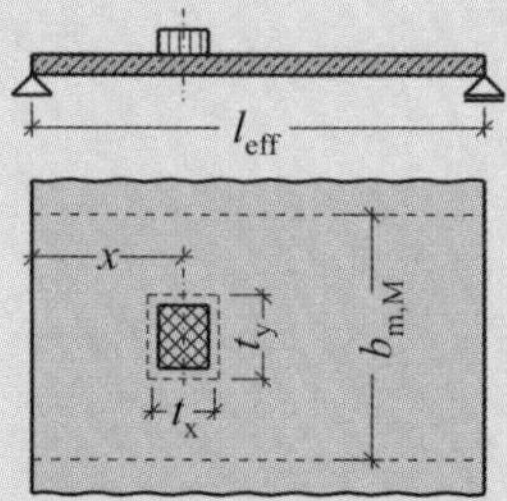

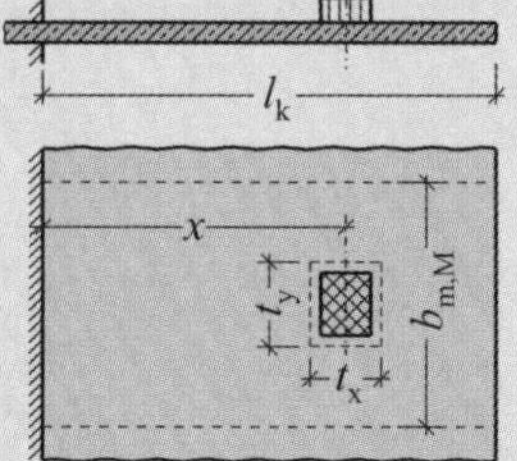

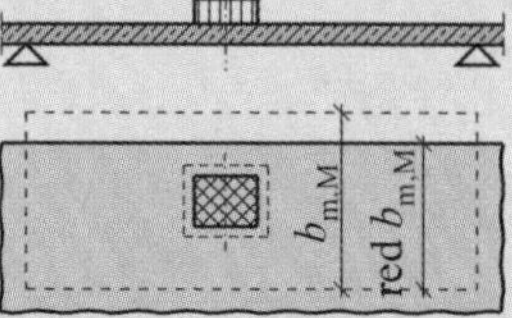

Bei randnahen Lasten ist eine reduzierte mittragende Breite red $b_{m,M}$ anzusetzen.

Tafel 12: Ermittlung der mittragenden Breite für Biegung $b_{m,M}$ [1)]

Stat. System	Mittragende Breite $b_{m,M}$	Gültigkeitsgrenzen			$b_{m,M}$ für Linienlast ($t_x = l_{eff}$) [2)] $t_y = 0{,}05\,l_{eff}$ | $t_y = 0{,}10\,l_{eff}$
M_F, x, l_{eff}	$t_y + 2{,}5 \cdot x \cdot \left(1 - \frac{x}{l_{eff}}\right)$	$0 < x < l_{eff}$	$t_y \leq 0{,}8\, l_{eff}$	$t_x \leq l_{eff}$	$1{,}36\, l_{eff}$
M_F	$t_y + 1{,}5 \cdot x \cdot \left(1 - \frac{x}{l_{eff}}\right)$	$0 < x < l_{eff}$	$t_y \leq 0{,}8\, l_{eff}$	$t_x \leq l_{eff}$	$1{,}01\, l_{eff}$
M_S	$t_y + 0{,}5 \cdot x \cdot \left(2 - \frac{x}{l_{eff}}\right)$	$0 < x < l_{eff}$	$t_y \leq 0{,}8\, l_{eff}$	$t_x \leq l_{eff}$	$0{,}67\, l_{eff}$
M_F	$t_y + x \cdot \left(1 - \frac{x}{l_{eff}}\right)$	$0 < x < l_{eff}$	$t_y \leq 0{,}8\, l_{eff}$	$t_x \leq l_{eff}$	$0{,}86\, l_{eff}$
M_S	$t_y + 0{,}5 \cdot x \cdot \left(2 - \frac{x}{l_{eff}}\right)$	$0 < x < l_{eff}$	$t_y \leq 0{,}4\, l_{eff}$	$t_x \leq l_{eff}$	$0{,}52\, l_{eff}$
M_S, l_k	$2 \cdot l_k + 1{,}5 \cdot x$	$0 < x < l_k$	$t_y < 0{,}2\, l_k$	$t_x \leq l_k$	$1{,}35\, l_{eff}$
	$t_y + 1{,}5 \cdot x$	$0 < x < l_k$	$0{,}2\, l_k \leq t_y < 0{,}8\, l_k$	$t_x \leq l_k$	

[1)] $b_{m,M}$ kann nicht größer als die Plattenbreite b rechtwinklig zur Spannrichtung angesetzt werden.
[2)] $b_{m,M}$ für Linienlasten nach [DAfStb Heft 240].

Mittragende Breite für Querkraft $b_{m,V}$

Die mittragende Breite für Querkraft $b_{m,V}$ kann wie folgt ermittelt werden:

– im Allgemeinen: $b_{m,V} = 7 \cdot d_F + 0{,}5 \cdot b_0 \leq b$

– für auflagernahe Einzellasten ($x \leq 2{,}5 \cdot d$): $b_{m,V} = 7 \cdot d_F + 1{,}0 \cdot b_0 \leq b$

d_F statische Nutzhöhe im Bereich der Einzellast, mit $d_F \leq 0{,}4$ m anzusetzen

b_0 Breite der Last senkrecht zur Richtung der Lastabtragung

b Plattenbreite rechtwinklig zur Spannrichtung.

Wirken mehrere Einzelasten mit einem seitlichen Achsabstand $c_y < b_{m,V}$, überlappen sich die mittragenden Breiten der Einzellasten. In diesem Fall ist eine mittragende Gesamtbreite $b_{m,V,ges}$ für alle Einzellasten zu bestimmen.

$$b_{m,V,ges} = b_{m,V,i} + c_y - \min\left\{ \begin{array}{c} b_{ü}/2 \\ c_y/2 \end{array} \right\}$$

- für $b_{m,V,i}/2 \le c_y \le b_{m,V,i}$ gilt: $b_{m,V,ges} = b_{m,V,i}/2 + 1{,}5 \cdot c_y$
- für $b_{m,V,i}/2 > c_y$ gilt: $b_{m,V,ges} = b_{m,V,i}/2 + 0{,}5 \cdot c_y$

$b_{m,V,ges}$	mittragende Gesamtbreite	$b_{m,V,i}$	mittragende Breite der Einzellast
c_y	seitlicher Achsabstand zwischen den Einzellasten	$b_ü$	Überschneidungsbereich der mittragenden Breiten

Plattenschnittgrößen (bezogen auf 1 m Breite)

$m = m_{Gleichlast} + M / b_{m,M}$ $\quad\quad$ $v = v_{Gleichlast} + V / b_{m,V}$

M größtes Feldmoment M_F bzw. Stützmoment M_S infolge der auf den Längen t_x in Spannrichtung und t_y quer zur Spannrichtung gleichmäßig verteilten Last

V Querkraft am Auflager

$b_{m,M}$ bzw. $b_{m,V}$ mittragende Breite für Biegung bzw. für Querkraft

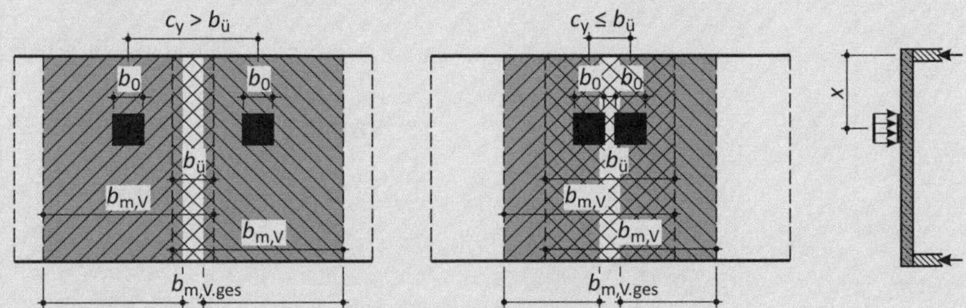

Abb. 5: Mitwirkende Breite bei nebeneinander befindlichen Einzellasten

4.4.2 Vierseitig gestützte Platten nach [Pieper/Martens 1966]

Voraussetzung für die Anwendung:

- $q \le 2/3 \cdot (g + q)$
- $l_x = \min l_{eff}$
- annähernd gleiche Plattendicken h

Feldmomente:

Platten			
mit voller Drilltragfähigkeit		ohne volle Drilltragfähigkeit	
$m_{fx} = \frac{(g+q) \cdot l_x^2}{f_x}$	$m_{fy} = \frac{(g+q) \cdot l_x^2}{f_y}$	$m_{fx} = \frac{(g+q) \cdot l_x^2}{f_x^0}$	$m_{fy} = \frac{(g+q) \cdot l_x^2}{f_y^0}$

Stützmomente:

$m_{s0,x} = -\frac{(g+q) \cdot l_x^2}{s_x}$	$m_{s0,y} = -\frac{(g+q) \cdot l_x^2}{s_y}$

Die Einspannmomente m_{s0} der angrenzenden Plattenränder sind wie folgt zu mitteln:

- Stützweitenverhältnis $l_1 : l_2 < 5 : 1 \Rightarrow m_s \ge \begin{cases} \left|0{,}5 \cdot (m_{s0,1} + m_{s0,2})\right| \\ 0{,}75 \cdot \max\left(|m_{s0,1}| \,;\, |m_{s0,2}|\right) \end{cases}$
- Stützweitenverhältnis $l_1 : l_2 > 5 : 1 \Rightarrow m_s \ge \max\left(|m_{s0,1}| \,;\, |m_{s0,2}|\right)$

l_1, l_2 Stützweiten der aneinandergrenzenden Platten 1 und 2

Krag- und Einspannmomente in Bauteilen mit sehr großer Steifigkeit sind nicht zu mitteln. Die gemittelten Stützmomente m_s gelten unmittelbar als Bemessungsmomente.

Tafel 13: Momentenbeiwerte nach Pieper/Martens

Stützungs-art	Bei-wert	Stützweitenverhältnis l_y / l_x ($l_x = l_{min}$) 1,0	1,1	1,2	1,3	1,4	1,5	1,6	1,7	1,8	1,9	2,0	$\to \infty$
1 (x, y)	f_x	27,2	22,4	19,1	16,8	15,0	13,7	12,7	11,9	11,3	10,8	10,4	8,0
	f_y	27,2	27,9	29,1	30,9	32,8	34,7	36,1	37,3	38,5	39,4	40,3	–
	f_x^0	20,0	16,6	14,5	13,0	11,9	11,1	10,6	10,2	9,8	9,5	9,3	8,0
	f_y^0	20,0	20,7	22,1	24,0	26,2	28,3	30,2	31,9	33,4	34,7	35,9	–
2.1 (m_y, m_x)	f_x	32,8	26,3	22,0	18,9	16,7	15,0	13,7	12,8	12,0	11,4	10,9	8,0
	f_y	29,1	29,2	29,8	30,6	31,8	33,5	34,8	36,1	37,3	38,4	39,5	–
	s_y	11,9	10,9	10,1	9,6	9,2	8,9	8,7	8,5	8,4	8,3	8,2	8,0
	f_x^0	26,4	21,4	18,2	15,9	14,3	13,0	12,1	11,5	10,9	10,4	10,1	8,0
	f_y^0	22,4	22,8	23,9	25,1	26,7	28,6	30,4	32,0	33,4	34,8	36,2	–
2.2	f_x	29,1	24,6	21,5	19,2	17,5	16,2	15,2	14,4	13,8	13,3	12,9	10,2
	f_y	32,8	34,5	36,8	38,8	40,9	42,7	44,1	45,3	46,5	47,2	47,9	–
	s_x	11,9	10,9	10,2	9,7	9,3	9,0	8,8	8,6	8,4	8,3	8,3	8,0
	f_x^0	22,4	19,2	17,2	15,7	14,7	13,9	13,2	12,7	12,3	12,0	11,8	10,2
	f_y^0	26,4	28,1	30,3	32,7	35,1	37,3	39,1	40,7	42,2	43,3	44,8	–
3.1	f_x	38,0	30,2	24,8	21,1	18,4	16,4	14,8	13,6	12,7	12,0	11,4	8,0
	f_y	30,6	30,2	30,3	31,0	32,2	33,8	35,9	38,3	41,1	44,9	46,3	–
	s_y	14,3	12,7	11,5	10,7	10,0	9,5	9,2	8,9	8,7	8,5	8,4	8,0
3.2	f_x	30,6	26,3	23,2	20,9	19,2	17,9	16,9	16,1	15,4	14,9	14,5	12,0
	f_y	38,0	39,5	41,4	43,5	45,6	47,6	49,1	50,3	51,3	52,1	52,9	–
	s_x	14,3	13,5	13,0	12,6	12,3	12,2	12,0	12,0	12,0	12,0	12,0	12,0
4	f_x	33,2	27,3	23,3	20,6	18,5	16,9	15,8	14,9	14,2	13,6	13,1	10,2
	f_y	33,2	34,1	35,5	37,7	39,9	41,9	43,5	44,9	46,2	47,2	48,3	–
	s_x	14,3	12,7	11,5	10,7	10,0	9,6	9,2	8,9	8,7	8,5	8,4	8,0
	s_y	14,3	13,6	13,1	12,8	12,6	12,4	12,3	12,2	12,2	12,2	12,2	11,2
	f_x^0	26,7	22,1	19,2	17,2	15,7	14,6	13,8	13,2	12,7	12,3	12,0	10,2
	f_y^0	26,7	27,6	29,2	31,4	33,8	36,2	38,1	39,8	41,4	42,8	44,2	–
5.1	f_x	33,6	28,2	24,4	21,8	19,8	18,3	17,2	16,3	15,6	15,0	14,6	12,0
	f_y	37,3	38,7	40,4	42,7	45,1	47,5	49,5	51,4	53,3	55,1	58,9	–
	s_x	16,2	14,8	13,9	13,2	12,7	12,5	12,3	12,2	12,1	12,0	12,0	12,0
	s_y	18,3	17,7	17,5	17,5	17,5	17,5	17,5	17,5	17,5	17,5	17,5	17,5
5.2	f_x	37,3	30,3	25,3	22,0	19,5	17,7	16,4	15,4	14,6	13,9	13,4	10,2
	f_y	33,6	34,1	35,1	37,3	39,8	43,1	46,6	52,3	55,5	60,5	66,1	–
	s_x	18,3	15,4	13,5	12,2	11,2	10,6	10,1	9,7	9,4	9,0	8,9	8,0
	s_y	16,2	14,8	13,9	13,3	13,0	12,7	12,6	12,5	12,4	12,3	12,3	11,2
6	f_x	36,8	30,2	25,7	22,7	20,4	18,7	17,5	16,5	15,7	15,1	14,7	12,0
	f_y	36,8	38,1	40,4	43,5	47,1	50,6	52,8	54,5	56,1	57,3	58,3	–
	s_x	19,4	17,1	15,5	14,5	13,7	13,2	12,8	12,5	12,3	12,1	12,0	12,0
	s_y	19,4	18,4	17,9	17,6	17,5	17,5	17,5	17,5	17,5	17,5	17,5	17,5

Sonderfall:

auf zwei Felder mit kleiner Stützweite folgt ein Feld mit großer Stützweite:

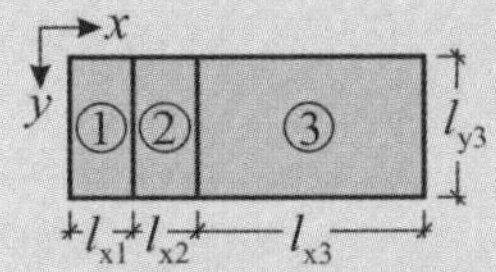

		Feld 1	Feld 2
Feldmomente	$f_{x1} < 10{,}2$	$m_{fx1} = \dfrac{(g+q)\cdot l_{x1}^2}{f_{x1}}$	$m_{fx2} = \dfrac{(g+q)\cdot l_{x2}^2}{12}$
	$f_{x1} \geq 10{,}2$	Ermittlung der Feldmomente nach Tafel 13	
Endauflagerkraft A der Platte 1		$A = \sqrt{2\cdot(g+q)\cdot m_{fx1}}$	
Stützmoment m_b zwischen den Platten 1 und 2		$m_b = A\cdot l_{x1} - \dfrac{(g+q)\cdot l_{x1}^2}{2}$	
Bei der Bemessung des zweiten Feldes sind bei $f_{x1} < 10{,}2$ das Feldmoment m_{fx2}, das meist positive Stützmoment m_b und auch die Bemessungswerte für beidseitige Einspannung nach Tafel 13 zu berücksichtigen.			

Tafel 14: Momentenbeiwerte f_{x1}

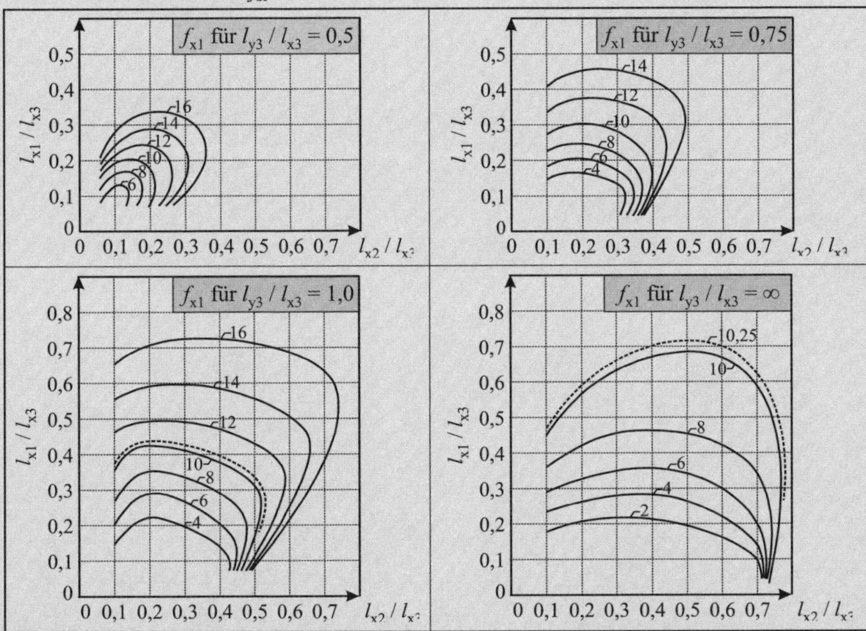

Zwischenwerte innerhalb eines Diagramms und zwischen zwei Diagrammen mit unterschiedlichen l_{y3} / l_{x3}-Werten dürfen linear interpoliert werden. Im Allgemeinen genügt es jedoch, das Diagramm zu verwenden, dessen Seitenverhältnis dem im Feld 3 vorhandenen am nächsten kommt.

Sonderfall Kragarme

Kragarme bewirken in angrenzenden Feldern hinsichtlich der Stützungsart nach Tafel 13 nur dann eine Einspannung, wenn das Kragmoment aus Eigenlast größer als das halbe Volleinspannmoment des betreffenden Feldes unter Gesamtlast ist.

4.4.3 Auflager- und Eckabhebekräfte vierseitig gelagerter Platten bei Gleichflächenlasten

Die nachfolgend angegebenen Auflagerkräfte ergeben sich durch die Abgrenzung von Lasteinzugsflächen in einem Winkel von 45° bzw. 60° nach [DAfStb Heft 240].

Auflagerkräfte

Tafel 15: Auflagerkräfte vierseitig gelagerter Platten

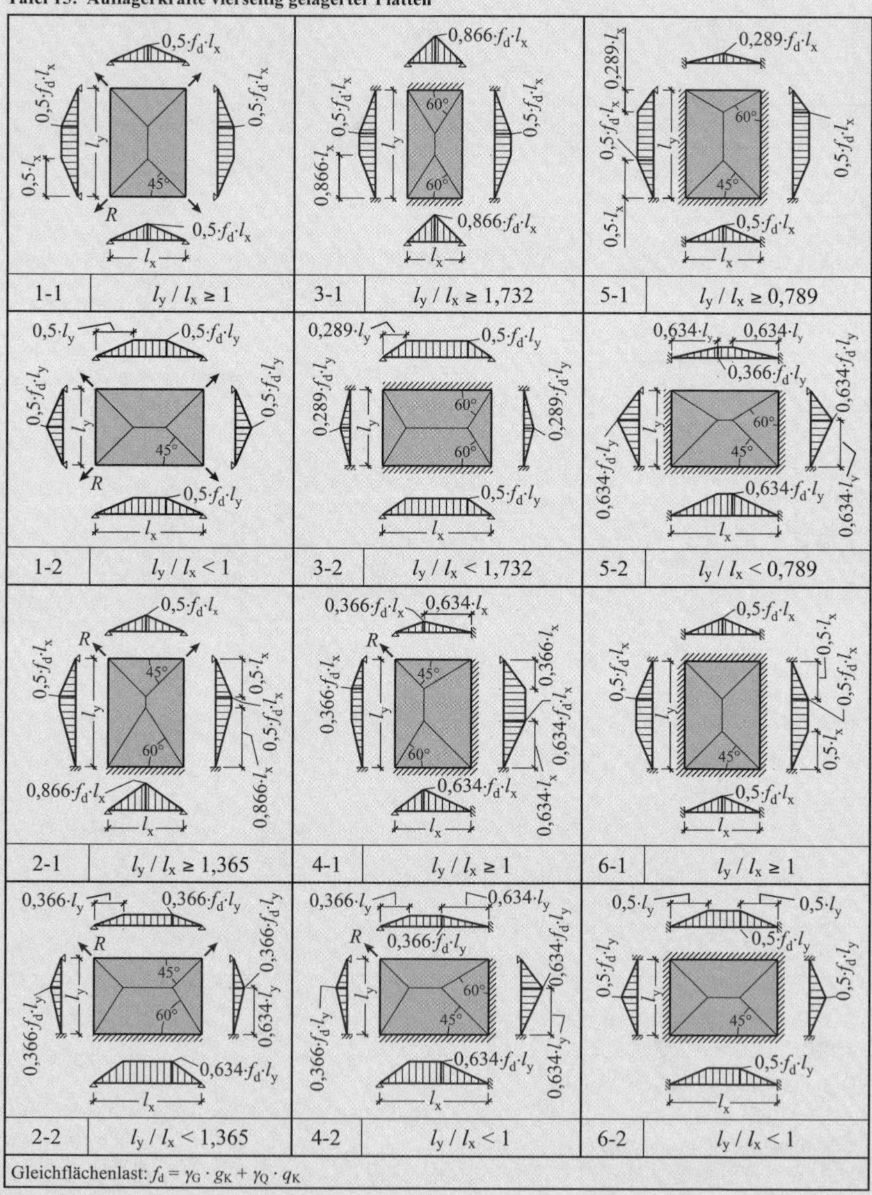

Eckabhebekräfte R $\quad R = f_d \cdot l_x^2 / \kappa, \quad f_d = \gamma_G \cdot g_k + \gamma_Q \cdot q_k$

Tafel 16: κ-Werte zur Berechnung der Eckabhebekräfte

Lagerungsart der Platte nach Tafel 15	$\varepsilon = l_y / l_x$										
	1,0	1,1	1,2	1,3	1,4	1,5	1,6	1,7	1,8	1,9	2,0
1-1, 1-2	10,8	9,85	9,20	8,75	8,40	8,15	7,95	7,80	7,70	7,65	7,55
2-1	13,1	11,6	10,5	9,70	9,10	8,70	8,40	8,10	7,90	7,80	7,70
2-2	13,1	12,4	12,0	11,7	11,5	11,4	11,3	11,2	11,2	11,2	11,2
4-1, 4-2	13,9	13,0	12,4	12,0	11,7	11,5	11,4	11,3	11,2	11,2	11,2

4.4.4 Dreiseitig gelagerte Platten nach [Hahn 1985]

Dreiseitig eingespannte Platte

Lastfall 1: Gleichlast f_d

Hilfswert: $\quad K = f_d \cdot l_x \cdot l_y$

Momente: $\quad m_i = K / f_i$

Auflagerkräfte: $\quad K_x = \nu_x \cdot K; \; K_y = \nu_y \cdot K$

Lastfall 2: Randlast f_x

Hilfswert: $\quad S = f_{dx} \cdot l_x$

Momente: $\quad m_i = S / f_i$

Lastfall 3: Dreieckslast $f_{d\Delta}$ (max $f_{d\Delta}$ am Rand 2-2)

Hilfswert: $\quad K = 0{,}5 \cdot \max f_{d\Delta} \cdot l_x \cdot l_y$

Momente: $\quad m_i = K / f_i$

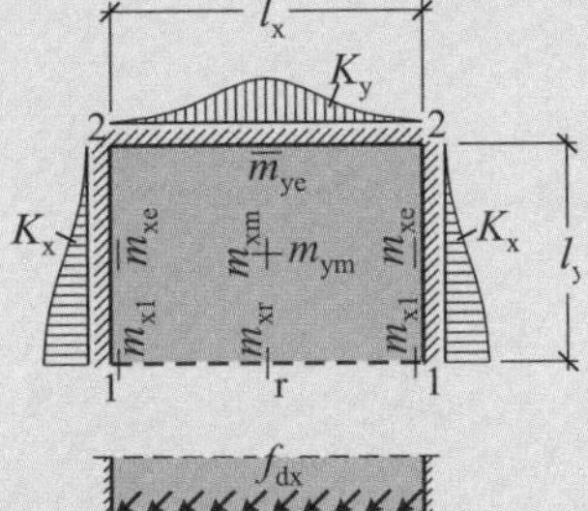

Darstellung der Verteilung der Auflagerkräfte für den Lastfall Randlast f_x

Lastfall	Beiwert	$\varepsilon = l_y / l_x$													
		1,5	1,4	1,3	1,2	1,1	1,0	0,9	0,8	0,7	0,6	0,5	0,4	0,3	0,25
1	f_{xr}	35,8	33,4	31,0	28,6	26,4	24,3	22,4	20,9	19,9	19,8	21,3	26,8	46,4	77,0
	f_{xm}	39,8	38,3	37,0	35,8	34,9	34,3	34,0	34,3	35,6	38,6	45,6	63,6	126	228
	f_{ym}	163	152	141	130	119	109	99,5	91,0	83,4	80,0	83,4	108	208	417
	$-f_{x1}$	17,8	16,6	15,3	14,1	12,8	11,6	10,4	9,3	8,2	7,4	6,8	6,8	7,6	8,6
	$-f_{xe}$	18,7	17,8	17,0	16,2	15,6	15,0	14,5	14,3	14,2	14,7	15,8	18,1	23,0	27,2
	$-f_{ye}$	26,4	24,6	22,8	21,1	19,3	17,6	15,8	14,2	12,6	11,1	9,8	9,0	9,0	9,6
	ν_x	0,42	0,41	0,40	0,39	0,38	0,37	0,35	0,34	0,32	0,30	0,27	0,23	0,19	0,17
	ν_y	0,16	0,18	0,20	0,22	0,24	0,26	0,30	0,32	0,36	0,40	0,46	0,54	0,62	0,66
2	f_{xr}	7,0	7,0	7,1	7,1	7,2	7,2	7,3	7,3	7,4	7,9	9,2	13,0	21,2	33,5
	f_{xm}	143	112	85,0	63,0	47,5	35,5	28,2	24,0	22,1	23,3	27,1	34,3	54,0	84,0
	$-f_{ym}$	22	22	22	22	22	22	22	21	21	19	17	15	13	12
	$-f_{x1}$	2,3	2,3	2,3	2,2	2,2	2,2	2,1	2,1	2,1	2,2	2,2	2,6	3,3	4,1
	$-f_{xe}$	262	165	102	68,0	47,1	35,8	27,0	20,5	15,8	13,2	12,1	12,5	13,9	15,6
	$-f_{ye}$	$\approx \infty$	–	–	–	250	120	59,0	35,0	20,0	12,4	8,6	5,9	5,3	5,2
3	f_{xr}	115	100	86,3	73,7	63,0	54,1	46,8	41,4	37,9	36,6	38,9	48,7	85,5	143
	f_{xm}	42,4	41,5	41,1	41,0	41,3	42,2	44,0	46,8	51,4	59,2	74,2	110	230	430
	f_{ym}	80,6	76,2	71,3	66,7	62,5	58,8	56,9	54,0	56,5	59,1	69,0	91,0	172	313
	$-f_{x1}$	85,8	74,8	64,0	54,1	45,1	37,1	30,0	24,6	20,2	17,0	15,0	14,3	15,7	17,7
	$-f_{xe}$	19,1	18,4	17,8	17,3	16,9	16,6	16,5	16,7	17,2	18,3	20,3	23,9	30,7	36,5
	$-f_{ye}$	17,8	17,0	16,3	15,6	14,9	14,2	13,5	13,0	12,5	12,0	11,7	11,7	12,6	13,8

Dreiseitig frei drehbar gestützte Platte

Lastfall 1: Gleichlast f_d

Hilfswerte:	$K = f_d \cdot l_x \cdot l_y;\ D = \overline{\omega}_r \cdot E_c \cdot d^3$
Momente:	$m_i = K / f_i$
Auflagerkräfte:	$K_x = \nu_x \cdot K;\ K_y = \nu_y \cdot K$
Eckkräfte:	$R_1 = 2 \cdot m_{xy1};\ R_2 = 2 \cdot m_{xy2}$
Durchbiegung:	$\omega_r = K \cdot l_x^2 / D$

Lastfall 2: Randlast f_{dx}

Hilfswerte:	$S = f_{dx} \cdot l_x;\ D = \overline{\omega}_r \cdot E_c \cdot d^3$
Momente:	$m_i = S / f_i$
Durchbiegung:	$\omega_r = S \cdot l_x^2 / D$

Lastfall 3: Randmoment μ_{dx}

Hilfswert:	$D = \overline{\omega}_r \cdot E_c \cdot d^3$
Momente:	$m_i = \mu_{dx} / f_i$
Auflagerkräfte:	$K_x = \nu_x \cdot \mu_{dx};\ K_y = \nu_y \cdot \mu_{dx}$
Eckkräfte:	$R_1 = \rho_1 \cdot \mu_{dx};\ R_2 = \rho_2 \cdot \mu_{dx}$
Durchbiegung:	$\omega_r = \mu_{dx} \cdot l_x^2 / D$

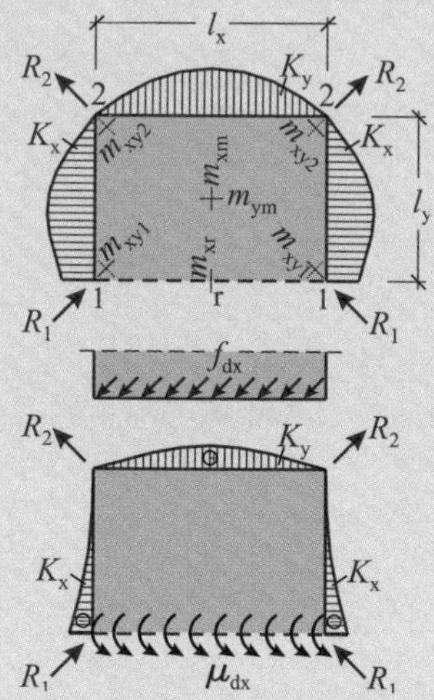

Darstellung der Verteilung der Auflagerkräfte für die Lastfälle Randlast f_{dx} (oben) und Randmoment μ_{dx} (unten)

Lastfall	Beiwert	$\varepsilon = l_y / l_x$													
		1,5	1,4	1,3	1,2	1,1	1,0	0,9	0,8	0,7	0,6	0,5	0,4	0,3	0,25
1	f_{xr}	12,6	11,9	11,3	10,7	10,2	9,8	9,4	9,1	9,1	9,2	9,8	11,0	13,7	16,2
	f_{xm}	15,3	14,9	14,5	14,1	13,8	13,7	13,6	13,8	14,2	15,2	17,0	20,2	26,3	31,5
	f_{ym}	62,4	58,4	54,2	50,0	45,9	41,7	37,1	33,2	29,9	27,4	25,9	26,3	29,7	33,7
	$\pm f_{xy1}$	412	300	220	161	118	86,5	63,6	47,0	35,0	26,3	20,2	15,8	12,8	11,6
	$\pm f_{xy2}$	22,3	20,6	19,3	17,9	16,7	15,4	14,1	12,9	11,8	10,8	10,1	9,4	8,8	8,6
	$\overline{\omega}_r$	9,10	8,70	8,35	8,05	7,80	7,60	7,45	7,35	7,35	7,40	7,65	8,25	9,90	11,6
	ν_x	0,45	0,45	0,44	0,43	0,42	0,41	0,39	0,37	0,34	0,31	0,28	0,22	0,16	0,13
	ν_y	0,28	0,30	0,32	0,34	0,36	0,40	0,44	0,49	0,54	0,59	0,64	0,72	0,80	0,84
2	f_{xr}	4,1	4,1	4,1	4,1	4,1	4,1	4,1	4,2	4,3	4,5	4,9	5,6	6,9	8,1
	f_{xm}	18,0	16,1	14,3	13,1	11,9	10,9	10,2	9,6	9,4	9,3	9,7	10,8	13,1	16,1
	$-f_{ym}$	36,2	33,0	30,8	29,2	27,9	27,2	27,2	29,3	32,8	39,4	52,5	91,0	200	500
	$\pm f_{xy2}$	65,0	51,5	40,5	32,4	25,6	20,4	16,0	12,6	10,2	8,3	6,9	5,8	5,2	4,9
	$\overline{\omega}_r$	3,10	3,10	3,10	3,10	3,10	3,10	3,05	3,05	3,10	3,35	3,70	4,45	5,75	7,00
3	f_{xr}	2,95	2,94	2,93	2,92	2,91	2,90	2,85	2,80	2,74	2,65	2,50	2,35	2,20	2,08
	f_{xm}	–18,2	–18,4	–18,8	–20,5	–23,2	–31,0	–69,0	105	30,0	12,5	7,9	5,7	4,6	4,2
	$-f_{ym}$	32,1	22,4	16,5	12,8	9,8	7,6	6,1	4,8	3,4	3,1	2,5	2,2	2,1	2,0
	$\overline{\omega}_r$	2,00	2,00	2,00	2,00	2,00	2,00	1,95	1,90	1,85	1,78	1,71	1,63	1,54	1,49
	$-\nu_x$						1,19	1,39	1,52	1,55	1,52	1,49	1,46	1,36	1,20
	$-\nu_y$						0,62	0,64	0,70	0,78	0,80	0,80	0,70	0,50	0,28
	ρ_1						1,25	1,55	1,78	1,94	2,03	2,15	2,35	2,65	2,96
	$-\rho_2$						–0,25	–0,16	–0,09	–0,01	0,11	0,26	0,54	1,04	1,52

4.4.5 Punktförmig gestützte Platten – Gurtstreifenverfahren

Bei dieser in [DAfStb Heft 631] angegebenen, auch als Gurtstreifenverfahren bekannten Näherungsmethode, dürfen die Schnittgrößen in punktförmig gestützten Platten mit einem rechteckigen Stützenraster für vorwiegend lotrechte, gleichmäßig verteilte Lasten näherungsweise mit Hilfe von Ersatzrahmen bzw. -durchlaufträgern ermittelt werden, wenn das Verhältnis der Stützweiten eines jeden Feldes der Bedingung

$$0{,}80 \le l_x / l_y \le 1{,}25$$

entspricht. Es wird folgende Vorgehensweise empfohlen (siehe Abb. 6):

- Ersatz der Deckenplatte durch zwei sich kreuzende Scharen von Durchlaufträgern bzw. Rahmenriegeln. Dabei wird angenommen, dass diese in den querlaufenden Stützenachsen stetig gestützt sind.
- Als Trägerbreite der Ersatzdurchlaufträger bzw. -rahmenriegel ist der Achsabstand der Stützenreihe rechtwinklig zur betrachteten Spannrichtung anzusetzen.
- Die Ermittlung der Schnittgrößen erfolgt für die Ersatzträger in Längs- und Querrichtung für die gesamte ständige Last und die in feldweise ungünstiger Stellung angesetzte veränderliche Last.
- Zur Verteilung der Momente ist jedes Deckenfeld in beide Richtungen in einen inneren Streifen (Feldstreifen) und zwei äußere Streifen (Gurtstreifen) zu zerlegen.
- Die Biegebemessung erfolgt getrennt für die anteiligen Momente in Feld- und Gurtstreifen.

Bei an einem Rand stetig gestützten Flachdecken darf im unmittelbar an diesem Rand angrenzenden halben Gurtstreifen und im benachbarten Feldstreifen die Bewehrung parallel zum gestützten Plattenrand gegenüber derjenigen des Feldstreifens eines Innenfeldes um 25% verringert werden.

Weitere Näherungsverfahren sind in [DAfStb Heft 631] angegeben.

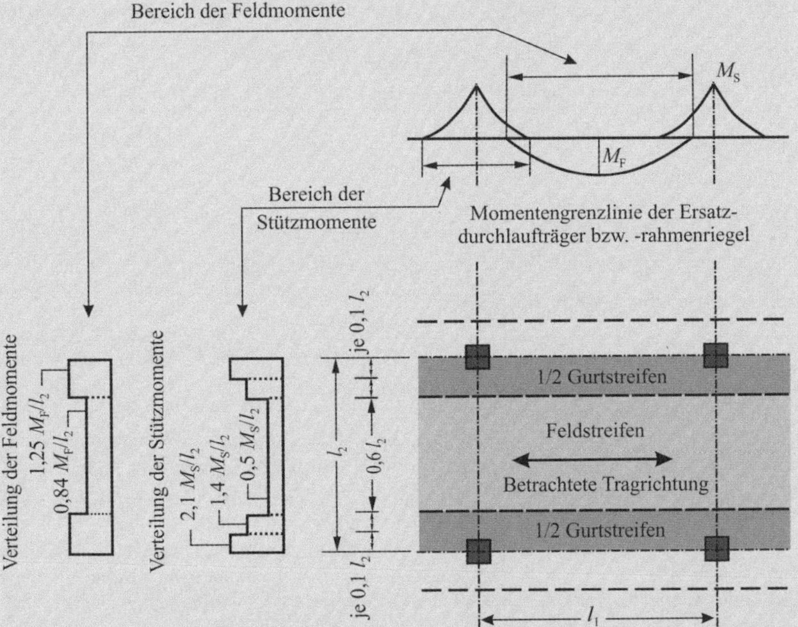

Abb. 6: Verteilung der für den Ersatzträger ermittelten Feld- und Stützmomente in Querrichtung

4.5 Schnittgrößen in wandartigen Trägern

4.5.1 Näherungsverfahren zur Ermittlung der Längszugkräfte

Die Einstufung als wandartiger Träger erfolgt nach Tafel 8. Bei vom Einfeldträger abweichenden Tragsystemen gilt die Einstufung als wandartiger Träger unter folgenden Bedingungen:

- Endfelder von Durchlaufträgern: $h/l_{\text{eff}} > 0{,}3$
- Innenfelder von Durchlaufträgern: $h/l_{\text{eff}} > 0{,}2$
- Kragträger: $h/l_{\text{k}} > 2/3$

Wandartige Träger können nach der Scheibentheorie oder mit Hilfe von Stabwerkmodellen berechnet werden. Näherungsweise dürfen die in wandartigen Trägern auftretenden Längszugkräfte auch aus den für Stabtragwerke gleicher Stützweite ermittelten Biegemomenten $M_{\text{Ed,F}}$ im Feld bzw. $M_{\text{Ed,S}}$ über der Stütze bestimmt werden [DAfStb Heft 631]. Der Hebelarm der inneren Kräfte z ist dann nach Tafel 17 zu ermitteln und die aus den resultierenden Zugkräften ermittelte Bewehrung nach Tafel 18 zu verteilen.

$F_{\text{td,F}} = M_{\text{Ed,F}} / z_{\text{F}}$	resultierende Zugkraft im Feld des wandartigen Trägers
$F_{\text{td,S}} = M_{\text{Ed,S}} / z_{\text{S}}$	resultierende Zugkraft über der Stütze des wandartigen Trägers
$M_{\text{Ed,F}}$, $M_{\text{Ed,S}}$	Feld- bzw. Stützmoment eines entsprechend schlanken Trägers
z_{F}, z_{S}	rechnerischer Hebelarm der inneren Kräfte im Feld bzw. über der Stütze des wandartigen Trägers

Für die Ermittlung der Hauptzugbewehrung in den GZT gilt:

$$\text{erf}\,A_{\text{s,F}} = F_{\text{s,F}} \big/ \left(f_{\text{yk}}/\gamma_{\text{s}}\right) \text{ bzw. erf}\,A_{\text{s,S}} = F_{\text{s,S}} \big/ \left(f_{\text{yk}}/\gamma_{\text{s}}\right)$$

In $F_{\text{s,F}}$ bzw. $F_{\text{s,S}}$ sind die Teilsicherheitsbeiwerte für den GZT auf Einwirkungsseite zu berücksichtigen. Für schlanke Scheiben mit ($1/2 < h/l_0 < 1/3$) ist zusätzlich der Nachweis der Rissbreitenbegrenzung in den GZG zu führen. In diesem Fall wird eine direkte Berechnung der Rissbreite empfohlen, indem näherungsweise die für Balken übliche Vorgehensweise angewendet wird.

Tafel 17: Hebelarm der inneren Kräfte *z* für wandartige Träger (nach [DAfStb Heft 631])

Einfeldträger	$z_{\text{F}} = \begin{cases} 0{,}3 \cdot h \cdot \left(3 - h/l_{\text{eff}}\right) \le 0{,}8 \cdot h \\ 0{,}6 \cdot l_{\text{eff}} \end{cases}$	für $0{,}33 < h/l_{\text{eff}} < 1{,}0$ für $h/l_{\text{eff}} \ge 1{,}0$
Endfelder von Durchlaufträgern	$z_{\text{F}} = z_{\text{S}} = \begin{cases} 0{,}5 \cdot h \cdot \left(1{,}9 - h/l_{\text{eff}}\right) \\ 0{,}45 \cdot l_{\text{eff}} \end{cases}$	für $0{,}3 < h/l_{\text{eff}} < 1{,}0$ für $h/l_{\text{eff}} \ge 1{,}0$
Innenfelder von Durchlaufträgern	$z_{\text{F}} = z_{\text{S}} = \begin{cases} 0{,}5 \cdot h \cdot \left(1{,}8 - h/l_{\text{eff}}\right) \\ 0{,}4 \cdot l_{\text{eff}} \end{cases}$	für $0{,}2 < h/l_{\text{eff}} < 1{,}0$ für $h/l_{\text{eff}} \ge 1{,}0$
Kragträger	$z_{\text{S}} = \begin{cases} 0{,}65 \cdot l_{\text{k}} + 0{,}10 \cdot h \\ 0{,}85 \cdot l_{\text{k}} \end{cases}$	für $0{,}66 < h/l_{\text{k}} < 2{,}0$ für $h/l_{\text{k}} \ge 2{,}0$

Die Feldbewehrung ist am unteren Rand des wandartigen Trägers zu konzentrieren. Im Bereich des Endauflagers kann sie auf einer Höhe von $0{,}15 \cdot h \le 0{,}1 \cdot l_{\text{eff}}$ verteilt werden. Die Feldbewehrung ist vollständig bis in die Auflager zu führen und dort für 100% der Zugkraft, vorzugsweise mit liegenden Schlaufen, zu verankern.

Zur Anordnung der Stützbewehrung siehe Tafel 18. Die Hälfte der Stützbewehrung ist über die gesamte Stützweite einzulegen. Die andere Hälfte der Stützbewehrung ist mit einer Länge von je $l_{\text{eff}}/3$ ohne zusätzliche Verankerungslänge in die angrenzenden Feldbereiche zu führen.

Tafel 18: Verteilung der Hauptbewehrung für die Zugkraft Z_S nach [DAfStb Heft 631]

Bewehrungsverteilung über den Innenstützen mehrfeldriger wandartiger Träger			
$h/l_{eff} = 1/3$	$h/l_{eff} = 0{,}5$	$h/l_{eff} = 2/3$	$h/l_{eff} \geq 1{,}0$
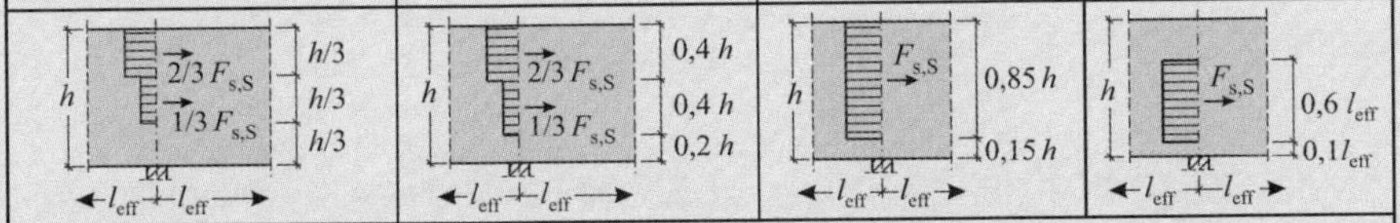 h; $2/3\,F_{s,S}$; $1/3\,F_{s,S}$; $h/3$, $h/3$, $h/3$; l_{eff}, l_{eff}	h; $2/3\,F_{s,S}$; $1/3\,F_{s,S}$; $0{,}4\,h$, $0{,}4\,h$, $0{,}2\,h$; l_{eff}, l_{eff}	h; $F_{s,S}$; $0{,}85\,h$, $0{,}15\,h$; l_{eff}, l_{eff}	h; $F_{s,S}$; $0{,}6\,l_{eff}$, $0{,}1\,l_{eff}$; l_{eff}, l_{eff}
Bewehrungsverteilung über dem Auflager auskragender wandartiger Träger			
$h/l_k = 2/3$	$h/l_k = 1{,}0$	$h/l_k = 1{,}5$	$h/l_k \geq 3$
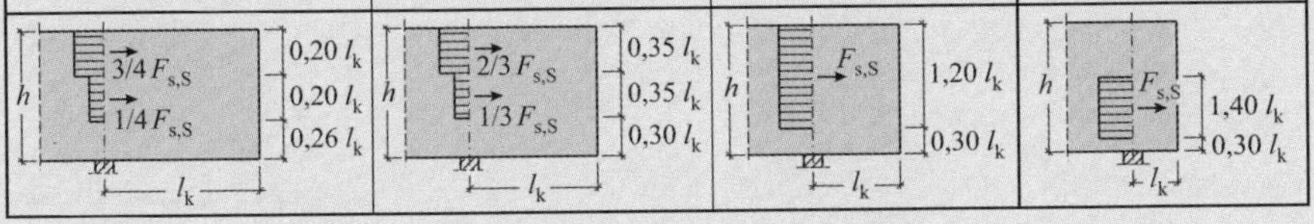 h; $3/4\,F_{s,S}$; $1/4\,F_{s,S}$; $0{,}20\,l_k$, $0{,}20\,l_k$, $0{,}26\,l_k$; l_k	h; $2/3\,F_{s,S}$; $1/3\,F_{s,S}$; $0{,}35\,l_k$, $0{,}35\,l_k$, $0{,}30\,l_k$; l_k	h; $F_{s,S}$; $1{,}20\,l_k$, $0{,}30\,l_k$; l_k	h; $F_{s,S}$; $1{,}40\,l_k$, $0{,}30\,l_k$; l_k

4.5.2 Auflagerkräfte durchlaufender wandartiger Träger

Die Auflagerkräfte von durchlaufenden wandartigen Trägern können näherungsweise nach der Stabstatik ermittelt werden, wobei die errechneten Auflagerkräfte an Endauflagern mit einem Erhöhungsfaktor multipliziert werden müssen. Die Auflagerkraft an der ersten Innenstütze darf höchstens um den halben Betrag der vorgenommenen Erhöhung am Endauflager reduziert werden.

h/l_{eff}	Erhöhungs-faktor
0,25	1,0
0,4	1,08
0,7	1,13
≥ 1,0	1,15

4.5.3 Querkräfte und Begrenzung der Hauptdruckspannungen

Bei direkt gelagerten wandartigen Trägern ohne Randverstärkung ist die Auflagerpressung über den Nachweis der Auflagerkraft wie folgt zu begrenzen:

– Endauflager: $$F_{A,Ed} \leq \frac{0{,}8 \cdot \alpha_{cc} \cdot f_{ck} \cdot A_c + f_{yk} \cdot A_s}{\gamma_C}$$

– Zwischenauflager: $$F_{A,Ed} \leq \frac{0{,}9 \cdot \alpha_{cc} \cdot f_{ck} \cdot A_c + f_{yk} \cdot A_s}{\gamma_C}$$

A_s Querschnittsfläche der Bewehrung, die den lokalen Krafteinleitungsbereich ohne Übergreifungsstoß durchdringt und die außerhalb des Störbereiches verankert ist.

A_c Auflagerfläche: $A_c = b \cdot c$

b Breite des wandartigen Trägers im Auflagerbereich.

c Auflagerlänge. Bei der Ermittlung der Auflagerfläche darf die Auflagerlänge c maximal mit 20% der jeweils angrenzenden Stützweite angesetzt werden.

Bei wandartigen Trägern mit Randverstärkung oder indirekter Lagerung gilt für die Querkraft V_{Ed} am Auflager:

$$V_{Ed} \leq V_{Rd} = \min \begin{cases} \dfrac{0{,}21}{\gamma_C} \cdot \alpha_{cc} \cdot f_{ck} \cdot l_{eff} \cdot b \\ \dfrac{0{,}21}{\gamma_C} \cdot \alpha_{cc} \cdot f_{ck} \cdot h \cdot b \end{cases}$$

Stahlbetonbau

4.6 Aussteifung von Tragwerken

4.6.1 Begriffe und Festlegungen

Aussteifendes Bauteil	Bauteil zur Aufnahme und Weiterleitung von auf das Tragwerk einwirkenden horizontalen Lasten. Aussteifende Bauteile müssen eine ausreichende Steifigkeit aufweisen. Unter der maßgebenden Einwirkungskombination sollte die Betonzugspannung den Wert f_{ctm} nicht überschreiten. Es werden waagerechte (Deckenscheiben) und lotrechte aussteifende Bauteile (Wandscheiben, Bauwerkskerne, ggf. auch Rahmensysteme mit hoher Steifigkeit) unterschieden.
Aussteifungssystem	Summe aller aussteifenden Bauteile eines Tragwerks.
Ausgesteiftes Tragwerk	Tragwerk, in dem aussteifende Bauteile vorhanden sind. Ausgesteifte Tragwerke können nach Abschnitt 4.6.2 als verschieblich oder unverschieblich eingestuft werden.
Unausgesteiftes Tragwerk	Tragwerk, in dem keine aussteifenden Bauteile vorhanden sind. Die Aufnahme und Weiterleitung der Horizontallasten erfolgt über Kragstützen und/oder Rahmensysteme, die gegebenenfalls entsprechend Abschnitt 5.2 nach Theorie II. Ordnung nachzuweisen sind.
Verschiebliches Tragwerk	Tragwerk, bei dem für die lotrechten aussteifenden Bauteile die Auswirkungen nach Theorie II. Ordnung berücksichtigt werden müssen.
Unverschiebliches Tragwerk	Tragwerk, bei dem die Auswirkungen nach Theorie II. Ordnung bei den vertikalen aussteifenden Bauteilen nicht berücksichtigt werden müssen.

4.6.2 Verschieblichkeit/Unverschieblichkeit von ausgesteiften Tragwerken

Ist eine Vielzahl von lotrechten aussteifenden, annähernd symmetrisch im Tragwerk angeordneten Bauteilen vorhanden, kann die Unverschieblichkeit des betreffenden Tragwerks in vielen Fällen ohne weiteren Nachweis vorausgesetzt werden. Ansonsten dürfen ausgesteifte Tragwerke als unverschieblich betrachtet werden, wenn folgende Bedingungen eingehalten sind:

– allgemein:

$$\frac{F_{V,Ed} \cdot L^2}{\sum E_{cd} \cdot I_c} \le K_1 \cdot \frac{n_s}{n_s + 1{,}6}$$

Der Nachweis ist getrennt für jede der beiden Hauptachsen des Tragwerks zu führen.

– zusätzlich bei Tragwerken, bei denen die lotrechten aussteifenden Bauteile unsymmetrisch angeordnet sind oder nicht vernachlässigbare Verdrehungen des Tragwerkes zulassen:

$$\frac{1}{\left(\frac{1}{L} \cdot \sqrt{\frac{E_{cd} \cdot I_\omega}{\sum_j \left(F_{V,Ed,j} \cdot r_j^2\right)}} + \frac{1}{2{,}28} \cdot \sqrt{\frac{G_{cd} \cdot I_T}{\sum_j \left(F_{V,Ed,j} \cdot r_j^2\right)}}\right)^2} \le K_1 \cdot \frac{n_s}{n_s + 1{,}6}$$

Es bedeuten:

$F_{V,Ed}$	Summe des in der Einspannebene wirkenden, mit $\gamma_F = 1{,}0$ berechneten Bemessungswertes der Vertikallasten für das gesamte Tragwerk
$\sum_j (E_{cd} \cdot I_c)$	Summe der Biegesteifigkeiten der lotrechten aussteifenden Bauteile mit $E_{cd} = E_{cm} / \gamma_{CE}$ und $\gamma_{CE} = 1{,}2$; E_{cm} siehe Tafel 3
n_s	Anzahl der Geschosse

L Gesamthöhe des Tragwerkes über der Einspannebene (in der Regel Oberkante Fundament)

K_1 $K_1 = 0{,}31$. Wenn nachgewiesen werden kann, dass die in den aussteifenden Bauteilen in den GZT auftretende Zugspannung den Wert f_{ctm} nach Tafel 3 nicht überschreitet, darf $K_1 = 0{,}62$ angesetzt werden.

$F_{V,Ed,j}$ Mit $\gamma_F = 1{,}0$ berechneter Bemessungswert der Vertikallast im aussteifenden Bauteil j

r_j Abstand der Stütze j vom Schubmittelpunkt M des Gesamtsystems

$E_{cd} \cdot I_\omega$ Nennwölbsteifigkeit des Aussteifungssystems (entspricht der Summe der Wölbsteifigkeiten aller verdrehungsbehindernd wirkenden lotrechten aussteifenden Bauteile)

$$E_{cd} \cdot I_\omega = \sum_i \left(E_{cd,i} \cdot I_{cy,i} \cdot y_{Mm,i}^{\ 2} + E_{cd,i} \cdot I_{cz,i} \cdot z_{Mm,i}^{\ 2} + E_{cd} \cdot I_{\omega,i} - 2 \cdot E_{cd,i} \cdot I_{cyz,i} \cdot y_{Mm,i} \cdot z_{Mm,i} \right)$$

mit $I_{\omega,i}$ Wölbflächenmoment 2. Grades des aussteifenden Bauteils i

$I_{cyz,i}$ Flächenzentrifugalmoment 2. Grades

$y_{Mm,i}$, $z_{Mm,i}$ Abstand des Schubmittelpunktes m des aussteifenden Bauteils i vom Schubmittelpunkt des Gesamtsystems M, bezogen auf die y- und die z-Achse

$G_{cd} \cdot I_T$ Summe der Torsionssteifigkeiten aller verdrehungsbehindernd wirkenden lotrechten aussteifenden Bauteile

$$G_{cd} \cdot I_T = \sum_i \left(G_{cd,i} \cdot I_{T,i} \right)$$

μ Querdehnzahl des Betons, siehe Seite 8

I_T St. Venant'sches Torsionsflächenmoment

$$G_{cd} = \frac{E_{cd}}{2 \cdot (1 + \mu)}$$

Sämtliche Steifigkeitswerte dürfen für den ungerissenen Betonquerschnitt (Zustand I) ermittelt werden.

Ermittlung der Lage des Schubmittelpunktes *M* des Aussteifungssystems

Unter der Voraussetzung, dass für sämtliche lotrechten aussteifenden Bauteile $I_{cyz,i} = 0$ ist, gilt:

$$y_M = \frac{\sum_i E_{cd} \cdot I_{cy,i} \cdot y_{m,i}}{\sum_i E_{cd} \cdot I_{cy,i}} \quad \text{und} \quad z_M = \frac{\sum_i E_{cd} \cdot I_{cz,i} \cdot z_{m,i}}{\sum_i E_{cd} \cdot I_{cz,i}}$$

Die Annahme $I_{cyz,i} = 0$ führt in der Regel auch dann zu einer akzeptablen Näherung, wenn für einzelne Aussteifungselemente $I_{cyz,i} \neq 0$ ist. Weitergehende Erläuterungen siehe [König/Liphardt 1990].

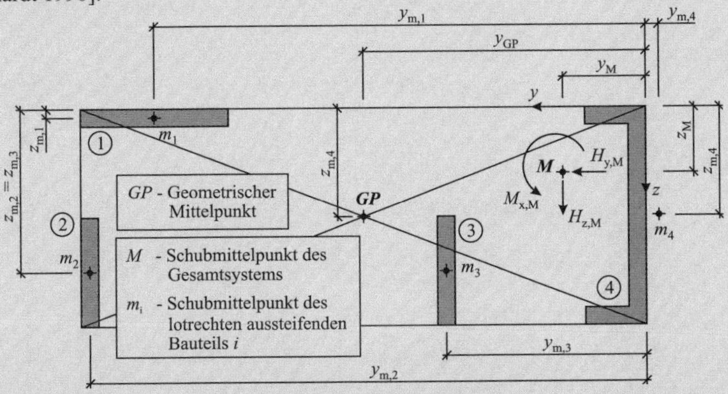

Abb. 7: Schubmittelpunkt und geometrischer Mittelpunkt für das Aussteifungssystem

Stahlbetonbau

4.6.3 Berücksichtigung von Imperfektionen (Gebäudeschiefstellung)

In den Grenzzuständen der Tragfähigkeit sind die Auswirkungen möglicher Tragwerksimperfektionen durch den Ansatz einer Schiefstellung des Tragwerkes um den Winkel θ_i zu erfassen.

Schiefstellungswinkel $\boldsymbol{\theta}_i$

– für Auswirkungen auf Einzelstützen und das Aussteifungssystem: $\theta_i = \theta_0 \cdot \alpha_h \cdot \alpha_m$

– für Auswirkungen auf Deckenscheiben: $\theta_i = 0{,}008/\sqrt{2 \cdot m}$

– für Auswirkungen auf Dachscheiben: $\theta_i = 0{,}008/\sqrt{m}$

θ_i Schiefstellungswinkel in rad

θ_0 Grundwert, $\theta_0 = 1/200$

α_h Abminderungsbeiwert für die Höhe, $0 \le \alpha_h = 2/\sqrt{l} \le 1$

l – bei Auswirkungen auf Einzelstützen: tatsächliche Stützenlänge in m
– bei Auswirkungen auf das Aussteifungssystem: Gebäudehöhe in m
– bei Auswirkungen auf Decken-/Dachscheiben: Geschosshöhe in m

α_m Abminderungsbeiwert für die Bauteilanzahl, $\alpha_m = \sqrt{0{,}5 \cdot (1 + 1/m)}$

m – bei Auswirkungen auf Einzelstützen: $m = 1$
– bei Auswirkungen auf das Aussteifungssystem: Anzahl der nebeneinander liegenden vertikalen Bauteile
– bei Decken- bzw. Dachscheiben: Anzahl der nebeneinander liegenden vertikalen Bauteile je Geschoss

Es sind nur solche Bauteile zu berücksichtigen, die mit mindestens 70 % des Bemessungswertes der mittleren Längskraft $N_{Ed,m}$ beansprucht werden.

$N_{Ed,m}$ $N_{Ed,m} = F_{Ed}/n$

F_{Ed} Summe der Bemessungswerte der Längskräfte aller nebeneinander befindlichen, lotrechten aussteifenden Bauteile im betrachteten Geschoss.

n Anzahl der in einem Geschoss befindlichen und an der Lastabtragung beteiligten lotrechten Bauteile

4.6.4 Beanspruchungen in aussteifenden Bauteilen

Die Beanspruchungen der einzelnen aussteifenden Bauteile werden anteilig aus den insgesamt am Aussteifungssystem auftretenden Horizontallasten ermittelt.

Stabilisierungskräfte – lotrechte aussteifende Bauteile

Die Ermittlung der vom Aussteifungssystem insgesamt aufzunehmenden Stabilisierungskräfte erfolgt nach Tafel 19 durch den Ansatz der Tragwerksschiefstellung θ_i oder alternativ über die in den einzelnen Geschossdeckenebenen wirkende äquivalente Horizontalkräfte H_i.

$$H_{ij} = \sum_{k=1}^{n} V_{jk} \cdot \theta_i$$

H_{ij} äquivalente Horizontalkraft in der Geschossdeckenebene j
V_{jk} in das Aussteifungselement k in der Geschossdeckenebene j eingetragene Vertikallast

Tafel 19: Möglichkeiten für die Ermittlung der Stabilisierungskräfte

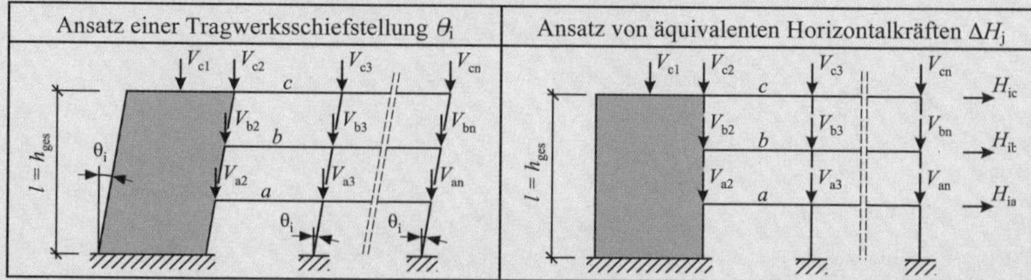

Stabilisierungskräfte – waagerechte aussteifende Bauteile

Die waagerechten aussteifenden Bauteile (Decken- und Dachscheiben) nehmen die Horizontallasten in den Geschossdeckenebenen auf und leiten sie zu den lotrechten aussteifenden Bauteilen weiter. Als Stabilisierungskraft ist in waagerechten aussteifenden Bauteilen die zusätzliche Horizontalkraft H_i zu berücksichtigen.

$H_\mathrm{i} = \left(N_\mathrm{a} + N_\mathrm{b}\right) \cdot \theta_\mathrm{i}$ für Deckenscheiben

$H_\mathrm{i} = N_\mathrm{a} \cdot \theta_\mathrm{i}$ für Dachscheiben

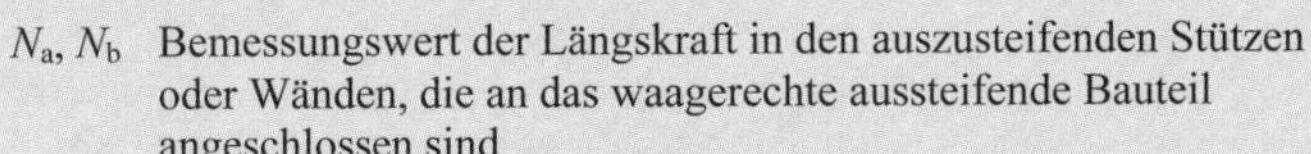

N_a, N_b Bemessungswert der Längskraft in den auszusteifenden Stützen oder Wänden, die an das waagerechte aussteifende Bauteil angeschlossen sind

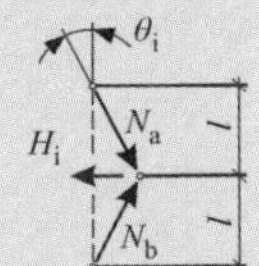

Aufteilung der Horizontallasten auf die einzelnen lotrechten aussteifenden Bauteile

Die für das Aussteifungssystem ermittelten Horizontallasten sind entsprechend der Anordnung und Steifigkeit der einzelnen lotrechten aussteifenden Bauteile auf diese aufzuteilen.

- Bei *statisch bestimmter* Anordnung der lotrechten aussteifenden Bauteile:

  Die Lastverteilung auf die einzelnen Aussteifungselemente erfolgt entsprechend der Gleichgewichtsbedingungen. Dieser Fall betrifft z.B. Aussteifungssysteme aus 3 Wandscheiben, deren Systemlinien sich nicht in einem Punkt schneiden.

- Bei *statisch unbestimmter* Anordnung der lotrechten aussteifenden Bauteile:

  Zusätzlich zu den Gleichgewichtsbedingungen müssen Verformungsbetrachtungen zur Lastaufteilung herangezogen werden, was zu einem erheblichen Berechnungsaufwand führt. Näherungslösungen ergeben sich, wenn für die einzelnen Aussteifungselemente $I_{\mathrm{cyz,i}}$, $I_{\omega,\mathrm{i}}$ und I_T vernachlässigt werden [König/Liphardt 1990]:

$$H_{\mathrm{y,i}} = \frac{E_\mathrm{cm} \cdot I_\mathrm{cz,i}}{\sum_{i=1}^{n} E_\mathrm{cm} \cdot I_\mathrm{cz,i}} \cdot H_\mathrm{y,M} - \frac{E_\mathrm{cm} \cdot I_\mathrm{cz,i} \cdot z_\mathrm{Mm,i}}{\sum_{i=1}^{n} E_\mathrm{cm} \cdot I_\mathrm{cy,i} \cdot y_\mathrm{Mm,i}^2 + E_\mathrm{cm} \cdot I_\mathrm{cz,i} \cdot z_\mathrm{Mm,i}^2} \cdot M_\mathrm{xM}$$

$$H_{\mathrm{z,i}} = \frac{E_\mathrm{cm} \cdot I_\mathrm{cy,i}}{\sum_{i=1}^{n} E_\mathrm{cm} \cdot I_\mathrm{cy,i}} \cdot H_\mathrm{z,M} + \frac{E_\mathrm{cm} \cdot I_\mathrm{cy,i} \cdot y_\mathrm{Mm,i}}{\sum_{i=1}^{n} E_\mathrm{cm} \cdot I_\mathrm{cy,i} \cdot y_\mathrm{Mm,i}^2 + E_\mathrm{cm} \cdot I_\mathrm{cz,i} \cdot z_\mathrm{Mm,i}^2} \cdot M_\mathrm{xM}$$

Es bedeuten (siehe auch Abb. 7):

$H_\mathrm{y,i}$, $H_\mathrm{z,i}$ Horizontallast in y- bzw. z-Richtung im lotrechten aussteifenden Bauteil i

$H_\mathrm{y,M}$, $H_\mathrm{z,M}$ am Aussteifungssystem einwirkende Horizontallast in y- bzw. z-Richtung, bezogen auf den Schubmittelpunkt M des Aussteifungssystems

$M_\mathrm{x,M}$ Torsionsmoment am Aussteifungssystem

$$M_\mathrm{x,M} = -H_\mathrm{y,M} \cdot \left(z_\mathrm{GM} - z_\mathrm{M}\right) + H_\mathrm{z,M} \cdot \left(y_\mathrm{GM} - y_\mathrm{M}\right)$$

y_GM, z_GM Koordinaten des geometrischen Gebäudemittelpunktes

y_M, z_M Koordinaten des Schubmittelpunktes des Aussteifungssystems

$y_\mathrm{Mm,i}$, $z_\mathrm{Mm,i}$ Abstand des Schubmittelpunktes m des aussteifenden Bauteils i vom Schubmittelpunkt des Aussteifungssystems M, bezogen auf die y- und die z-Achse

Statische Systeme für die Schnittgrößenermittlung in aussteifenden Bauteilen

Waagerechte aussteifende Bauteile sind hinsichtlich der Aufnahme und Weiterleitung der Horizontallasten als Scheibe nachzuweisen, die durch die einzelnen lotrechten aussteifenden Bauteile gestützt wird.

Die *lotrechten aussteifenden Bauteile* werden bei der Schnittgrößenberechnung als Kragstützen betrachtet. Bei unverschieblichen Tragwerken (siehe Abschnitt 4.6.2) ist die Berücksichtigung von Auswirkungen nach Theorie II. Ordnung nicht erforderlich. Zur Nachweisführung bei Berücksichtigung der Theorie II. Ordnung siehe Abschnitt 5.2.

5 Nachweise in den Grenzzuständen der Tragfähigkeit

5.1 Biegung und Längskraft

5.1.1 Allgemeines

Grenzdehnungen

Der Grenzzustand der Tragfähigkeit wird in Querschnitten unter einer Beanspruchung aus Biegung, Längskraft oder Biegung mit Längskraft rechnerisch dann erreicht, wenn im Beton und/oder Betonstahl folgende Grenzdehnungen auftreten, siehe Abb. 8:

- Betonstahl: $\varepsilon_{ud} = 25$ ‰
- Beton: ε_{cu2} bzw. ε_{cu3} nach Tafel 3. Bei vollständig überdrückten Querschnitten darf die Dehnung im Punkt C höchstens ε_{c2} bzw. ε_{c3} betragen.

Anmerkung: Bei Anwendung der bilinearen SDL sind ε_{cu3} und ε_{c3} anstelle von ε_{cu2} und ε_{c2} anzusetzen!

Abb. 8: Mögliche Dehnungsverteilungen in Querschnitten im Grenzzustand der Tragfähigkeit

Zusätzlich gilt:

- Bei druckbeanspruchten Querschnitten geringer Ausmitte mit $e_d/h = M_{Ed}/(|N_{Ed}| \cdot h) \leq 0{,}1$ darf für Normalbeton $\varepsilon_{c2} = -2{,}2$ ‰ angesetzt werden.
- In vollständig überdrückten Platten von gegliederten Querschnitten ist die Dehnung in Plattenmitte auf ε_{c2} bzw. ε_{c3} nach Tafel 3 zu begrenzen. Allerdings muss die Tragfähigkeit des Gesamtquerschnittes nicht geringer angesetzt werden als diejenige des Stegquerschnittes mit der Höhe h und unter Berücksichtigung der Dehnungsverteilung nach Abb. 8.

Mindestausmitte

In überwiegend druckbeanspruchten Querschnitten ist eine Mindestausmitte der Drucknormalkraft von $e_{0,min} = h/30 \geq 20$ mm anzusetzen. Bei Nachweisen nach Theorie II. Ordnung sind anstelle dieser Mindestausmitte die Imperfektionen nach Abschnitt 5.2 vorzusehen.

Duktiles Bauteilverhalten Entsprechende Anforderungen siehe Seite 5.

Hinweise zur Nachweisführung

Die Nachweisführung erfolgt entweder in Form der Ermittlung der erforderlichen Querschnittsfläche der Längsbewehrung für eine vorgegebene Einwirkung („Bemessung") oder durch die Bestimmung des Tragwiderstandes für eine vorgegebene Längsbewehrung („Tragfähigkeitsnachweis"). Die Querschnittsgeometrie und die Baustoffe werden dazu auf der Grundlage einer Vorbemessung bzw. von Erfahrungswerten sinnvoll gewählt oder sind bei vorhandenen Bauteilen bekannt.

Wegen der nichtlinearen Spannungs-Dehnungs-Beziehung des Betons ist – von einfachen Fällen wie Zugkraft mit kleiner Ausmitte (Abschnitt 5.1.2) abgesehen – eine iterative Berechnung erforderlich. Dazu wird zunächst eine Annahme zur Dehnungsverteilung im Querschnitt getroffen, dann der zu dieser Dehnungsverteilung zugehörige Tragwiderstand ermittelt und mit den Einwirkungen verglichen. Die Dehnungsverteilung ist anschließend so lange zu variieren, bis der Tragwiderstand und die Schnittgrößen aus Einwirkungen identisch sind. Eine Alternative zu iterativen Berechnungen stellen die für ausgewählte Querschnittsformen und Beanspruchungsfälle aufgestellten Bemessungshilfsmittel dar, die in den Abschnitten 5.1.3 bis 5.1.5 abgedruckt sind.

5.1.2 Zugkraft mit kleiner Ausmitte

Eine Zugkraft hat eine kleine Ausmitte, wenn

$$e_0 = \left|\frac{M_{\text{Ed}}}{N_{\text{Ed}}}\right| \leq z_{s1}$$

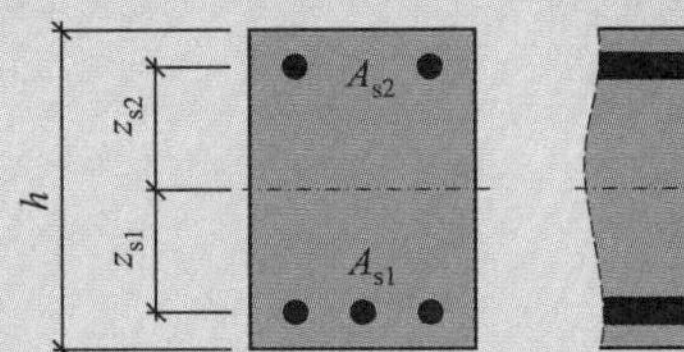

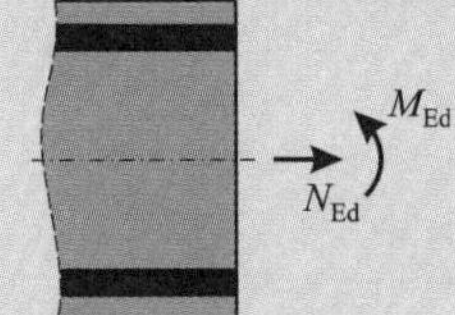

ist. In diesem Fall wird der gesamte Querschnitt gedehnt, der Beton ist ausschließlich zugbeansprucht und rechnerisch nicht an der Lastabtragung beteiligt. Die Einwirkungen müssen daher allein durch die Längsbewehrung aufgenommen werden.

Unter der vereinfachenden Voraussetzung, dass in beiden Bewehrungslagen die Streckgrenze erreicht wird, ergibt sich:

$$A_{s1} = \frac{N_{\text{Ed}}}{f_{\text{yd}}} \cdot \frac{z_{s2} + e_0}{z_{s1} + z_{s2}} \qquad \text{und} \qquad A_{s2} = \frac{N_{\text{Ed}}}{f_{\text{yd}}} \cdot \frac{z_{s1} - e_0}{z_{s1} + z_{s2}}$$

N_{Ed} ist als Zugkraft hier mit positivem Vorzeichen einzusetzen.

5.1.3 Bemessungshilfsmittel für Rechteckquerschnitte

Eine *vorwiegende Biegebeanspruchung* liegt vor, wenn

$$\frac{e_0}{h} = \left|\frac{M_{\text{Ed}}}{N_{\text{Ed}} \cdot h}\right| > 3{,}5$$

ist. Für die Bemessung von Querschnitten mit rechteckförmiger Betondruckzone stehen für den Fall einer vorwiegenden Biegebeanspruchung folgende Bemessungshilfsmittel zur Verfügung:

- dimensionsgebundene Bemessungstabelle (k_d-Tafel), S. 38
- Bemessungstabelle mit dimensionslosen Beiwerten, S. 41
- allgemeines Bemessungsdiagramm, S. 44.

Im Rahmen der rechnerischen Nachweisführung kann zunächst davon ausgegangen werden, dass die Anordnung einer Bewehrung in der Zugzone („einfache Bewehrung") ausreichend ist. Falls erforderlich, wird diese einfache Bewehrung in mehreren Lagen übereinander untergebracht. Bei sehr großen Beanspruchungen können sich dann aber folgende Nachteile ergeben:

- hohe bezogene Druckzonenhöhen $\xi = x/d$, die einzuhaltenden Grenzwerte der bezogenen Druckzonenhöhe ξ_{lim} sind vom für die Schnittgrößenermittlung gewählten Verfahren abhängig, siehe Abschnitt 4.2,
- geringe Stahldehnungen ε_{s1} der Zugbewehrung, für $\varepsilon_{s1} < f_{yd}/E_s$ erreicht die Betonstahlspannung rechnerisch nicht mehr die Streckgrenze.

In derartigen Fällen ist die zusätzliche Anordnung einer Druckbewehrung („doppelte Bewehrung") sinnvoll. Entsprechende Bemessungshilfsmittel sind auf den S. 39 und 42 zu finden.

Bei *vorwiegender Längskraft* ($e_0 / h \leq 3{,}5$) wird für die Nachweisführung die Verwendung von μ-ν-Interaktionsdiagrammen empfohlen. Die Vielzahl der verfügbaren Interaktionsdiagramme unterscheidet sich nach:

- der Beanspruchungsart (einachsige oder zweiachsige Biegung mit Längskraft)
- der Anordnung der Längsbewehrung im Querschnitt (gleichmäßig an allen 4 Querschnittsseiten verteilt, gleichmäßig an 2 gegenüberliegenden Querschnittsseiten verteilt oder Konzentration in den Querschnittsecken)
- der Betonfestigkeit (normalfeste oder hochfeste Betone)
- der Festigkeitsklasse des Betonstahls (nach DIN EN 1992-1-1 ist nur B500 genormt)
- dem auf die Querschnittsabmessung bezogenen Abstand zwischen der Schwerachse der Längsbewehrung und der Querschnittsaußenkante (d_1/h)
- den zu Grunde gelegten Sicherheitsbeiwerten γ_C und γ_S.

Für die Normalkraft N_{Ed} gilt bei der Anwendung der nachfolgenden Bemessungshilfsmittel folgende Vorzeichenregel:

- Druckkräfte: negatives Vorzeichen
- Zugkräfte: positives Vorzeichen.

Dimensionsgebundene Bemessungstabelle (k_d-Tafel) für Rechteckquerschnitte ohne Druckbewehrung

Nachfolgende Tabellen gelten für die bilineare Spannungs-Dehnungs-Linie des Betonstahls mit horizontalem Verlauf des oberen Astes.

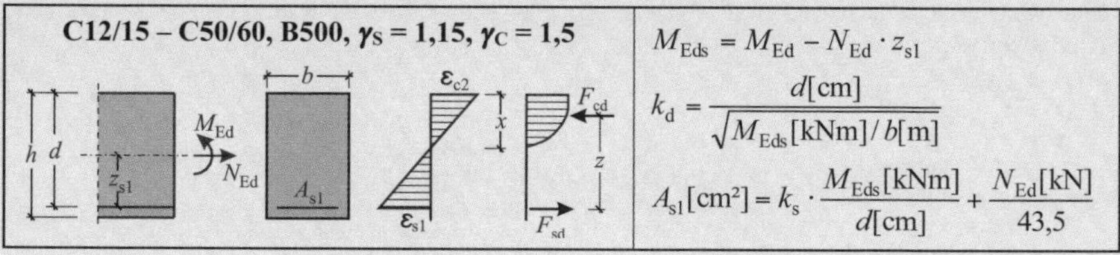

k_d für Betonfestigkeitsklasse C									k_s	ξ =	ζ =	ε_{c2} in	ε_{s1} in
12/15	16/20	20/25	25/30	30/37	35/45	40/50	45/55	50/60		x/d	z/d	‰	‰
14,34	12,41	11,10	9,93	9,07	8,39	7,85	7,40	7,02	2,32	0,025	0,991	–0,64	25,00
7,90	6,84	6,12	5,47	5,00	4,63	4,33	4,08	3,87	2,34	0,048	0,983	–1,26	25,00
5,87	5,08	4,54	4,06	3,71	3,44	3,21	3,03	2,87	2,36	0,069	0,975	–1,84	25,00
4,94	4,27	3,82	3,42	3,12	2,89	2,70	2,55	2,42	2,38	0,087	0,966	–2,38	25,00
4,39	3,80	3,40	3,04	2,77	2,57	2,40	2,27	2,15	2,40	0,104	0,958	–2,89	25,00
4,01	3,47	3,10	2,78	2,53	2,35	2,20	2,07	1,96	2,42	0,120	0,950	–3,40	25,00
3,74	3,24	2,90	2,59	2,36	2,19	2,05	1,93	1,83	2,44	0,138	0,943	–3,50	21,87
3,53	3,05	2,73	2,44	2,23	2,06	1,93	1,82	1,73	2,46	0,156	0,935	–3,50	18,88
3,35	2,90	2,60	2,32	2,12	1,96	1,84	1,73	1,64	2,48	0,174	0,927	–3,50	16,56
3,20	2,77	2,48	2,22	2,03	1,88	1,76	1,65	1,57	2,50	0,192	0,920	–3,50	14,70
2,97	2,57	2,30	2,06	1,88	1,74	1,63	1,53	1,46	2,54	0,227	0,906	–3,50	11,91
2,848	2,466	2,206	1,973	1,801	1,667	1,560	1,471	1,395	2,567	**0,250**	0,896	–3,50	10,50
2,79	2,42	2,16	1,94	1,77	1,64	1,53	1,44	1,37	2,58	0,261	0,891	–3,50	9,92
2,65	2,30	2,06	1,84	1,68	1,55	1,45	1,37	1,30	2,62	0,294	0,878	–3,50	8,42
2,54	2,20	1,97	1,76	1,61	1,49	1,39	1,31	1,24	2,66	0,325	0,865	–3,50	7,26
2,45	2,12	1,90	1,70	1,55	1,43	1,34	1,26	1,20	2,70	0,356	0,852	–3,50	6,33
2,37	2,05	1,83	1,64	1,50	1,39	1,30	1,22	1,16	2,74	0,386	0,839	–3,50	5,57
2,30	1,99	1,78	1,59	1,45	1,35	1,26	1,19	1,13	2,78	0,415	0,827	–3,50	4,93
2,24	1,94	1,74	1,55	1,42	1,31	1,23	1,16	1,10	2,82	0,443	0,816	–3,50	4,40
2,229	1,930	1,726	1,544	1,409	1,305	1,221	1,151	1,092	2,830	**0,450**	0,813	–3,50	4,28
2,19	1,90	1,70	1,52	1,39	1,28	1,20	1,13	1,07	2,86	0,471	0,804	–3,50	3,94
2,15	1,86	1,66	1,49	1,36	1,26	1,18	1,11	1,05	2,90	0,497	0,793	–3,50	3,54
2,11	1,82	1,63	1,46	1,33	1,23	1,15	1,09	1,03	2,94	0,523	0,782	–3,50	3,19
2,07	1,79	1,60	1,44	1,31	1,21	1,13	1,07	1,01	2,98	0,549	0,772	–3,50	2,88
2,04	1,77	1,58	1,41	1,29	1,19	1,12	1,05	1,00	3,02	0,573	0,762	–3,50	2,61
2,01	1,74	1,56	1,39	1,27	1,18	1,10	1,04	0,99	3,06	0,597	0,752	–3,50	2,36
1,99	1,72	1,54	1,38	1,26	1,17	1,09	1,03	0,98	3,09	**0,617**	0,743	–3,50	2,17

Stahlbetonbau

Anmerkung: Überschreitet die bezogene Druckzonenhöhe ξ die Grenzwerte ξ_{lim} = 0,25 bzw. ξ_{lim} = 0,45, ist in der Regel die Anordnung einer Druckbewehrung sinnvoll. Welcher der beiden Grenzwerte ξ_{lim} maßgebend ist, hängt von dem für die Schnittgrößenberechnung gewählten Verfahren ab, siehe Abschnitt 4.2.

Bei einer Überschreitung von ξ_{lim} = 0,617 ist die Bewehrung nicht mehr bis zum Bemessungswert der Streckgrenze f_{yd} ausgelastet.

Dimensionsgebundene Bemessungstabelle für Rechteckquerschnitte mit Druckbewehrung

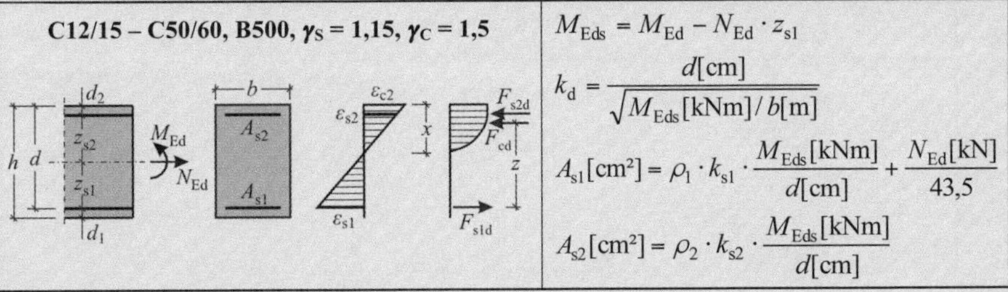

$$M_{Eds} = M_{Ed} - N_{Ed} \cdot z_{s1}$$

$$k_d = \frac{d[\text{cm}]}{\sqrt{M_{Eds}[\text{kNm}]/b[\text{m}]}}$$

$$A_{s1}[\text{cm}^2] = \rho_1 \cdot k_{s1} \cdot \frac{M_{Eds}[\text{kNm}]}{d[\text{cm}]} + \frac{N_{Ed}[\text{kN}]}{43{,}5}$$

$$A_{s2}[\text{cm}^2] = \rho_2 \cdot k_{s2} \cdot \frac{M_{Eds}[\text{kNm}]}{d[\text{cm}]}$$

Beiwerte k_{s1} und k_{s2}

	k_d für Betonfestigkeitsklasse C									k_{s1}	k_{s2}
	12/15	16/20	20/25	25/30	30/37	35/45	40/50	45/55	50/60		
$\xi_{lim} = 0{,}25$ ($\varepsilon_{s1} = 10{,}5$ ‰, $\varepsilon_{c2} = -3{,}5$ ‰)	2,85	2,47	2,21	1,97	1,80	1,67	1,56	1,47	1,40	2,57	0,00
	2,79	2,42	2,16	1,93	1,76	1,63	1,53	1,44	1,37	2,56	0,10
	2,73	2,36	2,11	1,89	1,73	1,60	1,49	1,41	1,34	2,56	0,20
	2,67	2,31	2,07	1,85	1,69	1,56	1,46	1,38	1,31	2,55	0,30
	2,60	2,26	2,02	1,80	1,65	1,53	1,43	1,35	1,28	2,55	0,40
	2,54	2,20	1,97	1,76	1,61	1,49	1,39	1,31	1,24	2,54	0,50
	2,47	2,14	1,92	1,71	1,56	1,45	1,36	1,28	1,21	2,54	0,60
	2,41	2,08	1,86	1,67	1,52	1,41	1,32	1,24	1,18	2,53	0,70
	2,34	2,02	1,81	1,62	1,48	1,37	1,28	1,21	1,14	2,53	0,80
	2,26	1,96	1,75	1,57	1,43	1,33	1,24	1,17	1,11	2,52	0,90
	2,19	1,90	1,70	1,52	1,38	1,28	1,20	1,13	1,07	2,52	1,00
	2,11	1,83	1,64	1,46	1,34	1,24	1,16	1,09	1,04	2,51	1,10
	2,03	1,76	1,57	1,41	1,29	1,19	1,11	1,05	1,00	2,51	1,20
	1,95	1,69	1,51	1,35	1,23	1,14	1,07	1,01	0,96	2,50	1,30
	1,86	1,61	1,44	1,29	1,18	1,09	1,02	0,96	0,91	2,50	1,40
$\xi_{lim} = 0{,}45$ ($\varepsilon_{s1} = 4{,}3$ ‰, $\varepsilon_{c2} = -3{,}5$ ‰)	2,23	1,93	1,73	1,54	1,41	1,30	1,22	1,15	1,09	2,83	0,00
	2,18	1,89	1,69	1,51	1,38	1,28	1,20	1,13	1,07	2,81	0,10
	2,14	1,85	1,65	1,48	1,35	1,25	1,17	1,10	1,05	2,80	0,20
	2,09	1,81	1,62	1,45	1,32	1,22	1,14	1,08	1,02	2,78	0,30
	2,04	1,77	1,58	1,41	1,29	1,19	1,12	1,05	1,00	2,77	0,40
	1,99	1,72	1,54	1,38	1,26	1,16	1,09	1,03	0,97	2,75	0,50
	1,94	1,68	1,50	1,34	1,22	1,13	1,06	1,00	0,95	2,74	0,60
	1,88	1,63	1,46	1,30	1,19	1,10	1,03	0,97	0,92	2,72	0,70
	1,83	1,58	1,42	1,27	1,16	1,07	1,00	0,94	0,90	2,70	0,80
	1,77	1,53	1,37	1,23	1,12	1,04	0,97	0,92	0,87	2,69	0,90
	1,71	1,48	1,33	1,19	1,08	1,00	0,94	0,88	0,84	2,67	1,00
	1,65	1,43	1,28	1,15	1,05	0,97	0,91	0,85	0,81	2,66	1,10
	1,59	1,38	1,23	1,10	1,01	0,93	0,87	0,82	0,78	2,64	1,20
	1,53	1,32	1,18	1,06	0,96	0,89	0,84	0,79	0,75	2,63	1,30
	1,46	1,26	1,13	1,01	0,92	0,85	0,80	0,75	0,71	2,61	1,40
$\xi_{lim} = 0{,}617$ ($\varepsilon_{s1} = 2{,}17$ ‰, $\varepsilon_{c2} = -3{,}5$ ‰)	1,99	1,72	1,54	1,38	1,26	1,17	1,09	1,03	0,98	3,09	0,00
	1,95	1,69	1,51	1,35	1,23	1,14	1,07	1,01	0,95	3,07	0,10
	1,91	1,65	1,48	1,32	1,21	1,12	1,04	0,98	0,93	3,04	0,20
	1,86	1,61	1,44	1,29	1,18	1,09	1,02	0,96	0,91	3,01	0,30
	1,82	1,58	1,41	1,26	1,15	1,07	1,00	0,94	0,89	2,99	0,40
	1,78	1,54	1,38	1,23	1,12	1,04	0,97	0,92	0,87	2,96	0,50
	1,73	1,50	1,34	1,20	1,09	1,01	0,95	0,89	0,85	2,94	0,60
	1,68	1,46	1,30	1,17	1,06	0,98	0,92	0,87	0,82	2,91	0,70
	1,63	1,41	1,26	1,13	1,03	0,96	0,89	0,84	0,80	2,88	0,80
	1,58	1,37	1,23	1,10	1,00	0,93	0,87	0,82	0,78	2,86	0,90
	1,53	1,33	1,19	1,06	0,97	0,90	0,84	0,79	0,75	2,83	1,00
	1,48	1,28	1,14	1,02	0,93	0,86	0,81	0,76	0,72	2,80	1,10
	1,42	1,23	1,10	0,98	0,90	0,83	0,78	0,73	0,70	2,78	1,20
	1,36	1,18	1,06	0,94	0,86	0,80	0,75	0,70	0,67	2,75	1,30
	1,30	1,13	1,01	0,90	0,82	0,76	0,71	0,67	0,64	2,72	1,40

Beiwerte ρ_1 und ρ_2

	d_2 / d	ρ_1 für k_{s1} =				ρ_2	ε_{s2} in ‰
		2,57	2,54	2,52	2,50		
ξ_{lim} = 0,25	0,06	1,00	1,00	1,00	1,00	1,00	–2,66
	0,08	1,00	1,00	1,01	1,01	1,02	–2,38
	0,10	1,00	1,01	1,02	1,02	1,08	–2,10
	0,12	1,00	1,01	1,03	1,04	1,28	–1,82
	0,14	1,00	1,02	1,04	1,05	1,54	–1,54
	0,16	1,00	1,02	1,05	1,07	1,93	–1,26
	0,18	1,00	1,03	1,06	1,08	2,54	–0,98
	0,20	1,00	1,03	1,07	1,10	3,65	–0,70

	d_2 / d	ρ_1 für k_{s1} =				ρ_2	ε_{s2} in ‰
		2,83	2,74	2,69	2,61		
ξ_{lim} = 0,45	0,06	1,00	1,00	1,00	1,00	1,00	–3,03
	0,08	1,00	1,00	1,01	1,01	1,02	–2,88
	0,10	1,00	1,01	1,01	1,02	1,04	–2,72
	0,12	1,00	1,01	1,02	1,04	1,07	–2,57
	0,14	1,00	1,02	1,03	1,05	1,09	–2,41
	0,16	1,00	1,03	1,04	1,06	1,12	–2,26
	0,18	1,00	1,03	1,05	1,08	1,19	–2,10
	0,20	1,00	1,04	1,06	1,09	1,31	–1,94
	0,22	1,00	1,04	1,07	1,11	1,46	–1,79
	0,24	1,00	1,05	1,08	1,13	1,65	–1,63

	d_2 / d	ρ_1 für k_{s1} =				ρ_2	ε_{s2} in ‰
		3,09	2,94	2,86	2,72		
ξ_{lim} = 0,617	0,06	1,00	1,00	1,00	1,00	1,00	–3,16
	0,08	1,00	1,00	1,01	1,01	1,02	–3,05
	0,10	1,00	1,01	1,01	1,02	1,04	–2,93
	0,12	1,00	1,01	1,02	1,04	1,07	–2,82
	0,14	1,00	1,02	1,03	1,05	1,09	–2,71
	0,16	1,00	1,02	1,04	1,06	1,12	–2,59
	0,18	1,00	1,03	1,05	1,08	1,15	–2,48
	0,20	1,00	1,04	1,06	1,09	1,18	–2,37
	0,22	1,00	1,04	1,06	1,11	1,21	–2,25
	0,24	1,00	1,05	1,07	1,12	1,26	–2,14

Bemessungstabellen mit dimensionslosen Beiwerten für Rechteckquerschnitte ohne Druckbewehrung

C12/15 – C50/60, B500 , $\gamma_S = 1{,}15$

$$M_{Eds} = M_{Ed} - N_{Ed} \cdot z_{s1}$$

$$\mu_{Eds} = \frac{M_{Eds}}{b \cdot d^2 \cdot f_{cd}}$$

$$A_{s1} = \frac{1}{\sigma_{sd}}(\omega \cdot b \cdot d \cdot f_{cd} + N_{Ed})$$

μ_{Eds}	ω	$\xi = x/d$	$\zeta = z/d$	ε_{c2} in ‰	ε_{s1} in ‰	σ_{sd} [1] in N/mm²	σ_{sd} [2] in N/mm²
0,01	0,0101	0,030	0,990	–0,77	25,00	434,8	456,5
0,02	0,0203	0,044	0,985	–1,15	25,00	434,8	456,5
0,03	0,0306	0,055	0,980	–1,46	25,00	434,8	456,5
0,04	0,0410	0,066	0,976	–1,76	25,00	434,8	456,5
0,05	0,0515	0,076	0,971	–2,06	25,00	434,8	456,5
0,06	0,0621	0,086	0,967	–2,37	25,00	434,8	456,5
0,07	0,0728	0,097	0,962	–2,68	25,00	434,8	456,5
0,08	0,0836	0,107	0,956	–3,01	25,00	434,8	456,5
0,09	0,0946	0,118	0,951	–3,35	25,00	434,8	456,5
0,10	0,1057	0,131	0,946	–3,50	23,29	434,8	454,9
0,11	0,1170	0,145	0,940	–3,50	20,71	434,8	452,4
0,12	0,1285	0,159	0,934	–3,50	18,55	434,8	450,4
0,13	0,1401	0,173	0,928	–3,50	16,73	434,8	448,6
0,14	0,1518	0,188	0,922	–3,50	15,16	434,8	447,1
0,15	0,1638	0,202	0,916	–3,50	13,80	434,8	445,9
0,16	0,1759	0,217	0,910	–3,50	12,61	434,8	444,7
0,17	0,1882	0,232	0,903	–3,50	11,55	434,8	443,7
0,18	0,2007	0,248	0,897	–3,50	10,62	434,8	442,8
0,181	0,2024	**0,250**	0,896	–3,50	10,50	434,8	442,7
0,19	0,2134	0,264	0,890	–3,50	9,78	434,8	442,0
0,20	0,2263	0,280	0,884	–3,50	9,02	434,8	441,3
0,21	0,2395	0,296	0,877	–3,50	8,33	434,8	440,6
0,22	0,2529	0,312	0,870	–3,50	7,71	434,8	440,1
0,23	0,2665	0,329	0,863	–3,50	7,13	434,8	439,5
0,24	0,2804	0,346	0,856	–3,50	6,60	434,8	439,0
0,25	0,2946	0,364	0,849	–3,50	6,12	434,8	438,5
0,26	0,3091	0,382	0,841	–3,50	5,67	434,8	438,1
0,27	0,3239	0,400	0,834	–3,50	5,25	434,8	437,7
0,28	0,3391	0,419	0,826	–3,50	4,86	434,8	437,3
0,29	0,3546	0,438	0,818	–3,50	4,49	434,8	437,0
0,296	0,3641	**0,450**	0,813	–3,50	4,28	434,8	436,8
0,30	0,3706	0,458	0,810	–3,50	4,15	434,8	436,7
0,31	0,3869	0,478	0,801	–3,50	3,82	434,8	436,4
0,32	0,4038	0,499	0,793	–3,50	3,52	434,8	436,1
0,33	0,4211	0,520	0,784	–3,50	3,23	434,8	435,8
0,34	0,4391	0,542	0,774	–3,50	2,95	434,8	435,5
0,35	0,4576	0,565	0,765	–3,50	2,69	434,8	435,3
0,36	0,4768	0,589	0,755	–3,50	2,44	434,8	435,0
0,37	0,4968	0,614	0,745	–3,50	2,20	434,8	434,8
0,371	0,4994	**0,617**	0,743	–3,50	2,17	**434,8**	**434,8**
0,38	0,5177	0,640	0,734	–3,50	1,97	394,5	394,5
0,39	0,5396	0,667	0,723	–3,50	1,75	350,1	350,1

[1] Bilineare Arbeitslinie des Betonstahls mit horizontalem Verlauf des oberen Astes.

[2] Bilineare Arbeitslinie des Betonstahls mit Berücksichtigung des Festigkeitsanstiegs über die Streckgrenze hinaus.

Bemessungstabellen mit dimensionslosen Beiwerten für Rechteckquerschnitte mit Druckbewehrung

Die bezogene Druckzonenhöhe $\xi = x/d$ soll folgende Grenzwerte nicht überschreiten (siehe Abschnitt 4.2):

- $\xi_{lim} = 0{,}25$ bei Anwendung der Plastizitätstheorie bei Platten
- $\xi_{lim} = 0{,}45$ allgemein bei linear-elastischer Schnittkraftermittlung
- $\xi_{lim} = 0{,}617$ bei Ausnutzung der Streckgrenze der Bewehrung

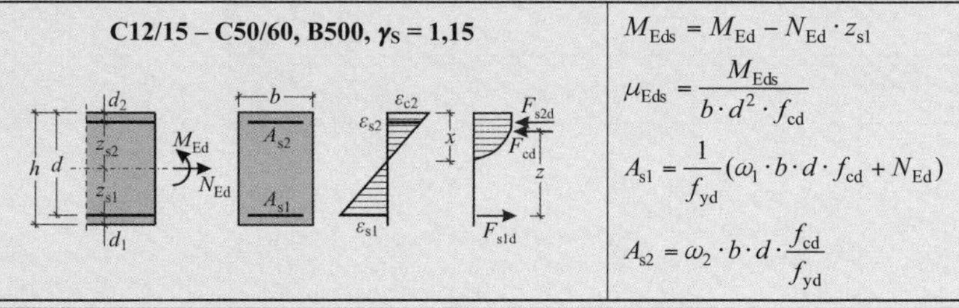

C12/15 – C50/60, B500, $\gamma_S = 1{,}15$

$$M_{Eds} = M_{Ed} - N_{Ed} \cdot z_{s1}$$

$$\mu_{Eds} = \frac{M_{Eds}}{b \cdot d^2 \cdot f_{cd}}$$

$$A_{s1} = \frac{1}{f_{yd}}(\omega_1 \cdot b \cdot d \cdot f_{cd} + N_{Ed})$$

$$A_{s2} = \omega_2 \cdot b \cdot d \cdot \frac{f_{cd}}{f_{yd}}$$

$\xi_{lim} = 0{,}25$ ($\varepsilon_{s1} = 10{,}5$ ‰, $\varepsilon_{c2} = -3{,}5$ ‰)

d_2/d	0,05		0,10		0,15		0,20	
$\varepsilon_{s1}/\varepsilon_{s2}$	10,5 ‰	−2,80 ‰	10,5 ‰	−2,10 ‰	10,5 ‰	−1,40 ‰	10,5 ‰	−0,70 ‰
μ_{Eds}	ω_1	ω_2	ω_1	ω_2	ω_1	ω_2	ω_1	ω_2
0,19	0,212	0,009	0,212	0,010	0,213	0,016	0,213	0,034
0,20	0,222	0,020	0,223	0,021	0,224	0,034	0,226	0,072
0,21	0,233	0,030	0,234	0,033	0,236	0,052	0,238	0,111
0,22	0,243	0,041	0,245	0,044	0,248	0,071	0,251	0,150
0,23	0,254	0,051	0,256	0,056	0,260	0,089	0,263	0,189
0,24	0,264	0,062	0,268	0,067	0,271	0,107	0,276	0,228
0,25	0,275	0,072	0,279	0,079	0,283	0,125	0,288	0,267
0,26	0,285	0,083	0,290	0,090	0,295	0,144	0,301	0,305
0,27	0,296	0,093	0,301	0,102	0,307	0,162	0,313	0,344
0,28	0,306	0,104	0,312	0,113	0,318	0,180	0,326	0,83
0,29	0,317	0,114	0,323	0,125	0,330	0,199	0,338	0,422
0,30	0,327	0,125	0,334	0,136	0,342	0,217	0,351	0,461
0,31	0,338	0,135	0,345	0,148	0,354	0,235	0,363	0,499
0,32	0,348	0,146	0,356	0,159	0,366	0,253	0,376	0,538
0,33	0,359	0,156	0,368	0,171	0,377	0,272	0,388	0,577
0,34	0,369	0,167	0,379	0,182	0,389	0,290	0,401	0,616
0,35	0,380	0,178	0,390	0,194	0,401	0,308	0,413	0,655
0,36	0,390	0,188	0,401	0,206	0,413	0,326	0,426	0,694
0,37	0,401	0,199	0,412	0,217	0,424	0,345	0,438	0,732
0,38	0,412	0,209	0,423	0,229	0,436	0,363	0,451	0,771
0,39	0,422	0,220	0,434	0,240	0,448	0,381	0,463	0,810
0,40	0,433	0,230	0,445	0,252	0,460	0,399	0,476	0,849
0,41	0,443	0,241	0,456	0,263	0,471	0,418	0,488	0,888
0,42	0,454	0,251	0,468	0,275	0,483	0,436	0,501	0,926
0,43	0,464	0,262	0,479	0,286	0,495	0,454	0,513	0,965
0,44	0,475	0,272	0,490	0,298	0,507	0,473	0,526	1,004
0,45	0,485	0,283	0,501	0,309	0,518	0,491	0,538	1,043
0,46	0,496	0,293	0,512	0,321	0,530	0,509	0,551	1,082
0,47	0,506	0,304	0,523	0,332	0,542	0,527	0,563	1,121
0,48	0,517	0,314	0,534	0,344	0,554	0,546	0,576	1,159
0,49	0,527	0,325	0,545	0,355	0,566	0,564	0,588	1,198
0,50	0,538	0,335	0,556	0,367	0,577	0,582	0,601	1,237
0,51	0,548	0,346	0,568	0,378	0,589	0,600	0,613	1,276
0,52	0,559	0,356	0,579	0,390	0,601	0,619	0,626	1,315
0,53	0,569	0,367	0,590	0,401	0,613	0,637	0,638	1,354
0,54	0,580	0,378	0,601	0,413	0,624	0,655	0,651	1,392
0,55	0,590	0,388	0,612	0,424	0,636	0,673	0,663	1,431

$\xi_{lim} = 0{,}45$ ($\varepsilon_{s1} = 4{,}3$ ‰, $\varepsilon_{c2} = -3{,}5$ ‰)

d_2 / d	0,05		0,10		0,15		0,20	
$\varepsilon_{s1} / \varepsilon_{s2}$	4,28 ‰	–3,11 ‰	4,28 ‰	–2,72 ‰	4,28 ‰	–2,33 ‰	4,28 ‰	–1,94 ‰
μ_{Eds}	ω_1	ω_2	ω_1	ω_2	ω_1	ω_2	ω_1	ω_2
0,30	0,368	0,004	0,369	0,004	0,369	0,005	0,396	0,005
0,31	0,379	0,15	0,380	0,015	0,381	0,016	0,382	0,019
0,32	0,389	0,025	0,391	0,027	0,392	0,028	0,394	0,033
0,33	0,400	0,036	0,402	0,038	0,404	0,040	0,407	0,047
0,34	0,410	0,046	0,413	0,049	0,416	0,052	0,419	0,061
0,35	0,421	0,057	0,424	0,060	0,428	0,063	0,432	0,075
0,36	0,432	0,067	0,435	0,071	0,439	0,075	0,444	0,089
0,37	0,442	0,078	0,446	0,082	0,451	0,087	0,457	0,103
0,38	0,453	0,088	0,458	0,093	0,463	0,099	0,469	0,117
0,39	0,463	0,099	0,469	0,104	0,475	0,110	0,482	0,131
0,40	0,474	0,109	0,480	0,115	0,487	0,122	0,494	0,145
0,41	0,484	0,120	0,491	0,127	0,498	0,134	0,507	0,159
0,42	0,495	0,130	0,502	0,138	0,510	0,146	0,519	0,173
0,43	0,505	0,414	0,513	0,149	0,522	0,158	0,532	0,187
0,44	0,516	0,151	0,524	0,160	0,534	0,169	0,544	0,201
0,45	0,526	0,162	0,535	0,171	0,545	0,181	0,557	0,215
0,46	0,537	0,173	0,546	0,182	0,557	0,193	0,569	0,229
0,47	0,547	0,183	0,558	0,193	0,569	0,205	0,582	0,243
0,48	0,558	0,194	0,569	0,204	0,581	0,216	0,594	0,257
0,49	0,568	0,204	0,580	0,215	0,592	0,228	0,607	0,271
0,50	0,579	0,215	0,591	0,227	0,604	0,240	0,617	0,285
0,51	0,589	0,225	0,602	0,238	0,616	0,252	0,632	0,299
0,52	0,600	0,236	0,613	0,249	0,628	0,263	0,644	0,313
0,53	0,610	0,246	0,624	0,260	0,639	0,275	0,657	0,327
0,54	0,621	0,257	0,635	0,271	0,651	0,287	0,669	0,341
0,55	0,632	0,267	0,646	0,282	0,663	0,299	0,682	0,355
0,56	0,642	0,278	0,658	0,293	0,675	0,310	0,694	0,369
0,57	0,653	0,288	0,669	0,304	0,687	0,322	0,707	0,383
0,58	0,663	0,299	0,680	0,315	0,698	0,334	0,719	0,397
0,59	0,674	0,309	0,691	0,327	0,710	0,346	0,732	0,411
0,60	0,684	0,320	0,702	0,338	0,722	0,358	0,744	0,425

$\xi_{lim} = 0{,}617$ ($\varepsilon_{s1} = 2{,}17$ ‰, $\varepsilon_{c2} = -3{,}5$ ‰)

d_2 / d	0,05		0,10		0,15		0,20	
$\varepsilon_{s1} / \varepsilon_{s2}$	2,17 ‰	–3,22 ‰	2,17 ‰	–2,93 ‰	2,17 ‰	–2,65 ‰	2,17 ‰	–2,37 ‰
μ_{Eds}	ω_1	ω_2	ω_1	ω_2	ω_1	ω_2	ω_1	ω_2
0,38	0,509	0,009	0,509	0,010	0,510	0,010	0,510	0,011
0,39	0,519	0,020	0,520	0,021	0,521	0,022	0,523	0,023
0,40	0,530	0,030	0,531	0,032	0,533	0,034	0,535	0,0365
0,41	0,540	0,041	0,542	0,043	0,545	0,046	0,548	0,048
0,42	0,551	0,051	0,554	0,054	0,557	0,057	0,560	0,061
0,43	0,561	0,062	0,565	0,065	0,569	0,069	0,573	0,073
0,44	0,572	0,072	0,576	0,076	0,580	0,081	0,585	0,086
0,45	0,582	0,083	0,587	0,088	0,592	0,093	0,598	0,098
0,46	0,593	0,093	0,598	0,099	0,604	0,104	0,610	0,111
0,47	0,603	0,104	0,609	0,110	0,616	0,116	0,623	0,123
0,48	0,614	0,114	0,620	0,121	0,627	0,128	0,635	0,136
0,49	0,624	0,125	0,631	0,132	0,639	0,140	0,648	0,148
0,50	0,635	0,136	0,642	0,143	0,651	0,151	0,660	0,161
0,51	0,645	0,14	0,654	0,154	0,663	0,163	0,673	0,173
0,52	0,656	0,157	0,665	0,165	0,674	0,175	0,685	0,186
0,53	0,666	0,167	0,676	0,176	0,686	0,187	0,698	0,198
0,54	0,677	0,178	0,687	0,188	0,698	0,199	0,710	0,211
0,55	0,688	0,188	0,698	0,199	0,710	0,210	0,723	0,223
0,56	0,698	0,199	0,709	0,210	0,721	0,222	0,735	0,236
0,57	0,709	0,209	0,720	0,221	0,733	0,234	0,748	0,248
0,58	0,719	0,220	0,731	0,232	0,745	0,246	0,760	0,261
0,59	0,730	0,230	0,742	0,243	0,757	0,257	0,773	0,273
0,60	0,740	0,241	0,754	0,254	0,769	0,269	0,785	0,286

Allgemeines Bemessungsdiagramm

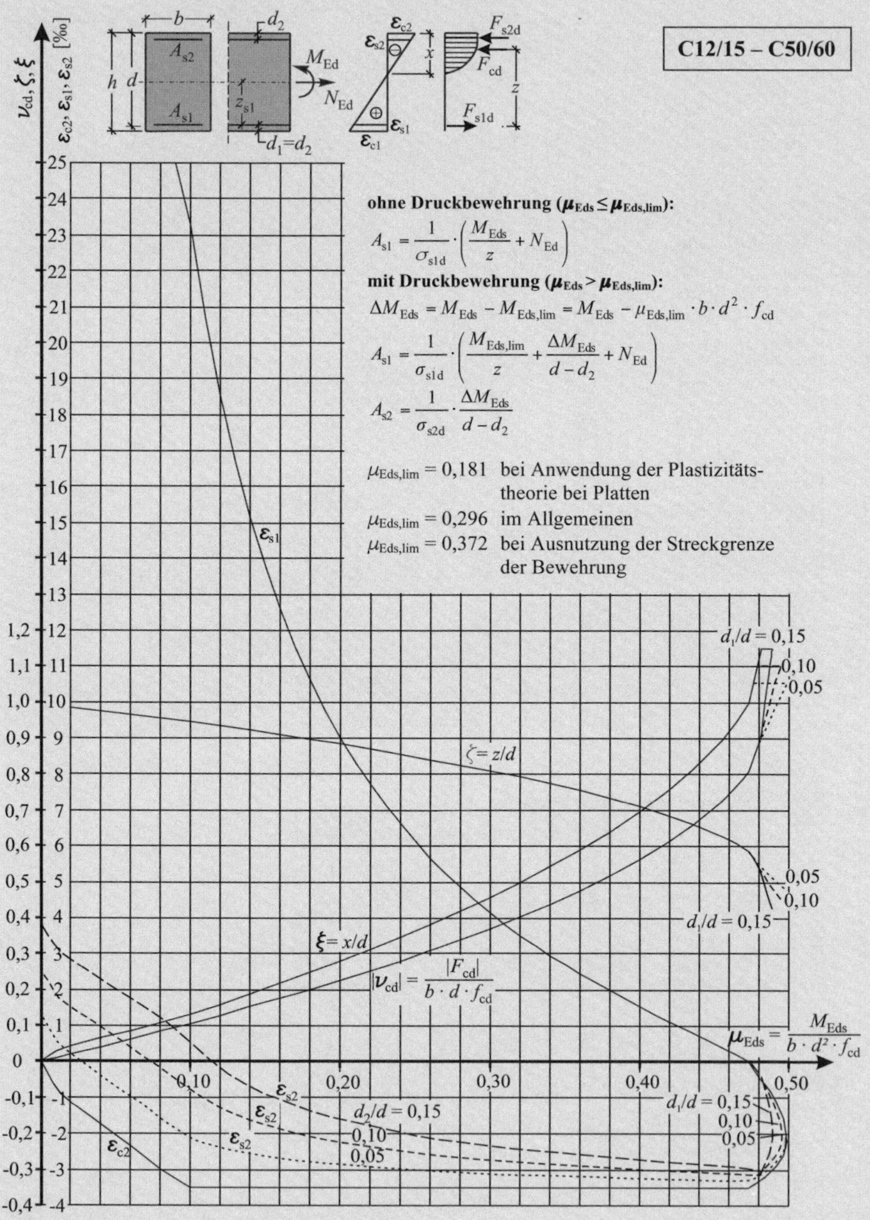

Interaktionsdiagramme für einachsige Biegung mit Längskraft

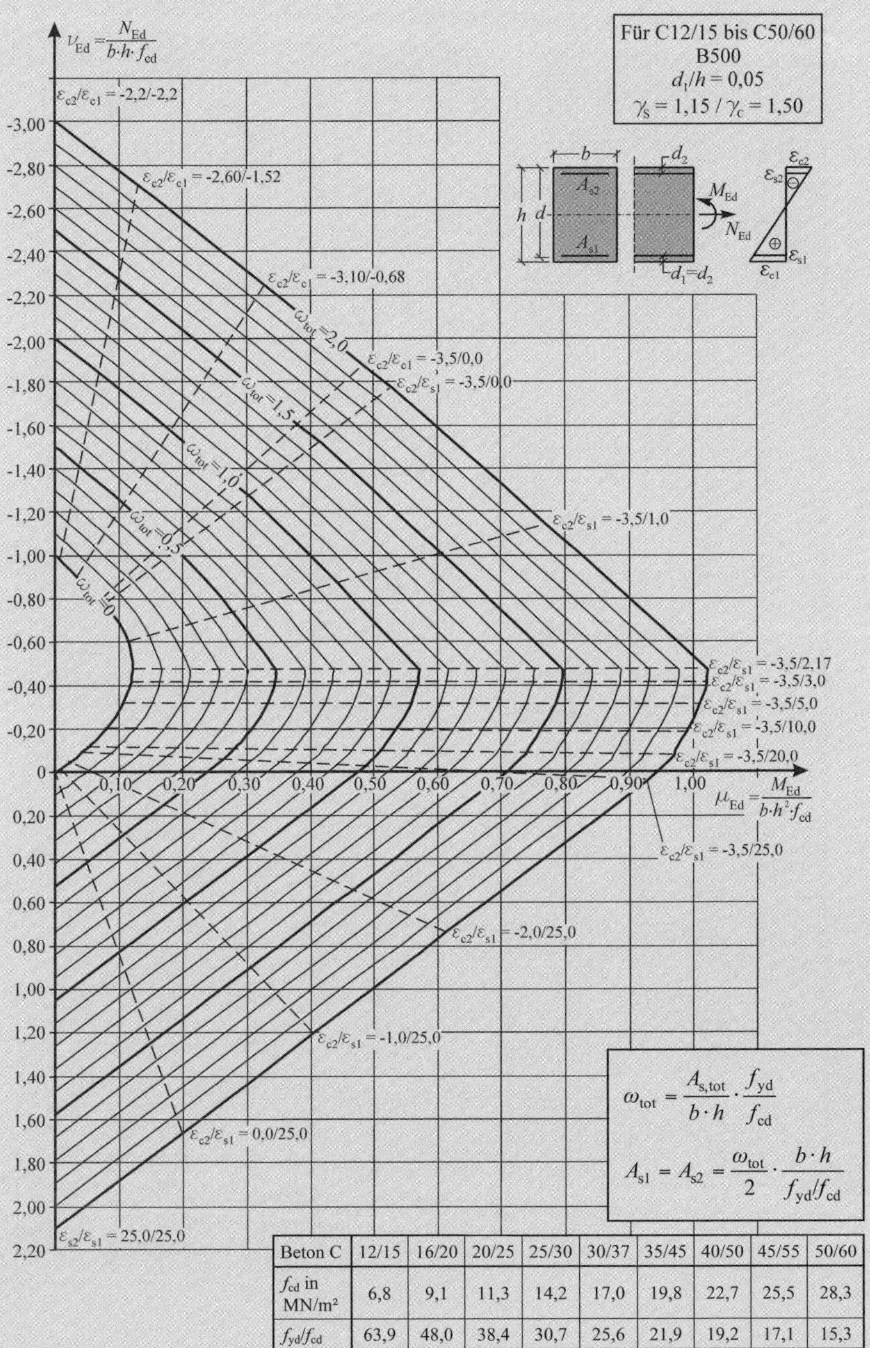

Beton C	12/15	16/20	20/25	25/30	30/37	35/45	40/50	45/55	50/60
f_{cd} in MN/m²	6,8	9,1	11,3	14,2	17,0	19,8	22,7	25,5	28,3
f_{yd}/f_{cd}	63,9	48,0	38,4	30,7	25,6	21,9	19,2	17,1	15,3

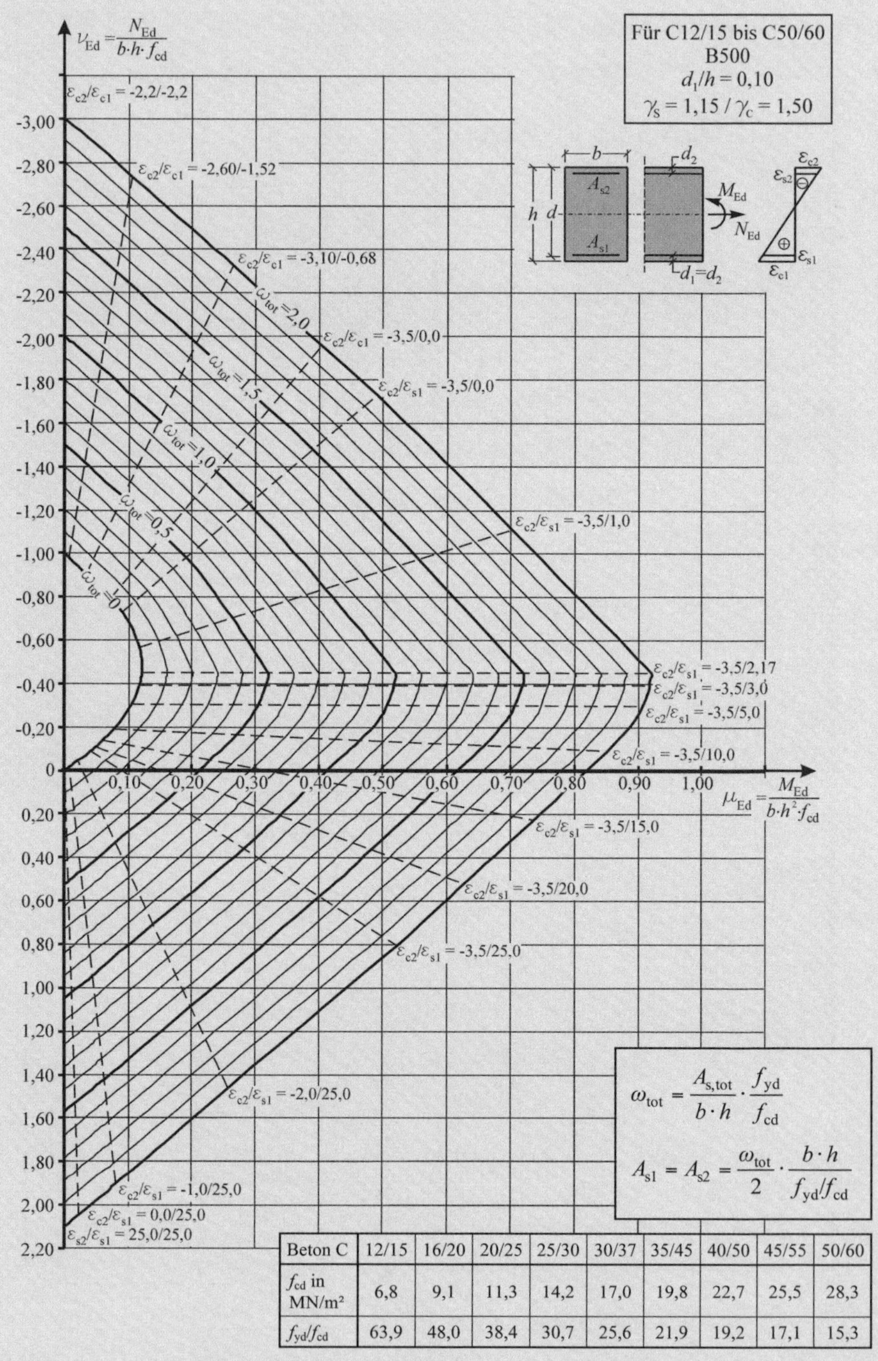

Beton C	12/15	16/20	20/25	25/30	30/37	35/45	40/50	45/55	50/60
f_{cd} in MN/m²	6,8	9,1	11,3	14,2	17,0	19,8	22,7	25,5	28,3
f_{yd}/f_{cd}	63,9	48,0	38,4	30,7	25,6	21,9	19,2	17,1	15,3

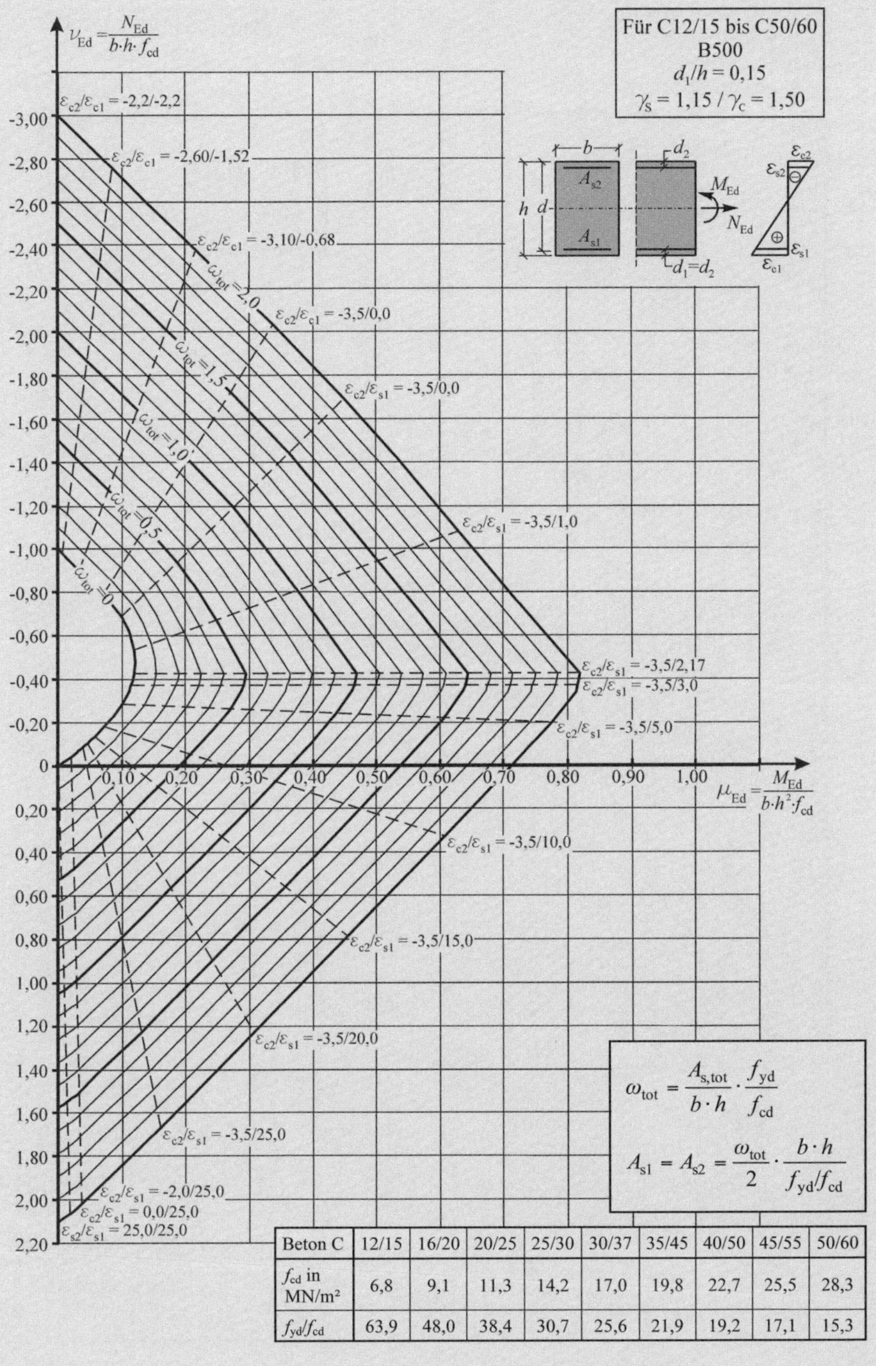

Beton C	12/15	16/20	20/25	25/30	30/37	35/45	40/50	45/55	50/60
f_{cd} in MN/m²	6,8	9,1	11,3	14,2	17,0	19,8	22,7	25,5	28,3
f_{yd}/f_{cd}	63,9	48,0	38,4	30,7	25,6	21,9	19,2	17,1	15,3

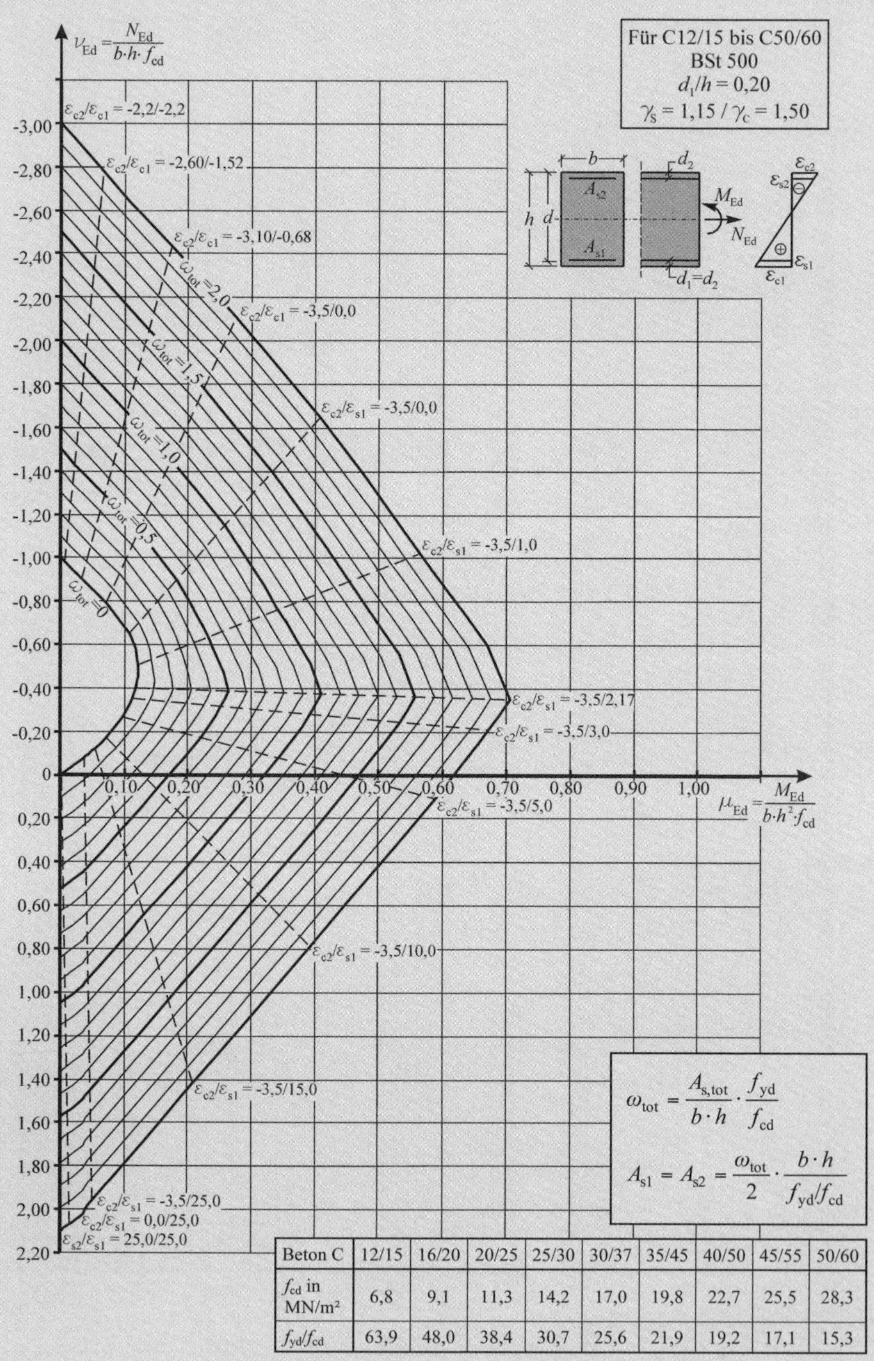

Beton C	12/15	16/20	20/25	25/30	30/37	35/45	40/50	45/55	50/60
f_{cd} in MN/m²	6,8	9,1	11,3	14,2	17,0	19,8	22,7	25,5	28,3
f_{yd}/f_{cd}	63,9	48,0	38,4	30,7	25,6	21,9	19,2	17,1	15,3

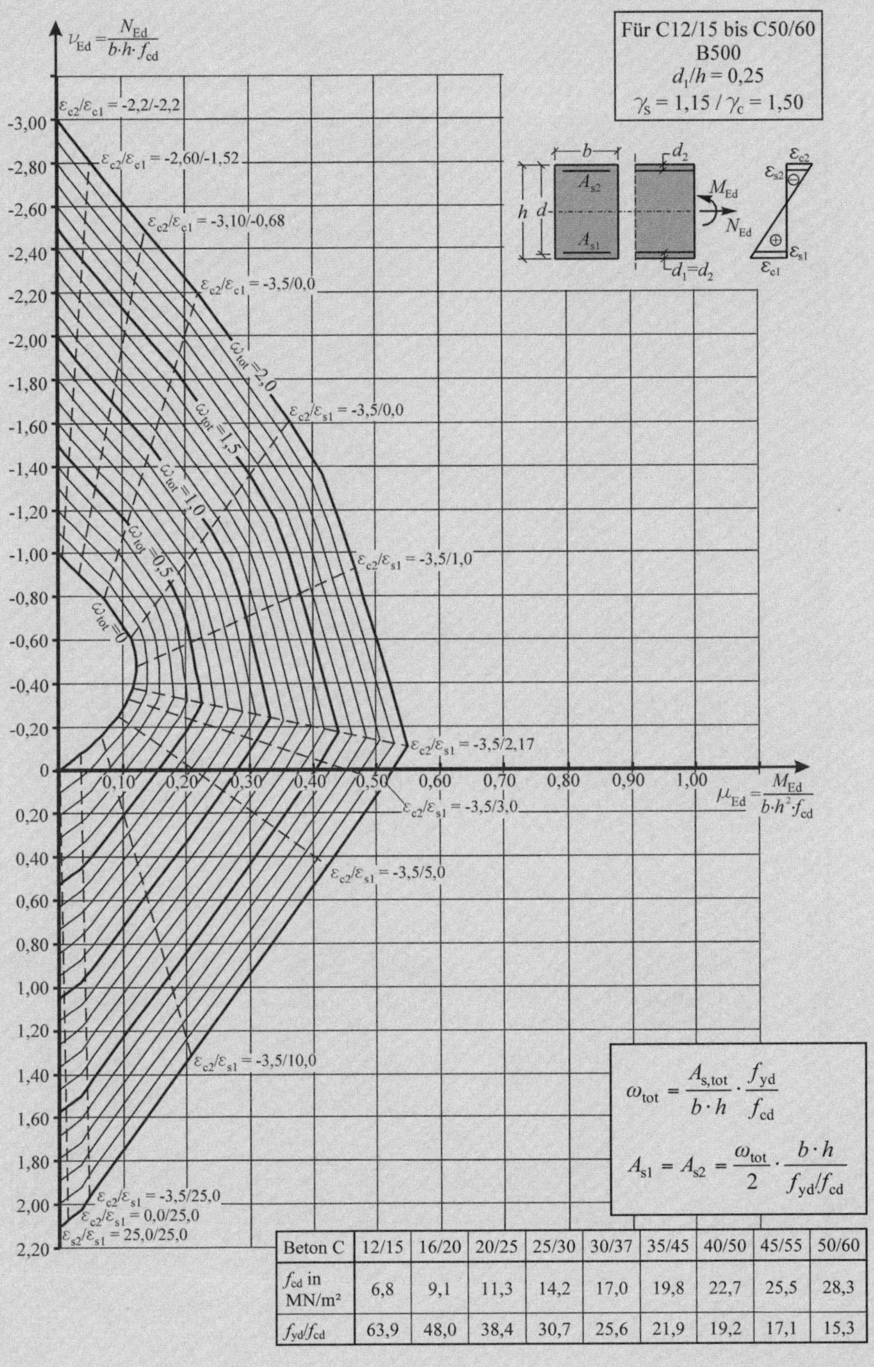

$$\omega_{tot} = \frac{A_{s,tot}}{b \cdot h} \cdot \frac{f_{yd}}{f_{cd}}$$

$$A_{s1} = A_{s2} = \frac{\omega_{tot}}{2} \cdot \frac{b \cdot h}{f_{yd}/f_{cd}}$$

Beton C	12/15	16/20	20/25	25/30	30/37	35/45	40/50	45/55	50/60
f_{cd} in MN/m²	6,8	9,1	11,3	14,2	17,0	19,8	22,7	25,5	28,3
f_{yd}/f_{cd}	63,9	48,0	38,4	30,7	25,6	21,9	19,2	17,1	15,3

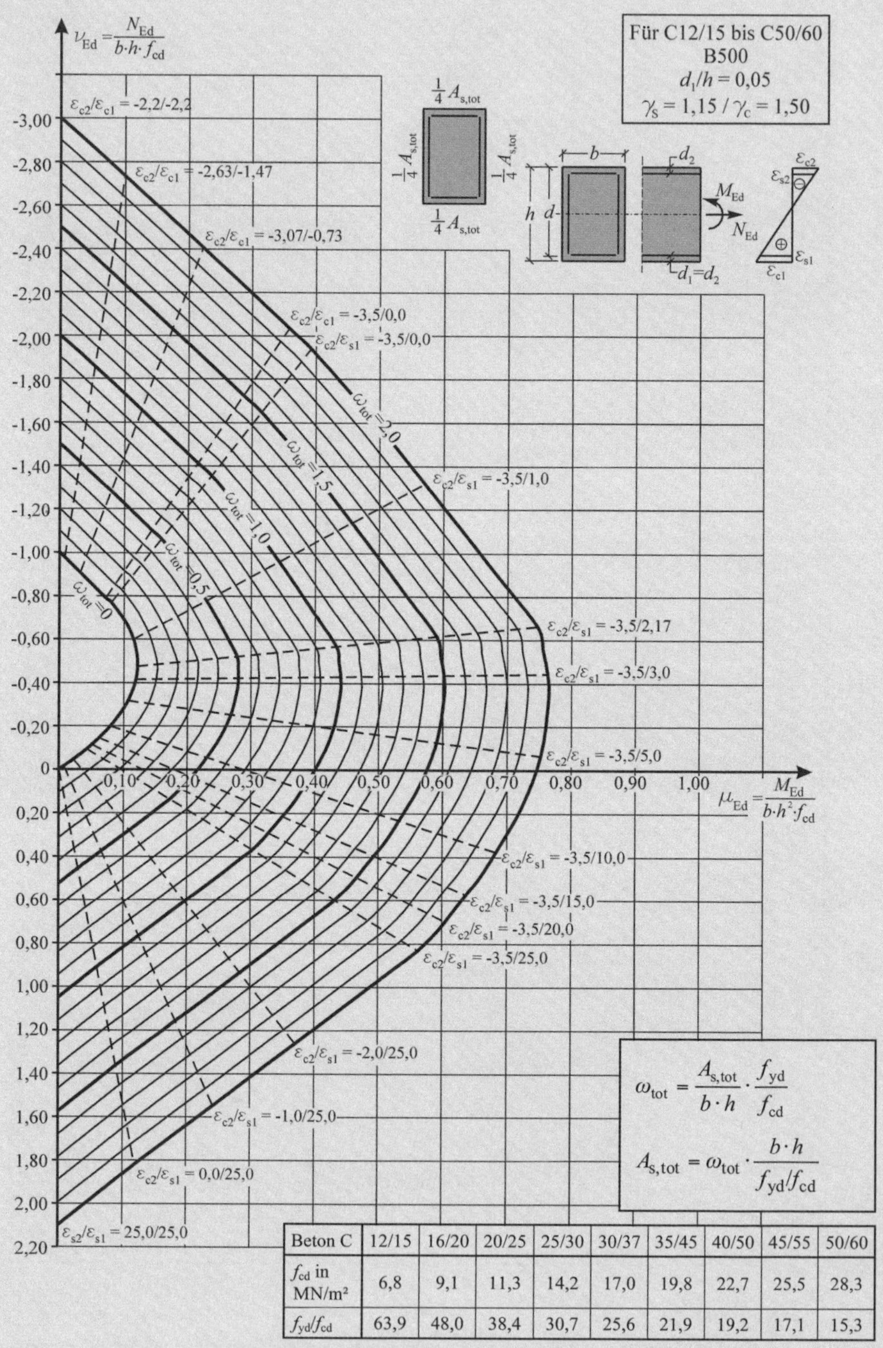

$$\omega_{tot} = \frac{A_{s,tot}}{b \cdot h} \cdot \frac{f_{yd}}{f_{cd}}$$

$$A_{s,tot} = \omega_{tot} \cdot \frac{b \cdot h}{f_{yd}/f_{cd}}$$

Beton C	12/15	16/20	20/25	25/30	30/37	35/45	40/50	45/55	50/60
f_{cd} in MN/m²	6,8	9,1	11,3	14,2	17,0	19,8	22,7	25,5	28,3
f_{yd}/f_{cd}	63,9	48,0	38,4	30,7	25,6	21,9	19,2	17,1	15,3

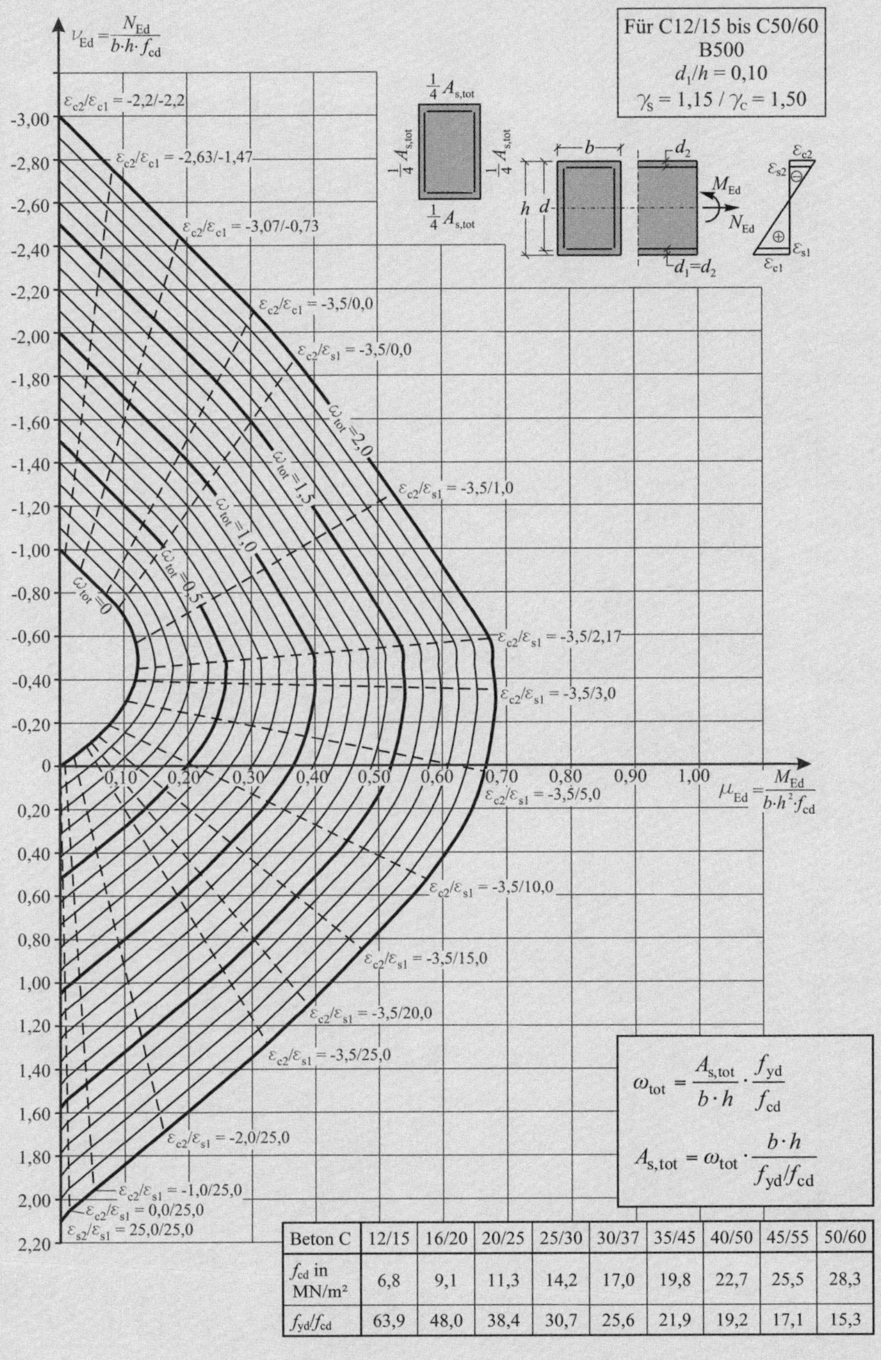

$$\omega_{tot} = \frac{A_{s,tot}}{b \cdot h} \cdot \frac{f_{yd}}{f_{cd}}$$

$$A_{s,tot} = \omega_{tot} \cdot \frac{b \cdot h}{f_{yd}/f_{cd}}$$

Beton C	12/15	16/20	20/25	25/30	30/37	35/45	40/50	45/55	50/60
f_{cd} in MN/m²	6,8	9,1	11,3	14,2	17,0	19,8	22,7	25,5	28,3
f_{yd}/f_{cd}	63,9	48,0	38,4	30,7	25,6	21,9	19,2	17,1	15,3

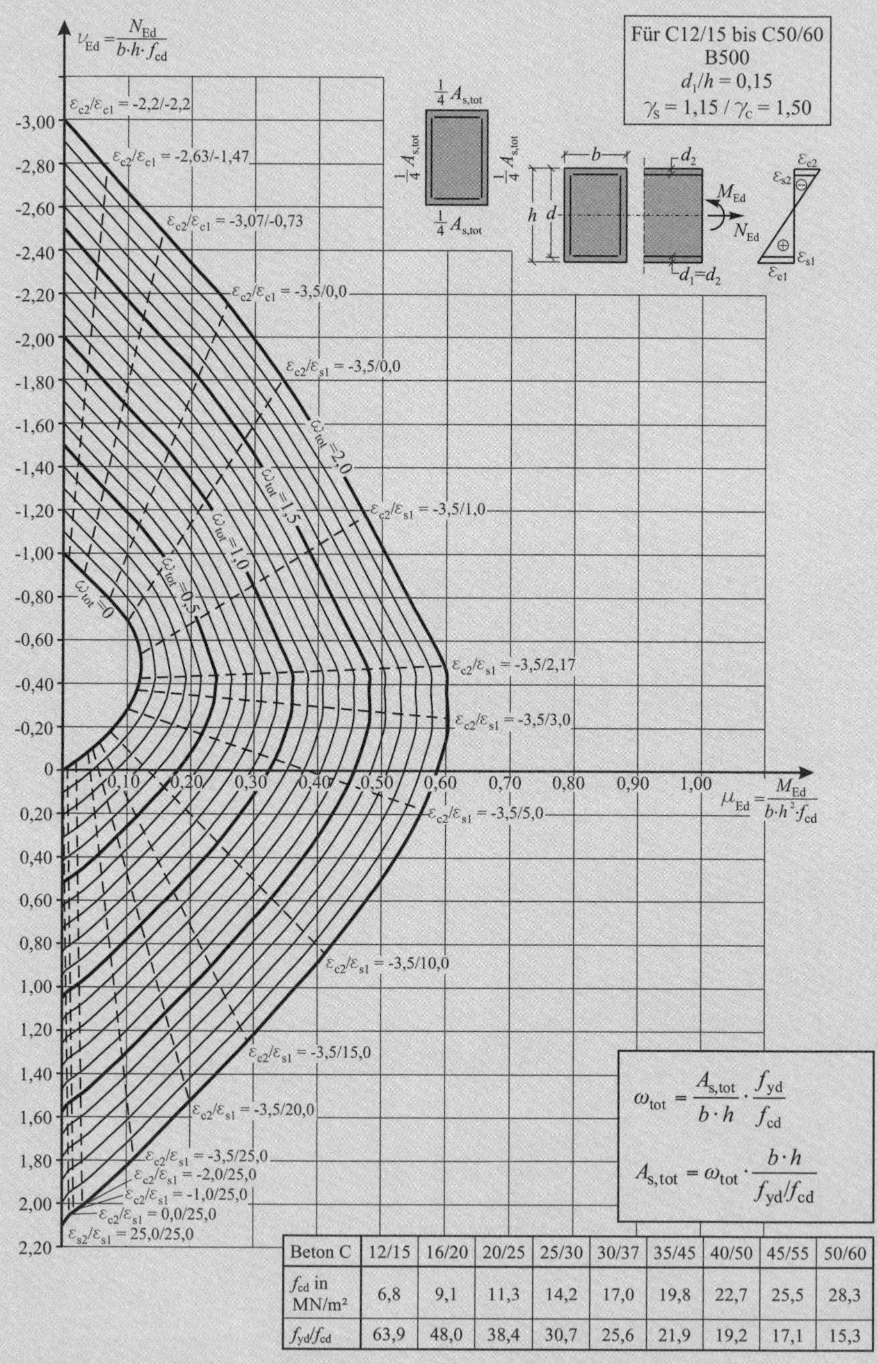

$$\omega_{tot} = \frac{A_{s,tot}}{b \cdot h} \cdot \frac{f_{yd}}{f_{cd}}$$

$$A_{s,tot} = \omega_{tot} \cdot \frac{b \cdot h}{f_{yd}/f_{cd}}$$

Beton C	12/15	16/20	20/25	25/30	30/37	35/45	40/50	45/55	50/60
f_{cd} in MN/m²	6,8	9,1	11,3	14,2	17,0	19,8	22,7	25,5	28,3
f_{yd}/f_{cd}	63,9	48,0	38,4	30,7	25,6	21,9	19,2	17,1	15,3

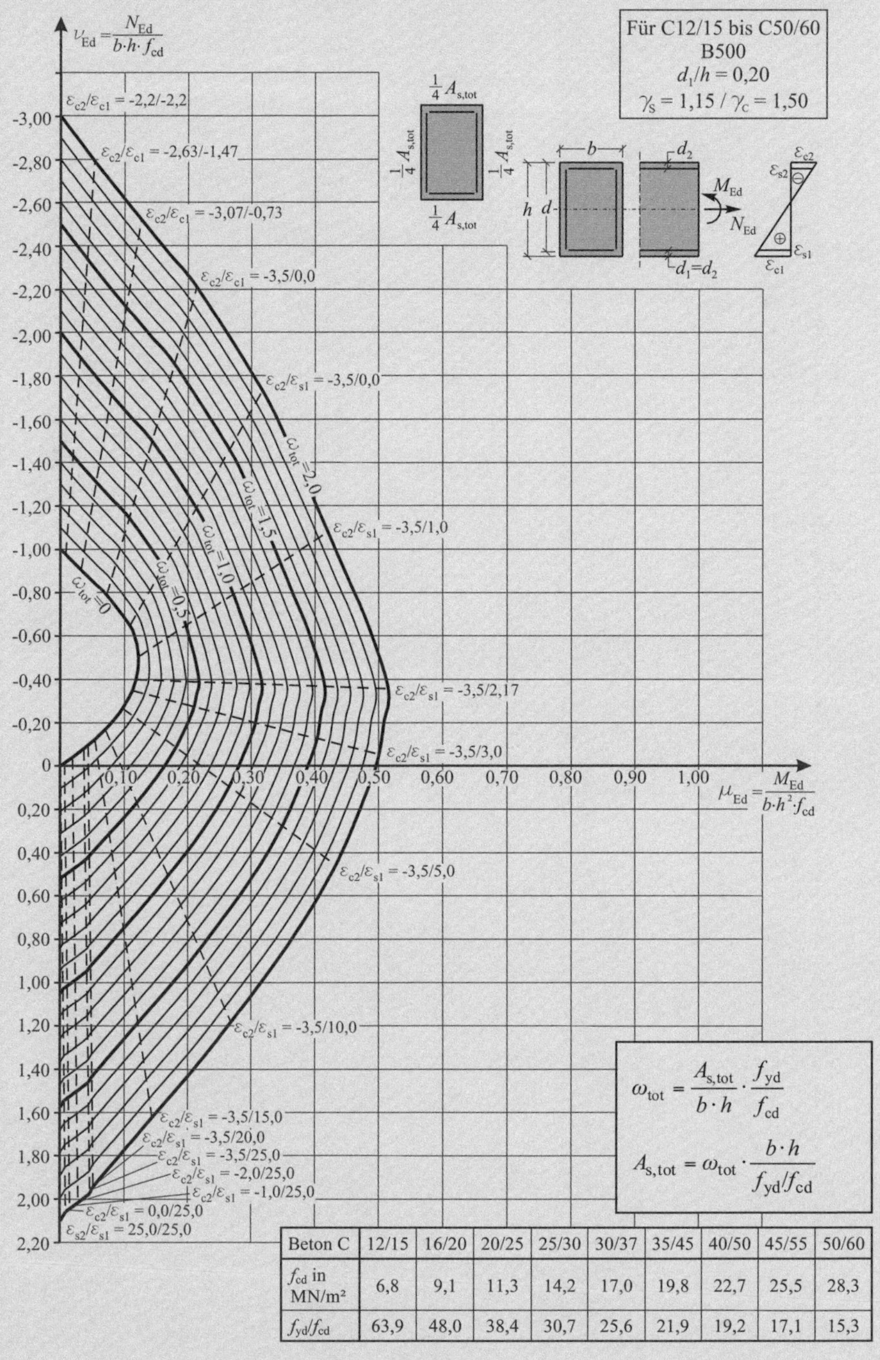

$$\omega_{tot} = \frac{A_{s,tot}}{b \cdot h} \cdot \frac{f_{yd}}{f_{cd}}$$

$$A_{s,tot} = \omega_{tot} \cdot \frac{b \cdot h}{f_{yd}/f_{cd}}$$

Beton C	12/15	16/20	20/25	25/30	30/37	35/45	40/50	45/55	50/60
f_{cd} in MN/m²	6,8	9,1	11,3	14,2	17,0	19,8	22,7	25,5	28,3
f_{yd}/f_{cd}	63,9	48,0	38,4	30,7	25,6	21,9	19,2	17,1	15,3

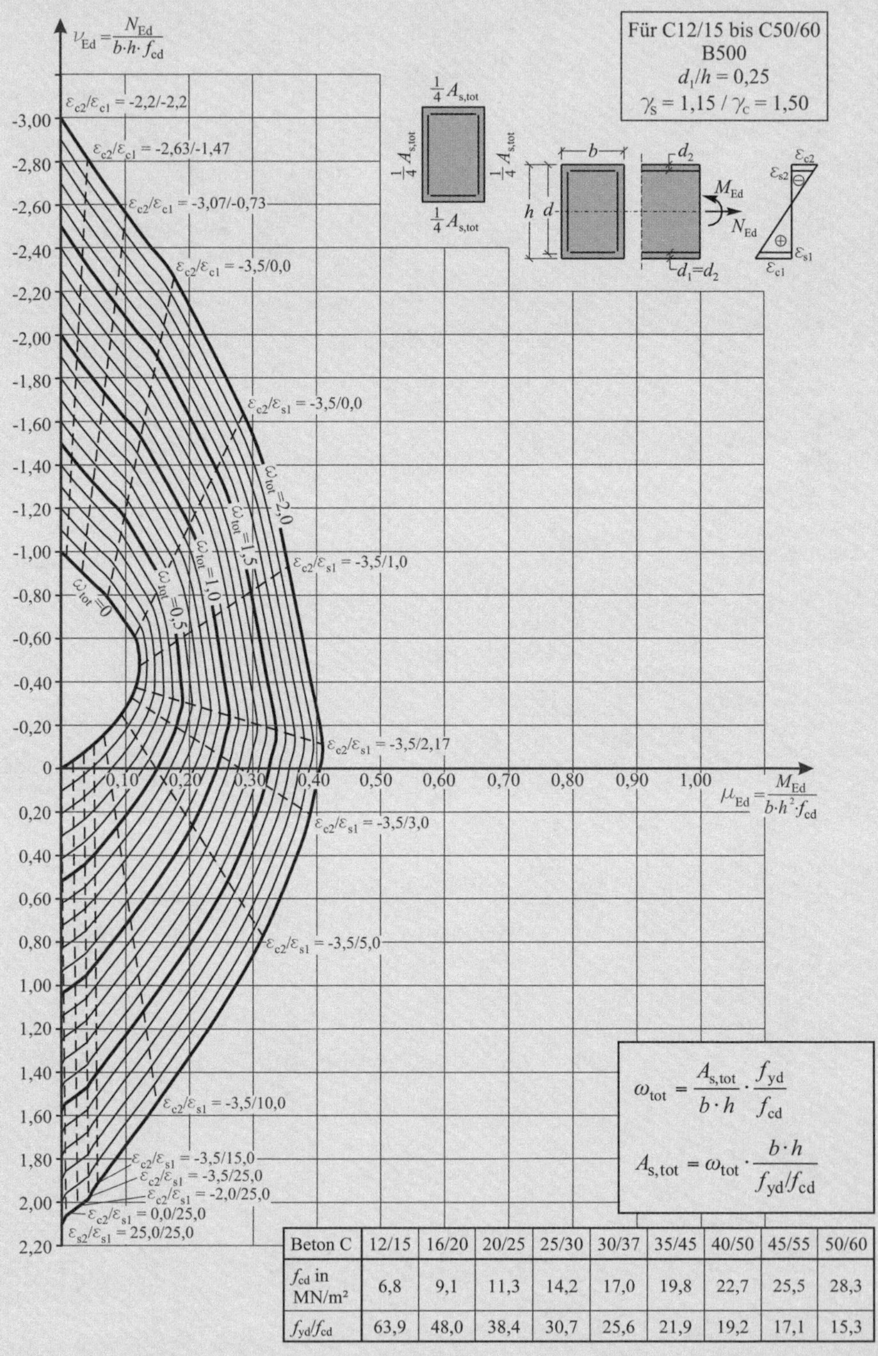

Beton C	12/15	16/20	20/25	25/30	30/37	35/45	40/50	45/55	50/60
f_{cd} in MN/m²	6,8	9,1	11,3	14,2	17,0	19,8	22,7	25,5	28,3
f_{yd}/f_{cd}	63,9	48,0	38,4	30,7	25,6	21,9	19,2	17,1	15,3

Interaktionsdiagramme für zweiachsige Biegung mit Längsdruckkraft

Zur Anwendung siehe auch Abschnitt 5.2.4.

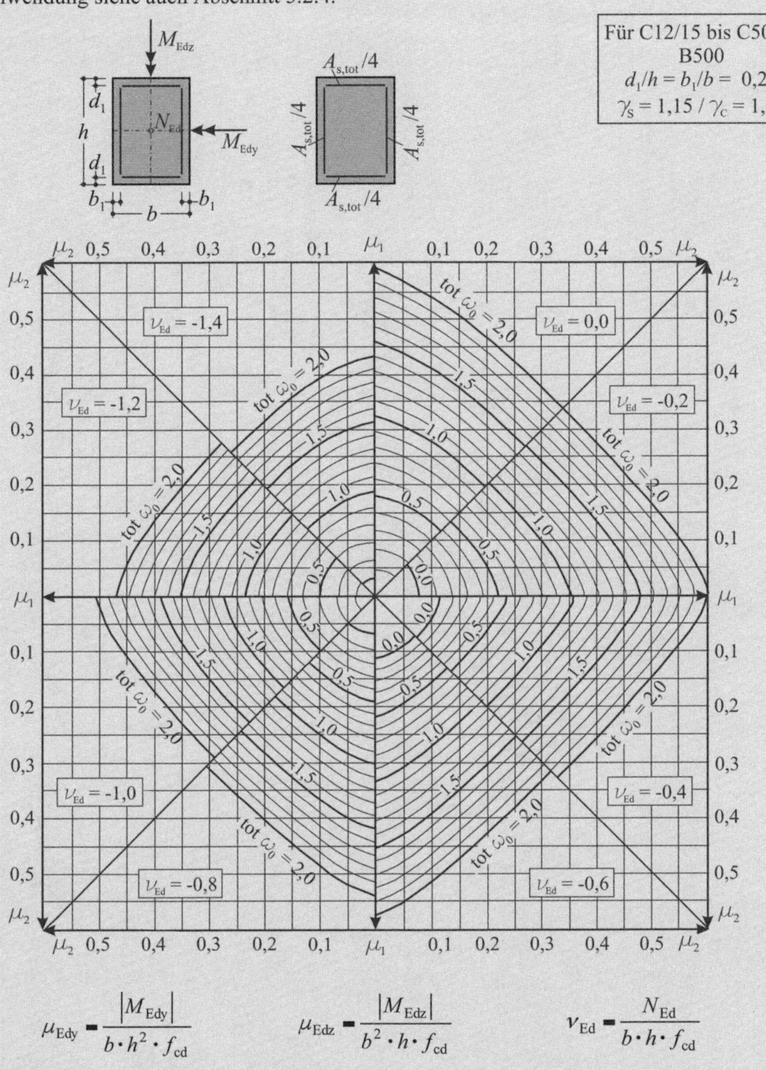

$$\mu_{Edy} = \frac{|M_{Edy}|}{b \cdot h^2 \cdot f_{cd}} \qquad \mu_{Edz} = \frac{|M_{Edz}|}{b^2 \cdot h \cdot f_{cd}} \qquad \nu_{Ed} = \frac{N_{Ed}}{b \cdot h \cdot f_{cd}}$$

wenn $\mu_{Edy} \geq \mu_{Edz} \Rightarrow \mu_1 = \mu_{Edy}$; $\mu_2 = \mu_{Edz}$

wenn $\mu_{Edy} < \mu_{Edz} \Rightarrow \mu_1 = \mu_{Edz}$; $\mu_2 = \mu_{Edy}$

$$A_{s,tot} = \omega_{tot} \frac{b \cdot h}{f_{yd}/f_{cd}}$$, Verteilung entsprechend Skizze oben

Beton C	12/15	16/20	20/25	25/30	30/37	35/45	40/50	45/55	50/60
f_{cd} in MN/m²	6,8	9,1	11,3	14,2	17,0	19,8	22,7	25,5	28,3
f_{yd}/f_{cd}	63,9	48,0	38,4	30,7	25,6	21,9	19,2	17,1	15,3

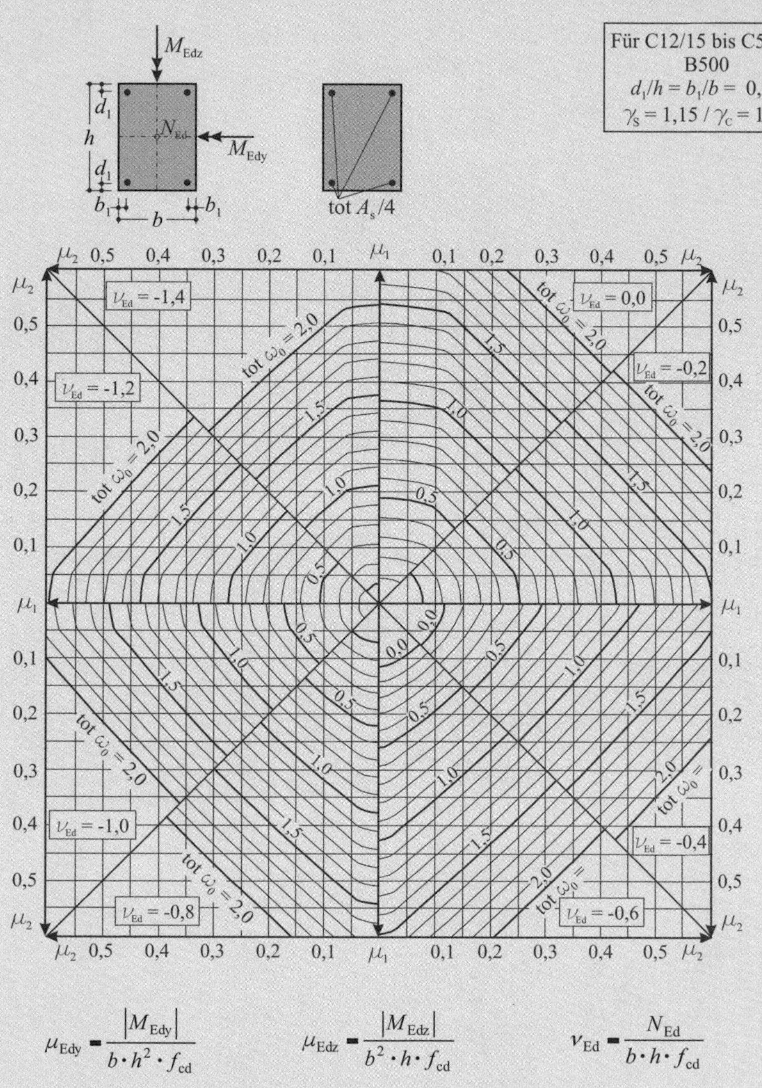

$$\mu_{Edy} = \frac{|M_{Edy}|}{b \cdot h^2 \cdot f_{cd}} \qquad \mu_{Edz} = \frac{|M_{Edz}|}{b^2 \cdot h \cdot f_{cd}} \qquad \nu_{Ed} = \frac{N_{Ed}}{b \cdot h \cdot f_{cd}}$$

wenn $\mu_{Edy} \geq \mu_{Edz} \Rightarrow \mu_1 = \mu_{Edy}$; $\mu_2 = \mu_{Edz}$

wenn $\mu_{Edy} < \mu_{Edz} \Rightarrow \mu_1 = \mu_{Edz}$; $\mu_2 = \mu_{Edy}$

$$A_{s,tot} = \omega_{tot} \frac{b \cdot h}{f_{yd}/f_{cd}}$$, Verteilung entsprechend Skizze oben

Beton C	12/15	16/20	20/25	25/30	30/37	35/45	40/50	45/55	50/60
f_{cd} in MN/m²	6,8	9,1	11,3	14,2	17,0	19,8	22,7	25,5	28,3
f_{yd}/f_{cd}	63,9	48,0	38,4	30,7	25,6	21,9	19,2	17,1	15,3

5.1.4 Bemessungstabelle für den Plattenbalkenquerschnitt

Die nachfolgenden Bemessungstabellen für Plattenbalkenquerschnitte gelten für die bilineare Spannungs-Dehnungs-Linie des Betonstahls mit horizontalem Verlauf des oberen Astes.

Die Bemessungstabellen sind unabhängig davon anwendbar, ob sich die Dehnungsnulllinie in der Platte oder im Steg befindet.

C12/15 – C50/60, B500, $\gamma_S = 1{,}15$, $\gamma_C = 1{,}5$

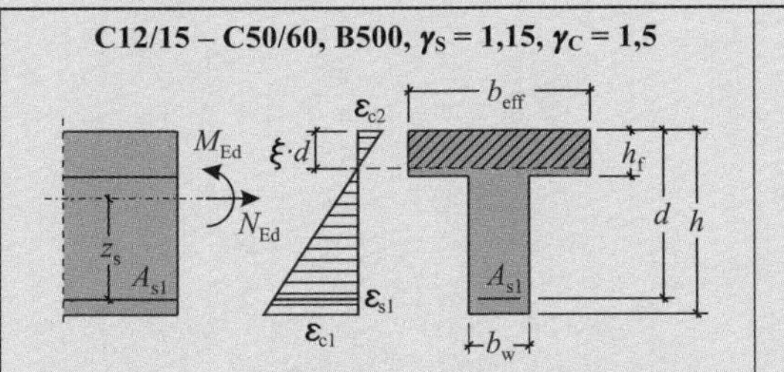

$$M_{Eds} = M_{Ed} - N_{Ed} \cdot z_s$$

$$\mu_{Eds} = \frac{M_{Eds}}{b_{eff} \cdot d^2 \cdot f_{cd}}$$

$$A_{s1} = \frac{1}{f_{yd}} (\omega_1 \cdot b_{eff} \cdot d \cdot f_{cd} + N_{Ed})$$

$h_f / d = 0{,}05$

μ_{Eds}	ω_1 - Werte für b_{eff} / b_w: 1	2	3	5	≥10
0,01	0,0101	0,0101	0,0101	0,0101	0,0101
0,02	0,0203	0,0203	0,0203	0,0203	0,0203
0,03	0,0306	0,0306	0,0306	0,0306	0,0306
0,04	0,0410	0,0410	0,0410	0,0409	0,0409
0,05	0,0515	0,0514	0,0514	0,0514	0,0514
0,06	0,0621	0,0621	0,0622	0,0624	0,0629
0,07	0,0728	0,0731	0,0735	0,742	0,0767
0,08	0,0836	0,0844	0,0852	0,0871	
0,09	0,0946	0,0961	0,0976	0,1014	
0,10	0,1057	0,1082	0,1107		
0,11	0,1170	0,1206	0,1246		
0,12	0,1285	0,1336	0,1396		
0,13	0,1401	0,1470			
0,14	0,1519	0,1611			
0,15	0,1638	0,1757			
0,16	0,1759	0,1912			
0,17	0,1882				
0,18	0,2007				
0,19	0,2134				
0,20	0,2263				
0,21	0,2395				
0,22	0,2529				
0,23	0,2665				
0,24	0,2804				
0,25	0,2946				
0,26	0,3091				
0,27	0,3240				
0,28	0,3391				
0,29	0,3546				
0,30	0,3706				
0,31	0,3870				
0,32	0,4038				
0,33	0,4212				
0,34	0,4391				
0,35	0,4577				
0,36	0,4769				
0,37	0,4969				

$h_f / d = 0{,}10$

μ_{Eds}	ω_1 - Werte für b_{eff} / b_w: 1	2	3	5	≥10
0,01	0,0101	0,0101	0,0101	0,0101	0,0101
0,02	0,0203	0,0203	0,0203	0,0203	0,0203
0,03	0,0306	0,0306	0,0306	0,0306	0,0306
0,04	0,0410	0,0410	0,0410	0,0410	0,0410
0,05	0,0515	0,0515	0,0515	0,0515	0,0515
0,06	0,0621	0,0621	0,0621	0,0621	0,0621
0,07	0,0728	0,0728	0,0728	0,0728	0,0728
0,08	0,0836	0,0836	0,0836	0,0836	0,0836
0,09	0,0946	0,0946	0,0946	0,0946	0,0946
0,10	0,1057	0,1058	0,1058	0,1059	0,1060
0,11	0,1170	0,1173	0,1175	0,1179	0,1192
0,12	0,1285	0,1292	0,1298	0,1311	
0,13	0,1401	0,1415	0,1427	0,1459	
0,14	0,1519	0,1542	0,1565		
0,15	0,1638	0,1674	0,1712		
0,16	0,1759	0,1812			
0,17	0,1882	0,1955			
0,18	0,2007	0,2106			
0,19	0,2134	0,2266			
0,20	0,2263				
0,21	0,2395				
0,22	0,2529				
0,23	0,2665				
0,24	0,2804				
0,25	0,2946				
0,26	0,3091				
0,27	0,3240				
0,28	0,3391				
0,29	0,3546				
0,30	0,3706				
0,31	0,3870				
0,32	0,4038				
0,33	0,4212				
0,34	0,4391				
0,35	0,4577				
0,36	0,4769				
0,37	0,4969				

$h_f / d = 0,15$

μ_{Eds}	ω_1 - Werte für b_{eff} / b_w: 1	2	3	5	≥10
0,01	0,0101	0,0101	0,0101	0,0101	0,0101
0,02	0,0203	0,0203	0,0203	0,0203	0,0203
0,03	0,0306	0,0306	0,0306	0,0306	0,0306
0,04	0,0410	0,0410	0,0410	0,0410	0,0410
0,05	0,0515	0,0515	0,0515	0,0515	0,0515
0,06	0,0621	0,0621	0,0621	0,0621	0,0621
0,07	0,0728	0,0728	0,0728	0,0728	0,0728
0,08	0,0836	0,0836	0,0836	0,0836	0,0836
0,09	0,0946	0,0946	0,0946	0,0946	0,0946
0,10	0,1057	0,1057	0,1057	0,1057	0,1057
0,11	0,1170	0,1170	0,1170	0,1170	0,1170
0,12	0,1285	0,1285	0,1285	0,1285	0,1285
0,13	0,1401	0,1400	0,1400	0,1400	0,1400
0,14	0,1519	0,1519	0,1519	0,1519	0,1518
0,15	0,1638	0,1641	0,1642	0,1644	0,1652
0,16	0,1759	0,1766	0,1771	0,1783	
0,17	0,1882	0,1897	0,1909		
0,18	0,2007	0,2032	0,2056		
0,19	0,2134	0,2174	0,2215		
0,20	0,2263	0,2323			
0,21	0,2395	0,2479			
0,22	0,2529				
0,23	0,2665				
0,24	0,2804				
…	…				
0,37	0,4969				

$h_f / d = 0,20$

μ_{Eds}	ω_1 - Werte für b_{eff} / b_w: 1	2	3	5	≥10
0,01	0,0101	0,0101	0,0101	0,0101	0,0101
0,02	0,0203	0,0203	0,0203	0,0203	0,0203
0,03	0,0306	0,0306	0,0306	0,0306	0,0306
0,04	0,0410	0,0410	0,0410	0,0410	0,0410
0,05	0,0515	0,0515	0,0515	0,0515	0,0515
0,06	0,0621	0,0621	0,0621	0,0621	0,0621
0,07	0,0728	0,0728	0,0728	0,0728	0,0728
0,08	0,0836	0,0836	0,0836	0,0836	0,0836
0,09	0,0946	0,0946	0,0946	0,0946	0,0946
0,10	0,1057	0,1057	0,1057	0,1057	0,1057
0,11	0,1170	0,1170	0,1170	0,1170	0,1170
0,12	0,1285	0,1285	0,1285	0,1285	0,1285
0,13	0,1401	0,1401	0,1401	0,1401	0,1401
0,14	0,1519	0,1519	0,1519	0,1519	0,1519
0,15	0,1638	0,1638	0,1638	0,1638	0,1638
0,16	0,1759	0,1759	0,1758	0,1758	0,1758
0,17	0,1882	0,1881	0,1881	0,1880	0,1880
0,18	0,2007	0,2007	0,2007	0,2006	0,2006
0,19	0,2134	0,2137	0,2139	0,2141	0,2149
0,20	0,2263	0,2272	0,2278	0,2290	
0,21	0,2395	0,2413	0,2427		
0,22	0,2529	0,2560	0,2589		
0,23	0,2665	0,2715			
0,24	0,2804	0,2879			
…	…				
0,37	0,4969				

$h_f / d = 0,30$

μ_{Eds}	ω_1 - Werte für b_{eff} / b_w: 1	2	3	5	≥10
0,01	0,0101	0,0101	0,0101	0,0101	0,0101
0,02	0,0203	0,0203	0,0203	0,0203	0,0203
0,03	0,0306	0,0306	0,0306	0,0306	0,0306
0,04	0,0410	0,0410	0,0410	0,0410	0,0410
0,05	0,0515	0,0515	0,0515	0,0515	0,0515
0,06	0,0621	0,0621	0,0621	0,0621	0,0621
0,07	0,0728	0,0728	0,0728	0,0728	0,0728
0,08	0,0836	0,0836	0,0836	0,0836	0,0836
0,09	0,0946	0,0946	0,0946	0,0946	0,0946
0,10	0,1057	0,1057	0,1057	0,1057	0,1057
0,11	0,1170	0,1170	0,1170	0,1170	0,1170
0,12	0,1285	0,1285	0,1285	0,1285	0,1285
0,13	0,1401	0,1401	0,1401	0,1401	0,1401
0,14	0,1519	0,1519	0,1519	0,1519	0,1519
0,15	0,1638	0,1638	0,1638	0,1638	0,1638
0,16	0,1759	0,1759	0,1759	0,1759	0,1759
0,17	0,1882	0,1882	0,1882	0,1882	0,1882
0,18	0,2007	0,2007	0,2007	0,2007	0,2007
0,19	0,2134	0,2134	0,2134	0,2134	0,2134
0,20	0,2263	0,2263	0,2263	0,2263	0,2263
0,21	0,2395	0,2395	0,2395	0,2395	0,2395
0,22	0,2529	0,2528	0,2528	0,2528	0,2528
0,23	0,2665	0,2664	0,2663	0,2663	0,2662
0,24	0,2804	0,2802	0,2801	0,2800	0,2798
0,25	0,2946	0,2945	0,2944	0,2942	0,2940
0,26	0,3091	0,3095	0,3095	0,3095	
0,27	0,3239	0,3251	0,3256		
0,28	0,3391	0,3416			
0,29	0,3546				
0,30	0,3706				
0,31	0,3870				
0,32	0,4038				
…	…				
0,37	0,4969				

$h_f / d = 0,40$

μ_{Eds}	ω_1 - Werte für b_{eff} / b_w: 1	2	3	5	≥10
0,01	0,0101	0,0101	0,0101	0,0101	0,0101
0,02	0,0203	0,0203	0,0203	0,0203	0,0203
0,03	0,0306	0,0306	0,0306	0,0306	0,0306
0,04	0,0410	0,0410	0,0410	0,0410	0,0410
0,05	0,0515	0,0515	0,0515	0,0515	0,0515
0,06	0,0621	0,0621	0,0621	0,0621	0,0621
0,07	0,0728	0,0728	0,0728	0,0728	0,0728
0,08	0,0836	0,0836	0,0836	0,0836	0,0836
0,09	0,0946	0,0946	0,0946	0,0946	0,0946
0,10	0,1057	0,1057	0,1057	0,1057	0,1057
0,11	0,1170	0,1170	0,1170	0,1170	0,1170
0,12	0,1285	0,1285	0,1285	0,1285	0,1285
0,13	0,1401	0,1401	0,1401	0,1401	0,1401
0,14	0,1519	0,1519	0,1519	0,1519	0,1519
0,15	0,1638	0,1638	0,1638	0,1638	0,1638
0,16	0,1759	0,1759	0,1759	0,1759	0,1759
0,17	0,1882	0,1882	0,1882	0,1882	0,1882
0,18	0,2007	0,2007	0,2007	0,2007	0,2007
0,19	0,2134	0,2134	0,2134	0,2134	0,2134
0,20	0,2263	0,2263	0,2263	0,2263	0,2263
0,21	0,2395	0,2395	0,2395	0,2395	0,2395
0,22	0,2529	0,2529	0,2529	0,2529	0,2529
0,23	0,2665	0,2665	0,2665	0,2665	0,2665
0,24	0,2804	0,2804	0,2804	0,2804	0,2804
0,25	0,2946	0,2946	0,2946	0,2946	0,2946
0,26	0,3093	0,3091	0,3091	0,3091	0,3091
0,27	0,3239	0,3239	0,3239	0,3239	0,3239
0,28	0,3391	0,3390	0,3390	0,3390	0,3389
0,29	0,3546	0,3544	0,3543	0,3542	0,3541
0,30	0,3706	0,3701	0,3699	0,3697	0,3695
0,31	0,3870	0,3867	0,3864	0,3861	0,3856
0,32	0,4038	0,4041	0,4039		
…	…				
0,37	0,4969				

5.1.5 Interaktionsdiagramme für Kreis- und Kreisringquerschnitte

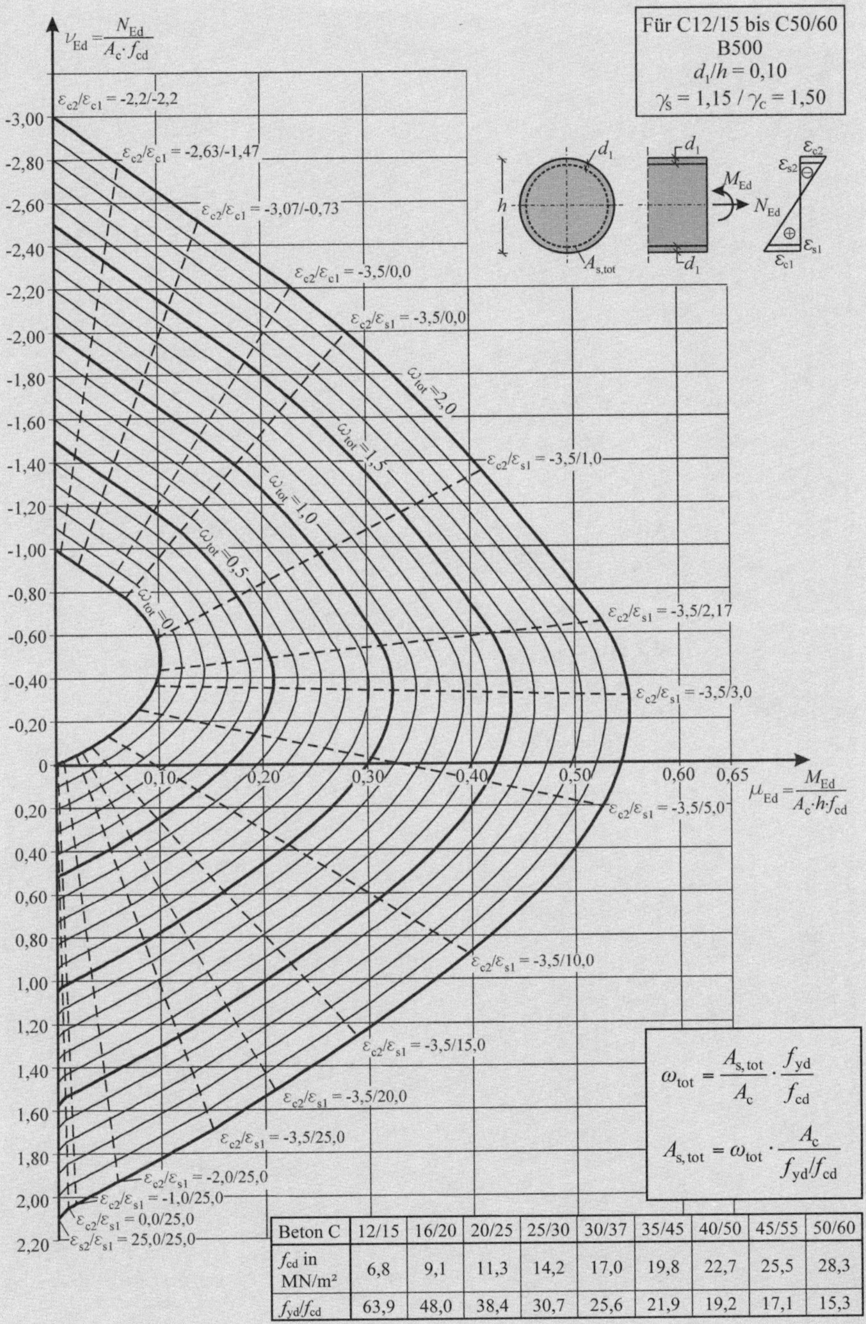

Beton C	12/15	16/20	20/25	25/30	30/37	35/45	40/50	45/55	50/60
f_{cd} in MN/m²	6,8	9,1	11,3	14,2	17,0	19,8	22,7	25,5	28,3
f_{yd}/f_{cd}	63,9	48,0	38,4	30,7	25,6	21,9	19,2	17,1	15,3

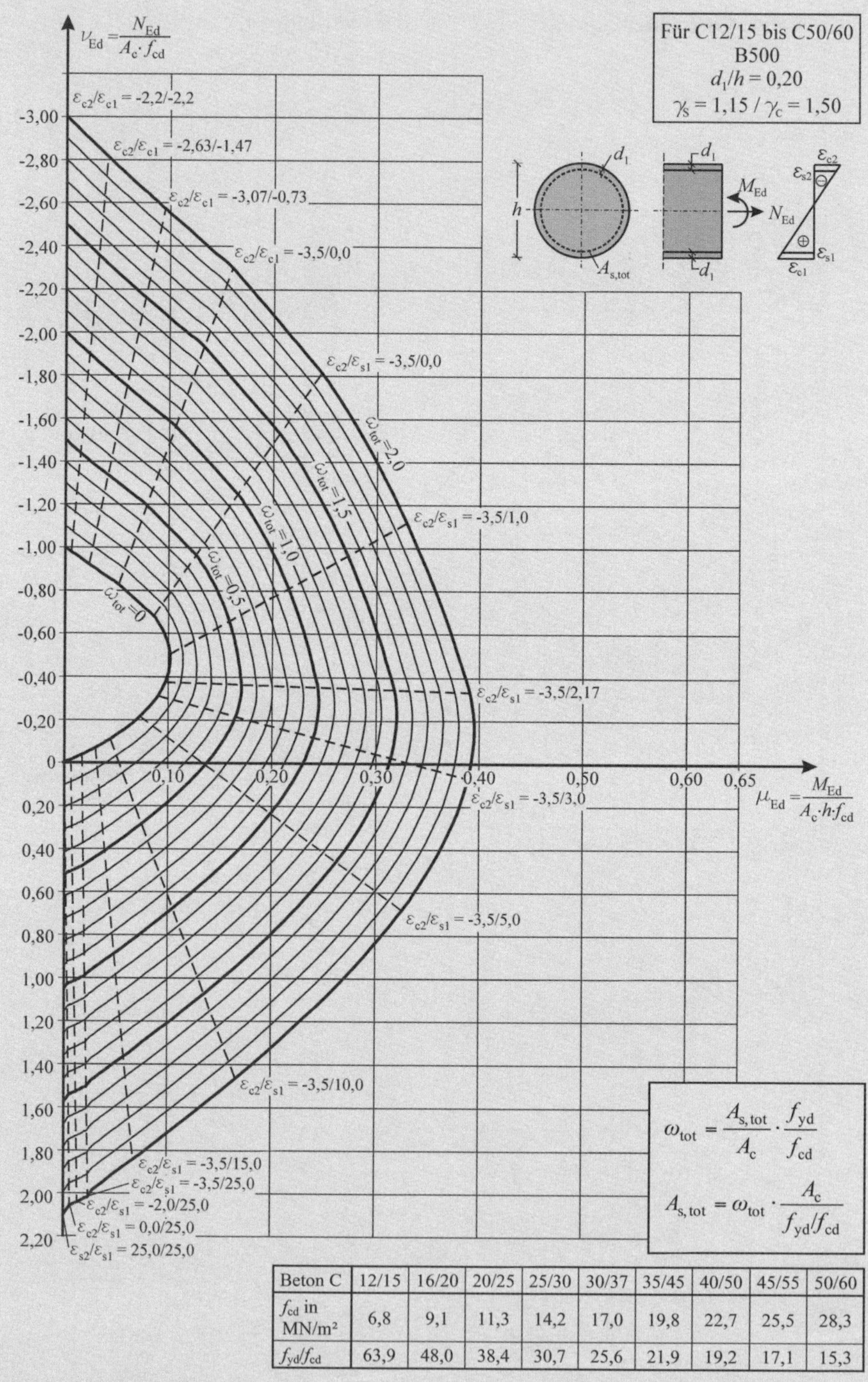

Beton C	12/15	16/20	20/25	25/30	30/37	35/45	40/50	45/55	50/60
f_{cd} in MN/m²	6,8	9,1	11,3	14,2	17,0	19,8	22,7	25,5	28,3
f_{yd}/f_{cd}	63,9	48,0	38,4	30,7	25,6	21,9	19,2	17,1	15,3

Stahlbetonbau

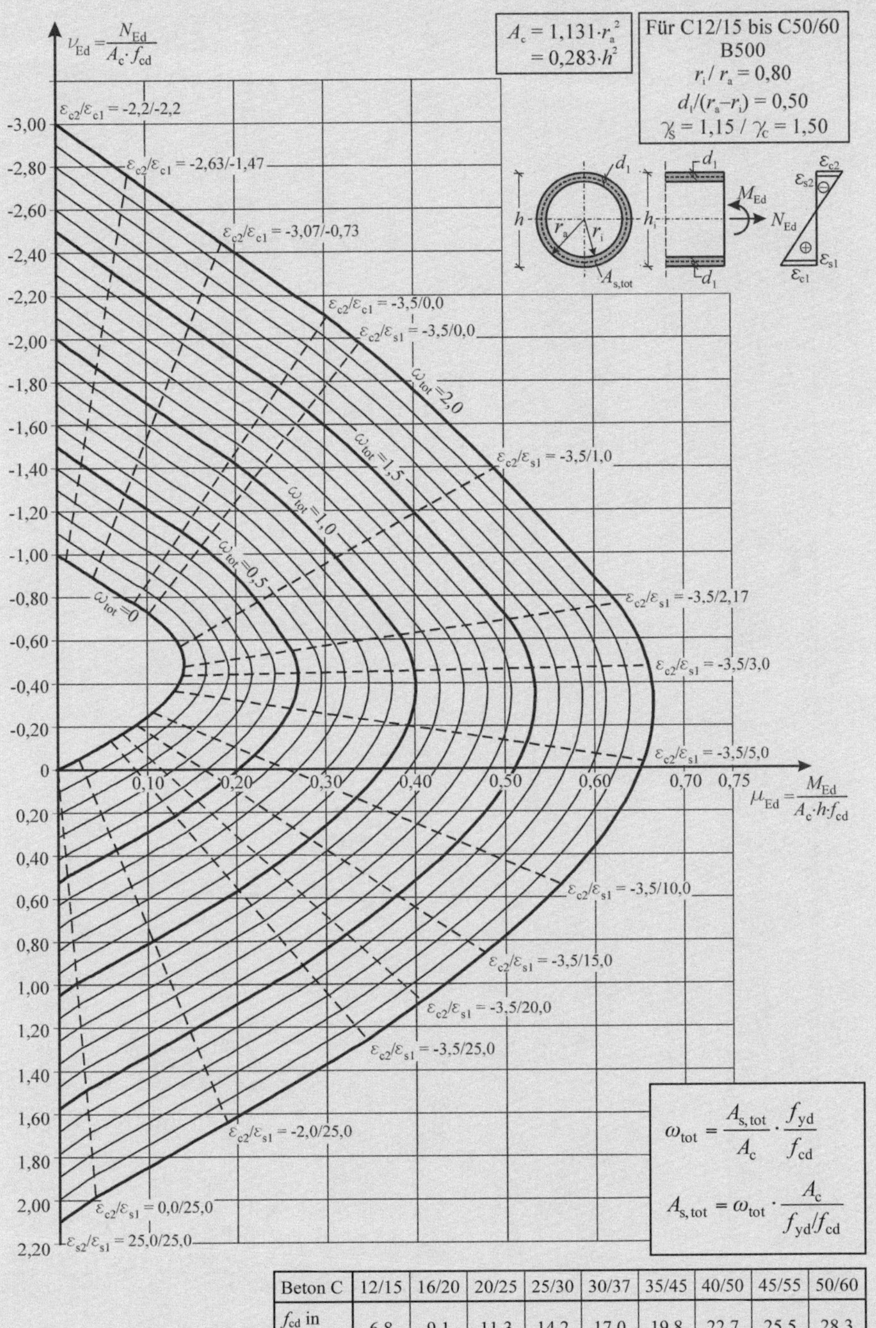

Beton C	12/15	16/20	20/25	25/30	30/37	35/45	40/50	45/55	50/60
f_{cd} in MN/m²	6,8	9,1	11,3	14,2	17,0	19,8	22,7	25,5	28,3
f_{yd}/f_{cd}	63,9	48,0	38,4	30,7	25,6	21,9	19,2	17,1	15,3

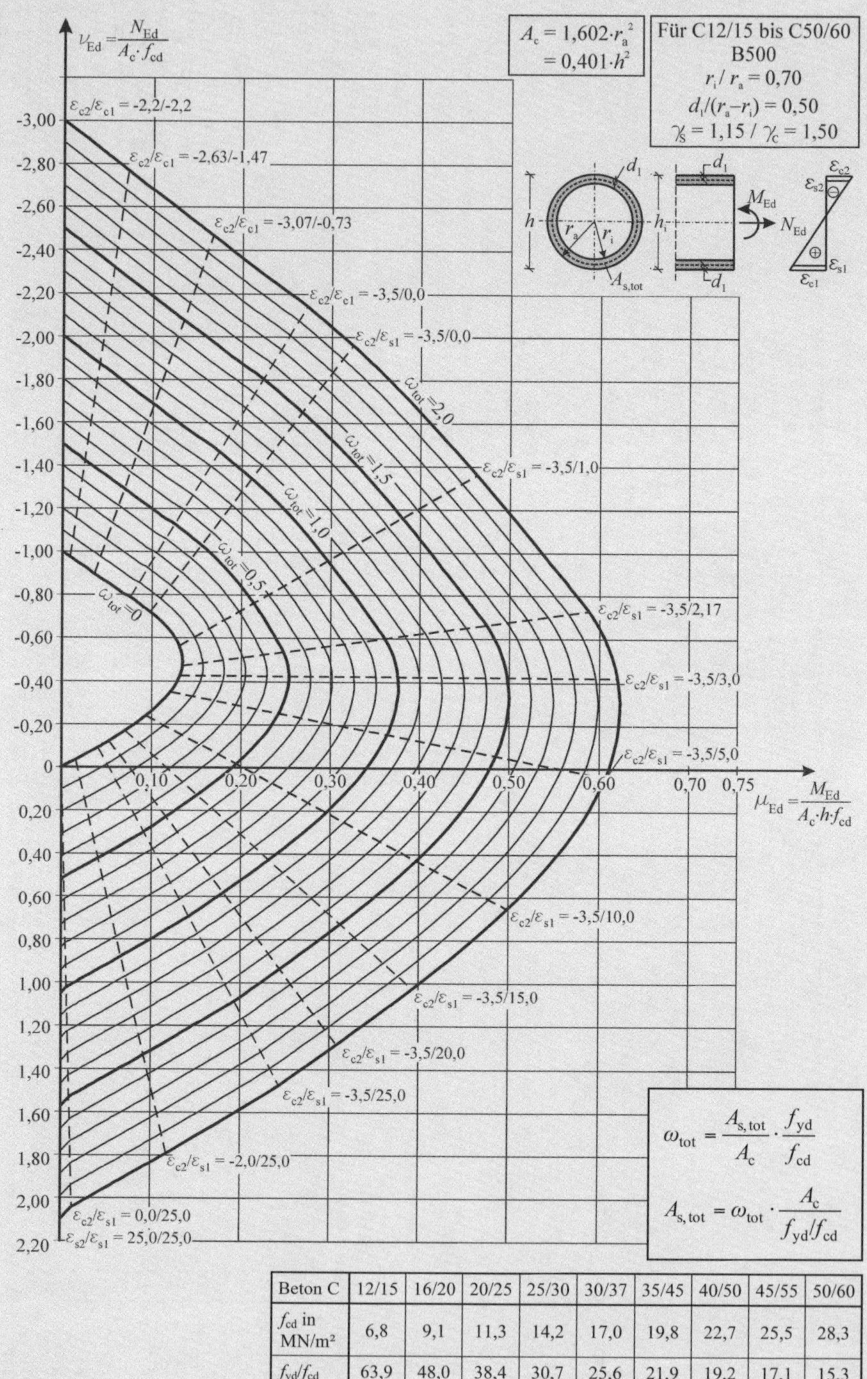

Beton C	12/15	16/20	20/25	25/30	30/37	35/45	40/50	45/55	50/60
f_{cd} in MN/m²	6,8	9,1	11,3	14,2	17,0	19,8	22,7	25,5	28,3
f_{yd}/f_{cd}	63,9	48,0	38,4	30,7	25,6	21,9	19,2	17,1	15,3

5.1.6 Bauteile aus unbewehrtem Beton

Bauteile aus unbewehrtem Beton sind für folgende Voraussetzungen nachzuweisen:

- Betonzugspannungen dürfen in der Regel rechnerisch nicht berücksichtigt werden.
- Verteilung der Betondruckspannungen entsprechend der für die Querschnittsbemessung maßgebenden Spannungs-Dehnung-Linien, siehe Seite 9.
- Rechnerisch dürfen keine höheren Festigkeitsklassen als C35/45 bzw. LC20/22 ausgenutzt werden (DIN EN 1992-1-1/NA-2013.04, NCI zu 12.6).
- Für die Ermittlung der Bemessungswerte der Betondruck- bzw. Zugfestigkeit gilt:
  $f_{cd,pl} = \alpha_{cc,pl} \cdot f_{ck} / \gamma_C$ mit $\alpha_{cc,pl} = 0{,}70$, f_{ck} siehe Tafel 3, γ_C siehe Tafel 2
  $f_{ctd,pl} = \alpha_{ct,pl} \cdot f_{ctk;0,05} / \gamma_C$ mit $\alpha_{ct,pl} = 0{,}70$, $f_{ctk;0,05}$ siehe Tafel 3

Für Rechteckquerschnitte darf die aufnehmbare Normalkraft N_{Rd} wie folgt berechnet werden:

$$N_{Rd} = f_{cd,pl} \cdot b \cdot h_w \cdot (1 - 2 \cdot e/h_w)$$

b	Querschnittsbreite
h_w	Gesamtdicke des Querschnittes
e	Lastausmitte von N_{Ed} in Richtung h_w

Bei stabförmigen unbewehrten Bauteilen mit Rechteckquerschnitt ist die Lastausmitte zur Sicherstellung eines duktilen Bauteilverhaltens auf $e_{tot} = e_0 + e_i + e_\varphi = |M_{Ed}/N_{Ed}| + e_i + e_\varphi \leq 0{,}4 \cdot h$ zu beschränken. Zur Größe von e_i siehe Seite 65. Die Ausmitte infolge Kriechens e_φ darf in der Regel vernachlässigt werden.

5.2 Einfluss von Tragwerksverformungen (Stabilitätsnachweis)

5.2.1 Allgemeines

Wird bei einem Tragwerk oder Bauteil die Tragfähigkeit infolge von Bauteilverformungen um mehr als 10% reduziert, sind diese Verformungen bei der Nachweisführung zu berücksichtigen (Nachweis nach Theorie II. Ordnung). Ist ein Nachweis nach Theorie II. Ordnung erforderlich, kann er entweder am Tragwerk als Ganzem oder am Einzelbauteil geführt werden.

Zur Abgrenzung, wann ein Nachweis nach Theorie II. Ordnung zu führen ist, dient bei Tragwerken die Einstufung in verschiebliche bzw. unverschiebliche Systeme (siehe Abschnitt 4.6.2). Überwiegend druckbeanspruchte Einzelbauteile sind entsprechend ihrer Schlankheit (siehe Abschnitt 5.2.2) zu beurteilen.

5.2.2 Grundlagen für die Nachweisführung von Einzeldruckgliedern

Die nachfolgenden Angaben beziehen sich auf Einzeldruckglieder. Dies können sein:

- einzelne Druckglieder
  - einzeln stehende Stützen (z.B. Kragstütze)
  - gelenkig angeschlossene Druckglieder in unverschieblichen Tragsystemen
- Druckglieder als Teile des Gesamtsystems, die bei der Bemessung als einzelnes Bauteil betrachtet werden
  - schlanke, aussteifende Bauteile, die als Einzeldruckglied betrachtet werden
  - biegesteif angeschlossene Druckglieder in unverschieblichen Tragsystemen.

Knicklänge l_0

Die Knicklänge l_0 entspricht dem Abstand der Wendepunkte der Knickbiegelinie. Für einfache Fälle siehe Tafel 20.

$$l_0 = \beta \cdot l$$

β	Knickbeiwert
l	Höhe des Druckglieds

Stahlbetonbau

Tafel 20: Knickbeiwerte β für einfache statische Systeme

Statisches System	Pendelstütze unverschiebliches System	Kragstütze verschiebliches System	Rahmenstütze unverschiebliches System	Rahmenstütze unverschiebliches System	Rahmenstütze verschiebliches System
Knickbeiwert β (theoretisch)	1,0	2,0	0,7	0,5	1,0
Knickbeiwert β (empfohlen)	1,0	2,2	0,76	0,59	1,2

Für die Berechnung der Knicklänge l_0 in üblichen Rahmen gilt nachfolgende Empfehlung:

– ausgesteifte Bauteile:
$$l_0 = 0{,}5 \cdot l \cdot \sqrt{\left(1 + \frac{k_1}{0{,}45 + k_1}\right) \cdot \left(1 + \frac{k_2}{0{,}45 + k_2}\right)}$$

– nicht ausgesteifte Bauteile:
$$l_0 = l \cdot \max \begin{cases} \sqrt{1 + 10 \cdot \dfrac{k_1 \cdot k_2}{k_1 + k_2}} \\ \left(1 + \dfrac{k_1}{1 + k_1}\right) \cdot \left(1 + \dfrac{k_2}{1 + k_2}\right) \end{cases}$$

l lichte Höhe des Druckglieds zwischen den Einspannenden

k_1, k_2 bezogene Einspanngrade an den beiden Enden des Druckglieds
$k_i = (\theta/M) \cdot (E \cdot I/l)$
Für Volleinspannung ergibt sich $k = 0$, bei gelenkiger Lagerung gilt $k = \infty$. Da eine Volleinspannung in der Baupraxis nur selten realisiert werden kann, wird empfohlen, k zumindest mit 0,1 anzusetzen.

θ Verdrehung eingespannter Bauteile bei einem Biegemoment M

$E \cdot I$ Biegesteifigkeit des Druckglieds

Schlankheit λ

$\lambda = l_0 / i$

i Trägheitsradius

$$i = \sqrt{\frac{I}{A}}$$

I Flächenträgheitsmoment

A Querschnittsfläche

l_0 Knicklänge

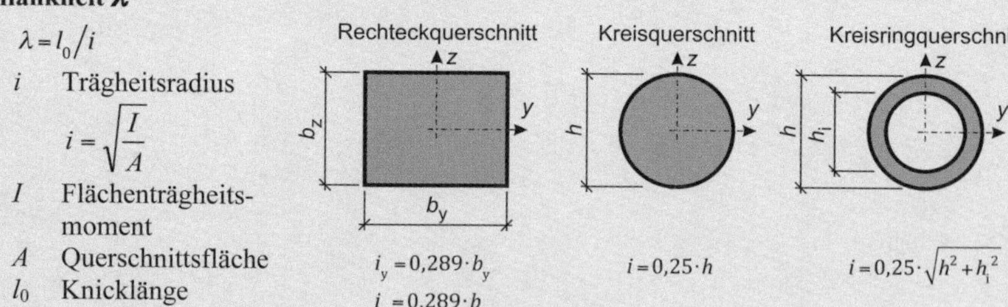

Grenzwert der Schlankheit bei Einzeldruckgliedern λ_{lim}

$$\lambda_{lim} = \begin{cases} 25 & \text{für } |n_{Ed}| \geq 0{,}41 \\ \dfrac{16}{\sqrt{|n_{Ed}|}} & \text{für } |n_{Ed}| < 0{,}41 \end{cases} \quad \text{mit} \quad n_{Ed} = \frac{N_{Ed}}{A_c \cdot f_{cd}}$$

Für $\lambda \leq \lambda_{lim}$ dürfen die Auswirkungen nach Theorie II. Ordnung vernachlässigt werden. In diesem Fall dürfen Druckglieder am unverformten System mit den Schnittgrößen nach Theorie I. Ordnung nachgewiesen werden.

Imperfektionen

Beim Nachweis von Einzeldruckgliedern nach Theorie II. Ordnung sind Imperfektionen durch den Ansatz einer ungewollten Lastausmitte e_i zu berücksichtigen.

$e_i = \theta_i \cdot l_0 / 2$ (in ausgesteiften Systemen näherungsweise $e_i = l_0 / 400$)

θ_i Schiefstellung des Tragwerkes gegen die Sollachse (siehe auch Abschnitt 4.6.3)

$$\theta_i = \frac{1}{200} \cdot \alpha_h \qquad \text{mit } 0 \leq \alpha_h = 2/\sqrt{l} \leq 1$$

l Länge des Druckglieds, in m einzusetzen

l_0 Knicklänge des Druckglieds

Berücksichtigung des Betonkriechens

Infolge des Kriechens des Betons vergrößern sich die Tragwerksverformungen und damit auch die Schnittgrößen nach Theorie II. Ordnung mit zunehmender Beanspruchungsdauer. Es ist ausreichend, diesen Effekt durch den Ansatz einer effektiven Kriechzahl φ_{eff} zu erfassen.

$$\varphi_{eff} = \varphi(\infty, t_0) \cdot \frac{M_{0Eqp}}{M_{0Ed}}$$

$\varphi(\infty, t_0)$ Endkriechzahl, siehe Abschnitt 3.1.4

M_{0Eqp} Biegemoment nach Theorie I. Ordnung unter der quasi-ständigen Einwirkungskombination in den Grenzzuständen der Gebrauchstauglichkeit einschließlich Imperfektionen

M_{0Ed} Biegemoment nach Theorie I. Ordnung unter der Bemessungs-Einwirkungskombination in den Grenzzuständen der Tragfähigkeit einschließlich Imperfektionen

Die Verformungszunahme infolge Kriechen des Betons darf vernachlässigt werden, wenn zumindest eine der folgenden Bedingungen erfüllt ist:

- $\varphi(\infty, t_0) \leq 2$, $\lambda \leq 75$ und $M_{0Ed}/N_{Ed} \geq h$,
- das Druckglied ist an beiden Seiten monolithisch mit horizontalen lastabtragenden Bauteilen verbunden,
- bei verschieblichen Tragsystemen ist $\lambda < 50$ und gleichzeitig $e_0/h > 2$.

5.2.3 Verfahren mit Nennkrümmung

Grundlagen

Als vereinfachtes Nachweisverfahren für schlanke Druckglieder, bei denen die Auswirkungen der Theorie II. Ordnung zu berücksichtigen sind, steht das sogenannte Verfahren mit Nennkrümmung zur Verfügung. Diesem liegt eine Modellstütze der Länge $l = l_0/2$ zugrunde (Abb. 9), für die die Verformungen nach Theorie II. Ordnung in Form der zusätzlichen Lastausmitte e_2 näherungsweise bestimmt werden. Die Bemessung erfolgt im kritischen Schnitt am Fuß der Modellstütze unter Ansatz der maximalen Auslenkung der Stütze nach Theorie II. Ordnung. Damit gelingt es, die Nachweisführung auf eine Querschnittsbemessung im kritischen Schnitt zurückzuführen.

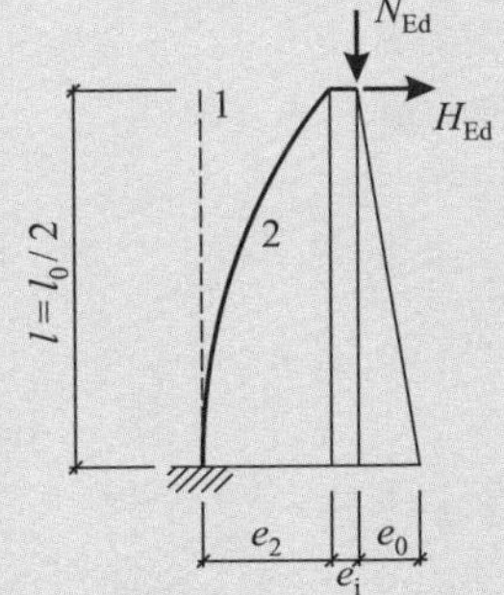

1 - planmäßig gerade Stabachse
2 - Biegelinie nach Theorie II. Ordnung

Abb. 9: Modellstütze mit ungewollter Lastausmitte e_i, planmäßiger Lastausmitte e_0 und zusätzlicher Lastausmitte e_2

Die Anwendung des Verfahrens mit Nennkrümmung wird für Einzelstützen mit definierter Knicklänge l_0 unter konstanter Normalkraftbeanspruchung empfohlen, ist aber auch bei Tragwerken anwendbar, sofern realistische Krümmungsverteilungen angenommen werden.

Stahlbetonbau

Gesamtausmitte e_{tot}

Die für die Bemessung maßgebende Gesamtausmitte e_{tot} ergibt sich für den am stärksten beanspruchten Querschnitt der Modellstütze zu:

$$e_{tot} = e_0 + e_i + e_2 = e_1 + e_2 \quad \text{mit} \quad e_1 = e_0 + e_i$$

Dabei bedeuten:

e_0 planmäßige Lastausmitte nach Theorie I. Ordnung, $e_0 = |M_{Ed}/N_{Ed}|$

e_i ungewollte Lastausmitte (Seite 65)

e_2 zusätzliche Lastausmitte infolge der Auswirkungen nach Theorie II. Ordnung

Planmäßige Lastausmitte e_0

Die planmäßige Lastausmitte ist allgemein im kritischen Schnitt (Einspannstelle der Modellstütze) zu ermitteln. Für Druckglieder in unverschieblichen Tragsystemen, die einen konstanten Querschnitt haben und an denen keine Querlasten angreifen, kann e_0 näherungsweise nach Abb. 10 bestimmt werden.

Für den Fall $e_{tot} = e_0 + e_a + e_2 < |e_{02}|$ ist neben dem Nachweis im kritischen Schnitt mit e_{tot} auch ein Nachweis am Stützenende unter Ansatz von $|e_{02}|$ erforderlich.

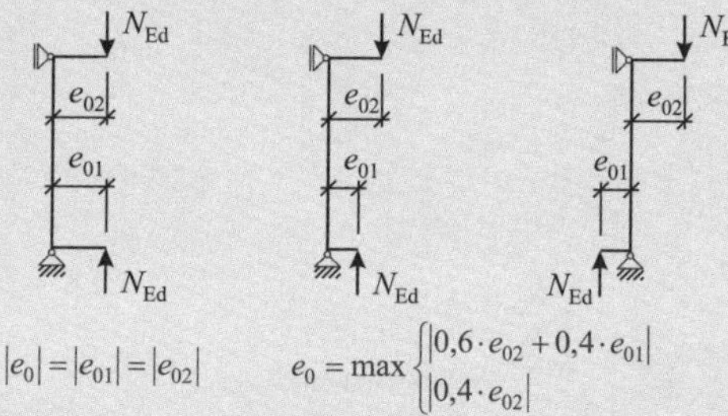

$|e_0| = |e_{01}| = |e_{02}|$ $\qquad$ $e_0 = \max \begin{cases} |0{,}6 \cdot e_{02} + 0{,}4 \cdot e_{01}| \\ |0{,}4 \cdot e_{02}| \end{cases}$

mit $|e_{01}| \le |e_{02}|$, e_{01} und e_{02} vorzeichenbehaftet einsetzen!

Abb. 10: Planmäßige Lastausmitte für Druckglieder in unverschieblichen Tragsystemen

Bei Querlasten ist gegebenenfalls ein zusätzlicher Nachweis in Höhe der Wirkungslinie der Querlast unter Ansatz der dort vorhandenen planmäßigen Lastausmitte erforderlich.

Zusätzliche Lastausmitte e_2

Die zusätzliche Lastausmitte e_2 darf wie folgt berechnet werden:

$$e_2 = K_1 \cdot (1/r) \cdot l_0^2 / c$$

mit $c = 10$ (entprechend DIN EN 1992-1-1:2011-01, 5.8.8.2 (4)) ergibt sich:

$$e_2 = K_1 \cdot (1/r) \cdot l_0^2 / 10$$

Bei der Berechnung von e_2 bedeuten:

l_0 Knicklänge des Druckglieds

K_1 Interpolationsfaktor, $K_1 = \begin{cases} \lambda/10 - 2{,}5 & \text{für } 25 \le \lambda \le 35 \\ 1 & \text{für } \lambda > 35 \end{cases}$

$(1/r)$ Krümmung im kritischen Schnitt, $(1/r) = K_r \cdot K_\varphi \cdot (1/r_0)$

$(1/r_0)$ Krümmung einer Modellstütze, $(1/r_0) = \varepsilon_{yd}/(0{,}45 \cdot d)$

ε_{yd} zum Bemessungswert der Stahlfestigkeit zugehörige Dehnung, $\varepsilon_{yd} = f_{yd}/E_s$

d Nutzhöhe des Querschnittes in Richtung des Ausweichens. Wird die Bewehrung nicht vollständig an den gegenüberliegenden Bauteilrändern, sondern teilweise parallel zur Biegungsebene verteilt, gilt: $d = h/2 + i_s$.

i_s Trägheitsradius der gesamten Bewehrungsfläche

$K_r = \dfrac{n_u - n}{n_u - n_{bal}} \le 1$ Mit der Annahme $K_r = 1$ ist man stets auf der sicheren Seite.

n bezogene Normalkraft, $n = N_{Ed}/(A_c \cdot f_{cd})$

n_u Bemessungswert der Grenztragfähigkeit des Querschnittes bei zentrischer Druckbeanspruchung
$n_u = n + \omega$ mit $\omega = (A_s \cdot f_{yd})/(A_c \cdot f_{cd})$

n_{bal} bezogene aufnehmbare Längsdruckkraft bei größter Momententragfähigkeit des Querschnittes; bei symmetrisch bewehrten Rechteckquerschnitten gilt: $n_{bal} = 0{,}4$

K_φ Beiwert zur Berücksichtigung der Kriechverformungen
$K_\varphi = 1 + \beta \cdot \varphi_{eff} \geq 1$
Sofern die Tragwerksverformungen infolge Betonkriechens vernachlässigt werden dürfen, gilt $K_\varphi = 1$.
$\beta = 0{,}35 + f_{ck}/200 - \lambda/150$ mit f_{ck} in N/mm^2 oder MN/m^2

Maßgebende Schnittgrößen im kritischen Schnitt

Die für den Nachweis im kritischen Schnitt maßgebenden Schnittgrößen ergeben sich zu:

$$M_{Ed} = |N_{Ed}| \cdot e_{tot} = |N_{Ed}| \cdot (e_0 + e_i + e_2) \quad \text{und} \quad N_{Ed}$$

mit $e_{tot} = e_0 + e_i + e_2 \geq e_{0,min}$

$e_{0,min}$ Mindestausmitte am unverformten System, siehe Kapitel 5.1.1.

Die Bemessung für M_{Ed} und N_{Ed} kann mit den im Abschnitt 5.1 dargestellten Interaktionsdiagrammen erfolgen.

Darüber hinaus stehen Interaktionsdiagramme nach dem Verfahren mit Nennkrümmung zur Verfügung, die eine Berechnung der zusätzlichen Lastausmitte e_2 entbehrlich machen, siehe z.B. [Holschemacher/Müller/Lobisch 2012]. Eine Auswahl von Interaktionsdiagrammen nach dem Verfahren mit Nennkrümmung ist nachfolgend abgedruckt. Dabei gelten folgende Eingangswerte für die Ablesung im Diagramm:

$$\mu_{Ed1} = \frac{M_{Ed1}}{b \cdot h^2 \cdot f_{cd}} \quad \text{und} \quad \nu_{Ed} = \frac{N_{Ed}}{b \cdot h \cdot f_{cd}}$$ (N_{Ed} als Druckkraft negativ!)

M_{Ed1} ist unter Berücksichtigung der ungewollten Lastausmitte e_i, jedoch ohne Berücksichtigung der zusätzlichen Lastausmitte e_2 zu berechnen! Kriechverformungen werden bei diesen Interaktionsdiagrammen mit dem Wert K_φ berücksichtigt.

Interaktionsdiagramme nach dem Verfahren mit Nennkrümmung

C12–C50	$\gamma_C = 1{,}50$
B500	$\gamma_S = 1{,}15$
$c = 10$	
$d_1/h = 0{,}15$	

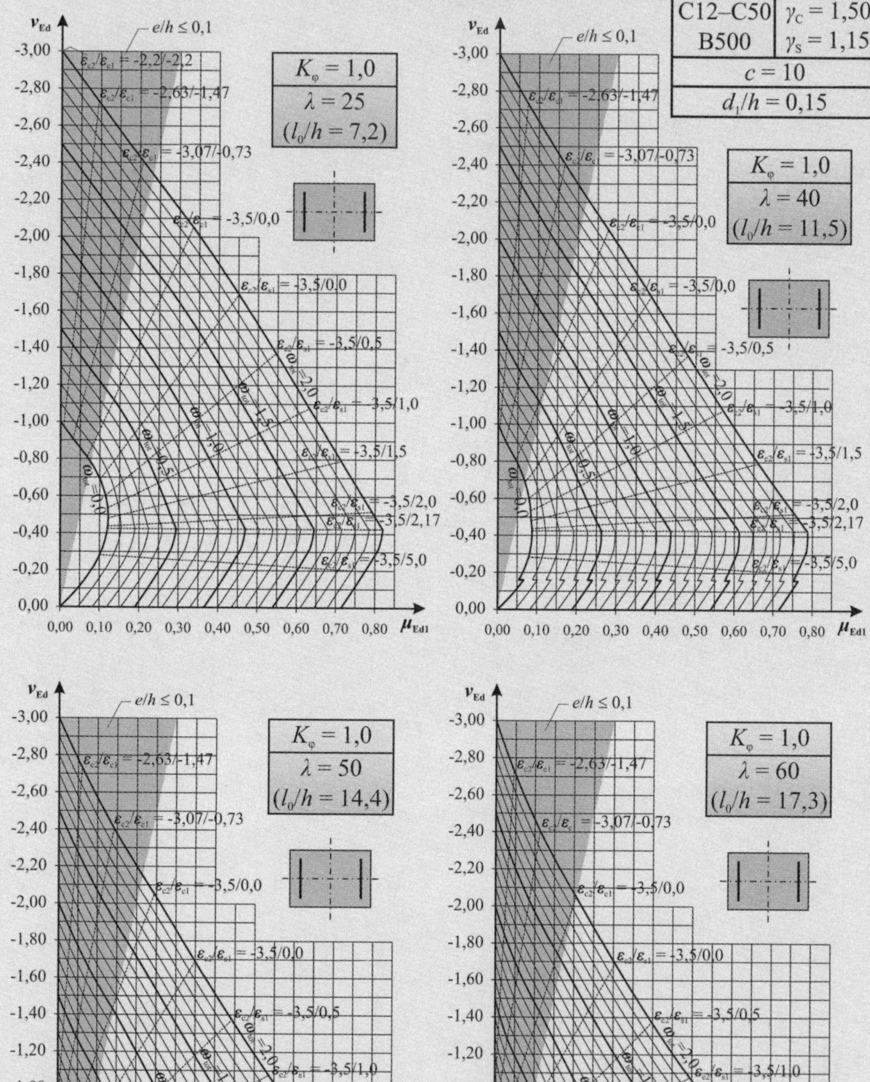

C12–C50	$\gamma_C = 1,50$
B500	$\gamma_S = 1,15$
$c = 10$	
$d_1/h = 0,15$	

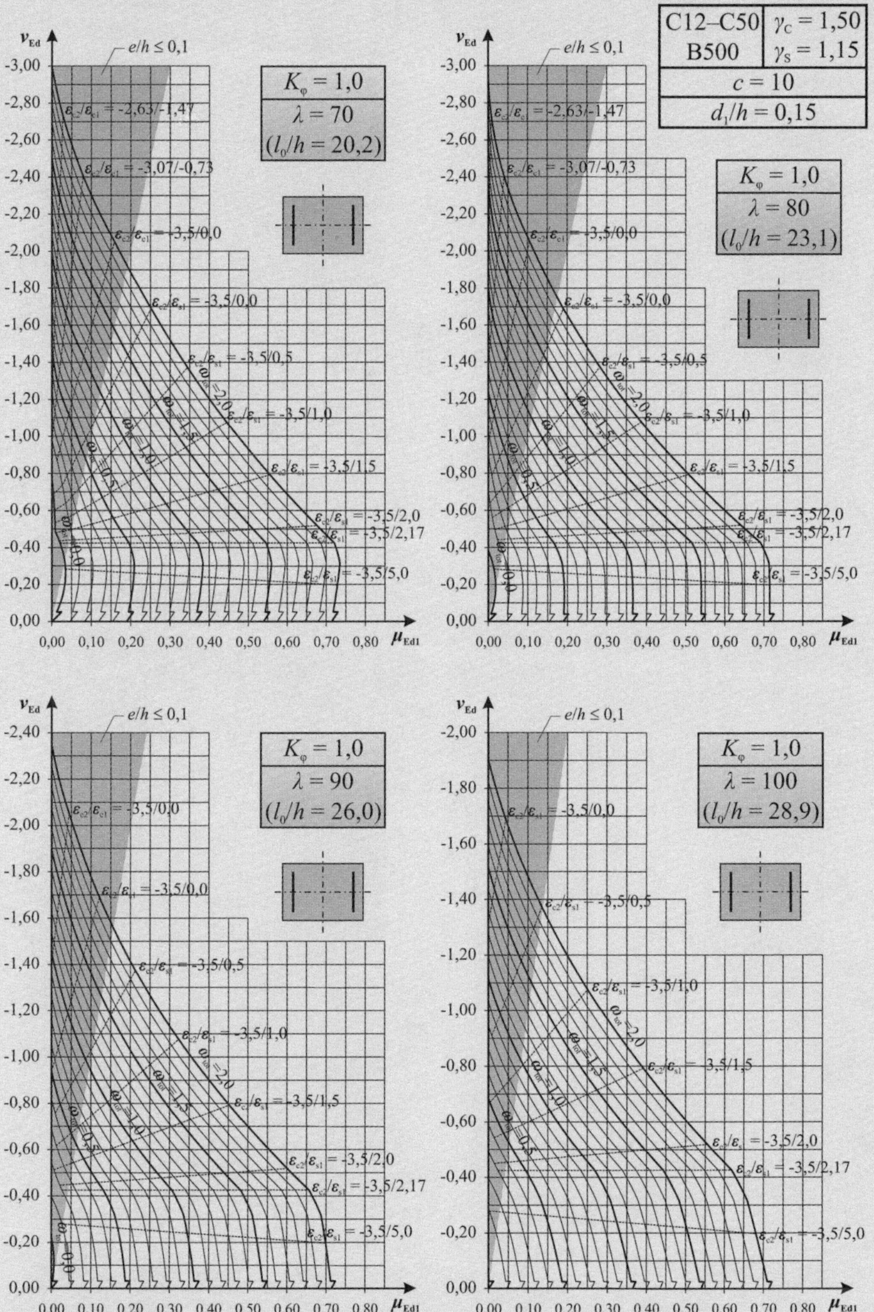

Zur Ermittlung von μ_{Ed1} und ν_{Ed} siehe Bemerkungen auf Seite 67. Kriechverformungen wurden nicht berücksichtigt ($K_\varphi = 1,0$).

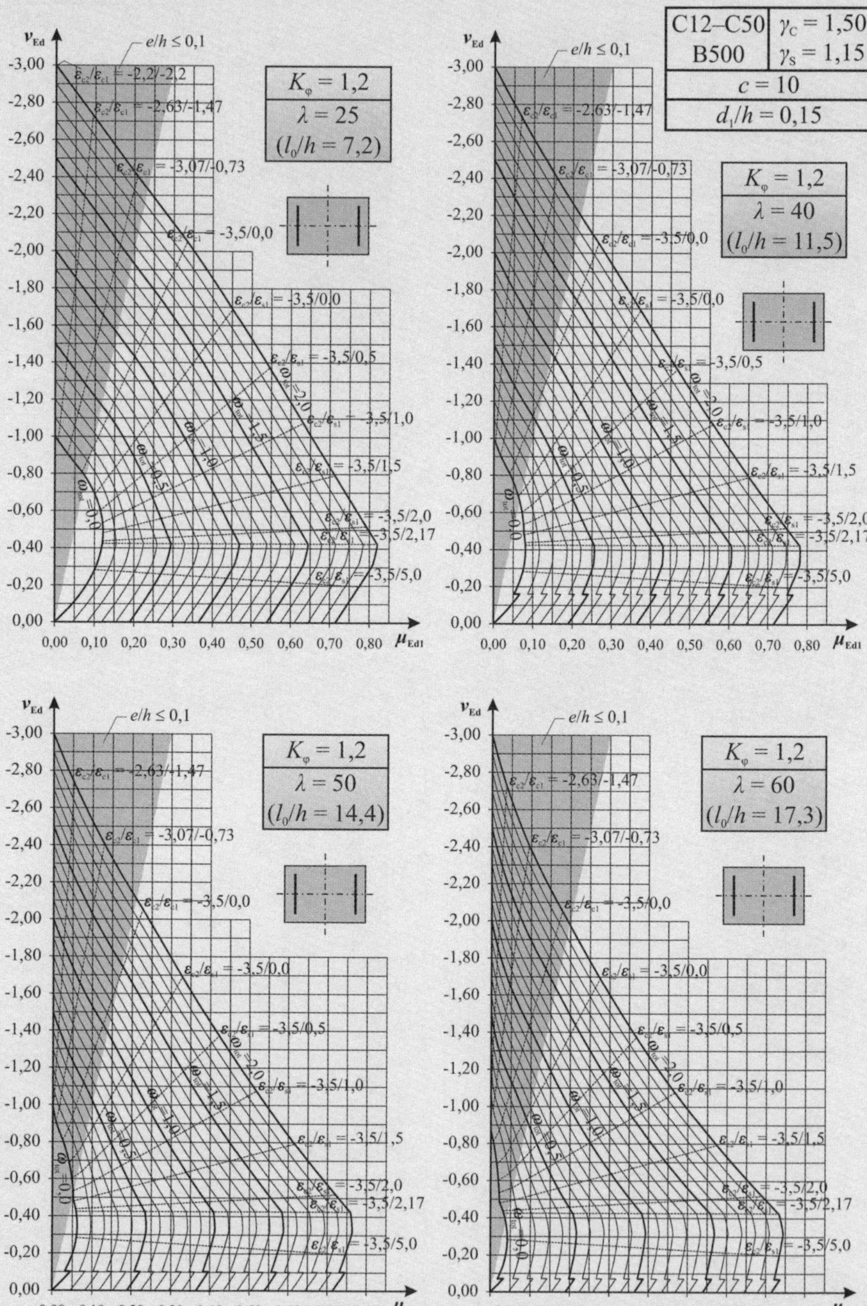

Zur Ermittlung von μ_{Ed1} und ν_{Ed} siehe Bemerkungen auf Seite 67. Kriechverformungen wurden mit dem Faktor $K_\varphi = 1,2$ berücksichtigt.

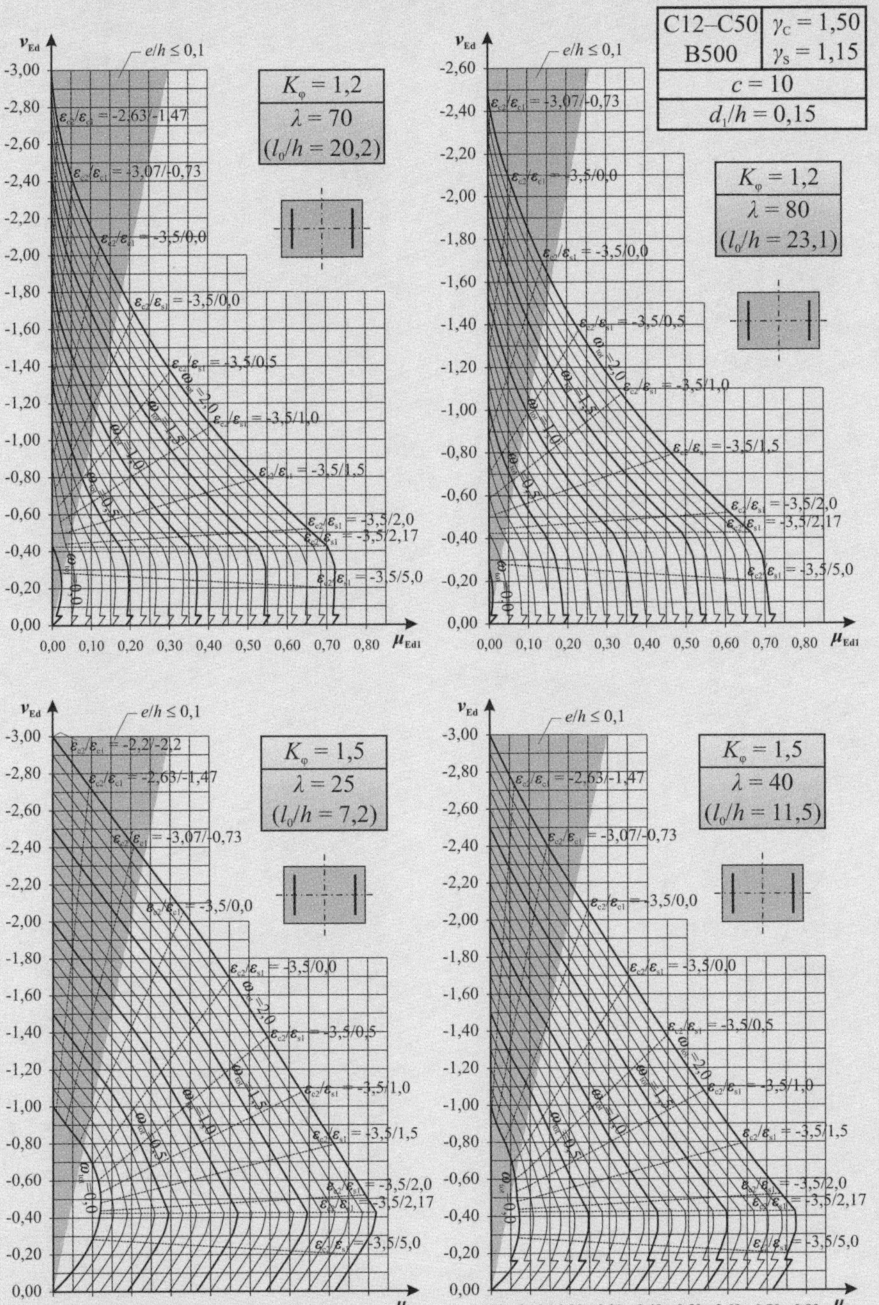

Zur Ermittlung von μ_{Ed1} und ν_{Ed} siehe Bemerkungen auf Seite 67. Kriechverformungen wurden mit dem Faktor $K_{\varphi} = 1{,}2$ bzw. $K_{\varphi} = 1{,}5$ berücksichtigt.

Stahlbetonbau

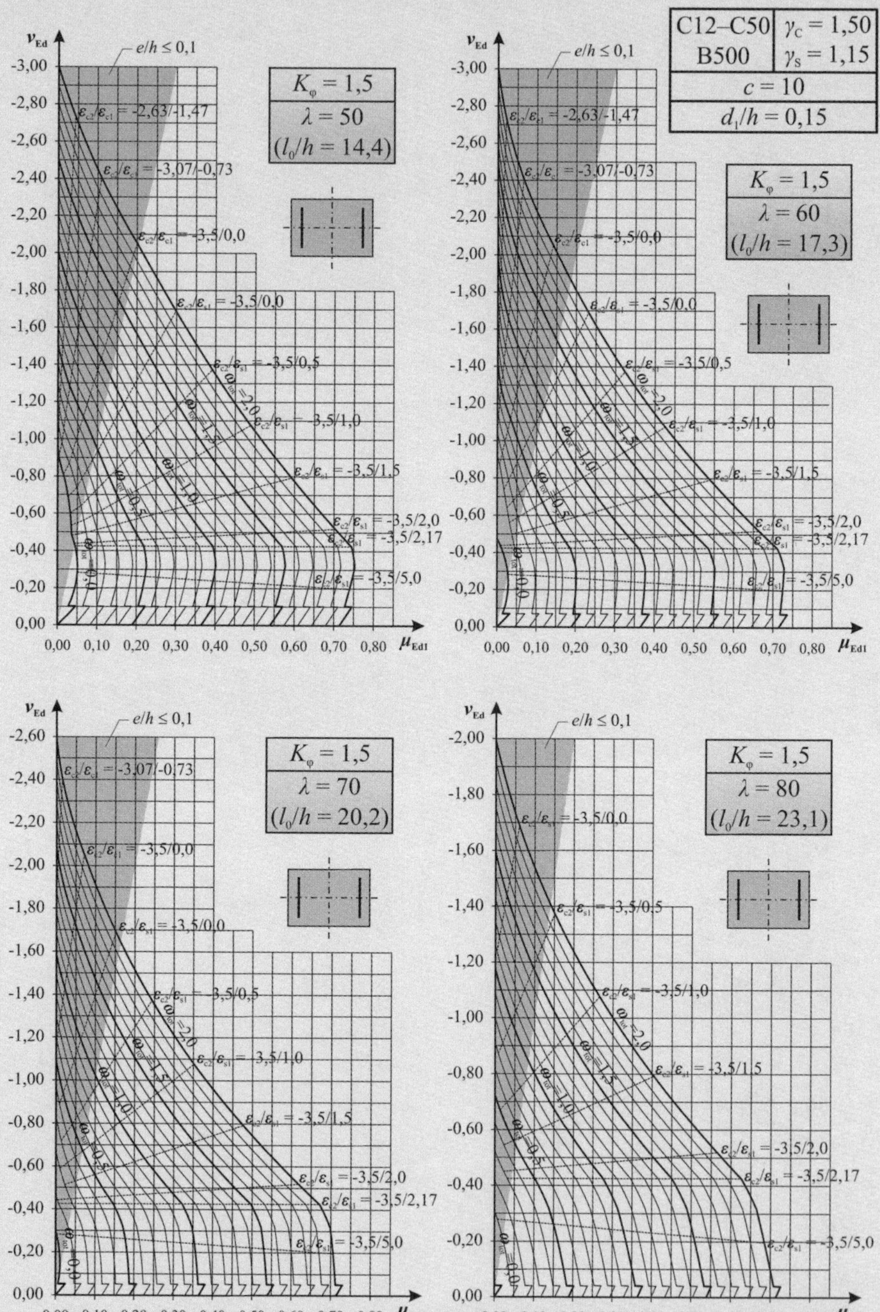

Zur Ermittlung von μ_{Ed1} und ν_{Ed} siehe Bemerkungen auf Seite 67. Kriechverformungen wurden mit dem Faktor $K_\varphi = 1,5$ berücksichtigt.

5.2.4 Druckglieder mit zweiachsiger Lastausmitte

Getrennte Nachweisführung für die beiden Hauptachsrichtungen

Bei Druckgliedern mit zweiachsiger Lastausmitte darf die Nachweisführung getrennt für die beiden Hauptachsrichtungen erfolgen, wenn die folgenden beiden Bedingungen erfüllt sind:

– Bedingung 1: $\lambda_y / \lambda_z \leq 2$ und $\lambda_z / \lambda_y \leq 2$

– Bedingung 2: $\dfrac{e_y / h_{eq}}{e_z / b_{eq}} \leq 0{,}2$ oder $\dfrac{e_z / b_{eq}}{e_y / h_{eq}} \leq 0{,}2$

λ_y, λ_z Schlankheit bezogen auf die *y*-Richtung bzw. *z*-Richtung

b, h Querschnittsbreite, Querschnittshöhe

b_{eq}, h_{eq} Querschnittsbreite bzw. -höhe für einen äquivalenten Rechteckquerschnitt

$b_{eq} = i_y \cdot \sqrt{12}$, $h_{eq} = i_z \cdot \sqrt{12}$

i_y, i_z Trägheitsradien bezogen auf die *y*- bzw. *z*-Achse

e_y, e_z Lastausmitten in *y*- bzw. *z*-Richtung, $e_y = M_{Edz} / N_{Ed}$, $e_z = M_{Edy} / N_{Ed}$

M_{Edy}, M_{Edz} Bemessungsmoment um die *y*-Achse bzw. um die *z*-Achse, einschließlich des Momentes nach Theorie II. Ordnung. Imperfektionen sind dabei nur in der Richtung zu berücksichtigen, in der sie zu den ungünstigeren Auswirkungen führen.

N_{Ed} Bemessungswert der Normalkraft in der zugehörigen Einwirkungskombination

Für die Nachweisführung in den beiden Hauptachsrichtungen darf jeweils die Gesamtquerschnittsfläche der Bewehrung angesetzt werden.

Ist bei Druckgliedern mit Rechteckquerschnitt $e_{0z} / h > 0{,}2$, muss beim Nachweis gegen Ausweichen in Richtung der schwächeren Querschnittsachse *y* eine reduzierte Bauteilabmessung h_{red} angesetzt werden:

$$h_{red} = \frac{h}{2} \cdot \left[1 + \frac{h}{6 \cdot (e_{0z} + e_{iz})} \right] \leq h$$

h die größere der beiden Querschnittsabmessungen

e_{0z} planmäßige Lastausmitte nach Theorie I. Ordnung in *z*-Richtung

e_{iz} ungewollte Lastausmitte in *z*-Richtung

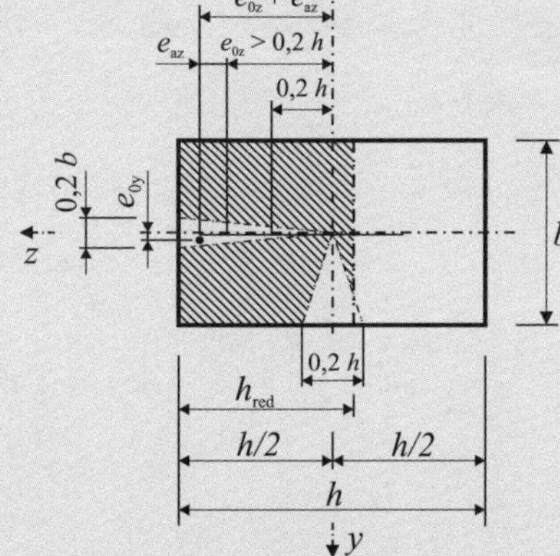

Abb. 11: Lage des Lastangriffspunktes von N_{Ed} bei getrennter Nachweisführung in Richtung der beiden Hauptachsen

Nachweis für zweiachsige Lastausmitte

Ist eine getrennte Nachweisführung für die beiden Hauptachsrichtungen nicht möglich, so müssen, sofern nach Abschnitt 5.2.2 erforderlich, die Ausmitten e_i und e_2 für beide Hauptrichtungen ermittelt und anschließend unter Ansatz von $e_{toty} = (e_{0y} + e_{iy} + e_{2y})$ und $e_{totz} = (e_{0z} + e_{iz} + e_{2z})$ eine Querschnittsbemessung für zweiachsige Biegung mit Längsdruck durchgeführt werden.

Alternativ darf auch vereinfacht folgender Nachweis geführt werden:

$$\left(\frac{M_{Edz}}{M_{Rdz}} \right)^a + \left(\frac{M_{Edy}}{M_{Rdy}} \right)^a \leq 1{,}0$$

M_{Edz}, M_{Edy} Bemessungsmoment um die z- bzw. y-Achse

M_{Rdz}, M_{Rdy} Aufnehmbares Moment um die z- bzw. y-Achse

Für Rechteckquerschnitte liefert dieser Ansatz nur für $b/h \leq 1{,}5$ akzeptable Ergebnisse [DAfStb Heft 630].

a Exponent – für runde und ovale Querschnitte: $a = 2$

– für rechteckige Querschnitte:

N_{Ed} / N_{Rd}	0,1	0,7	1,0
a	1,0	1,5	2,0

N_{Ed} Bemessungswert der Normalkraft

N_{Rd} Bemessungswert der zentrischen Normalkrafttragfähigkeit, $N_{Rd} = A_c \cdot f_{cd} + A_s \cdot f_{yd}$

5.2.5 Druckglieder aus unbewehrtem Beton

Druckglieder aus unbewehrtem Beton sind generell als schlanke Druckglieder nachzuweisen. Darüber hinaus ist zu beachten:

- für $l / h \leq 2{,}5$ ist kein Nachweis nach Theorie II. Ordnung erforderlich,
- für unbewehrte Druckglieder aus Ortbeton soll keine größere Schlankheit als $\lambda = 86$ gewählt werden.

Für die näherungsweise Ermittlung des Bemessungswertes der aufnehmbaren Längskraft N_{Rd} gilt in unverschieblich ausgesteiften Tragwerken:

$$N_{Rd} = b \cdot h_w \cdot f_{cd,pl} \cdot \Phi \qquad \text{mit} \qquad \Phi = 1{,}14 \cdot \left(1 - 2 \cdot e_{tot} / h_w\right) - 0{,}02 \cdot l_0 / h_w \begin{cases} \geq 0 \\ \leq 1 - 2 \cdot e_{tot} / h \end{cases}$$

Φ Beiwert zur Berücksichtigung der Auswirkungen der Theorie II. Ordnung

b, h_w Querschnittsbreite, Querschnittsdicke

e_{tot} Gesamtausmitte, $e_{tot} = e_0 + e_i$

e_i ungewollte Ausmitte, siehe Seite 65

5.2.6 Kippen von schlanken Trägern

Die Sicherheit gegen seitliches Ausweichen schlanker Träger kann als ausreichend angenommen werden, wenn folgende Bedingung erfüllt ist:

- ständige Bemessungssituation: $\dfrac{l_{0t}}{b} \leq \dfrac{50}{(h/b)^{1/3}}$ und $h/b \leq 2{,}5$
- vorübergehende Bemessungssituation: $\dfrac{l_{0t}}{b} \leq \dfrac{70}{(h/b)^{1/3}}$ und $h/b \leq 3{,}5$

l_{0t} Länge des Druckgurtes zwischen seitlichen Abstützungen

h Querschnittshöhe des Trägers im mittleren Bereich von l_{0t}

b Breite des Druckgurtes

Die Auflagerkonstruktion ist so auszubilden, dass sie ein Torsionsmoment T_{Ed} aufnehmen kann:

$$T_{Ed} = V_{Ed} \cdot l_{eff} / 300$$

V_{Ed} Bemessungswert der Auflagerkraft

l_{eff} effektive Trägerstützweite

5.3 Querkraft

5.3.1 Bemessungswert der einwirkenden Querkraft V_{Ed}

Maßgebender Schnitt zur Bestimmung von V_{Ed}

Der Bemessungswert der einwirkenden Querkraft V_{Ed} ist bei gleichmäßig verteilter Belastung in nachfolgenden Schnitten zu ermitteln, siehe Abb. 12:

- Für den Nachweis der Querkrafttragfähigkeit von Bauteilen ohne Querkraftbewehrung nach Abschnitt 5.3.2 und die Ermittlung der rechnerisch erforderlichen Querkraftbewehrung nach Abschnitt 5.3.3:
  - bei direkter Auflagerung im Abstand d vom Auflagerrand
  - bei indirekter Auflagerung: am Auflagerrand.
- Für den Nachweis der Druckstrebentragfähigkeit nach Abschnitt 5.3.3:
  - bei direkter und bei indirekter Auflagerung am Auflagerrand bzw. näherungsweise in der rechnerischen Auflagerlinie.

Zu den Begriffen „direkte“ und „indirekte“ Auflagerung siehe Abschnitt 4.1.3.

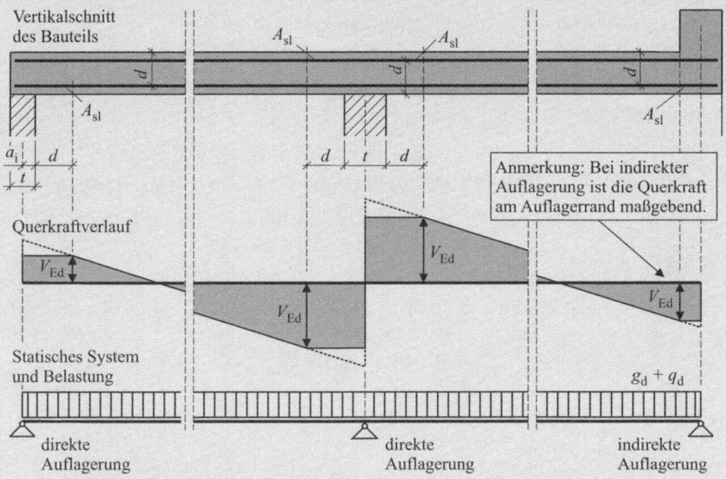

Abb. 12: Maßgebende Querkraft für die Ermittlung der Querkraftbewehrung

Auflagernahe Einzellasten

Bei Einzellasten mit einem Abstand $a_v \leq 2{,}0 \cdot d$ vom Auflagerrand und direkter Auflagerung darf für die Berechnung der Querkraftbewehrung und der Querkrafttragfähigkeit von Bauteilen ohne Querkraftbewehrung der Querkraftanteil aus den auflagernahen Einzellasten mit dem Beiwert β abgemindert werden:

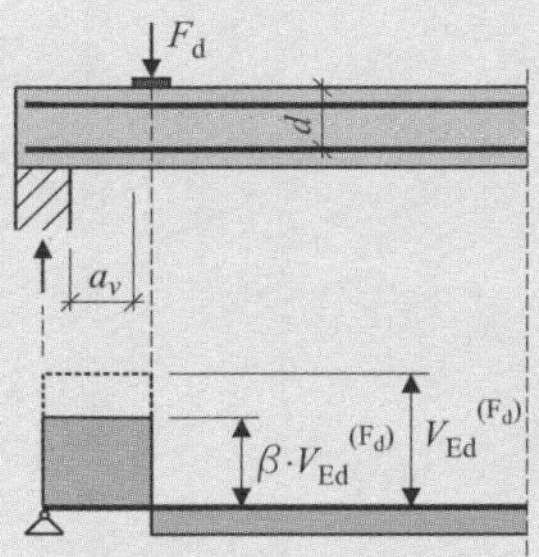

Bemessungswert der Querkraft aus auflagernaher Einzellast F_d

$$\beta = \frac{a_v}{2{,}0 \cdot d}$$

a_v Abstand zwischen dem Lasteintragungsrand der Einzellast und dem Auflagerrand, a_v darf nicht kleiner als $0{,}5 \cdot d$ angesetzt werden.

d Nutzhöhe der Biegezugbewehrung

$V_{Ed}^{(F_d)}$ Querkraftanteil aus auflagernaher Einzellast

Veränderliche Bauteilhöhe

Bei einer über die Bauteillänge veränderlichen Nutzhöhe oder bei geneigtem Spanngliedverlauf gilt darüber hinaus:

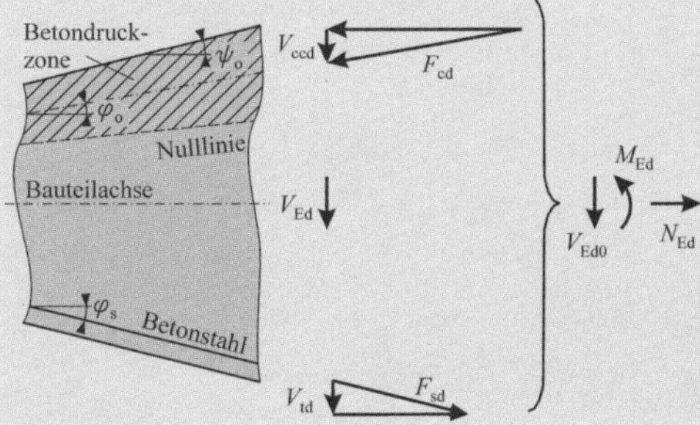

$$V_{Ed} = V_{Ed,0} - V_{ccd} - V_{td}$$

V_{Ed} Bemessungswert der einwirkenden Querkraft

$V_{Ed,0}$ Grundwert der einwirkenden Querkraft (Querkraft ohne Berücksichtigung des Einflusses der veränderlichen Nutzhöhe)

V_{ccd} Komponente der Betondruckkraft senkrecht zur Bauteilachse

$$V_{ccd} = (M_{Eds}/z) \cdot \tan \varphi_o \approx (M_{Eds}/d) \cdot \tan \psi_o$$

$$M_{Eds} = M_{Ed} - N_{Ed} \cdot z_s$$

V_{td} Komponente der Betonstahlzugkraft senkrecht zur Bauteilachse

$$V_{td} = (M_{Eds}/z + N_{Ed}) \cdot \tan \varphi_s \approx (M_{Eds}/d + N_{Ed}) \cdot \tan \varphi_s$$

N_{Ed} Längskraft, als Druckkraft mit negativem Vorzeichen

Die Kraftkomponenten V_{ccd} und V_{td} sind positiv, wenn sie im selben Richtungssinn wie $V_{Ed,0}$ wirken.

5.3.2 Bauteile ohne rechnerisch erforderliche Querkraftbewehrung

In Querschnitten ist rechnerisch keine Querkraftbewehrung erforderlich, wenn nachgewiesen werden kann, dass

$$V_{Ed} \leq V_{Rd,c}$$

ist. Ungeachtet dessen ist bei Balken und Platten, bei denen keine Lastumlagerung in Querrichtung möglich ist, die Anordnung einer Mindestquerkraftbewehrung nach Abschnitt 8.3.2 notwendig. Für die Ermittlung der Querkrafttragfähigkeit $V_{Rd,c}$ gilt im Allgemeinen:

$$V_{Rd,c} = \left[\frac{0{,}15}{\gamma_C} \cdot k \cdot \eta_1 \cdot (100 \cdot \rho_l \cdot f_{ck})^{1/3} + 0{,}12 \cdot \sigma_{cp} \right] \cdot b_w \cdot d \geq V_{Rd,c,min}$$

Einheiten in N, N/mm² und mm oder MN, MN/m² und m

$V_{Rd,c}$ Querkrafttragfähigkeit von Bauteilen ohne Querkraftbewehrung

γ_C Teilsicherheitsbeiwert für bewehrten Beton, siehe Tafel 2

f_{ck} charakteristischer Wert der Betondruckfestigkeit in N/mm²

k Maßstabsfaktor, $k = 1 + \sqrt{\frac{200}{d}} \leq 2{,}0$ (d in mm)

b_w kleinste Querschnittsbreite innerhalb der Zugzone

η_1 für Normalbeton: $\eta_1 = 1{,}0$
für Leichtbeton: η_1 in Abhängigkeit von der Rohdichte nach Tafel 3

ρ_l Längsbewehrungsgrad, $\rho_l = \frac{A_{sl}}{b_w \cdot d} \leq 0{,}02$

A_{sl} Querschnittsfläche der Zugbewehrung, die mindestens um das Maß d über den betrachteten Querschnitt hinausgeführt und daran anschließend verankert wird

σ_{cp} Betonlängsspannung in Höhe des Schwerpunktes des Querschnittes
$\sigma_{cp} = \frac{N_{Ed}}{A_c} \leq 0{,}2 \cdot f_{cd}$ in N/mm², als Zugspannung negativ, Druckspannung positiv

N_{Ed} Bemessungswert der Längskraft aus äußerer Einwirkung, Zwang darf vernachlässigt werden. Druckkräfte sind mit positivem Vorzeichen, Zugkräfte mit negativem Vorzeichen einzusetzen.

$V_{Rd,c,min}$ Mindestwert der Querkrafttragfähigkeit, $V_{Rd,c,min} = [\eta_1 \cdot v_{min} + 0{,}12 \cdot \sigma_{cp}] \cdot b_w \cdot d$

$$v_{min} = \left[\frac{\kappa_1}{\gamma_C} \cdot \sqrt{k^3 \cdot f_{ck}} \right]$$

$$\kappa_1 = 0{,}0525 - 0{,}015 \cdot \frac{d - 600}{200} \begin{cases} \geq 0{,}0375 \\ \leq 0{,}0525 \end{cases} \quad (d - \text{Nutzhöhe in mm})$$

Auflagernahe Einzellasten (zur Definition „auflagernahe Einzellast" siehe S. 75)

Bei auflagernahen Einzellasten ist zusätzlich für die nicht mit dem Faktor β abgeminderte Querkraft V_{Ed} einzuhalten:

$$V_{Ed} = 0{,}5 \cdot b_w \cdot d \cdot \nu \cdot f_{cd}$$

mit $\nu = 0{,}675$ für Betone ≤ C50/60
$\nu = 0{,}675 \cdot (1{,}1 - f_{ck}/500)$ für Betone ≥ C55/67, f_{ck} in N/mm²

Zur Ermittlung von $V_{Rd,c}$ bei **Bauteilen im ungerissenen Zustand** siehe [Holschemacher 2019].

5.3.3 Bauteile mit rechnerisch erforderlicher Querkraftbewehrung

Bei Bauteilen mit rechnerisch erforderlicher Querkraftbewehrung ist auf der Grundlage eines Fachwerkmodells folgender Nachweis zu führen:

$$V_{Ed} \le \begin{cases} V_{Rd,s} \\ V_{Rd,max} \end{cases}$$

V_{Ed} Bemessungswert der einwirkenden Querkraft, siehe Abschnitt 5.3.1

$V_{Rd,s}$ Bemessungswert der durch die Tragfähigkeit der Querkraftbewehrung begrenzten Querkraft

$V_{Rd,max}$ Bemessungswert der durch die Druckstrebenfestigkeit begrenzten maximal aufnehmbaren Querkraft

Eine Alternative zum Nachweis $V_{Ed} \le V_{Rd,s}$ besteht darin, die erforderliche Querschnittsfläche der Querkraftbewehrung a_{sw} nach Tafel 21 zu ermitteln.

Tafel 21: Ermittlung von $V_{Rd,s}$, a_{sw} und $V_{Rd,max}$

Anordnung der Querkraftbewehrung	
rechtwinklig zur Bauteilachse ($\alpha = 90°$)	mit dem Winkel α zur Bauteilachse
$V_{Rd,s} = \frac{A_{sw}}{s_w} \cdot f_{ywd} \cdot z \cdot \cot\theta$	$V_{Rd,s} = \frac{A_{sw}}{s_w} \cdot f_{ywd} \cdot z \cdot (\cot\theta + \cot\alpha) \cdot \sin\alpha$
$a_{sw} = \frac{A_{sw}}{s_w} = \frac{V_{Ed}}{f_{ywd} \cdot z \cdot \cot\theta}$	$a_{sw} = \frac{A_{sw}}{s_w} = \frac{V_{Ed}}{f_{ywd} \cdot z \cdot (\cot\theta + \cot\alpha) \cdot \sin\alpha}$
$V_{Rd,max} = \frac{b_w \cdot z \cdot \nu_1 \cdot f_{cd}}{\cot\theta + \tan\theta}$	$V_{Rd,max} = b_w \cdot z \cdot \nu_1 \cdot f_{cd} \cdot \frac{\cot\theta + \cot\alpha}{1 + \cot^2\theta}$

In Tafel 21 bedeuten:

θ Neigungswinkel der Druckstreben

$$1{,}0 \le \cot\theta \le \frac{1{,}2 + 1{,}4 \cdot \sigma_{cd} / f_{cd}}{1 - V_{Rd,cc} / V_{Ed}} \le 3{,}0$$

Bei Anordnung geneigter Querkraftbewehrung darf $\cot\theta$ bis zu einem Mindestwert von 0,58 in Ansatz gebracht werden.

Näherungsweise darf $\cot\theta$ bei der Berechnung der erforderlichen Querkraftbewehrung wie folgt angesetzt werden:

- reine Biegung sowie Biegung und Längsdruckkraft: $\cot\theta = 1{,}2$
- Biegung und Längszugkraft: $\cot\theta = 1{,}0$

$V_{Rd,cc}$ Betontraganteil bei Bauteilen mit Querkraftbewehrung

$$V_{Rd,cc} = \left[c \cdot 0{,}48 \cdot \eta_1 \cdot f_{ck}^{1/3}\left(1 - 1{,}2 \cdot \frac{\sigma_{cd}}{f_{cd}}\right)\right] \cdot b_w \cdot z$$

c Rauigkeitsfaktor, $c = 0{,}5$

b_w kleinste Querschnittsbreite zwischen den Schwerpunkten des Druck- und Zuggurtes

z Hebelarm der inneren Kräfte, näherungsweise gilt: $z = 0{,}9 \cdot d$

Für z darf kein größerer Wert als $d - 2 \cdot c_{v,l} \ge d - c_{v,l} - 30$ mm angesetzt werden ($c_{v,l}$ ist die Betondeckung der Längsbewehrung in der Betondruckzone).

ν_1 Abminderungsbeiwert zur Berücksichtigung der infolge Querzugbeanspruchung verminderten Betondruckfestigkeit in den Druckstreben.

$\nu_1 = 0{,}75 \cdot (1{,}1 - f_{ck}/500) \le 0{,}75$ mit f_{ck} in N/mm²

f_{ywd} Bemessungswert der Streckgrenze der Querkraftbewehrung
A_{sw}, a_{sw} Querschnittsfläche bzw. bezogene Querschnittsfläche der Querkraftbewehrung
s_w Abstand der Bügelbewehrung in Richtung der Bauteilachse
σ_{cd} Betonlängsspannung im Schwerpunkt des Betonquerschnitts, $\sigma_{cd} = N_{Ed} / A_c$ (als Zugspannung negativ, als Druckspannung positiv)
η_1 und f_{ck} siehe Seite 76.

Auflagernahe Einzellasten (zur Definition „auflagernahe Einzellast" siehe S. 75)

Wird bei auflagernahen Einzellasten eine mit dem Beiwert β reduzierte Querkraft für die Berechnung der Querkraftbewehrung angesetzt, ist die Längsbewehrung vollständig ins Auflager zu führen und zu verankern. Die Querkraftbewehrung muss folgende Anforderung erfüllen:

$$A_{sw} \geq \frac{\beta \cdot V_{Ed}}{f_{ywd} \cdot \sin\alpha}$$

A_{sw} Querkraftbewehrung im mittleren Bereich von $0{,}75 \cdot a_v$
a_v Abstand Lasteintragungsrand – Auflagerkante
α Neigungswinkel der Querkraftbewehrung

Beim Nachweis der Druckstrebentragfähigkeit ist die volle (nicht mit β abgeminderte) Querkraft anzusetzen.

5.3.4 Anschluss von Druck- und Zuggurten bei gegliederten Querschnitten

Für an Balkenstege angeschlossene Druck- und Zuggurte ist nachzuweisen:

$$V_{Ed} \leq \begin{cases} V_{Rd,s} \\ V_{Rd,max} \end{cases}$$

Einwirkende Längsschubkraft V_{Ed}:

$V_{Ed} = \Delta F_d$

ΔF_d Längskraftdifferenz in einem einseitigen Gurtabschnitt der Länge Δx

– beim Anschluss von Druckgurten: $$\Delta F_d = \Delta F_{cd} = \frac{\Delta M_{Ed}}{z} \cdot \frac{F_{ca}}{F_{cd}} \approx \frac{\Delta M_{Ed}}{z} \cdot \frac{b_{eff,i}}{b_{eff}}$$

– beim Anschluss von Zuggurten: $$\Delta F_d = \Delta F_{sd} = \frac{\Delta M_{Ed}}{z} \cdot \frac{A_{sa}}{A_s}$$

ΔM_{Ed} Änderung des Biegemomentes innerhalb des Gurtabschnittes Δx
Δx halber Abstand zwischen Momentennullpunkt und Momentenhöchstwert. Bei nennenswerten Einzellasten sollten die jeweiligen Abschnittslängen Δx nicht über die Querkraftsprünge hinausreichen.
z Hebelarm der inneren Kräfte, siehe Abschnitt 5.3.3
F_{ca}, F_{cd} Betondruckkraft im anzuschließenden Flansch, Betondruckkraft insgesamt
A_{sa} Querschnittsfläche der Biegezugbewehrung im anzuschließenden Querschnittsteil
A_s Querschnittsfläche der gesamten Biegezugbewehrung

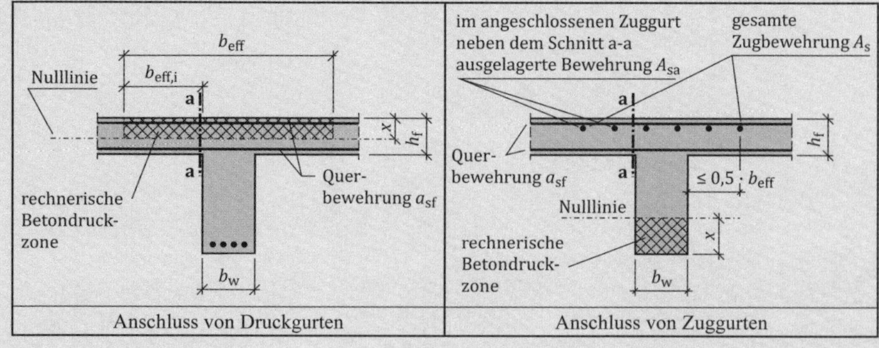

Anschluss von Druckgurten | Anschluss von Zuggurten

Tragfähigkeit des Gurtanschlusses

Der Nachweis der Druckstreben- und Zugstrebentragfähigkeit des Gurtanschlusses ist wie für Bauteile mit Querkraftbewehrung (Tafel 21) zu erbringen, wobei jedoch in den entsprechenden Nachweisgleichungen $b_w = h_f$ und $z = \Delta x$ anzusetzen sind. Vereinfachend darf angenommen werden:

- in Zuggurten: $\cot \theta_f = 1{,}0$
- in Druckgurten: $\cot \theta_f = 1{,}2$

Unter diesen Voraussetzungen sowie für eine senkrecht zum Balkensteg angeordnete Anschlussbewehrung ($\alpha = 90°$) ergeben sich folgende Nachweisgleichungen:

	Druckgurt	Zuggurt
Zugstrebentragfähigkeit	$V_{Rd,s} = a_{sf} \cdot f_{yd} \cdot \Delta x \cdot 1{,}2$	$V_{Rd,s} = a_{sf} \cdot f_{yd} \cdot \Delta x \cdot 1{,}0$
Querbewehrung	$a_{sf} = \dfrac{\Delta F_d}{f_{yd} \cdot \Delta x \cdot 1{,}2}$	$a_{sf} = \dfrac{\Delta F_d}{f_{yd} \cdot \Delta x}$
Druckstrebentragfähigkeit	$V_{Rd,max} = 0{,}492 \cdot \nu_1 \cdot f_{cd} \cdot h_f \cdot \Delta x$	$V_{Rd,max} = 0{,}5 \cdot \nu_1 \cdot f_{cd} \cdot h_f \cdot \Delta x$

Die Anschlussbewehrung ist jeweils zur Hälfte auf der Gurtober- und -unterseite anzuordnen. Tritt gleichzeitig eine Querbiegebeanspruchung im an den Steg angeschlossenen Gurt auf, ist es ausreichend, folgende Bewehrungen vorzusehen:

- auf der Gurtoberseite: 100 % der erforderlichen Plattenbewehrung für Querbiegung oder 50 % der erforderlichen Anschlussbewehrung, der größere der beiden Werte ist maßgebend
- auf der Gurtunterseite: 50% der erforderlichen Anschlussbewehrung.

Wenn die Bedingung $V_{Ed} \leq 0{,}4 \cdot f_{ctd} \cdot h_f \cdot \Delta x$ eingehalten ist, kann bei monolithischen Querschnitten, in denen eine Biegezugbewehrung entsprechend der Mindestbewehrung nach Abschnitt 8.1 vorhanden ist, auf die Anordnung einer Anschlussbewehrung verzichtet werden.

Ist eine Querkraftbewehrung in der angeschlossenen Gurtplatte notwendig, sollte der Nachweis der Druckstreben in linearer Interaktion der Platten- und Scheibentragwirkung geführt werden:

$$\frac{V_{Ed,Platte}}{V_{Rd,max,Platte}} + \frac{V_{Ed,Scheibe}}{V_{Rd,max,Scheibe}} \leq 1{,}0$$

5.3.5 Schubkraftübertragung in Fugen

In Fugen zwischen zu unterschiedlichen Zeitpunkten hergestellten Betonierabschnitten ist die Schubkraftübertragung wie folgt nachzuweisen:

$$v_{Edi} \leq v_{Rdi}$$

v_{Edi} Bemessungswert der Schubkraft in der Fuge

$$v_{Edi} = \beta \cdot V_{Ed} / (b_i \cdot z)$$

β Verbundfuge in der Zugzone: $\beta = 1{,}0$

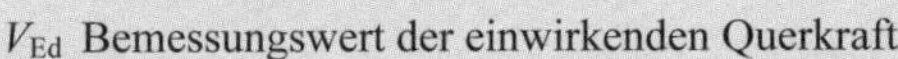

Verbundfuge in der Druckzone: $\beta = F_{cdi} / F_{cd} \leq 1{,}0$

V_{Ed} Bemessungswert der einwirkenden Querkraft

b_i Breite der Fuge, in der Schubkräfte übertragen werden

z Hebelarm der inneren Kräfte für den Gesamtquerschnitt, $z \approx 0{,}9 \cdot d$. Ist die Verbundbewehrung gleichzeitig Querkraftbewehrung, ist z nach Abschnitt 5.3.3 zu ermitteln.

v_{Rdi} Bemessungswert der Schubtragfähigkeit der Fuge

$$v_{Rdi} = \min \begin{cases} c \cdot f_{ctd} + \mu \cdot \sigma_n + \rho \cdot f_{yd} \cdot (1{,}2 \cdot \mu \cdot \sin\alpha + \cos\alpha) \\ v_{Rdi,max} = 0{,}5 \cdot \nu \cdot f_{cd} \end{cases}$$

Stahlbetonbau

c und μ sind Beiwerte in Abhängigkeit von der Fugenrauigkeit, siehe Tafel 22.

f_{ctd} Bemessungswert der Betonzugfestigkeit, siehe Abschnitt 3.1.1

σ_n Spannung infolge der geringsten Drucknormalkraft senkrecht zur Fuge, $\sigma_n \leq 0{,}6 \cdot f_{cd}$

A_s Querschnittsfläche der die Fuge kreuzenden, beidseits ausreichend verankerten Verbundbewehrung. Die vorhandene Querkraftbewehrung darf angerechnet werden.

ρ geometrisches Bewehrungsverhältnis der Verbundbewehrung, $\rho = A_s / A_i$

A_i Fläche der Fuge, über die Schub übertragen wird

α Neigungswinkel der Verbundbewehrung, $45° \leq \alpha \leq 90°$

ν Festigkeitsabminderungswert für die Fugenrauigkeit nach Tafel 22

Tafel 22: Beiwerte zur Bestimmung der Schubtragfähigkeit in Verbundfugen

Fuge	Beschreibung	Mittlere Rautiefe	c [1)]	μ	ν [2)]
verzahnt	Verzahnte Betonoberfläche, Verwendung einer Gesteinskörnung mit Größtkorn ≥ 16 mm	≥ 3,0 mm	0,5	0,9	0,7
rau	Oberfläche mit mindestens 3 mm Rauigkeit, erzeugt durch einen Rechen mit etwa 40 mm Zinkenabstand; Freilegen der Gesteinskörnung oder andere Methoden, die ein äquivalentes Verhalten herbeiführen	≥ 1,5 mm	0,4	0,7	0,5
glatt	Oberfläche wurde abgezogen oder im Gleit- bzw. Extruderverfahren hergestellt oder blieb nach Verdichten ohne weitere Behandlung	–	0,2	0,6	0,2
sehr glatt [3)]	Oberfläche wurde gegen Stahl, Kunststoff oder speziell geglättete Holzschalungen betoniert. Unbehandelte Fugenoberflächen bei Beton mit Konsistenz ≥ F5 im ersten Betonierabschnitt	–	0	0,5	0

1) Für $\sigma_n < 0$ (Zugspannungen) ist $c = 0$.

2) Für Betonfestigkeitsklassen ≥ C55/67 ist ν mit dem Faktor $\nu_2 = (1{,}1 - f_{ck}/500)$ zu multiplizieren.

3) $\nu = 0$ gilt für sehr glatte Fugen ohne äußere Drucknormalkraft σ_n senkrecht zur Fuge. Ist eine äußere Drucknormalkraft vorhanden, darf der Reibungsanteil in v_{Rdi} bis zur Grenze ($\mu \cdot \sigma_n \leq 0{,}1 \cdot f_{cd}$) ausgenutzt werden.

5.4 Durchstanzen

5.4.1 Allgemeines

Die nachfolgend dargestellten Regelungen gelten für Vollplatten, Rippendecken mit Vollquerschnitt im Bereich der Lasteintragung und Fundamente, bei denen konzentrierte Lasten oder Auflagerreaktionen eingeleitet werden.

Der Durchstanznachweis ist grundsätzlich im kritischen Rundschnitt zu erbringen. Dies betrifft sowohl die Überprüfung, ob die Anordnung einer Durchstanzbewehrung notwendig ist, die gegebenenfalls notwendige Ermittlung einer rechnerisch erforderlichen Durchstanzbewehrung, als auch den Nachweis der maximalen Tragfähigkeit am Stützenanschnitt.

Darüber hinaus ist ein äußerer Rundschnitt zu bestimmen, durch den die Abgrenzung des Plattenbereiches, in dem die Durchstanztragfähigkeit maßgebend ist, von dem Bereich, in dem der Nachweis der Querkrafttragfähigkeit zu führen ist, erfolgt.

5.4.2 Kritischer Rundschnitt u_1

Der kritische Rundschnitt umgibt die Lasteinleitungsfläche A_{load} im Allgemeinen in einem Abstand von $2{,}0 \cdot d$ (siehe Tafel 23). Bei Fundamenten ist der kritische Rundschnitt im Abstand a vom Stützenrand anzuordnen. Die Größe von a ist iterativ so zu ermitteln, dass sich die ungünstigste Bemessungssituation ergibt. Für schlanke Fundamente mit $\lambda = a_\lambda / d > 2{,}0$ und bei Bodenplatten darf der kritische Rundschnitt im Abstand $1{,}0 \cdot d$ vom Stützenanschnitt geführt werden.

a_λ entspricht dabei dem geringsten Abstand zwischen Lasteinleitungsfläche und Fundamentrand, bei ausgedehnten Bodenplatten dem Abstand zwischen Stützenrand und radialem Momentennullpunkt (für regelmäßige Stützenabstände l gilt $a_\lambda = 0{,}22 \cdot l$). Einige andere Sonderfälle sind nachfolgend angegeben. Zu Stützenkopfverstärkungen siehe DIN EN 1992-1-1, 6.4.2.

Sonderfälle:

Lasteinleitungsfläche	Kritischer Rundschnitt
Lasteinleitungsflächen in der Nähe von freien Rändern bzw. Öffnungen	Ansatz eines reduzierten kritischen Rundschnittes, siehe Tafel 23, Fälle b) und c).
Rechteckige Lasteinleitungsflächen mit einem Umfang u_0 größer $12 \cdot d$ oder einem Seitenverhältnis $a/b > 2$	Der kritische Rundschnitt konzentriert sich auf die Querschnittsecken, zwischen den Bereichen des kritischen Rundschnittes ist der Nachweis der Querkrafttragfähigkeit zu erbringen, siehe Tafel 23, Fall d).
Kreisförmige Lasteinleitungsflächen mit einem Umfang u_0 größer $12 \cdot d$	An Stelle des Durchstanznachweises ist der Nachweis der Querkrafttragfähigkeit zu führen.
d – mittlere statische Nutzhöhe u_0 – kürzester Rundschnitt um die Lasteinleitungsfläche (Tafel 23)	

5.4.3 Einwirkende Querkraft

Die einwirkende Querkraft je Flächeneinheit v_{Ed} ist im betrachteten Nachweisschnitt wie folgt zu bestimmen:

$$v_{Ed} = \frac{\beta \cdot V_{Ed}}{u_i \cdot d}$$

V_{Ed} Bemessungswert der einwirkenden Querkraft

u_i Umfang des betrachteten Rundschnittes i

β Beiwert zur Berücksichtigung einer nicht rotationssymmetrischen Querkraftverteilung bei Rand- und Eckstützen bzw. Innenstützen in unregelmäßigen Systemen. Für unverschiebliche Systeme, bei denen sich die Spannweiten benachbarter Felder um höchstens 25 % unterscheiden, darf angenommen werden:

- bei Innenstützen: $\beta = 1{,}10$
- bei Randstützen mit $e/c < 1{,}2$: $\beta = 1{,}4$ (mit e/c – bezogene Lastausmitte)
- bei Eckstützen: $\beta = 1{,}5$
- bei Wandenden: $\beta = 1{,}35$
- bei Wandecken: $\beta = 1{,}2$

Darüber hinausgehende genauere Berechnungsmöglichkeiten siehe DIN EN 1992-1-1, 6.4.3.

Stahlbetonbau

Einwirkende Querkraft bei Fundamentplatten

Bei Fundamentplatten ist wegen der günstigen Wirkung der Bodenpressungen der Durchstanznachweis mit einer abgeminderten einwirkenden Querkraft $V_{Ed,red}$ möglich:

$$V_{Ed,red} = V_{Ed} - \Delta V_{Ed}$$

$V_{Ed,red}$ Abgeminderte einwirkende Querkraft, bei ausmittiger Beanspruchung siehe DIN EN 1992-1-1

ΔV_{Ed} Resultierende Sohlpressung ohne Fundamenteigenlast innerhalb des betrachteten Rundschnittes, zur Lage des kritischen Rundschnittes siehe Abschnitt 5.4.2

Tafel 23: Kritischer Rundschnitt u_1 um Lasteinleitungsflächen

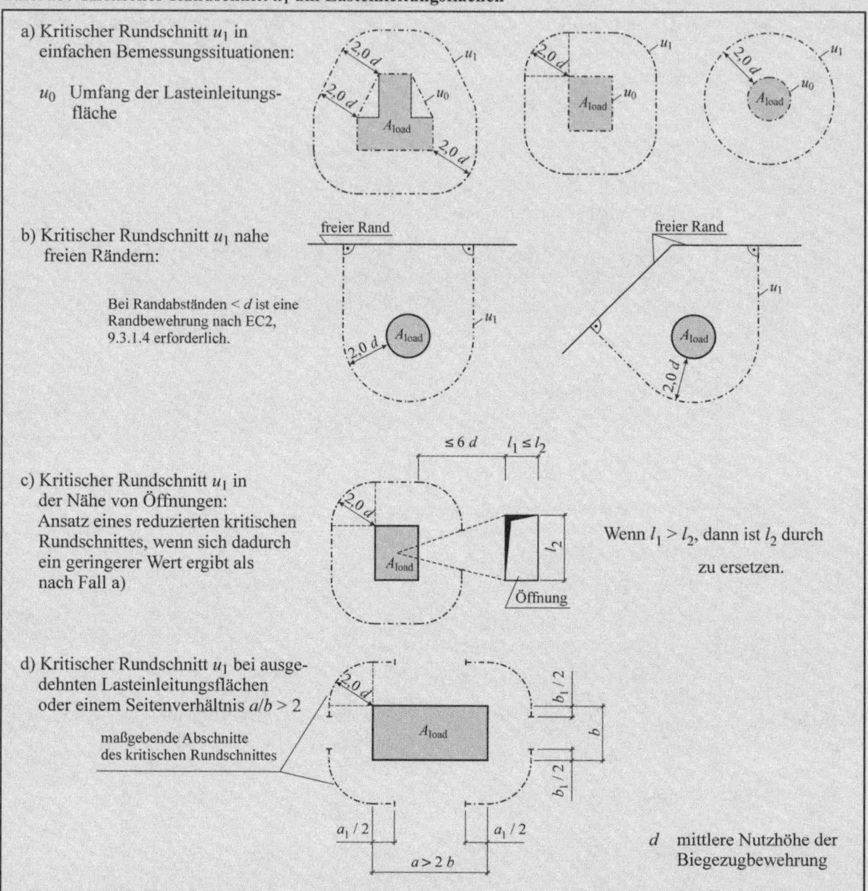

5.4.4 Bauteile ohne Durchstanzbewehrung

Eine Durchstanzbewehrung darf entfallen, wenn im kritischen Rundschnitt u_1 folgende Bedingung erfüllt ist:

$v_{Ed} \le v_{Rd,c}$ $\quad$ $v_{Rd,c}$ Durchstanzwiderstand je Flächeneinheit für Bauteile ohne Durchstanzbewehrung

$$v_{Rd,c} = \left[C_{Rd,c} \cdot \eta_1 \cdot k \cdot (100 \cdot \rho_1 \cdot f_{ck})^{1/3} + 0{,}10 \cdot \sigma_{cp}\right] \ge v_{min} + 0{,}10 \cdot \sigma_{cp}$$

Einheiten in N, N/mm^2 und mm oder MN, MN/m^2 und m

Es bedeuten:

$C_{Rd,c}$ landesspezifischer Wert
- $C_{Rd,c} = 0{,}18/\gamma_C$ im Allgemeinen
- $C_{Rd,c} = (0{,}18/\gamma_C) \cdot (0{,}1 \cdot u_0/d + 0{,}6)$ bei Innenstützen von Flachdecken mit $u_0/d < 4$
- $C_{Rd,c} = 0{,}15/\gamma_C$ bei Fundamenten

γ_C Teilsicherheitsbeiwert für Beton, siehe Tafel 2

η_1 — für Normalbeton: $\eta_1 = 1{,}0$
für Leichtbeton: η_1 in Abhängigkeit von der Rohdichte nach Tafel 3

k — Maßstabsfaktor, $k = 1 + \sqrt{\frac{200}{d}} \leq 2{,}0$ (d im mm)

d — mittlere Nutzhöhe, $d = (d_y + d_z)/2$

d_y, d_z — Nutzhöhe der Biegezugbewehrung der Platte in y- und z-Richtung

ρ_l — mittlerer Längsbewehrungsgrad innerhalb des betrachteten Rundschnittes: $\rho_l = \sqrt{\rho_{ly} \cdot \rho_{lz}} \begin{cases} \leq 0{,}50 \cdot f_{cd}/f_{yd} \\ \leq 0{,}02 \end{cases}$

ρ_{ly}, ρ_{lz} — Längsbewehrungsgrad der verankerten Biegezugbewehrung in y- und z-Richtung. Es ist der Mittelwert der Biegezugbewehrung zu berücksichtigen, die in einem Bereich innerhalb der Stützenbreite zuzüglich $3 \cdot d$ je Seite liegt.

v_{min} — Mindestwert, wie für Querkrafttragfähigkeit, siehe S. 76

σ_{cp} — Bemessungswert der Betonnormalspannung innerhalb des betrachteten Rundschnittes: $\sigma_{cp} = \frac{\sigma_{cy} + \sigma_{cz}}{2} \leq 2{,}0\ [\mathrm{N/mm^2}]$

σ_{cy}, σ_{cz} — Bemessungswert der Betonnormalspannung innerhalb des betrachteten Rundschnittes in y- und z-Richtung, für Druck positiv ansetzen

$$\sigma_{cy} = \frac{N_{Ed,y}}{A_{c,y}}, \quad \sigma_{cd,z} = \frac{N_{Ed,z}}{A_{c,z}}$$

$N_{Ed,y}$, $N_{Ed,z}$ — Bemessungswerte der im kritischen Rundschnitt einwirkenden Längskräfte in y- und z-Richtung

Zusätzlich ist auch für Bauteile ohne Durchstanzbewehrung der Nachweis $v_{Ed} \leq v_{Rd,max}$ nach Abschnitt 5.4.5 zu erbringen.

Fundamentplatten

Bei Fundamenten gilt für die Berechnung des Durchstanzwiderstandes:

$$v_{Rd,c} = C_{Rd,c} \cdot k \cdot (100 \cdot \rho_l \cdot f_{ck})^{1/3} \cdot 2 \cdot d/a \geq v_{min} \cdot 2 \cdot d/a$$

a — Abstand vom Stützenrand bis zum betrachteten Rundschnitt, siehe Abschnitt 5.4.2

5.4.5 Bauteile mit Durchstanzbewehrung

Eine Durchstanzbewehrung ist im durch den äußeren Rundschnitt u_{out} begrenzten Plattenbereich anzuordnen, wenn im kritischen Rundschnitt u_1 der Fall $v_{Ed} > v_{Rd,c}$ eintritt. Bei Bauteilen mit Durchstanzbewehrung ist grundsätzlich nachzuweisen:

$$v_{Ed} \leq \begin{cases} v_{Rd,cs} \\ v_{Rd,max} \end{cases}$$

$v_{Rd,cs}$ — Durchstanzwiderstand für Bauteile mit Durchstanzbewehrung

$v_{Rd,max}$ — maximaler Durchstanzwiderstand

Ermittlung der erforderlichen Durchstanzbewehrung

Die Querschnittsfläche der Durchstanzbewehrung ist so zu wählen, dass der Nachweis $v_{Ed} \leq v_{Rd,cs}$ erfüllt ist. Der Durchstanzwiderstand $v_{Rd,cs}$ ist wie folgt zu bestimmen:

$$v_{Rd,cs} = 0{,}75 \cdot v_{Rd,c} + 1{,}5 \cdot \frac{d}{s_r} \cdot \frac{A_{sw} \cdot f_{ywd,ef}}{u_1 \cdot d} \cdot \sin\alpha$$

$v_{Rd,c}$ — Durchstanzwiderstand für Bauteile ohne Durchstanzbewehrung (Abschnitt 5.4.4)

d — mittlere Nutzhöhe der Biegezugbewehrung

s_r — Radialer Abstand zwischen den Durchstanzbewehrungsreihen. Bei unterschiedlichen Abständen zwischen den Bewehrungsreihen ist der größte Wert maßgebend. Bei Aufbiegungen darf für das Verhältnis d/s_r der Wert 0,53 eingesetzt werden.

A_{sw}	Querschnittsfläche der Durchstanzbewehrung in einer Bewehrungsreihe
$f_{ywd,ef}$	wirksamer Bemessungswert der Streckgrenze der Durchstanzbewehrung – für vertikale Bügel: $f_{ywd,ef} = 250 + 0{,}25 \cdot d \leq f_{ywd}$ (Einheiten N/mm² und mm) – für Aufbiegungen: $f_{ywd,ef} = f_{ywd}$
u_1	Umfang des kritischen Rundschnittes
$\sin\alpha$	Winkel zwischen Durchstanzbewehrung und Plattenebene, für Bügel in der Regel $\alpha = 90°$, für Aufbiegungen im Bereich $45° \leq \alpha \leq 60°$ frei wählbar

Für die erforderliche Durchstanzbewehrung ergibt sich daraus:

– vertikale Bügel: $$A_{sw} = \frac{(v_{Ed} - 0{,}75 \cdot v_{Rd,c}) \cdot u_1 \cdot d}{1{,}5 \cdot (d/s_r) \cdot f_{ywd,ef} \cdot \sin\alpha}$$

Die Durchstanzbewehrung muss aus mindestens 2 Bewehrungsreihen bestehen. In den – ausgehend von der Lasteintragungsfläche – ersten beiden Bewehrungsreihen ist die ermittelte Bewehrungsmenge A_{sw} mit dem Beiwert $\kappa_{sw,i}$ zu vergrößern:

- erste Bewehrungsreihe: $\kappa_{sw,1} = 2{,}5$
- zweite Bewehrungsreihe: $\kappa_{sw,2} = 1{,}4$

In allen weiteren Bewehrungsreihen ist eine Bewehrungserhöhung nicht notwendig.

– Aufbiegungen: $$A_{sw} = \frac{(v_{Ed} - 0{,}75 \cdot v_{Rd,c}) \cdot u_1 \cdot d}{0{,}8 \cdot f_{ywd} \cdot \sin\alpha}$$

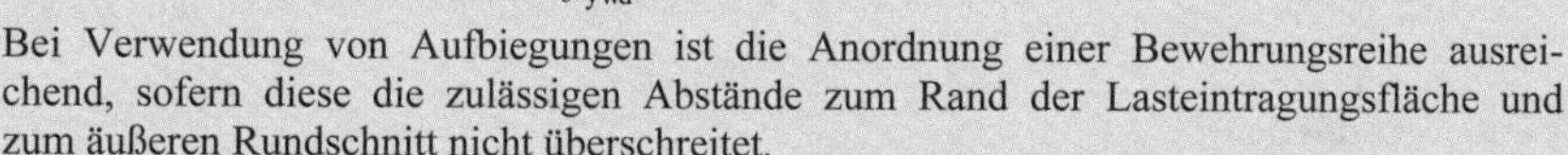

Bei Verwendung von Aufbiegungen ist die Anordnung einer Bewehrungsreihe ausreichend, sofern diese die zulässigen Abstände zum Rand der Lasteintragungsfläche und zum äußeren Rundschnitt nicht überschreitet.

Äußerer Rundschnitt

Der Bereich, in dem Durchstanzbewehrung erforderlich ist, wird durch den äußeren Rundschnitt u_{out} begrenzt. Die äußere Durchstanzbewehrungsreihe darf dabei nicht weiter als $1{,}5 \cdot d$ vom äußeren Rundschnitt entfernt sein.

$$u_{out} = \frac{\beta \cdot V_{Ed}}{v_{Rd,c} \cdot d}$$

$v_{Rd,c}$ Querkrafttragfähigkeit einer liniengelagerten Platte ohne Querkraftbewehrung (siehe Abschnitt 5.3.2)

Besondere Regelungen für Fundamentplatten

Für Fundamentplatten ist die Durchstanzbewehrung abweichend von den zuvor dargestellten Regelungen zu ermitteln. Die in den ersten beiden Bewehrungsreihen insgesamt erforderliche, gleichmäßig in diesen zu verteilende Durchstanzbewehrung ergibt sich aus:

– für Bügel: $A_{sw} = \frac{\beta \cdot V_{Ed,red}}{f_{ywd,ef}}$ – für Aufbiegungen: $A_{sw} = \frac{\beta \cdot V_{Ed,red}}{1{,}3 \cdot f_{ywd} \cdot \sin\alpha}$

$V_{Ed,red}$ durch Sohlpressungen abgeminderte einwirkende Querkraft

In gegebenenfalls weiteren erforderlichen Bewehrungsreihen ist jeweils 33 % der Bewehrungsmenge der ersten beiden Bewehrungsreihen einzulegen.

Mindestwerte der Durchstanzbewehrung

Die Mindestquerschnittsfläche $A_{sw,min}$ eines Bügelschenkels beträgt:

$$A_{sw,min} = A_s \cdot \sin\alpha = \frac{0{,}08 \cdot \sqrt{f_{ck}} \cdot s_r \cdot s_t}{1{,}5 \cdot f_{yk}}$$

s_r	Bügelabstand in radialer Richtung
s_t	Bügelabstand in tangentialer Richtung
α	Winkel zwischen Durchstanzbewehrung und Längsbewehrung

Maximaler Durchstanzwiderstand

Für die Ermittlung des maximalen Durchstanzwiderstandes gilt:

$v_{Rd,max} = 1{,}4 \cdot v_{Rd,c}$

$v_{Rd,c}$ Durchstanzwiderstand für Bauteile ohne Durchstanzbewehrung im kritischen Rundschnitt u_1, siehe Abschnitt 5.4.4

Die Nachweisführung erfolgt im kritischen Rundschnitt u_1. Betondruckspannungen σ_{cp} dürfen bei $v_{Rd,c}$ für die Ermittlung des maximalen Durchstanzwiderstandes nicht angesetzt werden.

Besondere Durchstanzbewehrungsformen

Als Durchstanzbewehrungen können auch Dübelleisten, Doppelkopfbolzen, Gitterträger oder Stahleinbauteile zur Anwendung kommen, für die dann aber allgemeine bauaufsichtliche Zulassungen erforderlich sind. Die darin festgeschriebenen Anwendungsgrenzen, Bemessungsregeln und konstruktiven Anforderungen sind zu beachten.

5.4.6 Mindestmomente

Zur Gewährleistung der Querkrafttragfähigkeit ist die Längsbewehrung der Platte für folgende Mindestmomente m_{Ed} je Längeneinheit zu bemessen:

$m_{Ed,x} = \eta_x \cdot V_{Ed}$ und $m_{Ed,y} = \eta_y \cdot V_{Ed}$

V_{Ed} Bemessungswert der einwirkenden Querkraft

η_x, η_y Momentenbeiwerte für die x- und y-Richtung nach Tafel 24

Tafel 24: Momentenbeiwerte η und Momentenverteilung

Lage der Stütze	Momentenbeiwert η_x			Momentenbeiwert η_y		
	Zug an Plattenoberseite	Zug an Plattenunterseite	anzusetzende Breite	Zug an Plattenoberseite	Zug an Plattenunterseite	anzusetzende Breite
Innenstütze	0,125	0	$0{,}3 \cdot l_y$	0,125	0	$0{,}3 \cdot l_x$
Randstütze, Plattenrand parallel zu x	0,25	0	$0{,}15 \cdot l_y$	0,125	0,125	(je m Plattenbreite)
Randstütze, Plattenrand parallel zu y	0,125	0,125	(je m Plattenbreite)	0,25	0	$0{,}15 \cdot l_x$
Eckstütze	0,5	0,5	(je m Plattenbreite)	0,5	0,5	(je m Plattenbreite)
Als Plattenoberseite wird die der Lasteintragungsfläche gegenüberliegende Seite definiert.						

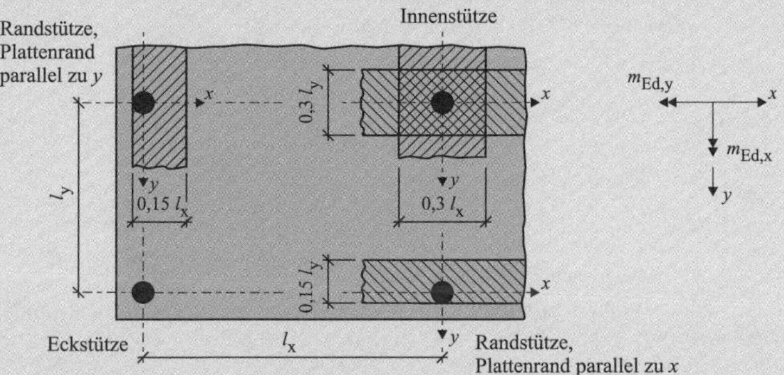

Abb. 13: Anzusetzende Breite für die Mindestbemessungsmomente

Stahlbetonbau

5.5 Torsion

5.5.1 Allgemeines

Ein rechnerischer Nachweis der Torsionstragfähigkeit ist nur im Fall der Gleichgewichtstorsion (statisches Gleichgewicht ist von der Torsionstragfähigkeit einzelner Bauteile abhängig) erforderlich. Bei Verträglichkeitstorsion ist die Anordnung einer konstruktiven Mindestbewehrung nach Abschnitt 8.3.2 ausreichend.

5.5.2 Bemessung für Torsion sowie kombinierte Querkraft und Torsion

Ersatzhohlkasten

Der Nachweis der Torsionstragfähigkeit erfolgt in der Regel nicht am realen Querschnitt, sondern an dünnwandigen geschlossenen Ersatzquerschnitten (Ersatzhohlkasten). Die effektive Wanddicke t_{ef} des Ersatzhohlkastens darf wie folgt angenommen werden:

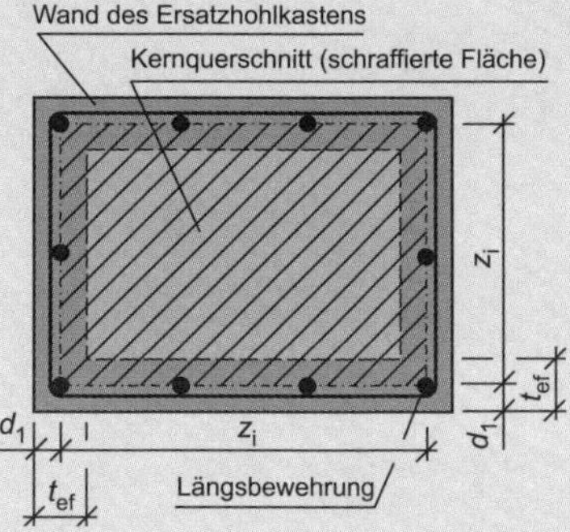

- Vollquerschnitte: $t_{ef} = 2 \cdot d_1$
- Hohlkastenquerschnitte allgemein: $t_{ef} = 2 \cdot d_1$, aber nicht größer als die vorhandene Wanddicke
- schlanke Hohlkastenquerschnitte mit Wanddicken $h_W \leq b/6$ bzw. $h_W \leq d/6$ und beidseitiger Wandbewehrung: Für t_{ef} darf die gesamte Wanddicke angesetzt werden (b und d sind die Außenabmessungen des Hohlkastens).

Gegliederte Querschnitte dürfen in Teilquerschnitte aufgeteilt werden. Die Aufteilung des Torsionsmomentes erfolgt im Verhältnis der Torsionssteifigkeiten der ungerissenen Teilquerschnitte. Die Teilquerschnitte dürfen dann getrennt voneinander bemessen werden.

Bemessungswert der einwirkenden Schubkraft V_{Ed}

- Schubkraft $V_{Ed,T}$ infolge eines Torsionsmomentes T_{Ed}: $$V_{Ed,T} = \frac{T_{Ed} \cdot z_i}{2 \cdot A_k}$$
- Schubkraft $V_{Ed,T+V}$ infolge Querkraft und Torsionsmoment: $$V_{Ed,T+V} = V_{Ed,T} + \frac{V_{Ed} \cdot t_{ef,i}}{b_w}$$

A_k Fläche des Kernquerschnittes, entspricht der durch die Schwerachse der Längsbewehrungsstäbe eingeschlossenen Fläche

u_k Umfang des Kernquerschnittes, $u_k = \sum z_i$

z_i Höhe der Wand i des Ersatzhohlkastens

t_{ef} effektive Wanddicke der Wand i

Erforderliche Querschnittsfläche der Torsionsbewehrung

Für die Festlegung des Druckstrebenneigungswinkels θ gilt:

$$1{,}0 \leq \cot\theta \leq \frac{1{,}2 + 1{,}4 \cdot \sigma_{cd} / f_{cd}}{1 - V_{Rd,cc} / V_{Ed,T+V}} \begin{cases} \leq 3{,}0 & \text{für Normalbeton} \\ \leq 2{,}0 & \text{für Leichtbeton} \end{cases}$$

$$V_{Rd,cc} = \left[c \cdot 0{,}48 \cdot \eta_1 \cdot f_{ck}^{1/3} \left(1 - 1{,}2 \cdot \frac{\sigma_{cd}}{f_{cd}} \right) \right] \cdot t_{ef} \cdot z$$

(Erläuterungen zu σ_{cd}, η_1 und z siehe S. 77 ff.)

Mit dem gewählten Winkel θ ist sowohl der Nachweis für Querkraft als auch für Torsion zu führen. Näherungsweise darf für die Berechnung der Bewehrung aus Torsion allein auch $\theta = 45°$ angesetzt werden.

Die erforderliche Bügel- und Längsbewehrung aus Torsionsbeanspruchung kann wie folgt bestimmt werden:

– Bügelbewehrung: $a_{sw} = \dfrac{A_{sw}}{s_w} = \dfrac{T_{Ed}}{2 \cdot A_k \cdot f_{yd}} \cdot \tan\theta$

– Längsbewehrung: $\dfrac{A_{sl}}{u_k} = \dfrac{T_{Ed}}{2 \cdot A_k \cdot f_{yd}} \cdot \cot\theta$

Nachweis der Druckstrebentragfähigkeit bei reiner Torsion

Es ist in jedem Fall einzuhalten:

$T_{Ed} \leq T_{Rd,max}$

$T_{Rd,max}$ Bemessungswert des maximal aufnehmbaren Torsionsmomentes

$$T_{Rd,max} = \frac{\nu \cdot f_{cd} \cdot 2 \cdot A_k \cdot t_{ef}}{\cot\theta + \tan\theta}$$

t_{ef} geringste effektive Wanddicke von allen Wänden des Nachweisquerschnittes

ν = 0,525 im Allgemeinen

ν = 0,75 bei Kastenquerschnitten mit beidseitiger Wandbewehrung

Überlagerung der Beanspruchungen aus Biegung und Längskraft, Querkraft und Torsion

– Bügelbewehrung und Längsbewehrung

Die getrennt für Biegung mit und ohne Längskraft, Querkraft und Torsion ermittelten Querschnittsflächen der Bügel- und Längsbewehrung sind zu überlagern. Dabei ist gegebenenfalls die unterschiedliche Wertigkeit von Bügeln bei der Aufnahme von Querkraft- und Torsionsbeanspruchungen zu berücksichtigen.

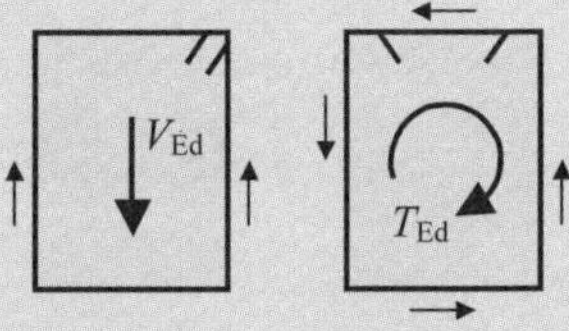

für Querkraft: Wertigkeit des Bügels $n = 2$ | für Torsion: Wertigkeit des Bügels $n = 1$

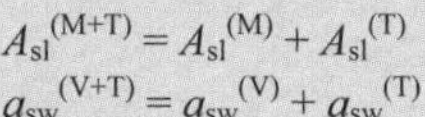

$A_{sl}^{(M+T)} = A_{sl}^{(M)} + A_{sl}^{(T)}$

$a_{sw}^{(V+T)} = a_{sw}^{(V)} + a_{sw}^{(T)}$

– Nachweis der Druckstrebentragfähigkeit

Bei kombinierter Beanspruchung aus Querkraft und Torsion ist nachzuweisen:

- für Kompaktquerschnitte: $\left[\dfrac{T_{Ed}}{T_{Rd,max}}\right]^2 + \left[\dfrac{V_{Ed}}{V_{Rd,max}}\right]^2 \leq 1$
- für Kastenquerschnitte: $\dfrac{T_{Ed}}{T_{Rd,max}} + \dfrac{V_{Ed}}{V_{Rd,max}} \leq 1$

5.5.3 Entfallen der rechnerischen Nachweisführung

Eine Berechnung der Querkraft- und Torsionsbewehrung ist bei annähernd rechteckigen Vollquerschnitten auch im Fall der Gleichgewichtstorsion nicht erforderlich, wenn folgende Bedingungen erfüllt sind und eine konstruktive Mindestbewehrung aus Bügeln und Längsbewehrung nach Abschnitt 8.3.2 angeordnet wird:

$$T_{Ed} \leq \frac{V_{Ed} \cdot b_w}{4{,}5} \quad \text{und} \quad V_{Ed} \cdot \left[1 + \frac{4{,}5 \cdot T_{Ed}}{V_{Ed} \cdot b_w}\right] \leq V_{Rd,c}$$

T_{Ed}, V_{Ed} Bemessungswerte von einwirkendem Torsionsmoment und einwirkender Querkraft

b_w kleinste Querschnittsbreite

$V_{Rd,c}$ Bemessungswert der Querkrafttragfähigkeit von Bauteilen ohne Querkraftbewehrung, siehe Abschnitt 5.3.2

5.6 Teilflächenbelastung

Wird nur eine Teilfläche eines Querschnittes beansprucht, kann die aufnehmbare Teilflächenbelastung F_{Rdu} für Normalbeton wie folgt berechnet werden [DAfStb Heft 631]:

- räumliche Lastausbreitung: $F_{Rdu} = A_{c0} \cdot f_{cd} \cdot \sqrt{A_{c1}/A_{c0}} \leq 3{,}0 \cdot f_{cd} \cdot A_{c0}$
- Lastausbreitung in einer Ebene: $F_{Rdu} = A_{c0} \cdot f_{cd} \cdot \sqrt[3]{A_{c1}/A_{c0}} \leq 1{,}44 \cdot f_{cd} \cdot A_{c0}$

Es bedeuten:

A_{c0} Belastungsfläche
A_{c1} maximale rechnerische Verteilungsfläche, siehe Abb. 14
ρ Rechenwert der Trockenrohdichte des Leichtbetons in kg/m³

Bei ungleichmäßiger Lastverteilung innerhalb der Belastungsfläche sowie bei hohen Querkräften ist F_{Rdu} zu reduzieren.

Für die Verteilungsfläche A_{c1} gilt:

- Die Verteilungsfläche A_{c1} und die Belastungsfläche A_{c0} müssen geometrisch ähnlich sein.
- Bezogen auf die Belastungsrichtung müssen die Schwerpunkte der Verteilungsfläche und der Belastungsfläche übereinander liegen.
- Die Abmessungen der Verteilungsfläche dürfen in jeder Richtung höchstens zum dreifachen Betrag der entsprechenden Abmessungen der Belastungsfläche angesetzt werden.
- Bei Vorhandensein mehrerer Druckkräfte dürfen sich die Verteilungsflächen innerhalb von h nicht überschneiden.

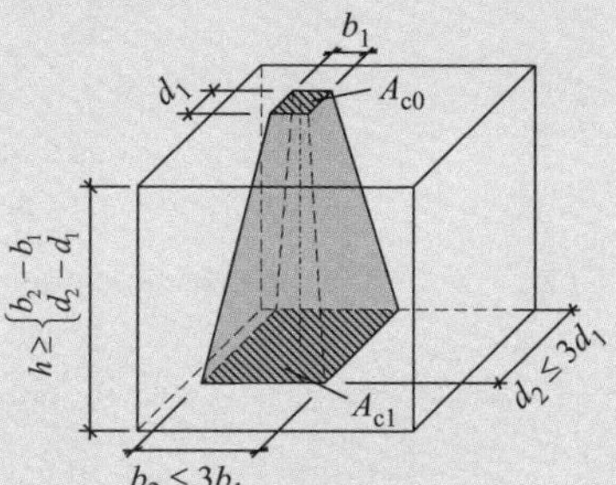

Abb. 14: Ermittlung der maximalen rechnerischen Verteilungsfläche A_{c1} bei Teilflächenbelastung

Im Lasteintragungsbereich treten Querzugkräfte auf, die – sofern nicht durch äußere Druckkräfte überdrückt – durch eine geeignete Bewehrung aufzunehmen sind. Die Querzugkräfte können mit Hilfe von Stabwerkmodellen oder auf Grundlage der Regelungen in [DAfStb 631] bestimmt werden.

Mittig angreifende Druckkraft

Resultierende der Spaltzugspannungen F_S nach [DAfStb 631]

$$F_S = \frac{F}{4} \cdot \left(1 - \frac{h_1}{h_S}\right)$$

F_S resultierende Spaltzugkraft
F rechtwinklig auf der Lasteintragungsfläche und mittig auf der Gesamtfläche wirkende Druckkraft
h_1 Seitenlänge der Teilfläche
h_S Seitenlänge der Verteilungsfläche

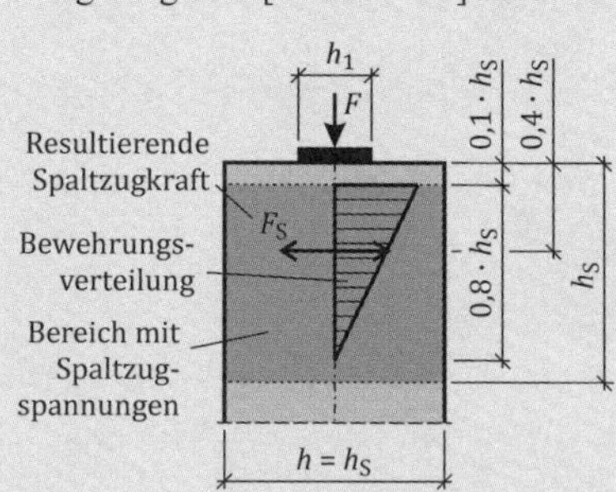

Ausmittig angreifende Druckkraft

Neben Spaltzugkräften F_S treten auch Randzugkräfte F_R auf, die durch eine Bewehrung aufzunehmen sind.

$$F_S = \frac{F}{4}\cdot\left(1-\frac{h_1}{h_S}\right),\quad F_R = F\cdot\left(\frac{e}{h}-\frac{1}{6}\right)\geq 0$$

Mehrere symmetrisch angreifende Längskräfte

Es treten primäre Spaltzugkräfte F_S und gegebenenfalls sekundäre Spaltzugkräfte F_{S2} sowie Randzugkräfte F_R auf.

– für $e \leq 0{,}25\cdot h$: $F_S = \frac{F}{4}\cdot\left(1-\frac{h_1}{h_S}\right)$, $F_{S2} = \frac{\sum F}{4}\cdot\left(1-\frac{\sum h_S}{h_{S2}}\right)$

– für $e > 0{,}25\cdot h$: $F_S = \frac{F}{4}\cdot\left(1-\frac{h_1}{h_S}\right)$, Ermittlung von F_R wie für wandartige Träger

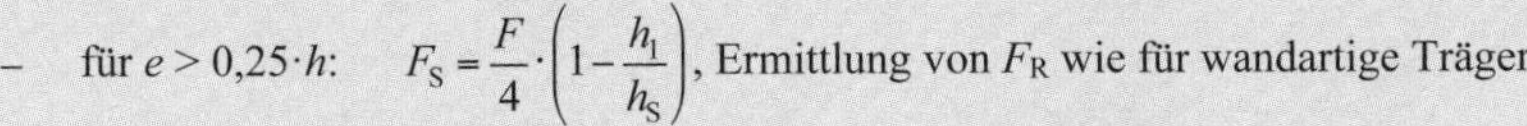

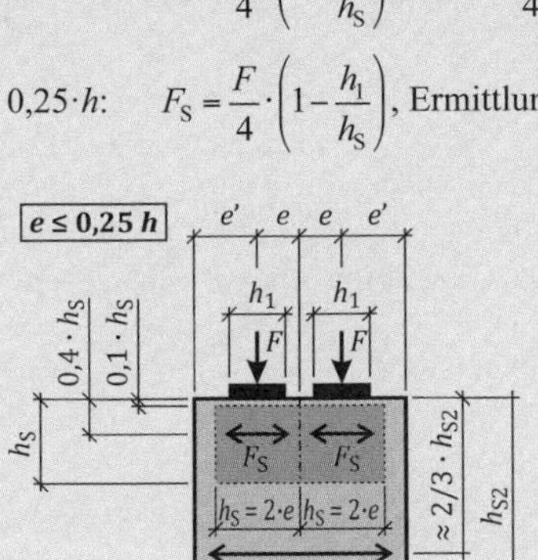

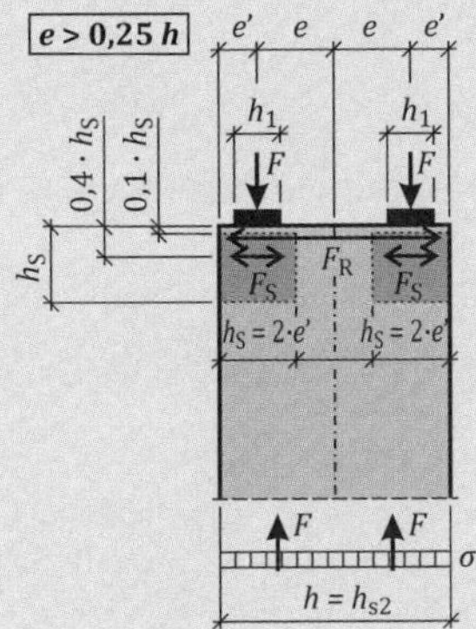

5.7 Ermüdung

5.7.1 Allgemeine Grundlagen

Treten in tragenden Bauteilen infolge nicht vorwiegend ruhender Beanspruchungen regelmäßige Lastwechsel mit gleichzeitig hohen Lastwechselzahlen auf (z.B. durch Maschinen und Anlagen mit rotierenden Teilen), ist ein Nachweis gegen Ermüdung zu führen. Bei Tragwerken des üblichen Hochbaus darf im Allgemeinen auf den Nachweis gegen Ermüdung verzichtet werden.

Für die Nachweisführung sind die nachfolgend angegebenen Hinweise zu berücksichtigen:

- Es erfolgt eine getrennte Nachweisführung für Stahl und Beton. Für Leichtbeton sind zusätzliche Überlegungen notwendig.
- Die Spannungsermittlung ist für eine gerissene Betonzugzone unter Berücksichtigung der Verträglichkeit der Dehnungen im Querschnitt zu führen.
- Beim Ermüdungsnachweis der Querkraftbewehrung erfolgt die Ermittlung der Spannungen in der Bewehrung mit einem modifizierten Druckstrebenwinkel θ_{fat}:

  $\tan\theta_{fat} = \sqrt{\tan\theta} \leq 1{,}0$

  θ ist der Druckstrebenneigungswinkel nach Abschnitt 5.3.3

Der Nachweis gegen Ermüdung kann prinzipiell mit folgenden Verfahren geführt werden:

- Betriebsfestigkeitsnachweis nach DIN EN 1992-1-1, 6.8.4
- Nachweis der schädigungsäquivalenten Spannungen nach DIN EN 1992-1-1, 6.8.5 und 6.8.7 (1)
- vereinfachter Nachweis nach DIN EN 1992-1-1, 6.8.6, 6.8.7 (2) und 6.8.7 (4).

Stahlbetonbau

5.7.2 Vereinfachter Nachweis

Der vereinfachte Nachweis gegen Ermüdung ist *unter der häufigen Einwirkungskombination des Grenzzustandes der Gebrauchstauglichkeit* zu führen. Die Nachweisführung erfolgt über den Vergleich von Spannungen bzw. Spannungsschwingbreiten mit zulässigen Werten (Ausnahme: Beton in Bauteilen ohne Querkraftbewehrung, siehe unten). Im Einzelnen ist nachzuweisen:

– für ungeschweißte Bewehrungsstäbe unter Zugbeanspruchung:
  $\Delta\sigma_s \leq 70\ \text{N/mm}^2$
  $\Delta\sigma_s$ Spannungsschwingbreite, $\Delta\sigma_s = \max\sigma_s - \min\sigma_s$
– für geschweißte Bewehrungsstäbe: vereinfachter Nachweis ist nicht zulässig
– allgemein für Beton unter Druckbeanspruchung: $\dfrac{\sigma_{c,max}}{f_{cd,fat}} \leq \begin{cases} 0{,}5 + 0{,}45 \cdot \sigma_{c,min} / f_{cd,fat} \\ 0{,}9 \quad \text{bis C50/60} \\ 0{,}8 \quad \text{ab C55/67} \end{cases}$

$\sigma_{c,max}$ Bemessungswert der maximalen Betondruckspannung (unter häufiger Einwirkungskombination, Druckspannung mit positivem Vorzeichen)

$\sigma_{c,min}$ Bemessungswert der minimalen Betondruckspannung am Ort von $\sigma_{c,max}$ (Druckspannung mit positivem Vorzeichen). Bei Zugspannungen ist $\sigma_{c,min} = 0$ zu setzen.

$f_{cd,fat}$ Betondruckfestigkeit unter Ermüdungsbeanspruchung
$f_{cd,fat} = \beta_{cc}(t_0) \cdot f_{cd} \cdot (1 - f_{ck}/250)$
Einheiten für $f_{cd,fat}$, f_{cd} und f_{ck}: N/mm^2 oder MN/m^2

$\beta_{cc}(t_0)$ Beiwert für die Betonerhärtung, siehe S. 8

t_0 Zeitpunkt der ersten zyklischen Belastung des Betons in Tagen

– für Betondruckstreben von querkraftbeanspruchten Bauteilen mit Querkraftbewehrung: Es gelten die gleichen Regelungen wie für Beton unter Druckbeanspruchungen, jedoch ist die Betondruckfestigkeit $f_{cd,fat}$ mit ν_1 abzumindern (ν_1 siehe Abschnitt 5.3.3).
– für Beton bei Beanspruchung infolge Querkraft in Bauteilen ohne Querkraftbewehrung:

• für $\dfrac{V_{Ed,min}}{V_{Ed,max}} \geq 0$: $\dfrac{|V_{Ed,max}|}{|V_{Rd,c}|} \leq \begin{cases} 0{,}5 + 0{,}45 \cdot |V_{Ed,min}| / |V_{Rd,c}| \\ \leq 0{,}9 \quad \text{bis C50/60} \\ \leq 0{,}8 \quad \text{ab C55/67} \end{cases}$

• für $\dfrac{V_{Ed,min}}{V_{Ed,max}} < 0$: $\dfrac{|V_{Ed,max}|}{|V_{Rd,c}|} \leq 0{,}5 - \dfrac{|V_{Ed,min}|}{|V_{Rd,c}|}$

$V_{Ed,max}$ Bemessungswert der maximalen Querkraft unter häufiger Einwirkungskombination

$V_{Ed,min}$ Bemessungswert der minimalen Querkraft unter häufiger Einwirkungskombination, für den Querschnitt zu ermitteln, in dem $V_{Ed,max}$ auftritt

$V_{Rd,c}$ Bemessungswert der Querkrafttragfähigkeit von Bauteilen ohne Querkraftbewehrung, siehe Abschnitt 5.3.2

6 Nachweise in den Grenzzuständen der Gebrauchstauglichkeit

6.1 Spannungsbegrenzungen

6.1.1 Allgemeines

In den Grenzzuständen der Gebrauchstauglichkeit sind die Betondruck- und die Betonstahlspannungen so zu begrenzen, dass die Tragfähigkeit, die Gebrauchstauglichkeit und die Dauerhaftigkeit nicht beeinträchtigt werden. Unter den Voraussetzungen, dass

- die Schnittgrößenermittlung nach der Elastizitätstheorie erfolgt und im Grenzzustand der Tragfähigkeit die Umlagerung höchstens 15 % beträgt und
- die Konstruktionsregeln nach DIN EN 1992-1-1, 9 eingehalten werden (betrifft insbesondere die Mindestbewehrung, siehe Seite 112),

dürfen für nicht vorgespannte Tragwerke des üblichen Hochbaus rechnerische Spannungsnachweise entfallen. Ansonsten sind Nachweise nach den Abschnitten 6.1.3 und 6.1.4 zu führen.

Bei der Spannungsermittlung ist von gerissenen Querschnitten auszugehen, wenn die für den ungerissenen Querschnitt berechnete Betonzugspannung die wirksame Betonzugfestigkeit $f_{ct,eff}$ überschreitet. $f_{ct,eff}$ darf zu f_{ctm} bzw. $f_{ctm,fl}$ gesetzt werden, wenn die Mindestbewehrung mit diesen Werten berechnet wurde.

6.1.2 Spannungsermittlung bei Stahlbetonquerschnitten im Zustand II

Biegung ohne Längskraft

- Rechteckquerschnitt ohne Druckbewehrung:

$$x = \frac{(E_s / E_c) \cdot A_s}{b} \cdot \left[-1 + \sqrt{1 + \frac{2 \cdot b \cdot d}{(E_s / E_c) \cdot A_s}} \right] \qquad z = d - x/3$$

$$|\sigma_c| = \frac{2 \cdot M_{Ed}}{b \cdot x \cdot z} \qquad \sigma_s = \frac{M_{Ed}}{z \cdot A_s}$$

- Rechteckquerschnitt mit Druckbewehrung:

$$x = -\frac{(E_s / E_c) \cdot (A_{s1} + A_{s2})}{b} + \sqrt{\left(\frac{(E_s/E_c) \cdot (A_{s1} + A_{s2})}{b} \right)^2 + \frac{2 \cdot (E_s/E_c)}{b} \cdot (A_{s1} \cdot d + A_{s2} \cdot d_2)}$$

$$|\sigma_c| = \frac{M_{Ed}}{\frac{b \cdot x}{6} \cdot (3 \cdot d - x) + (E_s/E_c) \cdot A_{s2} \cdot (d - d_2) \cdot \frac{x - d_2}{x}}$$

$$\sigma_{s1} = |\sigma_c| \cdot \frac{(E_s/E_c) \cdot (d - x)}{x}$$

Es bedeuten:

σ_{s1}	Betonstahlspannung in der Zugbewehrung	x	Druckzonenhöhe
$\lvert\sigma_c\rvert$	Betrag der Betonspannung am gedrückten Querschnittsrand	z	Hebelarm der inneren Kräfte
		d	Nutzhöhe

Biegung mit Längskraft

Die Spannungsermittlung ist nur iterativ möglich, siehe z.B. [DAfStb Heft 630].

6.1.3 Begrenzung der Betondruckspannungen

Die Betondruckspannungen sind auf folgende Werte zu begrenzen:

- für die seltene Einwirkungskombination bei Vorliegen der Expositionsklassen XD1 bis XD3, XF1 bis XF4 und XS1 bis XS3 (Expositionsklassen siehe Tafel 30):
  $\sigma_{c,rare} \leq 0{,}60 \cdot f_{ck}$ Ausnahmeregelungen siehe DIN EN 1992-1-1, 7.2 (2)
- für die quasi-ständige Einwirkungskombination, falls das Kriechen einen wesentlichen Einfluss auf Tragfähigkeit, Gebrauchstauglichkeit oder Dauerhaftigkeit hat:
  $\sigma_{c,perm} \leq 0{,}45 \cdot f_{ck}$

6.1.4 Begrenzung der Betonstahlspannungen

Für die Begrenzung der Zugspannungen in der Betonstahlbewehrung gilt:

- unter vorwiegender Lastbeanspruchung für die seltene Einwirkungskombination:
  $\sigma_{s,rare} \leq 0{,}80 \cdot f_{yk}$
- bei vorwiegender Zwangbeanspruchung: $\sigma_{s,indir} \leq 1{,}00 \cdot f_{yk}$

6.2 Rissbreitenbegrenzung

6.2.1 Allgemeines

Die Nachweise zur Begrenzung der Rissbreite umfassen:

- die Anordnung einer Mindestbewehrung, siehe Abschnitt 6.2.2,
- den Nachweis der Rissbreitenbegrenzung, siehe Abschnitt 6.2.3 oder 6.2.4.

Der Nachweis der Rissbreitenbegrenzung darf für biegebeanspruchte Deckenplatten ohne wesentliche Zugnormalkraft unter folgenden Voraussetzungen entfallen [DAfStb Heft 525]:

- Umgebungsbedingungen entsprechend der Expositionsklasse XC1,
- Gesamtdicke der Platte nicht größer als 200 mm,
- Einhaltung der konstruktiven Festlegungen nach den Abschnitten 8.1 und 8.2.

Rechenwerte der Rissbreite aus Anforderungen an die Dauerhaftigkeit und das Erscheinungsbild von Stahlbetonbauteilen sind in Tafel 25 angegeben. Zur Sicherung der Gebrauchstauglichkeit können bei Bauteilen mit besonderen Anforderungen (z.B. Bauteile aus wasserundurchlässigem Beton) strengere Begrenzungen der Rissbreite erforderlich werden.

Tafel 25: Rechenwerte der Rissbreite w_k

Expositionsklasse	Rechenwert der Rissbreite w_k in mm
XC1	0,4
sonstige	0,3

6.2.2 Mindestbewehrung für die Rissbreitenbegrenzung

Zur Begrenzung der Rissbreite ist eine Mindestbewehrung in der Zugzone anzuordnen. Die Berechnung dieser Mindestbewehrung erfolgt für die Schnittgrößenkombination, die im betreffenden Bauteil zur Erstrissbildung führt. Bei gegliederten Querschnitten sind die Teilquerschnitte (Steg, Gurte) getrennt nachzuweisen.

Querschnittsfläche der Mindestbewehrung $A_{s,min} = k_c \cdot k \cdot f_{ct,eff} \cdot A_{ct} / \sigma_s$

Es bedeuten:

$A_{s,min}$ Querschnittsfläche der Betonstahlbewehrung in der Zugzone des betrachteten Querschnitts bzw. Teilquerschnitts. $A_{s,min}$ ist überwiegend am gezogenen Querschnittsrand anzuordnen, zur Vermeidung breiter Sammelrisse jedoch auch mit einem angemessenen Anteil über die Zugzonenhöhe zu verteilen.

k_c Beiwert zur Berücksichtigung der vor der Rissbildung vorhandenen Spannungsverteilung innerhalb der Betonzugzone sowie der Änderung des Hebelarms der inneren Kräfte beim Übergang in den Zustand II

- Rechteckquerschnitte und Stege von Plattenbalken und Hohlkästen

$$k_c = 0{,}4 \cdot \left[1 - \frac{\sigma_c}{k_1 \cdot \left(h/h^*\right) \cdot f_{ct,eff}}\right] \leq 1$$

bei reiner Zugbeanspruchung ergibt sich mit $\sigma_c = -f_{ct,eff}$: $k_c = 1{,}0$

bei reiner Biegebeanspruchung ergibt sich mit $\sigma_c = 0$: $k_c = 0{,}4$

- Zuggurte von Plattenbalken und Hohlkästen:

$$k_c = 0{,}9 \cdot \frac{F_{cr,Gurt}}{A_{ct} \cdot f_{ct,eff}} \geq 0{,}5$$

σ_c Betonspannung in Höhe der Schwerlinie des Querschnittes bzw. Teilquerschnittes im ungerissenen Zustand. σ_c ist unter der Einwirkungskombination zu ermitteln, die am Gesamtquerschnitt zur Erstrissbildung führt. Druckspannungen sind mit positivem, Zugspannungen mit negativem Vorzeichen einzusetzen.

$F_{cr,Gurt}$ Absolutwert der Zugkraft im Zuggurt von gegliederten Querschnitten im Zustand I mit der Randspannung $f_{ct,eff}$

k_1 Beiwert, $k_1 = \begin{cases} 1{,}5 & \text{für Drucknormalkräfte} \\ 0{,}67 \cdot (h^*/h) & \text{für Zugnormalkräfte} \end{cases}$

h Querschnitts- bzw. Teilquerschnittshöhe

h^* $h^* = \begin{cases} h & \text{für } h < 1{,}0 \text{ m} \\ 1{,}0 \text{ m} & \text{für } h \geq 1{,}0 \text{ m} \end{cases}$

k Beiwert zur Berücksichtigung von nichtlinear verteilten Betonzugspannungen
– bei innerem Zwang (z.B. Abfließen der Hydratationswärme):

$$k = 0{,}5 + 0{,}6 \cdot (0{,}8 - h) \begin{cases} \geq 0{,}5 \\ \leq 0{,}8 \end{cases}$$ h ist der kleinere Wert von Höhe bzw. Breite des Querschnittes/Teilquerschnittes in m

– bei äußerem Zwang (z.B. Setzungen): $k = 1{,}0$

$f_{ct,eff}$ wirksame Betonzugfestigkeit zum Zeitpunkt der Rissbildung
– bei Rissbildung im Betonalter von 3 bis 5 Tagen: $f_{ct,eff} = (0{,}65 \ldots 0{,}85) \cdot f_{ctm}$
Die gewählte Betonzugfestigkeit ist auf der Baubeschreibung anzugeben!
– wenn die Rissbildung nicht mit Sicherheit innerhalb der ersten 28 Tage erfolgt:

$$f_{ct,eff} = f_{ctm} \geq 3{,}0 \text{ N/mm}^2 \quad \text{für Normalbeton}$$

σ_s Absolutwert der Betonstahlspannung im gerissenen Zustand, σ_s ist unter Berücksichtigung der Anforderungen an die Rissbreitenbeschränkung und in Abhängigkeit vom Grenzdurchmesser der Bewehrung nach Tafel 26 oder Tafel 27 zu wählen. Es ist darüber hinaus $\sigma_s \leq f_{yk}$ sicherzustellen.

A_{ct} Querschnittsfläche der Betonzugzone bei Erstrissbildung

Dicke Bauteile (DIN EN 1992-1-1/NA:2013.04, NCI zu 7.3.2)

Bei dickeren Bauteilen darf die Mindestbewehrung, sofern sich dadurch ein geringerer Bewehrungsquerschnitt ergibt, wie folgt berechnet werden:

$$A_{s,min} = f_{ct,eff} \cdot A_{c,eff} / \sigma_s \geq k \cdot f_{ct,eff} \cdot A_{ct} / f_{yk}$$

$A_{c,eff}$ Wirkungsbereich der Bewehrung, $A_{c,eff} = b \cdot h_{c,ef}$, siehe Abb. 15

A_{ct} Betonzugzonenfläche je Bauteilseite, $A_{ct} = 0{,}5 \cdot b \cdot h$

Die schraffierte Fläche entspricht dem Wirkungsbereich der Bewehrung

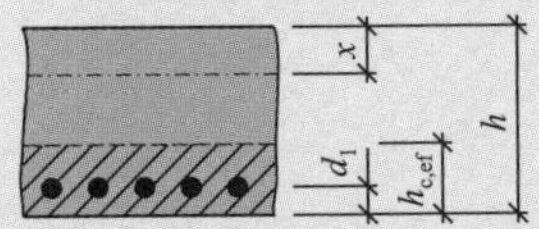

Biegebeanspruchte Platte $h_{c,ef} \leq \frac{h-x}{3}$

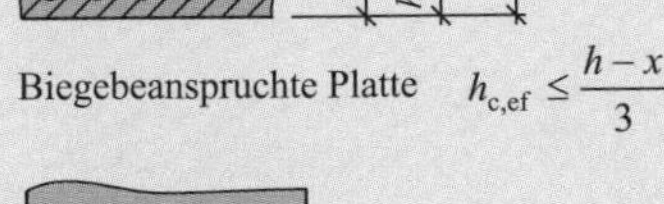

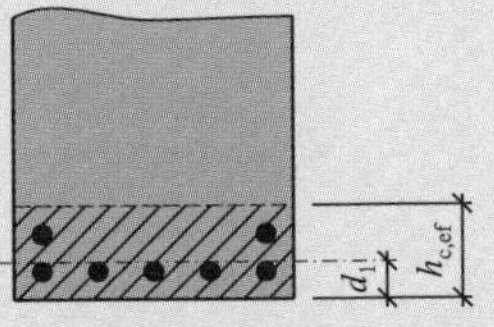

Biegebeanspruchter Balken $h_{c,ef} \leq \frac{h-x}{3}$

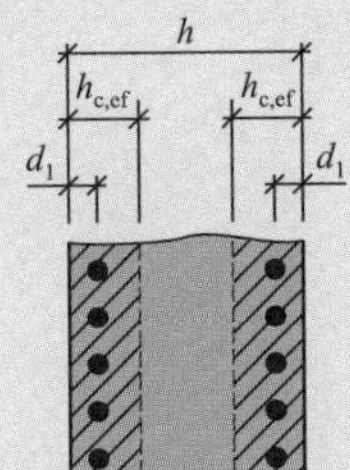

Bauteil unter Zugbeanspruchung

$h_{c,ef} \leq h/2$

x - Druckzonenhöhe im Zustand II
$d_1 = h - d$

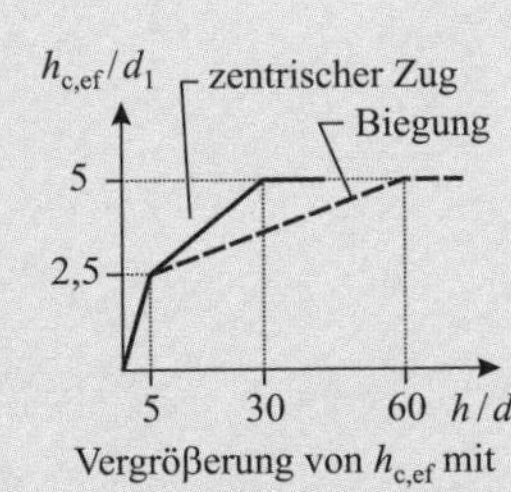

Vergrößerung von $h_{c,ef}$ mit zunehmender Bauteilhöhe

Abb. 15: Wirkungsbereich $A_{c,eff}$ der Bewehrung

Der Nachweis der Rissbreitenbeschränkung erfolgt über eine Durchmesserbegrenzung nach Abschnitt 6.2.3. Der Grenzdurchmesser der Bewehrung ist dabei wie folgt zu modifizieren:

$$\varnothing_s = \varnothing_s^* \cdot f_{ct,eff} / 2{,}9$$

mit $f_{ct,eff}$ wirksame Betonzugfestigkeit in N/mm²
$\varnothing_s^*$ Grenzdurchmesser nach Tafel 26

Bei Verwendung von langsam erhärtenden Zementen mit $r = f_{cm2}/f_{cm28} \leq 0{,}3$ nach DIN EN 206-1 darf die Mindestbewehrung mit dem Faktor 0,85 abgemindert werden. Die Anwendungsvoraussetzungen für die Bewehrungsabminderung sind in den Ausführungsunterlagen anzugeben.

Weitere Sonderfälle

Sind die Schnittgrößen aus Zwang kleiner als die zur Erstrissbildung führenden Schnittgrößen, darf die Mindestbewehrung reduziert werden. Die Mindestbewehrung ist in derartigen Fällen unter Berücksichtigung der Anforderungen an die Rissbreitenbeschränkung für die Zwangschnittgrößen zu ermitteln (DIN EN 1992-1-1/NA:2013-04, NCI zu, 7.3.2 (2)).

6.2.3 Nachweis der Rissbreitenbegrenzung ohne direkte Berechnung

Der Nachweis der Rissbreitenbegrenzung darf ohne direkte Berechnung der Rissbreite in indirekter Form über die Einhaltung von Konstruktionsregeln (Einhaltung von Grenzdurchmessern oder von Grenzabständen der Bewehrung) erfolgen.

Es ist nachzuweisen:

– bei überwiegender **Lastbeanspruchung**: $\varnothing_{s,vorh} \leq \varnothing_{s,lim}$

Bei einlagig bewehrten Flächentragwerken darf der Nachweis der Rissbreitenbegrenzung alternativ auch über eine Begrenzung des Stababstands der Zugbewehrung erfolgen:

$$s_{vorh} \leq s_{lim}$$

– bei überwiegender **Zwangbeanspruchung**: $\varnothing_{s,vorh} \leq \varnothing_{s,lim}$

$\varnothing_{s,vorh}$ vorhandener Bewehrungsdurchmesser
Werden in einem Querschnitt verschiedene Stabdurchmesser verwendet, so darf ein mittlerer Stabdurchmesser $\varnothing_m$ für $\varnothing_{s,vorh}$ in Ansatz gebracht werden:

$$\varnothing_{s,vorh} = \varnothing_m = \frac{\sum \varnothing_i^2}{\sum \varnothing_i}$$

Bei Stabbündeln ist an Stelle des Stabdurchmessers der Einzelstäbe der Vergleichsdurchmesser des Stabbündels $\varnothing_n$ anzusetzen, siehe Abschnitt 7.6 (DIN EN 1992-1-1/NA:2013-04, NA.8). Eine Ausnahme stellen Betonstahlmatten mit Doppelstäben dar. Für diese ist der Einzelstabdurchmesser maßgebend (DIN EN 1992-1-1/NA:2013-04, NA.9).

$\varnothing_{s,lim}$ Modifizierter Grenzdurchmesser der Bewehrung

– für Lastbeanspruchung:

$$\varnothing_{s,lim} = \max \begin{cases} \varnothing_s^* \cdot \dfrac{\sigma_s \cdot A_s}{4 \cdot (h-d) \cdot b \cdot 2{,}9} \\ \varnothing_s^* \cdot \dfrac{f_{ct,eff}}{2{,}9} \end{cases}$$

– für die Berechnung der Mindestbewehrung:

• bei zentrischer Zugbeanspruchung:

$$\varnothing_{s,lim} = \max \begin{cases} \varnothing_s^* \cdot \dfrac{k_c \cdot k \cdot h_{cr}}{8 \cdot (h-d)} \cdot \dfrac{f_{ct,eff}}{2{,}9} \\ \varnothing_s^* \cdot \dfrac{f_{ct,eff}}{2{,}9} \end{cases}$$

• bei Biegebeanspruchung:

$$\varnothing_{s,lim} = \max \begin{cases} \varnothing_s^* \cdot \dfrac{k_c \cdot k \cdot h_{cr}}{4 \cdot (h-d)} \cdot \dfrac{f_{ct,eff}}{2{,}9} \\ \varnothing_s^* \cdot \dfrac{f_{ct,eff}}{2{,}9} \end{cases}$$

s_{vorh} vorhandener Stababstand

s_{lim} Höchstwert des Stababstandes nach Tafel 27

$\varnothing_s^*$ Grenzdurchmesser nach Tafel 26

$f_{ct,eff}$ nach Abschnitt 6.2.2, der Mindestwert von 3,0 MN/m² ist hier nicht anzusetzen

k_c, k nach Abschnitt 6.2.2

b Breite der Zugzone

h_{cr} Höhe der Zugzone unmittelbar vor der Rissbildung

σ_s Betonstahlspannung im Zustand II unter der quasi-ständigen Einwirkungskombination

$$\sigma_s = \frac{1}{A_{s,prov}} \cdot \left(\frac{M_{Eds,perm}}{z} + N_{Ed,perm} \right)$$

oder bei reiner Biegung:

$$\sigma_s = f_{yd} \cdot \frac{A_{s,req}}{A_{s,prov}} \cdot \frac{M_{Ed,perm}}{M_{Ed}}$$

$M_{Eds,perm}$ Biegemoment unter der quasi-ständigen Einwirkungskombination, bezogen auf die Schwerachse der Zugbewehrung

$N_{Ed,perm}$ Längskraft in quasi-ständ. Einwirkungskombin.

M_{Ed} Bemessungsmoment im GZT

z Hebelarm der inneren Kräfte, für Rechteckquerschnitte: $z \approx 0{,}9 \cdot d$

$A_{s,prov}$ Vorhandene Querschnittsfläche der Betonstahlbewehrung in der Zugzone des betrachteten Querschnitts bzw. Teilquerschnitts

Tafel 26: Grenzdurchmesser $Ø_s^*$ in mm

Stahlspannung σ_s in N/mm²		160	200	240	280	320	360	400	450
Rechenwert der Rissbreite w_k	0,4 mm	54	35	24	18	14	11	9	7
	0,3 mm	41	26	18	13	10	8	7	5
	0,2 mm	27	17	12	9	7	5	4	3
Berechnungsgrundlage: $\sigma_s = \sqrt{w_k \cdot 3{,}48 \cdot 10^6 / Ø_s^*}$									

Tafel 27: Höchstwerte der Stababstände s_{lim} in mm

Stahlspannung σ_s in N/mm²		160	200	240	280	320	360
Rechenwert der Rissbreite w_k	0,4 mm	300	300	250	200	150	100
	0,3 mm	300	250	200	150	100	50
	0,2 mm	200	150	100	50	–	–

6.2.4 Berechnung der Rissbreite

Die charakteristische Rissbreite kann wie folgt berechnet werden:

$$w_k = s_{r,max} \cdot (\varepsilon_{sm} - \varepsilon_{cm})$$

$s_{r,max}$ maximaler Rissabstand bei abgeschlossenem Rissbild

$$s_{r,max} = Ø/(3{,}6 \cdot \rho_{eff}) \leq (\sigma_s \cdot Ø)/(3{,}6 \cdot f_{ct,eff})$$

$(\varepsilon_{sm} - \varepsilon_{cm})$ Differenz zwischen mittlerer Betondehnung und mittlerer Stahldehnung

$$\varepsilon_{sm} - \varepsilon_{cm} = \frac{\sigma_s - 0{,}4 \cdot (f_{ct,eff}/\rho_{eff}) \cdot (1 + \alpha_s \cdot \rho_{eff})}{E_s} \geq \frac{0{,}6 \cdot \sigma_s}{E_s}$$

α_s Verhältnis der Elastizitätsmoduln von Stahl und Beton, $\alpha_s = E_s / E_{cm}$

Sonstige Größen siehe Abschnitte 6.2.2 und 6.2.3.

6.3 Verformungsbegrenzung

Verformungen von Bauteilen sind so zu begrenzen, dass die ordnungsgemäße Funktion und das Erscheinungsbild des betreffenden Bauteiles nicht beeinträchtigt und angrenzende Bauteile nicht beschädigt werden. Hinsichtlich der vertikalen Verformungen von biegebeanspruchten Bauteilen wird zwischen Durchhang und Durchbiegung unterschieden.

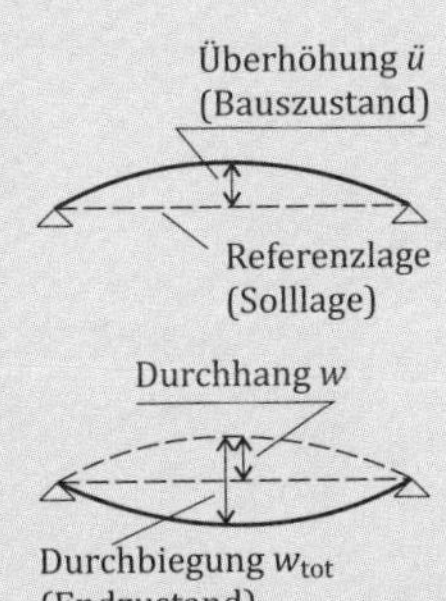

In Tafel 28 sind Empfehlungen für die Grenzwerte der vertikalen Verformungen nach DIN EN 1992-1-1,7.4.1 angegeben. Es ist im Einzelfall zu prüfen, ob diese Grenzwerte für das betrachtete Bauteil ausreichend sind.

Tafel 28: Grenzwerte der vertikalen Verformungen von Biegebauteilen w_{lim} [Fingerloos/Hegger/Zilch 2016]

Beanspruchungssituation	Grenzwert w_{lim}	Einwirkungskombination
Durchhang im Endzustand im Allgemeinen	$l_{eff}/200$	quasi-ständig
Durchhang im Endzustand von Kragträgern ($\leq l_i/250$ mit l_i = 2,5 fache Kraglänge l_{eff})	$l_{eff}/100$	quasi-ständig
Durchbiegung nach Einbau verformungsempfindlicher Einbauteile	$l_{eff}/500$	quasi-ständig
Überhöhung im Bauzustand	$l_{eff}/250$	–

Der Nachweis der Verformungbegrenzung kann alternativ über

- eine direkte Berechnung der Verformungen
- die Begrenzung der Biegeschlankheit

erfolgen.

Nachweis der Begrenzung der Biegeschlankheit

Ein vereinfachter Nachweis der Durchbiegungsbegrenzung kann über die Begrenzung der Biegeschlankheit nach DIN EN 1992-1-1, 7.4.2 erfolgen. Die vorhandene Biegeschlankheit darf die nachfolgend angegebenen zulässigen Biegeschlankheiten $(l/d)_{lim}$ nicht überschreiten:

$$\left(\frac{l}{d}\right)_{lim} = K \cdot \left[11 + 1{,}5 \cdot \sqrt{f_{ck}} \cdot \frac{\rho_0}{\rho} + 3{,}2 \cdot \sqrt{f_{ck}} \cdot \left(\frac{\rho_0}{\rho} - 1\right)^{1{,}5}\right] \quad \text{für } \rho \leq \rho_0 \quad (\text{mit } f_{ck} \text{ in N/mm}^2)$$

$$\left(\frac{l}{d}\right)_{lim} = K \cdot \left[11 + 1{,}5 \cdot \sqrt{f_{ck}} \cdot \frac{\rho_0}{\rho - \rho'} + \frac{1}{12} \cdot \sqrt{f_{ck}} \cdot \sqrt{\frac{\rho'}{\rho_0}}\right] \quad \text{für } \rho > \rho_0 \quad (\text{mit } f_{ck} \text{ in N/mm}^2)$$

In Tafel 29 sind für einige Fälle die sich aus diesen Gleichungen ergebenden zulässigen Biegeschlankheiten angegeben.

Die ermittelten zulässigen Biegeschlankheiten $(l/d)_{lim}$ sind in folgenden Fällen zu korrigieren:

- mit dem Faktor $(310/\sigma_s)$, falls die Stahlspannung σ_s unter der Bemessungslast in den GZG deutlich von 310 N/mm² abweicht, σ_s in N/mm², näherungsweise darf $A_{s,vorh}/A_{s,erf}$ anstelle von $(310/\sigma_s)$ als Faktor angesetzt werden
- mit dem Faktor 0,8, sofern gegliederte Querschnitte mit $b_{eff}/b_w \geq 3$ vorliegen
- mit dem Faktor $(7/l_{eff})$, bei Balken und Platten mit $l_{eff} > 7{,}00$ m und Vorliegen erhöhter Anforderungen an die Durchbiegungsbegrenzung
- mit dem Faktor $(8{,}5/l_{eff})$, bei Flachdecken mit $l_{eff} > 8{,}50$ m und Vorliegen erhöhter Anforderungen an die Durchbiegungsbegrenzung.

Darüber hinaus ist nach DIN EN 1992-1-1/NA, 7.4.2. (2) einzuhalten:

- im Allgemeinen: $l/d \leq K \cdot 35$ bzw. $d \geq l/(K \cdot 35)$
- bei erhöhten Anforderungen an die Durchbiegungsbegrenzung:

$$l/d \leq K^2 \cdot 150/l \quad \text{bzw.} \quad d \geq \frac{l^2}{K^2 \cdot 150} \quad (\text{mit } d \text{ und } l \text{ in m})$$

Es bedeuten:

l/d Grenzwert der Biegeschlankheit (Verhältnis Stützweite zu Nutzhöhe)

K Beiwert zur Erfassung des vorhandenen statischen Systems, siehe Tafel 29

ρ_0 Referenzbewehrungsgrad, $\rho_0 = 10^{-3} \cdot \sqrt{f_{ck}}$ mit f_{ck} in N/mm²

Stahlbetonbau

ρ erforderlicher Zugbewehrungsgrad in Feldmitte (bei Kragträgern an der Einspannstelle)

$\rho = A_{s1,req}/(b \cdot d)$

$A_{s1,req}$ – erforderlicher Zugbewehrungsgrad in Feldmitte

ρ' erforderl. Druckbewehrungsgrad in Feldmitte (bei Kragträgern an der Einspannstelle)

$\rho' = A_{s2,req}/(b \cdot d)$

$A_{s2,req}$ – erforderlicher Druckbewehrungsgrad in Feldmitte

Tafel 29: Zulässige Biegeschlankheit $(l/d)_{lim}$ (berechnet für C30/37, *K*-Werte unabhängig von Betonfestigkeit)

Statisches System		K	hohe Beanspruchung $\rho = 1{,}5\,\%$	geringe Beanspruchung $\rho = 0{,}5\,\%$
Frei drehbar gelagerter Einfeldträger	l_{eff}	1,0	14	21
Einseitig eingespannter Einfeldträger Endfeld von Durchlaufträgern	l_{eff}	1,3	18	27
Beidseitig eingespannter Einfeldträger Innenfeld von Durchlaufträgern	l_{eff}	1,5	21	31
Kragträger	l_{eff}	0,4	6	8
Punktförmig gestützte Platten	l_{eff}	1,2	17	25
Bei zweiachsig gespannten, linienförmig gelagerten Platten ist die kleinere der beiden Stützweiten maßgebend, bei punktförmig gestützten Platten die größere.				

Stahlbetonbau

7 Bewehrungskonstruktion

7.1 Expositionsklassen, Mindestbetondruckfestigkeit, Betondeckung

7.1.1 Expositionsklassen und Mindestbetonfestigkeitsklasse

Tafel 30: Expositionsklassen für Bewehrungskorrosion und Betonangriff

Expositionsklassen		Beschreibung	Beispiele (siehe auch DIN EN 1992-1-1)	min C
Kein Korrosions- oder Angriffsrisiko	X0	Unbewehrter Beton außer XF, XA, XM: sehr geringe Luftfeuchte; Bew. Beton: sehr trocken	Unbewehrte Fundamente ohne Frost; Innenbauteile ohne Bewehrung; Bewehrter Beton in Gebäuden mit sehr geringer Luftfeuchte (RH ≤ 30%)	C12/15
Durch Karbonatisierung ausgelöste Bewehrungskorrosion [a]	XC1	Trocken oder ständig nass	Beton in Innenräumen mit üblicher Luftfeuchte (einschl. Küche, Bad und Waschküche in Wohngebäuden); Beton, der sich ständig unter Wasser befindet	C16/20
	XC2	Nass, selten trocken	Langzeitig wasserbenetzte Oberflächen, z.B. Teile von Wasserbehältern; Gründungsbauteile	C16/20
	XC3	Mäßige Feuchte	Bauteile, zu denen Außenluft häufig oder ständig Zugang hat, z.B. offene Hallen; Innenräume mit hoher Luftfeuchte, z.B. gewerbl. Küchen; Dachflächen mit flächiger Abdichtung; Verkehrsflächen mit flächiger unterlaufsicherer Abdichtung [b]	C20/25
	XC4	Wechselnd nass und trocken	Außenbauteile mit direkter Beregnung	C25/30
Bewehrungskorrosion durch Chloride (ausgenommen Meerwasser)	XD1	Mäßige Feuchte	Bauteile im chloridhaltigen Sprühnebelbereich; Verkehrsflächen mit vollständigem Oberflächenschutz [b]; Einzelgaragen	C30/37 [d]
	XD2	Nass, selten trocken	Solebäder; Bauteile, die chloridhaltigen Industrieabwässern ausgesetzt sind	C35/45 [d] oder [f]
	XD3	Wechselnd nass und trocken	Teile von Brücken mit häufiger Spritzwasserbeanspruchung; Fahrbahndecken; befahrene Verkehrsflächen mit rissvermeidenden Bauweisen ohne Oberflächenschutz oder ohne Abdichtung [b], befahrene Verkehrsflächen mit dauerhaftem lokalen Schutz von Rissen [b][c]	C35/45 [d]
Bewehrungskorrosion durch Chloride aus Meerwasser	XS1	Salzhaltige Luft, kein unmittelbarer Meerwasserkontakt	Außenbauteile in Küstennähe oder an der Küste	C30/37 [d]
	XS2	Unter Wasser	Teile von Meeresbauwerken, die ständig unter Wasser sind	C35/45 [d] oder [f]
	XS3	Tide-, Spritz-, Sprühnebelzonen	Kaimauern von Hafenanlagen	C35/45 [d]
Betonangriff durch Frost mit und ohne Taumittel	XF1	Mäßige Wassersättigung ohne Taumittel	Außenbauteile	C25/30
	XF2	Mäßige Wassersättigung mit Taumittel oder Meerwasser	Bauteile im Sprühnebel- oder Spritzwasserbereich von taumittelbehandelten Verkehrsflächen, sofern nicht XF4; Bauteile im Sprühnebelbereich von Meerwasser	C25/30 (LP) [e] C35/45 [f]
	XF3	Hohe Wassersättigung ohne Taumittel	Offene Wasserbehälter; Bauteile im Sprühnebelbereich von Süßwasser	C25/30 (LP) [e] C35/45 [f]
	XF4	Hohe Wassersättigung mit Taumittel oder Meerwasser	Verkehrsflächen die mit Taumitteln behandelt werden; horizontale Bauteile im Spritzwasserbereich von taumittelbehandelten Verkehrsflächen; Räumerlaufbahnen von Kläranlagen; Meerwasserbauteile in der Wasserwechselzone	C30/37 (LP) [e][g]
Betonangriff durch chemischen Angriff der Umgebung [h]	XA1	Chemisch schwach angreif. Umgebung	Behälter von Kläranlagen; Güllebehälter	C25/30
	XA2	Chemisch mäßig angreifende Umgebung und Meeresbauwerke	Bauteile, die mit Meerwasser in Berührung kommen; Bauteile in betonangreifenden Böden	C35/45 [d] oder [f]
	XA3	Chemisch stark angreifende Umgebung	Industrieabwasseranlagen mit chemisch angreifenden Abwässern; Futtertische der Landwirtschaft; Kühltürme mit Rauchgasableitung	C35/45 [d]
Erläuterungen siehe auf Folgeseite.				

Stahlbetonbau

Tafel 27: Expositionsklassen für Bewehrungskorrosion und Betonangriff (Fortsetzung)

Expositionsklassen		Beschreibung	Beispiele (siehe auch DIN EN 1992-1-1)	Mindestbeton-festigkeitsklasse
Betonangriff durch Verschleiß-beanspruchung	XM1	Mäßige Verschleiß-beanspruchung	Tragende oder aussteifende Industrieböden mit Beanspruchung durch luftbereifte Fahrzeuge	C30/37 [i]
	XM2	Starke Verschleiß-beanspruchung	Tragende oder aussteifende Industrieböden mit Beanspruchung durch luft- oder vollgummibereifte Gabelstapler	C30/37 [i) j)] C35/45 [i]
	XM3	Sehr starke Verschleißbeanspruchung	Tragende oder aussteifende Industrieböden mit Beanspruchung durch elastomerbereifte oder stahlrollenbereifte Gabelstapler oder Kettenfahrzeuge; Wasserbauwerke in geschiebebelasteten Gewässern, z.B. Tosbecken	C35/45 [i]

a) Feuchteangaben beziehen sich auf den Zustand innerhalb der Betondeckung der Bewehrung. Es darf im Allgemeinen angenommen werden, dass die Bedingungen in der Betondeckung den Umgebungsbedingungen des Bauteils entsprechen. Dies ist unter Umständen nicht der Fall, wenn sich zwischen dem Beton und seiner Umgebung eine Sperrschicht befindet.

b) Instandhaltungsplan nach DAfStb-Richtlinie „Schutz und Instandsetzung von Betonbauteilen" [DAfStb 2001] notwendig.

c) Für die Planung und Ausführung des dauerhaften lokalen Schutzes von Rissen gilt [DAfStb 2001].

d) Bei Verwendung von Luftporenbeton eine Betonfestigkeitsklasse niedriger.

e) Bei langsam und sehr langsam erhärtenden Zementen ($r < 0{,}30$ nach DIN EN 206-1) eine Festigkeitsklasse im Alter von 28 Tagen niedriger. Die Druckfestigkeit zur Einteilung in die geforderte Druckfestigkeitsklasse ist in diesem Fall an Probekörpern im Alter von 28 Tagen zu ermitteln. Die Fußnote [c)] darf in diesem Fall nicht gleichzeitig angewendet werden.

f) Für Luftporenbeton mit Mindestanforderungen nach DIN 1045-2 an den mittleren Luftgehalt im Frischbeton unmittelbar vor dem Einbau.

g) Erdfeuchter Beton mit $w/z \leq 0{,}40$ auch ohne Luftporen. Bei Räumerlaufbahnen in Beton ohne Luftporen ≥ C40/50, $w/z \leq 0{,}35$, Zementgehalt ≥ 360 kg/m^3.

h) Grenzwerte für die Expositionsklassen bei chemischem Angriff siehe DIN EN 206-1 und DIN 1045-2.

i) Bei Verwendung von Luftporenbeton gelten gesonderte Regelungen.

j) Nur bei Oberflächenbehandlung des Betons nach DIN 1045-2 (z.B. Vakuumieren und Flügelglätten des Betons).

7.1.2 Betondeckung

Die Bewehrung muss eine Mindestbetondeckung c_{min} aufweisen, um

- den Schutz der Bewehrung vor Korrosion sicherzustellen
- die Übertragung der Verbundkräfte zwischen Bewehrung und Beton zu ermöglichen
- einen ausreichenden Feuerwiderstand des betreffenden Bauteils zu gewährleisten.

Die jeweils größte sich aus diesen Anforderungen ergebende Mindestbetondeckung ist maßgebend.

Es ist zwischen der Mindestbetondeckung c_{min}, dem Nennmaß der Betondeckung c_{nom}, dem Vorhaltemaß Δc_{dev} und dem Verlegemaß c_v zu unterscheiden:

Mindestbetondeckung c_{min}:
- darf an keiner Stelle unterschritten werden
- sichert Korrosionsschutz der Bewehrung, Verbund zwischen Bewehrung und Beton sowie Einhaltung von Brandschutzanforderungen

Nennmaß c_{nom}:
- sichert das Einhalten der Mindestbetondeckung unter Berücksichtigung baustellenbedingter Toleranzen
- es gilt: $c_{nom} = c_{min} + \Delta c_{dev}$

Vorhaltemaß Δc_{dev}:
- zur Berücksichtigung unplanmäßiger Abweichungen der Betondeckung

Verlegemaß c_v:
- ergibt sich aus der Bedingung, dass für jedes einzelne Bewehrungselement das Nennmaß c_{nom} eingehalten ist
- maßgebend für die statische Berechnung
- maßgebend für die Bewehrungsausbildung, ist daher auf Bewehrungsplänen anzugeben

Mindestbetondeckung zum Schutz vor Bewehrungskorrosion

Tafel 31: Mindestbetondeckung $c_{min,dur}$ zum Schutz vor Bewehrungskorrosion und Vorhaltemaß Δc_{dev}

	Expositionsklasse						
	X0	XC1	XC2	XC3	XC4	XD1, XD2, XD3 [b)]	XS1, XS2, XS3
Mindestbetondeckung $c_{min,dur}$ in mm [a)]	10		20		25	40	
Vorhaltemaß Δc_{dev} in mm	10		15				

a) Bei Bauteilen, deren Betonfestigkeit die Mindestbetonfestigkeitsklasse entsprechend der Tafel 30 um mindestens 2 Festigkeitsklassen überschreitet, darf $c_{min,dur}$ um 5 mm verringert werden. Ausnahme: Für die Expositionsklassen X0 und XC1 ist diese Abminderung nicht zulässig.

b) Im Einzelfall können besondere Maßnahmen zum Korrosionsschutz der Bewehrung erforderlich werden.

Ergänzend gilt:

- Wird bei Expositionsklassen XD der Beton mit einem zusätzlichen Schutz (z.B. dauerhafte, rissüberbrückende Beschichtung) versehen, darf $c_{min,dur}$ um 10 mm vermindert werden.
- Bei Verwendung von nichtrostendem Stahl darf $c_{min,dur}$ gegebenenfalls abgemindert werden, siehe dazu Angaben in der jeweiligen allgemeinen bauaufsichtlichen Zulassung.
- Bei kraftschlüssiger Verbindung von Ortbeton mit einem Fertigteil darf an den der Fuge zugewandten Rändern $c_{min,dur}$ auf 5 mm im Fertigteil und 10 mm im Ortbeton verringert werden. Jedoch sind die Bedingungen zur Sicherstellung des Verbundes einzuhalten, sofern die Bewehrung im Bauzustand ausgenutzt wird. Auf das Vorhaltemaß Δc_{dev} darf auf beiden Seiten der Verbundfuge verzichtet werden.
- Bei Bauteilen aus Leichtbeton muss $c_{min,dur}$ außer bei den Expositionsklassen X0 und XC1 mindestens 5 mm größer als der Größtkorndurchmesser der leichten Gesteinskörnung sein.
- Verschleißbeanspruchungen des Betons können durch eine Vergrößerung der Mindestbetondeckung $c_{min,dur}$ um 5 mm für Expositionsklasse XM1, um 10 mm für XM2 und um 15 mm für XM3 berücksichtigt werden.
- Die Werte für Δc_{dev} dürfen um 5 mm reduziert werden, wenn dies durch eine entsprechende Qualitätskontrolle bei Planung, Entwurf, Herstellung und Bauausführung gerechtfertigt werden kann. Nähere Hinweise siehe in den DBV-Merkblättern „Betondeckung und Bewehrung" [DBV 2015] und „Abstandhalter" [DBV 2019].
- Bei Fertigteilen mit einer werksmäßigen und ständig überwachten Herstellung darf Δc_{dev} um mehr als 5 mm reduziert werden, sofern durch eine Überprüfung der Mindestbetondeckung am fertigen Bauteil sichergestellt wird, dass Fertigteile mit zu geringer Mindestbetondeckung ausgesondert werden. Eine Reduzierung von Δc_{dev} auf einen Wert geringer als 5 mm ist dabei nicht zulässig.
- Werden bewehrte Bauteile gegen unebene Flächen betoniert, ist c_{nom} zu vergrößern. Die Erhöhung sollte um das Differenzmaß der Unebenheit erfolgen, zumindest jedoch um 20 mm bei Herstellung auf vorbereitetem Baugrund (z.B. unebene Sauberkeitsschicht), bzw. um 50 mm bei Herstellung unmittelbar auf dem Baugrund. Auch Bauteile mit strukturierter Oberfläche und Waschbeton erfordern eine Vergrößerung von c_{nom}.

Mindestbetondeckung zur Verbundsicherung

Es ist einzuhalten:

$c_{min,b} \geq \varnothing$

$\varnothing$ Stabdurchmesser der Bewehrung

Für den Nachweis der Mindestbetondeckung zur Verbundsicherung darf Δc_{dev} = 10 mm angesetzt werden.

Anforderungen an die Betondeckung aus der Tragwerksbemessung für den Brandfall

Zur Tragwerksbemessung für den Brandfall siehe DIN EN 1992-1-2. Einige der im Rahmen der Heißbemessung für die Festlegung der Betondeckung zu beachtenden Konstruktionsregeln mittels tabellarischer Daten (Nachweisstufe 1) sind nachfolgend auszugsweise angegeben.

Aus Tafel 32 und Tafel 33 kann der Zusammenhang zwischen Mindestbalkenbreite b_{min} und Achsabstand der Bewehrung a bzw. a_{sd} für die Feuerwiderstandsklassen R 30 und R 90 entnommen werden. Die Achsabstände a bzw. a_{sd} sind dem Nennmaß der Betondeckung c_{nom} zugeordnet, Toleranzen müssen nicht berücksichtigt werden. Weitere Feuerwiderstandsklassen siehe DIN EN 1991-1-2. Zwischen den Tabellenwerten darf linear interpoliert werden.

Zur Bedeutung der Achsabstände a bzw. a_{sd} siehe Abbildung unten bzw. auf Folgeseite.

Tafel 32: Mindestachsabstände a bzw. a_{sd} der Zugbewehrung von statisch bestimmt gelagerten Stahlbetonbalken aus Normalbeton nach DIN EN 1992-1-2, Tabelle 5.5

	Feuerwiderstandsklasse							
	R 30 Mindestbalkenbreite b_{min} in mm				R 90 Mindestbalkenbreite b_{min} in mm			
	≤ 80	120	160	≥ 200	≤ 150	200	300	≥ 400
a in mm	25	20	15	15	55	45	40	35
$a_{sd} = a + 10$ mm. Für Mindestbalkenbreiten $b_{min} > 160$ mm bei R 30 bzw. > 300 mm bei R 90 gilt $a_{sd} = a$.								

Tafel 33: Mindestachsabstände a bzw. a_{sd} der Zugbewehrung von statisch unbestimmt gelagerten Stahlbetonbalken aus Normalbeton nach DIN EN 1992-1-2, Tabelle 5.6

	Feuerwiderstandsklasse			
	R 30 Mindestbalkenbreite b_{min} in mm		R 90 Mindestbalkenbreite b_{min} in mm	
	≤ 80	≥ 160	≤ 150	≥ 250
a in mm	15	12	35	25
$a_{sd} = a + 10$ mm. Bei Momentenumlagerungen >15 % gelten die Werte nach Tafel 32.				

Tafel 34: Mindestachsabstände a in mm für statisch bestimmt gelagerte Stahlbeton- und Spannbetonplatten aus Normalbeton [1)]

Lagerungsart	Feuerwiderstandsklasse			
	REI 30		REI 90	
einachsig	10		30	
zweiachsig [2) 3)]	$l_y/l_x \leq 1{,}5$	$1{,}5 < l_y/l_x \leq 2$	$l_y/l_x \leq 1{,}5$	$1{,}5 < l_y/l_x \leq 2$
	10	10	15	20

[1)] Die Mindestachsabstände a dürfen auch für statisch unbestimmt gelagerte Durchlaufplatten verwendet werden, sofern die Momentenumlagerung 15% nicht überschreitet.

[2)] Gilt für zweiachsig gespannte Platten mit vierseitiger Lagerung. Bei dreiseitiger Lagerung gelten die Werte für einachsig gespannte Platten.

[3)] Bei zweiachsig gespannten Platten bezieht sich a auf die untere Bewehrungslage.

Ermittlung des Verlegemaßes der Bewehrung c_v

Das Verlegemaß c_v wird in der Regel für die am weitesten zur Bauteilaußenseite gelegene Bewehrung angegeben. Aus baupraktischen Gründen (Abstandshalter) sollte die Betondeckung auf halbe Zentimeter aufgerundet werden.

Platten:

$$c_v \geq \begin{cases} c_{min,dur} + \Delta c_{dev} \\ \varnothing + 10 \text{ mm} \\ a - \varnothing/2 \end{cases}$$

Balken:

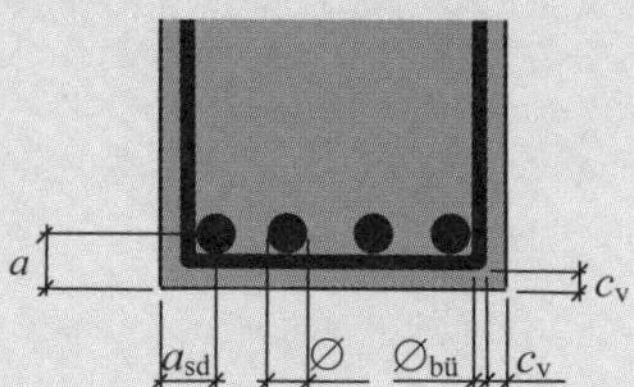

$$c_v \geq \begin{cases} c_{\min,\text{dur}} + \Delta c_{\text{dev}} \\ \varnothing_{\text{bü}} + 10 \text{ mm} \\ \varnothing + 10 \text{ mm} - \varnothing_{\text{bü}} \\ a - \varnothing / 2 - \varnothing_{\text{bü}} \end{cases}$$

Anmerkung: Gegebenenfalls wird bei Ansatz von a_{sd} anstelle von a eine größere Betondeckung ermittelt. Bei Stabbündeln beziehen sich die Achsabstände a bzw. a_{sd} auf die Achse des Bündels.

7.2 Mindestabstände von Bewehrungsstäben

Um den Beton sicher einbringen und verdichten zu können, sowie zur Gewährleistung der Verbundwirkung zwischen Bewehrung und Beton sind Mindestwerte für die lichten Abstände zwischen zueinander parallel verlaufenden Bewehrungsstäben einzuhalten. Bei mehrlagiger Bewehrungsanordnung sollten die Stäbe der einzelnen Bewehrungslagen vertikal übereinander angeordnet werden. Falls erforderlich sind Rüttellücken vorzusehen, um das Einbringen und Verdichten des Betons zu ermöglichen. Nach DIN EN 1992-1-1, 8.2 (2) gilt:

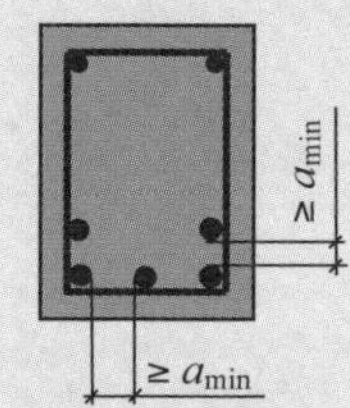

$$a_{\min} = \max \begin{cases} \varnothing \\ 20 \text{ mm} \\ d_g + 5 \text{ mm, wenn } d_g > 16 \text{ mm} \end{cases}$$

$a_{\min}$ lichter Mindestabstand zwischen parallel zueinander verlaufenden Bewehrungsstäben

Ø Durchmesser des größten Bewehrungsstabes, bei Stabbündeln ist der Vergleichsdurchmesser $\varnothing_n$ anzusetzen

d_g Größtkorndurchmesser der verwendeten Gesteinskörnung

7.3 Biegen von Betonstahl

7.3.1 Biegerollendurchmesser

Um im Bereich der Biegungen von Betonstählen mögliche Abplatzungen des Betons und Schädigungen des Betongefüges sowie in der Bewehrung zu vermeiden, sind Mindestwerte der Biegerollendurchmesser $D_{\min}$ nach DIN EN 1992-1-1/NA:2013-04, Tab. 8.1DE einzuhalten.

Tafel 35: Mindestwerte der Biegerollendurchmesser $D_{\min}$

	Haken, Winkelhaken, Schlaufen, Bügel		Schrägstäbe oder andere gebogene Stäbe		
	Stabdurchmesser		Mindestwerte der Betondeckung rechtwinklig zur Krümmungsebene		
	Ø < 20 mm	Ø ≥ 20 mm	> 100 mm und > 7 Ø	> 50 mm und > 3 Ø	≤ 50 mm oder ≤ 3 Ø
Mindestwerte der Biegerollendurchmesser $D_{\min}$	4 Ø	7 Ø	10 Ø	15 Ø	20 Ø

Tafel 36: Mindestwerte der Biegerollendurchmesser D_{min} für nach dem Schweißen gebogene Bewehrung

	vorwiegend ruhende Einwirkungen		nicht vorwiegend ruhende Einwirkungen	
	Schweißung		Schweißung	
	außerhalb des Biegebereiches	innerhalb des Biegebereiches	auf der Außenseite der Biegung	auf der Innenseite der Biegung
für $a < 4$ ∅	20 ∅	20 ∅	100 ∅	500 ∅
für $a \geq 4$ ∅	Werte wie für nicht geschweißte Bewehrung			
a – Abstand zwischen dem Anfang der Biegung und der Schweißstelle				

7.3.2 Hin- und Zurückbiegen von Betonstahl

Das Hin- und Zurückbiegen von Bewehrungsstäben an der gleichen Stelle ist nur mit Einschränkungen möglich. Beim **Kaltbiegen** von Bewehrungsstäben ist zu beachten:

- Das Kaltbiegen ist nur zulässig für ∅ ≤ 14 mm.
- Ein mehrfaches Hin- und Zurückbiegen an der gleichen Stelle ist nicht zulässig.
- Bei vorwiegend ruhender Beanspruchung muss der Biegerollendurchmesser beim Hinbiegen mindestens D_{min} = 6 ∅ betragen. Im gebogenen Bereich darf die Bewehrung im Grenzzustand der Tragfähigkeit höchstens zu 80 % ausgelastet werden.
- Bei nicht vorwiegend ruhender Beanspruchung muss der Biegerollendurchmesser beim Hinbiegen mindestens D_{min} = 15 ∅ betragen. Die Schwingbreite der Stahlspannung darf 50 N/mm^2 nicht überschreiten.
- Im Bereich der Rückbiegestelle ist die Querkraft auf 0,3 $V_{Rd,max}$ bei Bauteilen mit senkrecht zur Bauteilachse angeordneter Querkraftbewehrung und auf 0,2 $V_{Rd,max}$ bei Bauteilen mit im Winkel $\alpha < 90°$ zur Bauteilachse angeordneter Querkraftbewehrung zu begrenzen. Dabei darf $V_{Rd,max}$ vereinfachend mit $\theta = 40°$ bestimmt werden.
- Verwahrkästen für Bewehrungsanschlüsse dürfen die Tragfähigkeit des Betonquerschnittes und den Korrosionsschutz der Bewehrung nicht ungünstig beeinflussen.

Für das **Warmbiegen** von Bewehrungsstäben (≥ 500 °C) gilt:

- Die rechnerische Streckgrenze f_{yk} darf nur mit 250 N/mm^2 in Ansatz gebracht werden.
- Bei nicht vorwiegend ruhender Beanspruchung darf die Schwingbreite der Stahlspannung 50 N/mm^2 nicht überschreiten.

Weitere Einzelheiten siehe im DBV-Merkblatt „Rückbiegen von Betonstahl und Anforderungen an Verwahrkästen nach Eurocode 2“ [DBV 2011].

7.4 Verankerung der Bewehrung

7.4.1 Verbundbedingungen

Entsprechend der Stablage beim Betonieren wird zwischen guten und mäßigen Verbundbedingungen unterschieden (Abb. 16).

Gute Verbundbedingungen liegen vor für

- alle Stäbe, die während des Betonierens mit einer Neigung von 45° bis 90° zur Waagerechten ausgerichtet sind,
- alle Stäbe, die während des Betonierens mit einer Neigung von weniger als 45° zur Waagerechten ausgerichtet sind, sich jedoch entweder höchstens 300 mm über der Unterkante des Frischbetons befinden oder mindestens 300 mm Frischbetonauflast aufweisen,
- Stäbe in liegend hergestellten stabförmigen Bauteilen, die mit einem Außenrüttler verdichtet werden und deren äußere Querschnittsabmessungen 500 mm nicht überschreiten.

Mäßige Verbundbedingungen sind für alle anderen Fälle anzusetzen, sowie generell in Bauteilen, die im Gleitbauverfahren hergestellt werden.

Abb. 16: Zuordnung der Bereiche mit guten Verbundbedingungen (Die Darstellung gilt für Bewehrungsstäbe, deren Stabachse eine Neigung <45° zur Waagerechten aufweist.)

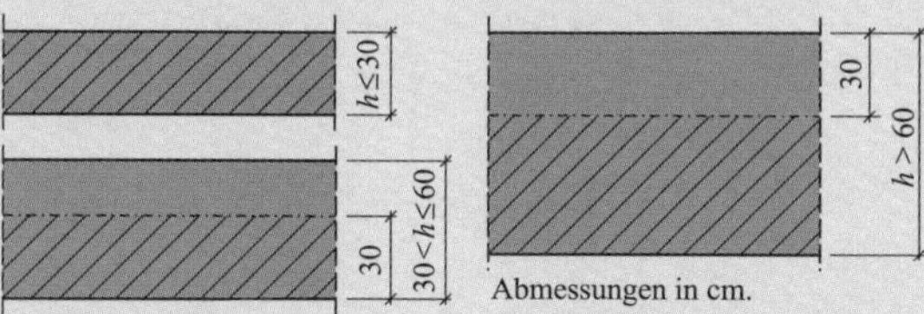

Gute Verbundbedingungen werden in den schraffierten Flächen erreicht.

7.4.2 Bemessungswert der Verbundspannung f_{bd}

$$f_{bd} = 2{,}25 \cdot \eta_1 \cdot \eta_2 \cdot f_{ctd}$$

η_1 Beiwert zur Berücksichtigung der Verbundbedingungen
bei guten Verbundbedingungen: $\eta_1 = 1{,}0$, bei mäßigen Verbundbedingungen: $\eta_1 = 0{,}7$

η_2 Beiwert zur Berücksichtigung des Stabdurchmessers

$$\eta_2 = \begin{cases} 1{,}0 & \text{für } \varnothing \le 32\text{ mm} \\ (132 - \varnothing)/100 & \text{für } \varnothing > 32\text{ mm} \end{cases}$$

f_{ctd} Bemessungswert der Betonzugfestigkeit, hier gilt: $f_{ctd} = f_{ctk;0,05} / \gamma_C$
Für $f_{ctk;0,05}$ ist bei hochfestem Beton kein höherer Wert als für C60/75 anzusetzen.

Unter Ansatz des Teilsicherheitsbeiwertes $\gamma_C = 1{,}5$ und für $\varnothing \le 32$ mm ergeben sich damit für die einzelnen Betonfestigkeitsklassen die Werte nach Tafel 37.

Tafel 37: Bemessungswerte der Verbundspannung f_{bd} in N/mm²

Verbund-bedingungen	Betonfestigkeitsklasse C										
	12/15	16/20	20/25	25/30	30/37	35/45	40/50	45/55	50/60	55/67	≥ 60/75
gut	1,65	2,00	2,32	2,69	3,04	3,37	3,68	3,99	4,28	4,43	4,57
mäßig	1,16	1,40	1,62	1,89	2,13	2,36	2,58	2,79	2,99	3,10	3,20

7.4.3 Verankerungslänge

Grundwert der Verankerungslänge $l_{b,rqd}$

Der Grundwert der Verankerungslänge entspricht der Distanz, die erforderlich ist, um in einem gerade endenden Bewehrungsstab durch gleichmäßig um den Stabumfang verteilte Verbundspannungen f_{bd} die Stahlspannung von 0 auf f_{yd} zu erhöhen.

$$l_{b,rqd} = \frac{\varnothing}{4} \cdot \frac{f_{yd}}{f_{bd}}$$

Bei Doppelstäben in geschweißten Betonstahlmatten ist der Vergleichsdurchmesser $\varnothing_n$ anstelle des Einzelstabdurchmessers $\varnothing$ anzusetzen.

Bemessungswert der Verankerungslänge l_{bd}

$$l_{bd} = \max \begin{cases} \alpha_1 \cdot \alpha_2 \cdot \alpha_3 \cdot \alpha_4 \cdot \alpha_5 \cdot (A_{s,erf} / A_{s,vorh}) \cdot l_{b,rqd} \\ l_{b,min} \end{cases}$$

$l_{b,min}$ Mindestverankerungslänge, bei Zugstäben: $l_{b,min} = \max \begin{cases} 0{,}3 \cdot \alpha_1 \cdot \alpha_4 \cdot l_{b,rqd} \\ 10 \cdot \varnothing \end{cases}$

bei Druckstäben: $l_{b,min} = \max \begin{cases} 0{,}6 \cdot l_{b,rqd} \\ 10 \cdot \varnothing \end{cases}$

Bei direkter Lagerung darf $l_{b,min}$ auf $2/3 \cdot l_{b,min} \ge 6{,}7 \cdot \varnothing$ reduziert werden.

α_1 Beiwert zur Berücksichtigung der Verankerungsart nach Tafel 38

α_2 Beiwert zur Berücksichtigung der Betondeckung. In der Regel gilt $\alpha_2 = 1{,}0$.

α_3 Beiwert zur Berücksichtigung einer nicht angeschweißten Querbewehrung

$$\alpha_3 = 1 - K \cdot \lambda \begin{cases} \geq 0{,}7 \\ \leq 1{,}0 \end{cases}$$ bei Zugverankerungen, $\alpha_3 = 1{,}0$ bei Druckverankerungen

λ Querbewehrungsgrad, $\lambda = \left(\sum A_{st} - \sum A_{st,min}\right)/A_s$

$\sum A_{st}$ Querschnittsfläche der Querbewehrung innerhalb von l_{bd}

$\sum A_{st,min}$ Querschnittsfläche der Mindestquerbewehrung

$\sum A_{st,min} = 0{,}25 \cdot A_s$ für Balken, $\sum A_{st,min} = 0$ für Platten

A_s Querschnittsfläche des größten einzelnen verankerten Stabes

K Beiwert zur Berücksichtigung der konstruktiven Ausbildung der Querbewehrung im Verankerungsbereich

$K = 0{,}1$ bei bügelartiger Umfassung der zu verankernden Bewehrung durch die Querbewehrung

$K = 0{,}05$ wenn sich die zu verankernde Bewehrung bezogen auf die Bauteiloberfläche innerhalb der Querbewehrung befindet

$K = 0$ wenn sich die zu verankernde Bewehrung bezogen auf die Bauteiloberfläche außerhalb der Querbewehrung befindet

α_4 Beiwert zur Berücksichtigung von angeschweißten Querstäben mit $\varnothing_t \geq 0{,}6 \cdot \varnothing$ innerhalb von l_{bd}

$\alpha_4 = 0{,}7$, wenn angeschweißte Querstäbe anrechenbar sind, siehe auch Tafel 38

α_5 Beiwert zur Berücksichtigung von Querdruck innerhalb von l_{bd}

$$\alpha_5 = 1 - 0{,}04 \cdot p \begin{cases} \geq 0{,}7 \\ \leq 1{,}0 \end{cases}$$ p – Querdruck in N/mm² innerhalb von l_{bd}

Bei direkter Lagerung darf $\alpha_5 = 2/3$ angesetzt werden.

In der Regel gilt $\alpha_2 \cdot \alpha_3 \cdot \alpha_5 \geq 0{,}7$.

Bei *Druckstäben* ist eine Verankerung mit Haken, Winkelhaken oder Schlaufen nicht zulässig. Bewehrungsstäbe mit einem Durchmesser von mehr als 32 mm sind mit geradem Stabende bei gleichzeitiger Anordnung umschnürender Bügel oder durch Ankerkörper zu verankern. Ein günstiger Querdruck darf nicht berücksichtigt werden, das heißt bei Druckstäben ist $\alpha_5 = 1{,}0$.

Ersatzverankerungslänge $l_{b,eq}$

Der Bemessungswert der Verankerungslänge l_{bd} darf bei Verankerung unter Zug vereinfacht als Ersatzverankerungslänge $l_{b,eq}$ bestimmt werden:

$$l_{b,eq} = \alpha_1 \cdot \alpha_4 \cdot \left(A_{s,erf} / A_{s,vorh}\right) \cdot l_{b,rqd} \geq l_{b,min}$$ bei Verankerung mit geradem Stabende, Haken, Winkelhaken und Schlaufen mit mindestens einem angeschweißten Querstab innerhalb von $l_{b,eq}$ vor Krümmungsbeginn

$$l_{b,eq} = 0{,}5 \cdot \left(A_{s,erf} / A_{s,vorh}\right) \cdot l_{b,rqd} \geq l_{b,min}$$ bei geraden Stabenden mit mindestens zwei angeschweißten Querstäben innerhalb von $l_{b,eq}$ (nur zulässig bei Einzelstäben mit $\varnothing \leq 16$ mm und bei Doppelstäben mit $\varnothing \leq 12$ mm).

Tafel 38: Verankerungsarten von Betonstahl und zugehörige Beiwerte α_1 und α_4

Art und Ausbildung der Verankerung	Beiwerte α_1 und α_4 Zugstäbe [a)]	Druckstäbe
Gerade Stabenden (Skizze: $\varnothing$, l_{bd})	$\alpha_1 = 1{,}0$ $\alpha_4 = 1{,}0$	$\alpha_1 = 1{,}0$ $\alpha_4 = 1{,}0$
Haken: $\alpha \geq 150°$, $\geq 5\varnothing$, D_{min}, $\varnothing$, l_{bd} Winkelhaken: $150° > \alpha \geq 90°$, $\geq 5\varnothing$, D_{min}, $\varnothing$, l_{bd} Schlaufen: D_{min}, $\varnothing$, l_{bd}	$\alpha_1 = 0{,}7$[b)] $(\alpha_1 = 1{,}0)$ $\alpha_4 = 1{,}0$	–
Gerade Stabenden mit mindestens einem angeschweißten Querstab innerhalb der Verankerungslänge [c)] (Skizze: $\varnothing$, l_{bd})	$\alpha_1 = 1{,}0$ $\alpha_4 = 0{,}7$	$\alpha_1 = 1{,}0$ $\alpha_4 = 0{,}7$
Haken: $\alpha \geq 150°$, $\geq 5\varnothing$, D_{min}, $\varnothing$, l_{bd} Winkelhaken: $150° > \alpha \geq 90°$, $\geq 5\varnothing$, D_{min}, $\varnothing$, l_{bd} Schlaufen: D_{min}, $\varnothing$, l_{bd} mit jeweils mindestens einem angeschweißten Stab innerhalb der Verankerungslänge, jedoch vor dem Krümmungsbeginn [c)]	$\alpha_1 = 0{,}7$ $(\alpha_1 = 1{,}0)$ $\alpha_4 = 0{,}7$	–
Gerade Stabenden mit mindestens zwei angeschweißten Stäben innerhalb der Verankerungslänge (Stababstand $s < 100$ mm und $\geq 5\,\varnothing$ und ≥ 50 mm), nur zulässig bei Einzelstäben mit $\varnothing \leq 16$ mm und bei Doppelstäben mit $\varnothing \leq 12$ mm [c)] (Skizze: s, $\varnothing$, l_{bd})	$\alpha_1 = 1{,}0$ $\alpha_4 = 0{,}5$[d)]	$\alpha_1 = 1{,}0$ $\alpha_4 = 0{,}7$

a) Die für Zugstäbe in Klammern angegebenen Werte gelten bei Betondeckungen < 3 $\varnothing$, lichten Abständen zwischen benachbarten Verankerungselementen < 6 $\varnothing$ und wenn kein Querdruck oder keine enge Verbügelung vorhanden ist. Genauere Angaben siehe DIN EN 1992-1-1:2011.01, Bild 8.3.

b) Bei Schlaufenverankerungen mit $D_{min} \geq 15\,\varnothing$ gilt der Wert $\alpha_1 = 0{,}5$.

c) Aufgeschweißte Querstäbe müssen der Anforderung $\varnothing_t / \varnothing \geq 0{,}6$ genügen. Die Schweißverbindungen sind als tragende Verbindung auszuführen.

d) In DIN EN 1992-1-1 nur für die Berechnung der Ersatzverankerungslänge $l_{b,eq}$ angegeben.

7.4.4 Verankerung der Feldbewehrung am Endauflager biegebeanspruchter Bauteile

Verankerungskraft F_{Ed}

Die Verankerung der Feldbewehrung ist am Endauflager biegebeanspruchter Bauteile für die Verankerungskraft F_{Ed} auszulegen:

$$F_{Ed} = \max \begin{cases} |V_{Ed}| \cdot \dfrac{a_1}{z} + N_{Ed} \\ |V_{Ed}|/2 \end{cases}$$

$$A_{s,erf} = \frac{F_{Ed}}{f_{yk}/\gamma_s}$$

a_1 Versatzmaß

z Hebelarm der inneren Kräfte, $z \approx 0{,}9 \cdot d$

V_{Ed} Bemessungswert der einwirkenden Querkraft in der rechnerischen Auflagerlinie

N_{Ed} Bemessungswert der einwirkenden Normalkraft, als Zugkraft positiv

$A_{s,erf}$ Querschnittsfläche der Bewehrung, die erforderlich ist, um die Verankerungskraft F_{Ed} aufzunehmen

Versatzmaß a_l

Das Versatzmaß a_l ist wie folgt zu ermitteln:

$$a_l = \frac{z}{2} \cdot (\cot \theta - \cot \alpha) \geq 0$$

θ Neigungswinkel der Betondruckstrebe nach Abschnitt 5.3.3

α Neigungswinkel der Querkraftbewehrung

Für Platten ohne Querkraftbewehrung gilt: $a_l = 1{,}0 \cdot d$.

Erforderliche Verankerungslänge am Endauflager

Mindestens

- die Hälfte der Feldbewehrung bei Platten
- ein Viertel der Feldbewehrung bei Balken und Plattenbalken

ist in die End- und Zwischenauflager zu führen und entsprechend Abb. 17 zu verankern. Die Verankerungslänge beginnt an der Innenkante des Auflagers. Die zu verankernde Bewehrung ist zumindest bis über die rechnerische Auflagerlinie hinauszuführen.

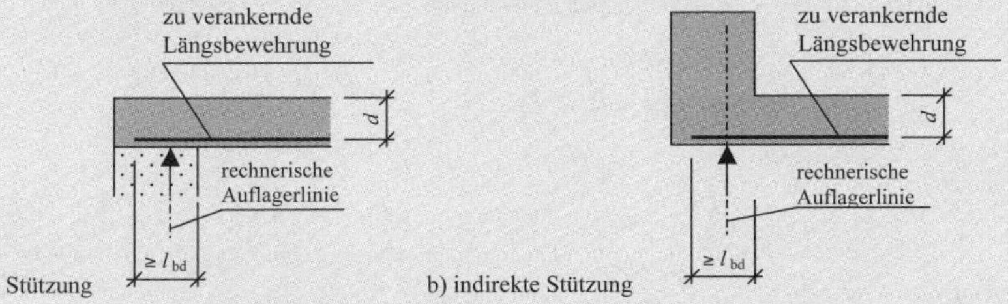

Abb. 17: Verankerung der Feldbewehrung am Endauflager

7.4.5 Verankerung der Feldbewehrung an Zwischenauflagern

An Zwischenauflagern ist die Feldbewehrung mindestens um das Maß $6 \cdot \varnothing$ hinter die Auflagervorderkante zu führen. Es wird darüber hinausgehend empfohlen, die untere Bewehrung so auszubilden, dass an Zwischenauflagern positive Biegemomente aus außergewöhnlichen Beanspruchungen (Auflagersetzungen, Explosion, Brandfall) aufgenommen werden können.

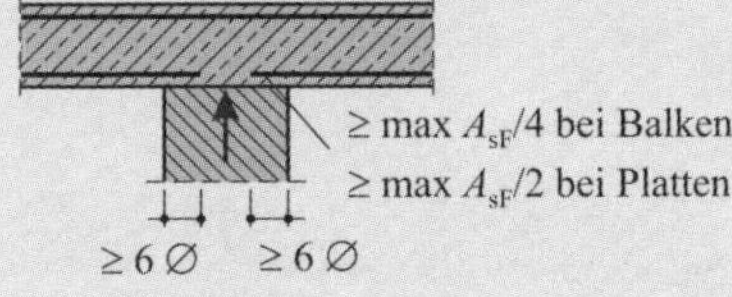

7.4.6 Verankerung der Querkraftbewehrung

Die Querkraftbewehrung ist durch Haken, Winkelhaken oder angeschweißte Querstäbe zu verankern, siehe Abb. 18. Innerhalb von Haken und Winkelhaken ist ein Querstab vorzusehen. Bei einer Verankerung mit angeschweißten Querstäben muss im Verankerungsbereich die seitliche Betondeckung der Bügel mindestens $3 \cdot \varnothing$ ($\varnothing$ ist dabei der Bügeldurchmesser) und 50 mm betragen.

Das Schließen der Bügel in der Druck- oder Zugzone von Balken soll nach Abb. 19 und Abb. 20 erfolgen. Die Bügel müssen die Zugbewehrung umfassen. Bei Plattenbalken können die Bügel im Bereich der Platte mittels durchgehender Querstäbe geschlossen werden, sofern die Bedingung $V_{Ed} \leq 0{,}66 \cdot V_{Rd,max}$ erfüllt ist.

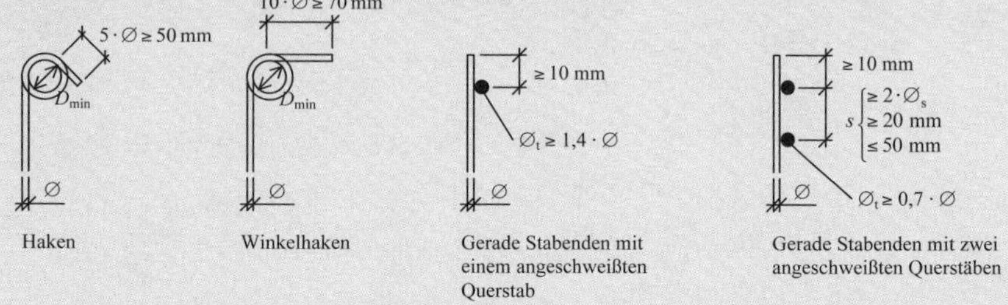

Abb. 18: Verankerungselemente für Bügel

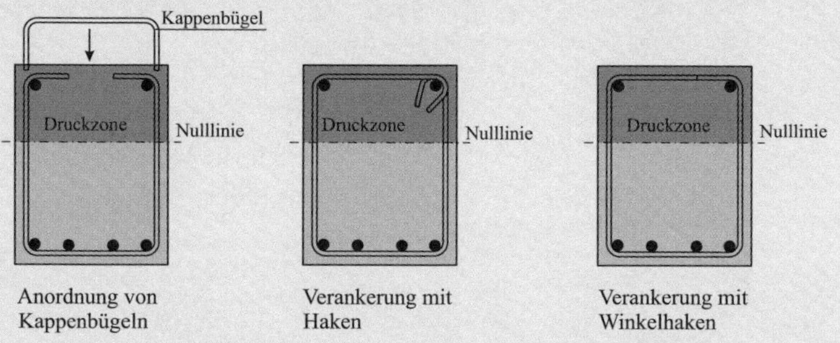

Abb. 19: Schließen von Bügeln in der Druckzone

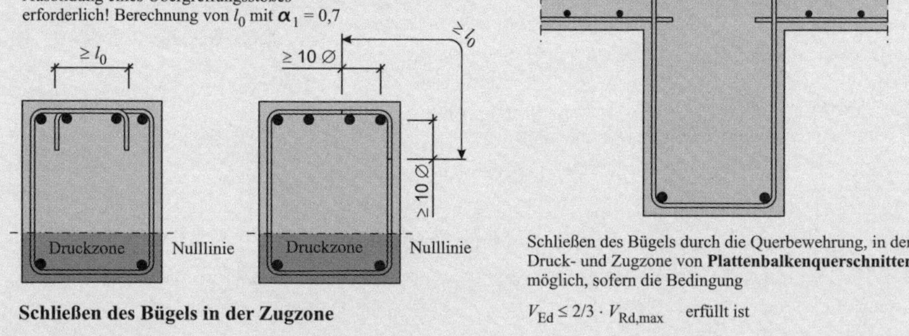

Abb. 20: Schließen von Bügeln in der Zugzone

7.5 Bewehrungsstöße

7.5.1 Allgemeines

Die Ausbildung der Stöße von Bewehrungsstäben kann durch mechanische Verbindungen (Schraubstoß, Muffenstoß, jeweils bauaufsichtliche Zulassung erforderlich), Schweißen oder indirekt durch Übergreifen der Betonstähle (Übergreifungsstoß) erfolgen. Druckstäbe mit $Ø_s \geq 20$ mm dürfen bei Vorliegen besonderer Voraussetzungen auch durch Kontakt der Stabstirnflächen gestoßen werden, siehe DIN EN 1992-1-1/NA:2013-04, 8.7.2, NA.5.

Hinsichtlich der Anordnung von **Übergreifungsstößen** ist zu beachten:

- Übergreifungsstöße sollten versetzt und nicht in hochbeanspruchten Bereichen (z.B. plastischen Gelenken) angeordnet werden.
- In einer Lage angeordnete Zugstäbe dürfen zu 100 % gestoßen werden.
- Zugstäbe, die in mehreren Lagen angeordnet werden, dürfen maximal zu 50 % in einem Schnitt gestoßen werden.
- Druckstäbe und die Querbewehrung dürfen vollständig in einem Schnitt gestoßen werden.

7.5.2 Berechnung der erforderlichen Übergreifungslänge l_0

l_0 Übergreifungslänge, siehe Abb. 21, $l_0 \geq \begin{cases} \alpha_1 \cdot \alpha_2 \cdot \alpha_3 \cdot \alpha_5 \cdot \alpha_6 \cdot \left(A_{s,erf} / A_{s,vorh}\right) \cdot l_{b,rqd} \\ l_{0,min} \end{cases}$

$l_{b,rqd}$ Grundwert der Verankerungslänge, siehe Abschnitt 7.4.3

α_1, α_2, α_3 und α_5 siehe Abschnitt 7.4.3

Bei der Ermittlung von α_3 ist $\sum A_{st,min} = 1{,}0 \cdot A_s \cdot \left(\sigma_{sd} / f_{yd}\right)$ zu setzen.

α_6 Beiwert für die Ermittlung der Übergreifungslänge nach Tafel 39

$l_{0,min}$ Mindestwert der Übergreifungslänge, $l_{0,min} \geq \begin{cases} 0{,}3 \cdot \alpha_1 \cdot \alpha_6 \cdot l_{b,rqd} \\ 15 \cdot \varnothing \\ 200 \text{ mm} \end{cases}$

Bei der Ermittlung von $l_{0,min}$ darf der Einfluss von angeschweißten Querstäben (Beiwert α_4 nach Tafel 38) nicht berücksichtigt werden!

Tafel 39: Beiwerte α_6 für die Ermittlung der Übergreifungslänge

		Anteil der ohne Längsversatz gestoßenen Stäbe am Querschnitt einer Bewehrungslage	
		≤ 33 %	> 33 %
Zugstoß	∅ < 16 mm	1,2 [a)]	1,4 [a)]
Zugstoß	∅ ≥ 16 mm	1,4 [a)]	2,0 [b)]
Druckstoß		1,0	1,0

a) Falls $a \geq 8\,\varnothing$ und $c_1 \geq 4\,\varnothing$ gilt: $\alpha_6 = 1{,}0$
b) Falls $a \geq 8\,\varnothing$ und $c_1 \geq 4\,\varnothing$ gilt: $\alpha_6 = 1{,}4$

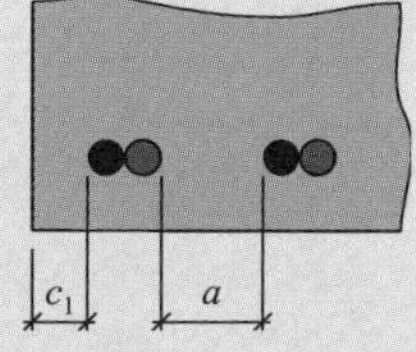

Rand- und Achsabstand von Übergreifungsstößen

Als **in Längsrichtung versetzt**, und damit nicht in einem Schnitt gestoßen, gelten Übergreifungsstöße, wenn der Längsabstand der Stoßmitten mindestens der 1,3-fachen erforderlichen Übergreifungslänge l_0 entspricht (Abb. 21). Die zu stoßenden Stäbe sollen möglichst dicht nebeneinander liegen. Ist der lichte Abstand zwischen den gestoßenen Stäben größer als $4 \cdot \varnothing$, so ist die Übergreifungslänge um die Differenz aus dem vorhandenen lichten Stababstand und $4 \cdot \varnothing$ bzw. 50 mm zu vergrößern.

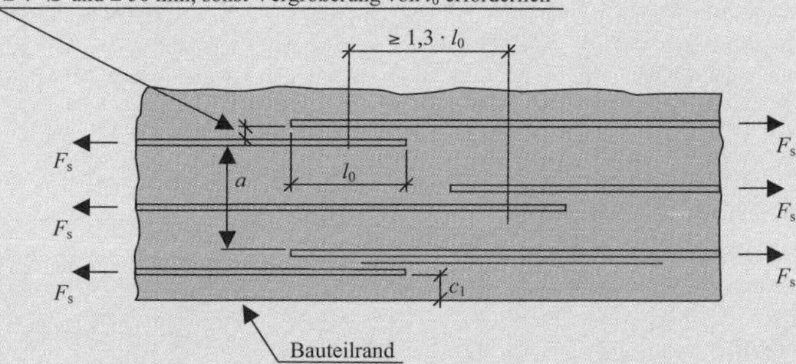

Abb. 21: Längsversatz und Querabstand bei zueinander versetzt angeordneten Übergreifungsstößen

7.5.3 Querbewehrung im Bereich von Übergreifungsstößen

Zur Aufnahme der im Bereich von Übergreifungsstößen auftretenden Querzugkräfte ist die Anordnung einer Querbewehrung notwendig. Für die erforderliche Querschnittsfläche und die konstruktive Ausbildung der Querbewehrung gelten folgende Regelungen:

- Die allgemein anzuordnende konstruktive Bewehrung (siehe Abschnitt 8) ist als Querbewehrung ohne weiteren rechnerischen Nachweis ausreichend, wenn
  - für die gestoßene Bewehrung $\varnothing < 20$ mm eingehalten wird, oder
  - der Anteil der in einem Schnitt gestoßenen Bewehrungsstäbe höchstens 25 % beträgt.
- Ist der Durchmesser der gestoßenen Stäbe $\varnothing \geq 20$ mm, gilt:
  - Die Querschnittsfläche der Querbewehrung muss mindestens so groß sein, wie die Querschnittsfläche eines gestoßenen Stabes ($\Sigma A_{st} \geq 1{,}0 \cdot A_s$).

Für die konstruktive Ausbildung der Querbewehrung gilt:

- Die Querbewehrung ist jeweils am Stoßanfang und -ende innerhalb einer Distanz von $l_0/3$ gleichmäßig zu verteilen. Bei Druckstößen muss darüber hinaus ein Stab der Querbewehrung außerhalb des Stoßbereiches, aber in keinem größeren Abstand als 4 $\varnothing$ vom Stoßende vorgesehen werden.
- Eine bügelartige Ausbildung der Querbewehrung ist in folgenden Fällen erforderlich:
  - Generell in vorwiegend biegebeanspruchten Bauteilen mit einer Betonfestigkeit ≥ C70/85. Die Querschnittsfläche der Bügelschenkel, welche rechtwinklig zur Bauteiloberfläche angeordnet sind, muss dann der erforderlichen Querschnittsfläche von allen im betreffenden Schnitt gestoßenen Längsbewehrungsstäben entsprechen.
  - In flächenartigen Bauteilen, wenn $a \leq 5\,\varnothing$ ist. Die Querbewehrung darf jedoch gerade sein, wenn die Übergreifungslänge l_0 nach Abschnitt 7.5.2 um 30 % vergrößert wird.
  - Sofern bei mehrlagiger Bewehrungsanordnung mehr als die Hälfte des Querschnitts der einzelnen Lagen in einem Schnitt gestoßen wird und der Abstand benachbarter Stöße in einem Querschnitt $a \leq 10\,\varnothing$ ist. Die Bügel sind für die Kraft aller gestoßenen Stäbe zu bemessen.
- In allen anderen Fällen darf die Querbewehrung gerade ausgebildet werden.
- Auf eine bügelartige Ausbildung der Querbewehrung darf auch verzichtet werden, wenn der Abstand der Stoßmitten benachbarter Stöße mit geraden Stabenden ungefähr 0,5 l_0 beträgt.

7.5.4 Übergreifungsstöße von Betonstahlmatten in Tragrichtung

Hinsichtlich der Stoßausbildung ist grundsätzlich zwischen Ein-Ebenen-Stößen (in DIN EN 1992-1-1 als Verschränkung bezeichnet) und Zwei-Ebenen-Stößen zu unterscheiden. Bei Ermüdungsbeanspruchung ist im Allgemeinen ein Ein-Ebenen-Stoß auszubilden.

Ein-Ebenen-Stoß: Die zu stoßenden Tragstäbe liegen in einer Ebene.

Bei Ein-Ebenen-Stößen darf die Übergreifungslänge l_0 wie für Stabstahl nach Abschnitt 7.5.2 berechnet werden. Bei Matten mit Doppelstäben geht dabei der Vergleichsdurchmesser $\varnothing_n$ an Stelle des Durchmessers der Einzelstäbe in die Berechnung ein. Die Auswirkungen nicht angeschweißter Querstäbe sind zu vernachlässigen ($\alpha_3 = 1{,}0$). Der Mindestwert der Übergreifungslänge $l_{0,\min}$ sollte den Abstand der Querbewehrung der Matten s_{quer} nicht überschreiten.

Zwei-Ebenen-Stoß: Die zu stoßenden Tragstäbe liegen mit einem Versatz übereinander.

Bei der Ausbildung von Zwei-Ebenen-Stößen ist zu beachten:

- Die Stöße der Hauptbewehrung sind so anzuordnen, dass im GZT $\sigma_s \leq 0{,}8 \cdot f_{yd}$ ist. Wird dies nicht eingehalten, ist die Nutzhöhe für die innere Bewehrungslage zu bestimmen und beim Nachweis der Rissbreitenbeschränkung die Stahlspannung um 25 % zu erhöhen.
- Betonstahlmatten mit einem Bewehrungsquerschnitt $a_s \leq 12$ cm²/m dürfen ohne Längsversatz gestoßen werden. Bei größeren Bewehrungsquerschnitten sind Vollstöße nur in der in-

neren Lage bei mehrlagiger Bewehrungsausführung möglich, dabei dürfen nicht mehr als 60 % des erforderlichen Bewehrungsquerschnitts gestoßen werden.

- Bei mehrlagiger Bewehrung sind die Stöße der einzelnen Lagen mindestens um die 1,3-fache Übergreifungslänge l_0 in Längsrichtung zu versetzen.

Für die Ermittlung der Übergreifungslänge l_0 von Zwei-Ebenen-Stößen gilt:

$$l_0 = \max \begin{cases} \alpha_7 \cdot l_{b,rqd} \cdot a_{s,erf} / a_{s,vorh} \\ l_{0,min} \end{cases}$$

α_7 Beiwert zur Berücksichtigung des Mattenquerschnittes, $\alpha_7 = 0{,}4 + \frac{a_{s,vorh}}{8} \begin{cases} \geq 1{,}0 \\ \leq 2{,}0 \end{cases}$

$a_{s,vorh}$ Querschnittsfläche der gestoßenen Betonstahlmatte in cm^2/m

$a_{s,erf}$ erforderliche Querschnittsfläche der Bewehrung im Stoßbereich in cm^2/m

$l_{0,min}$ Mindestwert der Übergreifungslänge

$$l_{0,min} = 0{,}3 \cdot \alpha_7 \cdot l_{b,rqd} \geq \begin{cases} s_q \\ 200\ \text{mm} \end{cases}$$

$l_{b,rqd}$ Grundwert der Verankerungslänge nach Abschnitt 7.4.3

s_q Abstand der angeschweißten Querstäbe

Eine zusätzliche Querbewehrung ist im Übergreifungsbereich nicht erforderlich.

7.5.5 Übergreifungsstöße der Querbewehrung von Betonstahlmatten

Die Querbewehrung darf zu 100 % in einem Querschnitt gestoßen werden. Die erforderliche Übergreifungslänge der Querbewehrung ergibt sich aus folgenden Anforderungen:

- Einhaltung der Mindestübergreifungslängen $l_{0,min}$ nach Tafel 40,
- innerhalb von l_0 müssen i.d.R. mindestens 2 Stäbe der Längsbewehrung vorhanden sein.

Bei Verwendung von Betonstahlmatten mit Randsparbereichen ist zu beachten, dass sich derartige Matten in Querrichtung mindestens um die Größe des Randsparbereiches übergreifen müssen.

Tafel 40: Mindestübergreifungslänge l_0 der Querstäbe von Betonstahlmatten

Stabdurchmesser der Querbewehrung ∅ in mm	≤ 6	> 6 ≤ 8,5	> 8,5 ≤ 12	> 12
Mindestübergreifungslänge der Querstäbe	$\geq \begin{cases} 1{,}0 \cdot s_l \\ 150\ \text{mm} \end{cases}$	$\geq \begin{cases} 2{,}0 \cdot s_l \\ 250\ \text{mm} \end{cases}$	$\geq \begin{cases} 2{,}0 \cdot s_l \\ 350\ \text{mm} \end{cases}$	$\geq \begin{cases} 2{,}0 \cdot s_l \\ 500\ \text{mm} \end{cases}$
s_l Abstand der Längsbewehrungsstäbe, $1{,}0 \cdot s_l$ entspricht einer Mattenmasche.				

7.6 Stabbündel

Stabbündel werden aus Einzelstäben gebildet, deren Oberflächen sich berühren und die während der Montage und des Betonierens durch geeignete Maßnahmen zusammengehalten werden. Innerhalb eines Stabbündels müssen alle Stäbe gleiche Eigenschaften (Sorte, Festigkeitsklasse) aufweisen. Der Einzelstabdurchmesser darf 28 mm nicht überschreiten. Die Verwendung unterschiedlicher Stabdurchmesser ist möglich, wenn das Verhältnis der Durchmesser den Wert 1,7 nicht überschreitet.

Die in den Abschnitten 7.1 bis 7.5 dargestellten Regelungen gelten auch für Stabbündel, sofern bei den entsprechenden Nachweisen anstelle des Einzelstabdurchmessers ∅ der Vergleichsdurchmesser $\varnothing_n$ angesetzt wird. Ausnahmen bzw. Ergänzungen sind bezüglich der Betondeckung und des Mindestabstandes (siehe Abb. 22) sowie der Verankerung und dem Stoß von Stabbündeln zu beachten (siehe DIN EN 1992-1-1, 8.9).

$$\varnothing_n = \varnothing \cdot \sqrt{n_b} \leq 55\ \text{mm}$$

$\varnothing_n$ Vergleichsdurchmesser

∅ Einzelstabdurchmesser

n_b Anzahl der Einzelstäbe im Bündel

$n_b \leq 4$ bei lotrechten Druckstäben und in Übergreifungsstößen

$n_b \leq 3$ in allen sonstigen Fällen

Der Vergleichsdurchmesser ist bei Betonfestigkeiten ab C70/85 auf $\varnothing_n = 28$ mm zu begrenzen.

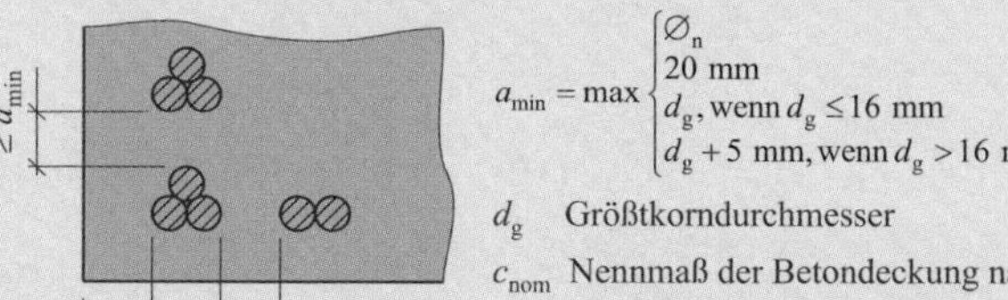

$$a_{min} = \max \begin{cases} \varnothing_n \\ 20 \text{ mm} \\ d_g, \text{wenn } d_g \leq 16 \text{ mm} \\ d_g + 5 \text{ mm, wenn } d_g > 16 \text{ mm} \end{cases}$$

d_g Größtkorndurchmesser

c_{nom} Nennmaß der Betondeckung nach Abschnitt 7.1.2, ermittelt für den Vergleichsdurchmesser $\varnothing_n$

Abb. 22: Anordnung von Stabbündeln

8 Bauteilspezifische konstruktive Regelungen

8.1 Allgemeine Regelungen für überwiegend biegebeanspruchte Bauteile

8.1.1 Mindestbewehrung und Höchstbewehrung von überwiegend biegebeanspruchten Bauteilen

Mindestbewehrung $A_{s,min}$

Die Mindestbewehrung zur Sicherstellung eines duktilen Bauteilverhaltens ist für das mit dem Mittelwert der Betonzugfestigkeit f_{ctm} bestimmte Rissmoment M_{cr} und eine Stahlspannung $\sigma_s = f_{yk}$ zu ermitteln.

$$A_{s,min} = \frac{M_{cr,s}/z_{II} + N_{cr}}{f_{yk}} \quad \text{mit} \quad M_{cr} = \left(f_{ctm} - \frac{N_{cr}}{A_c}\right) \cdot \frac{I_{cI}}{z_{I,c1}} \quad \text{und} \quad M_{cr,s} = M_{cr} - N_{cr} \cdot z_s$$

z_{II} Hebelarm der inneren Kräfte im Zustand II (gerissener Zustand), $z_{II} \approx 0{,}9 \cdot d$

N_{cr} einwirkende Normalkraft bei Rissbildung (als Druckkraft mit negativem Vorzeichen, als Zugkraft mit positivem Vorzeichen einzusetzen, Vorspannkräfte dürfen nicht berücksichtigt werden)

A_c Querschnittsfläche

I_{cI} Flächenmoment 2. Grades des Querschnittes im Zustand I (ungerissener Zustand)

$z_{I,c1}$ Abstand von der Schwerachse des ungerissenen Querschnittes bis zum gezogenen Bauteilrand

z_s Abstand von der Schwerachse des ungerissenen Querschnittes bis zur Schwerachse der Zugbewehrung

Für die *Anordnung und Verteilung der Mindestbewehrung* gilt:

- Die Mindestbewehrung ist gleichmäßig über die Breite und anteilig über die Höhe der Zugzone zu verteilen.
- Die Mindestbewehrung ist an End- und Innenauflagern mit der Mindestverankerungslänge zu verankern (siehe Abschnitt 7.4.3). Stöße sind so auszubilden, dass die volle Zugkraft übertragen werden kann.
- Die im Feld anzuordnende untere Mindestbewehrung muss zwischen den Auflagern durchlaufen, hochgeführte Spannglieder und Bewehrungen dürfen nicht auf die Mindestbewehrung angerechnet werden.
- Die im Bereich von Innenstützen vorzusehende obere Mindestbewehrung ist in die angrenzenden Felder mit einer Länge von einem Viertel der Stützweite zu führen.
- Bei Kragarmen muss die Mindestbewehrung über die gesamte Kragarmlänge durchlaufen.
- Bei zweiachsig gespannten Platten ist es ausreichend, die Mindestbewehrung in der Hauptspannrichtung anzuordnen.

– Bei Gründungsbauteilen und durch Erddruck belasteten Wänden kann auf die Mindestbewehrung verzichtet werden, wenn durch Umlagerung des Sohl- bzw. Erddrucks ein duktiles Bauteilverhalten sichergestellt werden kann.

Umschnürung der Biegedruckzone (Empfehlung entsprechend DIN 1045-1, DIN EN 1992-1-1 enthält keine Angaben)

Bei hochbeanspruchten Balken mit Überschreitung der x_d/d-Werte nach Abschnitt 4.2 ist eine Umschnürung der Biegedruckzone erforderlich. Als dafür geeignet gelten Bügel mit einem Durchmesser $\varnothing_{bü} \geq 10$ mm und einem Abstand:

– in Längsrichtung: $s_l \leq 0{,}25 \cdot h$ bzw. 200 mm
– in Querrichtung: $s_q \leq h$ bzw. 600 mm (für Betone ≤ C50/60 bzw. ≤ LC50/55)
  $s_q \leq h$ bzw. 400 mm (für Betone > C50/60 bzw. > LC50/55)

Höchstbewehrung

Für die maximal zulässige Bewehrung (Summe von Zug- und Druckbewehrung) eines Querschnittes $A_{s,max}$ gilt (auch im Bereich von Übergreifungsstößen):

$$A_{s,max} = 0{,}08 \cdot A_c$$

8.2 Platten

Die nachfolgenden Angaben gelten für Vollplatten aus Ortbeton. Für vorgefertigte Deckensysteme sind zusätzlich die in DIN EN 1992-1-1, 10.9.3 getroffenen Festlegungen zu beachten.

8.2.1 Mindestdicke

Die Mindestdicke von Vollplatten aus Ortbeton beträgt:

– allgemein: 70 mm
– bei Platten mit Querkraftbewehrung (Aufbiegungen): 160 mm
– bei Platten mit Querkraftbewehrung (Bügel) oder Durchstanzbewehrung: 200 mm

8.2.2 Biegezugbewehrung

Zugkraftdeckung

Für Platten gelten sinngemäß die gleichen Regeln wie für Balken und Plattenbalken (siehe Abschnitt 8.3.1). Davon abweichend ist jedoch mindestens die Hälfte der Feldbewehrung bis zu den Auflagern zu führen und dort zu verankern.

Bei Platten ohne Querkraftbewehrung darf für das Versatzmaß $a_l = d$ angenommen werden.

Querbewehrung

In Platten ist eine Querbewehrung vorzusehen, deren Querschnittsfläche mindestens 20 % der Querschnittsfläche der Hauptbewehrung beträgt. Bei Verwendung von Betonstahlmatten muss $\varnothing \geq 5$ mm sein.

Maximale Stababstände

– Hauptbewehrung:
  • für Plattendicken $h \leq 150$ mm: $s_{max} = 150$ mm
  • für Plattendicken $h \geq 250$ mm: $s_{max} = 250$ mm (Zwischenwerte sind zu interpolieren.)
– Querbewehrung: $s_{max} \leq 250$ mm

Bewehrung an freien Plattenrändern

An freien (ungestützten) Plattenrändern ist eine Längs- und Querbewehrung anzuordnen. Ausnahme: Bei innen liegenden Bauteilen des üblichen Hochbaus und bei Fundamenten ist diese Bewehrung nicht erforderlich.

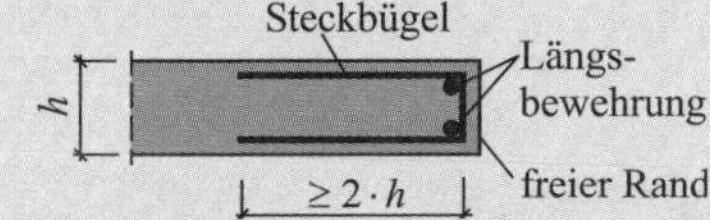

Stahlbetonbau

Konstruktive Einspannbewehrung

Wird an Endauflagern im Rahmen der Schnittgrößenermittlung eine frei drehbare Auflagerung angenommen, sind die Auswirkungen von damit vernachlässigten teilweisen Einspannungen durch eine auf der Bauteiloberseite angeordnete konstruktive Einspannbewehrung abzudecken. Die Einspannbewehrung sollte für mindestens 25 % des benachbarten Feldmomentes ermittelt und über die 0,25-fache Länge des angrenzenden Endfeldes (vom Auflagerrand gemessen) verlegt werden.

Drillbewehrung

Die Anordnung einer Drillbewehrung in den Plattenecken

- ist erforderlich, wenn die Schnittgrößenermittlung unter Berücksichtigung der Drillsteifigkeit erfolgt,
- wird empfohlen, wenn vierseitig gelagerte Platten als einachsig gespannt oder unter Vernachlässigung der Drillsteifigkeit berechnet werden.

Die Drillbewehrung darf in Form einer parallel zu den Plattenrändern verlaufenden oberen und unteren Netzbewehrung ausgebildet werden, die in jeder Richtung die gleiche Querschnittsfläche wie die entsprechende Feldbewehrung und eine Länge von $0{,}3 \cdot \min l_{\text{eff}}$ aufweist. Davon abweichend gilt:

- In Plattenecken, bei denen ein frei aufliegendes und ein eingespanntes Plattenauflager aufeinander treffen, ist es ausreichend, rechtwinklig zum freien Rand die Hälfte der Feldbewehrung einzulegen.
- Bei einer biegefesten Verbindung der Platte mit benachbarten Plattenfeldern oder einem Randbalken darf auf die Drillbewehrung verzichtet werden.

8.2.3 Querkraftbewehrung

Für die konstruktive Durchbildung querkraftbewehrter Platten gilt Abschnitt 8.3.2 unter Beachtung nachfolgender Änderungen bzw. Ergänzungen:

- bei Platten mit einem Verhältnis $b/h > 5$:
  - für $V_{\text{Ed}} \leq V_{\text{Rd,c}}$ ist keine Mindestquerkraftbewehrung erforderlich,
  - für $V_{\text{Ed}} > V_{\text{Rd,c}}$ ist der 0,6-fache Wert der Mindestquerkraftbewehrung für Balken nach Abschnitt 8.3.2 erforderlich,
- bei Platten mit einem Verhältnis $4 \leq b/h \leq 5$:
  - für $V_{\text{Ed}} \leq V_{\text{Rd,c}}$ ist eine Mindestquerkraftbewehrung erforderlich, die zwischen 0 (für $b/h = 5$) und der Mindestquerkraftbewehrung für Balken nach Abschnitt 8.3.2 (für $b/h = 4$) zu interpolieren ist,
  - für $V_{\text{Ed}} > V_{\text{Rd,c}}$ ist eine Mindestquerkraftbewehrung erforderlich, die zwischen der 0,6-fachen (für $b/h = 5$) und der einfachen Mindestquerkraftbewehrung für Balken nach Abschnitt 8.3.2 (für $b/h = 4$) zu interpolieren ist.
- bei Platten mit einem Verhältnis $b/h < 4$: Es ist die Mindestbewehrung für Balken nach Abschnitt 8.3.2 vorzusehen.

Die Querkraftbewehrung darf vollständig aus aufgebogenen Stäben oder Querkraftzulagen bestehen, wenn $V_{\text{Ed}} \leq 0{,}33\ V_{\text{Rd,max}}$ ist.

Höchstabstände der Querkraftbewehrung in Längs- und Querrichtung

- Längsrichtung:
  - für $V_{\text{Ed}} \leq 0{,}30\ V_{\text{Rd,max}}$: $s_{\max} = 0{,}7\ h$
  - für $0{,}30\ V_{\text{Rd,max}} < V_{\text{Ed}} \leq 0{,}60\ V_{\text{Rd,max}}$: $s_{\max} = 0{,}5\ h$
  - für $V_{\text{Ed}} > 0{,}60\ V_{\text{Rd,max}}$: $s_{\max} = 0{,}25\ h$
- Querrichtung: $s_{\max} = h$
- Längsabstand von aufgebogenen Stäben: $s_{\max} = h$

8.2.4 Deckengleiche Balken (unterbrochene Stützung) nach [DAfStb Heft 631]

Wenn die linienförmige Unterstützung von Platten mit vorwiegend ruhender Beanspruchung in begrenzten Bereichen unterbrochen ist, darf die geänderte Tragwirkung der Platte näherungsweise nach Tafel 41 und Tafel 42 erfasst werden.

Tafel 41: Näherungsweise Berechnung von deckengleichen Unterzügen

$l_n/h \leq 7$	Anordnung von konstruktiven Bewehrungszulagen ohne rechnerischen Nachweis	
$7 < l_n/h \leq 15$	in Richtung der unterbrochenen Unterstützung	senkrecht zur unterbrochenen Unterstützung
	Biegebemessung an einem Ersatzbalken mit der Stützweite $l_{eff} = 1{,}05 \cdot l_n$ und folgenden Breiten: – $b_{M,F}$ für die Biegebemessung im Feld – $b_{M,S}$ für die Biegebemessung an der Stütze Die Lasteinzugsflächen sind in Tafel 42 angegeben. Anstelle eines Querkraftnachweises ist ein Durchstanznachweis am Wandende zu führen. Für $V_{Ed} \leq V_{Rd,c}$ darf auf eine Mindestquerkraftbewehrung verzichtet werden.	An Innenauflagern: Feld- und Stützbewehrung der Platte auch im Bereich der unterbrochenen Stützung einlegen; Verstärkung der Stützbewehrung ab $l_{eff}/h > 10$ linear um bis zu 40 % bei $l_{eff}/h \geq 15$; Anordnung nach Tafel 42. An Endauflagern: Feldbewehrung der Platte auch im Bereich der unterbrochenen Stützung einlegen; Anordnung der Einfassungsbewehrung (Steckbügel) nach Tafel 42; $a_{sbü} = d/10$ (d in cm).
$l_n/h > 15$	Genauere Berechnung nach der Plattentheorie.	

Tafel 42: Berechnung und konstruktive Durchbildung von deckengleichen Balken für $7 < l_{eff}/h \leq 15$ nach [DAfStb Heft 631]

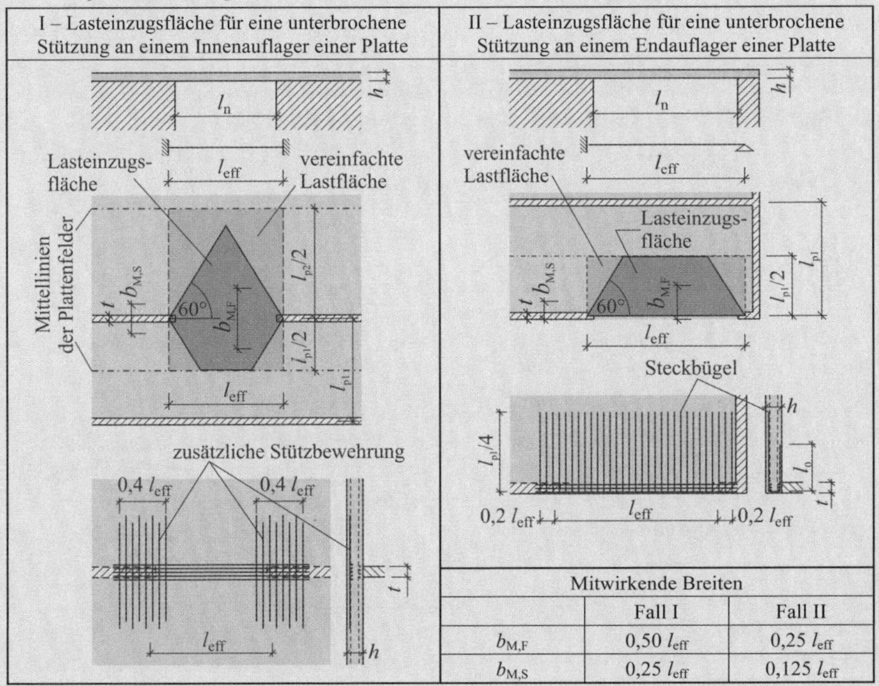

Mitwirkende Breiten		
	Fall I	Fall II
$b_{M,F}$	0,50 l_{eff}	0,25 l_{eff}
$b_{M,S}$	0,25 l_{eff}	0,125 l_{eff}

Anmerkung: Das statische System des deckengleichen Balkens ist aus der vorhandenen Auflagersituation abzuleiten.

8.2.5 Punktförmig gestützte Platten

Über den Innenstützen sind beidseitig der Stütze jeweils 50% der insgesamt erforderlichen Stützbewehrung auf einer Breite entsprechend der 0,125-fachen effektiven Stützweite der angrenzenden Deckenfelder anzuordnen, sofern keine genaueren Nachweise zur Sicherstellung der Gebrauchstauglichkeit geführt werden.

Im Bereich von Innen- und Randstützen ist stets ein Teil der Feldbewehrung über die Stützstreifen hinwegzuführen bzw. dort zu verankern („Notfallbewehrung"). Die Querschnittsfläche dieser Bewehrung muss (als Summe für beide Achsrichtungen zusammengerechnet) mindestens $A_s = V_{Ed}/f_{yk}$ (mit $\gamma_F = 1{,}0$) betragen und ist im Bereich der Lasteinleitungsfläche anzuordnen.

Zur Anordnung der Durchstanzbewehrung siehe Abb. 23. Die Durchstanzbewehrung muss bei Verwendung von Bügeln aus mindestens zwei Bewehrungsreihen bestehen, Bei Schrägstäben ist eine Bewehrungsreihe ausreichend. Schrägstäbe sollten eine Neigung von 45° ≤ α ≤ 60° zur Plattenebene haben.

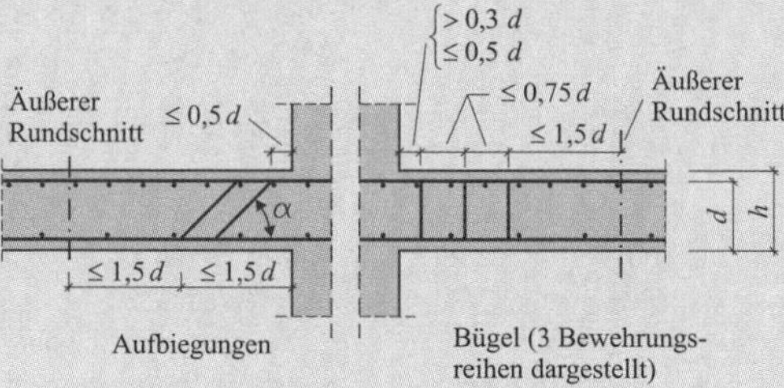

a) Zulässige Abstände der Durchstanzbewehrung in radialer Richtung

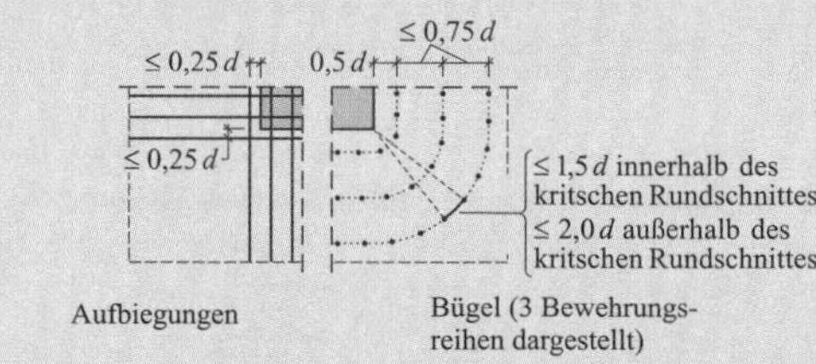

b) Zulässige Abstände der Durchstanzbewehrung in tangentialer Richtung

Abb. 23: Anordnung der Durchstanzbewehrung

Zur Mindestquerschnittsfläche eines Bügelschenkels siehe Seite 84. Die Stabdurchmesser der Durchstanzbewehrung sollen folgende Werte nicht überschreiten:

– Bügel: ∅ ≤ 0,05 d – Schrägstäbe: ∅ ≤ 0,08 d

8.3 Balken und Plattenbalken

8.3.1 Längsbewehrung

Bewehrung zur Aufnahme rechnerisch nicht berücksichtigter Einspannungen

Es gelten die gleichen Regelungen wie für Platten, siehe Seite 114.

Ausgelagerte Bewehrung

Eine Auslagerung der Längszugbewehrung aus dem Steg von Plattenbalken- oder Hohlkastenquerschnitten in die angrenzende Platte darf höchstens auf einer Breite entsprechend der halben mitwirkenden Plattenbreite nach Abschnitt 4.1.4 erfolgen.

8.3.2 Querkraftbewehrung

Allgemeines

Der Winkel zwischen der Querkraftbewehrung und der Bauteilachse sollte zwischen 45° und 90° liegen. Die Querkraftbewehrung kann aus einer Kombination folgender Bewehrungen gebildet werden:

- Bügel (Umfassung der Längszugbewehrung und der Druckzone)
- Schrägstäbe
- Querkraftzulagen (z.B. Körbe, Leitern), die nicht die Längszugbewehrung umfassen, aber ausreichend im Druck- und Zugbereich verankert sind.

Mindestens 50 % der erforderlichen Querkraftbewehrung muss durch Bügel abgedeckt werden.

Mindestbewehrung und maximaler Abstand der Querkraftbewehrung

$A_{sw} \geq \rho_{w,min} \cdot s \cdot b_w \cdot \sin\alpha$ bzw. $a_{sw} = A_{sw}/s = \rho_{w,min} \cdot b_w \cdot \sin\alpha$

A_{sw} Querschnittsfläche eines Elements (z.B. eines Bügels) der Querkraftbewehrung

$\rho_{w,min}$ Mindestbewehrungsgrad
- allgemein: $\rho_{w,min} = 0{,}16 \cdot f_{ctm} / f_{yk} = 1{,}0 \cdot \rho$
- für gegliederte Querschnitte mit vorgespanntem Zuggurt: $\rho_{w,min} = 1{,}6\ \rho$

ρ nach Tafel 43

s Längsabstand der Elemente der Querkraftbewehrung

b_w maßgebende Stegbreite

α Neigungswinkel der Querkraftbewehrung

Tafel 43: Grundwerte ρ für die Ermittlung der Mindest- bzw. Oberflächenbewehrung

	Betonfestigkeitsklasse C														
	12/15	16/20	20/25	25/30	30/37	35/45	40/50	45/55	50/60	55/67	60/75	70/85	80/95	90/105	100/115
ρ in ‰	0,51	0,61	0,70	0,83	0,93	1,02	1,12	1,21	1,31	1,34	1,41	1,47	1,54	1,60	1,66
Der Grundwert ρ wird aus $\rho = 0{,}16 \cdot f_{ctm} / f_{yk}$ berechnet.															

Tafel 44: Maximale Längs- und Querabstände s_{max} von Bügeln und Querkraftzulagen

Querkraftausnutzung [2)]	Längsabstände ≤ C50/60 ≤ LC50/55	Längsabstände > C50/60 > LC50/55	Querabstände ≤ C50/60 ≤ LC50/55	Querabstände > C50/60 > LC50/55
$V_{Ed} \leq 0{,}30\ V_{Rd,max}$	$0{,}7\ h$ [1)] ≤ 300 mm	$0{,}7\ h \leq 200$ mm	$h \leq 800$ mm	$h \leq 600$ mm
$0{,}30\ V_{Rd,max} < V_{Ed} \leq 0{,}60\ V_{Rd,max}$	$0{,}5\ h \leq 300$ mm	$0{,}5\ h \leq 200$ mm	$h \leq 600$ mm	$h \leq 400$ mm
$V_{Ed} > 0{,}60\ V_{Rd,max}$	$0{,}25\ h \leq 200$ mm			

1) Bei Balken mit $h < 200$ mm und $V_{Ed} \leq V_{Rd,c}$ muss der Bügelabstand nicht geringer als 150 mm sein.
2) $V_{Rd,max}$ darf bei der Bestimmung von s_{max} vereinfacht mit $\theta = 40°$ (cot $\theta = 1{,}2$) bestimmt werden.

Für die maximal zulässigen Abstände von Schrägstäben gilt:
- Längsabstand: $s_{max} = 0{,}5\ h \cdot (1 + \cot\alpha)$
- Querabstand: nach Tafel 44

Abstufung der Querkraftbewehrung entlang der Bauteilachse

Entlang der Bauteilachse ist die Querkraftbewehrung so anzuordnen, dass an jeder Stelle die Bemessungsquerkraft aufgenommen werden kann. Bei Tragwerken des üblichen Hochbaus darf nach [DAfStb Heft 600] die Querkraftdeckungslinie in begrenzten Bereichen eingeschnitten werden, siehe Abb. 24. Dabei muss das in der Einschnittfläche A_E entstehende Bewehrungsdefizit durch den Bewehrungsüberschuss in der Auftragsfläche A_A ausgeglichen werden. Die Einschnitt- und die Auftragslänge sind auf $d/2$ begrenzt.

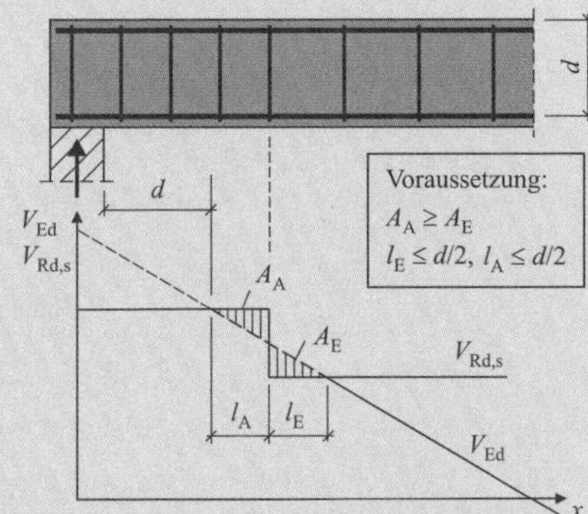

Abb. 24: Einschneiden der Querkraftdeckungslinie

8.3.3 Torsionsbewehrung

Für die Ausbildung der Torsionsbewehrung gelten folgende Anforderungen:
- Die Torsionsbewehrung soll aus einem rechtwinkligen Bewehrungsnetz aus Bügeln und Längsstäben bestehen.

- Torsionsbügel sind durch Übergreifen oder Haken zu verankern. Bei Verankerung mit Haken ist die Hakenlänge auf 10 ∅ zu vergrößern.
- Die Mindestbügelbewehrung ist nach Abschnitt 8.3.2 zu ermitteln. Die Bügelabstände sollen $u_k/8$, die kleinere Querschnittsabmessung und die Werte nach Tafel 44 nicht überschreiten (u_k – Umfang des Kernquerschnitts).
- Die Längsbewehrung ist gleichmäßig über den Umfang zu verteilen. Ihr Abstand soll 350 mm nicht überschreiten. In jeder Querschnittsecke ist mindestens ein Längsstab anzuordnen.

8.3.4 Aufhängebewehrung

Bei indirekter Auflagerung eines Neben- auf einen Hauptträger ist die Auflagerkraft des Nebenträgers C_{Ed} mit einer Aufhängebewehrung A_{sA} bis zur Oberseite des Hauptträgers zu führen.

Aufhängebewehrung im Hauptträger HT	Aufhängebewehrung teilweise im Nebenträger NT

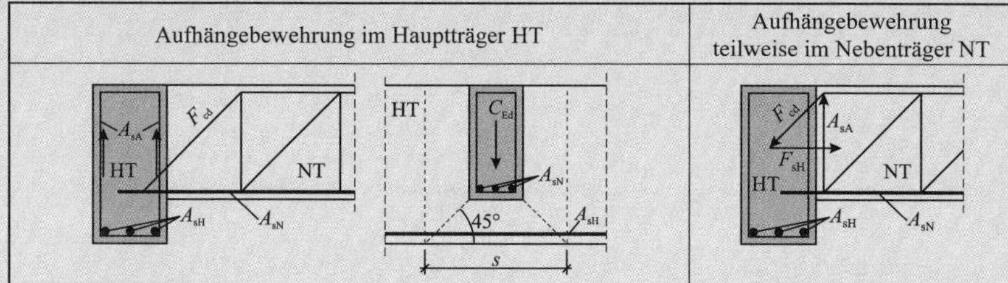

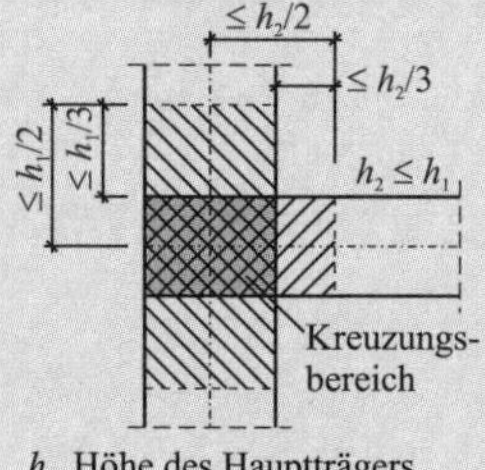

h_1 Höhe des Hauptträgers
h_2 Höhe des Nebenträgers

Die Aufhängebewehrung A_{sA} ist vorwiegend im Kreuzungsbereich anzuordnen und muss die Zugbewehrung A_{sH} des Hauptträgers umfassen. Ein Teil der Aufhängebewehrung darf auch außerhalb des Kreuzungsbereiches in den angrenzenden Balkenbereichen angeordnet werden (schraffierte Bereiche in Abbildung links). Bei einer Anordnung im Nebenträger ist eine zusätzliche Horizontalbewehrung erforderlich (für Kraft F_{sH}). Eine bereits aus anderen Gründen im Hauptträger auf der Stecke s vorhandene Bügelbewehrung (z.B. Querkraftbewehrung) darf für die Aufhängebewehrung angerechnet werden.

Die Aufhängebewehrung A_{sA} ist in Form von Bügeln anzuordnen. Die erforderlichen Querschnittsflächen der Bewehrung betragen:

- für die Aufhängebewehrung aus Bügeln: $A_{sA} = C_{Ed} / f_{yd}$
- für die Horizontalbewehrung: Die Querschnittsfläche der Horizontalbewehrung soll der Querschnittsfläche der aus dem Kreuzungsbereich ausgelagerten Bügel entsprechen.

Sonderfälle

Stahlbetonüberzug	Angehängte Lasten	Breiter stützender Träger
h a_s (Platte)	h F_V	gestützter Träger (mit Nutzhöhe d_1) $b \geq d_1$ $\leq d_1$ A_{sA} Stützender Träger
Bei angehängten Platten ist die Bügelbewehrung des Balkens entsprechend zu verstärken.	Die Last ist an die Oberseite des Balkens zu führen und dort zu verankern.	Die Anordnung der Aufhängebewehrung A_{sA} ist auf einer Breite $\leq d_1$ neben dem lastabtragenden Bauteil erforderlich.

8.4 Stützen

8.4.1 Mindestabmessungen

Für Stützen sind folgende Mindestabmessungen einzuhalten:

- stehend betonierte Ortbetonstütze: 200 mm
- liegend betonierte Fertigteilstütze: 120 mm

8.4.2 Längsbewehrung

Mindestdurchmesser: $\varnothing_l \geq 12$ mm

Mindeststabanzahl: bei Kreisquerschnitten: 6 Stäbe
bei polygonalen Querschnitten: 1 Stab je Ecke

Mindest- und Höchstbewehrung[*]**:**

$A_{s,max} = 0{,}09 \cdot A_c$

$A_{s,min} = 0{,}15 \cdot |N_{Ed}| / f_{yd}$

N_{Ed} Bemessungswert der Längsdruckkraft
A_c Fläche des Betonquerschnittes

[*] Die Regelungen für $A_{s,max}$ gelten auch im Bereich von Übergreifungsstößen.

Maximalabstand: allgemein $s_l \leq 300$ mm, bei Querschnitten mit $b \leq 400$ mm und $h \leq b$ genügt 1 Stab je Ecke

8.4.3 Querbewehrung

Die Querbewehrung in Stützen muss die Längsbewehrung umschließen und ausreichend verankert werden. Als Querbewehrung kommen Bügel, Schlaufen und Wendel in Frage.

Durchmesser der Querbewehrung:

$$\varnothing_{bü} \geq \begin{cases} \varnothing_l / 4 \\ 6\text{ mm (bei Verwendung von Stabstahl)} \\ 5\text{ mm (bei Verwendung von Betonstahlmatten als Bügelbewehrung)} \end{cases}$$

$\varnothing_l$ Durchmesser der Längsbewehrung

Werden Stabbündel mit $\varnothing_n > 28$ mm oder Stäbe mit $\varnothing > 32$ mm als Druckbewehrung der Stütze verwendet, muss darüber hinaus der Durchmesser von Einzelbügeln und Wendeln mindestens 12 mm betragen.

Abstand der Querbewehrung:

$$s_{bü} \leq s_{bü,max} = \begin{cases} 12 \cdot \varnothing_l \\ \min h \\ 300\text{ mm} \end{cases}$$

Eine Reduzierung des maximal zulässigen Querbewehrungsabstandes mit dem Faktor 0,6 ist in folgenden Fällen erforderlich:

- in Stützenbereichen unmittelbar über und unter Balken oder Platten über eine Distanz gleich der größeren Abmessung des Stützenquerschnitts
- im Bereich von Übergreifungsstößen der Längsbewehrung mit $\varnothing_l > 14$ mm.

Bei Richtungsänderungen der Längsbewehrung > 1/12 sind die Abstände der Querzugbewehrung unter Berücksichtigung der auftretenden Querzugkräfte zu ermitteln.

Querbewehrung im Eckbereich von Stützen:

Je Bügelecke können maximal 5 Längsstäbe gegen Ausknicken gesichert werden. Weitere Längsstäbe und solche, deren Abstand vom Eckstab den 15-fachen Bügeldurchmesser übertrifft, sind durch zusätzliche Querbewehrungen (Zwischenbügel) zu sichern. Diese zusätzliche Querbewehrung ist maximal im doppelten Abstand der allgemeinen Querbewehrung (siehe oben) anzuordnen.

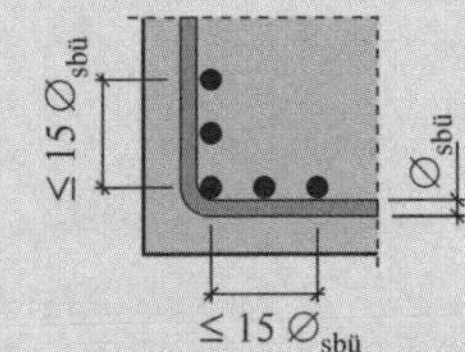

Verankerung der Querbewehrung

Die Querbewehrung in Stützen muss die Längsbewehrung umschließen und ausreichend verankert werden. Bügel sind mit Haken zu verankern, siehe Abb. 18. Eine Verankerung mit Win-

Stahlbetonbau

kelhaken ist zulässig, wenn die Bügelschlösser entlang der Stütze versetzt werden und eine der nachfolgenden Maßnahmen ergriffen wird:

- Vergrößerung des Mindestbügeldurchmessers D_{min} um mindestens 2 mm
- Halbierung der maximal zulässigen Bügelabstände $s_{bü,max}$
- Anordnung angeschweißter Querstäbe (Bügelmatten)
- Vergrößerung der Winkelhakenlänge von 10 ∅ auf ≥ 15 ∅.

8.5 Stahlbetonwände

Die nachfolgenden Angaben gelten für überwiegend druckbeanspruchte Stahlbetonwände, bei denen die Bewehrung bei der Nachweisführung berücksichtigt wird.

8.5.1 Mindestwanddicke

Tafel 45: Mindestwanddicken unbewehrter und bewehrter Wände in cm

Betonfestigkeitsklasse		unbewehrter Beton		bewehrter Beton	
		Decken		Decken	
		nicht durchlaufend	durchlaufend	nicht durchlaufend	durchlaufend
≥ C16/20	Ortbeton	14	12	12	10
≥ LC16/18	Fertigteil	12	10	10	8

8.5.2 Lotrechte Bewehrung

Mindestbewehrung

- im Allgemeinen: $A_{s,vmin} = \max\begin{cases}0{,}15\cdot|N_{Ed}|/f_{yd}\\0{,}0015\cdot A_c\end{cases}$
- bei schlanken Wänden mit $\lambda \geq \lambda_{lim}$ oder wenn $|N_{Ed}| \geq 0{,}3\cdot f_{cd}\cdot A_c$: $A_{s,vmin} = 0{,}003\cdot A_c$

Jeweils die Hälfte der Mindestbewehrung $A_{s,vmin}$ ist auf beiden Wandaußenseiten anzuordnen.

Höchstbewehrung $A_{s,tot} \leq A_{s,vmax} = 0{,}04\cdot A_c$

Im Bereich von Übergreifungsstößen darf $A_{s,vmax}$ verdoppelt werden.

Maximaler Stababstand $s \leq \begin{cases}2\,h\\300\text{ mm}\end{cases}$ h – Wanddicke

8.5.3 Waagerechte Bewehrung (Querbewehrung)

Die waagerechte Bewehrung sollte außen liegend, d.h. zwischen der lotrechten Bewehrung und der Wandoberfläche angeordnet werden.

Mindestbewehrung

- im Allgemeinen: $A_{s,hmin} = 0{,}20\cdot A_{sv}$
- bei schlanken Wänden mit $\lambda \geq \lambda_{lim}$ oder wenn $|N_{Ed}| \geq 0{,}3\cdot f_{cd}\cdot A_c$: $A_{s,hmin} = 0{,}50\cdot A_{sv}$

Mindestdurchmesser

Der Mindestdurchmesser beträgt ein Viertel des Durchmessers der lotrechten Bewehrung.

Maximaler Stababstand $s_{max} = 350$ mm

8.5.4 Querbewehrung

Ist die Querschnittsfläche der lastabtragenden lotrechten Bewehrung größer als 0,02 A_c, muss diese Bewehrung wie bei Stützen (siehe Abschnitt 8.4.3) durch Bügel umschlossen werden.

Bei Wänden mit einer Bewehrung $A_s \geq 0{,}003 \cdot A_c$ je Wandseite sind die Eckstäbe an freien Rändern durch Steckbügel zu sichern.

Eine außen liegende Hauptbewehrung ist je m² Wandfläche durch S-Haken an mindestens 4 versetzt angeordneten Stellen zu sichern. Bei dicken Wänden können alternativ Steckbügel verwendet werden, die im Inneren der Wand mindestens mit 0,5 l_{bd} (l_{bd} nach Abschnitt 7.4.3) zu verankern sind. Bei Tragstäben mit $\varnothing \leq 16$ mm, deren Betondeckung mindestens 2 $\varnothing$ beträgt, dürfen die S-Haken entfallen. In diesem Fall und stets bei Verwendung von Betonstahlmatten dürfen die druckbeanspruchten Stäbe außen liegen.

8.6 Unbewehrte Wände

Die Mindestdicke unbewehrter Wände ist Tafel 45 zu entnehmen.

Die Bemessung unbewehrter Wände erfolgt auf der Grundlage der in Abschnitt 5.1.6 angegebenen Regelungen.

Bei der Bemessung der Wände sind Aussparungen, Schlitze, Durchbrüche und Hohlräume zu beachten. Eine Ausnahme hiervon stellen lotrechte Schlitze dar, die sämtliche der nachfolgenden Bedingungen erfüllen:

- Tiefe des Schlitzes höchstens 30 mm und maximal 1/6 der Wanddicke,
- Breite des Schlitzes höchstens gleich der Wanddicke,
- gegenseitiger Abstand benachbarter Schlitze mindestens 2 m,
- Wanddicke von mindestens 120 mm.

8.7 Wandartige Träger

Bezüglich der Mindestwanddicken gelten die in Tafel 45 angegebenen Regelungen für Stahlbetonwände.

An beiden Außenflächen ist eine rechtwinklige Netzbewehrung anzuordnen, deren Querschnittsfläche mindestens $a_s = 1{,}5$ cm²/m bzw. 0,075 % des Betonquerschnittes A_c je Außenfläche und Richtung beträgt. Die Maschenweite der Bewehrung darf nicht größer als die doppelte Wanddicke und maximal 300 mm sein.

8.8 Fundamente

8.8.1 Bewehrte Einzelfundamente

Bei einer gleichmäßig verteilten Bodenpressung dürfen die Biegemomente M_y und M_z vereinfacht nach Tafel 46 errechnet werden, wobei das Gesamtmoment rechtwinklig zur betrachteten Richtung auf einzelne Fundamentstreifen aufgeteilt werden darf.

Bei exzentrischer Anordnung der Stütze oder bei Einleitung eines Biegemomentes über die Stütze sind die Momente aus einer trapez- oder dreieckförmig verteilten Bodenpressung zu berechnen.

Die Hauptbewehrung sollte einen Stabdurchmesser $\varnothing \geq 10$ mm (Stabstahl) bzw. $\varnothing \geq 6$ mm (Betonstahlmatten) aufweisen. Die errechnete Biegebewehrung sollte ohne Abstufung bis zum Fundamentrand geführt und sorgfältig verankert werden. Weitere Hinweise zur Verankerung der Biegezugbewehrung siehe DIN EN 1992-1-1, 9.8.2.2.

Der Durchstanznachweis ist nach Abschnitt 5.4 zu führen.

Tafel 46: Verteilung des Gesamtmoments in bewehrten Einzelfundamenten nach [DAfStb Heft 631]

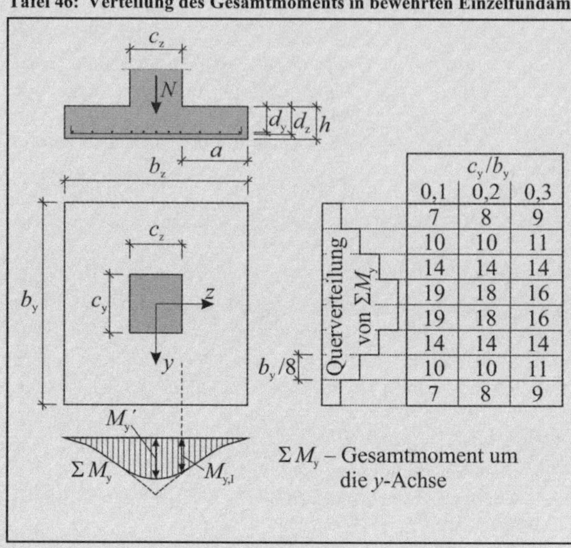

c_y/b_y 0,1	0,2	0,3
7	8	9
10	10	11
14	14	14
19	18	16
19	18	16
14	14	14
10	10	11
7	8	9

Maximalmoment:

$$M_y = N \cdot \frac{b_y}{8}$$

Ausgerundetes Moment:

$$M_y' = N \cdot \frac{b_y}{8} \cdot \left(1 - \frac{c_y}{b_y}\right)$$

Anschnittmoment:

$$M_{y,I} = N \cdot \frac{b_y}{8} \cdot \left(1 - \frac{c_y}{b_y}\right)^2$$

Bei gedrungenen Fundamenten ($c_z/b_z > 0{,}3$; $h/a > 1{,}0$) darf das Moment gleichmäßig über die Breite angesetzt werden.

Die Verteilung des um die z-Achse wirkenden Moments erfolgt in gleicher Weise.

8.8.2 Unbewehrte Fundamente

Streifen- und Einzelfundamente dürfen unbewehrt ausgebildet werden, wenn sie annähernd zentrisch belastet werden und nachfolgende Bedingung erfüllen (siehe auch Tafel 47):

$$0{,}85 \cdot \frac{h_F}{a} \geq \sqrt{\frac{3 \cdot \sigma_{gd}}{f_{ctd}}}$$

- h_F Fundamenthöhe
- a seitlicher Fundamentüberstand
- σ_{gd} Bemessungswert der Bodenpressung
- f_{ctd} Bemessungswert der Betonzugfestigkeit nach Abschnitt 3.1.1, dabei rechnerisch maximal C35/45 ansetzen.

Fundamente mit $h_F/a \geq 2$ dürfen ohne genauere Nachweise unbewehrt ausgebildet werden. Das Verhältnis h_F/a soll unabhängig von der rechnerischen Nachweisführung den Wert 1,0 nicht unterschreiten.

Tafel 47: Untere Grenze des Verhältnisses h_F/a bei unbewehrten Streifen- und Einzelfundamenten

Beton	Bodenpressung σ_{gd} in MN/m²					
	0,15	0,25	0,35	0,45	0,55	0,65
C16/20	1,00	1,17	1,39	1,57	1,74	1,89
C20/25	1,00	1,09	1,29	1,46	1,61	1,75
C25/30	1,00	1,01	1,20	1,36	1,50	1,63
C30/37	1,00	1,00	1,12	1,28	1,41	1,53
C35/45	1,00	1,00	1,07	1,21	1,34	1,45

Geometrie und Bezeichnungen

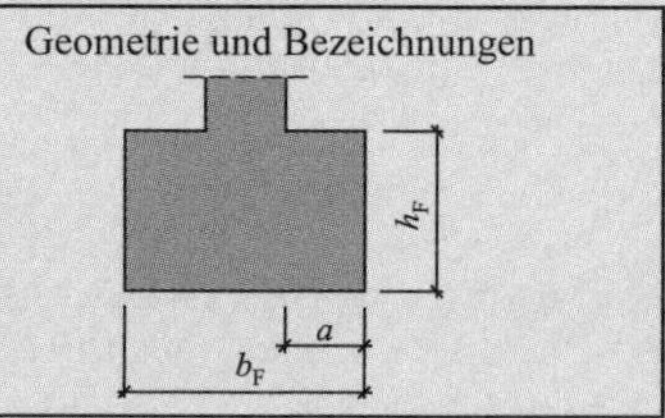

8.9 Konsolen

8.9.1 Allgemeines

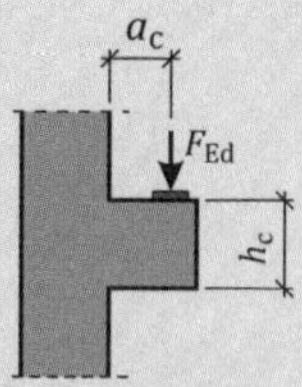

Konsolen können zweckmäßig mit Hilfe von Stabwerkmodellen berechnet werden. Dabei sollten sich die Lage und die Richtung der Druck- und Zugstäbe an der Schnittgrößenverteilung nach der Elastizitätstheorie orientieren. Die nachfolgenden Berechnungshinweise für Konsolen mit $a_c \leq h_c$ basieren auf [DAfStb Heft 425], [DAfStb Heft 525] und [DAfStb Heft 600]. Konsolen mit $a_c > h_c$ dürfen wie Kragarme bemessen werden.

8.9.2 Berechnungsgrundlagen für Konsolen mit $a_c \leq h_c$

Konsolen sind für eine kombinierte Beanspruchung aus der Vertikallast F_{Ed} und der Horizontallast H_{Ed} zu bemessen.

Nachweis der Querkraft

Die Begrenzung der mittleren Betonspannung der schrägen Druckstrebe erfolgt durch den Nachweis für die Querkraft der Konsole:

$$V_{Ed} = F_{Ed} \leq V_{Rd,max} = 0{,}5 \cdot \nu \cdot b_w \cdot z \cdot f_{ck}/\gamma_C$$

$$\nu = (0{,}7 - f_{ck}/200) \geq 0{,}5 \quad (f_{ck} \text{ in N/mm}^2)$$

$$z = 0{,}9 \cdot d$$

Zuggurtkraft Z_{Ed} und Zuggurtbewehrung

Die Lage der Druckstrebe wird mit z_0 wie folgt festgelegt (siehe Tafel 48):

$$z_0 = d \cdot \left(1 - 0{,}4 \cdot \frac{V_{Ed}}{V_{Rd,max}}\right)$$

$V_{Rd,max}$ wie beim Nachweis der Querkraft für Konsolen, siehe oben

Für die Berechnung der Zuggurtkraft Z_{Ed} und der zugehörigen Bewehrung gilt:

$$Z_{Ed} = F_{Ed} \cdot \frac{a_c}{z_0} + H_{Ed} \cdot \frac{a_H + z_0}{z_0} \qquad (\text{mit } a_c / z_0 \geq 0{,}4)$$

$$A_s = \frac{Z_{Ed}}{f_{yk}/\gamma_S}$$

Die Horizontallast ist mindestens mit $H_{Ed} = 0{,}2\ F_{Ed}$ anzusetzen.

Die Zuggurtbewehrung ist durch eine schlaufenförmige Ausbildung oder die Anordnung von Ankerkörpern zu verankern. Die Verankerungslänge unterhalb der Lagerplatte beginnt an der Seite der Lagerfläche, die der Stütze zugewandt ist und erstreckt sich in Richtung der Stirnseite der Konsole. Bei einer Verankerung mit Schlaufen darf $\alpha_1 = 0{,}7$ und bei direkter Lagerung $\alpha_5 = 2/3$ angenommen werden.

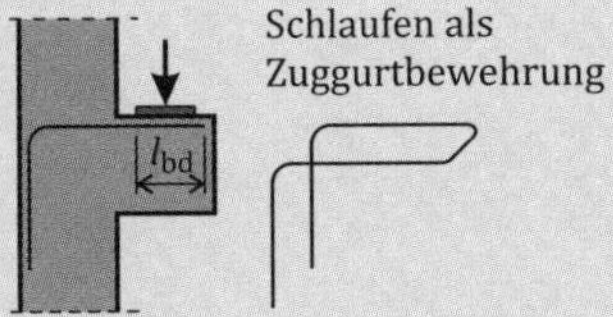

Tafel 48: Stabwerkmodelle und Bewehrungsführung für Konsolen

Stabwerkmodell für kurze Konsolen mit $a_c \leq 0{,}5\ h_c$	Einfaches Streben-Zugband-Modell für Konsolen mit $0{,}5\ h_c < a_c \leq h_c$
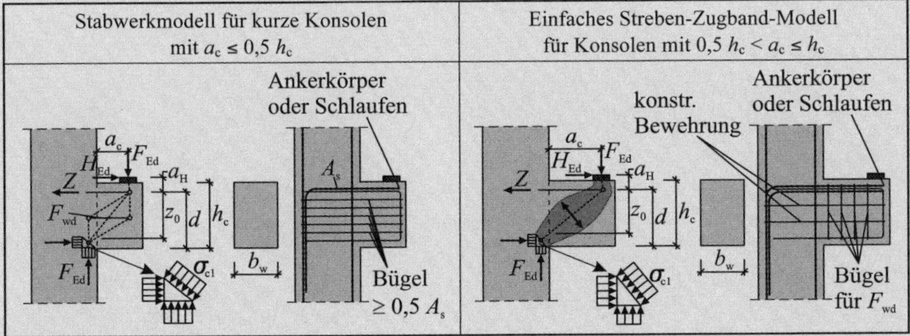	

Stahlbetonbau

Bügelbewehrung

Für die Bügelbewehrung gilt:

– für gedrungene Konsolen ($a_c \leq 0{,}5 \cdot h_c$) mit $V_{Ed} > 0{,}3 \cdot V_{Rd,max}$:
  ($V_{Rd,max}$ siehe oben)

  Es sind geschlossene horizontale oder geneigte Bügel mit einer Gesamtquerschnittsfläche A_{sw} einzubauen.

  $A_{sw} = 0{,}5 \cdot A_s$ (A_s – Querschnittsfläche der Zuggurtbewehrung)

  Zusätzlich sind konstruktive vertikale Bügel vorzusehen.

– für schlanke Konsolen ($a_c > 0{,}5\ h_c$) mit $V_{Ed} > V_{Rd,c}$:
  ($V_{Rd,c}$ siehe Abschnitt 5.3.2)

  Zusätzlich zu den wie für gedrungene Konsolen ermittelten horizontalen Bügeln sind geschlossene vertikale Bügel anzuordnen. Die Gesamtquerschnittsfläche A_{sw} der vertikalen Bügel ergibt sich aus:

  $$A_{sw} = \frac{0{,}7 \cdot F_{Ed}}{f_{yk}/\gamma_S}$$

– Die Bügel sind grundsätzlich in der Druckzone zu schließen.

Weiterleitung der Kräfte aus der Konsole

Im Rahmen der Weiterleitung der Kräfte aus der Konsole in die Stütze sind weitere Nachweise erforderlich (Verankerung der Zugbewehrung in der Stütze, Nachweis der Stützenquerschnitte unmittelbar über und unter der Konsole).

9 Konstruktionstafeln

Abmessung und Gewicht von Betonstahl

Nenndurchmesser ∅ in mm	6	8	10	12	14	16	20	25	28	32	36	40
Nennquerschnitt A_s in cm²	0,283	0,503	0,785	1,13	1,54	2,01	3,14	4,91	6,16	8,04	10,18	12,57
Nenngewicht G in kg/m	0,222	0,395	0,617	0,888	1,21	1,58	2,47	3,85	4,83	6,31	7,99	9,87

Querschnitte von Flächenbewehrung a_s in cm²/m

Stababstand s in cm	Durchmesser ∅ in mm									Stäbe pro m
	6	8	10	12	14	16	20	25	28	
5,0	5,65	10,05	15,71	22,62	30,79	40,21	62,83	98,17	-	20,00
5,5	5,14	9,14	14,28	20,56	27,99	36,56	57,12	89,25	-	18,18
6,0	4,71	8,38	13,09	18,85	25,66	33,51	52,36	81,81	102,63	16,67
6,5	4,35	7,73	12,08	17,40	23,68	30,93	48,33	75,52	94,73	15,38
7,0	4,04	7,18	11,22	16,16	21,99	28,72	44,88	70,12	87,96	14,29
7,5	3,77	6,70	10,47	15,08	20,53	26,81	41,89	65,45	82,10	13,33
8,0	3,53	6,28	9,82	14,14	19,24	25,13	39,27	61,36	76,97	12,50
8,5	3,33	5,91	9,24	13,31	18,11	23,65	36,96	57,75	72,44	11,76
9,0	3,14	5,59	8,73	12,57	17,10	22,34	34,91	54,54	68,42	11,11
9,5	2,98	5,29	8,27	11,90	16,20	21,16	33,07	51,67	64,84	10,53
10,0	2,83	5,03	7,85	11,31	15,39	20,11	31,42	49,09	61,58	10,00
10,5	2,69	4,79	7,48	10,77	14,66	19,15	29,92	46,75	58,64	9,52
11,0	2,57	4,57	7,14	10,28	13,99	18,28	28,56	44,62	55,98	9,09
11,5	2,46	4,37	6,83	9,83	13,39	17,48	27,32	42,68	53,54	8,70
12,0	2,36	4,19	6,54	9,42	12,83	16,76	26,18	40,91	51,31	8,33
12,5	2,26	4,02	6,28	9,05	12,32	16,08	25,13	39,27	49,26	8,00
13,0	2,17	3,87	6,04	8,70	11,84	15,47	24,17	37,76	47,37	7,69
13,5	2,09	3,72	5,82	8,38	11,40	14,89	23,27	36,36	45,61	7,41
14,0	2,02	3,59	5,61	8,08	11,00	14,36	22,44	35,06	43,98	7,17
14,5	1,95	3,47	5,42	7,80	10,62	13,87	21,67	33,85	42,47	6,90
15,0	1,88	3,35	5,24	7,54	10,26	13,40	20,94	32,72	41,05	6,67
16,0	1,77	3,14	4,91	7,07	9,62	12,57	19,63	30,68	38,48	6,25
17,0	1,66	2,96	4,62	6,65	9,06	11,83	18,48	28,87	36,22	5,88
18,0	1,57	2,79	4,36	6,28	8,55	11,17	17,45	27,27	34,21	5,56
19,0	1,49	2,65	4,13	5,95	8,10	10,58	16,53	25,84	32,41	5,26
20,0	1,41	2,51	3,93	5,65	7,70	10,05	15,71	24,54	30,79	5,00
21,0	1,35	2,39	3,74	5,39	7,33	9,57	14,96	23,37	29,32	4,76
22,0	1,29	2,28	3,57	5,14	7,00	9,14	14,28	22,31	27,99	4,55
23,0	1,23	2,19	3,41	4,92	6,69	8,74	13,66	21,34	26,77	4,35
24,0	1,18	2,09	3,27	4,71	6,41	8,38	13,09	20,45	25,66	4,17
25,0	1,13	2,01	3,14	4,52	6,16	8,04	12,57	19,63	24,63	4,00

Querschnitte von Balkenbewehrung A_s in cm²

Stabdurchmesser ∅ in mm	Anzahl der Stäbe									
	1	2	3	4	5	6	7	8	9	10
6	0,28	0,57	0,85	1,13	1,41	1,70	1,98	2,26	2,54	2,83
8	0,50	1,01	1,51	2,01	2,51	3,02	3,52	4,02	4,52	5,03
10	0,79	1,57	2,36	3,14	3,93	4,71	5,50	6,28	7,07	7,85
12	1,13	2,26	3,39	4,52	5,65	6,79	7,92	9,05	10,18	11,31
14	1,54	3,08	4,62	6,16	7,70	9,24	10,78	12,32	13,85	15,39
16	2,01	4,02	6,03	8,04	10,05	12,06	14,07	16,08	18,10	20,11
20	3,14	6,28	9,42	12,57	15,71	18,85	21,99	25,13	28,27	31,42
25	4,91	9,82	14,73	19,63	24,54	29,45	34,36	39,27	44,18	49,09
28	6,16	12,32	18,47	24,63	30,79	36,95	43,10	49,26	55,42	61,58

Größte Anzahl von Stäben in einer Lage bei Balken

(gilt für Bügel Ø10 mm und c_v = 2 cm)

Balkenbreite *b* in cm	Längsstabdurchmesser ∅ in mm						
	10	12	14	16	20	25	28
10	2	1	1	1	1	1	1
15	3	3	3	3	2	2	2
20	5	5	4	4	4	3	3
25	7	6	6	5	5	4	3
30	8	8	7	7	6	5	4
35	10	9	9	8	7	6	5
40	12	11	10	10	9	7	6
45	13	12	12	11	10	8	7
50	15	14	13	12	11	9	8
55	17	15	15	14	12	10	9
60	18	17	16	15	14	11	10

Betonstahl-Lagermatten (Lieferprogramm seit 01.01.2008)

Länge / Breite	Randeinsparung (Längsrichtung)	Typ	Mattenaufbau in Längsrichtung / Mattenaufbau in Querrichtung: Stab-ab-stände	Stabdurchmesser: Innen-bereich	Stabdurchmesser: Rand-bereich	Anzahl der Längsrandstäbe: links	Anzahl der Längsrandstäbe: rechts	Quer-schnitte längs / quer	Gewicht je Matte	Gewicht je m²
m			mm	mm				cm²/m	kg	
6,00 / 2,30	ohne	Q188	150 · 150 ·	6,0 6,0				1,88 1,88	41,7	3,02
		Q257	150 · 150 ·	7,0 7,0				2,57 2,57	56,8	4,11
		Q335	150 · 150 ·	8,0 8,0				3,35 3,35	74,3	5,38
	mit	Q424	150 · 150 ·	9,0 9,0	7,0	/4	– 4	4,24 4,24	84,4	6,11
		Q524	150 · 150 ·	10,0 10,0	7,0	/4	– 4	5,24 5,24	100,9	7,31
6,00 / 2,35		Q636	100 · 125 ·	9,0 10,0	7,0	/4	– 4	6,36 6,28	132,0	9,36
6,00 / 2,30	ohne	R188	150 · 250 ·	6,0 6,0				1,88 1,13	33,6	2,44
		R257	150 · 250 ·	7,0 6,0				2,57 1,13	41,2	2,98
		R335	150 · 250 ·	8,0 6,0				3,35 1,13	50,2	3,63
	mit	R424	150 · 250 ·	9,0 8,0	8,0	/2	– 2	4,24 2,01	67,2	4,86
		R524	150 · 250 ·	10,0 8,0	8,0	/2	– 2	5,24 2,01	75,7	5,48

Grundwert der Verankerungslänge $l_{b,rqd}$ in cm

Obere Zeile: gute Verbundbedingungen, untere Zeile: mäßige Verbundbedingungen

Ø in mm	Betonfestigkeitsklasse C										
	12/15	16/20	20/25	25/30	30/37	35/45	40/50	45/55	50/60	55/67	60/75
6	39,5	32,6	28,1	24,2	21,4	19,3	17,7	16,4	15,3	14,8	14,4
	56,4	46,6	40,1	34,6	30,6	27,6	25,3	23,4	21,9	21,1	20,6
7	46,1	38,0	32,8	28,3	25,0	22,6	20,7	19,1	17,8	17,3	16,7
	65,9	54,3	46,9	40,4	35,7	32,3	29,6	27,3	25,4	24,7	23,9
8	52,7	43,5	37,5	32,3	28,6	25,8	23,6	21,8	20,3	19,8	19,1
	75,3	62,1	53,6	46,1	40,9	36,9	33,7	31,1	29,0	28,3	27,3
9	59,3	48,9	42,1	36,3	32,2	29,0	26,6	24,5	22,9	22,1	21,4
	84,6	69,9	60,2	51,9	46,0	41,5	37,9	35,1	32,7	31,6	30,6
10	65,8	54,3	46,8	40,4	35,7	32,2	29,5	27,3	25,4	24,7	23,9
	94,0	77,6	66,9	57,7	51,0	46,0	42,1	39,0	36,3	35,3	34,1
12	79,0	65,2	56,2	48,4	42,9	38,7	35,4	32,7	30,5	29,7	28,7
	112,9	93,1	80,3	69,1	61,3	55,3	50,6	46,7	43,6	42,4	41,0
14	92,2	76,1	65,6	56,5	50,0	45,1	41,3	38,2	35,6	34,6	33,5
	131,7	108,7	93,7	80,7	71,4	64,4	59,0	54,6	50,9	49,4	47,6
16	105,3	87,0	74,9	64,6	57,2	51,6	47,2	43,6	40,7	39,6	38,3
	150,4	124,3	107,0	92,3	81,7	73,7	67,4	62,3	58,1	56,6	54,7
20	131,7	108,7	93,7	80,7	71,5	64,5	59,0	54,5	50,8	49,5	47,8
	188,1	155,3	133,9	115,3	102,1	92,1	84,3	77,9	72,6	70,7	68,3
25	164,6	135,9	117,1	100,9	89,3	80,6	73,8	68,2	63,6	61,8	59,8
	235,1	194,1	167,3	144,1	127,6	115,1	105,5	97,4	90,9	88,3	85,4
28	184,3	152,2	131,1	113,0	100,1	90,3	82,6	76,4	71,2	69,3	67,0
	263,3	217,4	187,3	161,4	143,0	129,0	118,0	109,1	101,7	99,0	95,7

Anmerkung: Die Tabellenwerte sind mit $\sigma_{sd} = f_{yd} = f_{yk}/\gamma_S$ und $\gamma_S = 1{,}15$ ermittelt worden. Wird der Betonstahl mit $f_{yd} = f_{tk,cal}/\gamma_S$ sowie $f_{tk,cal} = 525$ N/mm^2 und $\gamma_S = 1{,}15$ ausgelastet, sind die Tafelwerte mit dem Faktor 1,05 zu vergrößern.

Übergreifungslängen l_0 in cm für Betonstahl-Lagermatten im Zwei-Ebenen-Stoß

(Obere Zeile: gute Verbundbedingungen, untere Zeile: mäßige Verbundbedingungen)

Q-Matten – Tragstoß in Längsrichtung									
Mattentyp	Betonfestigkeitsklasse C								
	20/25	25/30	30/37	35/45	40/50	45/55	50/60	55/67	≥ 60/75
Q188	28,1	24,2	21,4	20,0	20,0	20,0	20,0	20,0	20,0
	40,1	34,6	30,6	27,6	25,3	23,4	21,8	21,1	20,4
Q257	32,8	28,3	25,0	22,6	20,7	20,0	20,0	20,0	20,0
	46,8	40,4	35,7	32,2	29,5	27,3	25,4	24,6	23,8
Q335	37,5	32,3	28,6	25,8	23,6	21,8	20,3	20,0	20,0
	53,5	46,1	40,8	36,9	33,7	31,2	29,1	28,1	27,2
Q424	42,1	36,3	32,2	29,0	26,6	24,5	22,9	22,1	21,4
	60,2	51,9	46,0	41,5	37,9	35,1	32,7	31,6	30,6
Q524	49,4	42,6	37,7	34,0	31,1	28,8	26,8	25,9	25,1
	70,5	60,8	53,9	48,6	44,5	41,1	38,3	37,0	35,8
Q636	50,4	43,4	38,4	34,7	31,7	29,3	27,3	26,4	25,6
	72,0	62,0	54,9	49,6	45,3	41,9	39,1	37,7	36,5

Q-Matten – Tragstoß in Querrichtung									
Mattentyp	Betonfestigkeitsklasse C								
	20/25	25/30	30/37	35/45	40/50	45/55	50/60	55/67	≥ 60/75
Q188	28,1	24,2	21,4	20,0	20,0	20,0	20,0	20,0	20,0
	40,1	34,6	30,6	27,6	25,3	23,4	21,8	21,1	20,4
Q257	32,8	30,0	30,0	30,0	30,0	30,0	30,0	30,0	30,0
	46,8	40,4	35,7	32,2	30,0	30,0	30,0	30,0	30,0
Q335	37,5	32,3	30,0	30,0	30,0	30,0	30,0	30,0	30,0
	53,5	46,1	40,8	36,9	33,7	31,2	30,0	30,0	30,0
Q424	42,1	36,3	35,0	35,0	35,0	35,0	35,0	35,0	35,0
	60,2	51,9	46,0	41,5	37,9	35,1	35,0	35,0	35,0
Q524	49,4	42,6	37,7	35,0	35,0	35,0	35,0	35,0	35,0
	70,6	60,8	53,9	48,6	44,5	41,1	38,3	37,0	35,8
Q636	55,5	47,8	42,4	38,2	35,0	35,0	35,0	35,0	35,0
	79,3	68,3	60,5	54,6	49,9	46,2	43,0	41,6	40,2

Übergreifungslängen l_0 in cm für Betonstahl-Lagermatten im Zwei-Ebenen-Stoß
(Obere Zeile: gute Verbundbedingungen, untere Zeile: mäßige Verbundbedingungen)

R-Matten – Tragstoß in Längsrichtung									
Mattentyp	Betonfestigkeitsklasse C								
	20/25	25/30	30/37	35/45	40/50	45/55	50/60	55/67	60/75
R188	28,1	25,0	25,0	25,0	25,0	25,0	25,0	25,0	25,0
	40,1	34,6	30,6	27,6	25,3	25,0	25,0	25,0	25,0
R257	32,8	28,3	25,0	25,0	25,0	25,0	25,0	25,0	25,0
	46,8	40,4	35,7	32,2	29,5	27,3	25,4	25,0	25,0
R335	37,5	32,3	28,6	25,8	25,0	25,0	25,0	25,0	25,0
	53,5	46,1	40,8	36,9	33,7	31,2	29,1	28,1	27,2
R424	42,1	36,3	32,2	29,0	26,6	25,0	25,0	25,0	25,0
	60,2	51,9	46,0	41,5	37,9	35,1	32,7	31,6	30,6
R524	49,4	42,6	37,7	34,0	31,1	28,8	26,8	25,9	25,1
	70,6	60,8	53,9	48,6	44,5	41,1	38,3	37,0	35,8

R-Matten – Verteilerstoß in Querrichtung									
Mattentyp	Betonfestigkeitsklasse C								
	20/25	25/30	30/37	35/45	40/50	45/55	50/60	55/67	≥ 60/75
R188	15,0	15,0	15,0	15,0	15,0	15,0	15,0	15,0	15,0
	15,0	15,0	15,0	15,0	15,0	15,0	15,0	15,0	15,0
R257	15,0	15,0	15,0	15,0	15,0	15,0	15,0	15,0	15,0
	15,0	15,0	15,0	15,0	15,0	15,0	15,0	15,0	15,0
R335	15,0	15,0	15,0	15,0	15,0	15,0	15,0	15,0	15,0
	15,0	15,0	15,0	15,0	15,0	15,0	15,0	15,0	15,0
R424	30,0	30,0	30,0	30,0	30,0	30,0	30,0	30,0	30,0
	30,0	30,0	30,0	30,0	30,0	30,0	30,0	30,0	30,0
R524	30,0	30,0	30,0	30,0	30,0	30,0	30,0	30,0	30,0
	30,0	30,0	30,0	30,0	30,0	30,0	30,0	30,0	30,0

10 Literatur

[Avak/Meiss 2015] Spannbetonbau. Theorie, Praxis und Berechnungsbeispiele nach Eurocode 2. Beuth Verlag, Berlin, 2015. 3. Auflage.

[DAfStb 2001] Deutscher Ausschuss für Stahlbeton (Hrsg.): DAfStb-Richtlinie – Schutz und Instandsetzung von Betonbauteilen (Instandsetzungs-Richtlinie, Teile 1 bis 4 unter Berücksichtigung der Berichtigungen 2002, 2005 und 2014. Beuth Verlag, Berlin, 2001.

[DAfStb Heft 240] Deutscher Ausschuss für Stahlbeton (Hrsg.): Heft 240, Hilfsmittel zur Berechnung von Schnittgrößen und Formänderungen von Stahlbetontragwerken. Ernst & Sohn, Berlin, 1991. 3. Auflage.

[DAfStb Heft 425] Deutscher Ausschuss für Stahlbeton (Hrsg.): Heft 425, Bemessungshilfsmittel zu Eurocode 2 Teil 1, Planung von Stahlbeton- und Spannbetontragwerken. Ernst & Sohn, Berlin, 1997. 3. Auflage.

[DAfStb Heft 525] Deutscher Ausschuss für Stahlbeton (Hrsg.): Heft 525, Erläuterungen zu DIN 1045-1. Beuth Verlag, Berlin, 2010. 2. Auflage.

[DAfStb Heft 599] Deutscher Ausschuss für Stahlbeton (Hrsg.): Heft 599, Bewehren nach Eurocode. Beuth Verlag, Berlin, 2013.

[DAfStb Heft 600] Deutscher Ausschuss für Stahlbeton (Hrsg.): Heft 600, Erläuterungen zu DIN EN 1992-1-1 und DIN EN 1992-1-1/NA (Eurocode 2). Beuth Verlag, Berlin, 2020. 2. Auflage.

[DAfStb Heft 630] Deutscher Ausschuss für Stahlbeton (Hrsg.): Heft 630, Bemessung nach DIN EN 1992 in den Grenzzuständen der Tragfähigkeit und der Gebrauchstauglichkeit. Beuth Verlag, Berlin, 2018.

[DAfStb Heft 631] Deutscher Ausschuss für Stahlbeton (Hrsg.): Heft 631, Hilfsmittel zur Schnittgrößenermittlung und zu besonderen Detailnachweisen bei Stahlbetontragwerken. Beuth Verlag, Berlin, 2019.

[DBV 2011] Deutscher Beton- und Bautechnik-Verein E.V., Merkblatt Rückbiegen von Betonstahl und Anforderungen an Verwahrkästen nach Eurocode 2, Berlin, 2011.

[DBV 2015] Deutscher Beton- und Bautechnik-Verein E.V., Merkblatt Betondeckung und Bewehrung. Sicherung der Betondeckung beim Entwerfen, Herstellen und Einbauen der Bewehrung sowie des Betons nach Eurocode 2, Berlin, 2015.

[DBV 2019] Deutscher Beton- und Bautechnik-Verein E.V., Merkblatt Abstandhalter nach Eurocode 2, Berlin, 2019.

[Fingerloos/Hegger/Zilch 2016] Fingerloos, F.; Hegger, J.; Zilch, K.: Eurocode 2 für Deutschland. Kommentierte Fassung. Beuth Verlag, Berlin, 2016. 2. Auflage.

[Goris 2017] Goris, A.: Stahlbetonbau-Praxis nach Eurocode 2, Bände 1 bis 3. Beuth Verlag, Berlin, 2017.

[Hahn 1985] Hahn, J.: Durchlaufträger, Rahmen, Platten und Balken elastischer Bettung. Werner Verlag, Düsseldorf, 1985. 14. Auflage.

[Holschemacher 2019] Holschemacher, K. (Hrsg.): Entwurfs- und Berechnungstafeln für Bauingenieure. Beuth Verlag, Berlin, 2019. 8. Auflage.

[Holschemacher/Müller/Lobisch 2012] Holschemacher, K.; Müller, T.; Lobisch, F.: Bemessungshilfsmittel für Betonbauteile nach Eurocode 2. Ernst & Sohn, Berlin, 2012.

[König/Liphard 1990] König, G.; Liphard, S.: Hochhäuser aus Stahlbeton. In: Betonkalender 1990. Ernst & Sohn, Berlin, 1990.

[Krüger/Mertzsch 2012] Krüger, W.; Mertzsch, O.: Spannbetonbau-Praxis nach Eurocode 2. Beuth Verlag, Berlin, 2012. 3. Auflage.

[Pieper/Martens 1966] Pieper, K.; Martens, P.: Näherungsberechnung vierseitig gestützter durchlaufender Platten im Hochbau. Beton- und Stahlbetonbau 61 (1966), H. 6 und 62 (1967), H. 6.

Geotechnik

Prof. Dr.-Ing. Ralf Thiele, Dr.-Ing. Peter Hinz

Inhaltsverzeichnis

1 Sicherheitskonzept nach EC 7

1.1 Allgemeines

In den folgenden Ausführungen werden ausgewählte Kapitel der Geotechnik nach EC 7 (DIN EN 1997-1) vorgestellt. Seit April 2021 gilt folgende neue, aktuelle Normensituation für die Bemessung in der Geotechnik, die bauaufsichtliche Zulassung erfolgte zum 01.07.2012:

- Eurocode 7-1 / DIN EN 1997-1:2014-03, 168 Seiten
- Eurocode 7-2 / DIN EN 1997-2:2010-10, 198 Seiten

- Nationaler Anhang zum EC 7-1 / DIN EN 1997-1/NA:2010-12, 10 Seiten
- Nationaler Anhang zum EC 7-2/DIN EN 1997-2/NA:2010-12, 5 Seiten
- DIN 1054:2021-04, 108 Seiten

Diese Normen liegen zusammengefasst als Normenhandbuch vom Beuth Verlag vor:

- Handbuch EC 7 – Geotechnische Bemessung, Band 1 – Allgemeine Regeln (2015)
- Handbuch EC 7 – Geotechnische Bemessung, Band 2 – Erkundung u. Untersuchung (2011)

Weitere fachspezifische Regelungen finden sich in den Empfehlungen der DGGT, siehe Abs. 6.

1.2 Bemessungssituationen und Grenzzustände

Die Regelungen zu Lastfällen (LF) wurden in der DIN 1054:2021-04 durch Bemessungssituationen (BS) ersetzt (Tafel 1). Es gelten folgende vier Bemessungssituationen:

Tafel 1: Bemessungssituationen in DIN 1054:2021-04

Lastfall	Bemessungssituation
LF 1	BS-P/persistent situations/ständige Situation
LF 2	BS-T/transient situations/vorübergehende Situation
LF 3	BS-A/accidental situations/außergewöhnliche Situation
	BS-E/earthquake/Erdbeben

Im Grenzzustand eines Tragwerkes werden dessen Anforderungen aus der Tragwerksplanung überschritten. Es wird zwischen den Grenzzuständen Tragfähigkeit (Zustand des Versagens) – ULS und Gebrauchstauglichkeit (Zustand einer Nutzungseinschränkung) – SLS unterschieden (Tafel 2).

Tafel 2: Gegenüberstellung der Grenzzustände nach EC 7-1:2014-03

Grenzzustand der Tragfähigkeit **(ULS)** – ultimate limit state	
Gleichgewichtsverlust als starrer Körper *(Kippnachweis)*	**EQU** (equilibrium)
Gleichgewichtsverlust infolge Auftrieb oder anderer Vertikalkräfte *(Aufschwimmen)*	**UPL** (uplift)
Hydraulischer Grundbruch im Boden durch hydraulische Gradienten *(hydraulischer Grundbruch)*	**HYD** (hydraulic failure)
Bruch des Bauwerks oder konstruktiver Elemente *(inneres bzw. Materialversagen)*	**STR** (structural failure)
Versagen oder große Verformung des Baugrunds *(Grundbruch, Erdwiderlager, Anker, Pfähle, Gleiten, tiefe Gleitfuge)*	**GEO-2** (geotechnical failure)
Versagen oder große Verformung des Baugrunds *Böschungs- und Geländebruch*	**GEO-3** (geotechnical failure)
Grenzzustand der Gebrauchstauglichkeit **(SLS)** – serviceability limit state	
Grenzzustand der Gebrauchstauglichkeit *bauwerksunverträgliche Verformungen*	**SLS**

Geotechnik

1.3 Einwirkungen und Beanspruchungen

Einwirkungen

Einwirkungen sind Kräfte und Verformungen, die auf das Tragwerk oder den Baugrund einwirken (Definition – EN 1990, Werte – EN 1991). Man unterscheidet u. a. folgende Einwirkungen:

- Einwirkung in Form von Gründungslasten aus dem aufliegenden Tragwerk
- baugrundspezifische Einwirkungen
- dynamische Einwirkungen

F **Einwirkungen**, direkte (Kräfte) und indirekte (aufgezwungene Verformungen) Einw.

F_G **ständige Einwirkung**, z. B. Eigengewicht

F_Q **veränderliche Einwirkung**, z. B. Nutz- und Verkehrslasten, Wind, Schnee

F_K **charakteristische Einwirkung**, Wert, der für die jeweilige Bemessungssituation nicht über- bzw. unterschritten wird

Mehrere unabhängige veränderliche Einwirkungen $F_{Q,i}$ können gleichzeitig auftreten und werden in den Bemessungssituationen unterschiedlich angesetzt. Bei mehr als einer veränderlichen Einwirkung $Q_{k,i}$ wird eine Einwirkung als Leiteinwirkung vollständig berücksichtigt $Q_{k,1}$ und alle anderen veränderlichen Einwirkungen als Begleiteinwirkungen mit einem Kombinationsbeiwert (Abminderung) $\psi < 1$ angesetzt, wobei fallweise jeweils eine der unabhängigen Einwirkungen als Leiteinwirkung anzusetzen ist, um die ungünstigste Kombination festzustellen.

F_d **Bemessungswert der Einwirkung**

$F_d = F_{rep} \cdot \gamma_F$ γ_F Oberbegriff für Teilsicherheitsbeiwerte für Einwirkungen – Tafel 3

F_{rep} **repräsentativer Wert der Einwirkung**, für den Nachweis des Grenzzustandes zu verwendender Wert: $F_{rep} = \psi \cdot F_k$

Bei ständigen Einwirkungen und bei der Leiteinwirkung der veränderlichen Einwirkungen gilt: $F_{rep} = F_k$ (d. h. $\psi = 1$).

Q_{rep} **repräsentativer Wert der veränderlichen Einwirkung**, Zusammenwirken mehrerer unabhängiger, veränderlicher Einwirkungen unter Berücksichtigung von Kombinationswerten: $Q_{rep} = Q_{k,1} + \sum \psi_{0,i} \cdot Q_{k,i} = F_{Q,rep}$

ψ **Kombinationswert**, $\psi_0 - \psi_2$, in der Geotechnik ist nach DIN EN 1990 (2010), Tab. A 1.1 bzw. Teilsicherheitskonzept, Tafel 4 (sonstige Einwirkungen) anzusetzen:

ψ_0 Kombinationsbeiwert für veränderliche Einwirkung ($\psi_0 = 0{,}8$), für BS-P und BS-T

Beanspruchungen

Beanspruchungen sind die Folge von Einwirkungen oder Einwirkkombinationen auf das Tragwerk in Form von Schnittgrößen, Spannungen oder Verformungen an maßgebenden Schnitten sowie in der Berührungsfläche von Bauwerk und Baugrund. Dazu werden erst mit der Aufstellung der Grenzzustandsbedingung aus den charakteristischen ständigen $F_{G,k}$ und veränderlichen $F_{Q,k}$ bzw. aus den repräsentativen veränderlichen Einwirkungen $F_{Q,rep}$ die charakteristischen Beanspruchungen $E_{G,k}$ und $E_{Q,k}$ bzw. $E_{Q,rep}$ in der Gründungssohle in Form von Schnittkräften oder Spannungen ermittelt. Die Beanspruchungen E werden in vertikal V und horizontal H zur Sohlfuge unterschieden. Im einfachen Fall gilt für GEO-2 und STR:

$$E_d = E_K \cdot \gamma_E \quad \text{bzw.} \quad E_d = \sum_{i \geq 1} E_{k,i} \cdot \gamma_{E,i}$$

$$E_d = E_{G,k} \cdot \gamma_G + E_{Q,k} \cdot \gamma_Q$$

$$V_d = V_{G,k} \cdot \gamma_G + V_{Q,k} \cdot \gamma_Q$$

$$H_d = H_{G,k} \cdot \gamma_G + H_{Q,k} \cdot \gamma_Q$$

E_k charakteristischer Wert der Beanspruchung

E_d Bemessungswert der Beanspruchung

γ_E Teilsicherheitsbeiwert für Beanspruchungen

$E_{G,k}$ ständige charakteristische Beanspruchung

$E_{Q,k}$ veränderliche charakteristische Beanspruchung

Bei Nachweisführung mit linear-elastischer Theorie ergibt sich im Grenzzustand GEO-2 und STR für die Bemessungssituationen BS-P und BS-T, für weitere BS siehe Abs. 1.2:

$$E_d = \sum_{j\geq 1} \gamma_{G,j} \cdot E(G_{k,j}) + \gamma_P \cdot E(P_k) + \gamma_{Q,1} \cdot E(Q_{k,1}) + \sum_{i>1} \gamma_{Q,i} \cdot \psi_{0,i} \cdot E(Q_{k,i})$$

$E(G_{k,j})$ Beanspruchung aus einer ständigen Einwirkung ($j \geq 1$)
$E(P_k)$ Beanspruchung aus einer Einwirkung infolge Vorspannung
$E(Q_{k,1})$ Beanspruchung aus der Leiteinwirkung der veränderlichen Einwirkungen
$E(Q_{k,i})$ Beanspruchung aus begleitenden veränderlichen Einwirkungen ($i > 1$)
γ_G, γ_Q Teilsicherheitsbeiwerte für ständige / veränderliche Beanspruchungen nach Tafel 3
ψ_0 Kombinationsbeiwerte nach Abschnitt 1.3 bzw. DIN EN 1990:2021-10, Tab. A 1.1

Geotechnische Kenngrößen

X_k **charakteristischer Wert für geotechnische Kenngrößen**, vorsichtige Schätzung basierend auf Ergebnissen und abgeleiteten Werten aus Labor- und Feldversuchen, ergänzt durch Erfahrungen

X_d **Bemessungswert für geotechnische Kenngrößen**, aus X_k abgeleitet oder direkt festgelegt, siehe auch Abschnitt 1.6

$$X_d = \frac{X_k}{\gamma_M}, \quad \tan\phi'_d = \frac{\tan\phi'_k}{\gamma_{\phi'}}, \quad c'_d = \frac{c'_k}{\gamma_{c'}}, \quad c_{u,d} = \frac{c_{u,k}}{\gamma_{cu}}$$

γ_M **Teilsicherheitsbeiwert für geotechnische Kenngrößen,** Oberbegriff für die jeweils auf den Einzelfall bezogenen Teilsicherheitsfaktoren nach Tafel 4 und Abschnitt 1.6

1.4 Widerstände

Widerstände im Boden und Fels sind Scherfestigkeiten, Steifigkeiten, Sohl-, Erd-, Eindring-, Herauszieh- und Seitenwiderstände. Es werden folgende zwei Gruppen unterschieden:

Widerstände von Bauteilen und Boden (GEO-2 und STR)

Der charakteristische Widerstand R_k wird mit charakteristischen F_k bzw. repräsentativen Einwirkungen F_{rep} und mit charakteristischen Scherfestigkeiten X_k (mit $\gamma_M = 1{,}0$) ermittelt und abschließend durch den Teilsicherheitsbeiwert für Widerstände γ_R geteilt.

$$R_d = \frac{R\{F_{rep};\, X_k\}}{\gamma_R} \cong \frac{R_k}{\gamma_R}$$

R_k charakteristischer Wert des Widerstandes
R_d Bemessungswert des Widerstandes
γ_R Teilsicherheitsbeiwert für Widerstände nach Tafel 5

Materialversagen des Bodens (GEO-3)

Es werden die repräsentativen Einwirkungen F_{rep} mit Teilsicherheitsfaktoren γ_F vergrößert und zur Ermittlung der Bodenwiderstände werden die charakteristischen Scherfestigkeiten X_k mit Teilsicherheitsfaktoren für geotechnische Kennwerte γ_M (mit $\gamma_M > 1{,}0$) abgemindert.

$$R_d = R\left\{\gamma_F \cdot F_{rep};\, \frac{X_k}{\gamma_M}\right\}$$

R_d Bemessungswert des Widerstandes
γ_M, γ_F Teilsicherheitsbeiwerte nach Tafel 4 bzw. Tafel 3

1.5 Nachweisführung

EQU $E_{dst,d} \leq E_{stb,d}$ nach Abschnitt 3.3.2

Verlust der Lagesicherheit des als starrer Körper angesehenen Bauwerks oder des Baugrundes, wobei die Festigkeit der Baustoffe für den Widerstand nicht entscheidend ist

UPL $V_{dst,d} \leq G_{stb,d} + R_d$ nach Abschnitt 3.3.1

Verlust der Lagesicherheit des Bauwerks oder Baugrunds infolge Aufschwimmen (Auftrieb) oder anderer vertikaler Einwirkungen

HYD $S_{\text{dst,d}} \leq G'_{\text{stb,d}}$

hydraulischer Grundbruch, innere Erosion, Piping, verursacht durch Strömungsgradienten im Boden

STR $E_{\text{d}} \leq R_{\text{d}};\ \mu = E_{\text{d}} / R_{\text{d}} \leq 1$

inneres Versagen oder sehr große Verformung des Bauwerks oder seiner Bauteile (Fundament, Pfähle, Kellerwände usw.), wobei die Festigkeit der Baustoffe für den Widerstand entscheidend ist

μ – Ausnutzungsgrad

GEO $E_{\text{d}} \leq R_{\text{d}};\ \mu = E_{\text{d}} / R_{\text{d}} \leq 1$ u. a. nach Abschnitt 3.3.3 und 3.3.4

Versagen oder sehr große Verformungen des Baugrundes, wobei die Festigkeit der Locker- und Festgesteine für den Widerstand entscheidend ist

GEO-2; $\gamma_{\text{M}} = 1{,}0$ Berechnung mit Nachweisverfahren 2

GEO-3; $\gamma_{\text{M}} > 1{,}0$ Berechnung mit Nachweisverfahren 3

SLS $E_{\text{d}} \leq C_{\text{d}}$ nach Abschnitt 3.4

Für den Nachweis der Gebrauchstauglichkeit (einzuhaltende Verformungen bzw. Verschiebungen) sind Größe, Dauer und Häufigkeit der Einwirkungen zu berücksichtigen. Für Verformungen sind die ständigen sowie quasi-ständigen veränderlichen Einwirkungen maßgebend. Die Teilsicherheitsbeiwerte sind mit $\gamma_{\text{G}} = \gamma_{\text{Q}} = 1{,}0$ anzusetzen.

1.6 Teilsicherheitsbeiwerte

Tafel 3: Teilsicherheitsbeiwerte γ_{F} und γ_{E} für Einwirkungen und Beanspruchungen aus DIN 1054:2021-04, Tabelle A.2.1

Einwirkung bzw. Beanspruchung	Formelzeichen	Bemessungssituation		
		BS-P	BS-T	BS-A
HYD und UPL: Grenzzustand des Versagens durch hydraulischen Grundbruch / Aufschwimmen				
destabilisierende ständige Einwirkungen	$\gamma_{\text{G,dst}}$	1,05	1,05	1,00
stabilisierende ständige Einwirkungen	$\gamma_{\text{G,stb}}$	0,95	0,95	0,95
destabilisierende veränderliche Einwirkungen	$\gamma_{\text{Q,dst}}$	1,50	1,30	1,00
Strömungskraft bei günstigem Untergrund	γ_{H}	1,45	1,45	1,25
Strömungskraft bei ungünstigem Untergrund	γ_{H}	1,90	1,90	1,45
EQU: Grenzzustand des Verlustes der Lagesicherheit				
ungünstige ständige Einwirkungen	$\gamma_{\text{G,dst}}$	1,10	1,05	1,00
günstige ständige Einwirkungen	$\gamma_{\text{G,stb}}$	0,90	0,90	0,95
ungünstige veränderliche Einwirkungen	γ_{Q}	1,50	1,25	1,00
STR und GEO-2: Grenzzustand des Versagens von Bauwerken, Bauteilen und Baugrund				
Beanspruchungen aus ständigen Einwirkungen	γ_{G}	1,35	1,20	1,10
Beanspruchungen aus günstigen ständigen Einwirkungen	$\gamma_{\text{G,inf}}$	1,00	1,00	1,00
Beanspruchungen aus ständigen Einwirkungen aus Erdruhedruck	$\gamma_{\text{G,E0}}$	1,20	1,10	1,00
Beanspruchungen aus ungünstigen veränderlichen Einwirkungen	γ_{Q}	1,50	1,30	1,10
GEO-3: Grenzzustand des Versagens durch Verlust der Gesamtstandsicherheit				
ständige Einwirkungen	γ_{G}	1,00	1,00	1,00
ungünstige veränderliche Einwirkungen	γ_{Q}	1,30	1,20	1,00
SLS: Grenzzustand der Gebrauchstauglichkeit				
ständige und veränderliche Einwirkungen bzw. Beanspruchungen	$\gamma_{\text{G}}, \gamma_{\text{Q}}$	1,00		

γ_{F} und γ_{E} sind Oberbegriffe für die jeweils auf den Einzelfall der Einwirkungen F und Beanspruchungen E bezogenen Teilsicherheitsbeiwerte.

Tafel 4: Teilsicherheitsbeiwerte γ_M für geotechnische Kenngrößen, aus DIN 1054:2021-04, Tabelle A.2.2

Bodenkenngröße	Formelzeichen	Bemessungssituation		
		BS-P	BS-T	BS-A
HYD und UPL: Grenzzustand des Versagens durch hydraulischen Grundbruch / Aufschwimmen				
Reibungsbeiwert tan φ' des dränierten Bodens und Reibungsbeiwert tan φ_u des undränierten Bodens	$\gamma_{\varphi'}$, $\gamma_{\varphi u}$	1,00	1,00	1,00
Kohäsion c′ des dränierten Bodens und Scherfestigkeit c_u des undränierten Bodens	$\gamma_{c'}$, γ_{cu}	1,00	1,00	1,00
GEO-2: Grenzzustand des Versagens von Bauwerken, Bauteilen und Baugrund				
Reibungsbeiwert tan φ' des dränierten Bodens und Reibungsbeiwert tan φ_u des undränierten Bodens	$\gamma_{\varphi'}$, $\gamma_{\varphi u}$	1,00	1,00	1,00
Kohäsion c′ des dränierten Bodens und Scherfestigkeit c_u des undränierten Bodens	$\gamma_{c'}$, γ_{cu}	1,00	1,00	1,00
GEO-3: Grenzzustand des Versagens durch Verlust der Gesamtstandsicherheit				
Reibungsbeiwert tan φ' des dränierten Bodens und Reibungsbeiwert tan φ_u des undränierten Bodens	$\gamma_{\varphi'}$, $\gamma_{\varphi u}$	1,25	1,15	1,10
Kohäsion c′ des dränierten Bodens und Scherfestigkeit c_u des undränierten Bodens	$\gamma_{c'}$, γ_{cu}	1,25	1,15	1,10

γ_M ist ein Oberbegriff für die jeweils auf den Einzelfall bezogenen Teilsicherheitsbeiwerte.

Tafel 5: Teilsicherheitsbeiwerte γ_R für Widerstände, aus DIN 1054:2021-04, Tabelle A.2.3

Widerstand	Formelzeichen	Bemessungssituation		
		BS-P	BS-T	BS-A
STR und GEO-2: Grenzzustand des Versagens von Bauwerken, Bauteilen und Baugrund				
Bodenwiderstände				
Erdwiderstand und Grundbruchwiderstand	$\gamma_{R,e}$, $\gamma_{R,v}$	1,40	1,30	1,20
Gleitwiderstand	$\gamma_{R,h}$	1,10	1,10	1,10
Pfahlwiderstände auf statischen und dynamischen Probebelastungen				
Fußwiderstand	γ_b	1,10	1,10	1,10
Mantelwiderstand (Druck)	γ_s	1,10	1,10	1,10
Gesamtwiderstand	γ_t	1,10	1,10	1,10
Mantelwiderstand (Zug)	$\gamma_{s,t}$	1,15	1,15	1,15
Pfahlwiderstände auf der Grundlage von Erfahrungswerten				
Druckpfähle	γ_b, γ_s, γ_t	1,40	1,40	1,40
Zugpfähle (nur in Ausnahmefällen)	$\gamma_{s,t}$	1,50	1,50	1,50
Herausziehwiderstände				
Boden- und Felsnägel	γ_a	1,40	1,30	1,20
Verpresskörper und Verpressanker	γ_a	1,10	1,10	1,10
flexible Bewehrungselemente	γ_a	1,40	1,30	1,20
GEO-3: Grenzzustand des Versagens durch Verlust der Gesamtstandsicherheit				
Scherfestigkeit – siehe Tafel 4				
Herausziehwiderstände – siehe STR und GEO-2				

γ_R ist ein Oberbegriff für die jeweils auf den Einzelfall bezogenen Teilsicherheitsbeiwerte.

2 Baugrund

2.1 Baugrunduntersuchung

2.1.1 Allgemeines

Die DIN 4021 (Erkundung des Baugrundes durch Schürfe, Bohrungen und Probenahme) sowie die DIN 4022 (Benennung und Beschreibung von Boden und Fels) sind zurückgezogen. Die bekannten Normen DIN 4020 (geotechnische Erkundungen für bautechnische Zwecke) und DIN 4023 (zeichnerische Darstellung) sind weiterhin gültig. Die Benennung, Beschreibung und Klassifikation ist in DIN EN ISO 14688-1, 2 und in der DIN 18196 für Boden geregelt. Für die Feldversuche gelten DIN EN ISO 22475 und DIN EN ISO 22476 (Teile 1–12) sowie parallel dazu DIN 4094. Für die Laborversuche gelten DIN ISO/TS 17892 (Teile 1–12) und parallel DIN 18121 bis 18137. Nachfolgend wird jeweils auf die parallel geltenden Normen verwiesen.

2.1.2 Geotechnischer Bericht und Geotechnische Kategorie (GK)

Mit dem geotechnischen Bericht nach DIN 4020 ist das geplante Bauwerk in eine der drei geotechnischen Kategorien GK 1 bis GK 3 einzustufen. Mindestangaben eines geotechnischen Berichts nach DIN 4020:

- Bewertung der Ergebnisse der Baugrunderkundung und Laborversuche
- Beschreibung eines idealisierten Baugrundmodells
- Angabe charakteristischer Boden- und/oder Felskennwerte und Hinweise zu den Grundwasserständen und ihrer Schwankungsbreite (Anm. DIN 4020, Abschnitt A 7.3.4 spricht von „charakteristischen Grundwasserständen")
- Gründungsempfehlung

Die geotechnische Kategorie ist von der Schwierigkeit des Bauwerks und des Baugrundes abhängig. Nach DIN EN 1997-1 gibt es drei geotechnische Kategorien, in die das Bauvorhaben vor der Baugrunduntersuchung einzustufen ist. Die geotechnische Kategorie bestimmt die Mindestanforderungen an den Umfang der Baugrunderkundung sowie die erforderlichen Berechnungen und geotechnischen Überwachungen. Bei GK 2 und GK 3 ist grundsätzlich ein Sachverständiger für Geotechnik einzuschalten. Die Einstufung und die daraus resultierenden Anforderungen sind im Zuge der Projektbearbeitung zu prüfen und ggf. anzupassen. Maßgebend ist eine der folgenden Voraussetzungen nach DIN 1054:2021, Anhang AA, für die sich die höchste geotechnische Kategorie ergibt:

Merkmale nach DIN EN 1997-1, Abschnitt 2 und DIN 1054:2021-04, Anhang AA (Auszug)

GK 1 – Geringer Schwierigkeitsgrad

- kleine und einfache Bauwerke, vernachlässigbares Risiko
- waagerechtes bis schwach geneigtes Gelände, tragfähiger und setzungsarmer Baugrund
- Grundwasser unter Baugruben- und Gründungssohle
- keine Erdbebenbelastung
- benachbarte Objekte werden nicht gefährdet oder beeinträchtigt
- setzungsunempfindliche, flach gegründete Bauwerke mit Stützenlasten bis 250 kN und Streifenlasten bis 100 kN/m

GK 2 – Normaler Schwierigkeitsgrad

- Grundwasser liegt über Bauwerkssohle
- kein ungünstiger Einfluss auf die Umgebung
- übliche Hoch- und Ingenieurbauten auf Einzel- und Streifenfundamenten, Platten und Pfählen, Leitungsgräben bis 5 m Tiefe, Bauwerke mit einfachem Erdbebennachweis
- Hohlraumbauten, Tunnel, Schächte, Stollen in wenig klüftigem Fels
- Boden- und Felsdeponien ohne Kontaminationen, übliche Horizontalbohrungen
- Flächengründungen, Gründungsplatten, Pfahlgründungen, Baugruben, Brückenpfeiler und -widerlager, Anker, Tunnel etc.

GK 3 – Hoher Schwierigkeitsgrad

- sehr große und ungewöhnliche, besonders schwierige Baugrundverhältnisse, wie z. B. junge regellose Formationen, Seetone, weiche organische Böden, Böden mit Kriechneigung, veränderlich feste Gesteine, Bergsenkungsgebiete, unkontrollierte Aufschüttungen
- gespanntes Grundwasser kann durch Aushub artesisch werden
- Bauwerke mit hohem Sicherheitsanspruch und hoher Verformungsempfindlichkeit
- Tiefe Baugruben, Senkkästen mit Druckluft, Hohlraumbauten im Lockergestein und klüftigem Fels, kerntechnische Anlagen, Offshore-Bauten, Deponien, hohe Türme, Brücken mit hohen Spannweiten, kombinierte Pfahl-Platten-Gründungen, hohe Dämme
- hohe dynamische/zyklische Lasten, Daueranker, Schlitzwände, Düsenstrahlarbeiten

2.2 Baugrundeigenschaften und Versuche

2.2.1 Dreiphasensystem und Maßzahlen

Boden besteht aus Feststoff und Poren, die i. d. R. mit Wasser und Luft gefüllt sind (Dreiphasensystem). Sonderfälle sind Zweiphasensysteme mit reiner Wasserfüllung (wassergesättigter Boden) und reiner Luftfüllung (labortrockener Boden).

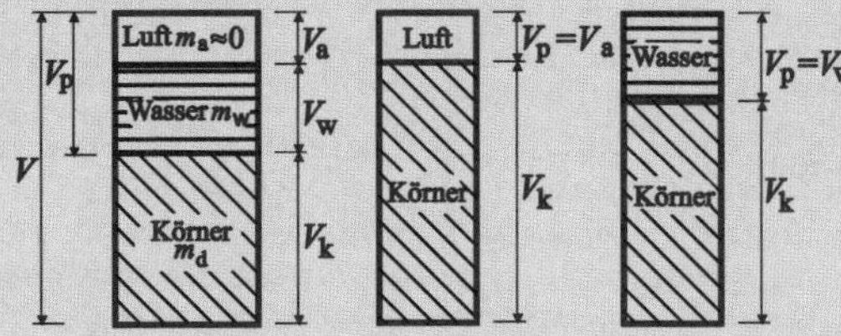

Mehrphasensystem Boden **Dreiphasensystem** **Zweiphasensysteme**

Masse

Masse der feuchten Probe	m	g, kg, t	$m = m_d + m_w$ $m = (1 + w) \cdot m_d$
Masse der trockenen Probe	m_d		
Masse des Porenwassers	m_w		

Volumen

Volumen der feuchten Probe	V	cm³, dm³, m³	$V = V_k + V_p = V_k + V_w + V_a$ $V_p = V_w + V_a$
Trockenvolumen (Feststoffvolumen)	V_k		
Porenvolumen	V_p		
Volumen des Porenwassers	V_w		
Volumen der Luft	V_a		

Dichte

Feuchtdichte (Dichte)	ρ	g/cm³ kg/m³ t/m³	$\rho = m / V = (1 + w) \cdot \rho_d$
Trockendichte	ρ_d		$\rho_d = m_d / V = (1 - n) \cdot \rho_s$
Korndichte	ρ_s		$\rho_s = m_d / V_k$
Dichte des wassergesättigten Bodens	ρ_r		$\rho = m / V = (1 + w) \cdot \rho_d \quad (V_p = V_w)$
Dichte des Wassers	ρ_w		$\rho_w = m_w / V_w \quad \rho_w \approx 1{,}0$ g/cm³

Nach DIN 18125, DIN ISO/TS 17892-2 – Dichte $\quad$ $\rho_s \cong 2{,}65$ g/cm³ – nichtbindige Böden

Nach DIN 18124, DIN ISO/TS 17892-3 – Korndichte $\quad$ $\rho_s \cong 2{,}7 - 2{,}8$ g/cm³ – bindige Böden

Wichte

Feuchtwichte (Wichte)	γ	kN/m³	$\gamma = \rho \cdot g \quad g = 9{,}81$ m/s² ≈ 10 m/s²
Wichte unter Auftrieb	γ'		$\gamma' = \gamma_r - \gamma_w \quad \gamma_w \approx 10{,}0$ kN/m³
wassergesättigte Wichte	γ_r		

Wassergehalt/Sättigungsgrad

Wassergehalt	w	-, %	$w = m_w / m_d$
maximaler Wassergehalt	w_{max}	-, %	$w_{max} = \frac{n}{1-n} \cdot \frac{\gamma_w}{\gamma_s} = e \cdot \frac{\gamma_w}{\gamma_s}$
Sättigungsgrad	S_r	-, %	$S_r = \frac{V_w}{V_p} = \frac{m_w}{\rho_w \cdot V_p} = \frac{w \cdot \gamma_d \cdot \gamma_s}{\gamma_w \cdot (\gamma_s - \gamma_d)}$ $S_r = \frac{w \cdot \gamma_s}{e \cdot \gamma_w} = \frac{w \cdot \rho_s}{e \cdot \rho_w} = \frac{w}{w_{max}}$

Nach DIN 18121, DIN ISO/TS 17892-1 – Wassergehalt

Der natürliche Wassergehalt liegt betragsmäßig bei $w \geq 0$. Werte von $w > 1$ sind möglich. Der Sättigungsgrad liegt zwischen $0 \leq S_r \leq 1$.

nichtbindiger Boden (Sand, Kies)	w = ca. 2 – 10 %	trocken	$S_r = 0{,}0$
schwach bindiger Boden (Schluff)	w = ca. 10 – 30 %	feucht	$S_r \approx 0{,}0 - 0{,}25$
stark bindiger Boden (Ton)	w = ca. 20 – 80 %	sehr feucht	$S_r \approx 0{,}25 - 0{,}50$
organischer Boden (Torf)	w = ca. 50 – 750 %	nass	$S_r \approx 0{,}50 - 0{,}75$
		sehr nass	$S_r \approx 0{,}75 - 1{,}0$
		wassergesättigt	$S_r = 1{,}0$

Porenanteil, Porenzahl

Porenanteil	n	-, %	$n = V_p / V = 1 - \rho_d / \rho_s = e/(1+e)$
Porenzahl	e	-, %	$e = V_p / V_k = \rho_s / \rho_d - 1 = n/(1-n)$

Bei konstanter Porenzahl bzw. -anteil kann der Wassergehalt w zwischen 0 und w_{max} variieren.

Bodenart	**Porenzahl *e***	**Porenanteil *n***
Ton, schluffig	ca. 0,82 – 1,50	ca. 0,45 – 0,65
Schluff, tonig	ca. 0,66 – 1,20	ca. 0,40 – 0,55
Schluff, sandig	ca. 0,43 – 0,66	ca. 0,35 – 0,45
Mittelsand, gleichkörnig	ca. 0,43 – 0,66	ca. 0,30 – 0,38
Sand, kiesig	ca. 0,38 – 0,54	ca. 0,28 – 0,35
Kies, sandig	ca. 0,33 – 0,54	ca. 0,25 – 0,35

2.2.2 Eigenschaften und Versuche zur Klassifizierung

Korngrößenverteilung

Boden ist ein Gemisch aus Einzelbestandteilen unterschiedlicher Korngrößen, die in Korngrößenbereiche eingeteilt werden. Es werden 2 Verfahren zur Ermittlung der Korngrößenverteilung unterschieden, die auch kombiniert werden können.

Siebanalyse für Korngrößen > 63 µm = 0,063 mm
Sedimentationsanalyse für Korngrößen ≤ 63 µm = 0,063 mm (Überlappung bis < 0,4 mm)

Ungleichförmigkeitszahl	$C_U = d_{60} / d_{10}$
Krümmungszahl	$C_C = (d_{30})^2 / (d_{10} \cdot d_{60})$

Nach DIN EN ISO 17892-4 d_x – Korndurchmesser bei x % Siebdurchgang

gleichmäßig gestuft	$C_U < 3$	$C_C < 1$
eng gestuft	$C_U = 3$ bis 6	$C_C < 1$
mäßig gestuft	$C_U = 6$ bis 15	$C_C < 1$
weit gestuft	$C_U > 15$	$C_C = 1$ bis 3
intermittierend gestuft	$C_U > 15$	$C_C < 0{,}5$

nach DIN EN ISO 14688-2

Geotechnik

Konsistenzgrenzen

Konsistenzzahl	$I_C = \dfrac{w_L - w}{w_L - w_P}$	-	w natürlicher Wassergehalt w_L Fließgrenze w_P Ausrollgrenze w_S Schrumpfgrenze
Plastizitätszahl	$I_P = w_L - w_P$	-	

Nach DIN 18122, DIN ISO/TS 17892-12, DIN EN ISO 14688-1

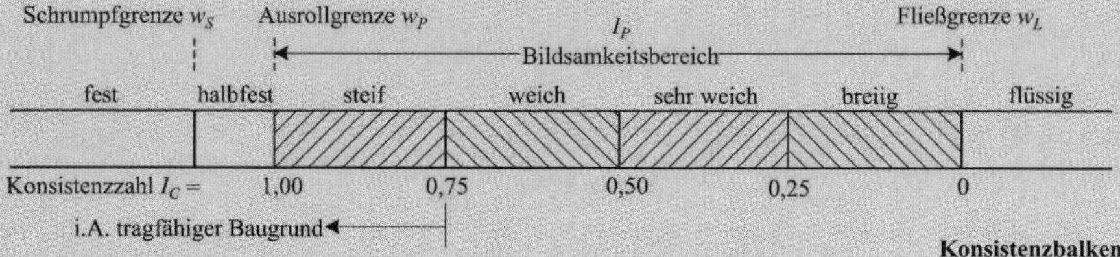

Konsistenzbalken

Ein bindiger Boden gilt als tragfähig, wenn $I_c > 0{,}75$ (steife Konsistenz) nachgewiesen wird.

Lagerungsdichte

Lagerungsdichte	$D = \dfrac{\max n - n}{\max n - \min n}$	- %	$n = 1 - \dfrac{\rho_d}{\rho_s}$
bezogene Lagerungsdichte	$I_D = \dfrac{\max e - e}{\max e - \min e} = \dfrac{\max \rho_d \cdot (\rho_d - \min \rho_d)}{\rho_d \cdot (\max \rho_d - \min \rho_d)}$	- %	$e = 1 - \dfrac{\rho_s}{\rho_d}$

nach DIN 18126; DIN EN ISO 14688-2

sehr lockere Lagerung	$D < 0{,}15$	I_D = 0 – 15 %
lockere Lagerung	$D = 0{,}15 – 0{,}30$	I_D = 15 – 35 %
mitteldichte Lagerung	$D = 0{,}30 – 0{,}50$	I_D = 35 – 65 %
dichte Lagerung	$D = 0{,}50 – 0{,}80$	I_D = 65 – 85 %
sehr dichte Lagerung	$D > 0{,}80$	I_D = 85 – 100 %

nach DIN EN ISO 14688-2

Organischer Anteil

Glühverlust	$V_{gl} = \dfrac{m_d - m_{gl}}{m_d}$	[-]	m_{gl} Trockenmasse nach dem Glühen m_d Trockenmasse vor dem Glühen

nach DIN 18128

als Boden mit organischen Beimengungen wird nach DIN 1054 Material bezeichnet, wenn gilt:

$V_{gl} > 3$ % bei nichtbindigem Boden

$V_{gl} > 5$ % bei bindigem Boden

Massenanteil nach DIN EN ISO 14688-2

V_{gl} = 2 bis 6 %	schwach organisch
V_{gl} = 6 bis 20 %	mittel organisch
V_{gl} = > 20 %	stark organisch

Humusgehalte bei Böden

	Kies und Sand		Ton und Schluff	
	Humusanteil	Farbe	Humusanteil	Farbe
schwach humos	1 – 3 %	grau	2 – 5 %	Mineralfarbe
humos	3 – 5 %	dunkelgrau	5 – 10 %	dunkelgrau
stark humos	> 5 %	schwarz	> 10 %	schwarz

nach DIN 4022 (zurückgezogen)

Kalkgehalt

Kalkgehalt	$V_{Ca} = \dfrac{m_{Ca}}{m_d}$	%	m_{Ca} Masseanteil an Gesamtkarbonaten m_d Trockenmasse

nach DIN 18129

Wasserdurchlässigkeit, Gesetz von Darcy und Durchlässigkeitsbereiche

Zu unterscheiden sind die Wasserdurchlässigkeiten im Laborversuch (k) und im Feld (k_f). Die hier angegebenen Wasserdurchlässigkeitsbereiche gelten für die gesättigte Bodenzone. In der ungesättigten Zone reduziert sich die Wasserdurchlässigkeit auf k_u. Vereinfacht gilt: $k_f = 2 \cdot k_u$

Wasser-durchlässigkeitsbeiwert	$k = \frac{v}{i}$	[m/s]	v Filtergeschwindigkeit in m/s i hydraulisches Gefälle [-]

k_f in m/s	Durchlässigkeitsbereich	Bodengruppe
$< 10^{-8}$	sehr schwach durchlässig	T, U, UT, OT
$10^{-8} - 10^{-6}$	schwach durchlässig	U, SU
$10^{-6} - 10^{-4}$	durchlässig	SW
$10^{-4} - 10^{-2}$	stark durchlässig	SE-SI, GW-GI
$> 10^{-2}$	sehr stark durchlässig	GE

2.3 Benennen, Beschreiben und Klassifizieren von Böden

2.3.1 Benennung und Beschreibung von Böden

Die Benennung und Beschreibung von Böden erfolgt nach DIN EN ISO 14688-1 im Allg. durch einfache Handversuche **ohne den Einsatz von Laborversuchen** direkt im Feld. Ergänzend sind Zustandsform, besondere stoffliche Beimengungen sowie sonstige Merkmale, wie z. B. Kalkgehalt, Kornform und -rauigkeit, Geruch, ortsübliche und geologische Bezeichnung anzugeben. Eine genaue Einordnung und Klassifizierung kann nur durch Laborversuche vorgenommen werden.

Die Korngröße ist die Grundlage für die Benennung mineralischer Böden. Deren Bestimmung erfolgt im Feld z.B. durch Vergleich mit einer Korngrößenlehre oder Tafel 6 (letzte Spalte). Das Flussdiagramm nach Tafel 7 ist allgemein anwendbar. Da bei feinkörnigen Böden mit Korngrößen $d < 0{,}063$ mm (Schluff Si und Ton Cl) das Einzelkorn mit bloßem Auge nicht mehr erkennbar ist, erfolgt ihre Unterscheidung üblicherweise mittels Trockenfestigkeits-, Schüttel-, Reibe- und Schneidversuch (Tafel 8).

Tafel 6: Benennung nach den Korngrößenfraktionen gemäß DIN EN ISO 14688-1

Bereich	Benennung	Kurzzeichen	Korngrößen in mm	vgl. DIN 4023 (zurückgezogen)	
sehr grobkörnige Böden	großer Block	LBo	> 630		Gerölle
	Block	Bo	> 200 – 630	Y	
	Stein	Co	> 63 – 200	X	> Hühnereier
grobkörnige Böden	Kies	Gr	> 2,0 – 63	G	
	Grobkies	CGr	> 20 – 63	gG	> Haselnüsse
	Mittelkies	MGr	> 6,3 – 20	mG	> Erbsen
	Feinkies	FGr	> 2,0 – 6,3	fG	> Streichholzköpfe
	Sand	Sa	> 0,063 – 2,0	S	
	Grobsand	CSa	> 0,63 – 2,0	gS	> Grieß
	Mittelsand	Msa	> 0,2 – 0,63	mS	≈ Grieß
	Feinsand	FSa	> 0,063 – 0,2	fS	Einzelkorn erkennbar
feinkörniger Boden	*Schluff*	*Si*	*0,002 – 0,063*	*U*	*Angabe informativ, da Einzelkörner nicht mit bloßem Auge erkennbar sind*
	Grobschluff	*CSi*	*0,02 – 0,063*	*gU*	
	Mittelschluff	*MSi*	*0,0063 – 0,02*	*mU*	
	Feinschluff	*FSi*	*0,002 – 0,0063*	*fU*	
	Ton	*Cl*	*≤ 0,002*	*T*	

Kies, Sand und Schluff können noch in Grob- (c), Mittel- (m) und Feinbereiche (f) unterteilt werden.

Benennung:	Hauptbestandteile	Substantiv oder Großbuchstaben als Kurzzeichen	Kies, Gr
	Nebenbestandteile	Adjektiv oder Kleinbuchstaben als Kurzzeichen	kiesig, gr
Beispiel:	Schluff, feinkiesig, grobsandig	fgrcsaSi	

Die Bodenbestandteile werden in Haupt- und Nebenanteile unterschieden. Hauptanteil ist der Massenanteil, der am stärksten vertreten ist (Sand/Kies) oder der die bestimmenden Eigenschaften des Bodens prägt (Ton/Schluff). Nebenanteile sind Massenanteile, die die bestimmenden Eigenschaften zwar nicht prägen, aber beeinflussen. Nebenanteile können schwach (< 15 %) oder stark (> 30 %) ausgeprägt sein.

Tafel 7: Flussdiagramm für die Benennung und Beschreibung von Böden nach DIN EN ISO 14688-1

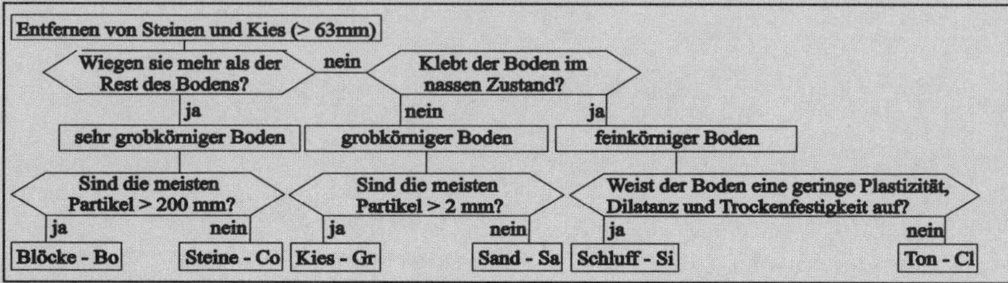

Die DIN 1054 unterscheidet in nichtbindige und bindige Böden, die DIN 18196 in grob-, gemischt-, feinkörnige, organische und organogene Böden und DIN EN ISO 14688-1 in sehr grobkörnige, grobkörnige und feinkörnige Böden. Es gilt vereinfacht (siehe auch Tafel 7/Tafel 16):

grobkörnig = nichtbindig
gemischtkörnig Feinkornanteil prägt das Bodenverhalten; Plastizität vorhanden = bindig
Feinkornanteil prägt nicht das Bodenverhalten; keine Plastizität = nichtbindig
feinkörnig = bindig

nichtbindiger Boden Kies, Sand und Steine, sowie deren Gemische

immer:	$d \leq 0{,}06$ mm weniger als 5 %	GE, GW, GI, SE, SW, SI
in der Regel:	$d \leq 0{,}06$ mm zwischen 5 % – 15 %	GU, GT, SU, ST
Ausnahme:	gemischtkörniger Boden	GU*, GT*, SU*, ST*

bindiger Boden Tone, Schluffe und deren Mischungen auch mit nichtbindigen Böden

immer:	$d \leq 0{,}06$ mm größer 40 %	UL, UM, UA, TL, TM, TA
in der Regel:	$d \leq 0{,}06$ mm zwischen 15 % – 40 %	GU*, GT*, SU*, ST*
Ausnahme:	gemischtkörniger Boden	GU, GT, SU, ST

Tafel 8: Einfache Feldversuche zur Unterscheidung von Schluff und Ton nach DIN EN ISO 14688-1

Versuch	Vorgehen	Durchführung	Reaktion und Ergebnis	Boden
Trocken-festigkeit	Trocknen einer Probe an der Luft, in der Sonne oder im Ofen	Zerdrücken der getrockneten Probe mit den Fingern, ggf. zerbrechen	Zerfall/Zerbröseln bei leichtem bis mäßigen Druck	Schluff – Si
			Zerfall bei erheblichem Druck in Bruchstücke	Schluff / Ton – Si/Cl
			Probe lässt sich nur zerbrechen	Ton – Cl
Schütteln	feuchte 10 bis 20 mm große Proben von Hand zu Hand schütteln	Beobachtung des Wasser-austritts, der durch Finger-druck verschwindet	schnelles Erscheinen und Verschwinden des Wassers auf der Probe	Schluff – Si
			keine Veränderung der Probenbeschaffenheit, langsamer Wasseraustritt beim Schütteln	Ton – Cl
Schneiden	Schnitt in erd-feuchte Probe	Beobachtung Schnittfläche	stumpfe, matte Schnittfläche	Schluff – Si
			glänzende, glatte Schnittfläche	Ton – Cl
Reiben	Zerreiben der Probe mit den Fingern, ggf. unter Wasser	Erfassung des Tastempfindens beim Zerreiben der Probe	raues Gefühl u.U. mit Knirschen	Sand – Sa
			weiches, mehliges Gefühl	Schluff – Si
			seifiges Gefühl, Boden klebt auch nach dem Trocknen an den Fingern	Ton – Cl

Tafel 9: Ermittlung der Konsistenz im Feld nach EN ISO 14688-1

Vorgehen	Beobachtung und Reaktion	Ergebnis
Beobachtung des Verhaltens einer Bodenprobe beim Kneten, Drücken und Reiben in Händen und mit den Fingern	Harter Boden, der ausgetrocknet ist und meist hell aussieht: Er lässt sich nicht mehr kneten, sondern nur zerbrechen. Ein nochmaliges Zusammenballen der Einzelteile ist nicht mehr möglich.	fest
	Boden, der beim Versuch, ihn zu 3 mm dicken Rollen auszurollen, zwar zerbröckelt und reißt, aber doch feucht genug ist, um ihn erneut zu einem Klumpen zu formen.	halbfest
	Boden, der sich schwer kneten, aber in der Hand zu 3 mm dicken Rollen ausrollen lässt, ohne zu reißen oder zu zerbröckeln.	steif
	Boden, der sich leicht kneten lässt.	weich
	Boden quillt beim Pressen in der Faust zwischen den Fingern hindurch.	breiig

Tafel 10: Kalkgehalt nach EN ISO 14688-1: Prüfung mit verdünnter HCl (Wasser zu Salzsäure 3 : 1)

Vorgehen	Durchführung	Reaktion	Ergebnis		Kalkgehalt
Auftropfen von verdünnter Salzsäure auf Probe	Beobachtung des Aufbrausverhaltens; bei feuchten, tonigen Proben ggf. verzögerte Reaktion	kein Aufbrausen	kalkfrei	o	$V_{Ca} < 1$ %
		schwaches bis deutliches, nicht anhaltendes Aufbrausen	kalkhaltig	+	$V_{Ca} = 1–5$ %
		starkes, langandauerndes Aufbrausen	stark kalkhaltig	++	$V_{Ca} > 5$ %

Tafel 11: Riechversuch nach EN ISO 14688-1

Vorgehen	Beobachtung	Ergebnis
Riechen an einer frischen Bodenprobe ggf. mit anschließendem Erhitzen	erdiger Geruch nach Anfeuchten	anorganisch
	modriger Geruch, der sich beim Erhitzen verstärkt fauliger Geruch, der sich mit verdünnter Salzsäure verstärkt (Mudde, nicht zersetzter Torf)	organisch

Tafel 12: Benennung organischer Böden im Feld nach EN ISO 14688-1

Beobachtung	Benennung
faserige Struktur, leicht erkennbare Pflanzenstruktur mit gewisser Festigkeit	faseriger Torf
erkennbare Pflanzenstruktur jedoch ohne Festigkeit des erkennbaren Pflanzenmaterials	schwach faseriger Torf
keine erkennbare Pflanzenstruktur mit breiiger Konsistenz	amorpher Torf
pflanzliche und tierische Reste mit anorganischen Bestandteilen durchsetzt	Mudde (Gyttja)
pflanzliche Reste mit lebenden Organismen und deren Ausscheidungen, bilden mit anorganischen Bestandteilen den Oberboden (Mutterboden)	Humus

Tafel 13: Ausquetschversuch zur Bestimmung der Zersetzungsgrads von Torf nach EN ISO 14688-1

Vorgehen	Beobachtung	Benennung
Ausquetschen eines nassen Torfstücks in der Faust	Ausquetschen von Wasser ohne Fremdstoffe; in der Hand verbleiben deutlich erkennbare Quetschrückstände.	nicht zersetzter, faseriger Torf
	Ausquetschen von trübem Wasser mit < 50 % Fremdstoffen; in der Hand verbleiben erkennbare Quetschrückstände.	mäßig zersetzter, leicht faseriger Torf
	Es wird ein wässeriger Brei mit > 50 % Fremdstoffen ausgequetscht; keine erkennbaren Quetschrückstände in der Hand.	völlig zersetzter Torf

Im Plastizitätsdiagramm mit Bodengruppen entscheidet die Lage zur A-Linie zwischen Schluff und Ton (DIN 18196).

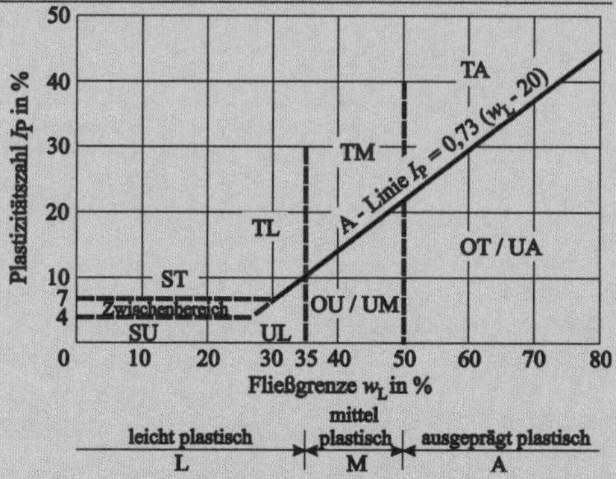

2.3.2 Ermittlung der Scherfestigkeit – Direkter Scherversuch nach DIN 18137-3

Der direkte Scherversuch wird an bindigen und nichtbindigen Bodenproben der Güteklasse 1 oder an aufbereiteten Probekörpern durchgeführt. Die Vorschubgeschwindigkeit ist so gering, dass sich keine Porenwasserüberdrücke aufbauen. Die ermittelten Scherparameter gelten für den dränierten Zustand. Unter Anwendung der Coulomb'schen Bruchbedingung auf die Regressionsgerade aus mindestens drei Einzelversuchen werden die Scherparameter als lineare Funktion der Form $\tau = c' + \sigma \cdot \tan \varphi'$ dargestellt.

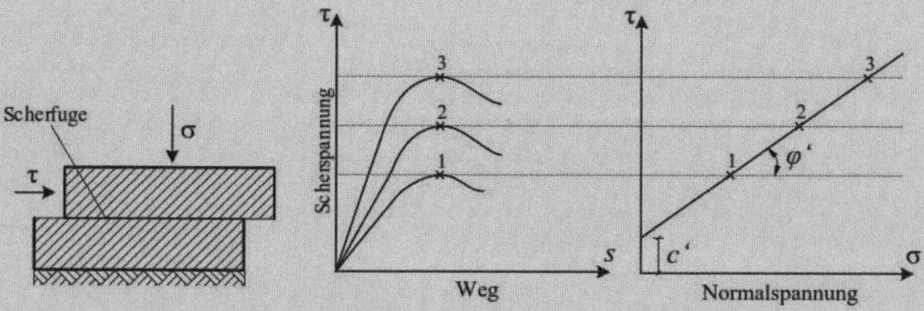

2.3.3 Verdichtbarkeit von Böden – Proctordichte

Die Proctordichte ρ_{Pr} ist die größte, mit einer bestimmten Verdichtungsarbeit erreichbare Trockendichte. Der Wassergehalt bei der Proctordichte wird als optimaler Wassergehalt w_{Pr} bezeichnet. Die Ermittlung der Einbaudichte, d.h. der im Feld vorhandenen Trockendichte, und das Verhältnis zur Proctordichte führt zum Verdichtungsgrad D_{Pr}. Die Proctordichte stellt das Maximum der Proctorkurve dar.

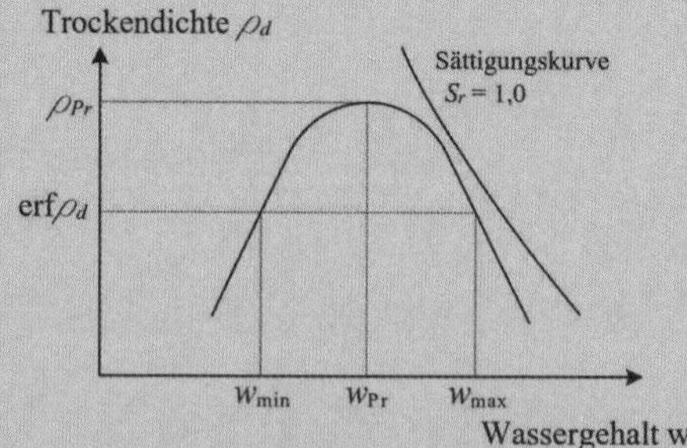

$$D_{Pr} = \frac{\rho_d}{\rho_{Pr}}$$

ρ_d Trockendichte

ρ_{pr} Proctordichte nach DIN 18127

D_{Pr} Verdichtungsgrad

<u>Eignung als Schüttmaterial:</u>

$\rho_{Pr} > 2{,}0$ g/cm³ … gute Eignung

$\rho_{Pr} = 1{,}7$–$2{,}0$ g/cm³ … mittlere Eignung

$\rho_{Pr} < 1{,}7$ g/cm³ … schlechte Eignung

Tafel 14: Zuordnung von Verdichtungsgrad D_{Pr} und Verformungsmodul E_{V2} bzw. E_{vd} [ZTV E-StB 17]

Bodengruppe	D_{Pr} in %	E_{V2} in MN/m²	E_{V2}/E_{V1}	E_{vd} in MN/m²
GW, GI	≥ 100	≥ 100	≤ 2,3	≥ 50
	≥ 98	≥ 80	≤ 2,5	≥ 40
	≥ 97	≥ 70	≤ 2,6	–
GE, SE, SW, SI	≥ 100	≥ 80	≤ 2,3	≥ 50
	≥ 98	≥ 70	≤ 2,5	≥ 40
	≥ 97	≥ 60	≤ 2,6	–

Wenn der E_{V1}-Wert bereits 60 % des in Tafel 14 angegebenen E_{V2}-Wertes erreicht, sind auch höhere Verhältnisse E_{V2}/E_{V1} zulässig.

2.3.4 Frostempfindlichkeit von Böden

Tafel 15: Frostempfindlichkeitsklassen nach ZTVE-StB ´17

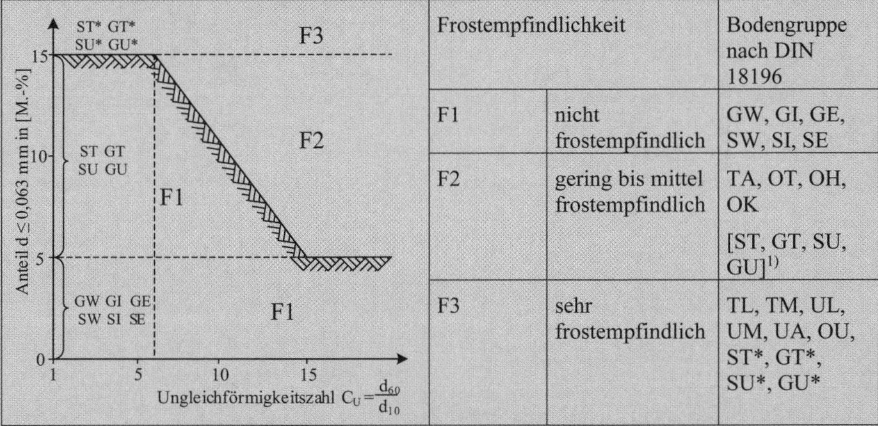

Frostempfindlichkeit		Bodengruppe nach DIN 18196
F1	nicht frostempfindlich	GW, GI, GE, SW, SI, SE
F2	gering bis mittel frostempfindlich	TA, OT, OH, OK [ST, GT, SU, GU][1)]
F3	sehr frostempfindlich	TL, TM, UL, UM, UA, OU, ST*, GT*, SU*, GU*

[1)] ST, GT, SU und GU können in F1 eingeordnet werden, wenn der Feinkornanteil von 0,063 mm bei: $C_u \geq 15$ unter 5 Massenprozent und $C_u \leq 6$ unter 15 Massenprozent liegt.
Im Bereich von $6 \leq C_u \leq 15$ Massenprozent kann der für eine Zuordnung zu F1 zulässige Anteil an Feinkorn < 0,063 mm linear interpoliert werden.

2.3.5 Klassifikation von Böden

Die europäische Grundlage der Bodenklassifikation ist DIN EN ISO 14688-2. Es gilt aber weiterhin DIN 18196, auf die hier auch zurückgegriffen wird. Unabhängig von der Norm erfolgt die **Klassifizierung von Böden auf Basis von Laborversuchen** zur Ermittlung der Korngrößenverteilung, Plastizität und des organischen Anteils.

Durch Laborversuche und Kenntnis der Bodenentstehung wird der Boden einer Bodengruppe zugeordnet. Den Bodengruppen werden Kurzzeichen zugewiesen, die aus zwei Buchstaben bestehen, wobei der erste den Hauptbestandteil und der zweite Buchstabe die kennzeichnende bodenphysikalische Eigenschaft oder den Nebenbestandanteil angibt. Die Bodenklassifikation nach DIN 18196 zeigt Tafel 16.

Tafel 16: Klassifikation von Böden nach DIN 18196

Definition und Benennung									Erkennungsmerkmale		
DIN 1054	Hauptgruppe	≤ 0,063 mm	≤ 2 mm	Lage zur A-Linie	Gruppen			Kurzzeichen	Trockenfestigkeit	Reaktion beim Schüttelversuch	Plastizität beim Knetversuch
									für feinkörnige und organische Böden		
nichtbindige Böden	grobkörnige Böden	< 5 %	≤ 60 %	–	Kies (Grant)	eng gestufte Kiese		**GE**	steile Körnungslinie infolge Vorherrschens eines Korngrößenbereichs		
						weit gestufte Kies-Sand-Gemische		**GW**	über mehrere Korngrößenbereiche kontinuierlich verlaufende Körnungslinie		
						intermittierend gestufte Kies-Sand-Gemische		**GI**	meist treppenartig verlaufende Körnungslinie infolge Fehlens eines oder mehrerer Korngrößenbereiche		
			> 60 %	–	Sand	eng gestufte Sande		**SE**	steile Körnungslinie infolge Vorherrschens eines Korngrößenbereichs		
						weit gestufte Sand-Kies-Gemische		**SW**	über mehrere Korngrößenbereiche kontinuierlich verlaufende Körnungslinie		
						intermittierend gestufte Sand-Kies-Gemische		**SI**	meist treppenartig verlaufende Körnungslinie infolge Fehlens eines oder mehrerer Korngrößenbereiche		
	gemischtkörnige Böden	5 – 40 %	≤ 60 %	–	Kies-Schl**u**ff-Gemische	5 % – 15 %	≤ 0,063 mm	**GU**	weit oder intermittierend gestufte Körnungslinie Feinkornanteil schluffig		
						> 15 % – 40 %	≤ 0,063 mm	**GU***			
					Kies-**T**on-Gemische	5 % – 15 %	≤ 0,063 mm	**GT**	weit oder intermittierend gestufte Körnungslinie Feinkornanteil ist tonig		
						> 15 % – 40 %	≤ 0,063 mm	**GT***			
bindige Böden			> 60 %	–	Sand-Schl**u**ff-Gemische	5 % – 15 %	≤ 0,063 mm	**SU**	weit oder intermittierend gestufte Körnungslinie Feinkornanteil schluffig		
						> 15 % – 40 %	≤ 0,063 mm	**SU***			
					Sand-**T**on-Gemische	5 % – 15 %	≤ 0,063 mm	**ST**	weit oder intermittierend gestufte Körnungslinie Feinkornanteil ist tonig		
						> 15 % – 40 %	≤ 0,063 mm	**ST***			
	feinkörnige Böden	> 40 %	–	I_p≤4% oder unterhalb A-Linie	Schl**u**ff	leicht plastische Schluffe	w_L < 35 %	**UL**	niedrig	schnelle	keine bis leichte
						mittelplastische Schluffe	35 % ≤ w_L ≤ 50 %	**UM**	niedrige bis mittlere	langsame	leichte bis mittlere
						ausgeprägt plastische Schluffe	w_L > 50 %	**UA**	hohe	keine bis langsame	mittlere bis ausgeprägte
			–	I_p≤4% und oberhalb A-Linie	**T**on	leicht plastische Tone	w_L < 35 %	**TL**	mittlere bis hohe	keine bis langsame	leichte
						mittelplastische Tone	35 % ≤ w_L ≤ 50 %	**TM**	hohe	keine	mittlere
						ausgeprägt plastische Tone	w_L > 50 %	**TA**	sehr hohe	keine	ausgeprägte
organogene und Böden mit organischen Beimengungen		> 40 %	–	I_p≤4% und oberhalb A-Linie	nicht brenn- oder nicht schwelbar	Schl**u**ffe mit **o**rganischen Beimengungen	35 % ≤ w_L ≤ 50 %	**OU**	mittlere	langsame bis sehr schnelle	mittlere
						Tone mit **o**rganisch. Beimengungen	w_L > 50 %	**OT**	hohe	keine	ausgeprägte
		≤40 %		–		grob- bis gemischtkörnige Böden mit Beimengungen **h**umoser Art		**OH**	Beimengungen pflanzlicher Art, meist dunkle Farbe, Glühverlust bis 20 %		
						grob- bis gemischtkörnige Böden mit **k**alkigen, kieseligen Bildungen		**OK**	Beimengungen nicht pflanzlicher Art, meist helle Farbe, leichtes Gewicht		
organische Böden		–	–		brenn- oder schwelbar	nicht bis mäßig zersetzte Torfe (**H**umus)		**HN**	gewachsene Humusbildungen	Zersetzungsgrad 1 – 5 nach DIN 19682-12	
						zersetzte Torfe		**HZ**		Zersetzungsgrad 6 – 10	
						Schlamme als Sammelbegriff für **F**aulschlamm, Mudde, Gyttja, Dy, Sapropel		**F**	unter Wasser abgesetzte Schlamme aus Pflanzenresten, Mikroorganismen, Kot oft durchsetzt von Sand, Ton, Kalk		
Auffüllung		–	–		Auffüllung	Auffüllung aus natürlichen Böden		**[...]**	*jeweiliges Gruppensymbol in [ ]*		
						Auffüllung aus Fremdstoffen		**A**			

Geotechnik

2.4 Bodenkennwerte

2.4.1 Erfahrungswerte für bindige und nichtbindige Böden nach DIN 1055-2

Tafel 17: Erfahrungswerte für Wichten und Reibungswinkel bei nichtbindigen Böden

Bodenart	Kurzzeichen DIN 18169	Lagerungsdichte	Spitzenwiderstand q_c in MN/m²	Wichte erdfeucht γ in kN/m³	Wichte gesättigt γ_r in kN/m³	Wichte unter Auftrieb γ' in kN/m³	Reibungswinkel φ' in °
Kies, Sand eng gestuft	GE, SE mit $C_U < 6$	locker	5,0 – < 7,5	16,0	18,5	8,5	30,0
		mitteldicht	≥ 7,5 – <15	17,0	19,5	9,5	32,5
		dicht	≥15	18,0	20,5	10,5	35,0
Kies, Sand weit oder intermittierend gestuft	GW, GI, SW, SI mit $6 \leq C_U \leq 15$	locker	5,0 – < 7,5	16,5	19,0	9,0	30,0
		mitteldicht	≥ 7,5 – <15	18,0	20,5	10,5	32,5
		dicht	≥15	19,5	22,0	12,0	35,0
Kies, Sand weit oder intermittierend gestuft	GW, GI, SW, SI mit $C_U > 15$	locker	5,0 – < 7,5	17,0	19,5	9,5	30,0
		mitteldicht	≥ 7,5 – <15	19,0	21,5	11,5	32,5
		dicht	≥15	21,0	23,5	13,5	35,0

Die angegebenen Erfahrungswerte dürfen als charakteristische Werte verwendet werden, sofern die Böden im Hinblick auf Korngröße, Ungleichförmigkeit und Lagerungsdichte eingeordnet werden können. Näherungsweise dürfen die oben angegebenen Zuordnungen von Lagerungsdichte und Spitzendruck verwendet werden. Die für Wichten und Scherfestigkeit angegebenen Erfahrungswerte gelten für gewachsene, geschüttete und ggf. verdichtete Böden.

Die für Wichten (γ) angegebenen Erfahrungswerte sind Mittelwerte mit einer möglichen Abweichung von:

– $\Delta\gamma = \pm 1{,}0$ kN/m³ bei erdfeuchtem bzw. über dem Grundwasser liegendem Boden

– $\Delta\gamma_r = \Delta\gamma' = \pm 0{,}5$ kN/m³ bei wassergesättigtem oder unter Auftrieb stehendem Boden

Erfahrungswerte für Reibungswinkel sind vorsichtige Schätzwerte des Mittelwerts. Sie gelten für runde und abgerundete Kornformen; wenn kantige Körner überwiegen, dürfen die angegebenen Werte für φ' um 2,5° erhöht werden.

Tafel 18: Erfahrungswerte der Wichten und Scherparameter für bindige Böden nach DIN 1055-2

Bodenart	Kurzzeichen DIN 18169	Zustandsform	Wichte erdfeucht γ in kN/m³	Wichte gesättigt γ_r in kN/m³	Wichte unter Auftrieb γ' in kN/m³	Scherfestigkeit Reibung φ' in °	Kohäsion c' in kN/m²	Kohäsion c_u in kN/m²
leicht plastische Schluffe ($w_L < 35$ %)	UL	weich	17,5	19,0	9,0	27,5	0	0
		steif	18,5	20,0	10,0		2	15
		halbfest	19,5	21,0	11,0		5	40
mittelplastische Schluffe ($35\,\% \leq w_L \leq 50\,\%$)	UM	weich	16,5	18,5	8,5	22,5	0	5
		steif	18,0	19,5	9,5		5	25
		halbfest	19,5	20,5	10,5		10	60
leicht plastische Tone ($w_L < 35$ %)	TL	weich	19,0	19,0	9,0	22,5	0	0
		steif	20,0	20,0	10,0		5	15
		halbfest	21,0	21,0	11,0		10	40
mittelplastische Tone ($35\,\% \leq w_L \leq 50\,\%$)	TM	weich	18,5	18,5	8,5	17,5	5	5
		steif	19,5	19,5	9,5		10	25
		halbfest	20,5	20,5	10,5		15	60
ausgeprägt plastische Tone ($w_L > 50$ %)	TA	weich	17,5	17,5	7,5	15,0	5	15
		steif	18,5	18,5	8,5		10	35
		halbfest	19,5	19,5	9,5		15	75

Die angegebenen Erfahrungswerte dürfen als charakteristische Werte verwendet werden, sofern die Böden im Hinblick auf ihre Plastizität in die Bodengruppen nach DIN 18196 eingestuft und nach Konsistenz unterschieden werden können.

Die für charakteristische Wichten und Scherfestigkeiten angegebenen Erfahrungswerte gelten für gewachsene bindige Böden. Die Verwendung für geschüttete Böden ist bei einem Verdichtungsgrad $D_{pr} \geq 97$ % zulässig.

Der Reibungswinkel im undränierten, unkonsolidierten Zustand ist mit $\varphi_{u,k} = 0$ anzunehmen.

Für die Tabellenwerte der Wichten gilt die unter Tafel 17 (nichtbindige Böden) angegebene Streuung.
Bei Böden mit sehr großer Ungleichförmigkeit C_U, z. B. bei Geschiebemergel oder Lehm, deren Korngrößen von Kies oder Sand bis zu Schluff oder Ton reichen (gemischtkörnige Böden der Bodengruppen GU, GT, SU und ST bzw. GU*, GT*, SU* und ST* nach DIN 18169), sind die Wichten um 1,0 kN/m³ zu erhöhen.
Erfahrungswerte für Scherfestigkeiten sind vorsichtige Schätzwerte des Mittelwertes.

2.4.2 Richtwerte für Bodenkenngrößen

Tafel 19: Bodenkennwerte von Bodenarten in Anlehnung an das Grundbautaschenbuch [nach Witt (Hrsg.)]

Bodenart	Bodengruppe	Plastizitätsgrenzen			Wichten		Wassergehalt	Proctorwerte		Zusammendrückbarkeit		Scherparameter			Durchlässigkeit
	DIN 18196	w_l in %	w_p in %	I_p in %	γ in kN/m³	γ' in kN/m³	w in %	ρ_{Pr} in g/cm³	w_{pr} in %	v_e	w_e	φ' in °	c' in kN/m²	φ'_r in °	k in m/s
Kies gleichkörnig	GE	-	-	-	16,0	9,5	4	1,70	8	400	0,6	34	-	32	$2\cdot10^{-1}$
		-	-	-	19,0	10,5	1	1,90	5	900	0,4	42	-	35	$1\cdot10^{-2}$
Kies, sandig, mit wenig Feinkorn	GW, GI	-	-	-	21,0	11,5	6	2,00	7	400	0,7	35	-	32	$1\cdot10^{-2}$
		-	-	-	23,0	13,5	3	2,25	4	1100	0,5	45	-	35	$1\cdot10^{-6}$
Kies, sandig, mit Schluff oder Ton, die das Korngerüst nicht sprengen	GU, GT	20	16	4	21,0	11,5	9	2,10	7	400	0,7	35	7	32	$1\cdot10^{-5}$
		45	25	25	24,0	14,5	3	2,35	4	1200	0,5	43	0	35	$1\cdot10^{-8}$
Kies-Sand-Feinkorn-Gemisch, das Feinkorn sprengt das Korngerüst	GU*, GT*	20	16	4	20,0	10,5	13	1,90	10	150	0,9	28	15	22	$1\cdot10^{-7}$
		50	25	30	22,5	13,0	6	2,20	5	400	0,7	35	5	30	$1\cdot10^{-11}$
Feinsand, gleichkörnig	SE	-	-	-	16,0	9,5	22,0	1,60	15	150	0,75	32	-	30	$1\cdot10^{-4}$
		-	-	-	19,0	11,0	8	1,75	10	300	0,60	40	-	32	$2\cdot10^{-5}$
Grobsand, feinkörnig	SE	-	-	-	16,0	9,5	16	1,60	13	250	0,70	34	-	30	$1\cdot10^{-3}$
		-	-	-	19,0	11,0	6	1,75	8	700	0,55	42	-	34	$5\cdot10^{-4}$
Sand, gut abgestuft und Sand kiesig	SW, SI	-	-	-	18,0	10,0	12	1,90	10	200	0,70	33	-	32	$5\cdot10^{-4}$
		-	-	-	21,0	12,0	5	2,15	6	600	0,55	41	-	34	$2\cdot10^{-5}$
Sand mit Feinkorn, das das Korngerüst nicht sprengt	SU, ST	20	16	4	19,0	10,5	15	2,00	11	150	0,80	32	7	30	$2\cdot10^{-5}$
		45	25	25	22,5	13,0	4	2,20	7	500	0,65	40	0	32	$5\cdot10^{-7}$
Sand mit Feinkorn, das das Korngerüst sprengt	SU*, ST*	20	16	4	18,0	9,0	20	1,70	19	50	0,90	25	25	22	$2\cdot10^{-6}$
		50	30	30	21,5	11,0	8	2,00	12	250	0,75	32	7	30	$1\cdot10^{-9}$
Schluff, leichtplastisch	UL	25	21	4	17,5	9,5	28	1,60	22	40	0,80	28	10	25	$1\cdot10^{-5}$
		35	28	11	21,0	11,0	15	1,80	15	110	0,60	35	5	30	$1\cdot10^{-7}$
Schluff, mittel- und ausgeprägt plastisch	UM, UA	35	22	7	17,0	8,5	35	1,55	24	30	0,90	25	20	22	$2\cdot10^{-6}$
		60	25	25	20,0	10,5	20	1,75	18	70	0,70	33	7	29	$1\cdot10^{-9}$
Ton, leichtplastisch	TL	25	15	7	19,0	9,5	28	1,65	20	20	1,00	24	35	20	$1\cdot10^{-7}$
		35	22	16	22,0	12,0	14	1,85	15	50	0,90	32	10	28	$2\cdot10^{-9}$
Ton, mittelplastisch	TM	40	18	16	18,0	8,5	38	1,55	23	10	1,00	20	45	10	$5\cdot10^{-8}$
		50	25	28	21,0	11,0	18	1,75	17	30	0,95	28	15	20	$1\cdot10^{-10}$
Ton, ausgeprägt plastisch	TA	60	20	33	16,5	7,0	55	1,45	27	6	1,00	12	60	6	$1\cdot10^{-9}$
		85	35	55	20,0	10,0	20	1,65	20	20	1,00	20	20	15	$1\cdot10^{-12}$
Schluff oder Ton, organisch	OU, OT	45	30	10	15,5	5,5	60	1,45	27	5	1,00	18	35	15	$1\cdot10^{-9}$
		70	45	30	18,5	8,5	26	1,70	18	20	0,90	26	10	22	$2\cdot10^{-11}$
Torf	HN, HZ	-	-	-	10,4	0,4	800	-	-	3	1,00	24	15	-	$1\cdot10^{-5}$
		-	-	-	12,5	2,5	80	-	-	8	1,00	30	5	-	$1\cdot10^{-8}$
Mudde	F	100	30	50	12,5	2,5	160	-	-	4	1,00	18	15	-	$1\cdot10^{-7}$
		250	80	170	16,0	6,0	50	-	-	10	0,90	26	5	-	$1\cdot10^{-9}$

Für die Grenzwerte wird vorausgesetzt, dass I_C etwa zwischen 0,6 und 1,0 und D zwischen 0,4 und 0,9 schwankt.

Zusammendrückbarkeit erstverdichteter Böden: $E_S = v_e \cdot \sigma_{at} \cdot (\sigma / \sigma_{at})^{w_e}$ [kN/m²]
mit σ_{at} = 100 kN/m² (Atmosphärendruck)

2.5 Baugrundschichtung und Einteilung in Homogenbereiche

Mit der vollständigen Beschreibung des Baugrundes lässt sich eine Einteilung in Homogenbereiche gemäß den Ausführungsnormen der VOB/Teil C vornehmen. Damit wird eine Bodenkubatur definiert, die in Bezug auf ein Baugewerk oder ein Bauverfahren gegenüber anderen Homogenbereichen hinsichtlich räumlicher Ausbreitung und geotechnischer Eigenschaften abzugrenzen ist.

Die Eigenschaften sind als Wertebereiche in Abhängigkeit der Baugewerke/Bauverfahren und je nach geotechnischer Kategorie in den ATV-Normen der VOB/Teil C benannt. Die Entscheidung über die Aufteilung, d.h. Anzahl und räumliche Ausdehnung der Homogenbereiche, sowie die Spannweite der Wertebereiche sind projektbezogen und in Abstimmung mit den Projektbeteiligten zu treffen. Eine allgemeingültige Regel existiert nicht.

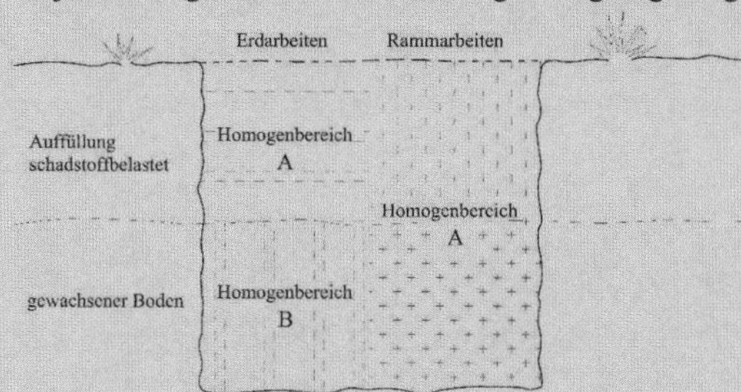

Beispiel zur Einteilung von Homogenbereichen für Erd- und Rammarbeiten bei geschichtetem Baugrund

3 Einzel- und Streifenfundamente

3.1 Allgemeines

Konstruktionshinweise

- frostsichere Gründungstiefe gemäß DIN 1054:2021 $d_{\text{min}} \geq 0{,}8$ m
- möglichst symmetrische Fundamentausbildung

Vorbemessung von Fundamenten – Abschätzung der Fundamentgrundfläche

$$A \approx \frac{V+G}{(\sigma_{\text{R,d}}/1{,}4)} \text{ bzw. } A \approx \frac{V}{(\sigma_{\text{R,d}}/1{,}4)-\sigma_{\text{G}}}$$

A	erforderliche Fundamentgrundfläche
V; G	Summe der Vertikalkräfte (ohne Fundament); Fundamenteigengewicht – jeweils als charakteristische Größe
$\sigma_{\text{R.d}}$	Bemessungswert des Sohlwiderstandes nach Tafel 21 bzw. Tafel 23
σ_{G}	charakteristischer Sohlspannungsanteil infolge Fundamenteigengewicht

Vorbemessung von Fundamenten – erforderliche Fundamenthöhe

- Fundamenthöhe für unbewehrte Fundamente nach Teil Stahlbetonbau, Abschnitt 8.8.2

Erforderliche Nachweise

Fundamente sind so zu bemessen, dass die innere (Aufgabe der Statik und des Massivbaus) und die äußere Sicherheit (Aufgabe der Geotechnik) gewährleistet sind. Die äußere Sicherheit kann:

- durch die Bemessung über alle relevanten Nachweise nach Tafel 2 der Grenzzustände ULS und SLS (Abschnitt 3.3 und 3.4) geführt werden,
- in einfachen Fällen über den Vergleich der Bemessungswerte der Sohlwiderstände (nach Abschnitt 3.2) erfolgen.

Geotechnik

3.2 Berechnung über Sohlspannungen

3.2.1 Sohlspannungsverteilung

Konstante Verteilung

Die konstante Verteilung der charakteristischen Beanspruchung in der Sohlfuge findet Anwendung bei:

– dem vereinfachten Nachweis in Regelfällen über Vergleich der Bemessungswerte von Sohldruckbeanspruchung und Sohlwiderstand
– dem Grundbruchnachweis

Bei außermittiger Lage der resultierenden Beanspruchung in der Fundamentsohlfläche darf nur derjenige Teil *A*' der Sohlfläche angesetzt werden, für den die Resultierende der Einwirkungen im Schwerpunkt steht. Bei außermittiger Last ergibt sich so eine reduzierte Fundamentgeometrie.

Ausmitten	$e_L = \frac{M_y}{N}$ bzw. $e_B = \frac{M_x}{N}$	mit $N = N_k = V_k$
wirkliche Grundfläche	$A = b_L \cdot b_B = a \cdot b$	mit $b_L > b_B$ bzw. $a > b$
rechnerische Grundfläche	$A' = b'_L \cdot b'_B = a' \cdot b'$	mit $b'_L > b'_B$ bzw. $a' > b'$

Länge und Breite $b'_L = b_L - 2 \cdot e_L;\ b'_B = b_B - 2 \cdot e_B$
bzw. $a' = a - 2 \cdot e_A;\quad b' = b - 2 \cdot e_B$

Bei mittiger Lage der angreifenden Vertikallast ohne zusätzliches Moment stellt sich eine konstante Sohlspannungsverteilung ein, bei außermittiger Last ergeben sich je nach Ausmitte trapez- oder dreieckförmige Verteilungen über die Sohlfläche.

Geradlinige Verteilung

Die geradlinige Verteilung der charakteristischen Beanspruchung in der Sohlfuge findet Anwendung bei:

– der Setzungsberechnung
– dem Kippnachweis
– der Schnittkraftermittlung am Fundamentkörper

Tafel 20: Wesentliche Ausmitten und zugehörige Sohlspannungen

mittige Last $e_B = 0$	V, b_B, b_L, σ_0	$\sigma_0 = \frac{V}{A} = \frac{V}{b_L \cdot b_B}$
1. Kernweite $e_B = \frac{b_B}{6}$	V, e_B, 2.K, 1.K, b_L, $\sigma_{0,l}$, $\sigma_{0,r}$, b_B	$\sigma_{0,l} = \frac{2 \cdot V}{A};\ \sigma_{0,r} = 0$
2. Kernweite $e_B = \frac{b_B}{3}$	V, e_B, 2.K, 1.K, b_L, max σ_0, b_B	$\max \sigma_0 = \frac{4 \cdot V}{A}$

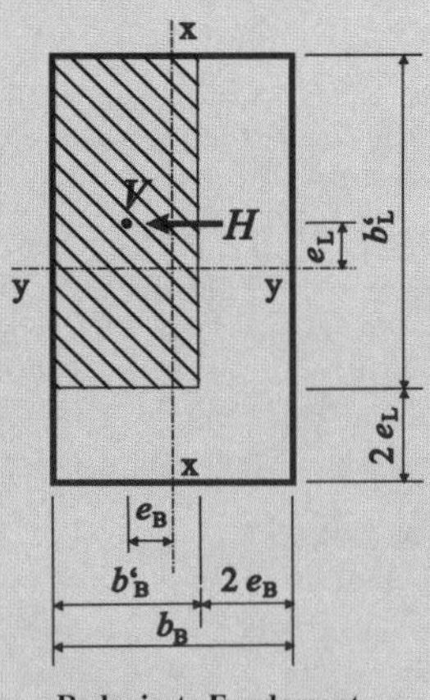

Reduzierte Fundamentgeometrie bei außermittiger Last

3.2.2 Voraussetzungen für die Anwendbarkeit der vereinfachten Nachweisführung

In einfachen Fällen kann für Einzel- und Streifenfundamente der Nachweis über Tabellenwerte erfolgen. Eine ausreichende Grundbruchsicherheit und bauwerksverträgliche Setzungen nach DIN EN 1997-1 dürfen als nachgewiesen angesehen werden, wenn gilt:

$\sigma_{E,d} \leq \sigma_{R,d}$ — $\sigma_{E,d}$ Bemessungswert der Sohldruckbeanspruchung, auf die rechnerische Grundfläche A' bezogen

$\sigma_{R,d}$ Bemessungswert des Sohlwiderstandes aus Tafel 21 oder Tafel 23, ggf. abgemindert oder erhöht nach Abschnitt 3.2.3 bzw. 3.2.4

$\sigma_{E,d} = \frac{V_d}{A'}$ — $V_d = N_d$ Bemessungswert der Vertikalbeanspruchung nach Abschnitt 1.3

Für die Anwendung dieses Nachweises nach DIN 1997-1 müssen folgende Bedingungen erfüllt sein (sonst sind die Fundamente über ULS und SLS – Abschnitt 1.5 – nachzuweisen):

- Fundamentsohle waagerecht, Geländeoberfläche und Schichtungen verlaufen etwa horizontal
- über eine Tiefe unter Gründungssohle, die der zweifachen Fundamentbreite b entspricht, aber mindestens 2,0 m betragen muss, ist ausreichende (mittlere) Baugrundfestigkeit nachzuweisen (bindige Böden – mindestens steife Konsistenz – $I_c \geq 0{,}75$; nichtbindige Böden – mindestens mitteldichte Lagerung, ein Mindestwert nach Tafel 22 muss erreicht sein)
- keine überwiegende oder regelmäßige dynamische Belastung, kein nennenswerter Porenwasserüberdruck in bindigen Schichten
- die Neigung der resultierenden charakteristischen bzw. repräsentativen Beanspruchung in der Sohlfläche genügt der Bedingung: $\tan \delta = H_k/V_k \leq 0{,}2$
- die Sohldruckresultierende muss für ständige und veränderliche Lasten innerhalb der 2. Kernweite und für ständige Lasten in der 1. Kernweite liegen, außerdem muss der Kippnachweis erfüllt sein
- liegt der Grundwasserspiegel über der Gründungssohle, muss eine Einbindetiefe $d > 0{,}8$ m und $d > b$ (Fundamentbreite) erfüllt sein

Ist die Einbindetiefe auf allen Seiten des Gründungskörpers $d > 2{,}0$ m, so darf der Bemessungswert $\sigma_{R,d}$ des Sohlwiderstandes um die Spannung erhöht werden, die sich aus der 1,4-fachen Bodenentlastung ergibt, die sich aus der über 2,0 m hinausgehenden Tiefe ergibt.

ACHTUNG: Die angegebenen Werte in der Tafel 21 und Tafel 23 sind Bemessungswerte des Sohlwiderstands nach DIN 1054 (2021), keine aufnehmbaren Sohldrücke nach DIN 1054 (2005) und keine zulässigen Bodenpressungen nach DIN 1054 (1976).

3.2.3 Bemessungswert des Sohlwiderstandes für nichtbindige Böden

Tafel 21: Bemessungswert des Sohlwiderstandes $\sigma_{R,d}$ für Streifenfundamente auf nichtbindigem Boden

A 1: auf Grundlage einer ausreichenden Grundbruchsicherheit

Kleinste Einbindetiefe des Fundamentes d in m	Bemessungswert des Sohlwiderstandes $\sigma_{R,d}$ in kN/m² bei b bzw. b' in m					
	0,50	1,00	1,50	2,00	2,50	3,00
0,50	280	420	560	700	700	700
1,00	380	520	660	800	800	800
1,50	480	620	760	900	900	900
2,00	560	700	840	980	980	980
$0{,}3 \text{ m} \leq d \leq 0{,}5$ m b bzw. $b' \geq 0{,}3$ m	210					

A 2: auf Grundlage einer ausreichenden Grundbruchsicherheit und Begrenzung der Setzungen

Kleinste Einbindetiefe des Fundamentes d in m	Bemessungswert des Sohlwiderstandes $\sigma_{R,d}$ in kN/m² bei b bzw. b' in m					
	0,50	1,00	1,50	2,00	2,50	3,00
0,50	280	420	460	390	350	310
1,00	380	520	500	430	380	340
1,5	480	620	550	480	410	360
2,00	560	700	590	500	430	390
$0{,}3 \text{ m} \leq d \leq 0{,}5$ m b bzw. $b' \geq 0{,}3$ m	210					

Bei A 1 und A 2 sind Zwischenwerte geradlinig zu interpolieren. Es gilt: $b = b_B$ bzw. $b' = b'_B$

Geotechnik

Für mittige Belastung und Anwendung A 1 können bei $b_B < 1{,}5$ m Setzungen um etwa 2 cm auftreten, bei größeren Breiten sind größere Setzungen proportional zur Fundamentbreite zu erwarten.

Für mittige Belastung und Anwendung A 2 können bei $b_B < 1{,}5$ m Setzungen um etwa 1 cm und bei $b_B > 1{,}5$ m Setzungen bis etwa 2 cm auftreten. Der Bemessungswert $\sigma_{R,d}$ aus A 2 darf unverändert verwendet werden, solange er nicht größer als der abgeminderte in A 1 angegebene Wert ist. Maßgebend ist der kleinere Wert.

Erhöhungsfaktor E_{geom} der Bemessungswerte für A 1 und A 2 – Fundamentgeometrie:

Grundriss	Voraussetzung	Bedingung	Erhöhung $\sigma_{R,d}$
b_B, b_L	$b_B \geq 0{,}5$ m und $d \geq 0{,}5$ m A1: $d \geq 0{,}6\ b_B$ bzw. $0{,}6\ b'_B$	$b_L / b_B < 2$ bzw. $b'_L / b'_B < 2$ oder Kreisfundament	um 20 %

Erhöhungsfaktor E_{fest} der Bemessungswerte für A 1 und A 2 – Festigkeit des Bodens:

b_B, z	Voraussetzung	Bedingung	Erhöhung $\sigma_{R,d}$
	$b_B \geq 0{,}5$ m und $d \geq 0{,}5$ m $z \geq 2 \cdot b_B$; min $z \geq 2{,}0$ m	hohe Festigkeit nach Tafel 22	um 50 %

Zwischen der mittleren und der hohen Festigkeit darf nach Tafel 22 von 0 bis 50 % linear interpoliert werden.

Tafel 22: Mindestwerte für ausreichende (mittlere) und hohe Festigkeit bei nichtbindigem Boden

Bodengruppe		Ungleichförmigkeit C_C	Lagerungsdichte D	Verdichtungsgrad D_{pr} in %	Spitzenwiderstand der Drucksonde q_c in MN/m²
SE, GE, SU, GU, ST, GT	mittlere Festigkeit	≤ 3	$\geq 0{,}30$	≥ 95	$\geq 7{,}5$
	hohe Festigkeit		$\geq 0{,}50$	≥ 98	$\geq 15{,}0$
SE, SW, SI, GE, GW, GT, SU, GU	mittlere Festigkeit	> 3	$\geq 0{,}45$	≥ 98	$\geq 7{,}5$
	hohe Festigkeit		$\geq 0{,}65$	≥ 100	$\geq 15{,}0$

Abminderungsfaktor A_{Beansp} der Bemessungswerte nur für A 1 – waagerechte Beanspruchung:

Grundriss	Voraussetzung	Bedingung	Abminderung A_{Beansp}
H_k, b_B, b_L	ohne	$b_L / b_B \geq 2$ bzw. $b'_L / b'_B \geq 2$	mal Faktor $(1 - H_k / V_K)$
	ohne	in allen übrigen Fällen	mal Faktor $(1 - H_k / V_K)^2$

Abminderungsfaktor A_{GW} der Bemessungswerte nur für A 1 – Grundwasser:

b_B, z_{GW}, GW	Voraussetzung	Bedingung	Abminderung $\sigma_{R,d}$
	$d > 0{,}8$ m und $d > b$	$z_{GW} < 0$	um 40 %
	ohne	$z_{GW} = 0$	um 40 %
	ohne	$z_{GW} < b_L$ bzw. b'_L	Interpolation zwischen 0 – 40 %
	ohne	$z_{GW} \geq b_L$ bzw. b'_L	um 0 %

Berechnung Bemessungswert Sohlwiderstand mit Erhöhungen und Abminderungen

Hinweis: Die Erhöhungs- und Abminderungsfaktoren in % sind in den nachfolgenden Gleichungen als Dezimalzahlen einzusetzen.

$$\sigma_{R,d} = \sigma_{R,d}^{(\text{Tafel } 21)} \cdot (1{,}0 + E_{geom} + E_{fest} - A_{GW}) \cdot A_{Beansp}$$ gilt für A 1 (Grundbruch)

$$\sigma_{R,d} = \sigma_{R,d}^{(\text{Tafel } 21)} \cdot (1{,}0 + E_{geom} + E_{fest})$$ gilt für A 2 (Grundbruch, Setzungen)

3.2.4 Bemessungswert des Sohlwiderstandes für bindige Böden

Tafel 23: Bemessungswerte des Sohlwiderstandes $\sigma_{R,d}$ für Streifenfundamente bei bindigen Böden

Kleinste Einbindetiefe des Fundamentes d in m	Bemessungswert des Sohlwiderstandes $\sigma_{R,d}$ in kN/m² für nachfolgend unterschiedene Böden, Konsistenzen und einaxiale Druckfestigkeiten									
	Schluff UL	gemischtkörniger Boden SU*, ST, ST*, GU*, GT*			tonig, schluffiger Boden UM, TL, TM			Ton TA		
Konsistenz	≥ steif	steif	halbfest	fest	steif	halbfest	fest	steif	halbfest	fest
Druckfestigkeit $q_{u,k}$ in kN/m²	> 120	120 – 300	300 – 700	> 700	120 – 300	300 – 700	> 700	120 – 300	300 – 700	> 700
0,50	180	210	310	460	170	240	390	130	200	280
1,00	250	250	390	530	200	290	450	150	250	340
1,50	310	310	460	620	220	350	500	180	290	380
2,00	350	350	520	700	250	390	560	210	320	420

Zwischenwerte sind geradlinig zu interpolieren. Es gilt: $b = b_B$ bzw. $b' = b'_B$

Tabellenwerte gelten für Breiten (b_B bzw. b'_B) von 0,5 – 2,0 m.

Die Anwendung des Bemessungswertes des Sohlwiderstandes kann bei mittig belasteten Fundamenten zu Setzungen in der Größenordnung von 2 – 4 cm führen.

Tabellenwerte sind nicht für Böden nutzbar, die plötzlich im Korngerüst zusammenbrechen können (Lössboden).

Erhöhungsfaktor E_{geom} der Bemessungswerte – Fundamentgeometrie:

Grundriss (b_B, b_L)	Voraussetzung	Bedingung	Erhöhung $\sigma_{R,d}$
	ohne	$b_L / b_B < 2$ bzw. $b'_L / b'_B < 2$ oder Kreisfundament	um 20 %

Abminderungsfaktor A_{Breite} der Bemessungswerte – Fundamentbreite:

b_B	Voraussetzung	Bedingung	Abminderung
	ohne	$b_B \leq 2{,}0$ m	um 0 %
		2,0 m < $b_B \leq 5{,}0$ m	um 10 % je m Breite
		$b_B > 5{,}0$ m	Nachweis ULS/SLS

Berechnung Bemessungswert Sohlwiderstand mit Abminderungen und Erhöhungen

Hinweis: Die Erhöhungs- und Abminderungsfaktoren in % sind in den Gleichungen als Dezimalzahlen einzusetzen.

$$\sigma_{R,d} = \sigma_{R,d}^{(\text{aus Tafel 23})} \cdot (1{,}0 + E_{geom} - A_{Breite}) \qquad \text{(bindige Böden)}$$

3.3 Berechnungen im Grenzzustand der Tragfähigkeit (ULS)

3.3.1 Aufschwimmen (UPL)

Das Aufschwimmen eines Gründungskörpers, eines gesamten Bauwerkes, einer Bodenschicht oder einer Baugrubenkonstruktion infolge der hydrostatischen Auftriebskraft ist ein Verlust der Lagesicherheit im Sinne des Grenzzustandes UPL. Die Sicherheit gegen Aufschwimmen unverankerter Konstruktionen ist erreicht, wenn folgende Bedingung erfüllt ist:

$$G_{dst,k} \cdot \gamma_{G,dst} + Q_{dst,rep} \cdot \gamma_{Q,dst} \leq G_{stb,k} \cdot \gamma_{G,stb} + T_k \cdot \gamma_{G,stb}$$

$G_{dst,k}$ charakteristischer Wert ständiger, destabilisierender, vertikaler Einwirkung

$\gamma_{G,dst}$ Teilsicherheitsbeiwert für ständige, destabilisierende Einwirkungen in UPL

$Q_{dst,rep}$ charakteristischer bzw. repräsentativer Wert veränderlicher, destabilisierender, vertikaler Einwirkungen

$\gamma_{Q,dst}$ Teilsicherheitsbeiwert für veränderliche, destabilisierende Einwirkungen in UPL

Geotechnik

$G_{stb,k}$ unterer charakteristischer Wert ständiger, stabilisierender ,vertikaler Einwirkungen z. B.: unbewehrter Beton $\gamma = 23$ kN/m³, Stahlbeton $\gamma = 24$ kN/m³

$\gamma_{G,stb}$ Teilsicherheitsbeiwert für ständige stabilisierende Einwirkungen in ULS

T_k zusätzlich als stabilisierende Einwirkung angesetzte, charakteristische Scherkraft $T_k = \eta_z \cdot E_{ah,k} \cdot \tan\delta_a$ $T_k = \eta_z \cdot E_{ah,k} \cdot \tan\delta_a$ als Reibungskraft unmittelbar an der Bauwerkswand

Anpassungsfaktor: $\eta_z = 0{,}8$ für BS-P und BS-T bzw.
$\eta_z = 0{,}9$ für BS-A

Sind zur Auftriebssicherung noch Anker bzw. Pfähle eingesetzt, sind diese über STR und GEO-2 nachzuweisen. Für Dauerbauwerke muss zusätzlich in BS-A der Nachweis ohne Ansatz der Scherkräfte geführt werden.

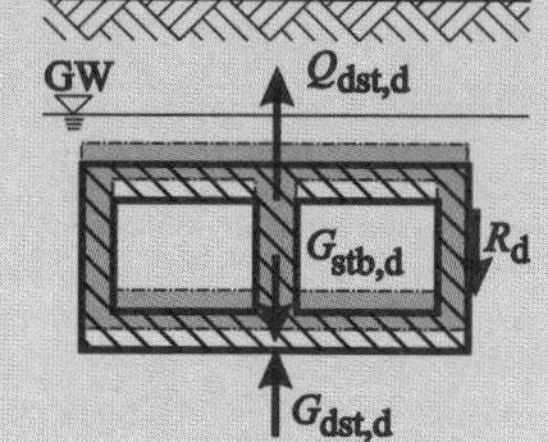

Prinzipdarstellung Auftrieb

3.3.2 Kippen (EQU)

Bei stark außermittiger Belastung ist eine ausreichende Kippsicherheit nachzuweisen. Der Nachweis darf näherungsweise durch den Vergleich destabilisierender und stabilisierender Bemessungsgrößen der Einwirkungen für eine fiktive Kippkante am Fundamentrand über den Momentennachweis geführt werden. Zusätzlich muss der Nachweis in SLS nach Abschnitt 3.4.1 erfüllt sein.

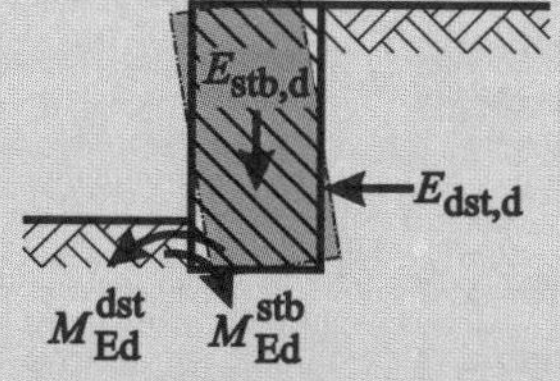

Prinzipskizze Kippen

$E_{dst,d} \le E_{stb,d}$ über $M_{Ed}^{dst} \le M_{Ed}^{stb}$

$E_{dst,d}$; $E_{stb,d}$ destabilisierende und stabilisierende Bemessungsgrößen der Einwirkung

M_{Ed}^{dst}; M_{Ed}^{stb} destabilisierende und stabilisierende Bemessungsgrößen der Momenteneinwirkung

3.3.3 Gleiten (GEO-2)

Die Sicherheit gegen Gleiten ist erreicht, wenn folgende Bedingung erfüllt ist:

$$H_d \le R_d + R_{p,d}$$

H_d Resultierende aller tangentialen Bemessungseinwirkungen in der Sohlfläche einschließlich der aktiven Erddruckkräfte

R_d Bemessungswert des Gleitwiderstands

$R_{p,d}$ Bemessungswert des Erdwiderstands parallel zur Sohlfläche unter Berücksichtigung einer Verschiebungsbegrenzung – Nachweise SLS

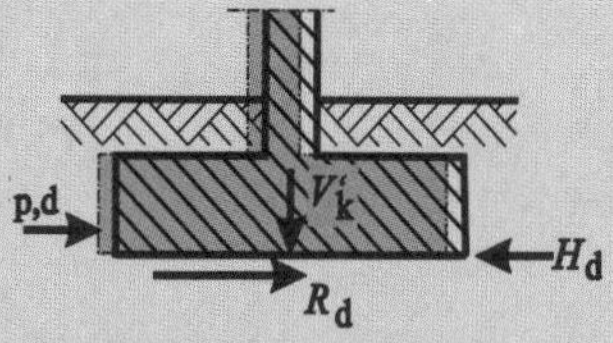

Prinzipskizze Gleiten

$H_d = H_{G,k} \cdot \gamma_G + H_{Q,rep} \cdot \gamma_Q$ H_d bzw. $H_{Q,rep}$ nach Abschnitt 1.3

$H_{G,k}$ ständige charakteristische Beanspruchung parallel zur Sohlfläche

$H_{Q,rep}$ repräsentative veränderliche charakteristische Beanspruchung parallel zur Sohlfläche

γ_G, γ_Q Teilsicherheitsbeiwerte für ständige und veränderliche Einwirkungen in GEO-2

$R_d = \frac{R_k}{\gamma_{R,h}} R_{p,d} = \frac{R_{p,k}}{\gamma_{E,p}}$ $\qquad$ $R_{p,k}$ mit $\delta = 0$

$R_k = V_k' \cdot \tan \delta_k$ $\quad$ charakteristischer Wert des Gleitwiderstands im konsolidierten Zustand

$R_k = V'_k \cdot \tan\delta_k$

$R_k = A \cdot c_{u,k}$ $\quad$ charakteristischer Wert des Gleitwiderstands im unkonsolidierten Zustand

V'_k $\quad$ rechtwinklig zur Sohlfläche gerichtete charakteristische Beanspruchung

A $\quad$ für die Kraftübertragung maßgebende Sohlfläche

$\gamma_{R,h}$, $\gamma_{E,p}$ $\quad$ Teilsicherheitsbeiwert für den Gleitwiderstand bzw. Erdwiderstand

$\delta_k = \varphi'_k$ (max. 35°) $\quad$ Sohlreibungswinkel bei Ortbetonfundamenten

$\delta_k = \frac{2}{3} \cdot \varphi'_k$ $\quad$ Sohlreibungswinkel bei Fertigteilfundamenten (gilt nicht für Fertigteile im Mörtelbett, dann gilt δ_k für Ortbetonfundamente)

3.3.4 Grundbruch (GEO-2)

Die Sicherheit gegen Grundbruch ist erreicht, wenn folgende Bedingung erfüllt ist:

$$V_d \leq R_d$$

V_d $\quad$ Bemessungswert der Beanspruchung senkrecht zur Fundamentsohle nach Abschnitt 1.3

R_d $\quad$ Bemessungswert des senkrecht zur Sohlfläche wirkenden Grundbruchwiderstands

Prinzipskizze Grundbruch

$$V_d = V_{G,k} \cdot \gamma_G + V_{Q,rep} \cdot \gamma_Q$$

$V_{G,k}$ $\quad$ ständige charakteristische Beanspruchung senkrecht zur Fundamentsohle

$V_{Q,rep}$ $\quad$ repräsentative veränderliche charakteristische Beanspruchung senkrecht zur Fundamentsohle nach Abschnitt 1.3

γ_G, γ_Q $\quad$ Teilsicherheitsbeiwerte für ständige und veränderliche Einwirkungen in GEO-2

$R_d = \frac{R_{n,k}}{\gamma_{R,v}}$ $\quad$ $R_{n,k}$ $\quad$ charakteristischer Wert des Grundbruchwiderstands

$\gamma_{R,v}$ $\quad$ Teilsicherheitsbeiwert für den Grundbruchwiderstand in GEO-2

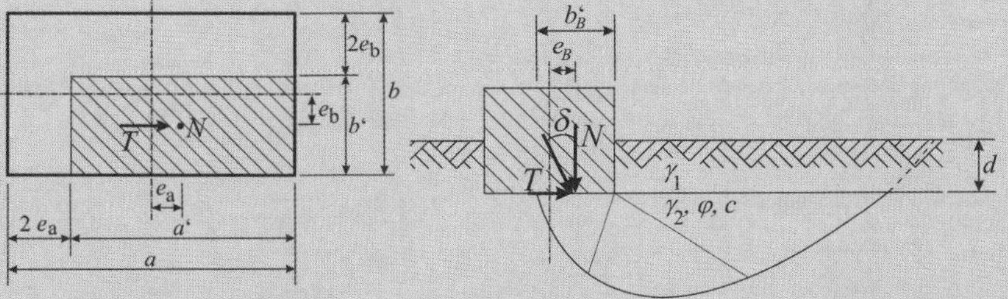

Reduzierte Fundamentgeometrie $\qquad$ **Prinzipskizze Grundbruch, logarithmische Spirale**

Der Nachweis ist bei Einzel- und Streifenfundamenten für jedes Fundament einzeln zu führen (GEO-2). In Sonderfällen ist zusätzlich der Nachweis der Grundbruchsicherheit für das Gesamtbauwerk zu führen, dann ggf. als Nachweis der Gesamtstandsicherheit (GEO-3).

Grundbruchwiderstand

$$R_{n,k} = a' \cdot b' \cdot (c \cdot N_c + \gamma_1 \cdot d \cdot N_d + \gamma_2 \cdot b' \cdot N_b)$$

Kohäsions-, Gründungstiefen-, Gründungsbreitenanteil

$$N_c = N_{c0} \cdot \nu_c \cdot i_c \cdot \lambda_c \cdot \xi_c$$

$$N_d = N_{d0} \cdot \nu_d \cdot i_d \cdot \lambda_d \cdot \xi_d$$

$$N_b = N_{b0} \cdot \nu_b \cdot i_b \cdot \lambda_b \cdot \xi_b$$

a'; b'	reduzierte Fundamentgeometrie (mittiger Lastangriff)
c	Kohäsion des Bodens, es ist zu entscheiden ob dränierte oder undränierte Parameter zu verwenden sind
d	geringste Einbindetiefe
γ_1; γ_2	Wichte des Bodens oberhalb γ_1 und unterhalb γ_2 der Gründungssohle
N_{c0}; N_{d0}; N_{b0}	Grundwerte der Tragfähigkeitsbeiwerte nach Tafel 24
ν_c; ν_d; ν_b	Formbeiwerte – bei Streifenfundamenten gilt: $\nu_c = \nu_d = \nu_b = 1{,}0$; nach Tafel 25
i_c; i_d; i_b	Lastneigungsbeiwerte – bei senkrechter Last gilt: $i_c = i_d = i_b = 1{,}0$
λ_c; λ_d; λ_b	Geländeneigungsbeiwerte – bei horizontalem Gelände gilt: $\lambda_c = \lambda_d = \lambda_b = 1{,}0$
ξ_c; ξ_d; ξ_b	Sohlneigungsbeiwerte – bei horizontaler Sohle gilt: $\xi_c = \xi_d = \xi_b = 1{,}0$

für die sonstigen Beiwerte wird auf DIN 4017 verwiesen

Tafel 24: Grundwerte der Tragfähigkeit in Abhängigkeit vom Reibungswinkel

φ in °	0,0	5,0	10,0	15,0	20,0	22,5	25,0	27,5	30,0	32,5	35,0	37,5	40,0	42,5
N_{c0}	5,0	6,5	8,5	11,0	15,0	17,5	20,5	25,0	30,0	37,0	46,0	58,0	75,0	99,0
N_{d0}	1,0	1,5	2,5	4,0	6,5	8,0	10,5	14,0	18,0	25,0	33,0	46,0	64,0	92,0
N_{b0}	0,0	0,0	0,5	1,0	2,0	3,0	4,5	7,0	10,0	15,0	23,0	34,0	53,0	83,0

Tafel 25: Formbeiwerte

Fundamentform	ν_c ($\varphi \neq 0$)	ν_c ($\varphi = 0$)	ν_d	ν_b
Streifen	1,0	1,0	1,0	1,0
Rechteck	$(\nu_d \cdot N_{do} - 1)/(N_{do} - 1)$	$1 + 0{,}2 \cdot b'/a'$	$1 + b'/a' \cdot \sin\varphi$	$1 - 0{,}3 \cdot b'/a'$
Quadrat/Kreis	$(\nu_d \cdot N_{do} - 1)/(N_{do} - 1)$	1,2	$1 + \sin\varphi$	0,7

3.4 Berechnungen im Grenzzustand der Gebrauchstauglichkeit (SLS)

3.4.1 Begrenzung einer klaffenden Fuge bzw. zulässige Ausmittigkeit

Zum Nachweis müssen folgende zwei Bedingungen eingehalten werden:

- Durch die charakteristische Beanspruchung aus ständigen Einwirkungen darf keine klaffende Fuge entstehen; d. h. die Sohldruckresultierende muss in der 1. Kernweite liegen. Tafel 20, Zeile 2

  für Streifenfundamente gilt: $e \leq \dfrac{b}{6}$

- Durch die charakteristische Beanspruchung aus ständigen und veränderlichen Einwirkungen darf maximal eine klaffende Fuge bis zur Fundamentmitte entstehen bzw. mindestens die halbe Sohlfläche muss mit Druck belastet sein, d. h. die Sohldruckresultierende muss in der 2. Kernweite liegen. Tafel 20, Zeile 3

  für Streifenfundamente gilt: $e \leq \dfrac{b}{3}$

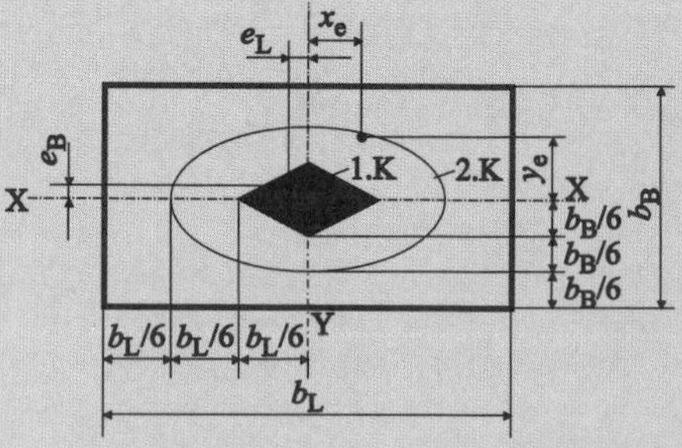

Kernweiten bei einem Rechteckfundament

Geotechnik

3.4.2 Allgemeines zu Setzungsberechnungen nach DIN 4019

Setzungen sind lotrechte Verschiebungen (in z-Richtung) durch Spannungen (i.d.R. Lasten). Die Gesamtsetzung besteht aus mehreren Setzungsanteilen. Es gilt:

$$s_{ges} = s_0 + s_1 + s_2 \qquad s_{ges} = \kappa \cdot s_1$$

Sofortsetzung	s_0	Anteil aus Anfangsschubverformung und Sofortverdichtung
Konsolidationssetzung	s_1	Anteil infolge Auspressens von Porenwasser und -luft
Kriechsetzung	s_2	Anteil infolge viskosen Fließens des Korngerüsts bei bind. Böden

Tafel 26: Korrekturbeiwert κ

$\kappa = 1$	einfach verdichteter bis leicht überverdichteter Ton
$\kappa = 0{,}5 - 1{,}0$	stark überverdichteter Ton
$\kappa = 2/3$	Sand und Schluff

Die Größe der Setzung ist abhängig bzw. wird beeinflusst von folgenden Größen:

Fundamentsteifigkeit / Fundamentgeometrie

Schlaffe Fundamente biegen sich unter Last durch, die Setzungsberechnung erfolgt an den Eckpunkten. Starre Fundamente biegen sich unter Last nicht durch, die Setzungsberechnung erfolgt am kennzeichnenden Punkt, hier ist die Setzung eines starren und schlaffen Fundamentes gleich groß.

Verformungsmodul

$$E_m = \frac{E_s}{\kappa}$$

E_m Zusammendrückungsmodul
E_s Steifemodul
κ Korrekturbeiwert nach Tafel 26

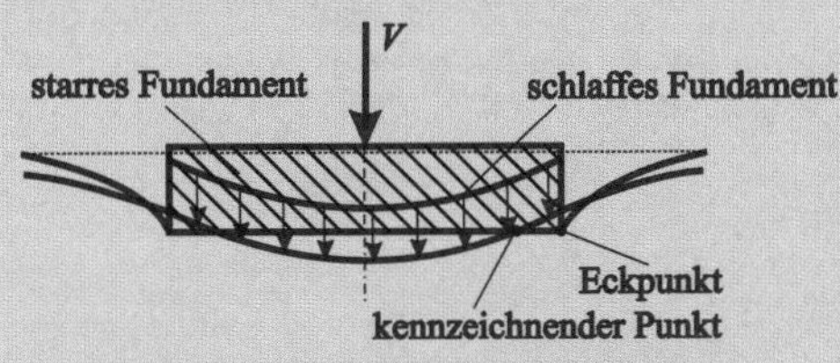

Steifigkeit von starren und schlaffen Fundamenten

Grenztiefe

Grenztiefe (t_s) ist die Berechnungstiefe für Setzung unter der Fundamentsohle. Für t_s gilt:

$z = t_s \approx 2b$	mittlere Annahme – Näherung
$0{,}2 \cdot \sigma_ü \geq \sigma_1 \cdot i$	$t_s = z$, wenn gilt: 20 % der Spannung infolge Bodeneigenlast ≥ Spannung infolge Bauwerkslast
$E_{m_{j+1}} \geq 10 \cdot E_{m_j}$	$t_s = d$, wenn gilt: die Steifigkeit einer unteren Schicht (j+1) ist 10-fach größer als die Steifigkeit der oberen Schicht (j) mit Dicke d

Setzungserzeugende Spannung

Die setzungserzeugende Spannung σ_1 ist die in der Fundamentsohle wirkende mittlere Sohlnormalspannung abzüglich der Spannungsentlastung durch Bodenaushub. Es gilt:

$$\sigma_0 = \frac{V}{a \cdot b}; \qquad \sigma_1 = \sigma_0 - \gamma \cdot d; \qquad \sigma_ü = \gamma \cdot (d + z)$$

σ_0 mittlere Sohlnormalspannung unter dem Gründungskörper
σ_1 mittlere Sohlnormalspannung abzüglich Entlastung infolge Aushub
$\sigma_ü$ Spannung infolge Bodeneigenlast unter Beachtung effektiver Spannungen, d. h. Berechnung über Grundwasser mit γ, im Grundwasser mit γ'
$\gamma \cdot d$ Aushubentlastung = (Wichte des ausgehobenen Bodens · Aushubtiefe)
V Vertikalkraft
$a \cdot b$ Fundamentgeometrie = (Länge · Breite)

Berechnungsmöglichkeiten

- direkte Setzungsberechnung mit Hilfe der geschlossenen Formel nach Abschnitt 3.4.3
- Setzungsberechnung mit Hilfe der lotrechten Spannungen nach Abschnitt 3.4.4
- numerische Modellierung unter Berücksichtigung der EANG der DGGT

Hinweis

Die Setzungsberechnung ist eine Prognose, weshalb oftmals auch von Setzungsermittlung gesprochen wird. Die Ermittlung der Fundamentsetzung in einem beliebigen Punkt ist Unschärfen unterworfen, die der Bauingenieur wie jedes Berechnungsergebnis unter Berücksichtigung aller verfügbaren Informationen und Randbedingungen interpretieren muss. Dies bezieht sich z.B. auf:

- Schichtaufbau mit natürlichen Schwankungen in Mächtigkeit und Tiefenlage
- Vorbelastung des Baugrundes nicht exakt bekannt
- die analytischen Lösungen nach STEINBRENNER und KANY bei begrenzter Auflast gelten streng genommen nur im Idealfall
- bei Lasteinwirkungen aus Momenten, Horizontalkräften in Kombination mit allgemein veränderlichen Lasten werden neben Setzungen auch Horizontal- und Schubverformungen im Boden induziert

3.4.3 Setzungsberechnung mit der geschlossenen Formel

Die geschlossene Formel ist anwendbar für starre und schlaffe Fundamente mit mittiger Belastung. Für außermittige Belastung und geschichteten Boden bei starren Fundamenten gelten ergänzende Regeln nach DIN 4019:2015. Für lotrecht mittige Last gilt:

$$s_m = \frac{\sigma_1 \cdot b}{E_m} \cdot f$$

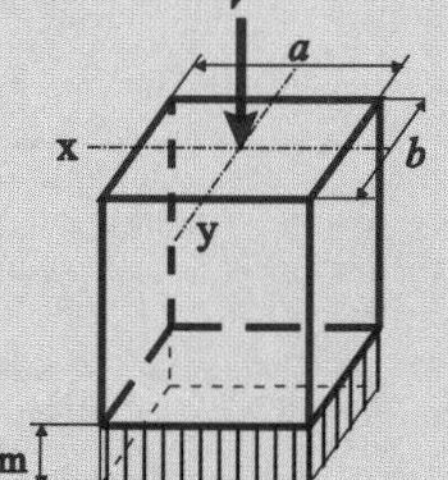

Berechnungsansatz für lotrecht mittige Last

b	Fundamentbreite ($a > b$)
E_m	mittlerer Zusammendrückungsmodul
s_m	mittlere Setzung bzw. Setzungsanteil aus mittiger Last
σ_1	mittlere Sohlnormalspannung abzüglich Entlastung infolge Aushub
f	Setzungseinflusswert für mittig lotrechte Last nach Tafel 27

Tafel 27: Setzungseinflusswert *f* für starre bzw. schlaffe Fundamente bei lotrecht mittiger Last nach [Kany]

	$a/b = 1{,}0$		$a/b = 1{,}5$		$a/b = 2{,}0$		$a/b = 3{,}0$		$a/b = 4{,}0$		$a/b = 5{,}0$	
z/b	f_l	f_k	f_l	f_k	f_l	f_k	f_l	f_k	f_l	f_k	f_l	f_k
0,75	0,18	0,42	0,18	0,46	0,18	0,48	0,18	0,51	0,18	0,52	0,18	0,53
1,00	0,23	0,49	0,23	0,54	0,23	0,57	0,24	0,61	0,24	0,63	0,24	0,64
1,25	0,27	0,54	0,28	0,60	0,28	0,64	0,28	0,69	0,28	0,71	0,28	0,73
1,50	0,30	0,58	0,32	0,65	0,32	0,70	0,33	0,75	0,33	0,79	0,33	0,81
1,75	0,33	0,61	0,35	0,69	0,36	0,74	0,37	0,81	0,37	0,85	0,37	0,87
2,00	0,35	0,64	0,38	0,73	0,39	0,78	0,40	0,85	0,40	0,90	0,40	0,93
2,25	0,37	0,66	0,40	0,76	0,42	0,82	0,43	0,89	0,43	0,94	0,44	0,98

$f = f_l$ für den Eckpunkt – (schlaffe Fundamente) Es gilt: $a \geq b$;

$f = f_k$ für den kennzeichnenden Punkt – (starre Fundamente) $z = 0$ bei UK Fundament

Geotechnik

Außermittige Belastung

Für starre Fundamente mit außermittiger Last ergeben sich zusätzliche Verformungsanteile, es gilt:

$$s_x = \tan\alpha_y \cdot \frac{a}{2}; \quad \tan\alpha_y = \frac{M_y}{b^3 \cdot E_m} \cdot f_x; \quad M_y = V \cdot e_x$$

$$s_y = \tan\alpha_x \cdot \frac{b}{2}; \quad \tan\alpha_x = \frac{M_x}{b^3 \cdot E_m} \cdot f_y; \quad M_x = V \cdot e_y$$

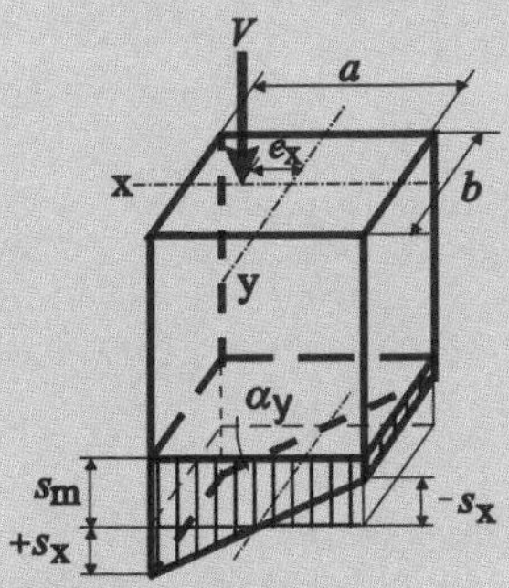

Berechnungsansatz für lotrecht außermittige Last

s_x; s_y	Setzungsanteile der Fundamenteckpunkte infolge Ausmitte in x- bzw. y-Richtung
e_x; e_y	Ausmitte in x- und y-Richtung
α_x; α_y	Neigungswinkel der Gründungssohle bei Verdrehung um x- bzw. y-Achse
f_x; f_y	Setzungseinflusswert bzw. Setzungsbeiwert für ausmittige Last nach Tafel 28

Daraus folgt:

$$s_{ges} = s_m \pm s_x \pm s_y$$

s_{ges} Gesamtsetzung der Eckpunkte für starre Fundamente

Tafel 28: Verkantungsbeiwerte f_x und f_y für lotrecht außermittige Last für starre Fundamente nach [Kany]

	$a/b = 1{,}0$		$a/b = 1{,}5$		$a/b = 2{,}0$		$a/b = 3{,}0$		$a/b = 4{,}0$		$a/b = 5{,}0$	
z/b	f_x	f_y	f_x	f_y	f_x	f_y	f_x	f_y	f_x	f_y	f_x	f_y
0,1	0,847	0,847	0,259	0,564	0,112	0,429	0,035	0,296	0,015	0,228	0,008	0,186
0,3	2,112	2,112	0,696	1,422	0,310	1,070	0,097	0,718	0,042	0,544	0,022	0,441
0,5	2,798	2,798	0,975	1,916	0,448	1,454	0,145	0,979	0,064	0,740	0,034	0,596
1,0	3,494	3,494	1,314	2,444	0,636	1,876	0,219	1,278	0,100	0,969	0,054	0,780
2,0	3,785	3,785	1,502	2,684	0,759	2,078	0,278	1,430	0,132	1,089	0,073	0,879
5,0	3,856	3,856	1,562	2,750	0,808	2,137	0,310	1,480	0,154	1,131	0,088	0,914
10,0	3,862	3,862	1,567	2,755	0,813	2,142	0,315	1,483	0,158	1,134	0,091	0,918

Es gilt: $a \geq b$; Skalierung für z ab Fundamentunterkante, d. h. $z = 0$ bei UK Fundament

Geschichteter Baugrund

Für geschichteten Baugrund (hier 3 Schichten) gilt:

$$s_m = \frac{\sigma_1 \cdot b}{E_{m1}} \cdot f_1 + \frac{\sigma_1 \cdot b}{E_{m2}} \cdot (f_2 - f_1) + \frac{\sigma_1 \cdot b}{E_{m2}} \cdot (f_3 - f_2)$$

s_m	mittlere Setzung
E_{m1}; E_{m2}	mittlerer Zusammendrückungsmodul
b	Fundamentbreite ($a > b$)
f_1; f_2; f_3	Setzungseinflusswerte der Schichten

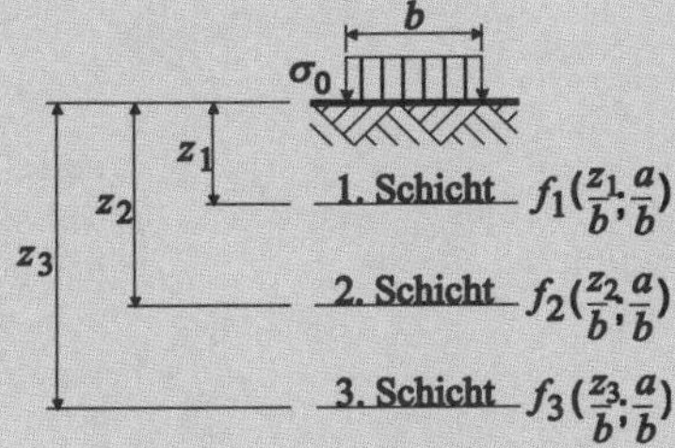

Berechnungsansatz für geschichteten Baugrund

Geotechnik

3.4.4 Setzungsberechnung mit Hilfe der lotrechten Spannungen

Die Setzungsberechnung mit lotrechten Spannungen ist anwendbar für starre und schlaffe Fundamente mit mittiger und außermittiger Belastung sowie geschichteten Boden (DIN 4019:2015).

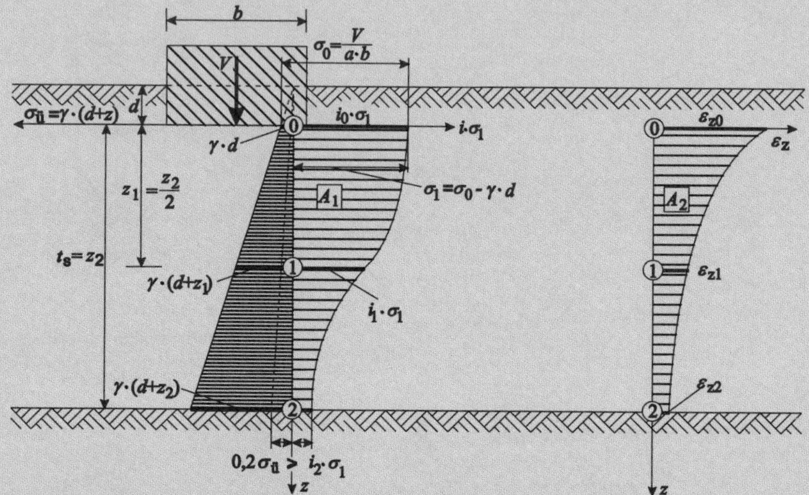

Berechnungsansatz für einschichtigen Baugrund mit Hilfe der lotrechten Spannungen

Ungeschichteter Baugrund (Einschichtmodell)

$$\bar{s} = \frac{A}{E_s} = \frac{1}{E_s} \cdot \int_0^{t_s} i \cdot \sigma_1 \cdot d_z \approx \frac{\sigma_1}{E_s} \cdot \frac{i_0 + 4 \cdot i_1 + i_2}{6} \cdot t_s \qquad s = \kappa \cdot \bar{s}$$

σ_1 mittlere Sohlnormalspannung abzüglich Entlastung infolge Aushub – nach Abs. 3.4.2

E_s Steifemodul

t_s Grenztiefe nach Abschnitt 3.4.2

i_0; i_1; i_2 Spannungseinflusswerte an den Stellen 0/oben, 1/Mitte und 2/unten nach Tafel 29 bis 31

$\bar{s}$; s rechnerische Konsolidationssetzung; um κ korrigierte Gesamtsetzung

κ Korrekturfaktor nach Tafel 26

Geschichteter Baugrund (Mehrschichtmodell)

Reicht die Grenztiefe bis in die nächste Schicht, wird der Setzungsanteil für jede Schicht einzeln nach dem Prinzip für ungeschichteten Baugrund (Flächeninhalt der Spannungen geteilt durch Steifemodul) berechnet und superponiert. Es gilt:

$$\bar{s} = \frac{\sigma_1}{E_{s,1}} \cdot \int_0^{d_1} i \cdot d_z + \frac{\sigma_1}{E_{s,2}} \cdot \int_{d_1}^{t_s} i \cdot d_z \approx \frac{\sigma_1}{E_{s,1}} \cdot \frac{i_0^{(1)} + 4 \cdot i_1^{(1)} + i_2^{(1)}}{6} \cdot d_1 + \frac{\sigma_1}{E_{s,2}} \cdot \frac{i_0^{(2)} + 4 \cdot i_1^{(2)} + i_2^{(2)}}{6} \cdot (t_s - d_1)$$

$E_{s,1}$; $E_{s,2}$ Steifemoduln der Schichten 1 und 2

d_1; t_s Tiefe der Schichtgrenze ab Fundamentunterkante; Grenztiefe

$i_0^{(1)}$; $i_1^{(1)}$; $i_2^{(1)}$; $i_0^{(2)}$; $i_1^{(2)}$; $i_2^{(2)}$ Spannungseinflusswerte an den Stellen 0/oben, 1/Mitte und 2/unten für die Schichten 1 und 2 nach Tafel 29 bis 31

Tafel 29: Einflusswerte *i* bei konstanter lotrechter Last nach [Steinbrenner] für schlaffe Fundamente unter dem Eckpunkt einer Rechteckfläche

	Spannungseinflusswert *i*						
z/b	$a/b = 1{,}0$	$a/b = 1{,}5$	$a/b = 2{,}0$	$a/b = 3{,}0$	$a/b = 5{,}0$	$a/b = 10{,}0$	$a/b = \infty$
0,25	0,2473	0,2482	0,2483	0,2484	0,2485	0,2485	0,2485
0,50	0,2325	0,2378	0,2391	0,2397	0,2398	0,2399	0,2399
0,75	0,2060	0,2182	0,2217	0,2234	0,2239	0,2240	0,2240
1,00	0,1752	0,1936	0,1999	0,2034	0,2044	0,2046	0,2046
1,50	0,1210	0,1451	0,1561	0,1638	0,1665	0,1670	0,1670
2,00	0,0840	0,1071	0,1202	0,1316	0,1363	0,1374	0,1374
3,00	0,0447	0,0612	0,0732	0,0860	0,0959	0,0987	0,0990
4,00	0,0270	0,0383	0,0475	0,0604	0,0712	0,0758	0,0764
6,00	0,0127	0,0185	0,0238	0,0323	0,0431	0,0506	0,0521
8,00	0,0073	0,0107	0,0140	0,0195	0,0283	0,0367	0,0394
10,00	0,0048	0,0070	0,0092	0,0129	0,0198	0,0279	0,0316
12,00	0,0033	0,0049	0,0065	0,0094	0,0145	0,0219	0,0264
15,00	0,0021	0,0031	0,0042	0,0061	0,0097	0,0158	0,0211
18,00	0,0015	0,0022	0,0029	0,0043	0,0069	0,0118	0,0177
20,00	0,0012	0,0018	0,0024	0,0035	0,0057	0,0099	0,0159

Es gilt: $a \geq b$; Skalierung für z ab Fundamentunterkante, d. h. $z = 0$ bei UK Fundament

Tafel 30: Einflusswerte *i* bei konstanter lotrechter Last nach [Steinbrenner] für starre Fundamente unter dem kennzeichnenden Punkt nach [Steinbrenner]

	Spannungseinflusswert *i*						
z/b	$a/b = 1{,}0$	$a/b = 1{,}5$	$a/b = 2{,}0$	$a/b = 3{,}0$	$a/b = 5{,}0$	$a/b = 10{,}0$	$a/b = \infty$
0,05	0,9811	0,9879	0,9884	0,9894	0,9895	0,9897	0,9896
0,10	0,8984	0,9280	0,9372	0,9425	0,9443	0,9447	0,9447
0,15	0,7898	0,8358	0,8623	0,8755	0,8824	0,8830	0,8839
0,20	0,6947	0,7570	0,7883	0,8127	0,8335	0,8262	0,8264
0,30	0,5566	0,6213	0,6628	0,7053	0,7301	0,7376	0,7387
0,50	0,4088	0,4622	0,5032	0,5550	0,6032	0,6264	0,6299
0,70	0,3249	0,3706	0,4041	0,4527	0,5066	0,5473	0,5552
1,00	0,2342	0,2786	0,3078	0,3488	0,4008	0,4504	0,4674
1,50	0,1438	0,1830	0,2098	0,2387	0,2779	0,3303	0,3604
2,00	0,0939	0,1279	0,1475	0,1749	0,2057	0,2479	0,2883
3,00	0,0473	0,0672	0,0823	0,1043	0,1280	0,1575	0,2025
5,00	0,0183	0,0268	0,0345	0,0502	0,0646	0,0838	0,1251
7,00	0,0095	0,0141	0,0185	0,0264	0,0384	0,0541	0,0905
10,00	0,0045	0,0070	0,0093	0,0135	0,0210	0,0328	0,0633
20,00	0,0012	0,0015	0,0024	0,0035	0,0058	0,0105	0,0318

Es gilt: $a \geq b$; Skalierung für z ab Fundamentunterkante, d. h. $z = 0$ bei UK Fundament

Die Grundgleichungen zur Ermittlung der o.g. Spannungseinflussbeiwerte finden sich z.B. in DIN 4019:2015-05 „Baugrund – Setzungsberechnungen", Anhang A.

Tafel 31: Spannungseinflusswerte *i* nach [Steinbrenner]

a: unter dem kennzeichnenden Punkt einer Rechteckfläche bei konstanter Last für starre Fundamente

b: unter dem Eckpunkt einer Rechteckfläche bei konstanter Last für schlaffe Fundamente

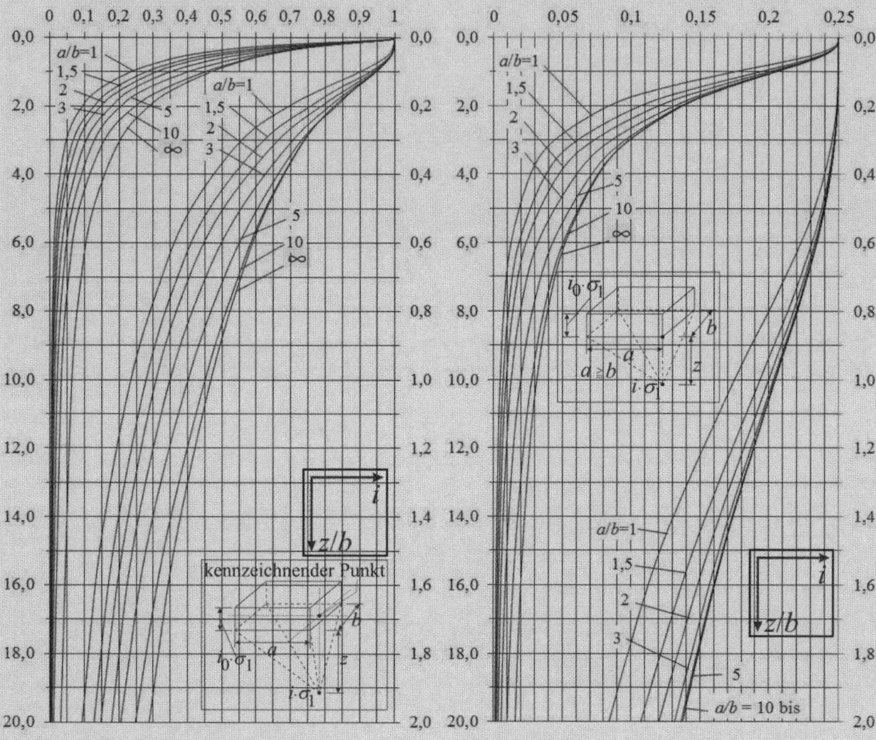

3.4.5 Zulässige Verformungen

Die Bewertung von Setzungen kann über absolute Setzungen, Setzungsunterschiede, Schiefstellungen/Verkantungen oder über die Winkelverdrehung erfolgen. Allgemein gilt:

1 : 150	erhebliche Risse in tragenden Wänden, Sicherheitsgrenze für Hochbauten allgemein
1 : 250	Sichtgrenze für die Schiefstellung hoher starrer Gebäude
1 : 300	Grenze für erste Risse in tragenden Gebäuden
1 : 500	Sicherheitsgrenze zur Vermeidung jeglicher Risse

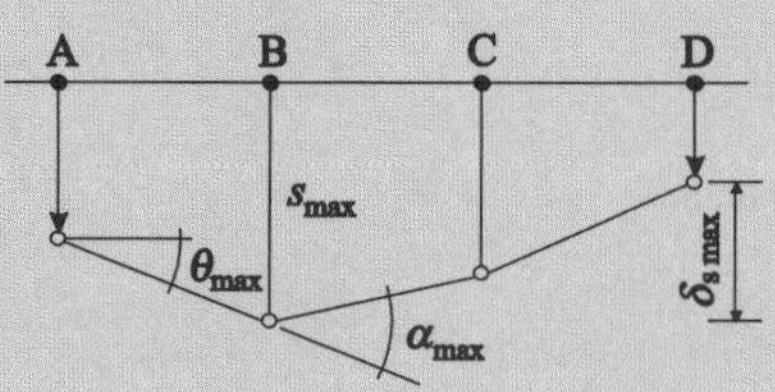

Definition der Fundamentbewegung

mit folgenden Größen

s_{max}	maximale Setzung
$\delta_{s,max}$	maximaler Setzungsunterschied
Θ_{max}	maximale Drehung
α_{max}	maximale Biegung

4 Erddruck

4.1 Allgemeines

4.1.1 Begriffe, Erddruckarten, Erddruckansatz

Begriffe und Erddruckarten nach DIN 4085:2017-08

Erddruck	e	kN/m²	Druck (seitlich) des angrenzenden Bodens auf ein Bauwerk durch Eigenlast, Auslast und sonstige Einwirkungen
Erddruckkraft	E	kN/m; kN	Resultierende des Erddrucks, wird aus dem Flächeninhalt der resultierenden Erddruckfigur berechnet
Erddruckbeiwert	K	-	Beiwert zur Umrechnung von Vertikal- in Horizontalspannungen
Mindesterddruck	e^*	kN/m²	Erddruck, der mindestens anzusetzen ist (bei aktivem Erddruck in kohäsiven Böden)
aktiver Erddruck	e_a	kN/m²	kleinstmöglicher Erddruck, der entsteht, wenn sich die Wand bis zur vollständigen Mobilisierung der Scherfestigkeit zur Luftseite bewegt (Auflockerung)
passiver Erddruck	e_p	kN/m²	auch Erdwiderstand – größtmöglicher Erddruck, der entsteht, wenn sich die Wand bis zur vollständigen Mobilisierung der Scherfestigkeit zur Erdseite bewegt (Verdichtung)
Erdruhedruck	e_0	kN/m²	Erddruck im gewachsenen, ungestörten Boden, Wand ohne Bewegung
erhöhter aktiver Erddruck	e'_a	kN/m²	Erddruck, der entsteht, wenn sich die Wand nicht bis zur vollständigen Mobilisierung der Scherfestigkeit zur Luftseite bewegt, aktiver Erddruck wird nicht erreicht
verminderter passiver Erddruck	e'_p	kN/m²	Erddruck, der entsteht, wenn sich die Wand nicht bis zur vollständigen Mobilisierung der Scherfestigkeit zur Erdseite bewegt, passiver Erddruck wird nicht erreicht

Weitere Definitionen und Begriffe siehe DIN 4085, Abs. 3.

Ansatz des Erddrucks bei bautechnischen Berechnungen

In den meisten praktisch vorkommenden Fällen liegen nicht die Bedingungen vor, die zu einem der Sonderfälle, wie aktiver Erddruck, Erdruhedruck oder passiver Erddruck führen. In allen Fällen der Bemessung von Konstruktionen und -teilen ist aber der im Gebrauchszustand tatsächlich zu erwartende Erddruck die maßgebende Größe. Der Erddruck ist deshalb immer in Abhängigkeit der tatsächlichen Bedingungen (Wandbewegung), auch als Zwischenwert des Erddrucks (z. B. entsprechend Tafel 33) in Ansatz zu bringen.

Erddruckdefinition als Funktion der Wandbewegung

Erddruckart und Erddruckgröße sind vom Verschiebungsweg und der Verschiebungsrichtung des Bauteils sowie von der Lagerungsdichte des Bodens abhängig.

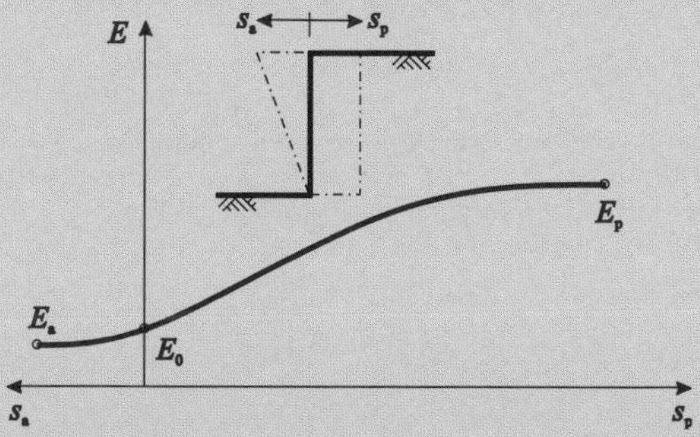

Größe der Erddruckkraft in Abhängigkeit der Wandbewegung bei lockerer Lagerung

Geotechnik

In Abhängigkeit der Wandbewegung bzw. Mobilisierung der Scherfestigkeit werden folgende Grenzerddrücke unterschieden (Tafel 32).

Tafel 32: Erddruckarten in Abhängigkeit von der Wandbewegung

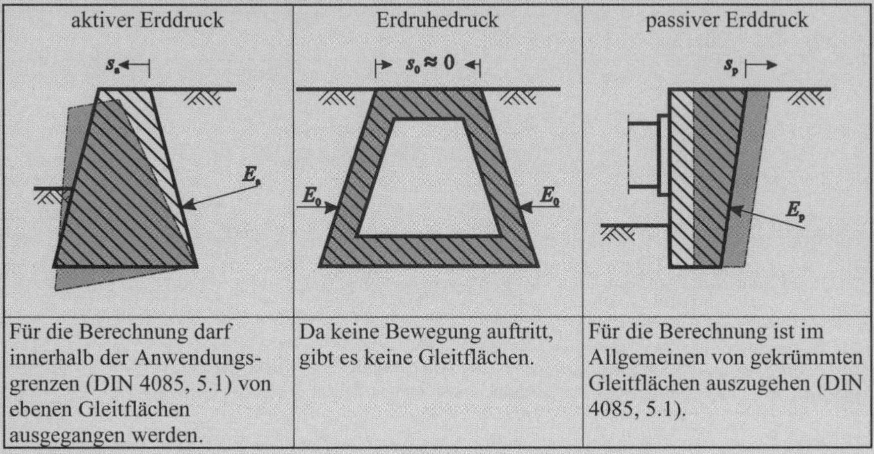

aktiver Erddruck	Erdruhedruck	passiver Erddruck
Für die Berechnung darf innerhalb der Anwendungsgrenzen (DIN 4085, 5.1) von ebenen Gleitflächen ausgegangen werden.	Da keine Bewegung auftritt, gibt es keine Gleitflächen.	Für die Berechnung ist im Allgemeinen von gekrümmten Gleitflächen auszugehen (DIN 4085, 5.1).

Die erforderlichen Bewegungen zur vollständigen Mobilisierung der Scherfestigkeit für wesentliche Fälle des aktiven und passiven Erddrucks sind in Tafel 34 und Tafel 35 dargestellt. Baupraktisch werden diese Grenzgrößen des Erddrucks jedoch durch die Bewegungen der Bauteile häufig nicht erreicht. Der Erddruck ist als Funktion der tatsächlichen Bauteilbewegung zu ermitteln. Die relevanten Bau- und Nutzungszustände sind in Abhängigkeit der Nachgiebigkeit der Konstruktion bzw. Stützung zu bewerten (Tafel 33). Typischerweise liegt der belastende Erddruck zwischen aktivem Erddruck und Erdruhedruck, d.h. es wird ein erhöhter aktiver Erddruck E'_{ah} wirksam.

Tafel 33: Erddruckansatz in Abhängigkeit von der Nachgiebigkeit der Stützkonstruktion für

a: Dauerbauwerke

Nachgiebigkeit	Erddruckansatz
nachgiebig	E_{ah}
wenig nachgiebig	$E'_{ah} = 0{,}75 \cdot E_{ah} + 0{,}25 \cdot E_{0h}$
annähernd unnachgiebig	$E'_{ah} = 0{,}5 \cdot E_{ah} + 0{,}5 \cdot E_{0h}$
unnachgiebig	$E'_{ah} = 0{,}25 \cdot E_{ah} + 0{,}75 \cdot E_{0h}$

b: Baugrubenwände und andere kurzzeitige Bauteile

Nachgiebigkeit	Erddruckansatz
nicht oder nachgiebig gestützt	E_{ah}
wenig nachgiebig gestützt	E_{ah}, umgelagert
annähernd unnachgiebig gestützt	$E'_{ah} = 0{,}5 \cdot E_{ah} + 0{,}5 \cdot E_{0h}$
unnachgiebig	$E'_{ah} = 0{,}25 \cdot E_{ah} + 0{,}75 \cdot E_{0h}$

Verkürzte auszugsweise Angaben zum Normalfall, zu detaillierteren Angaben DIN 4085:2017-08, Tab. B.1, B.2.

Der stützende Erddruck darf als Anteil des passiven Erddrucks abgeschätzt werden. Er liegt typischerweise zwischen Erdruhedruck und passivem Erddruck, d.h. es wird ein verminderter passiver Erddruck E'_{ph} wirksam, da die für die vollständige Mobilisierung des passiven Erddrucks notwendige Verschiebung für Bauteile i. d. R. zu groß ist. Bei einer Parallelverschiebung der Wand Richtung Boden gilt für den verminderten passiven Erddruck:

$$E'_{pgh} = (E_{pgh} - E_{0gh}) \cdot \left[1 - \left(1 - \frac{s}{s_p} \right)^{1,45} \right]^{0,7} + E_{0gh}$$

s tatsächliche Wandbewegung

s_p Bewegung zur Erzeugung von E_p – siehe Tafel 35

Für andere Arten der Wandbewegung gilt DIN 4085:2017-08, Anhang C.

Tafel 34: Anhaltswerte für Abhängigkeit des aktiven Erddrucks von der Wandbewegung

Typische Arten der Wandbewegung
• Drehung um den Wandfuß • parallele Wandbewegung • Drehung um den Wandkopf • Durchbiegung der Wand

Bezogene Wandbewegung s_a/h bei Drehung um den Wandfuß	
lockere Lagerung	0,004 – 0,005
dichte Lagerung	0,001 – 0,002

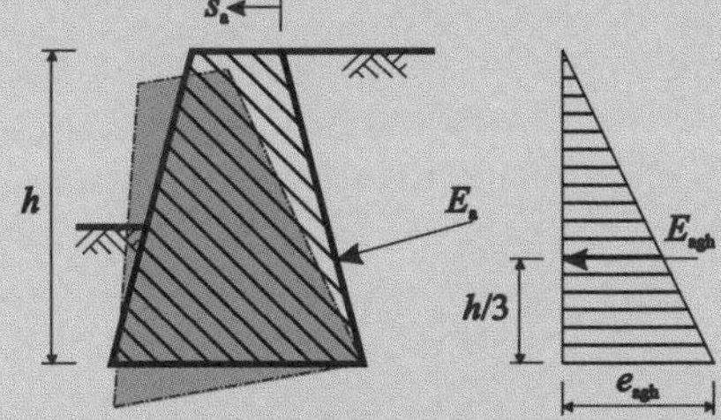

Erddruckverteilung bei Drehung um den Wandfuß

Tafel gilt etwa für $\alpha = \beta = 0°$,
weitere Anhaltswerte für bezogene Wandbewegungen – siehe DIN 4085:2017-08, Tabelle C.1.

Tafel 35: Anhaltswerte für Abhängigkeit des passiven Erddrucks von der Wandbewegung

Typische Arten den Wandbewegung
• Drehung um den Wandfuß • parallele Wandbewegung • Drehung um den Wandkopf

Bezogene Wandbewegung s_p/h bei paralleler Wandbewegung
$\frac{s_p}{h} = -0{,}08 \cdot D + 0{,}12$
D – Lagerungsdichte mit $D > 0{,}3$ Abweichungen von bis zu ± 20% sollten berücksichtigt werden

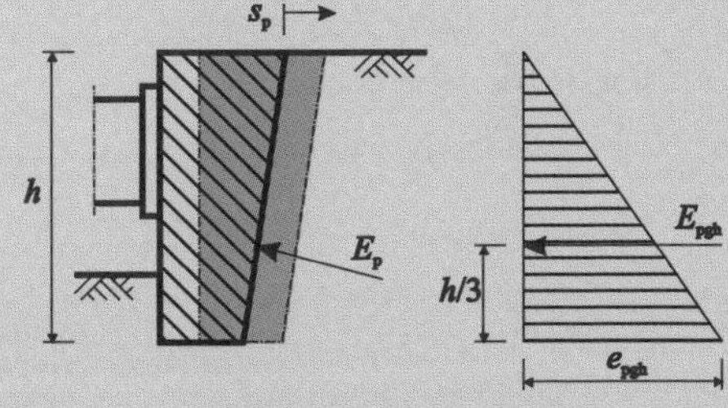

Erddruckverteilung bei paralleler Wandbewegung

Tafel gilt etwa für $\alpha = \beta = 0°$,
weitere Anhaltswerte und Hinweise für bezogene Wandbewegungen – siehe DIN 4085:2017-08, Tabelle D.1.

Sonderfälle

Verdichtungserddruck — Bei lagenweisem Einbau des Bodens mit intensiver Verdichtung kommt es zum Anwachsen des Erddrucks über den Erddruck aus Eigenlast des Bodens hinaus – Berechnung nach DIN 4085, Abs. 11.

Silodruck — Der Boden zwischen zwei benachbarten parallelen Wänden übt aus Symmetriegründen auf beide den gleichen Druck aus. Dadurch kann sich der Erddruck ab einer bestimmten Tiefe unter der Oberfläche des Bodens nicht mehr wie bei einem seitlich unbegrenzten Hinterfüllungsraum ausbilden. Er wächst mit der Tiefe zunehmend degressiv an und strebt einem Grenzwert zu – Berechnung nach DIN 4085, Abs. 12.

Erddruck bei dynamischer Anregung — Der Erddruck auf Grundbauwerke kann durch dynamische Einwirkungen beeinflusst werden. Dynamische Kräfte können aus unterschiedlichen Erregerarten (z. B. Erdbeben, dynamische Verkehrslasten) resultieren. Der dynamische Erddruck ist von den Eigenschaften des Hinterfüllungsmaterials, des Untergrundes sowie von der Art des Stützbauwerkes abhängig – Berechnung nach DIN 4085, Abs. 10.

Erddruck bei vertikaler Durchströmung — Wird der Boden überwiegend vertikal durchströmt, ist der Einfluss der Strömungskräfte auf den Erddruck durch die Veränderung der Eigenlast des Bodens zu berücksichtigen – Berechnung nach DIN 4085, Abs. 9.2.

4.1.2 Festlegungen, Winkel und Vorzeichendefinitionen

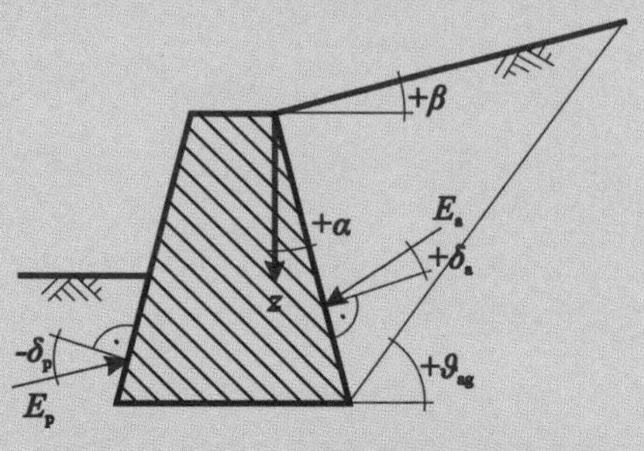

α	Wandneigungswinkel (Vorzeichen!)
β	Geländeneigungswinkel (Vorzeichen!)
δ_a	Neigungswinkel Erddruck (aktiv) i. d. R. $\delta_a \geq 0$
δ_p	Neigungswinkel Erddruck (passiv) i. d. R. $\delta_p \leq 0$
φ	Reibungswinkel des Bodens (φ' bzw. φ_u)
ϑ_{ag}	Neigungswinkel der Gleitfläche (aktiv)

Winkel, Vorzeichenregeln für Erddruckberechnung

Neigungswinkel und Wandreibungswinkel

Neigungswinkel des Erddrucks Winkel zwischen Erddruckrichtung und der Wandnormalen, der sich aus der Wechselwirkung zwischen Boden und Bauwerk ergibt.

Wandreibungswinkel maximal mobilisierbarer Reibungswinkel zwischen Wand und Boden, u. a. abhängig von der Beschaffenheit der Wandfläche (Tafel 36), es gilt: $|\delta| \leq |\max \delta|$

Tafel 36: maximaler Wandreibungswinkel δ

Beschaffenheit der Wandfläche		$\lvert\max \delta\rvert$ in [°]
verzahnt	z. B. wenn der Wandbeton so eingebracht wird, dass eine Verzahnung mit dem angrenzenden Boden entsteht	φ'_k
rau	z. B. unbehandelte Oberflächen von Stahl, Beton oder Holz	$\frac{2}{3} \cdot \varphi'_k$
weniger rau	z. B. Wandabdeckungen aus verwitterungsfesten, plastisch nicht verformbaren Kunststoffplatten	$\frac{1}{2} \cdot \varphi'_k$
glatt	z. B. stark schmierige Hinterfüllung; Dichtungsschicht, die keine Schubkräfte übertragen kann	0

φ'_k – charakteristischer Wert des effektiven Reibungswinkels

Erddruckarten und Erddruckanteile – Fußzeiger

Der Erddruck *e* bzw. die Erddruckkraft *E* werden i. d. R. mit drei Fußzeigern angegeben.

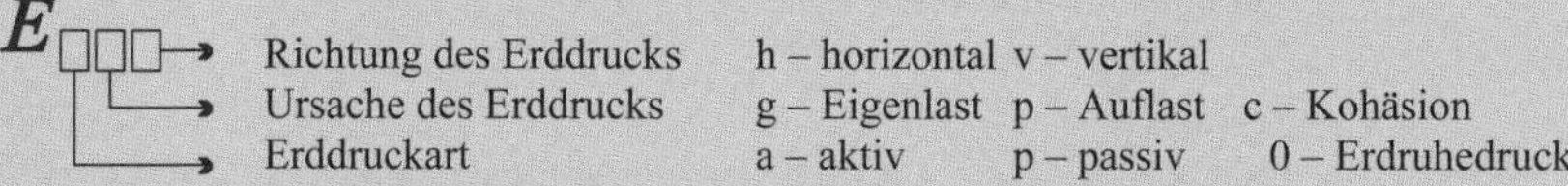

Tafel 37: Erddruckarten und Erdruckanteile

	Erddruckart		
Erddruckanteil	aktiver Erddruck	Erdruhe-druck	passiver Erddruck
Bodeneigenlast	E_{ag}	E_{0g}	E_{pg}
Auflasten	E_{ap}	E_{0g}	E_{pp}
Kohäsion	E_{ac}	-	E_{pc}

Aufgrund der fehlenden Relativverformung zwischen Wand und Boden wird der Kohäsionsanteil beim Erdruhedruck nicht aktiviert.

4.2 Aktiver Erddruck

4.2.1 Allgemeine Berechnung – ebener Fall, Fußpunktverdrehung

Erddruck und Erddruckkraft

Der aktive Erddruck aus Eigenlast des Bodens γ, aus Kohäsion c und gleichmäßig verteilter, vertikaler Flächenlast p_v darf in der Regel mit Erddruckbeiwerten K_a nach Tafel 38 berechnet werden. Es wird von ebenen Gleitflächen und Fußpunktverdrehung ausgegangen. Es wird auf ergänzende Angaben, Genauigkeitshinweise und Gültigkeiten im Absatz 4.2.2 und in DIN 4085:2017, Abs. 6.2 verwiesen. Der aktive Erddruck wird durch die Wirkung der Kohäsion verringert, der Kohäsionsanteil ist deshalb negativ anzusetzen.

Tafel 38: Erddruck- und Erddruckkraftanteile für aktiven Erddruck

Erddruckteil	Eigenlast	flächige Auflast	Kohäsion
Erddruck e_{ah} in kN/m²	$e_{agh,(z)} = \gamma \cdot h \cdot K_{agh}$	$e_{aph} = p_v \cdot K_{aph}$	$e_{ach} = -c \cdot K_{ach}$
horizontale Erddruckkraft E_{ah} in kN	$E_{agh} = e_{agh} \cdot \frac{h}{2} = \frac{\gamma \cdot h^2 \cdot K_{agh}}{2}$	$E_{aph} = e_{aph} \cdot h = p_v \cdot h \cdot K_{aph}$	$E_{ach} = e_{ach} \cdot h = -c \cdot h \cdot K_{ach}$
vertikale Erddruckkraft E_{av} in kN	$E_{agv} = E_{agh} \cdot \tan(\alpha + \delta_a)$	$E_{apv} = E_{aph} \cdot \tan(\alpha + \delta_a)$	$E_{acv} = E_{ach} \cdot \tan(\alpha + \delta_a)$
Erddruckkraft E_a in kN	$E_{ag} = \sqrt{E_{agh}^2 + E_{agv}^2}$	$E_{ap} = \sqrt{E_{aph}^2 + E_{apv}^2}$	$E_{ac} = \sqrt{E_{ach}^2 + E_{acv}^2}$

Tafel gilt für ebenen Fall und Fußpunktverdrehung, sonst gilt DIN 4085, Tabelle C.1.

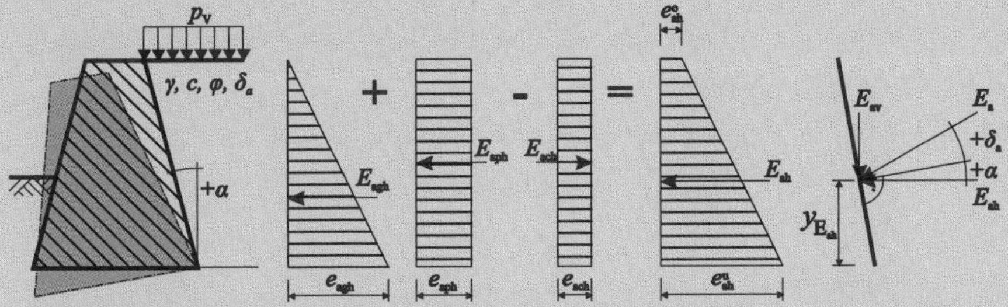

Aktive Erddruckordinaten und -kräfte (ebener Fall, Fußpunktverdrehung)

Erddruckbeiwerte

Tafel 39: Erddruckbeiwerte für aktiven Erddruck

	Allgemein	Sonderfall $\alpha = \beta = \delta_a = 0°$
K_{agh}	$K_{agh} = \left[\frac{\cos(\phi - \alpha)}{\cos\alpha \cdot \left(1 + \sqrt{\frac{\sin(\phi + \delta_a) \cdot \sin(\phi - \beta)}{\cos(\alpha - \beta) \cdot \cos(\alpha + \delta_a)}}\right)} \right]^2$	$K_{agh} = \frac{1 - \sin\varphi}{1 + \sin\varphi} = \tan^2\left(45° - \frac{\varphi}{2}\right)$
K_{aph}	$K_{aph} = \frac{\cos\alpha \cdot \cos\beta}{\cos(\alpha - \beta)} \cdot K_{agh}$	$K_{aph} = K_{agh}$
K_{ach}	$K_{ach} = \frac{2 \cdot \cos(\alpha - \beta) \cdot \cos\phi \cdot \cos(\alpha + \delta_a)}{[1 + \sin(\phi + \alpha + \delta_a - \beta)] \cdot \cos\alpha}$	$K_{ach} = 2 \cdot \sqrt{K_{agh}}$

Geotechnik

Tafel 40: Erddruckbeiwerte (aktiv) für den Sonderfall $\alpha = \beta = 0°$, $\delta_a \neq 0°$, ebene Gleitflächen

	K_{agh}					K_{ach}				
	δ_a =					δ_a =				
φ in °	0°	1/3 φ	1/2 φ	2/3 φ	φ	0°	1/3 φ	1/2 φ	2/3 φ	φ
10,0	0,704	0,673	0,660	0,647	0,625	1,68	1,60	1,56	1,52	1,45
12,5	0,644	0,611	0,596	0,583	0,559	1,61	1,51	1,47	1,42	1,34
15,0	0,589	0,554	0,539	0,525	0,500	1,54	1,43	1,39	1,34	1,24
17,5	0,538	0,502	0,487	0,473	0,448	1,47	1,36	1,31	1,26	1,16
20,0	0,490	0,455	0,440	0,426	0,401	1,40	1,29	1,23	1,18	1,08
22,5	0,446	0,412	0,397	0,384	0,359	1,34	1,22	1,17	1,11	1,00
25,0	0,406	0,373	0,359	0,346	0,322	1,27	1,16	1,10	1,04	0,93
27,5	0,368	0,337	0,323	0,311	0,288	1,21	1,10	1,04	0,98	0,87
30,0	0,333	0,304	0,291	0,279	0,257	1,15	1,04	0,98	0,92	0,80
32,5	0,301	0,273	0,262	0,251	0,230	1,10	0,98	0,93	0,87	0,75
35,0	0,271	0,246	0,235	0,224	0,205	1,04	0,93	0,87	0,81	0,69
37,5	0,243	0,220	0,210	0,200	0,182	0,99	0,88	0,82	0,76	0,64
40,0	0,217	0,197	0,187	0,179	0,161	0,93	0,83	0,77	0,71	0,59

Grafische Darstellung zu Ermittlung von K_{agh} und K_{ach} für den Sonderfall $\alpha = \beta = 0°$ siehe DIN 4085, Bild E.1, E.2.

4.2.2 Ergänzende Berechnungen

Mindesterddruck

Wird die Kohäsion berücksichtigt, können kleine und auch negative Erddruckwerte entstehen. Um Unsicherheiten infolge lokaler Bodenschwachstellen zu begegnen, darf ein Mindestwert des Erddrucks nicht unterschritten werden. Dies ist für jede Tiefe zu prüfen. Der anzusetzende Mindesterddruck e^*_{agh} ist mit dem Beiwert für den Mindesterddruck K^*_{agh} und den Scherparametern $\varphi = \varphi^* = 40°$ und $c = 0{,}0$ kN/m² zu berechnen.

Es gilt: $K^*_{agh} = K_{agh}$ ($\varphi = 40°$; α, β und δ_a/φ^* unverändert)

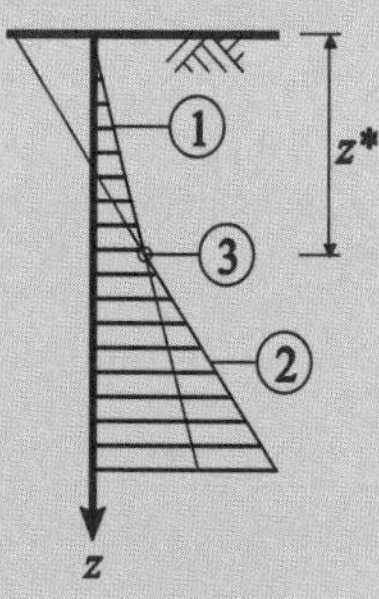

1 *Mindesterddruck* $e^*_{agh} = \gamma \cdot h \cdot K^*_{agh}$

in der Tiefe z^* gilt $e^*_{agh,(z^*)} = \gamma \cdot z^* \cdot K^*_{agh}$

2 *klassischer Erddruck* $e_{ah} = \gamma \cdot h \cdot K_{agh} - c \cdot K_{ach}$

in der Tiefe z^* gilt $e_{ah,(z^*)} = \gamma \cdot z^* \cdot K_{agh} - c \cdot K_{ach}$

3 *Schnittpunkt* $e_{ah,(z^*)} = e^*_{agh,(z^*)}$

in der Tiefe $z = z^*$ gilt $\gamma \cdot z^* \cdot K_{agh} - c \cdot K_{ach} = \gamma \cdot z^* \cdot K^*_{agh}$

$$z^* = \frac{c \cdot K_{ach}}{\gamma \cdot (K_{agh} - K^*_{agh})}$$

Grundwasser

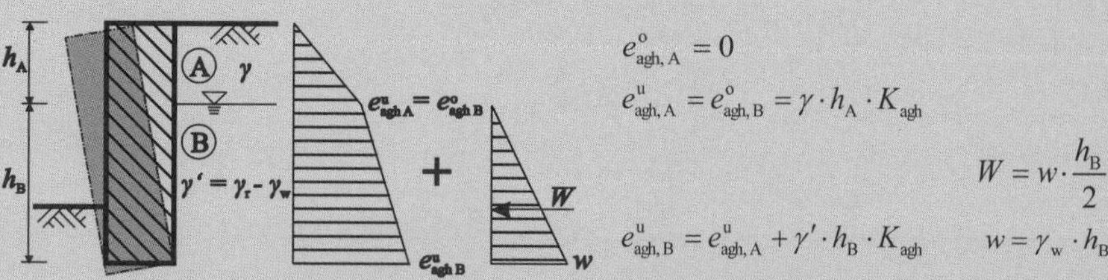

$$e^o_{agh,A} = 0$$

$$e^u_{agh,A} = e^o_{agh,B} = \gamma \cdot h_A \cdot K_{agh}$$

$$W = w \cdot \frac{h_B}{2}$$

$$e^u_{agh,B} = e^u_{agh,A} + \gamma' \cdot h_B \cdot K_{agh} \qquad w = \gamma_w \cdot h_B$$

Berechnung bei Schichtung für Eigenlast, Kohäsion und Auflast

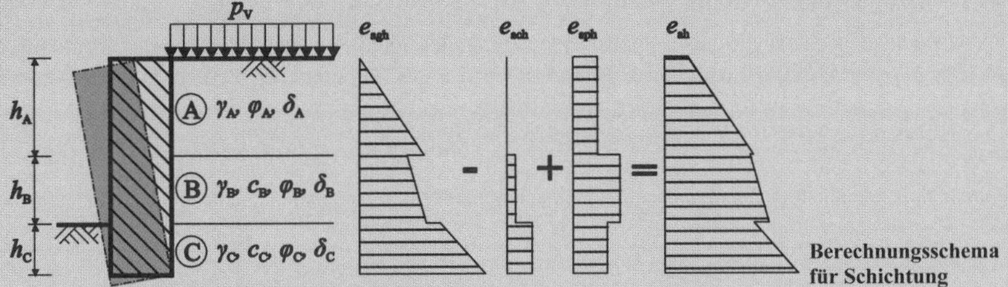

Berechnungsschema für Schichtung

Tafel 41: Berechnung für Eigengewicht, Kohäsion und Auflast bei Schichtung

Berechnung	für Eigengewicht	für Kohäsion	für flächige Auflast
Schicht A	$e^{u}_{agh,A} = \gamma_A \cdot h_A \cdot K_{agh,A}$	$e_{ach,A} = -c_A \cdot K_{ach,A}$	$e_{aph,A} = p_{v,A} \cdot K_{aph,A}$
Schicht B	$e^{o}_{agh,B} = \gamma_A \cdot h_A \cdot K_{agh,B}$ $e^{u}_{agh,B} = [\gamma_A \cdot h_A + \gamma_B \cdot h_B] \cdot K_{agh,B}$	$e_{ach,B} = -c_B \cdot K_{ach,B}$	$e_{aph,B} = p_{v,B} \cdot K_{aph,B}$
Schicht C	$e^{o}_{agh,C} = [\gamma_A \cdot h_A + \gamma_B \cdot h_B] \cdot K_{agh,C}$ $e^{u}_{agh,C} = [\gamma_A \cdot h_A + \gamma_B \cdot h_B + \gamma_C \cdot h_C] \cdot K_{agh,C}$	$e_{ach,C} = -c_C \cdot K_{ach,C}$	$e_{aph,C} = p_{v,C} \cdot K_{aph,C}$

Sonstiges

Linien- oder Streifenlasten — Für die Bestimmung des Erddruckanteils aus vertikalen bzw. horizontalen Linien- oder Streifenlasten gilt DIN 4085, Abs. 6.2.6 und Tabelle C.2.

Räumlicher Erddruck — Wenn sich eine im Grundriss kurze Wand mehr bewegt als die seitliche Umgebung (z.B. Stirnseite eines Grabenverbaus) oder wenn eine Wand in der Falllinie der Böschung steht (z. B. Querflügelwand), darf der Spannungszustand im Boden durch Ansatz des räumlichen aktiven Erddrucks berücksichtigt werden. Es gilt DIN 4085, Abs. 6.3.

Nicht ebene Wand bzw. Böschung — Bei nicht ebenen bzw. wechselnden Rückwand- und Böschungsneigungen darf die Berechnung näherungsweise nach Tafel 42 erfolgen.

Erddruckkraft und Hebelarm bei Trapezverteilung

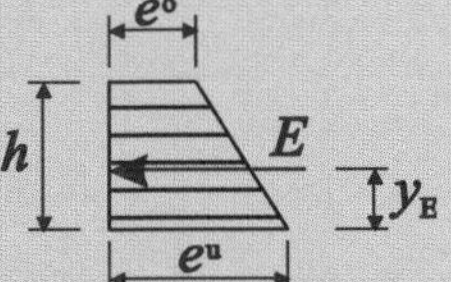

$$E_h = \frac{e^o + e^u}{2} \cdot h \quad \text{Flächeninhalt}$$

$$y_E = \frac{2 \cdot e^o + e^u}{e^o + e^u} \cdot \frac{h}{3} \quad \text{Schwerpunkt}$$

Tafel 42: Näherung bei nicht ebener Wand und nicht ebener Geländeoberfläche

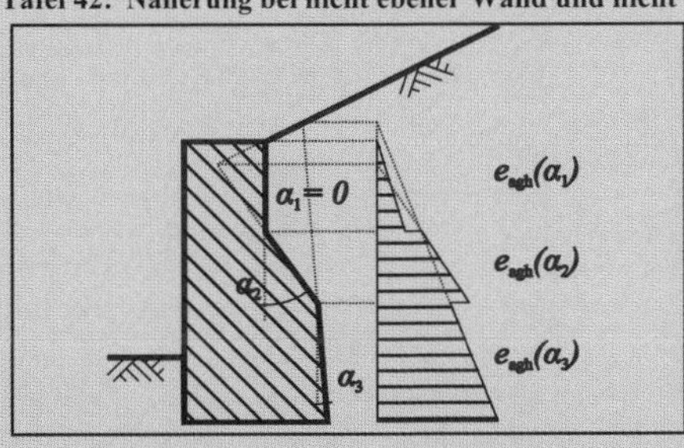

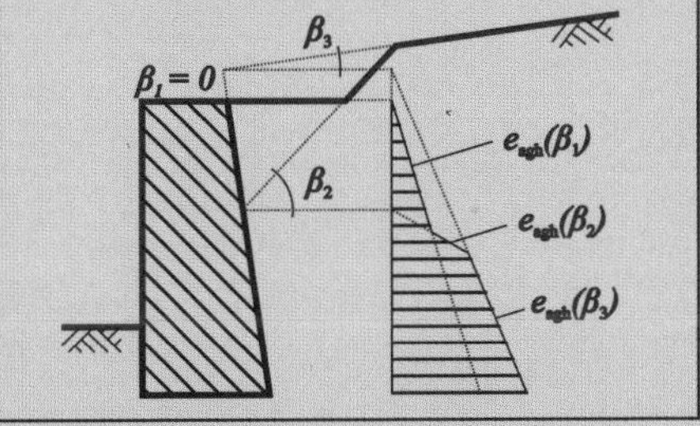

Geotechnik

4.3 Erdruhedruck

Erddruck und Erddruckkraft

Der Erdruhedruck aus Eigenlast des Bodens γ und gleichmäßig verteilter vertikaler Flächenlast p_v darf in der Regel mit Erddruckbeiwerten K_0 nach Tafel 43 berechnet werden. Die Kohäsion c darf nicht angesetzt werden, da sie nicht aktiviert wird. Es wird auf die ergänzenden Angaben und Hinweise in DIN 4085, Abs. 8 verwiesen.

Tafel 43: Erddruck- und Erddruckkraftanteile für Erdruhedruck

Erddruckteil	Eigenlast	flächige Auflast
Erddruck e_{0h} in kN/m²	$e_{0gh,(z)} = \gamma \cdot h \cdot K_{0gh}$	$e_{0ph} = p_v \cdot K_{0ph}$
horizontale Erddruckkraft E_{0h} in kN	$E_{0gh} = e_{0gh} \cdot \frac{h}{2} = \frac{\gamma \cdot h^2 \cdot K_{0gh}}{2}$	$E_{0ph} = e_{0ph} \cdot h = p_v \cdot h \cdot K_{0ph}$
vertikale Erddruckkraft E_{0v} in kN	$E_{0gv} = E_{0gh} \cdot \tan(\alpha + \delta_0)$	$E_{0pv} = E_{0ph} \cdot \tan(\alpha + \delta_0)$
Erddruckkraft E_0 in kN	$E_{0g} = \sqrt{E_{0gh}^2 + E_{0gv}^2}$	$E_{0p} = \sqrt{E_{0ph}^2 + E_{0pv}^2}$

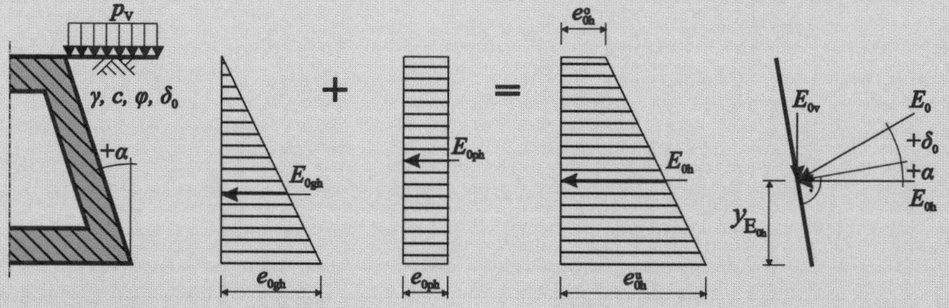

Erdruhedruckordinaten und -kräfte

Erddruckbeiwerte

Tafel 44: Erddruckbeiwerte für Erdruhedruck

	Allgemein	Sonderfall $\alpha = 0°$	
	für	$\beta = \delta_0 = 0°$	$\beta = \delta_0 = \varphi$
K_{0gh}	$K_{0gh} = K_1 \cdot f \cdot \frac{1 + \tan\alpha_1 \cdot \tan\beta}{1 + \tan\alpha_1 \cdot \tan\delta_0}$ $K_1 = \frac{\sin\varphi - \sin^2\varphi}{\sin\varphi - \sin^2\beta} \cdot \cos^2\beta$; $f = 1 - \lvert\tan\alpha \cdot \tan\beta\rvert$ $\tan\alpha_1 = \sqrt{\frac{1}{\frac{1}{K_1} + \tan^2\beta}}$ für $\beta > 0$ gilt: $\delta_0 \le \beta - \alpha$; für $\beta \le 0$ gilt: $\delta_0 = -\alpha$	$K_{0gh} = K_{0g} = 1 - \sin\varphi$	$K_{0gh} = \cos^2\varphi$
K_{0ph}	$K_{0ph} = \frac{\cos\alpha \cdot \cos\beta}{\cos(\alpha - \beta)} \cdot K_{0gh}$	$K_{0ph} = K_{0gh}$	$K_{0ph} = K_{0gh}$

Sonstiges

Erdruhedruck infolge von Punkt-, Linien- und Streifenlasten ist entsprechend DIN 4085, Abs. 8.3 zu berücksichtigen.

4.4 Passiver Erddruck

4.4.1 Allgemeine Berechnung – ebener Fall

Erddruck und Erddruckkraft

Der passive Erddruck dient bei bautechnischen Berechnungen i. d. R. als wichtige Ausgangsgröße bei der Ermittlung der möglichen Stützwirkung des Bodens. Diese ist abhängig von der möglichen und zulässigen Bewegung der betrachteten Wand – siehe Abs. 4.1.1 und Tafel 35. Der passive Erddruck aus Eigenlast des Bodens γ, aus Kohäsion c und gleichmäßig verteilter, vertikaler Flächenlast p_v kann mit Erddruckbeiwerten K_p nach Tafel 45 berechnet werden.

Im Sinne der Stützwirkung des Bodens dürfen nur ständig wirkende Flächenlasten angesetzt werden. Der passive Erddruck wird durch die Wirkung der Kohäsion vergrößert, die Kohäsion ist deshalb positiv anzusetzen. Die Bruchfigur ist außer im Grundfall (Tafel 46) als gekrümmt oder aus ebenen Abschnitten zusammengesetzt anzunehmen. Durch die Erddruckbeiwerte in Tafel 47 wird dies berücksichtigt. Es wird auf ergänzende Angaben, Genauigkeitseinschätzungen, Gültigkeitsbereiche und Hinweise in DIN 4085, Abs. 9 und Anhang D verwiesen.

Tafel 45: Erddruck- und Erddruckkraftanteile für passiven Erddruck

Erddruckteil	Eigenlast	flächige Auflast	Kohäsion
Erddruck e_{ph} in kN/m²	$e_{pgh,(z)} = \gamma \cdot h \cdot K_{pgh}$	$e_{pph} = p_v \cdot K_{pph}$	$e_{pch} = c \cdot K_{pch}$
horizontale Erddruckkraft E_{ph} in kN	$E_{pgh} = e_{pgh} \cdot \frac{h}{2} = \frac{\gamma \cdot h \cdot K_{pgh}}{2}$	$E_{pph} = e_{pph} \cdot h = p_v \cdot h \cdot K_{pph}$	$E_{pch} = e_{pch} \cdot h = c \cdot h \cdot K_{pch}$
vertikale Erddruckkraft E_{pv} in kN	$E_{pgv} = E_{pgh} \cdot \tan(\alpha + \delta_p)$	$E_{ppv} = E_{pph} \cdot \tan(\alpha + \delta_p)$	$E_{pcv} = E_{pch} \cdot \tan(\alpha + \delta_p)$
Erddruckkraft E_p in kN	$E_{pg} = \sqrt{E_{pgh}^2 + E_{pgv}^2}$	$E_{pp} = \sqrt{E_{pph}^2 + E_{ppv}^2}$	$E_{pc} = \sqrt{E_{pch}^2 + E_{pcv}^2}$

Tafel gilt für ebenen Fall und parallele Wandbewegung, sonst gilt DIN 4085, Tabelle D.3.

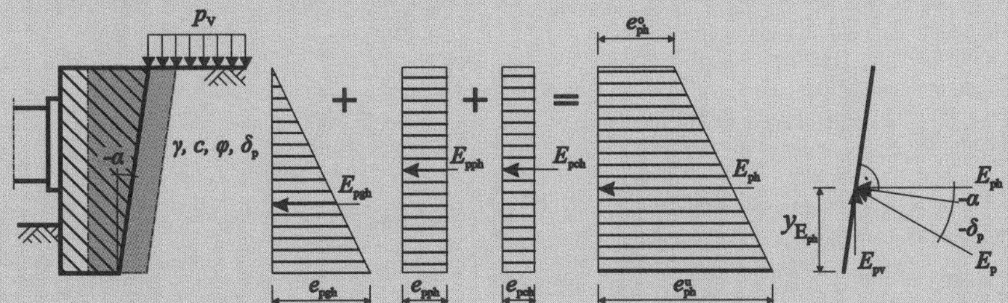

Passive Erdruhedruckordinaten und -kräfte

Erddruckbeiwerte

Tafel 46: Erddruckbeiwerte für passiven Erddruck für ebene Gleitflächen (Grundfall)

	Sonderfall $\alpha = \beta = \delta_p = 0°$
K_{pgh}	$K_{pgh} = \frac{1+\sin\varphi}{1-\sin\varphi} = \tan^2\left(45° + \frac{\varphi}{2}\right)$
K_{pph}	$K_{pph} = K_{pgh}$
K_{pch}	$K_{pch} = 2 \cdot \sqrt{K_{pgh}}$

Der Erddruckbeiwert K_{pgh} ist entsprechend der gewählten Erddruckneigung δ_p zu ermitteln, für die vertikales Gleichgewicht gewährleistet werden kann. Für den allgemeinen Fall – Ansatz gekrümmter Gleitflächen – wird für die Ermittlung des Erddruckbeiwertes auf die Ausführungen in DIN 4085, Anhang D verwiesen.

Tafel 47: Erddruckbeiwerte (passiv) für den Sonderfall $\alpha = \beta = 0°$, $\delta_p \neq 0°$; gekrümmte Gleitflächen

	K_{pgh}				K_{pph}				K_{pch}			
	δ_p =				δ_p =				δ_p =			
φ in °	0°	–1/3 φ	–2/3 φ	φ	0°	–1/3 φ	–2/3 φ	φ	0°	–1/3 φ	–2/3 φ	φ
12,5	1,55	1,64	1,72	1,80	1,55	1,64	1,71	1,76	2,49	2,63	2,74	2,83
15,0	1,70	1,84	1,96	2,08	1,70	1,83	1,94	2,02	2,61	2,80	2,97	3,10
17,5	1,86	2,06	2,25	2,42	1,86	2,05	2,21	2,33	2,73	3,01	3,24	3,42
20,0	2,04	2,33	2,61	2,85	2,04	2,31	2,53	2,71	2,86	3,23	3,55	3,79
22,5	2,24	2,64	3,03	3,38	2,24	2,61	2,93	3,16	2,99	3,49	3,91	4,23
25,0	2,46	3,01	3,56	4,05	2,46	2,97	3,40	3,72	3,14	3,78	4,33	4,74
27,5	2,72	3,46	4,20	4,89	2,72	3,39	3,97	4,39	3,30	4,12	4,82	5,33
30,0	3,00	3,98	5,00	5,95	3,00	3,89	4,67	5,22	3,46	4,49	5,39	6,03
32,5	3,32	4,62	6,00	7,30	3,32	4,49	5,52	6,24	3,65	4,93	6,05	6,85
35,0	3,69	5,39	7,26	9,03	3,69	5,21	6,56	7,50	3,84	5,43	6,83	7,81
37,5	4,11	6,33	8,86	11,26	4,11	6,08	7,86	9,06	4,06	6,00	7,75	8,94
40,0	4,60	7,48	10,89	14,17	4,60	7,14	9,48	11,01	4,29	6,66	8,84	10,26

4.4.2 Räumlicher Erddruck

Bei im Grundriss kurzen Wänden ist der passive Erddruck größer als auf einen Abschnitt gleicher Länge bei einer unendlich langen Wand (ebener Fall). Deshalb ist der Spannungszustand im Boden durch Ansatz des räumlichen passiven Erddrucks unter Verwendung einer rechnerischen Wandlänge zu berücksichtigen, die größer ist als die tatsächliche Wandlänge. Es gilt DIN 4085, Abs. 7.2 und Bild F.5.

5 Pfahlgründungen

5.1 Allgemeines

5.1.1 Funktion und Einteilung

Es wird zwischen Zug- und Druckpfählen sowie schwebenden und aufstehenden Pfählen unterschieden. Axial belastete Pfähle als Druckpfähle übertragen die Beanspruchungen über Mantelreibung und Spitzendruck, Zugpfähle übertragen die Beanspruchungen nur über Mantelreibung. Das Verhältnis zwischen der Beanspruchung quer zur Pfahlachse zu den Beanspruchungen längs zur Pfahlachse darf in der Bemessungssituation BS-P einen Wert von 0,03 nicht überschreiten. In der Bemessungssituation BS-T gilt 0,05.

Zur Mobilisierung des Widerstandes muss sich der Pfahl relativ zum umgebenden Boden bewegen (Setzung/Hebung). Wenn sich eine Bodenschicht stärker als der Pfahl setzt, entsteht negative Mantelreibung, die nach den Empfehlungen des Arbeitskreises „Pfähle" [EA Pfähle] zu berücksichtigen ist.

Pfähle werden in Verdrängungspfähle, Bohrpfähle und Mikropfähle unterschieden. Pfähle können auch hinsichtlich Material (Holz-, Stahl-, Stahlbeton- und Spannbetonpfähle), Herstellung (Ort- und Fertigpfähle) sowie der Einbringung (Verdrängungs-, Bohr- und Verpresspfähle) unterschieden werden.

5.1.2 Nachweisführung bei axial belasteten Pfählen

Nachweise sind im Grenzzustand der Tragfähigkeit (ULS) und im Grenzzustand der Gebrauchstauglichkeit (SLS) zu führen. Es wird das Nachweisverfahren 2 (GEO-2) angewendet. Die Sicherheit der Tragfähigkeit (ULS) ist erreicht, wenn folgende Bedingung erfüllt ist:

$$E_{1,d} \leq R_d \quad \text{bzw.} \quad F_{c,d} \leq R_{c,d}$$

$F_{c,d}$ Bemessungswert der axialen Zug- und Druckbelastung auf einen Pfahl
$R_{c,d}$ Bemessungswert des axialen Pfahlwiderstandes im GZ ULS „äußere Tragfähigkeit“
$E_{1,d}$ Bemessungswert der Pfahlbelastung
$R_{c,d}$ Bemessungswert der Pfahlwiderstandes

$$E_{1,d} = E_{G,k} \cdot \gamma_G + E_{Q,rep} \cdot \gamma_Q$$

$E_{G,k}$ ständige charakteristische Beanspruchung
$E_{Q,rep}$ repräsentative veränderliche charakteristische Beanspruchung
γ_G, γ_Q Teilsicherheitsbeiwerte für ständige und veränderliche Einwirkungen in GEO-2 Tafel 4

Bemessungswert des Pfahlwiderstandes (Einzelpfahl, z.B. Bohrpfahl)

$$R_{c,d} = \frac{R_{c,k}}{\gamma_t} \qquad R_{c,k} = R_k(s) = R_{b,k}(s) + R_{s,k}(s) = q_{b,k} \cdot A_b + \sum_i A_{s,i} \cdot q_{s,k,i}$$

γ_t Teilsicherheitsbeiwerte für Einzelpfahl (Gesamtbodenwiderstand), Tafel 5
R_k (s) setzungsabhängiger charakteristischer Pfahlwiderstand
$R_{b,k}$ (s) setzungsabhängiger charakteristischer Pfahlfußwiderstand, (**b**ase resistance)
$R_{b,k}$ (s) setzungsabhängiger charakteristischer Pfahlmantelwiderstand, (**s**haft resistance)
$q_{b,k}$ charakteristischer Wert des Pfahlspitzenwiderstandes, abgeleitet aus Tafel 48
$q_{s,k,i}$ charakteristischer Wert des Pfahlmantelwiderstandes (Mantelreibung) in der Schicht i, abgeleitet aus Tafel 49
A_b= Nennwert der Pfahlfußfläche, $A_{b,\,(Kreis)} = (\pi \cdot D_s^2)/4$
$A_{s,i}$= Nennwert der Pfahlmantelfläche in der Schicht i $A_{s,i,\,(Kreis)} = (\pi \cdot D_s \cdot l_i)$
s axiale Pfahlkopfsetzung

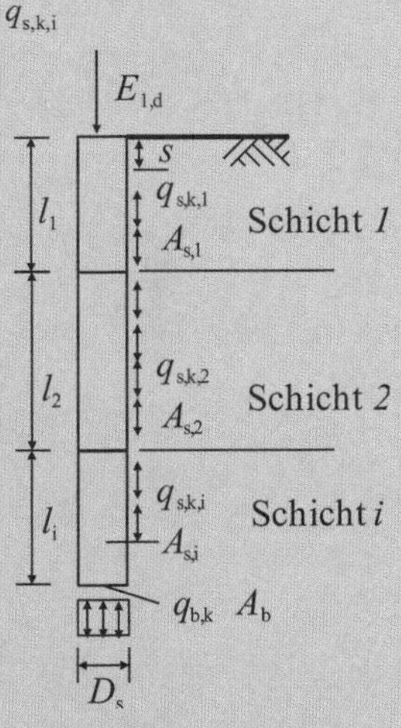

Prinzipskizze Widerstandsmodell

5.2 Widerstands-Setzungslinie von Bohrpfählen

5.2.1 Axiale Pfahlwiderstände

Die Tragfähigkeit des Einzelpfahles wird durch die Konstruktion der charakteristischen Widerstands-Setzungs-Linie auf Grundlage von Tafelwerten (Erfahrungswerte) ermittelt. Für $R_{b,k}$ ($s_1 = s_g$) gilt eine Grenzsetzung von $s_g = 0{,}1 \cdot D_s$

D_s Pfahlschaftdurchmesser
s_1 Setzung im Grenzzustand Tragfähigkeit ULS
s_g Grenzsetzung bzw. Bruchsetzung

Für $R_{s,k}$ (s_{sg}*) gilt im Bruchzustand eine charakteristische Setzung von:

$$s_{sg}{*} = s_{sg} = 0{,}5 \cdot R_{s,k}(s_{sg}) + 0{,}5 \leq 3{,}0\,\text{cm}$$

Für Zugpfähle gilt nach Erfahrungswerten:

$$s_{sg}{*} = 1{,}3 \cdot s_{sg}$$

s_{sg} Grenzsetzung des Pfahlmantelwiderstandes

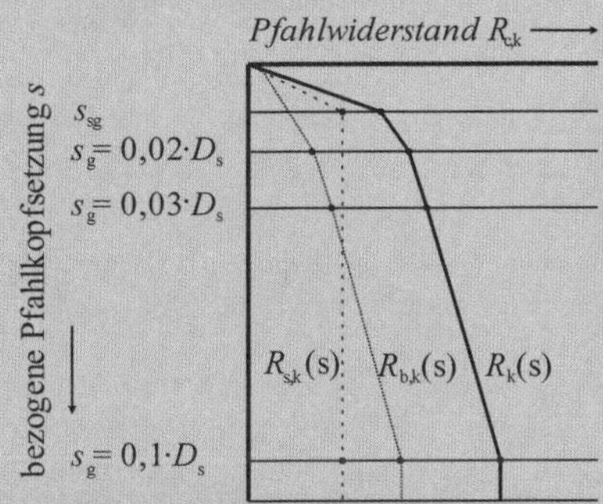

Widerstands-Setzungslinie von Bohrpfählen

Geotechnik

5.2.2 Voraussetzungen für die Anwendung, Hinweise

Die Tabellenwerte für Bohrpfähle in den Tafeln 48 und 49 gelten unter folgenden Voraussetzungen:

- Pfahlschaftdurchmesser $D_s = 0{,}3$ bis 3,0 m,
- Mindesteinbindetiefe in eine tragfähige Schicht $\geq 2{,}5$ m,
- Voraussetzungen für die Tafel 48 des Pfahlspitzenwiderstandes,
  - Mächtigkeit der tragfähigen Schicht unter der Pfahlfußfläche: $\geq 3 \cdot D_s$ bzw. $\geq 1{,}5$ m in diesem Bereich ist $q_c \geq 7{,}5$ MN/m² bzw. $c_{u,k} \geq 100$ kN/m² nachzuweisen; unabhängig davon wird empfohlen, die Pfahlfüße in Bereichen mit $q_c \geq 10$ MN/m² abzusetzen.
- Für die Festlegung der maßgebenden mittleren Spitzenwiderstände gilt:
  - bei $D_s \leq 0{,}6$ m: maßgebender Bereich von $1 \cdot D_s$ ober- bis $4 \cdot D_s$ unterhalb des Pfahlfußes,
  - bei $D_s > 0{,}6$ m: maßgebender Bereich von $1 \cdot D_s$ ober- bis $3 \cdot D_s$ unterhalb des Pfahlfußes,
- werden die geometrischen Werte unterschritten, ist der Durchstanznachweis zu führen und nachzuweisen, dass der darunterliegende Boden das Setzungsverhalten nicht maßgeblich beeinflusst,
- bei Bohrpfählen mit Fußaufweitung sind die Werte auf 75 % abzumindern,
- Zwischenwerte dürfen geradlinig interpoliert werden.

5.3 Axiale Pfahlwiderstände auf Grundlage von Erfahrungswerten

5.3.1 Anwendungsgrenzen der Erfahrungswerte

Die in den Tafeln 48 bis 54 genannten Spannen der Erfahrungswerte beruhen auf den Angaben in der EA-Pfähle der DGGT. Die Anwendbarkeit der Werte ist für Druckpfähle durch den Sachverständigen für Geotechnik oder den geotechnischen Fachplaner im Einzelfall zu bestätigen. Bei Zugpfählen ist zur Festlegung des Pfahlwiderstandes i.d.R. eine statische Pfahlprobebelastung durchzuführen. Weitere Hinweise siehe Abschnitt 5.3.6 sowie ausführlich in der EA-Pfähle.

5.3.2 Axiale Widerstände von Bohrpfählen

Tafel 48: Pfahlspitzenwiderstände $q_{b,k}$ für Bohrpfähle (Spannen der Erfahrungswerte)
a: für nichtbindigen Boden b: für bindigen Boden

Bezogene Pfahlkopf-setzung s/D_s	Pfahlspitzenwiderstand $q_{b,k}$ in kN/m² bei einem mittleren Spitzenwiderstand der Drucksonde q_c in MN/m²			Pfahlspitzenwiderstand $q_{b,k}$ in kN/m² bei einer Scherfestigkeit des undränierten Bodens $c_{u,k}$ in MN/m²		
	7,5	15	25	0,10	0,15	0,25
0,02	550 - 800	1.050 - 1.400	1.750 - 2.300	350 - 450	600 - 750	950 - 1.200
0,03	700 - 1.050	1.350 - 1.800	2.250 - 2.950	450 - 550	700 - 900	1.200 - 1.450
0,1(= s_g)	1.600 - 2.300	3.000 - 4.000	4.000 - 5.300	800 - 1.000	1.200 - 1.500	1.600 - 2.000

Tafel 49: Pfahlmantelreibung $q_{s,k}$ für Bohrpfähle (Spannen der Erfahrungswerte)
a: für nichtbindigen Boden b: für bindigen Boden

Mittlerer Spitzenwiderstand der Drucksonde q_c in MN/m²	Bruchwert der Pfahlmantelreibung $q_{s,1,k}$ in kN/m²	Scherfestigkeit des undränierten Bodens $c_{u,k}$ in MN/m²	Bruchwert der Pfahlmantelreibung $q_{s,1,k}$ in kN/m²
7,5	55 - 80	0,06	30 - 40
15	105 - 140	0,15	50 - 65
≥ 25	130 - 170	$\geq 0{,}25$	65 - 85

Tafel 50: Pfahlwiderstände $q_{b,k}$ und $q_{s,k}$ für Bohrpfähle in Fels (Spannen der Erfahrungswerte)

Pfahlspitzenwiderstand $q_{b,k}$ in kN/m² bei einaxialer Druckfestigkeit $q_{u,k}$ in MN/m²			Pfahlmantelreibung $q_{s,k}$ in kN/m² bei einaxialer Druckfestigkeit $q_{u,k}$ in MN/m²		
0,5	5,0	20,0	0,5	5,0	20,0
1.500 – 2.500	5.000 - 10.000	10.000 - 20.000	70 - 250	500 - 1.000	500 - 2.000

5.3.3 Axiale Widerstände von Simplexpfählen

Tafel 51: Pfahlspitzenwiderstände $q_{b,k}$ für Simplexpfähle (Spannen der Erfahrungswerte)
a: für nichtbindigen Boden b: für bindigen Boden

Bezogene Pfahlkopf-setzung s/D_s	Pfahlspitzenwiderstand $q_{b,k}$ in kN/m² bei einem mittleren Spitzenwiderstand der Drucksonde q_c in MN/m²			Pfahlspitzenwiderstand $q_{b,k}$ in kN/m²
	7,5	15	25	… keine ausreichende Datengrundlage für Spitzendruck in bindigen Böden vorhanden.
0,035	2.200 - 5.000	4.000 - 6.500	4.500 - 7.500	
0,100	4.200 - 6.000	7.600 - 10.200	8.750 - 11.500	

Tafel 52: Pfahlmantelreibung $q_{s,k}$ für Simplexpfähle (Spannen der Erfahrungswerte)
a: für nichtbindigen Boden b: für bindigen Boden

Mittlerer Spitzenwider-stand der Drucksonde q_c in MN/m²	Bruchwert der Pfahl-mantelreibung $q_{s,k}$ in kN/m²	Scherfestigkeit des undränierten Bodens $c_{u,k}$ in MN/m²	Bruchwert der Pfahl-mantelreibung $q_{s,k}$ in kN/m²
7,5	55 - 70	0,06	25 - 40
15	105 - 135	0,15	45 - 65
≥ 25	130 - 165	≥ 0,25	60 - 85

Hinweis bei Simplexpfählen/Ortbetonrammpfählen:

$$s_{sg} *= s_{sg} = 0{,}5 \cdot R_{s,k}(s_{sg})[MN] \leq 1{,}0\text{cm}$$

5.3.4 Axiale Widerstände von verpressten Mikropfählen

Tafel 53: Pfahlmantelreibung $q_{s,k}$ für verpresste Mikropfähle mit $D_s \leq 0{,}3$ m (Spannen der Erfahrungswerte)
a: für nichtbindigen Boden b: für bindigen Boden

Mittlerer Spitzenwider-stand der Drucksonde q_c in MN/m²	Bruchwert der Pfahl-mantelreibung $q_{s,k}$ in kN/m²	Scherfestigkeit des undränierten Bodens $c_{u,k}$ in MN/m²	Bruchwert der Pfahl-mantelreibung $q_{s,k}$ in kN/m²
7,5	135 - 175	0,06	55 - 65
15	215 - 280	0,15	95 - 105
≥ 25	255 - 315	≥ 0,25	115 - 125

Hinweis bei verpressten Mikropfählen: Pfahlspitzendruck wird rechnerisch nicht einbezogen.

5.3.5 Axiale Widerstände von Rohrverpresspfählen

Tafel 54: Pfahlmantelreibung $q_{s,k}$ für Rohrverpresspfähle (Spannen der Erfahrungswerte)
a: für nichtbindigen Boden b: für bindigen Boden

Mittlerer Spitzenwider-stand der Drucksonde q_c in MN/m²	Bruchwert der Pfahl-mantelreibung $q_{s,k}$ in kN/m²	Scherfestigkeit des undränierten Bodens $c_{u,k}$ in MN/m²	Bruchwert der Pfahl-mantelreibung $q_{s,k}$ in kN/m²
7,5	170 - 210	0,06	70 - 80
15	255 - 320	0,15	115 - 125
≥ 25	305 - 365	≥ 0,25	140 - 150

5.3.6 Weitere Hinweise zu Pfahlwiderständen aus Erfahrungswerten

- Zwischenwerte der Tafeln 48 bis 54 dürfen interpoliert werden
- weitere Erfahrungswerte für andere Pfahlsysteme und Tragfähigkeitserhöhung durch Mantel- und Fußverpressungen siehe Abschnitt 5.4 bis 5.7 der EA-Pfähle
- bei einer Pfahlgruppenwirkung gelten die Angaben nicht und es ist von geringeren Pfahlwiderständen auszugehen, siehe Abschnitt 8 der EA-Pfähle

5.4 Horizontale Pfahlwiderstände

Die Tragfähigkeit des Einzelpfahles kann z.B. mit dem Bettungsmodulverfahren abgeschätzt werden. Grundsätzlich wird die Pfahlbettung erst ab einem Durchmesser ≥ 0,30 m berücksichtigt.

näherungsweiser Ansatz des Bettungsmoduls [kN/m³; MN/m³]

$k_{s,k} = E_{s,k}\,(z)\,/\,D_S$

$k_{s,k}$	Bettungsmodul der betreffenden Bodenschicht für Einzelpfahl
$E_{s,k}\,(z)$	Steifemodul der betreffenden Bodenschicht, teufenabhängig
D_S	Pfahldurchmesser

horizontale Bettungsspannung [kN/m²; MN/m²]

$\sigma_{h,k}(z) = k_{s,k} \cdot s(z)$

$\sigma_{h,k}(z)$	charakteristische Bettungsspannung zwischen Pfahl und Boden
$s(z)$	Horizontalverschiebung des Pfahls entsprechend Biegelinie

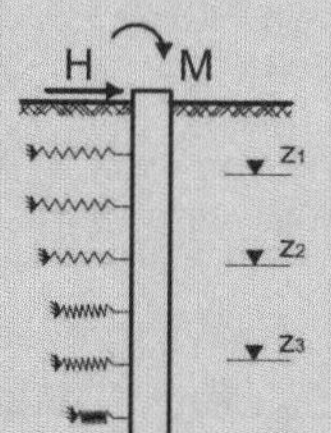

Modell – horizontal belasteter Pfahl

Bei Anwendung des Bettungsmodulverfahrens gelten folgende Randbedingungen:

- maximale Horizontalverschiebung s(z) ≤ 2,0 cm und s(z) ≤ 0,03 · D_S
- rechnerisch wird max. D_s ≤ 1,0 m berücksichtigt
- Bettungsspannung darf in keiner Tiefe den Erdwiderstand überschreiten $\sigma_{h,k}(z) \leq e_{ph,k}(z)$
- weitere Hinweise siehe Abs. 5.8 und 6.3.2 der EA-Pfähle

6 Literatur

[Engel/Lauer 2010] Engel, J.; Lauer, C.: Einführung in die Boden- und Felsmechanik. Fachbuchverlag Leipzig im Carl Hanser Verlag, München 2010

[Kany 1974] Kany, M.: Berechnung von Flächengründungen. Verlag Ernst & Sohn, Berlin 1974

[Rütz/Witt 2010] Rütz, D.; Witt, H.-J.; u.a.: Wissensspeicher Geotechnik. Bauhaus-Universität Weimar, Eigenverlag Geotechnik Weimar 2011

[Steinbrenner 1934] Steinbrenner, W.: Tafeln zur Setzungsberechnung. Straße 1 (1934), S. 121–124

[Witt 2018] Witt, K.-J. (Hrsg.): Grundbau-Taschenbuch, Teil 1: Geotechnische Grundlagen. Verlag Ernst & Sohn, Berlin 2018, 8. Auflage

[DIN 2015/2011] DIN Deutsches Institut für Normung e. V. (Hrsg.): Handbuch Eurocode 7 Geotechnische Bemessung. Beuth Verlag, Berlin 2015/2011

Band 1: Allgemeine Regeln (zweite Auflage von 2015)

Band 2: Erkundung und Untersuchung (erste Auflage von 2011)

[EA Pfähle 2012] Empfehlungen des Arbeitskreises „Pfähle". Verlag Ernst & Sohn, Berlin 2012

[EAB 2021] Empfehlungen des Arbeitskreises „Baugruben". Verlag Ernst & Sohn, Berlin 2021

[EANG 2014] Empfehlungen des Arbeitskreises „Numerik in der Geotechnik". Verlag Ernst & Sohn, Berlin 2014

[EAU 2020] Empfehlungen des Arbeitsausschusses „Ufereinfassungen, Häfen und Wasserstraßen". Verlag Ernst & Sohn, Berlin 2020

[EBGEO 2010] Empfehlungen für den Entwurf und die Berechnung von Erdkörpern mit Bewehrungen aus Geokunststoffen. Verlag Ernst & Sohn, Berlin 2020

[ZTV E-StB 17] Zusätzliche Technische Vertragsbedingungen und Richtlinien für Erdarbeiten im Straßenbau, Ausgabe 2017, FGSV Verlag, Köln

Anhang: Statische Hinweise

Prof. Dipl.-Ing. Klaus-Jürgen Schneider (†)

Inhaltsverzeichnis

1 Auflagergrößen und Schnittgrößen

1.1 Einfeldträger ($\alpha = a/l$, $\beta = b/l$)

Nr.	System	Auflagerkräfte A	Auflagerkräfte B	max M [an der Stelle x]	$EI\,f_{\text{Mitte}}$ [1]
1		$\frac{ql}{2}$	$\frac{ql}{2}$	$\frac{ql^2}{8}$ $[x = l/2]$	$\frac{5}{384}\,ql^4$
2		$\frac{3}{8}\,ql$	$\frac{1}{8}\,ql$	$\frac{9}{128}\,ql^2$ $[x = 3/8\,l]$	$\frac{5}{768}\,ql^4$
3		$\frac{qa}{l}\left(l - \frac{a}{2}\right)$	$\frac{qa^2}{2l}$	$\frac{A^2}{2q}$ $[x = A/q]$	$\frac{1}{48}\,qa^2l^2(1{,}5 - \alpha^2)$
4		$\frac{1}{2}\,qb$	$\frac{1}{2}\,qb$	$\frac{qb}{8}\,(2l - b)$ $[x = l/2]$	$\frac{1}{384}\,ql^4(5 - 24\alpha^2 + 16\alpha^4)$
5		$\frac{qc\,(2b+c)}{2l}$	$\frac{qc\,(2a+c)}{2l}$	$\frac{A^2}{2q} + A \cdot a$ $[x = a + A/q]$	$\frac{1}{384}\,ql^4(5 - 12\alpha^2 + 8\alpha^4 - 12\beta^2 + 8\beta^4)$
6		qa	qa	$\frac{1}{2}\,qa^2$ $[a \leqslant x \leqslant a + b]$	$\frac{q}{24}\,a^2l^2(1{,}5 - \alpha^2)$
7	2)	$\frac{q_0}{2}\,(l - a)$	$\frac{q_0}{2}\,(l - a)$	$\frac{q_0}{24}\,(3l^2 - 4a^2)$ $[x = l/2]$	$\frac{1}{1920}\,q_0l^4(25 - 40\alpha^2 + 16\alpha^4)$
8		$(2q_1 + q_2)\,\frac{l}{6}$	$(q_1 + 2q_2)\,\frac{l}{6}$	$\approx 0{,}064\,(q_1 + q_2)l^2$ $[x \approx 0{,}55l]$	$\frac{5}{768}\,(q_1 + q_2)l^4$
9		$\frac{1}{6}\,q_0l$	$\frac{1}{3}\,q_0l$	$\frac{1}{9\sqrt{3}}\,q_0l^2$ $\left[x = \frac{1}{\sqrt{3}}\,l\right]$	$\frac{5}{768}\,q_0l^4$
10	2)	$\frac{1}{4}\,q_0l$	$\frac{1}{4}\,q_0l$	$\frac{1}{12}\,q_0l^2$ $[x = l/2]$	$\frac{1}{120}\,q_0l^4$
11		$\frac{1}{4}\,q_0l$	$\frac{1}{4}\,q_0l$	$\frac{1}{24}\,q_0l^2$ $[x = l/2]$	$\frac{3}{640}\,q_0l^4$
12		$\frac{q_0a}{6}\,(3 - 2\alpha)$	$\frac{q_0a^2}{3l}$	$\frac{q_0a^2}{3}\sqrt{\left(1 - \frac{2}{3}\,\alpha\right)^3}$ $\left[x = a\sqrt{1 - \frac{2}{3}\,\alpha}\right]$	$EIf_1 = \frac{q_0a^3}{45}\,(1 - \alpha)(5l - 4a)$
13		$\frac{q_0a}{6}\,(3 - \alpha)$	$\frac{q_0a^2}{6l}$	$\frac{q_0a^2}{6l}\left(l - a + \frac{2}{3}\,a\sqrt{\frac{\alpha}{3}}\right)$	$EIf_1 = \frac{q_0a^3}{360}\,(1 - \alpha)(20l - 13a)$

Statische Hinweise

Einfeldträger (Fortsetzung)

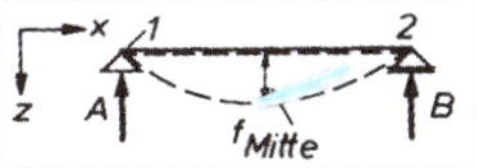

Nr.	System (x, z, 1, 2, A, B, f_{Mitte})	Auflagerkräfte A	Auflagerkräfte B	max M [an der Stelle x]	$EI\,f_{Mitte}$ [1]
14	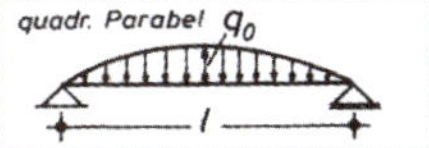 quadr. Parabel q_0; l	$\frac{q_0 l}{3}$	$\frac{q_0 l}{3}$	$\frac{5}{48} q_0 l^2$ $[x = l/2]$	$\frac{61}{5760} q_0 l^4$
15	q_0 quadr. Parabel; l	$\frac{q_0 l}{2,4}$	$\frac{q_0 l}{4}$	$\frac{1}{11,15} q_0 l^2$ $[x = 0,446 l]$	$\frac{11}{1200} q_0 l^4$
16	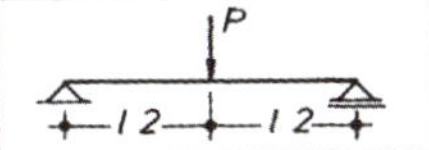 P; $l/2$, $l/2$	$\frac{P}{2}$	$\frac{P}{2}$	$\frac{Pl}{4}$ $[x = l/2]$	$\frac{1}{48} Pl^3$
17	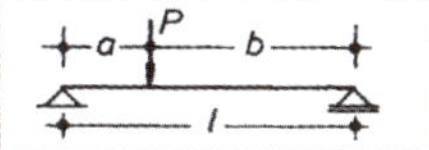 a, P, b; l	$\frac{Pb}{l}$	$\frac{Pa}{l}$	$\frac{Pab}{l}$ $[x = a]$	$\frac{1}{48} Pl^3(3\alpha - 4\alpha^3)$ für $a \leqslant b$
18	a, P, b, P, a; l	P	P	Pa $[a \leqslant x \leqslant a + b]$	$\frac{1}{24} Pl^3(3\alpha - 4\alpha^3)$
19	$n-1$ gleiche Lasten P; 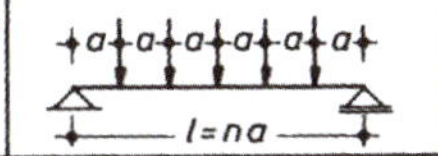 a … a; $l = na$	$\frac{P(n-1)}{2}$	$\frac{P(n-1)}{2}$	Pl/r n: 2; 3 r: 4; 3 s: 12; 9,39	max Ml^2/s n: 4; 5; 6; 7 r: 2; 1,66; 1,33; 1,16 s: 10,11; 9,25; 9,81; 9,56
20	n gleiche Lasten P; 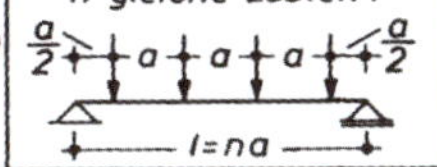 $\frac{a}{2}$, a, a, a, $\frac{a}{2}$; $l = na$	$\frac{Pn}{2}$	$\frac{Pn}{2}$	Pl/r n: 2; 3 r: 4; 2,4 s: 8,73; 10,19	max Ml^2/s n: 4; 5; 6; 7 r: 2; 1,54; 1,33; 1,12 s: 9,37; 9,82; 9,49; 9,72
21	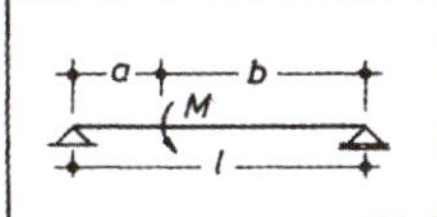 a, b, M; l	$\frac{M}{l}$	$-\frac{M}{l}$	$a \geqslant l/2$: $\frac{Ma}{l}$ $a \leqslant l/2$: $-\frac{Mb}{l}$	
22	M_1, l, M_2	$\frac{M_2 - M_1}{l}$	$\frac{M_1 - M_2}{l}$		$\frac{1}{16} l^2(M_1 + M_2)$
23	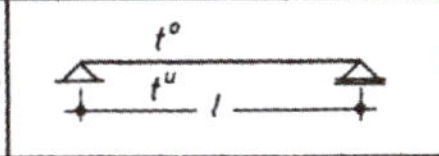 t^o, t^u; l	0	0	0	$\frac{l^2}{8} \cdot \frac{t^u - t^o}{h} \alpha_t EI$ h Querschnittshöhe α_t Temperaturdehnzahl
24	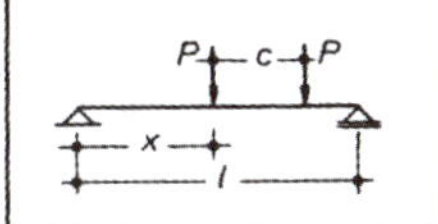 P, c, P; x; l	max $M = \frac{Pl}{8}\left(2 - \frac{c}{l}\right)^2$ für $x = \frac{l}{2} - \frac{c}{4}$ wenn $\frac{c}{l} > 0{,}586$, ist max $M = \frac{Pl}{4}$			
25	P_1, e, $P_2 < P_1$; x, c; l; $e = P_2 \cdot c/R$, $R = P_1 + P_2$	max $M = R\,\frac{(l-e)^2}{4l}$ für $x = \frac{l-e}{2}$ wenn $c \geqslant \frac{l}{2}$, kann $P_1\,\frac{l}{4}$ maßgebend sein			

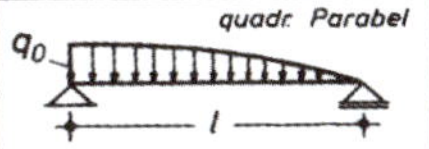

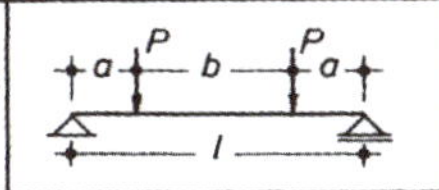

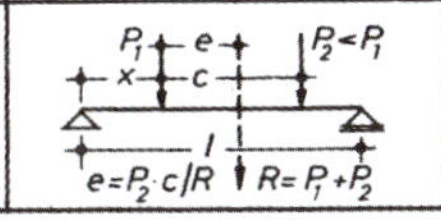

[1] Bei symmetrischen Belastungen ist $f_{Mitte} = f_{max}$, bei unsymmetrischen Belastungen ist $f_{Mitte} \approx f_{max}$.

1.2 Einfeldträger mit Kragarm

(die Formeln für f gelten nur bei EI = const)

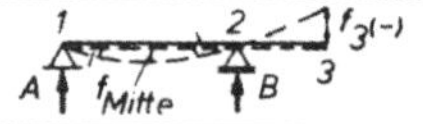

		Auflagerkräfte		max			
		A	B	M_{Feld}	M_2	$EI\,f_{Mitte}$	$EI\,f_3$
1	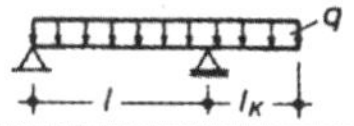	$\frac{q}{2}\left(l-\frac{l_K^2}{l}\right)$	$\frac{q}{2}\left(l+\frac{l_K^2}{l}+2l_K\right)$	$\frac{A^2}{2q}$	$-\frac{ql_K^2}{2}$	$\frac{ql^2}{32}\left(\frac{5}{12}l^2-l_K^2\right)$	$\frac{ql_K}{24}(3l_K^3+4ll_K^2-l^3)$
2	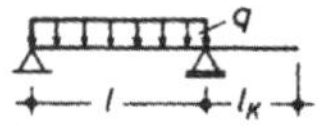	$\frac{ql}{2}$	$\frac{ql}{2}$	$\frac{ql^2}{8}$	0	$\frac{5}{384}ql^4$	$-\frac{1}{24}ql^3l_K$
3	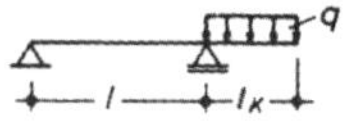	$-\frac{ql_K^2}{2l}$	$ql_K\left(1+\frac{l_K}{2l}\right)$		$-\frac{ql_K^2}{2}$	$-\frac{1}{32}ql^2l_K^2$	$\frac{ql_K^3}{24}(4l+3l_K)$
4	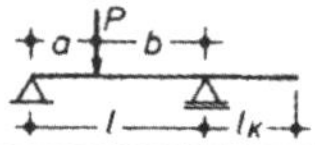	$\frac{Pb}{l}$	$\frac{Pa}{l}$	$\frac{Pab}{l}$	0	$\frac{Pl^3}{48}(3\alpha-4\alpha^3)$	$-\frac{Pabl_K}{6l}(l+a)$
5	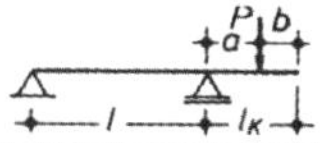	$-\frac{Pa}{l}$	$\frac{P(a+l)}{l}$		$-Pa$	$-\frac{1}{16}(Pl^2a)$	$\frac{1}{6}Pa(2ll_K+3l_Ka-a^2)$

1.3 Eingespannte Kragträger

(die Formeln für f und τ gelten nur bei EI = const)

	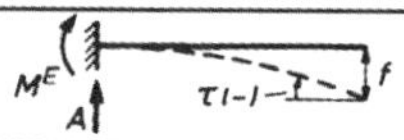	A	M^E	$EI\,f$	$EI\,\tau$
1	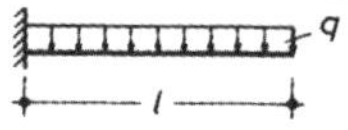	ql	$-\frac{ql^2}{2}$	$\frac{ql^4}{8}$	$-\frac{ql^3}{6}$
2		$\frac{q_0l}{2}$	$-\frac{q_0l^2}{6}$	$\frac{q_0l^4}{30}$	$-\frac{q_0l^3}{24}$
3	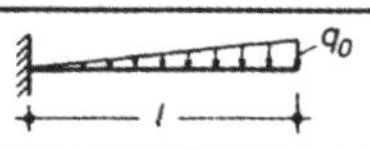	$\frac{q_0l}{2}$	$-\frac{q_0l^2}{3}$	$\frac{11q_0l^4}{120}$	$-\frac{q_0l^3}{8}$
4	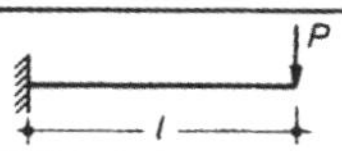	P	$-Pl$	$\frac{Pl^3}{3}$	$-\frac{Pl^2}{2}$
5		0	M	$-\frac{Ml^2}{2}$	Ml

1.4 Eingespannte Einfeldträger (EI = const)

Nr.	System	Auflagerkräfte	Momente	Durchbiegung
1	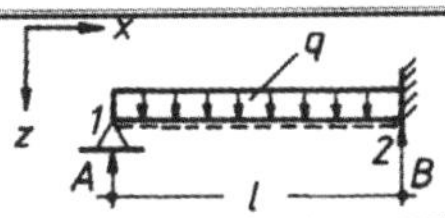	$A = \frac{3}{8}\,ql$ $B = \frac{5}{8}\,ql$	$M_2 = -\,ql^2/8$ $\max M_{Feld} = 9\,ql^2/128$ bei $x = 0{,}375\,l$	$\max f = \frac{2}{369} \cdot \frac{ql^4}{EI}$ bei $x = 0{,}4215\,l$
2	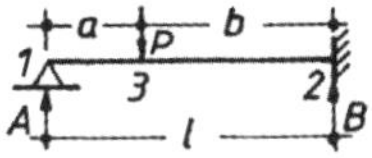	$A = \frac{Pb^2}{2l^3}\,(a+2l)$ $B = P - A$	$M_2 = -\frac{Pab}{2\,l}\left(1 + \frac{a}{l}\right)$ $M_3 = \frac{Pab^2}{2\,l^3}\,(3a+2b)$	$f_3 = \frac{Pa^2b^3}{12\,EI\,l^2}\left(3 + \frac{a}{l}\right)$
3	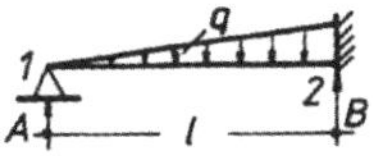	$A = \frac{1}{10}\,ql$ $B = \frac{2}{5}\,ql$	$M_2 = -\,ql^2/15$ $\max M_{Feld} = ql^2/33{,}54$ bei $x = 0{,}447\,l$	$\max f = \frac{ql^4}{419{,}3\,EI}$ bei $x = 0{,}447\,l$
4	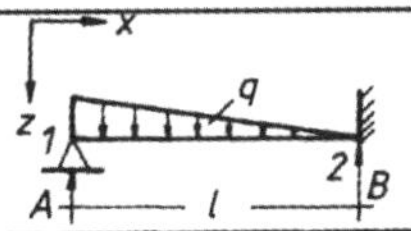	$A = \frac{11}{40}\,ql$ $B = \frac{9}{40}\,ql$	$\max M_{Feld} = \frac{ql^2}{23{,}6}$ bei $x = 0{,}329\,l$	$\max f = \frac{ql^4}{328{,}1\,EI}$ bei $x = 0{,}402\,l$
5	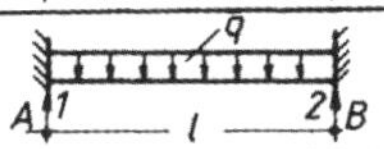	$A = B = \frac{ql}{2}$	$\max M_{Feld} = \frac{ql^2}{24}$	$\max f = \frac{1}{384} \cdot \frac{ql^4}{EI}$
6	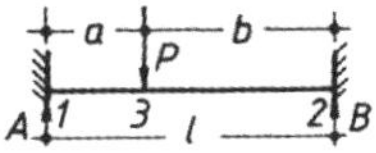	$A = \frac{Pb^2}{l^3}\,(l+2a)$ $B = P - A$	$M_3 = 2P\,\frac{a^2b^2}{l^3}$	$f_3 = \frac{Pa^3b^3}{3\,EI\,l^3}$
7	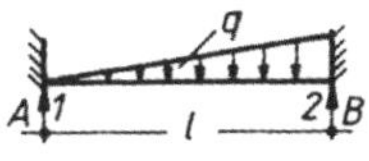	$A = \frac{3}{20}\,ql$ $B = \frac{7}{20}\,ql$	$\max M_{Feld} = \frac{ql^2}{46{,}6}$ bei $x = 0{,}548\,l$	$\max f = \frac{ql^4}{764\,EI}$ bei $x = 0{,}525\,l$
8	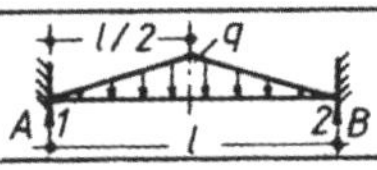	$A = B = \frac{ql}{4}$	$\max M_{Feld} = \frac{ql^2}{32}$	$\max f = \frac{7\,ql^4}{3840\,EI}$
9	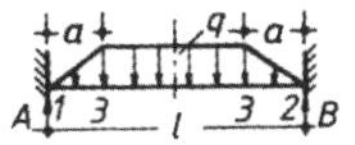	$A = B = \frac{q}{2}\,(l-a)$	$\max M_{Feld} =$ $\frac{ql^2}{24} \cdot (1-2\,\alpha^3)$	$\max f = \frac{ql^4}{1920\,EI}$ $(5 - 20\,\alpha^3 + 17\,\alpha^4)$

1.5 Gelenkträger (Gerberträger)[1] mit Streckenlast q

System	e	Auflager	Momente	Durchbiegung
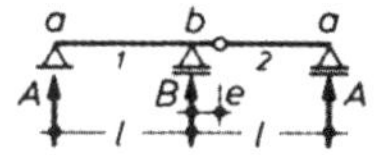 a b a; A B A; 1 2; l l; e	$e = 0{,}1716\,l$	$A = 0{,}414\,ql$ $B = 1{,}172\,ql$	$M_1 = 0{,}0858\,ql^2$ $M_2 = 0{,}0858\,ql^2$ $M_b = -0{,}0858\,ql^2$	$f_1 = \dfrac{ql^4}{130\,EI}$
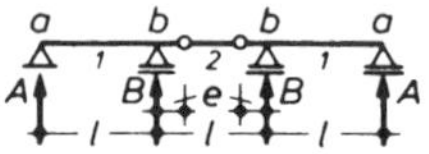 a b b a; A B B A; 1 2 1; l l l; e	$e = 0{,}22\,l$	$A = 0{,}414\,ql$ $B = 1{,}086\,ql$	$M_1 = 0{,}0858\,ql^2$ $M_2 = 0{,}0392\,ql^2$ $M_b = -0{,}0858\,ql^2$	$f_1 = \dfrac{ql^4}{130\,EI}$
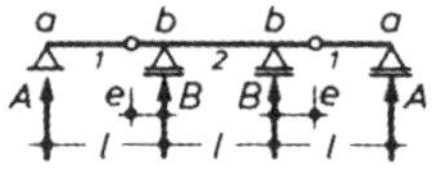 a b b a; A B B A; 1 2 1; l l l; e e	$e = 0{,}125\,l$	$A = 0{,}438\,ql$ $B = 1{,}063\,ql$	$M_1 = 0{,}0957\,ql^2$ $M_2 = 0{,}0625\,ql^2$ $M_b = -0{,}0625\,ql^2$	$f_1 = \dfrac{ql^4}{130\,EI}$
	$e = 0{,}1716\,l$	$A = 0{,}414\,ql$ $B = 1{,}086\,ql$	$M_1 = 0{,}0858\,ql^2$ $M_2 = 0{,}0392\,ql^2$ $M_b = -0{,}0858\,ql^2$	$f_1 = \dfrac{ql^4}{130\,EI}$
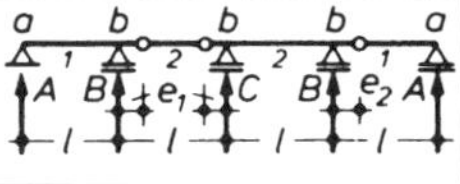 a b b b a; A B C B A; 1 2 2 1; l l l l; e_1 e_2	$e_1 = 0{,}1465\,l$ $e_2 = 0{,}1250\,l$	$A = 0{,}438\,ql$ $B = 1{,}063\,ql$ $C = 1{,}000\,ql$	$M_1 = 0{,}0957\,ql^2$ $M_2 = 0{,}0625\,ql^2$ $M_b = -0{,}0625\,ql^2$	$f_1 = \dfrac{ql^4}{110\,EI}$

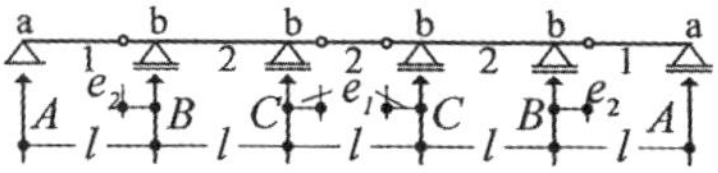

$e_1 = 0{,}1456\,l$
$e_2 = 0{,}1250\,l$

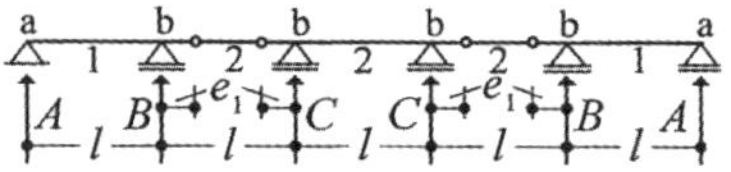

$A = 0{,}438\,ql$; $B = 1{,}063\,ql$; $C = ql$; $M_1 = 0{,}0957\,ql^2$;
$M_2 = -M_b = 0{,}0625\,ql^2$; $EIf_1 = 0{,}0091\,ql^4$

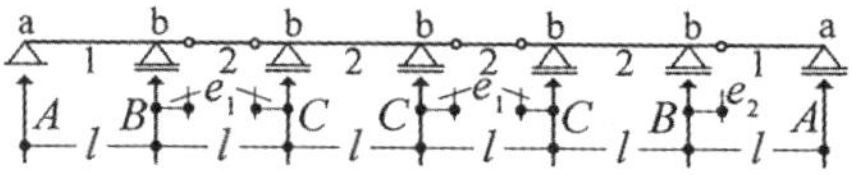

mehr als 5, gerade Felderzahl

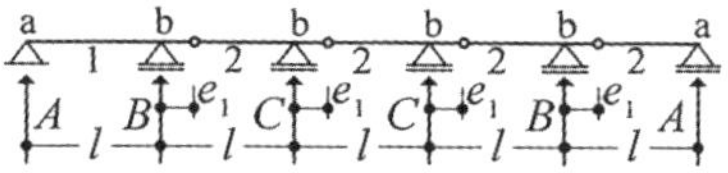

beliebige Felderzahl

[1] Die Formeln für die Durchbiegung f_1 gelten nur für EI = const.

1.6 Zweifeldträger mit Gleichstreckenlast (EI = const)

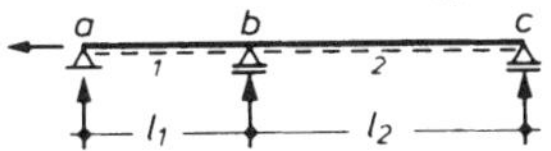

l_1 ist immer die *kleinere* Stützweite.

Momente = Tafelwert $\cdot q \cdot l_1^2$
Kräfte = Tafelwert $\cdot q \cdot l_1$

Für $I_1 \neq I_2$ gilt:

$$M_b = -\frac{q_1 l_1^3 + q_2 l_2^3 j}{8(l_1 + l_2 j)}; \quad j = \frac{I_1}{I_2}$$

	q							q_1				
$l_1 : l_2$	M_b	M_1	M_2	A	Q_{bl}	Q_{br}	C	M_b	M_1	A	Q_{bl}	Q_{br}
1:1,0	–0,125	0,070	0,070	0,375	–0,625	0,625	0,375	–0,063	0,096	0,438	–0,563	0,063
1,1	–0,139	0,065	0,090	0,361	–0,639	0,676	0,424	–0,060	0,097	0,441	–0,560	0,054
1,2	–0,155	0,060	0,111	0,345	–0,655	0,729	0,471	–0,057	0,098	0,443	–0,557	0,047
1,3	–0,174	0,053	0,133	0,326	–0,674	0,784	0,516	–0,054	0,099	0,446	–0,554	0,042
1,4	–0,195	0,047	0,157	0,305	–0,695	0,839	0,561	–0,052	0,100	0,448	–0,552	0,037
1:1,5	–0,219	0,040	0,183	0,281	–0,719	0,896	0,604	–0,050	0,101	0,450	–0,550	0,033
1,6	–0,245	0,033	0,209	0,255	–0,745	0,953	0,646	–0,048	0,102	0,452	–0,548	0,030
1,7	–0,274	0,026	0,237	0,226	–0,774	1,011	0,689	–0,046	0,103	0,454	–0,546	0,027
1,8	–0,305	0,019	0,267	0,195	–0,805	1,069	0,731	–0,045	0,104	0,455	–0,545	0,025
1,9	–0,339	0,013	0,298	0,161	–0,839	1,128	0,772	–0,043	0,104	0,457	–0,543	0,023
1:2,0	–0,375	0,008	0,330	0,125	–0,875	1,188	0,813	–0,042	0,105	0,458	–0,542	0,021
2,1	–0,414	0,004	0,364	0,086	–0,914	1,247	0,853	–0,040	0,106	0,460	–0,540	0,019
2,2	–0,455	0,001	0,399	0,045	–0,955	1,307	0,893	–0,039	0,106	0,461	–0,539	0,018
2,3	–0,499	0,000	0,435	0,001	–0,999	1,367	0,933	–0,038	0,107	0,462	–0,538	0,017
2,4	–0,545	negat.	0,473	–0,045	–1,045	1,427	0,973	–0,037	0,107	0,463	–0,537	0,015
1:2,5	–0,594	negat.	0,513	–0,094	–1,094	1,488	1,013	–0,036	0,108	0,464	–0,536	0,014

M_1 und M_2 sind die größten Feldmomente in dem jeweiligen Feld. $B = |Q_{bl}| + |Q_{br}|$

	q_2				
$l_1 : l_2$	M_b	M_2	Q_{bl}	Q_{br}	C
1:1,0	–0,063	0,096	–0,063	0,563	0,438
1,1	–0,079	0,114	–0,079	0,622	0,478
1,2	–0,098	0,134	–0,098	0,682	0,518
1,3	–0,119	0,156	–0,119	0,742	0,558
1,4	–0,143	0,179	–0,143	0,802	0,598
1:1,5	–0,169	0,203	–0,169	0,863	0,638
1,6	–0,197	0,229	–0,197	0,923	0,677
1,7	–0,228	0,257	–0,228	0,984	0,716
1,8	–0,260	0,285	–0,260	1,045	0,755
1,9	–0,296	0,316	–0,296	1,106	0,794
1:2,0	–0,333	0,347	–0,333	1,167	0,833
2,1	–0,373	0,380	–0,373	1,228	0,872
2,2	–0,416	0,415	–0,416	1,289	0,911
2,3	–0,461	0,451	–0,461	1,350	0,950
2,4	–0,508	0,488	–0,508	1,412	0,988
1:2,5	–0,558	0,527	–0,558	1,473	1,027

Beispiel 1

$l_1 = 4{,}1$ m $\quad l_2 = 5{,}3$ m $\quad l_1 : l_2 \approx 1 : 1{,}3$
$g = 5{,}8$ kN/m $\quad p = 3{,}5$ kN/m

$$\max M_1 = 0{,}053 \cdot 5{,}8 \cdot 4{,}1^2 + 0{,}099 \cdot 3{,}5 \cdot 4{,}1^2 = 11{,}0 \text{ kNm}$$

$$\max A = (0{,}326 \cdot 5{,}8 + 0{,}446 \cdot 3{,}5) \cdot 4{,}1 = 14{,}2 \text{ kN}$$

$$M_b = (-0{,}174 \cdot 5{,}8 - 0{,}054 \cdot 3{,}5) \cdot 4{,}1^2 = -20{,}1 \text{ kNm}$$

$$\max M_2 = 0{,}133 \cdot 5{,}8 \cdot 4{,}1^2 + 0{,}156 \cdot 3{,}5 \cdot 4{,}1^2 = 22{,}2 \text{ kNm}$$

$$\max C = (0{,}516 \cdot 5{,}8 + 0{,}558 \cdot 3{,}5) \cdot 4{,}1 = 20{,}3 \text{ kN}$$

$$M_b = (-0{,}174 \cdot 5{,}8 - 0{,}119 \cdot 3{,}5) \cdot 4{,}1^2 = -24{,}0 \text{ kNm}$$

$$\min M_b = -0{,}174 \cdot 9{,}3 \cdot 4{,}1^2 = -27{,}2 \text{ kNm}$$

$$\min Q_{bl} = -0{,}647 \cdot 9{,}3 \cdot 4{,}1 = -25{,}7 \text{ kN}$$
$$\max Q_{br} = 0{,}784 \cdot 9{,}3 \cdot 4{,}1 = 30{,}0 \text{ kN}$$
$$\max B = 25{,}7 + 30{,}0 = 55{,}7 \text{ kN}$$

1.7 Durchlaufträger mit gleichen Stützweiten über 2 bis 5 Felder[1)]

Belastung 1	Belastung 2	Belastung 3	Belastung 4	Belastung 5	Belastung 6
q; l	q; $l/2$, $l/2$	q; $0{,}4l$, $0{,}2l$, $0{,}4l$	q; $0{,}4l$	F; $l/2$, $l/2$	F, F; $l/3$, $l/3$, $l/3$

Momente = Tafelwert $\cdot q \cdot l^2$
bzw. = Tafelwert $\cdot F \cdot l$

Kräfte = Tafelwert $\cdot q \cdot l$
bzw. = Tafelwert $\cdot F$

Die Feldmomente M_1, M_2 usw. sind die Größtwerte der Feldmomente in den Feldern 1, 2 usw.

Lastfall	Kraftgrößen	Belastung 1	Belastung 2	Belastung 3	Belastung 4	Belastung 5	Belastung 6
A 1 B 2 C; l, l	M_1	0,070	0,048	0,056	0,062	0,156	0,222
	min M_b	-0,125	-0,078	-0,093	-0,106	-0,188	-0,333
	A	0,375	0,172	0,207	0,244	0,313	0,667
	max B	1,250	0,656	0,786	0,911	1,375	2,667
	min V_{bl}	-0,625	-0,328	-0,393	-0,456	-0,688	-1,333
A 1 B 2 C	max M_1	0,096	0,065	0,076	0,085	0,203	0,278
	M_b	-0,063	-0,039	-0,047	-0,053	-0,094	-0,167
	max A	0,438	0,211	0,253	0,297	0,406	0,833
	min C	-0,063	-0,039	-0,047	-0,053	-0,094	-0,167
A 1 B 2 C 3 D; l, l, l	M_1	0,080	0,054	0,064	0,071	0,175	0,244
	M_2	0,025	0,021	0,024	0,025	0,100	0,067
	M_b	-0,100	-0,063	-0,074	-0,085	-0,150	-0,267
	A	0,400	0,188	0,226	0,265	0,350	0,733
	B	1,100	0,563	0,674	0,785	1,150	2,267
	V_{bl}	-0,600	-0,313	-0,374	-0,435	-0,650	-1,267
	V_{br}	0,500	0,250	0,300	0,350	0,500	1,000
A 1 B 2 C 3 D	max M_1	0,101	0,068	0,080	0,090	0,213	0,289
	M_2	-0,050	-0,032	-0,037	-0,043	-0,075	-0,133
	M_b	-0,050	-0,032	-0,037	-0,043	-0,075	-0,133
	max A	0,450	0,219	0,263	0,307	0,425	0,867
A 1 B 2 C 3 D	max M_2	0,075	0,052	0,061	0,067	0,175	0,200
	M_b	-0,050	-0,032	-0,037	-0,043	-0,075	-0,133
	min A	-0,050	-0,032	-0,037	-0,043	-0,075	-0,133
A 1 B 2 C 3 D	min M_b	-0,117	-0,073	-0,087	-0,099	-0,175	-0,311
	M_c	-0,033	-0,021	-0,025	-0,029	-0,050	-0,089
	max B	1,200	0,626	0,749	0,871	1,300	2,533
	min V_{bl}	-0,617	-0,323	-0,387	-0,449	-0,675	-1,311
	max V_{br}	0,583	0,303	0,362	0,421	0,625	1,222
A 1 B 2 C 3 D	max M_b	0,017	0,011	0,013	0,015	0,025	0,044
	M_c	-0,067	-0,042	-0,050	-0,057	-0,100	-0,178
	max V_{bl}	0,017	0,011	0,013	0,015	0,025	0,044
	min V_{br}	-0,083	-0,053	-0,062	-0,071	-0,125	-0,222
A 1 B 2 C 3 D 4 E; l, l, l, l	M_1	0,077	0,052	0,062	0,069	0,170	0,238
	M_2	0,036	0,028	0,032	0,034	0,116	0,111
	M_b	-0,107	-0,067	-0,080	-0,091	-0,161	-0,286
	M_c	-0,071	-0,045	-0,053	-0,060	-0,107	-0,190
	A	0,393	0,183	0,220	0,259	0,339	0,714
	B	1,143	0,590	0,707	0,822	1,214	2,381
	C	0,929	0,455	0,546	0,638	0,892	1,810
	V_{bl}	-0,607	-0,317	-0,380	-0,441	-0,661	-1,286
	V_{br}	0,536	0,273	0,327	0,381	0,554	1,095
	V_{cl}	-0,464	-0,228	-0,273	-0,319	-0,446	-0,905
A 1 2 C 3 D 4 E	max M_1	0,100	0,067	0,079	0,088	0,210	0,286
	M_b	-0,054	-0,034	-0,040	-0,046	-0,080	-0,143
	M_c	-0,036	-0,023	-0,027	-0,031	-0,054	-0,095
	max A	0,446	0,217	0,260	0,298	0,420	0,857
A 1 B 2 C 3 D 4 E	max M_2	0,080	0,056	0,065	0,071	0,183	0,222
	M_b	-0,054	-0,034	-0,040	-0,046	-0,080	-0,143
	M_c	-0,036	-0,023	-0,027	-0,031	-0,054	-0,095
	min A	-0,054	-0,034	-0,040	-0,046	-0,080	-0,143

[1)] EI = konstant; die nachfolgende Tafel kann auch näherungsweise bei ungleichen Stützweiten verwendet werden, wenn min $l > 0{,}8$ max l ist. Die Kraftgrößen an den Innenstützen (Stützmomente, Auflager- und Querkräfte) sind dann mit den Mittelwerten der jeweils benachbarten Stützweiten zu ermitteln.

Lastfall	Kraftgrößen	Belastung 1	Belastung 2	Belastung 3	Belastung 4	Belastung 5	Belastung 6
A 1 B 2 C 3 D 4 E	min M_b	-0,121	-0,076	-0,090	-0,102	-0,181	-0,321
	M_c	-0,018	-0,012	-0,013	-0,015	-0,027	-0,048
	M_d	-0,058	-0,036	-0,043	-0,049	-0,087	-0,155
	max B	1,223	0,640	0,767	0,889	1,335	2,595
	min V_{bl}	-0,621	-0,326	-0,390	-0,452	-0,681	-1,321
	max V_{br}	0,603	0,314	0,377	0,437	0,654	1,274
A 1 B 2 C 3 D 4 E	max M_b	0,013	0,009	0,010	0,011	0,020	0,036
	M_c	-0,054	-0,033	-0,040	-0,045	-0,080	-0,143
	M_d	-0,049	-0,031	-0,037	-0,042	-0,074	-0,131
	min B	-0,080	-0,050	-0,060	-0,067	-0,121	-0,214
	max V_{bl}	0,013	0,009	0,010	0,011	0,020	0,036
	min V_{br}	-0,067	-0,042	-0,050	-0,056	-0,100	-0,178
A 1 B 2 C 3 D 4 E	M_b	-0,036	-0,023	-0,027	-0,031	-0,054	-0,095
	min M_c	-0,107	-0,067	-0,080	-0,091	-0,161	-0,286
	max C	1,143	0,589	0,706	0,820	1,214	2,381
	min V_{cl}	-0,571	-0,295	-0,353	-0,410	-0,607	-1,191
A 1 B 2 C 3 D 4 E	M_b	-0,071	-0,045	-0,053	-0,060	-0,107	-0,190
	max M_c	0,036	0,023	0,027	0,031	0,054	0,095
	min C	-0,214	-0,134	-0,160	-0,182	-0,321	-0,571
	max V_{cl}	0,107	0,067	0,080	0,091	0,161	0,286
A 1 B 2 C 3 D 4 E 5 F	M_1	0,078	0,053	0,062	0,069	0,171	0,240
	M_2	0,033	0,026	0,030	0,032	0,112	0,099
	M_3	0,046	0,034	0,040	0,043	0,132	0,123
	M_b	-0,105	-0,066	-0,078	-0,089	-0,158	-0,281
	M_c	-0,079	-0,050	-0,059	-0,067	-0,118	-0,211
	A	0,395	0,185	0,222	0,261	0,342	0,719
	B	1,132	0,582	0,697	0,811	1,197	2,351
	C	0,974	0,484	0,581	0,678	0,960	1,930
	V_{bl}	-0,605	-0,316	-0,378	-0,439	-0,658	-1,281
	V_{br}	0,526	0,266	0,319	0,372	0,540	1,070
	V_{cl}	-0,474	-0,234	-0,281	-0,328	-0,460	-0,930
	V_{cr}	0,500	0,250	0,300	0,350	0,500	1,000
A 1 B 2 C 3 D 4 E 5 F	max M_1	0,100	0,068	0,079	0,088	0,211	0,287
	max M_3	0,086	0,059	0,070	0,076	0,191	0,228
	M_b	-0,053	-0,033	-0,040	-0,045	-0,079	-0,140
	M_c	-0,039	-0,025	-0,030	-0,034	-0,059	-0,105
	max A	0,447	0,217	0,260	0,305	0,421	0,860
A 1 B 2 C 3 D 4 E 5 F	max M_2	0,079	0,055	0,064	0,071	0,181	0,205
	M_3	-	-0,025	-0,030	-0,034	-0,059	-0,105
	M_b	-0,053	-0,033	-0,040	-0,045	-0,079	-0,140
	M_c	-0,039	-0,025	-0,030	-0,034	-0,059	-0,105
	min A	-0,053	-0,033	-0,040	-0,045	-0,079	-0,140
A 1 B 2 C 3 D 4 E 5 F	min M_b	-0,120	-0,075	-0,089	-0,101	-0,179	-0,319
	M_c	-0,022	-0,014	-0,016	-0,019	-0,032	-0,057
	M_d	-0,044	-0,028	-0,033	-0,037	-0,066	-0,118
	M_e	-0,051	-0,032	-0,038	-0,043	-0,077	-0,137
	max B	1,218	0,636	0,761	0,883	1,327	2,581
	min V_{bl}	-0,620	-0,325	-0,389	-0,451	-0,679	-1,319
	max V_{br}	0,598	0,311	0,373	0,432	0,647	1,262
A 1 B 2 C 3 D 4 E 5 F	max M_b	0,014	0,009	0,011	0,012	0,022	0,038
	M_c	-0,057	-0,036	-0,043	-0,048	-0,086	-0,153
	M_d	-0,035	-0,022	-0,026	-0,030	-0,052	-0,093
	M_e	-0,054	-0,034	-0,040	-0,046	-0,081	-0,144
	min B	-0,086	-0,054	-0,065	-0,072	-0,129	-0,230
	max V_{bl}	0,014	0,009	0,011	0,012	0,022	0,038
	min V_{br}	-0,072	-0,045	-0,053	-0,060	-0,108	-0,191
A 1 B 2 C 3 D 4 E 5 F	M_b	-0,035	-0,022	-0,026	-0,029	-0,052	-0,093
	min M_c	-0,111	-0,070	-0,083	-0,094	-0,167	-0,297
	M_d	-0,020	-0,013	-0,015	-0,017	-0,031	-0,054
	M_e	-0,057	-0,036	-0,043	-0,048	-0,086	-0,153
	max C	1,167	0,605	0,725	0,841	1,251	2,447
	min V_{cl}	-0,576	-0,298	-0,357	-0,414	-0,615	-1,204
	max V_{cr}	0,591	0,307	0,368	0,427	0,636	1,242
A 1 B 2 C 3 D 4 E 5 F	M_b	-0,071	-0,044	-0,052	-0,060	-0,106	-0,188
	max M_c	0,032	0,020	0,024	0,027	0,048	0,086
	M_d	-0,059	-0,037	-0,044	-0,050	-0,088	-0,156
	M_e	-0,048	-0,030	-0,035	-0,041	-0,072	-0,128
	min C	-0,194	-0,121	-0,144	-0,163	-0,291	-0,517
	max V_{cl}	0,103	0,064	0,076	0,086	0,154	0,274
	min V_{cr}	-0,091	-0,057	-0,068	-0,077	-0,136	-0,242

1.8 Durchlaufträger mit gleichen Stützweiten und Gleichstreckenlast (EI = const)

Größtwerte der Biegemomente, Auflager- und Querkräfte unter Berücksichtigung der ungünstigsten Laststellungen

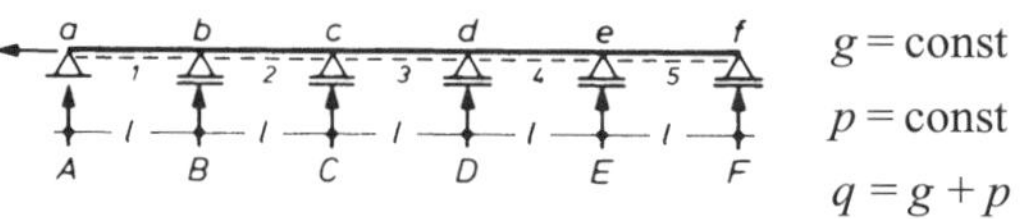

g = const

p = const

$q = g + p$

Momente = Tafelwert · ql^2

Kräfte = Tafelwert · ql

Felder	Kraftgrößen	$p:q$										
		0,0 nur g	0,1	0,2	0,3	0,4	0,5	0,6	0,7	0,8	0,9	1,0
2	M_1	0,070	0,073	0,075	0,078	0,080	0,083	0,085	0,088	0,090	0,093	0,096
	M_b	−0,125	−0,125	−0,125	−0,125	−0,125	−0,125	−0,125	−0,125	−0,125	−0,125	−0,125
	A	0,375	0,382	0,388	0,394	0,400	0,407	0,413	0,418	0,426	0,431	0,437
	B	1,250	1,250	1,250	1,250	1,250	1,250	1,250	1,250	1,250	1,250	1,250
	Q_{bl}	−0,625	−0,625	−0,625	−0,625	−0,625	−0,625	−0,625	−0,625	−0,625	−0,625	−0,625
3	M_1	0,080	0,082	0,084	0,086	0,088	0,090	0,092	0,095	0,097	0,099	0,101
	M_2	0,025	0,030	0,035	0,040	0,045	0,050	0,055	0,060	0,065	0,070	0,075
	M_b	−0,100	−0,102	−0,103	−0,105	−0,107	−0,108	−0,110	−0,112	−0,113	−0,115	−0,117
	A	0,400	0,405	0,410	0,415	0,420	0,426	0,429	0,435	0,441	0,444	0,450
	B	1,099	1,110	1,117	1,132	1,141	1,151	1,159	1,172	1,181	1,188	1,202
	Q_{bl}	−0,599	−0,602	−0,602	−0,606	−0,606	−0,610	−0,610	−0,613	−0,613	−0,613	−0,617
	Q_{br}	0,500	0,508	0,515	0,526	0,535	0,541	0,549	0,559	0,568	0,575	0,585
4	M_1	0,077	0,079	0,081	0,084	0,086	0,088	0,090	0,093	0,095	0,097	0,100
	M_2	0,036	0,041	0,045	0,050	0,054	0,058	0,063	0,067	0,072	0,076	0,081
	M_b	−0,107	−0,108	−0,110	−0,111	−0,113	−0,114	−0,115	−0,117	−0,118	−0,119	−0,121
	M_c	−0,071	−0,075	−0,079	−0,082	−0,086	−0,089	−0,093	−0,096	−0,100	−0,104	−0,107
	A	0,392	0,398	0,403	0,408	0,415	0,420	0,426	0,431	0,435	0,441	0,446
	B	1,141	1,153	1,159	1,166	1,175	1,181	1,188	1,198	1,205	1,216	1,223
	C	0,930	0,948	0,970	0,996	1,016	1,036	1,058	1,082	1,098	1,124	1,142
	Q_{bl}	−0,606	−0,610	−0,610	−0,613	−0,613	−0,613	−0,613	−0,617	−0,617	−0,621	−0,621
	Q_{br}	0,535	0,544	0,549	0,556	0,562	0,568	0,575	0,581	0,588	0,595	0,602
	Q_{cl}	−0,465	−0,474	−0,485	−0,498	−0,508	−0,518	−0,529	−0,541	−0,549	−0,562	−0,571
5	M_1	0,078	0,080	0,082	0,084	0,086	0,089	0,091	0,093	0,095	0,098	0,100
	M_2	0,033	0,038	0,042	0,047	0,052	0,056	0,061	0,065	0,070	0,075	0,079
	M_3	0,046	0,050	0,054	0,058	0,062	0,066	0,070	0,074	0,078	0,082	0,086
	M_b	−0,105	−0,107	−0,108	−0,110	−0,111	−0,112	−0,114	−0,115	−0,117	−0,118	−0,120
	M_c	−0,079	−0,082	−0,085	−0,089	−0,092	−0,095	−0,098	−0,102	−0,105	−0,108	−0,111
	A	0,395	0,400	0,405	0,410	0,415	0,422	0,426	0,431	0,437	0,442	0,447
	B	1,132	1,141	1,151	1,156	1,166	1,175	1,181	1,191	1,202	1,209	1,220
	C	0,974	0,993	1,013	1,031	1,053	1,072	1,091	1,111	1,127	1,146	1,170
	Q_{bl}	−0,606	−0,606	−0,610	−0,610	−0,610	−0,613	−0,613	−0,613	−0,617	−0,617	−0,621
	Q_{br}	0,526	0,535	0,541	0,546	0,556	0,562	0,568	0,578	0,585	0,592	0,599
	Q_{cl}	−0,474	−0,483	−0,495	−0,505	−0,515	−0,526	−0,535	−0,546	−0,556	−0,565	−0,578
	Q_{cr}	0,500	0,510	0,518	0,526	0,538	0,546	0,556	0,565	0,571	0,581	0,592

Beispiel 2

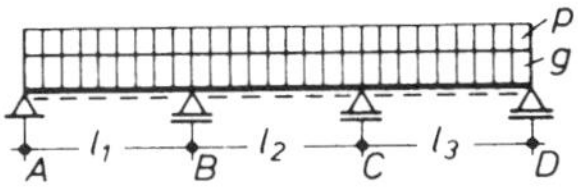

$l_1 = l_2 = l_3 = 5{,}0$ m;

$g = 6{,}0$ kN/m; $p = 1{,}5$ kN/m

$q = 7{,}5$ kN/m; $p/q = 0{,}2$

$\max M_1 = \max M_3 = 0{,}084 \cdot 7{,}5 \cdot 5{,}0^2 = 15{,}8$ kNm

$\max M_2 = 0{,}035 \cdot 7{,}5 \cdot 5{,}0^2 = 6{,}6$ kNm

$\min M_b = \min M_c = -0{,}103 \cdot 7{,}5 \cdot 5{,}0^2 = -19{,}3$ kNm

$\max A = \max D = 0{,}410 \cdot 7{,}5 \cdot 5{,}0 = 15{,}4$ kN

$\max B = \max C = 1{,}117 \cdot 7{,}5 \cdot 5{,}0 = 41{,}9$ kN

$\min Q_{bl} = -\max Q_{cr} = -0{,}602 \cdot 7{,}5 \cdot 5{,}0 = -22{,}6$ kN

$\max Q_{br} = -\min Q_{cl} = 0{,}515 \cdot 7{,}5 \cdot 5{,}0 = 19{,}3$ kN

2 Durchbiegungen – Baupraktische Formeln

(der obere Wert gilt für Stahl, $E = 210\,000$ N/mm²)

(der untere Wert gilt für Holz, $E_{||} = 10\,000$ N/mm² bzw. $E_{0,\text{mean}} = 10\,000$ N/mm²) **)

Belastungsfall	*a* für zul *f* = *l*/200	*a* für zul *f* = *l*/300	*c*	*n*	Belastungsfall	*a* für zul *f* = *l*/200	*a* für zul *f* = *l*/300	*c*	*n*
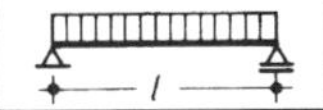 l	9,91 *208*	14,9 *313*	101 *4,80*	4,96 *104*	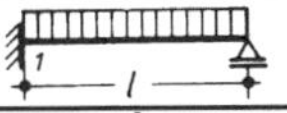 l	4,12 *86,5*	6,19 *130*	243 *11,6*	2,06 *43,3*
	9,71 *204*	14,6 *306*	103 *4,89*	4,84 *102*	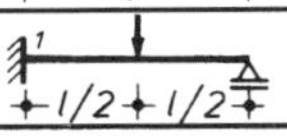 l/2 l/2	4,73 *99,4*	7,10 *149*	211 *10,1*	2,37 *49,7*
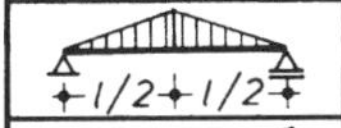 l/2 l/2	9,52 *200*	14,3 *300*	105 *5,00*	4,76 *100*	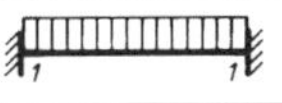	2,98 *62,5*	4,47 *93,8*	336 *16,0*	1,49 *31,3*
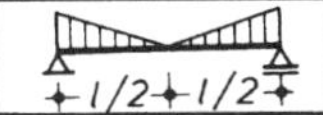 l/2 l/2	10,7 *225*	16,1 *338*	93,2 *4,44*	5,36 *113*		3,97 *83,3*	5,95 *125*	252 *12,0*	1,98 *41,7*
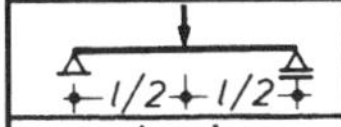 l/2 l/2	7,95 *167*	11,9 *250*	126 *6,00*	3,97 *83,3*	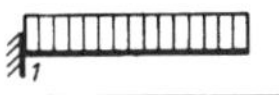	23,8 *500*	35,7 *750*	42 *2,0*	11,9 *250*
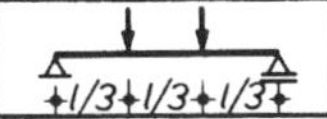 l/3 l/3 l/3	10,1 *213*	15,2 *320*	98,7 *4,70*	5,07 *107*		19,1 *400*	28,6 *600*	52,2 *2,5*	9,52 *200*
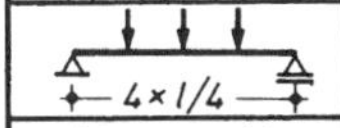 4 × l/4	9,43 *198*	14,1 *297*	106 *5,05*	4,71 *98,9*		31,8 *667*	47,6 *1000*	31,5 *1,5*	15,9 *333*
 M_1 M_2	5,95* *125**	8,93* *188**	168* *8,00**	2,98* *62,5**		47,6 *1000*	71,4 *1500*	21 *1*	23,8 *500*

Hinweis: Wirken M_1 und M_2 gleichzeitig, so ist in den folgenden Formeln max *M* durch $(M_1 + M_2)$ zu ersetzen.

erf *I* [cm⁴] = *a* · max *M* [kNm] · *l* [m]	erf *I* [cm⁴] = *a* · max *M* [kNm] · *l* [m]
max *f* [cm] = *n* · max *M* [kNm] · *l*² [m]/*I* [cm⁴]	max *f* [cm] = *n* · M_1 [kNm] · *l*² [m]/*I* [cm⁴]

Für symmetrische Querschnitte (symmetrisch zur Biegeachse) gilt:

$$\max f\ [\text{cm}] = \frac{l^2\,[\text{m}^2] \cdot \max \sigma\ [\text{N/mm}^2]}{h\,[\text{cm}] \cdot c} \qquad \max f\ [\text{cm}] = \frac{l^2\,[\text{m}^2] \cdot \sigma_1\ [\text{N/mm}^2]}{h\,[\text{cm}] \cdot c}$$

**) Bei Holz mit anderen $E_{0,\text{mean}}$-Werten sind die ermittelten Ergebnisse durch $E_{0,\text{mean}} \cdot 10^{-4}$ zu dividieren.

*) Diese Werte gelten für w_{Mitte}.

3 Rahmen, Kehlbalkendach

3.1 Zweigelenkrahmen

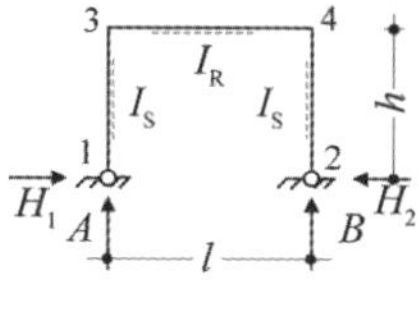

Abkürzung: $k = \frac{I_R}{I_S} \cdot \frac{h}{l}$ .... M-Linie

bei unbelastetem Stiel:

$M_3 = -H_1 \cdot h; \quad M_4 = -H_2 \cdot h$

Nr.	Formeln	
1	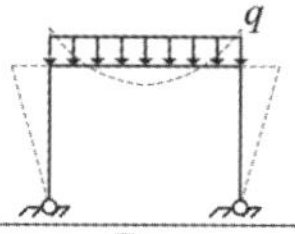 $A = B = \frac{ql}{2}$	$H_1 = H_2 = \frac{ql^2}{4h(2k+3)}$
2	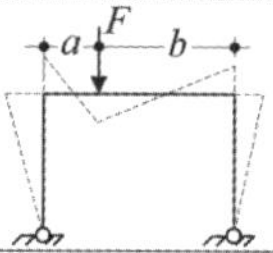 $A = \frac{Fb}{l}$ $B = \frac{Fa}{l}$	$H_1 = H_2 = \frac{3}{2} \cdot \frac{Fab}{hl(2k+3)}$
3	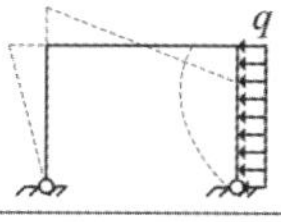 $A = -B = \frac{qh^2}{2l}$ $H_1 = \frac{qh}{8} \cdot \frac{5k+6}{2k+3}$	$H_2 = H_1 - qh$ $M_4 = -H_2 h - \frac{qh^2}{2}$
4	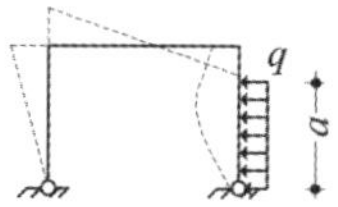 $A = -B = \frac{qa^2}{2l}$ $H_1 = -\frac{M_3}{h}$	$H_2 = -(qa - H_1)$ mit $\alpha = a/h$ $M_3 = -\frac{qa^2}{4}\left(\frac{(2-\alpha^2)k}{2(2k+3)} + 1\right)$
5	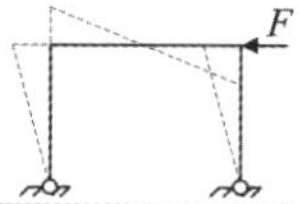 $A = -B = \frac{Fh}{l}$	$H_1 = -H_2 = \frac{F}{2}$
6	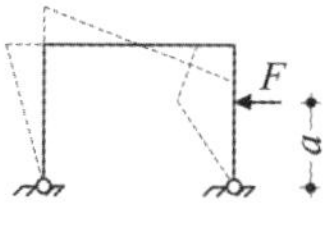 $A = -B = \frac{Fa}{l}$ $H_1 = \frac{3Fak}{2h(2k+3)}\left(1 - \frac{a^2}{3h^2} + \frac{1}{k}\right)$	$H_2 = H_1 - F$ $M_4 = -H_2 h - F(h-a)$
7	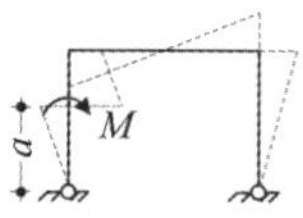 $A = -B = -\frac{M}{l}$ $H_1 = H_2 = \frac{3M}{2h}\left(1 - \frac{a^2}{h^2} + \frac{1}{k}\right)\frac{k}{2k+3}$	$M_3 = M - H_1 h$
8	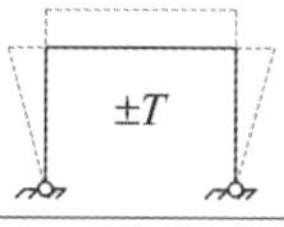 gleichmäßige Erwärmung T: $A = B = 0$	$H_1 = H_2 = \alpha_T T \frac{EI_R}{h^2} \cdot \frac{3}{2k+3}$
9	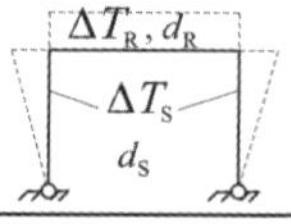 ungleichmäßige Erwärmung $\Delta T = T_i - T_a$: d = Querschnittshöhe $A = B = 0$	$H_1 = H_2 = \alpha_T \left(\frac{\Delta T_S}{d_S} h + \frac{\Delta T_R}{d_R} l\right) \cdot \frac{EI_R}{hl} \cdot \frac{3}{2k+3}$

3.2 Eingespannter Rahmen

Abkürzung: $k = \frac{I_R}{I_S} \cdot \frac{h}{l}$ ------------ M-Linie

bei unbelastetem Stiel:

$M_3 = M_1^E - H_1 \cdot h; \quad M_4 = M_2^E - H_2 \cdot h$

Nr.	System	Formeln
1	q	$A = B = \frac{ql}{2}$ $H_1 = H_2 = H = \frac{ql^2}{4h(k+2)}$ $M_1^E = M_2^E = \frac{Hh}{3}$
2	a, F, b	$A = \frac{Fb}{l}\left[1 + \frac{a(b-a)}{l^2(6k+1)}\right]$ $B = F - A$ $H_1 = H_2 = \frac{3}{2} \cdot \frac{Fab}{hl(k+2)}$ $M_1^E = \frac{Fab}{2l^2} \cdot \frac{5kl - l + 2a(k+2)}{(k+2)(6k+1)}$ $M_2^E = \frac{Fab}{2l^2} \cdot \frac{7kl + 3l - 2a(k+2)}{(k+2)(6k+1)}$
3	q	$A = -B = \frac{qh^2}{l} \cdot \frac{k}{6k+1}$ $H_1 = \frac{qh}{8} \cdot \frac{2k+3}{k+2}$ $H_2 = H_1 - qh$ $M_1^E = \frac{qh^2}{24}\left(\frac{5k+9}{k+2} - \frac{12k}{6k+1}\right)$ $M_2^E = -\frac{qh^2}{24}\left(12 - \frac{5k+9}{k+2} - \frac{12k}{6k+1}\right)$ $M_4 = M_2^E - H_2 h - \frac{qh^2}{2}$
4	F	$A = -B = \frac{Fh}{l} \cdot \frac{3k}{6k+1}$ $H_1 = -H_2 = \frac{F}{2}$ $M_1^E = -M_2^E = \frac{Fh}{2} \cdot \frac{3k+1}{6k+1}$
5	F, a, b $\alpha = a/h;\ \beta = b/h$	$R_1 = \frac{Fab}{h} \cdot \frac{1+\beta+\beta k}{2(k+2)}; \quad R_2 = \frac{Fab}{h} \cdot \frac{\alpha k}{2(k+2)}; \quad R_3 = \frac{3Fa\alpha k}{2(6k+1)}$ $A = -B = \frac{2R_3}{l}; \quad H_1 = \frac{Fa}{2h} - \frac{R_1 - R_2}{h}; \quad H_2 = -(F - H_1)$ $M_1^E = -R_1 + (Fa/2 - R_3); \quad M_2^E = -R_1 - (Fa/2 - R_3)$
6	$\pm T$	gleichmäßige Erwärmung T: $\quad A = B = 0$ $H_1 = H_2 = H = 3\alpha_T T \frac{EI_R}{h^2} \cdot \frac{2k+1}{k(k+2)}$ $M_1^E = M_2^E = H \cdot \frac{h(k+1)}{2k+1}$
7	$\Delta T_R, d_R$ ΔT_S d_S	ungleichmäßige Erwärmung $\Delta T = T_i - T_a$: $\quad d =$ Querschnittshöhe $A = B = 0; \quad H_1 = H_2 = \alpha_T \frac{EI_R}{hl}\left(\frac{\Delta T_R}{d_R} kl - \frac{\Delta T_S}{d_S} h\right) \cdot \frac{3}{k(k+2)}$ $M_1^E = M_2^E = \alpha_T \frac{EI_R}{l}\left(\frac{\Delta T_R}{d_R} kl - \frac{\Delta T_S}{d_S} h(k+3)\right) \cdot \frac{1}{k(k+2)}$

3.3 Kehlbalkendach

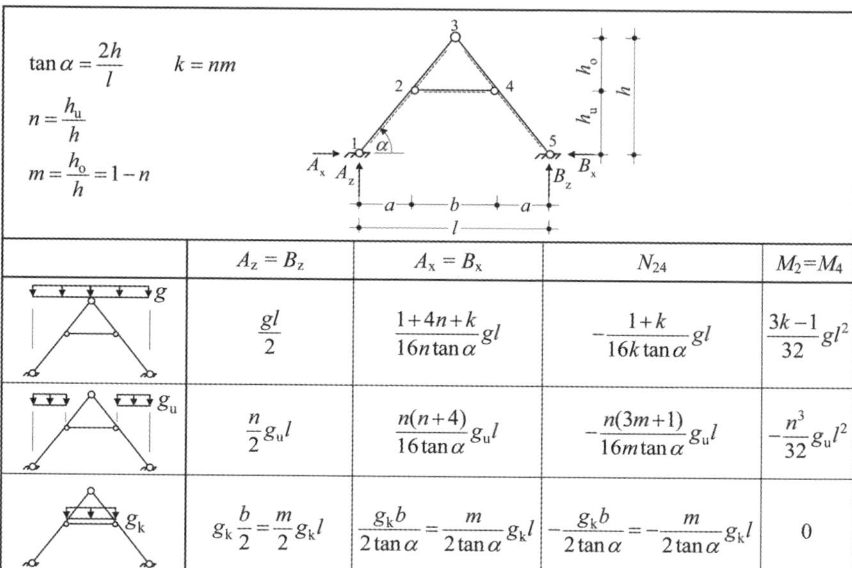

$\tan\alpha = \dfrac{2h}{l}$ $\quad k = nm$

$n = \dfrac{h_u}{h}$

$m = \dfrac{h_o}{h} = 1 - n$

	$A_z = B_z$	$A_x = B_x$	N_{24}	$M_2 = M_4$
g	$\dfrac{gl}{2}$	$\dfrac{1+4n+k}{16n\tan\alpha}gl$	$-\dfrac{1+k}{16k\tan\alpha}gl$	$\dfrac{3k-1}{32}gl^2$
g_u	$\dfrac{n}{2}g_u l$	$\dfrac{n(n+4)}{16\tan\alpha}g_u l$	$-\dfrac{n(3m+1)}{16m\tan\alpha}g_u l$	$-\dfrac{n^3}{32}g_u l^2$
g_k	$g_k\dfrac{b}{2} = \dfrac{m}{2}g_k l$	$\dfrac{g_k b}{2\tan\alpha} = \dfrac{m}{2\tan\alpha}g_k l$	$-\dfrac{g_k b}{2\tan\alpha} = -\dfrac{m}{2\tan\alpha}g_k l$	0

	s	F	w	w
A_z	$\dfrac{3}{8}sl$	$\dfrac{b+a}{l}F = \left(m + \dfrac{n}{2}\right)F$	$\dfrac{3-\tan^2\alpha}{8}wl$	$\dfrac{1+\tan^2\alpha}{8}wl$
B_z	$\dfrac{1}{8}sl$	$\dfrac{a}{l}F = \dfrac{n}{2}F$	$\dfrac{1+\tan^2\alpha}{8}wl$	$\dfrac{3-\tan^2\alpha}{8}wl$
A_x	$\dfrac{1+4n+k}{32n\tan\alpha}sl$	$\dfrac{F}{2\tan\alpha}$	$\dfrac{k_1}{16}wl$	$\dfrac{k_2}{16}wl$
B_x	$\dfrac{1+4n+k}{32n\tan\alpha}sl$	$\dfrac{F}{2\tan\alpha}$	$\dfrac{k_2}{16}wl$	$\dfrac{k_1}{16}wl$
N_{24}	$-\dfrac{1+k}{32k\tan\alpha}sl$	$-\dfrac{F}{2\tan\alpha}$	$-\dfrac{1+k}{32k}\cdot\dfrac{1+\tan^2\alpha}{\tan\alpha}wl$	$-\dfrac{1+k}{32k}\cdot\dfrac{1+\tan^2\alpha}{\tan\alpha}wl$
M_2	$\dfrac{7k-1}{64}sl^2$	$\dfrac{kl}{4}F$	$\dfrac{k_3}{64}wl^2$	$-\dfrac{k_4}{64}wl^2$
M_4	$-\dfrac{1+k}{64}sl^2$	$-\dfrac{kl}{4}F$	$-\dfrac{k_4}{64}wl^2$	$\dfrac{k_3}{64}wl^2$

$k_1 = \dfrac{2}{\tan\alpha} - 6\tan\alpha + \dfrac{1+k}{2n}\cdot\dfrac{1+\tan^2\alpha}{\tan\alpha}$ $\qquad k_2 = \dfrac{1+\tan^2\alpha}{\tan\alpha}\cdot\left(2 + \dfrac{1+k}{2n}\right)$

$k_3 = (1+\tan^2\alpha)(7k-1)$ $\qquad k_4 = (1+\tan^2\alpha)(1+k)$

4 Querschnittswerte

4.1 Allgemeine Formeln für Querschnittswerte

- **Schwerpunkte**

Einzelflächen	$A = \int \mathrm{d}A$; siehe S. 2.32
zusammengesetzte Flächen	$\bar{y}_S = \dfrac{\sum_i A_i \bar{y}_{Si}}{\sum_i A_i}$; $\bar{z}_S = \dfrac{\sum_i A_i \bar{z}_{Si}}{\sum_i A_i}$

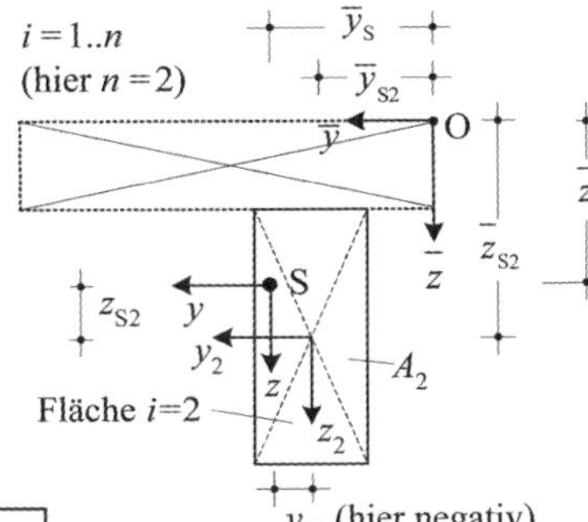

O: beliebiger (sinnvoller) Ursprung
S: Schwerpunkt des Gesamtquerschnitts
hier nur Fläche i=2 bemaßt

- **Flächenmomente bezogen auf den Schwerpunkt bzw. die y – und – z Achse**

Flächenmomente 1. Grades	$S_y = \int z\,\mathrm{d}A$; $S_z = \int y\,\mathrm{d}A$
Flächenmomente 2. Grades	$I_y = \int z^2\,\mathrm{d}A$; $I_z = \int y^2\,\mathrm{d}A$
Flächenzentrifugalmoment	$I_{yz} = \int yz\,\mathrm{d}A$; I_y, I_z, I_{yz} siehe S. 2.32
Polares Flächenmoment	$I_p = \int r^2\,\mathrm{d}A = \int (y^2+z^2)\mathrm{d}A = I_y + I_z$
Trägheitsradius	$i_y = \sqrt{\dfrac{I_y}{A}}$; $i_z = \sqrt{\dfrac{I_z}{A}}$ Rechteck: $i_y = 0{,}289 \cdot d$; $i_z = 0{,}289 \cdot b$
Sätze von Steiner	$I_y = \sum_i (I_{yi} + A_i z_{Si}^2)$; $I_z = \sum_i (I_{zi} + A_i y_{Si}^2)$ $I_{yz} = \sum_i (I_{yzi} + A_i y_{Si} z_{Si})$

- **Hauptachsen und Hauptflächenmomente**

Hauptachsen	1. gehen durch den Schwerpunkt 2. stehen ⊥ aufeinander $\tan 2\alpha = \dfrac{2I_{yz}}{I_z - I_y}$ 3. das Flächenzentrifugalmoment ist = 0
Hauptflächenmomente	$I_\eta = I_y \cos^2\alpha + I_z \sin^2\alpha - I_{yz}\sin 2\alpha$ $= 0{,}5(I_y + I_z) + 0{,}5(I_y - I_z)\cos 2\alpha - I_{yz}\sin 2\alpha$ $I_\varsigma = I_y \sin^2\alpha + I_z \cos^2\alpha + I_{yz}\sin 2\alpha$ $= 0{,}5(I_y + I_z) - 0{,}5(I_y - I_z)\cos 2\alpha + I_{yz}\sin 2\alpha$ $I_{\eta\varsigma} = 0{,}5(I_y - I_z)\sin 2\alpha + I_{yz}\cos 2\alpha \overset{!}{=} 0$ $I_\varsigma + I_\eta = I_y + I_z$; $-45° \le \alpha + 45°$ (die Formeln gelten auch für beliebig gedrehte Achsen)

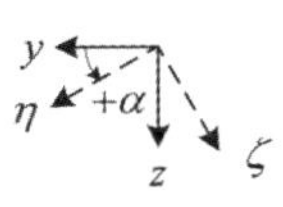

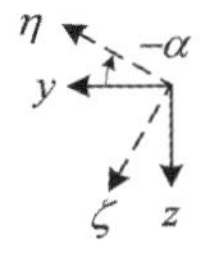

Statische Hinweise

4.2 Tafel Querschnittswerte

	Querschnitt	A	I_y	I_z	W_y	W_z
1	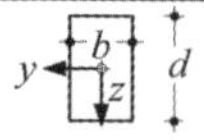 y, b, z, d	bd	$\frac{bd^3}{12}$	$\frac{db^3}{12}$	$\frac{bd^2}{6}$	$\frac{db^2}{6}$
2	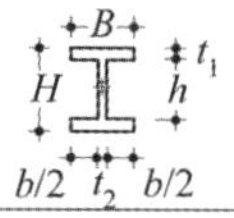 B, t_1, H, h, b/2, t_2, b/2	$2Bt_1 + t_2 h$ $= BH - bh$	$\frac{BH^3 - bh^3}{12}$	$\frac{ht_2^3 + 2t_1 B^3}{12}$	$\frac{2I_y}{\text{H}}$	$\frac{2I_z}{\text{B}}$
3	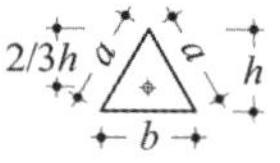 2/3h, a, a, h, b	$\frac{bh}{2}$	$\frac{bh^3}{36}$	$\frac{hb^3}{48}$	$W_o = bh^2/24$ $W_u = bh^2/12$	$\frac{hb^2}{24}$
4	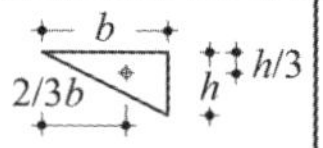 b, h/3, 2/3b, h	$\frac{bh}{2}$	$\frac{bh^3}{36}$	$\frac{hb^3}{36}$	–	–
5	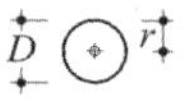 D, r	πr^2	$\frac{\pi r^4}{4}$		$\frac{\pi r^3}{4}$	
6	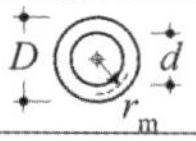 D, d, r_m	$\frac{\pi}{4}(D^2 - d^2)$	$\frac{\pi}{64}(D^4 - d^4)$		$\frac{\pi}{32} \cdot \frac{(D^4 - d^4)}{D}$	
7	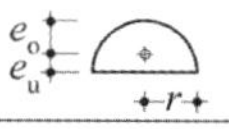 e_o, e_u, r	$\frac{\pi}{2} r^2$	$\left(\frac{\pi}{8} - \frac{8}{9\pi}\right) r^4$	$\frac{\pi}{8} r^4$	$W_o = 0{,}191 r^3$ $W_u = 0{,}259 r^3$	$\frac{\pi}{8} r^3$
8	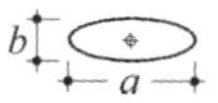 b, a	$\frac{\pi}{4} ab$	$\frac{\pi}{64} ab^3$	$\frac{\pi}{64} a^3 b$	$\frac{\pi}{32} ab^2$	$\frac{\pi}{32} a^2 b$
9	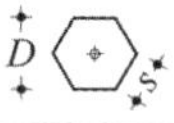 D, s	$\frac{3\sqrt{3}}{2} s^2$	$\frac{5\sqrt{3}}{16} s^4$		$\frac{5}{8} s^3$	$\frac{5\sqrt{3}}{16} s^3$
10	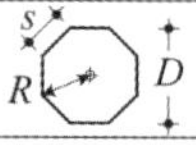 s, R, D	$2{,}828 R^2$	$\frac{1 + 2\sqrt{2}}{6} R^4$		$0{,}6906 R^3$	
11	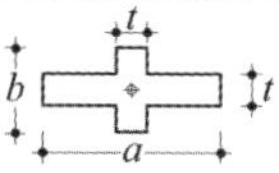 t, b, t, a	$t(a + b - t)$	$\frac{tb^3 + (a - t)t^3}{12}$	$\frac{ta^3 + (b - t)t^3}{12}$	$\frac{2I_y}{b}$	$\frac{2I_z}{a}$
12	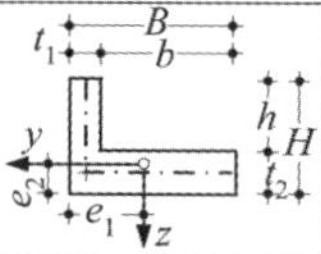 t_1, B, b, h, H, y, t_2, e_2, e_1, z	$BH - bh$ $= t_1 H + bt_2$	$\frac{1}{3}(t_1 H^3 + bt_2^3)$ $- Ae_2^2$	$\frac{1}{3}(ht_1^3 + t_2 B^3)$ $- Ae_1^2$	–	–
13	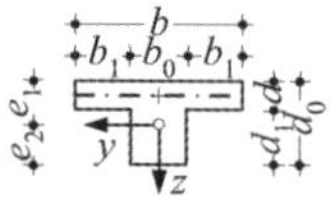 b, b_1, b_0, b_1, e_2, e_1, y, z, d, d_1, d_0	$bd + b_0 d_1$	$\frac{1}{3}(2b_1 d^3 + b_0 d_0^3)$ $- Ae_1^2$	$\frac{db^3 + d_1 b_0^3}{12}$	$W_o = I_y / e_1$ $W_u = I_y / e_2$	$\frac{db^3 + d_1 b_0^3}{6b}$
14	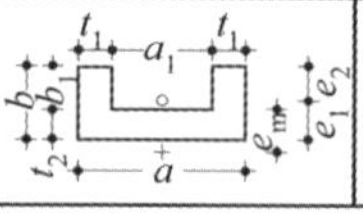 t_1, a_1, t_1, b, b_1, t_2, a, e_m, e_2, e_1	$t_2 a + 2t_1 b_1$ $= ab - a_1 b_1$	$\frac{1}{3}\left(ae_1^3 - a_1(e_1 - t_2)^3 + 2e_2^3 t_1\right)$	$\frac{ba^3 - b_1 a_1^3}{12}$	$W_o = I_y / e_2$ $W_u = I_y / e_1$	$\frac{ba^3 - b_1 a_1^3}{6a}$

○ Schwerpunkt +Schubmittelpunkt ⊕ Schwerpunkt und Schubmittelpunkt

	I_{yz}	I_T	W_T
1	0	für $b \leq d$: $\alpha b^3 d$	für $b \leq d$: $\beta b^2 d$
2	0	$\frac{1}{3}(2Bt_1^3 + ht_2^3)$	min $W_T = \frac{I_T}{\max t}$
3	0	für $a = b$: $\frac{h^4}{26}$	für $a = b$: $\frac{h^3}{13}$
4	$-\frac{h^2 b^2}{72}$	–	–
5	0	$\frac{\pi D^4}{32}$	$\frac{\pi D^3}{16}$
6	0	$\pi r_m^3 (D-d)$	$\pi r_m^2 (D-d)$
7	0	–	–
8	0	$\frac{\pi}{16} \cdot \frac{a^3 b^3}{a^2 + b^2}$	$\frac{\pi}{16} \cdot ab^2$
9	0	$0{,}115 D^4$	$0{,}188 D^3$
10	0	$0{,}108 D^4$	$0{,}185 D^3$
11	0	$\frac{t^3}{3}(a + b - 0{,}15t)$	$\frac{I_T}{t}$
12	siehe rechts	$\frac{1}{3}(Ht_1^3 + bt_2^3)$	min $W_T = \frac{I_T}{\max t}$
13	0	für $b_0 = t_1$ und $d = t_2$: $\frac{1}{3}(bt_2^3 + d_1 t_1^3)$	min $W_T = \frac{I_T}{\max t}$
14	0	$\frac{1}{3}(2bt_1^3 + a_1 t_2^3)$	min $W_T = \frac{I_T}{\max t}$

graue Unterlegung: gültig nur für dünnwandige Querschnitte

Anmerkungen:

zu Zeile 1:

d / b	α	β
1,00	0,140	0,208
1,25	0,171	0,221
1,50	0,196	0,231
2,00	0,229	0,246
3,00	0,263	0,267
4,00	0,281	0,282
6,00	0,299	
10,00	0,313	
∞	0,333	

zu Zeile 4: (2/3b; b; h/3; h) $I_{yz} = +\frac{h^2 b^2}{72}$

zu Zeile 7: $e_u = \frac{4}{3}\frac{r}{\pi}$; $e_o = r - e_u$

zu Zeile 9: $D = 1{,}732 \cdot s$

zu Zeile 10: $R = 1{,}3066 \cdot s$; $D = 1{,}8478 \cdot R$

zu Zeile 12: $e_1 = \frac{t_2 B^2 + ht_1^2}{2A}$; $e_2 = \frac{t_1 H^2 + bt_2^2}{2A}$

$$I_{yz} = t_1 H (e_1 - \frac{t_1}{2})(e_2 - \frac{H}{2}) + bt_2 (e_2 - \frac{t_2}{2})(e_1 - t_1 - \frac{b}{2})$$

Vereinfachung wenn $t_1 = t_2 = t$: $I_{yz} = -\frac{HhBbt}{4(B+h)}$

Vorzeichen I_{yz}: ⊖ ⊕ ⊕ ⊖

zu Zeile 13: $e_1 = \frac{2b_1 d^2 + b_0 d_0^2}{2A}$; $e_2 = d_0 - e_1$

zu Zeile 14: $e_1 = \frac{a_1 t_2^2 + 2b^2 t_1}{2a_1 t_2 + 4bt_1}$; $e_2 = b - e_1$

dünnwandiger Querschnitt:

$$e_m = \frac{b_1 + t_2/2}{2 + A_S/(3A_G)} + \frac{t_2}{2}$$

$A_S = (a_1 + t_1)t_2$; $A_G = (b_1 + t_2/2)t_1$

5 Spannungen infolge *M, N, V*

5.1 Grundlagen

- **Zusammenhang zwischen Querbelastung $q(x)$, Querkraft $V(x)$ und Biegemoment $M(x)$**

$\frac{dV(x)}{dx} = V'(x) = -q(x)$; $\frac{dM(x)}{dx} = M'(x) = V(x)$; $M''(x) = V'(x) = -q(x)$; siehe auch S. 2.14

- **Verzerrungen eines Stabelementes**

Verzerrungen infolge von Schnittgrößen:	
Dehnung infolge Normalkraft	$\varepsilon = \frac{N}{EA}$
Krümmung infolge Biegemoment	$\kappa = \frac{M}{EI}$
Schubverzerrung infolge Querkraft	$\gamma = \frac{V}{G\alpha_Q A}$ [1)]
Verdrillung infolge Torsionsmoment	$\vartheta' = \frac{T}{GI_T}$
Verzerrungen infolge von Temperaturänderungen:	
Dehnung infolge gleichmäßiger Temperaturänderung	$\varepsilon = \alpha_T T_{SCH}$
Krümmung infolge ungleichmäßiger Temperaturänderung $\Delta T = T_u - T_o$	$\kappa = \frac{\alpha_T \Delta T}{h}$

Bei konstanter Dehnung bzw. Krümmung gilt:
$\Delta l = \varepsilon \cdot l$ bzw. $\varphi = \kappa \cdot l$

[1)] Rechteckquerschnitte: $\alpha_Q = \frac{5}{6}$
I – Profile: $\alpha_Q = \frac{A_{Steg}}{A}$

- **Hooksches Gesetz:** $\sigma = \varepsilon E$; $\tau = \gamma G$ mit $G = \frac{E}{2(1+\nu)}$ Schubmodul, ν Querkontraktion

- **Zusammenhang zwischen Ableitungen der Biegelinie, Biegemoment und Querbelastung**

$-w''(x) = \kappa(x) = \frac{M(x)}{EI}$; $w^{IV}(x) = \frac{q(x)}{EI}$

5.2 Normal- und Schubspannungen

Die Bezugsachsen für die Anwendung der Formeln müssen Hauptachsen sein.

- **Einfach- und doppeltsymmetrische Querschnitte**

Die Hauptachsen sind identisch mit den Schwerpunktachsen y und z.

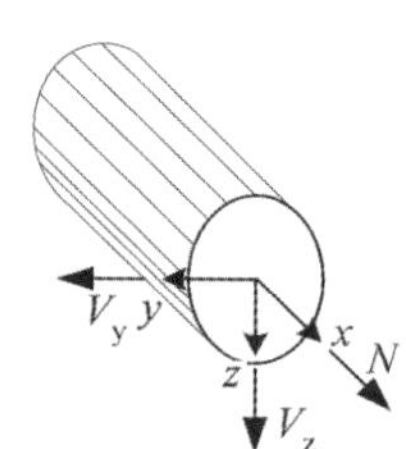

$\sigma_x = \frac{N}{A} + \frac{M_y}{I_y} z - \frac{M_z}{I_z} y$; $\sigma_{x\,Rand} = \frac{N}{A} \pm \frac{M_y}{W_y} \mp \frac{M_z}{W_z}$

$\tau_{xz} = \frac{V_z \cdot S_y}{I_y \cdot b}$; $\tau_{xz} = \tau_{zx}$

Bedeutung der Fußzeiger bei τ:

1. Fußzeiger: Orientierung der Bezugsfläche (Richtung der Flächennormalen)
2. Fußzeiger: Richtung der Schubspannung τ

Stichwortverzeichnis[1)]

[1)] **A** – Anhang Statische Hinweise, **G** – Kapitel Geotechnik, **H** – Kapitel Holzbau, **L** – Kapitel Lastannahmen, **M** – Kapitel Mauerwerksbau, **St** – Kapitel Stahlbau und **Stb** – Kapitel Stahlbetonbau